U0176013

华 章 图 书

一本打开的书，一扇开启的门，
通向科学殿堂的阶梯，托起一流人才的基石。

www.hzbook.com

计算机科学丛书

信息物理系统逻辑基础

[美] 安德烈·普拉泽（André Platzer） 著
卡内基·梅隆大学

曾海波　　李仁发 译
弗吉尼亚理工大学　湖南大学

Logical Foundations of Cyber-Physical Systems

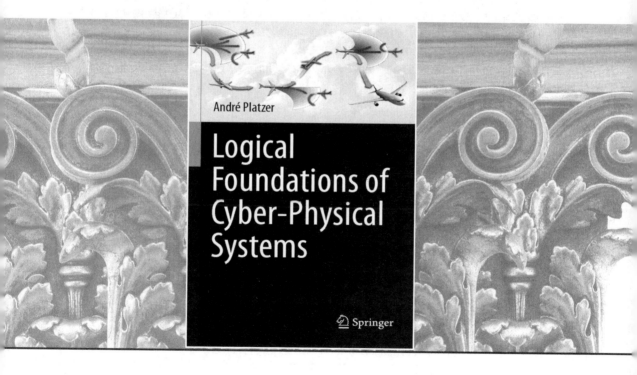

机械工业出版社
China Machine Press

图书在版编目（CIP）数据

信息物理系统逻辑基础 /（美）安德烈·普拉泽（André Platzer）著；曾海波，李仁发译 . -- 北京：机械工业出版社，2021.7
（计算机科学丛书）
书名原文：Logical Foundations of Cyber-Physical Systems
ISBN 978-7-111-68562-3

I . ①信… Ⅱ . ①安… ②曾… ③李… Ⅲ . ①智能系统 - 高等学校 - 教材 Ⅳ . ① TP18

中国版本图书馆 CIP 数据核字（2021）第 131955 号

本书版权登记号：图字 01-2019-0939

本书将信息物理系统的设计和分析与逻辑计算的思维方式结合在一起，并且恰当平衡了严谨的数学知识和基于系统设计实际问题的说明性案例研究等内容。全书分为四个部分，从概述初等信息物理系统开始，再到微分方程的分析、对抗性信息物理系统、综合 CPS 正确性，详细阐述信息物理系统的方方面面。书中大部分章节提供相关的背景材料和习题，便于读者进行拓展阅读和自我检测。本书可作为高等院校信息物理系统相关课程的本科生或者研究生教材，也可供对信息物理系统感兴趣的读者阅读。

出版发行：机械工业出版社（北京市西城区百万庄大街 22 号　邮政编码：100037）
责任编辑：姚　蕾　唐晓琳　　　　　　责任校对：殷　虹
印　　刷：北京诚信伟业印刷有限公司　版　　次：2021 年 8 月第 1 版第 1 次印刷
开　　本：185mm×260mm　1/16　　　印　　张：28.25
书　　号：ISBN 978-7-111-68562-3　　定　　价：179.00 元

客服电话：（010）88361066　88379833　68326294　　投稿热线：（010）88379604
华章网站：www.hzbook.com　　　　　　　　　　　　　读者信箱：hzjsj@hzbook.com

版权所有·侵权必究
封底无防伪标均为盗版
本书法律顾问：北京大成律师事务所　韩光/邹晓东

这本优秀的教材将信息物理系统的设计和分析与逻辑计算的思维方式有机结合在一起。本书的陈述方式堪称典范，它恰当平衡了严格的数学形式化与植根于系统设计实际问题的说明性案例研究等内容。

——Rajeev Alur，宾夕法尼亚大学

本书对信息物理系统做了精彩的介绍，从形式逻辑学的角度涵盖了计算机科学和控制论中的基本概念。大量教学示例、图示以及习题使得书中的理论栩栩如生。本书在正文以及每章的附录中提供了丰富的背景材料，这让本书具有自包含的特点，从而可以供所有层次的大学生使用。

——Goran Frehse，格勒诺布尔阿尔卑斯大学

信息物理系统越来越深入地影响我们的生活，作者针对这类系统的设计与控制开发了重要的工具。本书对于参与信息物理系统设计的计算机科学工作者、工程师以及数学家而言是"必读"的。

——Anil Nerode，康奈尔大学

信息物理系统源自计算与物理世界越来越广泛的交互，因此需要以合适的物理模型来丰富计算基础。本书以用于推动所开发的方法和工具的说明性示例和应用极好地平衡了为这一计算新时代建立基础的严格性。对于任何有志于针对信息物理系统发展一门现代计算系统科学的研究人员来说，本书都是必读的。

——George J. Pappas，宾夕法尼亚大学

这本教材对于信息物理系统而言具有决定性的意义，它用单一逻辑框架为这类系统的行为建立了形式化基础。相对于其他所有方法而言，Platzer的逻辑学脱颖而出，因为它以一致的方式同时处理了信息物理系统的离散和连续本质，并且也不惧于处理这类系统由于环境中的随机性、不确定性以及对抗智能体而引起的复杂行为。对于需要描述信息物理系统规约并验证其安全性的实践工程师而言，他的计算思维方法使得这一工作很容易理解。

——Jeannette M. Wing，哥伦比亚大学

两年前我们第一次接触到本书时是相当惊喜的，我们从事信息物理系统的教学和研究多年，但一直苦于缺乏合适的教材来系统而有效地讲述这类系统的特点和基础知识。这也许有如下几个原因。其一，信息物理系统是一个相对新兴的概念（由美国国家科学基金的Helen Gill 等在 2006 年提出），对其中许多科学问题的研究还处于比较初级的阶段。其二，信息物理系统涵盖的内容非常广，从控制理论到计算机科学的方方面面。其三，这类系统产生的应用也非常多样而且各具特点，从天上的飞机到移植于人体内的微型医疗设备等。依我们的浅见，目前有关信息物理系统的其他书籍大都侧重于某一方面、某一类应用的具体技术，在基础性和通用性上难免有所欠缺。

本书恰好对此做了有益的补充。本书从逻辑基础的角度深入介绍信息物理系统，就系统性、严格性而言，无出其右。本书的写作风格也特别适合教学：书中包含大量示例，以及对背景材料（以注解、探索和附录的形式）的简短而通俗的补充说明和讨论。这样，即使本书中涉及某些相对高等的数学概念（如实代数几何），读者也无须太多前期知识即可理解。因此本书既适合作为计算机、控制、电子、通信等多学科研究生教材，也可以作为本科生相关专业的高年级教材。

从科研的角度而言，我们认为本书也是信息物理系统从业者必读的参考书。本书采用的方法可归于形式化方法中的自动定理证明，即利用计算机进行严格的自动推理来证明系统的性质。理解信息物理系统中的数理逻辑显然是大有裨益的。考虑到信息物理系统的安全关键性，这一点尤为必要。当然，这并不表明我们主张本书中的方法能解决所有信息物理系统中的问题。毕竟不是所有的工程问题都能用严格的逻辑推理来证明。但谁又能否认逻辑对于工程的基础作用呢？

以下是关于逻辑学的一个有趣的事实。为了提高人们对逻辑学的重要性的认识，联合国教科文组织确定，从 2019 年开始，将每年的 1 月 14 日定为世界逻辑日，以此纪念两位逻辑学大师——哥德尔的忌日以及塔斯基的生日均为 1 月 14 日。这也让逻辑学成为继统计学和哲学之后第三个联合国教科文组织认同的学科节日。哥德尔和塔斯基的理论也在本书中频繁提及，比如哥德尔的不完备性理论，塔斯基的一阶实算术的可判定性定理等。

本书作者——卡内基·梅隆大学（CMU）计算机系的 André Platzer 教授在读博期间发展了书中大部分的理论框架，其博士工作的系统性令人惊叹。他也因此获得了 2009 年美国计算机协会（ACM）最佳博士论文奖提名（全世界仅 3 名）。依照书中理论及其扩展，作者开发了一套具有深远影响的信息物理系统自动定理证明工具，并成功应用于一系列工业范例。这也让本书的使用尤为方便：读者不仅可以欣赏书中的理论，还可以动手使用相关工具尝试各种示例和实验。

从纯学术研究的角度而言，翻译工作是吃力不讨好的，毕竟学术水平的评判侧重于工作的原创性。但是我们同时也是教育工作者，我们真诚希望广大读者，尤其刚刚进入信息物理系统这一领域的学生能从这本书中获益。从这一角度来讲，对我们工作的回报又是无价的。

我们在翻译过程中尽可能采取直译并侧重其中的逻辑正确性，一是为了更好地体现原著的思想和风格，二是因为书中的理论以及写作已经是"严清美"（严格、清晰、优美）了。但译文中出现的错误和不足之处在所难免，敬请大家不吝赐教。

本书最终的译稿主要由曾海波完成，李仁发负责了初译及校对组织工作。湖南大学嵌入式与网络计算省重点实验室的硕士班部分同学（2018 级的王起凤、蒋汝成、何滟、鲍志学、龙皓剑、程希文和 2019 级的龚用顶、肖想珍）做了前期初译及校对工作。同时，我们在翻译过程中得到了作者 André Platzer 教授以及他的学生 Yong Kiam Tan 和 Brandon Bohrer 的耐心解答与帮助，在此一并感谢。

本书还得到国家自然科学基金资助项目（项目批准号：61932010）的支持。

曾海波、李仁发

2020 年 9 月

我第一次遇到 André 时，他刚完成博士学业并在卡内基·梅隆大学（CMU）做应聘学术报告（他拿到了那份工作），而我当时正在那里做访问学者。我得以与这位年轻的教职候选人共进午餐。André 谈到他用"微分动态逻辑"和定理证明的方法验证信息物理系统（Cyber-Physical System，CPS）。我当时表示怀疑，其一是相关的方法过去不算太成功，其二是我把宝押在另外的方法上。几年前，我已经开发了一个模型检验工具（PHAVer），并且还在开发一个名为 SpaceEx 的工具。当时，只有这两个验证工具可以做到一键式验证某些 CPS 及其他领域内包含随时间变化的连续变量的基准测试程序。我对此非常自豪，也认为算法验证（algorithmic verification）才行之有效。但是 André 下定决心让定理证明这一方法能够实用，而且他也真的将这一领域推进到了我以前认为不可能的程度。André 和他的团队首先开发了一套逻辑框架，然后构建了一个非常强大的 CPS 定理证明器（KeYmaera），成功地将其应用于飞机防撞系统等工业界案例，最后解决了运行时模型确认等重要的应用问题。

本书呈现在读者面前的是对采用逻辑与演绎语言推理信息物理系统的全面介绍。在这个过程中，读者将熟悉计算机科学、应用数学和控制论的许多基本概念，所有这些对了解 CPS 都是必不可少的。本书在许多章节的正文和附录中提供了必需的背景材料，因此可以在没有太多前期知识的情况下阅读。本书分为四个部分。在第一部分中，读者将学习如何对包含连续变量和编程构造的 CPS 建模，如何描述需求规约，以及如何用证明规则检验模型是否满足需求。第二部分增加了用于建模物理世界的微分方程。第三部分介绍了对手的概念，对手采取的动作是系统不能直接控制的。在控制系统中，对手可以是通过噪声和其他干扰影响系统的周边环境。在存在对手的时候做决策意味着需要对最坏情况做好准备。第四部分增加了用于在实际应用中对系统做严格而高效推理的更多要素，比如采用实算术和我最爱的监控器条件。监控器条件将在系统运行时检验。只要这些条件符合，就可以确定不仅模型满足安全需求，而且实际的 CPS 实现也满足安全需求。到目前为止，André 和他的团队处理的案例之多令人印象深刻，这超出了我所知道的任何模型检验工具的能力。幸运的是，我和我的方法反过来也是如此，因为有些问题在实践中只能用算法的方法求得数值解。如果你的目标是从逻辑学的美观和优雅的角度获得 CPS 坚如磐石的基础，那么这本书就是适合你的书。

Goran Frehse

格勒诺布尔阿尔卑斯大学副教授

2017 年

本书基于我在卡内基·梅隆大学计算机科学系讲授的信息物理系统基础本科课程的讲义。没有学生的反馈以及与助教 João Martins、Annika Peterson、Nathan Fulton、Anastassia Kornilova、Brandon Bohrer、Sarah Loos 进行的有益讨论，本书是不可能成书的，特别感谢 Sarah Loos，她是我 2013 年秋季学期第一次授课时的助教，并于 2014 年春在法国里昂高等师范学院（ENS Lyon）以及 2014 年夏在葡萄牙布拉加三校计算机科学联合博士培养计划（MAP-i）中与我一起讲授了强化版的这门课程。基于之前博士阶段课程的经验，本课程最初设计为本科生课程，但经过后续扩展也适用于硕士以及博士阶段的学生。

感谢我的所有学生以及博士后 Stefan Mitsch、Jean-Baptiste Jeannin、Khalil Ghorbal 和 Jan-David Quesel 对本书的反馈。特别感谢 Sarah Loos 对于初稿成型性的意见以及 Yong Kiam Tan 对最终版本仔细而广泛的反馈。我也要感谢 Jessica Packer 对本书结构的全面一致性检查，以及 Julia Platzer 对于图例的关键性建议。我深深感激用于验证信息物理系统的 KeYmaera X 证明器的开发人员 Stefan Mitsch 和 Nathan Fulton，以及 Brandon Bohrer、Yong Kiam Tan、Jan-David Quesel 和 Marcus Völp 对 KeYmaera X 所做的贡献。我也想感谢施普林格（Springer）公司的 Ronan Nugent 以及文字编辑人员在本书编写过程中的帮助。最后，我最想特别感谢的是家人，没有他们的耐心和支持就没有本书。

本书基于美国自然科学基金杰出青年奖（NSF CAREER Award）"信息物理系统逻辑基础"中的研究成果，作者非常感谢能够获得这个奖。在本项目开始时，作者也从项目主管 Helen Gill [⊖] 的建议中获益良多。

André Platzer，2017 年 12 月于匹兹堡

⊖　Helen Gill 是 NSF CPS 的创始主管之一，她也是 CPS 这一名词的提出者。——译者注

目 录 |

信息物理系统概述

概要 信息物理系统将信息功能与物理功能相结合，以解决任何一方都无法单独解决的问题。本章对信息物理系统做非正式的介绍，为本书奠定基础。本章的主要目的是简要概述信息物理系统的技术与非技术特征以及它们的一些应用领域，并讨论这类系统的前景与挑战。本章还非正式地概述和解释了本书用于应对信息物理系统中至关重要的安全挑战的方法。

1.1 引言

本章简要介绍信息物理系统（Cyber-Physical Systems，CPS），这类系统将信息功能（计算或通信以及控制）与物理功能（运动或其他物理过程）相结合。

注解 1(CPS) 信息物理系统将信息功能与物理功能相结合，以解决任何一方都无法单独解决的问题。

汽车、飞机和机器人是最典型的例子，因为它们在空间中物理移动的方式由计算机化的离散控制算法决定，该算法基于物理状态的传感器读数来调节执行器（例如，制动器）。由于这些算法与物理行为紧密结合，因此设计它们来控制 CPS 很有挑战性。同时，这些算法必须正确，因为我们依赖 CPS 来完成安全攸关的任务，例如防止飞机发生碰撞。

我们如何才能提供人们值得托付生命的信息物理系统呢？

——Jeannette Wing

1

由于信息物理系统结合了信息功能和物理功能，因此我们需要了解两者才能理解CPS。但是，仅仅孤立地理解这两种功能是不够的。我们还需要了解信息元素和物理元素如何协同工作，即当它们接合与交互时会发生什么，因为这就是 CPS 的全部。

1.1.1 举例分析信息物理系统

飞机为信息物理系统在分析方面的挑战提供了丰富的规范示例。虽然飞机肯定不是示例的唯一来源，但它们能够快速地展现对运动的空间直感，以及对弄清楚往哪里以及如何飞行带来的挑战的理解。

如图 1.1 所示，如果飞行员在驾驶飞机时遇到距离其他飞机太近的情况，那么向飞行员提供操纵飞机的最佳方案来处理这样的局面是非常有用的。当然，这些建议需要快速给出并保证其安全性。飞行员没有足够的时间仔细依照自己所驾驶的飞机以及其他所有入侵飞行器的每一条可能路径做规划，而是需要立即做出快速反应，这正是计算机所擅长的。同时这些建议必须是安全的，使得飞行员以任何合适的时间和方式对这些

2

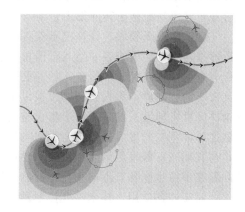

图 1.1　飞机示例：哪种控制决策能够安全地避免飞机发生碰撞

建议做出反应后，都能可靠地与入侵飞行器分开。对于本机(沿着带箭头轨迹)，图 1.1 给出了入侵飞行器产生的不安全区域(阴影部分颜色越深表示越危险)的示意图。

一般而言，这引出了一个问题，即哪些控制决策能安全避免飞机碰撞。如何能立即预测所给出的控制决策能够保证本机和入侵飞行器在未来是安全的，还是有可能导致碰撞？如何设计计算机控制程序，使其能够足够快速地做出安全的决策，同时为飞行员提供良好的建议？如何构建这样的飞行员决策支持系统的安全论证，以证明飞行员可以始终信心十足地遵循系统提供的安全防撞建议？

1.1.2 应用领域

信息物理系统为众多应用领域提供了更安全、更高效的前景[2,29-30,60]。例如，全自动驾驶汽车以及辅助驾驶汽车中的车道保持辅助系统或距离保持辅助系统[1,11,31,34]，其中的计算机控制技术可以帮助人们更安全、更高效地驾驶汽车。飞行员决策支持系统[22-23,57,66]和无人驾驶飞机的全自动驾驶系统也都符合这一范式。在前者中，计算机专注于咨询的角色，负责为飞行员提供决策支持，而最终决定由飞行员做出。但在飞行的某些定义明晰的阶段，例如在正常的巡航飞行或者着陆期间，自动驾驶仪也可以实现飞机全自动飞行。无人机的自动化操作更加全面，它长时间内主要由计算机控制，而远程操控员仅限于偶尔提供特定的控制决策。其他应用包括列车保护系统[35,58]、发电厂[13]、医疗设备[25,30]、在人类周围运作的移动机器人[36,41]，以及机器人手术系统[7,26]。自主水下航行器(AUV)也需要计算机控制才能持续运行，由于操作条件的限制，人类很少有机会干预 AUV。信息物理系统还有很多其他相关的应用领域，因为使用计算机控制来帮助物理系统的原理是非常普遍的。

1.1.3 意义

信息物理系统提供帮助的方式可以有很多种。计算机通过完全或部分地控制汽车一段时间来协助汽车中的人类驾驶员。例如，当驾驶员注意力不集中时，计算机可以保持车辆在车道中行驶以防止交通事故；当驾驶员没有注意到前方车辆刹车时，计算机可以制动车辆以减速。当然，棘手的一点是计算机需要能够可靠地检测出那些需要校正汽车轨迹的情况。除了可靠地检测出其他车辆和车道这一并不简单的挑战之外，计算机还需要区分是用户意图变换车道还是意外地偏离车道，例如基于驾驶员是否通过转弯指示灯发出车道变换信号，并适当地做出转向修正。

在航空航天领域，计算机不仅可以在晴朗天气下为飞行员提供支持，例如巡航飞行，还可以在一旦两架或者多架飞行器相互靠近时快速地为飞行员提供防撞建议。因为对于飞行员来说这种情况非常紧急，如何摆脱此类情况并避免可能发生碰撞的良好建议绝对是至关重要的。同样，无人机的远程操纵员不一定能够时刻密切监视无人机的所有飞行路径，这样计算机辅助系统将有助于防止与商用飞机或其他无人机发生碰撞。除了探测其他飞行器之外，主要的挑战是不确定各架飞行器何时以及如何遵循自己的飞行轨迹，当然还有防止与其他飞行器发生后续冲撞的必要性。预测两架飞行器的轨迹已经相当有挑战性，这个问题在多架可能各具不同飞行特性的飞行器的情形下会变得更加复杂。

对于铁路应用，技术安全控制器也是十分重要的，因为列车的制动距离⊖超过视力范

⊖ 重型货运列车和高速列车需要 2.5 公里至 3.3 公里的制动距离。

围，因此需要早在看到另一辆列车之前就开始制动。这里的一大挑战是确定安全的制动距离，该距离对于列车和轨道的状况而言是可靠的，同时不会因为过早制动而降低预期的整体性能并限制操作的适用性。与最大限度地使用传统行车制动器的刹车不同，列车上的总紧急制动器可能会损坏铁轨和车轮，因此仅在真正的紧急情况下使用。

1.1.4　安全的重要性

如果我们可以用计算机来大幅提高 CPS 应用领域的安全性和效率，那不是很好吗？当然，前提是信息物理系统本身安全，否则就是治疗不得法反而让病情更糟。信息物理系统用于提高安全性和效率，因此它们自身的安全性是确保它们有益的首要条件。所以，关键问题是：

> **我们如何确保信息物理系统会使世界变得更美好？**

这是一个很难回答的问题，因为这个世界是充满困难和挑战的。获得答案需要充分理解世界（在对世界相关部分所建的模型中）、控制原理（可以采取哪些控制动作以及它们对物理世界有什么影响）及其在计算机控制器中的实现，以及必要的安全目标（准确地区分安全行为和潜在不安全的行为）。因此，上述关键问题可转述为[53]：

> **我们如何确保信息物理系统一定满足其设计目标？**

我们能否信任计算机来控制物理过程取决于它是如何编程的，以及如果它发生故障会怎样。正因为其利害攸关，所以需要保证计算机能够与物理世界正确交互。

本书中提出的基础理论[53]认为：

1）只有在计算机有适当保障的情形下，它们对物理过程的控制才能完全赢得我们的信任。

2）安全性保障需要适当的分析基础。

3）对所有应用领域都通用的基础核心问题比各个领域的不同数学表达（如专用于火车的数学）更重要。

4）这些分析基础已经变革了计算机科学的数字部分，并间接地改变了整个社会的运行方式。

5）但是当软件进入我们的物理世界时，我们需要更强大的基础，因为它们直接影响我们的物理环境。

这些考量引出以下结论：

> **基于信息物理系统对现实世界产生的影响，它们的正确性值得证明，作为安全性的证据。**

正如在许多其他场合[2-6,9-10,12,18,19,27-28,32-33,37-40,42-45,60,63-65,68]所讨论的那样，这种系统的正确性需要验证，因为测试可能会漏掉错误。然而，这个问题很令人困惑，因为 CPS 在一种情况下的行为可能与另一种情况下的行为完全不同，特别是在不同目标下计算机做出的复杂决策相互影响时。当然，由于这些决策涉及对现实的建模，安全性证据不应仅限于证明，还需要包括适当的测试。但是，如果没有数学证明产生的通则，仅通过特定环境下测试数据所支撑的孤立经验，是不可能获得强大的安全性证据的[49,56,69]。即使是通过汽车试驾来对安全性作统计证明也几乎是不可能的[24]。

1.2   混成系统与信息物理系统

将信息物理系统定义为信息功能与物理功能的结合，尽管这使得在实际中识别这样的系统更加容易，但该定义很难作为一个数学意义上的精确准则。对于一个系统的特征行为来说，它是否碰巧通过结合一个实际上的计算机和物理系统来构建，或者它是否是以另一种方式（例如将物理系统与小型嵌入式控制器结合来实现相同的功能）构建，又或者它是否利用生化反应来控制某个过程，这应该是无关紧要的。

实际上，信息物理系统也有共同的数学特性，从许多方面来说，我们应该花更多的精力在这些数学特性上，而不是在信息物理系统碰巧由信息组件和物理组件构建而成这一事实上。虽然需要阅读本书的大部分内容才能对信息物理系统的数学特性有充分的理解，但是得出信息物理系统数学模型的核心思想是相当简单的。从数学的角度看，信息物理系统就是混成系统（或其扩展）。

注解 2 (混成系统)   混成系统是结合了离散动态与连续动态的动态系统的数学模型。它们的行为包括两个方面：一方面离散地、一次一步地变化，另一方面以时间的连续函数不断地改变。

举个例子，图 1.1 中的飞行器沿着以连续时间的连续函数为轨迹持续飞行，因为真正的飞行器不会在空间中离散地跳跃。然而，飞行员或自动驾驶仪偶尔会决定转往不同的方向以避免可能与干扰飞行器碰撞。对这些离散决策最好的理解是离散时间的离散动态，因为它们是一步接一步发生的。系统做出离散决策以确定防撞路线，按此运行一段时间，然后重新评估所得到的情况以查看是否可能有更好的决策。

类似地，汽车控制器对加速或者制动的决策最好理解为离散动态，因为这些决策是在一个离散的时间片刻做出并计划生效的。相反，汽车在道路上的持续行驶最好理解为连续动态，因为它的位置以时间的连续函数变化。

最幼稚的解释是，信息物理系统中的信息组件直接对应于混成系统的离散动态，而其中的物理组件则对应于混成系统的连续动态。虽然这种看法最初可能是一个很好的思维模型，但我们最终会发现这种看法过于简单。例如，物理模型中的一些事件最好描述为离散动态，即使它们来自物理世界。举个例子，飞机在地面降落可以认为是由飞行到滑行的离散动态导致的离散状态变化，即使飞机降落的跑道是非常物理的而不是信息结构的。反过来，出于某些目的，一些计算发生的频率非常高，我们最好将它们理解为是在连续不断地运行，即使这并不是完全准确的。例如，用于内环飞行控制器的数字 PID 控制器⊖可以快速地调整飞行器的副翼、方向舵和升降舵。虽然它实际是由一个具有快速时钟周期的数字设备实现的，但有时可以认为它具有连续的效果。

事实上，这是从混成系统角度理解世界得到的最开放的效果之一[53]。由于混成系统的数学原理同时接纳离散动态和连续动态，我们不需要将系统模型所有特性强制转成离散形式并用离散数学理解它，也不用全部转成连续形式并用连续动力学技术分析它。相反，在混成系统中完全可以某些方面离散（例如数字控制器的决策步骤），而其他方面连续（例如连续时间的运动），同时允许对模棱两可的部分选择建模方式。出于某些目的，将飞机的降落建模为从空中到地面的离散状态变化更好。对于其他目的，例如开发用于着陆的自

⊖   比例-积分-微分（Proportional-Integral-Derivative，PID）控制器采用误差的比例、误差随时间的积分以及误差的微分的线性组合来控制系统。

动驾驶仪，采用更细致的视角是很重要的，因为速度太快的情况下飞机就会再次起飞，即使它的状态已经改为着陆了。混成系统使得这样的权衡成为可能。

总而言之，混成系统并不完全等同于信息物理系统。混成系统是复杂（通常是物理）系统的数学模型，而信息物理系统则是根据它们的技术特征所定义的。尽管如此，混成系统描述的动态作为信息物理系统的特征是如此普遍，因此在本书第一部分和第二部分中将自由地、可交换地使用信息物理系统与混成系统这两个概念。

尽管有这种语言上的简化，读者应该注意混成系统并不一定是技术名词。例如，某些生物机制可以用混成系统模型[65]或者基因网络[17]很好地表示，即使它们与信息物理系统无关。相反，许多信息物理系统都具有混成系统之外的其他方面的特性，例如对抗性动态（在第三部分中研究）、分布式动态[47]或者随机动态[46]。

1.3　多动态系统

由于信息物理系统具有的动态特性可以比混成系统更多，因而本书采用更为一般的多动态系统原理[48,53]，将信息物理系统理解为多种基本动态特性的组合。

注解 3（多动态系统）　如图 1.2 所总结的那样，多动态系统[48]是描述具有多方面动态特性的动态系统的数学模型。

CPS 包含计算机控制决策，所以是离散的。CPS 也是连续的，因为它们沿着描述运动或其他物理过程的微分方程演化。CPS 通常有不确定性，因为它们的行为会受到选择的影响，这些选择来自环境变化或者为简化 CPS 模型有意引入的不确定性。这种不确定性可以表现为多种方式。当可以获得有关选择的分布的良好信息时，不确定性使 CPS 具有随机性[46]。当选择的决定方式未定时，不确定性使得 CPS 非确定。当涉及多个智能体，各自的目标有潜在冲突，甚至如博弈中那样激烈竞争时，不确定性使得 CPS 具有对抗性[52,55]。验证 CPS 是否正确工作需要同时

图 1.2　CPS 的多动态系统特性

处理许多这样的动态特性。有时，CPS 甚至要求更多的动态特性，例如分布式动态[47]。

混成系统是结合离散动态和连续动态的多动态系统的特例，这类系统将在第一部分和第二部分予以说明。混成博弈是组合了离散、连续和对抗性动态的多动态系统，这将在第三部分研究。随机混成系统是结合离散、连续和随机动态的多动态系统，但是这类系统的研究已经超出了本书的范围[8,46]。分布式混成系统是结合离散、连续和分布式动态的多动态系统[47]。

多动态系统将复杂的 CPS 作为多种基本动态特性的组合进行研究。在本书中，我们将认识到 CPS 的复杂性就源于对许多简单动态特性的组合，从而领会这种方法如何有助于驾驭 CPS 的复杂性。整体系统非常复杂，但是每一部分的行为独立地看并不复杂，因为这样只需每次考虑一种而不是所有的动态。将 CPS 描述为多种动态特性的组合，这样的描述性简化是如何神奇地转换为对多动态系统分析的简化，使得可以逐个分析这些动态特性呢？这种描述性简化对于建模而言作用很大，可以将系统不同的动态特性分离成模型中单独的特性。但是多动态系统的最大影响在于它们让分析简化成为可能，即通过分别分析研究各个动态特性，就可以得到这些动态组合而成的多动态系统的一些答案。多动态系统合成的描述性优势又是怎样延续为分析中的优势呢？

这一谜题的关键在于将 CPS 的动态都集成用一个单一的合成逻辑描述[48,53]。合成性

意味着一个逻辑构造（construct）的含义是各个部分含义的简单函数[61]。举个例子，逻辑
与运算符 $\wedge$（读作"与"）是其各部分含义的简单函数。当且仅当 A 和 B 都为真时，公式 A
$\wedge B$（读作" A 与 B"）为真。换一种说法，公式 $A \wedge B$ 为真的系统状态集就是 A 为真的状
态集和 B 为真的状态集的交集，因为只有在这个交集中 A 和 B 才都为真。这一（简单的）
认知已经能够让我们分析一个系统，通过分别判断 A 是否为真以及 B 是否为真，然后得
出它们的合取 $A \wedge B$ 是否为真。实现 CPS 中其他运算符的合成性要求更高，但是影响同
样深远。

由于合成性是从逻辑本身的语义继承而来的本质属性[14,16,20-21,59,62]，因此逻辑推理自
然也有合成性。例如，公式 $A \wedge B$ 的证明包括 A 的证明和 B 的证明，因为只有证明 A 和
B 都为真才意味着 $A \wedge B$ 为真。这使得在对逻辑中的公式作推理时也可以利用逻辑公式的
合成性。如 $A \wedge B$ 的证明可以分解为更简单的子公式 A 和子公式 B 的证明。

通过对逻辑作恰当推广以适合多动态系统[42,44,46-47,49,52,54-55]，这种合成性可以推广应用
到 CPS。我们"只"需让 CPS 的运算符有合成性，当然这比仅仅考虑一个逻辑 $\wedge$ 运算符
复杂。验证也可以通过在这样的多动态系统逻辑中构造证明来完成。完整的证明可以验证
一个复杂的 CPS。然而，每次在证明的一步中只单独对一种动态特性作推理，每种动态均
以单独的、模块化的推理原则处理，例如孤立的离散赋值或者是某个微分方程描述的单独
的局部动态。

多动态系统还影响和简化了本书的书写方式。逻辑学和多动态系统的合成性原则允许
每次只关注某一特性，一章接一章，而不会丢失结合对各种特性得到的理解的能力，这很
好地驾驭了 CPS 概念上的复杂性。这种渐进的方法有效地体现了 CPS 中关注点分离这一
原则。

1.4　如何学习信息物理系统

学习信息物理系统的方法主要有两种。

1. 洋葱模型

洋葱模型遵循数学层次的自然依赖性，由外到内一次剥离一层，在涵盖了所有先修知
识之后进入下一层。这要求学生首先要掌握计算机科学、数学和工程学的所有相关知识，
然后回到 CPS 的学习中。这将需要在本书的第一部分讲解实分析，第二部分讲解微分方
程，第三部分讲解传统的离散编程，第四部分讲解古典离散逻辑，第五部分讲解定理证
明，以及最后一部分讲解信息物理系统。采用洋葱模型的学习方式，除了需要学习者具有
相当的学习毅力之外，还有一个缺点是错失了信息物理系统将不同科学与工程领域相结合
的综合效应，而这种综合效应正是最初研究信息物理系统的原因。

2. 景区游览模型

本书遵循景区游览模型，它始于问题的核心，即信息物理系统，从各个方向出发游览
风景，来探索周围的世界，以此寻求对各个主题理解的必要性。本书一开始即直接针对
CPS，从读者可以完全理解的简单的层次开始，再进入下一个层次的挑战。

例如，第一层由没有反馈控制的 CPS 组成，从而可以设计、分析和验证简单的有限
开环控制，而无须面对 CPS 后面层次的技术困难。同样，CPS 的处理首先局限于系统动
态有闭式（closed form）解的情形，例如牛顿动力学中的直线加速运动，然后再推广到系统
中含有更高挑战的、无法显式求解的微分方程的情形。在这种渐进式的展开中，在进入下
一层次之前，每一层都能够充分掌握、理解和实践，这对于驾驭系统的复杂性很有帮助。

景区游览模型的优势在于我们始终驻留于信息物理系统，并以此为指导动力来更深入地理解相关领域。它的缺点是，这样的 CPS 渐进展开并不总是和事后总结的陈述方式一样。为了在这方面进行补偿，本书提供适当的技术总结并突出显示重要结果以供后续参考。此外，与最后概述相比，这种渐进式的展开可以更有效地传达背后的思想、缘由与基本原则。

除了这种"CPS 优先"方法在本书陈述中对组织结构的重要影响外，景区游览模型在本书提供的"探索"框中最为引人注目。本书的每一部分都以简单的风格编写，只在必要时引入数学结果，并强调直观性。"探索"框能让读者联系到其他科学领域，它们与 CPS 的直接研究或本书的其余部分没有重要关联，但能联系到其他领域，以满足恰巧对这些领域熟悉的读者的需要，或者激发读者进一步探索该科学领域。

3. 预备知识

尽管本书特意减少了对预备知识的要求，但学习本书依然无法从零开始。本书主要假定读者已经预先学习过一些基本的编程技术和数学知识。具体来说，本书假定读者已经具备了一些计算机编程的经验(例如，在本科第一学期任何编程语言课程中所讲授的内容，包括 if-then-else 条件语句和循环语句)。

虽然第 2 章以对微分方程直观而严谨的介绍开始，并在其附录中提供了一些概念上重要的元结果，但本书不能替代也无须替代微分方程课程。本书将以轻松的步伐采纳和展开 CPS 所需的微分方程概念。但是本书假定读者能轻松理解简单的导数和微分方程符号标记。例如，在第 2 章中将会讨论 $x'=v$, $v'=a$ 为什么是微分方程，其中位置 x 的时间导数 x' 等于速度 v, v 的时间导数 v' 又等于加速度 a。这个微分方程表征点 x 沿直线的加速运动，其速度为 v, 而加速度为 a。

虽然对本书的兴趣大部分来自其普遍适用性，但在结构设计上本书也尽量减少对预备知识的依赖。尤其，如果读者熟悉描述点 x 沿直线加速运动的微分方程 $x'=v$, $v'=a$, 便能理解本书的第一部分。虽然第二部分提供了用于研究微分方程所描述的系统的分析工具，但是直观理解微分方程 $x'=y$, $y'=-x$ 表征点 (x, y) 围绕原点旋转就足够了。当然，本书也在一些示例中研究了其他微分方程，但这并不是理解本书其余部分的关键途径。

然而，最重要的是，本书假设读者之前已经接触过某种形式的数学推理(例如，已学习面向计算机科学家或工程师开设的微积分或分析课程，矩阵论或线性代数课程，又或是数学课程)。在这样的先修课程中，特定的内容完全不如数学概念的展开与证明这样的数学经验重要。本书发展了大量的逻辑学知识，作为理解信息物理系统的方法的一部分。因此，对本书的学习不需要事先理解逻辑学。事实上，本书基于"信息物理系统基础"这门本科课程，该课程是作者在卡内基·梅隆大学开设的，可以作为逻辑学/语言学方向的选修课程或编程语言方向的必修课程，而无须这两个方向的前期背景知识。

1.5　信息物理系统的计算思维

本书遵循的方法利用了信息物理系统[50]的计算思维[67]。众所周知，信息物理系统富有挑战性，因为其复杂的控制软件不仅精妙而且与物理世界有着繁复的交互。逻辑审查、形式化以及全面的安全性和正确性论证对信息物理系统非常关键。因为信息物理系统设计很容易出错，所以这些逻辑层面是其设计不可或缺的部分，并且对于理解其复杂性至关重要。

因此，本书主要关注信息物理系统的基础和核心原理。本书侧重于 CPS 的一门简单的核心编程语言，以此驾驭信息物理系统的一些复杂性。该编程语言的基本要素与其推理原理一并引入，这使得 CPS 程序设计与它们的安全性论证可以结合起来。这点很重要，不仅因为对于 CPS 来说抽象化是成功的关键因素，而且因为不可能通过改良 CPS 使其安全。

为了简化问题，本书仔细地组织章节内容以分层次地展现信息物理系统的复杂性。在进入下一个复杂层次之前，会全面介绍每一层，包括其纲领、语义及逻辑处理。例如，本书在考虑控制回路之前首先研究了单发控制，然后才进入没有闭式解的微分方程系统，随后再介绍对抗性方面的内容。

1.6　学习目标

在每一章的开头，都会使用文字描述和简图来给定本章的学习目标。这些目标按照建模与控制、计算思维、CPS 技能三个维度组织。整体而言，贯穿本书的最重要的学习目标如下所示。

12

建模与控制：在建模与控制（Modeling and Control，MC）领域，最重要的目标是

- 理解 CPS 背后的核心原理。对于有效认知信息与物理特性的融合如何解决任何一部分无法单独解决的问题，这些核心原理十分重要。
- 开发模型与控制。为了理解、设计和分析 CPS，能够开发一个 CPS 设计的各种相关特性的模型，并根据适当的规约设计满足预期功能的控制器是非常重要的。
- 确定相关动态特性。为了理解某个特定系统的某一特定性质，有能力确定 CPS 系统的哪类现象会对此产生相关影响是非常重要的。例如，这些使我们能够判断什么时候管理对抗性影响很重要，什么时候使用非确定模型就足够了。

计算思维：在计算思维（Computational Thinking，CT）领域，最重要的目标是

- 确定安全规约和关键性质。为了开发正确的 CPS 设计，重要的是确定其"正确性"的含义，设计不正确的可能方式有哪些，以及设计不正确时如何去纠正。
- 理解系统设计中的抽象化。对于 CPS 的模块化组织以及独立推理系统各个部分的能力而言，抽象化必不可少。由于 CPS 系统面临实用上压倒性的挑战和其细节的众多层次，抽象化在这类系统中的作用相比于其在传统的软件设计中的作用要重要得多。
- 表达 CPS 模型的前置条件、后置条件和不变式。前置条件和后置条件允许我们描述在什么情形下可以安全运行整个 CPS 系统或它设计的某一部分，以及安全性意味着什么。它们让我们获得抽象化和分层结构在系统层面上的好处：将一个完整 CPS 的正确性分解为更小部件的正确性。不变式的基本概念实现了类似的分解，即无论 CPS 运行多长时间，或多久运行一次，不变式确立了变量间的哪些关系始终为真。
- 采用不变式设计（design-by-invariant）方法。为了开发正确的 CPS 设计，不变式是一个重要的结构组织原则，它指导着控制需要维持什么才能保持不变式成立，从而保持安全性。这种指导简化了设计过程，因为它在局部应用于单个局部化控制决策，从而无须考虑系统级闭环性质即可保持不变式。
- 严格推理 CPS 模型。推理对于确保 CPS 设计的正确性以及找到设计中的缺陷是必需的。逻辑中的非形式化推理和形式化推理都是能够建立正确性的重要学习目标。

- 验证较大规模的 CPS 模型。本书涵盖了如何证明 CPS 的科学方法。读者可以通过本书的习题和定理证明器 KeYmaera X 中合适范围的项目获得实践经验。这种经验将会帮助读者学习在形式化验证和确认（verification and validation）中如何最好地选择最有意义的问题。形式化验证不仅至关重要，而且在高层次 CPS 系统控制设计中，在给定正确抽象化的条件下是十分可行的。

CPS 技能：在 CPS 技能领域，最重要的目标是

13

- 理解 CPS 模型的语义。有些问题在经典的孤立软件程序中可能很简单，但当这些程序与物理世界影响交互时，一些问题会变得非常难。在理解 CPS 模型运行方式的同时，准确理解它具有细微差别的含义是推理的基础。通过将 CPS 模型的语义与它们的推理原理仔细关联并使它们协调一致，可以深入理解 CPS 模型的语义。
- 培养对操作效果的直觉。直觉对 CPS 的联合操作效果至关重要。例如，理解特定的离散计算机控制算法对连续受控对象的影响非常关键。
- 识别控制约束。操作直觉引导我们理解操作效果，以及它们对找到使 CPS 控制器安全的正确控制约束的影响，后者结合了这些效果的精确逻辑描述。
- 理解 CPS 及其验证中的机遇与挑战。CPS 对社会潜在的益处是巨大的，了解其固有的挑战以及尽量减少潜在安全危害影响的方法也是非常重要的。同样，理解形式化验证如何最有助于提升系统设计安全性也很重要。

本书将为读者提供形式化分析信息物理系统所需的技能，这类系统在我们周围无处不在，从发电厂到起搏器以及介于两者之间的一切。这样，在设计 CPS 时，读者能够理解重要的安全关键特性，并有信心设计和分析系统模型。其他附带的好处包括信息物理系统提供了接触其他许多数学和科学领域的动力。

确定CPS安全规约
严格推理CPS
理解抽象化和体系结构
CPS的编程语言
验证较大规模的CPS模型

CT

CPS模型的语义
操作效果
识别控制约束
机遇与挑战

信息+物理模型与控制
CPS的核心原理
将离散动态和连续动态关联

M&C   CPS

14

1.7 本书的结构

本书由四个主要部分组成，它们阐述了信息物理系统不同层次的逻辑基础。读者现在正在阅读的是引言部分。

1. 初等信息物理系统

第一部分研究的是初等信息物理系统，这类系统表征为连续动态仍然可以有闭式解的混成系统动态。对连续动态模型的研究采用微分方程，而离散动态模型则采用控制程序。第一部分探讨用于规约性质的微分动态逻辑以及用于 CPS 推理的公理。这一部分还进一步研究证明的组织原理，通过循环不变式处理控制回路，并讨论事件触发和时间触发控制。这一部分详细介绍了信息物理系统取得的奇迹以及所遇到的挑战，但将寻找离散循环不变式从推理方面的大部分挑战中独立出来，因为系统中的微分方程可以显式求解。在允

许探讨 CPS 系统中关注度较高和具有挑战性的因素的同时，第一部分也限制了安全论证中系统交互的层次和细微差别。理解第一部分的内容后，已经能够全面研究诸如沿着直行车道行驶的汽车中用作安全加速和制动的控制器。

2. 微分方程分析

第二部分考虑高等信息物理系统，其中动态没有显式闭式解。最重要的是，由于无法直接求解，需要以间接的方式分析 CPS 的安全性。基于对第一部分控制回路的离散归纳法的理解，第二部分开发了微分方程的归纳技术。除了将微分不变式作为微分方程的归纳技术之外，该部分还研究了微分切割，这使得有可能先证明再使用关于微分方程的引理。它还考虑了所谓的微分幽灵，通过在动态中添加由额外变量（幽灵变量或辅助变量）构成的额外微分方程来平衡广义能量不变式，以此简化安全性论证。第二部分对包含不可解动态的 CPS 提供安全性论证是必需的，例如机器人在圆形跑道上赛跑或沿着平面内的曲线驾驶，或飞行器沿着三维曲线飞行。

3. 对抗式信息物理系统

第三部分进一步加深对信息物理系统的理解，涵盖由离散动态、连续动态和对抗式动态混合而成的混成博弈。基于对第一部分的 CPS 混成系统模型和第二部分的微分方程不变式的理解，第三部分将重点探索混成博弈，其中主要特性是具有不同目标的不同局中人的交互。与混成系统中所有选择都非确定有所不同，混成博弈在不同时间为不同局中人提供不同的选择。第三部分对于一类 CPS 系统的安全性论证是必需的，即系统中多个具有可能相互冲突的目标的智能体相互作用，或者虽然它们有相同的目标，但由于对世界的认知不同而产生可能相互冲突的行为。

4. 综合 CPS 正确性

第四部分对前几部分的 CPS 基础进行了补充，描述了如何完善得到信息物理系统的综合正确性论证。第四部分将第一部分和第二部分中 CPS 逻辑推理原理精简为完全公理体系的风格，这样仅基于一致替换就可以很容易用一个非常简约的逻辑框架实现逻辑推理了。由于信息物理系统的细微之处很容易导致微妙的差异，因此第四部分还研究了一种逻辑方式，以驾驭 CPS 模型与 CPS 实现之间的微妙关系。模型安全性转换的逻辑基础可以用来综合可证明正确的监控器条件，这些条件如果在运行时检验通过，则保证蕴涵着 CPS 模型的离线安全验证结果适用于 CPS 实现的当前运行轨迹。最后，该部分研究了用于 CPS 验证的实算术的推理技术的逻辑要素。

5. 在线学习资料

在各章末尾提供的理论习题可用于检查读者对内容的理解情况，并提供进一步深入学习的路线。此外，请读者在 KeYmaera X 验证工具[15]中练习 CPS 证明方法，以此来提高对所学内容的理解。KeYmaera X 是一个公理体系的战术性混成系统定理证明器，它实现了微分动态逻辑[48-49,51,54]。由于技术原因，KeYmaera X 中的具体语法相较本书有略微不同的 ASCII 码符号标记，但除此之外，KeYmaera X 严格遵循本书陈述的微分动态逻辑理论。出于教学目的，本书还侧重于一系列简单的教学示例，而不是其他文献中报道的技术复杂的成熟应用[22,26,31,35-36,57-58]。

本书的网址是 http://www.lfcps.org/lfcps/。

6. 建议阅读顺序

虽然本书中推荐的基本阅读方式是按照章节顺序阅读，但也可以以许多不同的方式阅读。除了大部分基础知识在第一部分介绍外，本书的其他部分是独立的，可以按任意顺序阅读。各章节主题之间的依赖关系如图 1.3 所示，对少数概念的弱依赖性在图中用虚线表示，因为这些内容可以以不同的顺序陈述。本书的核心是图 1.3 中介绍初等 CPS（第一部分）的章节，包括第 8 章和第 9 章。对高等 CPS 而言，第 10 章和第 11 章是必不可少的。除此之外，在第 12 章还介绍了针对高等微分方程的微分幽灵，以供选修学习。

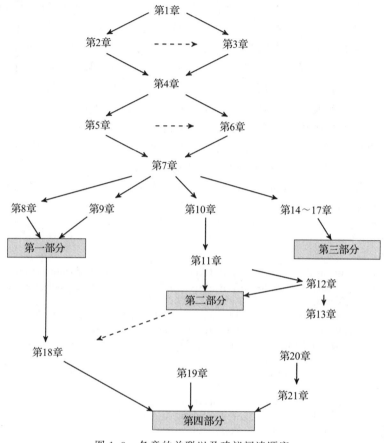

图 1.3　各章的关联以及建议阅读顺序

17

本书可以以不同顺序阅读。第一部分的第 1~7 章是理解初等信息物理系统最核心的内容。一门强调系统建模经验的课程最少应涵盖第 1~9 章，即图 1.3 中关于初等 CPS 的第一部分。对于一门强调 CPS 推理的最小课程，第 1~7 章后应接着学习第二部分中的第 10~11 章，并可能加上讲解高等推理技术的第 12 章。其他章节则是独立的。第 1~9 章之后，其他主题可根据读者的兴趣自由决定阅读顺序，因为第三部分中的第 14~17 章（关于混成博弈的章节）独立于第四部分中的后续主题，而第四部分各主题之间也大多是彼此独立的。

本书以主动发展为特色，引导读者以批判和自我推动的方式开展信息物理系统核心内容的学习。特别是在有如下标记的地方：

在你继续阅读之前，看看你是否能自己找到答案。

建议读者在参考比较书中使用的推进方法之前，先自己寻找答案。当然，在比较答案时，读者应该记住，不止一种正确的方法可以展开书中的内容。读者可能已经找到一个本书写作时没有考虑到的完全正确的答案。这为研究各种方法的优点和缺点提供了很好的机会。

1.8 总结

本章简要概述了信息物理系统的应用领域，这类系统把通信、计算、控制等信息功能和运动或化学过程等物理功能结合起来。本章也阐述了精心设计和全面安全性分析的需求，这些内容将在本书中进一步展开。与之密切相关的是混成系统这一数学概念，即将离散动态与连续动态相结合的动态系统。尽管这两类系统是不同的概念（信息物理系统基于技术上的特性，而混成系统则是数学模型），但为了简化问题，在本书第一部分与第二部分中这两个概念可互换使用。在对第一部分和第二部分的混成系统模型有了很好的理解之后，信息物理系统的高级模型将会在第三部分中讨论。

本章为本书中采用的多动态系统方法奠定了基础。多动态系统的特征在于动态系统的多个层面在动态系统逻辑中具有合成性，这使得可以拆分 CPS 的多个关注点。多动态系统这一视角也直接有利于本书的表达，因为每次只需关注一个层面却又不失将对各个层面的理解相结合的能力。

18

参考文献

[1] Matthias Althoff and John M. Dolan. Online verification of automated road vehicles using reachability analysis. *IEEE Trans. on Robotics* **30**(4) (2014), 903–918. DOI: 10.1109/TRO.2014.2312453.

[2] Rajeev Alur. Formal verification of hybrid systems. In: *EMSOFT*. Ed. by Samarjit Chakraborty, Ahmed Jerraya, Sanjoy K. Baruah, and Sebastian Fischmeister. New York: ACM, 2011, 273–278. DOI: 10.1145/2038642.2038685.

[3] Rajeev Alur. *Principles of Cyber-Physical Systems*. Cambridge: MIT Press, 2015.

[4] Rajeev Alur, Costas Courcoubetis, Nicolas Halbwachs, Thomas A. Henzinger, Pei-Hsin Ho, Xavier Nicollin, Alfredo Olivero, Joseph Sifakis, and Sergio Yovine. The algorithmic analysis of hybrid systems. *Theor. Comput. Sci.* **138**(1) (1995), 3–34. DOI: 10.1016/0304-3975(94)00202-T.

[5] Rajeev Alur, Thomas Henzinger, Gerardo Lafferriere, and George J. Pappas. Discrete abstractions of hybrid systems. *Proc. IEEE* **88**(7) (2000), 971–984.

[6] Michael S. Branicky. General hybrid dynamical systems: modeling, analysis, and control. In: *Hybrid Systems*. Ed. by Rajeev Alur, Thomas A. Henzinger, and Eduardo D. Sontag. Vol. 1066. LNCS. Berlin: Springer, 1995, 186–200. DOI: 10.1007/BFb0020945.

[7] Davide Bresolin, Luca Geretti, Riccardo Muradore, Paolo Fiorini, and Tiziano Villa. Formal verification applied to robotic surgery. In: *Coordination Control of Distributed Systems*. Ed. by Jan H. van Schuppen and Tiziano Villa. Vol. 456. Lecture Notes in Control and Information Sciences. Berlin: Springer, 2015, 347–355. DOI: 10.1007/978-3-319-10407-2_40.

[8] Luminita Manuela Bujorianu. *Stochastic Reachability Analysis of Hybrid Systems*. Berlin: Springer, 2012. DOI: 10.1007/978-1-4471-2795-6.

[9] Edmund M. Clarke, E. Allen Emerson, and Joseph Sifakis. Model checking: algorithmic verification and debugging. *Commun. ACM* **52**(11) (2009), 74–84. DOI: 10.1145/1592761.1592781.

[10] Jennifer M. Davoren and Anil Nerode. Logics for hybrid systems. *IEEE* **88**(7) (2000), 985–1010. DOI: 10.1109/5.871305.

[11] Akash Deshpande, Aleks Göllü, and Pravin Varaiya. SHIFT: a formalism and a programming language for dynamic networks of hybrid automata. In:

Hybrid Systems. Ed. by Panos J. Antsaklis, Wolf Kohn, Anil Nerode, and Shankar Sastry. Vol. 1273. LNCS. Springer, 1996, 113–133. DOI:10.1007/BFb0031558.

[12] Laurent Doyen, Goran Frehse, George J. Pappas, and André Platzer. Verification of hybrid systems. In: *Handbook of Model Checking*. Ed. by Edmund M. Clarke, Thomas A. Henzinger, Helmut Veith, and Roderick Bloem. Springer, 2018. Chap. 30. DOI: 10.1007/978-3-319-10575-8_30.

[13] G. K. Fourlas, K. J. Kyriakopoulos, and C. D. Vournas. Hybrid systems modeling for power systems. *Circuits and Systems Magazine, IEEE* **4**(3) (2004), 16–23. DOI: 10.1109/MCAS.2004.1337806.

[14] Gottlob Frege. *Begriffsschrift, eine der arithmetischen nachgebildete Formelsprache des reinen Denkens*. Halle: Verlag von Louis Nebert, 1879.

[15] Nathan Fulton, Stefan Mitsch, Jan-David Quesel, Marcus Völp, and André Platzer. KeYmaera X: an axiomatic tactical theorem prover for hybrid systems. In: *CADE*. Ed. by Amy Felty and Aart Middeldorp. Vol. 9195. LNCS. Berlin: Springer, 2015, 527–538. DOI: 10.1007/978-3-319-21401-6_36.

[16] Gerhard Gentzen. Untersuchungen über das logische Schließen I. *Math. Zeit.* **39**(2) (1935), 176–210. DOI: 10.1007/BF01201353.

[17] Radu Grosu, Grégory Batt, Flavio H. Fenton, James Glimm, Colas Le Guernic, Scott A. Smolka, and Ezio Bartocci. From cardiac cells to genetic regulatory networks. In: *CAV*. Ed. by Ganesh Gopalakrishnan and Shaz Qadeer. Vol. 6806. LNCS. Berlin: Springer, 2011, 396–411. DOI: 10.1007/978-3-642-22110-1_31.

[18] Thomas A. Henzinger. The theory of hybrid automata. In: *LICS*. Los Alamitos: IEEE Computer Society, 1996, 278–292. DOI:10.1109/LICS.1996.561342.

[19] Thomas A. Henzinger and Joseph Sifakis. The discipline of embedded systems design. *Computer* **40**(10) (Oct. 2007), 32–40. DOI: 10.1109/MC.2007.364.

[20] David Hilbert. Die Grundlagen der Mathematik. *Abhandlungen aus dem Seminar der Hamburgischen Universität* **6**(1) (1928), 65–85. DOI: 10.1007/BF02940602.

[21] Charles Antony Richard Hoare. An axiomatic basis for computer programming. *Commun. ACM* **12**(10) (1969), 576–580. DOI: 10.1145/363235.363259.

[22] Jean-Baptiste Jeannin, Khalil Ghorbal, Yanni Kouskoulas, Aurora Schmidt, Ryan Gardner, Stefan Mitsch, and André Platzer. A formally verified hybrid system for safe advisories in the next-generation airborne collision avoidance system. *STTT* **19**(6) (2017), 717–741. DOI: 10.1007/s10009-016-0434-1.

[23] Taylor T. Johnson and Sayan Mitra. Parametrized verification of distributed cyber-physical systems: an aircraft landing protocol case study. In: *ICCPS*. Los Alamitos: IEEE, 2012, 161–170. DOI: 10.1109/ICCPS.2012.24.

[24] Nidhi Kalra and Susan M. Paddock. *Driving to Safety – How Many Miles of Driving Would It Take to Demonstrate Autonomous Vehicle Reliability?* Tech. rep. RAND Corporation, 2016. DOI: 10.7249/RR1478.

[25] BaekGyu Kim, Anaheed Ayoub, Oleg Sokolsky, Insup Lee, Paul L. Jones, Yi Zhang, and Raoul Praful Jetley. Safety-assured development of the GPCA infusion pump software. In: *EMSOFT*. Ed. by Samarjit Chakraborty, Ahmed Jerraya, Sanjoy K. Baruah, and Sebastian Fischmeister. New York: ACM, 2011, 155–164. DOI: 10.1145/2038642.2038667.

[26] Yanni Kouskoulas, David W. Renshaw, André Platzer, and Peter Kazanzides. Certifying the safe design of a virtual fixture control algorithm for a surgical robot. In: *HSCC*. Ed. by Calin Belta and Franjo Ivancic. ACM, 2013, 263–272. DOI: 10.1145/2461328.2461369.

19

20

[27] Kim Guldstrand Larsen. Verification and performance analysis for embedded systems. In: *TASE 2009, Third IEEE International Symposium on Theoretical Aspects of Software Engineering, 29-31 July 2009, Tianjin, China*. Ed. by Wei-Ngan Chin and Shengchao Qin. IEEE Computer Society, 2009, 3–4. DOI: 10.1109/TASE.2009.66.

[28] Edward Ashford Lee and Sanjit Arunjumar Seshia. *Introduction to Embedded Systems — A Cyber-Physical Systems Approach*. Lulu.com, 2013.

[29] Insup Lee and Oleg Sokolsky. Medical cyber physical systems. In: *DAC*. Ed. by Sachin S. Sapatnekar. New York: ACM, 2010, 743–748.

[30] Insup Lee, Oleg Sokolsky, Sanjian Chen, John Hatcliff, Eunkyoung Jee, BaekGyu Kim, Andrew L. King, Margaret Mullen-Fortino, Soojin Park, Alex Roederer, and Krishna K. Venkatasubramanian. Challenges and research directions in medical cyber-physical systems. *Proc. IEEE* **100**(1) (2012), 75–90. DOI: 10.1109/JPROC.2011.2165270.

[31] Sarah M. Loos, André Platzer, and Ligia Nistor. Adaptive cruise control: hybrid, distributed, and now formally verified. In: *FM*. Ed. by Michael Butler and Wolfram Schulte. Vol. 6664. LNCS. Berlin: Springer, 2011, 42–56. DOI: 10.1007/978-3-642-21437-0_6.

[32] Jan Lunze and Françoise Lamnabhi-Lagarrigue, eds. *Handbook of Hybrid Systems Control: Theory, Tools, Applications*. Cambridge: Cambridge Univ. Press, 2009. DOI: 10.1017/CBO9780511807930.

[33] Oded Maler. Control from computer science. *Annual Reviews in Control* **26**(2) (2002), 175–187. DOI: 10.1016/S1367-5788(02)00030-5.

[34] Sayan Mitra, Tichakorn Wongpiromsarn, and Richard M. Murray. Verifying cyber-physical interactions in safety-critical systems. *IEEE Security & Privacy* **11**(4) (2013), 28–37. DOI: 10.1109/MSP.2013.77.

[35] Stefan Mitsch, Marco Gario, Christof J. Budnik, Michael Golm, and André Platzer. Formal verification of train control with air pressure brakes. In: *Reliability, Safety, and Security of Railway Systems. Modelling, Analysis, Verification, and Certification - Second International Conference, RSSRail 2017, Pistoia, Italy, November 14-16, 2017, Proceedings*. Ed. by Alessandro Fantechi, Thierry Lecomte, and Alexander Romanovsky. Vol. 10598. LNCS. Springer, 2017, 173–191. DOI: 10.1007/978-3-319-68499-4_12.

[36] Stefan Mitsch, Khalil Ghorbal, David Vogelbacher, and André Platzer. Formal verification of obstacle avoidance and navigation of ground robots. *I. J. Robotics Res.* **36**(12) (2017), 1312–1340. DOI: 10.1177/0278364917733549.

[37] Anil Nerode. Logic and control. In: *CiE*. Ed. by S. Barry Cooper, Benedikt Löwe, and Andrea Sorbi. Vol. 4497. LNCS. Berlin: Springer, 2007, 585–597. DOI: 10.1007/978-3-540-73001-9_61.

[38] Anil Nerode and Wolf Kohn. Models for hybrid systems: automata, topologies, controllability, observability. In: *Hybrid Systems*. Ed. by Robert L. Grossman, Anil Nerode, Anders P. Ravn, and Hans Rischel. Vol. 736. LNCS. Berlin: Springer, 1992, 317–356.

[39] NITRD CPS Senior Steering Group. *CPS vision statement*. NITRD. 2012.

[40] George J. Pappas. Wireless control networks: modeling, synthesis, robustness, security. In: *Proceedings of the 14th ACM International Conference on Hybrid Systems: Computation and Control, HSCC 2011, Chicago, IL, USA, April 12-14, 2011*. Ed. by Marco Caccamo, Emilio Frazzoli, and Radu Grosu. New York: ACM, 2011, 1–2. DOI: 10.1145/1967701.1967703.

[41] Erion Plaku, Lydia E. Kavraki, and Moshe Y. Vardi. Hybrid systems: from verification to falsification by combining motion planning and discrete search. *Form. Methods Syst. Des.* **34**(2) (2009), 157–182. DOI: 10.1007/s10703-008-0058-5.

[42] André Platzer. Differential dynamic logic for hybrid systems. *J. Autom. Reas.* **41**(2) (2008), 143–189. DOI: 10.1007/s10817-008-9103-8.

21

[43]　André Platzer. Differential Dynamic Logics: Automated Theorem Proving for Hybrid Systems. PhD thesis. Department of Computing Science, University of Oldenburg, 2008.

[44]　André Platzer. Differential-algebraic dynamic logic for differential-algebraic programs. *J. Log. Comput.* **20**(1) (2010), 309–352. DOI: `10.1093/logcom/exn070`.

[45]　André Platzer. *Logical Analysis of Hybrid Systems: Proving Theorems for Complex Dynamics.* Heidelberg: Springer, 2010. DOI: `10.1007/978-3-642-14509-4`.

[46]　André Platzer. Stochastic differential dynamic logic for stochastic hybrid programs. In: *CADE*. Ed. by Nikolaj Bjørner and Viorica Sofronie-Stokkermans. Vol. 6803. LNCS. Berlin: Springer, 2011, 446–460. DOI: `10.1007/978-3-642-22438-6_34`.

[47]　André Platzer. A complete axiomatization of quantified differential dynamic logic for distributed hybrid systems. *Log. Meth. Comput. Sci.* **8**(4:17) (2012). Special issue for selected papers from CSL'10, 1–44. DOI: `10.2168/LMCS-8(4:17)2012`.

[48]　André Platzer. Logics of dynamical systems. In: *LICS*. Los Alamitos: IEEE, 2012, 13–24. DOI: `10.1109/LICS.2012.13`.

[49]　André Platzer. The complete proof theory of hybrid systems. In: *LICS*. Los Alamitos: IEEE, 2012, 541–550. DOI: `10.1109/LICS.2012.64`.

[50]　André Platzer. Teaching CPS foundations with contracts. In: *CPS-Ed*. 2013, 7–10.

[51]　André Platzer. A uniform substitution calculus for differential dynamic logic. In: *CADE*. Ed. by Amy Felty and Aart Middeldorp. Vol. 9195. LNCS. Berlin: Springer, 2015, 467–481. DOI: `10.1007/978-3-319-21401-6_32`.

[52]　André Platzer. Differential game logic. *ACM Trans. Comput. Log.* **17**(1) (2015), 1:1–1:51. DOI: `10.1145/2817824`.

[53]　André Platzer. Logic & proofs for cyber-physical systems. In: *IJCAR*. Ed. by Nicola Olivetti and Ashish Tiwari. Vol. 9706. LNCS. Berlin: Springer, 2016, 15–21. DOI: `10.1007/978-3-319-40229-1_3`.

[54]　André Platzer. A complete uniform substitution calculus for differential dynamic logic. *J. Autom. Reas.* **59**(2) (2017), 219–265. DOI: `10.1007/s10817-016-9385-1`.

[55]　André Platzer. Differential hybrid games. *ACM Trans. Comput. Log.* **18**(3) (2017), 19:1–19:44. DOI: `10.1145/3091123`.

[56]　André Platzer and Edmund M. Clarke. The image computation problem in hybrid systems model checking. In: *HSCC*. Ed. by Alberto Bemporad, Antonio Bicchi, and Giorgio C. Buttazzo. Vol. 4416. LNCS. Springer, 2007, 473–486. DOI: `10.1007/978-3-540-71493-4_37`.

[57]　André Platzer and Edmund M. Clarke. Formal verification of curved flight collision avoidance maneuvers: a case study. In: *FM*. Ed. by Ana Cavalcanti and Dennis Dams. Vol. 5850. LNCS. Berlin: Springer, 2009, 547–562. DOI: `10.1007/978-3-642-05089-3_35`.

[58]　André Platzer and Jan-David Quesel. European Train Control System: a case study in formal verification. In: *ICFEM*. Ed. by Karin Breitman and Ana Cavalcanti. Vol. 5885. LNCS. Berlin: Springer, 2009, 246–265. DOI: `10.1007/978-3-642-10373-5_13`.

[59]　Vaughan R. Pratt. Semantical considerations on Floyd-Hoare logic. In: *17th Annual Symposium on Foundations of Computer Science, 25-27 October 1976, Houston, Texas, USA*. Los Alamitos: IEEE, 1976, 109–121. DOI: `10.1109/SFCS.1976.27`.

[60]　President's Council of Advisors on Science and Technology. *Leadership under challenge: information technology R&D in a competitive world.* An Assessment of the Federal Networking and Information Technology R&D Program. Aug. 2007.

22

[61] Dana Scott and Christopher Strachey. *Towards a mathematical semantics for computer languages*. Tech. rep. PRG-6. Oxford Programming Research Group, 1971.

[62] Raymond M. Smullyan. *First-Order Logic*. Mineola: Dover, 1968. DOI: 10.1007/978-3-642-86718-7.

[63] Paulo Tabuada. *Verification and Control of Hybrid Systems: A Symbolic Approach*. Berlin: Springer, 2009. DOI: 10.1007/978-1-4419-0224-5.

[64] Ashish Tiwari. Abstractions for hybrid systems. *Form. Methods Syst. Des.* **32**(1) (2008), 57–83. DOI: 10.1007/s10703-007-0044-3.

[65] Ashish Tiwari. Logic in software, dynamical and biological systems. In: *LICS*. IEEE Computer Society, 2011, 9–10. DOI: 10.1109/LICS.2011.20.

[66] Claire Tomlin, George J. Pappas, and Shankar Sastry. Conflict resolution for air traffic management: a study in multi-agent hybrid systems. *IEEE T. Automat. Contr.* **43**(4) (1998), 509–521. DOI: 10.1109/9.664154.

[67] Jeannette M. Wing. Computational thinking. *Commun. ACM* **49**(3) (2006), 33–35. DOI: 10.1145/1118178.1118215.

[68] Jeannette M. Wing. Five deep questions in computing. *Commun. ACM* **51**(1) (2008), 58–60. DOI: 10.1145/1327452.1327479.

[69] Paolo Zuliani, André Platzer, and Edmund M. Clarke. Bayesian statistical model checking with application to Simulink/Stateflow verification. *Form. Methods Syst. Des.* **43**(2) (2013), 338–367. DOI: 10.1007/s10703-013-0195-3.

23

24

初等信息物理系统

    本书第一部分以渐进的方式研究初等信息物理系统(CPS),方法是逐层开发其模型和推理原理。本部分首先考虑没有反馈控制的 CPS,这样可以先设计和分析有限时域开环控制而不用担心反馈控制机理的挑战,后者中系统不停地采纳传感器信息来决策什么是最佳操作。本部分的重点局限于系统动态可以有闭式解的 CPS,这样可以大大简化分析理解。随后,第二部分将涵盖拥有更复杂动态的 CPS 的分析处理。

    第一部分讲述信息物理系统编程语言模型及其语义,为这类系统奠定基础。本部分介绍作为动态系统逻辑的微分动态逻辑 dL,以此奠定理解信息物理系统的基础,并用作严格规约化和验证 CPS 的语言。本部分也会讨论证明结构的原理,以组织我们的 CPS 推理并确保我们不会忘记 CPS 正确性论证需要证明的内容。对于开环控制、闭环控制、时间触发控制和事件触发控制这些重要的控制模式,本部分还会同时讨论它们的模型与共同的分析见解。

微分方程与域

概要 本章的主要目的是建立对信息物理系统连续动态扎实的工作直觉。本章简要介绍含演化域的微分方程，作为连续物理过程的模型。在注重直观性展开的同时，本章为对连续过程的操作理解奠定了基础。本章给出了一些微分方程的基本理论作为参考。同时，本章介绍实算术一阶逻辑作为描述演化域的语言，其在形成混成系统时可用于限定连续过程。

2.1 引言

信息物理系统将信息功能与物理功能结合起来。如果读者见识过使用编程语言对计算机进行编程，就已经对 CPS 信息部分的计算模型和算法有了经验。在 CPS 中，我们不是给计算机写程序，而是对 CPS 进行编程。因此，我们是对与物理交互的计算机进行编程来完成它们的目标。在本章中，我们将学习物理模型及其与信息部分如何交互的最基础的内容。物理学总体来说显然是一门深奥的学科。但是对于 CPS，最基本的物理模型之一（即常微分方程）就可以初步满足需要。

尽管本章涵盖了微分方程最重要的部分，但不要误解它试图勉力覆盖常微分方程这一引入入胜的领域。开始学习这本书时，读者需要的是对微分方程的一种直觉，以及对它们精确含义的理解。这些都会在本章中展开。随后，在后续章节（尤其是第二部分）中，我们将多次回到微分方程这一主题，以便更深入地理解微分方程及其证明原理。另一个在本章展开的重要方面是实算术一阶逻辑，用于表示微分方程的域和域约束，这在混成系统中具有至关重要的意义。有关微分方程更详细的介绍可以在诸如沃尔特（Walter）的开创性著作[10]以及其他文献[2,4,8,9]中找到。

本章最重要的学习目标如下所示。

建模与控制：我们发展对 CPS 背后一个核心原理的理解，即连续动态和具有演化域的微分方程作为 CPS 物理部分的模型。我们引入实算术一阶逻辑作为描述微分方程演化域的建模语言。

计算思维：微分方程含义的重要性和描述能力都非常关键，这为正确理解信息物理系统的许多重要层面打下基础。我们也将开始学习仔细区分语法（即符号标记法）和语义（意义何在），这是逻辑学和计算机科学的核心原理，对 CPS 仍然至关重要。

微分方程的语义
微分方程的描述能力
语法对比语义

连续动态
微分方程
演化域
一阶逻辑

CT

M&C　　　　CPS　　连续操作效应

CPS 技能：我们发展对 CPS 连续操作效应的直觉，并非常注重理解微分方程的精确语义，这种语义对于我们来说有一些微妙之处。

2.2 作为连续物理过程模型的微分方程

微分方程用于为系统状态变量在时间上连续变化的过程建模。微分方程非常简洁地描述了系统如何随时间演变。它描述了变量在局部如何变化，因此本质上它表明了变量在空间中每个点的演化方向。图 2.1 用向量表示了系统在每个点上的演化方向，并用二维空间中的曲线描绘了它的一个解，这条曲线在

各处均遵循这些向量。当然，如果我们试图对不可数无限多的点逐点表示此处的向量，则图像会相当混乱。但这仅仅是我们的图解能力而不是数学现实的不足。微分方程实际上为空间中每个点的演化方向规定了一个这样的向量。

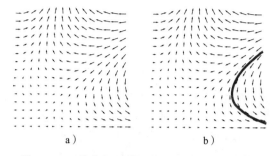

a)   b)

图 2.1 a) 微分方程的向量场；b) 场中的一个解

举个例子，假设我们有一辆汽车，它的位置标记为 x。汽车有移动的趋势，这样它的位置 x 会随着时间的推移而改变。变量 x 的值如何随时间变化取决于汽车行驶有多快。用 v 标记该汽车的速度。由于汽车速度是 v，其位置 x 根据速度 v 而变化。因此，位置 x 的变化使得其导数 x' 为 v，我们用微分方程 $x' = v$ 来标记这一关系。该微分方程表示位置 x 的时间导数等于速度 v。因此，x 如何演化取决于 v。如果速度为 $v = 0$，位置 x 就完全不会改变，此时汽车可能正停放在某处或处于交通堵塞中。如果 $v > 0$，位置 x 会随着时间推移持续增大。x 的增长速度取决于 v 的值，v 越大 x 变化越快，因为在微分方程 $x' = v$ 中，x 的时间导数等于 v。

当然，速度 v 本身也可能随着时间变化。汽车可能加速，我们用 a 标记它的加速度。那么 v 随着它的时间导数 a 变化，用微分方程 $v' = a$ 表示。总的来说，汽车满足下面的微分方程（实际上是一个微分方程组）[⊖]：

$$x' = v, v' = a$$

也就是说，汽车的位置 x 随它的时间导数 v 而变化，而 v 又随其时间导数 a 而变化。

直观地说，这个微分方程的含义为系统总是遵循如下方向（即图 2.2 中所示的向量场），即在所有点 (x, v) 的方向向量中，位置的变化方向等于当前速度 v，而速度变化方向则等于加速度 a。系统在每一点都应当沿着这些方向向量所定义的方向演化。这到底意味着什么呢？我们应该如何理解这适用于无穷多点呢？

为了塑造这方面的直观认识，考虑一个一维微分方程，其描述位置 x 随着时间 t 的变化，且在初始时间 0 的初始位置为 1：

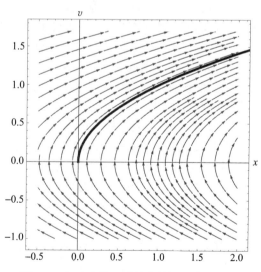

图 2.2 加速直线运动的向量场及其一个解

⊖ 注意，x 的值随着时间变化，所以它实际上是时间的函数。因此，有时又使用 $x'(t) = v(t)$，$v'(t) = a$ 这样的标记。为了方便，我们习惯省略表示时间的参数 t 而直接写成 $x' = v$，$v' = a$。在物理文献中，$\dot{x}$ 经常用来表示 x 的时间导数。我们更喜欢使用数学标记 x'，因为小点更容易被人忽略，特别是在较长的名字中，而且也难以在 ASCII 码环境中录入。

$$\begin{cases} x'(t) = \dfrac{1}{4}x(t) \\ x(0) = 1 \end{cases}$$

对于不同的时间离散化步长 $\Delta \in \left\{4, 2, 1, \dfrac{1}{2}\right\}$，图 2.3 描绘了近似伪解的形状，这些解只在

Δ 的整数倍时遵循上面的微分方程，并且完全不知道这些时间格点之间的微分方程。这样的伪解对应于显式欧拉积分得到的解[3]。然而，微分方程的真实解应该在两个相邻离散时间点间的不可数无穷多个时间点中也遵循微分方程指示的演化方向。因为这个微分方程具有良态性，所以当 Δ 变小时，离散化后的解仍接近真正的连续解 $x(t) = \mathrm{e}^{\frac{t}{4}}$。但是当任何人试图从离散的角度理解微分方程时，会发生很多令人惊讶的事。当时间 t 足够大时，无论我们选择多么小的 $\Delta(\Delta > 0)$，这个离散化解与真实连续解可以相差任意远。

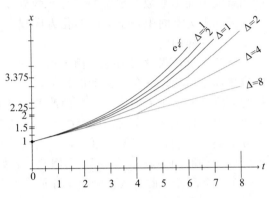

图 2.3　时间步长为 Δ 的微分方程离散化解

2.3　微分方程的含义

从图 2.1 中，我们已经直观地理解了微分方程如何以向量场的方式描述系统演化的方向。但仍然有一些问题。究竟什么是向量场？在空间中存在不可数无穷多个点，对每个点描述演化的方向意味着什么？这些方向难道不可能相互矛盾，使描述变得模棱两可吗？首先的问题是，微分方程的确切含义是什么？

真正理解一个系统的唯一方法是准确理解这个系统每一部分的功能。CPS 要求很高，对其功用的误解往往会产生严重的后果。因此，让我们首先搞清楚 CPS 的各个部分。第一部分是微分方程。

注解 4(含义的重要性)　CPS 对物理世界的影响没有给其留下太多的犯错空间。我们要立即养成时刻学习 CPS 各相关层面的行为和准确含义的习惯。

显式常微分方程形如 $y'(t) = f(t, y)$，其中 $y'(t)$ 代表 y 关于时间 t 的导数，f 是时间 t 和当前状态 y 的函数。它的解是时间的一个可微函数 Y，将 Y 代入微分方程，即以 $Y(t)$ 代替 y，并以 Y 在时刻 t 的时间导数 $Y'(t)$ 代替 $y'(t)$ 时，上面的等式应成立。也就是说，解在任意时刻的时间导数等于微分方程右侧，如图 2.4 中在时间 $t = -1$ 处的粗线所示。

在下一章中，我们将会学习微分方程解一个更加优美的定义，它与本书的概念吻合得很好。但是，首先我们考虑(与之

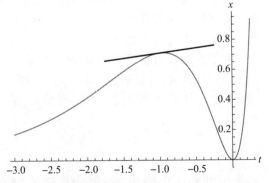

图 2.4　微分方程解的条件：时间导数(在 $t = -1$ 处以粗线表示)在所有时刻应等于微分方程的右侧

等价的)微分方程解的经典数学定义。

定义 2.1(常微分方程) 令 $D \subseteq \mathbb{R} \times \mathbb{R}^n$ 为实空间的**域**，即一个开连通子集，$f: D \to \mathbb{R}^n$ 表示以 D 为定义域的函数。对于常微分方程 $y' = f(t, y)$ 的**初值问题**

$$\begin{pmatrix} y'(t) = f(t, y) \\ y(t_0) = y_0 \end{pmatrix} \tag{2.1}$$

函数 $Y: J \to \mathbb{R}^n$ 是其在区间 $J \subseteq \mathbb{R}$ 上的一个**解**，如果对于所有时间 $t \in J$，均满足：

1) 解 Y 在域 $(t, Y(t)) \in D$ 内。
2) 时间导数 $Y'(t)$ 存在，且 $Y'((t) = f(t, Y(t))$。
3) 在初始时间满足初始值 $Y(t_0) = y_0$，并且 $t_0 \in J$。

如果 $f: D \to \mathbb{R}^n$ 是连续函数，则 $Y: J \to \mathbb{R}^n$ 是连续可微的，因为它的导数 $Y'(t)$ 等于 $f(t, Y(t))$，由于 f 是连续的所以 $Y'(t)$ 也是连续的，Y 是可微的，所以 Y 也连续。类似地，如果 f 是 k 阶连续可微的，那么 Y 就是 $k+1$ 阶连续可微的。对于更高阶的微分方程，即包含诸如 $y''(t)$ 或者 $y^{(n)}(t)(n > 1)$ 的更高阶导数的方程，该定义类似。

让我们直观地理解这个定义。一个微分方程(组)可看作一个如图 2.1 所示的向量场，场中对每个点用向量表示解的演化方向。在每一个点处，向量都对应微分方程的右侧。微分方程的解在每个点处都符合这个向量场，也就是说，解(例如图 2.1 中的实曲线)在局部遵循由微分方程右侧对应的向量所表示的方向。微分方程有许多解对应图 2.1 所示的向量场。但是对于初值问题(式(2.1))，解还必须在初始时间 t_0 从规定位置 y_0 开始，然后从该点开始遵循微分方程(即向量场)。一般来说，相同的初值问题仍可能有多个解，但是对良态微分方程的情形则只有一个解(见 2.9.2 节)。

2.4 微分方程示例的简短纲要

虽然信息物理系统不需要处理并理解你能想到的每个微分方程，但它们仍然可以获益于对微分方程及其与解的关系的直觉。在下面列举的例子中，用 * 标记的微分方程将在本书中起到重要作用(例 2.4、例 2.5 和例 2.7)，比较而言，其他例子仅仅是简单列出，让大家对使用微分方程时可能产生的各种问题有一般性的直观感受。

例 2.1（常量微分方程） 有些微分方程是很容易求解的，特别是右侧为常量的时候。初值问题

$$\begin{pmatrix} x'(t) = \dfrac{1}{2} \\ x(0) = -1 \end{pmatrix}$$

描述的是，x 的初始值为 -1，它的变化率则恒为 $\dfrac{1}{2}$。它的

解为 $x(t) = \dfrac{1}{2}t - 1$，如图 2.5 所示。我们如何证明这的确

是一个解呢？这很容易做到，可将解代入微分方程和初值等式中，并根据初值问题检验它们是否得到想要的值：

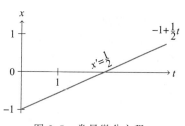

图 2.5 常量微分方程

$$\begin{pmatrix} (x(t))' = \left(\dfrac{1}{2}t - 1 \right)' = \dfrac{1}{2} \\ x(0) = \dfrac{1}{2} \cdot 0 - 1 = -1 \end{pmatrix}$$

例 2.2（负线性微分方程） 考虑右侧为负系数的线性函数的初值问题

$$\left(\begin{matrix} x'(t) = -2x(t) \\ x(1) = 3 \end{matrix}\right)$$

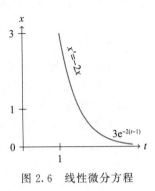

图 2.6 线性微分方程

这里 $x(t)$ 的变化率取决于当前 $x(t)$ 的值，具体而言，其等于 $-2x(t)$，因此当 $x(t)$ 变大时，它的变化率是变小的（负向增大）。这是一个指数衰减的问题，它的初始时间为 $t=1$，如图 2.6 所示，它的解为 $x(t) = 3\mathrm{e}^{-2(t-1)}$。同样，为了测试解的正确性，将解代入初值问题的微分方程和初值条件等式中然后检验：

$$\left(\begin{matrix} (3\mathrm{e}^{-2(t-1)})' = -6\mathrm{e}^{-2(t-1)} = -2x(t) \\ x(1) = 3\mathrm{e}^{-2(1-1)} = 3 \end{matrix}\right)$$

例 2.3（正线性微分方程） 初值问题

$$\left(\begin{matrix} x'(t) = \dfrac{1}{4}x(t) \\ x(0) = 1 \end{matrix}\right)$$

描述了一个指数增长问题，其真正的连续解为 $x(t) = \mathrm{e}^{\frac{t}{4}}$，图 2.3 描述了该问题的解以及不同步长下的离散化解。可以用类似上面例子中使用的方式来检验解的正确性：

$$\left(\begin{matrix} (\mathrm{e}^{\frac{t}{4}})' = \mathrm{e}^{\frac{t}{4}}\left(\dfrac{t}{4}\right)' = \mathrm{e}^{\frac{t}{4}}\dfrac{1}{4} = \dfrac{1}{4}x(t) \\ \mathrm{e}^{\frac{0}{4}} = 1 \end{matrix}\right)$$

当然，除了离散化点（相应的离散化步骤 Δ 的倍数）之外，没有一个离散化解实际上满足这些等式。由于离散化解仅在 Δ 的整数倍时满足方程 $x'(t) = \dfrac{1}{4}x(t)$，而在其他时间点则不满足，因而它们只有在初始时间 $t=0$ 时，才和真实解 $\mathrm{e}^{\frac{t}{4}}$ 一致。

* **例 2.4**（直线加速运动） 考虑一个重要的微分方程组 $x' = v$，$v' = a$ 以及它的初值问题

$$\left(\begin{matrix} x'(t) = v(t) \\ v'(t) = a \\ x(0) = x_0 \\ v(0) = v_0 \end{matrix}\right) \tag{2.2}$$

这个微分方程阐明，位置 $x(t)$ 的变化率（即它的时间导数）等于当前速度 $v(t)$，速度的变化率（即它的时间导数）等于加速度 a，而加速度 a 则为常量。位置和速度的初始值为 x_0 和 v_0。这个初值问题是符号初值问题，它采用符号 x_0、v_0（而不是特定的数，如 5 和 2.3）作为初始值。此外，微分方程中含有一个常量符号 a，而不是像 0.6 这样特定的数。当选择了具体的数字 $x_0 = 0$，$v_0 = 0$，$a = 5$，初值问题（式(2.2)）就数值化了，其向量场如图 2.2 所示。式(2.2)对应的维数 $n = 2$ 的向量微分方程如下所示，其中向量为 $y(t) :=$ $(x(t), v(t))$：

$$\left(\begin{matrix} y'(t) = \begin{pmatrix} x \\ v \end{pmatrix}'(t) = \begin{pmatrix} v(t) \\ a \end{pmatrix} \\ y(0) = \begin{pmatrix} x \\ v \end{pmatrix}(0) = \begin{pmatrix} x_0 \\ v_0 \end{pmatrix} \end{matrix}\right) \tag{2.3}$$

34

这个初值问题的解为

$$x(t) = \frac{a}{2}t^2 + v_0 t + x_0$$

$$v(t) = at + v_0$$

我们可以将上述解代入初值问题的微分方程并检验，以证明解的正确性：

$$\left\{ \begin{array}{l} \left(\dfrac{a}{2}t^2 + v_0 t + x_0\right)' = 2\,\dfrac{a}{2}t + v_0 = v(t) \\[2mm] (at + v_0)' = a \\[2mm] x(0) = \dfrac{a}{2}0^2 + v_0 0 + x_0 = x_0 \\[2mm] v(0) = a0 + v_0 = v_0 \end{array} \right.$$

◀

* **例 2.5**（旋转运动的二维线性微分方程） 考虑 $v' = w$，$w' = -v$ 这个重要的微分方程组以及它的初值问题

$$\left\{ \begin{array}{l} v'(t) = w(t) \\ w'(t) = -v(t) \\ v(0) = 0 \\ w(0) = 1 \end{array} \right. \tag{2.4}$$

$w(t)$ 越大则 $v(t)$ 的变化率越大，但与此同时，$w(t)$ 的变化率是 $-v(t)$，所以 $v(t)$ 变大时它会变小，反之亦然。这个微分方程描述的是一个旋转效应（见图 2.7），其解为：

$$v(t) = \sin(t)$$

$$w(t) = \cos(t)$$

把这个解代入初值问题的微分方程和初值条件等式来检验其正确性：

$$\left\{ \begin{array}{l} (\sin(t))' = \cos(t) = w(t) \\ (\cos(t))' = -\sin(t) = -v(t) \\ v(0) = \sin(0) = 0 \\ w(0) = \cos(0) = 1 \end{array} \right.$$

35

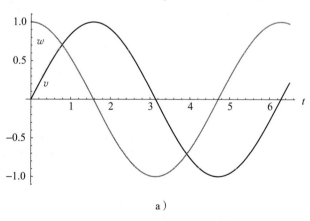
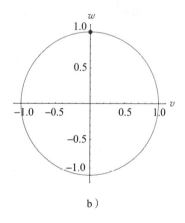

a) b)

图 2.7 旋转微分方程的解：a) v、w 表示为时间 t 的函数；
b) 以 v 为横坐标、w 为纵坐标的相空间

◀

例 2.6（类似的二维线性微分方程） 考虑和例 2.5 一样的微分方程 $v' = w$，$w' = -v$，

但与式(2.4)不同的初值：

$$\begin{cases} v'(t)=w(t) \\ w'(t)=-v(t) \\ v(0)=1 \\ w(0)=1 \end{cases}$$

这个微分方程描述的仍然是旋转效应(如图 2.8 所示)，但是现在解为

$$v(t)=\cos(t)+\sin(t)$$
$$w(t)=\cos(t)-\sin(t)$$

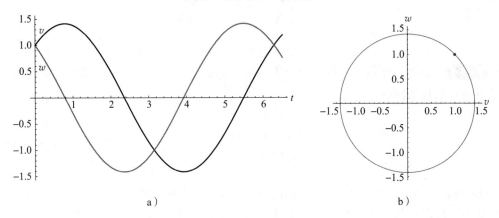

图 2.8　旋转微分方程在初始值为 $v(0)=w(0)=1$ 时的解：a) v、w 表示为时间 t 的函数；b) 以 v 为横坐标、w 为纵坐标的相空间

把这个解代入初值问题的微分方程和初值条件等式进行检验，以证明解的正确性：

$$\begin{cases} (\cos(t)+\sin(t))'=-\sin(t)+\cos(t)=w(t) \\ (\cos(t)-\sin(t))'=-\sin(t)-\cos(t)=-v(t) \\ v(0)=\cos(0)+\sin(0)=1 \\ w(0)=\cos(0)-\sin(0)=1 \end{cases}$$ ◀

* **例 2.7** （旋转运动的可调线性微分方程）考虑 $v'=\omega w$，$w'=-\omega v$ 这个重要的微分方程组以及如下初值问题

$$\begin{cases} v'(t)=\omega w(t) \\ w'(t)=-\omega v(t) \\ v(0)=0 \\ w(0)=1 \end{cases} \tag{2.5}$$

$v(t)$ 的变化率随着 $w(t)$ 的增大而增大，但与此同时，$w(t)$ 的变化率是 $-v(t)$，所以 $v(t)$ 变大的话，它反而会变小，反之亦然。但是这里所有的变化率都乘以表示角速度的常量参数 ω。ω 的幅度越大旋转越快，且 ω 为正时，旋转沿顺时针方向。这个微分方程描述的旋转效应(如图 2.9 所示)的解为

$$v(t)=\sin(\omega t)$$
$$w(t)=\cos(\omega t)$$

有些微分方程显含时间变量 t，这意味着时间导数随着时间而变化。 ◀

例 2.8 （时间方波振荡器）　下面这个微分方程组 $x'(t)=t^2 y$，$y'(t)=-t^2 x$ 显含时间变量 t，考虑其初值问题

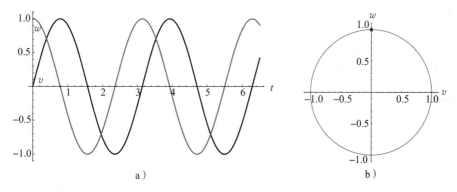

a)   b)

图 2.9 旋转微分方程在初始值为 $v(0)=0$、$w(0)=1$ 且 $\omega=2$ 时的更快旋转的解：
a) v、w 表示为时间 t 的函数；b) 以 v 为横坐标、w 为纵坐标的相空间

$$\begin{cases} x'(t)=t^2 y \\ y'(t)=-t^2 x \\ x(0)=0 \\ y(0)=1 \end{cases} \tag{2.6}$$

它的解如图 2.10a 所示，说明这是一个有界但是加速振荡的系统。它的解为

$$\begin{cases} x(t)=\sin\left(\dfrac{t^3}{3}\right) \\ y(t)=\cos\left(\dfrac{t^3}{3}\right) \end{cases} \tag{2.7}$$

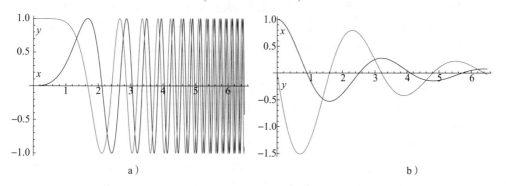

a)   b)

图 2.10 a) 时间方波振荡器的解；b) 阻尼振荡器的解，时间上限为 6.5

注意，在这个微分方程里，无须显含时间变量 t 本身。我们可以添加一个额外的时钟变量 s，其微分方程为 $s'=1$，初始值为 $s(0)=0$，以作为时间 t 的代理变量。因为代理变量 s 与时间 t 行为一致，但是它是普通的状态变量，这样得到的系统等价于式(2.6)且不显式依赖于时间变量 t：

$$\begin{cases} x'(t)=s^2 y \\ y'(t)=-s^2 x \\ s'(t)=1 \\ x(0)=0 \\ y(0)=1 \\ s(0)=0 \end{cases}$$

这一变换(用 s 代替 t)使得微分方程自治(autonomous),因为它的右侧不依赖于实际的时间变量 t。 ◀

在该示例中,解的振荡速度越来越快。在下面的例子中,振荡频率不依赖于时间且为常数,但振荡幅度随时间减小。

38 **例 2.9** (阻尼振荡器)   考虑线性微分方程 $x'=y$,$y'=-4x-0.8y$ 和初值问题

$$\begin{cases} x'(t)=y \\ y'(t)=-4x-0.8y \\ x(0)=1 \\ y(0)=0 \end{cases} \tag{2.8}$$

图 2.10b 所示的解说明这一动态系统随时间衰减。在这个例子里,动态系统的显式全局解更难以写出,但仍存在函数可对其求解。 ◀

注解 5(微分方程的描述能力)   注意,微分方程的解比微分方程本身可能更复杂,这是一种非常普遍的现象,也是微分方程表达力与描述力的一部分。非常简单的微分方程却能描述相当复杂的物理过程。

2.5   微分方程的域

现在我们准确地理解了微分方程是什么以及它如何描述连续的物理过程。但是在 CPS 中,物理过程不是孤立运行的,而是与计算机或嵌入式系统等信息元素交互的。物理和信息元素何时以及如何交互呢?

为此,我们需要理解的第一件事是如何描述物理过程停歇的时间,以便信息元素控制接下来发生什么。显然,物理过程并不会真的停止演化,而会时刻保持演化的进行。然而,信息部分只是时不时地起作用,因为它们只是偶尔通过改变执行器来提供物理过程的输入。因此,我们可以直观地想象物理过程在一段长度为 0 的时间内"暂停",以便让信息部分有所动作,并通过物理过程的输入对其产生影响。事实上,信息部分可能会与物理过程交互一段时间或者花一定时间计算后才做出决策。但表现出来的现象仍然是相同的。在某个时刻,信息部分完成感知和评估,并认为是时候有所动作了(如果信息部分从不动作,这是很无聊的,也可以抛弃它)。在这个时刻,物理过程需要"暂停"一段假想长度为 0 的概念上的时间,以使信息部分有机会采取动作。

信息和物理可以通过多种方式进行交互。物理过程会演化,而信息元素可能会定期中断物理过程,对系统当前状态进行测量,以决定下一步该做什么(见第 9 章)。或者物理过程可能触发某些条件或事件,引起信息元素对这些事件分别做出响应(见第 8 章)。另一种解读的方法是,如果系统一直遵循某个微分方程而没有其他干扰,这样的微分方程是无法描述一个控制特别良好的系统的。如果物理过程本身已经可以安全驾驶汽车,我们一开始就不需要任何信息元素或任何控制。但由于物理过程尚未完全通过驾照考试,因此适当控

39 制仍然是相当关键的。

所有这些方式的共同之处在于,我们的物理模型不仅需要用微分方程来解释状态如何随时间变化,而且还需要指定物理过程何时停止演化以使信息部分有机会完成其任务。这就是所谓的微分方程的演化域 Q,它描述了系统在遵循其连续动态这一特定运行模式时不能离开的区域。如果系统即将离开演化域,它应在离开之前立即停止演化(以给系统的信息部分提供动作的机会)。当然,总的想法是,一旦信息部分完成感知和动作,物理过程将恢复运行,但这是第 3 章将要探讨的。

注解 6(演化域约束)　　演化域为 Q 的微分方程 $x'=f(x)$ 可以标记为

$$x'=f(x)\&Q$$

这里在微分方程和其演化域之间使用合取符号(&)。$x'=f(x)\&Q$ 这一标记法意味着系统同时遵循微分方程 $x'=f(x)$ 和演化域 Q。系统在区域 Q 内可以遵循该微分方程运行任意长时间，但绝不允许离开 Q 所描述的区域。因此，系统演化必须在仍处于 Q 内时停止。

举例来说，如果 t 是时间变量，$t'=1$，则 $x'=v$，$v'=a$，$t'=1\&t\leqslant\varepsilon$ 描述的系统遵循该微分方程最长到时间 $t=\varepsilon$ 且不能再长，这是因为在时间 ε 之后将违反演化域 $Q\stackrel{\text{def}}{\equiv}(t\leqslant\varepsilon)$。这是一个有用的物理模型，它让信息元素有机会最迟在时间 ε 动作，因为物理过程不允许在时间 $t=\varepsilon$ 之后继续。与之不同，演化域 $Q\stackrel{\text{def}}{\equiv}(v\geqslant0)$ 将系统 $x'=v$，$v'=a\&v\geqslant0$ 限制为速度非负。如果遵循微分方程 $x'=v$，$v'=a$ 时，速度将变为负值，则在此之前系统停止演化。类似地，$x'=v$，$v'=a\&v\leqslant10$ 描述了一个速度上限为 10 的物理过程。但是坦白说，将汽车速度保持在 10 以下光靠物理也不够，还需要信息控制器的一些努力，我们将在第 8 章和第 9 章回来讨论这种现象。

在图 2.11a 和图 2.11b 所示的场景中，系统在用阴影区域表示的演化域 Q 内从时间 0 开始演化。系统可以遵循微分方程 $x'=f(x)$ 演化任意长时间，但它必须在离开演化域 Q 之前停止。这里，系统在两个场景中选择的停止时间 r 不同。

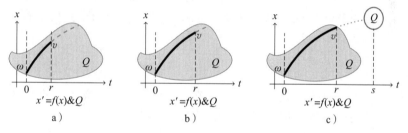

图 2.11　系统 $x'=f(x)\&Q$ 遵循微分方程 $x'=f(x)$ 运行
任意长时间 r，但不能离开演化域 Q

相反，考虑图 2.11c 所示的场景。系统在时间 r 时停止，而不能继续演化到时间 s，即使系统在时间 s 将返回演化域 Q。这是因为在 r 到 s 这段时间里(图中点线所示)系统已经离开了演化域 Q，而这是不允许的。物理过程 $x'=f(x)\&Q$ 不能趁我们不注意溜出其演化域 Q，即使暂时这样也是不行的。因此，图 2.11c 所示的连续演化最迟也将在时间 r 处停止，并且不能再继续。

现在我们知道了微分方程的演化域约束 Q 应有的作用，接下来的问题是我们如何在 CPS 模型中正确地描述它？这需要某种逻辑来处理。首先，我们应该知道如何准确描述微分方程的演化域 Q，就像我们已准确理解微分方程本身那样。演化域中最关键的问题是确定哪些点满足 Q，哪些点不满足，这正是逻辑所擅长精确化的地方。

2.6　连续程序的语法

在对微分方程和域有了一定的了解之后，我们做好了准备，开始建立其精确的数学模型。微分方程和它们的演化域最终需要某种途径来和离散的计算机控制程序进行交互，因为信息物理系统的混成系统模型结合了离散动态和连续动态。实现这一目标的概念上最简单且最具合成性的方法是将连续动态无缝集成到计算机控制程序中。本书开发了混成程序这一编程语言，除了微分方程外，它还包含离散特征。混成程序和它们的分析是一层接着一层逐层开发的。目前，我们专注于这种编程语言的第一层，它只包含连续动态的关键特征。

2.6.1 连续程序

混成程序语法的第一个元素是纯连续程序。

注解7(连续程序) 混成程序(HP)的第一层由**连续程序**组成。若 x 是一个变量，e 是可能包含 x 的任意项，Q 是实算术一阶逻辑公式，则连续程序的形式为：

$$\alpha ::= x' = e \& Q$$

连续程序由形如 $x' = e \& Q$ 的单一语句组成。在后面的章节中，我们将添加更多语句来组成混成程序，但我们现在只关注描述连续动态的微分方程。连续演化 $x' = e \& Q$ 表示系统从变量 x 的当前值遵循微分方程 $x' = e$ 在演化域 Q 内变化一段时间。公式 Q 允许的形式将在下面定义，但是它必须能够明确定义满足 Q 的点的集合，因为连续演化不允许离开该区域。此外，x 是变量，但也可以是变量的向量，这时 e 是与 x 具有相同维度的项的向量。这对应于微分方程组的情形，例如：

$$x' = v, v' = a \& (v \geqslant 0 \land v \leqslant 10)$$

微分方程也允许没有演化域 Q 的限制：

$$x' = y, y' = x + y^2$$

这里对应的 Q 为真。因为公式 true 在各处都为真，因此实际上对状态并没有施加任何条件，因为每个状态都很容易成功地满足公式 true。当然，我们需要更精确地阐明可以采用什么样的项 e 和公式 Q，这是我们接下来将要探讨的。

2.6.2 项

混成程序语法的严格定义还取决于定义项 e 是什么以及实算术一阶逻辑公式 Q 是什么。项 e 出现在微分方程的右侧，而公式 Q 是微分方程的演化域。

定义 2.2(项) 项 e 是由如下文法定义的多项式项(其中 e 和 $\tilde{e}$ 是项，x 是变量，而 c 是有理数常数)：

$$e, \tilde{e} ::= x \mid c \mid e + \tilde{e} \mid e \cdot \tilde{e}$$

这一文法[○]表示项 e(或项 $\tilde{e}$)既可以是变量 x，也可以是有理数 $c \in \mathbb{Q}$(例如 0、1 或者 5/7)，或者是 e 与 $\tilde{e}$ 之和，或 e 与 $\tilde{e}$ 之积，以及由此递归产生的结果。仅含变量 x 或常数 c 的项称为原子项。其他的情况(即将两项作为输入以产生更复杂的项)则称为复合项。例如，求和项 $e + \tilde{e}$ 由两个项 e 和 $\tilde{e}$ 组成。乘积项 $e \cdot \tilde{e}$ 也是如此。减法 $e - \tilde{e}$ 是另一种有用的情况，但事实证明它已包含在上面的定义中，因为减法项 $e - \tilde{e}$ 可以用 $e + (-1) \cdot \tilde{e}$ 来定义。这就是为什么我们可以在示例中毫无顾忌地使用减法，而不必在发展理论时担心它。一元负 $-e$ 也很有用，但也以 $0 - e$ 的形式包含了。例如，$4 + x \cdot 2$ 和 $x \cdot 2 + y \cdot y$ 可称为项，$4 \cdot x - y \cdot y + 1$ 也被视为一个项，即使实际上应写为 $((4 \cdot x) + (((-1) \cdot y) \cdot y)) + 1$。根据定义 2.2 可得到所有的多项式。例如多项式 $x^3 + 5x^2 - x + 4$ 可以由项 $x \cdot x \cdot x + 5 \cdot x \cdot x + (-1) \cdot x + 4$ 表示。

如果要在计算机程序中实现项的语法，则可以将定义 2.2 中项的语法的四种情况实现

○ 从形式语言的角度来说，也可以用如下单一非终结符的等价文法

$$e ::= x \mid c \mid e + e \mid e \cdot e$$

我们使用了稍微啰唆一点的形式，定义了两个冗余的非终结符 e、$\tilde{e}$，只是为了强调项可以是任意并且可能不同的项 e 与项 $\tilde{e}$ 之和 $e + \tilde{e}$，并不一定只是对一个相同的项 e 求和 $e + e$。这两种文法表达是等价的。

为某种数据类型的构造函数。原子项可以通过提供一个变量 x 或一个有理数 $c \in \mathbb{Q}$ 的计算机表示来构造。当提供两个先前构造的项 e、$\tilde{e}$ 时，可以用求和构造函数 $e + \tilde{e}$ 构造复合项，或者可以用乘积构造函数 $e \cdot \tilde{e}$ 构建。这样，通过使用适当的实参来调用相应的构造函数，可以在数据结构中表示每个具体的项，例如 $x \cdot 2 + y \cdot y$。

2.6.3　一阶公式

实算术一阶逻辑公式与通常一阶逻辑中的定义相同，除了一点，即作为实算术逻辑，它还使用实算术的特定语言，例如 $e \geqslant \tilde{e}$ 表示大于或等于。一阶逻辑支持的逻辑连接符为非（¬）、与（∧）、或（∨）、蕴涵（→）、双蕴涵即等价（↔），以及全称量词（∀）和存在量词（∃）。在实算术一阶逻辑中，∀、∃ 的量化域为实数集 $\mathbb{R}$。

定义 2.3（实算术一阶逻辑公式）　实算术一阶逻辑公式由以下文法定义（其中 P、Q 是实算术一阶逻辑公式，e、$\tilde{e}$ 为项，x 为变量）：

$$P, Q ::= e \geqslant \tilde{e} \mid e = \tilde{e} \mid \neg P \mid P \wedge Q \mid P \vee Q \mid P \rightarrow Q \mid P \leftrightarrow Q \mid \forall x P \mid \exists x P$$

43

这里可以使用常用的缩写，例如 $\tilde{e} \geqslant e$ 可由 $e \leqslant \tilde{e}$ 表示，$\neg(e \geqslant \tilde{e})$ 可由 $e < \tilde{e}$ 表示。我们将在示例中使用这些缩写，即使这些缩写对理论并没有什么影响。

我们之前阅读到的演化域的示例公式是 $t \leqslant \varepsilon$（其意义为时间 t 的界限）以及 $v \geqslant 0$（作为速度的界限）。但是这些一阶逻辑公式本身并没有告诉我们 t 是时间而 v 是速度，这正是微分方程的作用。不过公式 $v \geqslant 0$ 非常精确地指导我们它在哪个范围为真（这是其语义严格定义的）。每当速度 v 的值大于或等于 0 时，公式 $v \geqslant 0$ 将为真，否则为假。公式 $t \leqslant \varepsilon \wedge v \geqslant 0$（即公式 $t \leqslant \varepsilon$ 和 $v \geqslant 0$ 的合取）作为系统的域表示最多演化至时间 ε，且不能往后运动。使用蕴涵式 $t \geqslant 2 \rightarrow v \leqslant 5$ 作为演化域意味着：如果系统超出时间 2，那么速度最多为 5。

作用于实数的全称量词（∀）和存在量词（∃）与演化域相关性较小，但是对本书的后续章节更为重要。在这里列出它们是因为它们是一阶逻辑特征的一部分。例如，$\forall x \exists y (y > x)$ 表示对于所有实数 x，存在大于 x 的实数 y。公式 $\exists x (x \cdot x = 2)$ 表示存在一个实数，其平方为 2，由于有实数 $\sqrt{2}$，因此该公式为真。但是公式 $\exists x (x \cdot x = -1)$ 在实数范围内并不成立，因为所有实数的平方都是非负的，而满足 $i^2 = -1$ 的虚数单位 i 不是实数。无论 x 值为多少，公式 $\exists y (x < y \wedge y < x + 1)$ 为真，但是在整数系内该公式为假，这是由于在整数 x 和 $x + 1$ 之间很明显不存在其他整数。

探索 2.1（命名约定）

在本书中，我们通常遵循下面这些命名约定（程序、函数和谓词符号将在后面的章节中介绍）：

字母	约定用法	字母	约定用法
x, y, z	变量	c	常量符号
$e, \tilde{e}$	项	f, g, h	函数符号
P, Q	公式	p, q, r	谓词符号
α, β	程序		

在任何应用环境中，遵循应用中的命名约定更好，而不是一定要完全遵循这个表中的约定。例如，x、v、a 都是变量，但 x 通常用于表示位置，v 表示速度，而 a 表示加速度。

44

2.7　连续程序的语义

在本节我们将首次了解语法和语义的天壤之别，这将在本书的后续内容中多次讨论。语法定义了标记法，即什么样的问题可以写下来，以及如何写下来。但是对于无论是无知的旁观者还是任何一位自重的逻辑学家来说，符号的实际含义在未得到明确之前，语法只是提供了一长串可笑、随意的符号。语法的含义只能由语义给出，语义则定义了每一个语法元素所代表的真实的或数学抽象的对象。在语义未定义符号的具体含义之前，语法使用的这些符号是随意的并且毫无意义的。当然，我们应巧妙地选择语法，以提醒我们这些符号应当代表什么含义。

注解8(语法和语义的对比)　语法仅定义了随意的标记法，其具体含义则由语义定义。

经过对语法和语义对象清晰的区分，我们将最终细致而准确地认识数学含义与基于计算机的深入理解之间的关系。如果没有这样的区分，则不会有随后的联合与联系。在推理中的许多错误都可以归因于对语法对象级和语义元级元素缺乏清晰的区分。对象级表达式是语言中的表达式(例如一阶逻辑)。元级语句是关于语言的语句，采用诸如数学或英语表述。

2.7.1　项

连续演化 $x'=e\&Q$ 的含义依赖于对项 e 含义的理解。项 e 是一个语法表达式，含义为对其求值得到的实数。在项 e 中，符号"＋"当然是指实数相加，"·"指相乘，而常数符号 $\frac{5}{7}$ 则表示有理数七分之五。

但是项 e 的总体数值还取决于我们如何解释项 e 中出现的变量。这些变量的值随 CPS 的当前状态而变化。在我们能对某个状态下的项 e 求值之前，需要知道该状态下 e 的所有变量的实数值。事实上，状态 ω 就是从变量到实数的映射，它将每个变量 x 与实数值 $\omega(x)$ 关联起来。换句话说，如果全体状态的集合标记为 $\mathscr{S}$，$\mathscr{V}$ 表示所有变量的集合，则状态 $\omega\in\mathscr{S}$ 是一个函数 $\omega:\mathscr{V}\to\mathbb{R}$，它对 $x\in\mathscr{V}$ 的赋值 $\omega(x)\in\mathbb{R}$ 表示变量 x 在状态 ω 下具有的实数值。

由于项的值取决于状态，我们将使用标记 $\omega[\![e]\!]$ 表示项 e 在状态 ω 下求值得到的实数值。这个标记让人回忆起函数应用 $\omega(e)$，但是当状态为函数 $\omega:\mathscr{V}\to\mathbb{R}$ 时，$\omega(e)$ 仅当 e 是变量时才有定义，若 e 为如 $x+7$ 的项则无定义。因此，标记 $\omega[\![e]\!]$ 将状态 ω 下对变量 $x\in\mathscr{V}$ 所赋的值提升应用到项 e。

定义 2.4(项的语义)　在状态 $\omega\in\mathscr{S}$ 下，**项 e 的值**是一个由 $\omega[\![e]\!]$ 所标记的实数，它是基于对 e 的结构的归纳而定义的：

$$\omega[\![x]\!]=\omega(x)\quad \text{如果 } x \text{ 为变量}$$
$$\omega[\![c]\!]=c\qquad \text{如果 } c\in\mathbb{Q} \text{ 为有理常数}$$
$$\omega[\![e+\tilde{e}]\!]=\omega[\![e]\!]+\omega[\![\tilde{e}]\!]$$
$$\omega[\![e\cdot\tilde{e}]\!]=\omega[\![e]\!]\cdot\omega[\![\tilde{e}]\!]$$

也就是说，状态 ω 下变量 x 的值直接由状态 ω 决定，这是一个从变量到实数的映射。对诸如 0.5 的有理常数 c 求值得到它自身。在状态 ω 下，形为 $e+\tilde{e}$ 的求和项的值是 ω 下子项 e 和 $\tilde{e}$ 的值之和。定义 2.4 中已经说明 $\omega[\![x+y]\!]=\omega(x)+\omega(y)$。同样，在状态 ω 下形为 $e\cdot\tilde{e}$ 的乘积项的值是 ω 下子项 e 和 $\tilde{e}$ 的值的乘积。每个项在每个状态下都有一个值，因为项的语法形式(定义 2.2)的每种情形在定义 2.4 中都赋予了相应的语义。因此,每一项 e 的语义是从状态 $\omega \in \mathscr{S}$ 到项 e 在相应状态 ω 下求值所得实数值 $\omega[\![e]\!]$ 的映射。

像 $4+5\cdot 2$ 这样的无变量项的值完全不依赖于状态 ω。在这个例子中,其数值为 14。含变量的项的值(如 $4+x\cdot 2$)取决于变量 x 在状态 ω 下的值。假设 $\omega(x)=5$,那么该项的数值也是 $\omega[\![4+x\cdot 2]\!]=4+\omega(x)\cdot 2=14$。但是,对于 $\nu(x)=2$,该项求值得到 $\nu[\![4+x\cdot 2]\!]=4+\nu(x)\cdot 2=8$。虽然从技术上讲,状态 ω 是从所有变量到实数的映射,但 ω 给大多数变量的赋值并不重要;只有在该项中实际出现的变量的值才有影响(见 5.6.5 节)。因此,尽管 $4+x\cdot 2$ 的值取决于 x 的值,它并不依赖于 y 的值,因为 y 根本不在项 $4+x\cdot 2$ 中出现。与此不同,项 $x\cdot 2+y\cdot y$ 的值取决于 x 和 y,但不依赖于 z。因此,当 $\omega(x)=5$ 且 $\omega(y)=4$ 时,该项求值得到 $\omega[\![x\cdot 2+y\cdot y]\!]=\omega(x)\cdot 2+\omega(y)\cdot \omega(y)=26$。

定义 2.4 对项语义定义的方式直接对应函数式编程语言中对递归函数的定义,即通过为项的不同数据类型分别建立构造函数。对于每个构造函数,都有一种相应的情形定义其在以实参给定的状态下的值。如果该函数进行递归调用,如 $\omega[\![e+\tilde{e}]\!]$ 和 $\omega[\![e\cdot\tilde{e}]\!]$ 的情形,调用会在较小的项上进行,以确保函数能终止并对所有输入均有良好定义。

46

探索 2.2(语义括号 $[\![\cdot]\!]$:Trm $\rightarrow(\mathscr{S}\rightarrow\mathbb{R})$)

这里有多种理解定义 2.4 的等价方法。如上所述,最基本的理解是通过对 e 的结构的归纳定义来给定每一项 e 在状态 ω 下的实数值 $\omega[\![e]\!]$。如果 e 是变量,则第一行适用,如果 e 是有理常数符号则第二行适用。如果 e 是求和项,则第三行适用,如果 e 是乘积项,则第四行适用。由于每一项恰好符合这四种形式中的一种,并且等式右侧使用 e 的更小子项的定义,这些子项根据定义已经有赋值,因此定义 2.4 为良定义。

定义 2.4 更有说服力的解读是对一个运算符 $[\![\cdot]\!]$ 的定义,它将项 e 的语义定义为从状态到实数的映射 $[\![e]\!]:\mathscr{S}\rightarrow\mathbb{R}$,从而根据定义 2.4 中的等式计算实数值 $\omega[\![e]\!]$。也就是说,函数 $[\![e]\!]$ 是通过对 e 结构的归纳来定义的:

$$[\![x]\!]:\mathscr{S}\rightarrow\mathbb{R};\ \omega\mapsto\omega(x) \quad \text{如果 } x \text{ 为变量}$$
$$[\![c]\!]:\mathscr{S}\rightarrow\mathbb{R};\ \omega\mapsto c \quad \text{如果 } c\in\mathbb{Q} \text{ 为有理数常数}$$
$$[\![e+\tilde{e}]\!]:\mathscr{S}\rightarrow\mathbb{R};\ \omega\mapsto\omega[\![e]\!]+\omega[\![\tilde{e}]\!]$$
$$[\![e\cdot\tilde{e}]\!]:\mathscr{S}\rightarrow\mathbb{R};\ \omega\mapsto\omega[\![e]\!]\cdot\omega[\![\tilde{e}]\!]$$

在状态 ω 下对 $[\![e]\!]$ 求值的标记仍然是 $\omega[\![e]\!]$。例如,在最后一行将函数 $[\![e\cdot\tilde{e}]\!]$ 定义为 $[\![e\cdot\tilde{e}]\!]:\mathscr{S}\rightarrow\mathbb{R}$,它将状态 ω 映射到由 $\omega[\![e]\!]$ 和 $\omega[\![\tilde{e}]\!]$ 相乘所得到的实数值 $\omega[\![e]\!]\cdot\omega[\![\tilde{e}]\!]$。

上述两种对定义 2.4 的理解方法是等价的。但是前者更为基础。当选择与 $\mathscr{S}\rightarrow\mathbb{R}$ 不同的语义域时,后者可以更直接地泛化为对其他语法对象的语义的定义。如果用 Trm 标记项的集合,项的语义括号定义了一个运算符 $[\![\cdot]\!]:$ Trm $\rightarrow(\mathscr{S}\rightarrow\mathbb{R})$,它为每一项 $e\in$ Trm 定义了其含义 $[\![e]\!]$,后者进而对每个状态 $\omega\in\mathscr{S}$ 定义了实数值 $\omega(e)\in\mathbb{R}$。在函数式编程语言中,项语义定义的这两种风格之间的区别恰恰在于柯里化,也就是将多参函数转换为函数序列,每个函数只处理单个参数。

2.7.2 一阶公式

与项不同,逻辑公式的值不是实数,而是真或假。逻辑公式的求值结果是真还是假仍然取决于对其符号的解释。在实算术一阶逻辑中,除变量之外的所有符号的含义都是固定

47

的。实算术一阶逻辑中项和公式的含义与通常的一阶逻辑一样，除了"＋"为相加，"·"为相乘，"≥"为大于或等于，量词 $\forall x$ 和 $\exists x$ 则量化作用于实数集。与通常的一阶逻辑一样，"∧"的含义是合取，"∨"的含义是析取，等等。公式中变量的含义仍由 CPS 的状态 ω 决定。

直接类比于项 e 的实值语义 $\omega[\![e]\!] \in \mathbb{R}$，我们可以为公式 P 定义布尔值语义 $\omega[\![P]\!] \in$ $\{\mathrm{true}, \mathrm{false}\}$，即定义公式 P 在状态 ω 下具有的真假值（真或假）（见习题 2.10）。但是，我们最终了解哪些公式为真就可以了，因为其补集可以告诉我们哪些公式为假。这就是为什么为了简化问题，我们定义语义可采用 $[\![P]\!]$ 标记公式 P 为真的状态集。那么，$\omega \in [\![P]\!]$ 说明公式 P 在状态 ω 下为真。相反，$\omega \notin [\![P]\!]$ 说明公式 P 在状态 ω 下不为真，即为假。为了与其他书籍保持一致，本章使用满足关系符号 $\omega \models P$ 代替 $\omega \in [\![P]\!]$，但二者的含义相同。

定义 2.5（一阶逻辑语义）　一阶公式 P 在状态 ω 中为真，写为 $\omega \models P$，其归纳定义如下：

- $\omega \models e = \tilde{e}$ 当且仅当 $\omega[\![e]\!] = \omega[\![\tilde{e}]\!]$

  也就是说，当且仅当根据定义 2.4，项 e 和 $\tilde{e}$ 在状态 ω 下求值得到相同的数值时，等式 $e = \tilde{e}$ 在 ω 下为真。

- $\omega \models e \geq \tilde{e}$ 当且仅当 $\omega[\![e]\!] \geq \omega[\![\tilde{e}]\!]$

  也就是说，当且仅当在状态 ω 下左边项得到的数值大于或等于右边项的值时，大于或等于不等式在 ω 下为真。

- $\omega \models \neg P$ 当且仅当 $\omega \not\models P$，即 $\omega \models P$ 不成立

  也就是说，当且仅当公式 P 本身在状态 ω 下不为真时，否公式 $\neg P$ 在 ω 下为真。

- $\omega \models P \wedge Q$ 当且仅当 $\omega \models P$ 且 $\omega \models Q$

  也就是说，当且仅当在某一状态下两个合取项都为真时，该状态下二者的合取为真。

- $\omega \models P \vee Q$ 当且仅当 $\omega \models P$ 或 $\omega \models Q$

  也就是说，当且仅当在某一状态下任何一个析取项为真时，该状态下二者的析取为真。

- $\omega \models P \to Q$ 当且仅当 $\omega \not\models P$ 或 $\omega \models Q$

  也就是说，当且仅当在某一状态下，蕴涵符号左侧为假或其右侧为真，则在该状态下蕴涵关系为真。

- $\omega \models P \leftrightarrow Q$ 当且仅当 $(\omega \models P$ 且 $\omega \models Q)$ 或 $(\omega \not\models P$ 且 $\omega \not\models Q)$

  也就是说，当且仅当在某一状态下双蕴涵符号两边都为真或都为假，则双蕴涵关系在该状态下成立。

- $\omega \models \forall x P$ 当且仅当对于所有的 $d \in \mathbb{R}$，都有 $\omega_x^d \models P$

  也就是说，当且仅当全称量化公式 $\forall x P$ 的核 P 在状态 ω 的所有变化下都为真，无论量化变量 x 在变化 ω_x^d（定义如下）中求值得出的实数 d 是何值，该全称量化公式在状态 ω 下都为真。

- $\omega \models \exists x P$ 当且仅当存在某个 $d \in \mathbb{R}$ 使得 $\omega_x^d \models P$

  也就是说，当且仅当在状态 ω 的某个变化 ω_x^d 下，量化变量 x 在 ω_x^d 中求值得出合适的实数 d，使得存在量化公式 $\exists x P$ 的核 P 为真，则该存在量化公式在状态 ω 下为真。

如果 $\omega \models P$，那么我们说 P 在状态 ω 下为真，或者说 ω 是 P 的模型。反之，如果 $\omega \not\models P$，我们说 P 在状态 ω 下为假。当且仅当 $\omega \models P$ 对所有状态 ω 都成立，公式 P 为**永真**，写作 $\models P$。当且仅当存在状态 ω 满足 $\omega \models P$，则称公式 P 是**可满足的**。公式 P 是**不可满足的**，当且仅当不存在状态 ω 满足 $\omega \models P$。公式 P 为真的状态集记为 $[\![P]\!] = \{\omega : \omega \models P\}$。

量词语义的定义利用了状态修改，即通过改变变量 x 的值而保留其他所有变量的值来改变给定状态 ω 的方法。标记 $\omega_x^d \in \mathscr{S}$ 表示的状态与 $\omega \in \mathscr{S}$ 相同，除了对变量 x 的解释改为值 $d \in \mathbb{R}$。也就是说，状态 ω_x^d 除了其中变量 x 的值为 d 以外，其他所有变量的取值和在状态 ω 下一样：

$$\omega_x^d(y) \overset{\text{def}}{=} \begin{cases} d, & y \text{ 为修正变量 } x \\ \omega(y), & y \text{ 为其他变量} \end{cases} \tag{2.9}$$

公式 $x > 0 \wedge x < 1$ 是可满足的，因为实际上它为真的条件只是存在某个状态 ω，其中 x 的值是 0 和 1 之间的实数，例如 0.592。公式 $x > 0 \wedge x < 0$ 是不可满足的，因为找到同时满足公式中两个合取项的状态是很困难的（解读为不可能）。公式 $x > 0 \vee x < 1$ 是永真的，原因是没有状态使得它不为真，因为 x 要么为正要么小于 1。

从大的范畴来看，最令人激动的公式是永真的公式（即 $\models P$），因为它表示不管系统在什么状态下该公式都为真。永真的公式，以及如何去判断一个公式是否永真，这将是我们在本书中经常要处理的。公式集 Γ 蕴涵的结论也令人惊奇，因为即使这些结论本身可能非永真，但只要 Γ 是真的，它们就是真的。然而对于本章，更为重要的是在给定状态下哪些公式为真，因为这是我们理解连续演化的演化域的关键。如果在所有状态下演化域都为真，那么它将不起作用。

例如，公式 $\exists y (y > x)$ 是永真的，因此有 $\models \exists y (y > x)$。这是因为在所有的状态 ω 下它均为真，即 $\omega \in [\![\exists y (y > x)]\!]$，原因是无论 x 在状态 ω 下取何实数值，总有一个实数 y 比 x 的值略大。公式 $t \leqslant \varepsilon$ 是非永真的，其真假值取决于变量 t 和 ε 的值。在状态 ω 下 $\omega(t) = 0.5$ 和 $\omega(\varepsilon) = 1$，则该公式为真，因此有 $\omega \in [\![t \leqslant \varepsilon]\!]$。但是在状态 ν 下有 $\nu(t) = 0.5$ 和 $\nu(\varepsilon) = 0.1$，则该公式为假，因此有 $\nu \notin [\![t \leqslant \varepsilon]\!]$。在状态 ω 下有 $\omega(t) = 0.5$，$\omega(\varepsilon) = 1$ 以及 $\omega(v) = 5$，则公式 $t \leqslant \varepsilon \wedge v \geqslant 0$ 为真，因此有 $\omega \in [\![t \leqslant \varepsilon \wedge v \geqslant 0]\!]$，这是因为 $\omega \in [\![t \leqslant \varepsilon]\!]$ 和 $\omega \in [\![v \geqslant 0]\!]$ 同时成立。

正如将在 5.6.5 节中详细阐述的那样，状态中有用的信息仅为自由变量的值，即在量词作用范围之外的变量。举例来说，$\exists y (y^2 \leqslant x)$ 是否为真只取决于自由变量 x 在状态下的值而不依赖于变量 y 的值，这是因为存在量词 $\exists y$ 会赋给 y 新的值。例如，在状态 ω 下 $\omega(x) = 5$，则无论 $\omega(y)$ 和 $\omega(z)$ 的值是多少，都有 $\omega \in [\![\exists y (y^2 \leqslant x)]\!]$，这是因为 z 根本不在公式中出现，而 y 只出现在量词的作用范围之内。因为不可能找到一个实数使得其平方小于等于 -1，因此对满足 $\nu(x) = -1$ 的状态 ν 而言，$\nu \notin [\![\exists y (y^2 \leqslant x)]\!]$。想一想的话，$x \geqslant 0$ 应该是表述 $\exists y (y^2 \leqslant x)$ 更简单的方式，因为这两个公式是等价的，即在每个状态下都有相同的真假值。因为状态是从变量到实数的（全）函数，所有状态为所有变量都定义了它们的实数值。但是，只有公式中自由变量的值是相关的。

当且仅当公式 $\forall x P$ 永真时，公式 P 是永真的，因为永真性是指所有状态下均为真，包括所有变量（特别是变量 x）的所有实数值。类似地，当且仅当公式 $\exists x P$ 是可满足的，则 P 是可满足的，因为可满足性意味着在某个状态下为真，这个状态对所有变量（甚至是变量 x）赋予实数值。类似地，判断永真性将隐含地对所有变量的所有实数值做量化，所以我们可以为所有自由变量明确地加上全称量词前缀。在判断可满足性时，我们也可以为

49

自由变量明确加上存在量词前缀。

当然，对于含有自由变量的公式，例如 $\forall y(y^2>x)$，我们隐含意味着哪个量词要视情况而定。如果我们询问 $\forall y(y^2>x)$ 在满足 $\omega(x)=-1$ 的状态 ω 下是否为真，则没有隐含的量词，因为我们询问的是一个特定的状态，而答案是肯定的，所以有 $\omega\in[\![\forall y(y^2>x)]\!]$。当求解 $\forall y(y^2>x)$ 在 $\nu(x)=0$ 的状态下是否为真时，答案是否定的，因为有 $\nu\notin[\![\forall y(y^2>x)]\!]$。如果我们求解 $\forall y(y^2>x)$ 是否永真，我们并不给定某个特定的状态，因为永真性要求在所有状态下都为真，所以隐含地对所有自由变量做全称量化，而答案是否定的，因为在上述状态 ν 下 $\forall y(y^2>x)$ 为假。稍做改变，$\forall y(y^2\geqslant-x^2)$ 是永真的，记作 $\models\forall y(y^2\geqslant-x^2)$。如果我们求解 $\forall y(y^2>x)$ 是否为可满足的，我们也无须提供一个特定的状态，因为问题是是否存在状态 ω 满足 $\omega\in[\![\forall y(y^2>x)]\!]$，所以隐含地对自由变量做存在量化。以上文所述的状态 ω 为证，问题的答案为真。

通过这样的语义，我们现在知道如何评估连续演化 $x'=e\,\&\,Q$ 的演化域 Q 在特定状态 ω 下是否为真。若 $\omega\in[\![Q]\!]$，则演化域 Q 在状态 ω 下成立。否则（即 $\omega\notin[\![Q]\!]$），Q 在状态 ω 下不成立。然而，究竟在哪些状态 ω 下我们需要检验演化域？我们需要找到某种方法来说明，在沿着微分方程解演化的所有状态 ω 下检验演化域约束 Q 是否为真（也就是 $\omega\in[\![Q]\!]$）。这将是我们接下来要讨论的主题。

2.7.3 连续程序

连续程序的语义肯定取决于其各个部分的语义，包括项和公式。这两者都已给出定义，因此下一步是为连续程序本身提供适当的语义。

简便起见，我们现在只需观察到连续程序 $x'=e\,\&\,Q$ 的运行使系统自初始状态 ω 到达了一个新状态 ν。事实上，至关重要的是注意到在连续程序 $x'=e\,\&\,Q$ 中从状态 ω 开始不仅仅只能到达某一个状态 ν，正如微分方程 $x'=e$ 不止一个解。即使在最大持续时间内微分方程具有唯一解的情况下，仍然有许多仅仅持续区间不同的解。因此，连续程序 $x'=e\,\&\,Q$ 可由初始状态 ω 到达多个可能的状态 ν。从初始状态 ω 开始，连续程序 $x'=e\,\&\,Q$ 可以到达哪些状态 ν 呢？如图 2.12 所示，这些状态 ν 可以从状态 ω 开始通过微分方程 $x'=e$ 的某个解到达，而且该解通过的所有状态都应满足演化域约束 Q。对此给出的精确含义需要小心地在语法和语义之间来回切换。

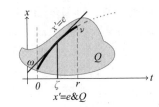

图 2.12 连续程序动态的图解

定义 2.6(连续程序的语义) 初始状态 ω 通过连续程序 $x_1'=e_1,\cdots,x_n'=e_n\,\&\,Q$ 可到达状态 ν，当且仅当在某一持续时间 $r\geqslant0$ 内，连续程序 $x_1'=e_1,\cdots,x_n'=e_n\,\&\,Q$ 存在**解** φ 使得状态 ω 可以到达状态 ν。也就是说，函数 $\varphi:[0,r]\to\mathscr{S}$ 满足

- 初始状态和最终状态都符合：$\varphi(0)=\omega$，$\varphi(r)=\nu$。
- φ 遵循微分方程：在 $[0,r]$ 范围内的每一个时间点 $\zeta\in[0,r]$，每一个变量 x_i 在状态 $\varphi(\zeta)$ 下的值 $\varphi(\zeta)[\![x_i]\!]=\varphi(\zeta)(x_i)$ 对 ζ 在 $[0,r]$ 上连续；同时，如果 $r>0$，变量 x_i 的时间导数在时间 $\zeta\in[0,r]$ 的取值为 $\varphi(\zeta)[\![e_i]\!]$，即

$$\frac{\mathrm{d}\varphi(t)(x_i)}{\mathrm{d}t}(\zeta)=\varphi(\zeta)[\![e_i]\!]$$

- 其他变量的值 $y\notin\{x_1,\cdots,x_n\}$ 在连续演化过程中保持为常量，即对于所有时间 $\zeta\in[0,r]$，有 $\varphi(\zeta)[\![y]\!]=\omega[\![y]\!]$。

- φ 一直遵循演化域：对任意时间 $\zeta \in [0,r]$，满足 $\varphi(\zeta) \in \llbracket Q \rrbracket$。

注意，这个定义明确规定，在连续程序中没有相关微分方程的变量不会改变。这里的语义是显式变化：除非程序语句指定如何变化，否则不变。进一步注意，定义 2.6 中通过使用语义函数 $\llbracket \cdot \rrbracket$，从语法到语义是显式传递的$^{\ominus}$。最后请注意，对于持续时间 $r=0$ 的情形，对于时间导数没有施加约束条件，因为仅在 0 处定义的函数没有时间导数。因此，定义 2.6 对持续时间 0 施加的唯一条件是，初始状态 ω 和最终状态 ν 都一致，并且在状态 ω 下服从演化域约束 $Q : \omega \in \llbracket Q \rrbracket$。后面的章节将稍微地细化理解，但定义 2.6 对于第一部分而言足够了。

2.8 总结

本章给出了微分方程的精确语义，以及用于描述微分方程应遵循的演化域约束的实算术一阶逻辑。表 2.1 总结了实算术的一阶逻辑运算符及其非正式含义。

表 2.1　实算术一阶逻辑(FOL)运算符及其含义

FOL	运算符	含义
$e = \widetilde{e}$	相等	当且仅当 e 与 $\widetilde{e}$ 相等，结果为真
$e \geq \widetilde{e}$	大于或等于	当且仅当 e 大于或等于 $\widetilde{e}$，结果为真
$\neg P$	否/非	当且仅当 P 为假，结果为真
$P \wedge Q$	合取/与	当且仅当 P 与 Q 都为真，结果为真
$P \vee Q$	析取/或	当且仅当 P 或 Q 任意一个为真，结果为真
$P \rightarrow Q$	蕴涵	当且仅当 P 为假或 Q 为真时，结果为真
$P \leftrightarrow Q$	双蕴涵/等价	当且仅当 P 和 Q 同时为真或同时为假时，结果为真
$\forall x P$	全称量词/所有	当且仅当对于实变量 x 的所有取值 P 都为真时，结果为真
$\exists x P$	存在量词/存在	当且仅当对于实变量 x 的某些取值 P 为真时，结果为真

虽然本章提供了连续动态的重要基础，但在随后的章节中将更详细地重新讨论其所有要素。连续程序的语义将在第 3 章讨论与离散程序的交互中重新审视。在第 4 章中将更详细地对一阶逻辑做重大泛化。事实上，甚至项的集合也将在第二部分中扩展，并将在整本书中始终伴随着我们。

2.9 附录

为了方便参考，本附录包含文献[10]中关于微分方程的一些重要结果的简要入门介绍。虽然本附录对后续章节的技术展开并不重要，但可作为有益的参考资料用于随时回顾微分方程一般理论的重要基本结论。本附录还列举了一些反例，以强调各定理中的假设是有必要的。

最重要的是，深入理解连续微分方程存在解(见 2.9.1 节)，而局部利普希茨连续(locally Lipschitz continuous)微分方程(比如连续可微微分方程)只有唯一解(见 2.9.2 节)。

2.9.1 存在性定理

一些经典的定理给出了保证微分方程解的存在性和唯一性(尽管不一定是初等函数表

$\ominus$　这非常重要但经常被忽略。非正式地，我们可以说 x 遵循 $x'=e$，但这并不意味着方程 $x'=e$ 成立，因为 x' 的具体含义是什么尚不清楚。语法变量 x 在单个状态下有明确意义，但时间导数没有。相反，沿着函数 φ 的 x 的语义值在时间 ζ 处的导数可以有良好定义。这需要在语法和语义之间来回切换。

示的闭式解)的条件。存在性定理由皮亚诺(Peano)提出[6]，其证明可以在文献[10]中找到。

定理 2.1(皮亚诺存在性定理)　令 $f:D \to \mathbb{R}^n$ 为开连通域 $D \in \mathbb{R} \times \mathbb{R}^n$ 上的连续函数。那么，满足 $(t_0, y_0) \in D$ 的初值问题(式(2.1))有解。式(2.1)的每一个解都可以延拓到任意接近 D 的边界。

皮亚诺存在性定理仅证明了解的存在，但没有给出解存在区间的大小。尽管如此，该定理仍然说明每个解都能延拓到任意接近定义域的边界。也就是说，解的图的闭包不是 D 的紧子集，这意味着解或者在全局范围 $[0, \infty)$ 内存在，或者在某个有界区间 $[0, r)$ 内存在(即解逼近 D 的边界或 r 处的无穷范数)[10]。函数 $y:J \to D$ 的图 graph(y) 定义为 $J \times D$ 的子集 $\{(t, y(t)): t \in J\}$。

皮亚诺定理证明了连续微分方程在开连通域上解的存在性，但仍然可能存在多个解。

例 2.10　(非唯一解)　如下连续微分方程的初值问题

$$\left(\begin{array}{c} y' = \sqrt[3]{|y|} \\ y(0) = 0 \end{array} \right)$$

有多个解，例如

$$y(t) = 0$$
$$y(t) = \left(\frac{2}{3} t \right)^{\frac{3}{2}}$$
$$y(t) = \begin{cases} 0, & t \leq s \\ \left(\frac{2}{3} (t-s) \right)^{\frac{3}{2}}, & t > s \end{cases}$$

其中 $s \geq 0$ 为任意非负实数。　◀

2.9.2　唯一性定理

与通常在数学中那样，令 $C^k(D, \mathbb{R}^n)$ 标记从域 D 到 $\mathbb{R}^n$ 的 k 次连续可微函数空间。向量 $v = (v_1, \cdots, v_n)$ 的欧几里得范数用 $\|v\| = \sqrt{\sum_{i=1}^{n} v_i^2}$ 标记。

如果微分方程(右侧)连续可微，那么皮卡-林德洛夫(Picard-Lindelöf)定理比皮亚诺定理给出的结果更强，它表明解是唯一的。对此回想一下，定义域为 $D \subseteq \mathbb{R} \times \mathbb{R}^n$ 的函数 $f:D \to \mathbb{R}^n$ 称为关于 y 的利普希茨连续函数，当且仅当存在 $L \in \mathbb{R}$，使得对所有 $(t, y), (t, \overline{y}) \in D$ 有：

$$\|f(t, y) - f(t, \overline{y})\| \leq L \|y - \overline{y}\|$$

如果偏导数 $\dfrac{\partial f(t, y)}{\partial y}$ 存在并且在 D 中有界，那么根据中值定理可得，f 是满足 $L = \max\limits_{(t,y) \in D} \dfrac{\partial f(t, y)}{\partial y}$ 的利普希茨连续函数。类似地，当且仅当对每个 $(t, y) \in D$ 均存在 f 的利普希茨连续的邻域，则 f 是局部利普希茨连续的。特别地，如果 f 是连续可微的，即 $f \in C^1(D, \mathbb{R}^n)$，那么 f 是局部利普希茨连续的。

皮卡-林德洛夫定理[5](也被称为柯西-利普希茨定理)保证了解的存在性和唯一性(当然，除了以下事实，即任何受限于某一子区间的解也还是解)。定理的证明可以在文献[10]中找到。

定理 2.2(皮卡-林德洛夫唯一性定理) 令 $f:D\to\mathbb{R}^n$ 为开连通域 $D\subseteq\mathbb{R}\times\mathbb{R}^n$ 上关于 y 的局部利普希茨连续函数(比如 $f\in C^1(D,\mathbb{R}^n)$)。那么满足 $(t_0,y_0)\in D$ 的初值问题(式(2.1))有唯一解。

皮卡-林德洛夫定理没有给出解的持续时间。它仅仅表明解在一个非空开区间内是唯一的。在皮卡-林德洛夫定理中的假设条件下,根据皮亚诺定理,每个解的区间都可以最大化地扩展到任意接近于定义域 D 的边界。

54

例 2.11 (二次型) 以下初值问题

$$\left(\begin{array}{c} y'=y^2 \\ y(0)=1 \end{array}\right)$$

有唯一解 $y(t)=\dfrac{1}{1-t}$,其最大存在区间为 $t<1$。尽管这个解不能扩展到其奇点 $t=1$,但可以任意接近。在该奇点,解收敛到定义域 $\mathbb{R}$ 的边界 $\pm\infty$ 上。◀

下面的全局唯一性定理给出了一个更强的性质,即当定义域为全局带状区域 $[0,a]\times\mathbb{R}^n$ 时,在区间 $[0,a]$ 上有全局解。该定理是定理 2.1 和定理 2.2 的推论,广为人知的是它用于证明定理 2.2,但同时这个定理也有其单独的意义。这一皮卡-林德洛夫定理的全局版本可以在文献[10]中找到它的直接证明。

推论 2.1(皮卡-林德洛夫定理的全局唯一性) 令 $f:[t_0,a]\times\mathbb{R}^n\to\mathbb{R}^n$ 为关于 y 的利普希茨连续函数。那么在区间 $[t_0,a]$ 上存在初值问题(式(2.1))的唯一解。

如例 2.11 所示,局部利普希茨连续不足以保证全局解的存在,但是这个全局解可以由推论 2.1 通过全局利普希茨连续得出。

2.9.3　常系数线性微分方程

对于常系数线性微分方程组这类常见问题,已经发展了成熟的理论,可以利用线性代数的经典技术得到初值问题的闭式解。

命题 2.1(常系数线性微分方程) 对于一个常数矩阵 $A\in\mathbb{R}^{n\times n}$,初值问题

$$\left(\begin{array}{c} y'(t)=Ay(t)+b(t) \\ y(\tau)=\eta \end{array}\right) \tag{2.10}$$

有(唯一)解

$$y(t)=\mathrm{e}^{A(t-\tau)}\eta+\int_\tau^t \mathrm{e}^{A(t-s)}b(s)\mathrm{d}s$$

其中矩阵的指数根据一般幂级数(推广到矩阵)定义:

$$\mathrm{e}^{At}=\sum_{n=0}^\infty \frac{1}{n!}A^n t^n$$

55

命题的证明、更多细节以及更一般的结果可在文献[10]中找到。如果矩阵 A 是幂零的,即对于某个 $n\in\mathbb{N}$,有 $A^n=0$,并且项 $b(t)$ 是 t 的多项式,那么上面初值问题的解是多项式函数,因为矩阵的指数级数止于 A^n,因而是 t 的有限多项式

$$\mathrm{e}^{At}=\sum_{k=0}^\infty \frac{1}{k!}A^k t^k=\sum_{k=0}^{n-1} \frac{1}{k!}A^k t^k$$

由于多项式对加法和乘法是封闭的,这种代数结构称为多项式环,也称为多项式代数[1],而且变量 t 的多项式对积分是封闭的(即对变量 t 的一元多项式积分,得到的是另一个这样的多项式),命题 2.1 给出的解为多项式。此外,根据定理 2.2,这个解是唯一的。这样

的多项式对于形式化验证特别有用，因为得到的算术是可判定的。但是，保证获得这种简单解需要非常强的假设。

例 2.12（直线加速运动）　对例 2.4 中的初值问题，我们之前猜测了该微分方程组的解，然后将解代入微分方程以检查它是否正确。但是我们最初如何通过计算而不是猜测的方法得到解呢？式(2.2)中 $x'=v$，$v'=a$ 是常系数线性微分方程。在向量标记法中，我们令 $y(t):=(x(t),v(t))$，式(2.2)的向量等价形式(式(2.3))可以用显式线性形式(式(2.10))重写如下：

$$\begin{cases} y'(t)=\begin{pmatrix} x \\ v \end{pmatrix}'(t)=\begin{pmatrix} 0 & 1 \\ 0 & 0 \end{pmatrix}\begin{pmatrix} x(t) \\ v(t) \end{pmatrix}+\begin{pmatrix} 0 \\ a \end{pmatrix}=:\boldsymbol{A}y(t)+b(t) \\ \\ y(0)=\begin{pmatrix} x \\ v \end{pmatrix}(0)=\begin{pmatrix} x_0 \\ v_0 \end{pmatrix}=:\eta \end{cases}$$

这个线性微分方程组具有命题 2.1 需要的形式，即有常数系数矩阵 $\boldsymbol{A}$。首先，我们计算矩阵 $\boldsymbol{A}$ 的指数级数，由于 $\boldsymbol{A}^2=0$，计算很快终止：

$$e^{\boldsymbol{A}t}=\sum_{n=0}^{\infty}\frac{1}{n!}\boldsymbol{A}^n t^n=\boldsymbol{A}^0+\boldsymbol{A}t+\frac{1}{2!}\underbrace{\boldsymbol{A}^2 t^2}_{0}+\underbrace{\boldsymbol{A}^2}_{0}\sum_{n=3}^{\infty}\frac{1}{n!}\boldsymbol{A}^{n-2}t^n$$

$$=\begin{pmatrix} 1 & 0 \\ 0 & 1 \end{pmatrix}+\begin{pmatrix} 0 & 1 \\ 0 & 0 \end{pmatrix}t=\begin{pmatrix} 1 & t \\ 0 & 1 \end{pmatrix}$$

现在命题 2.1 可以用来计算这个微分方程的解：

$$y(t)=e^{\boldsymbol{A}t}\eta+\int_0^t e^{\boldsymbol{A}(t-s)}b(s)\,ds$$

$$=\begin{pmatrix} 1 & t \\ 0 & 1 \end{pmatrix}\begin{pmatrix} x_0 \\ v_0 \end{pmatrix}+\int_0^t\begin{pmatrix} 1 & t-s \\ 0 & 1 \end{pmatrix}\begin{pmatrix} 0 \\ a \end{pmatrix}ds$$

$$=\begin{pmatrix} x_0+v_0 t \\ v_0 \end{pmatrix}+\int_0^t\begin{pmatrix} at-as \\ a \end{pmatrix}ds$$

$$=\begin{pmatrix} x_0+v_0 t \\ v_0 \end{pmatrix}+\begin{pmatrix} \int_0^t (at-as)\,ds \\ \int_0^t a\,ds \end{pmatrix}$$

$$=\begin{pmatrix} x_0+v_0 t \\ v_0 \end{pmatrix}+\begin{pmatrix} ats-\frac{a}{2}s^2 \\ as \end{pmatrix}\Big|_{s=0}^{s=t}$$

$$=\begin{pmatrix} x_0+v_0 t \\ v_0 \end{pmatrix}+\begin{pmatrix} at^2-\frac{a}{2}t^2 \\ at \end{pmatrix}-\begin{pmatrix} a\cdot 0^2-\frac{a}{2}\cdot 0^2 \\ a\cdot 0 \end{pmatrix}$$

$$=\begin{pmatrix} x_0+v_0 t+\frac{a}{2}t^2 \\ v_0+at \end{pmatrix}$$

最后一个等式正是我们在例 2.4 中猜测并检验的解。现在我们已经用构造的方法计算出来了。计算微分方程解的另一种方法是通过定理证明[7]。◀

2.9.4　延拓与连续依赖

微分方程的解可以通过串接延拓到其最大存在区间。知道这一点有时是非常有用的。以下结果是将经典结论[10]推广到向量微分方程，并可用于对解进行扩展。

命题 2.2(解的延拓)　令 $f:D\to\mathbb{R}^n$ 为开连通域 $D\subseteq\mathbb{R}\times\mathbb{R}^n$ 上的连续函数。如果 φ 是微分方程 $y'=f(t,y)$ 在 $[0,b)$ 上的解，其图像 $\varphi([0,b))$ 位于紧集 $A\subseteq D$ 内，那么 φ 可以延拓到区间 $[0,b]$ 上。更进一步，如果 φ_1 是微分方程 $y'=f(t,y)$ 在 $[0,b]$ 上的解，φ_2 是微分方程 $y'=f(t,y)$ 在 $[b,c]$ 上的解，同时满足 $\varphi_1(b)=\varphi_2(b)$，那么其串接

$$\varphi(t):=\begin{cases}\varphi_1(t),& 0\leqslant t\leqslant b\\ \varphi_2(t),& b<t\leqslant c\end{cases}$$

是在 $[0,c]$ 上的解。

利普希茨连续初值问题的解连续依赖于初值，并允许通过利普希茨常数获得对误差的估计。相关证明与更一般的结果参见文献[10]。

57

命题 2.3(利普希茨估计)　令 J 为(包含 0)的区间，$f:D\to\mathbb{R}^n$ 为开连通域 $D\subseteq J\times\mathbb{R}^n$ 上的连续函数，且 f 在 D 上关于 y 利普希茨连续，其利普希茨常数为 L。令 y 为初值问题 $y'=f(t,y(t))$，$y(0)=y_0$ 在 J 上的解，而 z 是一个满足如下条件的近似解：

$$\|z(0)-y(0)\|\leqslant\gamma,\ \|z'(t)-f(t,z(t))\|\leqslant\delta$$

那么对于所有 $t\in J$，都有：

$$\|y(t)-z(t)\|\leqslant\gamma\mathrm{e}^{L|t|}+\frac{\delta}{L}(\mathrm{e}^{L|t|}-1)$$

这里 J 是包含 0 的任意区间，即 $0\in J$，同时 $\mathrm{graph}(y),\ \mathrm{graph}(z)\subseteq D$。

习题

2.1　假设 $\omega(x)=7$，请解释为什么 $4+x\cdot 2$ 在状态 ω 下的值等于 $\omega[\![4+x\cdot 2]\!]=18$。对于满足 $\nu(x)=-4$ 的状态 ν，相同的项 $4+x\cdot 2$ 的值是多少？在相同的状态 ν 下，项 $4+x\cdot 2+x\cdot x\cdot x$ 的值是多少？在 $\nu(x)=-4$ 且 $\nu(y)=7$ 的状态下它的值变为多少？假设 $\omega(x)=7$ 且 $\omega(y)=-1$，请解释为什么 $x\cdot 2+y\cdot y$ 的值为 $\omega[\![x\cdot 2+y\cdot y]\!]=15$。在满足 $\nu(x)=-4$ 且 $\nu(y)=7$ 的状态 ν 下，$x\cdot 2+y\cdot y$ 的值是多少？

2.2　减法 $e-\tilde{e}$ 隐含可用，因为它可以通过 $e+(-1)\tilde{e}$ 来定义。实践中，我们可以假设 $e-\tilde{e}$ 符合语法，但在理论研究时可忽略 $e-\tilde{e}$，因为它不是标准语法的一部分。那么取负 $-e$ 呢？取负也隐含可用吗？除法 $e/\tilde{e}$ 和幂 $e^{\tilde{e}}$ 呢？

2.3　**(超速)**　考虑一辆汽车正在限速为 35 英里/小时(mph)或者 50 公里/小时(km/h)的路上行驶，这时有一头鹿冲到路上，鹿在车前的距离恰好足以让汽车从限速停下来。假设这辆车以 45 英里/小时或 70 公里/小时的速度超速行驶，那么当它撞到这头受惊的鹿时，汽车的速度还有多少？假设刹车的有效减速度为某些路面条件下的典型值 $a=-6$ 米/秒^2(m/s^2)。当驾驶员需要 2 秒的反应时间时，答案如何变化？

2.4　**(变化的加速度)**　某些理想物理过程的设定下，不仅要考虑位置 x、它的变化率(即速度 v)以及速度的变化率(即加速度 a)，还要考虑加速度 a 的连续变化率，称为加加速度(jolt)或急动度(jerk)j。例如，当车辆突然变换档位，或当车辆即将停止而没有松开刹车时，可能会发生急动的现象。求解由此得到的直线加加速运动的微分方程：

$$x'=v,\quad v'=a,\quad a'=j$$

58

2.5　**(机器人沿平面圆形曲线运动)**　本习题为在二维平面中运动的机器人建立其连续动态的微分方程。考虑在点 (x,y) 且面朝方向 (v,w) 的机器人。当机器人沿着虚曲线移动时，其方向 (v,w) 同时以角速度 ω 旋转。

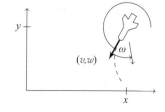

建立微分方程组，描述机器人的位置和方向如何随时间变化。从考虑(v,w)的旋转入手，然后考虑(x,y)在固定方向(v,w)上的运动，最后将两种类型的运动放在一起，构建得到该微分方程。你是否可以将上述动态一般化，以考虑机器人加速运动时线性地面速度的加速度？

2.6 下表列出了许多微分方程及其解。这些是正确的解吗？还有其他的解吗？在哪些方面解比它们的微分方程有更复杂的特征？

常微分方程（ODE）	解	常微分方程（ODE）	解
$x'=1$，$x(0)=x_0$	$x(t)=x_0+t$	$x'(t)=tx$，$x(0)=x_0$	$x(t)=x_0\mathrm{e}^{\frac{t^2}{2}}$
$x'=5$，$x(0)=x_0$	$x(t)=x_0+5t$	$x'=\sqrt{x}$，$x(0)=x_0$	$x(t)=\dfrac{t^2}{4}\pm t\sqrt{x_0}+x_0$
$x'=x$，$x(0)=x_0$	$x(t)=x_0\mathrm{e}^t$	$x'=y$，$y'=-x$，$x(0)=0$，$y(0)=1$	$x(t)=\sin t$，$y(t)=\cos t$
$x'=x^2$，$x(0)=x_0$	$x(t)=\dfrac{x_0}{1-tx_0}$	$x'=1+x^2$，$x(0)=0$	$x(t)=\tan t$
$x'=\dfrac{1}{x}$，$x(0)=1$	$x(t)=\sqrt{1+2t}$	$x'(t)=\dfrac{2}{t^3}x(t)$	$x(t)=\mathrm{e}^{-\frac{1}{t^2}}$ 非解析
$y'(x)=-2xy$，$y(0)=1$	$y(x)=\mathrm{e}^{-x^2}$	$x'(t)=\mathrm{e}^{t^2}$	非初等闭式

**2.7 当我们只需在一个开区间$\zeta\in(0,r)$而不是在闭区间$\zeta\in[0,r]$内一直遵循微分方程时，定义2.6中给出的微分方程语义是否需要改变？

59

2.8 复习常微分方程理论。研究本章附录中哪些定理适用于本章给出的微分方程示例。

2.9 **（永真的量化公式）** 用量词的语义，证明以下一阶逻辑公式是永真的，即在所有状态下均为真：

$$(\forall x\,p(x))\to(\exists x\,p(x))$$
$$(\forall x\,p(x))\to p(e)$$
$$\forall x(p(x)\to q(x))\to(\forall x\,p(x)\to\forall x\,q(x))$$

在第二个公式中，e是任意项，$p(e)$在这里应理解为由公式$p(x)$通过用项e替换所有（以自由变量形式出现的）变量x而得到的。$p(x)$中x如果在另一个量词的作用范围内，其存在形式不再是自由的，而是受约束的，这样的x不应被替换。注意避免变量捕获，即x不在限定e某个变量的量词作用范围内，因为此时用e代替x会使得e中的自由变量受限。

*2.10 **（二值语义）** 项的语义由探索2.2中的实值映射$[\![e]\!]:\mathscr{S}\to\mathbb{R}$定义。通过定义公式$P$为真的状态集$[\![P]\!]$，定义2.5给出了公式的语义。现在，通过使用定义每个状态ω下公式P真假值$[\![P]\!]_\mathbb{B}(\omega)$的函数$[\![P]\!]_\mathbb{B}:\mathscr{S}\to\{\texttt{true},\texttt{false}\}$，给出对一阶公式语义的等价定义。通过证明当且仅当公式P在状态ω下为真时，新的真假值语义的值为真，来证明这两种语义的等价性：

$$[\![P]\!]_\mathbb{B}(\omega)=\texttt{true}\quad\text{当且仅当}\quad\omega\in[\![P]\!]$$

2.11 **（项的解释器）** 自己选择一门编程语言，为在定义2.2中的项选择一种递归数据结构，并让所有变量取有理数值而不是实数值，从而提供状态空间的有限表示法。编写计算机程序实现项的解释器，即给定状态ω和项e，通过使用递归函数实现定义2.4来计算$\omega[\![e]\!]$的值。根据定义2.3给一阶公式编写一个类似的解释器，即给定状态ω和公式P，当且仅当$\omega\in[\![P]\!]$时返回"是"。上面哪些情况有问题？

∗∗2.12 (**集值语义**)　对逻辑公式，至少有两种不同的风格赋予其含义。一种方法是归纳定义状态 ω 和 dL 公式 P 之间的满足关系 $\models$，即每当在状态 ω 下公式 P 为真时该关系成立，写为 $\omega \models P$。其定义包括以下定义 2.5 中标记法的变化：

$$\omega \models e \geqslant \tilde{e} \quad \text{当且仅当} \quad \omega[\![e]\!] \geqslant \omega[\![\tilde{e}]\!]$$

$$\omega \models P \wedge Q \quad \text{当且仅当} \quad \omega \models P \text{ 且 } \omega \models Q$$

另一种方法是对于每个 dL 公式 P，归纳定义 P 为真的状态集，写为 $[\![P]\!]$。其定义将包括以下情形：

$$[\![e \geqslant \tilde{e}]\!] = \{\omega : \omega[\![e]\!] \geqslant \omega[\![\tilde{e}]\!]\}$$

$$[\![P \wedge Q]\!] = [\![P]\!] \cap [\![Q]\!]$$

完成两种定义语义的方法，并证明它们是等价的。也就是说，对于所有状态 ω 和所有一阶公式 P，当且仅当 $\omega \in [\![P]\!]$ 时，$\omega \models P$。

这样的证明可以通过对 P 结构的归纳来完成。也就是说，考虑每种情况，比如 $P \wedge Q$，基于归纳假设，即该猜想对较小的子公式应成立：

$$\omega \models P \quad \text{当且仅当} \quad \omega \in [\![P]\!]$$

$$\omega \models Q \quad \text{当且仅当} \quad \omega \in [\![Q]\!]$$

由此证明当且仅当 $\omega \in [\![P \wedge Q]\!]$ 时，$\omega \models P \wedge Q$。

2.13　请解释预期哪些公式特别常用于信息物理系统中的演化域约束。

参考文献

[1]　Nicolas Bourbaki. *Algebra I: Chapters 1–3*. Elements of mathematics. Berlin: Springer, 1989.

[2]　Kenneth Eriksson, Donald Estep, Peter Hansbo, and Claes Johnson. *Computational Differential Equations*. Cambridge: Cambridge University Press, 1996.

[3]　Leonhard Euler. *Institutionum calculi integralis*. St Petersburg: Petropoli, 1768.

[4]　Philip Hartman. *Ordinary Differential Equations*. Hoboken: John Wiley, 1964.

[5]　M. Ernst Lindelöf. Sur l'application de la méthode des approximations successives aux équations différentielles ordinaires du premier ordre. *Comptes rendus hebdomadaires des séances de l'Académie des sciences* **114** (1894), 454–457.

[6]　Giuseppe Peano. Demonstration de l'intégrabilité des équations différentielles ordinaires. *Mathematische Annalen* **37**(2) (1890), 182–228. DOI: 10.1007/BF01200235.

[7]　André Platzer. A complete uniform substitution calculus for differential dynamic logic. *J. Autom. Reas.* **59**(2) (2017), 219–265. DOI: 10.1007/s10817-016-9385-1.

[8]　William T. Reid. *Ordinary Differential Equations*. Hoboken: John Wiley, 1971.

[9]　Gerald Teschl. *Ordinary Differential Equations and Dynamical Systems*. Providence: AMS, 2012.

[10]　Wolfgang Walter. *Ordinary Differential Equations*. Berlin: Springer, 1998. DOI: 10.1007/978-1-4612-0601-9.

选择与控制

概要 本章使用编程语言开发描述信息物理系统行为的核心动态系统模型。通过解释信息物理系统中选择与控制所引起的离散动态，对之前连续动态的理解作了补充。本章直接将微分方程与离散编程语言集成在一起，以此提供微分方程的连续动态与传统计算机程序的离散动态之间的接口。这在基本的离散和连续语句上利用了成熟的编程语言结构，以此得到作为信息物理系统核心编程语言的**混成程序**。除了包含微分方程以外，混成程序适用于信息物理系统的重要原因是语义上泛化到对实数的数学处理，以及非确定性运算符。

3.1 引言

第 2 章初步介绍了信息物理系统，但只以微分方程 $x' = f(x)$ 的形式强调了它们的连续部分。连续物理功能与信息功能之间唯一的接口是通过其演化域。连续程序 $x' = f(x)$ & Q 中的演化域 Q 对系统沿着该微分方程演变的距离或时间施加了限制。假设连续演化已经成功完成，并且系统停止遵循其微分方程，原因是如果系统继续运行，其状态将离开演化域 Q。然后会发生什么？信息部分如何接管？我们如何描述信息元素后来的计算结果？如何解释信息与物理的相互作用？

对 CPS 的全面理解最终需要理解其离散动态和连续动态的联合模型。例如，需要这两者才能理解离散汽车控制器通过发动机和转向执行器对汽车在道路上的连续物理运动产生的影响。连续程序是描述连续过程（例如连续运动）非常强大的模型。然而，它们不能独自对变量的离散变化建模[⊖]。这种离散状态变化是计算机决策对信息物理系统影响的很好的模型，比如其中计算得到的决策是停止加速并刹车。在沿着微分方程演化期间，例如描述直线加速运动的方程 $x' = v$，$v' = a$，所有变量都随时间连续变化，因为微分方程的解（足够）光滑。变量不连续的变化（例如通过踩刹车让加速度从 $a = 2$ 变为 $a = -6$）是由计算机一次一步地计算得出决策而导致的状态的离散变化。微分方程演化期间时间会流逝，但是即时的离散变化是不耗时间的（对需要花费时间的计算建模很容易，将两者混合即可）。什么样的模型可以描述系统中的这种离散变化呢？

离散变化可以用不同的模型来描述。最广为人知的是传统的编程语言，其中所有的变化都是一次一步离散地产生影响，正如计算机处理器一个时钟周期操作一次。

然而，CPS 结合了信息和物理过程。在 CPS 中，我们不是对计算机编程，而是对信息物理系统编程。我们对控制物理过程的计算机编程，这需要 CPS 的编程语言能够包含物理过程，并将微分方程与离散的计算机操作无缝集成。这里的基本思想是，离散语句由计算机处理器执行，而连续语句由物理元素处理，例如车轮、发动机或制动器。CPS 程序需要混合两者，才能准确描述离散动态和连续动态的组合。

我们选择哪种离散程序语言来丰富第 2 章中的连续语句，这一点重要吗？也许可以主张，

⊖ 从某种更深刻的意义上^[20]来说，连续动态和离散动态有着惊人的相似性。但即便如此，理解这些相似之处仍需要我们首先理解混成系统的基础。

对于 CPS 而言其混成特性比对离散语言的选择更重要。毕竟，有许多传统的编程语言都是图灵等价的，即它们计算的函数相同[3,10,26]。但离散编程语言之间仍然存在许多显著的差异，使得某些语言比其他语言更可取[7]。我们将特别针对 CPS 查明语言中其他想要的特点。我们将随之开发我们所需要的功能，最终形成混成程序这一编程语言[16-21]，它在本书中起了基础性的作用。

其他领域(如自动机理论和形式语言理论[10]或 Petri 网[15])也给出了离散变化的模型。这些模型也有办法用微分方程来增广[1,4,13-14]。但编程语言具有独特的优势来扩展其内在的合成性这一优点。正如传统程序的含义和效果是其各部分的函数一样，混成程序的含义和操作也是其各部分的函数。

本章最重要的学习目标如下所示。

建模与控制：本章在理解和设计 CPS 模型方面起着中枢作用。我们通过研究离散动态和连续动态如何组合并相互作用以分别对信息和物理建模，来理解 CPS 背后的核心原理。我们的第一个示例是为一个简单的 CPS 系统开发模型和控制。即使后续章节会淡化信息=离散而物理=连续这样过于简化的分类，现在将它们等同起来还是有用的，因为快速的信息、计算和决策会导致离散动态，而物理自然会产生连续动态。后面的章节将表明某些物理现象用离散动态建模更好，而某些控制器也表现出连续动态特性。

计算思维：我们引入并研究非确定性这一重要现象，它对于开发 CPS 运行环境的真实模型至关重要，也有助于开发 CPS 本身的有效模型。我们强调抽象化的重要性，这是 CPS 以及计算机科学所有其他部分必不可少的模块化组织原则。我们用混成程序这一编程语言描述 CPS 的核心特性。

CPS 技能：我们开发对 CPS 操作效果的直觉，以及对混成程序这一编程语言语义的理解，混成程序是本书所基于的 CPS 模型。

3.2 混成程序的逐步介绍

本节逐步介绍混成程序提供的操作。在后续章节提供全面的视角之前，本节的重点是混成程序的动机和直观的发展。我们现在考虑的驱动示例非常简单，但仍然很好地介绍了 CPS 编程这一领域。随着理解的深入，我们之后将对它们的设计进行增广。

3.2.1 混成程序的离散变化

当为变量赋新值时，计算机程序中会立即发生离散变化。语句 $x:=e$ 将 e 的值赋给变量 x，方法是对 e 求值，并将结果赋给变量 x。这一语句导致离散的、不连续的变化，因为 x 的值不是随时间光滑地变化，而是当 e 的值突然赋给 x 时发生的急剧变化。

这在第 2 章连续变化模型 $x'=f(x)\,\&\,Q$ 之外，为我们提供了一个离散变化的模型，即 $x:=e$。现在我们可以对离散的系统或者连续的系统建模。然而，我们怎样对严格意义上的 CPS 建模？这些 CPS 结合信息和物理从而同时结合离散动态和连续动态。每当系统具有连续动态(例如汽车沿街的连续运动)以及离散动态(例如换档)时，我们都需要这种混合行为，见图 3.1。

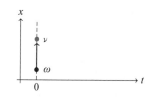

图 3.1　在时间 $t=0$ 时瞬时离散变化的图示

3.2.2　混成程序的合成

计算机为物理提供输入是信息与物理交互的一种方式。物理可能会涉及如加速度 a 这样的变量，计算机程序则根据它是想加速还是制动来设置 a 的值。也就是说，信息可以设置影响物理的执行器的值。

在这种情况下，信息和物理交互的方式是首先信息部分采取某些动作，然后物理部分跟着动作。这种行为对应于顺序合成（$\alpha;\beta$），其中顺序合成运算符（;）左侧的 HP α 首先运行，当它完成后，运算符 ; 右侧的 HP β 运行。下面的 HP[⊖]

$$a:=a+1;\{x'=v,v'=a\} \tag{3.1}$$

首先让信息部分产生离散变化，将加速度变量 a 设置为 $a+1$，然后让物理遵循描述点 x 沿直线加速运动的微分方程[⊖] $x''=a$。总体效果是，信息瞬时增加加速度变量 a 的值，然后物理让 x 随着此加速度 a 连续演化（以时间导数 a 连续增加速度 v）。式（3.1）对一种情况建模，即命令加速度增加一次，然后机器人以这个固定的加速度运动；参见图 3.2。在图中，位置曲线几乎呈线性，因为速度差异很小，这是一个很好的例子说明可视化表达相比于严格的分析方法是多么有误导性。顺序合成运算符（;）与其在 Java 等编程语言中具有的效果相同。它将一个接一个地顺序执行的语句分隔开。但如果读者仔细观察，将会发现一个细微的差别，即编程语言如 Java 或 C 在每个语句的末尾都应有分号（;），而不仅仅是在顺序合成的语句之间。这种语法差异是无足轻重的，也是数学编程语言的共同特征。

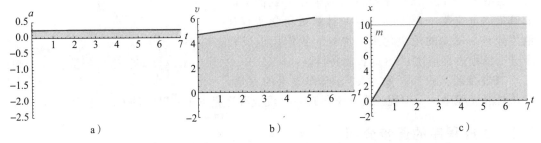

图 3.2　以下变量随时间 t 变化的图示：a) 固定加速度 a；b) 速度 v；c) 位置 x

式（3.1）的 HP 有控制动作（它设置物理运动的加速度），但它可做的选择非常少，或者说根本没有选择。因此，只有 CPS 非常幸运，加速度变大才是一直保持安全的正确动作。很可能机器人最终必须改变主意，这是我们接下来要研究的。

但首先请注意，我们目前为止看到的结构，即赋值语句、顺序合成和微分方程，已经足以表示典型的混成系统动态。以下混成程序可以表现出图 3.3 所示的系统行为：

$$a:=-2;\{x'=v,v'=a\};$$
$$a:=0.25;\{x'=v,v'=a\};$$
$$a:=-2;\{x'=v,v'=a\};$$
$$a:=0.25;\{x'=v,v'=a\};$$
$$a:=-2;\{x'=v,v'=a\};$$

⊖　请注意，微分方程周围的括号是多余的，通常会在教材或科学论文中略去。这样式（3.1）可写为 $a:=a+1;$ $x'=v,v'=a$。通常在理论开发中使用圆括号，而大括号可用于在程序中消除较大 CPS 应用的分组歧义。

⊖　我们经常使用 $x''=a$ 作为 $x'=v$，$v'=a$ 的缩写，即使在混成系统的 KeYmaera X 定理证明器中并没有正式允许使用 x''。

$$a := 0; \{x' = v, v' = a\}$$

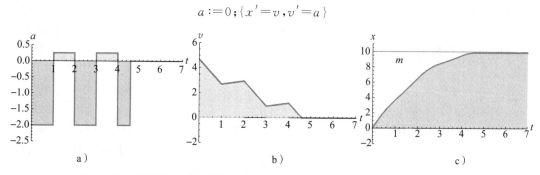

图 3.3　以下变量随时间 t 变化的图示：a) 加速度 a；b) 速度 v；c) 位置 x。加速度为分段常量函数，即在某些时刻离散地变化，而速度和位置则随时间连续变化

　　读者能否发现一个关于这个程序运行方式的问题？我们把这个问题的公式描述和答案推迟到 3.2.6 节讨论。

3.2.3　混成程序中的决策

　　通常，CPS 必须检查状态中的条件来选择采取哪种操作。否则，CPS 不可能安全，并且很可能也不会采取正确的操作来实现目标。正如在经典离散程序中那样，对这些条件编程的一种方法是使用 if-then-else 语句：

$$\text{if}(v < 4)\, a := a + 1 \quad \text{else}\, a := -b;$$
$$\{x' = v, v' = a\} \tag{3.2}$$

　　该 HP 将检验条件 $v < 4$ 以检查当前速度是否仍小于 4，如果是，则将 a 增加 1。否则，a 将设置为 $-b$，其中 $b > 0$ 为某个制动减速常量。然后，当第一行中的 if-then-else 语句完成时，该 HP 将遵循第二行中的微分方程以加速度 a 连续演化 x。

　　式(3.2)仅考虑当前速度就决定是加速还是制动。这样的信息通常不足以保证安全，因为这样的话，机器人只注意速度是否在预期内，因而可能沿途加速撞到墙壁或者其他障碍物。因此，控制机器人的程序也会考虑其他状态信息，例如障碍物 m 到机器人位置 x 的距离 $x - m$ 应足够大：

$$\text{if}(x - m > s)\, a := a + 1 \quad \text{else}\, a := -b;$$
$$\{x' = v, v' = a\} \tag{3.3}$$

　　这是否安全取决于所需的安全距离 s。控制器还可以同时考虑距离和速度来做出决策：

$$\text{if}(x - m > s \wedge v < 4)\, a := a + 1 \quad \text{else}\, a := -b;$$
$$\{x' = v, v' = a\} \tag{3.4}$$

　　注解 9(迭代设计)　为了设计严谨的控制器，通常要为系统开发一系列越来越智能的控制器，以面对越来越具挑战性的环境。为机器人或其他 CPS 设计控制器是一项严峻的挑战。读者应从针对简单情形的简单控制器开始，只有在完全理解并掌握了前一层次的控制器，了解它们能够保证什么，它们还缺乏什么功能之后，才进一步考虑更加复杂的挑战。如果控制器在简单的情况下都不能保证安全(例如，它只知道如何制动)，在更复杂的情况下也不会安全。

3.2.4　混成程序中的选择

　　CPS 模型的一个共同特征是它们通常只包含系统的某些但不是全部细节。这是有充分

68

理由的，因为包含一切的全部细节让人无所适从，并且通常会分散对系统真正重要特性的注意力。式(3.4)(在某种程度上)更完整的模型可能具有下面的形式，即用公式 S 作为额外条件，用于根据电池效率或次要考虑因素(这些因素不是安全关键因素)检查是否应当加速：

$$
\begin{aligned}
&\text{if}(x-m>s \land v<4 \land S)a:=a+1 \quad \text{else } a:=-b; \\
&\{x'=v, \ v'=a\}
\end{aligned} \tag{3.5}
$$

这样一来，式(3.4)实际上并不是式(3.5)的真实模型，因为式(3.4)坚持认为只需 $x-m>s \land v<4$ 成立就应增加加速度，而式(3.5)不同，它还需检查附加条件 S。同样，式(3.3)肯定不是式(3.5)的真实模型，但它看起来更简单。

我们如何描述一个模型，它忽略 S 的详细信息因而比式(3.5)更简单，但仍是原系统的真实模型？我们希望这个模型可以表征控制器让加速度增加 1 或者制动，且应只在满足某些安全关键条件时才能加速。但是，该模型对选择制动的具体环境的限定应该比式(3.3)少。毕竟，制动有时可能就是正确的动作，例如在即将到达目的地时。所以，我们希望模型允许在比式(3.3)更多的情况下制动，而不必精确描述这些情况是什么。如果系统对更多行为是安全的，那么其实现也是安全的，因为它只会执行已验证行为的一部分[12]。事实上，只要存在轻微的滞后或差异，现实中就可能发生额外的行为。因此，系统执行的灵活性不应破坏其安全性保障，这样的额外保证是有好处的。

注解 10(抽象化) 成功的 CPS 模型通常仅包括系统的相关特性，而略去不相关的细节。这样做的好处是模型及其分析变得简单，使得我们能够专注于关键的部分而不会陷入次要问题中。这是抽象化的强大之处，可能也是计算机科学的主要秘密武器。然而，为系统找到最佳抽象层次确实需要相当多的技巧，这种技巧应在你的整个职业生涯中持续加强。

让我们逐步开发这个模型。模型中的控制器具有的第一个特征是选择。控制器可以选择增加加速度或制动。两个动作之间的这种选择由选择运算符 $\cup$ 表示：

$$
\begin{aligned}
&(a:=a+1 \cup a:=-b) \\
&\{x'=v, v'=a\}
\end{aligned} \tag{3.6}
$$

当运行这个混成程序时，首先运行(在；之前的)第一个语句，即在运行 $a:=a+1$ 还是运行 $a:=-b$ 之间选择($\cup$)。也就是说，选择将加速度 a 增加 1 还是将 a 重置为 $-b$ 以进行制动。在该选择之后(即在顺序合成运算符；之后)，系统遵循我们常见的描述直线加速运动的微分方程 $x''=a$。

现在先等一下。这里存在一个选择。谁做出选择？如何做出选择？

注解 11(非确定性 $\cup$) 选择($\cup$)是非确定性的。也就是说，每当选择 $\alpha \cup \beta$ 运行时，就挑选两个选项 α 或 β 中的一个运行，但如何选择是非确定的，即预先没有办法知道将挑选两个选项中的哪一个。这两种结果都是完全可能的，而且安全的系统设计需要准备处理任何一种结果。

式(3.6)是式(3.5)真实的抽象[12]，因为式(3.6)可以模拟式(3.5)的任何运行方式，使得式(3.6)的结果契合式(3.5)的结果。每当式(3.5)运行 $a:=a+1$，即 $x-m>s \land v<4 \land S$ 为真时，式(3.6)只需选择运行左选项 $a:=a+1$。每当式(3.5)运行 $a:=-b$，即 $x-m>s \land v<4 \land S$ 为假时，式(3.6)只需选择运行右选项 $a:=-b$。所以式(3.5)的所有运行都是式(3.6)的可能运行。此外，式(3.6)比式(3.5)简单得多，因为前者包含的细节较少，比如它没有涉及复杂的额外条件 S。但是，式(3.6)有点过于宽泛了，因为突然之

间，即使速度已经太快或者距离障碍只有很小的距离，它仍然允许控制器选择 $a := a + 1$。这样，即使式(3.5)是安全的控制器，式(3.6)仍然是不安全的，因而不是一个非常合适的抽象。

3.2.5　混成程序中的测试

为了对式(3.5)建立一个真实但不过度宽泛的抽象，我们需要限制式(3.6)中允许的选择，以便有其足够的灵活性，但是只在目前安全的情况下能选择加速 $a := a + 1$。这样做的方法是测试系统的当前状态。

测试 $?Q$ 是检查当前状态下实算术一阶公式 Q 的真假值的语句。如果 Q 在当前状态下成立，则测试通过，没有其余动作，且该 HP 继续正常运行。相反，如果 Q 在当前状态下不成立，则测试失败，系统执行中止并被丢弃。也就是说，如果当前状态为 ω，$\omega \in [\![Q]\!]$ 时则 $?Q$ 运行成功且当前状态不变。否则，$\omega \notin [\![Q]\!]$，$?Q$ 所在的运行中止并且接下来不再考虑，因为它不符合系统规则。

当然，很难确定在哪些情况下哪种控制选择是安全的，答案还取决于安全目标是限制速度还是与其他障碍物保持安全距离。对于本章中的模型，我们简单假设 $v < 4$ 是适当的安全性条件，并在后面的章节中重新讨论如何设计和解释这些条件。

测试语句 $?(v < 4)$，或者写为 $?v < 4$，可用来修正式(3.6)以便仅在 $v < 4$ 时允许加速，同时始终允许制动：

$$((?v < 4 ; a := a + 1) \cup a := -b); \qquad (3.7)$$
$$\{x' = v, v' = a\}$$

式(3.7)的第一条语句是在 $(?v < 4 ; a := a + 1)$ 和 $a := -b$ 中选择($\cup$)。混成程序中的所有选择都是非确定性的，因此任何结果都是可能的。在式(3.7)中，这意味着左选项总是可以作为备选，右选项也是一样。然而，左选项的第一条语句是测试 $?v < 4$，系统运行必须通过该测试才能继续。具体而言，如果 $v < 4$ 在当前状态下确实为真，则系统通过测试 $?v < 4$，并且继续执行顺序合成(;)之后的语句 $a := a + 1$。然而，如果 $v < 4$ 在当前状态下为假，则系统未通过测试 $?v < 4$，当前运行中止且被抛弃。右选项制动是始终可用的，因为它无须通过任何测试。

注解 12(丢弃失败的运行)　测试 $?Q$ 失败的系统运行将被丢弃并且不再考虑，因为失败的运行不符合系统规则。就好像那些失败的系统执行尝试从未发生过一样。即使某次执行尝试失败，其他运行仍可能成功。操作上，你可以想象通过回溯系统运行中所有可能的选择并用另一个选项来代替，以此找到成功的运行。

原则上，运行式(3.7)时总有两种选择。但是，哪一个选择实际上能够成功运行取决于当前状态。如果汽车现在的速度很慢(所以测试 $?v < 4$ 会成功)，那么加速和制动这两个选项都是可能的且都能够成功执行。否则，只有制动这一选项能够执行，因为尝试左选项将无法通过测试 $?v < 4$ 并将被丢弃。这两种选择形式上都是存在的，但在这种情况下只有一种选择会成功。

注解 13(成功运行)　注意，只有成功执行的 HP 运行才会考虑，而所有其他的运行将因为不符合系统规则而被丢弃。例如 $?v < 4 ; v := v + 1$ 只能在 $v < 4$ 的状态下运行，而在其他状态下则没有此 HP 的成功运行。失败的运行会被完全丢弃，所以 HP $v := v + 1 ; ?v < 4$ 也只能在 $v < 3$ 的状态下运行。操作上，读者可以想象一步一步地运行该 HP，如果任何一个测试失败了，则回退所有更改。$v := v + 1$ 会加快速度，但是除非这一新的速度值成功

通过后续测试$?v<4$，否则这个更改将被撤销，且整个运行会被抛弃。

比较式(3.7)和式(3.5)，我们看到式(3.7)是对更复杂的式(3.5)的真实抽象，因为式(3.7)可以模拟式(3.5)的所有运行。然而，与中间猜测的式(3.6)不同，改进后的式(3.7)的 HP 仍然保留了式(3.5)中当 $v<4$ 时才允许加速这一关键信息。与式(3.5)不同，式(3.7)并不限制在满足 $v<4 \land S$ 的情况下才能选择加速。因此，式(3.7)比式(3.5)更宽泛。但是式(3.7)也更简单，它只包含有关控制器的重要信息。因此，式(3.7)是式(3.5)的更抽象但是真实的模型，它仅保留相关的细节。研究抽象的式(3.7)而不是更具体的式(3.5)的优势在于，只需要理解相关的细节，而可以忽略不相关的特性。这还有一个额外的好处，即式(3.7)允许的行为很多，对这一更加抽象模型的安全性分析蕴涵了式(3.5)这一特殊具体情形的安全性，也蕴涵了式(3.7)的其他实现的安全性。例如，在式(3.5)中用不同条件替换 S 仍然得到式(3.7)的特殊情况。因此，如果式(3.7)的所有行为都是安全的，那么该不同替换的所有行为都将是安全的。通过仅仅对更一般、更抽象的系统作一次验证，我们可以验证整类系统而不仅仅是某个特定系统。这一重要现象[12]将在本书的后续部分得到更详细的研究。

当然，哪些细节是相关的以及哪些细节可以简化取决于正在分析的问题，我们将在后面的章节中更好地回答这个问题。目前，就目的而言，可以说式(3.7)具有合适的抽象层次。

注解 14(非确定性的广泛意义)　　出于抽象化的原因，在上述实例中采用非确定性将系统模型集中在系统的最关键特性上，同时忽略不相关的细节。这种简化是在系统模型中引入非确定性的一个重要原因，但也有其他重要原因。每当系统中包含其环境的模型时，非确定性模型是至关重要的，因为我们通常只能部分了解环境的行为。例如，汽车控制器并不总能确切知道它所在环境中其他汽车或行人将会做什么，因此非确定性模型是唯一真实的表示方法。

在我们的环境中，另一辆汽车加速度 c 的控制器的非常合理的模型是不确定地加速或者制动，例如 $c:=2 \cup c:=-b$，因为无论如何，我们无法完美预测哪一种可能将要发生。

注意，根据符号惯例，顺序合成运算符；比非确定性选择 $\cup$ 约束力更强，所以我们可以在不改变式(3.7)的同时省略括号：

$$(?v<4;a:=a+1 \cup a:=-b);$$
$$\{x'=v,v'=a\} \tag{3.7*}$$

3.2.6　混成程序中的重复

上面的混成程序很有趣，但它只允许控制器最多选择一次控制动作。到目前为止，所有的控制器都在测试或 if-then-else 条件下检查一次状态，然后做一次选择，接着就让物理接管并遵循微分方程演化。这使得控制器的生命周期十分短暂。它们在生命周期中只有一次任务。而且，它们做出的大部分决策可能最终在某个时候变得糟糕。考虑一个这样的控制器，例如式(3.7)，它检查状态并可能发现现在仍然可以加速。假设它选择 $a:=a+1$ 然后让物理遵循微分方程 $x''=a$ 运动，但是很可能增加加速度在将来某个时候不再是一个好主意。但是式(3.7)的控制器无法改变主意了，因为它不能选择了，也不能再进行任何控制了。

如果假设式(3.7)的控制器能够在物理遵循微分方程一段时间之后进行第二次控制选择，则简单地将式(3.7)与自身顺序合成就可以：

$$((?v<4;a:=a+1)\bigcup a:=-b);$$
$$\{x'=v,v'=a\};$$
$$((?v<4;a:=a+1)\bigcup a:=-b); \qquad (3.8)$$
$$\{x'=v,v'=a\}$$

在式(3.8)中，信息控制器可以首先选择加速或制动(取决于当前状态下 $v<4$ 是否为真)，接着物理沿着微分方程 $x''=a$ 演化一段时间，然后控制器可以再次选择是加速还是制动(取决于在此时达到的状态下 $v<4$ 是否为真)，最终物理部分再次沿 $x''=a$ 演化。

对于允许有第三次选择的控制器，复制粘贴依然有用：

$$((?v<4;a:=a+1)\bigcup a:=-b);$$
$$\{x'=v,v'=a\};$$
$$((?v<4;a:=a+1)\bigcup a:=-b);$$
$$\{x'=v,v'=a\}; \qquad (3.9)$$
$$((?v<4;a:=a+1)\bigcup a:=-b);$$
$$\{x'=v,v'=a\}$$

但是这样的建模风格既不特别简练也不是特别有用。如果控制器需要 10 次或者 100 次控制决策呢？或者没有办法提前知道信息部分为了达到目的需要多少次控制决策呢？想想从巴黎开车到罗马可能需要多少次控制决策。你能提前知道吗？即使你能提前知道，你想通过复制其控制器这么多次来完成系统的建模？

注解 15(重复) 作为描述重复控制选择的更简洁且更一般的方式，混成程序允许使用重复运算符 *，它和在正则表达式中的 Kleene 星号运算符的用法一样，除了它适用于混成程序 α，即 α^*。它通过非确定性地选择重复 α 任意 $n\in\mathbb{N}$ 次，包括 0 次。

以编程方式对式(3.7)、式(3.8)、式(3.9)以及式(3.7)的无穷多可能的 n 次(对任意 $n\in\mathbb{N}$)重复进行总结，就是使用重复运算符：

$$(((?v<4;a:=a+1)\bigcup a:=-b);$$
$$\{x'=v,v'=a\})^* \qquad (3.10)$$

这一 HP 可以重复式(3.7)任意次数(0，1，2，3，4，…)。当然，重复循环半次或负 5 次是没有意义的，所以重复计数 $n\in\mathbb{N}$ 仍然必须是某个自然数。

但是，像式(3.10)这样的非确定性重复到底重复多少次？这一选择仍然是非确定性的。

注解 16(非确定性 *) 重复(*)是非确定的。也就是说，程序 α^* 可以重复 α 任意 $n\in\mathbb{N}$ 次。对 α 运行次数的选择是非确定的，即无法预先告知 α 将重复多少次。

然而等一下，每次运行式(3.10)中的循环时，在循环迭代中将沿 $\{x'=v, v'=a\}$ 连续演化多长时间？或者，实际上，即使在式(3.8)中没有循环，在控制器的第二次控制选择之前，第一次运行 $x''=a$ 多长时间？甚至，式(3.7)中连续演化多长时间？

即使遵循单个微分方程演化也会面临选择，无论微分方程的解本身多么有确定性！即使微分方程的解是唯一的(根据第 2 章，在我们考虑的足够光滑的情况下即是如此)，遵循该解演化多长时间仍然是个选择问题。就如在混成程序一直以来的情形一样，这种选择是非确定的。

注解 17(非确定性 $x'=f(x)$) 微分方程 $(x'=f(x)\&Q)$ 演化的持续时间是非确定的，除了演化不能长到系统状态离开域 Q 这点之外。也就是说，$x'=f(x)\&Q$ 可以遵循 $x'=f(x)$ 的解演化任意长时间($0\leqslant r\in\mathbb{R}$)，只要持续时间在域 Q 中解存在的区间内即可。遵循 $x'=f(x)$ 多长时间这一选择是非确定的，即无法事先告知 $x'=f(x)$ 会演化多久(除了

演化不能离开域 Q 这点之外)。

3.3　混成程序

基于上述逐步阐明的动机,本节正式定义混成程序这一编程语言[18,20],该语言允许使用所有之前阐明了动机的运算符。

3.3.1　混成程序的语法

第 2 章采用形式文法已经很好地定义了项 e 和一阶逻辑公式 Q,因此我们继续使用该文法定义混成程序的语法。

定义 3.1(混成程序)　混成程序由以下文法定义(其中 α、β 是 HP,x 是变量,e 是可能包含 x 的项(例如 x 的多项式),Q 是实算术的一阶逻辑公式):

$$\alpha, \beta ::= x := e \,|\, ?Q \,|\, x' = f(x)\,\&\,Q \,|\, \alpha \cup \beta \,|\, \alpha;\beta \,|\, \alpha^*$$

前三种情况称为原子 HP,后三种为复合 HP,因为它们是由较小的 HP 构成的。赋值 $x := e$ 通过离散状态变化瞬间把变量 x 的值变成项 e 的值。微分方程 $x' = f(x)\,\&\,Q$ 从当前 x 的值沿着微分方程 $x' = f(x)$ 连续演化任意长时间,但是受限在演化域 Q 内,这里 x' 表示 x 的时间导数。不言而喻,$x' = f(x)\,\&\,Q$ 是显式微分方程,所以在 $f(x)$ 或 Q 中不会出现导数。回想一下,没有演化域约束的微分方程 $x' = f(x)$ 就是 $x' = f(x)\,\&\,\text{true}$ 的缩写形式,因为它对连续演化的持续时间没有限制。测试动作 $?Q$ 用于定义条件。如果在当前状态下公式 Q 为真,则效果相当于无操作(no-op)语句;否则,就像中止(abort)语句一样,它不允许任何状态转换。也就是说,如果公式 Q 在当前状态下成立,则测试成功,状态不会改变(这只是一个测试),系统执行正常继续。但是,如果公式 Q 在当前状态下不成立,则测试失败,并且系统执行无法继续,被切断、废弃且不再进一步考虑,因为它没有遵循该 HP 的规则⊖,所以是失败的执行尝试。

程序的非确定性选择 $\alpha \cup \beta$、顺序合成 $\alpha;\beta$ 以及非确定性重复 α^* 与正则表达式一样,但由此推广到混成系统的语义中。非确定性选择 $\alpha \cup \beta$ 表示 α 和 β 的运行之间的行为选择。也就是说,HP $\alpha \cup \beta$ 可以非确定地选择跟随 HP α 的运行或者跟随 HP β 的运行。顺序合成 $\alpha;\beta$ 建立的模型是 HP β 在 HP α 结束之后再运行(如果 α 未成功终止,则 β 永不开始)。在 $\alpha;\beta$ 中,α 的运行首先生效,直到 α 终止(如果它终止),然后 β 继续。注意,和重复一样,α 中连续演化的时间可多可少,这导致的非确定性数目不可数。这种非确定性发生在混成系统中,因为这类系统可以以多种不同的方式运行,这也体现在 HP 中。非确定性重复 α^* 表示 HP α 可以重复任何次数,包括零次。当遵循 α^* 时,HP α 可以一遍又一遍地重复运行,任何 ≥ 0 的次数都可以,但具体多少次是非确定的。

探索 3.1(混成程序的运算符优先级)

在实践中,通过商定符号运算符优先级来省略括号是有用的。一元运算符(包括重复 *)比二元运算符的约束力强,而运算符 $;$ 的约束力又比 $\cup$ 强。所以 $\alpha;\beta \cup \gamma \equiv (\alpha;\beta) \cup \gamma$,且 $\alpha \cup \beta;\gamma \equiv \alpha \cup (\beta;\gamma)$。特别地,有 $\alpha;\beta^* \equiv \alpha;(\beta^*)$。

⊖　测试 $?Q$ 的效果与 if(Q) skip else abort 相同,其中 skip 不产生任何效果,而 abort 中止并丢弃当前系统的运行。实际上,skip 等价于平凡真的测试 ?true,abort 则等价于不可能成立的测试 ?false。但是,这样我们就必须添加 if-then-else、skip 和 abort 语句,而 HP 中已经有与此等价的语句了。

3.3.2 混成程序的语义

在为 CPS 开发语法并获得对其操作效果的直观理解之后，我们开始精确理解它的操作效果。也就是说，我们将争取实现计算思维的一个重要支柱，为所有 HP 运算符提供明确的含义。我们这样做是为了实现关于 CPS 的精确分析，而这首先必须明确 CPS 模型的含义。此外，我们将利用计算思维植根于逻辑学的另一重要支柱，即理解某事物的正确途径是以合成的方法将其理解为各部分的函数[6]。因此，我们将通过为每个运算符赋予含义来为混成程序赋予含义。这样，一个大的混成程序的含义仅仅是其各部分含义的函数。这正是 Scott 和 Strachey[25] 开发的编程语言的指称语义风格。

定义程序含义的方法不止一种，包括定义指称语义[24]、操作语义[24]、结构操作语义[22] 或者公理语义[9,23]。就我们的目的而言，最相关的问题是混成程序如何改变系统的状态。因此，混成程序的语义考虑的是运行 HP α 可以从（初始）状态 ω 达到哪个（最终）状态 ν。可以定义语义模型[11] 从而给出更多细节（例如 HP 运行的中间状态），但对于本书的大多数场合而言都可以忽略。

回想一下，状态 $\omega: \mathcal{V} \rightarrow \mathbb{R}$ 是从变量到 $\mathbb{R}$ 的映射，它对每个变量 $x \in \mathcal{V}$ 都赋予了一个实数值 $\omega(x) \in \mathbb{R}$。将状态集标记为 $\mathcal{S}$。HP α 的含义由状态的可达关系 $[\![\alpha]\!] \subseteq \mathcal{S} \times \mathcal{S}$ 给出。因此，$(\omega, \nu) \in [\![\alpha]\!]$ 意味着通过运行 HP α 可以从初始状态 ω 到达最终状态 ν。从任何初始状态 ω，能达到的状态 ν 可能有很多，因为 HP α 可能涉及的选择、重复或者微分方程是非确定性的，因此可能有许多不同的状态 ν 满足 $(\omega, \nu) \in [\![\alpha]\!]$。从其他初始状态 ω 开始，可能根本没有可达状态 ν 满足 $(\omega, \nu) \in [\![\alpha]\!]$。因此，$[\![\alpha]\!]$ 严格意义上说是关系，而不是函数。

HP 具有合成语义[17-19]。回想一下在第 2 章中，状态 ω 中项 e 的值标记为 $\omega[\![e]\!]$。此外，$\omega \in [\![Q]\!]$ 表示在状态 ω 下一阶公式 Q 为真，其中 $[\![Q]\!] \subseteq \mathcal{S}$ 是公式 Q 为真的所有状态的集合。那么，HP α 的语义由其可达关系 $[\![\alpha]\!] \subseteq \mathcal{S} \times \mathcal{S}$ 定义。循环的标记 α^* 来自关系 ρ 的自反传递闭包（reflexive, transitive closure）的标记 ρ^*。图 3.4 描绘了混成程序的转换语义（稍后定义）以及可能动态的示例。图 3.4 的左侧画出了在各种情形下，混成程序 α 从状态 ω 到状态 ν 转换结构 $[\![\alpha]\!]$ 的一般形状。图 3.4 的右侧展示了当遵循各自混成程序 α 的动态时，变量 x 的值如何随时间 t 演化的示例。 |77|

定义 3.2（HP 的转换语义） 每个 HP α 在语义上都解释为状态上的二元可达关系 $[\![\alpha]\!] \subseteq \mathcal{S} \times \mathcal{S}$，并归纳定义如下： |78|

1) $[\![x := e]\!] = \{(\omega, \nu): \nu = \omega, \text{除了 } \nu[\![x]\!] = \omega[\![e]\!]\}$。

也就是说，最终状态 ν 与初始状态 ω 不同之处仅在于对变量 x 的解释，ν 中 x 改为右侧项 e 在初始状态 ω 下的值。

2) $[\![?Q]\!] = \{(\omega, \omega): \omega \in [\![Q]\!]\}$。

也就是说，最终状态 ω 与初始状态 ω 相同（无变化），但是只有当测试公式 Q 在 ω 下成立时才会有这样的转换，否则不能有任何状态转换，系统也会因为测试失败而无法继续。

3) $[\![x' = f(x) \& Q]\!] = \{(\omega, \nu): \text{存在持续时间为 } r \text{ 的解 } \varphi: [0, r] \rightarrow \mathcal{S}, \text{满足 } \varphi \models x' = f(x) \wedge Q, \text{该解使得 } \varphi(0) \text{除了在 } x' \text{处外应满足 } \varphi(0) = \omega, \text{并且 } \varphi(r) = \nu\}$。

也就是说，最终状态 $\varphi(r)$ 由初始状态 $\varphi(0)$ 通过持续时间为 $r \geqslant 0$ 的连续函数连接，该函数为微分方程的解，且始终满足 Q；见定义 3.3。

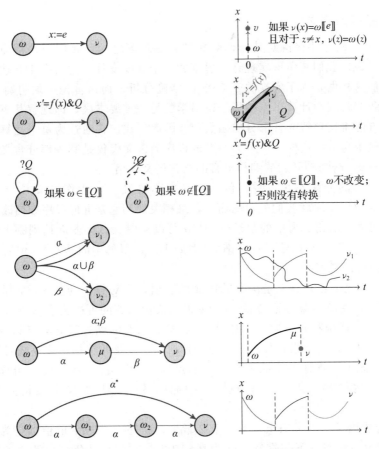

图 3.4   混成程序的转换语义(左)和动态示例(右)

4) $[\![\alpha\cup\beta]\!]=[\![\alpha]\!]\cup[\![\beta]\!]$。

也就是说，$\alpha\cup\beta$ 可以完成的状态转换就是 α 能够完成的以及 β 能够完成的转换。$\alpha\cup\beta$ 的每次运行都必须选择是遵循 α 还是 β，但不能同时遵循两者。

5) $[\![\alpha;\beta]\!]=[\![\alpha]\!]\circ[\![\beta]\!]=\{(\omega,\nu):(\omega,\mu)\in[\![\alpha]\!],(\mu,\nu)\in[\![\beta]\!]\}$。

也就是说，$\alpha;\beta$ 的含义是 $[\![\beta]\!]$ 紧接在 $[\![\alpha]\!]$ 之后这样的复合关系$^{\ominus}[\![\alpha]\!]\circ[\![\beta]\!]$。因此，$\alpha;\beta$ 可以完成通过任何中间状态 μ 的转换，即 α 可以从初始状态 ω 转换到 μ，并且 β 可以从中间状态 μ 转换到最终状态 ν。

6) $[\![\alpha^*]\!]=[\![\alpha]\!]^*=\bigcup_{n\in\mathbb{N}}[\![\alpha^n]\!]$，这里 $\alpha^{n+1}\equiv\alpha^n;\alpha$，且 $\alpha^0\equiv?\text{true}$。

也就是说，α^* 可以重复 α 任意次，即对于任意 $n\in\mathbb{N}$，α^* 表现得像 n 次顺序合成 $\alpha^n\equiv\underbrace{\alpha;\alpha;\alpha;\cdots;\alpha}_{n次}$ 一样。

为了简单起见，该定义使用简化缩写来表示微分方程。第 2 章提供了完整的细节，包括微分方程组的定义。循环的语义也可以等价地重述为：

$$[\![\alpha^*]\!]=\bigcup_{n\in\mathbb{N}}\{(\omega_0,\omega_n):\text{状态 }\omega_0,\cdots,\omega_n\text{ 对所有 }i<n\text{ 都满足}(\omega_i,\omega_{i+1})\in[\![\alpha]\!]\}$$

$\ominus$ 与复合函数相比，复合关系的符号惯例被颠倒了。对于函数 f 和 g，函数 $f\circ g$ 是 f 在 g 之后的复合，它将 x 映射到 $f(g(x))$。对于关系 R 和 T，关系 $R\circ T$ 是 T 在 R 之后的复合，因此首先遵循关系 R 到某中间状态，然后遵循关系 T 到最终状态。

为了方便以后参考，我们单独重复一下微分方程语义的定义。

定义 3.3 （常微分方程(ODE)的转换语义） $[\![x'=f(x)\&Q]\!]=\{(\omega,\nu):$ 存在持续时间为 r 的解 $\varphi:[0,r]\rightarrow\mathscr{S}$，满足 $\varphi\models x'=f(x)\wedge Q$，该解使得 $\varphi(0)$ 除了在 x' 处之外应满足 $\varphi(0)=\omega$，并且 $\varphi(r)=\nu\}$。

这里 $\varphi\models x'=f(x)\wedge Q$ 当且仅当对所有时间 $0\leqslant z\leqslant r$ 都满足 $\varphi(z)\in[\![x'=f(x)\wedge Q]\!]$ 且 $\varphi(z)(x')\overset{\text{def}}{=}\dfrac{\mathrm{d}\varphi(t)(x)}{\mathrm{d}t}(z)$，同时 $\varphi(z)$ 除了在 x 和 x' 处之外其他变量保持与 $\varphi(0)$ 一致，即应满足 $\varphi(z)=\varphi(0)$。

除了在 x' 处之外 $\varphi(0)=\omega$ 这一条件明确表明，初始状态 ω 和连续演化的最开始状态 $\varphi(0)$ 必须相同（除了 x' 的值之外，对此定义 3.3 只给出沿 φ 变化的值）。除了在连续演化的时候，本书的第一部分不监测 x' 的值。在第二部分情况会变化，但定义 3.3 已对此做了合适的铺垫。

注意, $?Q$ 不能从 $\omega\notin[\![Q]\!]$ 的初始状态 ω 开始运行，特别地 $[\![?\mathtt{false}]\!]=\varnothing$。同样，$x'=f(x)\&Q$ 也不能从 $\omega\notin[\![Q]\!]$ 的初始状态 ω 开始运行，因为任何持续时间（甚至是持续时间为 0）的解从 ω 开始都不会总是留在演化域 Q 内，如果它一开始就在 Q 之外的话。非确定性选择 $\alpha\cup\beta$ 不能从 α 和 β 都无法运行的初始状态开始。类似地，$\alpha;\beta$ 运行的初始状态不能是 α 无法运行的状态，或是在运行 α 之后的所有最终状态都使得 β 无法运行的状态。赋值和重复语句总是可以运行的，例如重复 0 次。

例 3.1 用 α 表示式(3.8)中的 HP，它的语义 $[\![\alpha]\!]$ 是沿着微分方程连接初始状态和最终状态的状态关系，其中根据非确定性选择有两次控制决策，一次在开头，另一次在第一个微分方程之后。微分方程的持续时间究竟有多久？这是非确定的，因为微分方程的语义是，从给定的初始状态开始经过任何允许的持续时间之后到达的状态都是最终状态，所以式(3.8)中第一个微分方程的持续时间可以是 1 秒或 2 秒或 424 秒或半秒或零或 π 或其他任何非负实数。这跟含演化域约束的微分方程的 HP 很不一样，因为后者限制了连续演化可以持续的时间长度。确切的持续时间仍然是非确定的，但它不能演化到演化域之外。◀

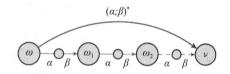

图 3.5 $(\alpha;\beta)^*$ 的嵌套转换语义模式

通过将图 3.4 中一个 HP 的转换结构模式插入到另一个中，可以得到更复杂的 HP 的转换结构的一般形状。例如，图 3.5 展示了 $(\alpha;\beta)^*$ 的转换结构，而图 3.6 则展示了 $(\alpha\cup\beta)^*$ 的转换结构。这种插入直接类比于在定义 3.2 中基于它们各自的顶层运算符，递归遵循它们的语义来定义更大程序的语义。

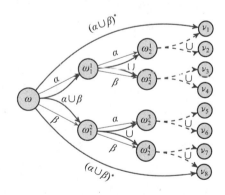

图 3.6 $(\alpha\cup\beta)^*$ 的嵌套转换语义模式

探索 3.2(HP 语义 $[\![\cdot]\!]:\mathrm{HP}\rightarrow\wp(\mathscr{S}\times\mathscr{S}))$

定义 3.2 中 HP α 的语义直接归纳定义了初始状态和最终状态的转换关系 $[\![\alpha]\!]\subseteq\mathscr{S}\times\mathscr{S}$，即对于 HP α 的每种情形：

$$\llbracket x := e \rrbracket = \{(\omega, \nu): \quad \text{除了 } \nu \llbracket x \rrbracket = \omega \llbracket e \rrbracket \text{ 之外，} \nu = \omega\}$$

$$\llbracket ?Q \rrbracket = \{(\omega, \omega): \omega \in \llbracket Q \rrbracket\}$$

$$\llbracket x' = f(x) \& Q \rrbracket = \{(\omega, \nu): \text{存在持续时间为 } r \text{ 的解 } \varphi: [0, r] \to \mathscr{S}, \text{满足 } \varphi \models$$
$$x' = f(x) \wedge Q, \text{该解使得 } \varphi(0) \text{ 除了在 } x' \text{ 处外应满}$$
$$\text{足 } \varphi(0) = \omega, \text{ 并且 } \varphi(r) = \nu\}$$

$$\llbracket \alpha \cup \beta \rrbracket = \llbracket \alpha \rrbracket \cup \llbracket \beta \rrbracket$$

$$\llbracket \alpha ; \beta \rrbracket = \llbracket \alpha \rrbracket \circ \llbracket \beta \rrbracket = \{(\omega, \nu): (\omega, \mu) \in \llbracket \alpha \rrbracket, (\mu, \nu) \in \llbracket \beta \rrbracket\}$$

$$\llbracket \alpha^* \rrbracket = \llbracket \alpha \rrbracket^* = \bigcup_{n \in \mathbb{N}} \llbracket \alpha^n \rrbracket, \quad \text{其中 } \alpha^{n+1} \equiv \alpha^n; \alpha, \alpha^0 \equiv ?true$$

用 HP 表示混成程序的集合，该语义括号定义了一个运算符 $\llbracket \cdot \rrbracket: \text{HP} \to \mathscr{P}(\mathscr{S} \times \mathscr{S})$，它为每个混成程序 $\alpha \in \text{HP}$ 定义了其含义 $\llbracket \alpha \rrbracket$，这依次又定义了其转换关系 $\llbracket \alpha \rrbracket \subseteq \mathscr{S} \times \mathscr{S}$，其中 $(\omega, \nu) \in \llbracket \alpha \rrbracket$ 表示当运行 HP α 时，最终状态 ν 可由初始状态 ω 到达。幂集 $\mathscr{P}(\mathscr{S} \times \mathscr{S})$ 是状态集 $\mathscr{S}$ 和它自身的笛卡儿乘积 $\mathscr{S} \times \mathscr{S}$ 的所有子集的集合。因此，幂集 $\mathscr{P}(\mathscr{S} \times \mathscr{S})$ 是 $\mathscr{S}$ 上的二元关系集合。

81

3.4　混成程序设计

本节讨论有关混成系统建模好的或者坏的选择的一些早期经验教训。我们对这一主题的理解随着本书的不断深入，也将获得更多相关权衡和警示的深刻认识。现在讨论容易在纯建模层面上理解的内容。

3.4.1　制动还是不制动，这是个问题

作为一个系统中必须做出选择的典型示例，考虑一个位置为 x 的地面机器人以速度 v 和加速度 a 沿直线运动。所以，系统的微分方程为 $x' = v, v' = a$。当沿直线行驶时，地面机器人的控制决策为，或者通过离散赋值 $a := A$ 将加速度设置为正值 $A > 0$，或者通过离散赋值 $a := -b$ 将其设置为负值 $-b < 0$。这里，控制问题是何时制动以及何时不制动（因而加速，此示例中为了简单起见不允许以恒定速度滑行）。让我们称可以选择加速度的条件为 Q_A，可以选择制动的条件为 Q_b：

$$((?Q_A; a := A \cup ?Q_b; a := -b); \{x' = v, v' = a\})^* \tag{3.11}$$

具体什么公式最适合测试 $?Q_A$ 和 $?Q_b$ 取决于控制目标，并且确定它们通常很不容易。如果系统能够在无限长时间内一直连续演化，那么加速几乎永远不会安全，因此 Q_A 必须为假。所以，为了允许离散控制器有机会再次对新情况做出反应，我们假设 ε 是反应时间，即连续演化在停止之前可以进行的最长时间。因此，在该 HP 中加入时钟变量 t，该变量测量沿 $t' = 1$ 变化的时间进程，在微分方程之前用 $t := 0$ 语句重置，并由演化域 $t \leq \varepsilon$ 界定。最后，如果控制器以 $a := -b$ 选择负加速度，则微分方程组 $x' = v, v' = a$ 最终将使 $v < 0$，即向后运动。为了模拟制动不会使机器人向后运动，我们将 $v \geq 0$ 添加到演化域约束中。

采用上面这些对制动和加速的想法，我们改进式(3.11)，将时钟加入其中并令速度下限为 0：

$$(((?Q_A; a := A \cup ?Q_b; a := -b); t := 0; \{x' = v, v' = a, t' = 1 \& v \geq 0 \wedge t \leq \varepsilon\})^* \tag{3.12}$$

根据图 3.4 中的状态转换模式，图 3.7 显示了式(3.12)的转换语义结构。图 3.7 中任

何通过所有测试的路径都对应于式(3.12)的某次运行,反之亦然。尤其,如果某个测试例如?Q_A 失败,那么只能采用非确定性选择的其他选项,这就是为什么应该总是至少有一个 82 选项是可接受的。如果在当前状态下两个测试?Q_A 和?Q_b 都通过,那么非确定性选择的两个选项都可用。

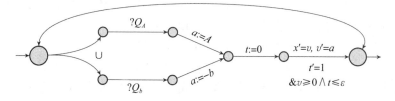

图 3.7 式(3.12)的加速/制动的转换结构示例

出于验证目的,设计有交叉的条件 Q_A 和 Q_b 通常是个好主意。控制器的执行方式最好是确定性的,这可以作为设计不相交的 Q_A 和 Q_b 的理由。但验证模型得益于非确定性,因为如果高度非确定的模型没有不安全行为,那么所有更具体的细化也不会有不安全的行为[12]。特别地,只有当总是至少有一个选项可以选择时,控制器才保证有所响应。很明显,如果?Q_b 选择用平凡真的测试?true,那么控制总是可以选择制动操作。当控制目标是避免与机器人前方的移动障碍物碰撞时,制动当然总是安全的,但加速只有某些时候才安全。因此,Q_A 只能是确保与移动障碍物保持足够距离的某种条件,这取决于制动器的好坏以及其他几个参数(见习题 3.7)。

3.4.2 选择的问题

让我们修改式(3.8)中的 HP,考虑下面的修改:

$$
\begin{aligned}
&?v<4;a:=a+1;\\
&\{x'=v,v'=a\};\\
&?v<4;a:=a+1;\\
&\{x'=v,v'=a\}
\end{aligned}
\tag{3.13}
$$

那么式(3.8)中可能出现的某些行为在式(3.13)中不再可能。令 β 表示式(3.13)中的 HP,那么 β 的语义 $[\![\beta]\!]$ 现在只包括加速选项可以达到的初始状态和最终状态之间的关系(因为 β 中没有制动选项)。注意,式(3.13)中第一个微分方程的持续时间突然有界了,因为如果 x 在第一个微分方程持续加速时间太长,那么达到的中间状态将违反测试条件?$v<4$,根据测试的语义,此运行将会失败并且被丢弃。 83

这就是为什么式(3.13)不是一个好的模型,因为它会截断并丢弃真实系统仍然拥有的行为。测试?$v<4$ 实际上可能失败,即使式(3.13)第三行中的控制器并没有准备好处理这种情况。此时,式(3.13)中的控制器就没有可选的选项了。因此,更实际且更宽泛的控制器应该能够处理测试失败的情形,这样我们又回到了式(3.8)。

类似地,对于式(3.12)而言 $Q_b \overset{\text{def}}{=} \texttt{false}$ 不是好的控制器设计,因为它明确不允许制动,并且不切实际地以为?Q_A 一直成立。

注解 18(控制器不能对某些情形不管) 虽然后续章节讨论了混成程序在关键时刻使用测试?Q 丢弃环境中不允许的行为,但是需要非常谨慎以确保控制器也能处理剩余的情况。一个设计不良的控制器

$$?(v<4);\alpha$$

只处理 $v<4$ 的情况而忽略了其他所有情况，这使得当 $v\geqslant4$ 时，控制器无法做出反应，因而是不安全的。更好的控制器设计总是会考虑测试条件不满足的情形并且对此做出适当处理：

$$(?(v<4);\alpha)\bigcup(?(v\geqslant4);\cdots)$$

活性证明可以区分控制器的这两种情况，但是如下恰当的设计原则能大大提高控制器安全性，即预备好对每次测试的两种结果都进行处理。

类似地，演化域定义中的缺陷会导致设计不良的控制器：

$$a:=-b;\{x'=v,v'=a\&v>4\}$$

该控制器中的微分方程假设速度始终保持在 4 以上，这在制动时显然并不满足。意外除以零是 CPS 控制器的另一大问题来源。

3.5   总结

本章介绍了混成程序作为信息物理系统的模型，总结如表 3.1。混成程序将传统程序结构和离散赋值与微分方程结合起来。混成程序的编程语言以非确定性为首选，以微分方程为特色，并可以用混成程序的合成运算符组成混成系统。

表 3.1   混成程序(HP)的语句及其效果

HP 符号	操作	效果
$x:=e$	离散赋值	将项 e 的当前值赋予变量 x
$x'=f(x)\&Q$	连续演化	在演化域 Q 内遵循微分方程 $x':=f(x)$ 任意长时间
$?Q$	状态测试/检验	在当前状态下测试一阶公式 Q
$\alpha;\beta$	顺序合成	HPβ 在 HP α 完成后开始
$\alpha\bigcup\beta$	非确定性选择	在 HP α 和 HP β 之间选择
α^*	非确定性重复	重复 HP α 任意 $n\in\mathbb{N}$ 次

混成程序利用编程语言的组织原则，强调合成运算符；、$\bigcup$ 以及 $*$，它们将小的混成程序组合成更大的混成程序，并具有简单的合成语义。混成程序类似于正则表达式，只是它们以离散赋值、测试和微分方程为基础，而不是形式语言的单个字母。正则表达式允许形式语言的语言理论研究，它对应的自动机理论为有限自动机[10]。类似地，混成程序对应的自动机理论为混成自动机[2,8]，这将在习题 3.18 中进行探讨。

3.6   附录：机器人弯道运动建模

本附录开发一个混成程序模型，以描述机器人如何沿着二维平面中的一系列直线和圆弧曲线段行驶。这种动态称为杜宾斯(Dubins)汽车动态[5]，因为它还给出了汽车在平面或飞行器保持在同一高度运动的高层描述(见图 3.8)。

假设有一个机器人处于坐标为 (x,y) 的点上，方向为朝向 (v,w)。机器人沿方向 (v,w) 移动，方向的模 $\sqrt{v^2+w^2}$ 同时给出了恒定的线速度：机器人在地面上移动得有多快。假设方向 (v,w) 同时以角速度 ω 旋转，如例 2.7 所示(见图 3.9)。描述此机器人运动的微分方程是

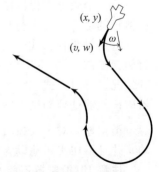

图 3.8   图解直线和最大曲率圆弧序列组成的杜宾斯路径

$$x'=v,y'=w,v'=\omega w,w'=-\omega v$$

坐标 x 的时间导数为方向的分量 v，坐标 y 的
时间导数是方向的分量 w。角速度 ω 确定方向$(v,$
$w)$的旋转速度。ω 幅度越大，(v,w)旋转得越快，
因此位置(x,y)的曲线越紧密。ω 为正时，机器人沿
右转曲线运动(如果确实将 x 绘制为 x 轴而 y 为 y
轴，如图 3.9 所示)。当 $\omega=0$ 时机器人将沿直线运
动，因为方向(v,w)此时不变。

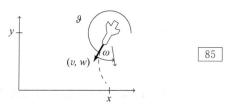

图 3.9　朝以角速度 ω 旋转的方向
(v,w)移动的点(x,y)的杜
宾斯动态，如虚线所示

现在，如果机器人可以转向，它的控制器可以改
变角速度以产生左转曲线($\omega<0$)、右转曲线($\omega>0$)
或直线前进($\omega=0$)。人们可能会想象机器人控制器还可以选择急转弯(ω 具有较大幅度)或
平缓转弯(ω 具有较小幅度)，但我们暂不考虑这一点。毕竟，莱斯特·杜宾斯(Lester Dubins)
证明在这样的动态下，连接两个点的最短曲线包括直线段和最大急转弯的序列[5]。如果我们
简单地假设 1 和 -1 是角速度极值，那么地面机器人在平面上转向和移动的混成程序是

$$((\omega:=-1\cup\omega:=1\cup\omega:=0));\{x'=v,y'=w,v'=\omega w,w'=-\omega v\})^* \qquad (3.14)$$

在循环中，该 HP 重复允许选择最大左转曲线($\omega:=-1$)、最大右转曲线($\omega:=1$)或直线运
动($\omega:=0$)。在该离散控制器之后，机器人在长度不定的一段时间内遵循由微分方程描述
的连续运动。

如果机器人的安全目标是永远不会撞到任何障碍物，那么式(3.14)的 HP 就不可能是
安全的，因为它允许在任意条件下选择任意左右转曲线和直线并运动任意长时间。即使左
转是唯一会让机器人马上与障碍物碰撞的方向，式(3.14)的 HP 也允许控制器选择左转
曲线。

因此，式(3.14)的三个控制操作中的每一个仅在某些特定的条件下是可接受的。读者
在解答了习题 3.9 之后，将找到逻辑公式 Q_{-1}、Q_1、Q_0，使得 Q_ω 指示何时可以安全地沿
着与角速度 ω 对应的曲线行驶。这样，式(3.14)的不安全的 HP 转变为以下控制器更受约
束的 HP：

$$((?Q_{-1};\omega:=-1\cup?Q_1;\omega:=1\cup?Q_0;\omega:=0);\{x'=v,y'=w,v'=\omega w,w'=-\omega v\})^*$$

如果条件 Q_{-1}、Q_1、Q_0 中不止一个在相同状态下为真，也完全没问题，因为这为控
制器提供了多个不同的控制选项。例如，可能在许多状态下，左转曲线和直线行驶都是安
全的。当然，完全无益的是如果在某个状态下所有条件 Q_{-1}、Q_1、Q_0 都为假，因为控制
器没有任何可选的控制选项然后完全卡住，这并不安全。对于所有三个公式 Q_{-1}、Q_1、
Q_0，更荒谬且无益的是控制器选择一个不可能成立的条件(如 $1<0$)，因为机器人将永远
不能运动到任何地方，即使最礼貌和最耐心的机器人也会感到无聊。然而，最初就静止
从未动过的机器人至少不会撞到墙壁。更糟糕的是，控制器开心地开始行驶，但是却没能
提供任何可接受的控制选择。这就是为什么在每个状态下析取式 $Q_{-1}\vee Q_1\vee Q_0$ 都为真是
很重要的，因为这样机器人总是至少有一个可用的选项。

那么，这个析取式在每个状态下都为真吗？由于条件 Q_ω 应该保证机器人沿着角速度
为 ω 的轨迹行驶时将永远不会与障碍物碰撞，所以机器人在已经碰撞的状态下开始的话，

⊖　如果你建造的自动驾驶汽车按照这样一条直线和最大曲率圆弧组成的路径行驶，不要惊讶没有乘客愿意第二次乘
坐。但是，机器人相对而言不太关注舒适性。

这些条件都不为真。机器人控制器应确保这种碰撞状态永远不可达。于是，析取 $Q_{-1} \vee Q_1 \vee Q_0$ 在每个无碰撞状态下应该都为真。在习题 3.9 中，读者面临的挑战就是怎样设计 Q_ω。

习题

3.1　HP α 的语义是它的可达性关系 $[\![\alpha]\!]$。例如，
$$[\![x:=2 \cdot x; x:=x+1]\!] = \{(\omega, \nu): \nu(x) = 2 \cdot \omega(x) + 1,$$
$$\text{且对于所有的 } z \neq x \text{ 都有 } \nu(z) = \omega(z)\}$$
以类似的显式方式描述以下 HP 的可达性关系：

1. $x:=x+1$；$x:=2 \cdot x$
2. $x:=1 \cup x:=-1$
3. $x:=1 \cup ?(x \leq 0)$
4. $x:=1; ?(x \leq 0)$
5. $?(x \leq 0)$
6. $x:=1 \cup x'=1$
7. $x:=1$；$x'=1$
8. $x:=1$；$\{x'=1 \& x \leq 1\}$
9. $x:=1$；$\{x'=1 \& x \leq 0\}$
10. $v:=1$；$x'=v$
11. $v:=1$；$\{x'=v\}^*$
12. $\{x'=v, v'=a \& x \geq 0\}$

3.2　混成程序的语义（定义 3.2）要求连续演化中演化域约束 Q 始终成立。如果系统在 Q 不成立的状态下启动将会发生什么？

3.3　（if-then-else）在 3.2.3 节中考虑了混成程序的 if-then-else 语句。但这些语句没有出现在混成程序的语法中。这是一个错误吗？你能利用 HP 提供的运算符定义 if$(P)\alpha$else β 吗？

3.4　（if-then-else）假设我们将 if-then-else 语句 if$(P)\alpha$ else β 添加到 HP 的语法中。为 if-then-else 语句定义其语义 $[\![\text{if}(P)\alpha \text{ else}\beta]\!]$，并解释它与习题 3.3 的关系。

3.5　（switch-case）定义 switch 语句，在公式 P_i 为真的情况下运行语句 α_i，如果多个条件为真，则选择非确定：
$$\begin{aligned}
&\text{switch (} \\
&\quad \text{case } P_1: \alpha_1 \\
&\quad \text{case } P_2: \alpha_2 \\
&\quad \quad \vdots \\
&\quad \text{case } P_n: \alpha_n \\
&\text{)}
\end{aligned}$$
需要做什么样的修改才能确保只执行第一个为真的条件 P_i 的语句 α_i？

3.6　（while）假设我们将 while 循环 while$(P)\alpha$ 添加到 HP 的语法中。像一般的循环一样，当 P 成立时，while$(P)\alpha$ 应当执行 α，而当 α 执行完成后，如果 P 仍然成

立则重复执行 α。为 while 循环定义其语义 $[\![while(P)\alpha]\!]$。你能从 HP 最初的语法中定义一个等价于 $while(P)\alpha$ 的程序吗?

3.7 **(制动还是不制动，这是一个问题)** 如果要确保沿直线行驶的机器人不会与直线上任何障碍物发生碰撞，除了机器人和前方障碍物的位置之外，式(3.12)中加速的条件还取决于其他什么参数? 你能为此设计一个保证安全的公式 Q_A 吗?

3.8 **(两辆车)** 为两辆车沿直线运动建立运动模型，每辆车都有自己的位置、速度和加速度。开发一个控制器模型，允许领头车辆自由加速或制动，同时限制跟随车辆的选择，使其永远不会与前方车辆发生碰撞。

3.9 **(躲闪的机器人)** 你可以控制一个在二维平面中以恒定地面速度运动的机器人，如 3.6 节所示。它可以沿左转曲线($\omega:=-1$)、右转曲线($\omega:=1$)或直线($\omega:=0$)前进。你的任务是找到逻辑公式 Q_{-1}、Q_1、Q_0，使得 Q_ω 表示何时可以安全地沿着与角速度 ω 对应的曲线行驶:

$$((?Q_{-1};\omega:=-1\cup ?Q_1;\omega:=1\cup ?Q_0;\omega:=0));\{x'=v,y'=w,v'=\omega w,$$
$$w'=-\omega v\})^*$$

出于本习题的目的，固定点 (o_x, o_y) 为障碍物，如果永远不会碰到该障碍，则认为该 HP 是安全的。你的 HP 是否始终至少有一个可选项，还是它可能卡住而没有任何可选择的选项? 成功应对这些挑战后，你能否将机器人模型和安全性约束推广到机器人可以加速或制动减速的情况?

3.10 **(其他编程语言)** 考虑你最喜欢的编程语言，讨论它以什么方式引入离散变化和离散动态。它可以对混成程序描述的所有行为建模吗? 它可以对没有微分方程的混成程序能描述的所有行为建模吗? 反过来会怎样? 你需要在该编程语言中添加什么结构才能涵盖混成系统的所有行为? 你最好该怎样做?

3.11 **(选择对比顺序合成)** 你能否找到一个离散控制器 ctrl 和一个连续程序 plant，使得以下两个 HP 有不同的行为?

$$(ctrl;plant)^* \quad 对比 \quad (ctrl\cup plant)^*$$

3.12 **(非确定性赋值)** 假设我们在 HP 语法中添加一个新的语句 $x:=*$ 作为非确定性赋值。非确定性赋值 $x:=*$ 对变量 x 赋予任意实数。定义语句 $x:=*$ 的语义 $[\![x:=*]\!]$。

3.13 **(以非确定性赋值和 if-then-else 定义非确定性选择)** 习题 3.3 探讨了 if-then-else 可以通过非确定性选择定义。但是，一旦我们添加了非确定性赋值，我们就可以反过来给出定义。使用辅助变量 z，证明 $\alpha\cup\beta$ 和以下程序行为相同:

$$z:=* ;if(z>0)\alpha \ else \ \beta$$

3.14 **(以非确定性赋值和 while 定义非确定性重复)** 习题 3.6 探讨了 while 循环可以通过非确定性重复定义。但是，一旦我们添加了非确定性赋值，我们就可以反过来给出定义。使用辅助变量 z，证明 α^* 和以下程序行为相同:

$$z:=* ;while(z>0)(z:=* ; \alpha)$$

3.15 **(集值语义)** 定义 3.2 将混成程序的语义定义为状态上的转换关系 $[\![\alpha]\!]\subseteq\mathscr{S}\times\mathscr{S}$。定义一个等价的语义，方法是使用从初始状态到所有最终状态集合的函数 $R(\alpha):\mathscr{S}\to 2^{\mathscr{S}}$，其中 $2^{\mathscr{S}}$ 表示 $\mathscr{S}$ 的幂集，即 $\mathscr{S}$ 的所有子集的集合。此集值语义 $R(\alpha)$ 的定义不应涉及转换关系语义 $[\![\alpha]\!]$。证明它和 $[\![\alpha]\!]$ 等价，即

$$\nu\in R(\alpha)(\omega) \quad 当且仅当 \quad (\omega,\nu)\in[\![\alpha]\!]$$

同样，考虑从可能的最终状态集合到可以在给定的最终状态集合中结束的初始状态

集合的函数 $\zeta(\alpha)：2^{\mathscr{S}}\to 2^{\mathscr{S}}$，基于此函数定义混成程序的语义。证明该定义是等价的，即对于所有的状态集 $X\subseteq\mathscr{S}$，都有

$$\omega\in\zeta(\alpha)(X)\quad 当且仅当\quad 存在状态 \nu\in X 使得 (\omega,\nu)\in[\![\alpha]\!]$$

3.16　**(交换系统)**　混成程序分为几个类别，见表 3.2。连续程序是仅含一次形式为 $x'=f(x)\&Q$ 的连续演化的 HP。离散系统对应于不含微分方程的 HP。交换连续系统对应于没有赋值语句的 HP，因为它没有状态变量的任何瞬时变化，而只是(可能通过某些测试后)从一种连续模式到另一种连续模式的模式切换。

表 3.2　混成程序的分类以及对应的动态系统

HP 类别	动态系统类别	HP 类别	动态系统类别
只含 ODE	连续动态系统	无赋值	交换连续动态系统
无 ODE	离散动态系统	一般性 HP	混成动态系统

考虑如下 HP，其变量划分为状态变量 (x,v)、传感器变量 (m) 和控制器变量 (a)：

$$((((?x<m-5;a:=A)\bigcup a:=-b);$$
$$\{x'=v,v'=a\})^{*}$$

将这个 HP 变换成一个交换程序，该程序在可观察的状态和传感器变量上具有相同的行为，但它是一个交换系统，因此不包含任何赋值语句。只要状态变量 x、v 的行为不变，此变换与控制器变量的行为就没有关系。

90　****3.17**　**(程序解释器)**　在你选择的编程语言中，为定义 3.1 中的混成程序确定一个递归数据结构，并假定所有变量具有有理数值而不是实数值，据此给出状态的有限表示法。编写计算机程序实现混成程序解释器，对于给定的初始状态 ω 和程序 α，通过实现定义 3.2，逐一列举从 ω 运行 α 可以到达的最终状态 ν，即 $(\omega,\nu)\in[\![\alpha]\!]$。状态转换的非确定性选择可以通过用户输入或者随机化决定。微分方程这一情形特别难处理的原因是什么？

3.18　**(混成自动机)　本习题的目的是探索混成自动机[2,8]，它是混成系统的自动机理论模型。不同于混成程序强调合成语言运算符，混成自动机注重的是不同的连续模式，这些模式之间有离散的转换。当自动机处于节点(称为位置)内时，系统遵循连续演化。当跟随自动机的边从一个位置转换到另一个位置时，发生的是离散跳转。混成自动机对有限自动机的增广是，对每个位置指定微分方程和演化域，对每条边除了指定何时可以经此边转换的条件(称为卫式)之外，还描述了离散的状态转换(称为重置)。

图 3.10 显示了一个混成自动机，它有两个位置以及位置之间的三个转换，它的初始位置为 accel，如初始箭头所示。在位置 accel 内时，系统遵循微分方程 $x'=v$，$v'=a$。在位置 brake 内时，它遵循 $x'=v$，$v'=a\&v\geqslant 0$。当自动机处于位置 brake 并且满足卫式条件 $v<4$

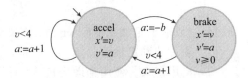

图 3.10　可以加速或制动的汽车的混成自动机模型

时，它可以沿着边转换到位置 accel，这里执行重置动作 $a:=a+1$ 对 a 进行修改。当自动机位于 accel 时，它可以沿边转换到 brake，这将执行 $a:=-b$。这个转换总是可以的，因为这条边不含卫式。如果 $v<4$，自动机也可以从 accel 转回 accel，这将执行 $a:=a+1$。

1. 修改图 3.10 中的混成自动机，使其直接对应于式(3.10)的混成程序。

2. 为 3.6 节中的混成程序绘制混成自动机。

3. 定义混成自动机的语法，包括状态变量的(有限)集合 X 和位置的(有限)集合 Loc，位置由(有限)集合 Edg 内的边互联，其中每个位置 $\ell \in$ Loc 都含有微分方程 Flow(ℓ)和演化域约束 Inv(ℓ)，而每条边 $e \in$ Edg 都有卫式条件 Guard(e)和一系列 Reset(e)重置赋值动作。通过对每个位置 $\ell \in$ Loc 给定公式 Init(ℓ)来定义初始条件，从而指定允许混成自动机最初启动的区域(如果有的话)。

4. 混成自动机的状态是一个二元组(ℓ, ω)，它由位置 $\ell \in$ Loc 和对变量 X 的实数赋值 $\omega : X \rightarrow \mathbb{R}$ 组成。通过定义哪些状态(k, ν)可以从初始状态(ℓ, ω)运行混成自动机而到达，从而给出混成自动机语义的定义。

5. 所有有限自动机都可以在命令式编程语言中实现，方法是借助变量 q 存储自动机的当前位置，该变量的更新反映从一个位置到另一个位置的转换。通过类比，展示如何添加一个额外的位置变量 q 将每个混成自动机实现为混成程序。如果我们假设位置集合 Loc 是一组不同的实数，则混成自动机处于位置 ℓ 内将对应于混成程序中位置变量 q 的值为 ℓ。

6. 解释混成自动机的可达状态(ℓ, ω)如何对应于相应的混成程序的可达状态 ω_q^ℓ，状态 ω_q^ℓ 中位置变量 q 的值为 ℓ。

参考文献

[1] Rajeev Alur, Costas Courcoubetis, Nicolas Halbwachs, Thomas A. Henzinger, Pei-Hsin Ho, Xavier Nicollin, Alfredo Olivero, Joseph Sifakis, and Sergio Yovine. The algorithmic analysis of hybrid systems. *Theor. Comput. Sci.* **138**(1) (1995), 3–34. DOI: 10.1016/0304-3975(94)00202-T.

[2] Rajeev Alur, Costas Courcoubetis, Thomas A. Henzinger, and Pei-Hsin Ho. Hybrid automata: an algorithmic approach to the specification and verification of hybrid systems. In: *Hybrid Systems*. Ed. by Robert L. Grossman, Anil Nerode, Anders P. Ravn, and Hans Rischel. Vol. 736. LNCS. Berlin: Springer, 1992, 209–229. DOI: 10.1007/3-540-57318-6_30.

[3] Alonzo Church. A note on the Entscheidungsproblem. *J. Symb. Log.* **1**(1) (1936), 40–41.

[4] René David and Hassane Alla. On hybrid Petri nets. *Discrete Event Dynamic Systems* **11**(1-2) (2001), 9–40. DOI: 10.1023/A:1008330914786.

[5] Lester Eli Dubins. On curves of minimal length with a constraint on average curvature, and with prescribed initial and terminal positions and tangents. *American Journal of Mathematics* **79**(3) (1957), 497–516. DOI: 10.2307/2372560.

[6] Gottlob Frege. *Begriffsschrift, eine der arithmetischen nachgebildete Formelsprache des reinen Denkens.* Halle: Verlag von Louis Nebert, 1879.

[7] Robert Harper. *Practical Foundations for Programming Languages.* 2nd ed. Cambridge Univ. Press, 2016. DOI: 10.1017/CBO9781316576892.

[8] Thomas A. Henzinger. The theory of hybrid automata. In: *LICS*. Los Alamitos: IEEE Computer Society, 1996, 278–292. DOI: 10.1109/LICS.1996.561342.

[9] Charles Antony Richard Hoare. An axiomatic basis for computer programming. *Commun. ACM* **12**(10) (1969), 576–580. DOI: 10.1145/363235.363259.

[10] John E. Hopcroft, Rajeev Motwani, and Jeffrey D. Ullman. *Introduction to Automata Theory, Languages, and Computation.* 3rd ed. Pearson, Marlow, 2006.

[11] Jean-Baptiste Jeannin and André Platzer. dTL^2: differential temporal dynamic logic with nested temporalities for hybrid systems. In: *IJCAR*. Ed. by Stéphane Demri, Deepak Kapur, and Christoph Weidenbach. Vol. 8562. LNCS. Berlin: Springer, 2014, 292–306. DOI: `10.1007/978-3-319-0 8587-6_22`.

[12] Sarah M. Loos and André Platzer. Differential refinement logic. In: *LICS*. Ed. by Martin Grohe, Eric Koskinen, and Natarajan Shankar. New York: ACM, 2016, 505–514. DOI: `10.1145/2933575.2934555`.

[13] Anil Nerode and Wolf Kohn. Models for hybrid systems: automata, topologies, controllability, observability. In: *Hybrid Systems*. Ed. by Robert L. Grossman, Anil Nerode, Anders P. Ravn, and Hans Rischel. Vol. 736. LNCS. Berlin: Springer, 1992, 317–356.

[14] Xavier Nicollin, Alfredo Olivero, Joseph Sifakis, and Sergio Yovine. An approach to the description and analysis of hybrid systems. In: *Hybrid Systems*. Ed. by Robert L. Grossman, Anil Nerode, Anders P. Ravn, and Hans Rischel. Vol. 736. LNCS. Berlin: Springer, 1992, 149–178. DOI: `10.1007/3-540-57318-6_28`.

[15] Ernst-Rüdiger Olderog. *Nets, Terms and Formulas: Three Views of Concurrent Processes and Their Relationship*. Cambridge: Cambridge University Press, 1991, 267.

[16] André Platzer. Differential dynamic logic for verifying parametric hybrid systems. In: *TABLEAUX*. Ed. by Nicola Olivetti. Vol. 4548. LNCS. Berlin: Springer, 2007, 216–232. DOI: `10.1007/978-3-540-73099-6_17`.

[17] André Platzer. Differential dynamic logic for hybrid systems. *J. Autom. Reas.* **41**(2) (2008), 143–189. DOI: `10.1007/s10817-008-9103-8`.

[18] André Platzer. *Logical Analysis of Hybrid Systems: Proving Theorems for Complex Dynamics*. Heidelberg: Springer, 2010. DOI: `10.1007/978-3-642-14509-4`.

[19] André Platzer. Logics of dynamical systems. In: *LICS*. Los Alamitos: IEEE, 2012, 13–24. DOI: `10.1109/LICS.2012.13`.

[20] André Platzer. The complete proof theory of hybrid systems. In: *LICS*. Los Alamitos: IEEE, 2012, 541–550. DOI: `10.1109/LICS.2012.64`.

[21] André Platzer. A complete uniform substitution calculus for differential dynamic logic. *J. Autom. Reas.* **59**(2) (2017), 219–265. DOI: `10.1007/s108 17-016-9385-1`.

[22] Gordon D. Plotkin. *A structural approach to operational semantics*. Tech. rep. DAIMI FN-19. Denmark: Aarhus University, 1981.

[23] Vaughan R. Pratt. Semantical considerations on Floyd-Hoare logic. In: *17th Annual Symposium on Foundations of Computer Science, 25-27 October 1976, Houston, Texas, USA*. Los Alamitos: IEEE, 1976, 109–121. DOI: `10.1109/SFCS.1976.27`.

[24] Dana S. Scott. *Outline of a Mathematical Theory of Computation*. Technical Monograph PRG–2. Oxford: Oxford University Computing Laboratory, Nov. 1970.

[25] Dana Scott and Christopher Strachey. *Towards a mathematical semantics for computer languages*. Tech. rep. PRG-6. Oxford Programming Research Group, 1971.

[26] Alan M. Turing. On computable numbers, with an application to the Entscheidungsproblem. *Proc. Lond. Math. Soc.* **42**(1) (1937), 230–265. DOI: `10.11 12/plms/s2-42.1.230`.

93

94

安全性与契约

概要 本章简要介绍信息物理系统的安全规约技术。本章论述如何为 CPS 模型声明对其初始状态的期望以及对所有可能最终状态的保证,从而将程序契约推广到 CPS。因为假设和保证对于 CPS 应用而言非常精妙,在 CPS 设计早期就获得这一信息是非常重要的。本章介绍**微分动态逻辑**,这是一种用于描述混成系统规约并对其验证的逻辑,它为 CPS 契约的精确含义提供了形式化基础。在后续章节中,微分动态逻辑也将对严格验证 CPS 起核心作用。本章也开发了 Quantum 弹跳球这一通行示例,这是一个极度简单的 CPS,但它仍以完全直观的方式呈现了 CPS 的许多重要的动态特性。

4.1 引言

在之前的章节中,我们研究了信息物理系统的模型,并采用混成程序作为它们的编程语言[21-22,25,30]。除了通常的经典控制结构和离散赋值外,混成程序的显著特征是微分方程和非确定性。这些特征共同提供了强大而灵活的方法来对极具挑战性的系统和非常复杂的控制原理进行建模。本章将开始研究如何确保所产生的行为,无论它多么灵活和强大,仍然符合要求的安全性和正确性标准。如果 CPS 未能满足某些关键的安全性需求,那么就算它们再强大再灵活,也不会有什么用。

如果读者已经对传统离散编程语言的契约有经验,则应该已经注意到它们是如何明确程序的性质和对输入的需求。读者可能已经了解如何在运行时动态检验契约,如果契约检验失败,这立即提醒你在程序设计中存在缺陷。在这种情况下,读者能亲身体会到,与其在程序最终输出与预期不同时,才从这个最终浮现的简单症状开始修复,相比而言从程序运行中第一个失败的契约开始发现和修复问题明显容易得多。特别地,除非每次动态地通过契约或手动检验输出,读者可能甚至都没有注意到出现了错误。

读者不一定有机会观察到的契约的另一个特性是,它们可以用于证明程序的每个运行都将满足契约,而不仅仅是你尝试的运行。每当对输入的需求成立时,输出将承诺它的保证一定满足。与动态检验不同,附带证明的正确性论证的适用范围远远超出了尝试过的测试用例,无论我们对测试的选择多么巧妙。毕竟,测试只能显示错误的存在,但无法证明没有错误[32,40]。契约的两种用法(即动态检验和严格证明)都非常有助于检验系统是否符合我们的意图,就如文献[5,14,17-18,34,36,39]中反复论述的那样。

使用契约这一原则对信息物理系统也很有用[3,21-22,27]。然而,它们在证明中的使用可以说比在动态检验中的更重要。原因必然与 CPS 对物理世界的影响以及物理定律的不可协商性有关。请读者想象一下你坐在沿街行驶的无人驾驶汽车上。假设契约涵盖了汽车控制软件的方方面面,但所有契约都是专门用于动态检验,而没有一个是证明过的。如果这辆自动驾驶汽车在 55 英里/小时的高速公路上行驶速度高达 100 英里/小时并且非常接近前方的汽车,那么对契约"至少与前面的汽车保持 1 米距离"进行动态检验就毫无帮助了。如果此契约失败,汽车软件会知道它犯了错误,但是对此采取任何措施都已经太晚了,因为汽车的制动器不可能足够快地把车速降下来。这辆车"被困在自己的物理动态中"，因为它已经没有安全的控制选项了，只能准备好撞车。虽然在 CPS 中也有有效的方法使用动态契约检验[19]，但这些契约的设计需要证明来确保它们的响应足够早并始终保持安全。

出于这些原因，本书将更为关注证明对于 CPS 契约正确性论证的作用，而不是在动态检验中的使用。由于 CPS 故障对物理世界的不良后果，对 CPS 的正确性要求也更加严格。相较如经典程序中仅仅检查数组边界，CPS 行为的细微差别可能需要的论证更具挑战性。因此，我们将以相当严格的方式处理 CPS 证明。但这种严谨的推理是后续章节的主题。

本章的重点首先是了解 CPS 契约本身。作为建模和规约化的有用练习，我们将开发一个弹跳球模型，并确定它所有的安全性需求。在此过程中，本章对 CPS 中需求和契约的作用建立直观理解，同时开发 CPS 性质形式化描述及其分析的重要方法。本章的内容为 CPS 的正确性规约技术提供了直观的逐步介绍[20-22,25,30]。

本章最重要的学习目标如下所示。

建模与控制：我们在逻辑公式中内化（internalize）CPS 的离散和连续特性，从而加深对 CPS 背后核心原理的理解，这让我们能够对 CPS 的预期行为做出精确的陈述。这种能力构成了分析推理原理的重要基石。

计算思维：我们开发一个简单但富有启发意义的例子，来学习如何查明 CPS 的规约和关键性质。即使我们考虑的弹跳球的例子是一个极其简单的 CPS，它仍然传递了关于混成系统模型极难处理的细节的信息，这对理解 CPS 至关重要。本章致力于介绍 CPS 模型的契约，其形式为前置条件和后置条件。我们将开始严格规约化我们对 CPS 模型的需求和期望，这对于正确开发 CPS 至关重要。为了实现数学上严格且明确的规约化，本章引入微分动态逻辑 dL[21-22,25,30]，作为在本书中我们一直采用的 CPS 规约和验证语言。

CPS 技能：我们尝试把 CPS 模型的语义与它们的推理原理关联起来，从而开始加深对它们语义的理解。但这种关联在下一章中才会完整介绍。

4.2   CPS 契约的逐步介绍

本节对信息物理系统契约逐步作非正式介绍。其重点在于直观展开对契约的需求，从而激励后续对 CPS 逻辑的严格开发，该逻辑中每方面都有明确、定义良好的含义。本节还介绍了弹跳球 Quantum，作为通行示例在本书中自始至终伴随我们，该示例简单直观，但是出人意料的是，它的代表性也很强。

3.2 节考虑了沿直线加速运动的模型，运动中可选择增加加速度或制动。该模型做了有趣的控制选择，我们本可以在本章中继续研究它。然而，为了提高对 CPS 的直观理解，我们选择研究一个非常简单但也非常直观的系统。开发这个示例将是又一个受欢迎的建模练习。

4.2.1   弹跳球 Quantum 历险记

从前，有一个小弹跳球叫 Quantum ⊖。Quantum 什么都不干，就只在街上日复一日地来回跳着，直到他厌倦为止。但事实上这几乎不会发生，因为他是如此热爱弹跳（见

⊖　为生动起见，下文有时会采用拟人手法描述弹跳球。——编辑注

图 4.1）。Quantum 弹跳球似乎与 CPS 没有太多关系，因为弹跳球实际上没有什么有趣的
决策要做。至少，Quantum 相当满足于不必面对任何决定。尽管如此，他仍能在第 8 章中看到决策是如何给人力量，如何微妙，又是如何引人入胜的。但是首先，Quantum 甚至没有配置计算机，所以他缺乏作为合格信息物理系统的一项简单的指标。

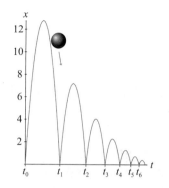

图 4.1　弹跳球的样本轨迹（绘制为高度随时间的变化）

尽管如此，Quantum 构成了一个完全合理的混成系统，因为经过仔细观察，最终发现该系统同时涉及离散动态和连续动态。首先发生的连续动态是由重力引起的，重力将球向下拉并使其从天空落下。离散动态来自球撞击地面并反弹回来时发生的奇异的离散事件。对球及其与地面的撞击进行物理建模的方法有很多种。它们包括一系列不同的、多多少少符合现实的物理效应，例如重力、空气阻力、地面上的弹性变形等。但是这个小小的弹跳球 Quantum 没有学习足够的物理知识，因而对这些效应一无所知。因此，Quantum 不得不用更容易的方法理解世界。但 Quantum 是一个聪明的小弹跳球，他体验过突然变化这样的现象并试图利用这一点。

如果寻求弹跳球行为的简单模型，将其描述为混成系统更容易。高度为 x 的球在重力作用下下落：

$$x'' = -g$$

也就是说，高度 x 遵循微分方程 $x'' = -g$ 以二阶时间导数 $-g$ 变化，这里 g 为重力常数。当它撞到地面时（假设地面高度为 $x = 0$），球会反弹并跳回空中。然而，就连孩子都知道，球的反弹往往达不到之前的高度。如果给他足够的时间弹跳，他最终会永远躺在地上，直到他再次被拾起并高高地抛向空中。Quantum 对这种家常便饭般的弹跳物理效应并不陌生。

因此，Quantum 将与地面的碰撞建模为一种离散的现象，并寻找让球弹回的动力的描述方法。理解这一点的一种尝试是，当球撞到地面（$x = 0$）时，其高度 x 增加（比如 10），使球突然向上跳回：

$$x'' = -g;$$
$$\texttt{if}(x = 0)x := x + 10 \tag{4.1}$$

该 HP 首先遵循第一行中的微分方程连续演化一段时间，然后在顺序合成（;）之后，如果球现在在地面上（$x = 0$），则执行第二行中的离散计算，将 x 增加 10。这样的模型对于描述其他系统可能是有用的，但是与我们对弹跳球自然规律的经验不一样，因为球实际上是慢慢弹回而不是突然在高空中重新开始的。

Quantum 思考当他撞到地面时会发生什么。Quantum 不会如式（4.1）所表明的那样，突然穿梭到地面之上的新位置。相反，球突然改变的是方向而不是位置。刚才，Quantum 以负速度（即向下指向地面的速度）下落，然后突然之间，他以正速度（指向天空）向上攀升。编写这样的模型需要在弹跳球的微分方程组中显式采用速度变量 v：

$$\{x' = v, v' = -g\};$$
$$\texttt{if}(x = 0)v := -v \tag{4.2}$$

现在微分方程组 $\{x' = v, v' = -g\}$ 表示高度 x 的时间导数是垂直速度 v，v 的时间导数是 $-g$。由于弹跳球撞击地面，它的方向反转。当然，此后微分方程组表示的物理过程

将继续演化，直到它再次碰到地面为止：

$$\{x'=v,v'=-g\};$$
$$\mathrm{if}(x=0)v:=-v;$$
$$\{x'=v,\ v'=-g\};$$
$$\mathrm{if}(x=0)v:=-v$$

(4.3)

当然，之后该物理过程再次继续，所以该模型实际上涉及重复：

$$(\{x'=v,v'=-g\};$$
$$\mathrm{if}(x=0)v:=-v)^{*}$$

(4.4)

　　HP 中的重复(*)是非确定性的，这点很好，因为 Quantum 无法提前知道他将迭代多少次控制回路。然而，Quantum 现在相当惊讶，因为如果遵循式(4.4)，他似乎应该总能再次爬回到他的初始高度。Quantum 对此很兴奋，他试了又试，但他从未成功反弹回原来的高度。因此，Quantum 得出结论，式(4.4)中的模型肯定存在问题，并着手修复式(4.4)。

　　Quantum 在弹跳时非常小心地观察了自己一段时间，得出的结论是，当弹回来时自己比在之前下落时稍微慢一点。确实，Quantum 在上升的过程中感觉没有那么精力充沛。因此，在地面反弹时他的速度不仅掉转了方向，从向下转为向上，而且幅度也在缩小。Quantum 迅速调用相应的阻尼系数 c，并很快提出了一个更好的模型：

$$(\{x'=v,v'=-g\};$$
$$\mathrm{if}(x=0)v:=-cv)^{*}$$

(4.5)

　　现在，如果球碰到地面，他的速度会掉转方向，且大小会以阻尼因子 c 减小。但是，Quantum 以巧妙的方式运行模型(式(4.5))，观察到这个模型可以让他从地面的裂缝中掉下去。Quantum 被这一想法吓到了，很快就将物理模型改好，以免他在有机会修复自己的物理模型之前从裂缝中的空间掉出去。式(4.5)的问题是没有阐明微分方程什么时候停止，因此他可能演化太长时间以致掉到地面以下，并且随后测试 $x=0$ 失败，如图 4.2 所示。然而幸运的是，Quantum 记得，在第 2 章中这正是演化域的意图所在。Quantum 想留在地面以上，所以他要求物理过程好好遵守演化域约束 $x\geqslant0$，因为下面的地面构造相当坚固。与可怜的爱丽丝情况不同[2]，这里的地面上没有兔子洞可以穿过：

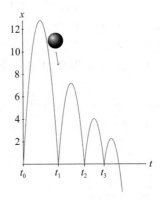

图 4.2　地面上有裂缝时弹跳球的样本轨迹（绘制为高度随时间的变化）

$$(\{x'=v,v'=-g\,\&\,x\geqslant0\};$$
$$\mathrm{if}(x=0)v:=-cv)^{*}$$

(4.6)

　　现在，在重力使得我们的小弹跳球 Quantum 穿过地面之前，物理过程确实不得不停止演化。然而，物理仍然可以选择当球在高空时停止演化。在这种情况下，球还没有碰到地面，仍然有 $x\neq0$，所以式(4.6)的第 2 行也不产生什么效果。然而，这并不是一场灾难，因为式(4.6)中的循环可以简单地重复，这将允许物理过程继续沿着相同的微分方程进一步演化。谢天谢地，演化域约束…$\&\,x\geqslant0$ 可以防止所有遵循微分方程掉到地下的必定失败的尝试，因为它们不会始终满足 $x\geqslant0$。

现在我们对于式(4.6)这一模型非常满意了，但是弹跳球 Quantum 继续探索该模型是否符合他的预期。当然，如果 Quantum 已经阅读过本书，他就会对模型进行严格的分析。由于 Quantum 仍然是 CPS 的新手，他走了可视化这条弯路，先拍摄了几张仿真式(4.6)行为的照片。由于有一个非常好的仿真器，这些仿真看起来都与图 4.1 特征相似。

4.2.2　Quantum 如何在时间结构中发现裂缝

在漫不经心地仿真他自己的个人模型一段时间后，Quantum 决定取出他的时间放大镜并将镜头拉到非常近的距离，以观察他的模型(式(4.6))在地面上($x=0$)弹跳时究竟发生了什么。在那个时间点，演化域 $x \geqslant 0$ 将迫使微分方程停止。因此，连续演化停止，下述离散动作进行，即检查球的高度，如果 $x=0$，则立即、不花时间地将速度离散地改变为 $-cv$。

Quantum 将连续时间内第一次反弹的时间点记录为时间 t_1，在此他观察到一系列不同的状态。首先，在连续时间点 t_1 处，Quantum 位置为 $x=0$ 并且速度为 $v=-5$。在运行式(4.6)的离散赋值语句之后，实际时间仍然为 t_1，但它的位置为 $x=0$ 而速度变为 $v=4$。Quantum 认为，这种时间混乱不能这样继续下去，并决定给出一个额外的自然数索引 $j \in \mathbb{N}$ 来区分接连出现两次的连续时间 t_1。因此，为了便于说明，Quantum 称他处于状态 $x=0$，$v=-5$ 的第一个时间点为 $(t_1, 0)$，并称他处于状态 $x=0$，$v=4$ 的第二个时间点为 $(t_1, 1)$。

101

事实上，Quantum 的时间放大镜工作得那么好，以至于他突然发现他碰巧发明了一个额外的时间维度：除了连续时间坐标 $t \in \mathbb{R}$ 之外的离散时间步长 $i \in \mathbb{N}$。在图 4.3 中，Quantum 将 $\mathbb{R}$ 值连续时间坐标绘制于 t 轴上，同时另外用 j 轴表示混合时间的 $\mathbb{N}$ 值离散步长，并用 x 轴表示位置。现在在图 4.3 中，Quantum 使用他的时间放大器观察式(4.6)模型的第一次仿真，由此欣赏到此模型混成本质的完整展现。事实上，如果 Quantum 关闭其时间放大器并观察图 4.3 中的混合时间仿真，则离散步骤 j 这一额外维度再次消失，仅留下系统执行在 t-x 平面中相对简单的投影，这与图 4.1 所示的外行人的仿真一致。甚至图 4.3 中的混合时间仿真投影到 t-j 时间平面也会产生一个奇妙的图形，如图 4.4 所示，图中时间放大镜揭示了混合时间在这次特定的仿真中是如何演化的。

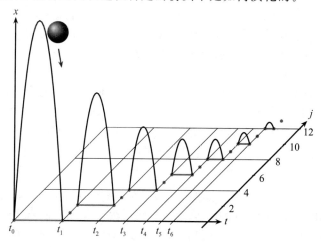

图 4.3　弹跳球的样本轨迹，绘制为在包括离散时间步长 j 和
连续时间 t 的混合时域上的位置 x

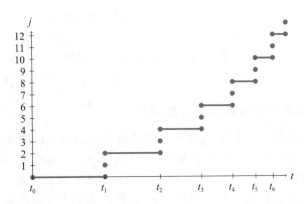

图 4.4   弹跳球样本轨迹投射到包括离散时间步长 j 和连续时间 t 的混合时域

从图 4.1 及其混合版本图 4.3 中的这些运行样本，Quantum 获得了更多关于式(4.6)
的 HP 操作的直观知识，他现在准备提出更深层次的问题。他的模型(式(4.6))的行为总
是正确的吗？或者他只是很幸运地仿真并放大了特定仿真，如图 4.1 和图 4.3 所示？严格
意义上的弹跳球的正确行为究竟是什么？他最重要的性质是什么？这些性质的目的又是什
么？如何才能清楚地规约化这些性质？最后，在 Quantum 漫不经心地跳来跳去并面临潜
在风险之前，他如何能够说服自己这些性质为真？

4.2.3   Quantum 怎样学会放气

Quantum 一半的精力在他上一节提出的正确
性和个人安全性这些急迫的问题上，另一半还在思
考他的模型出了什么错甚至不知道怎样让他躺着不
动。他从各个时间角度仔细检查弹跳球模型的每一
次仿真(见图 4.1 和图 4.3)，发现按照式(4.6)指明
的所有弹跳方式，球似乎永远不会停止弹跳。
Quantum 被这种奇怪的可能性所困扰，他尝试着
弹跳了几次，就像之前从未跳过一样。经过一系列
不成功的尝试后，他躺下来想，模型中一定有什么
与事实不符，以至于它真的预测 Quantum 可以一
直弹跳，但事实上 Quantum 最终总会失去动力并
平躺在地上，就像图 4.5 一样。

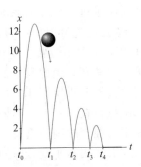

图 4.5   最终平躺着的弹跳球的样本轨迹
(绘制为高度随时间的变化)

Quantum 想要描述物理现实，就必须对式(4.6)的模型做些修正。Quantum 采用球弹
跳时的弹性和塑性变形、摩擦力以及能量损失等越来越真实的混合来开发更好的模型，但
这一复杂的开发进行到一半时，他突然有了一个非常巧妙的想法。当然，所有这些变形、
摩擦和能量等类似东西的模型对于高精度物理模型都是必要的。然而，如果 Quantum 只
是试图描述弹跳球的定性行为，他也可以尝试利用他在第 3 章中阅读到的抽象化的力量。
这里大致的想法是，当 Quantum 在地面上反弹时，他或者降低速度反弹回来 $v := -cv$，
或者只是平躺着速度完全为零 $v := 0$。确定各种情况究竟什么时候发生会让 Quantum 回到
精度越来越高的物理模型的开发，并且需要测量这些模型中各种具体的系数和参数。但
是，只描述球在地面时的行为是这两个选项之一这一事实是相当简单的，用非确定性选择
($\bigcup$)即可：

$$(\{x'=v,v'=-g\&x\geqslant 0\};$$
$$\text{if}(x=0)(v:=-cv\bigcup v:=0))^* \tag{4.7}$$

现在，这一新改进的 HP 能够以合理的准确度容许 Quantum 在试着跳来跳去时观察到的所有行为。该模型还允许一些真正物理世界不一定做得到的多余的行为，如永远不停止弹跳，所以式(4.7)是一个过近似。然而，与他的高保真物理模型比较，Quantum 不由得赞赏式(4.7)的相对简单性，他宁愿分析更简单的混成系统模型(式(4.7))而不是尝试更精确但困难得多的物理模型。Quantum 现在亲身体会到抽象化如何能简化问题，并将在未来所有的努力中牢记这一点。

说到简单性，即使现在 Quantum 认为式(4.7)比起更简单的式(4.6)是更好的模型，原因是式(4.7)允许物理选择在某次反弹后让球平躺着，但是 Quantum 更愿意先研究更简单的模型(式(4.6))，以全力解决紧迫的正确性问题。这也可能是 Quantum 已经偷看过习题 4.16，其中将考虑更复杂的模型(式(4.7))。

104

4.2.4 CPS 的后置条件契约

Quantum 开发了一个优美的弹跳球混成系统模型后，继续陈述他对模型行为的期望。混成程序 α 是针对 CPS 的有用的模型。它们用程序描述了 CPS 的行为，最终体现在它们的语义 $[\![\alpha]\!]\subseteq\mathscr{S}\times\mathscr{S}$ 中，这是一种状态上的可达性关系(见第 3 章)。然而，CPS 的可靠开发还需要一种方法确保该行为符合预期。首先，我们希望 CPS 的行为始终满足某些关键的安全性质。例如，机器人不应该做任何不安全的事情，比如从一个人身上碾过。

探索 4.1(机器人三定律)

艾萨克·阿西莫夫(Isaac Asimov)的机器人三定律[1]恰当地定义了机器人的安全性：

1) 机器人不得伤害人类，或者因不作为使人类受到伤害。

2) 除非违背第一定律，机器人必须服从人类的命令。

3) 除非违背第一及第二定律，机器人必须保护自己的生存。

令人遗憾的是，由于语言的不清晰以及类似的麻烦，使得虽然科学家们忙碌了大半个世纪，但机器人三定律在逻辑学或类似需要精确的情况下的演绎仍然是一个很大的挑战。机器人三定律不是答案。它们是灵感源泉！

即使 Quantum 这个小小的弹跳球可能不如严格意义上的 CPS 那么安全关键，但他仍然对自己的安全性很感兴趣。Quantum 希望确保他不会穿过地面的裂缝。而且尽管他很想一路向上跳到月球，但事实证明他有点恐高。想到这一点，他永远不想要跳得比一开始的位置高。因此，如果用 H 表示初始高度，Quantum 想要知道在遵循式(4.6)时他的高度是否始终保持在 $0\leqslant x\leqslant H$ 之内。

Quantum 害怕违反 $0\leqslant x\leqslant H$ 可能的后果，他决定明确阐述式(4.6)的目标。幸运的是，Quantum 在基础编程课程中表现出色，这些课程中用契约来明确对程序行为的期望。尽管 Quantum 处理的显然不再是简单的传统程序，而是混成程序，但 Quantum 仍然决定在式(4.6)前面放置一个 ensures(F)契约，以表示预期该 HP 的所有运行都只到达逻辑公式 F 为真的状态。Quantum 甚至使用两个后置条件，一个条件对应他的一个期望。目前，Quantum 暂时使用以下符号表示弹跳球应该确保两个预期的后置条件：

105

$$\text{ensures}(0{\leqslant}x)$$
$$\text{ensures}(x{\leqslant}H)$$
$$(\{x'{=}v,\ v'{=}{-}g\&x{\geqslant}0\});$$
$$\text{if}(x{=}0)v{:=}{-}cv)^* \tag{4.8}$$

后续章节将很快抛弃 ensures(F) 这一标记法，而采用更优美、更有逻辑性的方式。但就目前而言，Quantum 很高兴能够将其模型预期会实现的目标记录下来。

4.2.5 CPS 的前置条件契约

在阅读了很多关于传统程序契约的资料之后，Quantum 立即开始怀疑式(4.8)的 HP 中的 ensures() 契约在运行该 HP 之后是否总是为真。毕竟，恐高的 Quantum 真的希望这份契约不会失败。事实上，在他敢于再次尝试无忧无虑地弹跳之前，他更愿意看到那份逻辑契约已经满足了。

Quantum 经过深思熟虑后得出结论：式(4.8)中的 ensures() 契约是否成立将取决于弹跳球开始时的初始状态。Quantum 把 H 当作初始高度，但式(4.8)的 HP 无法知道这一点。实际上，如果 $H=-5$，那么该契约将很难满足，因为此时 $0{\leqslant}x$ 和 $x{\leqslant}H$ 不可能都为真。

所以，Quantum 决定要求前置条件 $x=H$ 契约 requires($x=H$)，来说明弹跳球高度 x 的初始值为 H。因为这仍无法保证 $0{\leqslant}x$ 成立，Quantum 要求最初 $0{\leqslant}H$ 也成立，这样得到：

$$\text{requires}(x{=}H)$$
$$\text{requires}(0{\leqslant}H)$$
$$\text{ensures}(0{\leqslant}x)$$
$$\text{ensures}(x{\leqslant}H) \tag{4.9}$$
$$(\{x'{=}v,v'{=}{-}g\&x{\geqslant}0\});$$
$$\text{if}(x{=}0)v{:=}{-}cv)^*$$

这样非正式地介绍了信息物理系统中对契约的需求和目的后，现在是时候让契约的开发更加通用。因此，在进一步研究 Quantum 在式(4.9)中的契约是否真正成立之前，我们将先开发 CPS 契约的系统性方法。

探索 4.2(CPS 的不变式契约)

除了前置条件和后置条件之外，循环不变式也在传统命令式程序的契约中起着突出的作用，因为它们构成了理解循环的主要逻辑模式。前置条件阐明在程序运行之前预期成立的条件。后置条件阐明程序运行后保证成立的性质。循环不变式表示每次循环体执行时什么为真，因此在循环体的每次运行之前和之后都为真。例如，在 C 语言风格的程序中，不变式与循环相关联：

```
i = 0;
while (i < 10)
    // loop_invariant(0 <= i && i <= 10)
    {
        i++;
    }
```

计算 a 和 b 的最大公约数的 Dijkstra 算法需要一个循环不变式和一个前置条件，

因为程序调用 gcd(5,0) 不会终止：

```
// requires(x!=0 && y!=0)
x=a; y=b; u=b; v=a;
while (x!=y)
  // loop_invariant(2*a*b == u*x + v*y)
  {
    if (x>y) {
      x=x-y; v=v+u;
    } else {
      y=y-x; u=u+v;
    }
  }
```

这种循环不变式也将在 CPS 中发挥同样重要的作用（见第 7 章），但首先需要进一步发展它们才能变得有意义。

4.3 混成程序的逻辑公式

事实上，在开发 CPS 程序或者其他任何 CPS 模型时，CPS 契约起的作用非常大。由于 CPS 对安全性有着更为严格的要求，从一开始就将 CPS 契约作为其设计的一部分是一个很好的主意，与开发传统程序时相比，在 CPS 上这么做尤为重要。

然而，我们不但想要对 CPS 进行编程，我们还希望（也不得不）完全理解 CPS 程序及其契约的意义，以及我们如何确信 CPS 程序将遵守 CPS 契约。与逻辑的全部功能相比，这是仅仅有契约不足的地方。

注解 19（逻辑是用于规约化和推理的） 逻辑不仅允许描述整个 CPS 程序的规约，而且允许对其各部分进行分析检查并表示契约和程序各部分之间的论证关系。

发明逻辑学是为了精确的陈述、论证以及人类理性思维和数学推理方法的系统化[6,8,13,16,37-38]。此后逻辑学经过了有影响力的泛化，实现了对传统离散程序的精确陈述和推理[5,14,34]，以及包括真理模式（如必然性和可能性[15]）或者真理的时序关系[33,35]在内的其他功能。

然而，信息物理系统需要一种逻辑能对其动态系统进行精确表述和推理。因此 CPS 需要的是动态系统的逻辑[25,29]，其中最基本的代表是微分动态逻辑（dL）[20-22,25-26,30]，即混成系统的逻辑。微分动态逻辑允许对混成程序直接作逻辑表述，因此，它充当本书第一部分和第二部分中的 CPS 程序的逻辑，用于规约化和验证，并仍然作为第三部分和第四部分的基础。多动态系统除了混成系统之外的特性在文献[23-25，28-29，31]中讨论，其中一些将在本书的第三部分中采用。

对于我们来说，微分动态逻辑最重要的特性是它适用于混成系统。第 2 章引入了实算术一阶逻辑，用于描述微分方程的演化域约束，并使得可以对（多项式）项的比较作合取或析取并与作用于实值变量的量词结合。

注解 20（CPS 一阶逻辑的局限性） 实算术一阶逻辑是描述 CPS 中真假性质的关键基础，因为它允许我们使用实值量（如位置和速度）以及它们的算术关系。然而，这还不太够，因为一阶逻辑描述的是系统在单一状态下什么为真。它既不能说明在 CPS 的未来状态下什么为真，也不能描述 CPS 的初始状态与其最终状态之间的关系。如果没有这样的能力，就不可能说明在 CPS 开始之前哪些前置条件为真，以及这如何与之后的哪些后置条件为真联系起来。

107

回忆在 3.3.2 节中，HPα 的语义最终构造为关系 $[\![\alpha]\!]\subseteq\mathscr{S}\times\mathscr{S}$。它定义了 HPα 从初始状态 $\omega\in\mathscr{S}$ 可到达的新的状态 $\nu\in\mathscr{S}$，在这种情况下我们写为 $(\omega,\nu)\in[\![\alpha]\!]$。

注解 21(微分动态逻辑原理)   微分动态逻辑(标记为 dL) 扩展了实算术一阶逻辑，它采用运算符作用于 CPS 的将来状态，即通过运行给定 HP 可到达的状态。dL 逻辑提供以 HP α 为参数的模态运算符 $[\alpha]$，它指向的是 HP α 可以达到的所有状态，其中可达性关系 $[\![\alpha]\!]\subseteq\mathscr{S}\times\mathscr{S}$ 根据 HP α 的语义定义。对于任意的 HP α，该模态操作符 $[\alpha]$ 能够放在任何 dL 公式 P 的前面。得到的 dL 公式

$$[\alpha]P$$

表示 HP α 可达的所有状态都满足公式 P。

dL 逻辑还提供另一个以 HP α 为参数的模态运算符 $\langle\alpha\rangle$，它也能放在任何 dL 公式 P 前面。dL 公式

$$\langle\alpha\rangle P$$

表示最少在一个 HP α 可达的状态下 P 成立。模态 $[\alpha]$ 和 $\langle\alpha\rangle$ 用于表示必然的或者可能的 α 的转换行为，因为它们指的是 α 的全部运行或者一部分运行。公式 $[\alpha]P$ 可读为 "α 方括号 P"，$\langle\alpha\rangle P$ 则读为 "α 尖括号 P"。

借助于 dL 模态，HP α 的后置条件 $\text{ensures}(E)$ 可以直接表示为微分动态逻辑的逻辑公式：

$$[\alpha]E$$

特别地，弹跳球(式(4.8)) 的第一个 CPS 后置条件 $\text{ensures}(0\leqslant x)$ 可以表述为如下 dL 公式：

$$[(\{x'=v,v'=-g\,\&\,x\geqslant 0\};\text{if}(x=0)v:=-cv)^*]0\leqslant x \qquad (4.10)$$

弹跳球(式(4.8)) 的第二个 CPS 后置条件 $\text{ensures}(x\leqslant H)$ 同样能表示为 dL 公式：

$$[(\{x'=v,v'=-g\,\&\,x\geqslant 0\};\text{if}(x=0)v:=-cv)^*]x\leqslant H \qquad (4.11)$$

dL 逻辑允许所有其他的一阶逻辑运算符，包括合取($\wedge$)。因此，结合式(4.10) 和式(4.11) 这两个 dL 公式的逻辑以组成这样的单个 dL 公式：

$$[(\{x'=v,v'=-g\,\&\,x\geqslant 0\};\text{if}(x=0)v:=-cv)^*]0\leqslant x$$
$$\wedge\,[(\{x'=v,\ v'=-g\,\&\,x\geqslant 0\};\text{if}(x=0)v:=-cv)^*]x\leqslant H \qquad (4.12)$$

后退一步，我们同样能对后置条件作合取，从而把两个后置条件 $\text{ensures}(0\leqslant x)$ 和 $\text{ensures}(x\leqslant H)$ 组合成一个 $\text{ensures}(0\leqslant x\wedge x\leqslant H)$。把这一做法转化到 dL，会让我们得到另一种方法来将关于弹跳球高度的下限和上限的两个语句组合成一个 dL 公式：

$$[(\{x'=v,v'=-g\,\&\,x\geqslant 0\};\text{if}(x=0)v:=-cv)^*]\ (0\leqslant x\wedge x\leqslant H) \qquad (4.13)$$

哪种方式表示我们对弹跳球的期望更好？喜欢式(4.12) 还是喜欢式(4.13)？它们是等价的吗？或者它们表达的是不同的性质？

在你继续阅读之前，看看你是否能自己找到答案。

---

dL 逻辑中有非常简单的论证可以证明式(4.12) 和式(4.13) 是等价的。它甚至表明，相同的等价关系不仅适用于这些特定的公式，而且适用于相同形式的任何 dL 公式：

$$[\alpha]P\wedge[\alpha]Q \quad 等价于 \quad [\alpha](P\wedge Q) \qquad (4.14)$$

$[\alpha]P\wedge[\alpha]Q$ 和 $[\alpha](P\wedge Q)$ 的等价关系可以表示为等价运算符($\leftrightarrow$) 的逻辑公式，该公式在所有状态下均为真：

$$[\alpha]P\wedge[\alpha]Q\leftrightarrow[\alpha](P\wedge Q)$$

这个等价关系将在后面的章节中进行更详细的探讨，但目前了解它有助于塑造我们对 dL 的直觉力，并且预期它宽泛的适用性带来的应用场景。

话虽如此，我们是否相信 dL 公式(4.12)是永真的，因而在所有的状态下都为真？式(4.13)应该是永真的吗？不管怎样，它们当然应该或者都是永真的，或者都不是永真的，因为根据式(4.14)，它们是等价的。但是，现在的问题是，式(4.12)是不是永真的？在我们进一步详细研究这个问题之前，第一个问题应该是模态公式 $[\alpha]P$ 为真的含义是什么？它的语义是什么？一开始更恰当的问题是，它的语法究竟是什么？

4.4 微分动态逻辑

本章对微分动态逻辑逐步阐明其动机并作了非正式介绍，本节现在据此给出其定义[20-22,25-26,30]。该逻辑作为一种清晰的标记法以及对 CPS 进行严格推理的技术基础，在本书自始至终起着核心的作用。微分动态逻辑使用 2.6.2 节中定义的项和 3.3.1 节中定义的混成程序。

4.4.1 微分动态逻辑的语法

微分动态逻辑中公式的定义与实算术一阶逻辑公式(见 2.6.3 节)相似，增加的功能为应用于任何混成程序 α 的模态运算符 $[\alpha]$ 和 $\langle\alpha\rangle$。dL 公式 $[\alpha]P$ 表示在 HP α 的所有运行之后的所有状态均满足 dL 公式 P。dL 公式 $\langle\alpha\rangle P$ 表示存在 HP α 的某个运行可以到达 dL 公式 P 为真的状态。在模态公式 $[\alpha]P$ 和 $\langle\alpha\rangle P$ 中，公式 P 称为后置条件。

定义 4.1(dL 公式) 微分动态逻辑(dL)公式由以下文法定义(其中 P、Q 为 dL 公式，e、$\tilde{e}$ 是(多项式)项，x 是变量，α 是 HP)：

$$P,Q ::= e = \tilde{e} \mid e \geqslant \tilde{e} \mid \neg P \mid P \wedge Q \mid P \vee Q \mid P \rightarrow Q \mid \forall x P \mid \exists x P \mid [\alpha]P \mid \langle\alpha\rangle P$$

运算符 $>$、$\leqslant$、$<$、$\leftrightarrow$ 可由以上运算定义，例如 $P \leftrightarrow Q \equiv (P \rightarrow Q) \wedge (Q \rightarrow P)$。

当然，第 2 章中所有的一阶实算术公式也是 dL 公式，并且含义与第 2 章的定义完全相同。我们偶尔会使用反向蕴涵式 $P \leftarrow Q$，这只是蕴涵式 $Q \rightarrow P$ 的另一种标记。

dL 公式 $[x:=5]x>0$ 表示在给 x 赋值 5 之后它总是正的，该公式为平凡真，因为 x 获得的新值 5 确实是正的。公式 $[x:=x+1]x>0$ 表示在将 x 递增 1 的离散变化后它总是正的，此公式仅在某些状态下为真，而在 x 的值太小的其他状态下为假。但是，加上蕴涵操作，dL 公式 $x \geqslant 0 \rightarrow [x:=x+1]x>0$ 就是永真的，即在所有状态下都为真，因为如果最初 x 是非负的，它在递增后肯定为正。这一蕴涵式表示在满足左侧假设 $x \geqslant 0$ 的所有状态下，右侧 $[x:=x+1]x>0$ 为真，相应地，这表明 x 在递增之后将变为正。该蕴涵式在假设 $x \geqslant 0$ 不成立的所有状态下都为平凡真，因为如果蕴涵式的左侧为假，则蕴涵式为真。

程序 $x:=x+1$ 只有一种运行方式，因此方括号模态 $[x:=x+1]$(量化作用于 $x:=x+1$ 的所有运行)与尖括号模态 $\langle x:=x+1\rangle$(量化作用于 $x:=x+1$ 的某次运行)并没有区别。但其他 HP 的行为更有趣。公式 $[x:=0;(x:=x+1)^*]x \geqslant 0$ 是永真的，因为 x 在赋值为 0 之后无论递增几次得到的仍然是非负数。合取 $[x:=x+1]x>0 \wedge [x:=x-1]x<0$ 在 x 等于 0.5 的初始状态下为真，但它非永真，因为当 x 初始值为 -10 时它为假。

同样，dL 公式 $[x'=2]x>0$ 非永真，因为在 x 值为负的初始状态下它为假。但是 $x>0 \rightarrow [x'=2]x>0$ 是永真的，因为 x 遵循微分方程 $x'=2$ 总是增大。类似地，$[x:=1;x'=2]x>0$ 是永真的，因为在首先将 x 赋值为 1 后，x 沿着 ODE $x'=2$ 演化保持为正。

量词和模态也可以混合使用。例如，dL 公式 $x>0 \rightarrow \exists d[x'=d]x>0$ 是永真的，因为如果 x 开始为正，则存在变量 d 的赋值(例如 2)将保证 x 沿 $x'=d$ 演化始终为正。公式

$\exists x\,\exists d\,[x'=d]x>0$ 是永真的，因为存在 x 的初始值(例如 1)和 d 的值(例如 2)使得从 x 的该初始值开始沿着 $x'=d$ 连续演化任意长时间之后，x 保持为正。甚至合取式 $\exists x\,\exists d\,[x'=d]x>0 \wedge \exists x\,\exists d\,[x'=d]x<0$ 也是永真的，因为确实存在 x 的初始值和斜率 d 的值使得在这些值的选择下 x 沿着 $x'=d$ 演化始终为正，但是也存在 x 的初始值(例如 -1)和 d 的值(例如 -2)使得 x 沿着 $x'=d$ 演化总是保持为负。在这个示例中，必须为两个合取项中的 x 和 d 选择不同的值，以使整个公式求值为真，但对于不同位置的不同量词这是完全可以的。全称量词和模态也可以组合使用。例如，$\forall x\,[x:=x^2;\; x'=2]x\geqslant 0$ 是永真的，因为对于 x 的所有可能取值，在将 x 的(非负)平方赋值给 x 之后，遵循微分方程 $x'=2$ 任意长时间仍能使 x 保持非负。

dL 公式 $[\alpha]P$ 中的方括号模态 $[\alpha]$ 表示在 HP α 的所有运行后其后置条件 P 为真。与之对比，dL 公式 $\langle\alpha\rangle P$ 中的尖括号模态 $\langle\alpha\rangle$ 表示其后置条件 P 在至少某次 HP α 的运行后为真。这里讨论尖括号模态的一些例子，尽管它在本书的前面章节中还不是那么重要。

例如，dL 公式 $\langle x'=2\rangle x>0$ 是永真的，因为无论 x 的初始值是什么，在遵循微分方程 $x'=2$ 足够长时间后的某个时间点，它将最终为正。dL 公式 $\langle x'=d\rangle x>0$ 不是永真的，但至少在 d 值为 2 或其他正数的初始状态下为真。事实上，$\langle x'=d\rangle x>0$ 等价于 $x>0 \vee d>0$。特别地，$\exists d\,\langle x'=d\rangle x>0$ 是永真的，因为可以选择合适的 d 值，使得遵循 ODE $x'=d$ 足够长时间后，x 最终将为正。甚至合取式 $\exists d\,\langle x'=d\rangle x>0 \wedge \exists d\,\langle x'=d\rangle x<0$ 也是永真的，因为根据之前的论证第一个合取项为真，而第二个合取项为真的理由是，存在可能跟之前不同的 d 的初始值，沿着 ODE $x'=d$，最终将令 x 为负，这样的 d 值的恰当(且与第一个合取项中不同的)选择的例子有 -2。

模态也可以嵌套，因为任何 dL 公式都可以用作后置条件。例如，dL 公式 $x>0\rightarrow[x'=2]\langle x'=-2\rangle x<0$ 是永真的，因为如果 x 开始为正，那么无论遵循微分方程 $x'=2$ 多长时间，随后都可以跟随微分方程 $x'=-2$ 一段时间，使得 x 变为负。这只需要足够的耐心。事实上，出于同样的原因，甚至以下 dL 公式也是永真的：

$$x>0\rightarrow[x'=2](x>0 \wedge \langle x'=-2\rangle x=0)$$

它表示，从 x 的任何正初始值开始，遵循 $x'=2$ 演化任意长时间到达的状态下 x 仍然为正，但从此状态仍然可能跟随 $x'=-2$ 某段(更长的)时间，使得 x 的最终值为零。

为了避免读者混淆，请注意现在微分动态逻辑公式和混成程序中可能出现等号作用不同的情形：

表达式	作用
$x:=e$	HP 中的离散赋值，给变量 x 赋新值 e
$x'=f(x)$	HP 中的微分方程，用于变量 x 的连续演化
$x=e$	dL 公式中的等式比较，可以为真或为假
$?x=e$	在 HP 中对 x 作等式比较测试，只有在为真时才继续

探索 4.3(微分动态逻辑的运算符优先级)

为了节省括号，符号约定中一元运算符(包括$^{\ominus}$¬、量词 $\forall x$ 和 $\exists x$、模态 $[\alpha]$、$\langle\alpha\rangle$

$\ominus$　量词是否是一元运算符是有争议的：$\forall x$ 是公式上的一元运算符，但是 $\forall$ 是具有混合参数(一个变量和一个公式)的运算符。在含 λ 抽象 $\lambda x.P$(将 x 映射到 P 的函数)的高阶逻辑中，运算符 $\forall$ 可以通过将 $\forall xP$ 视为作用于函数的运算符 $\forall(\lambda x.P)$ 来理解。类似的警示性说明也适用于将模态理解为一元运算符的情形。采用这种约定的主要原因是它让人更容易记住优先级规则。

以及 HP 运算符 *)比二元运算符优先级高。我们令 $\wedge$ 比 $\vee$ 优先级高,而 $\vee$ 又比 $\rightarrow$、$\leftrightarrow$ 高,并且令 ; 比 $\cup$ 优先级高。算术运算符 $+$、$-$、$\cdot$ 具有左结合性。所有逻辑运算符和程序运算符都具有右结合性。

这些优先级蕴涵着量词运算符和模态运算符的强绑定,即它们的作用范围仅扩展到紧接着的公式。因此,$[\alpha]P \wedge Q \equiv ([\alpha]P) \wedge Q$,$\forall x P \wedge Q \equiv (\forall x P) \wedge Q$,并且 $\forall x P \rightarrow Q \equiv (\forall x P) \rightarrow Q$。它们表明,和正则表达式中的一样,有 $\alpha;\beta \cup \gamma \equiv (\alpha;\beta) \cup \gamma$,$\alpha \cup \beta;\gamma \equiv \alpha \cup (\beta;\gamma)$,且 $\alpha;\beta^* \equiv \alpha;(\beta^*)$。所有的逻辑运算符和程序运算符都具有右结合性,特别重要的是 $P \rightarrow Q \rightarrow R \equiv P \rightarrow (Q \rightarrow R)$。为了避免混淆,我们不采用 $\rightarrow$、$\leftrightarrow$ 之间的优先级约定,而是明确使用括号。因此 $P \rightarrow Q \leftrightarrow R$ 是非法的,需要明确使用括号来区分 $P \rightarrow (Q \leftrightarrow R)$ 和 $(P \rightarrow Q) \leftrightarrow R$。同样地,$P \leftrightarrow Q \rightarrow R$ 也是非法的,需要明确的括号来区分 $P \leftrightarrow (Q \rightarrow R)$ 和 $(P \leftrightarrow Q) \rightarrow R$。

4.4.2 微分动态逻辑的语义

对于同时也是一阶实算术公式的 dL 公式(即不含模态的公式),dL 公式的语义与一阶实算术公式的语义相同。第 2 章中的语义归纳定义了满足关系 $\omega \models P$(当且仅当公式 P 在状态 ω 下为真时该关系成立),并将 P 为真的状态集标记为 $[\![P]\!]$。现在,我们通过定义公式 P 为真的状态集 $[\![P]\!]$ 来立即给出 dL 公式语义的定义。这两种定义方式是等价的(见习题 4.13),但后者在这里更方便。

模态 $[\alpha]$ 和 $\langle\alpha\rangle$ 的语义分别量化作用于所有(对于方括号模态 $[\alpha]$)或者某些(对于尖括号模态 $\langle\alpha\rangle$)(最终)状态,这些状态为遵循 HP α 的可达状态。

定义 4.2(dL 语义) dL 公式 P 的语义为 P 为真的状态集 $[\![P]\!] \subseteq \mathscr{S}$,它的归纳定义如下:

1)$[\![e = \tilde{e}]\!] = \{\omega : \omega[\![e]\!] = \omega[\![\tilde{e}]\!]\}$。

也就是说,在等式为真的状态 ω 下,等式两边的项根据定义 2.4 求值得到相同的实数。

2)$[\![e \geqslant \tilde{e}]\!] = \{\omega : \omega[\![e]\!] \geqslant \omega[\![\tilde{e}]\!]\}$。

也就是说,在大于等于不等式为真的状态 ω 下,左边的项求值得到的数大于等于右边得到的数。

3)$[\![\neg P]\!] = ([\![P]\!])^{\complement} = \mathscr{S} \backslash [\![P]\!]$。

也就是说,否公式 $\neg P$ 在公式 P 本身为真的状态集的补集中为真。因此,当且仅当 P 为假时,$\neg P$ 为真。

4)$[\![P \wedge Q]\!] = [\![P]\!] \cap [\![Q]\!]$。

也就是说,在两个合取项都为真的状态的交集中,合取式为真。因此,当且仅当 P 和 Q 都为真时,$P \wedge Q$ 为真。

5)$[\![P \vee Q]\!] = [\![P]\!] \cup [\![Q]\!]$。

也就是说,在析取式的任何一个析取项为真的状态集的并集中,该析取式为真。因此,当且仅当 P 或 Q(或两者)为真时,$P \vee Q$ 为真。

6)$[\![P \rightarrow Q]\!] = [\![P]\!]^{\complement} \cup [\![Q]\!]$。

也就是说,在蕴涵式左侧为假或其右侧为真的状态下,蕴涵式为真。因此,当且仅当 P 为假或 Q 为真时,$P \rightarrow Q$ 为真。

112
~
113

7）$[\![P \leftrightarrow Q]\!] = ([\![P]\!] \cap [\![Q]\!]) \cup ([\![P]\!]^c \cap [\![Q]\!]^c)$。

也就是说，在双蕴涵式两边都为真或都为假的状态下，双蕴涵式为真。因此，当且仅当 P 和 Q 都为假或两者都为真时，$P \leftrightarrow Q$ 为真。

8）$[\![\forall xP]\!] = \{\omega$：对于所有除了 x 外与 ω 一致的状态 ν，有 $\nu \in [\![P]\!]\}$。

也就是说，全称量化公式 $\forall xP$ 在某个状态下为真，当且仅当量化公式的核 P 在 x 取其他实数值的该状态的所有变化中为真。

9）$[\![\exists xP]\!] = \{\omega$：对于某些除了 x 外与 ω 一致的状态 ν，有 $\nu \in [\![P]\!]\}$。

也就是说，存在量化公式 $\exists xP$ 在某个状态下为真，当且仅当量化公式的核 P 在 x 取其他可能不同实数值的该状态的某个变化中为真。

10）$[\![[\alpha]P]\!] = \{\omega$：对于所有满足 $(\omega, \nu) \in [\![\alpha]\!]$ 的状态 ν，有 $\nu \in [\![P]\!]\}$。

也就是说，方括号模态公式 $[\alpha]P$ 在状态 ω 下为真，当且仅当在从 ω 运行 α 可到达的所有状态 ν 中其后置条件 P 都为真。

11）$[\![\langle \alpha \rangle P]\!] = \{\omega$：存在某个满足 $(\omega, \nu) \in [\![\alpha]\!]$ 的状态 ν，使得 $\nu \in [\![P]\!]\}$。

也就是说，尖括号模态公式 $\langle \alpha \rangle P$ 在状态 ω 下为真，当且仅当至少存在一个从 ω 运行 α 可到达的状态 ν，其中后置条件 P 为真。

如果 $\omega \in [\![P]\!]$，那么我们说 P 在状态 ω 下为真。文献中有时也使用满足关系符号 $\omega \models P$ 表示与 $\omega \in [\![P]\!]$ 同样的意思。公式 P 是永真的，写作 $\models P$，当且仅当它在所有状态下都为真，即 $[\![P]\!] = \mathscr{S}$，因而对于所有的状态 ω 都有 $\omega \in [\![P]\!]$。公式 P 是一组公式 Γ 的推论，写作 $\Gamma \models P$，当且仅当对于每个状态 ω 都有：如果对于所有 $Q \in \Gamma$ 都满足 $\omega \in [\![Q]\!]$，则 $\omega \in [\![P]\!]$。

图 4.6 描绘了微分动态逻辑中模态公式 $[\alpha]P$ 和 $\langle \alpha \rangle P$ 的语义，表明在初始状态 ω 下运行 α 可达到的（全部或某些）状态 ν_i 中 P 的真值如何与在状态 ω 中的 $[\alpha]P$ 或 $\langle \alpha \rangle P$ 的真值关联。

在 HP α 不能运行的状态下，公式 $[\alpha]P$ 为（空虚）真，因为在遵循 α 之后达到的所有

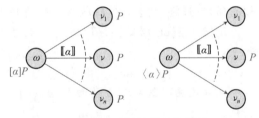

图 4.6　dL 公式中模态的转换语义

状态均满足公式 P，这仅仅是由于根本不存在这样的状态。例如，$[?x \geqslant 5]\text{false}$ 恰好在 x 值小于 5 的所有状态下为真，因为 HP $?x \geqslant 5$ 测试失败而根本无法成功执行。与之相反，公式 $\langle ?x \geqslant 5 \rangle \text{false}$ 在任何状态下均不为真，因为它宣称存在运行 HP$?x \geqslant 5$ 后的状态使得 false 为真，当然这不成立。对比之下，公式 $\langle ?x \geqslant 5 \rangle x < 7$ 恰好在所有满足 $x \geqslant 5$ 和 $x < 7$ 的状态下为真。

[114]

探索 4.4（集值 dL 语义 $[\![\cdot]\!]$：Fml → $\mathscr{P}(\mathscr{S})$）

项 e 的语义直接定义了从状态到项 e 在该状态下求值得出的实数值的实值函数 $[\![e]\!]$：$\mathscr{S} \rightarrow \mathbb{R}$（见探索 2.2）。同样，定义 4.2 直接为每个 dL 公式 P 归纳定义了 P 为真的状态集，记作 $[\![P]\!] \subseteq \mathscr{S}$：

$$[\![e \geqslant \tilde{e}]\!] = \{\omega : \omega[\![e]\!] \geqslant \omega[\![\tilde{e}]\!]\}$$
$$[\![P \wedge Q]\!] = [\![P]\!] \cap [\![Q]\!]$$
$$[\![P \vee Q]\!] = [\![P]\!] \cup [\![Q]\!]$$
$$[\![\neg P]\!] = [\![P]\!]^c = \mathscr{S} \setminus [\![P]\!]$$

$$\llbracket \langle \alpha \rangle P \rrbracket = \llbracket \alpha \rrbracket \circ \llbracket P \rrbracket = \{\omega: \text{对于某些满足}(\omega,\nu)\in\llbracket\alpha\rrbracket\text{的状态}\nu,\text{有}\nu\in\llbracket P \rrbracket\}$$

$$\llbracket [\alpha] P \rrbracket = \llbracket \neg\langle\alpha\rangle\neg P \rrbracket = \{\omega: \text{对于所有满足}(\omega,\nu)\in\llbracket\alpha\rrbracket\text{的状态}\nu,\text{有}\nu\in\llbracket P \rrbracket\}$$

$$\llbracket \exists x P \rrbracket = \{\omega: \text{对于某些除了}\,x\,\text{外与}\,\omega\,\text{一致的状态}\,\nu,\text{有}\,\nu\in\llbracket P \rrbracket\}$$

$$\llbracket \forall x P \rrbracket = \{\omega: \text{对于所有除了}\,x\,\text{外与}\,\omega\,\text{一致的状态}\,\nu,\text{有}\,\nu\in\llbracket P \rrbracket\}$$

以 Fml 表示 dL 公式的集合，公式的语义括号定义了一个运算符 $\llbracket\cdot\rrbracket:\text{Fml}\rightarrow\wp(\mathscr{S})$，它为每个 dL 公式 $P\in\text{Fml}$ 定义了其含义 $\llbracket P \rrbracket$，后者相应地给出了 P 为真的状态集 $\llbracket P \rrbracket\subseteq\mathscr{S}$。这里幂集 $\wp(\mathscr{S})$ 为状态集 $\mathscr{S}$ 的所有子集的集合。

4.5　逻辑形式的 CPS 契约

现在我们理解了微分动态逻辑中的真值和永真性，让我们回到之前的问题。dL 公式(4.12)永真吗？式(4.13)永真吗？实际上，我们首先要问的是它们是否等价，即式(4.12)↔式(4.13)是否永真。把缩写扩展开来，问题就是以下 dL 公式是否永真：

$$\begin{aligned}
&([(\{x'=v,v'=-g\,\&\,x\geqslant 0\};\text{if}(x=0)v:=-cv)^*]0\leqslant x\\
&\wedge[(\{x'=v,v'=-g\,\&\,x\geqslant 0\};\text{if}(x=0)v:=-cv)^*]x\leqslant H)\\
&\leftrightarrow[(\{x'=v,v'=-g\,\&\,x\geqslant 0\};\text{if}(x=0)v:=-cv)^*](0\leqslant x\wedge x\leqslant H)
\end{aligned} \qquad (4.15)$$

习题 4.1 给读者机会确信等价关系式(4.12)↔式(4.13)确实是永真的[⊖]。所以如果式(4.12)永真，那么式(4.13)也是永真的(见习题 4.2)。但是式(4.12)永真吗？

在你继续阅读之前，看看你是否能自己找到答案。

当然，在 $\omega(x)<0$ 的状态 ω 下式(4.12)不为真，因为从该初始状态开始，重复循环零次(这是非确定性重复允许的，见习题 4.4)导致相同的状态 ω，在此 $0\leqslant x$ 仍然为假。对于任何形式为 α^* 的 HP，初始状态也是可能的最终状态，因为它可以重复 0 次。因此，式(4.12)只有在进一步满足包括 $0\leqslant x$ 和 $x\leqslant H$ 在内的假设的初始状态下才可能为真。这就是 4.2.5 节中的前置条件的作用。我们如何将前置条件契约表达为 dL 公式？

前置条件与后置条件作用非常不一样。HP α 的后置条件在每次运行 α 后都预期为真，这(至少可以说)在一阶逻辑中很难表达，但使用 dL 的模态则简单直接。我们还需要其他任何逻辑运算符来表达前置条件吗？

HP α 的前置条件 $\text{requires}(A)$ 的含义是假定 A 在 HP 开始之前成立。如果 A 在 α 开始运行时成立，则其后置条件 $\text{ensures}(B)$ 在 HP α 的所有运行之后成立。如果在该 HP 开始时 A 不成立又怎样？

如果前置条件 A 最初不成立，那么结果就无法预测了，因为启动该 HP 的人没有遵守在安全启动之前需要满足的需求。忽略前置条件 A 带来的后果跟忽略机器人操作要求"只在干燥环境中操作"并将其浸入深海中一样，毫无益处且不可预测。如果你很幸运，它会毫发无伤，但很可能它的电子系统会受到很大的损害。HP α 的 CPS 契约 $\text{requires}(A)$ $\text{ensures}(B)$ 承诺，如果在 α 开始时 A 为真，则在运行 α 之后 B 将始终成立。因此，可以使用蕴涵式很容易地表达前置条件的含义

⊖ 这种等价关系也预示着 CPS 提供了充足的机会研究多个系统模型如何相互关联这样的问题。例如，dL 公式(4.15)将三个不同的性质关联，其中同一个混成程序出现三次。在整本书中也经常需要关联不同 CPS 的不同性质，即使目前还没用到这一点。建议读者注意这是可能的，因为 dL 的形式可以是它所有逻辑运算符的任意组合和嵌套。

116

$$A \rightarrow [\alpha]B \tag{4.16}$$

因为蕴涵式为永真的条件是，在左边为真的每个状态下，右边也为真。如果对于前置条件 A 成立的每个状态 $\omega(\omega \in \llbracket A \rrbracket)$，所有 HP α 运行达到的状态 ν（即满足 $(\omega, \nu) \in \llbracket \alpha \rrbracket$）中后置条件 B 成立（因此 $\nu \in \llbracket B \rrbracket$），则蕴涵式(4.16)是永真的（$\models A \rightarrow [\alpha]B$）。根据蕴涵的本质，dL 公式(4.16)没有阐明在前置条件 A 不成立的状态 ω 中（因此 $\omega \notin \llbracket A \rrbracket$）会怎样。

式(4.16)如何关联 HP 的运行和后置条件 B？回想一下，dL 公式 $[\alpha]B$ 为真的状态恰好是那些由此开始在 HP α 的所有运行后仅能到达后置条件 B 为真的状态。因此，式(4.16)中的蕴涵式保证在所有满足前置条件 A 的（初始）状态下 $[\alpha]B$ 都成立。

注解 22(dL 公式契约)　考虑使用单一前置条件 requires(A) 和单一后置条件 ensures(B) 的 CPS 契约以及它作用的 HP α：

$$\text{requries}(A)$$
$$\text{ensures}(B)$$
$$\alpha$$

该 CPS 契约可以直接表示为 dL 中的逻辑公式：

$$A \rightarrow [\alpha]B$$

这种形式的 dL 公式是非常常见的，并且对应于混成系统而不是传统程序中的霍尔(Hoare)三元组[14]。相应地，霍尔三元组是以亚里士多德的三段论为模型的。

具有多个前置条件和多个后置条件的 CPS 契约也可以直接表示为 dL 公式（见习题 4.5）。

回想一下式(4.9)，这里将它的两个前置条件组合成一个联合前置条件，两个后置条件组合成一个后置条件，从而写成如下形式：

$$\begin{aligned}
&\text{requires}(0 \leqslant x \wedge x = H) \\
&\text{ensures}(0 \leqslant x \wedge x \leqslant H) \\
&(\{x' = v, \ v' = -g \& x \geqslant 0\}); \\
&\quad \text{if}(x = 0)v := -cv)^*
\end{aligned} \tag{4.17}$$

表示式(4.17)的 CPS 契约成立的 dL 公式是：

$$0 \leqslant x \wedge x = H \rightarrow [(\{x' = v, v' = -g \& x \geqslant 0\}; \text{if}(x = 0)v := -cv)^*] \ (0 \leqslant x \wedge x \leqslant H) \tag{4.18}$$

因此，为了确定式(4.17)是否满足其 CPS 契约，我们需要问的问题是相应的 dL 公式(4.18)是否永真。换句话说，dL 给 CPS 契约赋予了清晰的含义。

我们需要某种操作方式，使我们能够判断这样的 dL 公式是否永真，即是否在所有状态下都为真，因为仅仅检查语义并不是处理永真性问题的特别可扩展规模的方法。这样的

117

操作方式通过证明确定 dL 公式的永真性，这将在下一章探讨。

4.6　查明 CPS 的需求

在尝试证明任何公式永真之前，检查是否已找到公式成立所需的全部假设是一个非常好的主意。否则，证明将失败，我们将不得不查明失败的证明尝试中缺失的需求并重新开始。因此，让我们仔细检查 dL 公式(4.18)，并好好思考是否存在任何它不为真的情况。即使弹跳球是一个不那么合格的 CPS（它明显缺乏控制部分），但它能立即提供对物理的直觉，作为解释查明正确需求重要性的特别有深入见解的示例。此外，与深奥的 CPS 不同，我们相信读者以前就有充分的机会熟悉弹跳球的行为。

也许首先要注意的是，该 HP 涉及 g，其用于表示标准的重力常数，但实际上

式(4.18)从未明确过这一点。当然，如果重力是负的($g<0$)，弹跳球会以相当惊人的不同方式运动。它们会突然变成浮动的球消失在天空中，并会失去所有弹跳的乐趣；参见图4.7。

所以让我们假设 $g=9.81$，并修改式(4.18)：

$$0\leqslant x \wedge x=H \wedge g=9.81 \rightarrow [(\{x'=v,v'=-g \& x\geqslant 0\};\text{if}(x=0)v:=-cv)^*] \quad (0\leqslant x \wedge x\leqslant H)$$
(4.19)

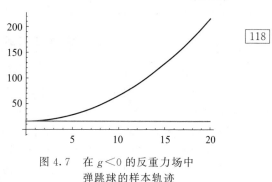

118

图 4.7　在 $g<0$ 的反重力场中弹跳球的样本轨迹

但是，这些需求不必要这么严格，让我们立即撤回它们。如果在月球上而不是在地球上松开弹跳球，那么它会做什么？还会下落吗？月球上的东西要轻得多！然而，它们仍然会下落，因为重力的效应就是这样，只是重力常数不同(月球上是1.6，木星上是25.9)。此外，这些常数都不是特别精确。地球的重力更精确地说是9.8067。弹跳球的行为取决于该参数 g 的值，但它的定性行为以及它是否服从式(4.18)却不是。

注解23(参数)　CPS 的一个共同特征是它们的行为取决于参数，这些参数可能有相当不可忽视的影响。通过测量确定所有参数的精确值是很难的。如果在证明 CPS 的性质时假定参数的某个具体数值，那么在真实系统中该性质是否成立是不清楚的，因为实际上参数的值可能稍有不同。

不用参数的具体数值，我们的分析完全可以通过将参数视为符号参数来进行，即视为变量，例如 g，不假定它有9.81这样的特定数值。相反，我们只假设某些关于参数的约束，比如 $g>0$，而不选择其特定的值。如果我们此后使用此符号参数 g 分析 CPS，则所有的分析结果将继续适用于任何满足 g 的约束(这里为 $g>0$)的具体数值。这可以让我们得到对系统的更强的陈述，这种陈述不会那么脆弱，因为它不会因为真实的 g 是 $g\approx 9.8067$ 而不是之前假设的 $g=9.81$ 而失效。带符号参数的更一般的陈述甚至可能比系统中参数选择特定数值的陈述更容易证明，因为它们对参数的假设是明确的。

根据这些想法，我们可以假设地球的重力常数为 $9<g<10$。但是，我们也可以同时考虑太阳系中所有行星上或其他任何地方的所有弹跳球，方法是只假设 $g>0$ 而不是如式(4.19)中的 $g=9.81$，因为这是弹跳球通常行为依赖于重力的唯一特性：

$$0\leqslant x \wedge x=H \wedge g>0 \rightarrow [(\{x'=v,v'=-g \& x\geqslant 0\};\text{if}(x=0)v:=-cv)^*] \quad (0\leqslant x \wedge x\leqslant H)$$
(4.20)

我们是否预期 dL 公式(4.20)永真，即在所有状态下都为真？什么地方可能出错？将式(4.18)修改为式(4.19)并最后改为式(4.20)，我们在此过程中得到的深刻认识始于观察到式(4.18)中不包括关于其参数 g 的任何假设。值得注意的是式(4.20)也没有对 c 有任何假设。如果$c>1$，弹跳球显然不会按预想的那样运动，因为这种抗阻尼现象会导致弹跳球越跳越高，越跳越高，最终像月亮一样高，显然这会证明式(4.20)为假；参见图4.8。

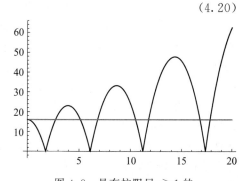

图 4.8　具有抗阻尼 $c>1$ 的弹跳球的样本轨迹

对于阻尼因子，我们也期望 $c \geqslant 0$（除了习题 4.15）。然而，只有当我们假设 c 不是太大时，式(4.20)才有可能为真：

$$0 \leqslant x \wedge x = H \wedge g > 0 \wedge 1 \geqslant c \geqslant 0 \rightarrow$$
$$[(\{x' = v, v' = -g \& x \geqslant 0\}; \mathrm{if}(x=0)v := -cv)^*] \quad (0 \leqslant x \wedge x \leqslant H) \qquad (4.21)$$

现在，式(4.21)是永真的吗？或者它的真值还取决于某些尚未查明的假设？我们忘记了什么需求吗？或者我们找到了所有的需求？

在你继续阅读之前，看看你是否能自己找到答案。

现在，在式(4.21)中对所有的参数(H, g, c)都做了一些假设，这是一件好事。但是速度变量 v 呢？为什么对它还没有假设呢？应该有吗？与 g 和 c 不同，速度 v 随时间变化。它允许的初始值是多少？什么地方可能出错？

确实，弹跳球的初始速度 v 可以是正的($v > 0$)，这将使弹跳球一开始向上爬升，这样明显会超过其初始高度 H；参见图 4.9。这对应于开始时弹跳球被高高地抛向空中，从而它在初始高度 $x = H$ 时的初始速度 v 向上。因此，必须修改式(4.21)假设 $v \leqslant 0$ 最初成立：

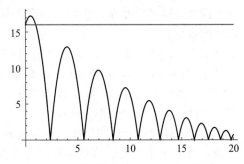

图 4.9   以初始速度 $v > 0$ 向上爬升的弹跳球的样本轨迹

$$0 \leqslant x \wedge x = H \wedge v \leqslant 0 \wedge g > 0 \wedge 1 \geqslant c \geqslant 0 \rightarrow$$
$$[(\{x' = v, v' = -g \& x \geqslant 0\}; \mathrm{if}(x=0)v := -cv)^*] \quad (0 \leqslant x \wedge x \leqslant H) \qquad (4.22)$$

现在终于对式(4.22)的所有参数和变量都做了假设。这并不意味着我们找到的假设是正确的！可是它仍然是一个很好的合理性检查。在浪费精力试图证明式(4.22)之前，让我们再看一下是否可以找到一个初始状态 ω，它满足在式(4.22)中蕴涵式左边的所有假设 $v \leqslant 0 \wedge 0 \leqslant x \wedge x = H \wedge g > 0 \wedge 1 \geqslant c \geqslant 0$，但 ω 不满足式(4.22)中蕴涵式的右边。这样的初始状态 ω 证明式(4.22)为假，因而可作为式(4.22)的反例。式(4.22)还有反例吗？或者我们是否成功找到了所有假设，从而它现在是永真的？

在你继续阅读之前，看看你是否能自己找到答案。

式(4.22)中仍然存在问题。即使初始状态满足式(4.22)前件中的所有需求，弹跳球仍可能跳得比它应该的高，即高于其初始高度 H。如果弹跳球最初以非常大的速度向下，即如果 v 远小于 0(有时候写作 $v \ll 0$)，则会发生这种情况。如果 v 略小于 0，那么阻尼 c 将消耗足够多球的动能，使得它反弹的高度不能比原来的高度(H)高。但是当速度 v 远小于 0 时，则球开始下落时的动能很大，使得地面的阻尼无法让它变得足够慢，因此它反弹时能跳到比原来更高的高度，就像篮球运球时一样；参见图 4.10。这在什么情况下发生取决于初始速度以及高度与阻尼系数的关系。

我们可以更详细地探索这种关系。但通过

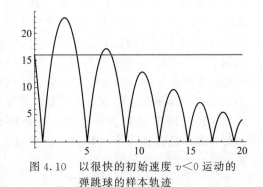

图 4.10   以很快的初始速度 $v < 0$ 运动的弹跳球的样本轨迹

给出证明来推断更容易。所以我们修改式(4.22)，简单地假设最初有 $v=0$：

$$0 \leqslant x \wedge x = H \wedge v = 0 \wedge g > 0 \wedge 1 \geqslant c \geqslant 0 \rightarrow$$

$$[(\{x'=v, v'=-g \& x \geqslant 0\}; \text{if}(x=0)v:=-cv)^*] \quad (0 \leqslant x \wedge x \leqslant H) \quad (4.23)$$

dL 公式(4.23)现在是永真的吗？还是它还有反例？

在你继续阅读之前，看看你是否能自己找到答案。

121

看起来已经查明了让 dL 公式(4.23)为永真所需的全部假设，使得式(4.23)描述的弹跳球满足后置条件 $0 \leqslant x \leqslant H$。但是在开始失败了这么多次，错过这么多对弹跳球的假设和需求之后，最好一劳永逸、毫无疑问地证明式(4.23)。当然，证明更精细的 CPS 模型的 dL 公式同样也是个好主意。

然而，为了能够证明 dL 公式(4.23)，我们需要研究在 CPS 中是如何进行证明的。如何证明 dL 公式？而且，由于一阶公式也是 dL 公式，问题的一部分将是：如何证明一阶公式？如何证明实算术公式？如何系统地查明 CPS 安全性需求？所有这些问题都将在本书中得到答案，但本章并不会回答全部这些问题。

为了确保我们的证明技术只需要处理最少的 dL 运算符，让我们去掉式(4.23)的 if-then-else 语句来简化它（见习题 4.17）：

$$0 \leqslant x \wedge x = H \wedge v = 0 \wedge g > 0 \wedge 1 \geqslant c \geqslant 0 \rightarrow$$

$$[(\{x'=v, v'=-g \& x \geqslant 0\}; (?x=0; v:=-cv \bigcup ?x \neq 0)^*] \quad (0 \leqslant x \wedge x \leqslant H)$$

$$(4.24)$$

将这些关键假设添加到 dL 公式中后，Quantum 很快结合我们从 dL 公式(4.24)学到的知识，重述了式(4.17)的契约：

$$\begin{aligned}
&\text{requires}(0 \leqslant x \wedge x = H \wedge v = 0) \\
&\text{requires}(g > 0 \wedge 1 \geqslant c \geqslant 0) \\
&\text{ensures}(0 \leqslant x \wedge x \leqslant H) \\
&(\{x'=v, v'=-g \& x \geqslant 0\}; \\
&\quad \text{if}(x=0)v:=-cv)^*
\end{aligned} \quad (4.25)$$

注意，最初的猜想(式(4.19))与修正和改进后的猜想(式(4.24))之间存在不可忽略的差异，这引导我们采用探索 4.5 中的笛卡儿怀疑论(Cartesian Doubt)原则。

探索 4.5(笛卡儿普遍怀疑论原则)

勒内·笛卡儿(René Descartes)于 1641 年提出了一种系统性怀疑的态度，即他会对所有信仰的真实性持怀疑态度，直到他找到了信仰合理的正当理由[4]。这个有深远影响的原则现在被称为笛卡儿普遍怀疑或怀疑论。

我们将以证明作为完美的正当理由。但是，在我们找到证明之前，以较弱和务实的形式采用笛卡儿普遍怀疑论原则是有帮助的。在开始证明一个猜想的征程之前，我们首先先仔细检查它，看看是否能找到一个使它为假的反例。这样的反例不仅可以避免我们做出许多受误导的努力以试图证明错误的猜想，而且还可以帮助我们找出猜想中缺失的假设，并证明我们的假设是必要的。如果在不做假设 A 的情况下存在猜想的反例，则 A 是必要的。

4.7　总结

本章介绍了微分动态逻辑(dL)。表4.1总结了dL运算符及其非正式的含义,它们的精确语义则在4.4.2节给出。微分动态逻辑最重要的特性是它可以直接提及混成程序的可能的或必要的可达性性质。公式$\langle\alpha\rangle P$直接描述的事实是,混成程序α可能达到公式P为真的状态。公式$[\alpha]P$描述的是,HP α只能达到P为真的(最终)状态。微分动态逻辑在所有运算符下都是封闭的,因此HP模态、命题连接词以及量词可以任意嵌套,从而为CPS提供了非常灵活的规约语言。除了严格描述CPS契约这一功能之外,后续章节还将dL从规约逻辑发展成可用于证明dL规约的验证逻辑。

对于未来的章节而言,我们还应该记住弹跳球的例子及其令人惊讶的精妙之处。

表4.1　微分动态逻辑(dL)中的运算符和它们的(非正式)含义

dL	运算符	含义
$e = \tilde{e}$	等于	当且仅当e与$\tilde{e}$相等时,结果为真
$e \geqslant \tilde{e}$	大于或等于	当且仅当e大于或等于$\tilde{e}$时,结果为真
$\neg P$	否/非	当且仅当P为假时,结果为真
$P \wedge Q$	合取/与	当且仅当P与Q都为真时,结果为真
$P \vee Q$	析取/或	当且仅当P或Q任意一个为真时,结果为真
$P \rightarrow Q$	蕴涵	当且仅当P为假或Q为真时,结果为真
$P \leftrightarrow Q$	双蕴涵/等价	当且仅当P和Q同时为真或同时为假时,结果为真
$\forall x P$	全称量词/所有	当且仅当对于变量x的所有取值P都为真时,结果为真
$\exists x P$	存在量词/存在	当且仅当存在变量x的某些取值使得P为真时,结果为真
$[\alpha]P$	$[\cdot]$模态/方括号模态	当且仅当在HP α的所有运行后P为真时,结果为真
$\langle\alpha\rangle P$	$\langle\cdot\rangle$模态/尖括号模态	当且仅当至少在HP α的某个运行后P为真时,结果为真

122
～
123

4.8　附录

即使在后续章节中将以更优美的方式从头开始对CPS推理作完全系统性的介绍,本附录初步展示CPS推理的一些特性,每次只讲述一个运算符。特别是对于那些已经阅读过传统程序的弗洛伊德-霍尔(Floyd-Hoare)演算[5,14]或者更喜欢从具体例子开始的读者来说,本附录可以成为达到这种普遍性的有用的基石。本附录开始对弹跳球进行半正式的研究,这是对下一章可选但是有用的准备。

4.8.1　顺序合成证明的中间条件

在进一步讨论证明dL公式的方法之前,让我们通过删除式(4.24)中的循环来简化它:

$$0 \leqslant x \wedge x = H \wedge v = 0 \wedge g > 0 \wedge 1 \geqslant c \geqslant 0 \rightarrow$$
$$[\{x' = v, v' = -g \& x \geqslant 0\};(?x = 0;v := -cv \bigcup ?x \neq 0)] \quad (0 \leqslant x \wedge x \leqslant H) \quad (4.26)$$

很明显,删除循环彻底改变了弹跳球的行为。它不再能很好地弹跳。它现在唯一可以做的就是下落,如果它到达地面,它的速度反转但不会再往上攀升。因此,即使我们设法证明式(4.26),我们当然还没有显示实际的dL公式(4.24)的正确性。但这是一个好的开始,因为式(4.26)模拟的行为是式(4.24)行为的一部分。因此,首先理解无循环HP(式(4.26))是有用的(也更容易)。

dL 公式(4.26)有很多假设 $0 \leqslant x \wedge x = H \wedge v = 0 \wedge g > 0 \wedge 1 \geqslant c \geqslant 0$，在证明时可以使用它们。它宣称在 $[\cdot]$ 模态中的 HP 的所有运行之后，后置条件 $0 \leqslant x \wedge x = H$ 成立。式(4.26)模态中的顶层运算符是顺序合成(；)，对此我们需要找到证明论证。

式(4.26)中的 HP 首先遵循微分方程，然后是离散程序($?x = 0; v := -cv \bigcup ?x \neq 0$)。这导致在微分方程之后和离散程序之前的不同的中间状态。

注解 24(顺序合成的中间状态)　在顺序合成 $\alpha; \beta$ 中的第一个 HP α 可以到达一系列的状态，它们表示顺序合成 $\alpha; \beta$ 的中间状态，即 α 的最终状态和 β 的初始状态。$\alpha; \beta$ 的中间状态是第 3 章语义 $[\![\alpha; \beta]\!]$ 定义中的状态 μ：

$$[\![\alpha; \beta]\!] = [\![\alpha]\!] \circ [\![\beta]\!] = (\omega, \nu): 存在某个 \mu，使得 (\omega, \mu) \in [\![\alpha]\!]，(\mu, \nu) \in [\![\beta]\!]$$

我们能找到一种方法来总结式(4.26)的微分方程和离散程序之间所有中间状态的共同点吗？它们的不同之处在于 CPS 遵循微分方程的时间长短。

如果系统遵循式(4.26)的微分方程的时间为 t，那么在时间 t 的速度 $v(t)$ 和高度 $x(t)$ 将是：

$$v(t) = -gt, x(t) = H - \frac{g}{2}t^2 \tag{4.27}$$

[124]

这个答案可以通过积分或求解微分方程来找到(见例 2.4)。在式(4.27)中这些知识很有用，但应该如何用它来描述所有中间状态的共同点并不(直接)明了，因为式(4.27)中的时间 t 不是式(4.26)HP 中的变量$^{\ominus}$。中间状态是否可以通过(与 t 不同)实际存在于系统中的变量的关系来描述？也就是说，关于变量 x、v、g、H 的算术公式？

在你继续阅读前，看看你是否能自己找到答案。

从式(4.27)中找到这样关系的一种方法是使单位对齐并消去时间 t。从"等式"中消去时间的步骤为，对速度等式两边求平方：

$$v(t)^2 = g^2 t^2, x(t) = H - \frac{g}{2}t^2$$

然后在位置等式两边乘以 $2g$：

$$v(t)^2 = g^2 t^2, 2gx(t) = 2gH - 2\frac{g^2}{2}t^2$$

再将第一个等式代入第二个等式中，得到：

$$2gx(t) = 2gH - v(t)^2$$

这个等式不依赖于时间 t，因此我们预期，不论 t 为多少，它在微分方程的所有运行之后保持不变：

$$2gx = 2gH - v^2 \tag{4.28}$$

我们推测中间条件(式(4.28))在式(4.26)中顺序合成的中间状态下成立。为了证明式(4.26)，我们可以将我们的推理分解为两部分。第一部分证明中间条件(式(4.28))在第一个微分方程的所有运行之后成立。第二部分假设式(4.28)成立，并且证明从满足式(4.28)的任何状态开始，式(4.26)中的离散程序的所有运行都满足后置条件 $0 \leqslant x \wedge x \leqslant H$。

注解 25(中间条件作为顺序合成的契约)　对于顺序合成 HP $\alpha; \beta$，中间条件是表征在 HP α 和 β 之间的中间状态的公式。也就是说，对于 dL 公式

$\ominus$　按照这些想法进一步思考将揭示，稍微改变式(4.26)，式(4.27)实际上能够完美地用于描述中间状态。但是，使用微分方程解通常不是让我们达到该目标最快的方式，因为解涉及的算术比较难。

$$A \rightarrow [\alpha ; \beta] B$$

中间条件是使得以下 dL 公式永真的公式 E：

$$A \rightarrow [\alpha] E \quad 且 \quad E \rightarrow [\beta] B$$

第一个 dL 公式表示中间条件 E 准确地表征中间状态，即从满足 A 的状态开始，在 HP α 的所有运行之后 E 都成立。第二个 dL 公式表示中间条件 E 足够好地表征中间状态，即 E 是我们需要知道的关于中间状态的一切，从而得出 β 的所有运行都在 B 中结束。也就是说，从满足 E 的任何状态(包括从满足 A 的状态运行 α 得到的那些状态)开始，在 β 的所有运行之后 B 都成立。

为了证明式(4.26)，我们推测式(4.28)是一个中间条件，这要求我们证明以下两个 dL 公式：

$$0 \leqslant x \wedge x = H \wedge v = 0 \wedge g > 0 \wedge 1 \geqslant c \geqslant 0 \rightarrow [x' = v, v' = -g \& x \geqslant 0] 2gx = 2gH - v^2$$

$$2gx = 2gH - v^2 \rightarrow [?x = 0; v := -cv \cup ?x \neq 0] \quad (0 \leqslant x \wedge x \leqslant H)$$

$$(4.29)$$

让我们先关注式(4.29)中的第二个公式。我们预计它能够被证明吗？我们预计它是永真的吗？

在你继续阅读前，看看你是否能自己找到答案。

式(4.29)的第二个公式声称，在满足 $2gx = 2gH - v^2$ 的所有状态下开始的混成程序 $?x = 0; v := -cv \cup ?x \neq 0$ 的所有运行之后，$0 \leqslant x$ 都成立。然而，这期望有点太高了，因为第二个公式的前置条件甚至不能确保 $0 \leqslant x$ 成立。所以式(4.29)的第二个公式不是永真的。如何解决这个问题？把 $0 \leqslant x$ 加到中间条件(式(4.28))中。因此，这要求我们证明下面两个公式：

$$0 \leqslant x \wedge x = H \wedge v = 0 \wedge g > 0 \wedge 1 \geqslant c \geqslant 0 \rightarrow$$
$$[x' = v, v' = -g \& x \geqslant 0](2gx = 2gH - v^2 \wedge x \geqslant 0) \qquad (4.30)$$
$$2gx = 2gH - v^2 \wedge x \geqslant 0 \rightarrow [?x = 0; v := -cv \cup ?x \neq 0] \quad (0 \leqslant x \wedge x \leqslant H)$$

证明式(4.30)中的第一个公式需要我们处理微分方程，对此我们将在第 5 章中研究。我们首先讨论式(4.30)中第二个公式的证明。

4.8.2 选择的证明

式(4.30)中的第二个公式含有非确定性选择($\cup$)作为其[·]模态中的顶层运算符。我们应该如何证明如下形式的公式：

$$A \rightarrow [\alpha \cup \beta] B \qquad (4.31)$$

回顾在第 3 章中给出的语义：

$$[\![\alpha \cup \beta]\!] = [\![\alpha]\!] \cup [\![\beta]\!]$$

HP $\alpha \cup \beta$ 有两种可能的行为。它可以像 HP α 或者像 HP β 那样运行。并且对这两种行为中选择哪一种是非确定性的。由于 $\alpha \cup \beta$ 的行为可以是 α 或 β，证明式(4.31)需要证明 B 在 α 之后以及在 β 之后都成立。更准确地说，式(4.31)假设 A 最初成立，否则式(4.31)为空虚真。因此，对式(4.31)的证明允许我们假设 A，并且要求我们证明在 α 的所有运行(这是 $\alpha \cup \beta$ 允许的行为)之后 B 都成立；还需要证明，假设 A 最初成立，B 在 β 所有的运行(这也是 $\alpha \cup \beta$ 允许的行为)之后也都成立。

注解 26(选择的证明) 考虑一个非确定性选择 HP $\alpha \cup \beta$，我们对公式

$$A \to [\alpha \cup \beta]B$$

的证明可以通过证明下面的 dL 公式：

$$A \to [\alpha]B \quad \text{且} \quad A \to [\beta]B$$

利用这些关于式(4.30)的第二个公式的思路，如果我们可以证明下面两个 dL 公式，则可以证明该公式：

$$2gx = 2gH - v^2 \wedge x \geqslant 0 \to [?x = 0; v := -cv](0 \leqslant x \wedge x \leqslant H)$$
$$2gx = 2gH - v^2 \wedge x \geqslant 0 \to [?x \neq 0](0 \leqslant x \wedge x \leqslant H) \tag{4.32}$$

4.8.3　测试的证明

考虑式(4.32)中的第二个公式。证明它需要我们理解如何处理在模态 $[?Q]$ 中的测试 $?Q$。第 3 章中测试 $?Q$ 的语义定义为

$$[\![?Q]\!] = \{(\omega, \omega) : \omega \in [\![Q]\!]\} \tag{4.33}$$

它阐明，测试 $?Q$ 在 Q 成立的状态 ω 下（即 $\omega \in [\![Q]\!]$）成功通过且状态不变，在其他状态下（即 $\omega \notin [\![Q]\!]$）则运行失败。我们如何证明含测试的公式

$$A \to [?Q]B \tag{4.34}$$

这个公式表示，从所有满足 A 的初始状态开始，$?Q$ 的所有运行达到的状态都满足 B。什么时候才存在这样的 $?Q$ 的运行？当且仅当 Q 在状态 ω 下成立时，才可以从 ω 运行 $?Q$。因此，唯一需要考虑的是满足 Q 的初始状态；否则，式(4.34)中的 HP 无法执行并且悲惨地失败，因此该运行会被抛弃。所以，我们可以假设 Q 成立，否则 HP $?Q$ 不能执行。式(4.34)推测，在满足 A 的状态下运行 HP $?Q$ 可达到的所有状态下，B 成立。根据式(4.33)，$?Q$ 达到的最终状态与初始状态相同（只要这些状态满足 Q，从而 HP $?Q$ 可以执行）。也就是说，在 $?Q$ 可以运行（即满足 Q）并且满足前置条件 A 的状态下，后置条件 B 必然成立。因此，式(4.34)的证明可以通过证明如下公式：

$$A \wedge Q \to B$$

注解 27（证明测试）　考虑测试 HP $?Q$，我们对

$$A \to [?Q]B$$

的证明可以通过证明如下 dL 公式：

$$A \wedge Q \to B$$

将注解 27 应用于式(4.32)中的第二个公式：

$$2gx = 2gH - v^2 \wedge x \geqslant 0 \to [?x \neq 0] \quad (0 \leqslant x \wedge x \leqslant H)$$

该公式的证明进而简化为证明

$$2gx = 2gH - v^2 \wedge x \geqslant 0 \wedge x \neq 0 \to 0 \leqslant x \wedge x \leqslant H \tag{4.35}$$

现在我们剩下的只是需要证明一些算术公式。算术和命题逻辑运算符（如 $\wedge$ 和 $\to$）的证明将在后面的章节中考虑。目前，我们注意到，假设 $x \geqslant 0$ 可以证明 $\to$ 右边的公式 $0 \leqslant x$ 正确，将不等式翻转即可。然而，$x \leqslant H$ 并不能从式(4.35)的左侧推出，因为我们不知道在什么地方丢失了对 H 的假设。

这是怎么搞的？之前，我们在式(4.26)中知道 $x \leqslant H$。我们在式(4.30)的第一个公式中也还知道这一点。但是我们莫名其妙就让它从式(4.30)的第二个公式中消失了，因为我们选择的中间条件太弱了。

这是证明 CPS 性质或其他任何数学陈述的常见问题。我们的一个中间步骤可能太弱了，所以证明性质的尝试失败了，我们需要回头看看这是怎么搞的。对于顺序合成，一旦

我们在下一章换成一种比注解 25 中的中间条件更加有效的证明技术，这就变得不是问题了。但是，类似的困难可能会出现在证明尝试中的其他部分。

在这种情况下，可以通过将丢失的 $x \leqslant H$ 包括在中间条件中来修复，因为可以证明它在微分方程之后成立。其他关键假设也在我们的推理中突然消失了。例如，额外的假设 $1 \geqslant c \geqslant 0$ 对证明式(4.32)中第一个公式的正确性是关键且必需的。更容易看出，为什么可以在不太改变论证的情况下将这个特定假设添加到中间契约中。原因是，c 在系统运行期间永远不会发生变化，因此如果 $1 \geqslant c$ 最初是真的，那么它现在仍然是真的。

注解 28(改变证明中的假设)　写出的代码没有错误是很难的。只是使劲思考你的假设并不能确保正确。但是，通过证明某些性质得到满足，我们可以确信，系统的行为是我们想要的。

在寻找安全性证明的过程中，总需要频繁修改混成程序的假设和论证。很容易在非正式论证中犯下微妙的错误，例如"我需要在这里知道 C，如果我把它包含在这里或那里我会知道 C，所以现在我希望这个论证成立"。这就是 CPS 证明的严格性带来的许多好处之一，我们不会因为正确性论证中微妙的缺陷而陷入麻烦。我们在第 5 章和第 6 章中开发微分动态逻辑(dL)的严格形式化证明演算技术，它会帮助我们避免非形式化论证中的陷阱。定理证明器 KeYmaera X[7] 实现了 dL 的证明演算技术，它支持这种数学上的严格性。

在本章的非形式化论证中我们一个相关的观察是，我们迫切需要一种方法来让证明一个猜想的论证保持一致，就如同单个论证一样，这与我们为了发展直觉力而在本章中采取的非形式化、松散的论证方式相反。因此，我们将在第 6 章中研究是什么将所有论证结合在一起，什么构成一个真正的证明，其中前提与结论之间的联系是通过证明步骤严格完成的。

此外，我们的论证中有两处未交代清楚。首先，式(4.30)中的微分方程仍缺乏可以帮助我们证明的证据。另外，式(4.32)中的赋值仍然需要处理，其中的顺序合成也需要一个中间契约(见习题 4.18)。两者都将是下一章的研究目标，在那里我们将为 CPS 采用更加系统和严格的推理方式。

习题

4.1　请证明式(4.15)是永真的。可以只关注这个特例，即使论证过程可能更加通用，因为以下 dL 公式对任何混成程序 α 都是永真的：

$$[\alpha]F \wedge [\alpha]G \leftrightarrow [\alpha](F \wedge G)$$

4.2　**(等价关系)**　令 A、B 为 dL 公式。假设 $A \leftrightarrow B$ 是永真的，且 A 是永真的，证明 B 也是永真的。假设 $A \leftrightarrow B$ 是永真的，将另外一个公式 P 中的 A 替换为 B，得到公式 Q。P 和 Q 是否等价，即 $P \leftrightarrow Q$ 是否永真？为什么？

4.3　令 A、B 为 dL 公式。假设在状态 ω 下 $A \leftrightarrow B$ 为真，并且 A 在状态 ω 下也为真。也就是说，$\omega \in [\![A \leftrightarrow B]\!]$ 且 $\omega \in [\![A]\!]$。B 在状态 ω 下为真吗？请证明或者证否。B 为永真吗？请证明或者证否。

4.4　令 α 为 HP，ω 为某个状态。证明或证否下述论断：

1. 若 $\omega \notin [\![P]\!]$，则 $\omega \notin [\![[\alpha^*]P]\!]$ 必然成立吗？

2. 若 $\omega \notin [\![P]\!]$，则 $\omega \notin [\![\langle \alpha^* \rangle P]\!]$ 必然成立吗？

3. 若 $\omega \in [\![P]\!]$，则 $\omega \in [\![[\alpha^*]P]\!]$ 必然成立吗？

4. 若 $\omega \in [\![P]\!]$，则 $\omega \in [\![\langle \alpha^* \rangle P]\!]$ 必然成立吗？

4.5　**（多个前/后置条件）** 假设你的 HP α 的 CPS 契约使用多个前置条件 A_1，$\cdots$，A_n 和多个后置条件 B_1，$\cdots$，B_m：

$$\text{requires}(A_1)$$
$$\text{requires}(A_2)$$
$$\vdots$$
$$\text{requires}(A_n)$$
$$\text{ensures}(B_1)$$
$$\text{ensures}(B_2)$$
$$\vdots$$
$$\text{ensures}(B_m)$$
$$\alpha$$

如何用 dL 公式表达此 CPS 契约？如果有多种替代方式来表达它，请讨论每种方式的优缺点。

4.6　**（末尾的契约）** dL 公式(4.18)描述了一种规范方式，将契约的前置条件转换为蕴涵式，并将后置条件放在模态后面。还有其他方法可以将式(4.17)的契约描述为 dL 公式。下面的公式最初只假设 $x = H$，但后置条件为蕴涵式。它是否与式(4.17)的契约逻辑上一致？

$$x = H \rightarrow [(\{x'=v,v'=-g\,\&\,x \geqslant 0\};\text{if}(x=0)v := -cv)^*]\ (0 \leqslant H \rightarrow 0 \leqslant x \wedge x \leqslant H)$$
$$(4.36)$$

4.7　**（系统性末尾契约）** 本问题将对比契约的规范形式和在末尾使用前置条件/后置条件的方式，后者通过将公式从前置条件转移到后置条件来实现。为简单起见，假设 x 是 α 修改的唯一变量。以下两个 dL 公式是否等价？

$$A(x) \rightarrow [\alpha]B(x)$$
$$x = x_0 \rightarrow [\alpha](A(x_0) \rightarrow B(x))$$

例如，式(4.36)是否逻辑上等价于式(4.18)？

4.8　对以下每个 dL 公式，判断它们是否永真，可满足或不可满足：

1. $[?x \geqslant 0]x \geqslant 0$　　　　　　2. $[?x \geqslant 0]x \leqslant 0$

3. $[?x \geqslant 0]x < 0$　　　　　　4. $[?\text{true}]\text{true}$

5. $[?\text{true}]\text{false}$　　　　　　6. $[?\text{false}]\text{true}$

7. $[?\text{false}]\text{false}$　　　　　　8. $[x'=1\,\&\,\text{true}]\text{true}$

9. $[x'=1\,\&\,\text{true}]\text{false}$　　　　10. $[x'=1\,\&\,\text{false}]\text{true}$

11. $[x'=1\,\&\,\text{false}]\text{false}$　　　12. $[(x'=1\,\&\,\text{true})^*]\text{true}$

13. $[(x'=1\,\&\,\text{true})^*]\text{false}$　　14. $[(x'=1\,\&\,\text{false})^*]\text{true}$

15. $[(x'=1\,\&\,\text{false})^*]\text{false}$　16. $x \geqslant 0 \rightarrow [x'=v,\ v'=a]x \geqslant 0$

17. $x > 0 \rightarrow [x'=x^2]x > 0$　　　18. $x > 0 \rightarrow [x'=y]x > 0$

19. $x > 0 \rightarrow [x'=x]x > 0$　　　20. $x > 0 \rightarrow [x'=-x]x > 0$

4.9　对以下每个 dL 公式，判断它们是否永真，可满足或不可满足：

1. $x > 0 \rightarrow [x'=1]x > 0$　　　　2. $x > 0 \rightarrow [x'=-1]x < 0$

3. $x > 0 \rightarrow [x'=-1]x \geqslant 0$　　　4. $x > 0 \rightarrow [(x:=x+1)^*]x > 0$

5. $x > 0 \rightarrow [(x:=x+1)^*]x > 1$　　6. $[x:=x^2+1;\ x'=1]x > 0$

7. $[(x:=x^2+1;x'=1)^*]x > 0$　　8. $[(x:=x+1;x'=-1)^*;?x>0;x'=2]x > 0$

130

9. $x=0 \rightarrow [x':=1; x':=-2]x<0$ 10. $x \geqslant 0 \land v \geqslant 0 \rightarrow [x':=v, v':=2]x \geqslant 0$

4.10 对以下每个 dL 公式，判断它们是否永真，可满足或不可满足：

1. $\langle x'=-1 \rangle x<0$ 2. $x>0 \land \langle x'=1 \rangle x<0$

3. $x>0 \land \langle x'=-1 \rangle x<0$ 4. $x>0 \rightarrow \langle x'=1 \rangle x>0$

5. $[(x:=x+1)^*]\langle x'=-1 \rangle x<0$

6. $x>0 \rightarrow [x'=2](x>0 \land [x'=1]x>0 \land \langle x'=-2 \rangle x=0)$

7. $\langle x'=2 \rangle [x'=-1]\langle x'=5 \rangle x>0$ 8. $\forall x \langle x'=-1 \rangle x<0$

9. $\forall x [x'=1]x \geqslant 0$ 10. $\exists x [x'=-1]x<0$

11. $\forall x \exists d(x \geqslant 0 \rightarrow [x'=d]x \geqslant 0)$ 12. $\forall x(x \geqslant 0 \rightarrow \exists d[x'=d]x \geqslant 0)$

13. $[x'=1](x \geqslant 0 \rightarrow [x'=2]x \geqslant 0)$ 14. $[x'=1]x \geqslant 0 \rightarrow [x'=2]x \geqslant 0$

15. $[x'=2]x \geqslant 0 \rightarrow [x'=1]x \geqslant 0$ 16. $\langle x'=2 \rangle x \geqslant 0 \rightarrow [x'=1]x \geqslant 0$

4.11 对于每个 $j,k \in \{$可满足, 不可满足, 永真$\}$，回答是否存在是 j 但不是 k 的公式。另外，对于每对这样的 j,k，回答是否存在某个公式是 j 但它的否不是 k。简要证明每个答案的正确性。

4.12 将 α 替换为具体的 HP 使得以下 dL 公式永真，或者解释为什么不存在这样的 HP。作为额外的挑战，不要在 α 中使用赋值语句。

$$[\alpha]\text{false}$$
$$[\alpha^*]\text{false}$$
$$[\alpha]x>0 \leftrightarrow \langle \alpha \rangle x>0$$
$$[\alpha]x>0 \leftrightarrow [\alpha]x>1$$
$$[\alpha]x>0 \leftrightarrow \neg [\alpha \cup \alpha]x>0$$
$$[\alpha]x=1 \land [\alpha]x=2$$

4.13 **(集值语义)** 至少存在两种方式赋予逻辑公式含义。一种方式是归纳定义状态 ω 和 dL 公式 P 之间的满足关系 $\models$，每当在状态 ω 下公式 P 为真时该关系成立，写为 $\omega \models P$。其定义包括以下情形：

$\omega \models P \land Q$ 当且仅当 $\omega \models P$ 且 $\omega \models Q$

$\omega \models \langle \alpha \rangle P$ 当且仅当对于某个满足 $(\omega, \nu) \in [\![\alpha]\!]$ 的状态 ν，有 $\nu \models P$

$\omega \models [\alpha]P$ 当且仅当对于所有满足 $(\omega, \nu) \in [\![\alpha]\!]$ 的状态 ν，都有 $\nu \models P$

另一种方式是对于每个 dL 公式 P，直接归纳定义 P 为真的状态集，写为 $[\![P]\!]$。其定义包括以下情形：

$[\![e \geqslant \tilde{e}]\!] = \{\omega : \omega[\![e]\!] \geqslant \omega[\![\tilde{e}]\!]\}$

$[\![P \land Q]\!] = [\![P]\!] \cap [\![Q]\!]$

$[\![\neg P]\!] = [\![P]\!]^c = \mathscr{S} \setminus [\![P]\!]$

$[\![\langle \alpha \rangle P]\!] = [\![\alpha]\!] \circ [\![P]\!] = \{\omega : $ 对于某个满足 $(\omega, \nu) \in [\![\alpha]\!]$ 的状态 ν，有 $\nu \in [\![P]\!]\}$

$[\![[\alpha]P]\!] = [\![\neg \langle \alpha \rangle \neg P]\!] = \{\omega : $ 对于所有满足 $(\omega, \nu) \in [\![\alpha]\!]$ 的状态 ν，都有 $\nu \in [\![P]\!]\}$

$[\![\exists x P]\!] = \{\omega : $ 存在某个除了 x 外与 ω 一致的状态 ν，使得 $\nu \in [\![P]\!]\}$

$[\![\forall x P]\!] = \{\omega : $ 对于所有除了 x 外与 ω 一致的状态 ν，都有 $\nu \in [\![P]\!]\}$

证明定义语义的这两种方式是等价的。也就是说，对于所有状态 ω 和所有 dL 公式 P，$\omega \models P$ 当且仅当 $\omega \in [\![P]\!]$。

该证明可以通过对 P 的结构的归纳来进行。也就是说，考虑每种情况，比如 $P \land Q$，利用归纳假设，即该猜想已经适用于较小的子公式：

$$\omega \models P \text{ 当且仅当 } \omega \in [\![P]\!]$$

$$\omega \models Q \text{ 当且仅当 } \omega \in [\![Q]\!]$$

由此证明 $\omega \models P \wedge Q$ 当且仅当 $\omega \in [\![P \wedge Q]\!]$。

4.14 **(重现 Quantum)** 从零开始帮助 Quantum 弹跳球。拿出一张空白纸，并反复检查是否可以帮助 Quantum 查明所有蕴涵下列公式所需的需求：

$$[(\{x'=v, v'=-g \& x \geqslant 0\};$$
$$\text{if}(x=0)v:=-cv)^*] \quad (0 \leqslant x \leqslant H)$$

使得以下公式为真的需求是什么？公式中交换了顺序合成的先后次序，从而离散步骤在前。

$$[(\text{if}(x=0)v:=-cv;$$
$$\{x'=v, v'=-g \& x \geqslant 0\})^*] \quad (0 \leqslant x \leqslant H)$$

4.15 如果 $c<0$，弹跳球的行为什么？考虑 4.6 节中参数的如下变化，即用假设 $c<0$ 代替式 (4.21) 中的假设。该公式是永真的吗？阻尼系数为 $c=1$ 的弹跳球的行为是什么？

4.16 **(可放气的 Quantum)** 帮助 Quantum 弹跳球查明蕴涵下列公式所需的所有需求，其中弹跳球采用 4.2 节中的模型，可能放气并平躺着：

$$[(\{x'=v, v'=-g \& x \geqslant 0\};$$
$$\text{if}(x=0)(v:=-cv \cup v:=0))^*] \quad (0 \leqslant x \leqslant H)$$

4.17 我们把式 (4.23) 变换为式 (4.24)，方式是删除一个 if-then-else 语句。解释这是如何工作的，并证明为什么可以进行这种变换。可以只关注这一特殊情况，即使该论证可以更加通用。

*4.18 找到一个中间条件证明式 (4.32) 中的第一个公式。由于本章尚未讨论赋值语句，因此对所得公式的证明非常复杂。你可以在学习下一章对赋值的处理之前，找到一种方法证明这个公式吗？

**4.19 4.8.1 节混合系统性和临时性方法来得到一个中间条件，该条件基于对微分方程求解并将解组合起来。你能想到更有系统性的改述吗？

**4.20 4.8.1 节中的注解 25 证明了顺序合成的性质：

$$A \rightarrow [\alpha;\beta]B$$

证明方法是通过找到一个中间条件，并证明

$$A \rightarrow [\alpha]E \quad \text{且} \quad E \rightarrow [\beta]B$$

你是否已经找到了一种利用微分动态逻辑运算符的方法来证明相同公式，而不必发挥创造性以构造一个巧妙的中间条件 E？

**4.21 如何使用式 (4.30) 中的微分方程证明它？

4.22 **(直接速度控制)** 真实的汽车可以适当加速和制动。如果汽车能直接控制速度并能瞬间生效，会发生什么？你的任务是填写空白处的测试条件，以确保位置为 x、速度为 v 以及反应时间为 ε 的汽车不能超过红绿灯 m。

$$x \leqslant m \wedge V \geqslant 0 \rightarrow$$
$$[(((? \underline{\qquad\qquad}; v:=V \cup v:=0);$$
$$t:=0;$$
$$\{x'=v, t'=1 \& t \leqslant \varepsilon\}$$
$$)^*] x \leqslant m$$

133

参考文献

[1] Isaac Asimov. Runaround. *Astounding Science Fiction* (Mar. 1942).

[2] Lewis Carroll. *Alice's Adventures in Wonderland*. London: Macmillan, 1865.

[3] Patricia Derler, Edward A. Lee, Stavros Tripakis, and Martin Törngren. Cyber-physical system design contracts. In: *ICCPS*. Ed. by Chenyang Lu, P. R. Kumar, and Radu Stoleru. New York: ACM, 2013, 109–118. DOI: 10.1145/2502524.2502540.

[4] René Descartes. *Meditationes de prima philosophia, in qua Dei existentia et animae immortalitas demonstratur*. 1641.

[5] Robert W. Floyd. Assigning meanings to programs. In: *Mathematical Aspects of Computer Science, Proceedings of Symposia in Applied Mathematics*. Ed. by J. T. Schwartz. Vol. 19. Providence: AMS, 1967, 19–32. DOI: 10.1007/978-94-011-1793-7_4.

[6] Gottlob Frege. *Begriffsschrift, eine der arithmetischen nachgebildete Formelsprache des reinen Denkens*. Halle: Verlag von Louis Nebert, 1879.

[7] Nathan Fulton, Stefan Mitsch, Jan-David Quesel, Marcus Völp, and André Platzer. KeYmaera X: an axiomatic tactical theorem prover for hybrid systems. In: *CADE*. Ed. by Amy Felty and Aart Middeldorp. Vol. 9195. LNCS. Berlin: Springer, 2015, 527–538. DOI: 10.1007/978-3-319-21401-6_36.

[8] Gerhard Gentzen. Untersuchungen über das logische Schließen I. *Math. Zeit.* **39**(2) (1935), 176–210. DOI: 10.1007/BF01201353.

[9] Gerhard Gentzen. Die Widerspruchsfreiheit der reinen Zahlentheorie. *Math. Ann.* **112** (1936), 493–565. DOI: 10.1007/BF01565428.

[10] Kurt Gödel. Über die Vollständigkeit des Logikkalküls. PhD thesis. Universität Wien, 1929.

[11] Kurt Gödel. Über formal unentscheidbare Sätze der Principia Mathematica und verwandter Systeme I. *Monatshefte Math. Phys.* **38**(1) (1931), 173–198. DOI: 10.1007/BF01700692.

[12] Kurt Gödel. Über eine bisher noch nicht benützte Erweiterung des finiten Standpunktes. *Dialectica* **12**(3-4) (1958), 280–287. DOI: 10.1111/j.1746-8361.1958.tb01464.x.

[13] David Hilbert and Wilhelm Ackermann. *Grundzüge der theoretischen Logik*. Berlin: Springer, 1928.

[14] Charles Antony Richard Hoare. An axiomatic basis for computer programming. *Commun. ACM* **12**(10) (1969), 576–580. DOI: 10.1145/363235.363259.

[15] Saul A. Kripke. Semantical considerations on modal logic. *Acta Philosophica Fennica* **16** (1963), 83–94.

[16] Gottfried Wilhelm Leibniz. *Generales inquisitiones de analysi notionum et veritatum*. 1686.

[17] Francesco Logozzo. Practical verification for the working programmer with codecontracts and abstract interpretation - (invited talk). In: *VMCAI*. Ed. by Ranjit Jhala and David A. Schmidt. Vol. 6538. LNCS. Berlin: Springer, 2011, 19–22. DOI: 10.1007/978-3-642-18275-4_3.

[18] Bertrand Meyer. Applying design by contract. *Computer* **25**(10) (Oct. 1992), 40–51. DOI: 10.1109/2.161279.

[19] Stefan Mitsch and André Platzer. ModelPlex: verified runtime validation of verified cyber-physical system models. *Form. Methods Syst. Des.* **49**(1-2) (2016). Special issue of selected papers from RV'14, 33–74. DOI: 10.1007/s10703-016-0241-z.

[20] André Platzer. Differential dynamic logic for verifying parametric hybrid systems. In: *TABLEAUX*. Ed. by Nicola Olivetti. Vol. 4548. LNCS. Berlin: Springer, 2007, 216–232. DOI: 10.1007/978-3-540-73099-6_17.

134

[21] André Platzer. Differential dynamic logic for hybrid systems. *J. Autom. Reas.* **41**(2) (2008), 143–189. DOI: `10.1007/s10817-008-9103-8`.

[22] André Platzer. *Logical Analysis of Hybrid Systems: Proving Theorems for Complex Dynamics*. Heidelberg: Springer, 2010. DOI: `10.1007/978-3-642-14509-4`.

[23] André Platzer. Stochastic differential dynamic logic for stochastic hybrid programs. In: *CADE*. Ed. by Nikolaj Bjørner and Viorica Sofronie-Stokkermans. Vol. 6803. LNCS. Berlin: Springer, 2011, 446–460. DOI: `10.1007/978-3-642-22438-6_34`.

[24] André Platzer. A complete axiomatization of quantified differential dynamic logic for distributed hybrid systems. *Log. Meth. Comput. Sci.* **8**(4:17) (2012). Special issue for selected papers from CSL'10, 1–44. DOI: `10.2168/LMCS-8(4:17)2012`.

[25] André Platzer. Logics of dynamical systems. In: *LICS*. Los Alamitos: IEEE, 2012, 13–24. DOI: `10.1109/LICS.2012.13`.

[26] André Platzer. The complete proof theory of hybrid systems. In: *LICS*. Los Alamitos: IEEE, 2012, 541–550. DOI: `10.1109/LICS.2012.64`.

[27] André Platzer. Teaching CPS foundations with contracts. In: *CPS-Ed*. 2013, 7–10.

[28] André Platzer. Differential game logic. *ACM Trans. Comput. Log.* **17**(1) (2015), 1:1–1:51. DOI: `10.1145/2817824`.

[29] André Platzer. Logic & proofs for cyber-physical systems. In: *IJCAR*. Ed. by Nicola Olivetti and Ashish Tiwari. Vol. 9706. LNCS. Berlin: Springer, 2016, 15–21. DOI: `10.1007/978-3-319-40229-1_3`.

[30] André Platzer. A complete uniform substitution calculus for differential dynamic logic. *J. Autom. Reas.* **59**(2) (2017), 219–265. DOI: `10.1007/s10817-016-9385-1`.

[31] André Platzer. Differential hybrid games. *ACM Trans. Comput. Log.* **18**(3) (2017), 19:1–19:44. DOI: `10.1145/3091123`.

[32] André Platzer and Edmund M. Clarke. The image computation problem in hybrid systems model checking. In: *HSCC*. Ed. by Alberto Bemporad, Antonio Bicchi, and Giorgio C. Buttazzo. Vol. 4416. LNCS. Springer, 2007, 473–486. DOI: `10.1007/978-3-540-71493-4_37`.

[33] Amir Pnueli. The temporal logic of programs. In: *FOCS*. IEEE, 1977, 46–57.

[34] Vaughan R. Pratt. Semantical considerations on Floyd-Hoare logic. In: *17th Annual Symposium on Foundations of Computer Science, 25-27 October 1976, Houston, Texas, USA*. Los Alamitos: IEEE, 1976, 109–121. DOI: `10.1109/SFCS.1976.27`.

[35] Arthur Prior. *Time and Modality*. Oxford: Clarendon Press, 1957.

[36] Dana S. Scott. Logic and programming languages. *Commun. ACM* **20**(9) (1977), 634–641. DOI: `10.1145/359810.359826`.

[37] Thoralf Skolem. Logisch-kombinatorische Untersuchungen über die Erfüllbarkeit oder Beweisbarkeit mathematischer Sätze nebst einem Theorem über dichte Mengen. *Videnskapsselskapets skrifter, 1. Mat.-naturv. klasse* **4** (1920), 1–36.

[38] Alfred North Whitehead and Bertrand Russell. *Principia Mathematica*. Cambridge: Cambridge Univ. Press, 1910.

[39] Dana N. Xu, Simon L. Peyton Jones, and Koen Claessen. Static contract checking for Haskell. In: *POPL*. Ed. by Zhong Shao and Benjamin C. Pierce. New York: ACM, 2009, 41–52. DOI: `10.1145/1480881.1480889`.

[40] Paolo Zuliani, André Platzer, and Edmund M. Clarke. Bayesian statistical model checking with application to Simulink/Stateflow verification. *Form. Methods Syst. Des.* **43**(2) (2013), 338–367. DOI: `10.1007/s10703-013-0195-3`.

135

136

Logical Foundations of Cyber-Physical Systems

动态系统与动态公理

概要 本章是核心章节，以微分动态逻辑对混成程序的动态进行逻辑表征。本章研究基本的合成推理原理，该原理描绘了复杂混成程序性质的真值与简单程序片段相应性质的真值如何关联。这引出了动态系统的动态公理，其中每种动态类型对应一个公理。这些动态公理可以对 CPS 模型进行严格的推理，并开始对微分动态逻辑进行公理化，从而将 dL 从 CPS 的规约逻辑转化为它的验证逻辑。本章为微分动态逻辑及其混成程序的所有动态特性奠定了关键基础，虽然循环和微分方程更高级的特性将在后续章节中讨论。

5.1 引言

第 4 章展示了 CPS 契约对 CPS 的作用和关键性。它们对系统的作用和理解超越了动态测试的范畴。在 CPS 中，已证明的 CPS 契约的价值远远大于动态测试过的契约，因为如果不是足够小心，CPS 运行时对契约的动态测试通常不会留下什么余地能以安全的方式对它们做出反应。毕竟，契约的失败表明预期成立的某个安全条件不再为真。除非证明有足够的安全裕度并留有后备方案，否则 CPS 已经陷入麻烦了[⊖]。

因此，CPS 契约对 CPS 而言有极为显著的作用，这与它们的证明方式有关。理解如何证明 CPS 契约要求我们更详细地理解混成程序的动态效应。更深入理解混成程序运算符的效应不仅有助于做出证明，而且有助于发展和加强我们对混成程序的直觉。这种现象说明了一个更一般的观点，即证明与效果（或含义）密切相关。对效果的真正理解最终无异于理解如何证明该效果的性质，同时也是先决条件[6,8-9,11]。读者可能已经在其他编程语言的专著中看到过这一观点，但它在本章中将会特别醒目。

为了达到这种理解水平，我们需要更仔细地研究混成程序对状态产生效果的结构。这样，我们就可以为微分动态逻辑和混成程序设计可信的证明原理[5-6,8-9,11]。本章将为我们提供信息物理系统必要的推理工具，因此具有至关重要的意义。

本章的重点是系统地开发信息物理系统的基本推理原理。目标是通过为微分动态逻辑（特别是其混成程序）的每个运算符确定一个基本推理原理，从而可以处理所有的信息物理系统。一旦我们为每个运算符提供了这样的推理原理，之后的基本想法是可以通过合成的方式，即一次查看一个运算符，来组合各种推理原理以对任意的信息物理系统进行分析。

注解 29（逻辑指导原则：合成性） 由于每个 CPS 都是通过混成程序建模[⊖]的，并且所有混成程序都是使用屈指可数的几个程序运算符（例如 ∪、；以及 *）将简单的混成程序组合而成，只要我们对每一个运算符都确定一种适合的分析技术，就可以分析所有的 CPS。

在理解足够深入之后，这个指导原则最终会成功[9-11]。但确实需要不止一章才能达到

⊖ 然而，结合形式化验证，Simplex 架构可以理解为出于安全目的利用动态契约之间的关系[14]。基于微分动态逻辑的 ModelPlex 则将这种观察提升为从已验证的 CPS 模型到已验证的 CPS 执行的完整验证链路[4]。

⊖ 为了忠实地表示复杂的 CPS，有些模型需要混成程序的扩展，例如混成博弈[10]或分布式混成程序[7]，这种情况下，对这里给出的逻辑方法作合适的泛化即可。

这种理解水平。本章将局限于系统地开发混成程序中基本运算符的推理原理，而把其他部分的详细开发留给后面的章节。

本章对信息物理系统基础有核心意义。这是我们在本书中研究语法、语义和公理体系之间的逻辑三分法(logical trichotomy)的许多章节中的第一章。

注解 30(逻辑三位一体)　本章中提出的概念说明了语法(即符号标记法)、语义(承载含义)和公理体系(将语义关系内化为通用的语法转换)之间更一般的关系。这些概念及其关系共同形成了语法、语义和公理体系这一重要的逻辑三位一体。 |138|

例如，合取的语法是 $A \wedge B$。$A \wedge B$ 的语义是当且仅当 A 为真且 B 为真时，$A \wedge B$ 为真。它的公理体系会告诉我们 $A \wedge B$ 的证明包括 A 的证明和 B 的证明，这是在第 6 章中将要探讨的。由于语义有合成性($A \wedge B$ 的意思是当 A 和 B 都为真时它为真)，推理也将有合成性，因此 $A \wedge B$ 的证明可以分解为 A 的证明加上 B 的证明。本章开始着手让信息物理系统所有其他运算符具有同样的逻辑合成性。

本章最重要的学习目标如下所示。

建模与控制：我们将从分析和语义的角度理解 CPS 中的信息和物理特性如何集成交互，从而理解 CPS 背后的核心原理。本章也将开始明确地将离散和连续系统联系起来，这最终会引出理解混合性的有趣视角[9]。

计算思维：本章致力于 CPS 模型严格推理的核心特性，这对于 CPS 的正确性至关重要。CPS 设计可能会因为非常微妙的原因而有缺陷。如果对它们的分析不够严格，就有可能无法发现这些缺陷，并且可能更难确切地知道设计是否不再有错以及为什么不再有错。本章系统地为混成程序的每个运算符开发一个推理原理。本章开始对微分动态逻辑 dL[8-9,11] 作公理化，从而将 dL 从 CPS 的规约语言提升为验证语言。

CPS 技能：我们仔细地将 CPS 模型的语义与它们的推理原理联系起来并完美地协调一致，从而深入理解这些 CPS 模型的语义。这种理解还将使我们获得对 CPS 相关操作效果更好的直觉。

5.2　CPS 的中间条件

回想一下第 4 章的弹跳球：

$$0 \leqslant x \wedge x = H \wedge v = 0 \wedge g > 0 \wedge 1 \geqslant c \geqslant 0 \rightarrow$$
$$[(\{x' = v, v' = -g \,\&\, x \geqslant 0\};(?x = 0;v := -cv \bigcup ?x \neq 0))^*]\,(0 \leqslant x \wedge x \leqslant H)\quad (4.24^*)$$ |139|

为了简化后续讨论，让我们仍然先不考虑重复(*)：

$$0 \leqslant x \wedge x = H \wedge v = 0 \wedge g > 0 \wedge 1 \geqslant c \geqslant 0 \rightarrow$$
$$[\{x' = v, v' = -g \,\&\, x \geqslant 0\};(?x = 0;v := -cv \bigcup ?x \neq 0)]\,(0 \leqslant x \wedge x \leqslant H)\quad (5.1)$$

当然，不考虑重复将对弹跳球的行为产生荒谬的改变。他现在甚至不能真的弹跳了。它只会下落，并在碰到地面时反转其速度向量，但此后就卡住了。单跳弹跳球只能跟随图 5.1 中粗线显示的第一个跳跃，而不能接着进行灰色线显示的剩余跳跃。尽管如此，这个退化的模型片段是证明完整模型的有深刻意义的踏脚石。如果我们设法证明式(5.1)，当然我们并没有证明含循环的完整弹跳球公式(4.24)。但这是一个好的开始，因为式(5.1)中建模的行为是式(4.24)行为的一部分。因此，首先理解式(5.1)是有益的(并且对我们来说也更容易)。

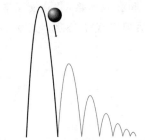

dL 公式(5.1)中的假设 $0 \leqslant x \wedge x = H \wedge v = 0 \wedge g > 0 \wedge 1 \geqslant c \geqslant 0$ 可以在证明时使用。它宣称后置条件 $0 \leqslant x \wedge x = H$ 在$[\cdot]$模态中的 HP 的所有运行之后成立。式(5.1)模态中的顶层运算符是顺序合成(;)，对此我们需要找到相应的证明论证$^{\ominus}$。

式(5.1)中的 HP 首先遵循微分方程，然后在顺序合成(;)之后接着运行离散程序($?x = 0; v := -cv \cup ?x \neq 0$)。在微分方程之后和离散程序之前的中间状态将有所不同，取决于该 HP 遵循其微分方程多长时间。

图 5.1　单跳弹跳球的样本轨迹 (绘制为高度随时间变化)，它可以跟随粗线显示的第一个跳跃，但不能跟随灰色的剩余跳跃。

注解 31(顺序合成的中间状态)　顺序合成 $\alpha; \beta$ 中的第一个 HP α 可以到达一系列状态，这些状态表示顺序合成 $\alpha; \beta$ 的中间状态，即 α 的最终状态和 β 的初始状态。$\alpha; \beta$ 的中间状态是第 3 章$[\![\alpha;\beta]\!]$语义定义中的状态 μ：

$$[\![\alpha;\beta]\!] = [\![\alpha]\!] \circ [\![\beta]\!] = \{(\omega,\nu): 存在某个状态 \mu 使得(\omega,\mu) \in [\![\alpha]\!], (\mu,\nu) \in [\![\beta]\!]\}$$

我们总结式(5.1)中微分方程和离散程序之间的所有中间状态的共同点。它们的不同之处在于 CPS 遵循微分方程的时间长短。但是这些中间状态仍然有一个共同点，它们满足某个逻辑公式 E。事实上，找到 E 是什么逻辑公式是有启发意义的，但不是本章其余部分立即需要关注的。因此，请读者找出如何为式(5.1)选择 E，并将你的答案与我们已在 4.8.1 节中得出的答案进行比较。

对于顺序合成 HP $\alpha; \beta$，中间条件是表征 HP α 和 β 之间的中间状态的公式。也就是说，对于 dL 公式

$$A \rightarrow [\alpha;\beta]B$$

中间条件是使得以下 dL 公式永真的公式 E：

$$A \rightarrow [\alpha]E \quad 且 \quad E \rightarrow [\beta]B$$

第一个 dL 公式表示中间条件 E 准确地表征了中间状态，即从满足 A 的状态开始的 HP α 的所有运行之后，E 确实成立。第二个 dL 公式表示中间条件 E 足够好地表征了中间状态，即 E 是我们需要知道的状态的一切，从而得出由此开始的 β 的所有运行都以 B 结束。也就是说，从所有满足 E 的状态(特别是通过从满足 A 的状态运行 α 得到的那些状态)开始，在 β 的所有运行之后 B 都成立。取决于中间条件 E 的准确性，这个论证可能需要证明，对于无法从 ω 运行 α 到达但又恰好满足 E 的额外状态(图 5.2 中未标记的节点)，由此开始在 β 的所有运行之后 B 也都成立。

下面由托尼·霍尔(Tony Hoare)提出的证明规则$^{[3]}$对顺序合成的中间条件契约作了更

$\ominus$　我们在这里证明式(5.1)的方式实际上并不是推荐的方式。我们将开发一种更简单的方法。但是，理解我们首先采用的更冗长的方法是有启发意义的。这种方法也让我们准备好应对前方证明循环性质时的挑战。

加简明的表述：

$$\text{H;}\ \frac{A \to [\alpha] E \quad E \to [\beta] B}{A \to [\alpha;\beta] B}$$

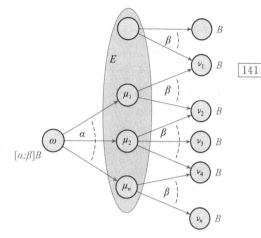

规则栏上方的两个 dL 公式称为前提，下方的 dL 公式称为结论。上述论证（非形式化地）阐明了该证明规则的正确性：如果两个前提都是永真的，那么结论也是永真的。所以，如果我们对两个前提的每一个都有了证明，那么根据规则 H；也给出了结论的证明。

既然我们很快就会找到一种更好的方法来证明顺序合成的性质，我们就不再进一步探讨规则 H。然而，在某些情况下，中间条件，比如 H；中的实际上可以简化推理。

目前而言，我们注意到，给定中间条件 E，规则 H；将式(5.1)的证明分成以下两个前提的证明，这是我们在第 4 章中已经阅读到的：

图 5.2　顺序合成的中间条件

$$0 \leqslant x \wedge x = H \wedge v = 0 \wedge g > 0 \wedge 1 \geqslant c \geqslant 0 \to [x' = v, v' = -g \& x \geqslant 0] E \tag{4.29*}$$

$$E \to [?x = 0; v := -cv \cup ?x \neq 0] (0 \leqslant x \wedge x \leqslant H) \tag{4.30*}$$

5.3　动态系统的动态公理

本节研究用于分解动态系统的公理，这在本书中具有核心意义。每个公理用更简单的混成程序描述一个运算符对混成程序的操作效果，从而对此给出解释并同时作为严格推理的基础。

5.3.1　非确定性选择的动态公理

根据合成性这一逻辑指导原则（注解 29），我们证明式(5.1)需要理解的下一个运算符是非确定性选择 $?x = 0; v := -cv \cup ?x \neq 0$，这是式(4.30)模态中的顶层运算符。根据合成性原则，我们锁定非确定性选择运算符 $\cup$，并假装我们已经知道如何处理公式中的所有其他运算符。如果我们成功地将式(4.30)中的非确定性选择的性质简化为其子程序的性质，那么就可以随后研究公理以对留下的运算符进行处理。

回想一下 3.3.2 节中非确定性选择的语义：

$$[\![\alpha \cup \beta]\!] = [\![\alpha]\!] \cup [\![\beta]\!] \tag{5.2}$$

请记住，$[\![\alpha]\!]$ 是状态上的可达性关系，其中 $(\omega, \nu) \in [\![\alpha]\!]$ 当且仅当从状态 ω 运行 HP α 可以达到状态 ν。让我们用图形说明式(5.2)的含义：

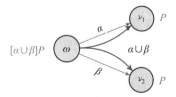

根据可达性关系 $[\![\alpha]\!]$，运行 HP α 可以从某个初始状态 ω 到达一些状态 ν_i ⊖。根据

⊖　为了视觉上的简洁，该示意图仅画出一个这样的状态 ν_1。但是 ν_1 应该被理解为一般性地代表了 α 可以从初始状态 ω 到达的任何此类状态。

$[\![\beta]\!]$，通过运行 HP β 可以从相同的初始状态 ω 达到一些（可能不同的）状态 ν_i。根据语义等式(5.2)，从 ω 运行 $\alpha\cup\beta$ 恰好可以得到运行 α 或者 β 所得到的任何可能结果。并且我们没有对初始状态 ω 做任何特别的假设。因此同样的原理也适用于所有其他状态。

注解 32($\cup$)　非确定性选择 $\alpha\cup\beta$ 恰好可以得到 α 导致的状态，或者 β 导致的状态，或者两者都可能导致的状态。非确定性选择 $\alpha\cup\beta$ 的动态效应是在任何时候运行它都会导致 α 或者 β 的行为，但这是非确定的。所以，当运行 $\alpha\cup\beta$ 时，α 和 β 的行为都是可能的。

为了理解 dL 公式 $[\alpha\cup\beta]P$ 是否为真以及在哪些状态下为真，我们需要先理解模态 $[\alpha\cup\beta]$ 所指的状态。在哪些状态下 P 必须为真，从而在状态 ω 下 $[\alpha\cup\beta]P$ 为真？

按照语义的定义，为了让 $[\alpha\cup\beta]P$ 在状态 ω 下为真，P 需要在从 ω 根据 $[\![\alpha\cup\beta]\!]$ 运行 $\alpha\cup\beta$ 能够到达的所有状态下都为真。参考语义等式(5.2)或查看其示意图告诉我们，这包括 α 根据 $[\![\alpha]\!]$ 可以从 ω 到达的所有状态，因此 $[\alpha]P$ 在 ω 下必须为真。它还包括 β 可以从 ω 到达的所有状态，因此 $[\beta]P$ 在 ω 下必须为真。

因此，

$$\omega\in[\![[\alpha]P]\!] \quad 且 \quad \omega\in[\![[\beta]P]\!] \tag{5.3}$$

是

$$\omega\in[\![[\alpha\cup\beta]P]\!] \tag{5.4}$$

的必要条件。也就是说，除非式(5.3)成立，否则式(5.4)不可能成立。因此式(5.3)是式(5.4)的必要条件。是否还少考虑了什么状态？具体而言，是否存在任何状态在式(5.4)中必须满足 P，但是式(5.3)中尚不能确保它满足 P？不可能，因为根据式(5.2)，$\alpha\cup\beta$ 不允许任何既不是 α 也不是 β 可以表现出来的行为。因此式(5.3)也是式(5.4)的充分条件，即式(5.3)蕴涵式(5.4)。所以，式(5.3)和式(5.4)是等价的。

如果采用更加逻辑化的语言，这证明了

$$\omega\in[\![[\alpha\cup\beta]P\leftrightarrow[\alpha]P\wedge[\beta]P]\!]$$

该推理不依赖于特定的状态 ω，而是对所有 ω 均成立。因此，公式 $[\alpha\cup\beta]P\leftrightarrow[\alpha]P\wedge[\beta]P$ 永真，写成：

$$\vDash[\alpha\cup\beta]P\leftrightarrow[\alpha]P\wedge[\beta]P$$

真是令人激动！我们刚刚证明了我们的第一个公理是可靠的（证明详见 5.3.2 节）。

引理 5.1(非确定性选择公理[$\cup$])　如下（非确定性）选择的公理是可靠的，即它所有的实例都是永真的：

$$[\cup]\quad[\alpha\cup\beta]P\leftrightarrow[\alpha]P\wedge[\beta]P$$

在公理[$\cup$]中将非确定性选择分解为其中的选项。从右到左的蕴涵关系：如果 α 的所有运行得到满足 P 的状态（即 $[\alpha]P$ 为真），并且 β 的所有运行得到满足 P 的状态（即 $[\beta]P$ 为真），则可以在遵循 α 和遵循 β 之间选择的 HP $\alpha\cup\beta$ 的所有运行也会得到满足 P 的状态（即 $[\alpha\cup\beta]P$ 为真）。相反方向（即从左到右）的蕴涵关系成立，因为 $\alpha\cup\beta$ 允许的行为包括 α 的所有运行和 β 的所有运行，如果 $[\alpha\cup\beta]P$ 成立，则 α（以及 β）的所有运行得到的状态都满足 P。

有了公理[$\cup$]供我们使用，我们现在可以调用由[$\cup$]证明的等价关系轻松做出如下推断：

$$[\cup]\frac{A\rightarrow[\alpha]B\wedge[\beta]B}{A\rightarrow[\alpha\cup\beta]B}$$

让我们详细说明。如果我们想证明下方的结论

$$A \rightarrow [\alpha \cup \beta]B \qquad\qquad (5.5)$$

那么我们可以转而证明上方的前提

$$A \rightarrow [\alpha]B \wedge [\beta]B \qquad\qquad (5.6)$$

因为根据[∪]，或者更确切地说是用 B 替代 P 得到的[∪]的实例，我们知道

$$[\alpha \cup \beta]B \leftrightarrow [\alpha]B \wedge [\beta]B \qquad\qquad (5.7)$$

由于式(5.7)是永真等价式，因此其左侧和右侧是等价的。无论它的左侧出现在哪里，我们都可以用它的右侧等价地替换它，因为两者是等价的⊖。因此，在式(5.5)中将出现的式(5.7)的左侧替换为式(5.7)的右侧，就得到与式(5.5)等价的公式(5.6)。毕竟，根据公理[∪]证明的永真等价式(5.7)，只需将式(5.5)中出现的公式替换为等价的公式即可得到式(5.6)(回忆习题 4.2)。

　　实际上，退一步而言，同样的论证可以用于从式(5.6)得到式(5.5)而不是从式(5.5)得到式(5.6)，因为式(5.7)是等价式。这两种使用[∪]的方式都是完全正确的，尽管去掉 ∪ 运算符的使用方向更有用，因为它取得了一些证明进展(去掉了一个 HP 运算符)。

　　然而，公理[∪]在很多其他情况下也可能有用。例如，公理[∪]也证明了如下推断：

$$[\cup] \frac{[\alpha]A \wedge [\beta]A \rightarrow B}{[\alpha \cup \beta]A \rightarrow B}$$

这是从等价公理[∪]从左到右的蕴涵关系得出的。

　　对于弹跳球，使用公理[∪]分解式(4.30)并对其化简得到

$$E \rightarrow [?x=0; v:=-cv](0 \leq x \wedge x \leq H) \wedge [?x \neq 0] \quad (0 \leq x \wedge x \leq H) \qquad (5.8)$$

　　所有 dL 公理背后的一般设计原则在公理[∪]中最为明显。dL 的所有等价公理主要用于将左侧的公式简化为右侧的(结构上更简单的)公式。这种简化从符号上将更复杂系统 $\alpha \cup \beta$ 的性质分解为较小片段 α 和 β 各自的性质。虽然我们最终得到的子性质可能数目更多(正如在公理[∪]中那样)，但每个子性质涉及的程序运算符较少因而在结构上也更简单。将系统分解成它们的片段使得验证问题易于处理并且有利于扩展规模，因为它依次将对复杂系统的研究简化为对许多但更小的子系统的研究，其中子系统的个数只有有限多个。对于这样的符号结构分解非常有用的一点是，dL 是在所有逻辑运算符下都闭合的完整逻辑。这些逻辑运算符包括析取和合取，对此公理[∪]的两边都是 dL 公式(不同于霍尔逻辑[3])。最终发现这也将成为计算不变式时的优势[2,6,12]。

　　公理[∪]让我们可以理解和处理$[\alpha \cup \beta]P$ 这样的性质。如果我们为混成程序的所有其他运算符找到合适的公理，包括：、*、:=、x'，那么我们就有办法处理所有的混成程序，因为我们只需要通过使用相应的公理对验证问题进行分解从而简化它。对这一原理的充分说明要复杂得多，但这种递归分解最终确实成功了[9,11]。

5.3.2　公理的可靠性

　　引理 5.1 中的可靠性定义不仅适用于公理[∪]这一特例，而且适用于所有 dL 公理，因此我们对可靠性做彻底的论述。

　　定义 5.1(可靠性)　公理是可靠的，当且仅当该公理的所有实例都永真，即在所有状态下都为真。

　　从现在开始，每当看到$[\alpha \cup \beta]P$ 形式的公式时，我们都应记得公理[∪]给出了与其等

⊖　这将在第 6 章中依据上下文等价推理[11]给出形式化表述。

价的公式$[\alpha]P \wedge [\beta]P$。每当看到公式$[\gamma \cup \delta]Q$时，我们也应记得公理$[\cup]$表明$[\gamma]Q \wedge [\delta]Q$与它等价，这只是公理$[\cup]$的实例化[11]。公理$[\cup]$是可靠的，这一事实确保了我们不必每次用它时都担心这种推理是否正确。$[\cup]$的可靠性保证了$[\cup]$的每一个实例都是可靠的[11]。因此，我们可以依据语法呆板地处理公理$[\cup]$，并根据需要应用它，就像机器会做的一样。

但是，因为可靠性是如此重要（逻辑的一个必要条件，即逻辑不可或缺的东西），我们将仔细地证明公理$[\cup]$的可靠性，即使我们在上面的非形式化论证中已经这样做了。

（引理 5.1 的）证明   公理$[\cup]$可靠这一事实可以证明如下。由于$[\![\alpha \cup \beta]\!]=[\![\alpha]\!] \cup [\![\beta]\!]$，我们可得，$(\omega,\nu) \in [\![\alpha \cup \beta]\!]$当且仅当$(\omega,\nu) \in [\![\alpha]\!]$或者$(\omega,\nu) \in [\![\beta]\!]$。因此，$\omega \in [\![[\alpha \cup \beta]P]\!]$当且仅当$\omega \in [\![[\alpha]P]\!]$且$\omega \in [\![[\beta]P]\!]$。∎

为什么可靠性如此重要？因为没有它，我们可能把实际上并不安全的系统不慎宣称为安全的，这会让验证完全失去意义，而人们的生命会委托给不安全的 CPS 从而可能会危及人的生命。不幸的是，实际上混成系统的验证技术不是都能保证可靠的。但是，我们将在本书中提出如下观点，即只应使用可靠的推理并立即仔细检查所有验证步骤的可靠性。可靠性在逻辑与证明的方法中是相对容易建立的，因为它将局部化为单独对每个公理可靠性的研究。

5.3.3   赋值的动态公理

在使用$[\cup]$公理之后，dL 公式(5.8)仍然有需要证明的部分，包括顺序合成$?x=0$; $v:=-cv$。即使 5.2 节中已经讨论了一种可能方法，通过使用适当的中间条件将顺序合成的安全性质简化为各部分的性质，我们仍然需要某种方法处理留下的赋值和测试语句。让我们从赋值开始。

HP 可能包含离散赋值。回想一下 3.3.2 节中它们的语义：

$$[\![x:=e]\!]=\{(\omega,\nu): 除了 \nu[\![x]\!]=\omega[\![e]\!]之外，\nu=\omega\}$$

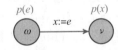

如何改述 dL 公式$[x:=e]p(x)$使其更简单呢？这个公式表示在将项e的值赋给变量x之后，$p(x)$总是成立。好吧，实际上只有一种方法将e的值赋值给x。所以，公式$[x:=e]p(x)$表示在将x的值变为e的值后$p(x)$成立。

引理 5.2(赋值公理$[:=]$)   如下赋值公理是可靠的：

$$[:=]\quad [x:=e]p(x) \leftrightarrow p(e)$$

赋值公理$[:=]$表示在将项e赋值给x的离散赋值之后$p(x)$为真，当且仅当在该变化之前$p(e)$已经为真，因为赋值$x:=e$会将变量x的值变为e的值。

例如，公理$[:=]$让我们立即推断出，dL 公式$[x:=a \cdot x]x \cdot (x+1) \geqslant 0$等价于一阶公式$(a \cdot x) \cdot (a \cdot x+1) \geqslant 0$，得到后者的方法是在后置条件$x \cdot (x+1) \geqslant 0$中将所有以自由变量出现的$x$替换为其新值$a \cdot x$。

如果我们成功对式(5.8)进行拆分，包括根据 5.2 节用另一个中间条件F分解顺序合成$[?x=0; v:=-cv](0 \leqslant x \wedge x \leqslant H)$，最终我们将得到一些 dL 公式，我们必须给出证明，包括

$$F \rightarrow [v := -cv](0 \leqslant x \wedge x \leqslant H)$$

赋值公理[:=]等价地将此公式简化为 $F \rightarrow 0 \leqslant x \wedge x \leqslant H$，因为赋值影响的变量 v 并不出现在后置条件中。这对于弹跳球来说很是古怪，因为它会让证明中完全不出现阻尼系数 c。虽然复杂度降低总是我们喜闻乐见的，但现在应该让我们暂停一下飞驰的思路。第 4 章告诉我们弹跳球的安全性取决于阻尼系数满足 $c \leqslant 1$。如果我们在证明中因为放错 c 而找不到它，证明怎么可能成功呢？

在你继续阅读之前，看看你是否能自己找到答案。

虽然当 $c > 1$ 时弹跳球会表现出不安全的行为，但该反例要求球从地面反弹回来，与包含重复的完整模型相比，这是简化后的单跳弹跳球(式(5.1))所失去的功能。这就解释了为什么当删除 c 时我们证明式(5.1)的尝试仍然能够成功，但这也指示我们需要确保不要忽略速度 v，因为在重复弹跳球的证明中 v 的变化取决于 c(见第 7 章)。

147

探索 5.1(公理中标记 $p(x)$ 的可容许性警告)

有一种简单优美的方式来理解公理[:=]中的标记 $p(x)$ 和 $p(e)$，遗憾的是，它需要比本章更详细的说明。在这种复杂阐述之后，我们在第四部分中研究的一致替换[11]证明两者可以被解读为谓词符号 p 应用于变量 x 和项 e，从而分别形成 $p(x)$ 和 $p(e)$。一致替换对谓词符号(函数符号类似)作替换，只要在 $p(e)$ 中替换项 e 的变量没有出现在量词或模态的约束范围内(除了出现在 e 本身之外)。

在此之前，我们需要在公理[:=]和其他地方对 $p(x)$ 和 $p(e)$ 做一个简单直观但是正确的解读。基本思想是 $p(e)$ 代表与 $p(x)$ 相同的公式，唯一不同的是所有自由出现的 x 都用 e 替换，并且这种替换要求在 $p(x)$ 中不出现作用于 x 或 e 的变量的量词，也没有包含作用于它们的赋值语句或微分方程的模态。例如，$[x := x+y]x \leqslant y^2 \leftrightarrow x+y \leqslant y^2$ 是[:=]的实例，但是 $[x := x+y]\forall y(x \leqslant y^2) \leftrightarrow \forall y(x+y \leqslant y^2)$ 不是，因为 $x+y$ 中的变量 y 在 $p(x)$ 中受约束。实际上，两边的 y 指的应当是不同的变量，因此要先对 y 重命名。同样，$[x := x+y][y := 5]x \geqslant 0 \leftrightarrow [y := 5]x+y \geqslant 0$ 不是[:=]的实例，因为 $x+y$ 中的变量 y 受到 $p(x)$ 中 $y := 5$ 的约束。自由变量和约束变量将在 5.6.5 节中定义。

5.3.4　微分方程的动态公理

弹跳球安全性质的某些分解步骤得到了微分方程的安全性质，例如 5.2 节末尾再次讨论的式(4.29)。

HP 通常包含微分方程。回想一下 3.3.2 节中它们的语义。

定义 3.3(常微分方程(ODE)的转换语义) $[\![x' = f(x) \& Q]\!] = \{(\omega, \nu)$：存在持续时间为 r 的解 $\varphi : [0, r] \rightarrow \mathscr{S}$，满足 $\varphi \models x' = f(x) \wedge Q$，该解使得 $\varphi(0)$ 除了在 x' 处外应满足 $\varphi(0) = \omega$，并且 $\varphi(r) = \nu\}$

这里 $\varphi \models x' = f(x) \wedge Q$ 当且仅当对所有时间 $0 \leqslant z \leqslant r$，满足 $\varphi(z) \in [\![x' = f(x) \wedge Q]\!]$ 且 $\varphi(z)(x') \overset{\text{def}}{=} \dfrac{\mathrm{d}\varphi(t)(x)}{\mathrm{d}t}(z)$，同时 $\varphi(z)$ 中除了在 x 和 x' 处外其他变量与 $\varphi(0)$ 保持一致，即应满足 $\varphi(z) = \varphi(0)$。

証明微分方程性质的一种可能方法是，如果知道微分方程的解（并且解可以用 dL 表示）则用解来证明。的确，可能读者学习处理微分方程的第一件事就是对它们求解。

引理 5.3(解公理[′])   以下解公理模式是可靠的：

$$[′]\quad [x'=f(x)]p(x) \leftrightarrow \forall t \geq 0[x:=y(t)]p(x) \quad (y'(t)=f(y))$$

这里 $y(\cdot)$ 为符号初值问题 $y'(t)=f(y)$，$y(0)=x$ 的解。

在 $f(x)$ 是光滑的情形下，解 $y(\cdot)$ 是唯一的（见定理 2.2）。给定这样的解 $y(\cdot)$，沿着微分方程 $x'=f(x)$ 的连续演化可以替换为离散赋值 $x:=y(t)$ 加上作用于演化时间 t 的量词。毫无疑问，t 这样的变量在公理[′]和其他公理中是新引入的。常规初值问题（见定义 2.1）是数值问题，其中初始值为具体数字，而不是符号变量 x。这对我们来说是不够的，因为我们需要考虑 ODE 所有可能的初始状态，这样状态的个数可能是不可数的。这就是为什么公理[′]解的是一个符号初值问题，因为数值初值问题的个数是不可数的，我们无法解决这么多问题。注意，公理[′]指的是所有时刻 $t \geq 0$ 的 $y(t)$，这蕴涵着公理[′]中全局解 y 需要对任意时刻都存在。

注解 33(离散动态对比连续动态)   注意公理[′]中非常有趣和不同寻常的地方。它将连续系统的性质与离散系统的性质联系起来。左侧的 HP 描述了光滑变化的连续过程，而右侧则描述了一个突然、瞬时变化的离散过程。幸亏有时间量词的存在，它们各自的性质仍然一致。这只是离散动态和连续动态令人惊奇的紧密联系的开端[9]。

到目前为止，我们阅读到的微分方程动力学知识并不能帮助我们证明包含演化域约束的微分方程 $(x'=f(x)\&q(x))$ 的性质。如果我们不能求解微分方程或解过于复杂而无法表达为某个项，这些知识也没有告诉我们该怎么做。我们将在第二部分更详细地讨论这些问题。但是，演化域约束 $q(x)$ 也可以通过添加条件来直接处理，该条件检查演化域是否一直到感兴趣的时间点都始终为真。

引理 5.4(含演化域的解公理[′])   以下公理模式是可靠的：

$$[′]\quad [x'=f(x)\&q(x)]p(x) \leftrightarrow \forall t \geq 0((\forall 0 \leq s \leq t \, q(y(s))) \rightarrow [x:=y(t)]p(x))$$

这里 $y(\cdot)$ 为符号初值问题 $y'(t)=f(y)$，$y(0)=x$ 的解。

对 $q(x)$ 的附加约束产生的影响是限制连续演化，使得解 $y(s)$ 在所有中间时间 $s \leq t$ 均保持在演化域 $q(x)$ 内。如果演化域 $q(x)$ 为真，则该约束简化为真。这是有道理的，因为如果演化域为真，则对演化没有特殊约束（除了微分方程之外）；因此演化域为全状态空间。实际上，因为引理 5.3 和引理 5.4 中的两个公理在 $q(x)$ 为真的情况下给出了本质上相同的结果，所以我们给两者取了相同的名字[′]。然而对于公理模式[′]，重要的是 $x'=f(x)\&q(x)$ 是显式微分方程，因此在 $f(x)$ 或 $q(x)$（或 $p(x)$ 中）不出现 x'，否则解的概念会变得更加复杂。

公理[′]直接解释了演化域约束的作用。dL 公式 $[x'=f(x)\&q(x)]p(x)$ 为真的充分必要条件是，如果该解一直处于演化域 $q(x)$ 中，则后置条件 $p(x)$ 在所有如下状态中为真，即可以通过遵循微分方程 $x'=f(x)$ 的解到达的状态。

对于在 5.2 节中重复考虑的式(4.29)，为了在此公式上成功使用公理[′]，首先考虑只有一个微分方程的情况：

$$A \to [x'=v]E$$

公理[']利用唯一解 $x(t)=x+vt$ 将此公式迅速化简为：

$$A \to \forall t \geqslant 0[x:=x+vt]E$$

让我们把第二个微分方程（即速度 v 的方程）加回来：

$$A \to [x'=v,v'=-g]p(x) \tag{5.9}$$

公理[']也可以简化这个公式，但事情变得稍微复杂一点了：

$$A \to \forall t \geqslant 0\Big[x:=x+vt-\frac{g}{2}t^2\Big]p(x) \tag{5.10}$$

首先，x 的解变得更加复杂，因为式(5.9)中速度 v 随着时间不断变化。这完全符合我们在第 2 章中对微分方程解的研究。通过仔细思考，我们注意到式(5.10)是公理模式[']对式(5.9)的正确简化，只要它的后置条件 $p(x)$ 确实只提到位置 x 而没有涉及速度 v。实际上，这就是为什么在式(5.9)中后置条件暗示性地表述为 $p(x)$，以此表明它是 x 上的条件。对于 x 和 v 上的后置条件 $p(x,v)$ 或者可以提及任何变量的一般性后置条件 E，微分方程组的公理模式[']应求解所有这样的微分方程。因此，

$$A \to [x'=v,v'=-g]E \tag{5.11}$$

通过公理模式[']简化为：

$$A \to \forall t \geqslant 0\Big[x:=x+vt-\frac{g}{2}t^2;v:=v-gt\Big]E \tag{5.12}$$

现在，剩下的唯一问题是即使这样的深入理解也不能完全处理好弹跳球的重力运动性质（式(4.29)），因为它还受限于演化域约束 $x \geqslant 0$。不过，修改上面这些想法以适应演化域约束的存在，现在简单到只需从使用不含演化域的引理 5.3 中的公理模式[']切换到使用含演化域的引理 5.4 中的公理模式[']。那么， 150

$$A \to [x'=v,v'=-g \& x \geqslant 0]E$$

通过引理 5.4 中的演化域解公理模式[']可简化为

$$A \to \forall t \geqslant 0\Big(\Big(\forall 0 \leqslant s \leqslant t\big(x+vs-\frac{g}{2}s^2 \geqslant 0\big)\Big) \to \big[x:=x+vt-\frac{g}{2}t^2;\ v:=v-gt\big]E\Big)$$

在第二部分将探讨更高级的技术来证明更复杂微分方程的性质，包括没有闭式解的微分方程。

5.3.5 测试的动态公理

弹跳球公式包括测试语句，对此我们也需要适当的公理来处理。回忆 3.3.2 节中测试的语义：

$$[\![?Q]\!]=\{(\omega,\omega):\omega \in [\![Q]\!]\}$$

$[?Q]P$ 表示 P 在测试 $?Q$ 运行成功后总是成立，我们怎样才能等价地改写它？测试不会改变状态，但会对当前状态施加条件。因此，只有当 P 最初就已经为真时，运行 $?Q$ 后 P 才总为真，同时如果 Q 也为真，运行 $?Q$ 的方式只有一种。

引理 5.5(测试公理[?])   如下测试公理是可靠的:

$$[?][?Q]P \leftrightarrow (Q \rightarrow P)$$

在公理[?]中,对[?Q]P 这样的测试公式的证明是通过假设测试?Q 成功并由此蕴涵得到 P,因为测试?Q 只有在条件 Q 为真时才能进行状态转换。在测试?Q 失败的状态下,不可能进行状态转换,系统的运行尝试失败且会被丢弃。如果 HP α 没有转换状态,则公式[α]P 无须证明,因为该公式的语义要求 P 在运行 α 可达到的所有状态下成立,如果没有状态可达,则为空虚真。从左到右,公理[?]对 dL 公式[?Q]P 假定公式 Q 成立(否则没有状态转换,也就无须证明)并证明在空操作(no−op)之后 P 成立。通过区分不同情况来证明从右到左的相反蕴涵关系。要么 Q 为假,那么?Q 不能进行状态转换,也就无须证明什么。要么 Q 为真,则根据蕴涵式 P 也为真。

例如,使用公理[?]可以将 dL 公式(5.8)中的[?$x \neq 0$]($0 \leqslant x \land x \leqslant H$)等价替换为一阶公式 $x \neq 0 \rightarrow 0 \leqslant x \land x \leqslant H$。毕竟,根据公理[?]中的等价式,这两个公式是等价的。

5.3.6   顺序合成的动态公理

对于顺序合成 $\alpha;\beta$,根据图 5.2 中的想法,5.2 节中提出采用霍尔证明规则这一方法,使用中间条件 E 来表征 α 和 β 之间的所有中间状态:

$$\text{H};\quad \frac{A \rightarrow [\alpha]E \quad E \rightarrow [\beta]B}{A \rightarrow [\alpha;\beta]B}$$

这个证明规则有时确实是有用的,但是与公理[$\cup$]的简洁优美相比,它使用起来很麻烦。使用规则 H;时,它没有说明从期望的结论到前提应如何选择中间条件 E。成功地使用规则 H;要求我们找到合适的中间条件 E,因为如果我们不这样做,证明就不会成功,正如我们在 4.8.1 节中阅读到的那样。如果对顺序合成我们只有规则 H;可供使用,那么我们必须为系统中的每一个顺序合成都单独构造一个良好的中间条件 E。

幸运的是,微分动态逻辑提供了一种更好的方法,这可以通过研究由 $\alpha;\beta$ 产生的动态系统找到。回想一下 3.3.2 节中:

$$[\![\alpha;\beta]\!] = [\![\alpha]\!] \circ [\![\beta]\!] \overset{\text{def}}{=} \{(\omega,\nu): 存在某状态 \mu 使得 (\omega,\mu) \in [\![\alpha]\!],(\mu,\nu) \in [\![\beta]\!]\} \quad (5.13)$$

根据其语义,dL 公式[$\alpha;\beta$]P 在状态 ω 下为真,当且仅当 P 在 $\alpha;\beta$ 根据 $[\![\alpha;\beta]\!]$ 从 ω 可以到达的所有状态(即满足 $(\omega,\nu) \in [\![\alpha;\beta]\!]$ 的所有状态 ν)下都为真。这是指的哪些状态?它们跟单独通过 α 或通过 β 可以到达的状态有什么关联?它们与这些状态的关联不像公理[$\cup$]中那样直接。但它们仍然有关联,关联方式见式(5.13)。

为了[$\alpha;\beta$]P 在状态 ω 下为真,后置条件 P 必须在所有可通过 $\alpha;\beta$ 从 ω 到达的状态下为真。根据式(5.13),这些状态就是我们从中间状态 μ 通过运行 β 可以得到的状态 ν,而 μ 为从 ω 通过运行 α 得到的。因此,为了使[$\alpha;\beta$]P 在 ω 下为真,P 必须在所有状态 ν 下成立,这里 ν 可以从中间状态 μ 运行 β 得到,而 μ 可以从 ω 运行 α 得到。因此,仅当[β]P 在从 ω 运行 α 可以得到的所有这些中间状态 μ 中成立时,[$\alpha;\beta$]P 在 ω 下为真。我们如何表征这些状态?我们怎样才能把这些想法表达为一个 dL 逻辑公式?

在你继续阅读之前,看看你是否能自己找到答案。

如果我们想表示[β]P 在可以从 ω 通过运行 α 得到的所有状态 μ 中成立,那么这恰恰是 dL 公式[α][β]P 在 ω 下为真的含义,因为这正是模态[β]的语义:

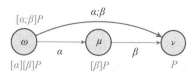

因此，如果$[\alpha][\beta]P$在ω下为真，那么$[\alpha;\beta]P$也是如此，因为所有这样的状态μ都满足$\mu\in[\![[\beta]P]\!]$：

$$\omega\in[\![[\alpha][\beta]P\rightarrow[\alpha;\beta]P]\!]$$

重新回溯这个论证过程，我们看到反方向的蕴涵关系也成立，

$$\omega\in[\![[\alpha;\beta]P\rightarrow[\alpha][\beta]P]\!]$$

相同的论证适用于所有的状态ω，因此这两个蕴涵式都是永真的。

引理 5.6(合成公理[;])　如下合成公理是可靠的：

$$[;]\quad[\alpha;\beta]P\leftrightarrow[\alpha][\beta]P$$

证明　由$[\![\alpha;\beta]\!]=[\![\alpha]\!]\circ[\![\beta]\!]$可得，$(\omega,\nu)\in[\![\alpha;\beta]\!]$当且仅当存在某中间状态$\mu$使得$(\omega,\mu)\in[\![\alpha]\!]$且$(\mu,\nu)\in[\![\beta]\!]$。因此，$\omega\in[\![[\alpha;\beta]P]\!]$当且仅当对于所有满足$(\omega,\mu)\in[\![\alpha]\!]$的状态$\mu$，都有$\mu\in[\![[\beta]P]\!]$。换句话说，$\omega\in[\![[\alpha;\beta]P]\!]$当且仅当$\omega\in[\![[\alpha][\beta]P]\!]$。　■

公理[;]中使用嵌套模态证明了顺序合成。从右往左：如果在α的所有运行之后，β的所有运行得到满足P的状态(即$[\alpha][\beta]P$成立)，那么顺序合成$\alpha;\beta$的所有运行将得到满足P的状态(即$[\alpha;\beta]P$成立)，因为$\alpha;\beta$能做的就只有遵循α经过某中间状态来运行β。相反方向蕴涵依据的事实是，如果在α的所有运行之后β的所有运行得到P(即$[\alpha][\beta]P$)，那么$\alpha;\beta$的所有运行都会得到P(即$[\alpha;\beta]P$)，因为$\alpha;\beta$的运行正是α的任何运行之后跟随着β的任何运行。同样，至关重要的是dL是一个完备逻辑，它将可达性陈述视为可嵌套的模态运算符，从而公理[;]中的两边都是dL公式。

公理[;]直接将顺序合成$\alpha;\beta$解释为结构更简单的公式，即一个含嵌套模态运算符但其中混成程序更简单的公式。使用公理[;]将出现的左侧公式简化为右侧，这样把公式分解为结构上更简单的碎片，从而取得进展。因此，如下证明规则给出了使用公理[;]的许多方法中的一种：

$$[;]\mathrm{R}\quad\frac{A\rightarrow[\alpha][\beta]B}{A\rightarrow[\alpha;\beta]B}$$

规则[;]R很容易通过应用公理[;]中的等价式证明。比较规则[;]R和霍尔规则H;，新规则[;]R更容易使用，因为它不像在规则H;中那样需要我们首先找到并提供中间条件E。它并不分支为两个前提，这有助于保持证明的简洁性。是否存在一种方法利用dL的表达能力将[;]R与H;统一起来？

在你继续阅读之前，看看你是否能自己找到答案。

是的，确实存在中间条件E的一个巧妙的选择，它让H;表现得几乎跟更高效的[;]R一样。这个巧妙的选择为$E\overset{\mathrm{def}}{\equiv}[\beta]B$：

$$[;]\mathrm{R}\quad\frac{A\rightarrow[\alpha][\beta]B\quad[\beta]B\rightarrow[\beta]B}{A\rightarrow[\alpha;\beta]B}$$

这让右前提变得平凡，因为所有的公式都蕴涵它本身，而左前提变得与规则[;]R的相同。微分动态逻辑内化了表达混成程序的必要和可能性质的方式，并使两者都成为逻辑中的首选。这减少了进行证明时所需的输入信息。返回参考图5.2，规则[;]R对应于规则H;中

使用 $[\beta]B$ 这一最精确的中间条件 E 时的情形，该条件蕴涵着 β 的所有运行都满足 B；参见图 5.3。

顺序合成公理 $[;]$ 可用于证明规则 $[;]R$，这也是我们不再提及后一条规则的原因。该公理也可以直接证明，将任何形式为 $[\alpha;\beta]P$ 的子公式替换为相应的 $[\alpha][\beta]P$ 是正确的，反之亦然。例如，公理 $[;]$ 可用于将式 (5.8) 简化为以下等价公式：

$$E\to[?x=0][v:=-cv](0\leqslant x\wedge x\leqslant H)\wedge$$
$$[?x\neq 0](0\leqslant x\wedge x\leqslant H)$$

该公式可以根据公理 $[?]$ 和 $[:=]$ 进一步简化为一阶公式：

$$E\to(x=0\to 0\leqslant x\wedge x\leqslant H)\wedge(x\neq 0\to 0\leqslant x\wedge x\leqslant H)$$

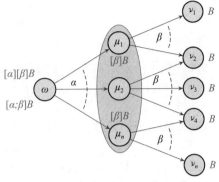

图 5.3　顺序合成动态公理的图示

5.3.7　循环的动态公理

到目前为止，除了重复之外，所有的 HP 运算符都对应有一个公理。回想一下 3.3.2 节中循环的语义：

$$[\![\alpha^*]\!]=[\![\alpha]\!]^*=\bigcup_{n\in\mathbb{N}}[\![\alpha^n]\!]，\text{其中 }\alpha^{n+1}\equiv\alpha^n;\alpha,\alpha^0\equiv?\mathrm{true}$$

我们如何证明循环的性质 $[\alpha^*]P$？有没有办法以类似于微分动态逻辑中其他公理的方式将循环的性质简化为更简单系统的性质？

在你继续阅读之前，看看你是否能自己找到答案。

最终会发现，重复不像其他 HP 运算符那样支持直接分解成明显更简单的片段。为什么这样？运行非确定性选择 $\alpha\cup\beta$ 相当于运行 HP α 或 β，两者都小于原来的 $\alpha\cup\beta$。运行顺序合成 $\alpha;\beta$ 相当于首先运行 HP α 然后运行 β，这两者都更小。但运行非确定性重复 α^* 相当于或者根本不运行任何程序，或者至少运行 α 一次，也就是运行 α 一次然后接着运行 α^* 从而重复 α 任意多次。与刚开始的 HP α^* 相比，后者很难说是一种简化。尽管如此，我们可以将这些想法转化为一个公理，将 dL 公式 $[\alpha^*]P$（至少从某种意义上）简化为与其等价的公式。

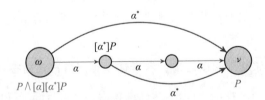

引理 5.7(迭代公理 $[^*]$)　如下迭代公理是可靠的：

$$[^*]\quad[\alpha^*]P\leftrightarrow P\wedge[\alpha][\alpha^*]P$$

证明　由于循环重复零次或至少一次，从它们的语义很容易看出：

$$[\![\alpha^*]\!]=[\![\alpha^0]\!]\cup[\![\alpha;\alpha^*]\!]$$

设 $\omega\in[\![\alpha^*]P]\!]$，通过选择零次迭代可得出 $\omega\in[\![P]\!]$，通过选择至少一次迭代可得出 $\omega\in[\![\alpha][\alpha^*]P]\!]$。反过来，设 $\omega\in[\![P\wedge[\alpha][\alpha^*]P]\!]$。那么考虑 α^* 的某次运行，该运行从 ω 经

过 $n \in \mathbb{N}$ 次迭代后到达 ν，即 $(\omega, \nu) \in [\![\alpha^n]\!]$。通过考虑 n 的所有情况证明有 $\nu \in [\![P]\!]$：

0）情形 $n = 0$：此时 $\nu = \omega$，根据第一个合取项，$\nu \in [\![P]\!]$ 成立。

1）情形 $n \geqslant 1$：存在状态 μ 使得 $(\omega, \mu) \in [\![\alpha]\!]$ 且 $(\mu, \nu) \in [\![\alpha^{n-1}]\!]$。根据第二个合取项，$\mu \in [\![[\alpha^*]P]\!]$。因此 $\nu \in [\![P]\!]$，因为 $(\mu, \nu) \in [\![\alpha^{n-1}]\!] \subseteq [\![\alpha^*]\!]$。 ■

公理 $[^*]$ 是部分展开循环的迭代公理。它利用的事实是，如果 P 在一开始成立（所以 P 在零次重复之后成立），并且在 α 运行一次之后，P 在 α 的任意次重复（包括零次重复）后也成立（即 $[\alpha][\alpha^*]P$），那么 P 在重复 α 之后总是成立（即 $[\alpha^*]P$）。所以公理 $[^*]$ 表达的是，$[\alpha^*]P$ 成立当且仅当 P 直接成立并且在 α 重复一次或多次之后 P 也成立。

相同的公理 $[^*]$ 可用于展开循环 $N \in \mathbb{N}$ 次，这对应于有界模型检验[1]，在第 7 章中将对此进行探讨。如果公式非永真，那么我们发现了错误，否则增加 N。这一简单方法的一个明显的问题是，如果公式实际上是永真的，我们永远无法停止增加循环展开的次数，因为我们永远无法找到错误。第 7 章将讨论基于循环不变式的证明重复的技术，该技术不受这个问题的制约。特别地，公理 $[^*]$ 在特征上不同于本章讨论的其他公理。不像其他公理，公理 $[^*]$ 并没有完全摆脱左侧的公式，而只是把它放在一个不同的语法位置，这听起来进展不大[⊖]。

5.3.8 尖括号模态的公理

之前所有的公理都是针对某种特定形状的混成程序 α 的方括号模态 $[\alpha]$。尖括号模态 $\langle \alpha \rangle$ 也应有自己的公理，以便它们配备有严格的推理原理。最经济的做法就是一次性理解任意 HP α 的尖括号模态 $\langle \alpha \rangle$ 和方括号模态 $[\alpha]$ 的关系。

回想一下定义 4.2 中模态的语义：

$[\![\langle \alpha \rangle P]\!] = \{\omega : \text{对于某个满足} (\omega, \nu) \in [\![\alpha]\!] \text{的状态} \nu, \text{有} \nu \in [\![P]\!]\}$

$[\![[\alpha]P]\!] = \{\omega : \text{对于所有满足} (\omega, \nu) \in [\![\alpha]\!] \text{的状态} \nu, \text{都有} \nu \in [\![P]\!]\}$

两种模态都基于对应 HP α 的可达性关系 $[\![\alpha]\!] \subseteq \mathscr{S} \times \mathscr{S}$。不同之处在于，当且仅当 P 在 HP α 从状态 ω 可到达的所有状态 ν 下都为真，则 $[\alpha]P$ 在 ω 下为真，而 $\langle \alpha \rangle P$ 在状态 ω 下为真，当且仅当 P 在 HP α 从 ω 可到达的至少一个状态 ν 下为真。这使得模态 $\langle \alpha \rangle$ 和 $[\alpha]$ 互为对偶。如果 $\langle \alpha \rangle P$ 在某个状态 ω 下为真，则存在途径可以运行 α 到达 P 为真的状态，那么 $[\alpha] \neg P$ 在该状态 ω 下就不可能为真，因为在 α 到达的某个状态 ν 下 P 已然为真，因此 $\neg P$ 在同一状态 ν 下不可能为真。同样，如果 $\langle \alpha \rangle P$ 在某个状态下为假，那么 $[\alpha] \neg P$ 必然为真，因为显然没有办法运行 α 到达 P 为真的状态，所以 $\neg P$ 必须在运行 α 之后到达的所有状态（这甚至可能是空状态集）下为真。这些想法引出了对偶公理，它直接对应于等价式 $\exists x P \leftrightarrow \neg \forall x \neg P$，只是这里用于模态。

引理 5.8(对偶公理 $\langle \cdot \rangle$) 如下尖括号模态对偶公理是可靠的：

$$\langle \cdot \rangle \quad \langle \alpha \rangle P \leftrightarrow \neg [\alpha] \neg P$$

5.4 短暂弹跳球的证明

现在我们已经了解了这么多公理，让我们用它们来证明之前开始考虑的（单跳）弹跳球：

⊖ 采用更加精细和巧妙的分析，有可能通过揭示循环的递归性[10]来证明 $[^*]$ 仍然取得了足够的进展。但这远远超出了本书的范围。

$$0 \leqslant x \wedge x = H \wedge v = 0 \wedge g > 0 \wedge 1 \geqslant c \geqslant 0 \rightarrow$$
$$[\{x' = v, v' = -g \& x \geqslant 0\} ; (?x = 0 ; v := -cv \bigcup ?x \neq 0)] \, (0 \leqslant x \wedge x \leqslant H) \quad (5.1^*)$$

在继续之前，让我们先以两种方式对该混成程序作前所未有的精妙修改，以便其中不再有演化域，这样我们就先不必处理演化域了。我们大胆地放弃演化域约束，并通过修改第二个测试中的条件来弥补它：

$$0 \leqslant x \wedge x = H \wedge v = 0 \wedge g > 0 \wedge 1 \geqslant c \geqslant 0 \rightarrow$$
$$[\{x' = v, v' = -g\} ; (?x = 0 ; v := -cv \bigcup ?x \geqslant 0)] \, (0 \leqslant x \wedge x \leqslant H) \quad (5.14)$$

等一下，为什么可以这样？我们之前的研究不是说，如果在可怜的弹跳球控制器有机会反应之前物理过程可以演化几个小时，那么 Quantum 可能会突然从地面上的裂缝中跌落下去？为了确保 Quantum 不会因为这种威胁而恐慌，请解答习题 5.12 以对此进行探讨。

为了使页面的内容更简洁，我们使用如下缩写：

$$A \stackrel{\text{def}}{\equiv} 0 \leqslant x \wedge x = H \wedge v = 0 \wedge g > 0 \wedge 1 \geqslant c \geqslant 0$$
$$B(x, v) \stackrel{\text{def}}{\equiv} 0 \leqslant x \wedge x \leqslant H$$
$$\{x'' = -g\} \stackrel{\text{def}}{\equiv} \{x' = v, v' = -g\}$$

使用这些缩写之后，式(5.14)变成：

$$A \rightarrow [x'' = -g ; (?x = 0 ; v := -cv \bigcup ?x \geqslant 0)] B(x, v) \quad (5.14^*)$$

弹跳球的证明可以连续应用公理得到：

$$
\begin{array}{l}
{}_{[:=]} \dfrac{A \rightarrow \forall t \geqslant 0\left((H - \frac{g}{2}t^2 = 0 \rightarrow B(H - \frac{g}{2}t^2, -c(-gt))) \wedge (H - \frac{g}{2}t^2 \geqslant 0 \rightarrow B(H - \frac{g}{2}t^2, -gt))\right)}{A \rightarrow \forall t \geqslant 0 [x := H - \frac{g}{2}t^2]\left((x = 0 \rightarrow B(x, -c(-gt))) \wedge (x \geqslant 0 \rightarrow B(x, -gt))\right)} \\[2mm]
{}_{[:=]} \dfrac{}{A \rightarrow \forall t \geqslant 0 [x := H - \frac{g}{2}t^2][v := -gt]\left((x = 0 \rightarrow B(x, -cv)) \wedge (x \geqslant 0 \rightarrow B(x, v))\right)} \\[2mm]
{}_{[;]} \dfrac{}{A \rightarrow \forall t \geqslant 0 [x := H - \frac{g}{2}t^2 ; v := -gt]\left((x = 0 \rightarrow B(x, -cv)) \wedge (x \geqslant 0 \rightarrow B(x, v))\right)} \\[2mm]
{}_{['} \dfrac{}{A \rightarrow [x'' = -g]\left((x = 0 \rightarrow B(x, -cv)) \wedge (x \geqslant 0 \rightarrow B(x, v))\right)} \\[2mm]
{}_{[:=]} \dfrac{}{A \rightarrow [x'' = -g]\left((x = 0 \rightarrow [v := -cv] B(x, v)) \wedge (x \geqslant 0 \rightarrow B(x, v))\right)} \\[2mm]
{}_{[?],[?]} \dfrac{}{A \rightarrow [x'' = -g]\left([?x = 0][v := -cv] B(x, v) \wedge [?x \geqslant 0] B(x, v)\right)} \\[2mm]
{}_{[;]} \dfrac{}{A \rightarrow [x'' = -g]\left([?x = 0 ; v := -cv] B(x, v) \wedge [?x \geqslant 0] B(x, v)\right)} \\[2mm]
{}_{[\cup]} \dfrac{}{A \rightarrow [x'' = -g][?x = 0 ; v := -cv \cup ?x \geqslant 0] B(x, v)} \\[2mm]
{}_{[;]} \dfrac{}{A \rightarrow [x'' = -g ; (?x = 0 ; v := -cv \cup ?x \geqslant 0)] B(x, v)}
\end{array}
$$

以上证明中，在左侧标明的 dL 公理证明相邻两行中的两个 dL 公式是等价的。由于这个证明的每一步都用 dL 公理来证明，如果可以证明最上面一行的前提，那么这个推导的最下面一行的结论就会得到证明，因为根据公理的可靠性最下面一行公式将继承最上面一行公式的真值。将最上面一行的前提

$$A \rightarrow \forall t \geqslant 0 \left(\left(H - \frac{g}{2}t^2 = 0 \rightarrow B\left(H - \frac{g}{2}t^2, cgt\right)\right) \wedge \left(H - \frac{g}{2}t^2 \geqslant 0 \rightarrow B\left(H - \frac{g}{2}t^2, -gt\right)\right) \right)$$

中的缩写展开，得到下面的实算术公式：

$$0 \leqslant x \wedge x = H \wedge v = 0 \wedge g > 0 \wedge 1 \geqslant c \geqslant 0 \rightarrow$$

$$\forall t \geqslant 0 \left(\left(H - \frac{g}{2}t^2 = 0 \rightarrow 0 \leqslant H - \frac{g}{2}t^2 \wedge H - \frac{g}{2}t^2 \leqslant H\right) \right.$$

$$\left. \wedge \left(H - \frac{g}{2}t^2 \geqslant 0 \rightarrow 0 \leqslant H - \frac{g}{2}t^2 \wedge H - \frac{g}{2}t^2 \leqslant H\right) \right)$$

在这个示例中，可以很容易地看出留下的这个前提是永真的。中间一行的假设 $H - \dfrac{g}{2}t^2 = 0$ 直接蕴涵中间一行右侧

$$0 \leqslant H - \frac{g}{2}t^2 \wedge H - \frac{g}{2}t^2 \leqslant H$$

的第一个合取项，并将剩下的第二个合取项简化为 $0 \leqslant H$，这正是第一行中的假设($0 \leqslant x = H$)。类似地，最后一行中的假设 $H - \dfrac{g}{2}t^2 \geqslant 0$ 蕴涵右侧

$$0 \leqslant H - \frac{g}{2}t^2 \wedge H - \frac{g}{2}t^2 \leqslant H$$

的第一个合取项，而且根据第一行的假设 $g > 0$ 和实算术中 $t^2 \geqslant 0$ 这一事实，它的第二个合取项成立。

　　然而，究竟如何一般性地证明一阶逻辑和一阶实算术公式，比如上面的公式，将是后续章节中一个有趣的话题。目前，我们很高兴地报告，我们刚刚形式化验证了我们的第一个 CPS。我们找到了式(5.14)的证明。真令人兴奋！

　　好吧，无可否认，我们刚刚验证的 CPS 只是一个弹跳球。而且现在我们所知道的只是它不会从地面的裂缝中掉落或者高高地飞向月球。但人类迈出的一大步始于个人的一小步。

　　然而，在我们兴奋过头之前，我们仍然需要记住，我们证明的式(5.14)只表述了单跳弹跳球的安全性。因此，仍然需要论证，如果弹跳球重复弹跳会发生什么。而且这是一个相当重要的论证，因为在空中松手的弹跳球往往不会在没有首先碰到地面的情况下跳得更高，这正是式(5.14)的模型过早中止的地方，因为它缺少重复。因此，让我们在第 7 章中考虑循环。

　　然而，我们推导得出的弹跳球证明还有一个紧迫的问题。它到处使用 dL 公理，证明的方式有点无纪律而混乱。这种自由的证明风格可能对手动证明和创造证明捷径是有用的。由于 dL 公理是可靠的，即使是这样的自由证明仍然是一个证明。而且自由证明甚至可以非常有创造性。但是，自由证明也有点缺乏重点和不系统，这使得它们对于自动化目的而言不太恰当，并且如果遇到比单跳弹跳球复杂的问题时也会让人迷失。这也是为什么我们将在第 6 章中研究更有重点、更系统和更有算法性的证明。

　　需要注意的另一件事是，无论上述证明的风格多么自由，它拥有的结构已经比我们迄今为止明确表达的要多得多。这一结构也将在下一章中揭示。

5.5　总结

　　图 5.4 中总结了我们在本章中阅读到的微分动态逻辑公理。这些是动态系统的动态公理，即微分动态逻辑(dL)中的公理，它们以结构上更简单的 dL 公式表征动态系统运算符。理解更大的系统只需应用适当的公理并研究留下的较小系统。为了总结本章中各个可靠性引理，图 5.4 中列出的 dL 的公理都是可靠的(即永真的)，因此它们的所有实例都是永真的[9,11]。

　　定理 5.1(可靠性)　图 5.4 中列出的 dL 公理都是可靠的。也就是说，它们的所有实例都是永真的，即在所有状态下都为真。

　　后面的章节将进一步探索微分动态逻辑的公理和证明规则，它们在文献[8-9，11]中都被证明是可靠的。到目前为止，确定的推理原理和公理都是最基础的，我们在整本书中

都将用到它们。公理体系以语法表达式(公理)让语义关系明确而具体。我们根据语义对公
理的可靠性证明一次,然后就可以在我
们的 CPS 证明中机械地使用任意多次。
实际上,这一做法的效果如此之好,使
得微分动态逻辑也受益于完备性保证,
即所有永真的公式均可由基本性质的公
理证明[5,9,11]。但是,这需要第 16 章所
做的泛化,在没有达到最合适的理解水
平之前,我们不会探讨完备性。

$$[:=] \quad [x:=e]p(x) \leftrightarrow p(e)$$

$$[?] \quad [?Q]P \leftrightarrow (Q \rightarrow P)$$

$$['] \quad [x'=f(x)]p(x) \leftrightarrow \forall t \geq 0\,[x:=y(t)]p(x) \quad (y'(t)=f(y))$$

$$[\cup] \quad [\alpha \cup \beta]P \leftrightarrow [\alpha]P \wedge [\beta]P$$

$$[;] \quad [\alpha;\beta]P \leftrightarrow [\alpha][\beta]P$$

$$[*] \quad [\alpha^*]P \leftrightarrow P \wedge [\alpha][\alpha^*]P$$

$$\langle \cdot \rangle \quad \langle \alpha \rangle P \leftrightarrow \neg[\alpha]\neg P$$

图 5.4 本章中微分动态逻辑可靠公理的总结

图 5.4 中的等价公理主要用于以结
构上更简单的右侧替代左侧。除了迭代
公理[*]这一值得注意的例外,从左到
右使用这些等价式将把一个更复杂的 HP 的性质分解为明显更简单的子程序的性质。

5.6 附录

本附录为 dL 提供了额外的公理,这些公理给出了概念性的见解,有时可以用来寻找
证明的捷径。它们并不是理解大多数 CPS 的关键途径,但仍然提升了我们对结构的一般
理解。

5.6.1 模态肯定前件在方括号模态中的蕴涵

本章讨论的每个公理都是针对一个 dL 的运算符。但是也存在对所有混成程序 α 通用
的公理。

下一个公理提供了一种将蕴涵式应用于方括号模态的方法。如果我们想证明$[\alpha]Q$ 但
只知道$[\alpha]P$,那么我们需要知道关于 P 和 Q 的什么关系,从而可以从$[\alpha]P$ 蕴涵$[\alpha]Q$?

在你继续阅读之前,看看你是否能自己找到答案。

如果 P 无条件地蕴涵 Q 肯定足够了,因为如果 α 的所有运行都满足 P,那么当 P 蕴
涵 Q 时,α 的所有运行也满足 Q。但实际上,即使 P 只在 α 的所有运行后蕴涵 Q 也足够
了,因为$[\alpha]Q$ 只宣称 Q 在 α 的所有运行后成立,而无须一直成立。

引理 5.9(模态肯定前件公理 K) 如下模态肯定前件公理是可靠的:
$$K\,[\alpha](P \rightarrow Q) \rightarrow ([\alpha]P \rightarrow [\alpha]Q)$$

证明 为了证明其可靠性,考虑任意状态 ω,假设蕴涵式左侧的$[\alpha](P \rightarrow Q)$在 ω 下为真,
即 $\omega \in [\![[\alpha](P \rightarrow Q)]\!]$,现在证明右侧也为真。为了证明$[\alpha]P \rightarrow [\alpha]Q$ 在 ω 下为真,假设其
左侧为真,即 $\omega \in [\![[\alpha]P]\!]$,并证明右侧的$[\alpha]Q$ 在 ω 下也为真。为了证明后者 $\omega \in [\![[\alpha]Q]\!]$,
我们考虑任何满足 $(\omega,\nu) \in [\![\alpha]\!]$ 的状态 ν,并需要证明 $\nu \in [\![Q]\!]$。由假设 $\omega \in [\![[\alpha]P]\!]$ 我们可
得 $\nu \in [\![P]\!]$,因为 $(\omega,\nu) \in [\![\alpha]\!]$。由假设 $\omega \in [\![[\alpha](P \rightarrow Q)]\!]$ 我们还可得 $\nu \in [\![P \rightarrow Q]\!]$,因为
$(\omega,\nu) \in [\![\alpha]\!]$。现在,$\nu \in [\![P]\!]$ 和 $\nu \in [\![P \rightarrow Q]\!]$ 蕴涵 $\nu \in [\![Q]\!]$,这也完成了我们对 $\omega \in [\![[\alpha]Q]\!]$ 的
证明,因为 ν 是满足 $(\omega,\nu) \in [\![\alpha]\!]$ 的任意状态。 ∎

公理 K 表示方括号模态对蕴涵操作符合分配律。为了证明 HP α 的后置条件 Q,该公
理可以转而证明$[\alpha]P$,条件是新的后置条件 P 在相应程序 α 的所有运行之后都蕴涵原始
后置条件 Q。例如,$x^2 > 0$ 蕴涵着在 $x:=x \cdot x$ 的所有运行之后有 $x > 0$,但该蕴涵一般不

为真，因为该特定程序恰好对 x 赋非负值，这对于 $x^2>0$ 蕴涵 $x>0$ 是必需的。但是根据公理 K，证明在 $x:=x\cdot x$ 之后有 $x^2>0$ 仍然足以证明此程序的后置条件 $x>0$。不可否认，在这个特定的例子中，这并没有变得容易，但在其他情况下仍可能有所帮助。当然，如果 $P\to Q$ 永真，即在所有状态下都为真，那么在 α 的所有运行之后也为真（见 5.6.3 节中探讨的哥德尔泛化规则 G），这样根据公理 K，公式 $[\alpha]P$ 将蕴涵 $[\alpha]Q$。

使用公理 K 的一种方法是从右到左，从而将 $[\alpha]Q$ 的证明简化为证明 $[\alpha](P\to Q)$ 和 $[\alpha]P$。公理 K 的这种用法可以理解为，证明后置条件 Q 可以通过先证明另一个后置条件 P，然后只要证明已经成立的后置条件 P 在 HP α 的所有运行之后都蕴涵最初期望的后置条件 Q。

方括号模态不止对蕴涵这一个运算符满足分配律，对合取也满足。

引理 5.10(方括号模态对合取满足分配律[]∧)　如下公理是可靠的：
$$[\,]\wedge\quad[\alpha](P\wedge Q)\leftrightarrow[\alpha]P\wedge[\alpha]Q$$

公式[]∧是一个可靠的公理。它没有被正式采用为公理的唯一原因是它可以从公理 K 推导得出（见习题 5.17）。

161

5.6.2　如果没有任何相关变化，则为空虚状态变化

本章主体部分讨论的公理不仅仅针对 dL 的某个特定运算符，而且由于充分的理由，还非常精确地表述了相应程序的确切效果。但不是一直需要这样。有时，在论证中使用程序效果的过近似就足够了。这样的情况包括，程序 α 并不修改后置条件 p 所依赖的变量。在这种情况下，如果 p 在运行 α 之前为真，则在之后 p 也始终为真，因为当运行程序 α 不改变 p 的自由变量时，p 的真假值也不会改变。上面的推理可以表述为如下空虚公理 V。

引理 5.11(空虚公理 V)　如下空虚公理是可靠的：
$$V\quad p\to[\alpha]p\quad(FV(p)\bigcap BV(\alpha)=\varnothing)$$
其中在 α 中不绑定（写入）p 的自由变量。

公理 V 可以证明，当运行 HP α 不修改公式 p 中的自由变量时，p 的真值得以保留。例如，如果最开始 $x>z$ 成立，那么它在运行 $y'=x$ 之后继续成立，因为该程序既不改变 x 也不改变 z 而只改变 y（和 y'）。事实上，根据公理 V 可以得出 $x>z\to[y'=x]x>z$。当然，因为 HP $y'=x$ 改变了 y 而且 y 在后置条件 $x>y$ 中读取，所以公理 V 不能用于得出 $x>y\to[y'=x]x>y$，该公式确实在 $x=1$ 且 $y=0$ 的初始状态下为假。

5.6.3　哥德尔将永真性泛化到方括号模态中

公理 V 表示如果 HP α 没有修改公式中的自由变量，则运行 α 将保留公式的真值。即使 HP α 修改了公式 P 的自由变量，还存在一种方法可以证明在运行该 HP 后 P 总是成立。但这需要的条件不仅仅是公式 P 在初始状态下为真。毕竟，任意的 HP α 如果修改了公式 P 的自由变量，则 α 极有可能影响了 P 的真假值。

但是，如果公式 P 不仅仅初始时为真，而是永真，即在所有状态下都为真，那么在运行任何 HP α 之后它仍然总是为真，无论该程序修改了什么变量。因此，如果 P 永真，那么 $[\alpha]P$ 也是永真的。显然，如果 P 在所有状态下都为真，那么它在运行 α 之后可以到达的所有状态下也为真。

引理 5.12(哥德尔泛化规则 G)　如下哥德尔规则是可靠的：
$$G\quad\frac{P}{[\alpha]P}$$

162

证明 证明规则的可靠性意味着前提的永真性蕴涵结论的永真性。如果前提 P 永真，那么它在所有状态下都为真。所以结论 $[\alpha]P$ 是永真的，因为它在任何状态 ω 下都为真，原因是对于所有状态 ν，包括 $(\omega, \nu) \in [\![\alpha]\!]$ 的所有状态 ν，都有 $\nu \in [\![P]\!]$。

这是第一个证明规则的例子。如果我们可以证明规则栏上方的前提 P，那么 P 是永真的，因此栏下方的结论 $[\alpha]P$ 可由规则 G 证明。例如，$x^2 \geqslant 0$ 是永真的，因此根据 G 它在任何 HP 之后也为真，这蕴涵着 $[x'=x^3+1]x^2 \geqslant 0$ 是永真的。后置条件 $x^2 \geqslant 0$ 的真值完全不依赖于 HP $x'=x^3+1$，因为该后置条件在任何状态下都为真。

5.6.4 后置条件的单调性

哥德尔泛化规则 G 表示 P（在所有状态下）的永真性在 $[\alpha]$ 模态之后保留，而公理 V 表示如果 α 不修改 p 的变量，则 p（在初始状态中）的真值在 $[\alpha]$ 模态之后保留，从这个意义上说哥德尔泛化规则 G 是公理 V 的全局版本。

类似地，证明规则 M$[\cdot]$ 是如下意义上的公理 K 的全局版本，即规则 M$[\cdot]$ 使用蕴涵式 $P \to Q$ 的永真性，而公理 K 仅需要 $P \to Q$（尽管是在 α 的所有运行之后）为真。规则 M$[\cdot]$ 是单调性规则，它表示如果 P 蕴涵 Q，即在 P 为真的每个状态下 Q 都为真（前提），那么 $[\alpha]P$ 也蕴涵 $[\alpha]Q$，所以 $[\alpha]Q$ 在 $[\alpha]P$ 为真的每个状态下都为真（结论）。显而易见，如果在 P 为真的每个状态下 Q 都为真，那么在 $[\alpha]P$ 为真的每个状态下 $[\alpha]Q$ 也都为真，因为在 α 的所有运行之后 P 为真蕴涵着在 α 的所有运行之后 Q 也为真。

引理 5.13（单调性规则 M$[\cdot]$） 如下单调性规则是可靠的：

$$\text{M}[\cdot]\ \frac{P \to Q}{[\alpha]P \to [\alpha]Q} \qquad \text{M}\ \frac{P \to Q}{\langle\alpha\rangle P \to \langle\alpha\rangle Q}$$

证明 如果前提 $P \to Q$ 永真，那么在 P 为真的每个状态下 Q 都为真，因为 $[\![P]\!] \subseteq [\![Q]\!]$。因此，在 $[\alpha]P$ 为真的每个状态下 $[\alpha]Q$ 也为真，因为如果 α 的所有运行之后都得到满足 P 的状态，那么它们也都得到满足 Q 的状态。对于满足 $\omega \in [\![[\alpha]P]\!]$ 的任何状态 ω，考虑所有满足 $(\omega, \nu) \in [\![\alpha]\!]$ 的状态 ν，$\nu \in [\![P]\!]$ 成立，因此 $\nu \in [\![Q]\!]$ 也成立。这蕴涵着 $\omega \in [\![[\alpha]Q]\!]$。规则 M 的可靠性也可以类似证明。或者，规则 M$[\cdot]$ 的可靠性证明也可以使用公理 K 从哥德尔泛化规则 G 推导得出（见习题 5.19）。 ■

举例来说，$[x:=1;x'=x^2+2x^4]x^3 \geqslant x^2$ 很难直接证明，但令人惊奇的是，证明 $[x:=1;x'=x^2+2x^4]x \geqslant 1$ 最终在本书第二部分中会很简单，这基于如下直觉：该 ODE 的右侧 x^2+2x^4 只会使 x 增大到大于 1，而永远不会小于 1。而后置条件 $x \geqslant 1$ 很容易蕴涵得到原来的后置条件 $x^3 \geqslant x^2$。这个例子说明了单调性规则 M$[\cdot]$ 对证明的简化是通过将一个困难公式 $[x:=1;x'=x^2+2x^4]x^3 \geqslant x^2$ 的证明简化为证明公式 $[x:=1;x'=x^2+2x^4]x \geqslant 1$，后者的后置条件 $x \geqslant 1$ 不同但能蕴涵原来的后置条件 $x^3 \geqslant x^2$。

注意，这种使用单调性规则 M$[\cdot]$ 的证明与哥德尔泛化规则 G 给出的证明有不同的特征。哥德尔规则 G 给出的是一个在所有状态下都为真的后置条件的证明，因此，该后置条件并不包含太多信息，并不针对这个特定的 HP。单调性规则 M$[\cdot]$ 给出了一个很有见解的后置条件 $x^3 \geqslant x^2$，方法是通过证明另一个后置条件 $x \geqslant 1$，$x \geqslant 1$ 包含丰富的信息，因为它在 HP $x:=1;x'=x^2+2x^4$ 之后总为真，但在 HP $x'=-1$ 之后则为假。

与哥德尔泛化规则 G 不同，单调性规则 M$[\cdot]$ 对尖括号模态有直接对应的规则 M。规则 G 没有尖括号模态下对应的规则，因为即使 P 永真，也不意味着 $\langle\alpha\rangle P$ 永真，原因是可能根本没有办法运行 α 到达任何最终状态。例如，$\langle?\texttt{false}\rangle\texttt{true}$ 不是永真的，因为其测试?false 无法通过。在尖括号模态单调性规则 M 中没有这个问题，因为它的结论已经假设$\langle \alpha \rangle P$，所以必然存在运行 HP α 的方法。

5.6.5 自由变量和约束变量

5.6.2 节中的空虚公理 V 和 5.3.3 节中我们对赋值公理[:=]的理解利用了自由变量和约束变量的概念。自由变量是表达式的值或语义所依赖的所有变量。约束变量是在 HP 运行期间可以更改其值的所有变量。

例如，项 $x \cdot 2 + y \cdot y$ 的自由变量为$\{x, y\}$但不包括 z，因为该项并不提及 z，所以它的值仅仅依赖于 x、y 而不依赖 z。同样，HP $a := -b; x' = v, v' = a$ 的自由变量是$\{b, x, v\}$但不包括 a，因为 a 的值在先写入之后才读取。该 HP 的约束变量为 a、x、v(如果你仔细观察，还应包括 x'、v'，因为根据微分方程解的含义，它们的值都会改变)而不包括 b，因为 b 只读取而从不写入。公式 $\forall x(x^2 \geqslant y + z)$ 的自由变量是$\{y, z\}$而不包括 x，因为 x 通过量词接收新的值。

定义 5.2(静态语义) 静态语义定义了自由变量，它们是表达式值所依赖的所有变量。它还定义了约束变量，即可以在表达式求值过程中更改值的变量。

$$\mathrm{FV}(e) = \{x \in \mathscr{V} : 存在 \, \omega \, 和 \, \widetilde{\omega}, 使得在 \{x\}^{\mathrm{C}} 上有 \, \omega = \widetilde{\omega}, 且 \, \omega[\![e]\!] \neq \widetilde{\omega}[\![e]\!]\}$$

$$\mathrm{FV}(P) = \{x \in \mathscr{V} : 存在 \, \omega \, 和 \, \widetilde{\omega}, 使得在 \{x\}^{\mathrm{C}} 上有 \, \omega = \widetilde{\omega}, 且 \, \omega \in [\![P]\!], \widetilde{\omega} \notin [\![P]\!]\}$$

$$\mathrm{FV}(\alpha) = \{x \in \mathscr{V} : 存在 \, \omega、\widetilde{\omega}、\nu, 使得在 \{x\}^{\mathrm{C}} 上有 \, \omega = \widetilde{\omega}, 且 \, (\omega, \nu) \in [\![\alpha]\!],$$
$$但不存在 \, \widetilde{\nu} 使得在 \{x\}^{\mathrm{C}} 上有 \, \nu = \widetilde{\nu}, 且 \, (\widetilde{\omega}, \widetilde{\nu}) \in [\![\alpha]\!]\}$$

$$\mathrm{BV}(\alpha) = \{x \in \mathscr{V} : 存在 (\omega, \nu) \in [\![\alpha]\!] 使得 \, \omega(x) \neq \nu(x)\}$$

变量 $x \in \mathscr{V}$ 是项 e 的自由变量，如果 e 的值取决于 x 的值，即存在两个状态 ω 和 $\widetilde{\omega}$，它们的不同之处仅为变量 x 的值(因此它们在单元素集$\{x\}$的补集$\{x\}^{\mathrm{C}}$上一致)，而 e 在这两个状态 ω 和 $\widetilde{\omega}$ 中有不同的值。同样，$x \in \mathscr{V}$ 是公式 P 的自由变量，如果存在两个不同的状态，它们在$\{x\}^{\mathrm{C}}$上一致但 P 在一个状态下为真而在另一个下为假。变量 $x \in \mathscr{V}$ 是 HP α 的自由变量，如果存在两个不同的状态在$\{x\}^{\mathrm{C}}$上一致，但在其中一个状态中存在 α 的运行而在另一个状态中(只是其中 x 的值不同)没有 α 的运行与之对应。如果存在 HP α 的运行改变 x 的值，则变量 $x \in \mathscr{V}$ 是 α 的约束变量。

虽然每个状态为每个变量都定义了实数值，但公式的真假值只取决于其自由变量的值。同样，项的实数值仅取决于其自由变量的值，程序也是如此[11]。在运行 HP α 时只有 α 的约束变量才会改变它们的值。

动态语义为 HP(第 3 章)和 dL 公式(第 4 章)提供了精确的含义，但无法用于有效的推理(与本章提供的语法公理不同)。相比之下，dL 和 HP 的静态语义仅定义了动态中关于变量使用的简单特性，这种静态语义可以直接从语法结构中读取而无须运行程序或者评估它们的动态效应，这是我们接下来将要阅读到的。事实上，定义 5.2 介于两者之间。它用一个定义就非常简洁地描述了项、公式或程序的自由变量和约束变量。但它的定义方式使用了必须求值的动态语义。下一节将展示如何通过区分项、公式或程序的构建方式来计算自由变量和约束变量(的可靠的过近似)。

5.6.6 自由变量和约束变量分析

根据定义 5.2 精确地计算自由变量和约束变量集是不可能的，因为程序的每一个非平凡性质都是不可判定的[13]。例如，至少需要想一会才能看出，在下面的 HP 中尽管 x 和 y

164

都是第一次出现，x 并没有实际读取，y 没有实际写入：

$$z:=0;(y:=x+1;\ z'=1;?z<0\bigcup z:=z+1)$$

幸运的是，自由变量和约束变量集的任何超集都可以正确用作例如 5.6.2 节中空虚公理 V 的条件。这些自由变量和约束变量集的超集很容易直接根据语法信息计算出来。最容易的方法就是以在任何地方读取的全体变量的集合作为自由变量的简单超集。曾经写入的变量的集合是约束变量集的一个显然的超集。这么做可能会得到太多变量，比如 $a\in\mathcal{V}$ 对于 HP $a:=-b;\ x'=v,\ v'=a$ 来说实际上并不是自由变量，即使它在某处被读取，原因是它是先写入的，所以它的值是在程序计算过程中接收到的。

经过进一步的思考发现，通过记录在读取之前写入的变量，可以同样容易地计算更精确的自由变量和约束变量的可靠（超）集合[11]，但它们不可避免仍然是过近似的。公式的约束变量 x 是被 $\forall x$、$\exists x$ 所约束的那些变量，以及被如 $[x:=5y]$、$\langle x'=1\rangle$、$[x:=1\bigcup x'=1]$ 或者是 $[x:=1\bigcup?\mathrm{true}]$ 这样的模态所约束的变量，因为这些模态包含 x 的赋值或 x 的微分方程。约束变量 x 的影响范围仅限于量化公式或模态中的后置条件以及剩余程序。

定义 5.3(约束变量)   dL 公式 P 的(语法)**约束变量**的集合 $\mathrm{BV}(P)\subseteq\mathcal{V}$ 可归纳定义为

$$\mathrm{BV}(e\geqslant\tilde{e})=\varnothing \qquad\qquad =、>、\leqslant、>可相应定义$$
$$\mathrm{BV}(\neg P)=\mathrm{BV}(P)$$
$$\mathrm{BV}(P\wedge Q)=\mathrm{BV}(P)\bigcup\mathrm{BV}(Q)\qquad \vee、\rightarrow、\leftrightarrow可相应定义$$
$$\mathrm{BV}(\forall xP)=\mathrm{BV}(\exists xP)=\{x\}\bigcup\mathrm{BV}(P)$$
$$\mathrm{BV}([\alpha]P)=\mathrm{BV}(\langle\alpha\rangle P)=\mathrm{BV}(\alpha)\bigcup\mathrm{BV}(P)$$

HP α 的(语法)**约束变量**的集合 $\mathrm{BV}(\alpha)\subseteq\mathcal{V}$，即所有可能被写入的变量，可归纳定义为

$$\mathrm{BV}(x:=e)=\{x\}$$
$$\mathrm{BV}(?Q)=\varnothing$$
$$\mathrm{BV}(x'=f(x)\&Q)=\{x,\ x'\}$$
$$\mathrm{BV}(\alpha\bigcup\beta)=\mathrm{BV}(\alpha;\beta)=\mathrm{BV}(\alpha)\bigcup\mathrm{BV}(\beta)$$
$$\mathrm{BV}(\alpha^*)=\mathrm{BV}(\alpha)$$

在微分方程 $x'=f(x)$ 中，x 和 x' 都受约束，因为两者的值都改变了。

量化公式的自由变量通过去除其约束变量来定义，例如 $\mathrm{FV}(\forall xP)=\mathrm{FV}(P)\setminus\{x\}$，因为 P 中所有出现的 x 都受约束。模态中程序的约束变量以类似的方式起作用，除了程序本身也可能在计算过程中读取变量，因此还需要考虑程序的自由变量。通过类比量词的情况，通常会猜测 $\mathrm{FV}([\alpha]P)$ 可以定义为 $\mathrm{FV}(\alpha)\bigcup(\mathrm{FV}(P)\setminus\mathrm{BV}(\alpha))$。但这是不可靠的，因为这样的话 $[x:=1\bigcup y:=2]x\geqslant1$ 将没有自由变量，这与其真假值取决于 x 的初始值这一事实相矛盾。原因是 x 是该程序的约束变量，但只在某些而不是全部路径上写入。因此，可能需要 x 的初始值来求某些执行路径上后置条件 $x\geqslant1$ 的真值。但是，如果一个变量是必然约束变量，即在程序的所有路径上都写入，那么它可以安全地从后置条件的自由变量中删除。因此，静态语义首先定义变量的必然约束子集（$\mathrm{MBV}(\alpha)$），即必然在 α 的所有执行路径上写入的变量。

定义 5.4(必然约束变量)   HP α 的(语法)**必然约束变量**的集合 $\mathrm{MBV}(\alpha)\subseteq\mathrm{BV}(\alpha)\subseteq\mathcal{V}$，即在 α 的全部路径上必然写入的所有变量，可归纳定义为：

$$\mathrm{MBV}(x:=e)=\{x\}$$
$$\mathrm{MBV}(?Q)=\varnothing$$
$$\mathrm{MBV}(x'=f(x)\&Q)=\{x,\ x'\}$$

$$MBV(\alpha \cup \beta) = MBV(\alpha) \cap MBV(\beta)$$
$$MBV(\alpha;\beta) = MBV(\alpha) \cup MBV(\beta)$$
$$MBV(\alpha^*) = \varnothing$$

最后，静态语义定义哪些是自由变量，因此可能被读取。由于公式（FV(P)）和程序（FV(α)）相互递归的语法结构，自由变量的定义对它们同时进行归纳。项 e 的（语法）自由变量的集合 FV(e)$\subseteq\mathcal{V}$ 是在 e 中出现的那些变量的集合，至少直到第 10 章都是如此。第 10 章将介绍微分项(e)′，它的自由变量也包括 e 的所有自由变量的微分符号，即其角分符号版本，因此 FV((e)′)=FV(e)$\cup$FV(e)′，例如 FV(($x+y$)′)=$\{x,x',y,y'\}$。

定义 5.5(自由变量)　dL 公式 P 的（语法）**自由变量**的集合 FV(P)，即 P 中出现在量词或模态约束范围之外的所有变量，可归纳定义为：

$$FV(e \geqslant \tilde{e}) = FV(e) \cup FV(\tilde{e}) \qquad =、\leqslant 可相应定义$$
$$FV(\neg P) = FV(P)$$
$$FV(P \wedge Q) = FV(P) \cup FV(Q)$$
$$FV(\forall x P) = FV(\exists x P) = FV(P) \setminus \{x\}$$
$$FV([\alpha]P) = FV(\langle\alpha\rangle P) = FV(\alpha) \cup (FV(P) \setminus MBV(\alpha))$$

HPα 的（语法）**自由变量**的集合 FV(α)$\subseteq\mathcal{V}$，即所有可能读取的变量，可归纳定义为：

$$FV(x := e) = FV(e)$$
$$FV(?Q) = FV(Q)$$
$$FV(x' = f(x) \& Q) = \{x\} \cup FV(f(x)) \cup FV(Q)$$
$$FV(\alpha \cup \beta) = FV(\alpha) \cup FV(\beta)$$
$$FV(\alpha;\beta) = FV(\alpha) \cup (FV(\beta) \setminus MBV(\alpha))$$
$$FV(\alpha^*) = FV(\alpha)$$

dL 公式 P 的变量(包括自由变量和约束变量)为 V(P)=FV(P)$\cup$BV(P)。HPα 的变量(包括自由变量和约束变量)为 V(α)=FV(α)$\cup$BV(α)。

x 和 x' 在 $x' = f(x) \& Q$ 中都是约束变量，因为它们的值都改变了。只有 x 算作自由变量，因为微分方程的行为取决于 x 的初始值，但不取决于 x' 的初始值(仔细阅读定义 3.3 就可以看出)。

这些语法定义是正确的[11]，即它们计算出来的是定义 5.2 静态语义中的语义定义的超集(见习题 5.23)。当然，语法计算可能会给出比实际更大的集合[13]，例如，FV($x^2 - x^2$)=$\{x\}$，即使这个未简化的项的值实际上不取决于任何变量，而 BV($x := x$)=$\{x\}$，即使这是空操作。

习题

5.1　**(假设的必要性)**　确定证明式(5.14)实际需要哪些假设。我们可以从 $0 \leqslant x \wedge x = H \wedge v = 0 \wedge g > 0 \wedge 1 \geqslant c \geqslant 0$ 中去除哪些公式而仍然能够证明：
$$0 \leqslant x \wedge x = H \wedge v = 0 \wedge g > 0 \wedge 1 \geqslant c \geqslant 0 \rightarrow$$
$$[x'' = -g;(?x=0;v := -cv \cup ?x \geqslant 0)] \quad (0 \leqslant x \wedge x \leqslant H)$$

5.2　证明下面的公理是可靠的：
$$Q \wedge P \rightarrow [?Q]P$$

5.3　以下公理可靠吗？证明或反驳。
$$[x := e]P \leftrightarrow \langle x := e\rangle P$$

5.4　使用本章开发的公理来证明如下 dL 公式的永真性：
$$x \geqslant 0 \rightarrow [v:=1;(v:=v+1 \bigcup x':=v)]x \geqslant 0$$

5.5　**(端点处的解)**　当 y 是唯一全局解时，证明以下公理是可靠的：
$$\forall t \geqslant 0[x:=y(t)](q(x) \rightarrow p(x)) \rightarrow [x'=f(x)\&q(x)]p(x) \quad (y'(t)=f(y))$$

5.6　当公理['] 中的括号放错位置得到下面的公式时，它仍是一个可靠的公理吗？证明或反驳。
$$[x'=f(x)\&q(x)]p(x) \leftrightarrow \forall t \geqslant 0 \forall 0 \leqslant s \leqslant t(q(y(s)) \rightarrow [x:=y(t)]p(x)) \quad (y'(t)=f(y))$$
和在公理['] 中一样，你可以假设 y 是相应符号初值问题的唯一全局解。

5.7　**(方程组的解)**　对 dL 公式(5.11)使用公理模式['] ，将得到 dL 公式(5.12)。是否也可以将解的顺序掉转，把式(5.11)简化为以下公式？
$$A \rightarrow \forall t \geqslant 0[v:=v-gt;x:=x+vt-\frac{g}{2}t^2]E$$

5.8　动态逻辑的公理也有助于证明离散程序的正确性。找到一种证明以下公式的方法，该公式表示三次巧妙的赋值将交换两个变量的值：
$$x=a \wedge y=b \rightarrow [x:=x+y;y:=x-y;x:=x-y](x=b \wedge y=a)$$

5.9　下面哪一个公理能够很好地替代[*] 公理？它们是可靠的吗？它们是有用的吗？
$$[\alpha^*]P \leftrightarrow P \wedge [\alpha^*]P$$
$$[\alpha^*]P \leftrightarrow [\alpha^*](P \wedge [\alpha][\alpha^*]P)$$

5.10　**(动态公理的可靠性)**　所有公理都必须证明是可靠的。本书只为一些公理提供了严格意义上的证明，因为证明已发表在文献[9]上。使用 dL 公式的语义将其他公理的非形式化论证转换为严格意义上的可靠性证明。

5.11　**(尖括号公理)**　本章对形式为[α]P 的所有公式给出了公理，但没有给出任何形式为 $\langle \alpha \rangle P$ 的公式的公理。找出并证明这些缺失的公理。解释它们与图 5.4 中给出的公理的相关性。通过证明它们是否可靠来找出你是否犯了错。

5.12　**(恢复弹跳球的演化域)**　解释为什么从式(5.1)到式(5.14)的精妙变换在这种特殊情况下是可以的。

5.13　**(非确定性赋值)**　继续习题 3.12，假设在 HP 中添加一个新的语句 $x:=*$ 用于非确定性赋值，它将任意的一个实数赋值给变量 x。为了让非确定性赋值这一新语法构造变得有意义，其语义定义如下：
$$7) [\![x:=*]\!] = \{(\omega,\nu)：除了 x 的值可以为任意实数外，\nu=\omega\}$$
为[$x:=*$]P 和 $\langle x:=* \rangle P$ 分别开发一个公理，这些公理应采用更简单的逻辑联接词来重新表述它们。证明这些公理的可靠性。

5.14　**(微分赋值)**　混成程序允许对任意变量 $x \in \mathscr{V}$ 作离散赋值 $x:=e$。在第二部分中，我们将发现微分符号 x' 起着重要作用。第二部分最终将微分符号 x' 视为变量，并允许对微分符号 x' 作离散赋值 $x':=e$，从而将 x' 的值瞬时改变为 e 的值。给出这些微分赋值语句 $x':=e$ 的语义。为[$x':=e$]$p(x)$ 和 $\langle x':=e \rangle p(x)$ 分别开发一个公理，并证明这些公理的可靠性。

5.15　(if-then-else)习题 3.4 定义了 if-then-else 语句 if(Q)α else β 的语义，并把它添加到 HP 的语法中。为[if(Q)α else β]P 和 $\langle$if(Q)α else $\beta \rangle P$ 分别开发一个公理，这些公理应在逻辑上分解 if-then-else 语句的效果。然后证明这

些公理的可靠性。

5.16 **(⟨·⟩模态肯定前件 K₍.₎)**　开发一个公理，它类比于 5.6.1 节中的公理 K，但是是针对⟨α⟩模态而不是[α]模态的。
$$K \quad [\alpha](P \to Q) \leftrightarrow ([\alpha]P \to [\alpha]Q)$$

5.17 **(公理 K 蕴涵着方括号模态对合取的分配律)**　如下公理[]∧将方括号模态分配到合取运算上
$$[]\wedge \quad [\alpha](P \wedge Q) \leftrightarrow [\alpha]P \wedge [\alpha]Q$$
证明这可以从 5.6.1 节的模态肯定前件公理 K 推导得出。

5.18 **(分配律与非分配律)**　公理 K 和[]∧显示了如何将方括号模态分配到合取和蕴涵操作上。方括号模态是否对其他逻辑联接词也满足分配律？以下哪些公式永真？
$$[\alpha](P \vee Q) \to [\alpha]P \vee [\alpha]Q$$
$$[\alpha]P \vee [\alpha]Q \to [\alpha](P \vee Q)$$
$$[\alpha](P \leftrightarrow Q) \to ([\alpha]P \leftrightarrow [\alpha]Q)$$
$$([\alpha]P \leftrightarrow [\alpha]Q) \to [\alpha](P \leftrightarrow Q)$$
$$[\alpha]\neg P \to \neg [\alpha]P$$
$$\neg [\alpha]P \to [\alpha]\neg P$$

对于尖括号模态呢？以下哪些公式永真？
$$\langle\alpha\rangle(P \to Q) \to (\langle\alpha\rangle P \to \langle\alpha\rangle Q)$$
$$(\langle\alpha\rangle P \to \langle\alpha\rangle Q) \to \langle\alpha\rangle(P \to Q)$$
$$\langle\alpha\rangle(P \wedge Q) \to \langle\alpha\rangle P \wedge \langle\alpha\rangle Q$$
$$\langle\alpha\rangle P \wedge \langle\alpha\rangle Q \to \langle\alpha\rangle(P \wedge Q)$$
$$\langle\alpha\rangle(P \vee Q) \to \langle\alpha\rangle P \vee \langle\alpha\rangle Q$$
$$\langle\alpha\rangle P \vee \langle\alpha\rangle Q \to \langle\alpha\rangle(P \vee Q)$$
$$\langle\alpha\rangle(P \leftrightarrow Q) \to (\langle\alpha\rangle P \leftrightarrow \langle\alpha\rangle Q)$$
$$(\langle\alpha\rangle P \leftrightarrow \langle\alpha\rangle Q) \to \langle\alpha\rangle(P \leftrightarrow Q)$$
$$\langle\alpha\rangle\neg P \to \neg \langle\alpha\rangle P$$
$$\neg \langle\alpha\rangle P \to \langle\alpha\rangle\neg P$$

5.19 **(单调性规则)**　证明单调性规则 M[·]（见 5.6.4 节）可由克里普克(Kripke)模态肯定前件公理 K（见 5.6.1 节）和哥德尔泛化规则 G（见 5.6.3 节）推导得出。也就是说，假设已经有规则 M[·]前提 $P \to Q$ 的证明，给出对结论$[\alpha]P \to [\alpha]Q$ 的证明。　170

5.20 **(⟨·⟩单调性规则)**　给出尖括号模态单调性规则 M 的直接语义可靠性证明，该证明应与方括号模态单调性规则 M[·]的可靠性证明风格一致（见 5.6.4 节）。然后提出一个公理 K 的尖括号模态版本，它可以推导出规则 M，类似于习题 5.19 中如何从公理 K 和规则 G 推导出规则 M[·]。证明新提出公理的可靠性。

5.21 **(建议的公理可靠还是不那么可靠)**　以下建议的公理有可靠的吗？它们中哪些有用吗？

辞职(resignment)公理　　　　　　　　$[x := e]P \leftrightarrow P$

相反测试(detest)公理　　　　　　　　$[?Q]P \leftrightarrow [?P]Q$

非公平选择(nondeterment choice)定理　$[\alpha \cup \beta]P \leftrightarrow [\alpha]P$

顺序混淆(sequential confusion)公理　　$[\alpha ; \beta]P \leftrightarrow [\beta]P$

再迭代(reiteration)公理　　　　　　　$[\alpha^*]P \leftrightarrow [\alpha^*][\alpha^*]P$

对决(duelity)公理	$\langle\alpha\rangle P \leftrightarrow \neg[\alpha]P$
共同条件(coconditional)公理	$[\mathtt{if}(Q)\alpha]P \leftrightarrow (Q \rightarrow [\alpha]P)$
不赋值(unassignment)公理	$[x:=e]p \leftrightarrow p$ (x 在 p 中不是自由变量)
重赋值(reassignment)公理	$[x:=e][x:=e]p(x) \leftrightarrow p(e)$
К模态肯定背谬(К modal modus nonsens)	$\langle\alpha\rangle(P \rightarrow Q) \rightarrow (\langle\alpha\rangle P \rightarrow \langle\alpha\rangle Q)$

对每种情况,证明其可靠性或构建一个反例,即建议公理的一个实例但它并不是永真的公式。

5.22 **(额外的公理和证明规则)** 证明图 5.5 中列出的附加公理和证明规则是可靠的。如果可能的话,尝试直接从其他公理推导出它们,否则使用 dL 的语义来证明其可靠性。

**5.23 证明 5.6.6 节中(语法)自由变量和约束变量的定义是正确的,即它们是 5.6.5 节中自由变量和约束变量的语义定义的超集。在什么情况下,它们是真超集,即包含额外的变量?作为第一步,通过生成更简单的超集来简化 5.6.6 节中的定义,如果这能够简化你的正确性证明。

$$
\begin{array}{ll}
\text{M} & \langle\alpha\rangle(P \vee Q) \leftrightarrow \langle\alpha\rangle P \vee \langle\alpha\rangle Q \\
\text{B} & \exists x \langle\alpha\rangle P \leftrightarrow \langle\alpha\rangle \exists x P \qquad (x \notin \alpha) \\
\text{VK} & p \rightarrow ([\alpha]true \rightarrow [\alpha]p) \qquad (\text{FV}(p) \cap \text{BV}(\alpha) = \emptyset) \\
\text{R} & \dfrac{P_1 \wedge P_2 \rightarrow Q}{[\alpha]P_1 \wedge [\alpha]P_2 \rightarrow [\alpha]Q}
\end{array}
$$

图 5.5 混成系统的附加公理和证明规则

参考文献

[1] Edmund M. Clarke, Armin Biere, Richard Raimi, and Yunshan Zhu. Bounded model checking using satisfiability solving. *Form. Methods Syst. Des.* **19**(1) (2001), 7–34. DOI: 10.1023/A:1011276507260.

[2] Khalil Ghorbal and André Platzer. Characterizing algebraic invariants by differential radical invariants. In: *TACAS*. Ed. by Erika Ábrahám and Klaus Havelund. Vol. 8413. LNCS. Berlin: Springer, 2014, 279–294. DOI: 10.1007/978-3-642-54862-8_19.

[3] Charles Antony Richard Hoare. An axiomatic basis for computer programming. *Commun. ACM* **12**(10) (1969), 576–580. DOI: 10.1145/363235.363259.

[4] Stefan Mitsch and André Platzer. ModelPlex: verified runtime validation of verified cyber-physical system models. *Form. Methods Syst. Des.* **49**(1-2) (2016). Special issue of selected papers from RV'14, 33–74. DOI: 10.1007/s10703-016-0241-z.

[5] André Platzer. Differential dynamic logic for hybrid systems. *J. Autom. Reas.* **41**(2) (2008), 143–189. DOI: 10.1007/s10817-008-9103-8.

[6] André Platzer. *Logical Analysis of Hybrid Systems: Proving Theorems for Complex Dynamics*. Heidelberg: Springer, 2010. DOI: 10.1007/978-3-642-14509-4.

[7] André Platzer. A complete axiomatization of quantified differential dynamic logic for distributed hybrid systems. *Log. Meth. Comput. Sci.* **8**(4:17) (2012). Special issue for selected papers from CSL'10, 1–44. DOI: 10.2168/LMCS-8(4:17)2012.

[8] André Platzer. Logics of dynamical systems. In: *LICS*. Los Alamitos: IEEE, 2012, 13–24. DOI: 10.1109/LICS.2012.13.

[9] André Platzer. The complete proof theory of hybrid systems. In: *LICS*. Los Alamitos: IEEE, 2012, 541–550. DOI: 10.1109/LICS.2012.64.

[10] André Platzer. Differential game logic. *ACM Trans. Comput. Log.* **17**(1) (2015), 1:1–1:51. DOI: 10.1145/2817824.

[11] André Platzer. A complete uniform substitution calculus for differential dynamic logic. *J. Autom. Reas.* **59**(2) (2017), 219–265. DOI: 10.1007/s108 17-016-9385-1.

[12] André Platzer and Edmund M. Clarke. Computing differential invariants of hybrid systems as fixedpoints. *Form. Methods Syst. Des.* **35**(1) (2009). Special issue for selected papers from CAV'08, 98–120. DOI: 10.1007/s107 03-009-0079-8.

[13] H. Gordon Rice. Classes of recursively enumerable sets and their decision problems. *Trans. AMS* **74**(2) (1953), 358–366. DOI: 10.2307/1990888.

[14] Danbing Seto, Bruce Krogh, Lui Sha, and Alongkrit Chutinan. The Simplex architecture for safe online control system upgrades. In: *American Control Conference.* Vol. 6. 1998, 3504–3508. DOI: 10.1109/ACC.1998.7032 55.

172

真理与证明

概要 本章通过数学上完全严谨的证明系统来扩充前一章中的动态系统的动态公理。该证明系统为信息物理系统正确性论证提供系统性的结构化机制，从而可以对信息物理系统作出严格、系统的证明。这种证明系统最重要的目标是确保覆盖正确性论证中的所有情形，即 CPS 的所有可能行为，并且对使用哪个证明规则提供指导。它最重要的功能是有能力将我们已经开发的动态系统的动态公理应用于混成程序的严格推理。本章还讨论证明与推理实算术的高层接口，以及逻辑上简化实算术问题的技术。

6.1 引言[⊖]

第 5 章讨论了动态系统的动态定理，也就是微分动态逻辑(dL)形式的公理，它们用结构上更简单的 dL 公式表征动态系统运算符。因此，理解大系统所需要的只是应用适当的公理并研究留下的较小系统。那一章并没有展示所有重要的公理，但它仍足以证明弹跳球的一个性质。虽然该章确切地说明了如何通过调用相应的动态公理来证明系统动态的所有局部性质，但尚不清楚这些单个的推断如何最好地结合在一起来得到结构清晰的证明。这就是本章要明确的。

毕竟，除了公理之外，证明的内容还有很多。证明还有证明规则，通过结构良好的证明步骤将论证片段组合以得到更完善的证明。因此，证明的定义就是把公理粘合在一起成为一个紧密结合的论证以证明其结论正确。

当然，第 5 章中的公理遵循的工作原理非常直观。我们反复寻找子公式，通过从左到右应用各种 dL 等价公理，这些子公式可以简化为等价公式。由于所有的 dL 公理将更复杂的左侧公式简化为结构更简单的右侧公式，因此依次使用它们相应地简化了猜想。对于这样一个简单的机制而言，这是非常有系统性的。

回想一下，前一章关于弹跳球的证明至少仍然存在两个问题。虽然这是一个可靠且有趣的证明，但我们得到它的方式有点缺乏规律。我们只是在逻辑公式的各个地方貌似随意地应用定理。在我们得到这样的证明之后，这就不是问题了，因为我们可以采用它的证明依据，并欣赏它为证明结论所采取步骤的简单性和优雅性[⊖]。但更好的结构化肯定会帮助我们以更有建设性的方式找到证明。第二个问题是，第 5 章阐述的动态公理实际上并没有帮助我们证明最后剩下的命题逻辑和算术部分。因此，我们只有对得到的算术作非形式化证明，但这样做可能会在正确性论证中犯微小的错误。

本章解决这两个问题，途径是在证明中加入更多结构，作为此过程的一部分，我们也处理微分动态逻辑继承的一阶逻辑运算符(命题逻辑联接词 $\wedge$、$\vee$、$\neg$、$\rightarrow$)和量词($\forall$、

⊖ 由于完全的巧合，也因为更大的理由，本章的标题与一本著名的数理逻辑书籍[1]的副标题(通过证明得到真理)紧密相关。该副标题总结了这里所追求的哲学，追求的方式是无法进一步提高的。

⊖ 实际上，第 5 章中的证明极具创造性，因为它使用定理的顺序非常巧妙，从而让标记复杂度最小。但是，即使 KeYmaera X 证明器的指向即可证明功能[8]让这一过程相对简单，要想出这样的(非系统性的)证明捷径还是不容易的。

彐）。作为结构化的一部分，我们将对第 5 章中的动态公理作充分且关键的使用。但是，它们的使用方式将比迄今为止介绍的更有结构，它们集中用于公式的顶层以便简化公式。

虽然第 5 章奠定了信息物理系统基础及其严格推理原理最基本的基石，本章重新讨论了这些基本原理，并将它们塑造成一种系统性的证明方法。本章内容大致基于文献[14]。本章最重要的学习目标如下所示。

建模与控制：本章加深我们在前一章中对离散和连续系统在存在演化域约束的情况下如何相互关联的理解，这一话题在前一章中只是做了简单探讨。本章还精确地说明了如何能够在只是假设演化域最终成立时可靠地进行证明推理，而不是要求演化域必须在整个连续演化过程中始终成立这一事实。

计算思维：基于第 5 章开发的 CPS 严格推理核心原理，本章致力于严格且系统地推理 CPS 模型。当然，对 CPS 进行严格推理的系统方法对于保证更复杂 CPS 的正确性至关重要。第 5 章中提出的严格推理 CPS 的公理体系方法[15]与此处开发的系统性方法[13-14]在概念上并没有太大差异，但在语用学上差异巨大。

但这并没有让第 5 章变得不那么重要，而且重温第 5 章为我们加深理解系统性 CPS 分析原理提供途径。本章解释系统开发 CPS 证明的方法，并且是验证较大规模的 CPS 模型的重要组成部分。本章为第 5 章中考虑的语法、语义和公理体系这一逻辑三位一体增加了第四个要素——语用学，这里指的是如何使用公理体系来证明我们感兴趣的语义概念的语法演绎。也就是说，如何最好地证明 CPS 猜想的真实性。通过更准确地理解证明是什么以及算术的作用来理解语用学。

CPS 技能：本章主要致力于提高我们对 CPS 的分析技能。我们还会对 CPS 的操作效果有更直观的感受，因为我们会理解以什么样的顺序考虑操作效果以及顺序是否会对整体理解产生影响。

CPS的系统性推理
规模验证CPS模型
语用学：如何使用公理体系证明真理
证明及其算术的结构

CT

有演化域时的
离散+连续关系　M&C　CPS　CPS的分析技能

6.2　真理和证明

真值是由逻辑公式的语义定义的。语义为公式提供了数学意义，理论上，可以通过扩展所有语义定义来建立逻辑公式的真值。实践中，这是不可行的，因为微分动态逻辑的量词通过实数量化（毕竟变量可能代表实数量，如速度和位置）。然而，这样的实数有无穷多（不可数），所以直接通过使用语义确定一个全称量化逻辑公式的真值会面临不可能克服的困难，因为这需要用无穷多个实数来实例化它，这会让我们忙活好一阵。

对于微分动态逻辑公式中混成系统的模态这一情形，处理语义将更加困难，因为混成系统有很多可能行为并且具有高度非确定性。直接依据所有可能的行为检查所有可达状态听起来根本不像是能够终止并让我们得出系统是安全的结论的方法。当然，除非我们碰巧在某次执行中发现了一个错误，因为这足以让安全性公式为假。然而事实是，即使仅仅遵循混成系统的某个特定执行也是棘手的，因为这仍然需要计算系统微分方程的解并且始终检查演化域约束。

尽管如此，我们仍然有兴趣确定一个逻辑公式是否为真，无论这有多复杂，因为我们非常想知道它所指的混成系统是否可以安全使用。或者，仔细想想，我们感兴趣的是这个公式是否永真，因为逻辑公式的真值取决于状态（参见定义 4.2 中 $\omega \in [\![P]\!]$ 语义的定义），但是逻辑公式的永真性是不取决于状态的(参见永真性⊨P 的定义),因为永真性意味着在所有状态下都是真的。公式的永真性是我们最终关心的,因为我们希望我们的安全性分析结果在 CPS 所有允许的初始状态下都成立,而不仅仅针对某个特定的初始状态 ω,因为我们甚至可能都不知道 CPS 的确切初始状态。从这个意义上说,永真的逻辑公式是最有价值的。我们应该全力以赴找出哪些公式永真,这样我们就可以得出适用于所有状态的结论,包括现实世界的状态。

虽然对于像 CPS 这样具有挑战性的系统来说,穷尽枚举和仿真几乎不能成为建立逻辑公式永真性的选项,但这仍可以通过其他方式(即通过给出该公式的证明)来得到。就像公式本身一样,但与它的语义不同,证明是一种可以在计算机中表示和操作的语法对象。证明中表达的有限语法论证可作为它得出的逻辑公式永真性的证据。证明可以由机器产生。它们可以存储起来,以后作为其结论永真性的证据。并且人或机器可以检查它们是否正确,甚至可以审视证明来获得公式永真原因的深入分析理解,这不仅仅是永真性的事实陈述。证明对逻辑公式永真的判断作出解释,如果没有这样的证明作为证据,这个判断只是空洞的断言。空洞的断言几乎是不能用作构建 CPS 系统基础的。

然而,真理和证明应该密切相关,因为我们只想接受那些蕴涵真理的证明,即如果其前提成立,则蕴涵其结果永真的证明。也就是说,证明系统应该是可靠的,以便我们能够从证明的存在中得出可靠的结论。本书将非常小心地找出可靠的推理原理。相反且同样有趣的问题是完备性问题,即是否所有永真的公式都可以证明,这一问题更为精妙[13,16-18],将在本书后续部分考虑。

6.2.1 相继式

5.4 节中建立的弹跳球安全性质的证明具有创造性和深刻见解,但也有点无组织甚至缺乏条理。事实上,甚至还不是特别清楚证明到底是什么,除了知道证明以某种方式将公理粘合成一个紧密统一的论证。但这不能作为证明的定义⊖。

为了能够作出更复杂的证明,我们需要一种方法来组织证明并跟踪在证明过程中出现的所有问题以及所有可用的假设。尽管 5.4 节中的证明有些不尽人意,但它比我们当时所意识到的要有系统性得多。即使就公理的应用顺序而言该证明不太系统,我们仍然很好地组织了它(这与 4.8 节中的临时性论证不同)。因此,本章需要建立的部分内容是将这种碰巧的真正证明的结构转变为设计好的原理。我们希望很好地组织所有的证明,并且通过设计使所有证明系统化,而不仅仅是因为巧合才把证明组织好。

本书始终将使用相继式,它为我们提供了猜想和证明的结构化机理。相继式演算最初是由 Gerhard Gentzen[9-10]开发的,目的在于研究自然演绎演算的性质,但之后相继式演算在许多其他目的上取得了巨大的成功。

简而言之,相继式是方便用于证明的逻辑公式的标准形式,因为它整齐地将所有可用假设对齐在相继式十字转门⊢左侧,并将需要证明的那些集中放在右侧。

定义 6.1(相继式) 相继式有如下形式:

$$\Gamma \vdash \Delta$$

其中前件 Γ 和后继 Δ 是 dL 公式的有限集合。$\Gamma \vdash \Delta$ 的语义就是 dL 公式 $\bigwedge_{P \in \Gamma} P \to \bigvee_{Q \in \Delta} Q$

⊖ 然而,如果公式是公理的实例或使用肯定前件可证明的公式,那么通过归纳定义可证明的公式是非常容易给出证明的定义的[15]。

的语义。

　　前件 Γ 可以认为是假设为真的公式列表；而后继 Δ 可以理解为在假设 Γ 的所有公式为真时，我们想要证明其中至少有一个为真的公式集。因此，为了证明相继式 $\Gamma \vdash \Delta$，我们假设所有 Γ 成立并且要证明 Δ 中的一个为真。对于一些形如 $\Gamma, P \vdash P, \Delta$ 的简单相继式，在前件中还有另外的公式集 Γ，在后继中还有另外的公式集 Δ，但完全相同的公式 P 出现在前件和后继中。我们直接知道这些相继式是永真的，因为在我们已经假设 P 的情况下就肯定可以证明 P 了。事实上，我们将它作为一种完成证明的方法。对于其他相继式，更难以确定它们是否永真(在所有情况下都为真)，而证明演算的目的就是对此提供一种解决方法。

　　相继式演算的基本思想是逐步变换所有公式，使得 Γ 组成所有假设的列表，并且 Δ 为我们想从 Γ 中得出的结论(或者确切地说，我们希望从 Γ 中所有公式的合取得出集合 Δ 的析取)。例如，当前件中有形如 $P \wedge Q$ 的公式时，我们会给出证明规则对相继式 $\Gamma, P \wedge Q \vdash \Delta$ 中的 $P \wedge Q$ 简化，方法是使用它的两个子公式 P 和 Q 替换它，从而得到 $\Gamma, P, Q \vdash \Delta$，因为分别假设两个公式 P 和 Q 跟假设合取 $P \wedge Q$ 是一样的，但是前者包含的公式更小。

　　可以说，理解相继式演算最简单的方法是将 $\Gamma \vdash \Delta$ 解释为需要通过前件 Γ 中的所有公式来证明后继 Δ 中的一个公式。但由于 dL 是一种古典逻辑，而不是直觉主义逻辑，我们需要记住的是，证明相继式 $\Gamma \vdash \Delta$ 实际上只需从 Γ 中所有公式的合取证明 Δ 中所有公式的析取就足够了。对于实算术的证明规则，我们稍后将利用这一事实，将相继式的 $\Gamma \vdash \Delta$ 视为公式 $\bigwedge_{P \in \Gamma} P \to \bigvee_{Q \in \Delta} Q$ 的缩写，因为这两者在 dL 中具有相同的语义。事实上，证明相继式 $z = 0 \vdash x \geq z, x < z^2$ 只有对后继作这种析取解释才可能。我们不能判断 $x \geq z$ 是否为真或者 $x < z^2$ 是否为真，但如果假设 $z = 0$，那么它们的析取为真，这是一个经典的平凡真。

　　空合取 $\bigwedge_{P \in \varnothing} P$ 等价于真(true)，空析取 $\bigvee_{P \in \varnothing} P$ 等价于假(false)$^{\ominus}$。因此，相继式 $\vdash A$ 的含义与公式 A 相同。空相继式 $\vdash$ 与公式 false 含义相同。相继式 $A \vdash$ 与公式 $A \to$ false 含义相同。开始一个证明问题也很简单，如果想证明一个动态逻辑公式 P，把它变成一个没有假设的相继式，因为我们最初并没有任何假设，接下来就可以着手证明相继式 $\vdash P$。

　　注解 34(空相继式的麻烦不为空)　　如果你曾经将对 CPS 的猜想简化为证明空相继式 $\vdash$，那么你就麻烦了，因为空相继式 $\vdash$ 与公式 false 含义相同，false 是不可能证明的，因为 false 永远不会为真。在这种情况下，或者你在证明中犯了错，例如抛弃了猜想为真实际上需要的假设；或者你的 CPS 可能出错了，因为它的控制器会做出不安全的举动。

　　为了制定相继式演算证明规则，我们将再次遵循第 5 章中的合成性的逻辑指导原则，为每个相关的运算符设计一个合适的证明规则。只是，这一次我们需要为每个运算符考虑两种情况。我们需要一个证明规则处理运算符出现在前件中的情况，以便它可以作为假设使用。针对 $\wedge$ 的相应规则将称为规则 $\wedge L$，因为它在相继式十字转门 $\vdash$ 的左侧运算。我们将需要另一个证明规则处理运算符出现在后继中的情况，以便它可作为需要证明的选项。针对 $\wedge$ 的相应规则将称为规则 $\wedge R$，因为它适用于 $\wedge$ 并且在相继式十字转门 $\vdash$ 的右侧运算。幸运的是，我们找到一种巧妙的方法，通过使用第 5 章中的 dL 公理在相继式演算中一次

$\ominus$　　注意，true 是操作 $\wedge$ 的单位元，false 是操作 $\vee$ 的单位元。也就是说，对于任意 A，$A \wedge$ true 等价于 A，而 $A \vee$ false 等价于 A。所以 true 对 $\wedge$ 起的作用与 1 对乘法起的作用相同，而 false 对 $\vee$ 起的作用与 0 对加法起的作用相同。相继式 $\Gamma \vdash \Delta$ 值得提及的另一点是，有时参考文献中也使用其他符号标记，比如 $\Gamma \Rightarrow \Delta$ 或者 $\Gamma \to \Delta$。

就把所有的模态运算符同时处理好。

6.2.2 证明

在为相继式演算开发任何特定的证明规则之前，让我们首先理解证明是什么，证明一个逻辑公式意味着什么，以及我们如何知道证明规则是否可靠，使得它确实蕴涵它试图证明的结论。

定义 6.2(全局可靠性) 如下形式的相继式演算证明规则

$$\frac{\Gamma_1 \vdash \Delta_1, \cdots, \Gamma_n \vdash \Delta_n}{\Gamma \vdash \Delta}$$

是**可靠**的，当且仅当所有**前提**(即规则栏上方的相继式 $\Gamma_i \vdash \Delta_i$)的永真性蕴涵着**结论**(即规则栏下方的相继式 $\Gamma \vdash \Delta$)的永真性：

$$如果 \models (\Gamma_1 \vdash \Delta_1), \cdots, \models (\Gamma_n \Delta_n)，则 \models (\Gamma \vdash \Delta)$$

回想一下，根据定义 6.1，相继式 $\Gamma \models \Delta$ 的含义是 $\wedge_{P \in \Gamma} P \rightarrow \vee_{Q \in \Delta} Q$，那么在定义 6.2 中 $\models (\Gamma \vdash \Delta)$ 代表 $\models (\wedge_{P \in \Gamma} P \rightarrow \vee_{Q \in \Delta} Q)$。

如果我们能为公式 P 找到一个 dL 证明，它无需前提即可得到底部的结论相继式 $\vdash P$，且只使用了 dL 相继式证明规则把前提和结论连接起来，则公式 P(在 dL 相继式演算中)是可证明的或可推导的。我们接下来讨论的规则 id($\top R$ 和 $\bot L$)将在没有前提的基础上证明特别显然的相继式(例如 $\Gamma, P \vdash P, \Delta$)，从而提供了一种完成证明的方法。因此，dL 相继式演算证明的形状是一棵树，树的顶部叶节点为公理，底部根节点为证明所证实的公式。

然而，在构建证明时，我们从底部开始所期望的目标 $\vdash P$，因为我们希望将 $\vdash P$ 作为证明的最终结论。我们回溯得到子目标，直到这些子目标能被证明是永真的为止。一旦所有子目标都被证明是永真的，它们就会蕴涵得到各自的结论，这些结论递归地蕴涵得到最初的目标 $\vdash P$。这种保留真值或保留永真性的性质称为可靠性(定义 6.2)。在构建证明时，我们从目标到子目标自下而上地推导，并应用所有证明规则从期望的结论推到所需的前提。一旦找到了一个证明，我们对公式的证明是反方向的，即从叶节点自上而下地推到最下面的原始目标，因为永真性可以通过可靠的证明规则从前提传递到结论。

$$向上构建证明 \uparrow \frac{\Gamma_1 \vdash \Delta_1, \cdots, \Gamma_n \vdash \Delta_n}{\Gamma \vdash \Delta} \downarrow 向下传递永真性$$

当且仅当可以用来自 dL 公理的 dL 规则证明公式 P 时，我们写作 $\vdash_{dL} P$。也就是说，可归纳定义在 dL 相继式演算中可证明的 dL 公式，当且仅当它是某个 dL 相继式证明规则的实例的结论(在规则栏下方)，其前提(在规则栏上方)都是可证明的。尤其，我们将确保所有 dL 证明规则都是可靠的，因此证明最底部的结论将是永真的，因为它的所有前提都有一个(较短的)证明，从而根据所使用的证明规则的可靠性，它们都是永真的。公式 Q 可以从公式集 Φ 证明(标记为 $\Phi \vdash_{dL} Q$)，当且仅当存在公式的有限子集 $\Phi_0 \subseteq \Phi$ 使得相继式 $\Phi_0 \vdash Q$ 是可证明的。

6.2.3 命题证明规则

在证明过程中遇到的第一个逻辑运算符通常是命题逻辑联接词，因为许多 dL 公式采用诸如 $A \rightarrow [\alpha]B$ 之类的形状来表示在满足 A 的初始状态下启动系统时，HP α 的所有行为得到的都是满足 B 的安全状态。对于命题逻辑，dL 采用含切割规则的标准命题规则，如图 6.1 所示。这些命题规则分解了公式的命题结构，并干净地将一切分为假设(最终将移到前件)和需要证明的(将移到后继)。这些规则将按照最有利于直观理解的顺序逐个开发。

$$
\begin{array}{lll}
\neg\text{R}\ \dfrac{\Gamma,P\vdash\Delta}{\Gamma\vdash\neg P,\Delta} &
\wedge\text{R}\ \dfrac{\Gamma\vdash P,\Delta\quad \Gamma\vdash Q,\Delta}{\Gamma\vdash P\wedge Q,\Delta} &
\vee\text{R}\ \dfrac{\Gamma\vdash P,Q,\Delta}{\Gamma\vdash P\vee Q,\Delta} \\[3mm]
\neg\text{L}\ \dfrac{\Gamma\vdash P,\Delta}{\Gamma,\neg P\vdash\Delta} &
\wedge\text{L}\ \dfrac{\Gamma,P,Q\vdash\Delta}{\Gamma,P\wedge Q\vdash\Delta} &
\vee\text{L}\ \dfrac{\Gamma,P\vdash\Delta\quad \Gamma,Q\vdash\Delta}{\Gamma,P\vee Q\vdash\Delta} \\[3mm]
\rightarrow\text{R}\ \dfrac{\Gamma,P\vdash Q,\Delta}{\Gamma\vdash P\rightarrow Q,\Delta} &
\text{id}\ \dfrac{}{\Gamma,P\vdash P,\Delta} &
\top\text{R}\ \dfrac{}{\Gamma\vdash\text{true},\Delta} \\[3mm]
\rightarrow\text{L}\ \dfrac{\Gamma\vdash P,\Delta\quad \Gamma,Q\vdash\Delta}{\Gamma,P\rightarrow Q\vdash\Delta} &
\text{cut}\ \dfrac{\Gamma\vdash C,\Delta\quad \Gamma,C\vdash\Delta}{\Gamma\vdash\Delta} &
\bot\text{L}\ \dfrac{}{\Gamma,\text{false}\vdash\Delta}
\end{array}
$$

图 6.1 相继式演算的命题证明规则

180

1. 命题联接词规则

证明规则 $\wedge$L 用于处理合取式($P\wedge Q$)作为相继式十字转门($\vdash$)左侧前件中的一个假设。假设合取式 $P\wedge Q$ 与分别假设每一个合取项 P 和 Q 是一样的。

$$
\wedge\text{L}\quad \dfrac{\Gamma,P,Q\vdash\Delta}{\Gamma,P\wedge Q\vdash\Delta}
$$

规则 $\wedge$L 表示如果一个合取式 $P\wedge Q$ 在前件的可用假设列表中，那么我们也完全可以分别假设两个合取项(分别为 P 和 Q)。假设一个合取式 $P\wedge Q$ 与假设两个合取项 P 和 Q 是一样的。因此，如果我们着手证明结论中形如($\Gamma,P\wedge Q\vdash\Delta$)的相继式，那么我们可以通过证明相应前提中的相继式($\Gamma,P,Q\vdash\Delta$)来证明这个相继式是正确的。唯一的区别在于，在前提中 P 和 Q 这两个假设是分别假定的，而不是像结论中那样作为单个合取式联合假定的。

如果我们使用证明规则 $\wedge$L 足够多次，那么前件中的所有合取最终都会被分割成它们较小的部分。回想一下，相继式 $\Gamma\vdash\Delta$ 中公式的顺序是无关紧要的，因为 Γ 和 Δ 是集合，所以我们总是可以假设我们要应用规则 $\wedge$L 的公式在前件的最后。规则 $\wedge$L 可以处理在前件中作为顶层运算符出现的所有合取，即使它的符号表示法似乎表明它要求 $P\wedge Q$ 在前件的最后。当然，$\wedge$L 没有说明如何证明 $A\vee(B\wedge C)\vdash C$ 或 $A\vee\neg(B\wedge C)\vdash C$，因为这里的合取 $B\wedge C$ 不是前件中的顶层公式，而只是出现在深层某个地方的子公式。但这里有其他逻辑运算符需要考虑，其证明规则将分解公式并最终将 $B\wedge C$ 揭示在相继式证明某处的顶层。

证明规则 $\wedge$R 处理后继中的合取式 $P\wedge Q$ 是通过证明 P 并且在另外的前提中证明 Q：

$$
\wedge\text{R}\quad \dfrac{\Gamma\vdash P,\Delta\quad \Gamma\vdash Q,\Delta}{\Gamma\vdash P\wedge Q,\Delta}
$$

规则 $\wedge$R 必须证明两个前提，因为如果我们试图证明后继中有合取 $P\wedge Q$ 的相继式 $\Gamma\vdash P\wedge Q,\Delta$，那么仅仅证明 $\Gamma\vdash P,Q,\Delta$ 是完全不够的，因为后继的含义是析取，所以它只能让我们得出更弱的结论 $\Gamma\vdash P\vee Q,\Delta$。因此，为了证明一个如 $\wedge$R 结论中那样的在后继中的合取，需要证明两个合取项。它需要 $\Gamma\vdash P,\Delta$ 的证明以及 $\Gamma\vdash Q,\Delta$ 的证明。这就是为什么规则 $\wedge$R 将证明分成两个前提，一个是证明 $\Gamma\vdash P,\Delta$，一个是证明 $\Gamma\vdash Q,\Delta$。如果规则 $\wedge$R 的两个前提都是永真的，那么它的结论也是如此。为了看清这一点，首先考虑 Δ 为空的情况更容易。$\Gamma\vdash P$ 的证明和 $\Gamma\vdash Q$ 的证明一起蕴涵 $\Gamma\vdash P\wedge Q$ 是永真的，因为如果 P 和 Q 分别由假设 Γ 推出，则合取 $P\wedge Q$ 也可由 Γ 推出。规则 $\wedge$R 通过论证各种情形来证明，

一次是 Δ 对应的析取为假的情况(在这种情况下论证 $\Gamma\vdash P\wedge Q$ 就足够了),一次是该析取为真的情况(在这种情况下结论无需 $P\wedge Q$ 也为真)。总的来说,证明规则 $\wedge$R 给出的是证明合取 $P\wedge Q$ 相当于分别证明 P 和 Q。

证明规则 $\vee$R 类似于规则 $\wedge$L,但用于处理后继中的析取。如果我们着手证明结论中的相继式 $\Gamma\vdash P\vee Q,\Delta$,其后继中含析取式 $P\vee Q$,那么我们也可以将该析取式分为它的两个析取项并证明前提 $\Gamma\vdash P,Q,\Delta$,无论如何后继的含义是析取,因此两个相继式意味着相同的公式。

证明规则 $\vee$L 处理前件中的析取。当相继式前件中列出的假设包含析取式 $P\vee Q$ 时,我们就无法知道可以假设两个析取项中的哪一个,只知道其中至少有一个假设为真。因此,规则 $\vee$L 将证明分成各种情形来考虑。左前提考虑的情形是,假设 $P\vee Q$ 成立的原因是 P 为真。右前提考虑的情况是,假设 $P\vee Q$ 成立的原因是 Q 为真。如果两个前提都是永真的(因为我们可以找到它们的证明),那么无论两种情况中的哪一种适用,结论 $\Gamma,P\vee Q\vdash\Delta$ 都将是永真的。总的来说,规则 $\vee$L 给出的是,析取式 $P\vee Q$ 作为假设需要两个单独的证明,分别对应假设各个析取项。

证明规则 $\to$R 通过使用相继式的蕴涵含义来处理后继中的蕴涵。理解它的方式是回忆我们应如何证明数学中的蕴涵。为了证明蕴涵式 $P\to Q$,我们假设它的左侧 P(规则 $\to$R 将其置于前件中列出的假设)并尝试证明它的右侧 Q(因而 $\to$R 将其留在后继中)。这就是蕴涵式的左侧如何最终成为前件中的假设。因此,规则 $\to$R 表示证明 $P\to Q$ 相当于假设左侧 P 并证明右侧 Q。

证明规则 $\to$L 更为复杂。它用于处理形式为蕴涵式 $P\to Q$ 的假设。当假设蕴涵式 $P\to Q$ 时,我们只能在证明了它左侧的假设 P(第一个前提)之后才能假设它的右侧 Q(第二个前提)。理解它的另一种方法是回顾古典逻辑遵循的等价式 $(P\to Q)\equiv(\neg P\vee Q)$,然后使用另外的命题规则。规则 $\to$L 表示:使用假定成立的蕴涵式 $P\to Q$ 允许在证明其左侧 P 成立的条件下假设其右侧 Q 成立。

证明规则 $\neg$R 通过假设 P 来证明否定式 $\neg P$。同样,理解这个规则的最简单的方法是探讨 Δ 为空的情形,此时规则 $\neg$R 表示证明结论的后继中的否定式 $\neg P$ 的方法是在前提的前件中假设 P 并证明后继为空,从而得出矛盾,因为空的后继的含义为公式 false。当 Δ 不为空时,通过分别论证析取 Δ 为真还是假的情况可以得到答案。或者,可以用定义 6.1 中相继式的语义来理解规则 $\neg$R,因为在古典逻辑中蕴涵式左侧的合取项 P 在语义上等价于右侧的析取项 $\neg P$。总之,规则 $\neg$R 表示:为了证明否定式 $\neg P$,假设 P 并证明这产生矛盾(或剩余的选项 Δ 为真)就足够了。

证明规则 $\neg$L 通过将 P 置入前提的后继中来处理结论的前件假设中的否定式 $\neg P$。确实,对于 Δ 为空的情形,如果能从其余的假设 Γ 证明 P 成立,那么 Γ 和 $\neg P$ 蕴涵着形式为空相继式的矛盾,因为这表示公式 false。使用相继式语义的语义论证也能直接证明 $\neg$L,因为在古典逻辑中,蕴涵式左侧的合取项 $\neg P$ 在语义上等价于右侧的析取项 P。

2. 恒等与切割规则

所有这些命题规则都是通过拆分运算符来推进证明的。对于每个命题逻辑联接词处于十字转门每一侧的情形,都正好对应一个证明规则。要做的只是查看公式的顶层运算符,并使用图 6.1 中适当的命题相继式演算规则将公式拆分为各个部分。这种拆分最终将产生原子公式,即没有任何逻辑运算符的公式。但是还没有办法结束证明。这就是图 6.1 中的恒等规则 id 的作用。恒等规则 id 结束一个证明目标(没有进一步的子目标,我们有时标注

为 * 而不是相继式，以此表示我们不是忘记了完成证明），因为前件中的假设 P 平凡地蕴涵后继中的 P（相继式 $\Gamma, P \vdash P, \Delta$ 是一个简单的语法永真式）。如果在证明过程中找到形式为 $\Gamma, P \vdash P, \Delta$ 的相继式，其中 P 为任意公式，我们可以立即使用恒等规则 id 来结束证明的这一部分。如果所有前提都由 id 结束，或者通过其他终结规则结束（例如 $\top$R（证明永真公式为真是平凡证明）或者 $\bot$L（假设不可满足的公式 false 意味着假设不可行）），则证明尝试成功。

规则 cut 是 Gentzen 的切割规则[9,10]，它可以用于区分情形或证明引理后使用。右前提在前件中假定的附加公式 C 是左前提在后继中证明的任意公式。语义上，无论 C 实际上是真还是假，两种情况都通过证明分支覆盖了。或者，更直观地说，规则 cut 是一个基本的引理规则。左前提证明了一个在它后继中的辅助引理 C，然后右前提在它的前件中对余下的证明假设了这个辅助引理 C（同样，首先考虑 Δ 为空的情况来理解为什么这是可靠的）。我们只是以有序的方式使用切割来推导简单的规则对偶性并简化元证明。在实际应用中，原则上不需要切割。在实践中，复杂的 CPS 证明仍然会出于效率原因而使用切割。例如，可以在余下证明的许多地方使用切割来大大简化算术，或者先证明引理然后充分利用它们。

即使我们对相继式规则的写法是主公式（即相继式规则作用的公式，比如规则 $\wedge$R 和 $\wedge$L 中的 $P \wedge Q$）在前件的末尾或者在后继的开头，相继式证明规则可以分别适用于前件或后继中的其他公式，因为我们认为这些公式的顺序是无关紧要的。前件和后继都是有限集合。

3. 相继式证明示例

即使命题相继式证明规则不太可能完成全部的信息物理系统推理，但它们仍然为此提供了坚实的基础，值得我们用一个简单的例子来进行探讨。

例 6.1 如下极其简单的公式
$$v^2 \leqslant 10 \wedge b > 0 \rightarrow b > 0 \wedge (\neg(v \geqslant 0) \vee v^2 \leqslant 10) \tag{6.1}$$
的命题证明如图 6.2 所示。在底部将期望的目标写为相继式，由此开始证明：
$$\vdash v^2 \leqslant 10 \wedge b > 0 \rightarrow b > 0 \wedge (\neg(v \geqslant 0) \vee v^2 \leqslant 10)$$
通过向上应用合适的相继式证明规则推进证明，直到我们处理完所有子目标，从而完成证明（符号 × 用于指示何时没有子目标，这发生在规则 id、$\top$R、$\bot$L 之后）。

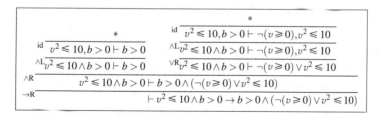

图 6.2 相继式演算中一个简单的命题证明示例 ◄

第一个（即最底部的）证明步骤应用证明规则 →R 将蕴涵符号（→）左侧移到前件跟踪的假设中，从而将蕴涵转移到相继式层。下一个证明步骤使用规则 $\wedge$R 将证明分成左右分支，左分支为证明合取项 $b > 0$ 可由前件的假设导出，右分支为证明合取项 $\neg(v \geqslant 0) \vee v^2 \leqslant 10$ 也可由前件推出。在左分支上，在将前件中的合取 $\wedge$ 用规则 $\wedge$L 分成其合取项后，以公理 id 结束证明。我们用 * 标记完成的证明目标，以表明我们不是停下证明而是成功证明了一个子目标。当然，左分支以规则 id 结束，因为它在前件中假设的 $b>0$ 平凡蕴涵着后继中的公式 $b>0$，而这两个公式是相同的。右分支使用规则 $\lor R$ 将后继中的析取（$\lor$）拆分，然后用规则 $\land L$ 将前件中的合取（$\land$）拆分，最后以规则 id 结束。在右分支上，前件中假设的第一个公式 $v^2 \leqslant 10$ 平凡蕴涵着后继中的最后一个公式 $v^2 \leqslant 10$，因为两者是相同的，所以规则 id 适用。

现在证明的所有分支都已结束（应用规则 id 并标记为 ＊），我们知道顶部的所有叶节点都是永真的。根据证明规则的可靠性，由于前提是永真的，规则的每次应用都确保它们各自的结论也是永真的。通过递归地从顶部的叶节点到底部的原始根节点遵循这个证明，我们的结论是，底部的原始目标是永真的，因而式（6.1）确实在所有状态中都为真。图 6.2 中的证明所证实的猜想就是式（6.1）的永真性。

虽然这个证明并没有证明任何特别令人兴奋的公式，但它仍然显示了如何在 dL 演算中系统地构造证明，并给出了永真性如何从前提继承到结论的直观理解。该证明是完全系统的。为了得到它，我们所做的一切就是连续检查在相继式某个逻辑公式中的顶层运算符，并应用相应的命题证明规则来得到结果子目标。在这样做的过程中，我们一直在仔细观察相同的公式是否出现在前件和后继中，因为这样的话规则 id 将结束该子目标。如果规则 id 结束某个子目标，则继续使用任何其他证明规则是没有意义的。

大多数有趣的公式无法用我们目前阅读到的相继式证明规则来证明，因为这些规则只适用于命题联接词。因此，接下来我们开始为微分动态逻辑的其他运算符找到证明规则。

6.2.4 证明规则的可靠性

在继续研究其他相继式演算证明规则之前，请注意，根据定义 6.2 中的全局可靠性概念，命题逻辑的相继式证明规则是可靠的[9,10,14]。这里我们只考虑其中一个证明规则，以展示可靠性的工作原理。然而，可靠性是至关重要的，因此请你证明其他规则的可靠性（见习题 6.7）。

引理 6.1（$\land R$ 合取规则） 证明规则 $\land R$ 是可靠的。

证明 考虑该规则的任意实例，其中前提 $\Gamma \vdash P, \Delta$ 和 $\Gamma \vdash Q, \Delta$ 都是永真的，并且证明结论 $\Gamma \vdash P \land Q, \Delta$ 是永真的。为了证明后者，考虑任意状态 ω。如果存在前件中的公式 $G \in \Gamma$ 在 ω 中不为真（即 $\omega \notin [\![G]\!]$），则无须证明什么，因为 $\omega \in [\![\Gamma \vdash P \land Q, \Delta]\!]$ 为平凡真，理由是在 ω 中并非所有 Γ 中的假设都满足。同样地，如果存在后继中的公式 $D \in \Delta$ 在 ω 中为真（即 $\omega \in [\![D]\!]$），则无须证明什么，因为 $\omega \in [\![\Gamma \vdash P \land Q, \Delta]\!]$ 为平凡真，原因是后继中的某个公式已经在 ω 中满足了。因此，唯一有意思的情况是在 ω 中所有 $G \in \Gamma$ 的公式都为真且所有 $D \in \Delta$ 的公式都为假。在这种情况下，由于假设两个前提都是永真的，并且 Γ 在 ω 中为真但 Δ 在 ω 中为假，左前提蕴涵着 $\omega \in [\![P]\!]$ 而右前提蕴涵着 $\omega \in [\![Q]\!]$。因此根据 $\land$ 的语义，$\omega \in [\![P \land Q]\!]$。所以，$\omega \in [\![\Gamma \vdash P \land Q, \Delta]\!]$。由于 ω 是任意状态，这蕴涵着 $\vDash (\Gamma \vdash P \land Q, \Delta)$，即所考虑的 $\land R$ 实例的结论是永真的。   ■

实际上在本书中，我们将仔细检查每个证明规则，以确保它根据定义 6.2 是可靠的。我们还确保根据定义 5.1，所有 dL 公理都是可靠的。这意味着 dL 证明演算只可能证明永真的 dL 公式，这是逻辑中的一个必要条件，也就是说，没有此条件逻辑就不成为逻辑。

回想一下第 6.2.2 节中我们标记 $\vdash_{dL} P$，当且仅当可以用来自 dL 公理的 dL 规则证明 dL 公式 P。再回想一下第 4 章中我们标记 $\vDash P$，当且仅当公式 P 永真，即在所有状态下都为真。

定理 6.1(可靠性)　dL 相继式演算是可靠的。也就是说，如果 dL 公式 P 在 dL 相继式演算中可以证明，即 $\vdash_{dL} P$，则 P 是永真的，即 $\models P$。

证明　我们只考虑一个侧重于可靠性论证结构的证明草案，该论证基于先前对可靠性的考虑，例如引理 5.1 和引理 6.1。对所有情形可靠性的详细证明可以在其他地方找到[13,16,18]。当且仅当在 dL 相继式演算中存在相继式 $\vdash P$ 的证明时，可以证明 dL 公式 P。由于在相继式证明过程中将出现更一般的相继式形式，我们证明一个更强的陈述，即在 dL 相继式演算中可以证明的每个相继式 $\Gamma \vdash \Delta$ 都是永真的(即，从定义 6.1 意义上说的 $\models(\Gamma \vdash \Delta)$)。

我们通过对相继式演算证明结构的归纳来证明这一点。也就是说，我们证明基本情况，即所有证明步骤为零步的较小证明都有永真的结论。然后我们考虑所有较大的证明，并依据归纳假设(即所有较小的证明都已经有永真的结论)来证明在证明步骤多一步时新的结论仍然永真。

0) 唯一没有证明步骤的证明，仅由 dL 公理组成。每个 dL 公理都被证明是可靠的，如第 5 章所述。根据定义 5.1，所有可靠公理的实例都是永真的 dL 公式。

1) 考虑一个证明，其结束步骤中有 $n \geqslant 0$ 个前提：

$$\frac{\Gamma_1 \vdash \Delta_1, \cdots, \Gamma_n \vdash \Delta_n}{\Gamma \vdash \Delta} \tag{6.2}$$

前提 $\Gamma_i \vdash \Delta_i$ 的相应子证明较小，因为它们的证明步骤少一步。因此，根据归纳假设，它们各自的结论 $\Gamma_i \vdash \Delta_i$ 都是永真的(即根据定义 6.1 给出的相应的 dL 公式是永真的)：

$$\models (\Gamma_i \vdash \Delta_i), i \in \{1, 2, \cdots, n\}$$

因为在证明步骤(式(6.2))中可以使用的有限多个 dL 证明规则都是可靠的(见引理 6.1)，证明规则的可靠性定义(定义 6.2)蕴涵着应用于式(6.2)的证明规则的结论永真，即 $\models(\Gamma \vdash \Delta)$。∎

当然，我们有责任确保只在 dL 演算中添加可靠的公理(定义 5.1)和可靠的证明规则(定义 6.2)，否则我们将失去关键的可靠性定理(定理 6.1)并不再信任任何证明。

186

6.2.5　动态的证明

既然我们已经为所有的命题联接词确定了一个左侧和一个右侧的证明规则，那么我们就可以继续联接性的逻辑指导原则，并接着为所有模态中的所有顶层运算符确定一个左侧和一个右侧的证明规则。

1. 动态的相继式演算证明规则

我们可以为方括号模态中的非确定性选择添加一对相继式演算证明规则，一个在前件中(规则 $[\cup]R$)，一个在后继中($[\cup]L$)：

$$[\cup]R \quad \frac{\Gamma \vdash [\alpha]P \wedge [\beta]P, \Delta}{\Gamma \vdash [\alpha \cup \beta]P, \Delta}$$

$$[\cup]L \quad \frac{\Gamma, [\alpha]P \wedge [\beta]P \vdash \Delta}{\Gamma, [\alpha \cup \beta]P \vdash \Delta}$$

然而，这些规则可直接从第 5 章中的公理推导出，因此导致了大量不必要的概念重复⊖。此外，这样的相继式规则列表不如第 5 章中的公理灵活。相继式规则 $[\cup]R$、$[\cup]L$ 只能在非确定性选择位于相继式的顶层时使用，但不能在子公式中使用，例如不能用于如下相

⊖　后续差异是，将规则 $\wedge R$ 应用于规则 $[\cup]R$ 的前提会把证明拆分成两个前提，而将 $\wedge L$ 应用于规则 $[\cup]L$ 的前提则不会。

继式中下划线的位置，该相继式接近5.4节中单跳弹跳球证明的底端：

$$A\vdash[x''=-g]\underline{[?x=0;v:=-cv\cup ?x\geqslant 0]B(x,v)} \tag{6.3}$$

2. **等价替换**

因此，我们不是为每个动态公理写下一对(相当多余且很不灵活的)相继式规则，而是一次考虑所有公理。在第5章中已经预示了关键的观察点。

注解35(等价替换)　如果等价式 $P\leftrightarrow Q$ 是永真公式，则任何子公式中出现的左侧 P 都可以由其右侧 Q 等价替换(反之亦然)。

例如，在dL公式(式(6.3))中间的下划线位置使用如下等价式：

187

$$\underline{[?x=0;v:=-cv\cup ?x\geqslant 0]B(x,v)}\leftrightarrow[?x=0;v:=-cv]B(x,v)\wedge[?x\geqslant 0]B(x,v) \tag{6.4}$$

它是第5章中公理$[\cup]$ $[\alpha\cup\beta]P\leftrightarrow[\alpha]P\wedge[\beta]P$ 的直接实例，这样式(6.3)等价于：

$$A\vdash[x''=-g](\underline{[?x=0;v:=-cv]B(x,v)\wedge[?x\geqslant 0]B(x,v)}) \tag{6.5}$$

这是因为在式(6.3)中间标明的位置上，将式(6.4)的左边替换为它的右边，即可由式(6.3)构造得到式(6.5)。

3. **上下文等价**

对等价替换的直观理解就可以很好地满足我们的需求，并且完全适用于所有实际目的。然而，逻辑最终是需要精确的，这就是为什么我们要详细说明注解35[18]。

引理6.2(上下文等价)　上下文等价重写规则是可靠的：

$$\text{CER}\ \frac{\Gamma\vdash C(Q),\Delta\quad \vdash P\leftrightarrow Q}{\Gamma\vdash C(P),\Delta}\qquad \text{CEL}\ \frac{\Gamma,C(Q)\vdash\Delta\quad \vdash P\leftrightarrow Q}{\Gamma,C(P)\vdash\Delta}$$

证明　规则CER和CEL由如下上下文等价规则用cut推导可得：

$$\text{CE}\ \frac{P\leftrightarrow Q}{C(P)\leftrightarrow C(Q)}$$ ■

也就是说，如果证明了第二个前提中的等价式 $P\leftrightarrow Q$，那么在任何上下文 $C(_)$ 中，Q 都可以替换第一个前提中的后继(规则CER)或前件(规则CEL)中任何位置上的 P。在这里，我们将 $C(_)$ 解读为公式 P 在公式 $C(P)$ 中出现的上下文，并将 $C(Q)$ 解读为将该上下文 $C(_)$ 中的 P 替换为 Q 的结果。虽然对于CER、CEL而言，简明的技术处理和对上下文还有可靠性证明的精确定义是惊人地简单[18]，如上这种直观的理解足以满足我们在此处的目的。如果 P 和 Q 是等价的(CER和CEL的第二个前提)，我们都可以将 P 替换为 Q，无论它们在相继式的后继(CER)或前件(CEL)中出现在哪个上下文 $C(_)$ 中。这些上下文等价规则提供了完美的工具，可以在任何证明的上下文中使用第5章的所有等价公理。

当然，P 和 Q 实际上无条件等价(CER和CEL的第二前提)是非常重要的，这不依赖于 Γ 的任何假设，因为来自 Γ 的那些假设可能不再适用于上下文 $C(_)$。例如，即使在假设 $x\geqslant 0$ 时 $x=1$ 和 $x^2=1$ 是等价的，但该假设在上下文 $[x:=-1]_$ 中不再可用，因此CER无法证明以下公式：

188

$$\lightning\ \frac{x\geqslant 0\vdash[x:=-1]x^2=1\quad x\geqslant 0\vdash x=1\leftrightarrow x^2=1}{x\geqslant 0\vdash[x:=-1]x=1}$$

事实上，这种推断是不可靠的(写作 $\lightning$)，因为前提是永真的，但结论却不是。

根据CER、CEL等价改写上下文，这样的灵活工具可以使推理步骤灵活且直观。当然，我们仍然应该注意朝着能实际简化手头问题的方向使用公理。dL公理(例如公理$[\cup]$)主要用于将左侧的$[\alpha\cup\beta]P$ 替换为右侧的结构更简单的$[\alpha]P\wedge[\beta]P$，因为这个使

用方向对 $[\alpha \cup \beta]P$ 赋予的含义为逻辑上更简单的术语，即结构上更简单的逻辑公式。此外，这个方向将一个 dL 公式简化为更多的子公式但所含混成程序更小，因此在有限多次的这样的简化之后会终止，因为每个混成程序只有有限多个子程序。

最后请注意，我们通常不会在证明中明确提及用到了 CEL 和 CER，而只提及它们所调用的公理。例如，使用公理 $[\cup]$（当然，还有隐含的规则 CER）将结论（式(6.3)）简化为前提（式(6.5)）的相继式证明步骤可以简单地写为：

$$[\cup] \ \frac{A \vdash [x''=-g]([?x=0;v:=-cv]B(x,v) \wedge [?x \geqslant 0]B(x,v))}{A \vdash [x''=-g][?x=0;v:=-cv \cup ?x \geqslant 0]B(x,v)}$$

事实上，5.4 节中的完整证明突然可以理解为照此方式的相继式证明，即添加一个相继式十字转门 $\vdash$，并在各自标明的动态公理之外隐含地使用 CER。

4. 含动态的相继式证明示例

图 6.3 中给出了一个简单的示例证明。该证明并不是很有意思。但巧合的是，图 6.3 中的证明结束时顶部的前提正与图 6.2 底部的（可证明的）结论相同。因此，将两个证明拼在一起可以证明图 6.3 底部的结论：

$$[a:=-b;c:=10](v^2 \leqslant 10 \wedge -a > 0 \to b > 0 \wedge (\neg(v \geqslant 0) \vee v^2 \leqslant c))$$

由于该证明是完整的（没有更多的前提），且 dL 证明规则和公理是可靠的，因而这个结论是永真的，即在所有状态中都为真。最重要的是，现在这个 dL 公式的永真性证明是有限长且完全语法的。相比枚举变量无穷多的所有可能实数值然后检查其语义是否取值为真的方法，这肯定更为实用。

$$\begin{array}{c} \hline \vdash v^2 \leqslant 10 \wedge -(-b) > 0 \to b > 0 \wedge (\neg(v \geqslant 0) \vee v^2 \leqslant 10) \\ \hline {}_{[:=]} \ \overline{\vdash [c:=10](v^2 \leqslant 10 \wedge -(-b) > 0 \to b > 0 \wedge (\neg(v \geqslant 0) \vee v^2 \leqslant c))} \\ \hline {}_{[:=]} \ \overline{\vdash [a:=-b][c:=10](v^2 \leqslant 10 \wedge -a > 0 \to b > 0 \wedge (\neg(v \geqslant 0) \vee v^2 \leqslant c))} \\ \hline {}_{[;]} \ \overline{\vdash [a:=-b;c:=10](v^2 \leqslant 10 \wedge -a > 0 \to b > 0 \wedge (\neg(v \geqslant 0) \vee v^2 \leqslant c))} \\ \hline \end{array}$$

图 6.3 相继式演算中一个含动态的简单示例证明

一个预示后续发展的小窍门是，图 6.3 中的证明以提到 $-(-b) > 0$ 的公式结束，而图 6.2 中的证明以提到 $b > 0$ 的公式开始。当然，这两个公式是等价的，但是，为了真正把两个证明粘合到一起，我们仍然需要添加一些证明规则来证明这个算术变换是正确的。我们可以为此添加以下专门目的的证明规则，但最终将决定添加更强大的证明规则（见 6.5 节）：

$$\frac{\Gamma, \theta > 0 \vdash \Delta}{\Gamma, -(-\theta) > 0 \vdash \Delta}$$

6.2.6 量词证明规则

当试图将 5.4 节中的弹跳球证明变为相继式演算证明从而让其系统化时，第一个命题证明步骤成功应用规则 $\to$R，然后通过几个步骤用第 5 章的动态公理成功将混成程序拆分，但最终，微分方程解公理 $[']$ 产生一个仍然需要处理的时间量词。当然，即使仅仅检查一下 dL 的语法也会发现有的逻辑运算符还没有证明规则，即全称量词和存在量词。

图 6.4 中列出了量词证明规则，其原理基本上就像数学证明一样。在证明规则 $\forall$R 中，我们想要证明一个全称量化性质。当数学家希望证明一个全称量化性质 $\forall x p(x)$ 成立

时，他可以选择一个新的符号⊖y并着手证明$p(y)$成立。一旦数学家找到了$p(y)$的证明，他记得y取任意值，他的证明中没有假定y的值。因此他得出结论，确实$p(y)$必须对所有y都成立，因为y取任意值，所以$\forall x\,p(x)$成立。例如，为了证明所有数的平方都是非负数，数学家可以从阐明"令y为任意实数"开始，证明对这个y有$y^2 \geqslant 0$，然后得出$\forall x\,(x^2 \geqslant 0)$，因为$y$是任意的。证明规则$\forall R$使得这种推理形式上严格。它选择一个新的变量符号$y$，并用$y$的公式替换后继中的量化公式。当然请注意，选择一个以前没有在相继式其他任何地方使用过的新符号是极其重要的。否则，我们将在Γ，Δ中假设关于y的特殊性质，但本没有理由作这样的假设。事实上，只要变量y不是在相继式$\Gamma \vdash \forall x\,p(x)$，$\Delta$中的自由变量就可以了，这样变量$x$本身就可以用作新符号$y$，见5.6.5节。

$$\forall R \quad \frac{\Gamma \vdash p(y),\Delta}{\Gamma \vdash \forall x\,p(x),\Delta} \quad (y \notin \Gamma,\Delta,\forall x\,p(x)) \qquad \exists R \quad \frac{\Gamma \vdash p(e),\Delta}{\Gamma \vdash \exists x\,p(x),\Delta} \quad (任意项 e)$$

$$\forall L \quad \frac{\Gamma,p(e) \vdash \Delta}{\Gamma,\forall x\,p(x) \vdash \Delta} \quad (任意项 e) \qquad \exists L \quad \frac{\Gamma,p(y) \vdash \Delta}{\Gamma,\exists x\,p(x) \vdash \Delta} \quad (y \notin \Gamma,\Delta,\exists x\,p(x))$$

图6.4　量词相继式演算证明规则

在证明规则$\exists R$中，我们想要证明存在量词的性质。当数学家想要证明$\exists x\,p(x)$时，他可以直接创造特定项e作为这个存在性质的证据并证明确实有$p(e)$，这样他就能以这个证据证明$\exists x\,p(x)$。例如，为了证明存在一个数的立方小于它的平方，数学家可以从阐明"选择一个数，比如$\dfrac{2-1}{2}$，并证明$\dfrac{2-1}{2}$下该性质成立"开始。接下来他可以证明$\left(\dfrac{2-1}{2}\right)^3 < \left(\dfrac{2-1}{2}\right)^2$，因为$0.125 < 0.25$，因此他得出结论存在这样的一个数，即$\exists x\,(x^3 < x^2)$，因为$\dfrac{2-1}{2}$是一个完美的证据。这种推理正是证明规则$\exists R$所能实现的。它允许为$x$选择任意项$e$，并接受$p(e)$的证明作为$\exists x\,p(x)$的证明。与规则$\forall R$不同，证据$e$涉及其他变量是完全正常的。例如，满足$a > 0 \vdash \exists x\,(x > y^2 \wedge x < y^2 + a)$的一个证据为$y^2 + \dfrac{a}{2}$；任何这样的证据都依赖于$y$和$a$。

但请注意，声称"e是一个证据"可能最终发现是错误的，例如x选择2对于试图证明$\exists x\,(x^3 < x^2)$来说是一个非常糟糕的开始。因此，有时会放弃使用证明规则$\exists R$，代之以将选项$p(e)$和$\exists x\,p(x)$都保留在后继中的规则。不同的是，如果证明尝试失败的话，KeYmaera X允许撤消证明步骤。如果采用e的证明成功，则相继式永真，证明的这部分可成功结束。如果采用e的证明最终不成功，则可以开始另一次证明尝试。

这种方法已经暗示了一个实际问题。如果我们对证据e的选择非常明智，那么规则$\exists R$会得到非常简短而优雅的证明。否则，我们可能会来回反复证明但没有什么进展。这就是为什么KeYmaera X允许你指定证据(而且如果可以找到一个证据的话你应该这么做，因为这会明显加速你的证明)，但也允许你在没有证据的情况下继续证明，例如对公式$p(e)$应用公理但不碰及量词。

规则$\forall L$、$\exists L$是$\exists R$、$\forall R$的对偶。在证明规则$\forall L$中，我们在假设(前件)中有一个

⊖　在逻辑学中，这些新的符号被称为Skolem函数符号[20]或Herbrand函数符号[11]，只是在这里我们可以使用新的变量来达到同样的目的。

全称量化公式可以使用，而不是在后继中，后者是我们想要证明的。在数学中，当我们知道一个普遍事实时，可以将这些知识用于任何特定的实例。如果我们知道所有正数都有平方根，那么我们也可以利用 5 有平方根这一事实，因为 5 是正数。因此，根据前件中的假设 $\forall x(x>0\rightarrow\exists y(x=y^2))$，我们也可以假设 x 为 5 时的特定实例 $5>0\rightarrow\exists y(5=y^2)$。规则 $\forall$L 可以用任意项 e 生成假设 $\forall xp(x)$ 的实例 $p(e)$。在证明过程中，我们有时需要普遍事实 $\forall xp(x)$ 用 e_1、e_2、e_3 生成的多个实例。幸运的是，规则 $\forall$L 在前件中保留假设 $\forall xp(x)$ 时也是可靠的，因此它可以重复使用以获得不同的实例。

[191]

在证明规则 $\exists$L 中，我们可以使用前件中的存在量化公式。在数学中，如果知道某个存在的事实，就可以给我们知道确实存在的对象命名。如果我们知道有一个小于 10 的最小整数平方数，我们可以称之为 y，但我们不能用 5 或 $4+2$ 之类的不同项标记它，因为它们可能是(实际上也是)错误答案。规则 $\exists$L 为假定存在的对象赋予新的名称 y。由于以后为同一个对象赋予不同的名称是不合理的，当规则 $\exists$L 加上 $p(y)$ 时，$\exists xp(x)$ 将从前件中删除。

注意图 6.4 中的量词证明规则如何延续图 6.1 中命题相继式演算规则的趋势：它们将逻辑公式分解为更简单的子公式。无可否认，在规则 $\exists$R、$\forall$L 中选择的实例 e 可以是相当大的项。但这是一个视角问题。我们需要理解的是，具体的项无论多大，结构上仍然比量词简单。

6.3　派生证明规则

图 6.4 中所示的用于前件的全称量词规则 $\forall$L 并没有在前件中保留全称假设 $\forall xp(x)$，即使它本来可以这样做。下面的证明规则有助于在需要多个全称假设实例化的情况下使用，因为它可以重复使用以产生 $p(e)$ 和 $p(\widetilde{e})$：

$$\forall\forall\text{L}\quad\frac{\Gamma,\forall xp(x),p(e)\vdash\Delta}{\Gamma,\forall xp(x)\vdash\Delta}$$

但采纳所有可能的证明规则是不实际的。相反，新给出的证明规则 $\forall\forall$L 是一个派生规则，这意味着它可以用已有的其他证明规则来证明得出。显然，唯一可以从假设 $\forall xp(x)$ 产生假设 $p(e)$ 的其他证明规则就是图 6.4 中的规则 $\forall$L，并且该规则消除了所述假设 $\forall xp(x)$。

我们推导得到 $\forall\forall$L 的步骤是：首先复制假设 $\forall xp(x)$ 以获得副本，然后使用 $\forall$L 将一个副本转换为 $p(e)$，留下另一个副本 $\forall xp(x)$ 供以后使用。剩下的问题是我们如何复制假设？

甚至，我们可以在相继式中复制假设吗？幸运的是，相继式由一组有限的假设 Γ 和一个有限集 Δ 组成，因此假设相同的公式两次并不会改变相继式的含义(见 6.5.4 节)。

在操作上，复制假设可以通过规则 cut 来证明公式 $\forall xp(x)$ 为新的引理，这是很平凡的，因为它是假设之一。然后我们可以使用该附加假设。这样，由以下相继式演算证明可推导出规则 $\forall\forall$L：

$$\text{cut}\dfrac{\text{id}\dfrac{*}{\Gamma,\forall xp(x)\vdash\forall xp(x),\Delta}\quad\forall\text{L}\dfrac{\Gamma,\forall xp(x),p(e)\vdash\Delta}{\Gamma,\forall xp(x),\forall xp(x)\vdash\Delta}}{\Gamma,\forall xp(x)\vdash\Delta}$$

[192]

该相继式演算证明从底部的派生规则 $\forall\forall$L 的结论开始，并且以在顶部的规则 $\forall\forall$L 的前提结束。规则 $\forall\forall$L 为派生规则的原因是，我们可以在任何证明中使用它，并使用规则 cut、id、$\forall$L 将其扩展为上面更冗长的证明。派生规则相对于新证明规则的一大优势是，派生规则不需要由语义给出可靠性证明，因为它们只是结合了其他已经确证可靠的证明规则(见定理 6.1)。

6.4　单跳弹跳球的相继式证明

回想一下 5.4 节中关于弹跳球的缩写：

$$A \stackrel{\text{def}}{\equiv} 0 \leqslant x \wedge x = H \wedge v = 0 \wedge g > 0 \wedge 1 \geqslant c \geqslant 0$$

$$B(x, v) \stackrel{\text{def}}{\equiv} 0 \leqslant x \wedge x \leqslant H$$

$$\{x'' = -g\} \stackrel{\text{def}}{\equiv} \{x' = v, v' = -g\}$$

并再次考虑单跳弹跳球公式：

$$A \to [x'' = -g; (?x = 0; v := -cv \cup ?x \geqslant 0)]B(x, v) \tag{5.14*}$$

5.4 节已经用第 5 章中的动态公理给出了式(5.14)的证明。简单加入相继式十字转门 $\vdash$，这碰巧也是一个相继式演算证明。接下来，我们不是以相继式演算风格重复该证明，而是考虑一个类似的性质，其中我们加入演化域但忽略程序的离散部分：

$$A \to [x'' = -g \,\&\, x \geqslant 0]B(x, v) \tag{6.6}$$

为了证明式(6.6)，我们将其转换为相继式，并对其作相继式演算证明，如图 6.5 所

193 示。这个证明大胆地陈述第一个前提可以结束，只是

$$A, r \geqslant 0 \vdash 0 \leqslant r \leqslant r$$

不完全是规则 id 的一个实例。这里需要简单的算术来得出以下结论：$0 \leqslant r \leqslant r$ 可以根据不等式的自反性，将其两边翻转得到等价的 $r \geqslant 0$，此时第一个前提变成了一个能够以规则 id 结束的公式：

$$\text{id}\,\dfrac{*}{A, r \geqslant 0 \vdash r \geqslant 0}$$

$$
{\scriptstyle \to\mathrm{R}}\dfrac{
{\scriptstyle [']}\dfrac{
{\scriptstyle \forall\mathrm{R}}\dfrac{
{\scriptstyle \to\mathrm{R}}\dfrac{
{\scriptstyle \to\mathrm{R}}\dfrac{
{\scriptstyle \forall\mathrm{L}}\dfrac{
{\scriptstyle \to\mathrm{L}}\dfrac{
\mathbb{R}\dfrac{*}{A, r\geqslant 0 \vdash 0 \leqslant r \leqslant r}
\quad
{\scriptstyle [:=]}\dfrac{A, r\geqslant 0, H-\frac{g}{2}r^2 \geqslant 0 \vdash B(H-\frac{g}{2}r^2, -gt)}{A, r\geqslant 0, [x := H-\frac{g}{2}r^2]x\geqslant 0 \vdash [x := H-\frac{g}{2}r^2]B(x,v)}
}{A, r\geqslant 0, 0\leqslant r\leqslant r \to [x := H-\frac{g}{2}r^2]x\geqslant 0 \vdash [x := H-\frac{g}{2}r^2]B(x,v)}
}{A, r\geqslant 0, \forall 0\leqslant s\leqslant r\, [x := H-\frac{g}{2}s^2]x\geqslant 0 \vdash [x := H-\frac{g}{2}r^2]B(x,v)}
}{A, r\geqslant 0 \vdash \forall 0\leqslant s\leqslant r\, [x := H-\frac{g}{2}s^2]x\geqslant 0 \to [x := H-\frac{g}{2}r^2]B(x,v)}
}{A \vdash r\geqslant 0 \to (\forall 0\leqslant s\leqslant r\, [x := H-\frac{g}{2}s^2]x\geqslant 0 \to [x := H-\frac{g}{2}r^2]B(x,v))}
}{A \vdash \forall t\geqslant 0\, (\forall 0\leqslant s\leqslant t\, [x := H-\frac{g}{2}s^2]x\geqslant 0 \to [x := H-\frac{g}{2}t^2]B(x,v))}
}{A \vdash [x'' = -g \,\&\, x\geqslant 0]B(x,v)}
}{\vdash A \to [x'' = -g \,\&\, x\geqslant 0]B(x,v)}
$$

图 6.5　地面上重力运动的相继式演算证明

因此，完整的形式证明和 KeYmaera X 证明需要在左前提中进行额外的算术证明(由规则 $\mathbb{R}$ 标记)。在纸上证明时，我们经常会缩略这样的小步骤，但总要注意其原因。比如在上面的例子中，我们可以在规则 $\mathbb{R}$ 旁边说明算术推理过程“根据$\leqslant$的自反性并将 $0 \leqslant r$ 翻转得到 $r \geqslant 0$”。

上述证明中剩下的第二个前提是

$$A, r \geqslant 0, H - \frac{g}{2}r^2 \geqslant 0 \vdash B\left(H - \frac{g}{2}r^2, -gt\right)$$

将缩写展开得到

$$0{\leqslant}x \wedge x=H \wedge v=0 \wedge g>0 \wedge 1{\geqslant}c{\geqslant}0,r{\geqslant}0,H-\frac{g}{2}r^2{\geqslant}0 \vdash 0{\leqslant}H-\frac{g}{2}r^2 \wedge H-\frac{g}{2}r^2{\leqslant}H$$

该相继式的证明可以通过使用规则 $\wedge R$，然后对其左分支

$$0{\leqslant}x \wedge x=H \wedge v=0 \wedge g>0 \wedge 1{\geqslant}c{\geqslant}0,r{\geqslant}0,H-\frac{g}{2}r^2{\geqslant}0 \vdash 0{\leqslant}H-\frac{g}{2}r^2$$

作简单算术运算。同样，其算术推理过程是"翻转 $0{\leqslant}H-\frac{g}{2}r^2$ 得到 $H-\frac{g}{2}r^2{\geqslant}0$"。由 $\wedge R$ 产生的相应右分支需要进行更多算术运算：

$$0{\leqslant}x \wedge x=H \wedge v=0 \wedge g>0 \wedge 1{\geqslant}c{\geqslant}0,r{\geqslant}0,H-\frac{g}{2}r^2{\geqslant}0 \vdash H-\frac{g}{2}r^2{\leqslant}H$$

我们注意到算术上它成立的理由为"$g>0$ 和 $r^2{\geqslant}0$"。完成如上讨论的第二个前提则完成了相继式证明，这表明证明的结论(即式(6.6))是可证明的。这次，我们构建了结构良好且完全系统的相继式演算证明，其中证明规则和公理仅用于顶层。

为了确保你不会忘记为什么某些算术事实为真，强烈建议你在纸上证明时写下这些算术推理过程，以证明该算术是永真的。KeYmaera X 提供了许多方法来证明实算术，下面将讨论这些方法。

194

6.5　实算术证明规则

通常，能做些什么来证明实算术？我们设法特别作了算术推理，以说服自己上面证明中的简单算术是正确的。但这既不是一个真正的证明规则，我们也不应该期待这样的简单算术论证能侥幸成功处理 CPS 的全部复杂性。

第四部分的第 20 章和第 21 章将更详细地讨论实算术的处理。目前，重点关注 CPS 证明中最重要的因素。微分动态逻辑和 KeYmaera X 利用了一个迷人的奇迹：根据阿尔弗雷德·塔斯基(Alfred Tarski)的开创性成果[22]，无论实算术一阶逻辑听起来多么有挑战性，它都是完全可判定的。实算术一阶逻辑($FOL_{\mathbb{R}}$)是 dL 的片段，其组成部分为作用于实数的量词以及连接含(实值)变量和有理常数符号(如 $\frac{5}{7}$)的多项式(或者有理)项算术的命题联接词，但不含模态。因此，将实算术推理的使用纳入证明的最直接的方式是规则 $\mathbb{R}$，它可以证明 $FOL_{\mathbb{R}}$ 中相应公式为永真的所有相继式，这是可判定的。

引理 6.3(实算术证明规则 $\mathbb{R}$)　实算术一阶逻辑是可判定的，因此通过如下证明规则可以获得 $FOL_{\mathbb{R}}$ 的所有永真事实：

$$\mathbb{R}\ \frac{}{\Gamma \vdash \Delta}\qquad (\text{如果}\ \bigwedge_{p \in \Gamma} \to \bigvee_{Q \in \Delta}\ \text{在}\ FOL_{\mathbb{R}}\ \text{中永真})$$

证明规则 $\mathbb{R}$ 与我们在本书中考虑的其他证明规则明显不同。所有其他公理和证明规则提供了可在计算机上(例如在定理证明器 KeYmaera X[8]中)轻松实现的直接语法变换。然而，实算术证明规则 $\mathbb{R}$ 有一个关于公式在实算术中永真的附加条件，如何核实并不显而易见，但幸运的是这仍然是可判定的。它是证明理论逻辑与实算术的模型理论代数决策过程之间概念上最简单的接口。实算术证明规则 $\mathbb{R}$ 恰好可以证明一阶实算术中表示永真公式的相继式。但是这些公式实际上必须是一阶实算术公式，所以不能包含任何模态或微分方程，这些都超出了塔斯基结果的范围。

例 6.2　例如，证明规则 $\mathbb{R}$ 证明了下列相继式，因为它们表示永真的一阶实算术公式：

$$\mathbb{R}\frac{*}{\vdash x^2\geq 0}\qquad\qquad \mathbb{R}\frac{*}{x>0\vdash x^3>0}$$

$$\mathbb{R}\frac{*}{\vdash x>0\leftrightarrow\exists y x^5 y^2>0}\quad \mathbb{R}\frac{*}{a>0,b>0\vdash y\geq 0\rightarrow ax^2+by\geq 0}$$

195

但规则 $\mathbb{R}$ 并不能证明 $x^2>0\vdash x>0$，因为它非永真。规则 $\mathbb{R}$ 也不能证明 $x\geq 0$，$v>0\vdash[x'=v]x\geq 0$，因为它不是纯的实算术。 ◀

6.5.1 实数量词消除法

从表面上看，证明规则 $\mathbb{R}$ 代表了我们在这个阶段需要知道的关于一阶实算术的一切。但这个奇迹是如何工作的呢？毫无疑问，一阶实算术最复杂的功能是它的量词。即使实算术公式中没有量词，我们也可以为所有自由变量加上全称量词（形成全称闭包）作为公式的前缀，来假装有量词。毕竟，如果想要证明一个公式是永真的，就需要证明对于所有变量的所有取值它都是真的，这在语义上对应于在所有变量前面加上全称量词。这就是为什么理解一阶实算术首先需要理解作用于实数的量词。

简而言之，符号 $\mathrm{QE}(P)$ 表示在公式 P 上使用实算术推理来获得拥有相同自由变量的公式 $\mathrm{QE}(P)$，$\mathrm{QE}(P)$ 等价于 P 但更简单，因为 $\mathrm{QE}(P)$ 无量词。当最初的一阶实算术公式 P 中对所有变量都作量化时，无量词的等价公式 $\mathrm{QE}(P)$ 不含变量，因此可以直接求值为真或假。

例 6.3 使用实数量词消除法可得到如下等价式：

$$\mathrm{QE}(\exists x(ax+b=0)\equiv(a\neq 0\vee b=0) \tag{6.7}$$

很容易看出两边是等价的，即

$$\models\exists x(ax+b=0)\leftrightarrow(a\neq 0\vee b=0) \tag{6.8}$$

因为非齐次部分非零的线性方程有解的充分必要条件是它的线性部分也为非零。对于常数方程（$a=0$），只有当 $b=0$ 时它才有解。等价式的左侧可能难以求值，因为它只是猜测存在这样的 x，但我们不清楚如何获得 x 的实数值，因为有很多实数。相反，右侧是很容易求值的，因为它无量词，并且它阐明直接将 a 和 b 的值与零进行比较，当且仅当 $a\neq 0$ 或 $b=0$ 时，存在 x 使得 $ax+b=0$。这很容易检验，至少如果 a、b 是具体数字或 CPS 的固定参数时，你需要做的只是确保你对这些参数的选择满足这些约束。如果 a 或 b 是符号项（不提及 x，否则式（6.8）为假，且 QE 给出的结果也不同），则式（6.8）仍然确定了存在 x 使得 $ax+b=0$ 的条件。 ◀

例 6.4 量词消除法也可以处理全称量词：

$$\mathrm{QE}(\forall x(ax+b\neq 0)\equiv(a=0\wedge b\neq 0)$$

196

同样，很容易看出两边是等价的，因为只有当 b 非零且没有 x 可以中和掉 b（因为 $a=0$）时，才能对所有的 x 都确保 $ax+b\neq 0$。

$$\models\forall x(ax+b\neq 0)\leftrightarrow(a=0\wedge b\neq 0)$$ ◀

探索 6.1 （量词消除法）

阿尔弗雷德·塔斯基（Alfred Tarski）在 20 世纪 30 年代的许多开创性成果之一是证明了实算术的量词消除和可判定性[22]。

定义 6.3(量词消除) 如果对于每个公式 P，可以将 P 与等价的无量词公式 $\mathrm{QE}(P)$ 有效关联，即 $P\leftrightarrow\mathrm{QE}(P)$ 永真，则一阶逻辑理论（例如，实数上的一阶逻辑 $\mathrm{FOL}_\mathbb{R}$）

允许量词消除。

定理 6.2(塔斯基的量词消除法) 实算术一阶逻辑允许量词消除，因此是可判定的。

也就是说，存在一种算法接受 FOL_R 中的任何一阶实算术公式 P 作为输入，并计算得到 FOL_R 中的公式 $\text{QE}(P)$，$\text{QE}(P)$ 等价于 P 但无量词(并且也不提及新的变量或函数符号)。

操作 QE 可以假设为对基础(即不含变量的)公式求值，例如 $\frac{1+9}{4} < 2+1$，从而得到该理论中闭合公式(即没有自由变量的公式，这些公式通过为所有自由变量加上全称量词作为公式的前缀来形成全称闭包时获得)的决策过程。对于闭合公式 P，所需要的只是通过量词消除来计算其无量词的等价公式 $\text{QE}(P)$。闭合公式 P 是闭合的，因此没有自由变量或其他自由符号，其等价无量词公式 $\text{QE}(P)$ 也没有自由变量或其他自由符号。因此，P 及其等价公式 $\text{QE}(P)$ 等价于真或假。然而，$\text{QE}(P)$ 是无量词的，因此只需通过对 $\text{QE}(P)$ 中的(无变量)具体算术求值就可以得到它的真假值。

尽管对量词消除细微差别的完整说明[2-3,5-7,12,19,21-23]超出了本书的范围，第 20 章和第 21 章将研究在实算术中消除量词的一个有用程序。

总的来说，如果我们有量词，QE 可以为我们消除它们。但我们首先需要有这样的量词。当初，规则 $\forall R$、$\exists R$、$\forall L$、$\exists L$ 经历了很多麻烦才能消除量词。天！这怎么还能在之后再等价地消除量词。当然，图 6.4 中的证明规则对于等价地消除量词并不是特别谨慎。想想如果我们试图用错误的证据使用规则 $\exists R$ 会发生什么。这肯定比量词消除更方便，但不会那么准确和有用。

197

然而，如果使用图 6.4 中的普通量词规则错误地消除了量词，那么我们要做的只是构思新的想法，并回头重新通过 QE 消除量词。了解其工作原理的关键是回忆规则 $\forall R$ 引入的新(Skolem)变量符号最初是全称量化的。事实上，无论它们是不是全称量化变量，我们证明性质时都可以在前面加上额外的全称量词 $\forall x$ 来证明它。

引理 6.4(i∀ 重新引入全称量词) 如下规则是可靠的：

$$i\forall \ \frac{\Gamma \vdash \forall x P, \Delta}{\Gamma \vdash P, \Delta}$$

根据规则 $i\forall$，我们可以重新引入全称量词，然后可以通过 QE 立即再次消除。

例 6.5 与规则 $i\forall$ 一起，量词消除可以判定 FOL_R 公式 $\exists x(ax+b=0)$ 是否永真。式(6.7)已经表明，存在 a 和 b 的值可以令 $\exists x(ax+b=0)$ 为假，因为存在令等价公式 $a \neq 0 \vee b=0$ 为假的值。通过量词消除来判定这个公式的直接方法是，首先对余下的自由变量 a、b 使用 $i\forall$，然后通过量词消除来处理这个完全量化的全称闭包，以获得无量词的等价式(与消除前有相同的自由变量，即没有量词)：

$$\text{QE}(\forall a \forall b \exists x(ax+b=0)) \equiv \text{false} \qquad \blacktriangleleft$$

因此，规则 $i\forall$ 可以重新引入全称量词，然后可以通过 QE 再次消除。等等，为什么首先用轻便的规则 $\forall R$ 消除量词，然后用规则 $i\forall$ 重新引入量词，又用 QE 形式再次强力消除它，这样做有什么意义？

在你继续阅读之前，看看你是否能自己找到答案。

首先使用规则 $\forall$R、$\exists$R、$\forall$L、$\exists$L 快速消除量词是非常有用的，因为其他相继式规则（如命题规则）只能在顶层工作，所以在能应用任何其他证明规则之前，需要先挪开量词$^{\ominus}$。如果量词下面的公式包含混成程序的模态，那么 QE 是解决不了这样的量化公式的。关键是，首先通过使用额外的符号来消除量词，找出余下混成程序模态的证明论证，然后使用 i$\forall$ 重新引入量词并用 QE 寻找剩余实算术的答案。

例 6.6 下面的相继式证明说明了如何首先用规则 $\forall$R 处理量词，然后用动态公理处理模态，再用规则 i$\forall$ 重新引入全称量词，最后用量词消除证明得到的算术。事实上，对最上面的规则 i$\forall$ 的使用为 x 也引入了全称量词，但在最初的证明目标中从未明确量化 x。隐含地，对所有自由变量都作全称量化，这符合我们寻求证明永真性这一事实，即需证明在所有状态中对所有变量的所有实值都为真。此外，规则 i$\forall$ 总是可以引入全称量词来证明公式（如果成功的话）。

$$
\begin{array}{c}
\mathbb{R} \dfrac{*}{\vdash \forall x \forall d\,(d \geq -x \to 0 \geq 0 \land x+d \geq 0)} \\[4pt]
\text{i}\forall \dfrac{}{\vdash \forall d\,(d \geq -x \to 0 \geq 0 \land x+d \geq 0)} \\[4pt]
\text{i}\forall \dfrac{}{\vdash d \geq -x \to 0 \geq 0 \land x+d \geq 0} \\[4pt]
[:=] \dfrac{}{\vdash d \geq -x \to 0 \geq 0 \land [x:=x+d]x \geq 0} \\[4pt]
[:=] \dfrac{}{\vdash d \geq -x \to [x:=0]x \geq 0 \land [x:=x+d]x \geq 0} \\[4pt]
[\cup] \dfrac{}{\vdash d \geq -x \to [x:=0 \cup x:=x+d]x \geq 0} \\[4pt]
\forall \text{R} \dfrac{}{\vdash \forall d\,(d \geq -x \to [x:=0 \cup x:=x+d]x \geq 0)}
\end{array}
$$
◀

虽然这是一个相当规范的证明结构，但动态公理可以应用于任何地方。因此，在上面的例子中，我们可以跳过规则 $\forall$R 并直接应用动态公理，这也绕过了以后使用规则 i$\forall$ 重新引入 $\forall d$ 的需要。

例 6.7 即使量词消除法能同时处理好存在量词与全称量词，但需要特别注意存在量词。它特别复杂的地方在于，当我们用规则 $\exists$R 将存在量词转换为它的证据时，即使证据中含变量，以后也无法找回所述存在量词，而只能使用规则 i$\forall$ 来获得更强的全称量词。然而，证明真正具有存在量词的公式通常不能通过证明以全称量词取而代之的相同公式，即使这样做是可靠的。这就是为什么下面的相继式证明直接在公式中间使用动态公理，直到剩下的是纯算术公式，这样规则 $\mathbb{R}$ 就可以处理它：

$$
\begin{array}{c}
\mathbb{R} \dfrac{*}{\vdash \forall x\,(x \geq 0 \to \exists d\,(d \geq 0 \land 0 \geq 0 \land x+d \geq 0))} \\[4pt]
\text{i}\forall \dfrac{}{\vdash x \geq 0 \to \exists d\,(d \geq 0 \land 0 \geq 0 \land x+d \geq 0)} \\[4pt]
[:=] \dfrac{}{\vdash x \geq 0 \to \exists d\,(d \geq 0 \land 0 \geq 0 \land [x:=x+d]x \geq 0)} \\[4pt]
[:=] \dfrac{}{\vdash x \geq 0 \to \exists d\,(d \geq 0 \land [x:=0]x \geq 0 \land [x:=x+d]x \geq 0)} \\[4pt]
[\cup] \dfrac{}{\vdash x \geq 0 \to \exists d\,(d \geq 0 \land [x:=0 \cup x:=x+d]x \geq 0)}
\end{array}
$$
◀

6.5.2 实例化实算术量词

实算术可能非常具有挑战性。这并不令人意外，因为 CPS 和动态系统本身的行为富有挑战性。相反，令人惊奇的是微分动态逻辑将 CPS 的挑战性问题简化为纯的实算术。

$\ominus$ 唯一的例外是上下文等价规则 CER、CEL，幸运的是，这些规则甚至可以在量词的上下文中使用。这对存在量词特别有用。

当然，这意味着你可能会遇到具有挑战性的算术问题，计算复杂性非常高。在这部分中，你可以利用你的创造力来帮助 KeYmaera X 证明器解决实算术从而征服富有挑战性的验证问题。虽然你的工具箱内很快会有更多技巧来克服算术的挑战，本章将讨论其中的一些技巧。

为量词规则 ∃R、∀L 提供实例化可以显著加快实算术决策程序。6.4 节中的证明使用量词证明规则 ∀L，以时间间隔的端点 r 作为演化域约束中全称量词 ∀s 的实例化。这是一种非常常见的简化，可显著加速算术运算(见注解 36)。但是，这样做并不总能成功，因为猜测的实例可能并不总是正确的。更糟糕的是，证明可能需要不止一个单一的实例。

注解 36(极端实例化)　前件中全称量词的证明规则 ∀L 和后继中存在量词的规则 ∃R 允许用任意项 e 实例化量化变量 x。如果对于论证只需单个实例 e，那么这样的实例化非常有帮助。

对于来自引理 5.4 中公理 $[']$ 的演化域处理的量词，大多数情况下只需要一个时间实例，并且这个时间实例通常就是时间的极值。此时，通常有效的证明步骤是以时间端点 t 实例化中间时间变量 s：

$$
\begin{array}{c}
\mathbb{R}\dfrac{}{\Gamma,t\geq0\vdash 0\leq t\leq t,\cdots} \qquad \dfrac{\cdots}{\Gamma,t\geq0,q(y(t))\vdash [x:=y(t)]p(x)} \\[2pt]
{\to}\mathrm{L}\dfrac{}{\Gamma,t\geq0,0\leq t\leq t\to q(y(t))\vdash [x:=y(t)]p(x)} \\[2pt]
\forall\mathrm{L}\dfrac{}{\Gamma,t\geq0,\forall 0\leq s\leq t\, q(y(s))\vdash [x:=y(t)]p(x)} \\[2pt]
{\to}\mathrm{R}\dfrac{}{\Gamma,t\geq0\vdash (\forall 0\leq s\leq t\, q(y(s)))\to [x:=y(t)]p(x)} \\[2pt]
{\to}\mathrm{R}\dfrac{}{\Gamma\vdash t\geq0\to ((\forall 0\leq s\leq t\, q(y(s)))\to [x:=y(t)]p(x))} \\[2pt]
\forall\mathrm{R}\dfrac{}{\Gamma\vdash \forall t\geq0\big((\forall 0\leq s\leq t\, q(y(s)))\to [x:=y(t)]p(x)\big)} \\[2pt]
[']\dfrac{}{\Gamma\vdash [x'=f(x)\,\&\,q(x)]p(x)}
\end{array}
$$

这种情况经常发生，以至于 KeYmaera X 默认使用此实例化。类似的实例化也可以简化其他情况下的算术运算。

6.5.3　通过去除假设来弱化实算术

仅仅删除与证明无关的算术假设就可能非常有用了，这可以确保它们不会分散实算术决策过程中的注意力。

在 6.4 节的证明中，左前提是

$$A,r\geq0\vdash 0\leq r\leq r$$

这个相继式的证明中根本没有用到 A。这里的证明很容易，但如果 A 是一个非常复杂的公式，那么证明相同的相继式可能是非常困难的，因为我们的证明尝试可能会被 A 的存在及其提供的所有假设分散注意力。我们可能已经对 A 用了大量的证明规则，最后才意识到该相继式可以仅仅由 $r\geq0\vdash 0\leq r\leq r$ 证明。

虽然量词消除并不基于对命题证明规则的应用，但多余的假设仍然会引起相当多不必要的麻烦[14]。想想如果有人只告诉你相关假设 $a\geq0$ 和 $bx\geq0$ 而不是列出关于 a、b 和 x 的值的许多其他为真但目前无用的假设，那么证明 $ax^2+bx\geq0$ 为真会容易得多。因此，一旦不需要了就简化掉这些无关的假设，通常这可以节省大量的证明工作。幸运的是，相继式演算对此已经有一个名为弱化的通用证明规则(WL、WR，将在 6.5.4 节详细阐述)，我们可以用该规则在 6.4 节示例证明的左前提中去除假设 A：

$$\mathrm{WL}\dfrac{r\geq0\vdash 0\leq r\leq r}{A,r\geq0\vdash 0\leq r\leq r}$$

注解 37(奥卡姆假设剃刀原理)　想想用所有数学书中的所有事实作为假设来证明一个

定理是多么困难。将其与只用两个要紧的事实证明进行比较。

通常建议去掉不再需要的假设。这将帮助你管理 CPS 的相关事实，确保你始终掌握你的 CPS 日程，并且还有助于大大加快 KeYmaera X 中算术运算的成功。只是要小心，不要丢弃还需要用到的假设。但是，如果你不小心这样做了，那么单单这一点也可以获得有价值的深刻理解，因为你正好发现了什么对系统的安全性是至关重要的。

最后，回想一下注解 36 中第一个前提的实算术证明如何去除 Γ 中可能很长但多余的假设列表。实际上，该证明还用 WR 将模态公式 $[x := y(x)]p(x)$ 从相继式中弱化出去，以使相继式算术化并且适用于实算术规则 $\mathbb{R}$。

6.5.4 相继式演算中的结构证明规则

相继式的前件和后继被视为集合。这意味着公式的顺序是无关紧要的，我们隐式地采用所谓的交换规则，不区分以下两个相继式

$$\Gamma, A, B \vdash \Delta \quad \text{和} \quad \Gamma, B, A \vdash \Delta$$

这是因为 $A \wedge B$ 和 $B \wedge A$ 是等价的。我们也不区分

$$\Gamma \vdash C, D, \Delta \quad \text{和} \quad \Gamma \vdash D, C, \Delta$$

这是因为 $C \vee D$ 和 $D \vee C$ 是等价的。前件和后继被视为集合，而不是多重集合，所以我们隐式地采用所谓的收缩规则，不区分以下两个相继式

$$\Gamma, A, A \vdash \Delta \quad \text{和} \quad \Gamma, A \vdash \Delta$$

这是因为 $A \wedge A$ 和 A 是等价的。我们假设 A 一次还是多次是无所谓的。我们也不区分

$$\Gamma \vdash C, C, \Delta \quad \text{和} \quad \Gamma \vdash C, \Delta$$

这是因为 $C \vee C$ 和 C 是等价的。我们可以显式地采用交换规则和收缩规则，但通常会隐去它们：

$$\text{PR} \frac{\Gamma \vdash Q, P, \Delta}{\Gamma \vdash P, Q, \Delta} \qquad \text{cR} \frac{\Gamma \vdash P, P, \Delta}{\Gamma \vdash P, \Delta}$$

$$\text{PL} \frac{\Gamma, Q, P \vdash \Delta}{\Gamma, P, Q \vdash \Delta} \qquad \text{cL} \frac{\Gamma, P, P \vdash \Delta}{\Gamma, P \vdash \Delta}$$

我们将在实践中唯一显式使用的相继式演算结构规则是弱化证明规则（别名隐藏规则），它们可用于分别从前件（WL）或后继（WR）中删除公式：

$$\text{WR} \frac{\Gamma \vdash \Delta}{\Gamma \vdash P, \Delta}$$

$$\text{WL} \frac{\Gamma \vdash \Delta}{\Gamma, P \vdash \Delta}$$

弱化规则是可靠的，因为总是可以通过使用前件或后继中公式的一部分来证明相继式。证明规则 WL 从前提 $\Gamma \vdash \Delta$ 证明了结论 $\Gamma, P \vdash \Delta$，该前提中舍弃了假设 P。当然，如果前提 $\Gamma \vdash \Delta$ 是永真的，则结论 $\Gamma, P \vdash \Delta$ 也是永真的，这是因为它甚至还多一个（未使用的）假设（即 P）可以用。证明规则 WR 根据前提 $\Gamma \vdash \Delta$ 证明了结论 $\Gamma \vdash P, \Delta$，这是可以的，因为 $\Gamma \vdash \Delta$ 只是在其后继中少一个（析取）选项。要明白为什么这是可靠的，请回忆一下后继的含义为析取。

乍一看，弱化可能听起来像证明中的愚蠢操作，因为规则 WL 丢弃可用的假设（前件中的 P）而规则 WR 丢弃可用的选项（后继中的 P）来证明陈述。这似乎使得在使用弱化规则后更难证明该陈述。但弱化让我们能够丢掉不相关的假设，从而实际上有助于管理计算和概念证明的复杂性。这些假设可能对证明的另一部分至关重要，但与手头特定的相继式

无关，因此该相继式可以简化为 $\Gamma \vdash \Delta$。所以，弱化精简了证明，也有助于极大地加快算术运算（见 6.5.3 节）。

当然，弱化规则反过来就非常不可靠了。我们不能仅仅因为我们想要可以自行支配的额外假设就凭空捏造。但是对于已有的假设，我们有不用它们的自由。也就是说，WL 的前提意味着结论，但反之则不成立。

202

6.5.5　在公式中代入等式

如果我们在（前件的）假设中有一个等式 $x=e$，那么通常效率高的做法是使用该等式，用 e 代替所有出现的 x，而不是等着实算术决策程序来弄明白这一点。如果我们的假设中有 $x=e$，那么（以自由变量形式）出现的 x 都可以替换为 e，无论是在后继还是在前件中：

$$=R \frac{\Gamma, x=e \vdash p(e), \Delta}{\Gamma, x=e \vdash p(x), \Delta} \qquad =L \frac{\Gamma, x=e, p(e) \vdash \Delta}{\Gamma, x=e, p(x) \vdash \Delta}$$

相反，也可以使用等式将所有出现的 e 替换为 x，因为根据对称性，等式 $e=x$ 等价于 $x=e$。$=R$ 和 $=L$ 这两个证明规则将前件中的等式 $x=e$ 应用于前件或者后继中出现的 x，从而将 x 替换为 e。通过充分地使用这些证明规则，可以替换 Γ 和 Δ 中多次出现的 x。特别是如果在 e 中没有 x，那么尽量使用证明规则 $=R$、$=L$ 并且通过规则 WL 弱化掉 $x=e$ 将完全去掉变量 x，而这是量词消除法必须依赖复杂算法才能实现的。

量词消除法可以证明相同的事实，但需要更多的时间和精力。因此，建议你一旦发现了这些证明的捷径，就利用它们。当然，KeYmaera X 也足够智能，可以发现等价重写的某些用法，但是你或许可以更好地判断想要如何组织证明，因为你更熟悉你感兴趣的 CPS。

6.5.6　缩写项以降低复杂性

与尽量使用规则 $=L$、$=R$ 代入等式相反的操作有时也很有用。当某些复杂项与其他变量的精确关系并不重要时，可以引入新的变量作为复杂项的缩写。

例如，以下相继式看起来很复杂，但当我们采用新变量 z 缩写所有出现的复杂项 $\frac{a}{2}t^2 + vt + x$ 时，它就变得容易了：

$$a \geqslant 0, v \geqslant 0, t \geqslant 0, 0 \leqslant \underbrace{\frac{a}{2}t^2 + vt + x}_{z}, \underbrace{\frac{a}{2}t^2 + vt + x}_{z} \leqslant d, d \leqslant 10 \vdash \underbrace{\frac{a}{2}t^2 + vt + x}_{z} \leqslant 10$$

203

应用该缩写得到的相继式失去了新变量 z 的值与 a、t、v、x 的值的确切关系，但它揭示了利用不等式传递性的简单论证，这样很容易通过规则 $\mathbb{R}$ 证明该相继式：

$$a \geqslant 0, v \geqslant 0, t \geqslant 0, 0 \leqslant z, z \leqslant d, d \leqslant 10 \vdash z \leqslant 10$$

经过另外几个弱化步骤去掉现在明显不相关的假设 $a \geqslant 0$，$v \geqslant 0$，$t \geqslant 0$ 后，这一点尤为明显。

第 12 章将研究引入此类缩写的证明规则。实际上，我们最终会发现引入这些缩写的证明规则是另一个有用的证明规则，即规则 $[:=]_=$ 的逆。

使用赋值公理 $[:=]$，它将用赋值公式 $x := e$ 右边的 e 替换变量 x（如果允许的话）。另一种方法是等式赋值证明规则 $[:=]_=$，它将赋值公式 $x := e$ 转换为等式 $y = e$，其中 y 为尚未在相继式中使用的新变量。

引理 6.5(等式赋值规则[:=]₌)　下面是一个派生规则：

$$[:=]_= \frac{\Gamma, y = e \vdash p(y), \Delta}{\Gamma \vdash [x := e] p(x), \Delta} \quad (y\ \text{为新变量})$$

证明　从其他公理和证明规则(特别是赋值公理[:=])推导出规则[:=]₌的证明在文献[18]中给出。　■

当然，对于规则[:=]₌的可靠性而言，变量 y 为不用于 Γ、Δ 甚至 e 的新变量是非常重要的。否则，下面的例子将错误地证明一个非永真的公式，而这个公式只是在规则[:=]₌引入了不可能的假设 $y = y + 1$ 这一前提下才为真：

$$\lightning\ \frac{y = y + 1 \vdash y > 5}{\vdash [x := y + 1] x > 5}$$

6.5.7　创造性地切割实算术转化问题

弱化并不是唯一可以帮助加快算术运算的命题证明规则。规则 cut 不仅在逻辑上令人好奇，在实践中也会非常有用[4]。它可以大大加快实算术运算的速度，方法是使用切割，用对于证明而言足够的简单公式来替换难度较大的算术公式。

例如，假设 $p(x)$ 是一阶实算术中一个很大且非常复杂的公式。那么，用实算术证明以下公式

$$(x - y)^2 \leqslant 0 \land p(y) \rightarrow p(x)$$

会非常困难，可能需要很长时间(即使它最终会结束)。然而，仔细观察后，我们发现 $(x-y)^2 \leqslant 0$ 蕴涵着 $y = x$，这使证明的其余部分变得容易，因为如果确实有 $x = y$，则 $p(y)$ 蕴涵着 $p(x)$。我们如何根据这些想法来完成证明？

这种证明工作的关键思想是创造具有合适算术的切割。我们选择 $x = y$ 作为切割公式 C，使用规则 cut 并继续证明：

$$
\begin{array}{c}
\mathbb{R}\ \dfrac{*}{(x-y)^2 \leq 0 \vdash x = y} \qquad \text{id}\ \dfrac{*}{p(y), x = y \vdash p(y)} \\[2pt]
\text{WR}\ \dfrac{}{(x-y)^2 \leq 0 \vdash x = y, p(x)} \qquad =\text{R}\ \dfrac{}{p(y), x = y \vdash p(x)} \\[2pt]
\text{WL}\ \dfrac{}{(x-y)^2 \leq 0, p(y) \vdash x = y, p(x)} \qquad \text{WL}\ \dfrac{}{(x-y)^2 \leq 0, p(y), x = y \vdash p(x)} \\[2pt]
\text{cut}\ \dfrac{}{(x-y)^2 \leq 0, p(y) \vdash p(x)} \\[2pt]
\land\text{L}\ \dfrac{}{(x-y)^2 \leq 0 \land p(y) \vdash p(x)} \\[2pt]
\rightarrow\text{R}\ \dfrac{}{\vdash (x-y)^2 \leq 0 \land p(y) \rightarrow p(x)}
\end{array}
$$

实际上，使用实算术很容易证明左前提。右前提的证明很平凡，通过等式替换证明规则 =R 来简单地传递 x 是 y 的事实，然后应用规则 id。注意，这样的证明可以从弱化中大大获益，去掉多余的假设，从而简化算术运算。

6.6　总结

图 6.6 总结了本章所示的微分动态逻辑的相继式证明规则。它们都是可靠的[13,16,18]。

定理 6.1(可靠性)　dL 相继式演算是可靠的。也就是说，如果在 dL 的相继式演算中可以证明 dL 公式 P，即 $\vdash_{\text{dL}} P$，那么 P 是永真的，即 $\models P$。

相继式演算的主要作用是组织我们的想法和证明，以确保完成证明的条件是所有前提中的所有情况都被证明。最关键的地方在于它能够直接使用第 5 章和本书后面部分的所有动态公理，将等价式的一边替换为另一边。形式上，这就是上下文等价规则 CEL、CER

所允许的，但我们也完全可以使用等式替换这样的心智模型。也就是说，公理证明的任何等价式 $P \leftrightarrow Q$ 允许我们用 Q 代替 P。

$$\neg R \ \frac{\Gamma, P \vdash \Delta}{\Gamma \vdash \neg P, \Delta} \qquad \wedge R \ \frac{\Gamma \vdash P, \Delta \quad \Gamma \vdash Q, \Delta}{\Gamma \vdash P \wedge Q, \Delta} \qquad \vee R \ \frac{\Gamma \vdash P, Q, \Delta}{\Gamma \vdash P \vee Q, \Delta}$$

$$\neg L \ \frac{\Gamma \vdash P, \Delta}{\Gamma, \neg P \vdash \Delta} \qquad \wedge L \ \frac{\Gamma, P, Q \vdash \Delta}{\Gamma, P \wedge Q \vdash \Delta} \qquad \vee L \ \frac{\Gamma, P \vdash \Delta \quad \Gamma, Q \vdash \Delta}{\Gamma, P \vee Q \vdash \Delta}$$

$$\rightarrow R \ \frac{\Gamma, P \vdash Q, \Delta}{\Gamma \vdash P \rightarrow Q, \Delta} \qquad \text{id} \ \frac{}{\Gamma, P \vdash P, \Delta} \qquad \top R \ \frac{}{\Gamma \vdash \text{true}, \Delta} \qquad \text{WR} \ \frac{\Gamma \vdash \Delta}{\Gamma \vdash P, \Delta}$$

$$\rightarrow L \ \frac{\Gamma \vdash P, \Delta \quad \Gamma, Q \vdash \Delta}{\Gamma, P \rightarrow Q \vdash \Delta} \qquad \text{cut} \ \frac{\Gamma \vdash C, \Delta \quad \Gamma, C \vdash \Delta}{\Gamma \vdash \Delta} \qquad \bot L \ \frac{}{\Gamma, \text{false} \vdash \Delta} \qquad \text{WL} \ \frac{\Gamma \vdash \Delta}{\Gamma, P \vdash \Delta}$$

$$\forall R \ \frac{\Gamma \vdash p(y), \Delta}{\Gamma \vdash \forall x \, p(x), \Delta} \ (y \notin \Gamma, \Delta, \forall x \, p(x)) \qquad \exists R \ \frac{\Gamma \vdash p(e), \Delta}{\Gamma \vdash \exists x \, p(x), \Delta} \ (\text{任意项 } e)$$

$$\forall L \ \frac{\Gamma, p(e) \vdash \Delta}{\Gamma, \forall x \, p(x) \vdash \Delta} \ (\text{任意项 } e) \qquad \exists L \ \frac{\Gamma, p(y) \vdash \Delta}{\Gamma, \exists x \, p(x) \vdash \Delta} \ (y \notin \Gamma, \Delta, \exists x \, p(x))$$

$$\text{CER} \ \frac{\Gamma \vdash C(Q), \Delta \quad \vdash P \leftrightarrow Q}{\Gamma \vdash C(P), \Delta} \qquad =R \ \frac{\Gamma, x = e \vdash p(e), \Delta}{\Gamma, x = e \vdash p(x), \Delta}$$

$$\text{CEL} \ \frac{\Gamma, C(Q) \vdash \Delta \quad \vdash P \leftrightarrow Q}{\Gamma, C(P) \vdash \Delta} \qquad =L \ \frac{\Gamma, x = e, p(e) \vdash \Delta}{\Gamma, x = e, p(x) \vdash \Delta}$$

图 6.6　本章所考虑的 dL 相继式演算的证明规则

后面的章节将讨论更多的微分动态逻辑证明规则[13,15-16,18]，但本章为 CPS 验证奠定了坚实的基础。除了学习系统的 CPS 证明如何汇总论证的基础和工作原理之外，本章还讨论了驾驭实算术复杂性的技术。

205

习题

6.1　证明以下特殊用途的证明规则的可靠性，并使用它继续完成图 6.3 中的证明，这类似于图 6.2 中的证明：

$$\frac{\Gamma, \theta > 0 \vdash \Delta}{\Gamma, -(-\theta) > 0 \vdash \Delta}$$

*6.2　由于我们不把习题 6.1 中的证明规则添加到 dL 证明演算中，因此请展示如何使用算术和其他证明规则的创造性组合来推导出相同的证明步骤。

6.3　图 6.2 中的相继式演算证明给出了以下 dL 公式的证明：

$$v^2 \leq 10 \wedge b > 0 \rightarrow b > 0 \wedge (\neg (v \geq 0) \vee v^2 \leq 10)$$

该证明只使用了命题相继式演算规则而没有用算术或动态公理。这对下面这个具有相同命题结构的公式的永真性意味着什么？

$$x^5 = y^2 + 5 \wedge a^2 > c^2 \rightarrow a^2 > c^2 \wedge (\neg (z < x^2) \vee x^5 = y^2 + 5)$$

6.4　**(弹跳球相继式证明)**　仅使用 dL 公理和算术，5.4 节给出了单跳弹跳球公式的证明：

206

$$0 \leq x \wedge x = H \wedge v = 0 \wedge g > 0 \wedge 1 \geq c \geq 0 \rightarrow$$
$$[\{x' = v, v' = -g\}; (?x = 0; v := -cv \cup ?x \geq 0)] \ (0 \leq x \wedge x \leq H) \quad (5.14^*)$$

需要对此证明做什么样的最小改动，从而让它成为一个 dL 相继式演算中的证明？此外，对式(5.14)作出相继式演算证明，该证明仅在顶层应用证明规则和公理。

6.5　**(证明实践)**　给出以下公式的 dL 相继式演算证明：

$$x > 0 \rightarrow [x := x + 1 \cup x' = 2] x > 0$$

$$x>0 \wedge v \geqslant 0 \rightarrow [x:=x+1 \cup x'=v]x>0$$

$$x>0 \rightarrow [x:=x+1 \cup x':=2 \cup x:=1]x>0$$

$$[x:=1;(x:=x+1 \cup x':=2]x>0$$

$$[x:=1;x:=x-1;x'=2]x \geqslant 0$$

$$x \geqslant 0 \rightarrow [x:=x+1 \cup (x'=2;?x>0)]x>0$$

$$x^2 \geqslant 100 \rightarrow [(?x>0;x'=2) \cup (?x<0;x'=-2)]x^2 \geqslant 100$$

6.6 我们可以对 $\wedge$ 使用以下证明规则而不是使用规则 $\wedge R$ 吗？这是可靠的吗？与规则 $\wedge R$ 相比，它有什么优点或缺点吗？

$$\frac{\Gamma \vdash P, \Delta \quad \Gamma, P \vdash Q, \Delta}{\Gamma \vdash P \wedge Q, \Delta}$$

6.7 **（命题可靠性）** 证明图 6.1 中考虑的结构和命题相继式证明规则的可靠性。

6.8 **（双蕴涵）** 证明如下双蕴涵的证明规则是可靠的：

$$\leftrightarrow R \frac{\Gamma, P \vdash Q, \Delta \quad \Gamma, Q \vdash P, \Delta}{\Gamma \vdash P \leftrightarrow Q, \Delta}$$

$$\leftrightarrow L \frac{\Gamma, P \rightarrow Q, Q \rightarrow P \vdash \Delta}{\Gamma, P \leftrightarrow Q \vdash \Delta}$$

6.9 在不提及动态公理 $[\cup]$ 或上下文等价规则 CER 的情况下，给出以下相继式证明规则的直接语义的可靠性证明：

$$[\cup]R \frac{\Gamma \vdash [\alpha]P \wedge [\beta]P, \Delta}{\Gamma \vdash [\alpha \cup \beta]P, \Delta} \qquad [\cup]R2 \frac{\Gamma \vdash [\alpha]P, \Delta \quad \Gamma \vdash [\beta]P, \Delta}{\Gamma \vdash [\alpha \cup \beta]P, \Delta}$$

$$[\cup]L \frac{\Gamma, [\alpha]P \wedge [\beta]P \vdash \Delta}{\Gamma, [\alpha \cup \beta]P \vdash \Delta} \qquad [\cup]L2 \frac{\Gamma, [\alpha]P, [\beta]P \vdash \Delta}{\Gamma, [\alpha \cup \beta]P \vdash \Delta}$$

6.10 **（dL 相继式证明规则）** 为模态开发动态相继式演算证明规则，这应类似于本章简要讨论但未深究的规则 $[\cup]R$ 和 $[\cup]L$，或者类似于习题 6.9 中的规则 $[\cup]R2$ 和 $[\cup]L2$。证明这些相继式演算证明规则的可靠性。你可以使用通用的论据，即动态相继式证明规则的可靠性遵循第 5 章中考虑的 dL 公理的可靠性，但你首先需要证明那些 dL 公理的可靠性（见习题 5.10）。

6.11 如果我们将公式 true 定义为 $1>0$ 并将公式 false 定义为 $1>2$，那么证明规则 $\top R$ 和 $\bot L$ 可以从其他证明规则推导出来吗？

6.12 考虑初始值为 $y(0)=x$ 的微分方程 $x'=f(x)$，令 $y(t)$ 为该微分方程在时间 t 处的解。证明下面的相继式证明规则是可靠的，该规则只在最后检查演化域 $q(x)$：

$$\frac{\Gamma \vdash \forall t \geqslant 0([x:=y(t)](q(x) \rightarrow p(x))), \Delta}{\Gamma \vdash [x'=f(x) \& q(x)]p(x), \Delta}$$

以下公理也是可靠的吗？证明或反驳。

$$[x'=f(x) \& Q]P \leftrightarrow \forall t \geqslant 0([x:=y(t)](Q \rightarrow P))$$

下面的相继式证明规则只在开始和结束时检查演化域 $q(x)$，它是否可靠？

$$\frac{\Gamma \vdash \forall t \geqslant 0(q(x) \rightarrow [x:=y(t)](q(x) \rightarrow p(x))), \Delta}{\Gamma \vdash [x'=f(x) \& q(x)]p(x), \Delta}$$

*6.13 将第 5 章中微分方程的解公理模式 $[']$ 推广到微分方程组的情形：

$$x_1'=e_1, \cdots, x_n'=e_n \& Q$$

首先考虑最简单的情况，即 $Q \equiv$ true 且 $n=2$。

6.14 （**MR 单调性右规则**）　证明如下公式描述的单调性规则是可靠的。要么给出直接的语义可靠性证明，要么从引理 5.13 中的规则 M[·] 推导出规则 MR。

$$\text{MR} \frac{\Gamma \vdash [\alpha]Q, \Delta \quad Q \vdash P}{\Gamma \vdash [\alpha]P, \Delta}$$

6.15　5.2 节论证了为什么以下证明规则是可靠的：

$$\text{H}; \frac{A \to [\alpha]E \quad E \to [\beta]B}{A \to [\alpha;\beta]B}$$

给出规则 H; 可靠性的证明。以下公理可靠吗？或者你能找到一个反例吗？

$$[\alpha;\beta]B \leftrightarrow ([\alpha]E) \wedge (E \to [\beta]B)$$

208

6.16　根据 6.5.1 节，量词消除法可用于证明如下等价式：

$$\text{QE}(\exists x(ax+b=0)) \equiv (a \neq 0 \vee b=0) \qquad (6.7^*)$$

对 $\exists x(ax^2+bx+c=0)$ 应用量词消除法的结果是什么？

6.17　（**派生命题规则**）　证明以下规则是派生规则：

$$\text{cutR} \frac{\Gamma \vdash Q, \Delta \quad \Gamma \vdash Q \to P, \Delta}{\Gamma \vdash P, \Delta}$$

$$\text{cutL} \frac{\Gamma, Q \vdash \Delta \quad \Gamma \vdash P \to Q, \Delta}{\Gamma, P \vdash \Delta}$$

6.18　（**命题完备性**）　命题逻辑公式仅使用逻辑联接词 $\wedge$、$\vee$、$\neg$、$\to$ 和抽象原子公式（比如 p、q）。例如，无论 p 和 q 的真假值如何，命题公式 $p \wedge \neg q \to \neg(q \vee \neg p)$ 永真。给出非形式化的论证，论述为什么每个永真的命题逻辑公式都可以用图 6.1 中的命题相继式证明规则来证明。

参考文献

[1]　Peter B. Andrews. *An Introduction to Mathematical Logic and Type Theory: To Truth Through Proof*. 2nd. Dordrecht: Kluwer, 2002. DOI: 10.1007/978-94-015-9934-4.

[2]　Saugata Basu, Richard Pollack, and Marie-Françoise Roy. *Algorithms in Real Algebraic Geometry*. 2nd. Berlin: Springer, 2006. DOI: 10.1007/3-540-33099-2.

[3]　Jacek Bochnak, Michel Coste, and Marie-Francoise Roy. *Real Algebraic Geometry*. Vol. 36. Ergeb. Math. Grenzgeb. Berlin: Springer, 1998. DOI: 10.1007/978-3-662-03718-8.

[4]　George Boolos. Don't eliminate cut. *Journal of Philosophical Logic* **13**(4) (1984), 373–378. DOI: 10.1007/BF00247711.

[5]　George E. Collins. Quantifier elimination for real closed fields by cylindrical algebraic decomposition. In: *Automata Theory and Formal Languages*. Ed. by H. Barkhage. Vol. 33. LNCS. Berlin: Springer, 1975, 134–183. DOI: 10.1007/3-540-07407-4_17.

[6]　George E. Collins and Hoon Hong. Partial cylindrical algebraic decomposition for quantifier elimination. *J. Symb. Comput.* **12**(3) (1991), 299–328. DOI: 10.1016/S0747-7171(08)80152-6.

[7]　James H. Davenport and Joos Heintz. Real quantifier elimination is doubly exponential. *J. Symb. Comput.* **5**(1/2) (1988), 29–35. DOI: 10.1016/S0747-7171(88)80004-X.

[8]　Nathan Fulton, Stefan Mitsch, Jan-David Quesel, Marcus Völp, and André Platzer. KeYmaera X: an axiomatic tactical theorem prover for hybrid systems. In: *CADE*. Ed. by Amy Felty and Aart Middeldorp. Vol. 9195. LNCS.

209

Berlin: Springer, 2015, 527–538. DOI: 10.1007/978-3-319-21401-6_36.

[9] Gerhard Gentzen. Untersuchungen über das logische Schließen I. *Math. Zeit.* **39**(2) (1935), 176–210. DOI: 10.1007/BF01201353.

[10] Gerhard Gentzen. Untersuchungen über das logische Schließen II. *Math. Zeit.* **39**(3) (1935), 405–431. DOI: 10.1007/BF01201363.

[11] Jacques Herbrand. Recherches sur la théorie de la démonstration. *Travaux de la Société des Sciences et des Lettres de Varsovie, Class III, Sciences Mathématiques et Physiques* **33** (1930), 33–160.

[12] Dejan Jovanović and Leonardo Mendonça de Moura. Solving non-linear arithmetic. In: *Automated Reasoning - 6th International Joint Conference, IJCAR 2012, Manchester, UK, June 26-29, 2012. Proceedings*. Ed. by Bernhard Gramlich, Dale Miller, and Ulrike Sattler. Vol. 7364. LNCS. Berlin: Springer, 2012, 339–354. DOI: 10.1007/978-3-642-31365-3_27.

[13] André Platzer. Differential dynamic logic for hybrid systems. *J. Autom. Reas.* **41**(2) (2008), 143–189. DOI: 10.1007/s10817-008-9103-8.

[14] André Platzer. *Logical Analysis of Hybrid Systems: Proving Theorems for Complex Dynamics*. Heidelberg: Springer, 2010. DOI: 10.1007/978-3-642-14509-4.

[15] André Platzer. Logics of dynamical systems. In: *LICS*. Los Alamitos: IEEE, 2012, 13–24. DOI: 10.1109/LICS.2012.13.

[16] André Platzer. The complete proof theory of hybrid systems. In: *LICS*. Los Alamitos: IEEE, 2012, 541–550. DOI: 10.1109/LICS.2012.64.

[17] André Platzer. Differential game logic. *ACM Trans. Comput. Log.* **17**(1) (2015), 1:1–1:51. DOI: 10.1145/2817824.

[18] André Platzer. A complete uniform substitution calculus for differential dynamic logic. *J. Autom. Reas.* **59**(2) (2017), 219–265. DOI: 10.1007/s10817-016-9385-1.

[19] Abraham Seidenberg. A new decision method for elementary algebra. *Annals of Mathematics* **60**(2) (1954), 365–374. DOI: 10.2307/1969640.

[20] Thoralf Skolem. Logisch-kombinatorische Untersuchungen über die Erfüllbarkeit oder Beweisbarkeit mathematischer Sätze nebst einem Theorem über dichte Mengen. *Videnskapsselskapets skrifter, 1. Mat.-naturv. klasse* **4** (1920), 1–36.

[21] Gilbert Stengle. A Nullstellensatz and a Positivstellensatz in semialgebraic geometry. *Math. Ann.* **207**(2) (1973), 87–97. DOI: 10.1007/BF01362149.

[22] Alfred Tarski. *A Decision Method for Elementary Algebra and Geometry*. 2nd. Berkeley: University of California Press, 1951.

[23] Volker Weispfenning. Quantifier elimination for real algebra — the quadratic case and beyond. *Appl. Algebra Eng. Commun. Comput.* **8**(2) (1997), 85–101. DOI: 10.1007/s002000050055.

控制回路与不变式

概要　本章涵盖控制回路，由此推进对信息物理系统的分析理解。虽然在前几章介绍混成程序的语法和语义时已经讨论过循环，但它们的逻辑特征迄今仅限于通过迭代公理展开。这足以满足具有固定数量的控制动作和固定数量的控制回路重复次数的系统，但不足以理解和分析最有趣的具有无限时间范围的 CPS，随着时间的推移，这些 CPS 的控制决策数量会达到无限多。本章使用不变式这一基本概念来处理循环并培养对其操作的直觉。根据重复的动态公理的归纳公式描述，系统地开发得到 CPS 不变式。

7.1　引言

第 5 章介绍了对信息物理系统的混成程序模型的严格推理，然后第 6 章将其扩展成为信息物理系统的一种系统、一致的推理方法。然而，我们还没有读到任何可接受的分析循环的方法，尽管循环是 CPS 完全无害且常见的一部分，由此来说我们对语言的理解超出了我们对推理原理的理解。实际上，从计算思维的角度可以提出，如果不了解一门编程语言或一个系统模型的推理方式，我们就没有真正理解它们的要素。本章旨在确保我们的分析能力能够赶上我们的建模技能。当然，这正是我们最初提出的议程的一部分，对信息物理系统的语言进行逐步分层的研究，这样我们在进入下一个挑战之前可以完全掌握上一个。我们的下一个挑战就是控制回路。

第 3 章展示了控制在 CPS 中的重要性，而控制回路是实现这种控制的一个非常重要的特性。如果没有循环，CPS 控制器将仅限于短期而有限的控制动作序列，这很难让 CPS 达成任何目标。有了循环，CPS 控制器就能发挥突出作用，因为它们可以检查系统的当前状态，采取动作控制系统，让物理演化，然后在循环中一遍又一遍地重复这些步骤，从而慢慢地得到控制器想要的系统状态。循环让 CPS 能够一次又一次地感知状态并采取动作以做出响应，由此真正实现反馈。考虑对一个机器人编程，让它在高速公路上行驶。如果没有某种如重复控制中的重复或迭代方式，你能够做到这一点吗？大概不行，因为你需要编写一个 CPS 程序来频繁地监控交通状况并响应其他车辆在高速公路上的行为。没有办法提前知道当机器人在高速公路上驾驶汽车时，它需要多长时间改变一次策略。

混成程序执行重复控制动作的方式是通过重复运算符 $*$，它可以应用于任何混成程序 α。得到的混成程序 α^* 非确定地重复 α 任意次数。可能是 0 次、1 次、10 次或者其他次数。

虽然控制回路负责 CPS 的许多功能，但是也很难分析和完全理解它们。毕竟，掌握系统在一个步骤内的行为比理解 CPS 运行任意长时间的长期行为要简单得多。这是如下事实在 CPS 中的对应，即超短期预测通常比长期预测容易得多。预测未来一秒的天气是很容易的，但预测未来一周的天气要难得多[⊖]。

CPS 中循环分析背后主要的观察是，将对其长期全局行为的（复杂）分析简化成在一个控制回路中对其局部行为的更简单的分析。该原则显著降低了 CPS 中循环分析的复杂性。

⊖　当然，尼尔斯·波尔(Nils Bohr)在阐述"预测是非常困难的，尤其是关于未来"时就已经明白了这一点。

它利用不变式，即系统行为不会随着时间的推移而改变的特性，因此无论系统已经演化了多久，我们都可以依赖它们进行分析。最终，不变式也引出了对 CPS 很重要的一个设计原则，甚至比对程序更重要。不变式对于理解 CPS 的重要性并非巧合，因为不变式（与其他数学结构一样）也是大量数学研究的核心。

培养一种感觉以知道证明的各个部分如何连接在一起以及前置条件或不变式的改变对证明有什么影响至关重要，因此本章将非常明确地阐述如何开发相继式演算证明，以便让你有机会理解它们的结构。这些证明也可以作为一种有用的练习来锻炼我们在第 6 章中习得的 CPS 相继式演算推理的能力。经过一些练习后，后续章节通常会以更直观的方式诉求于证明所具有的标准结构，并专注于研究证明最关键的元素——不变式，因为剩下的证明相对简单直接。

本章最重要的学习目标是：

建模与控制：我们更深入地理解控制回路，它们作为 CPS 背后的核心原理，最终将成为 CPS 控制中所有反馈机制的基础。本章还将加深我们对 CPS 动态特性以及离散和连续动态之间如何相互作用的理解。

计算思维：本章将第 5 章中的严格推理方法扩展到具有重复的系统。本章致力开发的严格推理技术针对的 CPS 模型中包含重复执行的控制回路或者其他的循环行为，这在理论和实践中都不是一个简单的问题。如果不理解循环，就无法理解几乎所有 CPS 都常见的反馈控制这一原则中的重复行为。理解这样的行为可能很棘手，因为如果重复运行程序来控制 CPS 的行为，甚至只需运行几行代码的时间，系统及其环境都可能发生很多变化。这就是为什么研究不变式（即在整个系统执行过程中都不会改变的性质）对于系统的分析至关重要。不变式构成了关于 CPS 无可比拟的最有深刻理解、最重要的信息。一旦理解了 CPS 的不变式，我们就几乎理解了它的所有内容，甚至可以围绕这些不变式来设计 CPS 的其余部分，这一过程称为基于不变式的设计原理。识别和表达 CPS 模型的不变式也将作为本章的一部分。

本章的第一部分描述了以公理体系为基础对循环的不变原理的系统发展。本章的第二部分重点介绍了循环不变式本身及其操作直觉。

本章强调的另一个方面是全局证明规则这一重要概念，就如同哥德尔泛化规则 G 一样，出于可靠性原因，全局证明规则不能保留相继式上下文。

CPS 技能：通过理解重复的核心特性并将其语义与相应的推理原理相关联，我们将更好地理解 CPS 模型的语义。这种理解将让我们真正通晓控制回路的根本含义，从而对 CPS 中涉及的操作效果有更高层次的直觉。

重复的严格推理
识别和表达不变式
全局推理与局部推理
关联迭代与不变式
有限可达的无穷大
操作化不变式结构
拆分与泛化

控制回路
反馈机制
迭代的动态

控制回路的语义
控制的操作效果

7.2   控制回路

回顾 Quantum（第 4 章中有恐高症的小弹跳球）：

$$\text{requires}\,(0 \leqslant x \wedge x = H \wedge v = 0)$$
$$\text{requires}\,(g > 0 \wedge 1 \geqslant c \geqslant 0)$$
$$\text{ensures}\,(0 \leqslant x \wedge x \leqslant H) \tag{4.25*}$$
$$(\{x' = v, v' = -g\, \& \, x \geqslant 0\};$$
$$\text{if}\,(x = 0)\,v := -cv)^{*}$$

上述契约已经用第 4 章中的契约得到增强，方式是将初始契约的规约转换为微分动态逻辑中的逻辑公式，然后确定让其在所有状态中都为真所需的假设：

$$0 \leq x \wedge x = H \wedge v = 0 \wedge g > 0 \wedge 1 \geq c \geq 0 \rightarrow$$
$$[(\{x' = v, v' = -g \,\&\, x \geq 0\}; \text{if}(x = 0) v := -cv))^*] \quad (0 \leq x \wedge x \leq H) \quad (4.23^*)$$

我们不希望因为存在额外的 if-then-else 运算符而困扰，它不是微分动态逻辑 dL 运算符最小集合正式的一部分，所以我们将式(4.23)等价地重写为：

$$0 \leq x \wedge x = H \wedge v = 0 \wedge g > 0 \wedge 1 \geq c \geq 0 \rightarrow$$
$$[(\{x' = v, v' = -g \,\&\, x \geq 0\}; (?x = 0; v := -cv \cup ?x \neq 0))^*] \quad (0 \leq x \wedge x \leq H)$$
$$(7.1)$$

在第 4 章中，我们以非形式化的方式理解了为什么式(7.1)是永真的(在所有状态下都是真的)，但没有作形式化证明，尽管我们证明了式(7.1)的超简化版本，其中我们只是简单地去除了循环。这种忽略显然不是理解循环的正确方法。读完第 6 章以对证明有更完善的理解后，让我们在 dL 演算中真正证明式(7.1)。

然而，不管 Quantum 有多么渴望证明弹跳球的这个性质，在开始证明之前，让我们先退后一步，以更一般的方式理解循环的作用。第 3 章探讨了它们的语义，第 5 章则做了基于循环展开的推理。

在 Quantum 拥有的循环中，物理过程和他的弹跳控制交替执行。Quantum 急切地需要循环，因为他事先不知道要反弹多少次。当从一个很高的高度坠落时，Quantum 会反弹很多次。Quantum 也曾经有一个控制器，虽然是一个很简单的控制器。他所能做的就是检查当前的高度，将其与地面(高度为 0)进行比较，如果 $x = 0$，则以系数 c 作随意的阻尼衰减，之后将其速度向量翻转。这在控制选择上并没有很大的灵活性，但 Quantum 仍然相当自豪，他对控制球的行为起了如此重要的作用。事实上，如果没有控制动作，Quantum 将永远不会从地面反弹，而会一直下落——这对于恐高的 Quantum 而言是一个很可怕的想法。进一步考虑的话，没有控制器，实际上 Quantum 甚至不会下落很长时间，因为当球高度已经为 0 时，物理过程 $x'' = -g \,\&\, x \geq 0$ 的演化域 $x \geq 0$ 只允许该物理过程的演化时间为零，否则重力会使小球继续下落，然而约束 $x \geq 0$ 并不包含这样的可能。总而言之，如果没有 Quantum 的控制语句，他将只能下落，然后平躺在地面上且时间不能继续。这听起来并不令人放心，当然也不像反弹回来那么有趣，因此 Quantum 对他的控制器真的非常自豪。

这个原则并不只专门针对弹跳球，而在 CPS 中很常见。控制器担任一项至关重要的任务，没有它，物理就不会以我们想要的方式演化。毕竟，如果物理在没有我们任何输入的情况下总是按照我们想要的那样做，那么一开始我们就不需要控制器。因此，控制是至关重要的，理解和分析它对物理的影响是 CPS 的主要责任之一。在使用→R 证明规则很快处理式(7.1)中的蕴涵之后，麻烦随即而来，因为 Quantum 需要证明循环的安全性。

7.3 循环回路

本节从对迭代公理的深入见解开始系统地发展对循环的直觉，从而研究循环的归纳原理。

7.3.1 循环的归纳公理

回顾 3.3.2 节中的循环语义与 5.3.7 节中的循环展开公理：

$$\llbracket \alpha^* \rrbracket = \llbracket \alpha \rrbracket^* = \bigcup_{n \in \mathbb{N}} \llbracket \alpha^n \rrbracket, \quad \text{其中 } \alpha^{n+1} \equiv \alpha^n; \alpha \text{ 且 } \alpha^0 \equiv ?\text{true}$$

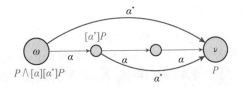

引理 5.7(迭代公理[*]) 　如下迭代公理是可靠的：

$$[^*]\quad [\alpha^*]P \leftrightarrow P \wedge [\alpha][\alpha^*]P$$

从左到右使用迭代公理[*]，它将循环 α^* 的安全性质

$$[\alpha^*]P \tag{7.2}$$

"简化"为以下的等价 dL 公式：

$$P \wedge [\alpha][\alpha^*]P \tag{7.3}$$

所得公式(式(7.3))中单独的左公式 P 以及 $[\alpha]$ 模态比原始公式(式(7.2))更简单，因此可以用其他 dL 公理分析。唯一的问题是式(7.3)中 $[\alpha]$ 模态的后置条件 $[\alpha^*]P$ 与原始 dL 公式(式(7.2))一样复杂。虽然迭代公理[*]揭示了原始重复性质(式(7.2))的必要条件，但是真正的问题仍然存在，即在重复 α 任意次数后 P 是否始终成立，尽管该性质现在嵌套在额外的 $[\alpha]$ 内。这对于分析式(7.2)而言看起来进展不大。实际上，看起来使用迭代公理[*]会使问题变得更复杂(唯一的例外可能是在此过程中确定了一个反例)。尽管如此，迭代公理[*]仍然可以用于明确揭示一轮循环的效果。

由于式(7.2)和式(7.3)是等价的，因此只有当 P 最初成立时，公式才 $[\alpha^*]P$ 为真。因此，如果在某个状态 ω 下我们试图证实 $\omega \in \llbracket [\alpha^*]P \rrbracket$，那么只有当必要条件 $\omega \in \llbracket P \rrbracket$ 在初始状态 ω 下成立时才可能。根据等价的式(7.3)，$\omega \in \llbracket [\alpha^*]P \rrbracket$ 只有在 $\omega \in \llbracket [\alpha]P \rrbracket$ 的情况下才会成立，因为 $[\alpha][\alpha^*]P$ 中的循环可重复 0 次(见习题 7.2)。因此，我们也可以证实必要条件 $\omega \in \llbracket P \rightarrow [\alpha]P \rrbracket$，因为我们已经需要假设 $\omega \in \llbracket P \rrbracket$。由于蕴涵式 $P \rightarrow [\alpha]P$ 假设 P 成立，在状态 ω 下证明该蕴涵式比证明 $[\alpha]P$ 稍微容易一点。这表明在第一次循环迭代之后到达的所有状态 μ 都有 $\mu \in \llbracket P \rrbracket$，但是因为其运行 α 后的后继状态也都必须满足 P 才能让 $\omega \in \llbracket [\alpha^*]P \rrbracket$ 成立，我们需要再次证明相同的剩余条件 $P \rightarrow [\alpha]P$，只是这次是在不同的状态 μ 下。

相反，如果我们设法在重复 α 能到达的所有状态而不仅仅是初始状态 ω 下证明 $P \rightarrow [\alpha]P$，那么我们知道从 ω 开始运行 α 两次之后的所有状态下 P 成立，因为我们已经知道从 ω 开始运行 α 一次之后的所有状态 μ 下 P 成立。根据归纳法，无论 α 重复多少次，我们知道在此之后 P 为真，仅当 P 最初为真而且 $P \rightarrow [\alpha]P$ 在重复 α 之后总为真，或者说 $[\alpha^*](P \rightarrow [\alpha]P)$ 在当前状态下为真，即 $\omega \in \llbracket [\alpha^*](P \rightarrow [\alpha]P) \rrbracket$。

这些想法引出了归纳公理 I，它表明在重复 HP α 之后性质 P 总为真，当且仅当 P 最初为真，并且在重复 α 任何次数之后，P 成立可推出在 α 再重复一次之后 P 仍然总是成立。

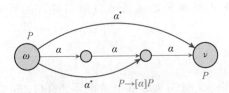

引理 7.1(归纳公理 I)   如下归纳公理是可靠的:
$$I[\alpha^*]P \leftrightarrow P \wedge [\alpha^*](P \rightarrow [\alpha]P)$$

证明   设 $\omega \in [\![\,[\alpha^*]P\,]\!]$,则选择迭代 0 次可得 $\omega \in$ $[\![P]\!]$,选择至少迭代一次可得 $\omega \in [\![\,[\alpha^*][\alpha]P\,]\!]$,这蕴涵着 $\omega \in [\![\,[\alpha^*](P \rightarrow [\alpha]P)\,]\!]$。反过来,设 $\omega \in [\![\,P \wedge [\alpha^*](P \rightarrow [\alpha]P)\,]\!]$。然后考虑从 ω 到 ν 运行 α^*,其中迭代次数为 $n \in \mathbb{N}$,即 $(\omega, \nu) \in [\![\alpha^n]\!]$。通过对 n 的归纳证明得出 $\nu \in [\![P]\!]$(见图 7.1)。

0. 情形 $n=0$:那么 $\nu = \omega$,根据第一个合取项,满足 $\nu \in [\![P]\!]$。

1. 情形 $n+1$:根据对 n 的归纳假设,假定所有符合 $(\omega, \mu) \in [\![\alpha^n]\!]$ 的状态 μ 都满足 $\mu \in [\![P]\!]$。因此,根据第二个合取项 $\omega \in [\![\,[\alpha^*](P \rightarrow [\alpha]P)\,]\!]$ 有 $\mu \in [\![\,[\alpha]P\,]\!]$,因为 $(\omega, \mu) \in [\![\alpha^n]\!] \subseteq [\![\alpha^*]\!]$。所以,对于满足 $(\mu, \nu) \in [\![\alpha]\!]$ 的所有状态 ν,都有 $\nu \in [\![P]\!]$。那么,对于满足 $(\omega, \nu) \in [\![\alpha^{n+1}]\!]$ 的所有状态 ν,都有 $\nu \in [\![P]\!]$。∎

公理 I 右侧的 $[\alpha^*]$ 模态对于可靠性是必要的,因为仅仅证明在当前状态下蕴涵式 $P \rightarrow [\alpha]P$ 为真是不够的。也就是说,下面的公式将是一个不可靠的公理:
$$[\alpha^*]P \leftrightarrow P \wedge (P \rightarrow [\alpha]P)$$
因为它的实例
$$[(x:=x+1)^*]x \leqslant 2 \leftrightarrow x \leqslant 2 \wedge (x \leqslant 2 \rightarrow [x:=x+1]x \leqslant 2)$$
在满足 $\omega(x)=0$ 的状态 ω 下不为真,因此它也非永真。公理 I 右侧的 $[\alpha^*]$ 模态确保 $P \rightarrow [\alpha]P$ 不仅在当前状态下为真,而且在循环 α^* 迭代任意次数后达到的所有状态下都为真。

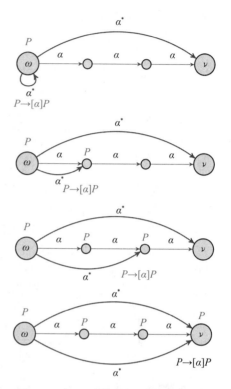

图 7.1   在 α^* 迭代运行后达到的每个状态下依次应用归纳公理 I

7.3.2   循环的归纳规则

即使公理 I 有一种令人愉悦的归纳风格,与迭代公理 $[^*]$ 相比,直接使用它并没有任何好处。使用公理 I 来证明一个循环的性质(它的左侧)仍将简化为证明循环的不同性质(它的右侧)。为什么后置条件 $P \rightarrow [\alpha]P$ 在循环 α^* 之后应该比原始后置条件 P 更容易证明?

然而,最引人入胜的是,归纳公理 I 右侧的后置条件 $P \rightarrow [\alpha]P$ 也可以用不同的方法证明。在 5.6.3 节中已讨论过哥德尔泛化规则 G,它提供了一种证明任意方括号模态的后置条件的方法,即使模态中存在循环,前提是后置条件已有证明。永真公式(前提)在任何 HP α 的所有运行之后也为真(结论)。

引理 5.12(哥德尔泛化规则 G)   如下哥德尔泛化规则是可靠的:
$$G \frac{P}{[\alpha]P}$$

泛化规则 G 可以通过证明后置条件 $P \rightarrow [\alpha]P$ 来证明 $[\alpha^*](P \rightarrow [\alpha]P)$。这引出了归纳规则,它在 P 最初为真(结论的前件)的条件下,将在重复 α 之后 P 总是成立(结论的后继)的证明简化为归纳步骤 $P \rightarrow [\alpha]P$(前提)的证明。归纳规则是一个派生规则,即它可由

217
218

其他公理和证明规则证明。

引理 7.2(归纳规则 ind)   如下循环归纳规则 ind 为派生规则:

$$\text{ind}\ \frac{P \vdash [\alpha]P}{P \vdash [\alpha^*]P}$$

证明   派生规则 ind 可由公理 I 并在归纳步骤中使用规则 G 推导得到:

$$
\text{I}\ \frac{
\text{∧R}\ \frac{
\text{id}\ \frac{*}{P \vdash P}
\qquad
\text{G}\ \frac{\to\text{R}\ \dfrac{P \vdash [\alpha]P}{\vdash P \to [\alpha]P}}{P \vdash [\alpha^*](P \to [\alpha]P)}
}{P \vdash P \wedge [\alpha^*](P \to [\alpha]P)}
}{P \vdash [\alpha^*]P}
$$ ∎

归纳规则 ind 很容易从归纳公理 I 中推导出来。它的前提表明 P 是可归纳的,即如果 P 之前为真,则在 α 的所有运行之后也为真。如果 P 是可归纳的(前提),那么如果 P 最初为真(结论的前件),则在重复任意次数的 α^* 之后 P 总是为真(结论的后继)。

循环归纳规则 ind 要求后置条件 P 在相继式的前件中完全照原样出现。但该规则并不直接适用于相继式 $\Gamma \vdash [\alpha^*]P$,其中前件中的 Γ 仅仅蕴涵 P 但不照原样包含它。但是,通过使用规则 cut 可以轻松克服这种差异,即以 P 为切割,可以让所需的公式 P 成为 ind 规则中的前件:

$$
\text{cut}\ \frac{
\text{WR}\ \dfrac{\Gamma \vdash P, \Delta}{\Gamma \vdash P, [\alpha^*]P, \Delta}
\qquad
\text{WL,WR}\ \dfrac{\text{ind}\ \dfrac{P \vdash [\alpha]P}{P \vdash [\alpha^*]P}}{\Gamma, P \vdash [\alpha^*]P, \Delta}
}{\Gamma \vdash [\alpha^*]P, \Delta}
$$

例 7.1   归纳公理 I 和循环归纳规则 ind 之间唯一的实际区别在于后者已经进一步用泛化规则 G 去除了模态 $[\alpha^*]$,这使得规则 ind 更实用但也损失了准确性。例如,如下简单 dL 公式是永真的:

$$x \geqslant 0 \wedge v = 0 \to [(v := v+1; x' = v)^*]x \geqslant 0 \tag{7.4}$$

由归纳公理 I,式(7.4)等价于

$$x \geqslant 0 \wedge v = 0 \to x \geqslant 0 \wedge [(v := v+1; x' = v)^*](x \geqslant 0 \to [v := v+1; x' = v]x \geqslant 0) \tag{7.5}$$

尽管如此,规则 ind 简化式(7.4)的证明得到的归纳步骤是非永真的:

$$x \geqslant 0 \to [v := v+1; x' = v]x \geqslant 0 \tag{7.6}$$

与由归纳公理 I 得到的式(7.5)不同,由规则 ind 产生的归纳步骤(式(7.6))非永真,简单来说就是因为规则 ind 用哥德尔泛化规则 G 去除了模态 $[(v := v+1; x' = v)^*]$。去除该模态忽略了它对状态的影响,即它对 x 和 v 值的改变。但是由于式(7.6)中 x 的变化取决于 v 的值,式(7.4)中的后置条件 $x \geqslant 0$ 不足以让式(7.6)成立。

当规则 ind 试图通过泛化证明式(7.5)时,去除重复模态需要强化归纳步骤的公式,以保留 v 的值始终保持非负这一信息。这就是为什么下一节研究使用公式 $x \geqslant 0 \wedge v \geqslant 0$ 作为不变式来证明式(7.4)的方法,即使它的后置条件没有涉及 v。◀

7.3.3   循环不变式

即使归纳规则 ind 抓住了归纳的核心要素,该规则也不一定能得到成功的证明。当 ind 的结论中包含额外的假设 Γ 时(即 $\Gamma, P \vdash [\alpha^*]P$),这些假设不能在 ind 前提中使用,因为它们在循环之后不一定仍然成立,此外,与形式为等价式的归纳公理 I 不同,归纳规则 ind 的前提 $P \vdash [\alpha]P$ 不一定永真，即使它的结论 $\Gamma, P \vdash [\alpha^*]P$ 是永真的，因为额外的假设 Γ 不可用，而用于从公理 I 推导出规则 ind 的哥德尔泛化规则 G 去除了模态 $[\alpha^*]$。公理 I 对其在重复之后的归纳步骤过于精确，而规则 ind 却在其归纳步骤中失去了关于循环的所有信息。可能出现的情况是公式 $P \rightarrow [\alpha]P$ 不是在所有状态下都永真，而只在重复 α 任意次数后才为真（这正是公理 I 中子公式 $[\alpha^*](P \rightarrow [\alpha]P)$ 所表明的）。换句话说，$P \rightarrow [\alpha]P$ 的真值可能取决于在重复 α 之后恰巧总是成立的某个特定性质，而不仅仅由假设 P 得出。但是，为了证实这样一个在重复 α 之后总是成立的辅助性质也需要像 P 一样通过归纳证明。

事实上，这种现象在数学上非常熟悉。某些归纳证明需要更强的公式描述归纳假设才能证明成功。费马大定理的证明不是假设当 $n > 2$ 时 $a^n + b^n \neq c^n$ 对于所有较小的自然数都成立，所以不是一个归纳证明。

幸运的是，在 5.6.4 节中讨论过的单调性规则 $M[\cdot]$ 已经提供了一种方法，可以将 $[\alpha^*]$ 的后置条件适当地推广到另一个公式，以便成功地证明归纳规则 ind 的前提。如果 P 蕴涵 Q（$M[\cdot]$ 的前提），则 $[\alpha]P$ 蕴涵 $[\alpha]Q$（结论）。

引理 5.13（单调性规则 $M[\cdot]$） 如下单调性规则是可靠的：

$$M[\cdot] \ \frac{P \rightarrow Q}{[\alpha]P \rightarrow [\alpha]Q} \qquad\qquad M \ \frac{P \rightarrow Q}{\langle \alpha \rangle P \rightarrow \langle \alpha \rangle Q}$$

单调性规则 $M[\cdot]$ 将基础的归纳规则 ind 转变为更有用的循环不变式规则 loop，该规则通过证明某个循环不变式 J 最初为真（第一个前提），而且 J 可归纳（第二个前提），最后 J 蕴涵了原始的后置条件 P（第三个前提），从而证明循环 $[\alpha^*]$ 的安全性质 P。

220

引理 7.3（循环不变式规则） 如下循环不变式规则 loop 为派生规则：

$$\text{loop} \ \frac{\Gamma \vdash J, \Delta \quad J \vdash [\alpha]J \quad J \vdash P}{\Gamma \vdash [\alpha^*]P, \Delta}$$

证明 规则 loop 是由派生规则 ind 以 $J \rightarrow [\alpha^*]J$ 为切割，并且使用弱化规则 WL、WR（使用但不标明）而推导得到的：

$$\text{cut} \ \frac{\dfrac{\text{ind} \ \dfrac{J \vdash [\alpha]J}{J \vdash [\alpha^*]J}}{{\rightarrow}\text{R} \ \dfrac{}{\Gamma \vdash J \rightarrow [\alpha^*]J, \Delta}} \qquad {\rightarrow}\text{L} \ \dfrac{\Gamma \vdash J, \Delta \qquad M[\cdot] \ \dfrac{J \vdash P}{[\alpha^*]J \vdash [\alpha^*]P}}{\Gamma, J \rightarrow [\alpha^*]J \vdash [\alpha^*]P, \Delta}}{\Gamma \vdash [\alpha^*]P, \Delta} \qquad \blacksquare$$

首先注意归纳不变式 J 出现在规则 loop 的所有前提中，但不出现在它的结论中。这意味着，当我们将循环不变式规则 loop 应用于某个期望的结论时，我们可以选择我们想用的不变式 J。不变式 J 选择得好可以成功证明结论。J 选择得不好将让证明停滞，因为某些前提无法证明。

规则 loop 的第一个前提阐述的是在初始状态下我们假设 Γ（并且 Δ 不成立），此状态满足不变式 J，即该不变式最初为真。规则 loop 的第二个前提表明，不变式 J 是可归纳的。也就是说，只要在运行循环体 α 之前 J 为真，那么在运行 α 之后 J 还是为真。规则 loop 的第三个前提表明，不变式 J 足以蕴涵结论所需的后置条件 P。

规则 loop 阐明，如果某个不变式 J 最初成立（左前提），在从 J 为真的任何状态迭代 α

一次之后该不变式 J 保持为真（中间前提），且该不变式 J 最终蕴涵所需的后置条件 P（右前提），则后置条件 P 在 α 重复任意次数之后成立。如果 J 在执行 α 之前为真，则 J 在此之后也为真（中间前提），而且如果 J 最初成立（左前提），那么 J 将继续成立，无论我们在 $[\alpha^*]P$ 中重复 α 多少次，这在 J 蕴涵 P（右前提）的条件下足以蕴涵 $[\alpha^*]P$。

221
退后一步，这三个前提对应的证明步骤可用于证明具有 requires() 契约 Γ（而非 Δ）、ensures(P) 契约以及循环不变式 J 的普通程序的契约是正确的。现在，我们在更一般和形式上更精确定义的上下文背景下进行这种推理。我们不再需要诉诸直觉来证明为什么这样的证明规则是可以的，而是可以得到规则 loop 的可靠性证明。我们也将不再局限于用非形式化论证来证明程序的不变性，而是可以做出实际可靠且严谨的形式化证明，条件是我们将证明规则 loop 与第 6 章中的其他证明规则结合起来。

不变式是传统程序的关键概念，而且对于信息物理系统而言更为重要，因为此类系统中变化无处不在，找到任何不随时间变化的特性都是一种福分。

当然，搜索用于循环不变式规则 loop 的合适的循环不变式 J 可能与在数学中搜索不变量一样具有挑战性。然而，归纳公理 I 中的等价式与规则 loop 和 ind 的归纳步骤之间的差异是 $[\alpha^*]$ 模态的缺失，这一事实对循环不变式 J 需要什么样的信息提供了一些指导。循环不变式 J 可能需要传达的是，它在运行 α^* 之后始终为真，并且它承载 α^* 过去行为的恰当信息，从而可以蕴涵 J 在再次运行 α 之后保留为真。

例 7.2（更强的不变式） 考虑一个纯粹离散循环的明显例子来说明循环不变式在证明循环安全性中的作用：

$$x \geq 8 \wedge 5 \geq y \wedge y \geq 0 \rightarrow [(x := x+y ; y := x-2 \cdot y)^*]x \geq 0$$

该公式永真。利用循环不变式 J 的证明的最初步骤如下：

$$
\begin{array}{c}
\text{loop} \dfrac{x \geq 8 \wedge 5 \geq y \wedge y \geq 0 \vdash J \quad J \vdash [x := x+y; y := x-2 \cdot y]J \quad J \vdash x \geq 0}{x \geq 8 \wedge 5 \geq y \wedge y \geq 0 \vdash [(x := x+y; y := x-2 \cdot y)^*]x \geq 0} \\
\rightarrow\!\text{R} \dfrac{}{\vdash x \geq 8 \wedge 5 \geq y \wedge y \geq 0 \rightarrow [(x := x+y; y := x-2 \cdot y)^*]x \geq 0}
\end{array}
$$

直接采用后置条件 $x \geq 0$ 作为不变式 J 来证明将不会成功，因为归纳步骤非永真，原因是如果归纳假设仅保证之前状态满足 $x \geq 0$，而 y 可能为负，则在 $x := x+y$ 之后不能保证 $x \geq 0$ 为真。循环不变式 J 必须蕴涵后置条件 $x \geq 0$，但也需要包含 x 的变化所依赖的变量 y 的附加信息。

初始条件 $x \geq 8 \wedge 5 \geq y \wedge y \geq 0$ 也不能作为不变式 J，因为它的归纳步骤非永真，原因是在 $x := x+y ; y := x-2y$ 之后 $5 \geq y$ 不再保证为真，例如如果 $x=8$，$y=0$ 最初成立。循环不变式 J 需要可由前置条件蕴涵，但可能必须更弱，因为在重复循环时前置条件本身不必保持为真。

因此，循环不变式 J 必须介于前置条件（第一个前提）和后置条件（第三个前提）之间。它需要涉及 x 和 y 的界限，因为 x 的变化取决于 y，反之亦然（第二个前提）。如果 $y \geq 0$，第一个赋值语句 $x := x+y$ 显然保留性质 $x \geq 0$。如果 $x \geq y$，循环体显然保留该假设 $y \geq 0$。实际上，合取式 $x \geq y \wedge y \geq 0$ 可成功用作循环不变式 J：

222

$$
\begin{array}{c}
\text{loop} \dfrac{\overset{*}{\underset{\mathbb{R}}{x \geq 8 \wedge 5 \geq y \wedge y \geq 0 \vdash J}} \quad [:] \dfrac{[:=] \dfrac{\overset{*}{\underset{\mathbb{R}}{J \vdash x+y \geq x-y \wedge x-y \geq 0}}}{J \vdash [x := x+y][y := x-2 \cdot y]J}}{J \vdash [x := x+y; y := x-2 \cdot y]J} \quad \overset{*}{\underset{\mathbb{R}}{J \vdash x \geq 0}}}{x \geq 8 \wedge 5 \geq y \wedge y \geq 0 \vdash [(x := x+y; y := x-2 \cdot y)^*]x \geq 0} \\
\rightarrow\!\text{R} \dfrac{}{\vdash x \geq 8 \wedge 5 \geq y \wedge y \geq 0 \rightarrow [(x := x+y; y := x-2 \cdot y)^*]x \geq 0}
\end{array}
$$

◀

类似的证明使用循环不变式 $x \geqslant 0 \land v \geqslant 0$ 来证明例 7.1。

注释 38(循环不变式和接力赛) 循环不变式 J 在证明中类似于接力赛。初始状态需要表明它们有接力棒 J。在接力过程中，重复 α^* 任何次数之后的每个状态都需要等待拿到接力棒 J，然后在接力赛 α^* 的下一个接力者 α 跑完之后将接力棒 J 传递到下一个状态。当最终状态拿到接力棒 J 时，该接力棒需要承载足够的信息以满足目标的安全条件 P。寻找循环不变式 J 就像设计接力棒，使得所有接力过程尽可能轻松地完成。

7.3.4 上下文可靠性需求

由于规则 loop 是由规则 ind 通过单调性规则 M[·] 推导得到的，而规则 ind 又是从哥德尔泛化规则 G 推导而来的，因而相继式上下文公式 Γ 和 Δ 不出现在规则 loop 的中间以及最后的前提中，这对可靠性是至关重要的，这一点不应该令人感到奇怪。对可靠性同样关键的是，在规则 G、M[·]、M、ind 的前提中不保留上下文 Γ、Δ。所有这些前提都源于去掉了 $[\alpha^*]$ 模态，从而忽略了它的效果。只要不保留上下文 Γ、Δ，这就是可靠的，因为这些上下文表示关于 $[\alpha^*]$ 之前的初始状态的假设，它们在 $[\alpha^*]$ 之后可能不再为真。对于规则 loop，关于初始状态的信息 Γ、Δ 仅可用于证明 J 最初为真(第一个前提)，但不能用于归纳步骤(第二个前提)或用例(第三个前提)期间。

例 7.3 (无上下文) 上下文 Γ、Δ 不能在规则 ind 中保留，否则将失去可靠性：

$$\notvDash \frac{x = 0, x \leqslant 1 \vdash [x := x + 1] x \leqslant 1}{x = 0, x \leqslant 1 \vdash [(x := x + 1)^*] x \leqslant 1}$$

这个推断是不可靠的，因为前提是永真的，但结论不是，原因是 $x \leqslant 1$ 在两次重复后将不成立。即使最初假设 $x = 0$(结论的前件)，也不能在归纳步骤中假设它(前提)，因为在循环迭代任意非零次之后它不再为真。几乎相同的反例证明规则 loop 的中间前提不能可靠地保留上下文。如下反例证明规则 loop 的第三个前提也不能在不失可靠性的情况下保留上下文：

$$\notvDash \frac{x = 0 \vdash x \geqslant 0 \quad x \geqslant 0 \vdash [x := x + 1] x \geqslant 0 \quad x = 0, x \geqslant 0 \vdash x = 0}{x = 0 \vdash [(x := x + 1)^*] x = 0}$$

通过进一步的思考可知，对在 HP α^* 执行过程中不能改变的常量参数的假设可以保留而不会损害可靠性。这可以借助于 5.6.2 节中的空虚公理 V 来证明(见习题 7.8)。◀

有了引理 7.3，循环不变式规则 loop 就有了简单而优雅的可靠性证明，该证明仅从归纳规则 ind 通过单调性规则 M[·](引理 5.13)推导得到规则 loop，而规则 ind 又从归纳公理 I 使用哥德尔泛化规则 G 推导得到。由于循环不变式是一个如此基本的概念，而且刚刚例 7.3 又让我们痛苦地意识到我们保持 CPS 推理原理的可靠性需要多么小心，我们将直接从语义给出引理 7.3 的第二个可靠性证明，即使这个证明是完全多余的且比第一个证明更加复杂。

证明(引理 7.3) 为了证明规则 loop 是可靠的，我们假设它的所有前提都是永真的，需要证明的是它的结论也是永真的。所以设 $\vDash \Gamma \vdash J$, Δ 且 $\vDash J \vdash [\alpha] J$ 且 $\vDash J \vdash P$。为了证明 $\vDash \Gamma \vdash [\alpha^*] P$, Δ，考虑任意状态 ω 并证明 $\omega \in \llbracket \Gamma \vdash [\alpha^*] P, \Delta \rrbracket$。如果某个公式 $Q \in \Gamma$ 在 ω 下不成立(即 $\omega \notin \llbracket Q \rrbracket$)或者某个公式 $Q \in \Delta$ 在 ω 下成立(即 $\omega \in \llbracket Q \rrbracket$)，则无须证明什么，因为相继式 $\vDash \Gamma \vdash [\alpha^*] P, \Delta$ 表示的公式已经在 ω 下成立，或者是因为合取的假设 Γ 中的某一个在 ω 下不满足，或者因为析取的后继 Δ 中某一项已经成立。因此，令所有 $Q \in \Gamma$ 在 ω 下为真，并且所有 $Q \in \Delta$ 在 ω 下为假，否则无须证明什么。

223

然而，在这种情况下，第一个前提蕴涵着 $\omega \in [\![J]\!]$，因为它的所有假设（即同样的 Γ）在 ω 下得到满足，而所有其他可选的后继（即同样的 Δ）都不成立[⊖]。

为了证明 $\omega \in [\![[\alpha^*]P]\!]$，考虑从初始状态 ω 到某个状态 ν 的任意运行 $(\omega, \nu) \in [\![\alpha^*]\!]$，并证明 $\nu \in [\![P]\!]$。根据第 3 章中循环的语义，$(\omega, \nu) \in [\![\alpha^*]\!]$ 当且仅当对于表示循环迭代次数的某个自然数 $n \in \mathbb{N}$，存在状态序列 $\mu_0, \mu_1, \cdots, \mu_n$ 使得 $\mu_0 = \omega$，$\mu_n = \nu$，并且对于所有 $i < n$ 都有 $(\mu_i, \mu_{i+1}) \in [\![\alpha]\!]$，现在通过对 n 的归纳证明 $\mu_n \in [\![J]\!]$。

0. 如果 $n = 0$，那么 $\nu = \mu_0 = \mu_n = \omega$，由第一个前提蕴涵可得 $\nu \in [\![J]\!]$。

1. 根据归纳假设，有 $\mu_n \in [\![J]\!]$。根据第二个前提，$\models J \vdash [\alpha]J$，尤其，回顾相继式的语义，对于状态 μ_n 我们有 $\mu_n \in [\![J \rightarrow [\alpha]J]\!]$。结合归纳假设，这蕴涵着 $\mu_n \in [\![[\alpha]J]\!]$，它表示对于所有满足 $(\mu_n, \mu) \in [\![\alpha]\!]$ 的状态 μ，都有 $\mu \in [\![J]\!]$。因此，由 $(\mu_n, \mu_{n+1}) \in [\![\alpha]\!]$ 可得 $\mu_{n+1}[\![J]\!]$。

特别地，这就蕴涵着 $\nu \in [\![J]\!]$，因为 $\mu_n = \nu$。根据第三个前提，$\models J \vdash P$。特别是 $\nu \in [\![J \rightarrow P]\!]$，结合 $\nu \in [\![J]\!]$，这蕴涵 $\nu \in [\![P]\!]$。因为 ν 是一个满足 $(\omega, \nu) \in [\![\alpha^*]\!]$ 的任意状态，所以 $\omega \in [\![[\alpha^*]P]\!]$，由此可靠性证明证毕。 ∎

7.4 一个欢快重复的弹跳球的证明

现在 Quantum 理解了证明 CPS 中循环的原理，他迫切希望能够使用这些技能。Quantum 希望证明自己不必再害怕过高的高度（$> H$），也不必再害怕从地面的裂缝中跌落到高度 < 0，由此一劳永逸地消除恐高症。

Quantum 尝试在一页纸上写下证明，对此如下缩写起了很好的作用：

$$A \overset{\text{def}}{\equiv} 0 \leqslant x \wedge x = H \wedge v = 0 \wedge g > 0 \wedge 1 \geqslant c \geqslant 0$$

$$B_{(x,v)} \overset{\text{def}}{\equiv} 0 \leqslant x \wedge x \leqslant H$$

$$x''.. \overset{\text{def}}{\equiv} \{x' = v, v' = -g\}$$

注意，上面对微分方程有点奇怪的缩写只是为了缩减符号。采用这些缩写，弹跳球猜想式 (7.1) 变成了

$$A \rightarrow [(x''..;(?x = 0; v := -cv \cup ?x \neq 0))^*]B_{(x,v)} \qquad (7.1^*)$$

用证明规则 →R 将这个公式迅速转变为如下规则栏上方的相继式：

$$\rightarrow R \frac{A \vdash [(x''..;(?x = 0; v := -cv \cup ?x \neq 0))^*]B_{(x,v)}}{\vdash A \rightarrow [(x''..;(?x = 0; v := -cv \cup ?x \neq 0))^*]B_{(x,v)}}$$

它的前提中需要考虑循环，这让 Quantum 有机会练习他在本章中学到的知识。

Quantum 证明式 (7.1) 需要做的第一件事是适当选择在循环不变式证明规则 loop 中使用的不变式 J。当实例化证明规则 loop 中的 J 时，Quantum 将使用 dL 公式 $j_{(x,v)}$ 作为不变式。但 Quantum 还不太确定如何准确定义该公式 $j_{(x,v)}$，这一局面对于试图掌握对 CPS 的理解而言并不罕见。你能选择一个好的公式 $j_{(x,v)}$ 来帮助 Quantum 吗？

在你继续阅读之前，看看你是否能自己找到答案。

我不知道你如何选择，但 Quantum 决定选择使用后置条件作为不变式，因为这是他想要证明的行为：

$$j_{(x,v)} \stackrel{\text{def}}{\equiv} 0 \leqslant x \wedge x \leqslant H \tag{7.7}$$

Quantum 为他奇妙的不变式 $j_{(x,v)}$ 感到骄傲，他甚至用它在归纳步骤中根据新获得的 225 泛化证明规则 MR 进行泛化，从而完全分离微分方程的证明和弹跳动态的证明⊖。Quantum 作出的证明如图 7.2 所示。

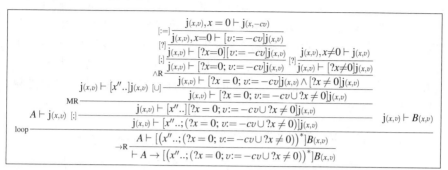

图 7.2　弹跳球(式(7.1))的相继式演算证明形状

图 7.2 中有五个前提尚待证明。Quantum 很确定如何证明对应于初始条件的第一个前提 ($A \vdash j_{(x,v)}$)，因为根据 A 可得 $0 \leqslant x = H$，所以 $0 \leqslant x \leqslant H$ 最初为真。Quantum 也知道如何证明最后一个前提($j_{(x,v)} \vdash B_{(x,v)}$)，因为式(7.7)中的不变式 $j_{(x,v)}$ 等于所需的后置条件 $B_{(x,v)}$，所以可用恒等规则 id 证明。

但是 Quantum 在中间的归纳步骤中遭遇了意外的麻烦。虽然第三个和第四个前提可成功证明，但是选择式(7.7)下的所有证明尝试都不能攻克含微分方程的第二个前提 $j_{(x,v)} \vdash [x''..]j_{(x,v)}$。这是有道理的，因为即使在微分方程之前对当前高度的界限为 $0 \leqslant x \leqslant H$，如果这就是我们所知道的关于弹跳球的全部，那么就无法相信它之后仍然保持有界。如果球只是稍低于 $x = H$，它速度太快的话最终它仍然会超过 H。

啊，对了！实际上在第 4 章中当我们想搞清楚在什么情况下让球弹跳可能安全时，我们已经发现了这一点。事实上，我们从笛卡儿怀疑论原则中学到的关于何时可以安全启动 CPS 的所有知识，都是可以保留在不变式中的有价值的信息。如果在某个状态下启动 CPS 是不安全的，那么很可能在该状态下持续运行 CPS(正如我们在归纳步骤中所做的那样)也是不安全的。

好吧，Quantum 对不变式 $j_{(x,v)}$ 的选择(式(7.7))很糟，出于归纳步骤而无法证明式(7.7)。该怎么办？Quantum 想。

在你继续阅读之前，看看你是否能自己找到答案。 226

在归纳步骤中遇到的麻烦是，不能证明 $x \leqslant H$ 是可归纳的。但是 Quantum 并没有绝望。Quantum 可以降低对不变式的要求，并使用以下较弱的选择而不是式(7.7)作为 $j_{(x,v)}$：

$$j_{(x,v)} \stackrel{\text{def}}{\equiv} x \geqslant 0 \tag{7.8}$$

有了这个不变式的新选择，Quantum 很快就开始构建式(7.1)的新证明。在疯狂地用相继式证明写了几页之后，Quantum 体验到了似曾相识的感觉，他注意到他的新证明与他启

⊖　这不是必需的，Quantum 也可能不使用 MR，而是采用[′]直接证明。但它确实节省了一些页面空间，并且还可作为证明规则 MR 实际使用的展示。

用的上一个相继式证明的形式完全相同，只是对逻辑公式 $j_{(x,v)}$ 有不同的选择，即把 $j_{(x,v)}$ 作为不变式应用规则 loop 时选择式(7.8)而不是式(7.7)。幸运的是，Quantum 上次开始证明时已经使用了缩写，因此并不令人惊讶的发现是，证明结构保持完全相同，并且 $j_{(x,v)}$ 的特定选择只影响前提，而不影响证明在模态中拆分解释其程序语句的方式。

根据对不变式改进后的选择(式(7.8))来审视上述相继式证明尝试中的五个前提，Quantum 很高兴地发现归纳步骤现在解决了。高度始终保持在地面之上，这根据构造由演化域约束 $x \geq 0$ 可得，并且在随后的离散弹跳控制中也不会改变。初始条件$(A \vdash j_{(x,v)})$也得到解决了，因为 $0 \leq x$ 是 A 中的假设之一。只是这一次，最后一个前提$(j_{(x,v)} \vdash B_{(x,v)})$失败了，因为 $x \geq 0$ 根本不足以得出后置条件中的 $x \leq H$。现在，弹跳球究竟必须怎么做才能让它自身的性质得到验证？

在你继续阅读之前，看看你是否能自己找到答案。

Quantum 真心从笛卡儿怀疑论中汲取教训，并意识到不变式需要传递有关系统状态的足够信息，才能确保归纳步骤有机会成立。特别地，不变式迫切需要保留对于速度的理解，因为高度的变化取决于速度(毕竟微分方程为 $x'=v, \cdots$)，所以如果不首先理解速度 v 如何变化，就很难掌控高度 x，而速度在 $v'=-g$ 和反弹时发生变化。实际上，这是式(7.7)和式(7.8)都不能成功作为不变式证明式(7.1)的完全语法上的原因。它们只涉及高度 x，但弹跳球 HP 中高度的变化取决于速度，而速度也会发生变化。因此，除非不变式保留对于 v 的理解，否则它不可能对高度 x 有太多保证，除了来自演化域约束的事实 $x \geq 0$，但这不足以证明后置条件 $0 \leq x \leq H$。

好吧，这样 Quantum 对失败的不变式选择(式(7.7))已经不再那么自豪了，他很快就丢弃了式(7.7)，也丢弃了弱化的版本(式(7.8))，转而尝试更强的如下不变式，它肯定是可归纳的，并且足够强从而可以蕴涵安全性：

$$j_{(x,v)} \stackrel{\text{def}}{\equiv} x=0 \land v=0 \tag{7.9}$$

这一次，Quantum 已经汲取了教训，他不会盲目地从头开始证明性质(式(7.1))，而是巧妙地进行并且意识到他仍然将得到形似上面相继式证明尝试的公式，只是再次对不变式 $j_{(x,v)}$ 的选择有所不同。因此，Quantum 很快就早早下了结论，并且对上述相继式证明尝试中熟知的 5 个前提进行审视。这次，后置条件只是小菜一碟，归纳步骤则成功得有如神助(速度为零，高度为零，没有运动)。但初始条件让 Quantum 很是头疼，因为无法相信球最初会平躺在地面上(速度为零)。

有一段时间，Quantum 想要选择简单地编辑初始条件 A 来包括 $x=0$，因为这样可以使这个证明尝试成功。但后来他意识到，这意味着从现在开始，他注定要在地面上以速度零开始新的一天，这对于一个欢快的弹跳球而言不是那么令人兴奋。这一选择是安全的，但有点太安全了，因为完全没有运动。

那么，可怜的 Quantum 应该怎么做才能最终得到证明而又不失掉那些令人兴奋的初始条件？

在你继续阅读之前，看看你是否能自己找到答案。

这一次，Quantum 对不变式问题冥思苦想，想出了一个巧妙的主意。回想一下循环不变式这一想法的最初来源，它们替代了后置条件 P，从而尽管去掉了$[\alpha^*]$模态，仍然可以证明$[\alpha^*](P \to [\alpha]P)$。它们是后置条件 P 的加强版本，并且至少需要蕴涵在运行 α

一次之后后置条件 P 仍然成立，而且实际上，它们甚至需要蕴涵它们自身在运行 α 之后继续成立。为了实现上述内容，它们应发挥的作用是捕捉我们仍需知道的之前 α^* 运行的信息。

如果循环不变式必须适用于任意次数的循环迭代，它肯定必须适用于前几次循环迭代。特别地，循环不变式 J 与 $\alpha;\alpha$ 的中间条件并没有什么不同。Quantum 已经在 4.8.1 节中确定了单跳弹跳球的中间条件。也许这也可以用作不变式：

$$j_{(x,v)} \stackrel{\text{def}}{\equiv} 2gx = 2gH - v^2 \wedge x \geqslant 0 \tag{7.10}$$

毕竟，不变式就像一个永久的中间条件，也就是说，一个对于以后所有迭代都适用的中间条件。弹跳球还不确定这是否会成功，但似乎值得尝试！

证明再次类似于图 7.2 中所示的，只是 $j_{(x,v)}$ 的选择不同，这次来自式(7.10)。然后，剩下的著名的五前提就很容易证明了。第一个前提 $A \vdash j_{(x,v)}$ 利用 $x = H$ 和 $v = 0$ 证明：

$$0 \leqslant x \wedge x = H \wedge v = 0 \wedge g > 0 \wedge 1 \geqslant c \geqslant 0 \vdash 2gx = 2gH - v^2 \wedge x \geqslant 0$$

228

将缩写展开，第二个前提 $j_{(x,v)} \vdash [x''..]j_{(x,v)}$ 为

$$2gx = 2gH - v^2 \wedge x \geqslant 0 \vdash [x'=v, v'=-g \& x \geqslant 0]\ (2gx = 2gH - v^2 \wedge x \geqslant 0)$$

我们在前几章中已经阅读了它的证明(见习题 7.1)。第三个前提 $j_{(x,v)}, x = 0 \vdash j_{(x,-cv)}$ 为

$$2gx = 2gH - v^2 \wedge x \geqslant 0, \ x = 0 \vdash 2gx = 2gH - (-cv)^2 \wedge x \geqslant 0$$

如果我们确信 $c = 1$，这将很容易证明。我们确信 $c = 1$ 吗？不，我们不确信 $c = 1$，因为我们在 A 中只假设 $1 \geqslant c \geqslant 0$。但是如果我们修改初始条件 A 的定义，让其包括 $c = 1$，我们就可以很容易证明第三个前提。这不是关于弹跳球的最一般的陈述，但在习题 7.5 之前让我们暂时先这样。然而，即便如此，我们仍然需要对 $j_{(x,v)}$ 进行扩充以包括 $c = 1$，否则我们就会失去第三个前提需要的这些知识。错失关键知识是在进行证明时可能遇到的现象。在这种情况下，你应该回溯到最初丢失假设的地方，并把它放回去。然后，你还学到了一些关于系统的有价值的东西，即哪些假设对于系统的哪个部分的正确运行至关重要。

第四个前提(即 $j_{(x,v)}, x \geqslant 0 \vdash j_{(x,v)}$)仅使用恒等规则 id 就可以很好地证明，无论这些缩写代表什么。事实上，Quantum 也许早就已经注意到了这一点，但他可能因为寻找不变式 $j_{(x,v)}$ 的合适选择而分心了。这只是如下事实的一个迹象，即从证明过程中退一步并批判地重新审视论证的各部分到底依赖什么可能是有回报的。最后，第五个前提 $j_{(x,v)} \vdash B_{(x,v)}$ 是

$$2gx = 2gH - v^2 \wedge x \geqslant 0 \vdash 0 \leqslant x \wedge x \leqslant H$$

它可以通过算术证明，只要我们确信 $g > 0$。这个条件已经包含在 A 中。但我们仍然设法在不变式 $j_{(x,v)}$ 中遗漏了该信息。所以，又一次，在不变式 $j_{(x,v)}$ 中应该包含常量参数假设 $g > 0$，总的来说，$j_{(x,v)}$ 应该被定义为

$$j_{(x,v)} \stackrel{\text{def}}{\equiv} 2gx = 2gH - v^2 \wedge x \geqslant 0 \wedge (c = 1 \wedge g > 0) \tag{7.11}$$

这与式(7.10)的定义几乎是一样的，只是增加了对系统参数选择的假设。最后两个合取项为平凡不变式，因为当小弹跳球落下时，c 和 g 都不会改变。如上所述，不幸的是循环不变式规则 loop 仍然需要在不变式中包括这些常量假设，因为它抹去了整个上下文 Γ、Δ，而这对可靠性而言是至关重要的(见 7.3.4 节)。习题 7.8 研究针对这种麻烦的简化版本，这将让你能够从不变式中删除平凡的常量部分 $c = 1 \wedge g > 0$。使用新的循环不变式(式(7.11))重新证明将成功，7.5 节中的证明也会成功。

229

让我们明确指出，我们现在真的有重复无阻尼弹跳球的一个完整的相继式证明。Quantum 当然对这项成就感到非常兴奋！

命题 7.1(Quantum 是安全的) 如下 dL 公式可以证明，因而是永真的：

$$0 \leqslant x \land x = H \land v = 0 \land g > 0 \land 1 = c \rightarrow$$

$$[(\{x' = v, v' = -g \& x \geqslant 0\}; (?x = 0; v := -cv \cup ?x \neq 0))^*] \ (0 \leqslant x \land x \leqslant H)$$

(7.12)

由于不变式是 CPS 设计的关键部分，因此鼓励你在混成程序中描述不变式。KeYmaera X 将在混成程序中利用以 @invariant 契约标注的不变式来简化证明工作。但是 KeYmaera X 已经解决了习题 7.8，所以它在 @invariant 契约中不需要常量表达式列表。一个好主意是，为了文档化和验证目的在混成程序中明确包含不变式契约，式(7.12)依此改述为：

$$0 \leqslant x \land x = H \land v = 0 \land g > 0 \land 1 = c \rightarrow$$

$$[(\{x' = v, v' = -g \& x \geqslant 0\};$$

$$(?x = 0; v := -cv \cup ?x \neq 0))^* @invariant(2gx = 2gH - v^2 \land x \geqslant 0)] \ (0 \leqslant x \land x \leqslant H)$$

(7.13)

确实，正如下一节将要解释的那样，关于常量参数的假设是平凡不变式，不需要列出。

7.5 将后置条件拆分为单独的情况

式(7.10)中的不变式 $j_{(x,v)}$ 不足以证明弹跳球性质(式(7.12))，因为我们需要来自修正后的不变式(式(7.11))中的常量参数假设。用新的不变式重新证明可以取得成功。但如果有一种方法可以将错失的假设穿插到我们需要的地方来重新使用旧证明，那将会更容易。当然，我们不能简单地将假设添加到证明中间而不失可靠性(见 7.3.4 节)。但是 Quantum 想知道，如果只是增加关于常量参数的假设，例如 $c = 1 \land g > 0$，我们是否可以侥幸成功？

事实上，从中我们可以学习到关于巧妙组织证明结构的两个有趣的见解。一个见解是证明可以保留常量参数假设的有效方法。另一个是关于模块化地将推理拆分成对单独的后置条件的证明。

第 5 章中的动态公理和第 6 章中的相继式证明规则将正确性分析沿着顶层运算符分解，例如，将分析沿着混成程序中的顶层运算符拆分成单独的问题。但也能沿着后置条件来拆分推理过程，从而通过分别证明 $[\alpha]P$ 和 $[\alpha]Q$ 来证明 $[\alpha](P \land Q)$。如果 HP α 满足安全性后置条件 P 和安全性后置条件 Q，那么它也满足安全性后置条件 $P \land Q$，反之亦然，这可以用 5.6.1 节中的如下结果得到。

引理 5.10([]∧ 方括号模态对合取满足分配律) 如下公理是可靠的：

$$[]\land [\alpha](P \land Q) \leftrightarrow [\alpha]P \land [\alpha]Q$$

公理[]∧ 可以沿着循环不变式 $j_{(x,v)} \land q$ 中的合取式对归纳步骤中的方括号模态进行分解，以分别证明 $j_{(x,v)}$ 是可归纳的(图 7.3 中的第二个前提)，以及附加的不变式 q(定义为 $c = 1 \land g > 0$)是可归纳的(第三个前提)。在图 7.3 中，bb 表示弹跳球(式(7.12))的循环体。注意，第二个前提中的归纳证明与图 7.2 中的前一个证明逐字相同，唯一的区别是缺失的假设 q 现在可以用了。剩下对附加的循环不变式 q 是可归纳的证明独立放在第三个前提中。

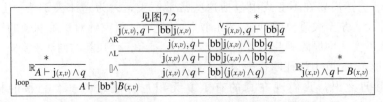

图 7.3 弹跳球(式(7.12))通过拆分的相继式演算证明

但在图 7.3 中的证明中还有一个有趣的转折。它的第三个前提的证明证实了公式 q 对于弹跳球 bb 是可归纳的。这可以使用针对顺序合成、非确定性选择、微分方程等的各种动态公理连续分解 HP bb 来证明。虽然该证明可行，但更有效的方法是用公理 V（见 5.6.2 节）一步证明，公理 V 适用的情形为方括号模态不改变后置条件中的任何变量，因此只要后置条件之前为真，则它在 HP 的所有运行之后也为真。

引理 5.11(空虚公理 V) 如下空虚公理是可靠的：

$$V \quad p \to [\alpha]p \quad (FV(p) \bigcap BV(\alpha) = \varnothing)$$

其中在 α 中不绑定（写入）p 的自由变量。

照此使用公理 []∧ 和 V 可以证明，常量参数假设可以保留而不会对证明有任何坏处（习题 7.8）。

231

7.6 总结

本章重点研究和使用 CPS 不变式的概念。不变式让我们能够证明带循环的 CPS 的性质，这是一个具有普遍意义的问题，因为不在控制回路中重复某些操作的话，几乎任何 CPS 都无法存在。不变式构成了关于 CPS 无可比拟的最具深刻见解和最重要的信息，因为它们告诉我们无论 CPS 运行多长时间，我们都可以依赖什么。不变式是计算机科学的一个基本力量，在数学和物理中也同样重要。

本章所研究的公理和证明规则总结在图 7.4 中。虽然循环不变式规则(loop)是针对循环最实用的方法，但归纳公理 I 是等价式，并且更直接地解释了循环归纳的核心原理。循环不变式规则 loop 也直接由归纳公理 I 通过单调性规则 M[·] 和泛化规则 G 推导得出。

得到不变式的这一研究过程有其他一些有趣的后果，特别是通过展开循环和推翻所得前提来查找 CPS 中的错误。但是这种有界模型检验原理在最终验证安全性方面的用途有限，因为它只考虑系统在未来有限数目的步骤。本章重点证明形如 $[\alpha^*]P$ 的公式，该证明基于不变式，即不会改变的性质。形如 $\langle \alpha^* \rangle P$ 的公式的证明技术将推迟到 17.4 节讨论，证明将使用变式，即会改变但稳步地朝着目标 P 前进的性质。

在努力帮助弹跳球 Quantum 成功证明时，我们看到了一系列导致归纳证明可能无法成功的原因，以及需要对不变式做什么改变使之适用。

$$I \quad [\alpha^*]P \leftrightarrow P \wedge [\alpha^*](P \to [\alpha]P)$$

$$G \quad \frac{P}{[\alpha]P}$$

$$M[\cdot] \quad \frac{P \to Q}{[\alpha]P \to [\alpha]Q}$$

$$loop \quad \frac{\Gamma \vdash J, \Delta \quad J \vdash [\alpha]J \quad J \vdash P}{\Gamma \vdash [\alpha^*]P, \Delta}$$

$$MR \quad \frac{\Gamma \vdash [\alpha]Q, \Delta \quad Q \vdash P}{\Gamma \vdash [\alpha]P, \Delta}$$

$$[]\wedge \quad [\alpha](P \wedge Q) \leftrightarrow [\alpha]P \wedge [\alpha]Q$$

$$V \quad p \to [\alpha]p \quad (FV(p) \cap BV(\alpha) = \varnothing)$$

图 7.4 循环、泛化、单调性和拆分方括号模态的证明规则总结

232

7.7 附录

本附录提供了另一种方法作为开发归纳规则 loop 的动力，它仅用迭代公理 [*] 连续展开循环，而无需使用更加优美的归纳公理 I。

7.7.1 证明的循环

迭代公理 [*] 可以用来将循环的安全性质

$$A \to [\alpha^*]B \tag{7.14}$$

转化为以下等价的 dL 公式：

$$A \rightarrow B \wedge [\alpha][\alpha^*]B$$

我们怎么来证明该循环性质？查看之前章节中的证明规则，只有一个规则专门处理循环，即迭代公理[*]。回想一下，与相继式证明规则不同，公理并没有规定它们的使用位置，所以我们不妨在公式中间的任意位置使用它们。于是在内循环上使用公理[*]得到

$$A \rightarrow B \wedge [\alpha](B \wedge [\alpha][\alpha^*]B)$$

这还挺好玩的，因此让我们再来一次，将公理[*]用于上述公式中唯一出现的$[\alpha^*]B$并得到

$$A \rightarrow B \wedge [\alpha](B \wedge [\alpha](B \wedge [\alpha][\alpha^*]B)) \tag{7.15}$$

这一切都非常有趣，但不会让我们更接近完成证明，因为我们可以永远这样对星号（*）一直展开下去。我们该如何突破这个永无止境的证明循环？

在我们对迄今为止用公理[*]获得的进展过于失望之前，请注意式(7.15)仍然让我们认识到了关于α的知识，即重复α时它是否总会满足B。由于[*]是等价关系公理，式(7.15)所表达的与式(7.14)相同，即如果A开始时为真，则后置条件B在重复α后总是成立。然而，式(7.15)明确单独指明了α的前三次运行。为了让这一点更明显，让我们利用5.6.1节中用于拆分方括号模态的派生公理[]$\wedge$。使用这个永真的等价式，将式(7.15)变为

$$A \rightarrow B \wedge [\alpha]B \wedge [\alpha][\alpha](B \wedge [\alpha][\alpha^*]B)$$

233 再次使用[]$\wedge$得到

$$A \rightarrow B \wedge [\alpha]B \wedge [\alpha]([\alpha]B \wedge [\alpha][\alpha][\alpha^*]B)$$

再次使用[]$\wedge$得到

$$A \rightarrow B \wedge [\alpha]B \wedge [\alpha][\alpha]B \wedge [\alpha][\alpha][\alpha][\alpha^*]B \tag{7.16}$$

图7.5说明了到目前为止的证明构造$^{\ominus}$。以这种方式来看，式(7.16)比最初的式(7.14)更有用，因为即使这两个公式是等价的，式(7.16)明确地单独指出了B必须在最初的时候、在α运行一次之后、在α运行两次之后都成立，并且α运行了三次之后$[\alpha^*]B$必须成立。即使我们不太确定如何处理后面的$[\alpha][\alpha][\alpha][\alpha^*]B$，因为它仍然涉及循环，但我们非常明确如何理解和处理前三个：

$$A \rightarrow B \wedge [\alpha]B \wedge [\alpha][\alpha]B \tag{7.17}$$

如果这个公式非永真，那么，当然式(7.16)也非永真，因此最初的式(7.14)也非永真。所以，如果找到了式(7.17)的反例，我们就推翻了式(7.16)和式(7.14)。这实际上非常有用！

但是，如果式(7.17)永真，我们不知道式(7.16)和式(7.14)是否永真，因为它们的要求更强（B在重复α任意次数之后成立）。这时我们该怎么办？只需对式(7.15)使用[*]对循环再展开一次即可获得

	$A \vdash B$	$A \vdash [\alpha]B$	$A \vdash [\alpha][\alpha]B$	$A \vdash [\alpha][\alpha][\alpha][\alpha^*]B$
$\wedge R, \wedge R, \wedge R$		$A \vdash B \wedge [\alpha]B \wedge [\alpha][\alpha]B \wedge [\alpha][\alpha][\alpha][\alpha^*]B$		
$[]\wedge$		$A \vdash B \wedge [\alpha]B \wedge [\alpha][\alpha]([\alpha]B \wedge [\alpha][\alpha][\alpha^* B)$		
$[]\wedge$		$A \vdash B \wedge [\alpha]B \wedge [\alpha][\alpha](B \wedge [\alpha][\alpha^* B)$		
$[]\wedge$		$A \vdash B \wedge [\alpha](B \wedge [\alpha](B \wedge [\alpha][\alpha^*]B))$		
$[^*]$		$A \vdash B \wedge [\alpha](B \wedge [\alpha][\alpha^*]B)$		
$[^*]$		$A \vdash B \wedge [\alpha][\alpha^*]B$		
$[^*]$		$A \vdash [\alpha^*]B$		

图7.5 证明的循环：迭代和拆分方括号

$$A \rightarrow B \wedge [\alpha](B \wedge [\alpha](B \wedge [\alpha][\alpha^*]B))) \tag{7.18}$$

$\ominus$ 观察顶部的$\wedge$R，$\wedge$R，$\wedge$R，这并不意味着证明在做不必要的重复，而是仅仅作为一个符号标注上的提醒，$\wedge$R证明规则实际上在该步骤使用了三次。因为这常常会简化符号表示，我们将冒昧同时应用多个规则，而不阐明它到底用于哪个推导过程。事实上，提及$\wedge$三次似乎有点啰嗦，所以我们简单地将它缩写为$\wedge$R，即使我们使用规则$\wedge$R三次并且应该表述为$\wedge$R，$\wedge$R，$\wedge$R。

或者等价地，在式(7.16)上使用公理[*]获得如下等价公式：

$$A \to B \land [\alpha]B \land [\alpha][\alpha]B \land [\alpha][\alpha][\alpha](B \land [\alpha][\alpha^*]B) \tag{7.19}$$

234

通过充分多次地使用公理[]∧，式(7.18)和式(7.19)都等价于

$$A \to B \land [\alpha]B \land [\alpha][\alpha]B \land [\alpha][\alpha][\alpha]B \land [\alpha][\alpha][\alpha][\alpha][\alpha^*]B \tag{7.20}$$

我们仍然可以检查，看看是否可以找到第一部分的反例：

$$A \to B \land [\alpha]B \land [\alpha][\alpha]B \land [\alpha][\alpha][\alpha]B$$

如果能，我们推翻了式(7.14)，否则我们可以再使用一次公理[*]。

注解 39(有界模型检验) 使用迭代公理[*]迭代展开循环，然后检验得到的(无循环)合取项的过程称为**有界模型检验**，它已经得到极为成功的应用，例如，在有限状态系统的环境中[2]。相同的原理可用于推翻微分动态逻辑中循环的性质，方法是展开循环，检验得到的公式是否有反例，如果没有，则再展开一次循环。通过某些计算上的改进，这个想法已经应用于混成系统[1,3,5,6]，尽管它有一些不可避免的限制[9]。

假设已经遵循这样一个有界模型检验过程来展开循环 $N \in \mathbb{N}$ 次。你对系统的安全性有何结论？

如果找到反例或者说公式可以被推翻，那么我们可以肯定 CPS 是不安全的。相反，如果在第 N 次循环展开中除了最后一项之外的所有合取项都是可证明的，那么系统在 $N-1$ 步内都是安全的，但我们无法对系统在 $N-1$ 步之后的安全性下任何结论。另一方面，我们从这些迭代中了解到的 α 行为的知识仍然可以告诉我们可能的不变式。

7.7.2 打破证明循环

用公理[*]不断展开循环来证明它们的性质，这个策略没什么希望，除非我们发现猜想在经过几次展开之后非永真。或者，除非我们不介意一直忙于无限多的证明步骤(这永远也不会让恐高的弹跳球带着安全性论证提供的信心离开地面)。无论如何，我们必须找到一种方法来打破循环以完成我们的推理。

我们如何证明图 7.6 中的前提？7.7.1 节探讨了一种方法，它本质上相当于有界模型检验。我们能用不同的方法更巧妙地证明同样的前提吗？如果这一方法更有效并允许我们在有限多步骤之后获得证明就更好了。

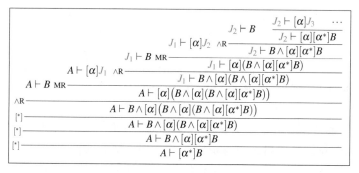

图 7.6 证明的循环：迭代和泛化方括号

对第一个前提($A \vdash B$)，我们做不了什么来改善证明它的方式。我们只能咬紧牙关这么做，利用第 6 章中算术的所有知识。但实际上至少对于弹跳球来说这很容易。此外，在第一个前提中，实际上动态还没有发生过，因此，如果我们对证明这一前提感到绝望，其

235

余的就更难了。对于第二个前提，我们也无能为力，因为我们必须分析循环体 α 至少运行一次的效果，才能理解如果我们反复运行 α 会发生什么。

然而，第三个前提 $A \vdash [\alpha][\alpha]B$ 是怎么回事？我们可以按原样着手处理它并尝试使用 dL 证明规则直接证明它。或者，我们可以尝试利用以下事实，即在第一个和第二个模态中运行的是相同的混成程序 α。也许我们可以利用它们应该有的一些共同之处作为证明的一部分？

这应该怎么做才行？我们能否找到在 α 第一次运行之后的状态下为真的性质，并且这就是我们需要知道的在该状态下使 $[\alpha]B$ 成立的所有信息吗？我们能表征第一个 α 之后和第二个 α 之前的中间状态吗？假设我们设法做到这一点，确定以这种方式表征中间状态的公式 E。我们如何使用这个中间条件 E 来简化证明？

回想一下第 4 章中顺序合成证明规则的中间条件契约版本，我们在第 5 章中也简要地回顾了它：

$$H; \quad \frac{A \to [\alpha]E \quad E \to [\beta]B}{A \to [\alpha;\beta]B}$$

第 5 章最终摒弃了中间契约规则 H;，代之以如下更一般的公理

$$[;] \quad [\alpha;\beta]P \leftrightarrow [\alpha][\beta]P$$

但是，还是重温一下规则 H;，看看我们能否从它使用中间条件 E 的方式中学到点什么。第一个障碍是 H; 规则的结论与我们需要的形式 $A \vdash [\alpha][\alpha]B$ 不匹配。原则上这不是问题，因为我们可以从右侧向左侧反向使用公理 [;]，以便将 $A \vdash [\alpha][\alpha]B$ 转化为

$$A \vdash [\alpha;\alpha]B$$

然后使用规则 H; 在中间采用中间条件 E 进行泛化。然而，这是我们通常希望避免的，因为同时正向和反向使用公理可以让我们对论据的搜索陷入麻烦，因为我们可能会一直试图寻找论据却得不到任何进展，这个过程仅仅是正向使用公理 [;]，然后反向使用，然后再正向使用，以此类推，直到时间用完。这样循环往复的证明对我们并没有用处。取而代之，我们将采用具有 H; 的某些性质但更为一般的证明规则。它称为泛化，允许我们转而证明模态的任何更强的后置条件 Q，即蕴涵原始后置条件 P 的后置条件。

引理 7.4（单调性右规则 MR） 如下证明规则为派生规则：

$$MR \quad \frac{\Gamma \vdash [\alpha]Q;\Delta \quad Q \vdash P}{\Gamma \vdash [\alpha]P;\Delta}$$

证明 规则 MR 可以从引理 5.13 中的单调性规则 M[·] 推导得出：

$$\text{cut} \frac{\Gamma \vdash [\alpha]Q,\Delta \quad M[·] \dfrac{Q \vdash P}{\Gamma,[\alpha]Q \vdash [\alpha]P,\Delta}}{\Gamma \vdash [\alpha]P;\Delta} \quad \blacksquare$$

因为证明规则 MR 仅仅由单调性规则 M[·] 用一次切割即可得到，所以我们就简单地说我们用 M[·] 来证明，即使我们实际上也一起使用了规则 cut，正如规则 MR 中的那样。

在风格如有界模型检验的证明尝试中，如果我们对第三个前提 $A \vdash [\alpha][\alpha]B$ 应用规则 MR，并且将我们假设已经找出的中间条件 E 作为 Q，那么我们得到

$$MR \quad \frac{A \vdash [\alpha]E \quad E \vdash [\alpha]B}{A \vdash [\alpha][\alpha]B}$$

让我们试着用这个原理来看看我们是否能找到证明如下公式的方法

$$A \to B \land [\alpha](B \land [\alpha](B \land [\alpha](B \land [\alpha][\alpha^*]B))) \quad (7.18^*)$$

以一系列中间条件 E_1、E_2、E_3 使用规则 $\land$R 和 MR 多次，可以得到图 7.7 中的证明。

这个特定的推导过程依然不是很有用，因为它的某个前提中仍然包含循环，这是我们

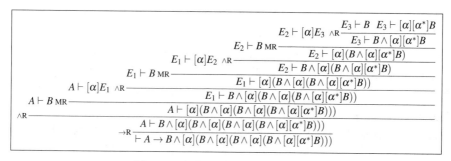

图 7.7 证明的循环：中间条件泛化

最初以式(7.14)开始时就有的。但该推导仍然提示了一种有用的方法，我们可以作为证明
的捷径。为了得到结论的证明，上述推导要求我们证明如下前提

$$A \vdash [\alpha]E_1$$
$$E_1 \vdash [\alpha]E_2$$
$$E_2 \vdash [\alpha]E_3$$

以及其他一些前提。有什么简单的方法可以做到这一点？如果所有中间条件 E_i 都相同会
怎样？让我们假设它们都是一样的条件 E，即 $E_1 \equiv E_2 \equiv E_3 \equiv E$。在这种情况下，得到的
大部分前提实际上是同一个：

$$E \vdash B$$
$$E \vdash [\alpha]E$$

除了最左边和最右边的两个前提之外。让我们利用这一观察来开发一个证明规则，它对于
循环的所有迭代使用相同的中间条件。此外，我们甚至能确证第一个前提

$$A \vdash [\alpha]E$$

如果我们能证明前置条件 A 蕴涵 E：

$$A \vdash E$$

因为我们已经有的一个前提是 $E \vdash [\alpha]E$。

7.7.3 循环的不变式证明

上一节中确定的条件 $E \vdash [\alpha]E$ 看起来特别有用，因为总的来说它阐明了：只要系统 α
在满足 E 的某个状态下启动，它就会留在满足 E 的状态中，无论最初系统从满足 E 的哪
个状态启动。这听起来像如果系统 α^* 从 E 开始，它就无法摆脱 E，因为所有 α^* 可以做的
就是重复 α 一定次数。但每次我们重复 α 时，相继式 $E \vdash [\alpha]E$ 表示我们不能以这种方式
摆脱 E。所以不管我们的 CPS 重复多少次 α，它仍将留在满足 E 的状态中。

上一节中认为至关重要的另一个条件是 $E \vdash B$。实际上，如果当初 E 并不蕴涵我们感
兴趣的后置条件 B，那么 E 是系统一个完全名副其实的不变式，但就证明 B 而言实际上
不是很有用。

在服从 $E \vdash [\alpha]E$ 的系统中（即其中该相继式是永真的，因为我们找到了它的证明），
还有什么地方可能出错？实际上，可能发生的另一种情况是，E 是蕴涵安全性的系统不变
式，但我们的系统最初并不是从 E 开始的；那么我们仍然不确信它是否安全。综合考虑
这三个条件，我们正好得出了引理 7.3 中的循环归纳规则 loop。

7.7.4 归纳公理的替代形式

在文献[4，7，8，10]中，归纳公理的经典表述为

$$\mathrm{II}\quad[\alpha^*](P\to[\alpha]P)\to(P\to[\alpha^*]P)$$

而不是在 7.3.1 节中开发的稍强且更直观的形式：

$$\mathrm{I}\quad[\alpha^*]P\leftrightarrow P\wedge[\alpha^*](P\to[\alpha]P)$$

仅通过命题重述即可得出，经典公理 II 等价于等价式公理 I 的充分性方向 "←"，因为两个公理都需要 P 和 $[\alpha^*](P\to[\alpha]P)$ 来蕴涵 $[\alpha^*]P$。从经典公理 II 中推导出等价式公理 I 的必要性方向 "→" 需要更详细的论证。

　　证明首先从归纳公理 I 的充分性方向 "←"（或公理 II）出发，借助于其他公理推导出反向迭代公理。

引理 7.5(反向迭代公理$\overleftarrow{[\,{}^*]}$)　如下公理为派生公理：

$$\overleftarrow{[\,{}^*]}\quad[\alpha^*]P\leftrightarrow P\wedge[\alpha^*][\alpha]P$$

证明　公理 $\overleftarrow{[\,{}^*]}$ 的充分性方向 "←" 使用单调性规则 M[·] 从归纳公理 I 的充分性方向或与之等价的经典公理 II 直接推导得到，因为后置条件 $[\alpha]P$ 强于 $P\to[\alpha]P$：

$$
\begin{array}{c}
\dfrac{}{\quad}\ * \\
\mathrm{id}\ \dfrac{}{[\alpha]P,P\vdash[\alpha]P} \\
{\to}\mathrm{R}\ \dfrac{}{[\alpha]P\vdash P\to[\alpha]P} \\
\mathrm{M[\cdot]}\ \dfrac{}{[\alpha^*][\alpha]P\vdash[\alpha^*](P\to[\alpha]P)} \\
\mathrm{id}\ \dfrac{*}{P\vdash P}\qquad \\
{\wedge}\mathrm{R}\ \dfrac{}{P,[\alpha^*][\alpha]P\vdash P\wedge[\alpha^*](P\to[\alpha]P)} \\
{\wedge}\mathrm{L,I}\ \dfrac{}{P\wedge[\alpha^*][\alpha]P\vdash[\alpha^*]P} \\
{\to}\mathrm{R}\ \dfrac{}{\vdash P\wedge[\alpha^*][\alpha]P\to[\alpha^*]P}
\end{array}
$$

$\overleftarrow{[\,{}^*]}$ 的必要性方向 "→" 使用 $[\,{}^*]$、G、MR、$[\,]\wedge$ 从公理 II 或与之等价的公理 I 的充分性方向 "←" 推导得到，如图 7.8 所示。

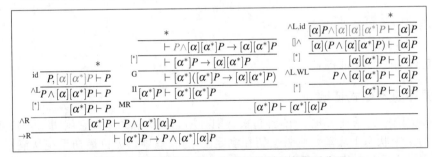

图 7.8　从替代的归纳公理推导得到反向展开公理

　　借助于反向迭代公理 $\overleftarrow{[\,{}^*]}$，公理 I 必要性方向 "→" 的证明是直截了当的，因为它们唯一的区别是后置条件中的附加假设 P：

$$
\begin{array}{c}
* \\
\mathrm{id}\ \dfrac{}{[\alpha]P,P\vdash[\alpha]P} \\
{\to}\mathrm{R}\ \dfrac{}{[\alpha]P\vdash P\to[\alpha]P} \\
\mathrm{M[\cdot]}\ \dfrac{}{[\alpha^*][\alpha]P\vdash[\alpha^*](P\to[\alpha]P)} \\
{\wedge}\mathrm{L,WL}\ \dfrac{}{P\wedge[\alpha^*][\alpha]P\vdash[\alpha^*](P\to[\alpha]P)} \\
\overleftarrow{[\,{}^*]}\ \dfrac{}{[\alpha^*]P\vdash[\alpha^*](P\to[\alpha]P)} \\
\mathrm{id}\ \dfrac{*}{P\vdash P}\qquad \\
{\wedge}\mathrm{R}\ \dfrac{}{[\alpha^*]P\vdash P\wedge[\alpha^*](P\to[\alpha]P)} \\
{\to}\mathrm{R}\ \dfrac{}{\vdash[\alpha^*]P\to P\wedge[\alpha^*](P\to[\alpha]P)}
\end{array}
$$

这就完成了使用其他公理从归纳公理 I 的经典公式表述 II 推导出 I 的过程。

这个证明证实了 $[\alpha^*]P \to [\alpha^*][\alpha^*]P$，它有如下更强的公式表述。

引理 7.6(双重迭代公理[**]) 如下公理为派生公理：

$$[{}^{**}] \quad [\alpha^*;\alpha^*]P \leftrightarrow [\alpha^*]P$$

证明 合成公理[;]将证明简化到两个方向，其中方向"←"已经在图 7.8 的中间分支中得到证明：

$$
\begin{array}{c}
\cfrac{\cfrac{\cfrac{*}{[\alpha^*]P \wedge [\alpha][\alpha^*][\alpha^*]P \vdash [\alpha^*]P}}{[\alpha^*][\alpha^*]P \vdash [\alpha^*]P}}{\cfrac{\vdash [\alpha^*][\alpha^*]P \leftrightarrow [\alpha^*]P}{\vdash [\alpha^*;\alpha^*]P \leftrightarrow [\alpha^*]P}} \\
\end{array}
\quad
\begin{array}{c}
* \quad (\text{图 7.8}) \\
\cfrac{}{[\alpha^*]P \vdash [\alpha^*][\alpha^*]P}
\end{array}
$$

派生公理[**]的主要使用方式为从左到右，以便将两个后续循环折叠成一个。尖括号模态下的相应公理也可以用于将一个循环 $\langle\alpha^*\rangle P$ 拆分成两个单独的循环 $\langle\alpha^*;\alpha^*\rangle P$：

$$\langle{}^{**}\rangle \quad \langle\alpha^*;\alpha^*\rangle P \leftrightarrow \langle\alpha^*\rangle P$$

这种拆分可能是有用的，例如，为了表明在空的足球场上，机器人可以在控制回路中将球踢入球门。通过公理 $\langle{}^{**}\rangle$ 复制控制回路后，证明如下性质就足够了：第一个控制循环可以为机器人导航以足够接近球门以便有机会得分，然后第二个控制回路可以重复该过程直到进球得分。

习题

7.1 给出如下公式的相继式证明：
$$2gx = 2gH - v^2 \wedge x \geq 0 \to [x'=v, v'=-g \& x \geq 0](2gx = 2gH - v^2 \wedge x \geq 0)$$
如果我们删除演化域约束 $x \geq 0$，此性质是否仍然成立？也就是说，以下公式是否永真？
$$2gx = 2gH - v^2 \wedge x \geq 0 \to [x'=v, v'=-g](2gx = 2gH - v^2 \wedge x \geq 0)$$

7.2 7.3.1 节提出 P 和 $[\alpha]P$ 都可由式(7.3)得到。证明将迭代公理[*]再次用于式(7.3)确实可蕴涵得到 $[\alpha]P$。

7.3 **(候选的弹跳球不变式)** 弹跳球可以使用任何以下公式作为不变式来证明式(7.1)吗？解释为什么。
$$j(x,v) \stackrel{\text{def}}{\equiv} (x=0 \vee x=H) \wedge v=0$$
$$j(x,v) \stackrel{\text{def}}{\equiv} 0 \leq x \wedge x \leq H \wedge v^2 \leq 2gH$$
$$j(x,v) \stackrel{\text{def}}{\equiv} 0 \leq x \wedge x \leq H \wedge v \leq 0$$

7.4 不用单调性规则 MR 给出式(7.12)的相继式证明。

7.5 **(阻尼弹跳球)** 7.4 节在 dL 相继式演算中证明了弹跳球公式(式(7.12))，但只针对 $c=1$ 的情形，即在反弹时没有阻尼。不考虑 Quantum，实际弹跳球反弹不会这么完美，阻尼系数只能满足 $0 \leq c \leq 1$。找出一个合适的不变式并对该一般情形作出相继式演算证明。

7.6 找出循环不变式证明以下 dL 公式：
$$x > 1 \to [(x := x+1)^*]x \geq 0$$
$$x > 5 \to [(x := 2)^*]x > 1$$
$$x > 2 \wedge y \geq 1 \to [(x := x+y; y := y+2)^*]x > 1$$

$$x>2 \wedge y \geqslant 1 \rightarrow [(x'=y)^*]x>1$$

$$x>2 \wedge y \geqslant 1 \rightarrow [(x:=y;x'=y)^*]x \geqslant 1$$

$$x=-1 \rightarrow [(x:=2x+1)^*]x \leqslant 0$$

$$x=-1 \rightarrow [(\{x'=2\})^*]x \geqslant -5$$

$$x=5 \wedge c>1 \wedge d>-c \rightarrow [(\{x'=c+d\})^*]x \geqslant 0$$

$$x=1 \wedge u>x \rightarrow [(x:=2;\{x'=x^2+u\})^*]x \geqslant 0$$

$$x=1 \wedge y=2 \rightarrow [(x:=x+1;\{x'=y,y'=2\})^*]x \geqslant 0$$

$$x \geqslant 1 \wedge v \geqslant 0 \rightarrow [(\{x'=v,v'=2\})^*]x \geqslant 0$$

$$x \geqslant 1 \wedge v>0 \wedge A>0 \rightarrow [((a:=0 \cup a:=A);\{x'=v,v'=a\})^*]x \geqslant 0$$

7.7 给出规则 ind 的直接语义可靠性证明，并将该可靠性证明和规则 loop 的可靠性证明进行对比，观察其异同。

7.8 **(常量参数假设)**   如例 7.3 所示，对于循环不变式规则 loop 或其核心对应规则 ind 来说，在归纳步骤中（或在规则 loop 的第三个前提中）保留上下文 Γ、Δ 是不可靠的。足够小心的话，仍然可以选择保留某些 Γ 和 Δ 中的公式而不失可靠性。这些公式在 Γ 和 Δ 中仅涉及 HP α^* 运行期间不会更改的常量参数。给出语义论证，为什么 Γ 或 Δ 中这样的常量公式 q 可以可靠地保留。然后，借助 5.6.2 节中的空虚公理 V 证明可以在归纳步骤中保留 q。

7.9 **(远归纳)**   远归纳公理是为了更快地归纳，因为它的归纳步骤一次完成两个步骤。它可靠吗？证明它是可靠的或给出反例。

$$[\alpha^*]P \leftrightarrow P \wedge [\alpha^*](P \rightarrow [\alpha][\alpha]P)$$

7.10 **(展开)**   本章附录在 7.7.2 节中对循环展开作了系统考虑，由此推动了循环不变式证明规则的提出。我们展开循环的方式有两种，或者如图 7.6 中直接展开，或者使用图 7.7 中的中间条件泛化展开。这两种方式最终让我们得到相同的归纳原理。但是，如果我们只对展开感兴趣，那么两种展开方式哪一种更有效？哪一种产生的在论证中会分散注意力的前提更少？哪一种最初可供选择的不同中间条件 E_i 更少？

7.11 **(首次到达)**   证明首次到达公理是可靠的，它阐明如果重复 α 可以到达 P，那么或者 P 立即为真，或者重复 α 到达某个状态，其中 P 不为真但在 α 的下一次迭代后将变为真：

$$FA\langle\alpha^*\rangle P \rightarrow P \vee \langle\alpha^*\rangle(\neg P \wedge \langle\alpha\rangle P)$$

*7.12 **(运动中的篮球)**   确定对弹跳球初始状态的要求，允许它最初运动，因此比 $v=0$ 更一般。证明这种弹跳球的变化是安全的。

参考文献

[1] Alessandro Cimatti, Sergio Mover, and Stefano Tonetta. SMT-based scenario verification for hybrid systems. *Formal Methods in System Design* **42**(1) (2013), 46–66. DOI: 10.1007/s10703-012-0158-0.

[2] Edmund M. Clarke, Armin Biere, Richard Raimi, and Yunshan Zhu. Bounded model checking using satisfiability solving. *Form. Methods Syst. Des.* **19**(1) (2001), 7–34. DOI: 10.1023/A:1011276507260.

[3] Andreas Eggers, Martin Fränzle, and Christian Herde. SAT modulo ODE: a direct SAT approach to hybrid systems. In: *Automated Technology for Verification and Analysis, 6th International Symposium, ATVA 2008, Seoul, Korea, October 20-23, 2008. Proceedings.* Ed. by Sung Deok Cha, Jin-Young

Choi, Moonzoo Kim, Insup Lee, and Mahesh Viswanathan. Vol. 5311. LNCS. Berlin: Springer, 2008, 171–185. DOI: 10.1007/978-3-540-88387-6_14.

[4] David Harel, Dexter Kozen, and Jerzy Tiuryn. *Dynamic Logic*. Cambridge: MIT Press, 2000.

[5] Soonho Kong, Sicun Gao, Wei Chen, and Edmund M. Clarke. dReach: δ-reachability analysis for hybrid systems. In: *Tools and Algorithms for the Construction and Analysis of Systems - 21st International Conference, TACAS 2015, Held as Part of the European Joint Conferences on Theory and Practice of Software, ETAPS 2015, London, UK, April 11-18, 2015. Proceedings*. Ed. by Christel Baier and Cesare Tinelli. Vol. 9035. LNCS. Berlin: Springer, 2015, 200–205.

[6] Carla Piazza, Marco Antoniotti, Venkatesh Mysore, Alberto Policriti, Franz Winkler, and Bud Mishra. Algorithmic algebraic model checking I: challenges from systems biology. In: *CAV*. Ed. by Kousha Etessami and Sriram K. Rajamani. Vol. 3576. LNCS. Berlin: Springer, 2005, 5–19. DOI: 10.1007/11513988_3.

[7] André Platzer. The complete proof theory of hybrid systems. In: *LICS*. Los Alamitos: IEEE, 2012, 541–550. DOI: 10.1109/LICS.2012.64.

[8] André Platzer. A complete uniform substitution calculus for differential dynamic logic. *J. Autom. Reas.* **59**(2) (2017), 219–265. DOI: 10.1007/s10817-016-9385-1.

[9] André Platzer and Edmund M. Clarke. The image computation problem in hybrid systems model checking. In: *HSCC*. Ed. by Alberto Bemporad, Antonio Bicchi, and Giorgio C. Buttazzo. Vol. 4416. LNCS. Springer, 2007, 473–486. DOI: 10.1007/978-3-540-71493-4_37.

[10] Vaughan R. Pratt. Semantical considerations on Floyd-Hoare logic. In: *17th Annual Symposium on Foundations of Computer Science, 25-27 October 1976, Houston, Texas, USA*. Los Alamitos: IEEE, 1976, 109–121. DOI: 10.1109/SFCS.1976.27.

243

244

事件与响应

概要　通过循环展开和不变式表征的控制回路的逻辑特征，我们已经理解了控制回路在信息物理系统中的分析含义。本章研究它们对**事件触发控制系统**(也称为事件驱动控制系统)这一重要设计范式的影响。在这样的系统中，控制器会对特定事件做出响应，无论它们什么时候发生。那么，由此得到的对所关注的各类事件的检测将在控制回路中执行。安全的控制器对每个相关事件做出适当的响应。这种针对各个事件直接响应的原理提供了设计事件触发 CPS 控制器的系统方法，并让安全性论证变得相对简单。但事件触发系统很难实现，因为它们需要完美的事件检测。这使得本章可作为 CPS 的一些关键建模课程的理想设置。

8.1　引言

第 3 章中已经介绍了控制和循环在 CPS 模型中的重要性，第 5 章阐述了一种方法迭代地展开循环，从而将重复和循环体运行联系起来，第 7 章解释了使用不变式的循环的中心归纳证明原理。

这样看来我们已经介绍了很多有关循环的知识，但是关于循环还有更多的东西需要学习。这并非巧合，因为循环或其他形式的重复是 CPS 中最困难的挑战之一[3-6]。另一个困难的挑战来自微分方程。如果微分方程很简单而且没有循环，则 CPS 忽然变得容易了(它们甚至是可判定的了[4])。

本章将重点介绍 CPS 这两个困难的部分如何相互作用：循环如何与微分方程接口。根本上该接口是信息和物理部分之间的联系，正如我们自第 2 章就知道的那样，本质上它由演化域约束来表示，这些约束决定了物理何时暂停以便让信息可以观察与行动。

本章和下一章的重点是两种重要的范式，它们让信息与物理接口以形成信息物理系统。这两种范式在经典嵌入式系统中起着同样重要的作用。一种范式是事件触发控制，其中对事件的响应主导着系统的行为，并且只要观察到一个事件就采取动作。另一种范式是时间触发控制，它使用周期性动作来影响系统在特定频率下的行为。这两种范式都自然遵循对 CPS 的混成程序原理的理解。本章将学习事件触发控制，而下一章则探讨时间触发控制。这两章互为补充，它们对于几乎任何 CPS 模型和控制器的设计都很重要，在简单的嵌入式系统中也很重要。事件和对事件的正确响应将是本章选择应对的挑战。

基于第 7 章中对循环的理解，本章最重要的学习目标如下所示。

建模与控制：本章为 CPS 建模提供了许多重要的经验教训。我们将建立对 CPS 控制回路的一个重要设计范式的理解：事件触发控制。本章研究与该反馈机制相对应的模型和控制的开发方法，该机制基于对系统每个相关事件做出适当的控制响应。这对于建模来说非常微妙。本章重点介绍具有连续感知的 CPS 模型，即我们假设传感器数据随时可用并且可随时检查。

计算思维：本章研究具有事件触发控制的 CPS 模型，方法是使用第 7 章中利用不变式的 CPS 循环严格推理技术，这基于第 5 章中的公理体系推理方法。本章以弹跳球为基础，作为一个通行示例，在一个直观的例子中很好地展现了混成系统模型的微妙之处。这次，我们将控制决策添加到弹跳球中，将其变成上下运动的乒乓球，这保留了弹跳球的直观简洁性，同时让我们能够总结出如何正确设计事件触发控制系统的普遍经验教训。虽然本章很难宣称阐明了如何验证任何较大规模的 CPS 模型，但本章中所奠定的基础无疑对许多实际应用具有重要意义，因为安全事件触发控制器的设计遵循在这里展示的简单而有代表性的例子中开发的相同原理。首先阅读信息和物理如何以事件触发的方式相互作用更容易，因为弹跳球的现象会更为简单且熟悉，这提供了相同的普遍经验教训但设置更加简单。

　　CPS 技能：本章建立对事件触发控制的精确语义的理解，这种控制即使表面上很简单，也常常会十分微妙。对语义的这种理解也将指导我们更直观地理解事件触发控制引起的操作效果。最后，本章首次简要地展示了高层次模型预测控制和基于不变式的设计，即使该主题还有很多内容可以讲述。

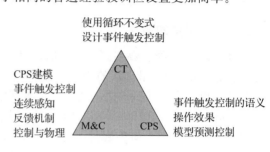

246

8.2　对控制的需要

　　考虑到从第 4 章开始已经适应了 Quantum 这个恐高的小小弹跳球，本章将简单继续沿用 Quantum。然而，Quantum 现在要求的动作更多，因为到目前为止没有选择只能等待他落地，即高度为 $x=0$。当他耐心等待，最终观察到高度为 $x=0$ 时，唯一可做的只是反弹回来。可选动作如此有限，Quantum 感到沮丧，并乞求要一个乒乓球拍。由此有了机会用乒乓球拍四处拍打，Quantum 对此感到兴奋不已，并首先做了一些在各个方向上使用乒乓球拍的实验。但是，如果试着横向用乒乓球拍，他根本不知道自己会落在什么地方，所以他很快放弃了横向挥拍的想法。这个弹跳球可能已经习惯了在同一地点上下跳动的轨迹，所以他接受了保持这样运动的想法。借助于乒乓球拍，Quantum 很希望做同样的运动只是可能更快一点，而不用冒着因恐高症而造成恐惧的风险。让我们不管怎样都要研究这个情况[⊖]，而不理会孟乔森顾虑，即按照牛顿第三定律阐述的反作用力，如果球对自己用乒乓球拍的话，球拍对球起不了什么作用。毕竟，疯狂喜爱乒乓的弹跳球 Quantum 仍然有办法让控制变得有趣：物理系统的动态，决定什么时候做出反应以及如何对观察到的系统状态做出反应。

　　第 7 章证明了带重复的无阻尼弹跳球（如图 8.1 所示）。

图 8.1　弹跳球自由弹跳的样本轨迹
（绘制为位置随时间的变化）

247

$$0 \leqslant x \wedge x = H \wedge v = 0 \wedge g > 0 \wedge 1 = c \rightarrow$$
$$\left[(\{x' = v, v' = -g \,\&\, x \geqslant 0\}; (?x=0; v := -cv \cup ?x \neq 0))^* \right] \quad (0 \leqslant x \wedge x \leqslant H)$$

$$(7.12^*)$$

⊖　如果你发现很难想象一个弹跳球使用乒乓球拍在头顶拍打自己把自己拍回到地上，只需退一步考虑乒乓球有遥控器的情况，这样可以激活一个向下挥动乒乓球拍的设备。这同样好使，但没那么有趣。此外，如果我们满足于这么一个简单的解释说明为什么需要控制，巴伦·孟乔森肯定会非常失望。

有了这样对弹跳球相当全面的理解，让我们来看看如何巧妙挥动乒乓球拍将简单的弹跳球变成花式乒乓球。Quantum 试图挥动乒乓球拍。经过仅仅上下挥动乒乓球拍，Quantum 最终弄明白了，一旦球拍从球顶拍球，球就会快速回落。他还学习到，向上挥拍不仅困难而且相当危险。从乒乓球下方向上挥动乒乓球拍相当复杂，而且只会让球比之前飞得更高。但是，这正是恐高的弹跳球 Quantum 完全无法享受的，所以他只使用乒乓球拍向下拍球。而横着挥动乒乓球拍会使弹跳球离开它最喜欢的轨迹，即在同一地点上下运动。

8.2.1　控制中的事件

Quantum 选择了数字 5 来作为他觉得舒服的高度，因此他希望证实 $0 \leqslant x \leqslant 5$ 始终成立，作为 Quantum 最喜欢的安全性条件。Quantum 进一步在类似高度安装了乒乓球拍，这样他可以在高度 4 到 5 之间的某个位置挥拍。他非常小心以确保他只在球在球拍下面时向下挥拍，而不会在球在上面时向上挥，因为这会让他高得可怕。因此，乒乓球拍的效果只是扭转球的方向。简单起见，Quantum 认为被乒乓球拍击中的效果可能类似于撞到地面，除了将阻尼系数 c 换为可能不同的反弹系数 $f \geqslant 0$。[⊖] 所以以这种方式挥动的球拍可简

[248]单地假设其效果为 $v := -fv$。由于 Quantum 可以决定以他认为合适的方式使用乒乓球拍(在乒乓球拍能够到达的高度 4 和 5 之间)，可以通过为弹跳球模型中的 HP 添加额外的(非确定性)选择来获得乒乓球模型。乒乓球的样本轨迹如图 8.2 所示，其中乒乓球拍使用了两次。观察使用乒乓球拍(图中仅在高度 $x = 5$ 处)如何让球更快地反弹回来。

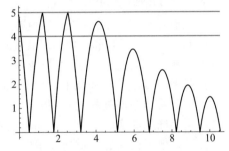

图 8.2　乒乓球的样本轨迹(绘制为位置随时间的变化)，其中标明了乒乓球拍的挥拍范围

考虑到这些想法，弹跳球为乒乓设计了一个新的改进的 HP 并猜测了它的安全性需求，如下面的 dL 公式所示：

$$0 \leqslant x \wedge x \leqslant 5 \wedge v \leqslant 0 \wedge g > 0 \wedge 1 \geqslant c \geqslant 0 \wedge f \geqslant 0 \rightarrow$$
$$[(\{x'=v; v'=-g \& x \geqslant 0\};$$
$$(?x=0; v := -cv \cup ?4 \leqslant x \leqslant 5; v := -fv \cup ?x \neq 0))^*] \quad (0 \leqslant x \leqslant 5) \qquad (8.1)$$

Quantum 将第 4 章中的笛卡儿怀疑论原则铭记于心，这个有志气的乒乓球先仔细检查了猜想(式(8.1))，然后开始证明。哪里会出错呢？

一方面，式(8.1)以 $?4 \leqslant x \leqslant 5; v := -fv$ 允许使用球拍的正确控制选项，但它也总是允许在地面之上时的错误选择 $?x \neq 0$。记住，非确定性选择正是非确定的！因此，如果 Quantum 运气不好，那么运行式(8.1)中的 HP 可能永远不会选择中间选项，而且如果球最初具有较大的向下速度 v，即使它最初低于 5，它也会跳回到高于 5 的位置。这种情况证伪了式(8.1)。例如，可以从如下初始状态 ω 构造具体的反例

$$\omega(x) = 5, \omega(v) = -10^{10}, \omega(c) = \frac{1}{2}, \omega(f) = 1, \omega(g) = 10$$

图 8.3 显示了一个不那么极端的情况，其中在时间 3 左右的第一次控制工作得完美无

⊖　真实的情况有点复杂，但 Quantum 还不知道更好的方法。

缺，但第二个事件被遗漏了。

尽管在他的第一次控制尝试中遇到了这样的挫折，但 Quantum 对他可以做出真正的控制决策而产生的额外前景感到激动。因此，Quantum "仅"需要确定如何限制控制决策，使得非确定性只会采取（可能很多个）正确控制选择之一，这是 CPS 控制中的一个常见问题。Quantum 怎么能修复控制中的这个错误，并将自己变成一个大胆的乒乓球？式 (8.1) 中控制器的问题在于它允许太多选择，其中一些是不安全的。确保乒乓球拍按预期动作需要限制这些选择并让它们更有确定性：

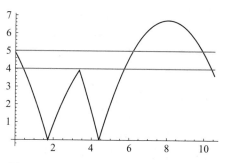

图 8.3　乒乓球的样本轨迹（绘制为位置随时间的变化），其中错过了挥动乒乓球拍的某个事件

$$0 \leq x \wedge x \leq 5 \wedge v \leq 0 \wedge g > 0 \wedge 1 \geq c \geq 0 \wedge f \geq 0 \rightarrow$$
$$[(\{x' = v, v' = -g \& x \geq 0\};$$
$$(?x = 0; v := -cv \bigcup ?4 \leq x \leq 5; v := -fv \bigcup ?x \neq 0 \wedge x < 4 \vee x > 5))^*] \quad (0 \leq x \leq 5)$$
$$(8.2)$$

回顾第 3 章中的 if(E)α elseβ 语句，同样的系统可以等价地建模为：

$$0 \leq x \wedge x \leq 5 \wedge v \leq 0 \wedge g > 0 \wedge 1 \geq c \geq 0 \wedge f \geq 0 \rightarrow$$
$$[(\{x' = v, v' = -g \& x \geq 0\};$$
$$(?x = 0; v := -cv \bigcup ?x \neq 0; \text{if}(4 \leq x \leq 5) v := -fv))^*] \quad (0 \leq x \leq 5)$$

或者，再次使用 if-then-else，得到如下更短的等价公式

$$0 \leq x \wedge x \leq 5 \wedge v \leq 0 \wedge g > 0 \wedge 1 \geq c \geq 0 \wedge f \geq 0 \rightarrow$$
$$[(\{x' = v, v' = -g \& x \geq 0\};$$
$$\text{if}(x = 0) v := -cv \text{ else if}(4 \leq x \leq 5) v := -fv)^*] \quad (0 \leq x \leq 5) \quad (8.3)$$

式 (8.3) 永真吗？

在你继续阅读之前，看看你是否能自己找到答案。

8.2.2　事件检测

式 (8.3) 中控制器的问题在于，即使在控制器运行时总是做出适当的控制选择，该模型也不能确保控制器在需要时运行。球拍控制仅在微分方程停止后运行，这几乎可以发生在任何时候。微分方程只保证球在地面上 ($x = 0$) 反弹时停止，因为继续往下的话将不再满足它的演化域约束 $x \geq 0$。在地面之上时，微分方程模型对它可能演化多长时间没有任何限制。回忆第 2 章中，微分方程的语义是非确定的，因为系统可以遵循微分方程任意长时间，只要它不违反演化域约束。特别地，式 (8.3) 中的 HP 可能会错过乒乓球拍控制想要响应的有趣事件 $4 \leq x \leq 5$。系统可能只是跳过了该区域，即遵循微分方程 $x' = v$，$v' = -g \& x \geq 0$ 而没注意事件 $4 \leq x \leq 5$ 已经过去了。

如何修改式 (8.3) 中的 HP 以确保始终注意而永远不会错过事件 $4 \leq x \leq 5$？

在你继续阅读之前，看看你是否能自己找到答案。

基本上，避免系统遵循微分方程时间过长的唯一方法是限制演化域约束，这是让信息

和物理相互作用的主要方式。实际上，这就是式(8.3)中的演化域约束…&$x \geqslant 0$ 最初做到的。即使引入该演化域是出于不同的原因(第一原理主张的是，轻的球永远不会摔穿坚实的地面)，它的次要效果是确保地面控制器?$x = 0$；$v := -cv$ 永远不会错过合适的时间采取行动并将球的方向从下落扭转为上升。

注解 40(演化域检测事件) 混成程序中微分方程的演化域约束可以检测事件。也就是说，它们可以确保只要控制想针对采取行动的事件发生，系统演化就会停止。没有这样的演化域约束，控制器不一定保证执行并可能错过该事件。

根据这些想法进一步思考表明，应该为演化域增加更多的约束以确保永远不会意外遗漏有意义的事件 $4 \leqslant x \leqslant 5$。如何才能做到这一点？是否应该在演化域中将该事件作为合取项，如下所示？

$$0 \leqslant x \wedge x \leqslant 5 \wedge v \leqslant 0 \wedge g > 0 \wedge 1 \geqslant c \geqslant 0 \wedge f \geqslant 0 \rightarrow$$
$$[(\{x' = v, v' = -g \,\&\, x \geqslant 0 \wedge 4 \leqslant x \leqslant 5\};$$
$$\text{if}(x = 0)v := -cv \text{ else if}(4 \leqslant x \leqslant 5)v := -fv)^*] \quad (0 \leqslant x \leqslant 5)$$

在你继续阅读之前，看看你是否能自己找到答案。

当然不是！这个演化域完全与事实不符，它要求球的高度总是处于 4 到 5 之间，对于任何有自尊的弹跳球来说，这很难说是正确的物理模型。这样的话，球怎么可能掉到地上并反弹回来？不可能实现。

然而，进一步考虑后发现，HP 检测到事件 $x = 0$ 的方式也不是在演化域约束中包括…&$x = 0$，而是仅仅包括包含性限定约束…&$x \geqslant 0$，这确保了系统完全可以在事件域 $x = 0$ 之前演化，但是它不能冲过事件 $x = 0$。对于意向中的乒乓球拍事件 $4 \leqslant x \leqslant 5$，包括这样的包含性限定约束对应的会是什么？

当球跳到空中时，必须采取行动以确保不会错过事件 $4 \leqslant x \leqslant 5$ 的最后时刻是 $x = 5$。因此，应该在演化域约束中的某处加上相应的包含性限定约束 $x \leqslant 5$。与之直接类比的事实是，演化域约束 $x \geqslant 0$ 的作用是确保检测到离散事件 $x = 0$ 从而可以采取离散动作让球反弹回来。

$$0 \leqslant x \wedge x \leqslant 5 \wedge v \leqslant 0 \wedge g > 0 \wedge 1 \geqslant c \geqslant 0 \wedge f \geqslant 0 \rightarrow$$
$$[(\{x' = v, v' = -g \,\&\, x \geqslant 0 \wedge x \leqslant 5\}; \qquad (8.4)$$
$$\text{if}(x = 0)v := -cv \text{ else if}(4 \leqslant x \leqslant 5)v := -fv)^*] \quad (0 \leqslant x \leqslant 5)$$

这是正确的模型吗？式(8.4)永真吗？公式中的 HP 会确保不会错过关键事件 $4 \leqslant x \leqslant 5$ 吗？

在你继续阅读之前，看看你是否能自己找到答案。

式(8.4)是永真的。然而，式(8.4)完全不是一个值得考虑的适当公式！了解这里的原因绝对至关重要。

但是，首先请注意，式(8.4)中的 HP 允许在 $4 \leqslant x \leqslant 5$ 范围内的任意高度使用乒乓球拍。它的演化域约束强制最迟将在高度 $x = 5$ 时注意到该事件 $4 \leqslant x \leqslant 5$。因此，究竟何时在该范围内挥动乒乓球拍是非确定的(即使控制设计为确定性的)，因为对微分方程持续时间的选择仍然是非确定性的。这允许在最后高度 $x = 5$ 或者说在球到达高度 $x = 5$ 之前控制乒乓球拍，如图 8.4 所示。

请注意，式(8.4)不能确保不会错过关键事件 $4 \leqslant x \leqslant 5$ 的情形为：球上升到比事件下限触发高度 4 高，但在超过事件上限触发高度 5 之前已经又开始往下落了。乒乓球的这种可能行为已经在图 8.2 中示出。然而，这实际上并不会有问题，因为在不需要乒乓球拍确保高度控制的情况下错过了挥动球拍的机会，只是错过了获得乐趣的机会，而不是错过关键的控制选择。

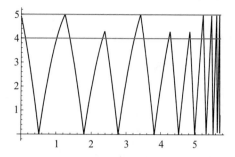

但是式(8.4)存在更深层次的问题。式(8.4)毫无疑问是永真的。但为什么？微分方程 $x'=v$，$v'=-g \, \& \, x \geqslant 0 \wedge x \leqslant 5$ 的所有运行都保持在安全性条件 $0 \leqslant x \leqslant 5$ 内，因为其构造如此。所有运行都不允许离开区域 $x \geqslant 0 \wedge x \leqslant 5$，毕竟这是它们的演化域约束。因此，式(8.4)的安全性为平凡真，因为它阐述的是一个系统被限制为不离开 $x \leqslant 5$，则它不能离开 $x \leqslant 5$，这是一个并无价值的观察。更仔细的证明涉及每次循环时，后置条件都平凡

图 8.4　乒乓球的样本轨迹(绘制为位置随时间的变化)，图中标明了乒乓球拍的挥拍范围，有时挥拍早，有时晚

地成立，因为根据定义微分方程的演化约束保持它成立，并且随后的离散控制永远不会改变后置条件所依赖的唯一变量 x。稍等，循环不必运行，却可能会由于迭代次数为零而跳过。然而，在这种情况下，前置条件确保后置条件成立，因此，式(8.4)确实是永真的，但只是为平凡永真。

注解 41(物理学的不可协商性)　使系统构造即安全是个好主意；但不是通过改变物理定律，因为物理世界可能不合人意但它是不可协商的。如果 CPS 模型是安全的唯一原因是我们忘记对真实物理系统的所有相关行为建模，而是对另一个世界建模，那么关于那些不适当模型的正确性陈述不符合现实。我们不会为另一个世界编写 CPS 程序而让这个世界变得更安全！

造成模型与事实不符的一个常见原因是演化域约束限制性太强，从而排除了物理上现实的行为。

这就是式(8.4)中发生的事情。Quantum 不想错过事件 $4 \leqslant x \leqslant 5$，他被此占据了头脑而忘记在模型中包含该事件发生后的行为。

将此与演化域约束 $\cdots \& \, x \geqslant 0$ 的作用进行对比，后者由于物理原因而包括在系统中：对保证从地面弹回建模，并防止球跌穿地面。约束 $x \geqslant 0$ 模拟了球不能穿过固体土壤下落的物理限制。将演化域约束 $\cdots \& \, x \leqslant 5$ 添加到乒乓 HP 中是由于完全不同的原因。它的作用是对控制器的行为建模，但模型并不恰当，因为我们尝试站不住脚，排除了现实中可能发生的物理行为。没有理由相信物理会这么友好，只在 $x \leqslant 5$ 内演化，只是因为我们的控制器模型想要响应那时的某个事件。记住永远不要这样做。永远！

注解 42(物理约束对控制约束)　系统模型的某些约束是因为物理原因包括进来的；后来添加其他约束用于描述控制器。当你所想要做的只是对系统控制器施加约束时，请注意不要意外地限制物理行为。物理学不会听从你的欲望！这适用于演化域约束，但也适用于系统模型的其他方面，例如测试。可以限制乒乓球拍施加的力，因为这是由控制器决定的。但是控制器限制或改变重力或阻尼系数的值并不是一个好主意，因为不先离开地球这颗行星，这很难实现。

为了更正式地说明这一点，我们可以直接从式(8.4)的证明中说明它的模型已经损坏了。让我们使用以下缩写：

$$A \overset{\text{def}}{\equiv} 0 \leqslant x \wedge x \leqslant 5 \wedge v \leqslant 0 \wedge g > 0 \wedge 1 \geqslant c \geqslant 0 \wedge f \geqslant 0$$

$$B(x) \overset{\text{def}}{\equiv} 0 \leqslant x \wedge x \leqslant 5$$

$$\{x'' = .. \& x \geqslant 0 \wedge x \leqslant 5\} \overset{\text{def}}{\equiv} \{x' = v, v' = -g \& x \geqslant 0 \wedge x \leqslant 5\}$$

$$\text{ctrl} \overset{\text{def}}{\equiv} \text{if}(x = 0) v := -cv \text{ else if}(4 \leqslant x \leqslant 5) v := -fv$$

式(8.4)的证明非常简单直接：

$$
\text{loop} \dfrac{
\mathbb{R} \dfrac{*}{A \vdash B(x)} \quad
[;] \dfrac{
\text{dW} \dfrac{
\text{V} \dfrac{
\mathbb{R} \dfrac{*}{x \geqslant 0 \wedge x \leqslant 5 \vdash B(x)}
}{x \geqslant 0 \wedge x \leqslant 5 \vdash [\text{ctrl}]B(x)}
}{B(x) \vdash [\{x'' = .. \& x \geqslant 0 \wedge x \leqslant 5\}][\text{ctrl}]B(x)}
}{B(x) \vdash [\{x'' = .. \& x \geqslant 0 \wedge x \leqslant 5\}; \text{ctrl}]B(x)} \quad
\mathbb{R} \dfrac{*}{B(x) \vdash B(x)}
}{A \vdash [(\{x'' = .. \& x \geqslant 0 \wedge x \leqslant 5\}; \text{ctrl})^*]B(x)}
$$

除了对未修改的后置条件使用引理 5.11 中的空虚公理 V 之外，该相继式证明使用微分弱化证明规则 dW，这将稍后在第 11 章引理 11.2 中全面探讨，但现在也已经很容易理解了[⊖]。微分弱化证明规则 dW 证明了由微分方程演化约束 Q 蕴涵的任何后置条件 P。

$$\text{dW} \quad \dfrac{Q \vdash P}{\Gamma \vdash [x' = f(x) \& Q]P, \Delta}$$

这是式(8.4)的一个优美而简单的证明，但有一个问题。你能发现它吗？

254

在你继续阅读之前，看看你是否能自己找到答案。

式(8.4)的上述证明完全由微分弱化规则 dW 和空虚公理 V 得到。微分弱化规则 dW 抛开微分方程 $\{x' = v, v' = -g\}$ 并且完全从演化域约束进行推导。空虚公理 V 则抛开了控制器 ctrl，因为它的后置条件 $B(x)$ 并不读取 HP ctrl 写入的任何变量，这里只包括 v。

好吧，这是一个非常有效率的证明。但它完全抛弃了微分方程和控制器，这一事实表明该性质独立于微分方程和控制器，因此对于不给 x 赋值的任何其他控制器和任何其他共享相同演化域约束 $x \geqslant 0 \wedge x \leqslant 5$ 的微分方程（不管是不是受重力作用的弹跳球），它都成立。

注解 43(无关性)　在构建了证明之后，我们可以回过头来检查需要哪些假设、哪些演化域约束、哪些微分方程以及控制器的哪部分作出证明。这不仅有助于识别假设是关键的还是不相关的，而且还可以识别控制器或动态的哪个部分可以更改而不影响性质的真值。如果控制器和微分方程几乎每方面都变得无关紧要，那我们应该对模型保持警惕。更一般地说，证明所依赖的一组事实和表达式告诉我们其结论的一般性或独特性。如果证明独立于混成程序的大多数特性，那么它陈述的是一个非常广泛适用的一般性质，但它也没有告诉我们这个特定的混成程序所独有的任何特别深刻的事实。

因此，微分方程及控制器与式(8.4)上述证明无关这一事实再次确认它的物理模型坏掉了，因为我们的实践经验清楚地表明乒乓球的安全性确实取决于巧妙使用乒乓球拍。

8.2.3　划分世界

让我们对这种建模上的灾难进行弥补，开发一个有两种行为的模型，即既有该事件之前的行为又有之后的行为，只是它们在不同的连续程序中，这样就不会意外地错过中间的决定性事件。

[⊖]　对于可解微分方程，规则 dW 当然可以通过适当的泛化步骤从解公理[′]推导出。但规则 dW 对于任何其他微分方程都是可靠的，这就是为什么它将在第二部分的第 11 章中探讨，该部分侧重于高等微分方程。

$$0 \leqslant x \wedge x \leqslant 5 \wedge v \leqslant 0 \wedge g > 0 \wedge 1 \geqslant c \geqslant 0 \wedge f \geqslant 0 \rightarrow$$

$$[(((\{x'=v, v'=-g \& x \geqslant 0 \wedge x \leqslant 5\} \cup \{x'=v, v'=-g \& x > 5\}); \qquad (8.5)$$

$$\text{if}(x=0)v := -c \text{else if}(4 \leqslant x \leqslant 5)v := -fv)^{*}] \quad (0 \leqslant x \leqslant 5)$$

相比式(8.4)中具有单个演化域约束的单个微分方程,式(8.5)中的 HP 代之以在两个微分方程之间的(非确定性)选择,这两个微分方程实际上都是相同的,但具有两个不同的演化域约束。左边的连续系统被限制在下部物理空间 $x \geqslant 0 \wedge x \leqslant 5$,右边的连续系统被限制在上部物理空间 $x > 5$。每次循环重复时,都可以选择下部物理的方程或上部物理的方程。但系统从来都不能在这些微分方程中停留太长时间,例如,当球低于 5 并且向上速度非常快时,它不能在左边微分方程中停留到高度 5 以上,所以它必须停止连续演化,让后续的控制器有机会检查状态并在事件 $4 \leqslant x \leqslant 5$ 发生时做出响应。

现在,式(8.5)具有比欠考虑的式(8.4)更好的事件模型。式(8.5)是永真的吗?

在你继续阅读之前,看看你是否能自己找到答案。

不幸的是,式(8.5)中的模型铸下大错。我们的本意是将连续演化空间拆分成事件 $4 \leqslant x \leqslant 5$ 之前和之后的区域。但我们做得太过了,因为现在空间破碎为两个不相交的区域,即下部物理空间 $x \geqslant 0 \wedge x \leqslant 5$ 和上部物理空间 $x > 5$。乒乓球如何从一个区域转换到另一个?当然,当球在下部物理空间 $x \geqslant 0 \wedge x \leqslant 5$ 内向上运动时,它最迟必须在 $x = 5$ 时停止演化。但是,即使循环重复,球仍然不能在上部物理空间 $x > 5$ 中继续,因为它还没有到该区域。在 $x = 5$ 时,它距离 $x > 5$ 还有无穷小的一步。当然,Quantum 沿着微分方程只会连续运动。连续运动无法让球不离开区域 $x \geqslant 0 \wedge x \leqslant 5$ 而到达不相交的区域 $x > 5$。换句话说,式(8.5)中的 HP 意外模拟的是永远不会从下部物理空间转换到上部,反之亦然,因为它们之间存在无穷小的间隙。

注解 44(演化域的连通性和不相交性) 演化域约束需要仔细考虑,因为它们决定了系统可以演化的各个区域。不相交或不连通的演化域约束区域通常表明必须再次仔细考虑该模型,因为如果域未连通,则不能从一个域连续转换到另一个域。即使是域约束间的无穷小间隙也会在模型中导致数学上的奇特性,使其在物理上不现实。

让我们在两个域中都包括边界 $x = 5$ 来闭合 $x \geqslant 0 \wedge x \leqslant 5$ 和 $x > 5$ 之间的无穷小间隙:

$$0 \leqslant x \wedge x \leqslant 5 \wedge v \leqslant 0 \wedge g > 0 \wedge 1 \geqslant c \geqslant 0 \wedge f \geqslant 0 \rightarrow$$

$$[((((x'=v, v'=-g \& x \geqslant 0 \wedge x \leqslant 5) \cup (x'=v, v'=-g \& x \geqslant 5)); \qquad (8.6)$$

$$\text{if}(x=0)v := -c \text{else if}(4 \leqslant x \leqslant 5)v := -fv)^{*}] \quad (0 \leqslant x \leqslant 5)$$

现在,空间适当分离为下部物理空间 $x \geqslant 0 \wedge x \leqslant 5$ 和上部物理空间 $x \geqslant 5$,但系统在切换边界 $x = 5$ 时可以处于两个物理空间中的任意一个。这让球可以从下部物理空间传递到上部物理空间或者反过来,但转换仅在边界 $x = 5$ 处发生,它是在这种情况下两个演化域约束具有的唯一共同点。

事实上,通常的一个好主意是使用重叠的(并且通常是封闭的)演化域约束,以尽量减小在模型的域中意外地导致无穷小间隙的可能性。

现在,式(8.6)的事件模型比欠考虑的式(8.4)的事件模型好得多。式(8.6)永真吗?

在你继续阅读之前,看看你是否能自己找到答案。

当球从地面跳起时,式(8.6)中的模型让控制器不可能错过事件 $4 \leqslant x \leqslant 5$,因为 HP 中唯一适用于球在地面时的演化域约束是 $x \geqslant 0 \wedge x \leqslant 5$。并且,该演化域在 5 以上不再为真。然而,假设乒乓球遵循左选项中的连续程序从地面飞起,然后在高度 $x = 4.5$ 处停止演化，该过程始终完全保持在演化域 $x \geqslant 0 \wedge x \leqslant 5$ 内，因而是允许的。然后，在式(8.6)中间和最后一行之间的顺序合成之后，式(8.6)最后一行中的控制器运行，注意到事件检查的公式 $4 \leqslant x \leqslant 5$ 为真，并根据 $v := -fv$ 改变速度，这对应于用球拍拍打的假定效果。实际上这是在这种状态下控制器的唯一选择，因为它是确定性的，与微分方程非常不同。因此，速度刚刚变为负值，因为之前球在上升，速度是正的。因此可以重复循环，再次运行微分方程。然而，微分方程可能会演化到球的高度为 $x = 4.25$，这最终会发生，因为球的速度直到碰到地面之前都保持为负。如果微分方程此时停止，控制器将再次运行，判定 $4 \leqslant x \leqslant 5$ 仍为真，所以采取动作再次将速度更改为 $v := -fv$。然而，这将使速度再次为正，因为之前球在下降的过程中，速度为负。因此，球现在将继续上升，这再次威胁到后置条件 $0 \leqslant x \leqslant 5$。这会证伪式(8.6)吗，还是它是永真的？

在你继续阅读之前，看看你是否能自己找到答案。

进一步考虑后发现，单单这样还不会导致后置条件求值为假，因为弹跳球可以从 $x = 4.25$ 连续演化的唯一方式是式(8.6)左选项中的连续程序。并且该微分方程受限于演化域 $x \geqslant 0 \wedge x \leqslant 5$，这让控制器在 $x \leqslant 5$ 范围内运行。也就是说，控制器将再次注意到事件 $4 \leqslant x \leqslant 5$，用乒乓球拍把球往下拍回去，见图 8.5。

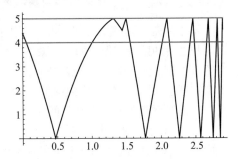

然而，完全相同的推理也适用于球成功地达到高度 $x = 5$ 的情况，在这一高度任何上升的球必须停止其连续演化，否则它会违反演化域 $x \geqslant 0 \wedge x \leqslant 5$。一旦发生这种情况，控制器就会运行，

图 8.5   乒乓球的样本轨迹(绘制为位置随时间的变化)，其中控制器对同一事件多次触发

257 注意到事件 $4 \leqslant x \leqslant 5$ 为真，并用乒乓球拍做出响应以使 $v := -fv$。

现在，如果循环重复但连续演化持续时间仅为零，这是完全允许的，那么条件 $4 \leqslant x \leqslant 5$ 仍然为真，所以控制器再次注意到这个"事件"并用乒乓球拍响应以使 $v := -fv$。这将使速度为正，循环可以重复，可以选择右选项中的连续程序，因为 $x \geqslant 5$ 成立，然后弹跳球就可以上升并消失在高高的天空中，只要它的速度足够快。图 8.6 描绘了这种行为。图 8.6b 发挥艺术自由，将第二次使用乒乓球拍延迟了一点点，从而可以更容易地区分乒乓球拍的两次使用，即使 HP 模型实际上并不允许这样做，因为这种行为实际上将反映为第三次使用乒乓球拍，如图 8.5 所示。

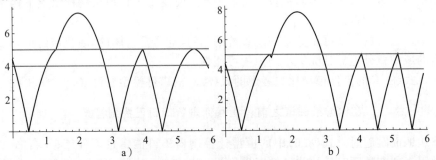

图 8.6   乒乓球的样本轨迹(绘制为位置随时间的变化)，其中控制器对上下物理空间的边界 $x = 5$ 上的同一事件多次触发

因此，式(8.6)非永真。太遗憾了！在遵循式(8.6)中的控制时，可怜的 Quantum 仍然必须担心高度问题。应该如何解决这个问题？

在你继续阅读之前，看看你是否能自己找到答案。

8.2.4　触发事件

式(8.6)中的问题是它左侧的微分方程确保永远不会错过事件 $4 \leqslant x \leqslant 5$，但它的控制可能会对此多次响应。应该把每次出现的事件 $4 \leqslant x \leqslant 5$ 都称为单独的事件吗？很确定的是，根据式(8.6)的控制对同一事件的重复响应会引起麻烦。

注解 45(事件多触发)　在事件触发控制中，请小心确保你是否希望事件仅在它们第一次出现时触发一次，或者即使检测到相同事件并且对此连续多次响应，系统仍然保持安全。后一种系统更加鲁棒。

解决这个问题的一种方法是改变控制器中的条件，以确保它只在球向上运动时响应事件 $4 \leqslant x \leqslant 5$，即当它的速度不为负时($v \geqslant 0$)。这是 Quantum 最初想到的，但是如复杂系统中历来发生的那样，他忽略了对此做适当控制。乒乓球拍应只在球往上飞起时向下挥动。

这些想法导致以下变化：

$$0 \leqslant x \wedge x \leqslant 5 \wedge v \leqslant 0 \wedge g > 0 \wedge 1 \leqslant c \geqslant 0 \wedge f \geqslant 0 \rightarrow$$
$$[(((\{x'=v, v'=-g \& x \geqslant 0 \wedge x \leqslant 5\} \cup \{x'=v, v'=-g \& x \geqslant 5\}); \quad (8.7)$$
$$\mathrm{if}(x=0)v := -cv \mathrm{else~if}(4 \leqslant x \leqslant 5 \wedge v \geqslant 0)v := -fv)^*] \quad (0 \leqslant x \leqslant 5)$$

因为当速度非零时球拍动作 $v := -fv$ 将让条件 $v \geqslant 0$ 之后不再成立，式(8.7)中的控制器只能对事件 $4 \leqslant x \leqslant 5$ 响应一次，将向上的速度变为以 f 缩放的向下速度(见习题 8.1)。与式(8.6)不同，控制器无法因一时疏忽立即重复该控制决策动作。

式(8.7)是永真的吗？

在你继续阅读之前，看看你是否能自己找到答案。

是的，式(8.7)是永真的。终于！请注意，式(8.7)仍然在每次循环时都可以非确定地选择在下部物理空间 $x \geqslant 0 \wedge x \leqslant 5$ 内还是在上部物理空间 $x \geqslant 5$ 内演化。该选择是非确定的，因此任何结果都是可能的。如果选择左侧微分方程，则后续的连续演化必须限制为 $x \geqslant 0 \wedge x \leqslant 5$ 并在离开该下部物理区域之前停止，以让控制器有机会检查事件并做出响应。如果选择了右侧的微分方程，则后续的连续演化必须限制为 $x \geqslant 5$，并且必须在离开该上部物理区域之前停止，以使控制器有机会进行检查。实际上，离开上部物理空间的唯一方法是下落(速度 $v < 0$)，与式(8.6)不同，式(8.7)中它不会触发后续控制的响应，因为该控制器会检查确认 $v \geqslant 0$。

8.2.5　事件触发的验证

如何证明式(8.7)，使得我们有无可置疑的证据说明它确实是永真的？证明中最关键的要素是找到一个合适的不变式。什么可以作为不变式以证明式(8.7)？

在你继续阅读之前，看看你是否能自己找到答案。

后置条件

$$5 \geqslant x \geqslant 0 \quad (8.8)$$

明显是不变式的候选之一。如果它为真，则它平凡蕴涵着后置条件 $0 \leqslant x \leqslant 5$，并且它在初始状态下成立。然而，它不是可归纳的，因为只满足式(8.8)的状态可以遵循第二个微分方程，如果该状态也满足 $x \geqslant 5$ 的话。在这种情况下，如果速度为正，则立即违反了不变式(8.8)。因此，当高度为 $x=5$ 时，控制必须确保速度为负，从而式(8.7)中右侧微分方程必须立即停止。可以用 $v \leqslant 0$ 与式(8.8)的合取来增强它，从而形成不变式吗？

$$5 \geqslant x \geqslant 0 \wedge v \leqslant 0$$

不，那也行不通，因为地面上的反弹立即违反了该不变式，因为反弹的全部作用就是将速度再次变为正值。实际上，控制器确实只能确保控制事件发生时 $v \leqslant 0$，该事件的检测最迟在 $x=5$ 处，即安全关键的决策点。集合这些想法，最终发现式(8.7)可以使用如下不变式在 dL 演算中证明：

$$5 \geqslant x \geqslant 0 \wedge (x=5 \rightarrow v \leqslant 0) \qquad (8.9)$$

该不变式保留了 x 安全的可能范围，但是又强到足以记住事件边界 $x=5$ 处的正确控制选择。它表示球或者在下部物理空间，或者在两个物理空间的边界。但是如果球位于物理空间的边界，那么它只能向下运动。不变式(8.9)遵循的普适原则为，增强预期后置条件应采用刚好足够的信息来保证在各模式或决策之间的所有关键切换点的安全控制选择。

这就是式(8.9)是式(8.7)的不变式的原因。不变式(8.9)最初为真，因为球最初在高度范围内并且向下运动。该不变式平凡地蕴涵着后置条件，因为它包含后置条件加上额外的合取项。归纳步骤最容易通过考虑各种情况得出。如果循环体运行之前的位置是 $x < 5$，那么唯一可能演化的物理过程是下部物理空间，由构造可得，这蕴涵着恰为其演化域约束的合取项 $5 \geqslant x \geqslant 0$。在循环体运行之后，额外的合取项 $x=5 \rightarrow v \leqslant 0$ 为真，因为如果高度实际上是5，即这个额外合取项尚未为空虚真的唯一情况，那么控制器检查 $4 \leqslant x \leqslant 5 \wedge v \geqslant 0$ 并对速度取负，从而确保将运动方向转为朝下。如果循环体运行之前的位置是 $x \geqslant 5$，那么不变式(8.9)蕴涵着唯一可能的位置是 $x=5$，在这种情况下可以选择两个微分方程的任意一个。如果选择第一个微分方程，则归纳步骤的推理与 $x < 5$ 的情况相同。如果选择第二个微分方程，则不变式(8.9)蕴涵着初始速度为 $v \leqslant 0$，这蕴涵着让上部物理空间演化域约束 $x \geqslant 5$ 保持为真的唯一可能的持续时间是0，在这样的演化之后没有任何变化，因而该不变式仍然成立。

请注意，审查一个证明从而不得不从错误的不变式(8.8)转换到可证明的不变式(8.9)，这为我们指明了事件的微妙之处，以及如果事件反复触发，乒乓球会如何变得不安全。我们用"安全第一"方法和适当程度的笛卡儿怀疑，通过仔细地形式化建模发现了这些问题。但是，如果我们没有注意到这些问题，我们也不会侥幸得证，因为（未经考虑的）候选不变式(8.8)不会成功得证，也无法成功证明坏掉的控制器（式(8.6)）。当然，拥有证明并不能代替最初对模型做出的良好判断。

最后，回想一下（全局）不变式需要用关于不变变量的平凡假设来增强，例如 $c \geqslant 0 \wedge g > 0 \wedge f \geqslant 0$，除非我们使用 7.5 节中更巧妙的技术自动保留常量参数假设。

8.2.6　事件触发控制范式

式(8.7)和本节中其他控制器遵循的模型称为事件触发控制，有时也称为事件触发架构。

注解 46（事件触发控制）　控制器设计的一个常见范式是**事件触发控制**，其中控制器运行以响应系统中发生的特定事件。控制器也可能在其他情况下运行，当有疑问时，如果控制器不想对系统行为作任何改变，它会简单跳过而不产生任何效果。但事件触发控制器假设，只要系统中的特定事件发生，它们就肯定会运行。

然而，这些事件不能太过约束，否则系统将无法实现。例如，几乎不可能构建一个可以准确地在弹跳球高度为 $x = 9.8696$ 这一时间点响应的控制器。很可能系统的任意特定执行都会错过这个特定的高度。在事件触发设计模型中，还必须注意事件不会无意中限制在事件之外或事件发生后的行为情况的系统演化。对这些执行仍然必须进行验证。

我们是否确定在模型(式(8.7))中真实地考虑了事件？这取决于像 $4 \leq x \leq 5$ 这样的事件究竟表示什么意思。我们的意思是这个事件是第一次发生吗？或者我们是否指的是每次这个事件发生的时候？如果乒乓球控制器的多次连续运行都检查到满足这个条件，那么这算是该事件发生的相同实例还是分开的实例？将式(8.7)的永真性与式(8.6)的非永真性进行比较表明，这些细微之处可以对系统产生相当大的影响。因此，需要对事件进行准确的理解和仔细的建模。

只有当球上升时，式(8.7)中的控制器才对事件 $4 \leq x \leq 5$ 采取动作。因此，右侧连续演化中的演化域约束是 $x \geq 5$。如果我们想要对球下落时出现的事件 $4 \leq x \leq 5$ 也进行建模，那么我们必须有一个演化域为 $x \geq 4$ 的微分方程，以确保系统不会错过球下落时的事件 $4 \leq x \leq 5$，而不必强迫它必须注意 $x = 5$。这可以通过适当地分割演化域区域来实现，但对于式(8.7)来说这不是必须的，因为控制器从来不响应球下落时的事件，而只响应球上升时的事件。

注解 47(事件的微妙之处) 事件就像滑坡，需要非常小心地使用它们来避免在模型中引入不充分的执行偏差。

微分动态逻辑中有一种高度规范的方法来定义、检测和响应一般事件，该方法基于之前讨论过的微分动态逻辑公理[4]。然而，该方法比这里阐述的简单处理要复杂得多。

最后，请注意式(8.7)的证明几乎与微分方程无关，它只是仔细选择演化域约束以反映感兴趣的事件以及让控制器对这些事件正确响应的结果。这是最终不变式(8.9)能变得如此简单的原因。这通常也有助于更容易得到正确的事件触发控制器。

注解 48(正确的事件触发控制) 只要控制器以正确的方式响应正确的事件，就可以很系统地构建事件触发控制器，并且证明它们正确也相对简单。但要小心！你必须正确处理事件，否则你最终只得到一个关于反事实物理的证明，这一点用都没有，因为实际的 CPS 遵循完全不同的物理学。

8.2.7 物理与控制的差别

注解 49(物理与控制) 请注意，混成程序模型的某些部分代表物理学中的事实和约束，而其他部分代表控制器决策和选择。厘清事实并记住混成程序模型的哪个部分来自哪里是一个好主意。特别地，每当因控制器决策而增加约束时，最好仔细考虑一下如果不是这样会发生什么。例如，这就是我们如何将物理空间拆分为不同的演化域约束。

将经过验证的式(8.7)中的混成程序划分为来自物理学的部分(由粗体字标记)和来自控制的部分(由铺灰底部分标记)，得到如下命题。

命题 8.1(事件触发的乒乓球是安全的) 如下 dL 公式是永真的：

$$0 \leq x \wedge x \leq 5 \wedge v \leq 0 \wedge g > 0 \wedge 1 \geq c \geq 0 \wedge f \geq 0 \rightarrow$$
$$[((\{x' = v; v' = -g \,\&\, x \geq 0 \wedge x \leq 5\} \cup [x' = v; v' = -g \,\&\, x \geq 5\}); \quad (8.7^*)$$
$$\text{if}(x = 0)v := -cv \,\text{else if}(4 \leq x \leq 5 \wedge v < 0)v := -fv)^*] \,(0 \leq x \leq 5)$$

在第二个微分方程中，本可以有针对物理学的第二个演化域约束 $x \geq 0$。但是省略了该演化域约束，因为有了来自控制器的演化域约束 $x \geq 5$，它就多余了。与完全只含物理现象的弹跳球初始物理模型(式(7.12))相比，仅增加了控制器约束。这是一个很好的指示，表明设计是正确的，因为它没有改变物理，只是增加了控制器程序部分，包括通过将微分方程分割成不同的模式来检测控制事件。

8.3   总结

本章研究了事件触发控制，这是在 CPS 和嵌入式系统中设计反馈机制的一个重要原则。本章阐述了乒乓球这一通行示例最重要的特性。即使乒乓球极其简单，只能垂直运动，它可能不是世界上最激动人心的控制应用，但控制事件的影响和困难已经足够微妙，因而值得关注这个简单直观的案例。

事件触发控制假定所有事件都可以完美且即时地检测到。式(8.7)中的事件触发控制器采取一些预防措施，将感兴趣的使用乒乓球拍的事件定义为 $4 \leqslant x \leqslant 5$。这可能看起来像是空间中的大事件可以在实践中注意到，除非球运动得太快，在这种情况下，事件 $4 \leqslant x \leqslant 5$ 结束得相当快。然而，该模型仍然有 $x \leqslant 5$ 作为演化域约束中的硬界限，以确保在球向上冲时不会完全错过该事件。

事件触发控制假定对感兴趣的事件进行永久性的连续感知，因为事件的硬界限最终将反映在微分方程的演化域约束中。根据其语义(见第 3 章)，该演化域约束将永久性地得到检验。这给事件触发控制器提供了非常简单的数学模型，但是由于缺乏连续感知的能力，这也常常让它们无法真实地实现。

事件触发控制模型对于演化缓慢但感知迅速的系统仍然是现实世界的有用抽象，因为其仍然可以足够快地检测事件，与永久感知足够接近。对于传感器远远赶不上状态改变速度的系统，事件触发控制给出的模型很糟糕。即使在事件触发控制器与现实匹配不佳的情况下，它们仍然可以作为分析和设计更现实的时间触发控制器[1-2]的有用垫脚石，下一章将研究时间触发控制器。如果在即时且完美地检测到事件时控制器甚至都不安全，那么在只能偶尔以特定延迟发现事件时它也不会安全。

习题

8.1   式(8.7)中的乒乓球拍能否连续两次响应事件 $4 \leqslant x \leqslant 5$？如果这样会发生什么？

8.2   乒乓球的循环不变式(8.9)也是它的两个微分方程的不变式吗？

8.3   下列公式中是否有任何可证明式(8.7)的不变式？

$$0 \leqslant x \leqslant 5 \wedge (x=5 \rightarrow v \leqslant 0) \wedge (x=0 \rightarrow v \geqslant 0)$$
$$0 \leqslant x < 5 \vee x=5 \wedge v \leqslant 0$$

8.4   不变式(8.9)是否可以成功证明式(8.7)的变化，其中删除了控制器合取式 $\wedge v \geqslant 0$？如果是，解释原因。如果不是，解释证明哪一部分将失败及其原因。

8.5   式(8.7)的如下推广是否永真，其中去掉对初始状态的假设 $v \leqslant 0$？如果是，请给出证明。如果不是，请给出一个反例并解释如何解决这个问题，从而得到的式(8.7)的推广仍然是一个永真的公式。

8.6   对于式(8.7)中的两个微分方程，我们能否用一个微分方程和它们的演化域约束的析取来替换它们，而且得到的公式仍然为永真？

$$0 \leqslant x \wedge x \leqslant 5 \wedge v \leqslant 0 \wedge g > 0 \wedge 1 \geqslant c \geqslant 0 \wedge f \geqslant 0 \rightarrow$$
$$\big[(\{x'=v, v'=-g \,\&\, (x \geqslant 0 \wedge x \leqslant 5) \vee x \geqslant 5\};$$
$$\texttt{if}(x=0)v := -cv \texttt{ else if}(4 \leqslant x \leqslant 5 \wedge v \geqslant 0)v := -fv)^*\big]\ \ (0 \leqslant x \leqslant 5)$$

8.7 对式(8.7)的永真性作相继式证明。根据证明不相关性的精神，仔细跟踪哪些假设用于哪种情况。

8.8 式(8.4)中的混成程序是一个不充分的物理模型，因为它不允许高度超过 5 的物理世界。模型(式(8.6))对此进行修复，方法是为上部物理世界引入同样的微分方程，并引入非确定性选择。下面的模型是否同样可行？它是否永真？这是一个充分的模型吗？

$$0 \leqslant x \wedge x \leqslant 5 \wedge v \leqslant 0 \wedge g > 0 \wedge 1 \geqslant c \geqslant 0 \wedge f \geqslant 0 \rightarrow$$
$$[((\{x'=v, v'=-g \& x \geqslant 0 \wedge (x=5 \rightarrow v \leqslant 0)\});$$
$$\text{if}(x=0)v:=-c \text{else if}(4 \leqslant x \leqslant 5)v:=-fv)^*] \quad (0 \leqslant x \leqslant 5)$$

演化域约束换为 …$\& x \geqslant 0 \wedge x \neq 5$ 会怎样？

8.9 如果我们将如下内循环添加到式(8.7)中会发生什么？该公式是否永真？它是一个充分的物理模型吗？

$$0 \leqslant x \wedge x \leqslant 5 \wedge v \leqslant 0 \wedge g > 0 \wedge 1 \geqslant c \geqslant 0 \wedge f \geqslant 0 \rightarrow$$
$$[(((\{x'=v, v'=-g \& x \geqslant 0 \wedge x \leqslant 5\} \cup \{x'=v, v'=-g \& x \geqslant 5\}))^*;$$
$$\text{if}(x=0)v:=-c \text{else if}(4 \leqslant x \leqslant 5 \wedge v \geqslant 0)v:=-fv)^*] \quad (0 \leqslant x \leqslant 5)$$

8.10 修改事件触发控制器，从而当球下落时它的事件检测发现事件 $4 \leqslant x \leqslant 5$ 的时间可以最迟在高度 4 处，而不总是在高度 5 处。确保这个修改后的控制器是安全的，并找到一个循环不变式来证明它。

*8.11 为乒乓球设计一种事件触发控制器的变体，它允许高度在 $4 \leqslant x \leqslant 5$ 时使用乒乓球拍，但放宽安全性条件为可接受 $0 \leqslant x \leqslant 2 \cdot 5$。确保只在必要时强制使用乒乓球拍。找到一个不变式并进行证明。

8.12 (2D 乒乓球事件) 设计并验证乒乓球控制器的安全性，该控制器可以像通常乒乓球比赛那样横向运动。

8.13 (机器人追逐) 在一条直道上的激烈追逐中，你控制的一个机器人落后于另一个机器人。你的机器人可以加速($a:=A$)或制动($a:=-b$)。但你追逐的机器人也可以！你的工作是设计一个事件触发模型，其控制器可确保机器人不会发生碰撞。

265

参考文献

[1] Sarah M. Loos. Differential Refinement Logic. PhD thesis. Computer Science Department, School of Computer Science, Carnegie Mellon University, 2016.

[2] Sarah M. Loos and André Platzer. Differential refinement logic. In: *LICS*. Ed. by Martin Grohe, Eric Koskinen, and Natarajan Shankar. New York: ACM, 2016, 505–514. DOI: 10.1145/2933575.2934555.

[3] André Platzer. Differential dynamic logic for hybrid systems. *J. Autom. Reas.* **41**(2) (2008), 143–189. DOI: 10.1007/s10817-008-9103-8.

[4] André Platzer. The complete proof theory of hybrid systems. In: *LICS*. Los Alamitos: IEEE, 2012, 541–550. DOI: 10.1109/LICS.2012.64.

[5] André Platzer. Differential game logic. *ACM Trans. Comput. Log.* **17**(1) (2015), 1:1–1:51. DOI: 10.1145/2817824.

[6] André Platzer. A complete uniform substitution calculus for differential dynamic logic. *J. Autom. Reas.* **59**(2) (2017), 219–265. DOI: 10.1007/s108 17-016-9385-1.

266

反应与延时

概要 时间触发控制系统是一种重要的控制范式。事件触发控制器侧重于对适当的事件做出正确响应，这些事件假设可以完美地检测到，从而简化了控制器的设计和分析，但也让它们难以实现。相反，时间触发控制器侧重于在一定延时内对变化做出反应。它们的实现变得简单直接，方法是在特定的最大时间周期内重复执行控制器，或者说至少以特定频率周期性地执行。虽然时间触发控制模型比事件触发控制模型更容易开发，但反应延时带来的额外影响也让控制逻辑和安全性论证变得复杂。

9.1 引言

第 7 章讲解了使用不变式的循环证明核心原理。第 8 章研究了事件触发控制这一重要的反馈机制，并对不变式作了关键应用，用于事件触发控制回路的严格推理。这些不变式揭示了事件中重要但容易遗漏的微妙之处。事实上，第 8 章中我们已经注意到这些微妙之处，这要归功于我们在 CPS 设计中"安全第一"的方法，它指导我们甚至在开始证明之前就应以笛卡儿普遍怀疑论仔细审查 CPS 模型。

然而，即使针对乒乓球的事件触发控制器的最终设计是相当清晰和系统的，对我们来说事件触发控制建模的细微之处多得令人讨厌。即使到了最后，事件触发控制仍然处于一个相当高的抽象层次，因为它假定所有事件都可以通过连续感知完美而即时地检测到。事件触发模型将 $x \leqslant 5$ 作为微分方程演化域约束中的硬界限，以确保当球向上冲时永远不会错过事件 $4 \leqslant x \leqslant 5$。

一旦我们想实现这种完美的事件检测，就会清楚知道实际的控制器实现通常只能进行离散感知，即每隔一段时间在特定的离散时间点检查传感器数据，这些时间点为传感器有新的测量数据且控制器有机会检查测量的高度是否即将超过 5。因此，大多数控制器实现最终只能每隔一段时间检查一次事件，即在控制器碰巧运行时，而不是像事件触发控制器假定的那样可以持久检查。

因此，本章的重点是让信息与物理接口形成信息物理系统的第二种重要的范式——时间触发控制范式，它应用周期性动作只以特定频率在离散时间点影响系统的行为。与之形成对比的是第 8 章的事件触发控制范式，其中对事件的响应支配着系统的行为，并且每当观测到一个事件时就采取动作。这两种范式在经典的嵌入式系统中同样扮演着重要的角色，并且它们都自然源于对 CPS 混成程序原理的理解。

基于第 7 章中对循环的理解，本章最重要的学习目标如下所示。

建模与控制：本章提供了许多关于 CPS 建模和控制设计的重要经验教训。我们建立对时间触发控制的理解，这是 CPS 中控制回路的重要设计范式。本章研究对应于这种反馈机制的模型和控制的开发方法，这种机制更容易实现，但最终发现其中控制的微妙之处令人惊奇。了解和对比事件触发和时间触发这两种反馈机制有助于识别 CPS 中事件和反应延时引出的相关动态特性。本章的重点是采用离散感知的 CPS 模型，即在(非确定地选择的)离散时间点进行感知。

计算思维：本章使用第 5 章和第 7 章的严格推理方法来研究采用时间触发控制的 CPS 模型。作为一个通行示例，本章继续将弹跳球扩展为垂直运动的乒乓球，这一次使用的是时间触发控制。我们再次将控制决策添加到弹跳球中，从而将其变成乒乓球，这保留了弹跳球的直观简单性，同时又让我们能够总结出关于如何正确设计时间触发控制系统的普适经验教训。本章对于不变式的研究极其重要，并将在一个具体的例子中展示对"以不变式设计"这一强大技术的开发。

CPS 技能：本章将建立对时间触发控制语义的理解。对语义的这种理解将指导我们获得对时间触发控制操作效果的直觉感知，特别是这类控制对寻找正确控制约束的影响。为了找到好的权衡来确定模型的哪些部分可忠实地理解为事件触发，而哪些部分用时间触发控制更加准确，同时理解这两种控制范式是至关重要的。最后，本章以较高的层次对模型预测控制的一些特性进行了研究。

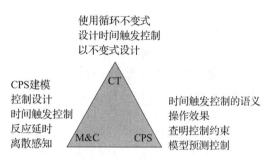

使用循环不变式
设计时间触发控制
以不变式设计

CPS建模
控制设计
时间触发控制
反应延时
离散感知

时间触发控制的语义
操作效果
查明控制约束
模型预测控制

9.2 控制中的延时

事件触发控制是一种有用且直观的模型，它符合我们的预期，即控制器对需要它干预的特定关键条件或事件做出反应。然而，这里的一个难点是事件触发控制假设连续感应，因此它在现实中很难甚至不可能实现。在更高的抽象层次上，设计控制器对特定事件做出反应并改变控制驱动以响应刚发生的事件，这是非常直观的。在接近实现的抽象层次上，这就变得困难了，因为实际的计算机控制算法并不是真的一直运行，只是偶尔每隔一段时间运行一次，即使有时候会非常频繁。原则上，忠实地实现事件触发控制需要对状态进行持久而连续的监控，以检查事件是否已经发生并做出适当响应。这不是特别现实，因为每隔一段时间才有新的传感器数据，控制器实现也只会在特定离散时间点才运行，这导致了处理上的延迟。执行器有时候也需要时间启动。想想"我想把这个乒乓球打到那里去"这个想法转化为行动所需的反应时间，然后乒乓球拍才会真的击中乒乓球。有时候乒乓球拍动得早，有时候晚，见图 9.1。

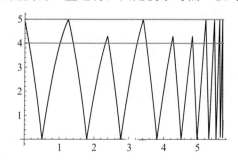

图 9.1 乒乓球的样本轨迹（绘制为位置随时间的变化），其中标明乒乓球拍的挥拍范围，有时挥拍早，有时挥拍晚

或者，想想对"我前面的汽车正亮起它的红色尾灯"这一事件做出反应并适当地踩下刹车需要花多少时间。

让我们从头再来，重新考虑乒乓球（图 9.1）最初的 dL 公式（式（8.3）），我们在式（8.7）中设计的事件触发版本就是从这里开始的。

$$0 \leqslant x \wedge x \leqslant 5 \wedge v \leqslant 0 \wedge g > 0 \wedge 1 \geqslant c \geqslant 0 \wedge f \geqslant 0 \rightarrow$$
$$[(\{x'=v, v'=-g \,\&\, x \geqslant 0\}; \tag{8.3*}$$
$$\text{if}(x=0)v := -c \,v \,\text{else if}(4 \leqslant x \leqslant 5)v := -f v)^*] \quad (0 \leqslant x \leqslant 5)$$

这个过分简化的公式（8.3）最终证明不是永真的，因为并不能保证在事件 $4 \leqslant x \leqslant 5$

发生时中断它的微分方程。因此，式(8.3)需要某个别的演化域约束来确保所有连续演化在某个时刻停止，以便控制有机会对情况变化做出反应。然而，这不应该是式(8.7)中…&$x \leqslant 5$ 这样的约束，因为连续监测 $x \leqslant 5$ 需要持久而连续地感知高度，但这很难实现。

注解 50(物理事件对比控制器事件)   在弹跳球和乒乓球的模型中，(物理)控制器中的事件 $x = 0$ 以及用于检测事件 $x = 0$ 的(物理)演化域约束 $x \geqslant 0$ 是完全合理的，因为两者都代表物理现象。物理世界能够很好地将球保持在地面之上，无论检验多少次 $x = 0$ 都能保证这一点。根本不会因为物理世界朝另一个方向看并忘记检查它的演化域约束 $x \geqslant 0$，球就突然跌穿地面！然而，在控制器代码中，我们需要小心谨慎地对事件及其反应建模。控制器的实现不会有一直运行的特权，这只有物理世界才能做到。信息部分每隔一段时间才会运行一次(即使它的执行速度非常快也非常频繁)，而物理现象则是一直发生的。控制器不能真正一直感知、计算和做动作。

还有其他办法可以中断物理的连续演化以确保控制器实际上会运行吗？可以限定在再次运行控制器之前允许物理演化的时间。在讨论时间之前，我们需要修改模型来包含某个变量，让我们称之为 t，它以微分方程 $t' = 1$ 反映了时间的进度：

$$0 \leqslant x \wedge x \leqslant 5 \wedge v \leqslant 0 \wedge g > 0 \wedge 1 \geqslant c \geqslant 0 \wedge f \geqslant 0 \to$$
$$[(\{x' = v, v' = -g, t' = 1 \ \& \ x \geqslant 0 \wedge t \leqslant 1\}; \qquad\qquad (9.1)$$
$$\text{if}(x = 0)v := -cv \text{ else if}(4 \leqslant x \leqslant 5)v := fv)^*] \quad (0 \leqslant x \leqslant 5)$$

270

当然，混成程序的语义已经包含了时间的某种概念，但是时间并不能在程序本身当中访问，因为微分方程的持续时间 r 不是模型可以读取的状态变量(见定义3.2)。没问题，式(9.1)直接添加了一个时间变量 t，它沿着微分方程 $t' = 1$ 演化，就像时间本身一样。为了将时间的进度限定在1以内，演化域应包括…&$t \leqslant 1$ 并且声明时钟变量 t 随着时间以 $t' = 1$ 演化。

糟糕，这实际上并没有完全解决问题，因为式(9.1)中的 HP 限制了系统的演化，使得它不管循环重复了多少次永远不会演化超过时间1。它对时间进度强加了全局界限。这并不是我们的本意！相反，我们希望每次单独的连续演化持续时间最多为一秒。诀窍是在连续演化开始之前，通过一个离散赋值语句 $t := 0$ 将时钟 t 重置为零：

$$0 \leqslant \wedge x \leqslant 5 \wedge v \leqslant 0 \wedge g > 0 \wedge 1 \geqslant c \geqslant 0 \wedge f \geqslant 0 \to$$
$$[(t := 0; \{x' = v, v' = -g, t' = 1 \& x \geqslant 0 \wedge t \leqslant 1\}; \qquad\qquad (9.2)$$
$$\text{if}(x = 0)v := -cv \text{ else if}(4 \leqslant x \leqslant 5)v := -fv)^*] \quad (0 \leqslant x \leqslant 5)$$

为了将持续时间限定为1，演化域应包括…&$t \leqslant 1$，并且在微分方程之前将变量 t 重置为 $t := 0$。因此，t 代表测量微分方程演化时间长度的本地时钟。它的界限1确保了物理给控制器至少每秒反应一次的机会。系统可以更频繁、更早地停止连续演化，因为该模型并没有 t 的下界。即使可能，也不建议给出持续时间的下界从而对模型作不必要的约束。

在进一步讨论之前，让我们后退一步，注意一下式(9.2)编写控制方式中令人烦恼的地方。它的编写是按照原来的弹跳球和事件触发乒乓球的描述风格的：连续动态，接着控制。这就产生了一个不幸的结果，那就是式(9.2)中在控制之前先出现物理现象，系统这样开始并不是很安全。换句话说，初始条件必须修改，以假定初始控制选择是没问题的。一种方法是将控制的一部分复制为对初始状态的假设。相反，让我们将语句 plant;ctrl 变为 ctrl;plant，从而确保在出现物理现象之前总是先进行控制：

$$0 \leqslant x \wedge x \leqslant 5 \wedge v \leqslant 0 \wedge g > 0 \wedge 1 \geqslant c \geqslant 0 \wedge f \geqslant 0 \rightarrow$$

$$[(\text{if}(x=0)v := -cv \text{ else if}(4 \leqslant x \leqslant 5)v := -fv; \quad\quad (9.3)$$

$$t := 0; \{x' = v, v' = -g, t' = 1 \& x \geqslant 0 \wedge t \leqslant 1\})^*] \quad (0 \leqslant x \leqslant 5)$$

现在 dL 公式(9.3)对两个连续控制动作之间的时间有一个上界，它是永真的吗？如果是，可以用哪个不变式来证明它？如果不是，请举一个反例来证明它的非永真性。

在你继续阅读之前，看看你是否能自己找到答案。

尽管式(9.3)保证了控制器检查状态并做出反应最长所需时间的界限，但是式(9.3)仍然存在一个基本问题。

我们可以尝试证明式(9.3)，并检查证明中无法证明的情形，找出问题所在。或者，我们可以直接思考可能出现的问题。式(9.3)的控制器最迟在一秒之后运行(因此至少每秒一次)，然后检查 $4 \leqslant x \leqslant 5$ 是否成立。但是如果当控制器上次运行时 $4 \leqslant x \leqslant 5$ 不为真，则不能保证在控制器下一次运行时可以可靠地检测到该事件。实际上，在上一次控制器运行时球完全可能已经在 $x=3$ 处，然后在一秒内连续演化到 $x=6$ 并且错过它应该检测到的事件 $4 \leqslant x \leqslant 5$（见习题 9.2），见图 9.2。更糟糕的是，乒乓球不仅错过了激动人心的事件 $4 \leqslant x \leqslant 5$，而且已经变得不安全了。

类似地，如果你只是每分钟睁开眼睛观察一次前面是否有车，那么这样开车是不安全的。在这段时间里可能发生太多事情会促使你刹车。

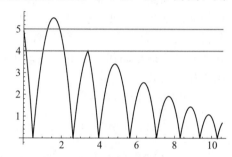

图 9.2　时间触发乒乓球的样本轨迹（绘制为位置随时间的变化），其中错过了第一次事件

9.2.1　延时对事件检测的影响

如何解决式(9.3)中的问题？CPS 模型如何确保控制器不会错过采取动作的时间？"等到 $4 \leqslant x \leqslant 5$ 成立再行动"这一这方案并不能保证是控制器的正确方案。

在你继续阅读之前，看看你是否能自己找到答案。

式(9.3)的问题是它的控制器没有意识到它自己的延时。它没有考虑到在它有机会做出下一步反应之前乒乓球如何继续运动。如果球已经接近乒乓球拍的预定挥拍范围，那么如果时间触发控制器不确定它是否仍然能安全地等到它下次运行时才采取动作，则它最好此时采取动作。

注解 51(延时可能导致错过事件)　控制器反应的延时可能会导致错过它本应监控的事件。当发生这种情况时，对 CPS 的事件触发理解与实际的时间触发实现之间存在着差异。延时可能使控制器错失事件，尤其是当慢速控制器监视着快速移动的系统中相对较小区域内的事件时。这样的关系值得特别注意，以确保延时对系统控制器的影响不会使得它不安全。

下面的做法通常是一个好主意，即首先理解和验证 CPS 控制器的事件触发设计，以确定对各个事件的正确响应，然后将其改进为时间触发控制器，并按照它的反应时间来分析和验证该 CPS。在分析过程中找出的差异提示了事件触发设计在运行时很可能遇到的问题，同时它们表明了对事件糟糕的抽象。控制器需要意识到自己的延时，以预见它们可能会错过的事件。

如果在下一个控制周期中在连续演化之后 $x>5$ 可能成立，那么乒乓球控制器已经陷入麻烦了，因为这将超出乒乓球拍的操作范围（并且已经不安全）。由于演化域约束，连续演化最多可以持续 1 个单位时间，之后球的位置将变为 $x+v-\frac{g}{2}$，正如前面章节已经通过求解微分方程所证明的那样。选择重力加速度为 $g=1$ 以简化计算，如果现在 $x>5\frac{1}{2}-v$ 成立，则控制器在 1 秒后的下一个控制周期将遇到麻烦，因为此时球将运动到位置 $x+v-\frac{1}{2}>5$。

9.2.2 模型预测控制基础

模型预测控制的思想是对控制器现在动作的决策基于它对到下一个控制周期为止状态可能如何演化的预测（这是模型预测控制的一个非常简单的例子，因为控制器的动作基于其模型的预测）。第 8 章已经发现：对于事件触发的情况，控制器应当只在球向上运动时才触发乒乓球拍动作，而不是在球正在下降的时候。以这种方式让式（9.3）预知未来，将给出如下公式

$$0\leqslant x \wedge x\leqslant 5 \wedge v\leqslant 0 \wedge g=1 \wedge 1\geqslant c\geqslant 0 \wedge f\geqslant 0 \rightarrow$$

$$\left[(\text{if}(x=0)v:=-cv\ \text{else if}((x>5\tfrac{1}{2}-v)\wedge v\geqslant 0)v:=-fv; \right. \tag{9.4}$$

$$\left. t:=0;\ \{x'=v,\ v'=-g,\ t'=1\&x\geqslant 0 \wedge t\leqslant 1\})^{*}\right]\quad (0\leqslant x\leqslant 5)$$

式（9.4）是对预测未来的控制器的推断，它是永真的吗？如果是，可以用哪个不变式来证明它？如果不是，请举一个反例来证明它非永真。

273

在你继续阅读之前，看看你是否能自己找到答案。

式（9.4）中控制器的设计基于如下预测，即未来可能演化 1 个单位时间。如果在 1 个单位时间后不再能采取动作，原因是在未来的那个时刻事件 $x\leqslant 5$ 已经错过了，那么式（9.4）中的控制器应该现在就采取动作。这是一个好的开始。然而，这种方法的问题在于，完全不能保证乒乓球正好飞 1 个单位时间之后要求控制器再次动作（并且检查后置条件）是安全的。式（9.4）中的控制器检查乒乓球在 1 个单位时间后是否会飞得太高，只有飞得太高才进行干预。然而，如果球只飞了 $\frac{1}{2}$ 个单位时间就不安全了呢？显然，如果球在 1 个单位时间后是安全的，即如式（9.4）中的控制器所检查的，它在仅仅过了 $\frac{1}{2}$ 个单位时间后也是安全的，对吧？

在你继续阅读之前，看看你是否能自己找到答案。

错！在 1 个单位时间之后，球可能高度再次低于 5，但是在当前时间点和从现在开始的 1 个单位时间之间仍然可以高于 5。那么控制器的安全就像一根沙绳一样毫不牢靠，因为这个错误的控制器只检查从现在起 1 个单位时间之后的情况，而完全不知道在这之间的行为是否安全，由此将得到一种错误的安全感。这样的轨迹如图 9.3 所示，它们的初始状态相同，控制器相同，只是采样周期不同。如果控制器的行为依赖于采样周期，那它的设

计有多糟糕！但更糟糕的是，这样的弹跳球是不安全的，因为它在两个采样点之间已经高于 5。毕竟，弹跳球是沿着抛物线轨迹运动的，它先上升，然后再下降。

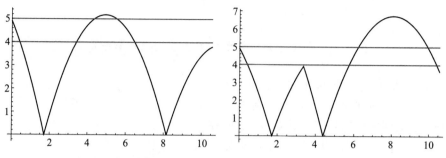

图 9.3 时间触发乒乓球的样本轨迹（绘制为位置随时间的变化），
其中错失的事件随着采样周期的不同而不同

274

9.2.3 以不变式设计

为了彻底弄清这一点，需要某个量来告诉我们球在任意时候的行为，而这个量不显式地提及时间变量，因为我们很难让控制器在时间点 0，0.1，0.25，0.5，0.786，…始终检查它对安全性的预测，不管怎样，这样的时间点有无穷多个。

对此思考一下发现，在 7.4 节中设计循环不变式对弹跳球进行证明时，我们已经在研究它与时间无关的性质了：

$$2gx = 2gH - v^2 \wedge x \geqslant 0 \wedge (c = 1 \wedge g > 0) \tag{7.11*}$$

已经证明这个公式是弹跳球的不变式，这意味着该公式在弹跳球四处弹跳时一直保持为真。不变式是我们可以一直依赖的关于系统行为最重要的信息。因为式（7.11）只是弹跳动态的不变式而不是乒乓球的，它当然只在乒乓球拍击中球而改变控制之前成立。但是在使用乒乓球拍之前，式（7.11）简明扼要地总结了我们需要了解的关于任何时候弹跳球状态的所有信息。当然，式（7.11）是弹跳球的不变式，它最初的时候仍需为真。实现这一目标最简单的方法是在乒乓球的生命周期开始的时候假设式（7.11）。$^{\ominus}$

为了简化算术，我们仅对 $c = 1$ 的情况证明了弹跳球不变式（7.11），所以乒乓球现在也采用这个假设。为了简化算术和论证，除了 $c = 1 \wedge g = 1$ 之外，我们在证明中还采用假设 $f = 1$。

对于这样的参数选择，在不变式（7.11）中用安全关键的高度 5 代替 H，得到能量超过安全高度 5 时的能量的条件：

$$2x \geqslant 2 \cdot 5 - v^2 \tag{9.5}$$

它指明的一个事实是，球可能最终弹跳得太高，因为它的能量允许这样。将此条件（式（9.5））添加到式（9.4）的控制器中，得到

$$2x = 2H - v^2 \wedge 0 \leqslant x \wedge x \leqslant 5 \wedge v \leqslant 0 \wedge g = 1 \wedge 1 = c \wedge 1 = f \geqslant 0 \rightarrow$$

$$\left[(\text{if}(x = 0)v := -cv \text{ else if}((x > 5\tfrac{1}{2} - v \vee 2x > 2 \cdot 5 - v^2) \wedge v \geqslant 0)v := -fv; \right. \tag{9.6}$$

$$\left. t := 0; \{x' = v, v' = -g, t' = 1 \& x \geqslant 0 \wedge t \leqslant 1\})^* \right] \quad (0 \leqslant x \leqslant 5)$$

$\ominus$ 请注意，H 这个变量无须恰巧等于弹跳球这一情形中的高度上限 5，因为对乒乓球可以做出更多的控制选择。事实上，最有趣的情形是 $H > 5$，在这种情况下，乒乓球因为其控制才能保持安全。理解 H 的一种方法是将它作为球能量的指标，它表明如果没有球与地面和乒乓球拍的相互作用，球可能会跳到多高。

现在，在初始状态中也假设了弹跳球不变式(7.11)成立。

关于时间触发控制器的 dL 公式(9.6)是否永真？像往常一样，最好使用不变式或反例来证明。

在你继续阅读之前，看看你是否能自己找到答案。

式(9.6)"几乎是永真的"。但它仍然因为一个非常微妙的原因而非永真。如果能利用证明来找到这些微妙的问题就太好了。式(9.6)中的控制器在关于高度 x 的两个不同条件下采取动作。然而，在式(9.6)中的乒乓球拍控制器实际上仅当球不在高度 $x=0$ 时才运行，而当 $x=0$ 时地面将采取控制动作反转球的方向。现在，如果球已经落在地面上($x=0$)，但它的速度快得难以置信，以至于它会在不到 1 个单位时间内冲过高度 5，那么乒乓球拍控制器甚至都没有机会及时做出反应，因为根据式(9.6)，当球在地面上时控制器不会执行，见图 9.4。

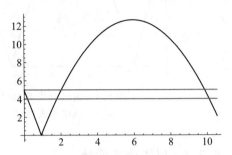

图 9.4　时间触发乒乓球的样本轨迹（绘制为位置随时间的变化），其中控制器在地面上无法做出控制

9.2.4　划分反应的优先级顺序

幸运的是，这些想法已经表明了应该如何修复多个控制动作带来的问题。我们将嵌套的 if-then-else 级联语句转换为两个独立的 if-then 语句的顺序合成，这将确保即使弹跳球在地面上，乒乓球拍控制器也会运行（见习题 9.3）。

$$2x = 2H - v^2 \wedge 0 \leq x \wedge x \leq 5 \wedge v \leq 0 \wedge g = 1 \wedge 1 = c \wedge 1 = f \rightarrow$$
$$[(\text{if}(x=0)v := -cv; \text{if}((x > 5\frac{1}{2} - v \vee 2x > 2 \cdot 5 - v^2) \wedge v \geq 0)v := -fv; \quad (9.7)$$
$$t := 0; \{x' = v, v' = -g, t' = 1 \& x \geq 0 \wedge t \leq 1\})^*] \quad (0 \leq x \leq 5)$$

现在，式(9.7)终于是永真的了，对吗？如果是这样，使用哪个不变式证明？否则，举出一个反例。

在你继续阅读之前，看看你是否能自己找到答案。

是的，式(9.7)是永真的。证明式(9.7)可以采用什么不变式？

对于 $g = c = f = 1$ 的情形，可以用如下不变式证明式(9.7)永真：

$$2x = 2H - v^2 \wedge x \geq 0 \wedge x \leq 5 \quad (9.8)$$

该不变式针对当前的参数选择实例化了弹跳球的通用不变式(7.11)，并用希望的安全性约束 $x \leq 5$ 对其进行增强。

然而，式(9.7)中的控制器是否有用？这就是现在的问题所在。作为条件的式(9.5)是式(9.7)控制器中的第二个析取项，它检查乒乓球是否可能一路飞到高度 5。如果这为真，那么甚至在弹跳球接近需要采取乒乓球拍动作的关键控制周期之前就很可能为真了。事实上，如果式(9.5)曾经为真，那么它一开始也为真。毕竟，推导得出式(9.5)的式(7.11)是一个不变式，因此对于弹跳球而言它总为真。这意味着什么呢？

这将导致式(9.7)中的控制器仅仅在预期到球能够爬到很高的地方就立即采取动作，即使乒乓球仍然离地面很近而离最后的触发高度 5 还很远。这让乒乓球非常安全，因为式(9.7)是一个永真的公式。但这也会让乒乓球相当保守，不允许它完全像希望的那样四处弹跳。它会让球平躺在地上，因为乒乓球拍过于焦虑。如果这个球甚至从来没有开始弹跳，那么它恐高是毫无必要的。而且该模型甚至要求(模型)世界冻结，因为球在地面上动不了之后模型将不会有任何进展，见图 9.5。如何修改式(9.7)中的控制器以解决这个问题？

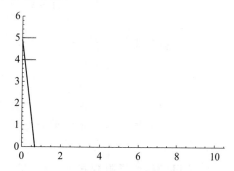

图 9.5　时间触发乒乓球的样本轨迹(绘制为位置随时间的变化)，其中球在地面上不能动

在你继续阅读之前，看看你是否能自己找到答案。

探索 9.1(芝诺悖论)

式(9.7)导致时间冻结，这相当令人惊讶。但是，想想看，时间在弹跳球这一情形下就已经冻结了！

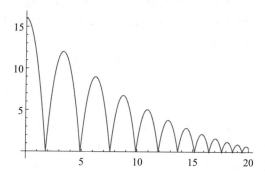

弹跳球在地面上两次跳跃之间的持续时间不断迅速减少。为了简单起见，假设各个持续时间是 1，$\frac{1}{2}$，$\frac{1}{4}$，$\frac{1}{8}$，$\cdots$，那么这些持续时间的总和为：

$$\sum_{i=0}^{\infty} \frac{1}{2^i} = \frac{1}{1-\frac{1}{2}} = 2$$

这表明弹跳球模型将使(模型)世界几乎完全冻结不动，因为它永远不会达到时间 2 或之后的任何时间。弹跳球模型违反了所谓的**时间发散性**，即实际时间不断发散到 ∞。这个弹跳球模型防止时间进度超过 2 的原因是，该模型越来越频繁地在地面上切换方向。对于弹跳球来说这可能是非常自然的，但它们在有限的时间内切换无穷多次，这可能会在其他控制系统中引起细微的差异和问题。

芝诺悖论(Zeno paradox)这个名称来自希腊哲学家芝诺(约公元前 490—430 年)，他发现在一场比赛中如果跑得快的 Achilles 让跑得慢的 Tortoise 领先 100 米，则存在如下悖论：在这场比赛中，跑得快的永远不会超过跑得慢的，因为追赶者必须首先达到被追者的出发点，所以跑得慢的必然始终保持领先——这在亚里士多德的《物理学》中有详述。

　　在弹跳球中抵消芝诺悖论的实用解决方案是在模型中添加一个语句，表明当球在地面上的剩余速度太小时令它静止。例如：

$$\text{if}(x=0 \wedge -0.1 < v < 0.1)(v:=0; \{x'=0\})$$

该语句变成了一个不改变位置的微分方程，当 $x=0 \wedge v=0$ 时，可以持续任意长持续时间，这不同于弹跳球的微分方程 $x'=v$，$v'=-g \& x \geqslant 0$。

277
～
278
　　这里的想法是限制式(9.7)中第二个 if-then 的析取项(式(9.5))为仅用于较慢的速度，以确保它的应用场景仅为控制器的第一个析取项 $x > 5\frac{1}{2} - v$ 错的情况，而错过的原因是球在两次控制器运行之间的高度将高于 5。只有速度慢，球才会移动得如此之慢，以至于在 1 个单位时间之前它就能接近转折点并再次开始下落。并且只有球的速度足够慢，第一个条件才能错过如下事件，即球在 1 个单位时间内能够演化到 5 以上。照此而言，什么样的速度才算慢？

　　为了使球转向并下落，根据中值定理，并依据球(在飞行阶段期间)运动的连续性，它首先需要达到速度 $v=0$。在重力加速度 $g=1$ 时，当且仅当在执行微分方程之前球的速度为 $v<1$ 时，可以在 1 个单位时间内达到速度 0，因为速度根据 $v(t)=v-gt$ 而变化。因此，在控制器的第二个析取项中添加一个合取项 $v<1$，可以确保控制器检查的球运动的转向实际上将在下一个控制周期内发生。

$$2x=2H-v^2 \wedge 0 \leqslant x \wedge x \leqslant 5 \wedge v \leqslant 0 \wedge g=1 \wedge 1=c \wedge 1=f \rightarrow$$

$$[(\text{if}(x=0)v:=-cv; \text{if}((x > 5\frac{1}{2}-v \vee 2x > 2 \cdot 5 - v^2 \wedge v < 1) \wedge v \geqslant 0)v:=-fv;$$

$$t:=0; \{x'=v, v'=-g, t'=1 \& x \geqslant 0 \wedge t \leqslant 1\})^*] \quad (0 \leqslant x \leqslant 5) \tag{9.9}$$

　　这个 dL 公式是永真的，可以采用不变式(9.8)证明，相同的不变式已用于证明式(9.7)。但式(9.9)拥有的控制器比式(9.7)的积极进取得多，所以乒乓球随之弹跳的乐趣也更多。

　　注解 52(以不变式设计)　通过遵循系统不变式来设计安全的控制器动作是一个非常好的主意。在确定了基本系统(例如弹跳球)的不变式之后，可以通过确保每个控制动作都遵循该不变式来安全地设计其余的控制动作。例如，当球可能违反不变式时，则使用乒乓球拍。需要注意的是避免对系统不必要的限制。反应时间决定了哪个控制周期最后有机会采取动作来保持不变式成立。当然，以不变式设计不应为了实现控制器目标而不遵循物理规律。然而，一旦为物理实现确定了适当的不变式，控制器的设计就可以遵循如下目标，即始终保持安全关键的不变式成立。

9.2.5　验证时间触发控制

　　证明 dL 公式(9.9)永真最简单的方法是证明不变式(9.8)在每行代码运行后都成立。形式上，这种逐行推理的方法对应于对引理 7.4 中泛化证明规则 MR 的一系列使用，以证明如果不变式(9.8)在每一行代码之前为真，则它在之后保持为真。第一个语句 $\text{if}(x=0)$ $v:=-cv$ 不改变式(9.8)的真假值，即

279

$$2x=2H-v^2\wedge x\geqslant 0\wedge x\leqslant 5\rightarrow[\text{if}(x=0)v:=-cv](2x=2H-v^2\wedge x\geqslant 0\wedge x\leqslant 5)$$

是永真的，因为当 $c=1$ 时该语句只能改变 v 的符号，而式 (9.8) 不取决于此符号，因为式 (9.8) 中唯一出现的 v 满足 $(-v)^2=v^2$。类似地，第二个语句 $\text{if}(x>5\frac{1}{2}-v\vee 2x>2\cdot$ $5-v^2\wedge v<1)\wedge v\geqslant 0)v:=-fv$ 不会改变式 (9.8) 的真假值。也就是说，以下公式

$$2x=2H-v^2\wedge x\geqslant 0\wedge x\leqslant 5\rightarrow$$

$$\left[\text{if}(x>5\frac{1}{2}-v\vee 2x>2\cdot 5-v^2\wedge v<1)\wedge v\geqslant 0)v:=-fv\right]$$

$$(2x=2H-v^2\wedge x\geqslant 0\wedge x\leqslant 5)$$

是永真的，因为至少对于 $f=1$，第二个语句也只能改变 v 的符号，这与式 (9.8) 的真假值无关。最后，式 (9.8) 的相关部分是式 (7.11) 的一个特例，后者已经证明是弹跳球微分方程的不变式，因此，当添加在式 (9.8) 中没有出现的时钟 $t'=1\,\&\,t\leqslant 1$ 时，它仍然是一个不变式。与式 (7.11) 相比，式 (9.8) 中添加的不变式 $x\leqslant 5$ 很容易用关于可能高度 H 的相应知识来处理。

注解 53（时间触发控制）　设计控制器的一种常见范式是**时间触发控制**，其中控制器以某些频率周期性或伪周期性地运行以检查系统的状态。时间触发系统比事件触发控制更接近实现。然而，它们可能更难以构建，因为它们总是要求设计者理解延时对控制决策的影响。然而，这种影响在现实中是很重要的，因此在理解时间延迟的影响方面投入努力，这通常会在设计一个对有界时间延迟具有鲁棒性的更安全系统时得到回报。

将经过验证的 dL 公式 (9.9) 中的混成程序划分为来自物理学的部分（由粗体字标记）和来自控制的部分（由铺灰底部分标记），得到以下命题。

命题 9.1（时间触发的乒乓球是安全的）　如下 dL 公式是永真的：

$$2x=2H-v^2\wedge 0\leqslant x\wedge x\leqslant 5\wedge v\leqslant 0\wedge g=1\wedge 1=c\wedge 1=f\rightarrow$$

$$\big[(\mathbf{if}(\mathbf{x=0})v:=-cv;\ \text{if}((x>5\frac{1}{2}-v\vee 2x>2\cdot 5-v^2\wedge v<1)\wedge v\geqslant 0)v:=-fv;$$

$$t:=0;\{\mathbf{x'=v},\mathbf{v'=-g},t'=1\,\&\,\mathbf{x\geqslant 0}\wedge t\leqslant 1\})^*\big]\ (0\leqslant x\leqslant 5) \tag{9.9^*}$$

该微分方程的一部分（即 $t'=1$）来自控制器，因为这对应于在控制器中放置一个时钟并且至少以采样频率 1 运行它（来自演化域约束 $t\leqslant 1$）。

280

9.3　总结

本章研究了时间触发控制，它与第 8 章的事件触发控制一起作为设计 CPS 和嵌入式系统中反馈机制的重要原理。本章阐述了乒乓球这一通行示例最重要的特性。尽管乒乓球很简单，也可能是因为它的简单性，它对于时间触发控制决策中涉及的最重要的微妙之处是有指导意义的。设计正确的时间触发控制器需要预测系统状态在短时间（一个控制周期）内如何演化。控制中时间触发动作的效果和细微之处是非常微妙的，因而值得侧重于一个简单直观的案例讲解。

与假设连续感知的事件触发控制不同，时间触发控制原理更加现实，它假设传感器数据仅在离散时刻可用并对此进行处理（离散感知）。时间触发的系统模型避免了事件检测建模中的微妙之处，而这是事件往往可能导致的。因此，相比事件触发控制而言，通常时间触发系统的模型更容易构建也更容易实现。随之而来的代价则是，CPS 程序员需要注意事件检测带来的负担，必须确保时间触发控制器现在能够及早预测和检测事件，

以免太晚对它们做出反应。这是更难得到正确的时间触发控制器的原因，但这也是至关重要的，否则的话就会忽视可靠事件检测的重要特性，这无助于提高最终 CPS 的安全性。

CPS 设计通常从假设事件触发控制的理想化世界开始（如果在连续检查和响应事件时控制器甚至都不安全，那它已经有问题了），然后将事件触发控制器变换为时间触发控制器。第二步通常指明在事件触发设计中遗漏的额外细微之处。每当系统反应缓慢或系统反应迅速但为了保持安全需要高精度的事件检测时，在时间触发控制器中获得的额外深入理解就至关重要了。例如，地面控制决策到达火星探测器的反应时间长得吓人，以至于难以忽略。手术机器人系统在例如 $55\,\mathrm{Hz}$ 下运行时的反应时间仍然至关重要，即使系统移动缓慢且反应迅速，因为系统所需的精度在亚毫米范围内[1]。但是在空旷的橄榄球场里停放一辆缓慢行驶的汽车时，反应时间的影响是比较小的。

总的来说，事件触发控制的最大问题除了有时难以实现外，还包括对事件检测正确建模（而不会在寻找事件模型时意外地违背物理规律）中涉及的微妙之处。但只要事件选择得合适，事件触发控制系统是相当简单直接的。相比之下，在时间触发控制中找到模型相对容易，但是确定适当的控制器安全约束需要的考虑多得多，然而其给出的对当前系统的深入理解也是很重要的。有可能做的是，系统地将（可实现的）时间触发控制器的安全性证明简化为（更容易的）事件触发控制器的安全性证明以及相应的兼容性条件[2,3]，从而同时利用两者的最大优势。

习题

9.1 **（时间界限）** 式(9.3)对连续演化的持续时间施加了上限。能够施加上限 1 和下限 0.5 吗？这样是否不再考虑系统中某些相关的安全关键行为？

9.2 给出一个初始状态，由此式(9.3)中的控制器将跳过而不会注意到事件 $4\leqslant x\leqslant 5$。

9.3 如果式(9.7)中的控制器使用乒乓球拍时球仍然在地上，会发生什么？对应的物理现象是什么？

9.4 式(9.9)是永真的，其中的时间触发控制器反应时间最多为 1 个单位时间。然而，如果球在稍稍高于地面的地方以非常快的负速度放手，难道它不能在比 1 个时间单位的反应时间更短的时间内反弹回来并超过安全高度 5 吗？这是否意味着该公式是可证伪的？不！找出原因并给出物理解释。

9.5 式(9.9)中的控制器每秒至少运行一次。如何修改模型和控制器，使得它每秒至少运行两次？你需要对控制器做出什么样的修改来反映这一增加的频率？如果控制器只能可靠地每两秒至少运行一次，你需要如何修改式(9.9)？哪些修改是安全关键的，哪些不是？

9.6 如果我们误读了绑定优先级，以为将条件 $v<1$ 添加到式(9.9)中控制器的两个析取项中，此时会发生什么？

$$2x=2H-v^2 \wedge 0\leqslant x \wedge x\leqslant 5 \wedge v\leqslant 0 \wedge g=1 \wedge 1=c \wedge 1=f \rightarrow$$

$$[(\mathrm{if}(x=0)v:=-cv;\mathrm{if}((x>5\tfrac{1}{2}-v \vee 2x>2\cdot 5-v^2) \wedge v<1 \wedge v\geqslant 0)v:=-fv;$$

$$t:=0;\{x'=v,v'=-g,t'=1\,\&\,x\geqslant 0 \wedge t\leqslant 1\})^*]\quad(0\leqslant x\leqslant 5)$$

所得的公式仍然是永真的吗？找到一个不变式证明或找到反例。

9.7 对 dL 公式(9.9)的永真性给出相继式证明。是直接证明更容易，还是使用泛化规则

281

MR 证明更容易？

9.8 我们在第 8 章中设计的事件触发控制器对事件 $4 \leqslant x \leqslant 5$ 进行监测。然而，9.2 节中的时间触发控制器最终只考虑了上限 5。如何以及在什么情况下可以修改控制器，使它确实只对事件 $4 \leqslant x \leqslant 5$ 做出反应，而不是在球有超过 5 的危险的所有情况下反应？

282

9.9 设计一个控制器，如果比较连续演化之前的高度和之后的高度的差值为 1，该控制器做出反应。你能让它安全吗？你可以实现它吗？它是事件触发还是时间触发的控制器？它与本章开发的控制器相比如何？

9.10 乒乓球证明依赖于参数假设 $g = c = f = 1$，这仅仅是为了方便处理得到的算术。在没有这些强简化的假设的情况下，对一般的乒乓球开发时间触发模型、控制器、不变式并且证明。

9.11 证明仅使用不变式 $0 \leqslant x \leqslant 5$（还可以包括对常量的假设，如 $g > 0$）也可以证明式（9.9）是安全的。证明关键依赖于初始状态的哪些假设？

*9.12 设计乒乓球时间触发控制器的一种变化方案，该方案允许在高度 $4 \leqslant x \leqslant 5$ 范围内使用乒乓球，但安全性条件宽松为可以接受 $0 \leqslant x \leqslant 2 \cdot 5$。确保在必要时才强制使用乒乓球拍。找到不变式并进行证明。

9.13 **(2D 乒乓球时间)**　设计一个乒乓球控制器并验证其安全性，它像常规的乒乓球比赛一样可以作水平运动的横向挥拍。反应时间的影响是什么？

9.14 **(机器人追逐)**　在激烈的追逐中，你控制的一个机器人尾随另一个机器人。你的机器人可以加速（$a := A$）、制动（$a := -b$）或滑行（$a := 0$）。但是你追逐的机器人也可以！你的工作是在空白处填上测试条件，使得两个机器人不会发生碰撞。

$$x \leqslant y \wedge v = 0 \wedge A \geqslant 0 \wedge b > 0 \rightarrow$$
$$[((c := A \cup c := -b \cup c := 0);$$
$$(?_____; a := A \cup ?_____; a := -b \cup ?_____; a := 0);$$
$$t := 0; \{x' = v, v' = a, y' = w, w' = c, t' = 1 \& v \geqslant 0 \wedge w \geqslant 0 \wedge t \leqslant \varepsilon\})^*$$
$$]x \leqslant y$$

9.15 **(芝诺悖论)** 混成系统让两个世界模型的不同显而易见，芝诺用这些模型描述了跑得快的 Achilles 和跑得慢的 Tortoise 的赛跑（见探索 9.1）。Achilles 的起始位置为 a，跑步速度为 v。Tortoise 的起始位置为 t，爬行速度为 $w < v$。相继运动的模型使用单独的微分方程，其中 Achilles 初次跑步的持续时间为 s，直到他到达 Tortoise 原来所在的位置 t，但 Tortoise 已经以较慢的速度 w 爬行了相同的时间：

$$s := 0; (\{a' = v, s' = 1 \& a \leqslant t\}; ? a = t; \{t' = w, s' = -1 \& s \geqslant 0\}; ? s = 0)^*$$

将其与组合微分方程组中的同步运动进行比较：

$$s := 0; \{a' = v, t' = w, s' = 1\}$$

283

证明：尽管 $v > w$，如果 $a < t$ 最初成立，则始于位置 a 的 Achilles 在第一个模型中永远不会追上始于位置 t 的 Tortoise。对于第二个模型，（借助于尖括号模态）证明后置条件 $a = t$ 最终为真。然后将这两个模型与如下情形对比，其中另一位希腊哲学家绊倒在赛道上，用其他有悖论的运动模型的问题转移 Achilles 的注意力。

参考文献

[1] Yanni Kouskoulas, David W. Renshaw, André Platzer, and Peter Kazanzides. Certifying the safe design of a virtual fixture control algorithm for a surgical robot. In: *HSCC*. Ed. by Calin Belta and Franjo Ivancic. ACM, 2013, 263–272. DOI: 10.1145/2461328.2461369.

[2] Sarah M. Loos. Differential Refinement Logic. PhD thesis. Computer Science Department, School of Computer Science, Carnegie Mellon University, 2016.

[3] Sarah M. Loos and André Platzer. Differential refinement logic. In: *LICS*. Ed. by Martin Grohe, Eric Koskinen, and Natarajan Shankar. New York: ACM, 2016, 505–514. DOI: 10.1145/2933575.2934555.

284

微分方程分析

　　这一部分将把信息物理系统的研究推进到系统动态不再有闭式解的情形。如果不能对微分方程求解或者解太复杂，则它们的性质需要采用间接的方法来分析。正如归纳法是以局部视角理解程序和控制系统中循环行为的关键技术一样，本部分的研究对归纳法作了关键推广，将其推广到微分方程。到目前为止，在第一部分中获得的对于循环不变式的直观理解将是扩展到微分方程的有用基础。剩下的主要挑战是开发归纳法在微分中的对应方法，这在微分方程中是难以捉摸的，因为在连续演化中，离散归纳所基于的"下一个步骤"的概念根本没有任何意义。除了微分不变式作为归纳法在微分方程中的可靠推广之外，本部分还研究微分切割（它们使得我们有可能证明然后使用关于微分方程行为的引理）以及微分幽灵（它们将新的微分方程添加到动态中，从而使附加的不变式可以将旧变量和新变量关联起来）。虽然已经很好地理解了离散系统中切割对引理的作用和幽灵变量对附加状态的作用，但两者在对微分方程的理解中发挥的作用更加重要。

　　这一部分还对微分方程的元理论做了简单的介绍，方法是研究微分方程可证明性理论的开端。虽然这样的理论并不一定是理解信息物理系统不变式生成的实际问题的关键途径，但它仍然提供了不同不变式和不同证明搜索方法之间关系的有用的直觉和深入见解。它也作为一个相对容易理解、出发点良好并且直观的过渡延续到对证明论的研究，该理论在微分方程这一具体设置中就是关于证明的理论或者关于证明的证明理论。

微分方程与微分不变式

概要 本章进入的领域是微分方程没有闭式解的信息物理系统。不能闭式求解的微分方程让信息物理系统的连续动态更具挑战性。这种变化的显著性和重要性就如同从单发控制系统变化到在控制回路中交互次数无界的系统一样。突然之间，我们不能再假设每个微分方程都可以替换为以显式形式表示的某个函数以及作用于时间 t 的量词，这个函数描述的是时刻 t 得到的状态。相反，微分方程必须基于它们的实际动态隐式地处理，而不是基于它们的解。这导致了视角的显著转变，开启了信息物理系统连续动态特性的魅力新世界，它始于对信息物理系统模型中的导数符号赋予一种全新的含义。

10.1 引言

到目前为止，本书只探讨了一种处理微分方程的方法：引理 5.3 中的公理['] 模式。就像几乎所有其他公理一样，该公理['] 是一个等价式，所以它可以用来把一个更复杂的 HP（在本情形中是一个微分方程）的性质简化成一个结构更简单的逻辑公式。

$$['] \quad [x'=f(x)]p(x) \leftrightarrow \forall\, t \geqslant 0[x:=y(t)]p(x) \quad (y'(t)=f(y))$$

然而，为了将公理['] 用于微分方程 $x'=f(x)$，我们必须首先找到符号初值问题的符号解（即函数 $y(t)$，使得 $y'(t)=f(y)$ 且 $y(0)=x$）。但是，如果微分方程没有这样一个显式闭式解 $y(t)$ 呢？或者，如果 $y(t)$ 不能用一阶实算术来表示呢？第 2 章允许更多的微分方程作为 CPS 模型的一部分，而不仅仅是碰巧有简单解的微分方程。我们将在本章考虑这些微分方程，为它们提供严格的推理技术。事实上，本书这一部分所探讨的关于微分方程的严格证明甚至简化了可解微分方程的证明，并最终使解公理模式['] 变得多余。

读者可能之前见过一系列求解微分方程的方法。对于许多常见的情况，这些方法无疑都是非常有用的。但是，从某种意义上说，"大多数"微分方程是不可解的，因为它们没有以初等函数表示的显式闭式解，例如[18]：

$$x''(t)=e^{t^2}$$

即使它们有解，解也许不再能以一阶实算术表示。例 2.5 表明，对于某些初始值，

$$x'=y, y'=-x$$

的解为 $x(t)=\sin(t)$，$y(t)=\cos(t)$，这不能在实算术中表示（回忆一下，两者都是无穷幂级数），由此得到的算术是不可判定的[6]。例如，正弦函数需要无穷多的幂级数，这无法表达为一阶实算术中的有限项：

$$\sin(t)=t-\frac{t^3}{3!}+\frac{t^5}{5!}-\frac{t^7}{7!}+\frac{t^9}{9!}-\cdots$$

本章从更基础的角度重新研究微分方程，从而得出在不使用解的情况下证明微分方程性质的方法。它寻求在离散动态和连续动态看似显著不同的动态特性中意想不到的类比。第一个也是相当有影响力的观察是，微分方程和循环之间的共同点比一个人能猜测到的多。⊖离

⊖ 事实上，最终会发现离散动态和连续动态在证明论上有相当紧密的联系[12]。

散系统也许是复杂的,但有一个强大的伴随工具——归纳法,作为一种建立离散动态系统真理的方法,它仅需一般性地分析系统执行的一个步骤(该步骤将像循环体一样重复执行)。如果我们可以将归纳法用于微分方程会怎样?如果我们证明微分方程性质的方法不是先找到一个全局解然后检查它是否一直满足这些性质,而是能够分析这些性质是如何沿着微分方程改变,并以此直接给出性质的证明呢?如果我们可以通过分析连续动态系统(重复)执行的一般局部"步骤"来驾驭微分方程的分析复杂性呢?当然,最大的概念性挑战是,理解一个步骤在连续动态系统中对应的究竟是什么,因为对于在连续时间里演化的微分方程而言,"下一步"这样的概念是不存在的。

本章对信息物理系统基础有着重要核心意义。本章开始探讨的分析原理将是分析所有复杂 CPS 的关键基础。本章最重要的学习目标如下所示。

建模与控制:本章将通过深入理解 CPS 的连续动态行为来发展 CPS 背后的核心原理。本章还将阐明离散和连续系统如何相互关联的另一面,最终这将引出理解混成系统的一个神奇的视角[12]。

计算思维:本章以最纯粹的形式运用了计算思维原理,方法是通过寻找和利用离散动态与连续动态之间令人惊讶的相似点,无论这两者第一眼看上去有多么不同。本章致力于 CPS 模型中微分方程的严格推理。这种严格的推理对于理解 CPS 随着时间推移表现出来的连续行为是至关重要的。如果对它们的分析不够严谨,就无法理解它们错综复杂的行为,发现它们的控制中的细微缺陷,或者确定设计是否有缺陷以及为什么不再有缺陷。本章基于微分方程的归纳法,系统地发展一个针对微分方程等式性质的推理原理[8,13]。它以微分形式采用在公理体系中对微分不变式的逻辑理解[14]。随后的章节将本章开发的相同核心原理扩展到对微分方程一般不变式性质的研究。本章继续进行自第 5 章以来对微分动态逻辑 dL 的公理化[11-12],并将 dL 的证明技术提升到含有更复杂的微分方程的系统。本章中发展的概念从微分这一侧面阐明了语法(即符号标记法)、语义(承载意义)和公理体系(将语义关系内化成通用的语法变换)之间更一般的关系。这些概念和它们的关系共同形成了语法、语义和公理体系这一重要的逻辑三位一体。本章从微分这一侧面研究了这种逻辑三位一体。最后,在本章中开发的验证技术对于验证较大规模和技术复杂性的 CPS 模型是至关重要的。

CPS 技能:我们将更深入地理解 CPS 模型连续动态特性的语义,发展对 CPS 操作效果好得多的直觉并对此进行利用。除了展示语义上的细微差别之外,这种理解对于除了最初等的信息物理系统之外的所有其他系统进行严格推理都是至关重要的。

离散与连续的类比
关于ODE的严格推理
微分方程的归纳法
逻辑三位一体的微分侧面

CT

理解连续动态
关联离散+连续   M&C   CPS   连续动态的语义
CPS操作效果

10.2 微分不变式的逐步介绍

本节将逐步开发微分不变式背后的直觉。这种渐进式的介绍对于理解微分不变式的工作原理和工作方式很有用。在设计系统或者构思系统的证明时,它也可以支持我们的直观理解。

10.2.1 局部微分方程的全局描述能力

微分方程描述物理的连续演化,演化的时间可长可短。然而,它们以局部方式仅用微分方程的右侧就描述了这种全局行为。

注解 54(微分方程对全局行为的局部描述)   微分方程描述能力背后的关键原理是，它们仅用系统在空间中任意点的演化方向这一局部描述来反映连续系统随时间的演化。微分方程的解是系统如何演化的全局描述。微分方程本身是一个局部表征。虽然连续系统的全局行为可能很微妙、复杂并且具有挑战性，但以微分方程所给出的局部描述则要简单得多。局部描述和全局行为之间的这种差异是微分方程描述能力的基础，可以利用它来进行证明。

回想一下第 3 章中微分方程的语义。

定义 3.3(ODE 的转换语义) $[\![\,x'=f(x)\,\&\,Q\,]\!] = \{(\omega,\nu)$：存在持续时间为 r 的解 $\varphi:[0,r]\to\mathscr{S}$，满足 $\varphi \models x'=f(x)\wedge Q$，该解使得 $\varphi(0)$ 除了在 x' 处应满足 $\varphi(0)=\omega$，并且 $\varphi(r)=\nu\}$

这里 $\varphi \models x'=f(x)\wedge Q$ 当且仅当对于所有的时间 $0\leqslant z\leqslant r$ 都满足 $\varphi(z)\in[\![\,x'=f(x)\wedge Q\,]\!]$ 且 $\varphi(z)(x')Q\overset{\text{def}}{\equiv}\dfrac{\mathrm{d}\varphi(t)(x)}{\mathrm{d}t}(z)$，同时除了在 x 和 x' 处，满足 $\varphi(z)=\varphi(0)$。

解 φ 描述了系统的全局行为，而这又是由微分方程 $x'=f(x)$ 的右侧 $f(x)$ 以局部方式指定的。

第 2 章已经展示了一些例子来说明微分方程的描述能力，也就是说，在这些例子中，尽管微分方程相当简单，但解却是非常复杂的。这是微分方程的一个强大性质：它们甚至可以用简单的方式描述复杂的过程。然而，如果验证只能以微分方程的解来证明微分方程的性质，而这些解又由于微分方程特有的本质而变得更加复杂，微分方程的这种表达上的优势就无法延伸到验证中去。

因此，本章探讨用微分方程本身而不是它们的解来证明微分方程性质的方法。这就引出了微分不变式[8,13-14]，它们可以仅根据微分方程的局部动态对其进行归纳。实际上，循环和微分方程有很多共同点[12]，比直观上要多得多(见 10.8.1 节)。

10.2.2   微分不变式的直观理解

正如归纳不变式是证明循环性质的首要技术一样，微分不变式[7-9,13,14]提供了我们证明微分方程性质(而无须对它们求解)的主要归纳技术。回忆一下 7.3.3 节中的循环归纳证明规则

$$\text{loop}\ \frac{\Gamma\vdash F,\Delta\quad F\vdash[\alpha]F\quad F\vdash P}{\Gamma\vdash[\alpha^*]P,\Delta}$$

循环归纳法背后的核心原理是，$[\alpha^*]P$ 证明的归纳步骤将循环体 α 作为局部生成元进行研究，并证明它永远不会改变不变式 F 的真假值(参见 7.3.3 节证明规则 loop 的中间前提 $F\vdash[\alpha]F$，或 7.3.2 节核心的基本归纳证明规则 ind 的唯一前提)。让我们试着建立同样的归纳原理，只是这次针对的是微分方程。规则 loop 的第一个和第三个前提很容易迁移到微分方程。这里的挑战是弄清楚归纳步骤 $F\vdash[\alpha]F$ 对应什么，因为不同于循环，微分方程没有"一个步骤"这样的概念。

微分方程 $x'=f(x)$ 的局部生成元告诉我们关于系统演化的什么信息？它和公式 F 沿着该微分方程整个演化过程中的真值又有什么关系？也就是说，与 dL 公式 $[x'=f(x)]F$ 的真值的关系，该 dL 公式表示的是 $x'=f(x)$ 的所有运行都将到达满足 F 的状态。图 10.1 描绘了微分方程的向量场(在状态空间中的每个点上将微分方程的右侧绘制为向

量)、全局解(黑线)以及不安全区域¬F(灰色区域)的一个示例。安全区域 F 是不安全区域¬F 的补集。当然,不可能真的在图 10.1 中状态空间的每个点上绘制微分方程的恰当方向的向量,所以我们只能满足于绘制其中的一些向量。

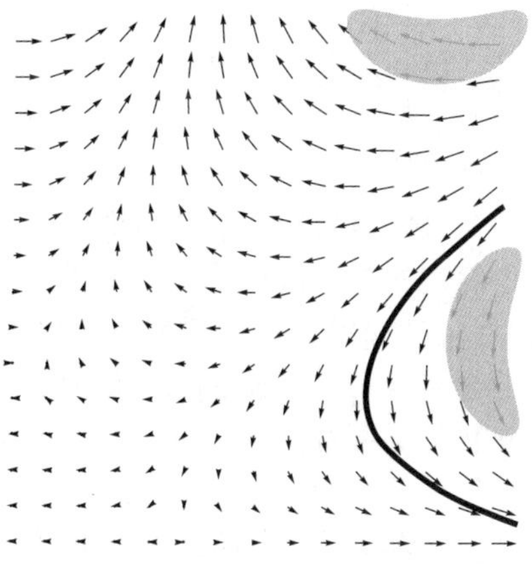

　　在状态 ω 下证明[$x'=f(x)$]F 为真的一种方法是,计算该状态 ω 下的解并检查沿着解在每个时间点到达的状态,以查看它是在安全区域 F 中还是在不安全区域¬F 中。不幸的是,存在不可数无穷多个时间点需要检查。此外,这只考虑了一个初始状态 ω,而证明公式的永真性需要考虑所有可能的初始状态,对每个初始状态计算该状态下的解并遵循解演化,但这样的初始状态有不可数无穷多个。这就是这种幼稚的方法无法计算的原因。

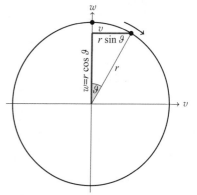

图 10.1　微分方程的向量场以及不进入灰色不安全区域的一个解

　　当符号初值问题可以用符号初始值 x 求解并可以使用时间量词时,仍然可以使用类似的思路,这正是公理[']的做法。然而,只有当符号初值问题的解可以计算并且从时间量词所得的算术可判定时,这种方法才能够奏效。对于多项式解,可以通过塔斯基的量词消除法(见 6.5 节)来实现。但只有非常简单的系统(2.9.3 节中的幂零线性微分方程组)才会有多项式解。

　　重新查看图 10.1,我们提出一种完全不同的方法来检验系统在遵循微分方程 $x'=f(x)$ 时是否可能进入¬F 中的不安全状态。这基于如下直觉。如果图 10.1 中存在一个向量,它从 F 中的安全状态指向¬F(灰色区域)中的不安全状态,那么沿着该向量遵循微分方程将让系统进入不安全区域¬F。相反,如果所有的向量都只会从 F 中的安全状态指向安全状态,那么凭直觉可知,遵循这样一系列的向量,只能从安全状态到达安全状态。因此,如果系统也从安全状态下启动,它就会永远保持安全。事实上,这也说明我们在证明[$x'=f(x)$]F 时有一些自由空间。我们不需要确切地知道系统演化进程,只需要知道它一直在 F 内。

　　让我们把这种直觉变为严格的推理,得到可靠的证明原理,它应该是完全可信的,从而可以用于 CPS 验证。我们要做的是找到一种方法表征 F 的真值沿着微分方程演化时如何变化。这样我们就能证明系统只会沿着公式 F 保持为真的方向演化。

10.2.3　微分不变式的推导

　　如何将对逻辑公式 F 相对微分方程 $x'=f(x)$ 的演化方向的直觉变得严格?让我们一步一步来。

　　例 10.1　(旋转动态)　作为一个指导性示例,考虑一个关于例 2.5 中旋转动态的猜想,其中 v 和 w 表示在半径为 r 的圆上顺时针旋转的方向向量的坐标(见图 10.2):

$$v^2+w^2=r^2\to[v'=w,w'=-v]v^2+w^2=r^2$$

$$\tag{10.1}$$

猜测的 dL 公式(10.1)是永真的,因为确实,如果

图 10.2　旋转动态以及方向向量 (v,w) 与半径 r 和角度 ϑ 关系的一种情形

向量(v,w)最初距离原点$(0,0)$为r，那么它在绕原点旋转时将始终保持该距离，这就是该动态的行为。也就是说，点(v,w)总是在半径为r的圆上。但是我们怎么能证明这一点呢？对于这个特别的例子，我们可以研究解，这里解为三角函数(尽管图10.2中所示的解根本不是唯一的解)。通过这些解，我们可能可以找到一个论据证明为什么它们与原点的距离保持为r。但由此得到的算术将涉及幂级数，这就增加了不必要的难度。简单的dL公式(10.1)为什么永真的论证应该是很简单的。而且，在我们发现合适的证明原理之后它也确实如此，这正是本章将要做的。

首先，连续动态系统的演化方向是什么？该方向就是由微分方程描述的，因为微分方程的全部意义就是描述状态在空间中的每个点的演化方向。因此，服从$x'=f(x)$的连续系统在状态ω下遵循的方向由时间导数描述，该时间导数就是状态ω下项$f(x)$的值$\omega[\![f(x)]\!]$。回想一下，项$f(x)$可能提及x和其他变量，因此它的值$\omega[\![f(x)]\!]$取决于当前状态ω。

注解 55("在动态方向上保持为真的公式") 证明 dL公式$[x'=f(x)]F$并不真正要求我们解答系统演化的确切方向，而只是需要求解系统演化与公式F的关系以及F求值结果为真的状态ω的集合。只要证明系统只在公式F保持为真的方向上演化就足够了(见图10.3)。

逻辑公式F最终由原子公式构成，而原子公式是(多项式式或有理式)项的比较，例如$e=5$或$v^2+w^2=r^2$。令e

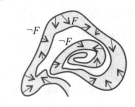

图 10.3 微分不变式 F 在动态方向上保持为真

表示这样一个在公式F中出现的变量(向量)x的(多项式)项。多项式项e在状态ω中的语义是它求值得到的实数$\omega[\![e]\!]$。当遵循微分方程$x'=f(x)$一段时间后，e的值的演化方向是什么？这同时取决于需求值的项e和描述各个变量x如何随时间演化的微分方程$x'=f(x)$。

注解 56(方向) *演化的方向用导数来描述。毕竟，微分方程$x'=f(x)$阐明x的时间导数是$f(x)$。*

为了找出项的值是如何变化的，让我们对感兴趣的项求微分，看看这告诉我们关于项的值随时间变化的什么信息。等一下，由此得到的导数到底表示什么意思？这是一个至关重要的问题，但不管怎样，让我们冒昧地把这个问题推迟到以后再提，目前先培养一种初步的直观理解。

例 10.2 (对旋转动态中的项求微分) 当试图理解式(10.1)中后置条件的真假值如何变化时，应该对哪些项求微分？由于这一点到目前为止还不一定很清楚，让我们将式(10.1)重写为以下等价的 dL 公式(详见习题10.2)，它只有一项需要关注：

$$v^2+w^2-r^2=0 \rightarrow [v'=w,w'=-v]v^2+w^2-r^2=0 \tag{10.2}$$

对在式(10.2)后置条件中的唯一相关的项$v^2+w^2-r^2$求微分，得到

$$(v^2+w^2-r^2)'=2vv'+2ww'-2rr' \tag{10.3}$$

当然，对$v^2+w^2-r^2$求微分不只是得到$2v+2w-2r$，因为它的值还取决于变量本身的变化，比如v的导数v'等。只要我们知道式(10.3)中v'、w'和r'的含义。式(10.2)的微分方程似乎表明v'等于w，w'等于$-v$。可以在式(10.3)中将微分方程的左侧w'替换为它的右侧$-v$吗？这样将得到

$$2vv'+2ww'-2rr'=2vw+2w(-v)-2rr' \tag{10.4}$$

显然只要r'为0，上式就为0。好吧，也许我们可以认为r'等于0，因为r没有微分方程，所以r不应该改变，这也是微分方程$r'=0$明确阐明的。 ◀

你看看！这可能会引出一个证明，因为 $2vw+2w(-v)$ 确实为 0。只是我们还不知道它是否是一个真正的证明。我们应该用什么样的证明规则证明式(10.2)？为什么它们是可靠的证明规则？在式(10.4)中可以将微分方程的左侧替换为右侧吗？我们能否对项求微分来找出它们如何随时间变化？各个导数符号 v'、w'、r' 的含义是什么？我们在式(10.3)中的项 $v^2+w^2-r^2$ 上使用的算子 $(\cdot)'$ 的含义是什么？我们怎么知道这个算子让式(10.3)的两边相等？或者，还可以问：可以用微分方程进行替换吗？

将例 10.2 中的直观理解转化为可靠的证明原理，需要回答这一系列重要的问题。让我们一个一个回答它们。

10.3　微分

为了清楚地表述我们在激励开发微分不变式推理时所采用的直觉，第一步是将 x' 和 $(e)'$ 正式添加到语法中，因为我们在例 10.2 的推理中使用了它们。第二步是定义它们的含义。逻辑三位一体的第三步是开发公理，可以证明这些公理对于语义而言是可靠的，并且根据这些公理能够对这样的导数项作正确的语法推理。

10.3.1　微分的语法

理解微分法推理的第一步是赋予导数项 x' 和 $(e)'$ 合法的地位，将它们添加到语法中从而正式把它们视为微分动态逻辑语言的一部分。对于每个变量 x，我们都添加一个相应的微分符号 x'，它可以像其他变量一样使用，当然在微分方程 $x'=f(x)$ 中，x' 起的特殊作用是表示相关变量 x 的时间导数。对于每一个项 e，我们都添加一个微分项 $(e)'$。形式上，两者应该一直都是微分动态逻辑的一部分，但仅在本章才开始阐明这一点。此外，在本书的第一部分中先限制这些导数项，仅在微分方程中使用它们也更容易。

定义 10.1(dL 项)　(微分形式的)微分动态逻辑中的**项** e 由如下文法定义(其中 e、$\tilde{e}$ 是项，x 是带相应微分符号 x' 的变量，c 是有理数常数)：

$$e ::= x \mid x' \mid c \mid e+\tilde{e} \mid e-\tilde{e} \mid e \cdot \tilde{e} \mid e/\tilde{e} \mid (e)'$$

为了强调，当允许使用导数符号时，该逻辑也称为微分形式的微分动态逻辑[14]，但我们将继续简单称之为微分动态逻辑。(微分形式的)微分动态逻辑的公式和混成程序的构建方式如 3.3 节和 4.4 节所示。语义保持不变，除了新增加的微分项 $(e)'$ 和微分符号 x' 需要配备适当的含义。

当然，重要的是要注意除法 $e/\tilde{e}$ 只在保证除数 $\tilde{e}$ 不为零的上下文中才有意义，从而避免未定义的情形。我们只允许除法用于确保除数不为零的上下文中！

10.3.2　微分符号的语义

变量符号 x 的含义由状态 ω 定义为 $\omega(x)$，所以它在状态 ω 下的值 $\omega[\![x]\!]$ 直接从该状态根据 $\omega[\![x]\!]=\omega(x)$ 查找可得。当试图对微分符号 x' 或其他任何有导数内涵的事物(比如项 e 的微分项 $(e)'$)赋予含义时，理解由此产生的许多微妙之处和挑战是至关重要的。项 e 在状态 ω 下的含义为 $\omega[\![e]\!]$，因此，微分项 $(e)'$ 在状态 ω 下的含义写为 $\omega[\![(e)']\!]$。现在我们知道写法是什么，但如何定义 $\omega[\![(e)']\!]$ 呢？

第一个数学上的本能反应可能是着手将 x' 和 $(e)'$ 定义为某事物的时间导数 $\dfrac{\mathrm{d}}{\mathrm{d}t}$。但是在孤立的状态 ω 下没有时间概念，因此也就没有时间导数。我们不可能给出像下面这样的

定义

$$\omega\,[\![\,(e)'\,]\!] \stackrel{???}{\equiv} \frac{\mathrm{d}\omega\,[\![\,e\,]\!]}{\mathrm{d}t}$$

因为时间 t 甚至根本不在右侧的任何地方出现。事实上，在一个单独的孤立状态 ω 下，寻求任何事物的值随时间的变化率都是完全没有意义的！为了使时间导数变得有意义，我们至少需要有时间的概念，并且值可以理解为时间的函数。该函数需要在足够大的区间上有定义，从而导数可以变得有意义。并且，该函数需要是可微的，这样才存在时间导数。在状态可以离散变化的情况下，并非每个项的值都会一直有时间导数，即便我们保留它的历史。当我们试图定义语法项 $(e)'$ 在状态 ω 下的值 $\omega\,[\![\,(e)'\,]\!]$ 时，以上的要求都不满足。

下一个数学上的本能反应可能是主张 x' 和 $(e)'$ 的含义取决于微分方程。但是在状态 ω 下 $(e)'$ 的含义是 $\omega\,[\![\,(e)'\,]\!]$，所以根本就没有微分方程可言。没有任何东西的含义可以依赖于外部其他事物，因为这违反了指称语义学的所有原则。注意，逻辑学原理促使我们对 $(e)'$ 的含义给出精确的定义 $\omega\,[\![\,(e)'\,]\!]$，这一点是多么有用。如果没有逻辑学的数学严谨性的帮助，我们可能只是无意地写下一些导数项和微分算子就遭遇挫折，并最终会因为这可能让我们得出实际并不为真的"结论"而寝食难安。

虽然时间导数和微分方程都不能对此给出解答以赋予 x' 或 $(e)'$ 含义，但重要的是理解为什么没有明确定义值和含义会导致逻辑结构的复杂化。指称语义学以模块化的方式合成地定义所有表达式的含义，而不参考外部元素（例如表达式恰好出现于其中的微分方程）。项的含义是状态的函数，而不是状态和它恰好在此时提到的上下文或目的的函数。

赋予微分符号含义这一谜题的解决方案是声明状态不仅仅应该对所有变量 $x \in \mathscr{V}$ 赋值，而且还应该对所有微分符号 $x' \in \mathscr{V}'$ 赋值。状态 ω 是一个映射 $\omega : \mathscr{V} \cup \mathscr{V}' \to \mathbb{R}$，它对每个变量 $x \in \mathscr{V}$ 赋值为实数 $\omega(x) \in \mathbb{R}$，并且对每个微分符号 $x' \in \mathscr{V}'$ 赋值为实数 $\omega(x') \in \mathbb{R}$。例如，当 $\omega(v) = 1/2$，$\omega(w) = \sqrt{3}/2$，$\omega(r) = 5$，$\omega(v') = \sqrt{3}/2$，$\omega(w') = -1/2$，$\omega(r') = 0$ 时，项 $2vv' + 2ww' - 2rr'$ 求值得到

$$\omega\,[\![\,2vv' + 2ww' - 2rr'\,]\!] = 2\omega(v) \cdot \omega(v') + 2\omega(w) \cdot \omega(w') - 2\omega(r) \cdot \omega(r') = 0$$

微分符号 x' 在状态 ω 下可以有任意实数值。然而，沿着微分方程的解 $\varphi : [0, r] \to \mathscr{S}$，我们精确地知道 x' 具有什么值。或者，至少当它的持续时间 r 不为零时我们知道其值，这样我们就不再是讨论孤立的点 $\varphi(0)$。在沿着这样的 φ 连续演化过程中的任何时间点 $z \in [0, r]$，微分符号 x' 具有的值等于 x 随时间 t 的值 $\varphi(t)(x)$ 的时间导数 $\dfrac{\mathrm{d}}{\mathrm{d}t}$ 在特定时间 z 的值[8,11,14]，因为我们就应该这样理解方程 $x' = f(x)$。

定义 3.3（常微分方程（ODE）的转换语义） $[\![\,x' = f(x) \& Q\,]\!] = \{(\omega, v) :$ 存在持续时间为 r 的解 $\varphi : [0, r] \to \mathscr{S}$，满足 $\varphi \models x' = f(x) \wedge Q$，该解使得 $\varphi(0)$ 除了在 x' 处之外应满足 $\varphi(0) = \omega$，并且 $\varphi(r) = v\}$。

这里 $\varphi \models x' = f(x) \wedge Q$ 当且仅当对所有时间 $0 \leqslant z \leqslant r$ 都满足 $\varphi(z) \in [\![\,x' = f(x) \wedge Q\,]\!]$ 且 $\varphi(z)(x') \stackrel{\mathrm{def}}{=} \dfrac{\mathrm{d}\varphi(t)(x)}{\mathrm{d}t}(z)$，同时 $\varphi(z)$ 除了在 x 和 x' 处之外其他变量保持与 $\varphi(0)$ 一致，即应满足 $\varphi(z) = \varphi(0)$。

沿着微分方程 $x' = f(x) \& Q$ 的解 $\varphi : [0, r] \to \mathscr{S}$，微分符号 x' 在时间 $z \in [0, r]$ 处的值等于 z 处的解析时间导数：

$$\varphi(z)(x') \stackrel{\mathrm{def}}{=} \frac{\mathrm{d}\varphi(t)(x)}{\mathrm{d}t}(z) \tag{10.5}$$

直观上，确定 x' 的值 $\varphi(z)(x')$ 的方法是，考虑我们改变时间 z "一点点" 时 x 的值 $\varphi(z)(x)$ 如何沿着解 φ 变化。在视觉上，它对应于时间 z 处 x 的值的正切的斜率，见图 10.4。持续时间为 $r=0$ 的解的情形有点微妙，在这种情况下仍然没有时间导数可言。如果 $r=0$，对 3.3.2 节中定义 3.3 更详细的解释将忽略条件（式(10.5)），而只要求 ω 和 ν 除了 x' 的值外必须一致，并且 $\nu\in[\![x'=f(x)\wedge Q]\!]$。

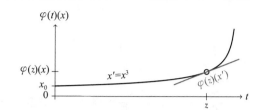

图 10.4 微分符号 x' 沿着微分方程的语义

探索 10.1(指称语义)

指称语义这一范式起源于达纳·斯科特(Dana Scott)和克里斯托弗·斯特雷奇(Christopher Strachey)[16] 对编程语言的工作，它完全基于如下原则，即编程语言表达式的语义应该是它所指称的数学对象。也就是说，指称语义是根据状态 ω 将每个项 e 赋值为语义域（这里是 $\mathbb{R}$）中的某个数学对象 $\omega[\![e]\!]$ 的函数。

因此，项的含义是一个函数 $[\![\cdot]\!]:\mathrm{Trm}\to(\mathscr{S}\to\mathbb{R})$，它将每个项 $e\in\mathrm{Trm}$ 映射到函数 $[\![e]\!]:\mathscr{S}\to\mathbb{R}$，而 $[\![e]\!]$ 给出项 e 在每个状态 $\omega\in\mathscr{S}$ 下的实数值 $\omega[\![e]\!]\in\mathbb{R}$。事实上，这正是最初在第 2 章中 dL 项的语义的定义方式。对于古典逻辑（例如一阶逻辑），这种指称语义自戈特洛布·弗雷格(Gottlob Frege)[1] 以来一直是自然和主导的方法。

然而，斯科特和斯特雷奇[16] 开创了利用语义的指称风格为编程语言赋予含义的思想。事实上，dL 的混成程序具有指称语义。HP α 的含义是它在状态 $\mathscr{S}$ 上归纳的可达性关系 $[\![\alpha]\!]\subseteq\mathscr{S}\times\mathscr{S}$。相应地，第 3 章中定义的混成程序的（指称）含义是函数 $[\![\cdot]\!]:\mathrm{HP}\to\wp(\mathscr{S}\times\mathscr{S})$，该函数赋予每个 HP α 的语义为乘积 $\mathscr{S}\times\mathscr{S}$ 的幂集 $\wp(\mathscr{S}\times\mathscr{S})$ 中的关系 $[\![\alpha]\!]\subseteq\mathscr{S}\times\mathscr{S}$。

然而，指称语义的一个关键特征是合成性。诸如 $e+\widetilde{e}$ 的复合项的含义 $[\![e+\widetilde{e}]\!]$ 应该是其各部分 e 和 $\widetilde{e}$ 的含义 $[\![e]\!]$ 和 $[\![\widetilde{e}]\!]$ 的简单函数。这种合成性正是定义微分动态逻辑含义的方式。例如，对于所有状态 ω，

$$\omega[\![e+\widetilde{e}]\!]=\omega[\![e]\!]+\omega[\![\widetilde{e}]\!]$$

通过对 $+$ 的逐点理解，上述公式可以概括为

$$[\![e+\widetilde{e}]\!]=[\![e]\!]+[\![\widetilde{e}]\!]$$

298

现在，我们终于搞清楚了符号 x' 的含义和它的值的问题。它的答案完全取决于状态。而且除了状态之外什么都不依赖！沿着微分方程，我们对 x' 值了解的信息很多，反之我们知道的很少。

沿着微分方程 $x'=f(x)\,\&\,Q$ 的解 $\varphi:[0,r]\to\mathscr{S}$ 求得的状态 $\varphi(z)$ 赋给 x' 一系列具有紧密关系的值，也就是式(10.5)以及 $\varphi(z)\in[\![x'=f(x)]\!]$。但是这种关系的依据是 φ 是微分方程的解，因此 $z\in[0,r]$ 的状态族 $\varphi(z)$ 之间的联系是唯一的。在一个状态 ω 下有 $\omega(x')=1$ 而在另一个同样孤立的状态 ν 下有 $\nu(x')=\sqrt{8}$，这完全不矛盾。实际上，这正是从 $\omega(x)=1$ 遵循微分方程 $x'=x^3$ 总共 $\frac{1}{4}$ 个时间单位后得到的初始状态 ω 和最终状态 ν 所满足的。如果我们不知道 ω 和 ν 是该微分方程的初始和最终状态，或者如果我们不知道我

们遵循它的时间正好是 $\frac{1}{4}$ 个时间单位，那么就没有什么理由怀疑 $\omega(x')$ 和 $v(x')$ 的值之间的关系。

微分符号 x' 现在具有由状态直接解释的含义。然而，诸如 $(v^2+w^2-r^2)'$ 的微分项 $(e)'$ 的含义又是什么呢？

在你继续阅读之前，看看你是否能自己找到答案。

10.3.3 微分项的语义

现在我们毫不惊奇，对微分项的语义理解的第一个数学本能反应是：把微分项 $(e)'$ 理解为时间导数不能像预期那样给出微分项的语义，因为在孤立的状态 ω 下并没有时间导数 $\omega[\![(e)']\!]$ 可供使用。同样，我们也不能要求在上下文中的其他某个地方出现任何微分方程，因为这会破坏合成性，并且无法解释诸如式(10.3)的孤立公式中的含义。不幸的是，我们不能采用与变量相同的解决方案，要求状态为每个微分项赋予任意实数值。毕竟，$\omega[\![(2x^2)']\!]$ 和 $\omega[\![(8x^2)']\!]$ 之间应该存在密切的关系，即 $4\omega[\![(2x^2)']\!]=\omega[\![(8x^2)']\!]$，而一个任意的状态是不会遵守这样的关系的，如果该状态只是记住了所有可能的微分项的任意且无关的实数值。因此，项 e 的结构和含义应该会影响 $(e)'$ 的含义。

$(e)'$ 的值应该告诉我们关于 e 的值如何变化的某些信息。但它不是(也不可能是)它指向的项随着时间的变化，因为在孤立的状态 ω 下没有时间或时间导数可言。这里的诀窍是我们仍然可以确定 e 的值将如何变化，只是不是随着时间的变化。我们可以仅从项 e 本身判断它的值在局部将如何随着它的组成部分变化。

回想一下，函数 f 在点 ξ 处相对变量 x 的偏导数 $\frac{\partial f}{\partial x}(\xi)$ 表征 f 的值在点 ξ 处如何随着变量 x 的变化而变化，因此除了 x 的值有局部细微变化之外，在点 ξ 处保留所有变量的值。项 $2x^2$ 将根据它的值对 x 的偏导数而局部变化，但总体上的变化还将取决于 x 本身如何局部变化。项 $5x^2y$ 也根据它的值对 x 的偏导数而变化，但是它另外还根据它对 y 的偏导数而变化，并且总体上还取决于 x 和 y 本身如何局部变化。

这里的核心思想是，状态 ω 已经有所有微分符号 x' 的值 $\omega(x')$ 供其使用，以定义3.3而言，x' 让人联想到 x 在局部演化的方向，只要状态 ω 是微分方程解的一部分。微分符号 x' 的值 $\omega(x')$ 就像时间导数 $\frac{\mathrm{d}x}{\mathrm{d}t}$ 在 ω 的"局部阴影"，只要该导数最初在那一点存在的话。但即使该时间导数在一般的孤立状态下并不存在，我们仍然可以将 x' 恰巧在该状态下具有的值 $\omega(x')$ 理解为 x 在该状态下局部演化的方向。同样，y' 的值 $\omega(y')$ 可以用于指明 y 在该状态下局部演化的方向。现在所需要的只是如何通过求和得到变化的积累，从而给出微分项的含义[14]。

定义 10.2(微分项的语义)　状态 ω 中微分项 $(e)'$ 的语义是值 $\omega[\![(e)']\!]$，定义为

$$\omega[\![(e)']\!] = \sum_{x \in \mathcal{V}} \omega(x') \cdot \frac{\partial [\![e]\!]}{\partial x}(\omega)$$

值 $\omega[\![(e)']\!]$ 是如下对所有变量 $x \in \mathcal{V}$ 的乘积的和：e 的值 $[\![e]\!]$ 在 ω 处对 $x \in \mathcal{V}$ 的(解析)空间偏导数乘以以微分符号 $x' \in \mathcal{V}'$ 的值 $\omega(x')$ 表述的相应演化(正切)方向。

对所有变量 $x \in \mathcal{V}$ 的和只有有限个支撑(只有有限多个非零直和项)，因为项 e 仅提及

有限多个变量 x，而 e 对不在 e 中出现的变量 x 的偏导数则为 0，所以对总和没有贡献。由于对 e 求值的 $\omega[\![e]\!]$ 是光滑函数（例如加法、乘法等）的复合因此 $\omega[\![e]\!]$ 是光滑的，所以它存在空间导数。回想一下，状态 $\omega \in \mathscr{S}$ 下 e 的值 $[\![e]\!]$ 对变量 $x \in \mathscr{V}$ 的偏导数表示 $\omega[\![e]\!]$ 的值如何随 x 的值变化。它被定义为当 x 在状态 ω_x^κ 下具有的新值 $\kappa \in \mathbb{R}$ 收敛于 x 在状态 ω 下具有的值 $\omega(x)$ 时，相应差商的极限：

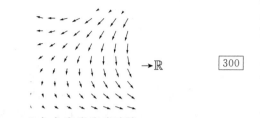

图 10.5 微分项的微分形式语义：它们的值取决于所处的点以及该点处向量场的方向

$$\frac{\partial [\![e]\!]}{\partial x}(\omega) = \lim_{\kappa \to \omega(x)} \frac{\omega_x^\kappa[\![e]\!] - \omega[\![e]\!]}{\kappa - \omega(x)}$$

总的来说，$(e)'$ 的（实数）值不仅取决于 e 本身以及 e 中出现的变量 x 在当前状态 ω 下的值，还取决于在 ω 中这些变量根据各个微分符号 x' 的值演化的方向，见图 10.5。

例 10.3（旋转动态） 在状态 ω 下，来自旋转动态的微分项 $(v^2 + w^2 - r^2)'$ 具有如下语义：

$$\omega[\![(v^2 + w^2 - r^2)']\!] = \omega(v') \cdot \omega[\![2v]\!] + \omega(w') \cdot \omega[\![2w]\!] - \omega(r') \cdot \omega[\![2r]\!] \qquad \blacktriangleleft$$

例 10.4 在状态 ω 下，微分项 $(x^3 y + 2x + 1)'$ 具有如下语义：

$$\omega[\![(x^3 y + 2x + 5)']\!] = \omega(x') \cdot \omega[\![3x^2 y + 2]\!] + \omega(y') \cdot \omega[\![x^3]\!] \qquad \blacktriangleleft$$

10.3.4 用微分等式表示的导子引理

注意，在 dL 中采用微分项作为首选有一个非常关键的副产品——微分法（即我们在式(10.2)中使用的形成导数的过程，它在之前是没有适当对应语义的模糊的操作。虽然如何对一个项求微分可能之前已经是清楚的，但这在一个状态中的真正含义还很不清晰。现在使用定义 10.2，式(10.2)的两边都有精确的语义，并且实际上两边总是有相同的值。

现在，微分法作为对微分项等式的使用是完全有意义的。例如，应用莱布尼茨的微分法乘积规则即对应于以下等式的使用：

$$(e \cdot k)' = (e)' \cdot k + e \cdot (k)' \tag{10.6}$$

等式在实数上具有良好定义的含义，而且根据定义 10.2，式(10.6)的两边都有语义，并且可以证明它们是一致的。式(10.6)是一个形式为微分项等式的常规公式，它表示乘积项 $e \cdot k$ 的微分 $(e \cdot k)'$ 等于项 $(e)' \cdot k$ 与 $e \cdot (k)'$ 之和。在证实式(10.6)是永真的公式之后，对诸如 $x^3 \cdot y$ 的乘积求微分就相当于使用式(10.6)相应的实例来证明

$$(x^3 \cdot y)' = (x^3)' \cdot y + x^3 \cdot (y)'$$

对于所有其他项的算子，相应的微分等式成立。

引理 10.1（导子引理） 以下微分等式是永真的公式，所以是可靠的公理：

$$\begin{aligned} +' \quad & (e+k)' = (e)' + (k)' \\ -' \quad & (e-k)' = (e)' - (k)' \\ \cdot' \quad & (e \cdot k)' = (e)' \cdot k + e \cdot (k)' \\ /' \quad & (e/k)' = ((e)' \cdot k - e \cdot (k)')/k^2 \\ c' \quad & (c())' = 0 \qquad \text{（对于数字或者常量 } c() \text{）} \\ x' \quad & (x)' = x' \qquad \text{（对于变量 } x \in \mathscr{V} \text{）} \end{aligned}$$

证明 这里我们只考虑加法情况的证明，而完整的证明在其他地方给出[14]。

$$\omega\,[\![\,(e+k\,)'\,]\!] = \sum_x \omega(x')\frac{\partial[\![\,e+k\,]\!]}{\partial x}(\omega) = \sum_x \omega(x')\frac{\partial([\![\,e\,]\!]+[\![\,k\,]\!])}{\partial x}(\omega)$$

$$= \sum_x \omega(x')\Big(\frac{\partial[\![\,e\,]\!]}{\partial x}(\omega)+\frac{\partial[\![\,k\,]\!]}{\partial x}(\omega)\Big)$$

$$= \sum_x \omega(x')\frac{\partial[\![\,e\,]\!]}{\partial x}(\omega)+\sum_x \omega(x')\frac{\partial[\![\,k\,]\!]}{\partial x}(\omega)$$

$$= \omega\,[\![\,(e)'\,]\!]+\omega\,[\![\,(k)'\,]\!] = \omega\,[\![\,(e)'+(k)'\,]\!] \quad\blacksquare$$

这为我们提供了一种方法，通过从左到右应用引理 10.1 的等式来计算项的微分的简化形式，它恰巧给出与微分法得出的相同的结果，除了现在结果是通过一系列对微分项的逻辑等价变换得到的，而每个变换都各自有可靠性证明从而在语义上有坚实的基础。此外，还可以在证明中根据需要选择性地应用微分等式而不会危及可靠性。谁能想到我们对微分方程的研究会让我们走上研究微分等式的道路？

根据公理 x'，变量 x 的微分 $(x)'$ 就是其对应的微分符号 x'，因为它们具有相同的语义。常量符号 $c()$ 的微分 $(c())'$ 为 0，因为当任何变量的值发生变化时，常量符号都不会改变它们的值，原因是其中甚至没有出现变量。除法 e/k 的微分用到了除法，对此我们需要确保不会意外地除以零。然而，在 $(e/k)'$ 的定义中，除数是 k^2，幸运的是，k^2 的根与 k 已经有的根相同，因为 $k=0 \leftrightarrow k^2=0$ 对于任何项 k 都是永真的。因此，在 e/k 可定义的任何上下文中，其微分 $(e/k)'$ 也有定义。

例 10.5 现在，计算像 v^2+w^2 这样的项的微分就很容易了，依次使用引理 10.1 中的各个等式即可求得，如下所示：

$$(v^2+w^2)' \overset{+'}{=} (v\cdot v)'+(w\cdot w)'$$

$$\overset{\cdot'}{=} ((v)'\cdot v+v\cdot(v)')+((w)'\cdot w+w\cdot(w)')$$

$$\overset{x'}{=} v'\cdot v+v\cdot v'+w'\cdot w+w\cdot w' = 2vv'+2ww'$$

当 r 是常量函数符号时，再用一下公理 c' 也可以证明

$$(v^2+w^2-r^2)' = 2vv'+2ww'$$ ◄

10.3.5   微分项引理

现在我们已经得到了微分符号 x' 和微分项 $(e)'$ 的精确语义，这在任意状态 ω 下都是有意义的，无论该状态有多么孤立。现在是时候回到下面的问题，即我们通过研究它们沿着微分方程的值可以知道什么信息。

沿着微分方程的解 φ，微分符号 x' 的值不是任意的，而是在任何时候 z 都解释为根据定义 3.3 所得的 x 值的时间导数：

$$\varphi(z)[\![\,(x)'\,]\!] = \varphi(z)(x') \overset{\text{def}}{=} \frac{\mathrm{d}\varphi(t)(x)}{\mathrm{d}t}(z) \tag{10.5*}$$

这里关键的见解是，微分项的值与沿着微分方程的解析时间导数之间的等式关系不仅对变量 x 的微分保持成立，而且对任意项 e 的微分 $(e)'$ 也成立。

下面的中心引理[14]是替代引理在微分中的对应，它以解析操作获得项的语义沿着微分方程的解析时间导数，从而建立了项的语法微分的语义和语义微分法之间的联系。它将允许我们从语法上获得的微分值中得出关于系统沿着微分方程的行为的解析结论。

引理 10.2(微分项引理)   令 $\varphi:[0,r] \to \mathscr{S}$ 为 $\varphi \models x'=f(x) \wedge Q$ 的持续时间为 $r>0$ 的

解。那么对于所有时间 $0 \leqslant z \leqslant r$ 和所有沿着整个解 φ 定义且满足 $FV(e) \subseteq \{x\}$ 的项 e，都有：

$$\varphi(z)[\![(e)']\!] = \frac{\mathrm{d}\varphi(t)[\![e]\!]}{\mathrm{d}t}(z)$$

证明　完整的证明在文献[14]中给出，该证明主要是通过链式法则：

$$\frac{\mathrm{d}\varphi(t)[\![e]\!]}{\mathrm{d}t}(z) \overset{\mathrm{chain}}{=} \sum_x \frac{\partial[\![e]\!]}{\partial x}(\varphi(z))\frac{\mathrm{d}\varphi(t)(x)}{\mathrm{d}t}(z)$$

$$= \sum_x \frac{\partial[\![e]\!]}{\partial x}(\varphi(z))\varphi(z)(x') = \varphi(z)[\![(e)']\!]$$

本证明利用的事实是，沿着 $x'=f(x)$ 的解 φ，$\varphi(z)(x')$ 等于 $\dfrac{\mathrm{d}\varphi(t)(x)}{\mathrm{d}t}(z)$。 ■

尤其，$\varphi(z)[\![e]\!]$ 对于 z 是连续可微的。同样的结果适用于向量微分方程，只要项 e 的所有自由变量都有某个微分方程，使得它们的微分符号与时间导数一致。

注解 57(微分项引理的核心思想)　引理 10.2 表明解析时间导数与微分的值一致。引理 10.2 的核心思想是它将精确但复杂的解析时间导数与纯粹的语法微分项等同起来。引理 10.2 右侧的解析时间导数在数学上是精确的，并准确地指出了我们感兴趣的东西——e 的值随着解 φ 的变化率。但它们对于计算机而言并不方便，因为解析导数最终是根据极限 (limit) 法定义的，并且还需要一个完整的解才有良好定义。引理 10.2 左侧的语法微分项纯粹是语法上的(在一个项上加上表示微分的撇)，甚至通过递归使用引理 10.1 中的公理对它们进行简化在计算上也是可以驾驭的。

话虽如此，为了有用，语法微分项需要与预期的解析时间导数联系起来，这正是引理 10.2 所实现的。也就是说，即使对多项式和有理函数求微分在语法上也比每次以极限法剖析解析导数的含义要容易得多。

10.3.6　微分不变项公理

微分项引理立即引出微分方程的第一证明原理。如果根据微分方程微分项 $(e)'$ 始终为零，则当且仅当 e 最初为零时，它将始终为零。为了强调，我们使用向后蕴涵 $P \leftarrow Q$ 作为逆向前蕴涵 $Q \rightarrow P$ 的替代符号标记。

304

引理 10.3(微分不变项公理)　如下公理是可靠的：

$$\mathrm{DI} \quad ([x'=f(x)]e=0 \leftrightarrow e=0) \leftarrow [x'=f(x)](e)'=0$$

证明　为了证明公理 DI 是可靠的，我们需要证明如下公式的永真性：

$$[x'=f(x)](e)'=0 \rightarrow ([x'=f(x)]e=0 \leftrightarrow e=0)$$

考虑假设为真的任意状态 ω，即 $\omega \in [\'=0]\!]$，然后证明 $\omega \in [\![[x'=f(x)]e=0 \leftrightarrow e=0]\!]$。现在，考虑遵循微分方程持续时间为 0 的情形，$\omega \in [\![[x'=f(x)]e=0]\!]$ 可直接蕴涵得到 $\omega \in [\![e=0]\!]$。为了证明反向的蕴涵，令 $\omega \in [\![e=0]\!]$。如果 φ 是 $x'=f(x)$ 的解，则假设蕴涵着 $\varphi \models (e)'=0$，因为解的所有受限局部仍然是解。因此，引理 10.2 蕴涵着

$$0 = \varphi(z)[\![(e)']\!] = \frac{\mathrm{d}\varphi(t)[\![e]\!]}{\mathrm{d}t}(z) \tag{10.7}$$

根据中值定理(下面的引理 10.4)，这蕴涵着沿着 φ，e 的值总是零，因为它最初从 0 开始(因为最初 $\omega \in [\![e=0]\!]$)，并且根据式(10.7)，它随时间的变化也为 0。等一下，这样使用引理 10.2 当然是基于有持续时间 $r>0$ 的解 φ(否则没有时间导数可言)。然而，从假设 $\omega \in [\![e=0]\!]$ 可知，持续时间为 $r=0$ 的解已经满足 $e=0$ 了。严格来说[14]，本证明要求

x'在 e 中不是自由的。 ∎

该证明使用中值定理[17]：

引理 10.4(中值定理) 如果 $g:[a,b] \to \mathbb{R}$ 在开区间 (a,b) 内是连续可微的，则存在 $\xi \in (a,b)$ 使得：

$$g(b) - g(a) = g'(\xi)(b-a)$$

唯一的麻烦是公理 DI 本身并未证明任何有趣的性质。它将微分方程的后置条件 $e = 0$ 的证明简化为最初 $e = 0$ 是否为真的问题，以及对于相同微分方程的后置条件 $(e)' = 0$ 的证明。这类似于引理 7.1 中的循环归纳公理 I 如何将循环的后置条件 P 的证明简化为同一循环的另一个后置条件 $P \to [\alpha]P$，因此我们最终仍然需要泛化规则 G 来完全去掉循环。但仅仅用泛化规则 G 对于微分方程来说就不太够了。

对于例 10.1，使用公理 DI 将得到：

$$
\text{→R} \cfrac{\text{DI} \cfrac{\vdash [v'=w,w'=-v]\,2vv'+2ww'-2rr'=0}{v^2+w^2-r^2=0 \vdash [v'=w,w'=-v]\,v^2+w^2-r^2=0}}{\vdash v^2+w^2-r^2=0 \to [v'=w,w'=-v]\,v^2+w^2-r^2=0}
$$

如果对后置条件中的 v' 和 w' 以及 r' 一无所知，我们没有机会完成这个证明。当然，泛化规则 G 也不能成功，因为单单后置条件 $2vv'+2ww'-2rr'=0$ 本身并不总是为真。实际上，它应该是非永真的，因为后置条件 $e = 0$ 是否是微分方程的不变式不仅取决于后置条件中的项的微分 $(e)'$，还取决于微分方程本身。合乎情理的做法是用微分方程的右侧代替它们的左侧；等式的两边应该是相等的！现在问题是如何证明这是可靠的。

10.3.7 微分替代引理

引理 10.2 表明，沿着微分方程，项 e 的微分 $(e)'$ 的值与项 e 的值的解析时间导数一致。微分项 $(e)'$ 的值取决于项本身以及项的变量 x 和它们相应的微分符号 x' 的值。沿着微分方程 $x' = f(x)$，微分符号 x' 本身实际上有一个简单的解释：它们的值等于右侧 $f(x)$。

当系统遵循微分方程 $x' = f(x)$ 时，项 e 的值演化的方向取决于项 e 的微分 $(e)'$ 以及微分方程 $x' = f(x)$，后者局部描述了它的变量 x 随时间的演化。

我们需要的是一种方法，能够用微分方程 $x' = f(x)$ 将出现在它左侧的微分符号 x' 可靠地替换为相应的右侧 $f(x)$。单纯的替换是不可靠的，因为这可能违反 x' 等于 $f(x)$ 这一公式的适用范围。离散赋值 $x := e$ 最终的处理方式是引理 5.2 中的公理 $[:=]$，该公理用新的值 e 代替变量 x，它已经对范围界定的挑战做了适当应对。这里的诀窍是使用相同的赋值，但是将项赋值给微分符号 x' 而不是给变量 x。由于在沿着微分方程 $x' = f(x)$ 的解 φ 遵循该方程时 x' 具有的值总是为 $f(x)$，所以通过离散赋值 $x' := f(x)$ 将 $f(x)$ 赋值给 x' 没有影响。

引理 10.5(微分赋值) 如果 $\varphi:[0,r] \to \mathscr{S}$ 为任何满足 $\varphi \models x' = f(x) \land Q$ 的持续时间为 $r \geqslant 0$ 的解，那么

$$\varphi \models P \leftrightarrow [x' := f(x)]P$$

证明 该证明[14]直接由如下事实可得，即微分方程的语义(定义 3.3)要求沿着 φ，对于所有时间 z，$\varphi(z) \in [\![x' = f(x)]\!]$ 始终成立。因此，将 x' 的值更改为 $f(x)$ 的值的赋值语句 $x' = f(x)$ 将不影响原公式的证明，因为根据微分方程 x' 已经具有该值。所以，P 和 $[x' := f(x)]P$ 根据 φ 是等价的。 ∎

在沿微分方程 $x' = f(x)$ 到达的任何状态下使用该等价式将引出一个简单的公理，它

表征微分方程对其微分符号 x' 的影响。遵循微分方程 $x'=f(x)$ 要求 x' 和 $f(x)$ 沿着该微分方程始终具有相同的值。

引理 10.6(微分效应公理 DE) 如下公理是可靠的：

$$\text{DE}\quad [x'=f(x)\&Q]P \leftrightarrow [x'=f(x)\&Q][x':=f(x)]P$$

虽然在公理 DE 中执行的是空操作，它可引出的有用结论是微分方程对微分符号的影响可以表述为离散赋值。

最后一个要素是将引理 5.2 中的赋值公理[:=]也用于对微分符号 x' 的离散赋值 $x':=e$，而不仅仅用于对变量 x 的离散赋值 $x:=e$：

$$[:=]\quad [x':=e]p(x') \leftrightarrow p(e)$$

让我们继续例 10.1 的证明：

$$
\begin{array}{ll}
 & \vdash [v'=w,w'=-v]\,2v(w)+2w(-v)-2rr'=0 \\
\hline
[:=] & \vdash [v'=w,w'=-v][v':=w][w':=-v]\,2vv'+2ww'-2rr'=0 \\
\hline
\text{DE} & \vdash [v'=w,w'=-v]\,2vv'+2ww'-2rr'=0 \\
\hline
\text{DI} & v^2+w^2-r^2=0 \vdash [v'=w,w'=-v]\,v^2+w^2-r^2=0 \\
\hline
\rightarrow\text{R} & \vdash v^2+w^2-r^2=0 \rightarrow [v'=w,w'=-v]\,v^2+w^2-r^2=0
\end{array}
$$

糟糕，这并没有消掉所有的微分符号，因为 r' 仍然还在，原因是 r 最初在式(10.2)中并没有微分方程。退后一步，我们对诸如 $v'=w$，$w'=-v$ 这样没有提及 r' 的微分方程赋予的含义是 r 不应该改变。如果 r 在连续演化过程中应该变化，那么应当有一个针对 r 的微分方程来描述 r 究竟是如何变化的。 | 307

注解 58(显式变化) 混成程序是显式变化的。除非赋值语句或微分方程指明如何变化（比较第 3 章中的语义和 5.6.5 节中的约束变量），否则就没有任何变化。特别地，如果微分方程(组)$x'=f(x)$ 未提及 z'，则变量 z 在 $x'=f(x)$ 中不会改变，因此 $x'=f(x)$ 和 $x'=f(x)$，$z'=0$ 是一样的。严格来说，这种等价关系只有当 z' 本身也不出现在程序或公式的其他地方时才成立，这个条件通常是满足的。这里微妙的差别是，只有 $x'=f(x)$ 才会保持 z' 的值不动，但根据定义 3.3，$x'=f(x)$，$z'=0$ 将 z' 更改为 0。

即使 KeYmaera X 以一致替换对自由常量符号的处理是严格的，但是对于我们在纸上进行证明而言，假设 $z'=0$ 就足够了，而不需要进一步说明在微分方程中不会改变变量 z。

由于式(10.2)中不含 r'，注解 58 意味着我们可以不用式(10.2)中的微分方程 $v'=w$，$w'=-v$，而使用 $v'=w$，$w'=-v$，$r'=0$，这与 DE 一起将产生一个额外的 $[r':=0]$，我们将明确地展示一次如何使用它，但从此以后开始隐式地假设它。

$$
\begin{array}{ll}
 & \qquad\qquad * \\
\hline
\mathbb{R} & \vdash 2vw-2wv-0=0 \\
\hline
\text{G} & \vdash [v'=w,w'=-v]\,2v(w)+2w(-v)-0=0 \\
\hline
[:=] & \vdash [v'=w,w'=-v][v':=w][w':=-v][r':=0]\,2vv'+2ww'-2rr'=0 \\
\hline
\text{DE} & \vdash [v'=w,w'=-v]\,2vv'+2ww'-2rr'=0 \\
\hline
\text{DI} & v^2+w^2-r^2=0 \vdash [v'=w,w'=-v]\,v^2+w^2-r^2=0 \\
\hline
\rightarrow\text{R} & \vdash v^2+w^2-r^2=0 \rightarrow [v'=w,w'=-v]\,v^2+w^2-r^2=0
\end{array}
$$

这简直太神奇了，因为我们发现 $v^2+w^2-r^2$ 的值沿着微分方程 $v'=w$，$w'=-v$ 并不随时间变化。而且，我们发现这一点时根本没有对微分方程求解，只需通过几行简单但数学上严格的符号证明步骤。

10.4 微分不变项

为了能够高效地使用上述推理作为相继式证明的一部分，让我们将上述论证打包在一个简单的证明规则中。作为第一次尝试，我们继续考虑 $e=0$ 形式的等式，并给出以下证明规则的可靠性。

引理 10.7(微分不变项规则) 如下微分不变式证明规则的特殊情形是可靠的，即如果它的前提是永真的，那么它的结论也是如此：

$$\text{dI} \quad \frac{\vdash [x':=f(x)](e)'=0}{e=0\vdash[x'=f(x)]e=0}$$

证明 我们可以通过利用它的语义和证明过的引理来证明该规则的可靠性。更容易的可靠性证明是证明它是一个派生规则，即它可以展开为对我们已经确知可靠的其他公理和证明规则的一系列应用：

$$\text{DI} \quad \frac{\text{DE} \quad \frac{\text{G} \quad \dfrac{\vdash [x':=f(x)](e)'=0}{\vdash[x'=f(x)\,\&\,Q][x':=f(x)](e)'=0}}{\vdash[x'=f(x)\,\&\,Q](e)'=0}}{e=0\vdash[x'=f(x)\,\&\,Q]e=0}$$

该证明表明 dI 是一个派生规则，因为它开始时唯一的开放目标是规则 dI 的前提，并以规则 dI 的结论结束，而且仅使用了我们已知可靠的证明规则。 ■

请注意，这里使用了哥德尔泛化规则 G 来推导 dI，因此在其前提中保留相继式上下文 Γ、Δ 是不可靠的(除了通常允许的对常量的假设)。毕竟，它的前提代表了微分方程的归纳步骤。就像在循环不变式中一样，我们不能假设在归纳步骤中考虑的状态仍满足我们在初始状态中所知道的任何性质。

这个证明规则让我们能够在相继式演算中轻松证明 dL 公式(10.2)：

$$\rightarrow\text{R} \quad \frac{\text{dI} \quad \dfrac{[:=] \quad \dfrac{\mathbb{R} \quad \dfrac{*}{\vdash 2vw+2w(-v)-0=0}}{\vdash[v':=w][w':=-v]\,2vv'+2ww'-0=0}}{v^2+w^2-r^2=0\vdash[v'=w,w'=-v]v^2+w^2-r^2=0}}{\vdash v^2+w^2-r^2=0\rightarrow[v'=w,w'=-v]v^2+w^2-r^2=0}$$

退后一步，这是一个令人兴奋的进展，因为有了微分不变式，很容易证明一个有非平凡解的微分方程的性质(式(10.2))，我们也很容易检验该证明。这里的微分方程具有无穷多个带三角函数组合的解⊖，但对它的证明不需要求解微分方程，只需要推导得出后置条件并以微分方程进行替换。

10.5 通过泛化得到的微分不变式证明

到目前为止，微分不变项证明规则可用于证明

$$v^2+w^2-r^2=0\rightarrow[v'=w,w'=-v]v^2+w^2-r^2=0 \tag{10.2*}$$

其中等式 $v^2+w^2-r^2=0$ 正规化为右侧为 0。但该规则不适用于原始公式

⊖ 当然，这种情况下的解并不是那么可怕。它们都形如
$$v(t)=a\cos t+b\sin t,\ w(t)=b\cos t-a\sin t$$
但是特殊函数 sin 和 cos 仍然不属于可判定算术的一部分。

$$v^2 + w^2 = r^2 \rightarrow [v'=w, w'=-v]v^2 + w^2 = r^2 \qquad (10.1^*)$$

因为它的后置条件不是 $e = 0$ 的形式。然而，式(10.2)的后置条件 $v^2 + w^2 - r^2 = 0$ 平凡地等价于式(10.1)的后置条件 $v^2 + w^2 = r^2$，这只须在一侧重写多项式这样小小的修改。这表明微分不变式的作用可能比证明规则 dI 已经揭示的更大。

但在我们试图进一步发现微分不变式的其他用途之前，让我们首先理解一个非常重要的证明原理。

注解 59(通过泛化证明)　如果找不到一个公式的证明，有时证明一个更通用的性质可能更容易，即你正在寻求证明的公式应该随着该性质而成立。

这个原理开始可能看似矛盾，但最终发现非常有用。实际上，在通过归纳法证明循环的性质时，我们已经充分利用了注解 59。通常需要证明比感兴趣的特定后置条件更一般的循环不变式。希望证明的后置条件随着对更一般的归纳不变式的证明而成立。

回想一下，引理 7.4 中的单调性右规则 MR：

$$\text{MR} \quad \frac{\Gamma \vdash [\alpha]Q, \Delta \quad Q \vdash P}{\Gamma \vdash [\alpha]P, \Delta}$$

证明规则 MR 不是直接证明希望的 α 的后置条件 P(结论)，而是可以通过证明后置条件 Q(左前提)并证明 Q 比希望的 P(右前提)更一般。泛化规则 MR 可以帮助我们证明原始的 dL 公式(10.1)，方式是首先将后置条件转换为(可证明的)式(10.2)的形式，并以 $v^2 + w^2 - r^2 = 0$ 为相应的切割来使用规则 cut 调整前提条件，使用 cut 时省略了其第一个前提 $v^2 + w^2 = r^2 \vdash v^2 + w^2 - r^2 = 0$，但可用规则 $\mathbb{R}$ 证明：

[310]

$$
\text{→R} \cfrac{
\text{MR} \cfrac{
\text{cut} \cfrac{
\text{dI} \cfrac{
[:=] \cfrac{
\mathbb{R} \cfrac{*}{\vdash 2vw + 2w(-v) - 0 = 0}
}{\vdash [v':=w][w':=-v]2vv' + 2ww' - 0}
}{v^2 + w^2 - r^2 = 0 \vdash [v'=w, w'=-v]v^2 + w^2 - r^2 = 0}
}{v^2 + w^2 = r^2 \vdash [v'=w, w'=-v]v^2 + w^2 - r^2 = 0} \qquad \mathbb{R} \cfrac{*}{v^2 + w^2 - r^2 = 0 \vdash v^2 + w^2 = r^2}
}{v^2 + w^2 = r^2 \vdash [v'=w, w'=-v]v^2 + w^2 = r^2}
}{\vdash v^2 + w^2 = r^2 \rightarrow [v'=w, w'=-v]v^2 + w^2 = r^2}
$$

这是对最初的式(10.1)的一个可行的证明方式，但它也过于复杂化了。一旦我们适当地泛化证明规则 dI，就可以直接用微分不变式证明式(10.1)。然而，出于其他目的，在我们的证明技能库中包含注解 59(即泛化原理)仍然很重要。

10.6　证明示例

当然，微分不变式对于证明其他微分方程的性质同样有用，本节列出了几个这样的示例。

例 10.6　如下简单的证明证实了图 10.6 中所示的微分不变式。

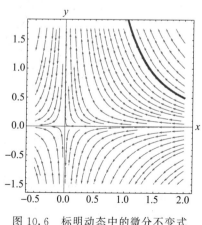

图 10.6　标明动态中的微分不变式
（以粗线表示）

$$
\text{→R} \cfrac{
\text{dI} \cfrac{
[:=] \cfrac{
\mathbb{R} \cfrac{*}{\vdash 2x(-x^2)y + x^2(2xy) = 0}
}{\vdash [x':=-x^2][y':=2xy]2xx'y + x^2y' - 0 = 0}
}{x^2y - 2 = 0 \vdash [x'=-x^2, y'=2xy]x^2y - 2 = 0}
}{\vdash x^2y - 2 = 0 \rightarrow [x'=-x^2, y'=2xy]x^2y - 2 = 0}
$$

◀

[311]

例 10.7（自交） 另一个例子是图 10.7 所示的不变式性质。它很容易用 dI 证明：

$$
\begin{array}{ll}
\mathbb{R} \dfrac{*}{} & \vdash 2x(-2y)+3x^2(-2y)-2y(-2x-3x^2)=0 \\[2mm]
[:=] & \vdash [x':=-2y][y':=-2x-3x^2]2xx'+3x^2x'-2yy'-0=0 \\[2mm]
\text{dI} \dfrac{}{x^2+x^3-y^2-c=0} & \vdash [x'=-2y,\,y'=-2x-3x^2]x^2+x^3-y^2-c=0 \\[2mm]
\to\!\text{R} & \vdash x^2+x^3-y^2-c=0 \to [x'=-2y,\,y'=-2x-3x^2]x^2+x^3-y^2-c=0
\end{array}
$$

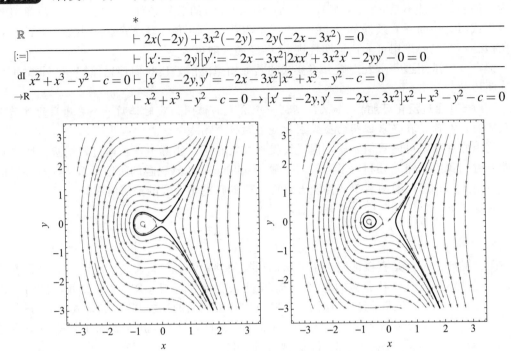

图 10.7　例 10.7 中指征的自交动态的两个微分不变式（以粗线表示），分别针对 c 的不同值　◀

例 10.8（莫兹金） 另一个很好的例子是莫兹金（Motzkin）多项式，它是以下动态的不变式（见图 10.8）：

$$
x^4y^2+x^2y^4-3x^2y^2+1=c\to
$$
$$
[x'=2x^4y+4x^2y^3-6x^2y\,,\,y'=-4x^3y^2-2xy^4+6xy^2]x^4y^2+x^2y^4-3x^2y^2+1=c
$$

图 10.8　例 10.8 中莫兹金多项式指征的动态的两个微分
不变式（以粗线表示），分别针对 c 的不同值　◀

同样，将等式右侧正规化为 0 后，这个 dL 公式可直接由 dI 证明（其中 .. 为前件的缩写）：

$$
\begin{array}{ll}
& \qquad\qquad\qquad * \\
\hline
\mathbb{R} & \vdash 0 = 0 \\
\hline
[:=] & \vdash [x' := 2x^4y + 4x^2y^3 - 6x^2y][y' := -4x^3y^2 - 2xy^4 + 6xy^2](x^4y^2 + x^2y^4 - 3x^2y^2 + 1 - c)' = 0 \\
\hline
\mathrm{dI} & .. \vdash [x' = 2x^4y + 4x^2y^3 - 6x^2y, y' = -4x^3y^2 - 2xy^4 + 6xy^2]x^4y^2 + x^2y^4 - 3x^2y^2 + 1 - c = 0 \\
\hline
\to\mathrm{R} & \vdash .. \to [x' = 2x^4y + 4x^2y^3 - 6x^2y, y' = -4x^3y^2 - 2xy^4 + 6xy^2]x^4y^2 + x^2y^4 - 3x^2y^2 + 1 - c = 0
\end{array}
$$

证明步骤 [:=] 很简单，但需要一些空间：

$$(x^4y^2 + x^2y^4 - 3x^2y^2 + 1 - c)' = (4x^3y^2 + 2xy^4 - 6xy^2)x' + (2x^4y + 4x^2y^3 - 6x^2y)y'$$

代入微分方程后，得到

$$(4x^3y^2 + 2xy^4 - 6xy^2)(2x^4y + 4x^2y^3 - 6x^2y)$$
$$+ (2x^4y + 4x^2y^3 - 6x^2y)(-4x^3y^2 - 2xy^4 + 6xy^2)$$

将多项式展开之后将它简化为 0，因此这得出等式 0＝0，这是很容易的算术。请注意，当我们隐藏不必要的上下文时，算术的复杂度会降低，如 6.5.3 节所示。

（感谢 Andrew Sogokon 提供了很好的示例 10.8。）

10.7　总结

本章展示了微分不变式的一种形式，即微分不变式是沿着微分方程所有的解都保持其值为 0 的项。下一章将使用本章开发的工具来研究微分不变式更一般的形式以及微分方程更高等的证明原理。它们都共享本章中的重要发现：微分方程的性质可以用微分方程而不是它的解来证明。

本章技术上最重要的深刻见解是，即使是由语义的数学性质定义的非常复杂的行为，也可以通过使用微分的纯粹语法证明原理来捕捉。微分项引理证明了项的微分值与值的解析导数恰好一致。导子引理以微分等式形式为我们提供了导数计算的通常规则。微分赋值引理让我们能够直观地将微分方程代入项中。混合使用这些简单的证明原理来证明微分方程的性质，这比用微分方程的解远远更高级也更有效果。这样的证明在计算上也更容易，因为证明采用局部论证，并且求导甚至降低了多项式的次数。图 10.9 总结了除微分归纳公理 DI 之外的所有得到的公理，因为 DI 将在第 11 章中进行泛化。

$$
\boxed{
\begin{array}{ll}
\text{DE} & [x' = f(x)\,\&\,Q]P \leftrightarrow [x' = f(x)\,\&\,Q][x' := f(x)]P \\[2mm]
+' & (e+k)' = (e)' + (k)' \\[2mm]
-' & (e-k)' = (e)' - (k)' \\[2mm]
\cdot' & (e\cdot k)' = (e)'\cdot k + e\cdot(k)' \\[2mm]
/' & (e/k)' = ((e)'\cdot k - e\cdot(k)')/k^2 \\[2mm]
c' & (c())' = 0 \qquad\qquad\qquad\quad (\text{对于数字或者常量}\,c()) \\[2mm]
x' & (x)' = x' \qquad\qquad\qquad\qquad (\text{对于变量}\,x \in \mathscr{V})
\end{array}
}
$$

图 10.9　无须求解的微分方程微分不变项公理

　　然而，本章开创的原理具有的潜力不止如此，它们不限于仅证明 $e=0$ 这一相当局限的形式的性质。后续章节将利用得到的结果，以微分项引理、导子引理和微分赋值引理为基础，为微分方程开发更一般的证明原理。至少在开连通演化域上，微分不变性证明规则 dI 非常强大，因为它能够证明所有的不变项，即所有沿微分方程从不改变值的项（如10.8.2 节中探讨的那样）。还有一种方法使用微分不变式的高阶推广（称为微分根式不变式[2]）来判定代数微分方程的等式不变式。

314

10.8　附录

　　本附录讨论了一些可选修的主题，例如微分方程与循环的关系，与微分代数的关系，以及微分不变项证明规则与索菲斯·李（Sophus Lie）对不变函数的表征之间的关系。

10.8.1　微分方程与循环

　　发展以微分不变式为目的的直觉的一种方式是通过比较微分方程与循环。这种可能令人惊讶的关系可以变得完全严格起来，并且是证明理论上离散动态和连续动态等同这一深层联系的核心[12]。对于这种令人惊讶的联系，本章的介绍将流于表面，但它仍然利用微分方程与循环的关系来发展我们的直觉。

　　为了开始将微分方程与循环相关联，比较

$$x' = f(x) \quad 与 \quad (x' = f(x))^*$$

如何比较微分方程 $x' = f(x)$ 与相同的微分方程但在循环中的情形 $(x' = f(x))^*$？与微分方程 $x' = f(x)$ 不同，重复微分方程 $(x' = f(x))^*$ 可以重复运行微分方程 $x' = f(x)$ 任意次数。尽管如此，进一步考虑的话，这是否会使重复微分方程 $(x' = f(x))^*$ 比微分方程 $x' = f(x)$ 演化得到更多的状态？

　　不见得如此，因为将重复微分方程 $(x' = f(x))^*$ 中的许多微分方程的解串联起来，得到的仍将是相同微分方程 $x' = f(x)$ 的单个解，我们完全可以一直遵循这个解就好了。这正是关于解的延拓这一经典结果（命题 2.2）的内容。

　　注解 60（循环微分方程）　微分方程的循环 $(x' = f(x))^*$ 等价于 $x' = f(x)$，写为 $(x' = f(x))^* \equiv (x' = f(x))$，即它们具有相同的转换语义：

$$[\![(x' = f(x))^*]\!] = [\![x' = f(x)]\!]$$

　　也就是说，微分方程"是它们自己的循环"⊖。

315

　　根据注解 60，微分方程已经有了一些和循环相同的特性。与非确定性重复一样，微分方程可能会立即停止。类似于非确定性重复，微分方程演化的持续时间可长可短，它对持续时间的选择是非确定的。就像非确定性重复一样，系统演化到中间状态的结果会影响未来发生的事情。事实上，在更深层次的意义上，微分方程确实对应于执行其离散欧拉近似的循环[12]。

　　考虑到这种粗浅的关系，让我们进一步将微分方程的现象翻译为循环的现象再翻译回来。微分方程的局部描述是状态与其导数的关系 $x' = f(x)$，这对应于循环的局部描述是将重复运算符 * 应用于循环体 α。微分方程 $x' = f(x)$ 的全局解的全局行为对应于重复 α^* 的完整全局执行轨迹，而它们是类似的难以操作的对象。由于局部描述比各自的全局行为简洁得多，但仍然承载有关系统如何随时间演化的所有信息，所以我们也说局部关系 $x' =$

　　⊖　请注意，不要将这与微分方程包含演化域约束的情形相混淆，后者有微妙的不同（见习题 10.1）。

$f(x)$ 是全局系统解的生成元，而循环体 α 是循环重复的全局行为的生成元。根据解证明微分方程的性质相当于通过使用来自第 5 章的公理 $[\,^*\,]$ 展开循环（无穷多次）来证明循环的性质。表 10.1 总结了这些比较关系。

表 10.1　循环和微分方程之间的对应关系图

循环 α^*	微分方程 $x'=f(x)$
可以重复 0 次	可以演化持续时间为 0
重复任意 $n \in \mathbb{N}$ 次	演化任意持续时间 $r \in \mathbb{R}$, $r \geqslant 0$
效果取决于之前的循环迭代	效果取决于过去的解
局部生成元是循环体 α	局部生成元是 $x'=f(x)$
完整的全局执行轨迹	全局解 $\varphi:[0,r] \to \mathscr{S}$
用公理 $[\,^*\,]$ 展开迭代证明	用公理 $[\,']$ 以全局解证明
通过循环不变式规则 loop 归纳证明	通过微分不变式证明

现在，第 7 章已经提出理由说明展开循环迭代可能是证明循环性质的一种相当繁琐的方法，因为根本没有好的方法停止展开，除非在有限次展开之后可以找到一个反例。这就是以微分方程的全局解使用公理 $[\,']$ 实际上更有用的地方，因为如果我们可以将解写为一阶实算术，那么就完全可以对它进行处理，因为作用于所有持续时间的量词 $\forall t \geqslant 0$ 也是可以处理的。但是第 7 章引入了不变式的归纳法作为证明循环性质的首选方法，本质上它将循环切开并论证循环体的任何运行之后的一般状态具有与之前的一般状态相同的特征。在总结了循环和微分方程之间的所有相似性对应关系之后，显而易见的问题是循环的归纳证明方法在微分方程中对应的类似证明概念是什么，而前者正是证明循环的首要技术。

316

微分方程的归纳法可以使用所谓的微分不变式[8,13,14]来定义。它们与循环的归纳证明规则具有相似的原理。微分不变式对微分方程解的性质的证明仅使用其局部生成元——微分方程的右侧。

探索 10.2（微分代数）

尽管本书中并不需要以下名称和概念，但我们将进行简短的科学探索，把对微分等式的发现与微分代数[3,15]的代数结构排列对比，以说明它们的系统原理。公理 c' 中的条件将（有理数）数字符号（别名字面量（literal））定义为微分常数，它们在连续演化过程中不会改变它们的值。它们的导数为零。数字符号 5 的值将始终为 5，它的变化只能为 0。公理 $+'$ 以及莱布尼兹或者乘法法则 $\cdot'$ 中的条件是环上导子的定义条件。根据公理 $+'$，和的导数是导数的和（可加性或相对于加法的同态性质，即应用于和的算子 $(\bullet)'$ 等于应用于每个直和项的算子之和）。此外，如公理 $\cdot'$ 所述，乘积的导数是一个因子的导数乘以另一个因子加上一个因子乘以另一个因子的导数。公理 $-'$ 中的条件是根据恒等式 $e-k=e+(-1)\cdot k$ 推导得到的减法法则，它同样表示一个同态性质，只是是关于减法而不是加法的。

公理 x' 中的等式唯一地定义了由微分未定元 $x \in \mathscr{V}$ 生成的微分多项式代数上的算子 $(\bullet)'$，这些微分未定元就是具有不定导数 x' 的符号 x。公理 x' 表示对于所有的状态变量 $x \in \mathscr{V}$，我们将微分符号 x' 理解为符号 x 的导数。公理 $/'$ 通过常用的除法法则将导子 $(\bullet)'$

317

规范地扩展到除法的微分域。由于基域 $\mathbb{R}$ 没有零因子$^\ominus$，每当可以做最初的除法 e/k 运算时，公理$\prime$ 的右侧就有定义，和我们对良好定义的假设一样，它蕴涵 $k \neq 0$。

探索 10.3(微分代数的语义)

探索 10.2 中的观点在某种意义上赋予了 $(e)'$ 含义，但是仔细考虑一下，这实际上并没有定义它。微分代数研究诸如导数 $(e+k)'$ 与导数 $(e)'$ 加 $(k)'$ 的结构代数关系，并且在获取和理解这些关系上非常有效果。但是代数(微分代数也不例外)刻意抽象出单个部分的含义，因为首先代数是对结构的研究，而不是对结构中对象含义的研究。这就是为什么我们可以从微分代数中学习导数和导子的结构的一切知识，但必须超越微分代数的范畴用精确的语义来补充它，这些语义与理解真实 CPS 的数学所需的信息有关。

10.8.2 微分不变项和不变函数

本章中的例子可以通过微分不变式证明规则 dI 来证明，这不是巧合，因为该证明规则可以处理任意不变函数。

尽管微分不变项提供了强大的功能，但在证明性质时仍然存在挑战。探索 10.4 中的定理 10.1 指明了还存在挑战的地方。

探索 10.4(不变函数的李表征)

证明规则 dI 的工作原理是对后置条件求导并以微分方程进行替换：

$$\text{dI} \quad \frac{\vdash [x' := f(x)](e)' = 0}{e = 0 \vdash [x' = f(x)]e = 0}$$

规则 dI 有一些非常特殊的地方。它的前提不取决于 e 中的常数项。对于任意常量符号 c，如果在结论中以 $e - c = 0$ 代替公式 $e = 0$，那么规则 dI 的前提保持不变，因为 $c' = 0$。因此，如果 dI 证明了

$$e = 0 \vdash [x' = f(x)]e = 0$$

那么对于常量 c，它同时也证明了

$$e - c = 0 \vdash [x' = f(x)]e - c = 0 \tag{10.8}$$

这种观察是更一般结果的基础，它从 dI 的前提可以同时证明针对所有 c 的所有公式(10.8)。

在开连通域上，等式微分不变式甚至是不变函数的必要和充分表征，不变函数是沿着系统动态保持不变的函数，因为无论函数在初始状态下的 c 值是什么，该值都将一直保持不变。微分不变式的等式情形与索菲斯·李关于现在被称为李群[4-5]的开创性工作密切相关[10]。

定理 10.1(不变项的李表征) 令 $x' = f(x)$ 为微分方程组，并且令 Q 为开区域，即表征连通开集的实算术一阶公式。以下证明规则是一个可靠的全局等价关系规则，

$\ominus$ 在这种设置下 $\mathbb{R}$ 没有零因子，这是因为公式 $ab = 0 \rightarrow a = 0 \vee b = 0$ 是永真的，即只有当某个因子为零时，乘积才为零。

即当且仅当前提为永真时，结论才永真：

$$dI_c \quad \frac{Q \vdash [x' := f(x)](e)' = 0}{\vdash \forall c(e = c \rightarrow [x' = f(x) \& Q]e = c)}$$

例 10.9（泛化微分不变式） 如下 dL 公式是永真的：

$$x^2 + y^2 = 0 \rightarrow [x' = 4y^3, y' = -4x^3]x^2 + y^2 = 0 \tag{10.9}$$

但它无法直接用证明规则 dI 证明，因为 $x^2 + y^2$ 不是动态中的不变函数。然而，结合泛化（MR，将后置条件更改为等价的 $x^4 + y^4 = 0$）和切割（将前件更改为等价的 $x^4 + y^4 = 0$），可以使用微分不变式证明规则 dI 证明它：

$$
\begin{array}{ll}
 & * \\
\mathbb{R} & \overline{\vdash 4x^3(4y^3) + 4y^3(-4x^3) = 0} \\
[:=] & \overline{\vdash [x' := 4y^3][y' := -4x^3]4x^3 x' + 4y^3 y' = 0} \\
\text{dI} & \overline{x^4 + y^4 = 0 \vdash [x' = 4y^3, y' = -4x^3]x^4 + y^4 = 0} \\
\text{cut,MR} & \overline{x^2 + y^2 = 0 \vdash [x' = 4y^3, y' = -4x^3]x^2 + y^2 = 0} \\
\rightarrow\text{R} & \overline{\vdash x^2 + y^2 = 0 \rightarrow [x' = 4y^3, y' = -4x^3]x^2 + y^2 = 0}
\end{array}
$$

MR 的使用引出另一个分支 $x^4 + y^4 = 0 \vdash x^2 + y^2 = 0$，这在上面的证明中省略了。类似地，切割规则引出另一个分支 $x^2 + y^2 = 0 \vdash x^4 + y^4 = 0$，这也被省略了。两者都可以使用实算术（$\mathbb{R}$）轻松证明。

318
～
319

怎么会发生这种情况？原始公式（10.9）为什么只有在将其后置条件泛化为 $x^4 + y^4 = 0$ 之后才能证明，而之前不行？

注解 61（加强归纳假设） 我们在第 7 章以及其他对归纳法的使用中已经遇到的一个重要现象是，有时证明性质的唯一方法是加强归纳假设。微分不变式也不例外。然而，值得注意的是，微分不变式中的归纳结构包括它们的微分结构。并且实际上，即使两者具有相同的解集，$x^4 + y^4 = 0$ 的导数也与 $x^2 + y^2 = 0$ 的导数不同，并且前者更有利于例 10.9 的归纳证明。

定理 10.1 解释了为什么 $x^2 + y^2 = 0$ 作为微分不变式注定要失败，而 $x^4 + y^4 = 0$ 则会成功。对于所有 c，形式为 $x^4 + y^4 = c$ 的所有公式都是式（10.9）中动态的不变式，因为证明成功了。但是 $x^2 + y^2 = c$ 只有在幸运地选择 $c = 0$ 时才是不变式，并且只在这种情况下等价于 $x^4 + y^4 = 0$。

习题

10.1 （重复含演化域的微分方程） 注解 60 解释了为什么 $(x' = f(x))^*$ 等价于 $x' = f(x)$。这是否同样适用于含演化域约束的微分方程？混成程序 $(x' = f(x) \& Q)^*$ 和 $x' = f(x) \& Q$ 是否等价？证明，或修改该陈述并证明该修正的正确性。

10.2 我们主张式（10.1）和式（10.2）是等价的，并接着给出了式（10.2）的证明。使用泛化规则 MR 和切割规则将式（10.2）的证明延续为式（10.1）的证明。

10.3 （导子引理的证明） 证明引理 10.1 的其他情形，其中项为变量 x 或减法 $e - k$ 或乘法 $e \cdot k$ 或除法 e/k。

10.4 （缺乏解） 如果不存在解 φ，那么对引理 10.3 的证明会怎样？证明这不是公理 DI 的反例，反而在这种情况下该公理也是可靠的。

10.5　使用证明规则 dI 给出证明例 10.8 所需的多项式计算。

10.6　**(以角速度 ω 旋转)**　例 10.1 考虑的情形是向量(v, w)以角速度 1 旋转。假设向量(v, w)以任意固定的角速度 ω 旋转。即使向量旋转得更快或更慢，它仍然总是保持在半径为 r 的圆上。使用微分不变式证明得到的 dL 公式：

$$v^2+w^2=r^2 \rightarrow [v'=\omega w, w'=-\omega v \& \omega \neq 0]v^2+w^2=r^2$$

320

10.7　使用微分不变式证明以下 dL 公式：

$$xy=c \rightarrow [x'=-x, y'=y, z'=-z]xy=c$$
$$4x^2+2y^2=1 \rightarrow [x'=2y, y'=-4x]4x^2+2y^2=1$$
$$x^2+\frac{y^3}{3}=c \rightarrow [x'=y^2, y'=-2x]x^2+\frac{y^3}{3}=c$$
$$x^2+4xy-2y^3-y=1 \rightarrow [x'=-1+4x-6y^2, y'=-2x-4y]x^2+4xy-2y^3-y=1$$

10.8　(Hénon-Heiles)　证明 Hénon-Heiles 系统的一个微分不变式，该系统描述在(x, y)处的恒星围绕星系中心沿着方向(u, v)运动：

$$\frac{1}{2}(u^2+v^2+Ax^2+By^2)+x^2y-\frac{1}{3}\varepsilon y^3=0 \rightarrow$$
$$[x'=u, y'=v, u'=-Ax-2xy, v'=-By+\varepsilon y^2-x^2]$$
$$\frac{1}{2}(u^2+v^2+Ax^2+By^2)+x^2y-\frac{1}{3}\varepsilon y^3=0$$

参考文献

[1] Gottlob Frege. *Begriffsschrift, eine der arithmetischen nachgebildete Formelsprache des reinen Denkens*. Halle: Verlag von Louis Nebert, 1879.

[2] Khalil Ghorbal and André Platzer. Characterizing algebraic invariants by differential radical invariants. In: *TACAS*. Ed. by Erika Ábrahám and Klaus Havelund. Vol. 8413. LNCS. Berlin: Springer, 2014, 279–294. DOI: 10.1007/978-3-642-54862-8_19.

[3] Ellis Robert Kolchin. *Differential Algebra and Algebraic Groups*. New York: Academic Press, 1972.

[4] Sophus Lie. *Vorlesungen über continuierliche Gruppen mit geometrischen und anderen Anwendungen*. Leipzig: Teubner, 1893.

[5] Sophus Lie. Über Integralinvarianten und ihre Verwertung für die Theorie der Differentialgleichungen. *Leipz. Berichte* **49** (1897), 369–410.

[6] André Platzer. Differential dynamic logic for hybrid systems. *J. Autom. Reas.* **41**(2) (2008), 143–189. DOI: 10.1007/s10817-008-9103-8.

[7] André Platzer. Differential Dynamic Logics: Automated Theorem Proving for Hybrid Systems. PhD thesis. Department of Computing Science, University of Oldenburg, 2008.

[8] André Platzer. Differential-algebraic dynamic logic for differential-algebraic programs. *J. Log. Comput.* **20**(1) (2010), 309–352. DOI: 10.1093/logcom/exn070.

[9] André Platzer. *Logical Analysis of Hybrid Systems: Proving Theorems for Complex Dynamics*. Heidelberg: Springer, 2010. DOI: 10.1007/978-3-642-14509-4.

[10] André Platzer. A differential operator approach to equational differential invariants. In: *ITP*. Ed. by Lennart Beringer and Amy Felty. Vol. 7406. LNCS. Berlin: Springer, 2012, 28–48. DOI: 10.1007/978-3-642-32347-8_3.

[11] André Platzer. Logics of dynamical systems. In: *LICS*. Los Alamitos: IEEE, 2012, 13–24. DOI: 10.1109/LICS.2012.13

321

[12] André Platzer. The complete proof theory of hybrid systems. In: *LICS*. Los Alamitos: IEEE, 2012, 541–550. DOI: 10.1109/LICS.2012.64.

[13] André Platzer. The structure of differential invariants and differential cut elimination. *Log. Meth. Comput. Sci.* **8**(4:16) (2012), 1–38. DOI: 10.216 8/LMCS-8(4:16)2012.

[14] André Platzer. A complete uniform substitution calculus for differential dynamic logic. *J. Autom. Reas.* **59**(2) (2017), 219–265. DOI: 10.1007/s108 17-016-9385-1.

[15] Joseph Fels Ritt. *Differential equations from the algebraic standpoint*. Vol. 14. Colloquium Publications. New York: AMS, 1932.

[16] Dana Scott and Christopher Strachey. *Towards a mathematical semantics for computer languages*. Tech. rep. PRG-6. Oxford Programming Research Group, 1971.

[17] Wolfgang Walter. *Analysis 1*. 3rd ed. Berlin: Springer, 1992. DOI: 10.1007 /978-3-662-38453-4.

[18] Eberhard Zeidler, ed. *Teubner-Taschenbuch der Mathematik*. Wiesbaden: Teubner, 2003. DOI: 10.1007/978-3-322-96781-7.

322

微分方程与证明

概要 为了进一步对我们的视角进行非凡的转换，从而更全面地研究信息物理系统连续动态的神奇之处，本章将对微分方程的逻辑归纳技术从微分不变项推进到微分不变公式。其净效应将是，不仅可以证明一个项的实数值在微分方程中是不变的，而且可以证明公式的真假值也是不变的。例如，微分不变式可以证明即使项的值发生变化，项的符号也不会改变。本章继续对微分动态逻辑中的微分方程进行公理化，利用格哈德·根岑切割原理(Gerhard Gentzen's cut principle)在微分方程中的变化来得到微分切割，从而可以证明并使用微分方程的性质。本章还将推进对 CPS 中涉及的连续操作效果背后的直观理解。

11.1 引言

第 10 章介绍了形式为 $e=0$ 的微分方程的等式微分不变式，这些微分方程比第 5 章的解公理 $[']$ 所支持的要一般得多。公理 $[']$ 将微分方程的性质等价替换为解的全称量化性质，但仅限于有显式闭式解并且得到的算术可以处理(主要是多项式或有理函数)的微分方程。但是公理 $[']$ 至少适用于任意的后置条件。等式微分不变式证明规则 dI 支持一般的微分方程，但仅限于形式为 $e=0$ 的等式后置条件。

本章的目的是推广微分不变式证明规则，使其适用于更一般的后置条件，同时保留微分不变式提供的灵活性，可以处理更复杂的微分方程。事实上，第 10 章发展的原理可以漂亮地推广到受限形式 $e=0$ 之外的逻辑公式。虽然 $[x'=f(x)]e=0$ 表示 e 的值沿着微分方程 $x'=f(x)$ 永远不变且保持为 0，诸如 $[x'=f(x)]e\geq 0$ 的其他逻辑公式则允许 e 改变其值，只要 e 的符号保持非负，从而 $e\geq 0$ 为不变式并且它的真假值保持为真。

本章将对微分不变式证明规则进行推广，使其适用于更一般形式的公式 F。微分不变式证明规则的核心是它使用所涉及的项的微分 $(e)'$，以确定沿着微分方程在局部上等于项 e 随时间的变化率的量。这里棘手的一点是，将基于导数的不变式原理应用于公式比应用于项在概念上远远更具挑战性。虽然不变项已经在第 10 章中给我们带来了足够多意外的难题，但它们最终以简单、可靠和良好定义的方式与作为微分方程变化率的值的时间导数这一直观概念联系起来。但一个公式的变化率或者时间导数可能对应什么呢？公式要么为真，要么为假，因此很难理解它们的变化率应该是什么。虽然项的导数至少在直觉上可以理解为函数在实数 $\mathbb{R}$ 中的值如何在附近点变化的问题，但是当公式的唯一可能取值是集合 $\{\text{true},\text{false}\}$ 中的布尔值时，一点也不清楚应该如何理解到附近值的微小变化。我们不能以任何特别简单而有意义的方式说"当状态沿着微分方程稍微改变它的值时，公式 P 的真假值会稍微改变"。

幸运的是，这些考虑已经为寻求答案提供了一些直观的指导。即便在真假值的集合 $\{\text{true},\text{false}\}$ 中并没有什么表达空间，我们仍然想用微分推理来论证点的微小变化会导致接近的真假值，所以如果它们最初为真就保持为真，因为除了真本身，根本没有接近真的其他真假值。当然，最微妙和最关键的部分是定义一个公式的微分 $(F)'$ 并证明其正确性，使得如下形状的微分不变式证明规则是可靠的：

$$\text{dI}\quad \frac{Q\vdash[x':=f(x)](F)'}{F\vdash[x'=f(x)\&Q]F}$$

例如，如果结论中的公式 F 为 $e=0$，且演化域约束 Q 为真，那么第 10 章证明 $(e)'=0$ 是对规则 dI 前提中公式 $(F)'$ 的可靠选择。本章研究了对规则 dI 的推广，它不仅仅适用于 $e=0$ 而且适用于更一般形式的公式 F。微分不变式最初是用另一种语义引入的[4-5]，但是我们遵循以微分形式[12]对微分不变式的高等公理体系逻辑解读，这也简化了对它们的直观理解。

本章推进了第 10 章引入的微分不变式的功能，除了最初等的 CPS，本章对所有信息物理系统的基础也有着重要核心意义。本章最重要的学习目标如下所示。

建模与控制：本章继续研究 CPS 背后的核心原理，加深对连续动态行为如何影响逻辑公式真值的理解。本章开发的微分不变式对于使用以不变式设计原理开发模型和控制也具有重要意义。

|324|

计算思维：本章利用计算思维，继续揭示第 10 章中发现的离散动态和连续动态之间的惊人类比。它致力于对 CPS 模型中的微分方程进行严格的推理，这对于理解 CPS 随时间的推移呈现出来的连续行为至关重要。本章系统地扩展了第 10 章开发的表示微分方程等式性质的微分不变项，并将相同的核心原理推广到对微分方程一般性质的研究。利用计算思维的第二种方式是，将在离散逻辑中具有开创性意义的根岑切割原理推广到微分方程。本章继续自第 5 章以来所追求的对微分动态逻辑 dL[9-10] 的公理化，并提升 dL 的证明技术以适用于具有更复杂的微分方程的更复杂性质的系统。本章中发展的概念继续从微分这一侧面说明语法（即符号标记法）、语义（承载意义）和公理体系（将语义关系内化为通用的语法转换）之间更一般的关系。这些概念及其关系共同形成了语法、语义和公理体系这一重要的逻辑三位一体。最后，本章所开发的验证技术对于验证较大规模和技术复杂性的 CPS 模型至关重要。

离散与连续类比
关于ODE的严格推理
微分不变项之外
微分不变公式
微分方程的切割原理
ODE的公理化
逻辑三位一体的微分侧面

CT

理解连续动态
关联离散+连续　M&C　　CPS　　CPS操作效果
沿着ODE的状态变化

CPS 技能：本章的重点是微分方程的推理。作为一种有益的副产品，我们将获得更好的工具来理解当系统遵循微分方程时状态究竟如何变化以及系统的哪些性质不会改变，从而发展对 CPS 中涉及的操作效果的更好直觉。

|325|

11.2　简要回顾：微分方程证明的要素

在更详细地研究微分不变公式之前，我们首先回顾一下第 3 章中微分方程的语义和第 10 章中微分项的语义。

定义 3.3(常微分方程(ODE)的转换语义)　$[\![x'=f(x)\&Q]\!]=\{(\omega,\nu):$ 存在持续时间为 r 的解 $\varphi:[0,r]\to\mathscr{S}$，满足 $\varphi\models x'=f(x)\wedge Q$，该解使得 $\varphi(0)$ 除了 x' 外应满足 $\varphi(0)=\omega$，并且 $\varphi(r)=\nu\}$

其中 $\varphi\models x'=f(x)\wedge Q$ 当且仅当对所有时间 $0\leqslant z\leqslant r$ 都满足 $\varphi(z)\in[\![x'=f(x)\wedge Q]\!]$ 且 $\varphi(z)(x')\overset{\text{def}}{=}\dfrac{\mathrm{d}\varphi(t)(x)}{\mathrm{d}t}(z)$，同时 $\varphi(z)$ 中除了 x 和 x' 外应满足 $\varphi(z)=\varphi(0)$。

定义 10.2(微分项的语义)　状态 ω 中微分项 $(e)'$ 的语义是值 $\omega[\![(e)']\!]$，定义为

$$\omega[\![(e)']\!] = \sum_{x \in \mathscr{V}} \omega(x') \cdot \frac{\partial[\![e]\!]}{\partial x}(\omega)$$

　　我们对于更一般的微分不变式的方法将利用如下事实，即第 10 章的以下结果已经阐明了微分项 $(e)'$，它们的值与项 e 的值随时间的变化如何关联，以及微分方程对微分符号的微分效应。微分等式可以用于以微分计算，这类似于称为微分法的导数形成过程。

引理 10.1(导子引理)　以下微分等式是永真的公式，所以是可靠的公理：

$$\begin{aligned}
+' & \quad (e+k)' = (e)' + (k)' \\
-' & \quad (e-k)' = (e)' - (k)' \\
\cdot' & \quad (e \cdot k)' = (e)' \cdot k + e \cdot (k)' \\
/' & \quad (e/k)' = ((e)' \cdot k - e \cdot (k)')/k^2 \\
c' & \quad (c())' = 0 \qquad (\text{对于数字或者常量 } c()) \\
x' & \quad (x)' = x' \qquad (\text{对于变量 } x \in \mathscr{V})
\end{aligned}$$

　　至少沿着微分方程，微分项的值等于解析时间导数。

引理 10.2(微分项引理)　令 $\varphi : [0, r] \to \mathscr{S}$ 为 $\varphi \models x' = f(x) \wedge Q$ 的持续时间为 $r > 0$ 的解。那么对于所有时间 $0 \leqslant z \leqslant r$ 和沿着整个解 φ 定义且满足 $\mathrm{FV}(e) \subseteq \{x\}$ 的所有的项 e，都有：

$$\varphi(z)[\![(e)']\!] = \frac{\mathrm{d}\varphi(t)[\![e]\!]}{\mathrm{d}t}(z)$$

可以通过微分效应用微分方程进行替换。

引理 10.5(微分赋值)　如果 $\varphi : [0, r] \to \mathscr{S}$ 是任何满足 $\varphi \models x' = f(x) \wedge Q$ 的持续时间为 $r \geqslant 0$ 的解，那么

$$\varphi \models P \leftrightarrow [x' := f(x)]P$$

引理 10.6(微分效应公理 DE)　如下公理是可靠的：

$$\text{DE} \quad [x' = f(x) \& Q]P \leftrightarrow [x' = f(x) \& Q][x' := f(x)]P$$

　　这些结果已经较为通用，适用于任何后置条件 P，而不仅仅是正规化的等式 $e = 0$。引理 10.1 涵盖了任何多项式(和有理)项的微分。引理 10.2 将微分项的值与项的值随时间的变化关联起来。只不过微分不变式公理的特定公式描述需要基于引理 10.2 进行推广，以涵盖更一般的后置条件。

11.3　微分弱化

　　正如微分效应公理 DE 完全内化了微分方程对微分符号的影响一样，微分弱化公理内化了微分方程演化域约束(定义 3.3)的语义效应。当然，演化域约束 Q 的效应不是改变变量的值，而是限制连续演化始终保持在 Q 为真的状态集 $[\![Q]\!]$ 内。实现这一目标有多种方法[12]，请读者自行发现它们。

　　一种简单但有用的方法是下面的微分弱化公理，它在某种程度上让人想起公理 DE 的措辞方式，但它针对的是域 Q。

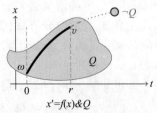

引理 11.1(微分弱化公理 DW)　如下公理是可靠的：

DW　$[x' = f(x) \& Q]P \leftrightarrow [x' = f(x) \& Q](Q \to P)$

　　因为微分方程永远不能离开其演化域约束(见图 11.1)，

图 11.1　微分弱化公理 DW

所以在微分方程之后任何性质 P 为真的充分必要条件是演化域约束 Q 为真时该性质也为真。根据定义 3.3，在 $x'=f(x)\&Q$ 的所有演化过程中，演化域约束 Q 总是为真。我们稍后将看到公理 DW 一劳永逸地证明了：在任何关于微分方程 $x'=f(x)\&Q$ 的证明推理中，都可以可靠地假设演化域约束 Q。

就其本身而言，微分弱化公理 DW 具有与微分效应公理 DE 和微分不变式公理 DI 相同的缺点。它们把微分方程的一个性质简化为该微分方程的另一个性质。在微分弱化公理 DW 之后接着使用泛化规则 G，将得到以下非常有用的微分弱化相继式证明规则。

引理 11.2(微分弱化证明规则 dW)　如下微分弱化证明规则可由公理 DW 推导得出：

$$\text{dW} \quad \frac{Q \vdash P}{\Gamma \vdash [x'=f(x)\&Q]P, \Delta}$$

系统 $x'=f(x)\&Q$ 将在离开区域 Q 之前停止演化，因此，如果 Q 蕴涵着 P(即区域 Q 包含在区域 P 中)，则无论微分方程 $x'=f(x)$ 的实际行为是什么，在连续演化之后 P 总是为真。

当然，对于可靠性而言，规则 dW 丢弃上下文 Γ、Δ 是至关重要的，在前提中使用这些上下文是不可靠的(见习题 11.3)。上下文 Γ 包含关于初始状态的信息，这在最终状态下不再保证为真。和往常一样，保留对常量的假设是可以的(见 7.5 节)。规则 dW 本身并不能证明特别有趣的性质，因为它只在 Q 包含相当丰富信息的情况下才有效。但是，微分弱化可能有助于获得关于微分方程域的部分信息，或与更强的证明规则结合使用(见 11.8 节)。如果仅用微分弱化 dW 就证明了整个系统模型，那么这表明该模型可能对演化域约束的假设过强，因为它的性质的真值与微分方程无关(见 8.2.2 节)。

328

11.4　微分不变式中的运算符

本节讨论对微分不变式中逻辑运算符和算术运算符的处理方法。我们很快就会看到，根据公理 DW，我们在归纳步骤中可以假设演化域约束 Q。所有的微分不变式规则都有相同的形状，但是它们的不同之处在于，在归纳步骤中依据 F 不同，对微分公式 $(F)'$ 的定义也不同：

$$\text{dI} \quad \frac{Q \vdash [x':=f(x)](F)'}{F \vdash [x'=f(x)\&Q]F}$$

对于 F 形式为 $e=0$ 并且 Q 为真的情形，如果将 $(e=0)'$ 定义为 $(e)'=0$，第 10 章证明该规则 dI 是可靠的。这样，还有其他形式的后置条件 F 和演化域约束 Q 需要考虑。在给出 $(F)'$ 的适当定义并对此证明的情况下，所有的微分不变式证明规则也可以直接从相应的微分归纳公理推导出来。我们首先强调该规则直观渐进的发展，而将其可靠性证明推迟到研究了它的所有情形之后。

11.4.1　等式微分不变式

虽然第 10 章提供了一种方法证明无法求解的微分方程的后置条件，但它的形式为 $e=0$。我们还希望对更一般的逻辑公式证明它是微分方程的不变式，而不仅仅是正规化多项式等式(它们的形式为单个项等于 0)。形式为 $e=k$ 的后置条件几乎可以以相同的方法直接证明。为了给本章的其余部分打好基础，我们为后置条件为 $e=k$ 的微分方程开发归纳公理和证明规则，同时使用新发现的微分弱化原理(以公理 DW 表述)将其推广到存在演化域约束 Q 的情形。

回想一下 10.3.6 节中对情形 $e=0$ 的可靠性证明,它基于的想法是将 $\varphi(t)[\![e]\!]$ 的值作为时间 t 的函数。对于形式为 $e=k$ 的后置条件,通过考虑差 $\varphi(t)[\![e-k]\!]$,可以得到相同的论证。需要如何定义公式 $e=k$ 的归纳步骤,才能相应得到可靠的微分不变式证明规则?也就是说,当 e 和 k 为任意项时,下面的证明规则的前提是什么才能让其可靠?

$$\frac{\vdash???}{e=k\vdash[x'=f(x)]e=k}$$

在你继续阅读之前,看看你是否能自己找到答案。

329

等式微分不变式的下面这条规则是有道理的:

$$\frac{\vdash[x':=f(x)](e)'=(k)'}{e=k\vdash[x'=f(x)]e=k}$$

这条规则捕捉到的直觉是,如果 e 最初就等于 k(结论的前件),并且用微分方程 $x'=f(x)$ 右侧的 $f(x)$ 代替左侧的 x' 时,项 e 的微分与 k 的微分相同,那么 e 将始终等于 k。对于 $Q\equiv\mathrm{true}$ 的情形,如果我们为了帮助记忆将等式 $e=k$ 的“微分”定义为如下公式,那么这条规则符合规则 dI 的一般形状

$$(e=k)'\stackrel{\mathrm{def}}{\equiv}((e)'=(k)')$$

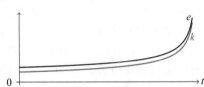

将等式的微分定义为两边微分的等式 $(e)'=(k)'$,这在直观上是有道理的,因为如果等式左右两边的量有相同的变化率,等式 $e=k$ 的真假值不会改变(见图 11.2)。

图 11.2　从相等的初始值开始并有相等的变化率(为了视觉效果,画的时候略微分开)

我们在 10.4 节中对 $e=0$ 情形下微分不变式证明规则 dI 的可靠性证明是从相应的微分不变项公理 DI 中推导得出的,而公理 DI 以更初等的方式抓住了项沿着微分方程的基本归纳原理。让我们对不变式 $e=k$ 寻求相同的方法。

$$\mathrm{DI}_=\ ([x'=f(x)\&Q]e=k\leftrightarrow[?Q]e=k)\leftarrow[x'=f(x)\&Q](e)'=(k)'$$

这个公理表示,如果 $(e)'=(k)'$ 在微分方程之后总是成立,使得项 e 和 k 总是具有相同的变化率,那么 e 和 k 在微分方程之后总是具有相同值的充分必要条件是它们最初在测试 $?Q$ 之后具有相同的值。包含测试 $?Q$ 的原因是,如果微分方程开始于它的演化域约束 Q 之外,那么不存在微分方程的演化,所以后置条件 $e=k$ 在微分方程 $x'=f(x)\&Q$ 之后总是为空虚真。相应地,最初检验 $[?Q]e=k$ 可以假设测试 $?Q$ 通过,否则的话就没有什么可证明的了。总的来说,公理 DI$_=$ 表示两个以相同变化率演化的量将始终保持相同,当且仅当它们最初从相同的值开始(见图 11.2)。

然而,我们不对 DI$_=$ 作可靠性证明,而是直接进一步推广该证明原理,看看微分不变式是否甚至能为我们证明更多的公式。我们稍后将证明一般的微分不变式公理的可靠性,

330

DI$_=$ 可作为它的一个特例推导得出。

11.4.2　微分不变式证明规则

就像 11.4.1 节用公理 DI$_=$ 处理等式后置条件 $e=k$ 的情形一样,本节为微分方程所有如下形式的后置条件提供归纳公理。

$$\mathrm{DI}\ ([x'=f(x)\&Q]P\leftrightarrow[?Q]P)\leftarrow[x'=f(x)\&Q](P)'$$

这个公理表明，如果一个尚需定义的微分公式$(P)'$在微分方程之后总是成立，使得 P 的真假值永远不会改变，那么当且仅当最初 P 在测试$?Q$ 后为真时，P 在微分方程后总是为真。因为根据定义 3.3(并利用 $x' \notin \mathrm{FV}(P) \cup \mathrm{FV}(Q)$)，$[x'=f(x)\&Q]P$ 总是蕴涵着$[?Q]P$，所以只有相反的蕴涵需要假设$[x'=f(x)\&Q](P)'$。对于随后考虑的$(P)'$的每种情况，我们只需证明以下公式的永真性即可证明 DI 的可靠性：

$$([x'=f(x)\&Q](P)' \to ([?Q]P \to [x'=f(x)\&Q]P)$$

对于该微分归纳公理 DI 的每一种情况，我们都免费获得了一个相应的微分不变式证明规则。

引理 11.3(微分不变式证明规则 dI)　　如下微分不变式证明规则由公理 DI 推导得出：

$$\text{dI } \frac{Q \vdash [x':=f(x)](F)'}{F \vdash [x'=f(x)\&Q]F}$$

证明　　证明规则 dI 由公理 DI 推导可得，如下所示：

$$
\text{DI } \frac{
\text{[?]} \frac{
\to\!\text{R} \frac{
\text{id} \frac{*}{F,Q \vdash F}
}{F \vdash Q \to F}
}{F \vdash [?Q]F}
\quad
\text{DE} \frac{
\text{DW} \frac{
\text{G} \frac{
\to\!\text{R} \frac{
Q \vdash [x':=f(x)](F)'
}{\vdash Q \to [x':=f(x)](F)'}
}{\vdash [x'=f(x)\&Q](Q \to [x':=f(x)](F)')}
}{\vdash [x'=f(x)\&Q][x':=f(x)](F)'}
}{\vdash [x'=f(x)\&Q](F)'}
}{F \vdash [x'=f(x)\&Q]F}
$$

规则 dI 背后的基本思想是，dI 的前提表示将微分方程 $x'=f(x)$代入微分$(F)'$时，$(F)'$在演化域 Q 内成立。如果 F 一开始成立(结论的前件)，那么 F 本身始终为真(结论的后继)。直观上，该前提给出了一个条件表明微分$(F)'$在 Q 内沿着微分约束只会向内或横向指向 F，但从不向外指向 $\neg F$，如图 11.3 所示。因此，如果我们从 F 内开始，并且如$(F)'$所表明的那样，局部动态从不指向 F 之外，那么当跟随该动态时系统总是保持在 F 内。

图 11.3　针对安全性的微分不变式 F

请注意，我们收集了一系列独立的推理原理，即微分效应 DE、微分弱化 DW 以及泛化 G，并将这些原理与逻辑上更初等的公理 DI 捆绑结合，以得到更有用的证明规则 dI。推理原理的这种模块化组合不仅更容易证明其可靠性，而且更加灵活，因为它们允许论证结构的自由变化。不过，回想一下，在 dI 的推导过程中使用哥德尔泛化规则 G 意味着在其前提中保留相继式上下文 Γ、Δ(与往常一样，除了关于常量的假设)是不可靠的。

例 11.1　(旋转动态)　再次考虑例 10.1 中的旋转动态系统 $v'=w, w'=-v$。该动态很复杂，因为它的解包含三角函数，一般而言，这不属于可判定的算术类别。然而，使用 dI 和可判定的多项式算术，我们可以很容易证明其有趣的性质。例如，dI 可以直接证明式(10.1)，即 $v^2+w^2=r^2$ 是该动态的微分不变式，证明过程如下：

$$
\to\!\text{R} \frac{
\text{dI} \frac{
\text{[:=]} \frac{
\mathbb{R} \frac{*}{\vdash 2vw + 2w(-v) = 0}
}{\vdash [v':=w][w':=-v]2vv' + 2ww' = 0}
}{v^2+w^2=r^2 \vdash [v'=w, w'=-v]v^2+w^2=r^2}
}{\vdash v^2+w^2=r^2 \to [v'=w, w'=-v]v^2+w^2=r^2}
$$

这个证明比第 10 章中的 MR 单调性证明更容易而且更直接。

11.4.3　微分不变不等式

迄今为止考虑的微分不变式公理和证明规则对如何证明等式不变式给出了很好的理解。那么不等式怎么办？如何证明它们？

332

在你继续阅读之前，看看你是否能自己找到答案。

同样，泛化微分不变式证明规则的主要问题是如何定义"微分"从而便于记忆，我们的方法如下：

$$(e \leqslant k)' \stackrel{\text{def}}{\equiv} ((e)' \leqslant (k)')$$

这给出了下面的微分不变式公理，我们还是称之为 DI：

$$([x' = f(x) \& Q]e \leqslant k \leftrightarrow [?Q]e \leqslant k) \leftarrow [x' = f(x) \& Q](e \leqslant k)'$$

它与一般公理 DI 的唯一区别是微分 $(e \leqslant k)'$ 的定义及其可靠性证明。直觉上，最初从较小或相等的值开始，变化率小于或等于 k 的量 e 将始终维持较小或相等（见图 11.4）。引理 11.3 从这个公理推导出微分归纳规则 dI 的相应情形：

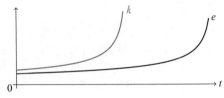

$$\frac{Q \vdash [x' := f(x)](e \leqslant k)'}{e \leqslant k \vdash [x' = f(x) \& Q]e \leqslant k}$$

图 11.4　从较小或相等的初始值开始，并且变化率较小或相等

例 11.2（立方动态）　类似地，微分归纳法可以容易证明 $\frac{1}{3} \leqslant 5x^2$ 是立方动态 $x' = x^3$ 的不变式；图 11.6 中动态的证明参见图 11.5。为了应用微分归纳规则 dI，我们对微分不变式 $F \equiv \frac{1}{3} \leqslant 5x^2$ 求导，得到 dL 公式 $(F)' \equiv (\frac{1}{3} \leqslant 5x^2)' \equiv 0 \leqslant 5 \cdot 2xx'$。现在，微分归纳规则 dI 考虑到状态变量 x 沿着动态的导数是已知的。将微分方程 $x' = x^3$ 代入不等式得到 $[x' := x^3](F)' \equiv 0 \leqslant 5 \cdot 2xx^3$，这是一个永真的公式，可以通过规则 $\mathbb{R}$ 用量词消除法来结束证明。　◀

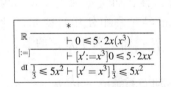

图 11.5　立方动态的证明

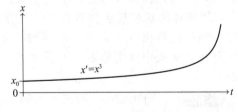

图 11.6　立方动态

不等式形式的微分不变式并不只是等式微分不变式的一个不重要的变化，因为它们可以证明更多的性质。也就是说，可以证明[11]：有些用微分不变不等式可以证明的永真公式，不能仅仅用等式作为微分不变式来证明。有时，读者需要准备寻找不等式作为微分不变式。反之则不然。使用等式微分不变式可证明的一切也可以使用微分不变不等式来证明[11]，但是如果等式微分不变式给出的证明更简单，那么仍然应该去寻找这样的等式。

333

严格不等式也可以作为微分不变式，如果它们的"微分"以有助于记忆的方式定义为

$$(e < k)' \stackrel{\text{def}}{\equiv} ((e)' < (k)')$$

然而，我们更倾向用一个宽松一点但仍然可靠的定义取而代之：

$$(e < k)' \overset{\text{def}}{\equiv} ((e)' \leqslant (k)')$$

同样，这里的直觉是，开始时初始值比 k 小并且变化率不比 k 大的量 e 总是维持为较小（见图 11.7）。$e \geqslant k$ 以及 $e > k$ 的情况类似。

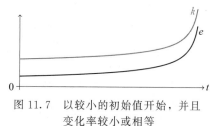

图 11.7 以较小的初始值开始，并且变化率较小或相等

例 11.3（旋转动态） 旋转动态 $v' = w$，$w' = -v$ 的一个不等式性质很容易证明，如下所示：

$$\dfrac{\mathbb{R}\dfrac{*}{\vdash 2vw + 2w(-v) \leqslant 0}}{[:=]\dfrac{\vdash [v':=w][w':=-v]\,2vv' + 2ww' \leqslant 0}{\text{dI}\dfrac{v^2 + w^2 \leqslant r^2 \vdash [v'=w,w'=-v]\,v^2 + w^2 \leqslant r^2}{{\to}\text{R}\ \vdash v^2 + w^2 \leqslant r^2 \to [v'=w,w'=-v]\,v^2 + w^2 \leqslant r^2}}}$$

◀

例 11.4（奇数次动态） 对于一个只含奇次幂的动态，它的一个只有偶次幂的简单不变式很容易证明，如下所示：

$$\mathbb{R}\dfrac{\dfrac{*}{\vdash 2x^6 + 14x^4 + 4x^2 \geqslant 0}}{[:=]\dfrac{\vdash [x':=x^5 + 7x^3 + 2x]\,2xx' \geqslant 0}{\text{dI}\ x^2 \geqslant 2 \vdash [x' = x^5 + 7x^3 + 2x]\,x^2 \geqslant 2}}$$

◀

例 11.5（偶数次动态） 对于一个只含偶次幂的动态，它的一个只有奇次幂的简单不变式很容易证明，如下所示：

$$\mathbb{R}\dfrac{\dfrac{*}{\vdash 2x^6 + 12x^4 + 10x^2 \geqslant 0}}{[:=]\dfrac{\vdash [x':=x^4 + 6x^2 + 5]\,2x^2x' \geqslant 0}{\text{dI}\ x^3 \geqslant 2 \vdash [x' = x^4 + 6x^2 + 5]\,x^3 \geqslant 2}}$$

◀

类似的直接证明适用于纯偶次动态的奇次幂或纯奇次动态的偶次幂的任何其他适当的符号条件，因为所得到的算术只含偶次幂，因此当相加时，符号只能为正。

11.4.4 不等式微分不变式

原子公式的微分不变式证明规则中缺少的情形是不等式 $e \neq k$ 形式的后置条件。它们如何证明？

> **在你继续阅读之前，看看你是否能自己找到答案。**

类比前面的例子，大家可能会想到以下定义：

$$(e \neq k)' \overset{?}{\equiv} ((e)' \neq (k)')\quad???$$

对于微分不变式的可靠性至关重要的是 $(e \neq k)'$ 不是这样定义的！在图 11.8 的反例中，变量 x 可以达到 $x = 5$，而其导数可以从不为 0；同样，参见图 11.9 中的动态。当然，仅仅因为 e 和 k 的初始值不同，并不意味着它们在以不同导数演化时会一直保持不同。相反，正是因为它们以不同的导数演化，它们

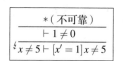

图 11.8 使用不等式的不可靠尝试

334

[335]   才可能相交(见图 11.10)。

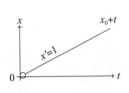

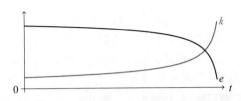

图 11.9 $x'=1$ 的线性演化

图 11.10   以不同初始值开始并且变化率不同，
这并不能证明任何性质

相反，如果 e 和 k 初始值不同，并以相同的导数演化，它们将永远保持不同。所以可靠的定义有点出乎意料：

$$(e \neq k)' \stackrel{\text{def}}{\equiv} ((e)'=(k)')$$

11.4.5   合取微分不变式

下一个要考虑的情形是，我们要证明的不变式是合取式 $F \wedge G$。接下来的关键问题同样是测量合取式 $F \wedge G$ 真假值变化率的"微分"$(F \wedge G)'$ 应该是什么。

在你继续阅读之前，看看你是否能自己找到答案。

当然，真假值没有太多的变化可言，因为只有两种可能的取值：真和假。但是，对于一个不变式论证来说，真假值没有改变仍然是一件好事。一个不变式应该总是保持为真，如果它一开始为真的话。为了证明合取式 $F \wedge G$ 是不变式，证明两者都是不变式完全足够了。可以对此单独给出证明，但如果回想一下方括号模态对合取满足分配律，这就更显而易见了。

引理 5.10([]$\wedge$ 方括号模态对合取满足分配律) 如下公理是可靠的：

$$[]\wedge \quad [\alpha](P \wedge Q) \leftrightarrow [\alpha]P \wedge [\alpha]Q$$

因此，有助于记忆的定义是，合取的"微分"是微分的合取：

$$(A \wedge B)' \equiv (A)' \wedge (B)'$$

这个定义可以借助派生公理[]$\wedge$ 将每次出现的后置条件都拆分成单独的合取项而推导得到，从而证实其可靠性，见图 11.11。图 11.11 中留下的前提等价于合取式

$$([x'=f(x)\&Q](A)' \rightarrow [?Q]A \rightarrow [x'=f(x)\&Q]A)$$
$$\wedge ([x'=f(x)\&Q](B)' \rightarrow [?Q]B \rightarrow [x'=f(x)\&Q]B)$$

[336]   其中的两个合取项都可以通过归纳假设从公理 DI 推导出来，因为它们有更简单的后置条件。

$$[]\wedge \quad \frac{\vdash [x'=f(x)\&Q](A)' \wedge [x'=f(x)\&Q](B)' \rightarrow [?Q]A \wedge [?Q]B \rightarrow [x'=f(x)\&Q]A \wedge [x'=f(x)\&Q]B}{\vdash [x'=f(x)\&Q](A \wedge B)' \rightarrow [?Q](A \wedge B) \rightarrow [x'=f(x)\&Q](A \wedge B)}$$

图 11.11   合取微分不变式公理的可靠性证明

引理 11.3 从这个公理推导出微分归纳规则 dI 的相应情形，使得我们能够证明下面例子中的合取式：

$$\mathbb{R} \quad \frac{*}{\vdash 2vw+2w(-v) \leq 0 \wedge 2vw+2w(-v) \geq 0}$$
$$[:=] \quad \frac{}{\vdash [v':=w][w':=-v](2vv'+2ww' \leq 0 \wedge 2vv'+2ww' \geq 0)}$$
$$\text{dI} \quad \frac{}{v^2+w^2 \leq r^2 \wedge v^2+w^2 \geq r^2 \vdash [v'=w,w'=-v](v^2+w^2 \leq r^2 \wedge v^2+w^2 \geq r^2)}$$

当然，手动使用公理$[]\wedge$进行两个单独的证明，分别证明左合取项是微分不变式且右合取项也是微分不变式，这同样也可以成功。由于不变式 $v^2+w^2\leqslant r^2 \wedge v^2+w^2\geqslant r^2$ 等价于 $v^2+w^2=r^2$，当相应地结合使用泛化规则 MR 时，上述证明又对式(10.1)进行了一次证明。

例 11.6（弹跳球的重力运动） 在第 5 章和第 7 章的弹跳球证明中，主要的难题之一是解微分方程所产生的算术有点麻烦。它的循环不变式可以不用求解而直接用微分不变式得到更简单的证明：

$$j(x,v)\overset{\text{def}}{\equiv}2gx=2gH-v^2 \wedge x\geqslant 0 \tag{7.10*}$$

唯一复杂的是，这个合取式并不是弹跳球动态 $x'=v$，$v'=-g\& x\geqslant 0$ 的微分不变式，原因是 $x\geqslant 0$ 不可归纳，因为从微分$(x\geqslant 0)'$得到的归纳步骤 $v\geqslant 0$ 是非永真的，证据是当球下降时速度为负。 ◀

就像$(A\wedge B)'\equiv (A)'\wedge (B)'$的证明一样，图 11.12 中的证明也使用了$[]\wedge$公理来拆分后置条件，并对单独的问题进行单独的证明。合取项 $x\geqslant 0$ 的趋势可能是不安全的，因为如果没有演化域约束将球保持在地面以上，负的速度最终会导致违反 $x\geqslant 0$。只有第一个合取项是微分不变式。第二个合取项可以通过微分弱化(dW)来证明，因为 $x\geqslant 0$ 就是演化域。观察到该微分不变式推理中的算术是相当平淡的，因为它是通过微分法得到的。这与通过积分得到的解的算术有很大不同。

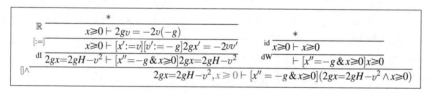

图 11.12 重力场中弹跳球的微分不变式证明

11.4.6 析取微分不变式

下一个考虑的情形是，我们要证明的不变式是析取式 $A\vee B$。只要我们定义正确的"微分"$(A\vee B)'$，其他引理会处理好微分效应和微分弱化。怎么定义？

在你继续阅读之前，看看你是否能自己找到答案。

一个合取式的"微分"是各自微分的合取。通过类比，可能有理由将析取的"微分"定义为微分的析取。

$$(A\vee B)'\overset{?}{\equiv}(A)'\vee (B)' \quad ???$$

让我们试一下：

$$\begin{array}{c}
\underline{\text{不可靠}} \\
\mathbb{R}\ \overline{\qquad\vdash 2vw+2w(-v)=0\vee 5v+rw\geqslant 0\qquad} \\
{[:=]}\ \overline{\qquad\vdash [v':=w][w':=-v]2vv'+2ww'=0\vee r'v+rv'\geqslant 0\qquad} \\
_{\mathcal{J}}\ \overline{v^2+w^2=r^2\vee rv\geqslant 0\vdash [v'=w,w'=-v,r'=5](v^2+w^2=r^2\vee rv\geqslant 0)}
\end{array}$$

这看起来天花乱坠，却是错的，因为底部的公式实际上并不是永真的，因此它不值得证明，即使顶部的公式是永真的。我们不应该花精力证明非永真的公式，而且如果我们一且能证明这样的公式的话，那么我们发现了证明规则中严重的不可靠性。

析取式的“微分”$(A\vee B)'$定义为合取形式$(A)'\wedge(B)'$而不是$(A)'\vee(B)'$，这对于微分不变式的可靠性是至关重要的。从满足$\omega\in[\![A]\!]$因而也满足$\omega\in[\![A\vee B]\!]$的初始状态ω开始，公式$A\vee B$微分上保持不变的充分条件是A本身是微分不变式，但B是微分不变式则不行。例如，$v^2+w^2=r^2\vee rv\geqslant 0$不是上述微分方程的不变式，因为我们只要遵循圆动态足够长时间就可以让$rv\geqslant 0$不成立。因此，如果该析取式最初为真的原因是$rv\geqslant 0$在开始时为真，则该析取式不会保持不变，即使另一个析取项$v^2+w^2=r^2$保持不变。

相反，根据规则$\vee L$对析取式的微分不变式证明进行拆分是正确的方法，事实上，公
338 理$[\,]\wedge$也证明了如下选择的正确性：

$$(A\vee B)'\overset{\text{def}}{\equiv}(A)'\wedge(B)'$$

$$\dfrac{\dfrac{\dfrac{\dfrac{\dfrac{*}{A\vdash A,B}\,\text{id}}{A\vdash A\vee B}\,\vee\text{R}\quad \dfrac{\vdash[x':=f(x)](A)'}{A\vdash[x'=f(x)]A}\,\text{dI}}{A\vdash[x'=f(x)](A\vee B)}\,\text{MR}\qquad \dfrac{\dfrac{\dfrac{*}{B\vdash A,B}\,\text{id}}{B\vdash A\vee B}\,\vee\text{R}\quad \dfrac{\vdash[x':=f(x)](B)'}{B\vdash[x'=f(x)]B}\,\text{dI}}{B\vdash[x'=f(x)](A\vee B)}\,\text{MR}}{A\vee B\vdash[x'=f(x)](A\vee B)}\,\vee\text{L}}{\vdash A\vee B\to[x'=f(x)](A\vee B)}\,\to\text{R}$$

采用析取式微分的这种定义，得到的微分归纳公理的可靠性可以直接证明(见图11.13)。证明利用了$[?Q](A\vee B)$确实等价于$[?Q]A\vee[?Q]B$，因为两者都等价于$Q\to A\vee B$。根据公理DI证明中的归纳假设，$[x'=f(x)\&Q]A$(它具有更简单的后置条件A)可以根据析取项$[?Q]A$并利用假设$[x'=f(x)\&Q](A)'$推导得出。由此可以用单调性规则M$[\cdot]$推导得出$[x'=f(x)\&Q](A\vee B)$。类似地，析取项$[?Q]B$推导出$[x'=f(x)\&Q]B$，由此也可以用单调性规则M$[\cdot]$推导出$[x'=f(x)\&Q](A\vee B)$。

$$\dfrac{\vdash[x'=f(x)\&Q](A)'\wedge[x'=f(x)\&Q](B)'\to([?Q]A\vee[?Q]B\to[x'=f(x)\&Q](A\vee B))}{\vdash[x'=f(x)\&Q](A\vee B)'\to[?Q](A\vee B)\to[x'=f(x)\&Q](A\vee B)}\,[\,]\wedge$$

图11.13　析取微分不变式公理的可靠性证明

11.5　微分不变式

微分不变式是证明微分方程不变式的一般证明原理。对本章到目前为止的发现进行总结将引出单一的一个微分不变式公理DI，由此可推导出相应的微分不变式证明规则dI。

定义11.1(微分)　以下定义将微分算子$(\cdot)'$从项推广到实算术公式：

$$(F\wedge G)'\equiv(F)'\wedge(G)'$$
$$(F\vee G)'\equiv(F)'\wedge(G)'$$
$$(e\geqslant k)'\equiv(e)'\geqslant(k)'\quad \leqslant,=\text{同理}$$
$$(e>k)'\equiv(e)'\geqslant(k)'\quad <\text{同理}$$
$$(e\neq k)'\equiv(e)'=(k)'$$

339 将F映射到$[x':=f(x)](F)'$的操作也称为F关于$x'=f(x)$的**李导数**。

根据定义11.1，公式F的“微分”$(F)'$使用了F中出现的项e的微分$(e)'$。微分不变式可以提升到量词[7]，但是在这里，假设首先已经应用量词消除法等价地消除量词(见6.5节)就足够了。

就像对初始条件的测试$[?Q]P$一样，DI公理稍作变化表明归纳步骤$[x'=f(x)\&Q](P)'$

也可以假设 Q，因为如果系统在 Q 之外启动，那么任何演化都是不可能的。

引理 11.4(微分不变式公理 DI)　　如下公理是可靠的：

$$\text{DI}\quad ([x'=f(x)\&Q]P\leftrightarrow[?Q]P)\leftarrow(Q\rightarrow[x'=f(x)\&Q](P)')$$

微分不变式证明规则的一般形式的推导过程如 11.4.2 节所示。

引理 11.3(微分不变式证明规则 dI)　　如下微分不变式证明规则由公理 DI 推导得出：

$$\text{dI}\ \frac{Q\vdash[x':=f(x)](F)'}{F\vdash[x'=f(x)\&Q]F}$$

此证明规则使我们能够轻松给出式(10.2)的证明以及之前的所有证明。以下版本 dI′ 可以从更基本、更本质的形式 dI 轻松推出，类似于最有用的循环归纳规则 loop 如何从基本形式 ind 推出。我们在实践中不使用版本 dI′，因为它包含在 11.8 节中研究的更一般的证明技术中。

$$\text{dI}'\ \frac{\Gamma\vdash F,\ \Delta\quad Q\vdash[x':=f(x)](F)'\quad F\vdash\Psi}{\Gamma\vdash[x'=f(x)\&Q]\Psi,\ \Delta}$$

证明(引理 11.4)　　公理 DI 详细的公理体系证明在文献[12]中给出。其中一个方向的蕴涵已经在 11.4.2 节中证明：

$$[x'=f(x)\&Q]P\rightarrow[?Q]P$$

以下蕴涵式的证明将通过归纳 P 的结构得出：

$$[x'=f(x)\&Q](P)'\rightarrow([?Q]P\rightarrow[x'=f(x)\&Q]P)\tag{11.1}$$

这个证明直接蕴涵了引理 11.4 右侧公式(如下公式)的永真性，因为如果 Q 最初不为真，那么微分方程无法运行，此时测试 $?Q$ 也会失败：

$$(Q\rightarrow[x'=f(x)\&Q](P)')\rightarrow([?Q]P\rightarrow[x'=f(x)\&Q]P)$$

通过对 P 结构的归纳完成式(11.1)的永真性证明。根据定义 3.3(并利用 $x'\notin\text{FV}(P)\cup\text{FV}(Q)$)，解的持续时间为 0 的情况直接由假设 $[?Q]P$ 可得。

1) 如果 P 的形式为 $e\geqslant0$，那么 $(P)'$ 为 $(e)'\geqslant0$，此时考虑满足 $[x'=f(x)\&Q](e)'\geqslant0$ 且 $[?Q]e\geqslant0$ 的状态 ω。为了证明 $\omega\in[\![x'=f(x)\&Q]e\geqslant0]\!]$，考虑任意解 $\varphi:[0,r]\rightarrow\mathscr{S}$ 满足 $\varphi\models x'=f(x)\land Q$，并且除了在 x' 处，满足 $\varphi(0)=\omega$。根据引理 10.2，如果 $r>0$，函数 $h(t)\stackrel{\text{def}}{\equiv}\varphi(t)[\![e]\!]$ 在 $[0,r]$ 上是可微的，并且如果 $\text{FV}(e)\subseteq\{x\}$，则根据假设 $\omega\in[\'\geqslant0]\!]$，对所有的时间 $z\in[0,r]$，其时间导数为

$$\frac{\mathrm{d}h(t)}{\mathrm{d}t}(z)=\frac{\mathrm{d}\varphi(t)[\![e]\!]}{\mathrm{d}t}(z)=\varphi(z)[\![(e)']\!]\geqslant0$$

因为 h 是可微的，根据中值定理，存在 $0<\xi<r$ 使得：

$$h(r)-\underbrace{h(0)}_{\geqslant0}=\underbrace{(r-0)}_{>0}\underbrace{\frac{\mathrm{d}h(t)}{\mathrm{d}t}(\xi)}_{\geqslant0}\geqslant0\tag{11.2}$$

因为根据 $\omega\in[\![?Q]e\geqslant0]\!]$ 有 $h(0)\geqslant0$，这蕴涵着 $h(r)\geqslant0$。因此，$\varphi(r)\in[\![e\geqslant0]\!]$，由此可得 $\omega\in[\![x'=f(x)\&Q]e\geqslant0]\!]$，因为该证明适用于任意解 φ。

2) 如果 P 的形式是 $e\geqslant k$，上面情形的证明也适用于等价的 $e-k\geqslant0$，因为后者的微分 $(e)'-(k)'\geqslant0$ 等价于前者的微分 $(e)'\geqslant(k)'$。

3) 如果 P 的形式为 $e=k$，则上述证明的简单变化即可适用。或者，考虑等价的 $e\geqslant k\land k\geqslant e$，它的微分 $(e)'\geqslant(k)'\land(k)'\geqslant(e)'$ 等价于微分 $(e)'=(k)'$。一点小麻烦是，这需要在有充分根据的归纳法中做一点转换，以并不自然的方式把不等式的合取当作比等式小

340

的公式。

4）如果 P 的形式为 $e > k$，则简单变化上述证明即可适用，因为它的微分 $(e)' \geqslant (k)'$ 等价于 $e \geqslant 0$ 的微分。唯一需要额外考虑到的是，根据式（11.2），初始假设 $h(0) > 0$ 蕴涵着 $h(r) > 0$。

5）如果 P 的形式为 $A \wedge B$，那么根据图 11.11 中的推导，后置条件 $A \wedge B$ 下式（11.1）的永真性可以由其针对较小的后置条件 A 以及较小的后置条件 B 的永真性得出，而根据归纳假设后两者都是永真的。

6）如果 P 的形式为 $A \vee B$，那么根据图 11.13 中的推导，后置条件 $A \vee B$ 下式（11.1）的永真性可以由其针对较小的后置条件 A 以及较小的后置条件 B 的永真性得出，而根据归纳假设后两者都是永真的。

将该公理推广到微分方程组的情形是非常简单直接的。

11.6　证明示例

341为了获得更多关于微分不变式的经验，本节将研究一些证明示例。

例 11.7（四次动态）　以下简单的 dL 证明使用规则 dI 来证明四次动态的一个不变式：

$$\dfrac{\dfrac{\dfrac{*}{a \geqslant 0 \vdash 3x^2((x-3)^4 + a) \geqslant 0}\ \mathbb{R}}{a \geqslant 0 \vdash [x' := (x-3)^4 + a]3x^2 x' \geqslant 0}\ [:=]}{x^3 \geqslant -1 \vdash [x' = (x-3)^4 + a \,\&\, a \geqslant 0]x^3 \geqslant -1}\ \text{dI}$$

规则 dI 让演化域约束 $a \geqslant 0$ 可直接用作前提中的假设，因为连续演化永远不允许离开该区域。◀

例 11.8（阻尼振荡器）　考虑 $x' = y$，$y' = -\omega^2 x - 2d\omega y$，这是阻尼振荡器的微分方程，它采用无阻尼角频率 ω 和阻尼比 d。沿着该连续动态演化的一个例子请参见图 11.14。图 11.14a 显示了 x 随时间 t 的演化，而图 11.4b 描绘了 x, y 状态空间中的一个轨迹，该轨迹不离开灰色椭圆区域 $\omega^2 x^2 + y^2 \leqslant c^2$。该微分方程的符号初值问题的一般符号解可能困难得让人吃惊。相反，微分不变式证明则非常简单：

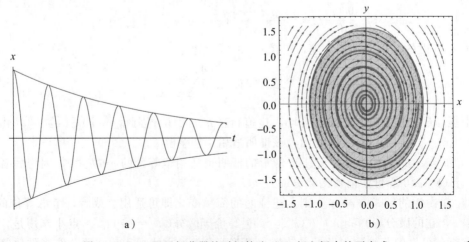

a）　　　　　　　　　　　b）

图 11.14　a）阻尼振荡器的时间轨迹；b）相空间中的不变式 ◀

$$\mathbb{R} \; \dfrac{\ast}{\omega \geqslant 0 \wedge d \geqslant 0 \vdash 2\omega^2 xy - 2\omega^2 xy - 4d\omega y^2 \leqslant 0}$$

$$[:=] \; \dfrac{}{\omega \geqslant 0 \wedge d \geqslant 0 \vdash [x':=y][y':=-\omega^2 x - 2d\omega y]2\omega^2 xx' + 2yy' \leqslant 0}$$

$$\mathrm{dI} \; \dfrac{}{\omega^2 x^2 + y^2 \leqslant c^2 \vdash [x'=y, y'=-\omega^2 x - 2d\omega y \,\&\, (\omega \geqslant 0 \wedge d \geqslant 0)]\,\omega^2 x^2 + y^2 \leqslant c^2}$$

请注意，规则 dI 让演化域约束 $\omega \geqslant 0 \wedge d \geqslant 0$ 可直接用作前提中的假设，因为连续演化永远不允许离开该区域。

342

11.7 假设不变式

让我们将动态变得更有趣，看看会发生什么么。假设有一个机器人，所处的点坐标为 (x, y)，朝向为 (v, w)。假设机器人以恒定（线）速度朝方向 (v, w) 运动。如图 11.15 所示，假设同时方向 (v, w) 如例 10.1 中那样旋转，而角速度如例 2.7 中那样等于 ω。那么得到的微分方程是：

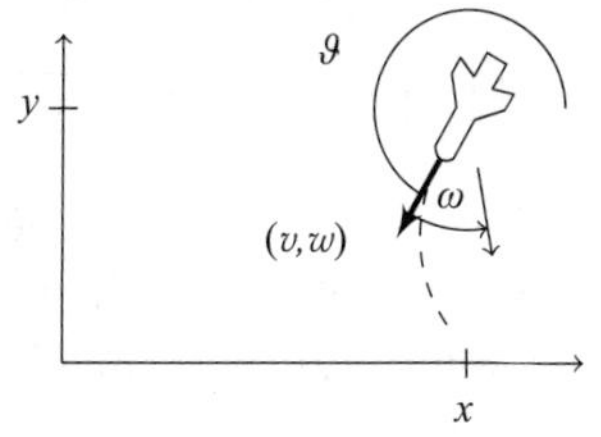

图 11.15 点 (x, y) 沿着虚线曲线朝以角速度 ω 旋转的方向 (v, w) 运动的杜宾斯动态图示

$$x'=v, y'=w, v'=\omega w, w'=-\omega v$$

因为 x 坐标的导数是方向的分量 v，而 y 坐标的导数是方向的分量 w。角速度 ω 决定方向 (v, w) 旋转有多快。考虑猜想

$$(x-1)^2 + (y-2)^2 \geqslant p^2 \rightarrow [x'=v, y'=w, v'=\omega w, w'=-\omega v](x-1)^2 + (y-2)^2 \geqslant p^2 \tag{11.3}$$

这个猜想表示位置为 (x, y) 的机器人如果一开始到点 $(1, 2)$ 的距离 $\geqslant p$，那么它将始终保持这样的距离。让我们试着证明式 (11.3)：

$$[:=] \; \dfrac{\vdash 2(x-1)v + 2(y-2)w \geqslant 0}{\vdash [x':=v][y':=w]2(x-1)x' + 2(y-2)y' \geqslant 0}$$

$$\mathrm{dI} \; \dfrac{}{(x-1)^2 + (y-2)^2 \geqslant p^2 \vdash [x'=v, y'=w, v'=\omega w, w'=-\omega v](x-1)^2 + (y-2)^2 \geqslant p^2}$$

不幸的是，这个微分不变式证明不成功。事实上，幸运的是它没有成功，因为式 (11.3) 不是永真的，所以我们无法用可靠的证明技术来证明它。式 (11.3) 太乐观了。从很远的地方以错误方向开始，机器人可能会运动到靠点 $(1, 2)$ 太近的地方。其他方向可能没问题。

检查上述失败的证明尝试，如果我们知道方向 (v, w) 的某些信息使得可以证明剩下的前提条件，则可能证明式 (11.3)。可能是哪些信息？

在你继续阅读之前，看看你是否能自己找到答案。

当然，如果我们知道 $v=w=0$，那就可以证明得到的前提。然而，这种情形非常无聊，因为它对应于点 (x, y) 永远不动。一种更有趣的情形是如果我们知道 $x-1=-w$ 而且 $y-2=v$，那前提也很容易证明。我们可以"知道" $x-1=-w \wedge y-2=v$，这意味着什么么？当然，我们必须假设方向与位置的这种兼容性条件在初始状态下为真，否则我们不一定知道该条件在所有必需的状态下成立。所以让我们修改式 (11.3) 以将这个假设包含进去：

343

$$x-1=-w \wedge y-2=v \wedge (x-1)^2 + (y-2)^2 \geqslant p^2 \rightarrow$$
$$[x'=v, y'=w, v'=\omega w, w'=-\omega v](x-1)^2 + (y-2)^2 \geqslant p^2 \tag{11.4}$$

然而，为了继续上面的相继式证明，我们需要在归纳步骤中间知道 $x-1=-w \wedge y-2=v$。我们怎样才能做到这一点？

在你继续阅读之前，看看你是否能自己找到答案。

朝着正确方向前进的一步是检查 $x-1=-w \wedge y-2=v$ 是否是该动态的微分不变式，这样的话如果它最初为真，则它将永远保持为真：

$$\dfrac{\text{非永真}}{\text{dI} \dfrac{\dfrac{\vdash v=-(-\omega v) \wedge w=\omega w}{\vdash [x':=v][y':=w][v':=\omega w][w':=-\omega v](x'=-w' \wedge y'=v')}}{x-1=-w \wedge y-2=v \vdash [x'=v,y'=w,v'=\omega w,w'=-\omega v](x-1=-w \wedge y-2=v)}}$$

这个证明也不是太成功，因为等式两边差一个 ω 因子，而且实际上 $x-1=-w \wedge y-2=v$ 并不是一个不变式，除非 $\omega=1$。再想一下，这是有道理的，因为角速度 ω 决定机器人转动的速度，所以如果存在位置和方向之间的任何关系的话，它应该以某种方式依赖于角速度 ω。

让我们改进该猜想，在上述证明中将角速度添加到等式中缺失它的一侧，并转而考虑 $\omega(x-1)=-w \wedge \omega(y-2)=v$。这种知识同样有助于式（11.3）的证明，只是在两个合取项上都有相同的额外因子。所以让我们修改式（11.4），将这个假设包含在初始状态下：

$$\omega(x-1)=-w \wedge \omega(y-2)=v \wedge (x-1)^2+(y-2)^2 \geqslant p^2 \rightarrow$$
$$[x'=v, \ y'=w, \ v'=\omega w, \ w'=-\omega v](x-1)^2+(y-2)^2 \geqslant p^2 \quad (11.5)$$

一个简单的证明显示，新添加的 $\omega(x-1)=-w \wedge \omega(y-2)=v$ 是该动态的微分不变式，因此如果它最初成立的话，它将始终成立：

$$\dfrac{*}{\text{dI} \dfrac{\mathbb{R} \dfrac{\vdash \omega v=-(-\omega v) \wedge \omega w=\omega w}{\vdash [x':=v][y':=w][v':=\omega w][w':=-\omega v](\omega x'=-w' \wedge \omega y'=v')}}{\omega(x-1)=-w \wedge \omega(y-2)=v \vdash [x'=v,y'=w,v'=\omega w,w'=-\omega v](\omega(x-1)=-w \wedge \omega(y-2)=v)}}$$

现在，如何在前面的证明中利用新证明的不变式 $\omega(x-1)=-w \wedge \omega(y-2)=v$？也许可以对我们想要的不变式与所需的这个额外不变式作合取，以此来证明式（11.5）：

$$(x-1)^2+(y-2)^2 \geqslant p^2 \wedge \omega(x-1)=-w \wedge \omega(y-2)=v$$

这并不成功（仅仅因为空间原因，在结论中省略了前件）：

$$\dfrac{\vdash 2(x-1)v+2(y-2)w \geqslant 0 \wedge \omega v=-(-\omega v) \wedge \omega w=\omega w}{\text{dI} \dfrac{\vdash [x':=v][y':=w][v':=\omega w][w':=-\omega v](2(x-1)x'+2(y-2)y' \geqslant 0 \wedge \omega x'=-w' \wedge \omega y'=v')}{.. \vdash [x'=v,y'=w,v'=\omega w,w'=-\omega v]((x-1)^2+(y-2)^2 \geqslant p^2 \wedge \omega(x-1)=-w \wedge \omega(y-2)=v)}}$$

原因是前提的右合取项可以完美证明，但是前提的左合取项需要利用该不变式，而微分不变式证明规则 dI 并不能在前提的前件中使用不变式 F。

对于循环的情形，在归纳步骤中可以假设不变式 F 在循环体之前成立（循环不变式规则 loop 的另一种形式）：

$$\text{ind} \ \dfrac{P \vdash [\alpha]P}{P \vdash [\alpha^*]P}$$

通过类比，我们可以类似地增强微分不变式证明规则 dI，在其假设中包括不变式。这是一个好主意吗？

在你继续阅读之前，看看你是否能自己找到答案。

看起来下面的猜想挺有道理的，即可以在前提的前件中假设微分不变式 F 来改进规则 dI：

$$\text{dI}_{??}\ \frac{Q \wedge F \vdash [x':=f(x)](F)'}{F \vdash [x'=f(x)\,\&\,Q]F}\ \text{可靠?}$$

毕竟，因为一开始是安全的，当还安全时，我们真的只关心如何保持安全。规则 $\text{dI}_{??}$ 确实很容易证明式(11.5)，这可能会让我们欢呼。但微分方程的隐含性质是一件微妙的事情。像规则 $\text{dI}_{??}$ 中那样假设 F 事实上是不可靠的，正如下面简单的反例所示，该反例使用不可靠的证明规则 $\text{dI}_{??}$"证明"了一个非永真的性质：

$$
\cfrac{\cfrac{v^2 - 2v + 1 = 0 \vdash 2vw - 2w = 0}{v^2 - 2v + 1 = 0 \vdash [v':=w][w':=-v](2vv' - 2v' = 0)}}{\substack{\natural}\, v^2 - 2v + 1 = 0 \vdash [v'=w, w'=-v]v^2 - 2v + 1 = 0}
\quad \text{不可靠}
$$

当然，$v^2 - 2v + 1 = 0$ 对于旋转动态而言不会保持为真，因为 v 会变化！而且，不可靠的证明规则 $\text{dI}_{??}$ 将宣称"证明"了很多其他非永真的性质，例如

$$
\cfrac{\cfrac{-(x-y)^2 \geq 0 \vdash -2(x-y)(1-y) \geq 0}{-(x-y)^2 \geq 0 \vdash [x':=1][y':=y](-2(x-y)(x'-y') \geq 0)}}{\substack{\natural}\, -(x-y)^2 \geq 0 \vdash [x'=1, y'=y](-(x-y)^2 \geq 0)}
\quad \text{不可靠}
$$

因此，在微分方程不变式的证明中假设它自身是大错特错的，即使这在文献中多次提出过。有些情况下规则 $\text{dI}_{??}$ 或者它的变体仍然是可靠的，但这些都是不平凡的情形[2-3,5,8,11]。对于微分方程的情形而言，在证明不变式时假设它自身是有问题，其中的原因很微妙[5,11]。简而言之，证明规则 $\text{dI}_{??}$ 假设的超过它应该知道的，这样就会变成循环论证。前件只在单个点提供不变式，而第 10 章已经解释过导数在单个点上并没有特别良好的定义。这就是在第 10 章我们一开始就必须在论证中特别谨慎地精确定义导数和微分的原因之一。与时间导数不同，微分在孤立的状态下也是有意义的。

11.8　微分切割

相比在对不变式的证明中假设不变式自身这类不明智的尝试，可以用补充性的微分切割证明规则[4-5,8,11]以可靠的方式加强对微分方程的假设。

引理 11.5(dC 微分切割证明规则)　如下微分切割证明规则是可靠的，它可由随后将介绍的公理 DC 推导得出：

$$\text{dC}\ \frac{\Gamma \vdash [x'=f(x)\,\&\,Q]C,\Delta \quad \Gamma \vdash [x'=f(x)\,\&\,(Q \wedge C)]P,\Delta}{\Gamma \vdash [x'=f(x)\,\&\,Q]P,\Delta}$$

微分切割规则的工作方式类似于逻辑切割，但针对的是微分方程。回想一下第 6 章中的规则 cut，它可用于在左前提中证明公式 C 作为引理，然后在右前提中假设 C：

$$\text{cut}\ \frac{\Gamma \vdash C,\Delta \quad \Gamma,C \vdash \Delta}{\Gamma \vdash \Delta}$$

类似地，微分切割规则 dC 在左前提中证明微分方程的性质 C，然后在右前提中假设

C 成立，但区别是它通过限制系统的行为来假设 C 在微分方程期间成立。为了证明结论中的原始后置条件 P，规则 dC 在右前提中将系统演化限制在 Q 的子域 $Q \wedge C$ 内，这改变了系统的动态但这是一个伪限制，因为左前提不管用什么方法（例如，使用规则 dI）证明了 C 是一个不变式。请注意，规则 dC 的特殊之处在于它改变了系统的动态（它将一个约束添加到系统演化域中），但它仍然是可靠的，因为这个改变不会减少可达状态集，这要归功于左前提；参见图 11.16。

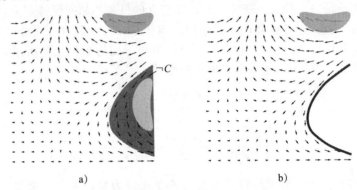

a)　　　　　　　　　　　　b)

图 11.16　a) 假设微分方程的解永远不会离开区域 C 进入区域 $\neg C$；b) 可以将系统动态
限制在 C 内，从而从状态空间中切除该不可达区域 $\neg C$ 而不改变系统的动态

规则 dC 的好处是，在右前提中每当后续使用 dI 时，都可以（可靠地）用 C 作为额外假设（例如，参见例 11.8 中对演化域约束的使用）。特别地，微分切割规则 dC 可以用于增强右前提，方式是一旦 C 在左前提中已经被证明是微分不变式，就在右前提中加入越来越多的辅助微分不变式 C 作为额外的假设。

例 11.9（增阻尼振荡器）　例 11.8 中的阻尼振荡器很容易证明，但其证明关键依赖于在演化域约束中含有阻尼系数 $d \geqslant 0$，从而归纳步骤知道阻尼系数为非负。在下面的增阻尼振荡器中，阻尼系数会发生变化（尽管增长的方式是任意的）：

$$\omega^2 x^2 + y^2 \leqslant c^2 \wedge d \geqslant 0 \rightarrow [x'=y, y'=-\omega^2 x - 2d\omega y, d'=7 \& \omega \geqslant 0] \omega^2 x^2 + y^2 \leqslant c^2$$

这使得阻尼振荡器的阻尼增加，但系统仍然始终保持在椭圆形区域内（见图 11.17）。用微分不变式直接证明将失败，因为缺乏对于阻尼系数 d 的理解，毕竟现在 d 会改变。但是图 11.18 中的间接证明成功了。它以 $d \geqslant 0$ 为微分切割，首先在左分支中用微分不变式证明 d 总是保持为非负，然后在右分支中使用新添加的演化域约束 $d \geqslant 0$ 继续像例 11.8 一样证明。

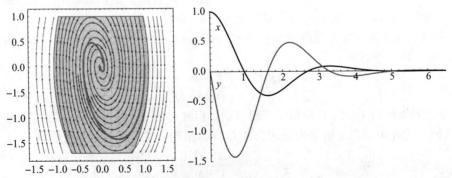

图 11.17　增阻尼振荡器在向量场中的轨迹以及随时间的演化

$$
\begin{array}{ll}
\mathbb{R} & \dfrac{*}{\omega\geqslant 0\vdash 7\geqslant 0} \\[4pt]
[:=] & \dfrac{}{\omega\geqslant 0\vdash[d':=7]\,d'\geqslant 0} \\[4pt]
\mathrm{dI} & \dfrac{}{d\geqslant 0\vdash[x'=y,y'=-\omega^2x-2d\omega y,d'=7\,\&\,\omega\geqslant 0]\,d\geqslant 0}\qquad\text{像例11.8一样证明} \\[8pt]
\mathrm{dC} & \dfrac{d\geqslant 0\vdash[\text{above}]\,d\geqslant 0\qquad \omega^2x^2+y^2\leqslant c^2\vdash[x'=y,y'=-\omega^2x-2d\omega y,d'=7\,\&\,\omega\geqslant 0\wedge d\geqslant 0]\,\omega^2x^2+y^2\leqslant c^2}{\omega^2x^2+y^2\leqslant c^2,d\geqslant 0\vdash[x'=y,y'=-\omega^2x-2d\omega y,d'=7\,\&\,\omega\geqslant 0]\,\omega^2x^2+y^2\leqslant c^2}
\end{array}
$$

图 11.18 增阻尼振荡器的微分切割证明 ◀

命题 11.1(增阻尼振荡) 以下 dL 公式是永真的：

$$
\omega^2x^2+y^2\leqslant c^2\wedge d\geqslant 0\rightarrow[x'=y,y'=-\omega^2x-2d\omega y,d'=7\,\&\,\omega\geqslant 0]\,\omega^2x^2+y^2\leqslant c^2 \qquad \boxed{347}
$$

例 11.10（机器人公式） 现在很容易以 $\omega(x-1)=-w\wedge\omega(y-2)=v$ 使用微分切割 dC 来可靠地证明机器人公式(11.5)，证明中我们首先将 $(x-1)^2+(y-2)^2\geqslant p^2$ 缩写为 A 并将 $\omega(x-1)=-w\wedge\omega(y-2)=v$ 缩写为 B：

$$
\begin{array}{ll}
\mathbb{R} & \dfrac{*}{B\vdash 2(x-1)v+2(y-2)w\geqslant 0} \\[4pt]
[:=] & \dfrac{}{B\vdash[x':=v][y':=w](2(x-1)x'+2(y-2)y'\geqslant 0)} \\[4pt]
\mathrm{dI} & \dfrac{\lhd\quad A\vdash[x'=v,y'=w,v'=\omega w,w'=-\omega v\,\&\,\omega(x-1)=-w\wedge\omega(y-2)=v]\,(x-1)^2+(y-2)^2\geqslant p^2}{} \\[4pt]
\mathrm{dC} & \dfrac{}{A,B\vdash[x'=v,y'=w,v'=\omega w,w'=-\omega v]\,(x-1)^2+(y-2)^2\geqslant p^2}
\end{array}
$$

上面的证明省略了使用规则 dC 的第一个前提（用 $\lhd$ 标记），其证明如下：

$$
\begin{array}{ll}
\mathbb{R} & \dfrac{*}{\vdash \omega v=-(-\omega v)\wedge\omega w=\omega w} \\[4pt]
[:=] & \dfrac{}{\vdash[x':=v][y':=w][v':=\omega w][w':=-\omega v](\omega x'=-w'\wedge\omega y'=v')} \\[4pt]
\mathrm{dI} & \dfrac{}{\omega(x-1)=-w\wedge\omega(y-2)=v\vdash[x'=v..](\omega(x-1)=-w\wedge\omega(y-2)=v)}
\end{array}
$$

真让人惊奇。现在我们对机器人相当不平凡的运动性质（式(11.5)）有了一个严格意义上的可靠证明。这个证明甚至简短得令人惊讶。 ◀

仅仅做一次微分切割并不总是足够的。有时，读者可能希望用公式 C 进行微分切割，接着在 dC 的右前提中使用 C 来证明公式 D 可以用于进行第二次微分切割，然后在第二次切割的右前提中使用 $C\wedge D$ 来继续证明；参见图 11.19。例如，我们对式(11.5)的证明也可以通过首先用 $\omega(x-1)=-w$ 进行微分切割，然后用 $\omega(y-2)=v$ 继续进行微分切割， $\boxed{348}$ 最后用两者证明后置条件（见习题 11.6）。对这种微分切割的重复使用过程在实践中极其有用，甚至可以简化对不变式的搜索，因为它引出的是对几个更简单的性质而不是单个复杂的性质的寻找和证明[6,13-14]。

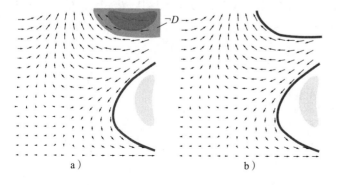

图 11.19 a) 假设微分方程的解永远不会离开区域 D 进入顶部区域 $\neg D$；b) 通过进一步将系统动态限制在 D 内，这个不可达区域 $\neg D$ 也可以从状态空间中切除而不改变系统的动态

a) b)

根据语义证明微分切割规则 dC 的可靠性是直截了当的。然而，对其他微分方程证明规则可靠性的证明都是从相应的公理推导得出的，而这些公理又根据语义证明其可靠性。这种方法也适用于微分切割。

引理 11.6(微分切割公理 DC)   如下公理是可靠的：

$$\text{DC}\quad ([x'=f(x)\,\&\,Q]P\leftrightarrow[x'=f(x)\,\&\,Q\wedge C]P)\leftarrow[x'=f(x)\,\&\,Q]C$$

证明   任何满足 $[x'=f(x)\,\&\,Q]P$ 的状态也满足 $[x'=f(x)\,\&\,Q\wedge C]P$，因为任何 $\varphi\models x'=f(x)\wedge Q\wedge C$ 的解也是 $\varphi\models x'=f(x)\wedge Q$ 的解。

对于逆命题，考虑一个满足假设 $[x'=f(x)\,\&\,Q]C$ 的初始状态 ω。因此，从 ω 开始，每个满足 $\varphi\models x'=f(x)\wedge Q$ 的解 φ 也都满足 C，因此沿着解 φ 一直满足 C，因为解的每个受限局部也都是解。因此，如果解 φ 从 ω 开始并且满足 $\varphi\models x'=f(x)\wedge Q$，那么它也满足 $\varphi\models x'=f(x)\wedge Q\wedge C$，所以假设 $\omega\in[\![[x'=f(x)\,\&\,Q\wedge C]P]\!]$ 蕴涵着 $\omega\in[\![[x'=f(x)\,\&\,Q]P]\!]$。∎

微分切割规则 dC 可直接由微分切割公理 DC 推导得出。与规则 dC 相比，公理 DC 具有的附加信息是，如果规则 dC 的左前提是永真的，那么 dC 的右前提和结论其实是等价的。

349

11.9   再次微分弱化

请注意将 11.3 节中的微分弱化与微分切割相结合会有什么用处。例如，先进行图 11.16 所示的微分切割，随后进行图 11.19 所示的微分切割之后，所有不安全的右上角灰色区域都已经从状态空间中切割出来，从而根据微分弱化，在图 11.19b 中的系统的安全性为平凡真，因为不再有不安全的区域。也就是说，在以 C 和 D 作两次微分切割之后的最终演化域约束 $Q\wedge C\wedge D$ 平凡蕴涵着安全性条件 F，即 $Q\wedge C\wedge D\vdash F$ 是永真的。但是请注意，在这两次微分切割之后微分弱化才有用。初始的演化域约束 Q 不够强大到足以蕴涵安全性，因为图 11.16a 的原始系统中仍然存在不安全的区域，甚至在以 C 进行一次微分切割后得到的中间系统(如图 11.19a 所示)仍然如此。

如果系统开始于不满足演化域约束的初始状态，则系统卡住不动，不能持续演化，甚至持续时间为 0 也不行。如果根本没有任何演化的话，在 $x'=f(x)\,\&\,Q$ 的所有连续演化之后任何后置条件都将成立。特别地，在演化域约束 Q 为假的状态下，微分不变式公理 DI 证明了 $[x'=f(x)\,\&\,Q]\text{false}$，因为归纳步骤中的假设 Q 不满足，而且在 $[?Q]\text{false}$ 中测试 $?Q$ 失败。

因此，这一证明的结束方式是，以 false 应用微分切割 dC，随后使用微分不变式公理 DI 和微分弱化 dW 来证明原始后置条件遵循增强的演化域约束 $Q\wedge\text{false}$。更简单的证明是使用单调性规则 MR 来证明新的后置条件 false，该条件平凡蕴涵着原始后置条件 P，证明过程中使用了微分不变式公理 DI，并且利用初始条件 A 对 $\neg Q$ 的蕴涵将使得合取式 $A\wedge Q$ 是矛盾的(根据习题 11.10，甚至 $(\text{false})'\equiv\text{true}$ 成立)：

$$\dfrac{\dfrac{\dfrac{\dfrac{A,Q\vdash\text{false}}{\substack{\to\text{R}}\ A\vdash Q\to\text{false}}}{\substack{[?]}\ A\vdash[?Q]\text{false}}\quad \dfrac{A,Q\vdash}{\substack{\text{WR}}\ A,Q\vdash[x'=f(x)\,\&\,Q](\text{false})'}}{\substack{\text{DI}}\ A\vdash[x'=f(x)\,\&\,Q]\text{false}}\quad \dfrac{*}{\substack{\mathbb{R}}\ \text{false}\vdash P}}{\substack{\text{MR}}\ A\vdash[x'=f(x)\,\&\,Q]P}$$

11.10　可解微分方程的微分不变式

研究微分不变式、微分切割和微分弱化的主要动机是针对在可判定算术中没有闭式解的高等微分方程开发高等归纳法技术的需求。对于这样的高等微分方程，解公理模式 $['$ 无法使用算术或将导致不可判定的算术。但微分不变式风格的推理即使对于有（有理）解的较简单的微分方程也是有用的。

350

例 11.11（微分切割证明下落球）　回想一下第 7 章弹跳球证明的一部分，即下面的下落球 dL 公式：

$$2gx = 2gH - v^2 \wedge x \geqslant 0 \rightarrow [x'' = -g \,\&\, x \geqslant 0](2gx = 2gH - v^2 \wedge x \geqslant 0) \quad (11.6)$$

$$\text{其中} \{x'' = -g \,\&\, x \geqslant 0\} \overset{\text{def}}{\equiv} \{x' = v, v' = -g \,\&\, x \geqslant 0\}$$

第 7 章利用解公理模式 $['$ 以微分方程的解证明了 dL 公式（11.6）。然而，作为替代，也可以混合微分不变式、微分切割和微分弱化来证明 dL 公式（11.6）：

$$\text{dC} \frac{\text{dW} \triangleleft \dfrac{\text{id} \dfrac{*}{x \geqslant 0 \wedge 2gx = 2gH - v^2 \vdash 2gx = 2gH - v^2 \wedge x \geqslant 0}}{2gx = 2gH - v^2 \vdash [x'' = -g \,\&\, x \geqslant 0 \wedge 2gx = 2gH - v^2](2gx = 2gH - v^2 \wedge x \geqslant 0)}}{2gx = 2gH - v^2 \vdash [x'' = -g \,\&\, x \geqslant 0](2gx = 2gH - v^2 \wedge x \geqslant 0)}$$

dC 后省略的前提（标记为 $\triangleleft$）用微分不变式证明：

$$\text{dI} \frac{[:=] \dfrac{\mathbb{R} \dfrac{*}{x \geqslant 0 \vdash 2gv = -2v(-g)}}{x \geqslant 0 \vdash [x' := v][v' := -g] 2gx' = -2vv'}}{2gx = 2gH - v^2 \vdash [x'' = -g \,\&\, x \geqslant 0] 2gx = 2gH - v^2}$$

注意，微分弱化（dW）可以成功证明后置条件 $x \geqslant 0$，但是 dI 不能，因为该公式的导数是 $(x \geqslant 0)' \equiv v \geqslant 0$，这不是弹跳球的不变式，因为弹跳球在重力作用下再次下落时，它的速度最终会变为负。◀

上述证明是很优美的，而且相比第 7 章中以弹跳球的解进行证明所需的算术，这里使用的明显更简单。

注解 62（微分不变式降低次数）　微分不变式证明规则 dI 用微分法来证明，这降低了多项式的次数。微分方程的解公理 $['$ 用解来证明，这最终将对微分方程积分，从而增加了次数。因此，即使在微分方程可以求解从而可以应用解公理 $['$ 的情况下，考虑到算术的计算复杂性，常常更支持使用微分不变式来证明。

由于式（11.6）后置条件中第二个合取项的证明并不需要第一个合取项，因此也可以使用派生公理 $[]\wedge$ 来拆分后置条件而不是用 dC 来嵌套它，从而得到类似的微分不变式证明：

$$[]\wedge \frac{\text{dI} \dfrac{[:=] \dfrac{\mathbb{R} \dfrac{*}{x \geqslant 0 \vdash 2gv = -2v(-g)}}{x \geqslant 0 \vdash [x' := v][v' := -g] 2gx' = -2vv'}}{2gx = 2gH - v^2 \vdash [x'' = -g \,\&\, x \geqslant 0] 2gx = 2gH - v^2} \quad \text{dW} \dfrac{\text{id} \dfrac{*}{x \geqslant 0 \vdash x \geqslant 0}}{2gx = 2gH - v^2 \vdash [x'' = -g \,\&\, x \geqslant 0] x \geqslant 0}}{2gx = 2gH - v^2 \vdash [x'' = -g \,\&\, x \geqslant 0](2gx = 2gH - v^2 \wedge x \geqslant 0)}$$

这里关注后置条件的哪些部分因为哪个原理而成立。第二个合取项 $x \geqslant 0$ 单单从演化域即可推导出，因此根据 dW 它成立。第一个合取项是可归纳的，由 dI 可得。

除了微分不变式引出的算术更简单有用之外，上述证明工作得如此优美的另一个原因是该不变式是我们在第 4 章创造性地提出的一个聪明的选择。有创造力没什么不对。相

351

反！请永远富有创意！

11.11   总结

本章介绍了针对微分不变式的非常强大的证明规则，读者可以用它们以简单的方式证明微分方程的复杂性质。正如在循环的情况下对不变式的搜索是非平凡的，微分不变式也需要一点智慧（或好的自动程序）才能找到。然而，一旦找出微分不变式，后续的证明就很容易了。

图 11.20 总结了新的证明规则和它们所基于的公理。为方便起见，第 10 章中的导子公理和公理 DE 也包括在其中。微分不变式遵循的直觉是，证明针对的微分方程的性质沿着微分方程随时间变得越来越真，或者它们证明的性质沿着微分方程为真的程度至少不会减少，所以如果性质开始时为真，则会保持为真。微分不变式证明规则检查后置条件在微分方程右侧所表明的方向上的微分，从而以局部的方式确定一个性质沿着微分方程是否保持为真。由于所得的前提是由微分法和替换形成的，因此检查得到的实算术是否为真是相对容易的。

$$
\text{dI} \ \frac{Q \vdash [x' := f(x)](F)'}{F \vdash [x' = f(x)\,\&\,Q]F} \qquad \text{dW} \ \frac{Q \vdash P}{\Gamma \vdash [x' = f(x)\,\&\,Q]P, \Delta}
$$

$$
\text{dC} \ \frac{\Gamma \vdash [x' = f(x)\,\&\,Q]C, \Delta \quad \Gamma \vdash [x' = f(x)\,\&\,(Q \wedge C)]P, \Delta}{\Gamma \vdash [x' = f(x)\,\&\,Q]P, \Delta}
$$

$$
\text{DW} \ \ [x' = f(x)\,\&\,Q]P \leftrightarrow [x' = f(x)\,\&\,Q](Q \to P)
$$

$$
\text{DI} \ \ ([x' = f(x)\,\&\,Q]P \leftrightarrow [?Q]P) \leftarrow (Q \to [x' = f(x)\,\&\,Q](P)')
$$

$$
\text{DC} \ \ ([x' = f(x)\,\&\,Q]P \leftrightarrow [x' = f(x)\,\&\,Q \wedge C]P) \leftarrow [x' = f(x)\,\&\,Q]C
$$

$$
\text{DE} \ \ [x' = f(x)\,\&\,Q]P \leftrightarrow [x' = f(x)\,\&\,Q][x' := f(x)]P
$$

$$
+' \ \ (e + k)' = (e)' + (k)'
$$

$$
-' \ \ (e - k)' = (e)' - (k)'
$$

$$
\cdot' \ \ (e \cdot k)' = (e)' \cdot k + e \cdot (k)'
$$

$$
/' \ \ (e/k)' = ((e)' \cdot k - e \cdot (k)')/k^2
$$

$$
c' \ \ (c())' = 0 \qquad\qquad\qquad （对于数字或常量 c()）
$$

$$
x' \ \ (x)' = x' \qquad\qquad\qquad （对于变量 x \in \mathscr{V}）
$$

图 11.20   针对微分方程的微分不变式和微分切割的公理与证明规则

然而，如果微分方程的后置条件沿着微分方程的动态变得越来越不为真，那么就需要额外的思考。例如，微分切割（公理 DC 和相应的规则 dC）提供了一种以性质 C 来丰富动态的方法，首先应证明该性质 C 本身是不变式。使用微分切割原理可以证明微分方程的一系列附加性质，然后在后续证明中使用这些性质。微分切割是强大的推理原理，因为它们可以通过证明然后使用关于系统行为的引理来利用系统中的其他隐含结构。特别地，微分切割可以让以前不是微分不变式的性质成为微分不变式，方法是首先将演化域限制为其较小的子集，在此子集上该性质真正成为一个不变式。实际上，微分切割是微分方程的基本证明原理，满足无微分切割消除定理（No Differential Cut Elimination theorem）[11]，因为某些性质只能通过微分切割来证明，而没有它们则不行。下一章将探讨另一种方法，将不直接是微分不变式的微分方程性质变得可归纳。

352

11.12 附录：证明空气动力弹跳球

本节研究一个具有微分不变式的混成系统。还记得在第 7 章证明了其安全性的弹跳球吗？

这个小小的恐高弹跳球已经从它对循环和控制的研究中毕业，并渴望回到它过去研究连续行为的快乐时光。沉迷于怀旧的弹跳球 Quantum 突然发现它一直毫无顾忌地忽略了空气对弹跳球的影响。在空气中飞行确实很有趣，所以这个小弹跳球迅速决定在它最喜欢的微分方程中加入一个恰当的空气动力模型来弥补这个疏忽。空气对弹跳球的影响是空气阻力，而且最终发现，球飞得越快空气阻力越强。经过几次实验，小弹跳球发现空气阻力是速度的二次方，其中气动阻尼因子为 $r>0$。

空气的奇怪之处在于它总是和飞行的球对着干！无论球飞向哪个方向，总是有空气阻力。如果球快速向上，空气会阻止它，降低它的正速度 $v>0$ 来减慢它。如果球快速回落地面，空气仍然会阻止它并减慢它的速度，只是这时实际上意味着增加负速度 $v<0$，因为这对应于减少绝对值 $|v|$。如何对此正确建模呢？

353

对这种情况建模的一种方法是使用（不连续的）符号函数 sign v，取值为 1 时表示 $v>0$，取值为 -1 时表示 $v<0$，取值为 0 时表示 $v=0$：

$$x'=v, v'=-g-(\text{sign } v)rv^2 \& x\geqslant 0 \tag{11.7}$$

然而，这给出的微分方程的右边不连续[1]。相反，这个小弹跳球已经学会了欣赏混成系统背后的哲学，这提倡保持简单的连续动态，而将不连续性和切换特性移到它们应属的地方——离散动态。毕竟，切换和不连续性正是离散动态所擅长的。

因此，小弹跳球决定拆分模式，把向上飞的部分 $v\geqslant 0$ 与向下飞的部分 $v\leqslant 0$ 分开，并给系统一个在两者之间的非确定性选择⊖：

$$x\leqslant H \wedge v=0 \wedge x\geqslant 0 \wedge g>0 \wedge 1\geqslant c\geqslant 0 \wedge r\geqslant 0 \rightarrow$$
$$[(\text{if}(x=0)v:=-cv; \tag{11.8}$$
$$(\{x'=v, v'=-g-rv^2 \& x\geqslant 0 \wedge v\geqslant 0\} \cup$$
$$\{x'=v, v'=-g+rv^2 \& x\geqslant 0 \wedge v\leqslant 0\}))^*] \quad (0\leqslant x\leqslant H)$$

小弹跳球对这个空气动力弹跳球模型提供的新行为有着愉快的预期，它渴望试一试。然而，在敢于以这个模型四处弹跳之前，恐高的弹跳球首先要确信这是安全的，也就是说，式（11.8）中的模型实际上满足关于高度界限的性质。于是，弹跳球首先开始了一场对证明的探险。在写下几个巧妙的证明步骤后，弹跳球发现它之前的证明不再继续适用。一方面，该非线性微分方程不再那么容易求解了。这使得解公理['] 毫无用处。但是，幸运的是，这个小弹跳球记得证明不可解微分方程正是微分不变式所擅长的，所以它又高兴起来。无论如何，弹跳球还是很想在自然环境下试一试。

但是，事情有先后缓急。在证明中使用规则 →R 之后，第一步是为循环归纳证明规则 loop 寻找一个不变式。然而，由于式（11.8）不能通过求解微分方程来证明，我们还需要找到微分方程的微分不变式。如果幸运的话，同一个不变式可能对两者都适用？每当在这种情境下，我们可以从两端进行搜索，或者先为循环找到一个不变式然后试着改变它以适应

⊖ 请注意，这里拆分模式并提供它们之间的非确定性选择的原因并不像第 8 章中那样是控制器事件，而是来自物理模型本身。但是不管拆分的原因是什么，处理机制都是一样的。

微分方程，或者相反，先寻找一个微分不变式。

　　因为我们知道常规弹跳球的循环不变式是式(7.10)，所以我们先考虑循环。常规弹跳球的循环不变式为

$$2gx = 2gH - v^2 \wedge x \geqslant 0$$

我们不能真的期望这个不变式中的等式也适用于空气动力球(式(11.8))，因为空气阻力的全部作用就在于它会减慢球的速度。由于空气阻力总是阻碍球的运动，所以预期的高度会低一些：

$$J_{x,v} \stackrel{\text{def}}{\equiv} 2gx \leqslant 2gH - v^2 \wedge x \geqslant 0 \tag{11.9}$$

对于这个我们怀疑是循环不变式的公式，为了马上检验它是否也适用于微分方程，让我们检查一下它的微分不变性：

$$
\begin{array}{l}
\mathbb{R} \dfrac{\qquad\qquad\qquad * \qquad\qquad\qquad}{g > 0 \wedge r \geqslant 0, x \geqslant 0 \wedge v \geqslant 0 \vdash 2gv \leqslant 2gv + 2rv^3} \\
\dfrac{g > 0 \wedge r \geqslant 0, x \geqslant 0 \wedge v \geqslant 0 \vdash 2gv \leqslant -2v(-g - rv^2)}{} \\
[:=] \dfrac{g > 0 \wedge r \geqslant 0, x \geqslant 0 \wedge v \geqslant 0 \vdash [x':=v][v':=-g-rv^2](2gx' \leqslant -2vv')}{} \\
\text{dI} \; \overline{g > 0 \wedge r \geqslant 0, 2gx \leqslant 2gH - v^2 \vdash [x' = v, v' = -g - rv^2 \, \& \, x \geqslant 0 \wedge v \geqslant 0]\, 2gx \leqslant 2gH - v^2}
\end{array}
$$

请注意，为了使该证明成立，必须保留常量假设 $g > 0 \wedge r \geqslant 0$，或者至少 $r \geqslant 0$。最简单的办法是以 $g > 0 \wedge r \geqslant 0$ 做一次微分切割 dC，证明它是一个(平凡的)微分不变式，因为这两个参数都不会改变，这样 $g > 0 \wedge r \geqslant 0$ 可包含在演化域约束中以用于剩下的证明[⊖]。

　　对式(11.8)中的另一个 ODE 的微分不变式证明也成功了：

$$
\begin{array}{l}
\mathbb{R} \dfrac{\qquad\qquad\qquad * \qquad\qquad\qquad}{g > 0 \wedge r \geqslant 0, x \geqslant 0 \wedge v \leqslant 0 \vdash 2gv \leqslant 2gv - 2rv^3} \\
\dfrac{g > 0 \wedge r \geqslant 0, x \geqslant 0 \wedge v \leqslant 0 \vdash 2gv \leqslant -2v(-g + rv^2)}{} \\
[:=] \dfrac{g > 0 \wedge r \geqslant 0, x \geqslant 0 \wedge v \leqslant 0 \vdash [x':=v][v':=-g+rv^2]\, 2gx' \leqslant -2vv'}{} \\
\text{dI} \; \overline{g > 0 \wedge r \geqslant 0, 2gx \leqslant 2gH - v^2 \vdash [x' = v, v' = -g + rv^2 \, \& \, x \geqslant 0 \wedge v \leqslant 0]\, 2gx \leqslant 2gH - v^2}
\end{array}
$$

在做了这些准备之后，证明式(11.8)剩下的部分差不多就是检查式(11.9)是否也是循环不变式。不过，上述两个相继式证明实际上并没有完全证明式(11.9)是微分不变式，而只是证明了其左合取项 $2gx \leqslant 2gH - v^2$ 是微分不变式。能够加上右合取项 $x \geqslant 0$ 并且证明它是一个微分不变式吗？

　　并不能，因为规则 dI 将得到 $[x':=v](x' \geqslant 0) \equiv v \geqslant 0$，这对于弹跳球(除了模式 $x \geqslant 0 \wedge v \geqslant 0$ 之外)显然并不会一直为真。然而，使用微分切割并且证明上述左合取项是微分不变式之后(在下面的证明中省略了对该证明的使用，并以 ◁ 标记)，以 dW 作微分弱化的论证很容易证明，演化域约束的相关部分 $x \geqslant 0$ 在微分方程后始终成立：

$$
\begin{array}{l}
\text{id} \; \dfrac{\qquad\qquad\qquad\qquad * \qquad\qquad\qquad\qquad}{x \geqslant 0 \wedge v \leqslant 0 \wedge 2gx \leqslant 2gH - v^2 \vdash 2gx \leqslant 2gH - v^2 \wedge x \geqslant 0} \\
\text{dW} \dfrac{\triangleleft \; 2gx \leqslant 2gH - v^2 \vdash [x' = v, v' = -g + rv^2 \, \& \, x \geqslant 0 \wedge v \leqslant 0 \wedge 2gx \leqslant 2gH - v^2]\,(2gx \leqslant 2gH - v^2 \wedge x \geqslant 0)}{\text{dC} \;\; .. \, 2gx \leqslant 2gH - v^2 \vdash [x' = v, v' = -g + rv^2 \, \& \, x \geqslant 0 \wedge v \leqslant 0]\,(2gx \leqslant 2gH - v^2 \wedge x \geqslant 0)}
\end{array}
$$

根据这些片段，现在还要做的是证明式(11.9)是式(11.8)的循环不变式。这个证明不用缩写的话在一页纸上写不下：

$$A_{x,v} \stackrel{\text{def}}{\equiv} x \leqslant H \wedge v = 0 \wedge x \geqslant 0 \wedge g > 0 \wedge 1 \geqslant c \geqslant 0 \wedge r \geqslant 0$$

$$B_{x,v} \stackrel{\text{def}}{\equiv} 0 \leqslant x \wedge x \leqslant H$$

$$x'' \& v \geqslant 0 \stackrel{\text{def}}{\equiv} \{x' = v, v' = -g - rv^2 \& x \geqslant 0 \wedge v \geqslant 0\}$$

$$x'' \& v \leqslant 0 \stackrel{\text{def}}{\equiv} \{x' = v, v' = -g + rv^2 \& x \geqslant 0 \wedge v \leqslant 0\}$$

$$J_{x,v} \stackrel{\text{def}}{\equiv} 2gx \leqslant 2gH - v^2 \wedge x \geqslant 0$$

$$\cfrac{A_{x,v} \vdash J_{x,v} \quad \cfrac{\cfrac{J_{x,v} \vdash [\text{if}(x=0)\, v := -cv]J_{x,v} \quad \cfrac{\cfrac{J_{x,v} \vdash [x'' \& v \geqslant 0]J_{x,v} \quad J_{x,v} \vdash [x'' \& v \leqslant 0]J_{x,v}}{J_{x,v} \vdash [x'' \& v \geqslant 0]J_{x,v} \wedge [x'' \& v \leqslant 0]J_{x,v}}\wedge\text{R}}{J_{x,v} \vdash [x'' \& v \geqslant 0 \cup x'' \& v \leqslant 0]J_{x,v}}[\cup]}{\cfrac{J_{x,v} \vdash [\text{if}(x=0)\, v := -cv][x'' \& v \geqslant 0 \cup x'' \& v \leqslant 0]J_{x,v}}{J_{x,v} \vdash [\text{if}(x=0)\, v := -cv; (x'' \& v \geqslant 0 \cup x'' \& v \leqslant 0)]J_{x,v}}[;]}\text{MR}\quad J_{x,v} \vdash B_{x,v}}{A_{x,v} \vdash [(\text{if}(x=0)\, v := -cv; (x'' \& v \geqslant 0 \cup x'' \& v \leqslant 0))^*]B_{x,v}}\text{loop}$$

通过简单算术并利用 $g > 0 \wedge v^2 \geqslant 0$ 可以证明第一个前提和最后一个前提。第三个前提和第四个前提已经在上面通过微分切割随后用微分不变式和微分弱化证明了。这样只剩下第二个前提要考虑了，它的证明如下：

$$\cfrac{\cfrac{\cfrac{\cfrac{\cfrac{J_{x,v}, x = 0 \vdash J_{x,-cv}}{J_{x,v}, x = 0 \vdash [v := -cv]J_{x,v}}[:=]}{J_{x,v} \vdash x = 0 \to [v := -cv]J_{x,v}}\to\text{R}}{J_{x,v} \vdash [?x = 0][v := -cv]J_{x,v}}[?]}{J_{x,v} \vdash [?x = 0; v := -cv]J_{x,v}}[;] \quad \cfrac{\cfrac{\cfrac{\cfrac{\;*\;}{J_{x,v}, x \neq 0 \vdash J_{x,v}}\text{id}}{J_{x,v} \vdash x \neq 0 \to J_{x,v}}\to\text{R}}{J_{x,v} \vdash [?x \neq 0]J_{x,v}}[?]}{}}{\cfrac{J_{x,v} \vdash [?x = 0; v := -cv]J_{x,v} \wedge [?x \neq 0]J_{x,v}}{\cfrac{J_{x,v} \vdash [?x = 0; v := -cv \cup ?x \neq 0]J_{x,v}}{J_{x,v} \vdash [\text{if}(x=0)\, v := -cv]J_{x,v}}[\cup]}}\wedge\text{R}$$

这个相继式证明首先用习题 5.15 中的公理展开 if()，因为 if(Q)α 是 ?Q;$\alpha \cup$?$\neg Q$ 的缩写。得到的右前提很容易用公理证明（程序执行的相应部分没有改变状态），而左前提是通过算术证明，因为由 $1 \geqslant c \geqslant 0$ 可得 $2gH - v^2 \leqslant 2gH - (-cv)^2$。这就完成了对 dL 公式(11.8)表示的空气动力弹跳球安全性的相继式证明。这是相当简练的！

命题 11.2(空气动力球 Quantum 是安全的) 以下 dL 公式是永真的：

$$x \leqslant H \wedge v = 0 \wedge x \geqslant 0 \wedge g > 0 \wedge 1 \geqslant c \geqslant 0 \wedge r \geqslant 0 \to$$
$$[(\text{if}(x=0)v := -cv;$$
$$(\{x' = v, v' = -g - rv^2 \& x \geqslant 0 \wedge v \geqslant 0\} \cup \{x' = v, v' = -g + rv^2 \& x \geqslant 0 \wedge v \leqslant 0\}))^*$$
$$](0 \leqslant x \leqslant H)$$

是时候让新升级的空气动力恐高弹跳球注意到它(可证明是安全的)模型中的微妙之处了。在建立模型(式(11.8))时，弹跳球单纯地将微分方程(11.7)拆分为两种模式，一种是 $v \geqslant 0$，一种是 $v \leqslant 0$。这个看似无害的步骤需要的考虑比当时小弹跳球所做的更多。当然，原则上单个微分方程(11.7)在单次连续演化过程中可以在速度 $v \geqslant 0$ 和 $v \leqslant 0$ 之间切换任意次数。然而，当从模式 $v \geqslant 0$ 切换到模式 $v \leqslant 0$ 或者切换回来时，对模式作了拆分的式(11.8)的 HP 将强制运行地面控制器 if($x=0$)$v := -cv$。当球在上升过程中，由于重力作用球再下落时，运行地面控制器不会有什么后果，因为触发条件 $x = 0$ 无论如何都不会成立，除非球在开始时真的就没有多少能量($x = v = 0$)。但在下降过程中，触发条件很可能为真,也就是说,此时球正在地面上并且刚好反弹。然而在这种情况下,对于原系统,演化域约束 $x \geq 0$ 不管怎样会迫使地面控制器做动作。

因此在这个特定的模型中,系统实际上不能在两种模式之间过于频繁地来回切换;即便如此,理解如何正确拆分模式也是很重要的,因为这对于其他系统来说至关重要。为了让这个小弹跳球以系统的方式变成空气动力球,需要将一个额外的微型循环添加到这两个微分方程中,这样系统就可以重复切换模式而不涉及离散地面控制器的任何动作。这得出了下面包含系统性模式拆分的 dL 公式,用同样的方法就可以证明它是安全的(见习题 11.7):

$$x \leq H \wedge v = 0 \wedge x \geq 0 \wedge g > 0 \wedge 1 \geq c \geq 0 \wedge r \geq 0 \rightarrow$$

$$[(\text{if}(x=0)v := -cv;$$

$$(\{x'=v, v'=-g-rv^2 \& x \geq 0 \wedge v \geq 0\} \bigcup \{x'=v, v'=-g+rv^2 \& x \geq 0 \wedge v \leq 0\})^*)^*$$

$$](0 \leq x \leq H) \tag{11.10}$$

357

习题

11.1   由于 ω 在下面的 dL 公式中没有变化,因此在微分不变式(规则 dI)的归纳步骤中,能够可靠地保留它的假设 $\omega \geq 0$:

$$\omega \geq 0 \wedge x = 0 \wedge y = 3 \rightarrow [x'=y, y'=-\omega^2 x - 2\omega y]\omega^2 x^2 + y^2 \leq 9$$

给出相应的 dL 相继式演算证明。如果不在上下文中保留有关常量的假设,证明如何改变?

11.2   **(微分不变式练习)**   根据需要使用微分不变式、微分切割和微分弱化证明以下公式:

$$xy^2 + x \geq 7 \rightarrow [x'=-2xy, y'=1+y^2]xy^2 + x \geq 7$$

$$x \geq 1 \vee x^3 \geq 8 \rightarrow [x'=x^4 + x^2](x \geq 1 \vee x^3 \geq 8)$$

$$x - x^2 y \geq 2 \wedge y \neq 5 \rightarrow [x'=-x^2, y'=-1+2xy]x - x^2 y \geq 2$$

$$x \geq 2 \wedge y \geq 22 \rightarrow [x'=4x^2, y'=x+y^4]y \geq 22$$

$$x \geq 2 \wedge y = 1 \rightarrow [x'=x^2 y + x^4, y'=y^2 + 1]x^3 \geq 1$$

$$x = -1 \wedge y = 1 \rightarrow [x'=-6x^2 + 6xy^2, y'=12xy - 2y^3]-2xy^3 + 6x^2 y \geq 0$$

$$x \geq 2 \wedge y = 1 \rightarrow [x'=x^2 y^3 + x^4 y, y'=y^2 + 2y + 1]x^3 \geq 8$$

$$x = 1 \wedge y = 2 \wedge z \geq 8 \rightarrow [x'=x^2, y'=4x, z'=5y]z \geq 8$$

$$x^3 - 4xy \geq 99 \rightarrow [x'=4x, y'=3x^2 - 4y]x^3 - 4xy \geq 99$$

11.3   **(错误的微分弱化)**   证明微分弱化规则 dW 的以下变体是不可靠的:

$$\frac{\Gamma, Q \vdash P, \Delta}{\Gamma \vdash [x'=f(x) \& Q]P, \Delta}$$

11.4   **(强不等式的弱微分)**   证明以下两个可选定义都得出可靠的微分不变式证明规则:

$$(e < k)' \equiv ((e)' < (k)')$$

$$(e < k)' \equiv ((e)' \leq (k)')$$

11.5   **(不等式)**   我们已经定义了

$$(e \neq k)' \equiv ((e)' = (k)')$$

假如你删除了这个定义,使得你不再能对涉及 $\neq$ 的公式使用微分不变式证明规则。尽管如此,你能得出一个证明规则来证明这种微分不变式吗?如果能,怎么做?如果不能,为什么不能呢?

358

11.6   证明 dL 公式(11.5),首先以 $\omega(x-1) = -w$ 做一次微分切割,然后继续以 $\omega(y-2) = v$ 做一次微分切割,最后用两者证明原来的后置条件。将这个证明与 11.8 节中的证明进行比较。

11.7　**（空气动力弹跳球）**　空气动力弹跳球模型悄悄地强制假设：如果不首先执行地面控制，则不可能发生模式切换。即使这对于弹跳球来说不是问题，不管怎样请证明更一般的公式（11.10），它的额外循环允许更多的模式切换。将得到的证明与式（11.8）的相继式证明进行比较。

11.8　**（泛化）**　5.6.4 节解释了如何通过单调性规则 M[·] 将 dL 公式 $[x:=1;x'=x^2+2x^4]x^3 \geqslant x^2$ 的证明简化为证明 $[x:=1;x'=x^2+2x^4]x \geqslant 1$。在 dL 演算中证明这两个公式。能不能使用规则 dI 直接证明第一个公式，而不用首先将其泛化到第二个公式的证明？

11.9　**（假设初始域的微分不变式）**　微分方程的证明规则至少可以假设演化域约束 Q，因为系统不会在它之外演化。如下 dI 的稍强公式描述假设 Q 最初成立，证明它的可靠性：

$$\frac{\Gamma, Q \vdash F, \Delta \quad Q \vdash [x':=f(x)](F)'}{\Gamma \vdash [x'=f(x) \& Q]F, \Delta}$$

11.10　**（逻辑常数的微分）**　证明以下定义对于微分不变式证明规则是可靠的：

$$(\texttt{true})' \equiv \texttt{true}$$
$$(\texttt{false})' \equiv \texttt{true}$$

在 $A \to \neg Q$ 可证明（即系统最初在演化域约束 Q 之外开始）的情况下，展示如何用它们证明公式

$$A \to [x'=f(x) \& Q]B$$

你能从公式 true 和 false 的算术定义推导出上面两个定义吗？

11.11　**（躲闪的机器人）**　找出微分切割和微分项来证明习题 3.9 中躲闪的机器人的控制模型。

11.12　**（不用解公理模式的解决方法）**　用微分切割、微分不变式、微分弱化而不用解公理模式 $[']$ 证明下面的公式。

$$x=6 \wedge v \geqslant 2 \wedge a=1 \to [x'=v, v'=a]x \geqslant 5$$

拿一张大纸，然后以类似的方式证明

$$x=6 \wedge v \geqslant 2 \wedge a=1 \wedge j \geqslant 0 \to [x'=v, v'=a, a'=j]x \geqslant 5$$

参考文献

[1]　Jorge Cortés. Discontinuous dynamical systems: a tutorial on solutions, non-smooth analysis, and stability. *IEEE Contr. Syst. Mag.* **28**(3) (2008), 36–73.

[2]　Khalil Ghorbal and André Platzer. Characterizing algebraic invariants by differential radical invariants. In: *TACAS*. Ed. by Erika Ábrahám and Klaus Havelund. Vol. 8413. LNCS. Berlin: Springer, 2014, 279–294. DOI: 10.1007/978-3-642-54862-8_19.

[3]　Khalil Ghorbal, Andrew Sogokon, and André Platzer. Invariance of conjunctions of polynomial equalities for algebraic differential equations. In: *SAS*. Ed. by Markus Müller-Olm and Helmut Seidl. Vol. 8723. LNCS. Berlin: Springer, 2014, 151–167. DOI: 10.1007/978-3-319-10936-7_10.

[4]　André Platzer. Differential Dynamic Logics: Automated Theorem Proving for Hybrid Systems. PhD thesis. Department of Computing Science, University of Oldenburg, 2008.

[5]　André Platzer. Differential-algebraic dynamic logic for differential-algebraic programs. *J. Log. Comput.* **20**(1) (2010), 309–352. DOI: 10.1093/logcom/exn070.

[6]　André Platzer. *Logical Analysis of Hybrid Systems: Proving Theorems for Complex Dynamics*. Heidelberg: Springer, 2010. DOI: 10.1007/978-3-642-14509-4.

[7]   André Platzer. Quantified differential invariants. In: *HSCC*. Ed. by Marco Caccamo, Emilio Frazzoli, and Radu Grosu. New York: ACM, 2011, 63–72. DOI: 10.1145/1967701.1967713.

[8]   André Platzer. A differential operator approach to equational differential invariants. In: *ITP*. Ed. by Lennart Beringer and Amy Felty. Vol. 7406. LNCS. Berlin: Springer, 2012, 28–48. DOI: 10.1007/978-3-642-32347-8_3.

[9]   André Platzer. Logics of dynamical systems. In: *LICS*. Los Alamitos: IEEE, 2012, 13–24. DOI: 10.1109/LICS.2012.13.

[10] André Platzer. The complete proof theory of hybrid systems. In: *LICS*. Los Alamitos: IEEE, 2012, 541–550. DOI: 10.1109/LICS.2012.64.

[11] André Platzer. The structure of differential invariants and differential cut elimination. *Log. Meth. Comput. Sci.* **8**(4:16) (2012), 1–38. DOI: 10.2168/LMCS-8(4:16)2012.

[12] André Platzer. A complete uniform substitution calculus for differential dynamic logic. *J. Autom. Reas.* **59**(2) (2017), 219–265. DOI: 10.1007/s10817-016-9385-1.

[13] André Platzer and Edmund M. Clarke. Computing differential invariants of hybrid systems as fixedpoints. In: *CAV*. Ed. by Aarti Gupta and Sharad Malik. Vol. 5123. LNCS. Springer, 2008, 176–189. DOI: 10.1007/978-3-540-70545-1_17.

[14] André Platzer and Edmund M. Clarke. Computing differential invariants of hybrid systems as fixedpoints. *Form. Methods Syst. Des.* **35**(1) (2009). Special issue for selected papers from CAV'08, 98–120. DOI: 10.1007/s10703-009-0079-8.

幽灵与微分幽灵

概要 本章开发微分方程的另一种基本推理技术，描述附加辅助变量(称为幽灵)在信息物理系统的建模和推理中有点出人意料的用途。**离散幽灵**是为了分析模型而以赋值语句引入到证明(或模型)中的额外变量。**微分幽灵**是为了分析系统而以一个形式相当随意的虚构微分方程添加到系统动态中的额外变量。最初听起来，引入微分幽灵变量可能会适得其反，因为它增加了系统的维度，但进一步审视之后，最终发现这对证明是有用的，因为有了微分幽灵变量提供的附加量的(任意选择的)连续演化，系统相对于此的行为就变得可以理解了。通过巧妙选择微分幽灵的新微分方程，理解原变量的演化可能变得更容易，因为还可以关联其他的信息。微分幽灵在我们对微分方程的理解上起的重要作用相当令人吃惊，它甚至能够解释微分方程的解可以如何作为常规微分不变式证明的一部分。

12.1 引言

第 10 章和第 11 章为我们装备了强大的工具，用于证明微分方程的性质，而无需对它们求解。微分不变式(dI)[3,6]通过基于微分方程右侧的归纳法证明微分方程的性质，而不是采用更为复杂的全局解。微分切割(dC)[3,6]使得可以首先证明微分方程的另一个性质 C，然后改变系统的动态，限制它永远不离开区域 C，因此从那以后 C 就可以作为对系统的假设。微分切割是一个基本的证明原理，它可以让不是不变式的归纳性质成为不变式[6]。做到这一点的方法是，在证明了性质的不变性之后，用它可靠地改变演化域约束。

然而，即使借助于微分切割也不能证明微分方程所有为真的性质[6]。还有另一种方法可以变换系统的动态，从而可以完成之前不可能的新证明[6]。这种变换使用微分幽灵[6,8]来可靠地改变微分方程本身，而不是像微分切割一样只是改变它们的演化域约束。当然，修改微分方程会比修改演化域(在第 11 章中我们知道如何可靠地修改演化域之前)更让我们对可靠性感到紧张。

微分幽灵是单单为了证明而引入到微分方程组中的额外变量。它们的存在只是为了分析，这就是它们阴森森的名字"幽灵"的由来。幽灵(或辅助量)指的是在现实中并不存在的模型的特性，它们只是为了分析模型而引入的。幽灵并不是真的存在于实际系统中，创造它们只是为了让故事更引人关注，或者更确切地说，是为了让证明的确定性更强。

实际上，当幽灵变量完全是只通过离散赋值改变的离散变量时，它也可能对证明有用，在这种情况下它们被称为离散幽灵。这样的离散幽灵用于记住执行期间的中间状态，从而可以将变量的新值与存储在离散幽灵中的旧值关联起来进行证明。这为什么会有用呢？因为有时候分析一个变量的变化比分析变量的值本身更容易。在这种情况下，如果变量的值一开始大于 10，那么相比于直接证明变量的值始终保持在 10 以上，更容易证明的是与离散幽灵相比它的值将增加，因而保持大于 10。

离散幽灵和微分幽灵有着类似的直观目的：它们记住中间状态值，从而可以分析中间状态值与最终状态值之间的关系。不同之处在于，微分幽灵也会沿着它们自己特殊的微分方程随意地连续更新它们的值，如果该微分方程选择得巧妙得当，这会让证明变得特别容易。离散幽灵只在它们自己的瞬时离散赋值语句中接收赋值，但在微分方程中保持为常数。幽灵为证明提供了一种方式来说明现在已经改变了的状态过去是怎样的。将幽灵状态引入系统的原因有很多，本章将对此进行研究。

引入微分幽灵一个直观的动机是为了证明随时间推移而变得不那么真的性质，而这些性质仅用微分不变性技术无法得到证明，因为微分不变式证明的是随着时间推移变得越来越真的性质（或者至少不会更不真）。如果诸如 $x > 0$ 的后置条件因为 x 的值在不断减小，它随着时间变得越来越不为真，但它减小的速率也在减小，那么它的值仍然可能一直大于0，这取决于它在极限中的渐近行为。在这种情况下，引入一个新的微分幽灵是很有用的，它的值应与 x 相对于当前值的变化有关。一个选择特别巧妙的微分幽灵可以作为对原始后置条件真值变化的一种平衡，并在真假值的变化速率随时间变化时作为一个（不停演化的）参考点。在能量损失或能量增益的系统中，经常需要类似的微分幽灵来捕捉能量的变化。在文献[6，8]中记录了微分幽灵的技术细节。

本章最重要的学习目标如下所示。

建模与控制：本章对 CPS 的建模和控制没有太大的影响，毕竟幽灵和微分幽灵的全部意义在于它们只是为了证明而添加的。但是，最初在原始模型中添加这种幽灵和微分幽灵变量有时仍然是有帮助的。将模型和控制器中的这些额外变量标记为幽灵变量是一种很好的风格，这样可以保留一个事实，即除了监控目的之外，它们不需要包含在系统最终可执行文件中。

计算思维：本章利用计算思维原理对 CPS 模型进行严格的推理，方法是分析额外的维度如何简化对低维度系统的推理或让这种推理成为可能。从状态空间的角度来看，额外维度是一个糟糕的想法，因为诸如网格空间上点的数量随着维度的数量呈指数增长（维数灾难）。然而，从推理的角度来看，本章的重要见解是额外的状态变量有时会有助于推理，甚至让不可能的推理成为可能[6]。额外的幽灵状态可能有助于推理的一种直观理解是，它可以用来消耗给定耗散系统泄漏的能量（类似于推测暗物质存在的原因）或产生给定系统模型消耗的能量。那么，添加这样的额外幽灵状态使得可以得到不变式来描述同时涉及原状态和幽灵状态的广义能量常数，而这仅用原状态是不可能做到的。也就是说，幽灵状态可能引出新的能量不变式。本章继续将重要的逻辑现象从离散系统推广到连续系统。本章中所开发的验证技术对于验证某些具有较大规模和技术复杂性的 CPS 模型是至关重要的，但不是对所有 CPS 模型都是必需的。本章的第二个目标是发展对微分不变式和微分切割更直观和更深入的理解。

CPS 技能：本章的重点是关于 CPS 模型的推理，但是通过引入状态与额外幽灵状态的关系这一概念，它对发展 CPS 中操作效果的更好直觉有间接影响。对这种关系的良好把握大大有助于对 CPS 动态的直观理解。原因在于幽灵和微分幽灵将引出额外的不变式，这些不变式能够给出更强的陈述阐明 CPS 演化时我们可以依赖的性质。它们还可以对某个量随着时间的变化与另一个辅助量的变化如何关联给出关系论证。

关于ODE的严格推理
为了额外不变式的额外维度
减小高维数
额外状态使推理成为可能
创造暗能量
微分不变式的直观理解
状态与证明
验证成规模的CPS模型

不存在：幽灵仅用于证明
在模型中标记幽灵
模型的语法
ODE的解

CT

状态关系
额外的幽灵状态
CPS语义

M&C　　　CPS

12.2　简要回顾

回想一下第 11 章中微分方程的微分不变式(dI)、微分弱化(dW)和微分切割(dC)证明规则。

注解 63(微分方程的证明规则)

$$\text{dI}\ \frac{Q\vdash[x':=f(x)](F)'}{F\vdash[x'=f(x)\,\&\,Q]F}\qquad\qquad\text{dW}\ \frac{Q\vdash P}{\Gamma\vdash[x'=f(x)\,\&\,Q]P\,,\Delta}$$

$$\text{dC}\ \frac{\Gamma\vdash[x'=f(x)\,\&\,Q]C\,,\Delta\qquad\Gamma\vdash[x'=f(x)\,\&\,(Q\wedge C)]P\,,\Delta}{\Gamma\vdash[x'=f(x)\,\&\,Q]P\,,\Delta}$$

12.3　幽灵变量的逐步介绍

本节将逐步介绍各种形式的幽灵变量。重点是直观理解幽灵变量的好处以及它们如何帮助我们进行证明。

12.3.1　离散幽灵

添加幽灵变量的离散方式是在证明中引入一个新的幽灵变量 y，该变量可以记住任意项 e 的值，以供日后使用。这在证明中是有用的，这样可以以后用名称 y 在证明中回忆 e 的值，尤其是 e 的值在剩下模态中的 HP α 执行期间有后续变化时。这样的离散幽灵 y 使得可以将该混成程序 α 运行之前和之后的 e 值相关联。

引理 12.1(离散幽灵规则 iG)　以下是引入辅助变量或(离散)幽灵变量 y 的可靠证明规则：

$$\text{iG}\ \frac{\Gamma\vdash[y:=e]p\,,\Delta}{\Gamma\vdash p\,,\Delta}\qquad(y\ \text{为新变量})$$

证明　规则 iG 推导自第 5 章中的赋值公理[:=]，后者证明了

$$p\leftrightarrow[y:=e]p$$

原因是新的变量 y 不出现在 p 中(这里可以认为 p 是一个零元谓词符号，这就是为什么我们将它写成小写字母，这种惯例遵循的原则将在第 18 章中探讨)。 ∎

离散幽灵规则 iG 直接由赋值公理[:=]推导可得，因为它只是向后应用公理[:=]来引入之前不存在的幽灵变量 y。这个例子利用了等价式公理可向前也可向后使用的灵活性。当然，重要的是在证明中保持向前的势头，而不将赋值公理[:=]应用于 iG 的前提，否则将让精心构思出来的离散幽灵 y 再次消失：

$$\begin{array}{c}{}_{[:=]}\dfrac{\Gamma\vdash p\,,\Delta}{\dfrac{\Gamma\vdash[y:=e]p\,,\Delta}{\ _{\text{iG}}\ \Gamma\vdash p\,,\Delta}}\end{array}$$

"让幽灵消失"对于钟馗来说是一个伟大的目标，但根本不会让证明尝试富有成效。如果真的打算消除离散幽灵，那么我们首先就不应该以规则 iG 来引入它。注意，离散幽灵规则只是向后赋值公理的花名，因此是可靠的；下一个问题是它可能有什么好处。

在规则 iG 中，当公式 p 包含改变 e 中变量的模态时，离散幽灵的意义很大，因为这样 y 就能记住 e 在该变化之前的值。例如，

$$\text{iG}\ \frac{xy\geqslant 2\vdash[c:=xy][x'=x\,,y'=-y]xy\geqslant 2}{xy\geqslant 2\vdash[x'=x\,,y'=-y]xy\geqslant 2}$$

该证明用离散幽灵变量 c 记忆了感兴趣的项 xy 在微分方程开始之前所具有的值。如何完成该证明还不太明确，原因是新变量 c 的全部意义在于它不会在其他地方出现[⊖]，所以使用赋值公理 $[:=]$ 替换掉 c 将撤销规则 iG 令人愉快的效果。证明取得进展的唯一方法是对非顶层的微分方程应用证明规则。我们或者可以就把赋值放在一边而直接对后置条件使用公理，或者可以先用如下的派生证明规则把赋值变成一个等式。

引理 6.5(等式赋值规则 $[:=]_=$)　如下规则为派生规则：

$$[:=]_= \frac{\Gamma, y = e \vdash p(y), \Delta}{\Gamma \vdash [x := e] p(x), \Delta} \quad (y \text{ 为新变量})$$

根据该规则，我们可以继续进行证明，就好像什么都没发生：

$$
\begin{array}{rl}
\mathbb{R} & \dfrac{\qquad\qquad * \qquad\qquad}{\vdash 0 = xy + x(-y)} \\[2mm]
[:=] & \overline{\vdash [x' := x][y' := -y] 0 = x'y + xy'} \\[2mm]
\mathrm{dI} & \overline{xy \geqslant 2, c = xy \vdash [x' = x, y' = -y] c = xy} \qquad\qquad \triangleright \\[2mm]
\mathrm{MR} & \overline{xy \geqslant 2, c = xy \vdash [x' = x, y' = -y] xy \geqslant 2} \\[2mm]
[:=]_= & \overline{\qquad xy \geqslant 2 \vdash [c := xy][x' = x, y' = -y] xy \geqslant 2 \qquad} \\[2mm]
\mathrm{iG} & \overline{\qquad xy \geqslant 2 \vdash [x' = x, y' = -y] xy \geqslant 2 \qquad}
\end{array}
$$

泛化步骤 MR 引出了被省略的第二个前提(用 ▷ 标记)，这个前提可以用诸如空虚公理 V 证明，因为根据前件离散幽灵变量 c 开始时不小于 2，且在微分方程中从不改变它的值。这个特定的性质直接证明也很容易，但是离散幽灵证明技术比这个示例具有更普遍的意义。下一节将给出此类示例的一个常见来源。

请注意，甚至 4.5 节中弹跳球模型的初始高度 H 也可以被认为是一个离散幽灵，它的目的是开始时通过 $H := x$ 来记住初始高度。它不是一个纯粹的离散幽灵的唯一原因是它也用于后置条件，所以没有 H 就无法表述安全性猜想。变量 H 是性质的一部分，而不仅仅是证明的一部分。

12.3.2　用"偷偷摸摸"的解证明弹跳球

回想一下第 7 章弹跳球证明中下落球的 dL 公式：

$$2gx = 2gH - v^2 \land x \geqslant 0 \rightarrow [\{x' = v, v' = -g \,\&\, x \geqslant 0\}](2gx = 2gH - v^2 \land x \geqslant 0) \tag{11.6*}$$

这个公式已经证明了两次：一次在第 7 章中使用解公理模式 $[']$，一次在 11.10 节中使用微分不变式与微分弱化的混合，因为在第 4 章中后置条件已被巧妙地构造为弹跳球的不变式。

能想出巧妙的办法总是好的！但是有系统性并开发一个丰富的技术工具箱来证明微分方程的性质也会有很好的回报。如果没有这样一个特殊而巧妙的不变式可以立即用作微分不变式，还有办法证明式(11.6)吗？是的，当然有，因为式(11.6)甚至可以用解公理 $[']$来证明。如今到底要给出公式的多少个证明，我们才会停止呢？

好吧，当然每个公式只需证明一次就可以从此开心地一直保持永真。但事实证明，当

⊖　这种可能令人惊讶的现象也会发生在其他幽灵上，因为幽灵的全部意义在于计算原始模型和性质不依赖的某种信息。形式足够复杂的死码消除可以去掉幽灵，这将对证明产生不利作用。事实上，编译器的死码消除和证明中的幽灵是相同的现象，只是方向相反，因为从下到上应用离散幽灵规则 iG 起的作用是引入一个为死码的变量，而不是消除它。

我们试图系统地理解如何不使用公理[′]而仍然使用基于解的论证来得到一个证明时,有趣的事情就发生了。你能想出一种无须实际调用解公理[′]而利用微分方程解的方法吗?

在你继续阅读之前,看看你是否能自己找到答案。

微分方程的解沿着微分方程应该是不变式,因为它描述了在遵循微分方程时始终成立的恒等式。根据式(11.6),球在重力作用下下落的解是

$$x(t) = x + vt - \frac{g}{2}t^2$$
$$v(t) = v - gt$$

其中 x 表示初始位置,v 表示初始速度,而 $x(t)$ 和 $v(t)$ 分别表示持续时间为 t 后的位置和速度。现在,唯一的麻烦是这些等式不可能直接用作微分不变式,因为在我们迄今所考虑的语言中甚至不允许使用 $x(t)$。⊖ 在微分方程之后,位置的名称就是 x 而速度的名称就是 v。显然,$v = v - gt$ 不是一个随着时间的推移而非常有意义的等式,因此我们需要以某种方式为微分方程之前位置最初的旧值确定一个新名称,对旧的速度同样如此。这得出下面对解的重新表述,其中 x 和 v 表示在微分方程之后时刻 t 的变量,x_0 和 v_0 表示之前的变量:

$$x = x_0 + v_0 t - \frac{g}{2}t^2$$
$$v = v_0 - gt \tag{12.1}$$

这些等式都是合理的公式,可以用微分切割 dC 在式(11.6)中切割,但这种方法仍然存在一些微妙的地方。

[369]

在你继续阅读之前,看看你是否能自己找到答案。

即使我们说过 v_0 意在指向微分方程之前速度的初值,但证明是无法知道这一点的,除非我们做些什么。特别地,证明失败的原因是得到的算术并不对 x_0 和 v_0 所有的值都成立。幸运的是,有一个完美的证明规则适合这项任务,就好像它是为这项任务而生的一样。在处理微分方程之前,证明规则 iG 可以引入离散幽灵 x_0,用这个新的离散幽灵变量 x_0 记住 x 的初始值以供后续参考。并且,可以再次使用规则 iG 在离散幽灵 v_0 中记住 v 的初始值。在这之后,变量 x_0 和 v_0 实际上是 ODE 之前的 x 和 v 的初始值。

现在证明已经有办法指向初始值,下一个问题是究竟如何用微分切割 dC 将解(12.1)切割到微分方程中。也许最直接的建议是以式(12.1)中两个等式的合取使用规则 dC,从而让解尽可能快地进入系统。然而,这不成功,因为 $x = x_0 + v_0 - \frac{g}{2}t^2$ 是 $x' = v$ 的正确解的先决条件是我们证实 $v = v_0 - gt$ 是 $v' = -g$ 的正确解,因为 x 依赖于 v。

回顾一下,微分切割的这个顺序是有道理的,因为微分方程 $x' = v$,$v' = -g$ 显式地表明 x 的变化取决于 v,v 的变化又取决于 g,而 g 保持不变。因此,我们首先需要用微分切割传达 v 的行为,然后才能继续研究 x 的行为,毕竟它依赖于 v。

现在,我们准备好了不使用公理模式[′]而以解进行证明。为了防止我们不小心聪明过头,还是像 11.10 节那样利用纯粹的微分不变性原理,我们会假装不知道前置和后置条

⊖ 像 $x(t)$ 这样对函数符号的应用将在第 18 章中正式纳入 dL,但这不会改变我们将要考虑的问题。

件具体是什么，而只称呼它们为 A 和 $B(x,v)$。当然，我们需要一个时间变量 $t'=1$ 才能把一个随时间变化的解写出来。考虑 dL 公式（11.6）的如下公式描述：

$$A \vdash [\{x'=v, v'=-g, t'=1 \& x \geqslant 0\}]B(x,v)$$

$$其中 \quad A \overset{\text{def}}{\equiv} 2gx = 2gH - v^2 \wedge x \geqslant 0$$

$$B(x,v) \overset{\text{def}}{\equiv} 2gx = 2gH - v^2 \wedge x \geqslant 0 \tag{12.2}$$

$$\{x''=-g, t'=1\} \overset{\text{def}}{\equiv} \{x'=v, v'=-g, t'=1\}$$

证明首先引入一个离散幽灵 v_0 来记住弹跳球的初始速度，然后将解 $v=v_0-tg$ 微分切割到系统中并证明它是微分不变式：

请注意微分不变式规则 dI 是如何让相继式上下文 A 和赋值语句 $[v_0:=v]$ 消失的，这对可靠性很重要，因为它们都只在初始状态下成立。如果我们以规则 $[:=]_=$ 将赋值 $v_0:=v$ 转换为等式 $v_0=v$，那么就特别容易看出这两者都会受到影响。此外，$[v_0:=v]$ 必须从归纳步骤中消失：如果 v_0 是 v 的初始值，那么当球沿 $v'=-g$ 下落时，v_0 不会一直等于 v。

上面证明的左前提可以用平凡的算术（规则 $\mathbb{R}$）证明。上面证明的右前提证明如下：先以 iG 引入另一个离散幽灵 x_0 来记住初始位置，以便在解中引用。然后可以用 dC 将解 $x = x_0 + v_0 t - \frac{g}{2}t^2$ 微分切割到系统中，并以新的演化域 $v=v_0-tg$ 用 dI 证明它是微分不变的：

微分切割证明步骤（dC）使用切割得到的第二个前提在上面省略了（标记为 $\triangleright$），它可以通过微分弱化（dW）直接证明：

将 $B(x,v)$ 展开后，得到的公式可以用实算术证明，但有点绕！首先，这里的算术可以大大简化，方法是利用第 6 章的等式替换规则 $=R$ 将 v 替换为 v_0-tg，将 x 替换为 $x_0 + v_0 t - \frac{g}{2}t^2$，接着使用弱化规则（WL）将它们都去掉。这种简化降低了实算术的计算复杂度：

$$\frac{\vdash 2g(x_0+v_0t-\frac{g}{2}t^2)=2gH-(v_0-tg)^2}{\text{WL}\frac{}{x\geqslant 0\vdash 2g(x_0+v_0t-\frac{g}{2}t^2)=2gH-(v_0-tg)^2}\qquad \text{id}\frac{*}{x\geqslant 0\vdash x\geqslant 0}}$$

$$\wedge\text{R}\frac{}{\begin{array}{c}\text{WL}\frac{x\geqslant 0\vdash 2g(x_0+v_0t-\frac{g}{2}t^2)=2gH-(v_0-tg)^2\wedge x\geqslant 0}{x\geqslant 0,\,v=v_0-tg,\,x=x_0+v_0t-\frac{g}{2}t^2\vdash 2g(x_0+v_0t-\frac{g}{2}t^2)=2gH-(v_0-tg)^2\wedge x\geqslant 0}\\[2pt] =\text{R}\frac{}{x\geqslant 0,\,v=v_0-tg,\,x=x_0+v_0t-\frac{g}{2}t^2\vdash 2gx=2gH-(v_0-tg)^2\wedge x\geqslant 0}\\[2pt] =\text{R}\frac{}{x\geqslant 0,\,v=v_0-tg,\,x=x_0+v_0t-\frac{g}{2}t^2\vdash 2gx=2gH-v^2\wedge x\geqslant 0}\\[2pt] \wedge\text{L}\frac{}{x\geqslant 0\wedge v=v_0-tg\wedge x=x_0+v_0t-\frac{g}{2}t^2\vdash 2gx=2gH-v^2\wedge x\geqslant 0}\end{array}}$$

　　观察这种等式替换和弱化的使用如何在很大程度上简化公式的算术复杂性，这甚至有 [371] 助于立即消掉一个变量(v)。在许多其他情况下，这对于简化算术也很有用。立即消除变量以及应用并隐藏等式都可以简化实算术处理的复杂性。对剩下的左分支中的算术

$$2g\left(x_0+v_0t-\frac{g}{2}t^2\right)=2gH-(v_0-tg)^2$$

将多项式算术展开并消项，如下所示：

$$2g\left(x_0+\cancel{v_0t}-\frac{g}{2}\cancel{t^2}\right)=2gH-v_0^2+\cancel{2v_0tg}+\cancel{t^2g^2}$$

消项得到的算术变简单了，留下的剩余条件为

$$2gx_0=2gH-v_0^2 \tag{12.3}$$

　　实际上，这个关系准确地表征了被证明是最大高度的 H 如何与初始高度 x_0 和初始速度 v_0 相关联。例如，在初始速度 $v_0=0$ 的情况下，式(12.3)化简为 $x_0=H$，即 H 是该情形下的初始高度。因此，证明所得的算术最快的计算方法是首先用微分切割 dC 证明式(12.3)是一个平凡的微分不变式(甚至使用空虚公理 V)，这也完成了对式(11.6)的证明；参见习题 12.3。

　　然而，当我们再梳理一遍所有的证明分支以检查我们是否真的得证时，我们注意到一个细微但明显的疏忽。你也能发现它吗？

　　最左边的第一个分支中用微分不变式 $v=v_0-tg$ 作为最初假设条件，但它实际上是无法证明的。关键在于我们默默地假设 $t=0$ 是新时间变量 t 的初始值，但是我们的证明并没有确实阐明这一点。我的天啊，对于这个疏忽我们能做些什么呢？

在你继续阅读之前，看看你是否能自己找到答案。

　　事实上有多种方法，最优美的方法将在下一节讲解。但是我们可以再次利用刚刚学过的一个功能来讨论时间的变化而不用假设时间 t 从 0 开始。用离散幽灵！即使不知道微分幽灵 t 的初始值，我们也可以简单地使用一个离散幽灵，称之为 t_0 并用它继续证明。这会成功吗？你能用它成功证明吗？或者我们应该着手修改证明来找出答案？

$$\mathbb{R}\frac{*}{x\geqslant 0\vdash -g=-1g}$$

$$[:=]\frac{}{x\geqslant 0\vdash [v':=-g][t':=1]v'=0-(t'-0)g}$$

$$\text{dI}\frac{}{A\vdash [t_0:=t][v_0:=v][x''=-g,t'=1\,\&\,x\geqslant 0]v=v_0-(t-t_0)g\ \triangleright}$$

$$\text{dC}\frac{}{A\vdash [t_0:=t][v_0:=v][x''=-g,t'=1\,\&\,x\geqslant 0]B(x,v)}$$

$$\text{iG}\frac{}{A\vdash [v_0:=v][x''=-g,t'=1\,\&\,x\geqslant 0]B(x,v)}$$

对如下省略的前提(在上面标记为 ▷)，可以类似地继续证明： [372]

$$A\vdash[t_0:=t][v_0:=v][x''=-g,t'=1\,\&\,x\geqslant 0\wedge v=v_0-(t-t_0)g]B(x,v)$$

正如这个证明所展示的，只要我们意识到这需要修改用于微分切割的不变式，一切都像预期的那样进行。用于微分切割的速度的解为 $v = v_0 - (t - t_0) g$，用于后续微分切割的位置的解为 $x = x_0 + v_0 (t - t_0) - \frac{g}{2} (t - t_0)^2$。经过一些思考之后发现，还可以使用记录初始值的离散幽灵来巧妙地确保在时刻 0 作初始化，这显然方便得多。

注解 64(幽灵解) 每当我们想用微分方程的解来证明，而不使用解公理模式 $[']$ 时，可以用离散幽灵记住表达解所需的初始值，接着使用微分切割和后续的微分不变式规则将解作为一个不变式对系统进行切割。棘手的部分是解依赖于时间，而时间可能不是微分方程组的一部分。但是，如果没有时间变量，也只需首先添加一个模仿时间的附加微分方程。

对于弹跳球的情形，这个证明看起来不需要那么复杂，因为可以立即转而使用公理 $[']$。然而，即使这个特别的证明更麻烦，最终算术也几乎是平凡的(注解 62 已经注意到，对于微分不变式证明这一点通常都是成立的)。但是对于更复杂的系统，根据需要添加幽灵变量的相同证明技术可能非常有用。

注解 65(关于幽灵的功用) 根据需要添加幽灵可能对如下的复杂系统很有用，即解不可计算但其中可证明初始(或中间)状态和最终状态之间的其他关系。当微分方程组中只有一部分能得到多项式解时，同样的技术也可以用来将解切割进入系统中。

例如，微分方程组 $v_1' = \omega v_2$，$v_2' = \omega v_1$，$v' = a$，$t' = 1$ 很难处理，因为它的解是非多项式的。不过，这个微分方程的一部分(速度 $v' = a$)很容易求解。然而，解公理 $[']$ 是不适用的，因为不存在整个微分方程组的实算术解($\omega = 0$ 时除外)。尽管如此，在引入合适的离散幽灵后，用 $v' = a$ 的解 $v = v_0 + at$ 作微分切割可以将关于变量 v 随时间变化的精确知识添加到演化域中以供后续使用。

幽灵解法是证明微分方程性质的一种有用的技术，方法是使用先前证明过的解作微分切割，然后在剩余的证明中使用(例如，通过微分弱化)。与解公理模式 $[']$ 不同，幽灵解法也适用于只能对微分方程组的一部分求解的情况，只需将需要的部分解切割进微分方程即可。

12.3.3 时间的微分幽灵

如果回顾一下我们会发现，已经用微分幽灵证明的式(12.2)包含针对时间的微分方程 $t' = 1$，这实际上并不是原公式(11.6)的一部分。这有关系吗？嗯，如果没有时间变量 t，我们甚至无法用有意义的方式写下解(12.1)。但下面的要求看起来是不太合理的，即只有公式最初已经有一个时间的微分方程 $t' = 1$，才能用解作微分切割进行证明。即使 $t' = 1$ 不在原微分方程中，也应该有办法将它添加到问题中。

实际上，再考虑一下的话，如果真的需要，每个微分方程都应该有时间变量。如果我们只是为时间变量添加一个新的微分方程，这实际上并没有改变系统。当然，我们最好确保该变量实际上是新的，而不会意外地重用已经存在的变量。例如，将 $x' = 1$ 塞进下落球的微分方程 $x' = v$，$v' = -g$ 中会严重混淆系统动态，因为 x 根本不能同时遵循 $x' = v$ 和与之矛盾的 $x' = 1$。我们也不能塞进 $g' = 1$ 而不大大影响弹跳球的动态，因为重力系数 g 在 $x' = v$，$v' = -g$ 中应该是一个常量，但突然之间重力系数 g 在 $x' = v$，$v' = -g$，$g' = 1$ 中会随着时间增加。但是如果我们停止犯这些愚蠢的错误，不改变已经存在的动态而只是添加尚未存在的动态，那么添加一个新的时间变量似乎是可以做的事情。

现在，如果想要一种将时间变量添加到微分方程组中的方法，我们可以就为此目的添加一条证明规则。下面的证明规则使得可以为时间添加一个新的微分方程：

$$\frac{\Gamma \vdash [x'=f(x),t'=1 \& Q]P,\Delta}{\Gamma \vdash [x'=f(x) \& Q]P,\Delta} \quad (t\text{ 为新变量}) \tag{12.4}$$

这个证明规则的可靠性证明将使用的事实是，只要 t 是结论中没有出现过的新变量，那么包含 $t'=1$ 的较大微分方程组的安全性蕴涵了不包含它的微分方程的安全性。实际上，这个证明规则可以用于从式(12.2)的上述证明来给出下落球公式(11.6)的证明。只是这一次，这个证明规则的问题不是可靠性的问题，而是其中的推理原理是否经济适用的问题。

证明规则(12.4)对于添加时钟而言做的不错，但不能处理任何其他情形。如果我们想要在微分方程组中添加其他微分方程，那么这种适用范围很窄的证明规则是没有用的。因此，在我们最终以时间这一特殊情况作为动机浪费更多的时间之前，让我们立即开始考虑微分幽灵(即拥有虚构微分方程的幽灵变量)的一般情形。

12.3.4　构造微分幽灵

微分幽灵是为了进行证明而添加到微分方程组中的幽灵变量。微分幽灵的证明技术不限于仅为时间添加微分方程 $t'=1$，还可以将其他微分方程 $y'=g(x,y)$ 添加到微分方程组中。在前面章节中一种很有用的方式是，首先开发一个公理体系公式描述，然后继续将其包装为最有用的证明规则。让我们以同样的方式进行。

如果考虑关于微分方程(或者方程组) $x'=f(x) \& Q$ 的公式 $[x'=f(x) \& Q]P$，我们可以为一个新变量 y 添加一个新的微分方程 $y'=g(x,y)$，得到 $[x'=f(x),y'=g(x,y) \& Q]P$。这个新的微分幽灵 y 的微分方程 $y'=g(x,y)$ 从什么初始值开始演化？

在你继续阅读之前，看看你是否能自己找到答案。

对于在 12.3.3 节中为幽灵解添加的时间变量 $t'=1$ 的微分幽灵，该新变量最好是从 0 开始。但对于其他用例，可能从其他值开始微分幽灵更好，以最适合后续证明。微分幽灵 y 从哪里开始对可靠性有影响吗？

由于微分幽灵 y 是一个新的变量，它不在原问题中，只是为了论证而添加的，所以它也可以从我们喜欢的任意初始状态开始。这种现象有点类似于离散幽灵，它也可以根据规则 iG 可靠地任意假设初始值。这相当于对微分幽灵 y 的初始值使用存在量词，因为任何初始值都可以证明原公式的正确性。实际上，反之亦然，原公式蕴涵着存在幽灵 y 的一个初始值，使得更大的微分方程组 $x'=f(x),y'=g(x,y) \& Q$ 总是保持在 P 中。这些想法引出了微分幽灵公理的以下公式描述：

$$\text{DG} \quad [x'=f(x) \& Q]P \leftrightarrow \exists y[x'=f(x),y'=g(x,y) \& Q]P \tag{12.5}$$

当然，y 需要是一个不出现在 $[x'=f(x) \& Q]P$ 中的新变量，因为如果 y 以前存在的话，它根本不算一个微分幽灵。而且，为以前用于不同目的的变量添加一个新的微分方程是不可靠的。如果 $x'=f(x) \& Q$ 总是保持在 P 中，那么存在微分幽灵的一个初始值，使得增广微分方程组 $x'=f(x),y'=g(x,y) \& Q$ 也总是保持在 P 中，反之亦然。

当然，添加时间变量的规则(12.4)可以通过令 $g(x,y)$ 为 1 而从公理 DG 中推导出来。事实上，当我们用规则 $\exists$R 以 0 巧妙地实例化幽灵的存在量词时，甚至可以推导得到以下改进的规则：

$$\frac{\Gamma,t=0 \vdash [x'=f(x),t'=1 \& Q]P,\Delta}{\Gamma \vdash [x'=f(x) \& Q]P,\Delta} \quad (t\text{ 为新变量})$$

　　这条规则对于幽灵解更有用，因为它确保了微分方程实际上从时间 $t=0$ 开始，这大大简化了算术。

　　但是通过公理 DG 添加其他微分方程 $y'=g(x,y)$ 也是可以的。可以添加的微分方程有多一般？它们有什么好处？对可以添加哪些微分方程是否存在限制？

在你继续阅读之前，看看你是否能自己找到答案。

　　在公理 DG 的可靠性证明过程中将发现，对可以可靠添加的微分方程存在限制。但在继续这个至关重要的问题之前，让我们首先探索微分幽灵公理 DG 的潜在用例，以加深我们的直观理解并学会欣赏更一般的微分幽灵可能的好处。

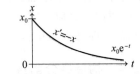

图 12.1　沿 $x'=-x$ 的指数衰减总是让 $x>0$ 更不为真

　　例 12.1（没有微分幽灵，问题变得更糟）　作为使用微分幽灵的指导示例，考虑以下简单公式：

$$x>0 \to [x'=-x]x>0 \tag{12.6}$$

该公式不能仅以规则 dI 用微分不变性证明，因为后置条件 $x>0$ 的真假值沿 $x'=-x$ 随着时间的趋势是变糟的（图 12.1 中所示的趋势为负，即便它的指数解 $x_0 \mathrm{e}^{-t}$ 仍然保持为正）。$x>0$ 的微分 $-x \geqslant 0$ 是非永真的：

$$\dfrac{\dfrac{\dfrac{\text{非永真}}{\vdash -x \geqslant 0}}{[:=]\dfrac{}{\vdash [x':=-x]x' \geqslant 0}}}{\text{dI}\ \ x>0 \vdash [x'=-x]x>0} \qquad ◀$$

　　通过大量的思考可以证明，借助微分切割的间接方法也不能证明式(12.6)[6]。但即使沿着 $x'=-x$ 后置条件 $x>0$ 倾向于变为假，它变为假的速率也会减慢，因为微分方程是 $x'=-x$（而不是 $x'=-x-1$，其中额外的偏移量 -1 确实最终会让 x 变为负）。当 $x>0$ 快速趋近底部时，x 沿 $x'=-x$ 变化的速率同时快速趋近底部（趋向 0）。这引出了这两个极限过程中哪一个会胜出的问题。只要有一种方法将它们的进展与一个额外的量联系起来，这个额外的量能够作为对 x 变化的一种平衡，并描述 x 变小的速度在多大程度上被阻止，就能解答上述问题。

　　假设我们有一个附加变量 y 作为微分幽灵，它的微分方程仍有待确定，我们希望用它作为这样的一种平衡。x 和 y 应该是什么关系，从而可以蕴涵着 x 必须为正使得后置条件 $x>0$ 为真？如果回想一下在 10.8.2 节中对不变项的李表征，那么我们就会想起微分不变式正适合证明永不改变其值的不变项。蕴涵 $x>0$ 的 x 和 y 最简单的等式是 $xy^2=1$，因为 y^2 肯定是非负的，因此如果 x 与非负数 y^2 的乘积是 1（或任何其他正数），则 x 必须为正。而且事实上，$\exists y\, xy^2=1$ 甚至等价于 $x>0$。

　　现在，剩下的唯一问题是微分幽灵 y 应该根据什么样的微分方程随时间变化才能保持不变式 $xy^2=1$ 成立，这蕴涵着想要证明的后置条件 $x>0$。这是关于微分幽灵很酷的地方：我们可以按照我们的喜好选择它们的微分方程，比如选择公理 DG 中的 $g(x,y)$。在其他任何地方，变量都会根据原有混成系统给出的自己的固定微分方程而变化。但微分幽灵是不同的。我们可以按照想要的任何方式让它们变化！我们只需要巧妙地选择并做出决定，从而让我们最喜欢的证明成功。那么 y 应该如何变化？

在你继续阅读之前，看看你是否能自己找到答案。

这听起来像一个悬而未决的大问题。但是，如果我们想要让 $xy^2=1$ 这样的公式成为不变式，那么我们完全可以系统性地确定如何让微分幽灵演化。如果证明该公式沿微分方程的微分 $x'y^2+x2yy'=0$，则它将是一个不变式。微分方程已经告诉我们 x' 是 $-x$，但我们尚未确定 y' 最合适的微分方程。当然，最好通过选择 y' 为 $\frac{y}{2}$ 来让得到的公式 $-xy^2+2xyy'=0$ 为真，这可以简单对 $-xy^2+2xyy'=0$ 求解 y' 得到。因此微分幽灵应该满足 $y'=\frac{y}{2}$，这样我们就可以使用图 12.2 所示的动态开始证明式(12.6)：

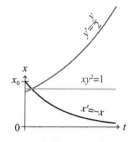

图 12.2　微分幽灵 y 作为对沿 $x'=-x$ 的指数衰减的平衡

$$
\begin{array}{ll}
& \mathbb{R}\ \dfrac{*}{\vdash -xy^2+2xy\frac{y}{2}=0} \\
& [:=]\ \dfrac{}{\vdash [x':=-x][y':=\frac{y}{2}]x'y^2+x2yy'=0} \\
\mathbb{R}\dfrac{*}{xy^2=1\vdash x>0}\quad \mathrm{dI}\ & \dfrac{}{x>0,xy^2=1\vdash [x'=-x,y'=\frac{y}{2}]xy^2=1} \\
\mathrm{MR}\dfrac{\qquad\qquad\qquad \exists\mathrm{R,cut}}{x>0\vdash \exists y[x'=-x,y'=\frac{y}{2}]xy^2=1} \\
\mathrm{MR}\ \dfrac{}{x>0\vdash \exists y[x'=-x,y'=\frac{y}{2}]x>0} \\
\mathrm{DG}\ \dfrac{}{x>0\vdash [x'=-x]x>0}
\end{array}
$$

采用单调性规则 MR 的步骤将原来的后置条件 $x>0$ 替换为想要证明的后置条件 $xy^2=1$，后者可以蕴涵 $x>0$。回想一下，$\exists yxy^2=1$ 等价于 $x>0$，由此特别容易理解[⊖]为什么这种单调性步骤在上下文 $\exists y$ 中也适用。因为最初 $x>0$，从期望的等式 $xy^2=1$ 很容易读出存在量词实例化步骤 $\exists R$ 中的具体证据 $\sqrt{\dfrac{1}{x}}$。但是，对于证明来说唯一重要的是存在这样的 y，所以从前件 $x>0$ 可以证明 $\exists yxy^2=1$ 就足够了，这是非常简单直接的实算术。原变量 x 的趋势是朝着变差的方向，但是借助于附加微分幽灵变量 y 以及其起平衡作用的动态，我们仍然可以证明逆着这样的趋势 x 保持为正。好极了，这个采用创造性微分幽灵的证明对指数衰减公式(12.6)给出了一个令人吃惊但系统性的证明。

377

12.4　微分幽灵

我们已经看到纯粹为了证明而为微分幽灵凭空构思出一个全新的微分方程的好处，现在是时候回来看看，对于为了证明而添加的微分幽灵，它的微分方程是否有什么限制。什么地方可能出错？因为新变量确实是新的，所以用新的微分方程添加新的变量不应该影响原微分方程，因为原微分方程不能涉及微分幽灵(否则它们不会是新变量)。

要点在于，附加的微分方程仍可能对预先存在的微分方程组产生相当微妙的影响。如果选择不当，微分幽灵的额外微分方程可能限制联合微分方程组的解存在的持续时间。如果我们将微分幽灵和真实系统合成使得在真实系统有机会进入不安全状态之前这个想象的世界就爆炸了，这当然不会有助于让真实系统变得更安全。让世界爆炸不会让它更安全。

例 12.2（不存在的微分幽灵）　如果添加的微分幽灵的解存在的时间不是至少跟原微分方程组有解的时间一样长，那么这将是不可靠的。否则，以下不可靠的证明尝试会将一

⊖　正如模态和全称量词一样，存在量词也满足单调性规则，即可以从 $P\rightarrow Q$ 推导出 $\exists yP\rightarrow\exists yQ$。

个非永真的结论归约为一个永真的前提，方式是通过添加微分幽灵 $y'=y^2+1$，其解 $y(t)=\tan t$ 存在的时间甚至不足以让 $x\leqslant 6$ 为假（如图 12.3 所示）：

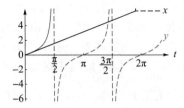

$$\frac{\cancel{}\dfrac{\exists R\ \dfrac{x=0,y=0\vdash[x'=1,y'=y^2+1]x\leqslant 6}{x=0\vdash\exists y[x'=1,y'=y^2+1]x\leqslant 6}}{x=0\vdash[x'=1]x\leqslant 6}}{}\quad\blacktriangleleft$$

图 12.3　存在时间不够长的爆炸微分幽灵将不可靠地限制解的持续时间

因此，当将微分幽灵添加到微分方程组中时，对于可靠性而言至关重要的是，幽灵微分方程解存在的时间至少与微分方程组其余部分的解存在的时间一样长。这样做最简单的方法是，为微分幽灵 y 添加的新微分方程对于 y 是线性的，因此形式为 $y'=a(x)\cdot y+b(x)$。项 $a(x)$ 和 $b(x)$ 是可以提及任意多变量任意次数的 dL 的任何项，但它们不能提及 y，因为那样的话 $y'=a(x)\cdot y+b(x)$ 对于 y 将不是线性的。由此引出对式(12.5)进行以下(可靠性关键的)校正，式(12.5)是 12.3.4 节中我们最初猜测的微分幽灵公理的公式描述。

引理 12.2(DG 微分幽灵公理)　如下微分幽灵公理 DG 是可靠的：
$$\text{DG}\quad[x'=f(x)\&Q]P\leftrightarrow\exists y[x'=f(x),y'=a(x)\cdot y+b(x)\&Q]P$$
其中 y 是新变量，即不在左侧 $[x'=f(x)\&Q]P$ 或者 $a(x)$ 或 $b(x)$ 中出现。

证明(草稿)　文献[8]给出了完整的证明，它稍微对 2.9.2 节中的推论 2.1 做了泛化，以证明新的微分方程 $y'=a(x)\cdot y+b(x)$ 存在解的时间至少和 $x'=f(x)$ 的解一样长。所需的利普希茨条件利用以下事实，即 $y'=a(x)\cdot y+b(x)$ 中的 $a(x)$ 和 $b(x)$ 随时间是连续的，因此它们在 x 解存在的紧致区间上取得最大值。 ∎

公理 DG 可以用来证明：性质 P 在微分方程之后成立，当且仅当它对 y 的某个初始值在额外含有 $y'=a(x)\cdot y+b(x)$ 的增广微分方程之后成立，该额外微分方程对 y 是线性的，所以解存在的时间足够长。$x'=f(x)$ 是(向量)微分方程组的情况类似，所以 $y'=a(x)\cdot y+b(x)$ 可以在 $a(x)$ 和 $b(x)$ 中提及除新的 y 之外的所有变量。

使用公理 DG 可直接推导得到微分幽灵的一个证明规则。

引理 12.3(微分幽灵规则 dG)　如下证明规则推导自 DG：
$$\text{dG}\ \frac{\Gamma\vdash\exists y[x'=f(x),y'=a(x)\cdot y+b(x)\&Q]P,\Delta}{\Gamma\vdash[x'=f(x)\&Q]P,\Delta}\text{(其中 }y\text{ 为新变量)}$$
证明　证明规则 dG 可直接应用公理 DG 推导得出。 ∎

如例 12.1 所示，引入微分幽灵 y 后用微分幽灵 y 的公式替换后置条件 P 几乎总是有益的。以下规则 dA 是微分幽灵的第一种形式[6]，它将公理 DG 与其他公理捆绑形成一种通常有用的形式，这种形式在添加微分幽灵的同时利用它替换后置条件。

引理 12.4(dA 微分辅助规则)　如下微分辅助规则引入新的辅助微分变量 y，它可由 DG 推导得出：
$$\text{dA}\ \frac{\vdash F\leftrightarrow\exists yG\quad G\vdash[x'=f(x),y'=a(x)\cdot y+b(x)\&Q]G}{F\vdash[x'=f(x)\&Q]F}$$
证明　规则 dA 通过对后置条件作变换从 DG 推导得出：
$$\frac{\text{MR}\dfrac{\dfrac{\exists yG\vdash F}{G\vdash F}\quad \exists R,\text{cut}\dfrac{F\vdash\exists yG\quad \Gamma,G\vdash[x'=f(x),y'=a(x)\cdot y+b(x)]G,\Delta}{\Gamma,F\vdash\exists y[x'=f(x),y'=a(x)\cdot y+b(x)]G,\Delta}}{\Gamma,F\vdash\exists y[x'=f(x),y'=a(x)\cdot y+b(x)]F,\Delta}}{\text{DG}\ \Gamma,F\vdash[x'=f(x)]F,\Delta}$$
∎

根据规则 dA 的右前提，对于任意 y，G 都是扩展动态的不变式。因此，对于某个 y（它的值可能与初始状态中的不同），G 在演化之后总是成立，根据左前提，这同样蕴涵了 F。由于 y 是新变量并且其线性微分方程不限制 x 在 Q 上解的持续时间，这蕴涵了结论。由于 y 是新的，y 在 Q 中不会出现，因此它的解不会离开 Q，否则会错误地限制演化的持续时间。

直观上，规则 dA 可以在我们证明性质时有所帮助，因为与孤立理解 x 的变化相比，表征 x 相对于辅助微分幽灵变量 y 的变化可能更容易，这里 y 应使用合适的微分方程 $(y' = a(x) \cdot y + b(x))$。和平常一样，在规则 dA 的第一个前提中保留上下文 Γ、Δ 是不可靠的，因为我们没有理由相信它们在微分方程之后仍然成立，这里我们仅能根据第二个前提知道 G（对于 y 的某个当前值）在此之后成立，但需要得出结论 F 也成立。

我们用一系列有教育意义的例子来结束本节，这些例子说明微分幽灵如何成为微分方程的强大证明技术。在所有的例子中，微分幽灵的微分方程都是以完全系统的方式从我们希望为不变式的性质中构造出来的，如 12.3.4 节中所示。

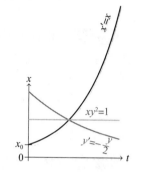

图 12.4　微分幽灵 y 平衡沿 $x' = x$ 的指数增长

[380]

例 12.3（微分幽灵描述指数增长）　指数衰减并不是唯一一种受益于微分幽灵的动态。只需翻转微分幽灵的符号即可同时证明指数增长（见图 12.4）。

$$
\cfrac{
  \cfrac{
    \cfrac{
      {}^*
    }{\mathbb{R}\ \overline{\ \vdash xy^2 + 2xy(-\frac{y}{2}) = 0\ }}
    \ \ [:=]\ \overline{\ \vdash [x':=x][y':=-\frac{y}{2}]x'y^2 + x2yy' = 0\ }
  }{
    \cfrac{{}^*}{\mathbb{R}\ \vdash x>0 \leftrightarrow \exists y\, xy^2=1}\quad
    \mathrm{dI}\ \overline{\ xy^2=1\vdash [x'=x,y'=-\frac{y}{2}]xy^2=1\ }
  }
}{\mathrm{dA}\ \ x>0\vdash [x'=x]x>0}
$$

◀

例 12.4（指数差异）　同样容易证明的是 x 沿指数衰减 $x' = -x$ 永远不会变为零。在这种情况下，x 和附加的微分幽灵 y 上的条件是 $\exists y\, xy=1$，该条件等价于 $x \neq 0$，使其成为不变式的要求是起平衡作用的微分方程为 $y' = y$：

$$
\cfrac{
  \cfrac{
    \cfrac{
      {}^*
    }{\mathbb{R}\ \overline{\ \vdash -xy + xy = 0\ }}
    \ \ [:=]\ \overline{\ \vdash [x':=-x][y':=y]x'y + xy' = 0\ }
  }{
    \cfrac{{}^*}{\mathbb{R}\ \vdash x>0\leftrightarrow \exists y\, xy=1}\quad
    \mathrm{dI}\ \overline{\ xy=1\vdash [x'=-x,y'=y]xy=1\ }
  }
}{\mathrm{dA}\ \ x\neq 0\vdash [x'=-x]x\neq 0}
$$

◀

例 12.5（弱指数衰减）　证明 $x \geq 0$ 是指数衰减 $x' = -x$ 的不变式可考虑两种情况：$x = 0$ 和 $x > 0$。区分这两种情况将得到成功的证明。然而，使用相应的微分幽灵 $y' = y$ 将期望的不变式 $x \geq 0$ 改写为等价的 $\exists y(y>0 \wedge xy \geq 0)$，这样把两种情形放在一起证明更容易：

[381]

$$
\cfrac{
  \cfrac{
    \cfrac{
      \cfrac{
        {}^*
      }{\mathbb{R}\ \overline{\ \vdash -xy + xy \geq 0\ }}
      \ \ [:=]\ \overline{\ \vdash [x':=-x][y':=y]x'y + xy' \geq 0\ }
    }{
      \mathrm{dI}\ \vartriangleleft\ \overline{\ xy\geq 0\vdash [x'=-x,y'=y]xy\geq 0\ }
    }
  }{
    \cfrac{{}^*}{\mathbb{R}\ \vdash x\geq 0\leftrightarrow \exists y(y>0\wedge xy\geq 0)}\quad
    []^{\wedge}\ \overline{\ y>0\wedge xy\geq 0\vdash [x'=-x,y'=y](y>0\wedge xy\geq 0)\ }
  }
}{\mathrm{dA}\ \ x\geq 0\vdash [x'=-x]x\geq 0}
$$

派生公理 $[\,]\wedge$ 引出了另一个前提（用 ◁ 标记），这用另一个微分幽灵来证明，就像在例 12.3 中一样，只是这次还带有 $x'=-x$：

$$
\dfrac{\mathbb{R}\dfrac{*}{\vdash y>0\leftrightarrow\exists z\,yz^2=1}\qquad \mathrm{dI}\dfrac{\mathbb{R}\dfrac{*}{\vdash yz^2+2yz(-\frac{z}{2})=0}}{[:=]\dfrac{\vdash[y':=y][z':=-\frac{z}{2}]y'z^2+y2zz'=0}{yz^2=1\vdash[x'=-x,y'=y,z'=-\frac{z}{2}]yz^2=1}}}{\mathrm{dA}\quad y>0\vdash[x'=-x,y'=y]y>0}
$$
◁

例 12.6（指数平衡）　为了成功证明 $x=0$ 是指数衰减 $x'=-x$ 的不变式，将它重新表述为等价的不变式 $\exists y(y>0\wedge xy=0)$，然后遵循例 12.5 的类似证明。或者，拆分公理 $[\,]\wedge$ 可以直接重复使用例 12.5 的证明来表明 $x\geq0$ 和 $x\leq0$ 都是 $x'=-x$ 的不变式，这蕴涵着它们的合取 $x=0$ 也是不变式。 ◁

这些例子对其他微分方程的证明方式有指示作用。系统渐近行为不同，则需要相应移位的微分幽灵。

例 12.7（移位指数）　以下公式

$$x^3>-1\rightarrow[x'=-x-1]x^3>-1$$

需要用微分幽灵 $y'=\dfrac{y}{2}$ 以及不等式 $(x+1)y^2>0$ 来证明，后者不应为等式，以便第二个分支可由 $y^2\geq0$ 证明：

$$
\dfrac{\mathbb{R}\dfrac{*}{\vdash x^3>-1\leftrightarrow\exists y(x+1)y^2>0}\qquad \mathrm{dI}\dfrac{\mathbb{R}\dfrac{*}{\vdash -xy^2+2xy\frac{y}{2}+2y\frac{y}{2}\geq0}}{[:=]\dfrac{\vdash[x':=-x][y':=\frac{y}{2}]x'y^2+(x+1)2yy'\geq0}{(x+1)y^2>0\vdash[x'=-x,y'=\frac{y}{2}](x+1)y^2>0}}}{\mathrm{dA}\quad x^3>-1\vdash[x'=-x-1]x^3>-1}
$$
◁

例 12.8（平方阻力）　微分幽灵的微分方程可能取决于先前存在的变量，例如，证明 $x>0$ 是沿 $x'=-x^2$ 的不变式，使用微分幽灵 $y'=\dfrac{x}{2}y$（见图 12.5）。

$$
\dfrac{\mathbb{R}\dfrac{*}{\vdash x>0\leftrightarrow\exists y\,xy^2=1}\qquad \mathrm{dI}\dfrac{\mathbb{R}\dfrac{*}{\vdash -x^2y^2+2xy(\frac{x}{2}y)=0}}{[:=]\dfrac{\vdash[x':=-x^2][y':=\frac{x}{2}y]x'y^2+x2yy'=0}{xy^2=1\vdash[x'=-x^2,y'=\frac{x}{2}y]xy^2=1}}}{\mathrm{dA}\quad x>0\vdash[x'=-x^2]x>0}
$$
◁

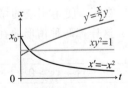

图 12.5　微分幽灵 y 平衡
沿 $x'=-x^2$ 的
平方阻力

例 12.9（平方激励）　证明 $x>0$ 是沿着 $x'=x^2$ 的不变式，也可以使用符号翻转的微分幽灵。不过不需要这么麻烦，因为无论如何 $x>0$ 沿着 $x'=x^2$ 越来越为真，因此直接以微分不变式证明就足够了。

$$
\dfrac{\mathbb{R}\;\dfrac{*}{\vdash x^2 \geqslant 0}}{[:=]\;\dfrac{\vdash [x':=x^2]x' \geqslant 0}{\mathrm{dI}\;\dfrac{}{x>0 \vdash [x'=x^2]x>0}}}
$$

◀

12.5 替代幽灵

幽灵甚至提供了一个令人震惊的虚幻方式，即在证明过程中根据需要生成微分幽灵的微分方程。这听起来很可怕，但是用处大得惊人。为了了解它的工作原理，请创造自己的微分幽灵 $y'=$ ☁️，其中右侧 ☁️ 尚未指定，它只不过是一个替代幽灵或一个普通的虚幻云。然后继续"证明"，好像什么都没发生：

$$
\mathrm{dA}\;\dfrac{\mathbb{R}\;\dfrac{*}{\vdash x>0 \leftrightarrow \exists y\, xy^2=1}\quad \mathrm{dI}\;\dfrac{[:=]\;\dfrac{\text{如果 ☁️}=\frac{y}{2}\text{，则可以证明}}{\dfrac{\vdash -xy^2+2xy\,☁️=0}{\vdash [x':=-x][y':=☁️]x'y^2+x2yy'=0}}}{xy^2=1 \vdash [x'=-x,y'=☁️]xy^2=1}}{x>0 \vdash [x'=-x]x>0}
$$

只要 ☁️ 选择为 $\frac{y}{2}$ 就可以证明右前提 $-xy^2+2xy\,☁️=0$，而且在这种情况下它的证明是很容易的。当然，对于喜爱可靠性和真理的行家而言，这有点过于虚幻了。因此，让我们用具体的选择 $\frac{y}{2}$ 来实例化虚幻云 ☁️，并从头开始一个严格意义上的证明：

$$
\mathrm{dA}\;\dfrac{\mathbb{R}\;\dfrac{*}{\vdash x>0 \leftrightarrow \exists y\, xy^2=1}\quad \mathrm{dI}\;\dfrac{[:=]\;\dfrac{\mathbb{R}\;\dfrac{*}{\vdash -xy^2+2xy\frac{y}{2}=0}}{\vdash [x':=-x][y':=\frac{y}{2}]x'y^2+x2yy'=0}}{xy^2=1 \vdash [x'=-x,y'=\frac{y}{2}]xy^2=1}}{x>0 \vdash [x'=-x]x>0}
$$

幸运的是，这个严格意义上的 dL 证明证实了我们在上面的猜测。从这个意义上说，我们提出的证明过程是合理的，即使我们采用的是包含 ☁️ 的虚幻幽灵论证⊖。但至关重要的是，最后用可靠的证明规则进行严格意义上的证明以确保结论永真。

可以证明[6]，存在某些性质，比如上面这个例子，它们的证明关键依赖于微分幽灵（别名微分辅助），这使得微分幽灵成为一种强有力的证明技术。

12.6 空气动力球的极限速度

本节考虑的微分幽灵应用有深刻见解，它证明了渐近极限速度。11.12 节证明了空气动力弹跳球的安全位置界限：与 4.2.1 节中的原始弹跳球（式(4.6)）不同，这里有趣的变化是它的微分方程 $x'=v,v'=-g+rv^2\,\&\,x \geqslant 0 \wedge v \leqslant 0$ 包含逆着运动方向的二次空气阻力 rv^2。为了对后续发展做准备，我们假设空气阻力系数为正 $r>0$ 而不是 $r \geqslant 0$。空气动力球安全性证明的核心论证是用规则 dI 证明了它下落时取决于速度的位置界限：

⊖ 当然，☁️ 并不像人们所怀疑的那么虚幻。正如我们在第 18 章中讨论的那样，可以用函数符号来严格化这一点，这些符号随后被一致替换[8]。

$$\dfrac{\dfrac{\dfrac{\dfrac{g>0 \wedge r>0, x\geqslant 0 \wedge v\leqslant 0 \vdash 2gv\leqslant 2gv-2rv^3}{\overset{*}{}}}{g>0 \wedge r>0, x\geqslant 0 \wedge v\leqslant 0 \vdash 2gv\leqslant -2v(-g+rv^2)}}{g>0 \wedge r>0, x\geqslant 0 \wedge v\leqslant 0 \vdash [x':=v][v':=-g+rv^2]2gx'\leqslant -2vv'}}{g>0 \wedge r>0, 2gx\leqslant 2gH-v^2 \vdash [x'=v, v'=-g+rv^2 \,\&\, x\geqslant 0 \wedge v\leqslant 0]2gx\leqslant 2gH-v^2}$$

$\mathbb{R}$ (top), $[:=]$, dI (bottom) label the proof steps.

根据每一个速度界限(最初 $v=0$),不变式 $2gx\leqslant 2gH-v^2$ 让我们能够读取与固定高度 H 相比位置 x 变化的相应位置界限。但是空气动力弹跳球的下落速度会有多快呢?

在你继续阅读之前,看看你是否能自己找到答案。

当然,如果从足够高的高度落下,4.2.1 节中的原始弹跳球(式(4.6))的运动速度可以任意快,因为它速度的绝对值沿 $x'=v$, $v'=-g\,\&\,x\geqslant 0$ 总是保持增加。但是空气动力球是另一回事,因为沿着 $x'=v$, $v'=-g+rv^2\,\&\,x\geqslant 0 \wedge v\leqslant 0$,它的空气阻力随着其速度的平方而增加。能求得空气动力球的最大速度吗?

速度 v(的绝对值)越快,空气阻力 rv^2 越大。事实上,如果它的微分方程右侧的值为 0,速度 v 将不再变化:

$$v'=0 \text{ 当且仅当 } -g+rv^2=0 \text{ 当且仅当 } v=\pm\sqrt{\dfrac{g}{r}}$$

微分方程右侧为 0 的点称为均衡点。在这种情况下,当然位置仍将保持变化,但在 $v=\pm\sqrt{\dfrac{g}{r}}$ 时速度处于均衡状态。回想一下我们是多么幸运,因为对于除法,空气阻力系数 r 不为 0(但是如果 r 为 0,则速度不会有任何限制)。因此,我们将证明(负)速度确实总是大于极限速度 $-\sqrt{g/r}$,因此绝对值小于 $\sqrt{g/r}$,如图 12.6 所示;

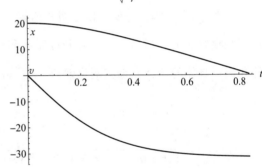

图 12.6　空气动力球的速度趋向极限速度

$$g>0 \wedge r>0 \wedge v>-\sqrt{\dfrac{g}{r}} \rightarrow [x'=v, v'=-g+rv^2 \,\&\, x\geqslant 0 \wedge v\leqslant 0]v>-\sqrt{\dfrac{g}{r}}$$

现在棘手的一点是,即使这个 dL 公式永真,它也无法仅仅使用微分不变式证明,因为后置条件 $v>-\sqrt{g/r}$ 随着时间的推移越来越不为真。毕竟,随着时间的推移,速度沿着 $v'=-g+rv^2$ 持续减小,使得 $v>-\sqrt{g/r}$ 越来越不为真。关键在于,即使因为两边带符号的差值 $v+\sqrt{g/r}$ 一直持续下降,$v>-\sqrt{g/r}$ 变得越来越不为真,但差值减小的速率同时也在缩小。实际上,$-\sqrt{g/r}$ 是空气动力球的极限速度,因为随着时间趋向无穷大 $t\rightarrow\infty$,球将收敛到极限速度 $-\sqrt{g/r}$,但在有限时间内永远不会真正达到这个渐近极限速度。微分切割可证明的性质并不真的有用,或者由于它们有助于建立极限速度,但随着时间变得不那么真,因此不能通过微分不变式来证明;或者它们是微分不变式但是不能给出渐近速度界限。

这需要微分幽灵的帮助来平衡值的变化。预测微分幽灵需要什么样的微分方程来平衡该性质是很难的。但是为了蕴涵后置条件 $v>-\sqrt{g/r}$,微分幽灵 y 需要满足的性质的规范形式是 $\exists y\,y^2(v+\sqrt{g/r})=1$,因为这两个公式是等价的,原因是 $v>-\sqrt{g/r}$ 当且仅当

$v+\sqrt{g/r}>0$，后者乘以某个平方 $y^2\geq0$ 时必须得到 1 因而必须为正。

从这个新的后置条件 $y^2(v+\sqrt{g/r})=1$，我们可以很容易确定微分幽灵 y 的微分方程应该是什么。我们需要做的就是像公理 DI 要求的那样先计算它的微分：

$$2yy'(v+\sqrt{g/r})+y^2v'=0$$

接下来，我们用微分方程对 v' 作替换，就如公理 DE 一样：

$$2yy'(v+\sqrt{g/r})+y^2(-g+rv^2)=0$$

最后，我们求解 y' 以找出哪个微分方程使之成为不变式：

$$y'=-r/2(v-\sqrt{g/r})y$$

这种构造方法能告知我们完成证明需要的一切。证明中假设固定参数 $g>0\wedge r>0$，这让 $\sqrt{g/r}$ 有良好定义。dA 省略了的前提 $v>-\sqrt{g/r}\leftrightarrow\exists y\,y^2(v+\sqrt{g/r})=1$（标记为 $\triangleleft$）可通过算术证明。

$$
\begin{array}{ll}
\mathbb{R} & \dfrac{\ast}{\vdash\ -ry^2(v^2-g/r)+y^2(-g+rv^2)=0} \\[2mm]
 & \vdash\ 2y(-r/2(v-\sqrt{g/r})y)(v+\sqrt{g/r})+y^2(-g+rv^2)=0 \\[2mm]
[:=] & \vdash\ [x':=v][v':=-g+rv^2][y':=-r/2(v-\sqrt{g/r})y]2yy'(v+\sqrt{g/r})+y^2v'=0 \\[2mm]
{}^{\mathrm{dI}}\!\!\!\!\! & \dfrac{\triangleleft y^2(v+\sqrt{g/r})=1\vdash[x'=v,v'=-g+rv^2,y'=-r/2(v-\sqrt{g/r})y]y^2(v+\sqrt{g/r})=1}{\ } \\[2mm]
\mathrm{dA} & v>-\sqrt{g/r}\vdash[x'=v,v'=-g+rv^2]v>-\sqrt{g/r}
\end{array}
$$

命题 12.1（空气动力球速度极限）　如下 dL 公式是永真的：

$$g>0\wedge r>0\wedge v>-\sqrt{\dfrac{g}{r}}\rightarrow[x'=v,v'=-g+rv^2\ \&\ x\geq0\wedge v\leq0]v>-\sqrt{\dfrac{g}{r}}$$

类似的构造方法总是能够构造出合适的微分幽灵[5-6]，但是对于证明至关重要的是它们的解存在的时间足够长，而线性微分方程的情形确实满足这一点。

386

12.7　公理体系幽灵

本节专门介绍另一种幽灵：公理体系幽灵。虽然对简单系统而言这无关紧要，但公理体系幽灵是包含特殊函数（例如 sin、cos、tan 等）的系统的首选方法。

以协作飞行的层次而言，位于 x 处的飞机的平面飞行动态可以表示为以下微分方程组[12]：

$$x_1'=v\cos\vartheta\qquad x_2'=v\sin\vartheta\qquad\vartheta'=\omega\qquad(12.7)$$

也就是说，飞机的线速度 v 在当前朝向 ϑ 对应的（平面）方向上改变平面位置坐标 x_1 和 x_2。在曲线飞行过程中，飞机的角速度 ω 同时改变飞机的朝向 ϑ（见图 12.7）。

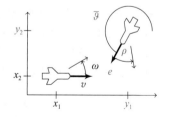

图 12.7　杜宾斯飞机动态

与 $\omega=0$ 的直线飞行不同，式（12.7）中角速度 $\omega\neq0$ 的曲线飞行非线性动态难以分析[12]。求解式（12.7）需要针对周期系数微分方程的弗洛凯理论（Floquet theory）[13]，并产生含多个三角函数的混合多项式表达式。更具挑战性的是验证飞机遵循这些解所达到的状态的性质，这需要证明在状态变量的所有可能取值和所有可能的演化持续时间下，混合多项式算术和三角函数的复杂公式成立。然而，根据哥德尔不完备性定理[2,11]，含三角函数的量化算术是不可判定的。

为了获得多项式动态，我们对动态中的三角函数作微分公理化[3]，并相应地重新参数化

状态。我们使用线性速度向量代替朝向角 ϑ 和线速度 v

$$(v_1,v_2)\overset{\text{def}}{=}(v\cos\vartheta,v\sin\vartheta)\in\mathbb{R}^2$$

它描述了飞机在空间内的线速度 $\sqrt{v_1^2+v_2^2}=v$ 和朝向，见图 12.8。将该坐标变换代入式 (12.7)，立即得到 $x_1'=v_1$ 和 $x_2'=v_2$。通过简单的符号微分法并代入式 (12.7)，得到新的公理体系幽灵变量 v_1、v_2 遵循的微分方程：

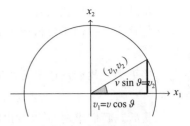

图 12.8   为微分公理化
而重新参数化

$$v_1'=(v\cos\vartheta)'=v'\cos\vartheta+v(-\sin\vartheta)\vartheta'=-(v\sin\vartheta)\omega$$
$$=-\omega v_2$$
$$v_2'=(v\sin\vartheta)'=v'\sin\vartheta+v(\cos\vartheta)\vartheta'=(v\cos\vartheta)\omega=\omega v_1$$

中间等式成立的条件是假设线速度恒定（$v'=0$）。因此，式 (12.7) 可以重新表述为以下微分方程：

$$x_1'=v_1,x_2'=v_2,v_1'=-\omega v_2,v_2'=\omega v_1 \tag{12.8}$$
$$y_1'=u_1,y_2'=u_2,u_1'=-\rho u_2,u_2'=\rho u_1 \tag{12.9}$$

式 (12.8) 表示位置 $x=(x_1,x_2)$ 以线速度向量 (v_1,v_2) 变化，而线速度向量又以 ω 旋转。在 $y\in\mathbb{R}^2$ 处同时运动的第二架飞机具有线速度 $(u_1,u_2)\in\mathbb{R}^2$（在图 12.7 中用角度 ϑ 表示）和角速度 ρ，这对应于附加的式 (12.9)。微分方程以合取简洁地描述了多个交通智能体同时发生的动态。

这种微分公理化得到的是多项式微分方程。它们的解仍然涉及相同的复杂非线性三角表达式，因此解给出的仍然是不可判定的算术。但是，微分不变式这种类型的论证以微分方程本身而不是它们的解进行证明，因此微分公理化实际上有助于性质的证明，因为虽然解还像以前一样复杂，但微分方程会变得更容易。相同的技术有助于在其他情况下通过微分公理化处理其他特殊函数：为特殊函数引入新的幽灵变量，并通过符号微分法和以旧的微分方程作替换来确定它们的微分方程。

12.8   总结

本章的主要经验教训是，相比于孤立地理解变量的值，将变量与它的初始值或其他量相关联有时可能更容易。幽灵实现这一点的方法是，以各种形式让我们在系统动态中添加辅助变量，以便将感兴趣的原变量的值与幽灵的值相关联。有时这样的幽灵是证明性质所必需的。微分幽灵特别适用于渐近性质，或者证明其趋势本身随着时间变得不那么真的性质。状态和幽灵变量之间的关系有时比仅仅状态变量的独立性质更容易证明，这一现象经常发生。本章揭示了在变量之间的相互关联这一意义上的微分方程相对论的力量。图 12.9 总结了引入离散或连续辅助变量的幽灵公理和证明规则。

$$
\begin{array}{ll}
\text{DG} & [x'=f(x)\,\&\,Q]P\leftrightarrow\exists y[x'=f(x),y'=a(x)\cdot y+b(x)\,\&\,Q]P \\
\hline
\text{dG} & \dfrac{\Gamma\vdash\exists y[x'=f(x),y'=a(x)\cdot y+b(x)\,\&\,Q]P,\Delta}{\Gamma\vdash[x'=f(x)\,\&\,Q]P,\Delta} \\
\hline
\text{dA} & \dfrac{\vdash F\leftrightarrow\exists y\,G \quad G\vdash[x'=f(x),y'=a(x)\cdot y+b(x)\,\&\,Q]G}{F\vdash[x'=f(x)\,\&\,Q]F} \\
\hline
\text{iG} & \dfrac{\Gamma\vdash[y:=e]p,\Delta}{\Gamma\vdash p,\Delta} \qquad\qquad (y\text{为新变量})
\end{array}
$$

图 12.9   幽灵和微分幽灵的公理和证明规则，其中 y 为新变量

本章还展示了许多其他有用的证明技术，甚至还展示了如果只能求解微分方程组的一部分，如何使用类似解公理的论证证明微分方程的性质。

12.9 附录

本附录提供了一些出现其他不同类型幽灵变量的情况，例如，用于诸如除法或求根的算术目的。

12.9.1 算术幽灵

对于理解为什么将变量添加到系统模型中有时候是有意义的，最简单的方法是看看除法。除法不是实算术的正式部分，因为除法可以间接定义。关键是，减法 $b-c$ 可以定义为项 $b+(-1)\cdot c$，但是除法需要一整套公式来定义。例如，每当在某个项中提到除法 b/c 时，我们可以用变量 q 来记住 b/c 的值，方法是不用除法（/）而是用乘法以 b 和 c 间接表征 q，然后每当 b/c 出现时用 q 代替它：

$$q:=\frac{b}{c} \quad \leadsto \quad q:=*\;;?qc=b \quad \leadsto \quad q:=*\;;?qc=b \wedge c\neq 0$$

其中 $q:=*$ 是非确定性赋值，它将 q 赋值为任意实数。第一个变换（记为 $\leadsto$）通过在公式左右两边同乘以 c 而得到 $qc=b$ 来间接表征 $q=b/c$。然后第二个变换认真地记住，当我们避免除以零时除法才有意义。毕竟，除以零专门制造很多麻烦。除以零不会因为任何事情而停止制造麻烦，即便是像信息物理系统这样重要和有影响力的事情也不会。上述变换也可以在 b/c 作为公式的中间项出现时使用：

$$x:=2+\frac{b}{c}+e\leadsto q:=*\;;?qc=b\;;\;x:=2+q+e\leadsto q:=*\;;?qc=b\wedge c\neq 0\;;\;x:=2+q+e$$

这里 q 被称为算术幽灵，因为 q 是辅助变量，它仅是为了定义算术商 $\frac{b}{c}$ 而添加到程序中的。以类似的方式，我们可以使用算术幽灵来定义其他函数，例如平方根：

$$x:=a+\sqrt{4y} \quad \leadsto \quad q:=*\;;?q^2=4y\;;x:=a+q$$

但是我们应该再仔细检查一次，确保我们意识到 $4y$ 应该是非负的，这样平方根才有意义，并且我们确实可以将其添加到测试语句中。我们决定不这样做，因为 $4y$ 的非负性已经随着 $q^2=4y$ 而成立。第 20 章也会考虑除法和平方根的系统变换方法。

12.9.2 非确定性赋值与幽灵的选择

在 12.9.1 节中使用的 HP 语句 $x:=*$ 是非确定性赋值，它将 x 赋值为任意实数。然而，以第 3 章中混成程序的语法而言，这样的语句并不包含在混成程序的正式语言中：

$$\alpha,\beta::=x:=e\,|\,?Q\,|\,x'=f(x)\&Q\,|\,\alpha\bigcup\beta\,|\,\alpha;\beta\,|\,\alpha^* \tag{12.10}$$

现在怎么办？

一种可能的解决方案（即混成系统定理证明器 KeYmaera[10] 及其后续版本 KeYmaera X[1] 的实现中采用的）是解答习题 5.13，将非确定性赋值 $x:=*$ 作为语句添加到混成程序语法中。

$$\alpha,\beta::=x:=e\,|\,?Q\,|\,x'=f(x)\&Q\,|\,\alpha\bigcup\beta\,|\,\alpha;\beta\,|\,\alpha^*\,|\,x:=*$$

这样的话，需要定义非确定性赋值这一新语法结构的语义，它才能变得有意义：

      7. $[\![\,x:=*\,]\!]=\{(\omega,\nu)$：除了 x 的值可以为任意实数外，$\nu=\omega\}$

此外，还需要非确定性赋值的公理或证明规则才能在证明中理解和分析它们（见习题 5.13）。这些都在图 12.10 中给出。

公理 ⟨:∗⟩ 表述的是，存在一种方法可以对 x 赋某个任意值使得之后 P 成立（即 ⟨$x:=∗$⟩P 成立），当且仅当对 x 的某个值 P 成立（即 $∃xP$ 成立）。公理 [:∗] 表示，对于对 x 赋任意值的所有方式 P 都成立（即 [$x:=∗$]P 成立），当

$$\langle:*\rangle \quad \langle x:=*\rangle P \leftrightarrow \exists x P$$
$$[:*] \quad [x:=*] P \leftrightarrow \forall x P$$

图 12.10 非确定性赋值的公理

且仅当 P 对所有 x 的值都成立（即 $∀xP$ 成立），因为 x 在运行 $x:=∗$ 后可能有任何这样的值，并且因为 [$α$] 意味着在运行 $α$ 的所有方式之后后置条件必须为真。

将非确定性赋值 $x:=∗$ 添加到混成程序中的替代方案是，重新考虑我们是否必须为 $x:=∗$ 添加新的构造，还是可以用其他方式表示它。也就是说，要理解 $x:=∗$ 是否真的是一个新的程序构造，还是可以用式（12.10）中其他混成程序语句来定义它。$x:=∗$ 可以用另一个混成程序定义吗？

在你继续阅读之前，看看你是否能自己找到答案。

根据证明规则 [:∗] 和 ⟨:∗⟩，非确定性赋值 $x:=∗$ 可以用适当的量词等价地表示。但是这在程序中间根本没有用，因为此时我们无法用量词来表示 x 的值现在发生了变化。

不过还有另外一种方法。非确定性赋值 $x:=∗$ 将 x 赋值为任意实数。与赋予 x 任意实数值具有相同效果的混成程序是[4]

$$x:=* \quad \overset{\text{def}}{\equiv} \quad x'=1 \cup x'=-1 \tag{12.11}$$

但这并不是 $x:=∗$ 的唯一定义。另一种等价的定义是[7]：

$$x:=* \quad \overset{\text{def}}{\equiv} \quad x'=1; x'=-1$$

391 当仔细检查上面情形 7 中所示的左侧 $x:=∗$ 的预期语义和根据第 3 章所得的式（12.11）右侧的实际语义时，很明显式（12.11）的两边具有相同的效果⊖。因此，上述定义（式（12.11））抓住了关于非确定性地赋予 x 任意实数值这一预期中的概念。具体而言，就如同 if-then-else 一样，非确定性赋值实际上不必添加到混成程序的语言中，因为它们已经是可定义的了。同样，不必为非确定性赋值添加证明规则，因为已经有证明规则针对式（12.11）中 $x:=∗$ 定义的右侧使用的构造了。但是由于上述针对 $x:=∗$ 的证明规则 [:∗]、⟨:∗⟩ 特别容易，直接包含它们通常更高效，这也是 KeYmaera X 所采纳的方案。

然而，乍看之下，式（12.11）中看起来有点怪异的地方是，左侧 $x:=∗$ 显然是时间的瞬时变化，其中将 x 的值瞬时改变为某个任意的新实数。式（12.11）的右侧则并非如此，它涉及的两个微分方程需要时间来遵循。

这里的线索是这种时间的流逝在系统状态下是不可观测的。因此，式（12.11）的左侧实际上与式（12.11）右侧的含义相同。请记住，从前面的章节来看时间并不特殊。如果 CPS 想要参考时间，它应具有时钟变量 t 以及微分方程 $t'=1$。然而，加入了这些之后，时间 t 的流逝将可以从变量 t 的值中观测，因此，式（12.11）右侧的相应变化将根本不等价于 $x:=∗$（以 $\not\equiv$ 标明）：

⊖ 请注意一个微妙的地方，即与非确定性赋值不同，微分方程对 x' 的值也有影响，这没问题，因为大多数程序不再读取 x'，否则需要以附加的离散幽灵 z 做额外处理：$z:=x'; \{x'=1 \cup x'=-1\}; x':=z$。

$$x := * \quad \not\equiv \quad \{x'=1, t'=1\} \bigcup \{x'=-1, t'=1\}$$

这两边是不同的，因为右侧表露了将 x 变为应该有的值所花费的时间 t，这秘密地记录了 x 从其旧值到其新值变化的绝对值的信息。左侧 $x := *$ 对这种变化是一无所知的。

12.9.3　微分代数幽灵

12.9.1 节中的变换可以消除所有除法，不仅仅是在赋值语句中，还可以在测试和所有其他混成程序中，唯一需要注意的例外是微分方程。消除微分方程中的除法最终发现要更复杂一点。

以下使用(离散)算术幽灵 q 进行消除的方法是正确的：

$$x' = \frac{2x}{c} \& c \neq 0 \wedge \frac{x+1}{c} > 0 \quad \rightsquigarrow \quad q := * ; ? qc = 1 ; \{x' = 2xq \& c \neq 0 \wedge (x+1)q > 0\}$$

其中额外的幽灵变量 q 应该记住 $1/c$ 的值。

然而，尝试使用以下(离散)算术幽灵 q 将相当彻底地改变语义：

$$x' = \frac{c}{2x} \& 2x \neq 0 \wedge \frac{c}{2x} > 0 \quad \not\rightsquigarrow \quad q := * ; ? q2x = 1 ; \{x' = cq \& 2x \neq 0 \wedge cq > 0\}$$

因为 q 只记得 $2x$ 初始值的倒数，而不是 x 沿着微分方程 $x' = \dfrac{c}{2x}$ 演化时 $2x$ 值的倒数。也就是说，q 在微分方程演化期间有常数值，但商 $\dfrac{c}{2x}$ 当然像 x 一样随时间变化。

推进的一种方法是弄清楚当 x 以 $x' = \dfrac{c}{2x}$ 变化时，商 $q = \dfrac{1}{2x}$ 的值如何随时间变化。通过对 q 代表的项求导，得到

$$q' = \left(\frac{1}{2x}\right)' = \frac{-2x'}{4x^2} = \frac{-2\dfrac{c}{2x}}{4x^2} = -\frac{c}{4x^3}$$

唉，在这里我们很不幸运，因为这又有另一个除法项需要处理。

推进的另一种而且是完全系统化的方法是，将非确定性赋值 q 提升到微分方程 $q' = *$，这里预期的语义为 q 在遵循这个非确定性微分方程时随着时间的推移随意变化$^{\ominus}$：

$$q' = \frac{b}{c} \quad \rightsquigarrow \quad q' = * \& qc = b \quad \rightsquigarrow \quad q' = * \& qc = b \wedge c \neq 0$$

虽然对 $q' = *$ 赋予语义更加复杂，但该变换背后的思想完全类似于离散算术幽灵的情形：

$$x' = 2 + \frac{b}{c} + e \quad \rightsquigarrow \quad x' = 2 + q + e, q' = * \& qc = b$$
$$\rightsquigarrow \quad x' = 2 + q + e, q' = * \& qc = b \wedge c \neq 0$$

在微分代数方程中作为辅助变量的意义上来说，变量 q 是微分代数幽灵，它的目的是定义商 $\dfrac{b}{c}$。

结合 12.9.1 节中用离散赋值对除法的归约，以及测试和演化域约束中的除法总是可

$\ominus$　非确定性微分方程 $q' = *$ 的精确含义在文献[4]中给出。它与微分代数约束 $\exists d\, q' = d$ 等同，但微分代数约束也没有在本书中介绍。微分博弈也提供了一种优美的理解[9]。然而，针对我们的目的，允许随着时间任意改变 q 的值这一直观理解就可以了。

以重写为无除法形式这一深刻见解，这给出了归约方法的一个梗概，表明混成程序和微分动态逻辑不需要除法[4]。以这种方式消除除法的优点是，微分动态逻辑不需要对除法采取特别预防措施，并且在从公式中消除除法的方式中，对零除数的处理是显式的。然而，在实践中除法是有用的，但必须非常小心，以确保不会不经意间除以零而导致麻烦的奇点。

393

注解 66（除法）   每当做除法时，都要非常小心不要意外除以零，因为这样会造成相当多的麻烦。更常见的是，这种麻烦对应于系统中缺失的需求。例如，当从初始速度 v 制动到停止时，$\frac{v^2}{2b}$ 可能是正确的制动距离，除了当 $b=0$ 时，这对应于根本没有制动。

习题

12.1   **（离散幽灵的条件）**   确定 12.3.1 节中证明规则 iG 可靠性的必要条件的最小集合。对于每个条件的剩余条件给出反例，以说明它为什么是必要的。

12.2   将 12.3.1 节中的离散幽灵证明推广为对下面公式的完整相继式证明：
$$xy-1=0 \to [x'=x, y'=-y]xy=1$$

12.3   按照 12.3.2 节中的描述将证明推广为式（11.6）的完整相继式证明。建议先找一张大纸。

12.4   对于以下每个公式，给出微分幽灵证明：
$$x<0 \to [x'=-x]x<0$$
$$4x>-4 \to [x'=-x-1]4x>-4$$
$$x>0 \to [x'=-5x]x>0$$
$$x>2 \to [x'=-x+2]4x>2$$
$$x>1 \to [x'=x+1]x>1$$
$$x>4 \to [x'=x]x>4$$
$$x^5>0 \to [x'=-2x]x^5>0$$
$$x>0 \to [x'=x^2]x>0$$
$$x>0 \to [x'=-x^4]x>0$$
$$x>0 \to [x'=-x^5]x>0$$

12.5   **（降落伞）**   在飞机飞行时，你的机器人在高度为 x 且垂直速度为 v 时找到一个它可以打开（$r:=p$，这里降落伞阻力为 p）或保持关闭（$r=a$，这里空气阻力为 a）的降落伞。当然，降落伞一旦使用就会保持打开状态。你的任务是用一个测试条件和一个前置条件填充降落伞控制器的空白，确保机器人打开降落伞足够早，从而着陆时速度满足界限。

394

$$g>0 \wedge p>r=a>0 \wedge x \geq 0 \wedge v<0 \wedge \underline{\qquad} \to$$
$$[(((?r=a \wedge \underline{\qquad} \cup r:=p);$$
$$t:=0; \{x'=v, v'=-g+rv^2, t'=1 \& t \leq \varepsilon \wedge x \geq 0 \wedge v<0\})^*$$
$$](x=0 \to v \geq m)$$

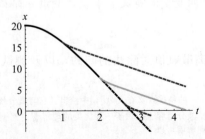

参考文献

[1] Nathan Fulton, Stefan Mitsch, Jan-David Quesel, Marcus Völp, and André Platzer. KeYmaera X: an axiomatic tactical theorem prover for hybrid systems. In: *CADE*. Ed. by Amy Felty and Aart Middeldorp. Vol. 9195. LNCS. Berlin: Springer, 2015, 527–538. DOI: 10.1007/978-3-319-21401-6_36.

[2] Kurt Gödel. Über formal unentscheidbare Sätze der Principia Mathematica und verwandter Systeme I. *Monatshefte Math. Phys.* **38**(1) (1931), 173–198. DOI: 10.1007/BF01700692.

[3] André Platzer. Differential-algebraic dynamic logic for differential-algebraic programs. *J. Log. Comput.* **20**(1) (2010), 309–352. DOI: 10.1093/logcom/exn070.

[4] André Platzer. *Logical Analysis of Hybrid Systems: Proving Theorems for Complex Dynamics*. Heidelberg: Springer, 2010. DOI: 10.1007/978-3-642-14509-4.

[5] André Platzer. A differential operator approach to equational differential invariants. In: *ITP*. Ed. by Lennart Beringer and Amy Felty. Vol. 7406. LNCS. Berlin: Springer, 2012, 28–48. DOI: 10.1007/978-3-642-32347-8_3.

[6] André Platzer. The structure of differential invariants and differential cut elimination. *Log. Meth. Comput. Sci.* **8**(4:16) (2012), 1–38. DOI: 10.2168/LMCS-8(4:16)2012.

[7] André Platzer. Differential game logic. *ACM Trans. Comput. Log.* **17**(1) (2015), 1:1–1:51. DOI: 10.1145/2817824.

[8] André Platzer. A complete uniform substitution calculus for differential dynamic logic. *J. Autom. Reas.* **59**(2) (2017), 219–265. DOI: 10.1007/s10817-016-9385-1.

[9] André Platzer. Differential hybrid games. *ACM Trans. Comput. Log.* **18**(3) (2017), 19:1–19:44. DOI: 10.1145/3091123.

[10] André Platzer and Jan-David Quesel. KeYmaera: a hybrid theorem prover for hybrid systems. In: *IJCAR*. Ed. by Alessandro Armando, Peter Baumgartner, and Gilles Dowek. Vol. 5195. LNCS. Berlin: Springer, 2008, 171–178. DOI: 10.1007/978-3-540-71070-7_15.

[11] Daniel Richardson. Some undecidable problems involving elementary functions of a real variable. *J. Symb. Log.* **33**(4) (1968), 514–520. DOI: 10.2307/2271358.

[12] Claire Tomlin, George J. Pappas, and Shankar Sastry. Conflict resolution for air traffic management: a study in multi-agent hybrid systems. *IEEE T. Automat. Contr.* **43**(4) (1998), 509–521. DOI: 10.1109/9.664154.

[13] Wolfgang Walter. *Ordinary Differential Equations*. Berlin: Springer, 1998. DOI: 10.1007/978-1-4612-0601-9.

395

396

微分不变式与证明论

概要 本章研究的高等内容是微分方程证明的一些元性质。它探讨了微分方程证明论的特性，即关于微分方程的证明理论的特性。虽然本章主要侧重于它们的理论意义，但也提供了对如下实际问题的深入见解，即在哪些情况下寻找什么类型的微分不变式。使用的主要工具是相对演绎能力的证明论，即研究的问题是是否所有可以用技术 $\mathscr{A}$ 来证明的性质也可以用技术 $\mathscr{B}$ 来证明。这些结果利用了对实算术和微分方程性质的适当见解。

13.1 引言

第 10 章和第 11 章为我们提供了无需求解而证明微分方程性质的强大工具。微分不变式 (dI) [10,16] 通过基于微分方程右侧的归纳法证明微分方程的性质，而不是通过更复杂的全局解。微分切割 (dC) [10,16] 使得可以先证明微分方程的另一个性质 C，然后改变系统动态的演化域从而限制它永远不离开区域 C。结果发现微分切割是非常有用的，它可以将微分方程的归纳性质叠加在一起，从而首先证明更加容易的性质，然后在证明更加复杂的性质时假设这些容易的性质。事实上，在某些情况下微分切割对于证明性质一开始就是至关重要的 [5,10,14]。微分弱化 (dW) [10] 证明了演化域可以直接蕴涵的简单性质，它变得特别有用的情形是在以微分切割充分增强演化域约束之后。微分幽灵 (dG) 可以通过改变系统动态来证明性质，它为以前没有的新变量添加一个新的微分方程。例如，微分幽灵对于证明具有能量变化的系统的性质是有用的，它有助于将原系统中的状态变化与仅仅为了论证而反映某个数学值的辅助量关联起来，即使后者不是原系统的一部分。在某些情况下，微分幽灵是证明性质的关键，因为如果没有它们就不能证明这些性质 [14]。

就像在循环中寻找不变式一样，找到微分不变式也需要相当大的智慧 (或者好的自动程序 [4,7,12,17])。然而，一旦找到了微分不变式，随之证明就很容易了，这个性质在计算上是很有吸引力的。

寻找循环不变式非常有挑战性。可以证明，这是证明传统离散程序安全性质的唯一基本挑战 [8]。同样，寻找不变式和微分不变式是证明混成系统安全性质的唯一基本挑战 [9,11,13,15]。一项更细致的分析甚至证明，只有寻找微分不变式是混成系统安全性验证的唯一基本挑战 [13]。

这让人安心，因为至少我们知道，只要找到合适的微分不变式，证明就会成功⊖。但它也告诉我们，可以预期寻找微分不变式 (和不变式) 是相当具有挑战性的，因为信息物理系统是极具挑战性的。但这个麻烦是值得的，因为 CPS 是如此重要。幸运的是，微分方程还有许多友好的性质，我们可以利用这些性质来帮助我们找到微分不变式。

这一发现使我们充分认识到研究和理解微分不变式的重要性。所以让我们马上开始更深入地理解微分不变式。本章要理解的部分是各种类型的微分不变式以它们可以证明的性

⊖ 即使在实践中还要做大量的工作才能让证明成功，但至少证明现在是可能的了，这是很好的第一步。

质而言如何相互关联。有些性质只有形式 $\mathscr{A}$ 的微分不变式才能证明，而形式 $\mathscr{B}$ 的微分的微分不变式永远无法成功证明它们？还是所有可以由形式 $\mathscr{A}$ 的微分不变式证明的性质也都可以由形式 $\mathscr{B}$ 的微分不变式证明？

微分不变式类型之间的关系告诉我们需要寻找哪些形式的微分不变式，而哪些形式的微分不变式无须考虑。除了这种理论上的理解之外，本章的第二个目标是实际发展对微分不变式的更好直觉，并更透彻地理解它们的影响。在理论证明过程中恰当的关注将使我们理解哪些情况可以通过（或不能通过）微分不变式的哪种形式证明。

本章基于文献[14]。本章试图在全面地介绍相关主题还是针对性地介绍核心内容之间取得平衡，其中简化了许多证明，只证明了核心论点而忽略了其他方面。然而，那些全面论证中（非常重要的）进一步的细节超出了本书的范围，但可以在其他文献中找到[14]。例如，本章不会研究间接证明是否可以得出相同的性质，而是将重点放在直接证明这一更简单的基本情况上。通过更全面的分析[14]发现，使用通常的相继式演算规则的间接证明不会改变本章给出的结果，但是证明会远远更为复杂，需要更精确地选择相继式演算公式描述。本章中我们也不会给出定理中猜测的所有陈述的证明，这些可以在文献[14]中找到。

注解 67（微分方程证明论） 本章的结果是微分方程证明论的一部分，该理论是关于微分方程的什么性质可以证明以及用什么技术证明的理论。该理论是关于证明的证明，因为它们证明了逻辑公式用不同证明演算的可证明性之间的关系。也就是说，它们把"公式 P 可以用 $\mathscr{A}$ 证明"和"公式 P 可以用 $\mathscr{B}$ 证明"这样的陈述关联起来。

本章最重要的学习目标如下所示。

建模与控制：本章有助于理解 CPS 背后的核心论证原理，并进一步阐明如何驾驭其分析复杂性这一实用问题。

计算思维：计算机科学中很重要的一部分是研究关于计算极限的问题，或者更一般地说，增进对什么可以做和什么做不了的理解。要么用绝对项（可计算性理论研究什么是可计算的，什么不是），要么用相对项（复杂性理论研究什么是以一种典型更快的方式可计算的，或者在时间和空间的资源界限类别内可计算的）。根据邱奇-图灵论题[2,20]，这个答案特别基础，因为它是独立于计算模型的。通常，对问题空间最重要的理解始于什么是无法做到的（莱斯定理[19]阐明程序的所有非平凡性质都是不可计算的）或者什么是可以做到的（每个可以通过确定性算法在多项式时间内求解的问题也可以在多项式时间内用非确定性算法求解，其逆命题为 P 与 NP 问题[3]）。

本章的主要目的是增进对如下极限的理解，即在微分方程证明领域中，什么是可以做到的，什么是做不了的。这个深奥的问题不是方方面面都能在一章中回答的，但本章将以微分方程证明论的初级知识为主要内容，即微分方程的可证明性与证明理论。当然，证明论在其他情况下也很有意义，但我们将在对信息物理系统最有趣和最有启发的情形下研究它：关于微分方程的证明。

因此，本章最主要的科学学习目标是获得对如下问题的基本理解，即关于微分方程哪些可以证明，哪些不能证明，以及以什么方式证明。这有助于我们对应用中微分不变式的搜索，因为这样的理解可以避免我们再次以等价的方式询问同样的分析问题（如果两种不同类型的微分不变式可证明的性质相同，其中一种已经失败，则不需要尝试另一种），并指导我们寻找所需的微分不变式类型（通过接下来选择的类型从根本上可以证明更多必要形式的性质）。

次要的、实用的学习目标是使用微分不变式来实践关于微分方程的归纳证明，并发展出对最好以哪种方式解决哪个验证问题的直观理解。以这些方式，从根本上和实际上来说

本章主要的直接影响是，进一步理解对 CPS 模型的严格推理以及如何验证较大规模的 CPS 模型，其中针对系统的各个部分和各种特性通常需要不止一种推理模式。最后，本章还有助于提供寻找微分不变式的有用信息并深化我们对微分方程证明的直观理解。

CPS 技能：本章对于作者所能想到的 CPS 技能没有直接作用，除了通过为微分不变式搜索提供信息而间接影响其分析。

计算的极限
微分方程证明论
微分方程的可证明性
微分方程的不可证明性
关于证明的证明
证明的相对论
为寻找微分不变式提供信息
对微分方程证明的直观理解

核心论证原理
驾驭分析复杂性　　改进的分析

13.2　简要回顾

回想一下第 11 章和第 12 章中以下关于微分方程的证明规则：

注解 68（微分方程的证明规则）

$$
\text{dI}\ \frac{Q\vdash[x':=f(x)](F)'}{F\vdash[x'=f(x)\,\&\,Q]F} \qquad \text{dW}\ \frac{Q\vdash P}{\Gamma\vdash[x'=f(x)\,\&\,Q]P,\Delta}
$$

$$
\text{dC}\ \frac{\Gamma\vdash[x'=f(x)\,\&\,Q]C,\Delta \quad \Gamma\vdash[x'=f(x)\,\&\,(Q\wedge C)]P,\Delta}{\Gamma\vdash[x'=f(x)\,\&\,Q]P,\Delta}
$$

$$
\text{dG}\ \frac{\Gamma\vdash\exists y[x'=f(x),y'=a(x)\cdot y+b(x)\,\&\,Q]P,\Delta}{\Gamma\vdash[x'=f(x)\,\&\,Q]P,\Delta}
$$

通过切割和泛化，之前的章节已经表明以下规则是可以证明的：

$$
\text{cut, MR}\ \frac{A\vdash F \quad F\vdash[x'=f(x)\,\&\,Q]F \quad F\vdash B}{A\vdash[x'=f(x)\,\&\,Q]B} \tag{13.1}
$$

这个证明步骤可用于以另一个不变式 F 替换前置条件 A 和后置条件 B，这里 F 蕴涵着后置条件 B（第三个前提），可由前置条件 A 蕴涵得到（第一个前提），并且是一个不变式（第二个前提）。该步骤将在本章中经常使用而不做另外说明。

13.3　比较演绎研究：证明的相对论

当我们对一种形式的微分不变式搜索失败时，为了弄清楚可以做什么，我们需要理解其他什么形式的微分不变式可以做得更好。如果我们没有成功找到含项 e 的形式为 $e=0$ 的微分不变式，然后改为寻找形式为 $e=k$ 的微分不变式，那么我们不能期望比以前更成功，因为 $e=k$ 可以重写为 $e-k=0$，这还是第一种形式。相反，我们应该试着寻找例如形式为 $e\geq 0$ 的微分不变不等式。总体而言，这引出的问题是哪些泛化是愚蠢的（因为形式为 $e=k$ 的微分不变式相比形式为 $e=0$ 的那些不能证明更多性质），而哪些可能是聪明的（因为 $e\geq 0$ 仍然可能成功，即使形式为 $e=0$ 的一切尝试都失败了）。

作为对类似问题的一个原则性回答，我们以微分不变式类型的相对演绎能力来研究它们之间的关系。也就是说，我们研究是否存在某些性质只能用类 $\mathscr{A}$ 的微分不变式而不能用类 $\mathscr{B}$ 的微分不变式来证明，或者是否用类 $\mathscr{A}$ 的微分不变式能证明的所有性质也能用类 $\mathscr{B}$ 来证明。

作为基础，我们沿着在第 6 章中阅读到的线索，考虑一个使用逻辑切割（这简化了对推导步骤的粘合）和实算术（用证明规则 $\mathbb{R}$ 表示）的命题相继式演算，详见文献[14]。我们

以 $\mathscr{DI}$ 表示如下证明演算，即除此之外还有一般的微分不变式(使用任意无量词一阶公式 F 的规则 dI)，但没有微分切割(规则 dC)或微分幽灵(规则 dG)。对于运算符的集合 $\Omega \subseteq$ $\{\geqslant, >, =, \wedge, \vee\}$，在我们用 $\mathscr{DI}_\Omega$ 表示的证明演算中，规则 dI 使用的微分不变式 F 进一步限制为仅使用集合 Ω 中的运算符的公式集合。例如，$\mathscr{DI}_{=, \wedge, \vee}$ 是只允许使用等式的与/或的组合作为微分不变式的证明演算。类似，$\mathscr{DI}_\geqslant$ 是只允许使用原子弱不等式 $e \geqslant k$ 作为微分不变式的证明演算。

我们考虑微分不变式的类型并研究它们的关系。假设 $\mathscr{A}$ 和 $\mathscr{B}$ 是两类微分不变式。如果所有可以用 $\mathscr{A}$ 中的微分不变式证明的性质也能用 $\mathscr{B}$ 中的微分不变式证明，我们写为 $\mathscr{A} \leq \mathscr{B}$；否则我们写为 $\mathscr{A} \not\leq \mathscr{B}$，即存在只能用 $\mathscr{A} \setminus \mathscr{B}$ 中的微分不变式来证明的永真性质。如果 $\mathscr{A} \leq \mathscr{B}$ 并且 $\mathscr{B} \leq \mathscr{A}$，我们写为 $\mathscr{A} \equiv \mathscr{B}$ 以表示这种相等的演绎能力。如果 $\mathscr{A} \leq \mathscr{B}$ 且 $\mathscr{B} \not\leq \mathscr{A}$，我们写为 $\mathscr{A} < \mathscr{B}$ 以表示 $\mathscr{B}$ 的演绎能力严格更强。如果 $\mathscr{A} \not\leq \mathscr{B}$ 且 $\mathscr{B} \not\leq \mathscr{A}$，则类 $\mathscr{A}$ 与类 $\mathscr{B}$ 不可比。

例如，可由 $e = 0$ 形式的微分不变式证明的性质与可由 $e = k$ 形式的微分不变式证明的性质相同。这证明了 $\mathscr{DI}_= \equiv \mathscr{DI}_{=0}$，其中 $\mathscr{DI}_{=0}$ 表示可用 $e = 0$ 形式的微分不变式证明的性质类型。平凡地，$\mathscr{DI}_= \leq \mathscr{DI}_{=, \wedge, \vee}$，因为用 $e = k$ 形式的微分不变式可证明的每个性质也可以用额外允许使用合取和析取的微分不变式证明。同样，$\mathscr{DI}_\geqslant \leq \mathscr{DI}_{\geqslant, \wedge, \vee}$。但是逆命题并不那么清楚，因为命题联接词是否有帮助让人怀疑。

13.4 微分不变式的等价性

在进一步讨论之前，让我们先来研究一下是否存在公式之间的直接等价变换，其可以保留微分不变性。我们对微分不变式性质所做的每一个等价变换都有助于组织证明搜索空间，也有助于简化微分方程证明论中的元证明。例如，当 $G \wedge F$ 不是能证明一个性质的微分不变式时，我们不应该期望 $F \wedge G$ 是。与 $G \vee F$ 相比，$F \vee G$ 也不是更好的微分不变式。

引理 13.1(微分不变式与命题逻辑) 微分不变式在命题等价性下是不变的。也就是说，如果 $F \leftrightarrow G$ 是一个命题永真式的实例，那么 F 是 $x' = f(x) \& Q$ 的微分不变式，当且仅当 G 也是。

证明 为了证明这一点，我们考虑用 F 作为微分不变式可以证明的任何性质，并证明命题等价公式 G 也可以。令 F 为微分方程组 $x' = f(x) \& Q$ 的微分不变式，令 G 为一个公式从而 $F \leftrightarrow G$ 是命题永真式的一个实例。那么根据下面的形式化证明，G 是 $x' = f(x) \& Q$ 的微分不变式：

$$
\cfrac{\cfrac{*}{F \vdash G} \quad \cfrac{[:=] \cfrac{*}{Q \vdash [x' := f(x)](G)'}}{\text{dI } G \vdash [x' = f(x) \& Q]G} \quad \cfrac{*}{G \vdash F}}{F \vdash [x' = f(x) \& Q]F} \text{cut,MR}
$$

底部的证明步骤用式(13.1)很容易看出，它使用规则 cut 和 MR，因为在命题上前置条件 F 蕴涵了新的前置条件 G，且新的后置条件 G 蕴涵了后置条件 F。子目标 $Q \vdash [x' := f(x)](G)'$ 是可证明的，依据是我们假设 F 是微分不变式，因此可证明 $Q \vdash [x' := f(x)](F)'$。注意，$(G)'$ 最终是在 G 所有原子公式的微分上形成的合取式。G 的原子集与 F 的原子集相同，因为原子不会被命题永真式的等价变换所改变。此外，dL 具有的基础演算在命题上是完备的[14]。

在所有的后续证明中，我们都可以依据引理 13.1 使用命题等价变换。接下来，我们还将隐式地根据式(13.1)使用前置条件和后置条件的等价推理，就像我们在引理 13.1 中所做的那样。由于引理 13.1，我们可以在不失一般性的情况下，使用任意命题范式进行证明搜索。

13.5　微分不变式与算术

根据读者对微分结构的熟悉程度，可能令人震惊的是，并非所有逻辑等价变换都适用于微分不变式。在实算术等价变换下，微分不变性不一定得到保留。

引理 13.2(微分不变式与算术)　在实算术的等价关系下，微分不变式不是不变的。也就是说，如果 $F \leftrightarrow G$ 是一阶实算术永真式的一个实例，则 F 可以是 $x' = f(x) \& Q$ 的微分不变式，而 G 不是。

证明　存在两个公式，它们在一阶实算术中是等价的，但对于相同的微分方程，其中一个依据 dI 是微分不变式，而另一个不是(因为它们的微分结构不同)。由于 $5 \geqslant 0$，因此在一阶实算术中公式 $x^2 \leqslant 5^2$ 等价于 $-5 \leqslant x \wedge x \leqslant 5$。尽管如此，根据以下形式化证明，$x^2 \leqslant 5^2$ 是 $x' = -x$ 的微分不变式：

$$
\mathbb{R} \frac{\overline{}^{*}}{\vdash -2x^2 \leq 0}
$$
$$
[:=] \frac{\vdash -2x^2 \leq 0}{\vdash [x' := -x]2xx' \leq 0}
$$
$$
\text{dI} \frac{\vdash [x':=-x]2xx' \leq 0}{x^2 \leq 5^2 \vdash [x'=-x]x^2 \leq 5^2}
$$

403

但是等价的 $-5 \leqslant x \wedge x \leqslant 5$ 不是 $x' = -x$ 的微分不变式：

$$
\frac{\overline{}\text{非永真}}{\vdash 0 \leq -x \wedge -x \leq 0}
$$
$$
[:=] \frac{\vdash 0 \leq -x \wedge -x \leq 0}{\vdash [x' := -x](0 \leq x' \wedge x' \leq 0)}
$$
$$
\text{dI} \frac{\vdash [x':=-x](0 \leq x' \wedge x' \leq 0)}{-5 \leq x \wedge x \leq 5 \vdash [x'=-x](-5 \leq x \wedge x \leq 5)}
$$

为了证明引理 13.2 的证明中的性质，我们需要以微分不变式 $F \equiv x^2 \leqslant 5^2$ 而不能直接以 $-5 \leqslant x \wedge x \leqslant 5$ 来使用式(13.1)。两个公式为真的实数值是完全相同的，但它们的微分结构不同，因为二次函数的导数与线性函数的不同。

根据引理 13.2，我们在研究微分不变性时必须明确所使用的等价关系，因为某些等价变换会影响公式是否是微分不变式。不仅如下初等算术等价关系很重要，即满足变换前后的公式的赋值集合是相同的，而且微分不变性所依赖的微分结构也需要是兼容的。保留解集的某些等价变换仍然会破坏微分结构。实微分结构的等价性也是很重要的。回想一下，微分结构是以局部的方式根据在一个点的邻域中的行为(而不是在点本身的行为)而定义的。

引理 13.2 说明了关于微分方程的一个值得注意的要点。许多不同的公式都表征同一个满足赋值集合。但它们并非都有相同的微分结构。二次多项式具有与线性多项式本质上不同的微分结构，即使它们碰巧在实数上具有相同的解集也是如此。微分结构是更细粒度的信息。这类似于这样一个事实，即一阶逻辑的两个初等等价模型仍然可以是非同构的。满足赋值集合与微分结构对于微分不变性都很重要。特别地，存在许多具有相同的解但不同微分结构的公式。公式 $x^2 \geqslant 0$ 和 $x^6 + x^4 - 16x^3 + 97x^2 - 252x + 262 \geqslant 0$ 具有相同的解(ℝ 的全部)但微分结构非常不一样，参见图 13.1。

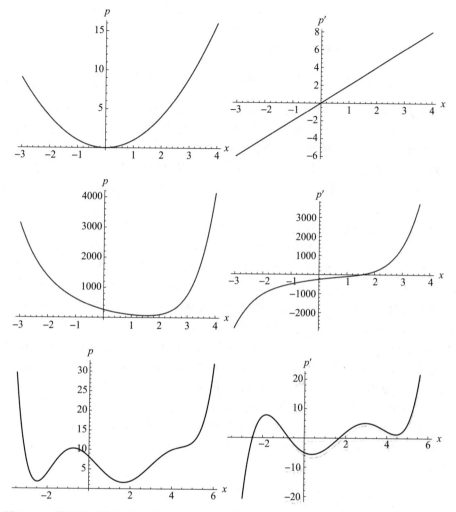

图 13.1　等价解(绘制于左边的 $p \geqslant 0$)具有完全不同的微分结构(绘制于右边的 $(p)'$)

图 13.1 中的前两行对应于上述两个示例中的多项式。第三行是结构上不同的 6 次多项式,它还是有相同的解集($\mathbb{R}$)但是微分结构相当不一样。图 13.1 说明即使各自满足 $p \geqslant 0$ 的赋值集合相同,$(p)'$ 也可能有非常不同的特征。

但是,我们总是可以正规化所有原子子公式使得右侧为 0,即 $p = 0, p \geqslant 0$ 或 $p > 0$ 的形式。例如,当且仅当 $q - p \geqslant 0$ 是一个微分不变式时 $p \leqslant q$ 也是,因为 $p \leqslant q$(在一阶实算术中)与 $q - p \geqslant 0$ 等价。此外,对于任何变量 x 和项 e,$[x' := e](p)' \leqslant (q)'$ 在一阶实算术中等价于 $[x' := e](q)' - (p)' \geqslant 0$,因为后置条件 $(p)' \leqslant (q)'$ 在实算术中等价于 $(q)' - (p)' \geqslant 0$。

13.6　微分不变等式

当然,根据定义,我们已经知道有 $\mathcal{DI}_= \leqslant \mathcal{DI}_{=, \wedge, \vee}$,因为如果允许使用命题逻辑,那么在微分不变式中不用命题逻辑而可证明的每个性质也是可证明的。实际上,对于等式微分不变式 $e = k$(别名微分不变等式),命题运算符不会提高演绎能力[10,14]。

404
~
405

命题 13.1(等式演绎能力)　采用原子等式进行微分归纳的演绎能力等同于采用多项式等式的命题组合进行微分归纳的演绎能力。也就是说,对于每个公式,它可以用等式的命题组合作为微分不变式证明当且仅当它可以只用原子等式作为微分不变式来证明：

$$\mathscr{DI}_= \equiv \mathscr{DI}_{=,\wedge,\vee}$$

我们怎样才能证明这种关于可证明性的正面陈述？

在你继续阅读之前，看看你是否能自己找到答案。

其中一个方向很简单。证明 $\mathscr{DI}_= \leqslant \mathscr{DI}_{=,\wedge,\vee}$ 是非常容易的，因为每个使用单个微分不变等式 $e_1 = e_2$ 的证明也是允许使用微分不变等式的命题组合的证明：命题组合中只包含唯一的合取项 $e_1 = e_2$ 而不使用任何命题运算符。

相反的方向 $\mathscr{DI}_= \geqslant \mathscr{DI}_{=,\wedge,\vee}$ 更难。如果一个公式可以用一个微分不变式证明，该不变式为等式的命题组合，例如 $e_1 = e_2 \wedge k_1 = k_2$，怎样才能只用单个等式来证明这个公式呢？

注解 69（相等可证明性的证明） 命题 13.1 的证明需要表明，每个以命题组合可证明的性质也可以用结构上更简单的微分不变式来证明。它实际上需要将以等式的命题组合作为微分不变式的证明变换为仅用微分不变等式的证明。当然，命题 13.1 需要证明得到的等式是微分不变式，并且仍然证明了和以前一样的性质。

这是证明论的一般特性。论证的核心通常涉及证明变换。这就解释了为什么证明论是对证明进行证明的元理论：关于形式化证明的数学证明。

证明（命题 13.1） 令 $x' = f(x)$ 为要考虑的（向量）微分方程。我们证明形式为多项式等式的命题组合 F 的每个微分不变式都可以表示为单个原子多项式等式（逆向包含关系是显而易见的）。根据引理 13.1，我们可以假设 F 为否定范式（回想一下，这里否定运算符已解决，且可以假设不出现 $\neq$）。然后我们使用以下变换将 F 归纳性地归约为单个等式：

- 如果 F 的形式为 $e_1 = e_2 \vee k_1 = k_2$，则 F 等价于单个等式 $(e_1 - e_2)(k_1 - k_2) = 0$。此外，dI 归纳步骤中的公式 $[x' := f(x)](F)' \equiv [x' := f(x)]((e_1)' = (e_2)' \wedge (k_1)' = (k_2)')$ 直接蕴涵着

$$[x' := f(x)]((e_1 - e_2)(k_1 - k_2))' = 0$$
$$\equiv [x' := f(x)](((e_1)' - (e_2)')(k_1 - k_2) + (e_1 - e_2)((k_1)' - (k_2)')) = 0)$$

这蕴涵着微分结构是兼容的。因此，如果 $e_1 = e_2 \vee k_1 = k_2$ 的归纳步骤成功，则 $(e_1 - e_2)(k_1 - k_2) = 0$ 的归纳步骤也将成功。相反的蕴涵并不成立，但对于这个证明也无须成立，因为我们只是说，如果等式的析取是微分不变式，那么变换后更复杂的单个等式也将是微分不变式，但反过来不成立。

- 如果 F 的形式为 $e_1 = e_2 \wedge k_1 = k_2$，则 F 等价于单个等式 $(e_1 - e_2)^2 + (k_1 - k_2)^2 = 0$。此外，规则 dI 归纳步骤中的公式 $[x' := f(x)](F)' \equiv [x' := f(x)]((e_1)' = (e_2)' \wedge (k_1)' = (k_2)')$ 蕴涵着

$$[x' := f(x)](((e_1 - e_2)^2 + (k_1 - k_2)^2)' = 0)$$
$$\equiv [x' := f(x)](2(e_1 - e_2)((e_1)' - (e_2)') + 2(k_1 - k_2)((k_1)' - (k_2)')) = 0)$$

因此，等式的命题联接可以在前置和后置条件中依次用它们的等价算术等式代替，并且对于所得的单个等式仍然可以证明相应的归纳步骤。 ∎

请注意，通过命题 13.1 中的归约，多项式次数以平方增加，但是作为权衡，命题结构变简单了。因此，对等式情形的微分不变式的搜索或者可以利用具有较低次数的多项式的命题结构，或者以较高次数为代价来抑制命题结构。这种权衡取决于实算术判定程序，但往往保留命题结构更好，因为证明演算仍然可以在调用实算术之前利用逻辑结构来分解

验证问题。然而有些情况下，这种归约是极具深刻见解的[12]。

因此，等式微分不变式具有许多美好的性质，包括对不变函数的表征[12]以及推广为对代数微分方程代数不变式的判定程序[4]。

13.7 等式不完备性

尽管命题 13.1 证实了单个等式有着令人惊讶的表达力，但仅专注于微分不变等式会降低演绎能力，因为有的性质只有微分不变不等式才能证明。

[407]

命题 13.2(等式不完备性)　采用等式公式的微分归纳法的演绎能力严格小于一般微分归纳法的演绎力，因为某些不等式不能用等式证明。

$$\mathscr{DI}_= \equiv \mathscr{DI}_{=,\wedge,\vee} < \mathscr{DI}$$

$$\mathscr{DI}_\geqslant \nleqslant \mathscr{DI}_= \equiv \mathscr{DI}_{=,\wedge,\vee}$$

$$\mathscr{DI}_> \nleqslant \mathscr{DI}_= \equiv \mathscr{DI}_{=,\wedge,\vee}$$

如何才能证明这个对可证明性有否定答案的命题呢？

在你继续阅读之前，看看你是否能自己找到答案。

命题 13.1 的证明策略涉及将 dL 证明变换为其他 dL 证明，从而证明包含关系 $\mathscr{DI}_= \geqslant \mathscr{DI}_{=,\wedge,\vee}$。同样的策略可以证明命题 13.2 吗？不行，因为我们需要证明相反的情形！命题 13.2 推测 $\mathscr{DI}_\geqslant \nleqslant \mathscr{DI}_{=,\wedge,\vee}$，这意味着存在着为真的性质，它们只能用微分不变不等式 $e_1 \geqslant e_2$ 证明，而使用任何微分不变等式或其命题组合都不能证明。

首先，这意味着我们必须找到一个微分不变不等式可以证明的性质。这应该很容易，因为第 11 章向我们展示了微分不变式是多么有用。但是，命题 13.2 也需要证明为什么就这个相同的公式却不能仅使用微分不变等式或者它们的命题组合来证明。这是关于不可证明性的证明。在证明论中证明可证明性相当于(在 dL 的相继式演算中)给出论据。证明不可证明性当然并不意味着写下一些不是论据的东西就足够了。毕竟，仅仅因为一次证明尝试失败并不意味着其他尝试不会成功。

当读者努力证明本书中相对较难的习题时，应该已经体验过这一点。第一次证明尝试可能悲惨地失败而无法完成。但是，第二天你有了一个不同但更好的证明思路，突然之间就发现相同的性质是完全可以证明的，即使第一次证明尝试是失败的。

我们如何证明所有的证明尝试都不能成功？

在你继续阅读之前，看看你是否能自己找到答案。

证明逻辑公式无法证明的一种方法是给出一个反例，即其中对变量的赋值证明该公式为假的一个状态。当然，这并不能帮助我们证明命题 13.2，因为命题 13.2 的证明要求我们找到一个可以用 $\mathscr{DI}_\geqslant$ 证明的公式(所以它不能有任何反例，因为它完全永真)，只是它不能用 $\mathscr{DI}_{=,\wedge,\vee}$ 证明。证明用 $\mathscr{DI}_{=,\wedge,\vee}$ 不能证明一个永真公式，这需要我们证明 $\mathscr{DI}_{=,\wedge,\vee}$ 中的所有论据都不能论据该公式。

[408]

探索 13.1(集合论和线性代数中对差异的证明)

回想一下你对集合的了解。证明两个集合 M、N 具有相同"数量"的元素的方法是想出集合之间的一对函数 $\Phi: M \to N$ 和 $\Psi: N \to M$，然后证明 Φ、Ψ 是彼此的逆，

即对于所有 $x \in M$，$y \in N$ 都有 $\Phi(\Psi(y)) = y$，$\Psi(\Phi(x)) = x$，从而证明在集合 M 和 N 之间存在双射。证明两个集合 M、N 没有相同"数量"的元素的方法则完全不同，因为这需要证明对于所有的函数对 $\Phi : M \to N$ 和 $\Psi : N \to M$，都存在 $x \in M$ 使得 $\Psi(\Phi(x)) \neq x$ 或存在 $y \in N$ 使得 $\Phi(\Psi(y)) \neq y$。由于写下每一对这样的函数 Φ、Ψ 需要大量的工作（如果 M 和 N 为无穷大，则需要无限量的工作），替代方法是使用像基数（cardinality）或可数性这样的间接准则来证明，例如实数 $\mathbb{R}$ 和有理数 $\mathbb{Q}$ 不可能具有相同数量的元素，因为（根据康托的对角论证法[1,18]）$\mathbb{Q}$ 是可数的但 $\mathbb{R}$ 不是。

回忆一下线性代数中的向量空间。证明两个向量空间 V、W 是同构的方法是努力思考并构造函数 $\Phi : V \to W$ 和函数 $\Psi : W \to V$，然后证明 Φ、Ψ 是线性函数且互为逆。证明两个向量空间 V、W 不是同构的方法则完全不同，因为这需要证明所有函数对 $\Phi : V \to W$ 和 $\Psi : W \to V$ 要么不是线性的，要么不是彼此的逆。证明后者真的也需要很多（通常是无限量的）工作。替代方法是使用间接准则。证明两个向量空间 V、W 不同构可以通过证明两者具有不同的维度，再证明同构的向量空间总是具有相同的维度，因此 V 和 W 不可能是同构的。

通过类比，对不可证明性的证明引出对微分方程证明的间接准则的研究。

注解 70（可证明性差异的证明）　证明微分不变式类型的不可归约性 $\mathscr{A} \not\leq \mathscr{B}$ 需要一个在 $\mathscr{A}$ 中可证明的示例公式 P，加上证明使用 $\mathscr{B}$ 的证明都不能证明 P。这样做的首选方法是找到一个间接准则，从而 $\mathscr{B}$ 中所有证明的所有结论都满足该准则但 P 并不满足，所以使用 $\mathscr{B}$ 的证明不可能成功证明 P。

证明（命题 13.2）　考虑任何为正的项 $a > 0$（例如，5 或 $x^2 + 1$ 或 $x^2 + x^4 + 2$）。以下证明以弱不等式 $x \geq 0$ 为微分不变式证明了一个公式：

$$
\mathrm{dI} \dfrac{[:=] \dfrac{\mathbb{R} \dfrac{*}{\vdash a \geq 0}}{\vdash [x' := a] x' \geq 0}}{x \geq 0 \vdash [x' = a] x \geq 0}
$$

然而，等式微分不变式不能证明相同的公式。任何对于所有 $x \geq 0$ 都为零的单变量多项式 p 都是零多项式，因此形式为 $p = 0$ 的等式不可能等价于半空间 $x \geq 0$。根据等式演绎能力定理（命题 13.1），那么上述公式也不能用等式的任何布尔组合作为微分不变式来证明，因为等式微分不变式的命题组合能证明的性质与单个等式微分不变式相同，而后者不能成功证明 $x \geq 0 \to [x' = a] x \geq 0$。

该定理其他部分的证明在文献[14]中给出，它涉及将不可证明性论证推广到使用切割等其他间接证明。　∎

一个诱人的想法是至少等式后置条件只需要等式微分不变式来证明。但事实非如此[14]。因此，即使想证明的性质仅涉及等式，仍可能需要将证明论证类推以包含对不等式的考虑。

13.8　严格的微分不变不等式

对于逆命题，我们证明仅关注严格不等式 $p > 0$ 也会使演绎能力下降，因为这样明显缺少等式形式，而这一点至少对于某个证明是重要的。也就是说，所谓的严格屏障证书

(strict barrier certificate)不能证明(非平凡的)闭合不变式。

命题 13.3(严格屏障的不完备性)　采用严格屏障证书(形式为 $e>0$ 的公式)的微分归纳法的演绎能力严格弱于一般微分归纳法的演绎能力：

$$\mathcal{DI}_> < \mathcal{DI}$$

$$\mathcal{DI}_= \not\leqslant \mathcal{DI}_>$$

证明　下列证明通过等式微分归纳法证明了一个公式：

$$\dfrac{\text{[:=]}\dfrac{\mathbb{R}\dfrac{*}{\vdash 2xy+2y(-x)=0}}{\vdash [x':=y][y':=-x]2xx'+2yy'=0}}{{}^{\text{dI}}\ x^2+y^2=c^2 \vdash [x'=y,y'=-x]x^2+y^2=c^2}$$

410

但同样的公式不能用 $e>0$ 形式的微分不变式来证明。形式为 $e>0$ 的不变式描述的是一个开集，因此不可能等价于 $x^2+y^2=c^2$ 为真的(非平凡)闭集。在(欧几里得空间)$\mathbb{R}^n$ 中唯一同时为开集和闭集的集合是空集 $\varnothing$ (由公式 false 描述)和全空间 $\mathbb{R}^n$ (由公式 true 描述)，这两者都不能证明感兴趣的性质，因为 true 并不蕴涵后置条件，而 false 最初不成立。定理其他部分的证明在文献[14]中给出。　■

探索 13.2(实分析中的拓扑)

　　下面的证明区分了开集和闭集，这些是实分析(或拓扑)中的概念。粗略地说，闭集的边界属于该集合，例如半径为 1 的单位实圆盘。开集是指没有边界点属于该集合的集合，例如半径为 1 的单位圆盘但不含半径为 1 的外圆。

含边界的闭实　　　　不含边界的开
圆盘$x^2+y^2\leqslant 1$　　圆盘$x^2+y^2<1$

集合 $O\subseteq\mathbb{R}^n$ 为开集，当且仅当在 O 的每个点周围都存在一个包含在 O 中的小的邻域。也就是说，对于所有的点 $a\in O$ 都存在 $\varepsilon>0$ 使得距离 a 至多 ε 的每个点 b 仍然在 O 中。集合 $C\subseteq\mathbb{R}^n$ 为闭集，当且仅当它的补集是开集。因为 $\mathbb{R}^n$ 是所谓的完备度量空间，集合 $C\subseteq\mathbb{R}^n$ 为闭集，当且仅当 C 中每个收敛的元素序列收敛到的极限仍在 C 中(因此 C 对极限运算是闭合的)。

　　这里应记住的要点是，检查想证明的不变式是开集还是闭集，并使用适合该任务的微分不变式类型，这么做是有道理的。当然，$e=0$ 和 $e\geqslant 0$ 都可能适用于闭集。

　　但是要注意，集合的开放还是闭合取决于周围的空间。例如，第 12 章中的一个证明对严格不等式 $x>0$ 证明了它是微分方程 $x'=-x$ 的不变式，方法是以附加微分幽灵 $y'=\dfrac{y}{2}$ 将其归约为对等式 $xy^2=1$ 的不变性的证明。表面看起来，这通过使用闭集证明了开集是不变式，但是由于新变量 y，状态空间的整个维度都发生了变化。而且实际上，所有满足如下条件的 x 的集合还是由 $x>0$ 描述的开集，即存在 y 使得 $xy^2=1$。

411

13.9 将微分不变等式表述为微分不变不等式

然而，弱不等式 $e \geqslant 0$ 确实纳入了微分不变等式 $e = 0$ 的演绎能力。经过一番思考，这在代数层面上是很明显的，但是我们将看到它也会延续到微分结构上。

命题 13.4(等式可定义性) 采用等式的微分归纳法的演绎能力包含在采用弱不等式的微分归纳法的演绎能力中：

$$\mathscr{DI}_{=,\wedge,\vee} \leqslant \mathscr{DI}_{\geqslant}$$

证明 根据命题 13.1，我们只需要证明 $\mathscr{DI}_{=} \leqslant \mathscr{DI}_{\geqslant}$，因为命题 13.1 蕴涵着 $\mathscr{DI}_{=,\wedge,\vee} = \mathscr{DI}_{=}$。令 $e = 0$ 为微分方程 $x' = f(x) \& Q$ 的微分不变等式。那么我们可以给出如下证明：

$$\frac{[:=],\mathbb{R} \frac{*}{Q \vdash [x' := f(x)](e)' = 0}}{\text{dI} \frac{}{e = 0 \vdash [x' = f(x) \& Q]e = 0}}$$

然后依据如下 dL 证明，在实算术中等价于 $e = 0$ 的不等式 $-e^2 \geqslant 0$ 也是相同动态的微分不变式：

$$\frac{[:=],\mathbb{R} \frac{*}{Q \vdash [x' := f(x)] - 2e(e)' \geqslant 0}}{\text{dI} \frac{}{-e^2 \geqslant 0 \vdash [x' = f(x) \& Q](-e^2 \geqslant 0)}}$$

该微分归纳步骤的子目标是可证明的：如果我们可以根据第一个相继式证明得出 Q 蕴涵着 $[x' := f(x)](e)' = 0$，那么对于第二个相继式证明，我们也可以证明 Q 蕴涵着 $[x' := f(x)] - 2e(e)' \geqslant 0$，因为在一阶实算术中后置条件 $(e)' = 0$ 蕴涵着 $-2e(e)' \geqslant 0$。

请注意，将微分方程的性质简化为局部状态下的微分性质，这种微分不变式角度的考量对于上一个证明的成功至关重要。很明显，在任何单个状态下 $(e)' = 0$ 蕴涵 $-2e(e)' \geqslant 0$。没有微分不变性论证，就很难将它与沿着微分方程的相应性质的真假值联系起来。根据命题 13.4，如果以弱不等式作为微分不变式进行搜索就可以不用考虑等式。然而请注意，通过命题 13.4 中的归约，多项式次数是以平方增加的。特别地，通过一个接一个地使用命题 13.1 和命题 13.4 中的归约将命题等式公式转换为单个弱不等式，多项式次数以四次方增加。多项式次数的这种四次方增加对于实际应用来说计算负担很可能过重了，即使这种归约在理论上是永真的。

13.10 微分不变原子

接下来我们将看到，除了纯等式这一值得注意的例外(命题 13.1)，命题运算符的确提高了微分不变式的演绎能力。

定理 13.1(原子不完备性) 采用不等式命题组合的微分归纳法的演绎能力超过了采用原子不等式的微分归纳法的演绎能力。

$$\mathscr{DI}_{\geqslant} < \mathscr{DI}_{\geqslant,\wedge,\vee}$$
$$\mathscr{DI}_{>} < \mathscr{DI}_{>,\wedge,\vee}$$

证明 考虑任意项 $a \geqslant 0$(例如，1 或 $x^2 + 1$ 或 $x^2 + x^4 + 1$ 或 $(x - y)^2 + 2$)。那么公式 $x \geqslant 0 \wedge y \geqslant 0 \rightarrow [x' = a, y' = y^2](x \geqslant 0 \wedge y \geqslant 0)$ 可以使用合取式作为微分不变式来证明：

$$\frac{\mathbb{R} \frac{*}{\vdash a \geqslant 0 \wedge y^2 \geqslant 0}}{[:=] \frac{}{\vdash [x' := a][y' := y^2](x' \geqslant 0 \wedge y' \geqslant 0)}}{\text{dI} \frac{}{x \geqslant 0 \wedge y \geqslant 0 \vdash [x' = a, y' = y^2](x \geqslant 0 \wedge y \geqslant 0)}}$$

通过类似于文献[10-11]中给出的证明中的符号论证，没有一个原子公式可以等价于 $x \geq 0 \wedge$ $y \geq 0$。基本上，对于多项式 p，没有形式为 $p(x,y) \geq 0$ 的公式可以等价于 $x \geq 0 \wedge y \geq 0$。原因是这将蕴涵着对于所有 x 都有 $p(x,0) \geq 0 \leftrightarrow x \geq 0$，这样 $p(x,0)$ 是一个具有无穷多个根（每个 $x \geq 0$）的一元多项式，这又蕴涵着 $p(x,0)$ 是零多项式，它不等价于 $x \geq 0$，因为对于 $x < 0$ 该零多项式也为零。类似的论证适用于 $p(x,y) > 0$ 和 $p(x,y) = 0$。因此，上面的性质不能用原子微分不变式来证明。后置条件 $x > 0 \wedge y > 0$ 的证明是类似的。

证明的其他（相当重要的）部分在文献[14]中给出。

请注意，定理 13.1 证明中的公式是可证明的，例如以两个原子微分归纳步骤使用微分切割(dC)，一个用于 $x \geq 0$，另一个用于 $y \geq 0$。然而，可以给出一个相似但复杂得多的论证来证明，即使使用微分切割，原子公式的微分归纳法的演绎能力仍然严格小于一般微分归纳法的演绎能力，见文献[10]。这只需要选择另一个微分方程以及一个更复杂的证明。

因此，对于不等式的情形，命题联接词在寻找微分不变式时是非常重要的，甚至在有微分切割的情况下也是如此。

413

13.11　总结

图 13.2 总结了本章解释的以及文献[14]中发表的微分方程可证明性关系的研究结果。本章考虑了微分不变性问题，根据相对完备性论证[9,13]，这是混成系统验证的核心。为了更好地理解混成系统的结构性质，已经找出并分析了几(9)类微分不变式的演绎能力之间的十几(16)种关系。对这些关系的理解有助于指导对合适微分不变式的搜索，也为利用间接准则（如集合的开/闭性）作为指南提供了直观理解。

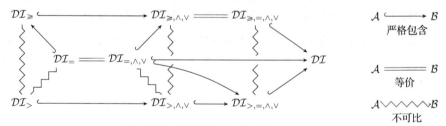

$\mathcal{DI}_\Omega$：用 Ω 中的运算符构建的微分不变式可以验证的性质

图 13.2　微分不变性图（标明了微分不变式类型之间的严格包含关系 $\mathcal{A} < \mathcal{B}$、等价关系 $\mathcal{A} \equiv \mathcal{B}$，以及不可比关系 $\mathcal{A} \nleq \mathcal{B}$，$\mathcal{B} \nleq \mathcal{A}$）

这些结果需要逻辑元素与实算术、微分、半代数和几何性质的共同作用。未来的工作包括进一步研究这一称为实微分半代数几何的新领域，它的发展才刚刚开始[5-7,14]。

13.12　附录：不同范数和次数下的曲线运动

引理 13.2 的证明给出了一个例子，它需要用高次多项式的公式来证明低次多项式无法证明的性质。我们不能从引理 13.2 的证明中得出以下结论，即仅仅因为使用更高次的微分不变式在这个特别的证明中是成功的，就认为使用更高次的微分不变式总是更好的选择。

例如，考虑向量 (x,y) 的上确界范数 $\|(x,y)\|_\infty$ 的上界 t，其定义为

$$\|(x,y)\|_\infty \leq t \overset{\text{def}}{\equiv} -t \leq x \leq t \wedge -t \leq y \leq t \tag{13.2}$$

414

以下关于曲线动态上界的证明是相对容易的：

$$
\begin{array}{ll}
\mathbb{R} & \dfrac{\qquad\qquad\qquad\qquad *}{v^2+w^2\leqslant 1\vdash -1\leqslant v\leqslant 1\wedge -1\leqslant w\leqslant 1} \\[6pt]
[:-] & \dfrac{}{v^2+w^2\leqslant 1\vdash [x':=v][y':=w][v':=\omega w][w':=-\omega v][t':=1](-t'\leqslant x'\leqslant t'\wedge -t'\leqslant y'\leqslant t')} \\[6pt]
\mathrm{dI} & \dfrac{\lhd v^2+w^2\leqslant 1\wedge x=y=t=0\;[x'=v,y'=w,v'=\omega w,w'=-\omega v,t'=1\&v^2+w^2\leqslant 1]\|(x,y)\|_\infty\leqslant t}{} \\[6pt]
\mathrm{dC} & \dfrac{}{v^2+w^2\leqslant 1\wedge x=y=t=0\vdash [x'=v,y'=w,v'=\omega w,w'=-\omega v,t'=1]\|(x,y)\|_\infty\leqslant t}
\end{array}
$$

这里省略了上述微分切割（dC）的第一个前提（标记为 $\lhd$），其证明与例 11.3 中的相同。这个证明表明，从原点开始以最高为 1 的线速度以及角速度 ω 运动的点 (x,y) 在上确界范数中不会比时间 t 运动得更远。

这个简单的证明与下面欧几里得范数 $\|(x,y)\|_2$ 的相应上界的证明尝试形成对比，该范数定义为

$$\|(x,y)\|_2\leqslant t\overset{\text{def}}{\equiv}x^2+y^2\leqslant t^2 \tag{13.3}$$

对此的直接证明失败了：

$$
\begin{array}{ll}
 & \dfrac{\qquad\qquad\quad\text{非永真}}{v^2+w^2\leqslant 1\vdash 2xv+2yw\leqslant 2t} \\[6pt]
[:=] & \dfrac{}{v^2+w^2\leqslant 1\vdash [x':=v][y':=w][v':=\omega w][w':=-\omega v][t':=1](2xx'+2yy'\leqslant 2tt')} \\[6pt]
\mathrm{dI} & \dfrac{\lhd v^2+w^2\leqslant 1\wedge x=y=t=0\vdash [x'=v,y'=w,v'=\omega w,w'=-\omega v,t'=1\&v^2+w^2\leqslant 1]\|(x,y)\|_2\leqslant t}{} \\[6pt]
\mathrm{dC} & \dfrac{}{v^2+w^2\leqslant 1\wedge x=y=t=0\vdash [x'=v,y'=w,v'=\omega w,w'=-\omega v,t'=1]\|(x,y)\|_2\leqslant t}
\end{array}
$$

间接证明仍然是可能的，但要复杂得多。在这种情况下，使用上确界范数（式（13.2））的证明比使用欧几里得范数（式（13.3））的证明要容易得多。此外，算术的复杂度也降低了，因为上确界范数（式（13.2））可以在线性算术中定义，这与欧几里得范数（式（13.3））需要二次算术不同。最后，更简单的证明是，这两种范数差异最多为因子 $\sqrt{2}$，因为使用量词消除法很容易证明上确界范数 $\|\cdot\|_\infty$ 和标准欧几里得范数 $\|\cdot\|_2$ 是等价的，即它们值的差异最多为常数因子：

$$\forall x\,\forall y\big(\|(x,y)\|_\infty\leqslant\|(x,y)\|_2\leqslant\sqrt{n}\,\|(x,y)\|_\infty\big) \tag{13.4}$$

$$\forall x\,\forall y\Big(\frac{1}{\sqrt{n}}\|(x,y)\|_2\leqslant\|(x,y)\|_\infty\leqslant\|(x,y)\|_2\Big) \tag{13.5}$$

其中 n 是向量空间的维数，这里为 2。这是有道理的，比如，如果坐标的最大绝对值至多为 1，那么欧几里得距离至多为 $\sqrt{2}$。而且 $\sqrt{2}$ 这一额外因子很容易用毕达哥拉斯定理证明。图 13.3 描绘了各种范数中单位盘的包含关系。

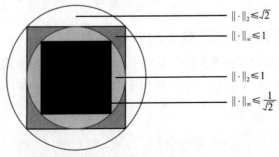

图 13.3 p 范数的包含关系

415

习题

13.1 证明范数关系式(13.4)和式(13.5)。在相继式证明中使用这些关系将具有上确界范数 $\|(x,y)\|_{\infty}$ 上界的成功证明与关于欧几里得范数 $\|(x,y)\|_{2}$ 上界的相应结果联系起来。

13.2 证明关系 $\mathscr{DI}_{>}\leqslant\mathscr{DI}_{>,\wedge,\vee}$，即所有可以使用 $p>q$ 形式的微分不变式证明的性质也可以用这些公式的命题组合作为微分不变式来证明。

13.3 证明关系 $\mathscr{DI}_{\geqslant}\equiv\mathscr{DI}_{\leqslant,\wedge,\vee}$。

13.4 证明关系 $\mathscr{DI}_{\geqslant,\wedge,\vee}\equiv\mathscr{DI}_{\geqslant,=,\wedge,\vee}$。

13.5 令 $\mathscr{DI}_{\text{true}}$ 表示只允许公式 true 作为微分不变式的证明演算。证明关系 $\mathscr{DI}_{\text{true}}<\mathscr{DI}_{=}$。

13.6 令 $\mathscr{DI}_{\text{false}}$ 表示只允许公式 false 作为微分不变式的证明演算。证明关系 $\mathscr{DI}_{\text{false}}<\mathscr{DI}_{>}$。

13.7 证明关系 $\mathscr{DI}_{=,\wedge,\vee}<\mathscr{DI}_{\geqslant,\wedge,\vee}$。

13.8 证明关系 $\mathscr{DI}_{>,\wedge,\vee}<\mathscr{DI}_{>,=,\wedge,\vee}$。

13.9 $\mathscr{DI}_{x=0}$ 与 $\mathscr{DI}_{x^2=0}$ 的比较关系是什么？也就是说，是否存在公式只能用形式为 $x=0$ 的不变式证明但不能用 $x^2=0$ 证明，反之如何？

参考文献

[1] Georg Cantor. Über eine elementare Frage der Mannigfaltigkeitslehre. *Jahresbericht der Deutschen Mathematiker-Vereinigung* **1** (1891), 75–78.

[2] Alonzo Church. A note on the Entscheidungsproblem. *J. Symb. Log.* **1**(1) (1936), 40–41.

[3] Stephen A. Cook. The complexity of theorem-proving procedures. In: *STOC*. Ed. by Michael A. Harrison, Ranan B. Banerji, and Jeffrey D. Ullman. New York: ACM, 1971, 151–158. DOI: 10.1145/800157.805047.

[4] Khalil Ghorbal and André Platzer. Characterizing algebraic invariants by differential radical invariants. In: *TACAS*. Ed. by Erika Ábrahám and Klaus Havelund. Vol. 8413. LNCS. Berlin: Springer, 2014, 279–294. DOI: 10.1007/978-3-642-54862-8_19.

[5] Khalil Ghorbal, Andrew Sogokon, and André Platzer. Invariance of conjunctions of polynomial equalities for algebraic differential equations. In: *SAS*. Ed. by Markus Müller-Olm and Helmut Seidl. Vol. 8723. LNCS. Berlin: Springer, 2014, 151–167. DOI: 10.1007/978-3-319-10936-7_10.

[6] Khalil Ghorbal, Andrew Sogokon, and André Platzer. A hierarchy of proof rules for checking differential invariance of algebraic sets. In: *VMCAI*. Ed. by Deepak D'Souza, Akash Lal, and Kim Guldstrand Larsen. Vol. 8931. LNCS. Berlin: Springer, 2015, 431–448. DOI: 10.1007/978-3-662-46081-8_24.

[7] Khalil Ghorbal, Andrew Sogokon, and André Platzer. A hierarchy of proof rules for checking positive invariance of algebraic and semi-algebraic sets. *Computer Languages, Systems & Structures* **47**(1) (2017), 19–43. DOI: 10.1016/j.cl.2015.11.003.

[8] David Harel, Albert R. Meyer, and Vaughan R. Pratt. Computability and completeness in logics of programs (preliminary report). In: *STOC*. New York: ACM, 1977, 261–268.

[9] André Platzer. Differential dynamic logic for hybrid systems. *J. Autom. Reas.* **41**(2) (2008), 143–189. DOI: 10.1007/s10817-008-9103-8.

416

[10] André Platzer. Differential-algebraic dynamic logic for differential-algebraic programs. *J. Log. Comput.* **20**(1) (2010), 309–352. DOI: 10.1093/logcom/exn070.

[11] André Platzer. *Logical Analysis of Hybrid Systems: Proving Theorems for Complex Dynamics*. Heidelberg: Springer, 2010. DOI: 10.1007/978-3-642-14509-4.

[12] André Platzer. A differential operator approach to equational differential invariants. In: *ITP*. Ed. by Lennart Beringer and Amy Felty. Vol. 7406. LNCS. Berlin: Springer, 2012, 28–48. DOI: 10.1007/978-3-642-32347-8_3.

[13] André Platzer. The complete proof theory of hybrid systems. In: *LICS*. Los Alamitos: IEEE, 2012, 541–550. DOI: 10.1109/LICS.2012.64.

[14] André Platzer. The structure of differential invariants and differential cut elimination. *Log. Meth. Comput. Sci.* **8**(4:16) (2012), 1–38. DOI: 10.2168/LMCS-8(4:16)2012.

[15] André Platzer. Differential game logic. *ACM Trans. Comput. Log.* **17**(1) (2015), 1:1–1:51. DOI: 10.1145/2817824.

[16] André Platzer. A complete uniform substitution calculus for differential dynamic logic. *J. Autom. Reas.* **59**(2) (2017), 219–265. DOI: 10.1007/s10817-016-9385-1.

[17] André Platzer and Edmund M. Clarke. Computing differential invariants of hybrid systems as fixedpoints. *Form. Methods Syst. Des.* **35**(1) (2009). Special issue for selected papers from CAV'08, 98–120. DOI: 10.1007/s10703-009-0079-8.

[18] Willard Van Quine. On Cantor's theorem. *J. Symb. Log.* **2**(3) (1937), 120–124. DOI: 10.2307/2266291.

[19] H. Gordon Rice. Classes of recursively enumerable sets and their decision problems. *Trans. AMS* **74**(2) (1953), 358–366. DOI: 10.2307/1990888.

[20] Alan M. Turing. On computable numbers, with an application to the Entscheidungsproblem. *Proc. Lond. Math. Soc.* **42**(1) (1937), 230–265. DOI: 10.1112/plms/s2-42.1.230.

417

418

对抗式信息物理系统

本部分通过在动态系统中包含全新动态特性，从根本上促进我们对信息物理系统的理解。本书的前几部分通过其中相互作用的离散动态和连续动态深入研究混成系统，并详细阐述它们各自的证明原理。在混成系统的演化中存在选择，但这些选择的决定方式都是非确定性的，也就是以任意、无目的的方式决定的。

本部分探讨当混成系统的动态中存在具有不同目标的不同智能体时会发生什么，这样系统中的选择也可以由不同的局中人在不同的时间做出。本部分研究**对抗性动态**，其中两个局中人在混成系统的离散动态和连续动态上交互，这引出了**混成博弈**。与第一部分和第二部分研究的信息物理系统的混成系统模型不同，第三部分的混成博弈混合离散动态、连续动态和对抗性动态。混成博弈针对两个局中人的情形。混成系统对应于单人混成博弈，其中唯一的局中人是非确定性的（或者另外那个局中人从未有任何选择可做的博弈）。对抗性动态为系统的整体动态提供了更大的自由度。每当多个智能体在目标可能冲突或者由于对世界的认知不同而产生可能冲突行为的情况下相互作用时，这都是很重要的。尽管系统动态有了这些重要的泛化，但是第一部分和第二部分对于信息物理系统的基本理解将可以继续无缝地类推到混成博弈。

混成系统与博弈

概要　本章开始研究一种全新的信息物理系统模型：混成博弈的模型，它结合了离散动态、连续动态和对抗性动态。虽然在对迄今为止的信息物理系统的分析中含离散动态和连续动态的混成系统适用得很好，但对于其他信息物理系统而言，它们还有的关键要求是理解其他动态效应。每当系统中的选择可以由不同的局中人决定时，对抗性动态就变得很重要了。这种情况经常发生在具有多个智能体的 CPS 中，这些智能体不一定就共同目标达成一致，或者即使它们有共同的目标，也可能根据对世界的认知不同而采取不同的动作。本章将讨论这种见解带来的深远影响，并将混成程序发展成混成博弈的编程语言。

14.1　引言

混成系统在本书中一直很好地用作信息物理系统的模型[1,3,7,11]。但与我们在第一部分和第二部分中所假设的相反，混成系统与信息物理系统并不相同。混成系统还可以作为本质上非信息物理的其他系统的模型，即这些系统的构建方式不是将网络和计算能力与物理能力相结合。某些生物系统可以理解为混成系统，因为它们结合了离散的基因激活和连续的生化反应。或者，如果事情发生的速度非常不同，物理过程也可以理解为混成系统。此时存在缓慢的过程以及非常快的过程，对前者的关键是将其理解为连续的，而对后者可能离散的抽象就足够了。只要回想一下弹跳球，对其中反弹事件的离散理解更加合适，即使此过程中发生连续变型，但速度要远远快于重力作用下的连续下落。这些例子都不是特别的信息物理。尽管如此，它们可以自然地建模为混成系统，因为它们的基本特征是离散动态和连续动态的相互作用，这正是混成系统所擅长描述的。混成系统是混合离散动态和连续动态而成的动态系统的数学模型，无论这些系统是否是信息物理的。因此，并非所有的混成系统都是信息物理系统，尽管它们相得益彰。

本章的一个重要观点是逆命题不一定为真。并非所有的信息物理系统都是混成系统！原因并不是信息物理系统缺乏离散动态和连续动态，而是它们还涉及额外的动态特性。涉及多种动态特性在信息物理系统中是一种非常普遍的现象，这就是为什么最好将其理解为多动态系统，即具有多种动态特点的系统[4-7,9-10,12]。

从某种意义上说，应用通常会在动态特性上有 +1 效应。你的分析可能首先侧重的动态特性是某个数目，只是在详细分析时观察到系统的另一部分中还有一个最初预期之外的动态特性也很相关。弹跳球就是一个例子，初步分析可能首先将它归结为完全连续的动态，只是一段时间后才发现以离散动态理解从地面反弹这一奇点更容易。每当分析系统时，都要准备好在拐角处发现还有一种动态特性！这是另一个原因，它说明了为什么以逻辑为基础的灵活通用的分析技术是有用的，这样即使在发现新的动态特性后该技术仍然适用。

当然，在本章中一次性理解多动态系统的所有特性是不可能的。但本章将介绍一个绝对基本的动态特性：对抗性动态[9,12]。对抗性动态来自多个局中人，在一个 CPS 的范畴内，他们在混成系统上进行交互并且允许为了追求自己的目标而任意做出各自的选择。离散动态、连续动态和对抗性动态的结合引出了混成博弈。与混成系统不同，混成博弈允许由具有不同目标的不同局中人以对抗的方式决定系统动态中的选择。

在多个智能体积极竞争的情况下，混成博弈是必要的。因此，混成博弈的标准场景是两队机器人踢足球，在空间内物理移动，根据离散计算机决策进行控制，并在场上积极竞争以将球踢入对方的球门。机器人足球比赛中的机器人无法就它们试图让球滚动的方向达成一致。出于真正的竞争原因，这导致了离散动态、连续动态和对抗性动态的混合。

然而事实证明，出于分析性竞争的原因也会引出混成博弈，也就是说，仅仅为了最坏情况分析才假设可能存在竞争。考虑一个机器人与另一个我们称之为捣蛋机器人的机器人交互。你控制着前者，但其他人控制着捣蛋机器人。你的目标是控制你的机器人，使得它无论如何都不会撞到捣蛋机器人。这意味着你需要找到某种方法来利用你机器人的控制选择，以便它朝着目标前进，但对于捣蛋机器人可能采用的所有控制选择都将保持安全。毕竟，你并不确切知道那个捣蛋机器人是如何实现的，它又将如何对你的控制决策做出反应。由此看来，你的机器人在和捣蛋机器人进行一场混成博弈，其中你的机器人试图安全地避免碰撞。捣蛋机器人可能也表现得很理智并试图保持安全。但是捣蛋机器人的目标可能与你的不同，因为它的目标不是让你的机器人达到你的目的。相反，捣蛋机器人优先选择达到自己的目标，因此只要它采取动作追求的目标不符合你机器人的利益，就有可能造成不安全的干扰。如果你的机器人选择的动作与捣蛋机器人的动作不兼容而导致碰撞，那它肯定是不完善的，应该送回去重新设计。而且即使两个机器人就同一目标达成完美一致，当它们对世界的认知不同时，它们的动作仍可能导致无意的干扰。在这种情况下，两个机器人尽管追求的目标相同，仅仅因为它们各自认知的世界状态有所不同，它们仍可能采取相互冲突的动作。想象一个共同的目标是不与如下规则发生冲突，即任何在更西边的机器人都应进一步向西移动。现在，如果两个机器人都认为它们是更西边的那个，因为这是它们传感器传达的信息，那么即使两个机器人真的都不是有意的，它们仍然可能会发生碰撞。

唉，当你试图理解需要如何控制你的机器人才能保持安全时，有教育意义的做法是思考在最坏情况下捣蛋机器人让你的生活变得艰难的动作可能是什么。当测试工程师试图演示你的机器人控制器仿真在哪种情况下表现出错误行为时，他们实际上与你在进行混成博弈，这样你可以从控制不成功的情况中学习。如果你的机器人获胜并保持安全，那么这表明至少在这种情况下机器人设计良好。但是如果测试工程师获胜并且给出不安全的运行轨迹，那么即使你输掉了这个特定的仿真，但相比于干瞪着一切都是顺境的仿真记录影像，你在机器人控制设计中对边角案例的了解更多了，从这一点来说你仍然赢了。

本章基于文献[9]，其中可以找到更多有关逻辑和混成博弈的信息。本章最重要的学习目标如下所示。

建模与控制：我们寻找得到另一种重要的动态特性，即对抗性动态特性，它增加了一种对抗方式来决定系统动态中的选择。这种动态特性对于理解 CPS 背后的核心原理很重要，因为 CPS 应用中经常出现的特点是多个智能体的动作可能冲突。选择这样冲突的动作可能是因为目标不同或者对世界的认知不同。认识到对抗性动态的如下特性是很有帮助的，即它在哪种情况下对于理解 CPS 是重要的，什么时候又是可以忽略而不会有所损失的。对于所有选择都是以针对你或者对你有利的方式决定的 CPS，已经可以使用微分动态逻辑中的方括号和尖括号模态进行描述和分析了[7]。对抗性动态在混合的情形下才有趣，其中一些选择对你有利，而另一些则最终对你不利。本章的另一个重要目标是开发含对抗性动态的 CPS 模型和控制，这种动态对应于多个智能体的行为。

[423]   **计算思维**：本章遵循逻辑和计算思维的基本原理来捕捉 CPS 模型中的对抗性动态这一新现象。我们利用编程语言的核心思想，以新的对偶运算符扩展程序模型的语法和语义以及规约和验证逻辑，从而以模块化的方式将对抗性融入混成系统模型这一领域中。这得出了使用合成运算符的混成博弈的合成模型。模块化使得我们可以将 CPS 的严格推理原理推广到混成博弈，并能同时驾驭它们的复杂性。本章介绍微分博弈逻辑 dGL[9,12]，它以对抗性动态扩展我们熟悉的微分动态逻辑，而后者已在第一部分和第二部分中用作 CPS 的规约和验证语言。计算机科学最终是关于分析的科学，例如最坏情况分析、预期情况分析或正确性分析。混成博弈使得可以在最坏情况分析和最佳情况分析之间以更细粒度的层次分析 CPS。在 dL 公式 $[\alpha]P$ 中，只有在 α 的所有运行之后 P 都成立时，$[\alpha]P$ 才为真，从这个意义上说所有选择的决定方式都是对我们不利的。在 dL 公式 $\langle\alpha\rangle P$ 中，如果在 α 的至少一次运行后 P 成立，则 $\langle\alpha\rangle P$ 为真，从这个意义上说所有选择的决定都是对我们有利的。混成博弈可用于将系统中的一些但不是所有选择归因于对手，同时让其他选择以有利的方式决定。最后，本章对含有交替选择的高等计算模型提供了一种视角。

CPS 技能：我们在对 CPS 模型语义的理解中添加一个新的维度——对抗性维度，它对应于在多个智能体彼此反应时系统如何随着时间改变状态。这个维度对于发展对多智能体 CPS 操作效果的直观理解至关重要。对抗性动态的存在将使我们重新考虑 CPS 模型的语义，以融入多个智能体及其相互反应的效果。这种泛化对于理解 CPS 中的对抗性动态至关重要，同时也让我们反思选择的作用，从而对没有对抗性的混成系统的语义作出有益的补充说明。

计算思维的基本原理
逻辑扩展
编程语言模块化原则
合成性扩展
微分博弈逻辑
最佳/最坏情况分析
交替计算模型

CT

对抗性动态
相互冲突的动作
多智能体系统
天使/恶魔的选择

M&C   CPS

多智能体状态变化
CPS语义
对选择的反思

14.2 混成博弈的逐步介绍

本节一次一步逐步介绍混成博弈提供的操作。在后续章节提供全面的见解之前，本节先重点介绍引入这些操作的动机以及从混成系统开始的直观发展。

14.2.1 选择与非确定性

[424]   首先要提醒我们自己的是，混成系统中已经有了选择，并且也有充分的理由。

注解 71（混成系统中的选择）   混成系统涉及选择。它们在混成程序中表现为在非确定性选择 $\alpha\cup\beta$ 中选择运行 HP α 还是 HP β，在非确定性重复 α^* 中选择重复 α 多少次，以及在微分方程 $x'=f(x)\,\&\,Q$ 中选择遵循微分方程多长时间。然而，所有这些选择的决定方式都只有一种，即由同一实体或局中人决定——非确定性。

各种选择以何种方式决定取决于上下文。在微分动态逻辑[1,3,7,11]的方括号模态 $[\alpha]$ 中，所有非确定性都以所有可能的方式解析，从而模态公式 $[\alpha]P$ 表示对于决定 HP α 中选择的所有可能方式，公式 P 都成立。相反，在尖括号模态 $\langle\alpha\rangle$ 中，所有非确定性都以某种方式解析，从而公式 $\langle\alpha\rangle P$ 表示至少有一种决定 HP α 中选择的方式使得公式 P 成立。模态决定了非确定性的模式。模态公式 $[\alpha]P$ 表示在运行 α 之后 P 必然成立，而 $\langle\alpha\rangle P$ 表示在 α

之后 P 是可能的。

特别地，α 中的选择有利于 $\langle\alpha\rangle P$，因为这个公式所要求的是存在某种方式使得 P 在 α 之后发生。如果 α 可能的行为有很多，那么这更容易满足。然而，α 中的选择会伤害 $[\alpha]$ P，因为这个公式要求 P 对所有这些选择都成立。选择越多，就越难确保在这些选择的每个组合之后 P 都成立。

在微分动态逻辑中，α 的选择或者一致地有利（当它们出现在 $\langle\alpha\rangle P$ 中时）或者一致地让问题更加困难（当它们出现在 $[\alpha]P$ 中时）。

这就是混成程序中这些不同形式的选择被称为非确定性的原因。它们是"不偏不倚的"。在运行 α 时，α 中选择的所有可能决定都可能非确定地发生。我们关心哪些可能性（全部还是某个）取决于 α 周围的模态。但是，在每种混成系统模态中，所有选择都一致地以一种方式决定，因为我们只能在混成程序中使用一种模态。我们不能说一种模态内的某些选择意味着帮助，而其他选择则意味着阻碍。

通过在后置条件中嵌套其他模态，我们仍然可以表达在选择的决定方式中一些有限的交替形式：

$$[\alpha_1]\langle\alpha_2\rangle[\alpha_3]\langle\alpha_4\rangle P$$

这个 dL 公式表示，在 HP α_1 的所有选择之后存在一种运行 HP α_2 的方法，使得对于运行 HP α_3 的所有方式，都存在对运行 HP α_4 的一种选择使得后置条件 P 为真。但这仍然只是在 HP 中提供了四轮交替选择的机会，而且甚至对这个目的而言表达方式也不是特别简洁。我们需要的是一种更加通用的方法，它可以将动作归因于智能体，从而允许无限多次的交替选择。

14.2.2 控制与对偶控制

对于在混成程序 α 运行期间决定的选择，另一种理解方式是它们可以由一个局中人决定。让我们称她为 Angel，因为她对于让公式 $\langle\alpha\rangle P$ 为真帮助很大。每当将要（在运行程序语句 $\alpha\cup\beta$、α^* 或者 $x'=f(x)\,\&\,Q$ 时）做出选择时，都会召唤 Angel 看看这次选择应该如何决定。在运行 $\alpha\cup\beta$ 时，Angel 选择是运行 α 还是 β。在运行 α^* 时，Angel 决定运行 α 多少次。而在运行 $x'=f(x)\,\&\,Q$ 时，Angel 决定在 Q 内遵循这个微分方程多长时间。由于选择的决定由 Angel 做出，$\alpha\cup\beta$ 也被称为天使的选择而 α^* 被称为天使的重复。

从这个角度来看，添加第二个局中人听起来很容易。作为 Angel 永恒的对手，让我们称他为 Demon $^{\ominus}$。只是到目前为止，当 Demon 意识到他从未有机会真正在博弈中做出任何决定时，他可能会在一段时间后感到非常无聊，因为 Angel 拥有选择博弈世界如何发展的所有乐趣，而 Demon 只能漠然闲坐着。因此，为了让 Demon 保持参与，我们需要引入一些在 Demon 控制下的选择。

为了让 Demon 有兴趣参与混成博弈，我们可以采用的一种方案是特别为他添加一对闪亮的新控制。Demon 在 α 或 β 之间的选择可称之为 $\alpha\cap\beta$，而在 Demon 控制下对 α 的重复可称之为 $\alpha^{\times}$。事实上，Demon 甚至可能要求在他支配下的连续演化操作。但这种方案会引起人们对 Demon 控制的极大关注，这可能会让他感到过于威风了。我们不要这样做，因为我们不希望 Demon 知道这一点。

$\ominus$ 名称可以很随意。但是相比那些中性但无聊的局中人名称（如局中人 I 和局中人 II），这些富有意义的名称承载的信息让它们更容易被记住。

相反，我们会发现在混成程序中仅添加一个运算符就足够了——对偶运算符 $\cdot^d$，它可用于任何混成博弈 α。α^d 所做的是将 Angel 在博弈 α 中拥有的所有控制权交给 Demon，反之亦然，将 Demon 在 α 中的所有控制权交给 Angel。因此，对偶运算符有点类似于在国际象棋对局中将棋盘旋转 $180°$ 从对手的角度来继续对局时发生的情况。之前执白棋的棋手会突然控制黑棋，而之前执黑棋的棋手现在控制白棋（见图 14.1）。如 $(\alpha^d)^d$ 那样将博弈调转两次则恢复原博弈。只使用对偶运算符，Demon 就可以通过对运算符的恰当嵌套得到他自己的一组控制（$\alpha \bigcap \beta$、$\alpha^\times$ 和 $\{x'=f(x)\,\&\,Q\}^d$），而无需我们对此专门定义。甚至，现在这些额外的控制也并不特殊，而只是对偶性这个更基本原理的一种形态。

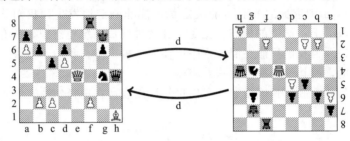

图 14.1　将混成博弈 α 转变为对偶混成博弈 α^d 对应于将国际象棋中的棋盘调转 $180°$，从而在 α^d 中局中人控制的是对手在 α 中的选择

14.2.3　Demon 的派生控制

正如混成系统中的所有选择都是非确定性的一样，Angel 完全控制混成博弈中每个运算符的所有选择，除非运算符 $\cdot^d$ 在起作用。奇数次 $\cdot^d$ 作用范围内的所有选择都属于 Demon，因为 $\cdot^d$ 会让局中人换边。Demon 的控制（即 Demon 直接拥有的那些）可以定义为用对偶运算符 $\cdot^d$ 根据 Angel 的控制派生得到的运算符。事实上，$(\alpha^d)^d$ 即对偶的对偶，就是原博弈 α，就像调转棋盘两次得到原棋盘一样。这就是为什么重要的只是选择出现在奇数次 $\cdot^d$（Demon 的选择）范围内还是在偶数次 $\cdot^d$（Angel 的选择）范围内。

恶魔选择 $\alpha \bigcap \beta$ 将由 Demon 选择是运行混成博弈 α 还是混成博弈 β。它可以定义为 $(\alpha^d \bigcup \beta^d)^d$。$\bigcup$ 运算符的选择属于 Angel，但由于它嵌套在 $\cdot^d$ 中，该选择将属于 Demon，只是混成博弈 α 和 β 周围的 $\cdot^d$ 运算符将恢复这些博弈中原来的控制所有权。混成博弈 $(\alpha^d \bigcup \beta^d)^d$ 对应于调转棋盘，从而将原本属于 Angel 的在 α^d 和 β^d 之间的选择给了 Demon，然后将 α^d 或 β^d 中的棋盘再次转回成 α 或 β。

恶魔重复 $\alpha^\times$ 按照 Demon 选择的次数重复混成博弈 α。它的定义是 $((\alpha^d)^*)^d$。$*$ 运算符中的选择属于 Angel，但是在 $\cdot^d$ 上下文中属于 Demon，而下一层 α 子博弈中的选择保持与原来一样，因为额外的 $\cdot^d$ 运算符使博弈中的职责恢复成正常状态。同样，$((\alpha^d)^*)^d$ 对应于转动棋盘，从而将本属于 Angel 的对重复的选择给了 Demon，然后再次转动 α^d 中的棋盘以运行原来的 α。

对偶微分方程 $\{x'=f(x)\,\&\,Q\}^d$ 遵循与 $x'=f(x)\,\&\,Q$ 相同的动态，区别在于对偶运算符的存在使得现在由 Demon 选择持续时间。Demon 选择的持续时间必须保持 Q 一直成立。因此，当 Q 在当前状态下不成立时，他就输了。类似地，如果公式 Q 在当前状态下不成立，对偶测试 $?Q^d$ 会让 Demon 立即输掉博弈，就像如果公式 Q 当前不成立，测试 $?Q$ 将让 Angel 立即输掉博弈一样。对偶赋值 $(x:=e)^d$ 相当于普通赋值 $x:=e$，因为赋值语句一开始就不涉及任何选择，所以由哪个局中人运行它们并不重要。

根据对偶性，Angel 的控制运算符和 Demon 的控制运算符相互对应：

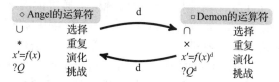

因为双重对偶 $(\alpha^{\mathrm{d}})^{\mathrm{d}}$ 与博弈 α 相同，所以除了 Demon 的选择 $\cap$、Demon 的重复 $\times$ 或在微分方程和测试周围之外，我们不必使用对偶运算符 $\cdot^{\mathrm{d}}$。但是简单地在任何地方允许使用 $\cdot^{\mathrm{d}}$ 更加有系统性。

14.3　微分博弈逻辑的语法

微分博弈逻辑（dGL）是研究混成博弈性质的逻辑[9]。这里的想法是使用程序符号标记法描述博弈形式，即感兴趣的混成博弈的规则、动态和选择，然后通过证明逻辑公式的永真性来研究博弈的性质，而这些逻辑公式指的是这些混成博弈的目标是否存在必胜策略。这类似于微分动态逻辑公式 $[\alpha]P$ 如何用混成程序 α 描述混成系统的动态，而用模态的后置条件 P 描述感兴趣的性质。

14.3.1　混成博弈

尽管混成博弈形式只是用博弈的动态、规则和选择来描述博弈的形式，而不涉及实际的目标，但只是为了简化术语，它们仍然被称为混成博弈。混成博弈的目标在指向该混成博弈形式的模态逻辑公式的后置条件中定义。在混成博弈中，局中人违反博弈规则就会输，永远不会赢。在 dGL 公式中指定恰当的获胜条件。混成博弈（定义 14.1）和微分博弈逻辑公式（定义 14.2）的定义随后给出。

定义 14.1（混成博弈）　微分博弈逻辑 dGL 的混成博弈由以下文法定义（α、β 为混成博弈，x 为变量的向量，$f(x)$ 为一个与 x 维度相同的（多项式）项的向量，Q 为 dGL 公式或者仅仅就是一阶实算术公式）：

$$\alpha,\beta ::= x:=e \mid x'=f(x)\,\&\,Q \mid ?Q \mid \alpha \cup \beta \mid \alpha;\beta \mid a^{*} \mid \alpha^{\mathrm{d}}$$

与第 3 章中混成系统的混成程序相比，混成博弈语法上的唯一差异在于，混成博弈还允许对偶运算符 a^{d}。这种细小的语法改变将要求我们以更加灵活的方式重新解释其他运算符的含义，以便弄清局中人已经在其中进行交互的博弈中存在子博弈的意义。这里的基本原则是，每当曾经在混成程序语义中存在非确定性时，现在在混成博弈语义中就将有一个由 Angel 决定的选择。但是不要被愚弄了！这种混成博弈的各部分可能仍然是局中人在其中进行交互的混成博弈，而不只是不含选择的单一系统。因此，仍然需要小心，混成博弈的所有运算符（而不仅仅是对偶运算符 $\cdot^{\mathrm{d}}$）都应理解为博弈，因为所有的运算符都可以应用于提及 $\cdot^{\mathrm{d}}$ 的子博弈，或者作为提及 $\cdot^{\mathrm{d}}$ 对偶运算符的上下文的一部分。

dGL 的原子博弈是赋值、连续演化和测试。在确定性赋值博弈（或离散赋值博弈）$x:=e$ 中，变量 x 的值不涉及任何选择需要决定，它以离散跳跃确定性地将 x 的值瞬间变为 e 的值，就像已经对 HP $x:=e$ 定义的一样。在连续演化博弈（或连续博弈）$x'=f(x)\,\&\,Q$ 中，系统遵循微分方程 $x'=f(x)$，而持续时间由 Angel 选择。但 Angel 选择的持续时间在任何时候都不允许把状态带到演化域约束公式 Q 成立的区域之外。特别地，如果 Q 在当前状态下不成立，Angel 就会陷入僵局并立即失败，因为此时她甚至演化持续时间为 0

也必然跑到 Q 之外⊖。测试博弈或者说挑战?Q 对状态没有影响，但如果 dGL 公式 Q 在当前状态下不成立，则 Angel 立即输掉博弈，因为她应该通过的测试失败了。测试博弈?Q 挑战 Angel，如果她失败了，她会马上输掉。Angel 并不会因为仅仅通过了挑战?Q 就获胜，但至少博弈还在继续。因此通过挑战是赢得博弈的必要条件。相反，挑战失败会让 Angel 立刻输掉。这使得混成博弈中的测试?Q 直接对应于混成程序中的测试?Q。为了正确地追踪谁获胜了，我们只需要熟悉采用输掉博弈（而不是 HP 中仅仅终止退出并放弃执行）这样的概念。

dGL 复合博弈的形式为顺序、选择、重复和对偶。顺序博弈 $\alpha;\beta$ 是如下形式的混成博弈，它首先运行混成博弈 α，如果混成博弈 α 终止时没有局中人失败（因此在 α 中没有失败的挑战），则继续运行博弈 β。当运行选择博弈 $\alpha\cup\beta$ 时，Angel 选择是运行混成博弈 α 还是运行混成博弈 β。像所有其他选择一样，这个选择是动态的，即每次运行 $\alpha\cup\beta$ 时，Angel 都可以重新选择她这次是想要运行 α 还是 β。她不受自己上一次选择的任何约束。重复博弈 α^* 重复运行混成博弈 α，并且每次 α 运行终止时如果没有局中人失败，则之后 Angel 可以选择是否再次进行博弈，尽管她不能选择无限期地运行且最终只能停止重复。Angel 可以在 α 的零次迭代之后立即停止 α^*。最重要的是，对偶博弈 α^d 与混成博弈 α 相同，只是局中人的角色交换了。也就是说，在 α^d 中 Demon 决定 Angel 在 α 中的所有选择，而 Angel 在 α^d 中决定 Demon 在 α 中的所有选择。局中人本应有所行动但陷入僵局的话就输了。因此，如果公式 Q 不成立，测试博弈?Q 导致 Angel 失败，相反如果 Q 不成立，对偶测试博弈（或对偶挑战）$(?Q)^d$ 导致 Demon 失败。

例如，如果 α 描述的是国际象棋的对局，α^d 就是棋手换边的象棋。相反，如果 α 描述的是混成博弈中你控制着你的机器人，而一位测试工程师控制着捣蛋机器人，那么在 α^d 描述的对偶博弈中，你控制捣蛋机器人，而测试工程师则只能控制你的机器人。如果测试工程师出去吃午饭，你也可以同时操作两个机器人。只是你必须记住忠实地根据它们的目标操作它们而不能作弊，不能仅仅因为这会使你自己的机器人的任务变得更容易就把测试工程师的捣蛋机器人吓得逃跑。现实世界不太可能为了你而让机器人的控制变得如此容易。事实上，这种假装操作是另一种理解对偶运算符的好方法。在运行 α^d 时，你假装在博弈 α 中作为另外那个局中人操作并尊重他的目标。

混成博弈相较混成系统[1,8]的唯一语法差异是对偶运算符 $\cdot^d$，但这是一个根本性的差异[9]，因为它是唯一一个将控制从 Angel 传递到 Demon 或从 Demon 传递回来的运算符。没有 $\cdot^d$，所有的选择都无须交互而统一由 Angel 决定。$\cdot^d$ 的存在需要在整个逻辑中对语义进行彻底泛化，以应对这种灵活性。◄

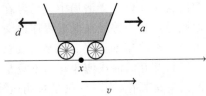

图 14.2 位于 x 处的推车以速度 v 移动，而 Angel 和 Demon 分别以 a 和 d 加速或制动推车

例 14.1（推式推车） 假设一辆推车在位置 x 处以速度 v 沿直线运动，Angel 和 Demon 同时推拉它。取决于是推小车还是拉小车，两名局中人将分别对 x 施加加速力或制动力（见图 14.2）：

⊖ Q 最常见的形式是一阶实算术公式，但是任何 dGL 公式（见定义 14.2）都可以。演化域约束最终发现不是必需的，因为它们可以用混成博弈来定义。在常微分方程 $x'=f(x)$ 中，项 x' 表示 x 的时间导数，$f(x)$ 是一个可以提及 x 和其他变量的多项式项。更一般形式的微分方程也是可以的[2-3,12]，但这一点不明确考虑。

$$((a:=1\cup a:=-1);(d:=1\cup d:=-1)^{\mathrm{d}};\{x'=v,v'=a+d\})^* \qquad (14.1)\blacktriangleleft$$

首先，Angel（通过 $\cup$）选择加速度 a 为正还是为负，然后 Demon 选择加速度 d 为正还是为负。后面的选择是 Demon 的，因为选择 $\cup$ 出现在对偶运算符 $\cdot^{\mathrm{d}}$ 的范围内，所以曾经是 Angel 的选择变成了 Demon 的选择。回忆一下，谁来控制赋值并不重要，因为它们不伴随任何选择。最后，这个博弈遵循微分方程组 $x'=v$，$v'=a+d$，其中由 Angel 和 Demon 分别选择的加速度 a 和 d 的和起作用，因为所有力的总和可作为具有单位质量的推车 x 的加速度。推车是一个点 x，所以 Demon 不能作弊，即无法用他的力量使推车翻倒。微分方程的持续时间由 Angel 选择。最后，该博弈重复（*）的次数服从 Angel 的意愿，因为如果 Angel 一旦决定停止博弈，Demon 就会无聊地从推车旁走开。每一轮这样重复时，Angel 都不知道 Demon 会如何选择 d，因为她在顺序合成（;）之前先选择 a。这不同于下面的混成博弈，其中 Demon 首先选择：

$$((d:=1\cup d:=-1)^{\mathrm{d}};(a:=1\cup a:=-1);\{x'=v,v'=a+d\})^* \qquad (14.2)$$

但是 Angel 控制了式（14.1）和式（14.2）中微分方程的持续时间，所以如果她不喜欢 Demon 选择的 d，她仍然可以选择持续时间为 0。只是 Demon 可能会在下一次重复期间选择相同的不合时宜的 d 值，因此 Angel 最终将不得不接受他的一些决定，并且让演化持续时间为正，否则推车将永远不会移动到任何地方，这是允许的，但对于每个人来说都无聊透顶。无论是哪个局中人最后决定加速度，即式（14.1）中的 Demon 和式（14.2）中的 Angel，都可以决定施加相反的加速度值使得 $a+d=0$，从而保持速度不变。

对于 Angel 和 Demon 来说，哪些选择和决策特别巧妙是一个独立的问题，它取决于混成博弈的目标，而这样的目标正是用 dGL 公式描述的。混成系统没有能力表示式（14.1）和式（14.2）中 a 的选择是 Angel 的而 d 的选择是 Demon 的。混成系统（不含对偶 $\cdot^{\mathrm{d}}$）也可以有选择：

$$((d:=1\cup d:=-1);(a:=1\cup a:=-1);\{x'=v,v'=a+d\})^*$$

431

但此时所有的选择都是非确定性的，所以由同一个局中人决定，并且要么所有选择都是有帮助的（如果在尖括号模态中），要么所有的选择都是有害的（如果在方括号模态中）。然而，在混成博弈（式（14.2））中，加速度 d 的选择是有助于 Demon 的，而加速度 a 的选择是有助于 Angel 的，微分方程持续时间和重复次数的选择也是有助于 Angel 的。

Demon 的控制（如 $\alpha\cap\beta$ 和 $\alpha^\times$）可以借助对偶运算符 $\cdot^{\mathrm{d}}$ 定义，如 14.2.3 节所述。在 $\alpha^\times$ 中，Demon 在每次运行 α 之后选择是否继续重复博弈，但不能无限期地重复，所以最终他必须停止。根据对偶性，这遵循如下事实，即在 α^* 中 Angel 在每次运行 α 之后都可以选择是否重复博弈，但她不能无限期地重复。

例 14.2（推式推车） 用 Demon 的控制运算符可将式（14.1）改写为：

$$((a:=1\cup a:=-1);(d:=1\cap d:=-1);\{x'=v,v'=a+d\})^*$$

严格地说，$d:=1\cap d:=-1$ 应该是 $((d:=1)^{\mathrm{d}}\cup(d:=-1)^{\mathrm{d}})^{\mathrm{d}}$。但这与 $(d:=1\cup d:=-1)^{\mathrm{d}}$ 等价，因为确定性赋值 $x:=e$ 等价于对偶赋值 $(x:=e)^{\mathrm{d}}$，原因是两者都不涉及选择。类似地，式（14.2）就是

$$((d:=1\cap d:=-1);(a:=1\cup a:=-1);\{x'=v,v'=a+d\})^* \qquad \blacktriangleleft$$

这里给出了很多博弈的示例，但它们并没有阐明任何目标，这正是 dGL 公式的作用。接下来我们考虑它们。

14.3.2 微分博弈逻辑公式

混成博弈描述了当 Angel 和 Demon 进行交互时，世界如何根据他们各自的控制选择而发展。这解释了博弈的规则、Angel 与 Demon 如何互动，以及局中人可以选择做什么，但没有解释谁赢得博弈，也没有解释局中人各自的目标是什么[⊖]。实际的获胜条件由微分博弈逻辑的逻辑公式指定。

我们不能继续沿用本书第一部分和第二部分对模态的理解，在这两部分中 dL 公式 $[\alpha]P$ 阐明 HP α 的所有运行都满足 P，而 dL 公式 $\langle\alpha\rangle P$ 表示至少存在 HP α 的一个运行满足 P。讨论混成博弈的所有运行或某个运行并不是很有意义，因为博弈的主旨就在于它们为不同的局中人都提供了许多选择，这些选择的展开可能因为对彼此的响应而不同。由于局中人有各自的目标，这些选择只有一些会表现并符合各自的利益。局中人选择做什么取决于他们的对手之前做了什么，反之亦然。如果一个局中人输掉博弈是因为所有操作都是愚蠢的，这并不是特别有趣。更令人兴奋的问题是，一个局中人如果以聪明的方式操作是否能够获胜。最令人信服的是，某个局中人甚至有一种一致的方法总能赢得博弈，无论对手尝试什么选择。此时，该局中人有一个必胜策略，即存在一种决定她动作的方法，使得对于对手可能尝试的所有策略她总是会赢得博弈。这让博弈进行过程有相当大的互动性，为局中人寻找可能的选择时必须考虑对手的所有选项。

模态公式 $\langle\alpha\rangle P$ 和 $[\alpha]P$ 分别指的是，在由逻辑公式 P 指定获胜条件的混成博弈 α 中存在 Angel 和 Demon 的必胜策略。

定义 14.2(dGL 公式) 微分博弈逻辑 dGL 的公式由以下文法定义（P、Q 是 dGL 公式，e、$\tilde{e}$ 是项，x 是变量，α 是混成博弈）：

$$P,Q ::= e \geq \tilde{e} \mid \neg P \mid P \wedge Q \mid \exists x P \mid \langle\alpha\rangle P \mid [\alpha]P$$

其他运算符 $>$、$=$、$\leq$、$<$、$\vee$、$\rightarrow$、$\leftrightarrow$、$\forall x$ 能够由此定义，例如 $\forall x P \equiv \neg \exists x \neg P$。

模态公式 $\langle\alpha\rangle P$ 表示 Angel[⊖] 在混成博弈 α 中有达到 P 的必胜策略，即在进行混成博弈 α 时，无论 Demon 选择什么策略，Angel 都有策略达到任意某个满足 dGL 公式 P 的状态。模态公式 $[\alpha]P$ 表示，Demon 在混成博弈 α 中有达到目标 P 的必胜策略，即该策略能达到满足 P 的某个任意的状态，无论 Angel 选择何种策略。在 $[\alpha]P$ 中和在 $\langle\alpha\rangle P$ 中进行同样的博弈，具有由相同局中人决定的相同选择。这两个 dGL 公式之间的区别在于它们的必胜策略所指的局中人。两者都使用 dGL 公式 P 为真的状态集作为该局中人的获胜状态集。获胜条件由该模态公式定义；α 只定义了混成博弈形式，没有定义博弈获胜的条件，而这是由 P 所定义的。混成博弈 α 定义了博弈规则，包括对状态变量的条件，如果违反这些条件，则导致当前局中人因违反博弈规则而输掉。dGL 公式 $\langle\alpha\rangle P$ 和 $[\alpha]\neg P$ 考虑 Angel 和 Demon 互补的获胜条件。当然，命题逻辑联接词 $\neg$、$\wedge$、$\vee$、$\rightarrow$ 仍然是它们平常的意思，而量词 $\exists x P$ 和 $\forall x P$ 则还是对实数进行量化。

14.3.3 示例

本节讨论混成博弈的一些例子，并阐明表达这些博弈必胜策略的性质的微分博弈逻辑

⊖ 除了局中人在自己的挑战中失败因而违反了博弈规则，这种情况下局中人就输掉了比赛。

⊖ 很容易记住哪个模态运算符指的是哪个。公式 $\langle\alpha\rangle P$ 明显指的是 Angel 的必胜策略，因为尖括号模态运算符 $\langle\cdot\rangle$ 有翅膀。这与如下事实是一致的，即过去在 dL 中由非确定性负责的选择现在由 Angel 负责，所以在 $\langle\alpha\rangle P$ 中 Angel 的控制 $\cup$、$*$、$x' = f(x)$ 是有帮助的，就像非确定性有助于 dL 的尖括号模态一样。

公式。

例 14.3（推式推车）　继续例 14.1，根据式(14.2)，考虑推车混成博弈的一个 dGL 公式： 433

$$v \geqslant 1 \rightarrow [((d:=1 \cup d:=-1)^{\mathrm{d}} ; (a:=1 \cup a:=-1); \{x'=v, v'=a+d\})^*] v \geqslant 0$$

这个 dGL 公式表示如果开始时推车初始速度 $v \geqslant 1$，Demon 有一个必胜策略来确保 v 是非负的。假如我们考虑混成博弈（式(14.1)），那么该公式将为平凡真，因为在博弈中 Demon 在 Angel 选择了 a 之后选择 $d:=-a$ 就可以平凡地确保 $v'=0$。但本例中 Demon 选择 $d:=1$ 仍然会确保速度永远不会减慢，不管 Angel 随后选择是加快($a:=1$)还是减慢($a:=-1$)推车的速度。同样的道理，如果推车最初从 $x \geqslant 0$ 以 $v \geqslant 0$ 开始，那么 Demon 仍然有一个必胜策略来达到 $x \geqslant 0$。也就是说，以下公式是永真的：

$$x \geqslant 0 \wedge v \geqslant 0 \rightarrow [((d:=1 \cup d:=-1)^{\mathrm{d}} ; (a:=1 \cup a:=-1); \{x'=v, v'=a+d\})^*] x \geqslant 0$$

当用尖括号模态替换方括号模态时，公式

$$x \geqslant 0 \rightarrow \langle ((d:=1 \cup d:=-1)^{\mathrm{d}} ; (a:=1 \cup a:=-1); \{x'=v, v'=a+d\})^* \rangle x \geqslant 0$$

表示在同样的混成博弈中 Angel 在初始条件仅为 $x \geqslant 0$ 时也有一个必胜策略来达到 $x \geqslant 0$。但即使这个 dGL 是永真的，它的永真性也是平凡的，因为 Angel 控制重复(*)从而可以简单地决定迭代 0 次，这使得博弈可以停留在 $x \geqslant 0$ 已经成立的初始状态中。只要 Angel 仍然控制着微分方程，即使 Demon 用他的重复$^\times$ 而不是 Angel 的重复* 来控制重复次数，同样的情况还是会发生，因为她只需每次选择持续时间为 0：

$$x \geqslant 0 \rightarrow \langle ((d:=1 \cup d:=-1)^{\mathrm{d}} ; (a:=1 \cup a:=-1); \{x'=v, v'=a+d\})^\times \rangle x \geqslant 0$$

然而，如果初始状态下没有假设 $x \geqslant 0$，则

$$\langle ((d:=1 \cup d:=-1)^{\mathrm{d}} ; (a:=1 \cup a:=-1); \{x'=v, v'=a+d\})^* \rangle x \geqslant 0$$

是非永真的，因为除非 v 最初已经是非负的，否则 Demon 总是可以选 $d:=-1$，这样 Angel 就无法以加速度 $a+d$ 让推车的速度变为正。如果 Angel 比 Demon 力气大，则相应的 dGL 公式永真：

$$\langle (((d:=1 \cup d:=-1)^{\mathrm{d}} ; (a:=2 \cup a:=-2); \{x'=v, v'=a+d\})^* \rangle x \geqslant 0$$

Angel 达到 $x \geqslant 0$ 需要做的就是以 $a:=2$ 来使劲推车并且连续演化足够长时间。更微妙的情形是，即使 Demon 与 Angel 的力气相同，Angel 也有一个必胜策略来达到 $x^2 \geqslant 100$：

$$\langle (((d:=2 \cup d:=-2)^{\mathrm{d}} ; (a:=2 \cup a:=-2); t:=0; \{x'=v, v'=a+d, t'=1 \& t \leqslant 1\}^* \rangle x^2 \geqslant 100$$

$$\tag{14.3}$$

Angel 无法影响 Demon 对 d 的决定。但是 Angel 所需要做的就是：如果 $v>0$，Angel 运行 $a:=2$，如果 $v<0$，则运行 $a:=-2$，以确保无论 Demon 运行什么，v 的符号永远不会 434 改变，因此 x 最终要么增长到 10 以上要么减少到 -10 以下。如果最初 $v=0$，那么 Angel 在第一轮中先用 $a:=d$ 来模仿 Demon 以使得 v 不为 0，她可以这样做，因为 Demon 先做决定而 Angel 控制着微分方程的持续时间。因此，式(14.3)也是永真的。如果式(14.3)在演化持续时间上没有限制，那么它的永真性在没有重复时更明显，因为 Angel 可以就模仿 Demon 一次，然后遵循微分方程很长时间。微分方程是 Angel 的选择，但她需要考虑演化域约束 $t \leqslant 1$。因为时钟 $t'=1$ 之前被重置为 $t:=0$，她遵循微分方程不能超过 1 个单位时间，否则将因为违反博弈规则而输掉。因此，两个局中人都有机会至少每秒更改一次他们的控制变量，但是确切的更改时间是由 Angel 控制的。每次他们有机会更改控制变量 d 和 a 时，Demon（在顺序合成之前）首先选择。　◀

例 14.4（WALL·E 和 EVE 机器人舞蹈）　考虑两个机器人 WALL·E 和 EVE 的博弈，它们在相当平坦的一维行星上运动（见图 14.3）：

$$(w-e)^2 \leqslant 1 \wedge v=f \to \langle((u:=1 \cap u:=-1);$$
$$(g:=1 \cup g:=-1);$$
$$t:=0;\{w'=v,v'=u,e'=f,f'=g,t'=1 \& t\leqslant 1\}^{\mathrm{d}})^{\times}$$
$$\rangle (w-e)^2 \leqslant 1$$

$$(14.4)$$

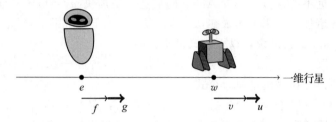

图 14.3　在一维行星上 w 和 e 处的两个机器人，其速度分别为 v、f，加速度分别为 u、g

尽管该行星在维数上有点贫乏，但这个 dGL 公式提供了一个混成博弈的规范用例。机器人 WALL·E 位置为 w，速度为 v，加速度为 u，它扮演 Demon 的角色。机器人 EVE 位置为 e，速度为 f，加速度为 g，它扮演 Angel 的角色。

式（14.4）在蕴涵符号之前的前件假设：WALL·E 和 EVE 开始时在彼此附近（距离最多为 1），并且具有相同的速度。在式（14.4）中扮演 Angel 角色的 EVE 的目标是接近WALL·E（即 $(w-e)^2 \leqslant 1$），正如在后继中 $\langle \cdot \rangle$ 模态之后所指定的。混成博弈进行过程如下所示。Demon WALL·E 通过运算符 $^{\times}$ 控制混成博弈重复的次数。在每次迭代中，Demon WALL·E 首先（使用 Demon 的选择运算符 $\cap$）选择是加速（$u:=1$）还是制动（$u:=-1$），然后 Angel EVE（使用 Angel 的选择运算符 $\cup$）选择是加速（$g:=1$）还是制动（$g:=-1$）。每次循环 $^{\times}$ 重复时，局中人都有机会再次做出这样的选择。他们不受之前迭代中的选择的约束。然而，根据之前的选择，状态的演化将有所不同，这会间接影响局中人需要选择什么样的操作来取胜。在这一系列 Demon 和 Angel 分别作出的对 u 和 g 的选择之后，时钟变量 t 被重置为 $t:=0$。然后混成博弈遵循微分方程组，使得 WALL·E 位置 w 的时间导数是他的速度 v，v 的时间导数是他的加速度 u；同时，EVE 位置 e 的时间导数是她的速度 f，f 的时间导数是她的加速度 g。时钟变量 t 的时间导数为 1，但微分方程受限于演化域 $t \leqslant 1$，因此最多可以遵循它 1 个单位时间。Angel 本应控制微分方程的持续时间。然而由于在该微分方程周围的运算符 ^{d}，它处于对偶博弈中，因此 Demon 实际上控制了连续演化的持续时间。这里 WALL·E 和 EVE 都在连续演化，但是 Demon WALL·E 决定演化多长时间。他不能选择持续时间 >1，因为这会使他违反演化域约束 $t \leqslant 1$ 而输掉。所以两个局中人可以在最多一个单位时间之后改变他们的控制，但是 Demon 决定确切的时间。更高维度的机器人运动的类似博弈也可以用 dGL 研究。

dGL 公式（14.4）是永真的，因为 Angel EVE 有一个通过模仿 Demon 的选择而接近WALL·E 的必胜策略。回想一下，Demon WALL·E 控制着重复 $^{\times}$，所以混成博弈开始时 EVE 在 WALL·E 附近这一事实不足以让 EVE 赢得博弈。以 $g:=u$ 模仿也只是因为两者都以相同的初速度 $v=f$ 开始才能这么容易成功。式（14.4）中的混成博弈是平凡的，如果 Angel 可以控制重复(因为那样的话她只要选择不重复就能赢了)或者 Angel 可以控制微分方程(因为那样的话她一直选择演化持续时间为 0 就可以赢了)。当不是所有选择都对某个局中人有利时,混成博弈是最有趣的。如果交换式(14.4)中混成博弈的前两行,让 Angel EVE 在 Demon WALL・E 选择 u 之前选择 g,那么式(14.4)的分析会更加困难,因为如果 Angel 必须首先选择,她就无法使用复制策略。　◀

例 14.1 含有单个微分方程组,其中通过 $x''=a+d$ 混合 Angel 和 Demon 的控制,而例 14.4 有一个更大的微分方程组,它包含属于 WALL・E 的微分方程 $w'=v$,$v'=u$ 和属于 EVE 的微分方程 $e'=f$,$f'=g$,这些方程以时间 $t'=1$ 连接在一起。两个局中人一起演化各自的变量。由此产生的组合微分方程组是在 Angel 控制之下还是在 Demon 控制之下,这个问题是独立的,并且仅取决于由谁决定持续时间。这直接类比于一个循环体中可能会出现 Angel 和 Demon 的多次操作,但仍然需要两个局中人中的一个负责决定循环本身的重复次数,因为如果他们两个都控制同一个运算符,那么他们可能永远不会达成一致。

例 14.5（WALL・E 和 EVE 以及外部世界）　式(14.4)中的博弈准确地反映了如下情形,即扮演 Demon 角色的 WALL・E 控制着时间,因为微分方程出现在奇数个 $\cdot^d$ 运算符内。但对于 EVE 而言这并不是式(14.4)可作为合适博弈的唯一场景。假设真的存在第三个局中人,即外部环境,并且时间由它控制。这样,WALL・E 和 EVE 实际上都无法决定遵循微分方程的时间长度,也不能决定循环重复的次数。 436

EVE 可以使用通常的建模手段保守地将微分方程的控制归于 WALL・E,即使时间实际上在第三个局中人(即外部环境)的控制下。EVE 这样建模的原因在于她肯定无法控制时间,因此没有理由相信时间会有助于她达成目标。因此,EVE 保守地将时间控制交给 Demon,这对应于假设第三个局中人(即外部环境)允许与 WALL・E 合作,以形成由 WALL・E 和环境组成的联合局中人 Demon。正如由此得到的公式(14.4)的永真性所表明的,如果 Angel EVE 赢了由 WALL・E 和外部世界组成的 Demon 团队,那么无论 WALL・E 和外部世界决定做什么,她都会获胜。

这回答了 EVE 需要分析什么样的混成博弈,才能找到她何时对 WALL・E 和外部世界的所有动作都有必胜策略。当 WALL・E 想要分析他的必胜策略时,他在[・]模态中不能再使用与式(14.4)中一样的混成博弈,因为该混成博弈是通过保守地将外部世界对时间的控制归于 Demon 而形成的。然而,Demon WALL・E 可以使用相同的建模手段将外部世界对微分方程的控制翻转为 Angel 的控制,方法是通过去掉 $\cdot^d$ 来保守地让环境与他的对手联合起来(并且对后置条件取否以考虑相反的目标):

$$(w-e)^2\leqslant 1 \land v \stackrel{.}{=} f \rightarrow [((u:=1\bigcap u:=-1);$$
$$(g:=1\bigcup g:=-1);$$
$$t:=0;\{w'=v,v'=u,e'=f,f'=g,t'=1\,\&\,t\leqslant 1\})^{\times} \qquad (14.5)$$
$$](w-e)^2>1$$

注意 WALL・E、EVE 和环境的三人博弈是如何采用式(14.4)和式(14.5)的命题组合来分析的,这将从不同协作的不同角度分析同一博弈。表示式(14.4)不为真且式(14.5)也不为真的 dGL 公式恰好在 WALL・E 和 EVE 打平的状态下为真,因为外部环境可以通过帮助 WALL・E 或 EVE 来选择胜者。这里式(14.5)是不可满足的,因为 Demon 需要首先行动,所以 Angel 总能模仿他以保持足够接近。　◀ 437

这些 WALL・E 和 EVE 的示例是用于分析目的的博弈。WALL・E 和 EVE 实际上并没有以对立目标进行对抗性竞争。他们只是第一次见面，还没有更好地相互了解。而且他们对于彼此的决定仍然存在一定程度的不确定性，这样可能因为缺乏更好的了解而导致博弈局面。下一个例子是真正对抗性竞争的例子，其中两个局中人在认真地比赛。

例 14.6（机器人足球守门员） 考虑参加机器人足球比赛的两个机器人。机器人 Demon 持球并且有机会踢任意球射门。机器人 Angel 是位置为 g 的守门员，它正在努力阻止机器人 Demon 进球得分（见图 14.4）。球的位置位于 (x,y)。Demon 或者可以以向量速度 (v,w) 将球踢进球门的左角，或者以速度 $(v, -w)$ 将球踢进球门右角。守门员机器人 Angel 可以以线速度 u 或 $-u$ 在球门线附近重复上下移动。如果球 (x,y) 在守门员 $(0,g)$ 的半径 1 内，即如果 $x^2+(y-g)^2 \leqslant 1$，她就能扑到球。假设两个机器人（因此球也是）最初所在的 x 坐标不同但是 y 坐标相同，而球是踢向球门的（$v>0$）：

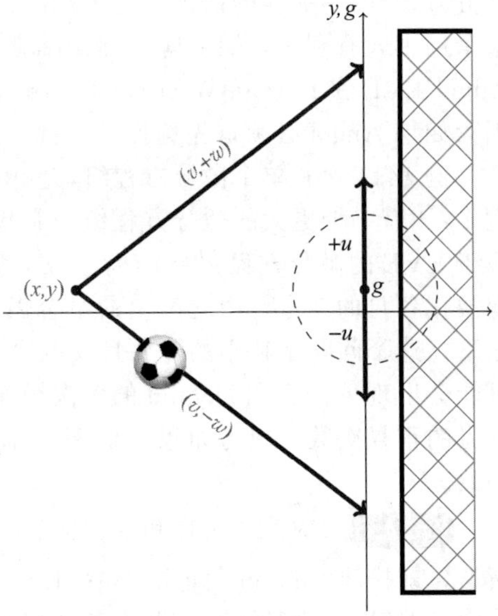

图 14.4　机器人足球中的守门员 g 以速度 $\pm u$ 向上或向下运动，并且如果球在其半径 1 内，则可以扑到以速度 $(v, \pm w)$ 向上或向下斜着运动的球 (x, y)

$$x<0 \wedge v>0 \wedge y=g \rightarrow$$
$$\langle (w:=+w \cap w:=-w);$$
$$((u:=+u \cup u:=-u);\{x'=v,y'=w,g'=u\})^* \rangle x^2+(y-g)^2 \leqslant 1 \quad (14.6)$$

机器人 Demon 只有一个控制决策，即在第 2 行中的踢球方向。一旦球开始滚动，就没有回头路了。Angel 随后有一系列的控制决策，包括后续控制循环的重复次数，让守门员朝上还是朝下移动（第 3 行），以及遵循微分方程的时间长度。微分方程中位置 (x,y) 处的球以速度 (v,w) 在该方向上滚动，而位置 g 处的守门员以速度 u 移动。

dGL 公式（14.6）是否为真取决于球的初始位置 x 与各自速度 v、w、u 的关系。该公式为真的最简单的情况是 $w=u$，在这种情况下球的垂直速度 w 与守门员的速度 u 相同，因此模仿策略 $u:=w$ 将让 Angel 获胜并扑到球。更一般的情形是，

$$\left(\frac{x}{v}\right)^2 (u-w)^2 \leqslant 1 \quad (14.7)$$

蕴涵着式（14.6）为真。当球以水平速度 v 运动时，球到达球门线所需的时间是 $-\dfrac{x}{v}$。在这段时间内，球在 y 方向上侧向运动的距离为 $-\dfrac{x}{v}w$，而守门员移动的距离为 $-\dfrac{x}{v}u$。由于最初 $y=g$，如果式（14.7）最初成立，则这两个位置将在扑球距离 1 内。　◀

14.4　非形式化操作博弈树语义

由于混成博弈的微妙之处以及对视角的转变，微分博弈逻辑严格意义上的语义将推迟到下一章介绍。图 14.5 对混成博弈进行时出现的选择作了图解。Angel 可以做决定的节点显示为棱形（◇），Demon 做决定的节点显示为方形（□）。圆形节点（○）显示的情形为

哪个局中人做决定取决于剩下的混成博弈。虚线边(---)表示可供选择的 Angel 的动作，实线边(—)表示 Demon 的动作，而锯齿形边(⌒)表示正在进行相应的混成博弈并且各个局中人按照该博弈指定的方式操作。

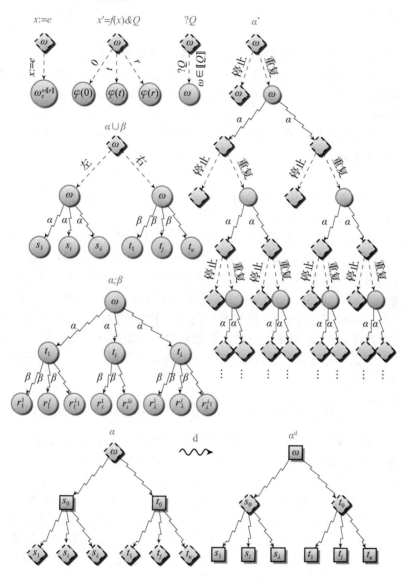

图 14.5　dGL 混成博弈的操作博弈语义

这里的动作指的是选择 $x' = f(x) \& Q$ 的实际持续时间，在选择博弈 $\alpha \cup \beta$ 中选择左边还是右边的子博弈，以及在重复博弈 α^* 的每轮重复之后选择停止还是重复。顺序博弈 $\alpha; \beta$ 不包含需要决策的动作，除了其表示博弈 α 结束之后博弈 β 开始。对偶运算符 $\cdot^d$ 没有特别的动作，然而它会翻转局中人的角色，方式是交换由 Demon 控制的方形节点(□)和由 Angel 控制的棱形节点(◇)。从帮助记忆的角度上，$\cdot^d$ 让所有节点旋转 $45°$，从而方形□变成菱形◇，菱形◇变成方形□。赋值和测试也没有特别有趣的动作，除了 Angel 不输掉博弈 $?Q$ 的必要条件是 Q 在当前状态下为真。

在操作博弈语义[9]中博弈树动作原理可以变得严格，它直观地传达了混成博弈中博弈动作的互动性并关联到经典博弈论和描述集合论，但这超出了本书的范围，因为第 15 章将研究一个简单得多的指称语义。请注意，除了微分方程之外的所有选择都涉及最多两种可能性，而微分方程的选择有不可数无穷多个，每个非负持续时间 $r \in \mathbb{R}$ 都对应一个选项。当然，某些持续时间可能不会满足演化域约束因而是一个很糟糕的选择，但这是相应局中人要决定的。

混成博弈中局中人的策略可以理解为在博弈树中该局中人有选择的每个节点处选择一个(状态相关的)动作的方法，因此对于 Angel 的策略在每个棱形节点处选择动作，对于 Demon 的策略则在每个方形节点处选择动作。必胜策略是对于对手的所有策略都可以通向获胜状态的策略。

举一个例子来说明为混成博弈定义适当语义时的一些微妙的细微差别，考虑离散阻挠公式(filibuster formula)：

$$\langle (x:=0 \cap x:=1)^* \rangle x = 0 \tag{14.8}$$

由 Angel 选择是否重复(*)，但每次 Angel 重复时，Demon 可以选择($\cap$)是运行 $x:=0$ 还是 $x:=1$。dGL 公式(14.8)的真假值是什么？

这个公式中的博弈永远不会死锁，因为它总是给每个局中人至少留下一种着法(这里甚至有两种，因为 Angel 可以停止或重复，而 Demon 可以将 0 或 1 赋值给 x)。但是该博弈看起来可以长将，因为任何局中人都没有必赢的策略，见图 14.6。每当 Angel 选择重复，希望得到 $x=0$ 的结果时，Demon 可以固执地选择右边的子博弈 $x:=1$ 以使 x 为 1。这也不会让 Demon 赢，因为 Angel 仍然负责决定重复的次数，她将选择重复以避免会让她输的灾难性的结果 $x=1$。但是下一次开始循环时，局面本质上毫无变化，因为 Demon 仍然不愿放弃，因此会聪明地再次运行 $x:=1$。这个博弈中怎么会发生这样的情况，又可以对此做些什么呢？

在你继续阅读之前，看看你是否能自己找到答案。

当我们记起博弈最终还是必须停下来以便我们可以检查谁最终赢得博弈时，可以揭开这个阻挠博弈的神秘面纱。Angel 负责重复*，她可以决定是停止还是继续重复。阻挠博弈中没有测试，所以谁获胜只取决于博弈的最终状态，因为两个局中人都可以随意行动而不必通过之间的任何测试。如果 $x=0$ 在最终状态下成立，Angel 赢得博弈，而如果 $x \neq 0$ 在最终状态下成立，则 Demon 获胜。图 14.6 标明的策略暗示着什么？它们拖延不让博弈结束，但是它们如果无限期地拖延，那么就永远不会达到一个可以评估谁赢了的最终状态。事实上这样的方式谁都赢不了。然而，Angel 负责重复*，因此她有责任最终停止重复以评估谁赢了。因此，混成博弈的语义允许负责重复的局中人按照自己的意愿重复多少次，但是她不能无限期地重复。这一点在第 15 章中研究的混成博弈的指称语义中将会变得显而易见。因此，式(14.8)为假，除非获胜条件 $x=0$ 最初已经成立，此时允许 Angel 就选择根本不做任何重复。

在混成阻挠博弈中会发生同样的现象：

$$\langle (x:=0; x'=1^d)^* \rangle x = 0 \tag{14.9}$$

两个局中人都可以让对方获胜。Demon 可以通过选择演化微分方程 $x'=1^d$ 的持续时间为 0 来让 Angel 赢得胜利。Angel 可以通过选择即使 $x \neq 0$ 也停止重复来让 Demon 获胜。只是因为 Angel 最终必须停止重复，式(14.9)中的公式才有一个恰当的真假值，而且除非 $x=0$ 最初已经成立，否则公式为假。

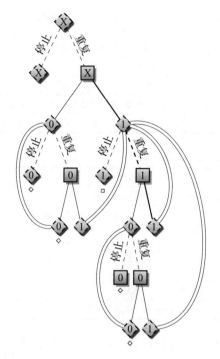

图 14.6 阻挠博弈公式⟨(x:=0⋂x:=1)*⟩x=0 看起来可能值是未定的，特别是如果采取跟随粗线动作的策略就没有确定的真假值（除非最初 x=0）。Angel 可选择的动作由始于虚线棱形的虚线边表示，Demon 可选择的动作由始于实心方块的实线边表示，双线表示完全相同的状态（即同样的连续状态）并且表示的子博弈有相同的后续选择结构。Angel 获胜的状态以◇标明，而 Demon 获胜的状态以□标明

同样重要的是，局中人不能决定永远遵循微分方程（持续时间为∞），因为这会让如下博弈的值未定：

$$\langle (x'=1^d;x:=0)^* \rangle x=0 \tag{14.10}$$

如果允许局中人永远沿着微分方程演化（持续时间为∞），那么 Demon 将有动力在连续阻扰博弈（式(14.10)）中沿着 $x'=1^d$ 一直演化。一旦他停止 ODE，因为随后的赋值为 $x:=0$，Angel 就可以停止循环并获胜。但是 Demon 不停止，Angel 就无法获胜。Demon 可以沿 $x'=1^d$ 演化任意长时间，但时间只能为有限实数，所以他最终必须停下来，因此 Angel 获胜并且式(14.10)永真。

14.5 总结

本章介绍了微分博弈逻辑，对此的总结见表14.1。它通过对混成博弈的建模和理解扩展了我们熟悉的微分动态逻辑。混成博弈结合了离散动态、连续动态和对抗性动态，总结见表14.2。与混成系统相比，对抗性动态这一新动态特性完全由对偶运算符•d来表示。没有它，混成博弈就是单人混成博弈，这等价于混成系统。但是，由于对偶运算符•d的存在引起的对抗性动态也使我们反思混成博弈的所有其他合成运算符的语义。

表 14.1 微分博弈逻辑（dGL）中的运算符和（非形式化）含义

dGL	运算符	含义
$e = \tilde{e}$	等于	当且仅当 e 与 $\tilde{e}$ 相等时，结果为真
$e \geqslant \tilde{e}$	大于或等于	当且仅当 e 大于或等于 $\tilde{e}$ 时，结果为真
$\neg P$	否/非	当且仅当 P 为假时，结果为真
$P \wedge Q$	合取/与	当且仅当 P 和 Q 都为真时，结果为真
$P \vee Q$	析取/或	当且仅当 P 为真或 Q 为真时，结果为真
$P \rightarrow Q$	蕴涵	当且仅当 P 为假或 Q 为真时，结果为真

（续）

dGL	运算符	含义
$P \leftrightarrow Q$	双蕴涵/等价	当且仅当 P 和 Q 同时为真或同时为假时，结果为真
$\forall x P$	全称量词	当且仅当对变量 x 的所有取值 P 都为真时，结果为真
$\exists x P$	存在量词	当且仅当变量 x 的某些取值使得 P 为真时，结果为真
$[\alpha]P$	[·]模态/方括号模态	当且仅当在 HG α 中 Demon 有达到 P 的必胜策略时，结果为真
$\langle \alpha \rangle P$	⟨·⟩模态/尖括号模态	当且仅当在 HG α 中 Angel 有达到 P 的必胜策略时，结果为真

表 14.2　混成博弈(HG)的语句及其效果

HG 符号	操作	效果
$x := e$	赋值博弈	确定性地将项 e 的值赋给变量 x
$x' = f(x)\ \& Q$	连续博弈	在一阶约束 Q(演化域)内 x 的微分为项 $f(x)$ 的微分方程
$?Q$	测试/挑战	除非 Q 在当前状态下成立，否则 Angel 输
$\alpha ; \beta$	顺序博弈	HG β 在 HG α 完成之后开始
$\alpha \cup \beta$	选择博弈	Angel 在可选项 HG α 和 HG β 之间选择
α^*	重复博弈	Angel 重复 HG α 任意有限次数
α^d	对偶博弈	在 HG α 中交换 Angel 和 Demon 的角色

　　本章以非形式化和直观的方式讨论了混成博弈允许的行为，之后下一章将为微分博弈逻辑及其混成博弈提供严格的语义。

习题

14.1　(单人博弈)　单人混成博弈(即无·^{d}混成博弈)就是混成程序。对于以下每个公式，说服你自己无论是将其理解为含有混成系统的微分动态逻辑公式，还是作为含有(碰巧只有一个局中人的)混成博弈的微分博弈逻辑公式，它都有相同的含义：

$$\langle x := 0 \cup x := 1 \rangle x = 0$$
$$[x := 0 \cup x := 1] x = 0$$
$$\langle (x := 0 \cup x := 1); ?x = 1 \rangle x = 0$$
$$[(x := 0 \cup x := 1); ?x = 1] x = 0$$
$$\langle (x := 0 \cup x := 1); ?x = 0 \rangle x = 0$$
$$[(x := 0 \cup x := 1); ?x = 0] x = 0$$
$$\langle (x := 0 \cup x := 1)^* \rangle x = 0$$
$$[(x := 0 \cup x := 1)^*] x = 0$$
$$\langle (x := 0 \cup x := x + 1)^* \rangle x = 0$$
$$[(x := 0 \cup x := x + 1)^*] x = 0$$

14.2　(单人推车)　混成博弈(式(14.2))去掉对偶运算符·^{d}后得到的是混成系统，它描述的是一个单人博弈的公式，其中所有选择都归局中人 Angel 而 Demon 则无事可做。以下关于它的 dGL 公式是永真的吗？

$$v \geq 1 \to \langle ((d := 1 \cup d := -1); (a := 1 \cup a := -1); \{x' = v, v' = a + d\})^* \rangle v \geq 0$$

以下带有方括号模态的 dGL 公式是否也是永真的？

$$v \geq 1 \to [((d := 1 \cup d := -1); (a := 1 \cup a := -1); \{x' = v, v' = a + d\})^*] v \geq 0$$

443
～
444

对于我们在例 14.3 中考虑过的类似混成博弈，这蕴涵着需要怎样的奇思妙想才能给出恰当的控制选择？即使我们还没有充分考虑混成博弈的语义，更不用说证明演算了，但你是否仍能找到上面两个单人混成博弈公式永真性的证明或反例？

14.3 以下 dGL 公式在哪些状态下为真，而 Demon 在这些状态中的必胜策略是什么？

$$[((\{x'=1\}\cup\{x'=-1\});(\{y'=1\}^d\cap\{y'=-1\}^d))^*]x<y$$

如下的变化在哪些状态下为真，Demon 的必胜策略又是什么呢？

$$[((\{x'=1\}\cup\{x'=-1\});(\{y'=1\}^d\cap\{y'=-1\}^d))^*](x-y)^2<5$$

这些 dGL 公式的物理是断开的，即其中 Angel 的微分方程的演化持续时间与 Demon 的微分方程的演化持续时间可以无关。然而，大多数博弈会在时间上同步。以下 dGL 公式对不同的局中人有不同的控制选择，但将微分方程组合成为单个微分方程组，其中时间由 Angel 控制。以下公式在哪些状态下为真，而 Demon 的必胜策略又是什么？

$$[(((v:=1\cup v:=-1);(w:=1\cap w:=-1)\{x'=v,y'=w\})^*](x-y)^2<5$$

14.4 考虑以下 dGL 公式，并找出它们在哪种情况下为真：

$$\langle(x:=x+1;\{x'=x^2\}^d\cup x:=x-1)^*\rangle(0\leqslant x<1)$$

$$\langle(x:=x+1;\{x'=x^2\}^d\cup(x:=x-1\cap x:=x-2))^*\rangle \quad (0\leqslant x<1)$$

14.5 写下一个永真的公式以表征两个机器人之间有趣的博弈，并说服自己该公式是否永真。

14.6 **(机器人的简单追逐比赛)** 下面的 dGL 公式表征了位于 x 处的机器人和位于 y 处的另一个机器人之间的一维追逐比赛，每个机器人的速度都可以瞬时控制，即 x 的速度 v 由 Angel 从 a、$-a$、0 中选择且接下来 y 的速度 w 由 Demon 从 b、$-b$、0 中选择。博弈重复控制回合的次数是任意的，并遵循 Angel 的选择(*)。Angel 试图让她的机器人 x 接近 Demon 的机器人 y。下面公式在哪些情况下为真？

$$\langle(((v:=a\cup v:=-a\cup v:=0);$$
$$(w:=b\cap w:=-b\cap w:=0);$$
$$\{x'=v,y'=w\})^*\rangle(x-y)^2\leqslant1$$

14.7 **(阐明何时)** 对于以下每个 dGL 公式，找出它为真的状态集，并用实算术公式表征该集合。对于每个公式，如果它为真则简要描述局中人的必胜策略，并解释为什么该 dGL 公式在所有其他状态下都为假：

445

$$\langle x:=-1\cup(x:=0\cap x:=y)\rangle x\geqslant0$$

$$\langle(x:=x+2\cup(x:=x-1;\{x'=-1\}^d))^*\rangle0<x\leqslant2$$

$$\langle x:=x+2;x:=-1\rangle x\geqslant0$$

$$\langle x:=x-1\cup(x:=0\cap x:=-y^2+1)\rangle x\geqslant0$$

$$\langle x:=y-1\cup(\{x'=1\}^d;x:=x+2)\rangle x\geqslant0$$

$$\langle x:=-y\cup(x':=2;\{x'=-1\}^d;x:=x+2)\rangle x\geqslant0$$

$$[(x:=x\cap x'=-2)^*]x\geqslant0$$

$$\langle(v:=v\cap v:=-v);(w:=w\cup w:=-w)\rangle v=w$$

$$\langle(v:=v\cap v:=-v);(x'=v,y'=w)\rangle x=y$$

$$\langle(v:=v\cap v:=-v);(w:=w\cup w:=-w);(x'=v,y'=w)\rangle x=y$$

$$\langle(x:=x-1\cap n:=n-1;?(n\geqslant0)^d;x:=x^2)^*\rangle x<0$$

$$[(x := -x \bigcap x' = -x^2)^*]x \geqslant 0$$

$$\langle (x := 0 \bigcup ((x := x+1; \{x'=1\}^d) \bigcup x := x-1))^* \rangle 0 < x \leqslant 1$$

$$\langle (x := x^2 \bigcup (x := x+1 \bigcap x' = 2))^* \rangle x > 0$$

$$\langle ((x := x+1; \{x'=x^2\}^d) \bigcup (x := x-1; \{x'=-1\}^d))^* \rangle 0 \leqslant x \leqslant 2$$

$$\langle ((x := x+1; \{x'=-1\}^d) \bigcup (x := x-1; \{x'=1\}^d))^* \rangle 0 \leqslant x \leqslant 2$$

$$\langle ((x := x+1; \{x'=1\}^d) \bigcup (x := x-1; \{x'=-1\}^d))^* \rangle 0 \leqslant x \leqslant 2$$

*14.8 **(机器人追逐)** 以下 dGL 公式表征两个机器人之间的二维追逐比赛,其中一个机器人处于位置(x_1, x_2),面向方向(d_1, d_2),另一个机器人处于位置(y_1, y_2),面向方向(e_1, e_2)。Angel 可以直接控制机器人(x_1, x_2)的取值为 1、-1、0 之间的角速度 ω,随后 Demon 可以直接控制机器人(y_1, y_2)的取值为 1、-1、0 之间的角速度 ρ。博弈重复控制回合的次数是任意的,并遵循 Angel 的选择(*)。Angel 试图让她的机器人靠近 Demon 的机器人。以下 dGL 公式是永真的吗?你能否找出一些它为真的情况?或者一些它为假的情况?

$$\langle (((\omega := 1 \bigcup \omega := -1 \bigcup \omega := 0);$$
$$(\rho := 1 \bigcap \rho := -1 \bigcap \rho := 0);$$
$$\{x_1' = d_1, x_2' = d_2, d_1' = -\omega d_2, d_2' = \omega d_1, y_1' = e_1, y_2' = e_2, e_1' = -\rho e_2, e_2' = \rho e_1\}^d$$
$$)^* \rangle (x_1 - y_1)^2 + (x_2 - y_2)^2 \leqslant 1$$

14.9 **(阻力下的守门员)** 机器人踢到足球后,足球在行进过程中有减速的恼人倾向。对例 14.6 进行扩展,在模型中考虑由于滚动阻力或空气阻力引起的减速。你能否确定一个条件从而得到的公式在该条件下为真?在平坦地带上,质量为 m 的点 x 以速度 v 沿直线运动将遵循微分方程

$$x' = v, v' = -av^2 - cgm$$

其中 $g = 9.81\cdots$ 为重力系数,c 为小数值的滚动阻力系数,而 a 为更小的空气动力系数。应如何改变公式以阐明没有进球得分?

参考文献

[1] André Platzer. Differential dynamic logic for hybrid systems. *J. Autom. Reas.* **41**(2) (2008), 143–189. DOI: 10.1007/s10817-008-9103-8.

[2] André Platzer. Differential-algebraic dynamic logic for differential-algebraic programs. *J. Log. Comput.* **20**(1) (2010), 309–352. DOI: 10.1093/logcom/exn070.

[3] André Platzer. *Logical Analysis of Hybrid Systems: Proving Theorems for Complex Dynamics*. Heidelberg: Springer, 2010. DOI: 10.1007/978-3-642-14509-4.

[4] André Platzer. Stochastic differential dynamic logic for stochastic hybrid programs. In: *CADE*. Ed. by Nikolaj Bjørner and Viorica Sofronie-Stokkermans. Vol. 6803. LNCS. Berlin: Springer, 2011, 446–460. DOI: 10.1007/978-3-642-22438-6_34.

[5] André Platzer. A complete axiomatization of quantified differential dynamic logic for distributed hybrid systems. *Log. Meth. Comput. Sci.* **8**(4:17) (2012). Special issue for selected papers from CSL'10, 1–44. DOI: 10.2168/LMCS-8(4:17)2012.

[6] André Platzer. Dynamic logics of dynamical systems. *CoRR* **abs/1205.4788** (2012).

[7] André Platzer. Logics of dynamical systems. In: *LICS*. Los Alamitos: IEEE, 2012, 13–24. DOI: 10.1109/LICS.2012.13.

[8] André Platzer. The complete proof theory of hybrid systems. In: *LICS*. Los Alamitos: IEEE, 2012, 541–550. DOI: 10.1109/LICS.2012.64.

[9] André Platzer. Differential game logic. *ACM Trans. Comput. Log.* **17**(1) (2015), 1:1–1:51. DOI: 10.1145/2817824.

[10] André Platzer. Logic & proofs for cyber-physical systems. In: *IJCAR*. Ed. by Nicola Olivetti and Ashish Tiwari. Vol. 9706. LNCS. Berlin: Springer, 2016, 15–21. DOI: 10.1007/978-3-319-40229-1_3.

[11] André Platzer. A complete uniform substitution calculus for differential dynamic logic. *J. Autom. Reas.* **59**(2) (2017), 219–265. DOI: 10.1007/s108 17-016-9385-1.

[12] André Platzer. Differential hybrid games. *ACM Trans. Comput. Log.* **18**(3) (2017), 19:1–19:44. DOI: 10.1145/3091123.

447

必胜策略与区域

概要 本章基于混成博弈的必胜区域确定它们的一种简单指称语义，必胜区域是如下状态的集合，即状态中存在必胜策略，使得针对对手可能选择的所有策略都能赢得博弈。这种指称语义延续了本书中以合成方式理解所有运算符这一成功的风尚。也就是说，复合混成博弈的含义是其各部分含义的简单函数。对于混成博弈中的重复，最终将发现这样的语义有惊人的微妙之处，由此揭示了混成博弈中的复杂性异常丰富，而且这些复杂性在特征上有别于混成系统。这是第一次表明混成博弈除了混成系统中已经存在的挑战之外，还有它们自己独特的挑战。

15.1 引言

本章继续始于第 14 章的对混成博弈及其规约和验证逻辑（即微分博弈逻辑）[4] 的研究。第 14 章介绍了微分博弈逻辑，主要侧重于以建模为目的来识别和突出对抗性动态这一新的动态特性。但混成博弈的含义则流于非形式化，它仅关联交互式博弈以及博弈树中的决策作了直观理解。虽然有可能将这种树形语义转化为混成博弈的操作语义[4]，但由此产生的发展在技术上是相当复杂的。即使这样的操作语义包含丰富的信息，并且触及了描述集合论中有趣的概念，也没有必要采用这么复杂的语义定义。

因此，本章将致力于开发一种简单得多但仍然严格的语义，即混成博弈的指称语义。第 14 章已经强调了一些微妙的地方，比如永不结束的博弈破坏了决定性（也就是说，某个局中人总有必胜策略），原因仅仅是从来没有到达一个可以宣称赢家的状态。现在需要特别小心的是重复的特性以及它与微分方程的相互作用。指称语义将使这个微妙的特性变得极其清晰。

本章基于文献[4]，其中可以找到更多关于混成博弈及其逻辑的信息。本章最重要的学习目标如下所示。

建模与控制：我们进一步理解针对对抗性动态的 CPS 核心原理，导致对抗性动态的原因是在许多 CPS 应用中出现的多个智能体可能冲突的行为。这一次，我们专注于它们精确语义的细微差别。这些观察最终将揭示对抗性重复语义中的微妙之处，使得它们给出的概念比必胜区域的高度超穷迭代构造法给出的具有更好的行为。这一发展还展示了动作中的不动点，这对于理解其他类型的模型起到了显著的作用。

计算思维：本章采用计算思维的基本原理来捕捉 CPS 模型中对抗性动态这一新现象的语义。我们利用编程语言的核心思想，以对偶这一补充性的运算符扩展程序模型以及规约和验证逻辑的语法和语义，从而以模块化的方式将对抗性纳入混成系统模型这一领域中。这得出了一个使用合成运算符的混成博弈的合成模型，其中每个运算符都具有合成语义。模块化使得我们可以将 CPS 的严格推理原则推广到混成博弈并同时驾驭它们的复杂性。本章介绍微分博弈逻辑 dGL[4] 的语义，dGL 将对抗性动态加入到微分动态逻辑中，而后者在本书的其他部分中已经用作 CPS 的规约和验证语言。由于交替执行在混成博弈中起基本作用，本章还从某一视角解读具有交替选择的高等计算模型。最后，本章将鼓励我们思考指称语义和操作语义的关系。前者侧重于语法表达式所指的数学对象，而后者侧重于随着博弈的展开而相继发生的动作。

　　CPS 技能：本章着重发展和理解含对抗性动态的 CPS 模型的语义，这种动态对应于当多个智能体相互反应时系统如何随时间改变状态。这种理解对于发展多智能体 CPS 操作效果的直觉至关重要。对抗性动态的存在将使我们重新思考 CPS 模型的语义，以纳入多个智能体及其相互反应的影响。这种泛化对于理解 CPS 中的对抗性动态至关重要，同时也使我们反思选择的含义，从而为没有对抗性的混成系统的语义提供了有益的补充。

计算思维的基本原理
逻辑扩展
PL模块化原则
合成性扩展
微分博弈逻辑
指称语义对比操作语义

CT

对抗性动态　　　　　　　CPS语义
对抗性语义　　　　　　　多智能体操作效果
对抗性重复　　　　　　　相互反应
不动点　　M&C　　CPS　对混成系统的补充

混成博弈的语义对之前章节中混成系统的语义作了真正的推广。

450

15.2　微分博弈逻辑的语义

　　定义微分博弈逻辑语义最优美的方法是什么？语义究竟应该怎样定义？首先，在 dGL 模态公式 $\langle\alpha\rangle P$ 和 $[\alpha]P$ 的后置条件中使用的 dGL 公式 P 定义了混成博弈 α 的获胜条件。因此，当进行混成博弈 α 时，我们需要知道满足获胜条件 P 的状态集，因为那是各个局中人想要到达的区域。这个 P 为真的状态集标记为 $[\![P]\!]$，它定义了 dGL 公式 P 的语义。回忆一下，$\omega\in[\![P]\!]$ 表示状态 ω 在 P 为真的状态集中。混成博弈中的状态 ω 就是一个对所有变量都赋予实数值的映射，就像在混成程序中一样，由此可以理解混成博弈中诸如 $x\cdot y+2$ 的项和诸如 $x^2\geq x\cdot y+2$ 的公式的含义。状态 ω 是从变量到 $\mathbb{R}$ 的映射。状态集标记为 $\mathscr{S}$。

15.2.1　可达性关系的局限性

　　混成博弈的语义比混成系统更微妙。混成程序 α 的语义就是可达性关系 $[\![\alpha]\!]\subseteq\mathscr{S}\times\mathscr{S}$，其中 $(\omega,\nu)\in[\![\alpha]\!]$ 表示通过运行 HP α 可以从初始状态 ω 到达最终状态 ν。这使得可以通过下列公式定义 dL 公式 $\langle\alpha\rangle P$ 的语义：

　　对于 HP α，$[\![\langle\alpha\rangle P]\!]=\{\omega\in\mathscr{S}$：存在某个满足 $(\omega,\nu)\in[\![\alpha]\!]$ 的 ν，使得 $\nu\in[\![P]\!]\}$　（15.1）

对于混成博弈而言这种方法是不够的。首先，可达性关系 $(\omega,\nu)\in[\![\alpha]\!]$ 仅在 α 是混成程序的情形下定义，而没有在它是混成博弈的情形下定义。而且，我们甚至不清楚可达性关系是否包含理解混成博弈语义所需的全部信息，因为仅仅状态的可达性很难保留足够的信息来表示博弈过程中的交互特性，其中对于各个局中人来说存在某些选择比其他的更好。但更深层次的原因是式(15.1)太局限了。这种形式下定义的获胜准则要求 Angel 单独考虑每个满足获胜条件的状态 $\nu\in[\![P]\!]$，然后试图通过执行混成博弈 α 从 ω 到达该状态 ν。然而，Demon 要破坏这个计划所要做的就是引导博弈进入一个不同于计划中的 ν 的状态（即使是 Angel 也会赢的状态）。更一般地说，把获胜条件局限为进入某个单一状态，此时获胜真的是很困难的。

451

15.2.2　微分博弈逻辑公式的集值语义

　　更可行的方法是通过将博弈引入满足获胜条件的几个状态中的一个来获胜。如果我们知道后置条件 P 为真的所有状态的集合 $[\![P]\!]$，并以此作为获胜条件，那么混成博弈 α 确定了唯一的状态集合，从这个状态集合中，Angel 在博弈 α 中有达到 $[\![P]\!]$ 中状态的必胜策略。这个在混成博弈 α 中针对 Angel 的获胜条件 $[\![P]\!]$ 的必胜区域将标记为 $\varsigma_\alpha([\![P]\!])$。更普遍的是，对于任何状态集 $X\subseteq\mathscr{S}$，$\varsigma_\alpha(X)$ 将表示在混成博弈 α 中 Angel 有必胜策略的状态集合，即由其中的状态开始她可以到达她的获胜条件 X 中的某个状态。相应地，$\delta_\alpha(X)$ 将表示在混成博弈 α 中 Demon 有必胜策略的状态集合，由其中的状态开始可以到达 Demon 获胜条件 X 中的某个状态。这两个集合将在 15.2.3 节中定义。

对于子集 $X\subseteq\mathscr{S}$，补集 $\mathscr{S}\setminus X$ 标记为 X^c。式 (2.9) 中的符号 ω_x^d 表示的仍然是(除了对变量 x 的解释更改为 $d\in\mathbb{R}$ 外)与状态 ω 一致的状态。状态 ω 中项 e 的值标记为 $\omega[\![e]\!]$，如定义 2.4 所示。dGL 公式的指称语义将在定义 15.1 中给出，方式是对定义 15.2 中给出的混成博弈的指称语义 $\varsigma_\alpha(\cdot)$ 和 $\delta_\alpha(\cdot)$ 一起同时作归纳定义，因为 dGL 公式是通过与混成博弈同时归纳来定义的。混成博弈 α 的(指称)语义为 Angel 的每个获胜状态集合 $X\subseteq\mathscr{S}$ 定义了必胜区域，即 Angel 有必胜策略来达到 X 的状态集合 $\varsigma_\alpha(X)$(无论 Demon 选择什么策略)。Demon 的必胜区域，即 Demon 有必胜策略来达到 X 的状态集 $\delta_\alpha(X)$(无论 Angel 选择什么策略)，也将在后面定义。

定义 15.1(dGL 语义) dGL 公式 P 的语义是 P 为真的状态子集 $[\![P]\!]\subseteq\mathscr{S}$。其归纳定义如下所示：

452

1) $[\![e\geqslant\tilde{e}]\!]=\{\omega\in\mathscr{S}:\omega[\![e]\!]\geqslant\omega[\![\tilde{e}]\!]\}$

也就是说，$e\geqslant\tilde{e}$ 为真的状态集是 e 的值大于或等于 $\tilde{e}$ 的值的集合。

2) $[\![\neg P]\!]=([\![P]\!])^c$

也就是说，$\neg P$ 为真的状态集是 P 为真的状态集的补集。

3) $[\![P\wedge Q]\!]=[\![P]\!]\cap[\![Q]\!]$

也就是说，$P\wedge Q$ 为真的状态集是 P 为真的状态集与 Q 为真的状态集的交集。

4) $[\![\exists xP]\!]=\{\omega\in\mathscr{S}:$ 对某个 $r\in\mathbb{R}$，有 $\omega_x^r\in[\![P]\!]\}$

也就是说，$\exists xP$ 为真的状态与 P 为真的状态之间唯一的不同是 x 的实数值。

5) $[\![\langle\alpha\rangle P]\!]=\varsigma_\alpha([\![P]\!])$

也就是说，$\langle\alpha\rangle P$ 为真的状态集是 Angel 在混成博弈 α 中必能达到 $[\![P]\!]$ 的必胜区域，即 Angel 在混成博弈 α 中有达到 P 成立的状态的必胜策略的状态集。

6) $[\![[\alpha]P]\!]=\delta_\alpha([\![P]\!])$

也就是说，$[\alpha]P$ 为真的状态集是 Demon 在混成博弈 α 中必能达到 $[\![P]\!]$ 的必胜区域，即 Demon 在混成博弈 α 中有达到 P 成立的状态的必胜策略的状态集。

dGL 公式 P 是永真的，记为 $\models P$，当且仅当它在所有状态中都为真，即 $[\![P]\!]=\mathscr{S}$。

接下来将定义混成博弈 α 中获胜条件 X 下 Angel 和 Demon 的必胜区域的语义 $\varsigma_\alpha(X)$ 和 $\delta_\alpha(X)$。

15.2.3 混成博弈必胜区域的语义

定义 15.1 利用了在混成博弈 α 中 Angel 和 Demon 各自的必胜区域 $\varsigma_\alpha(\cdot)$ 和 $\delta_\alpha(\cdot)$。混成博弈的必胜区域可以通过给出混成博弈的指称语义来直接定义，而不是(如第 14 章中那样)绕道通过操作博弈语义来理解$^\ominus$。图 15.1 描绘了 Angel 的必胜区域，而图 15.2 画出了

$\ominus$ 混成博弈的语义不仅仅是像混成系统[3]中那样的状态之间的可达性关系，因为必须考虑到局中人的对抗性动态交互和嵌套选择。为了简洁起见，非形式化的解释中有时会说"赢得博弈"，而实际上它们的意思是"拥有赢得博弈的必胜策略"。可以增广微分方程的语义，以忽略微分符号 x' 的初始值，如第二部分中所示。考虑到 $x':=*$；$x'=f(x)\&Q$ 具有相同的效果，为了简单起见不做这样的增广。

Demon 的必胜区域。

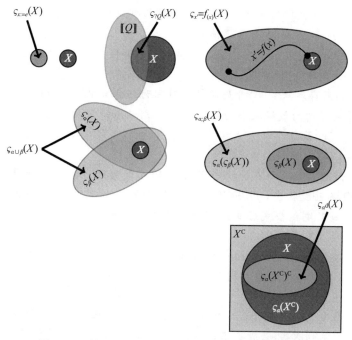

图 15.1　针对 Angel 必胜区域的混成博弈的指称语义

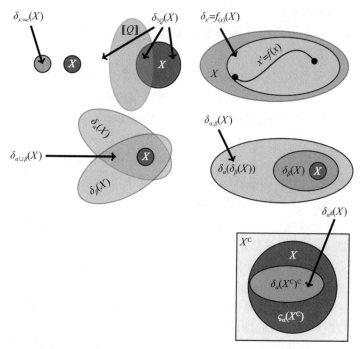

图 15.2　针对 Demon 必胜区域的混成博弈的指称语义

定义 15.2（不含重复的混成博弈的语义）　混成博弈 α 的语义是一个函数 $\varsigma_\alpha(\cdot)$，对于 Angel 的每一个获胜状态集 $X \subseteq \mathscr{S}$，它给出必胜区域，即状态集 $\varsigma_\alpha(X)$，由此 Angel 有必胜策略来达到 X（无论 Demon 选择什么策略）。它的归纳定义如下：

1）$\varsigma_{x:=e}(X)=\{\omega\in\mathscr{S}:\omega_x^{\omega[\![e]\!]}\in X\}$

也就是说，如果将 x 的值变更为 $\omega[\![e]\!]$ 而得到的对 ω 的修改 $\omega_x^{\omega[\![e]\!]}$ 包含在 X 中，则赋值 $x:=e$ 可从任意状态 ω 进入 X 而赢得博弈。

2）$\varsigma_{x'=f(x)\&Q}(X)=\{\varphi(0)\in\mathscr{S}:$ 存在某个持续时间为任意 $r\in\mathbb{R}$ 且满足 $\varphi\models x'=f(x)\wedge Q$ 的解 $\varphi:[0,r]\to\mathscr{S}$，使得 $\varphi(r)\in X\}$

也就是说，如果存在从 $\varphi(0)$ 开始而持续时间为任意 r 的 $x'=f(x)$ 的解 φ，使得 φ 始终保持在 Q 内并且得到的最终状态为 $\varphi(r)\in X$，则 Angel 可从任意状态 $\varphi(0)$ 进入 X 而赢得微分方程 $x'=f(x)\&Q$。

3）$\varsigma_{?Q}(X)=[\![Q]\!]\cap X$

也就是说，如果 Angel 所在的状态满足 Q 因而能够通过挑战，并且该状态已经在 X 中，因为挑战 $?Q$ 不改变状态，则她可以进入 X 而赢得挑战 $?Q$。在博弈 $?Q$ 中，Angel 只有在 X 内同时也满足测试公式 Q 的状态下才能达到获胜条件 X。

4）$\varsigma_{\alpha\cup\beta}(X)=\varsigma_\alpha(X)\cup\varsigma_\beta(X)$

也就是说，每当 Angel 可以进入 X 赢得博弈 α 或者进入 X 赢得博弈 β，她就能进入 X 而赢得选择博弈 $\alpha\cup\beta$（通过选择她拥有必胜策略的子博弈）。

5）$\varsigma_{\alpha;\beta}(X)=\varsigma_\alpha(\varsigma_\beta(X))$

也就是说，每当 Angel 在博弈 α 中有达到 $\varsigma_\beta(X)$ 的必胜策略（即可以达到某个状态，由此她在博弈 β 中有达到 X 的必胜策略），她就可以进入 X 赢得顺序博弈 $\alpha;\beta$。

6）$\varsigma_{\alpha^*}(X)$ 将在后面定义。

7）$\varsigma_{\alpha^d}(X)=(\varsigma_\alpha(X^C))^C$

也就是说，Angel 可以达到 X 而赢得 α^d 的状态就是她在博弈 α 中没有必胜策略来达到相反的 X^C 的那些状态。

由于在对偶博弈 α^d 中局中人换边，$\varsigma_{\alpha^d}(X)$ 等同于集合 $\varsigma_\alpha(X^C)$ 的补集 $(\varsigma_\alpha(X^C))^C$，这里 $\varsigma_{\alpha^d}(X)$ 为在对偶博弈 α^d 中 Angel 有必胜策略达到 X 的必胜区域，$\varsigma_\alpha(X^C)$ 为 Angel 在博弈 α 中有必胜策略达到补域 X^C 的必胜区域，而 X^C 是她输掉对偶博弈 α^d 的状态集。必胜区域 $\varsigma_\alpha(X^C)$ 对应于 Angel 在 α 中运行 Angel 的控制来模拟 Demon 在 α^d 中的控制，但是目标是 Demon 的目标 X^C 而不是 Angel 的目标 X。那么，这个区域的补域是 Angel 在对偶博弈 α^d 中有必胜策略来达到 X 的必胜区域 $\varsigma_{\alpha^d}(X)$，因为当 Angel 在博弈 α 中以假装玩法模拟 Demon 时，她在 $\varsigma_{\alpha^d}(X)$ 中不会有必胜策略来实现 X^C。

在定义了 Angel 在混成博弈 α 中有必胜策略达到 X 的必胜区域 $\varsigma_\alpha(X)$ 之后，接下来的问题是如何定义 Demon 在混成博弈 α 中有必胜策略达到 X 的必胜区域 $\delta_\alpha(X)$。它们共同定义了 dGL 公式语义（定义 15.1）中使用的函数。对于离散赋值 $x:=e$，在相同的博弈和相同的获胜条件 X 下，Angel 的必胜区域 $\varsigma_{x:=e}(X)$ 与 Demon 的必胜区域 $\delta_{x:=e}(X)$ 是一样的，因为在离散赋值中没有选择需要决定。但对于微分方程，这两个必胜区域是非常不同的，因为 Angel 控制微分方程的持续时间，所以 Demon 只有在微分方程从 X 开始（因为 Angel 在演化域内遵循它的持续时间可以为 0）并且一直留在 X 中（因为 Angel 在演化域内遵循它的持续时间可以为任意长度）的时候才有机会。同样，既然 Angel 能够决定如何选择 $\alpha\cup\beta$，Demon 只有在两个子博弈中都赢才能获胜。

定义 15.3（不含重复的混成博弈的语义（续）） Demon 的必胜区域，即 Demon 有必胜策略达到 X 的状态集 $\delta_\alpha(X)$（无论 Angel 选择什么策略），归纳定义如下：

1) $\delta_{x:=e}(X) = \{\omega \in \mathscr{S} : \omega_x^{\omega[\![e]\!]} \in X\}$

也就是说，如果将 x 的值变更为 $\omega[\![e]\!]$ 而得到的对 ω 的修改 $\omega_x^{\omega[\![e]\!]}$ 包含在 X 中，则赋值 $x:=e$ 可从任意状态 ω 进入 X 而赢得博弈。

2) $\delta_{x'=f(x)\&Q}(X) = \{\varphi(0) \in \mathscr{S} :$ 对于所有的持续时间 $r \in \mathbb{R}$ 和所有满足 $\varphi \models x' = f(x) \wedge Q$ 的解 $\varphi : [0, r] \to \mathscr{S}$，都有 $\varphi(r) \in X\}$

也就是说，如果所有从 $\varphi(0)$ 开始的 $x' = f(x)$ 的解 φ，其持续时间为使得 φ 始终保持在 Q 内的任意 r，而由此得到的最终状态都满足 $\varphi(r) \in X$，则 Demon 可从任意状态 $\varphi(0)$ 进入 X 而赢得微分方程 $x' = f(x)\&Q$。

3) $\delta_{?Q}(X) = (\llbracket Q \rrbracket)^{\mathrm{c}} \cup X$

也就是说，如果 Angel 所在的状态违反 Q 因而在她的挑战 $?Q$ 中失败，或者该状态已经在 X 中，因为挑战 $?Q$ 不改变状态，则 Demon 可以进入 X 而赢得挑战 $?Q$。Demon 在博弈 $?Q$ 中达到获胜条件 X 所在的状态是在 X 内（无论 Q 是否成立）或者 Angel 未能通过测试公式 Q 的那些状态。

4) $\delta_{\alpha \cup \beta}(X) = \delta_\alpha(X) \cap \delta_\beta(X)$

也就是说，每当 Demon 可以进入 X 赢得博弈 α 并且进入 X 赢得博弈 β，他就能进入 X 而赢得选择博弈 $\alpha \cup \beta$（因为 Angel 可能选择任何一个子博弈）。

5) $\delta_{\alpha;\beta}(X) = \delta_\alpha(\delta_\beta(X))$

也就是说，每当 Demon 在博弈 α 中有达到 $\delta_\beta(X)$ 的必胜策略（即可以达到某个状态，由此他在博弈 β 中有达到 X 的必胜策略），他就可以进入 X 赢得顺序博弈 $\alpha;\beta$。

6) $\delta_{\alpha^*}(X)$ 将在后面定义。

7) $\delta_{\alpha^{\mathrm{d}}}(X) = (\delta_\alpha(X^{\mathrm{c}}))^{\mathrm{c}}$

也就是说，Demon 可以达到 X 而赢得 α^{d} 的状态就是他在博弈 α 中没有必胜策略来达到相反的 X^{c} 的那些状态。

在 dGL 语义中没有明确出现策略，因为该语义是基于必胜策略是否存在，而不是基于策略本身的。就像 dL 的语义一样，dGL 的语义是合成性的，即复合 dGL 公式的语义是其各部分语义的简单函数。同样，复合混成博弈的语义是其各部分语义的简单函数。同时请注意，混成博弈 α 中是否存在达到 X 的策略独立于任何围绕 α 的博弈和 dGL 公式，而仅仅取决于博弈 α 本身以及目标 X。

即使我们在定义了重复的语义之后才会在第 16 章证明下面的必胜区域的单调性质，但是我们现在就给出单调性的陈述，因为它提供了有用的直觉。dGL 语义是单调的[4]，即较大的获胜状态集有较大的必胜区域，因为进入较大的获胜状态集更加容易获胜（见图 15.3）。

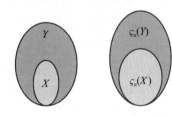

图 15.3　单调性：进入更大的获胜状态集 $Y \supseteq X$ 更容易赢得胜利

455

引理 15.1（单调性）　dGL 语义是单调的，即对于所有的 $X \subseteq Y$，都同时满足 $\varsigma_\alpha(X) \subseteq \varsigma_\alpha(Y)$ 和 $\delta_\alpha(X) \subseteq \delta_\alpha(Y)$。

请注意，相较 14.4 节中（非形式化）的操作语义，在定义 15.2 中定义必胜区域 $\varsigma_\alpha(X)$ 的指称语义风格有质的不同。指称语义直接将混成博弈 α 以及获胜条件 X 与局中人 Angel 在博弈 α 中具有达到 X 的必胜策略的状态集关联起来。这基于 α 的结构给出了对 $\varsigma_\alpha(X)$ 的简单归纳定义。由 14.4 节操作语义得到的博弈树对如何沿着博弈图的边移动以进行博弈给出了更直接的操作直觉。但是，与更方便的指称语义相比，严格定义这种（无穷）图的结

456

构以及在其中具有必胜策略的含义在技术上更加困难，并且也让后续分析变得复杂。但存在操作语义更有用的某些场景，因此熟悉两种风格以选择最适合手头问题的一种是有裨益的。

15.3   混成博弈中重复的语义

在进一步探讨之前，我们先需要定义重复的语义，事实证明这惊人地微妙。15.3.4 节中的最终答案并不是那么复杂，但需要相当多的思考才能得到这个答案。我们并不介意通过仔细的路线研究混成博弈中重复的作用，因为在此过程中得到的深刻见解具有普遍的意义，并且很好地阐明了混成博弈有趣的复杂性。

15.3.1   有预告的重复

定义 15.2 仍然缺少对混成博弈中重复语义的定义。采用标记 $a^{n+1} \equiv \alpha^n$；α 和 $\alpha^0 \equiv ?true$，混成系统中重复的语义是

$$\llbracket \alpha^* \rrbracket = \bigcup_{n \in \mathbb{N}} \llbracket \alpha^n \rrbracket$$

在混成博弈中与此对应的重复的语义显然应该是

$$\varsigma_{\alpha^*}(X) \overset{?}{=} \bigcup_{n < \omega} \varsigma_{\alpha^n}(X) \tag{15.2}$$

其中 ω 是第一个无穷序数（如果你之前从未见过序数，可以将 $n < \omega$ 简单解读为 n 是自然数，即 $n \in \mathbb{N}$）。这会为重复赋予预期中的含义吗？如果以这种方式进行重复博弈，Angel 需要先停止重复才能获胜吗？是的，她需要，因为即使她可以选择的重复次数没有界限，对于每个自然数 n，得到的博弈 $\varsigma_{\alpha^n}(X)$ 都是有限的。

这个定义是否会得到重复博弈预期中的含义？

在你继续阅读之前，看看你是否能自己找到答案。

这个问题在于根据式 (15.2) 进行重复的每种方式都需要 Angel 选择一个自然数 $n \in \mathbb{N}$ 作为重复的次数，并在进行博弈 α^n 时将这个数字暴露给 Demon，从而让他在采取任何动作之前就知道 Angel 对重复次数的决定。

这将引出所谓的 α^* 的预告语义[5]，它要求局中人在循环开始时通告博弈 α 将要重复的次数。预告语义将 $\varsigma_{\alpha^*}(X)$ 定义为 $\bigcup_{n < \omega} \varsigma_{\alpha^n}(X)$，并将 $\delta_{\alpha^*}(X)$ 定义为 $\bigcap_{n < \omega} \delta_{\alpha^n}(X)$。因此，当进行博弈 α^* 时，Angel 会在 α^* 开始时向 Demon 宣布重复的次数 $n < \omega$，而当博弈 $\alpha^\times$ 开始时，Demon 会宣布重复次数。这种预先通告使得 Demon 更容易在循环 α^* 中获胜，并且让 Angel 更容易在循环 $\alpha^\times$ 中获胜，因为对手立即宣布了他们策略的一个重要特征，而不像我们在第 14 章中以操作博弈树表示的那样，在每次迭代之后再揭示是否再重复一次博弈。

如果我们赋予重复的是预告语义，那么对于控制重复的局中人来说这将是一个很大的劣势。例如，下面的公式在 dGL 中永真，但在预告语义中则非永真（见图 15.4）：

$$x = 1 \wedge a = 1 \rightarrow \langle (((x := a; a := 0) \textstyle\bigcap x := 0)^* \rangle x \neq 1 \tag{15.3}$$

博弈开始时 x 和 a 都为 1，它询问 Angel 是否有一个必胜策略通过她控制的重复达到 $x \neq 1$，但是 Demon 可以选择是将 0 还是 a 写入 x。关键在于，只要 a 的值在 Demon 的左选项中复制给 x，那么 a 就会清零，所以这只能帮助他一次。

在预告语义中，如果在重复开始时 Angel 宣布她已经选择博弈重复的次数是 n 次，那么 Demon 可以选择 $n-1$ 次右选项 $x := 0$ 然后在最后一次重复中选择左选项 $x := a; a := 0$ 而大获全胜。这种策略在 dGL 语义中不会成功，此时 Angel 可以在每次重复后根据得到

的博弈状态自由决定是否重复 α^*。对状态的审视对于决定是否停止重复影响很大。如果 x 的值为 0，那么 Angel 决定停止，否则她会重复。如果 Demon 运行右选项 $x:=0$，Angel 就停下来。如果他运行左选项 $x:=a;a:=0$，那么 Angel 决定重复一次，但无论 Demon 选择哪个选项，她将在下一次迭代后停止。图 15.4a 中以 ⊚ 标明了式(15.3)的必胜策略，它表明该 dGL 公式是永真的。

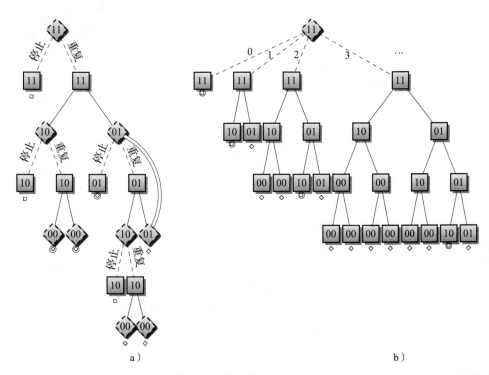

图 15.4 $x=1 \wedge a=1 \rightarrow \langle \alpha^* \rangle x \neq 1$ 的博弈树，其中博弈为 $\alpha \equiv (x:=a;a:=0) \bigcap x:=0$（节点中数字标注的是 x,a）。a) 在 dGL 中永真，策略为"重复一次，如果 $x=1$，则再次重复，然后停止"；b) 在预告语义中为假，策略为"$n-1$ 次选择 $x:=0$ 后跟随着一次 $x:=a;a:=0$"，其中 n 是 Angel 宣告的重复次数

当然，也存在一些公式在预告语义中永真但在 dGL 中非永真，例如式(15.3)的对偶：
$$x=1 \wedge a=1 \rightarrow [((x:=a ; a:=0) \bigcap x:=0)^*]x=1$$
正如预告语义可以让 Demon 在 Angel 控制重复的 α^* 博弈中轻松获胜，它也可以让 Angel 在 Demon 控制重复的 $\alpha^\times$ 博弈中轻松获胜。

预告语义会错失完全合理的必胜策略，因为它的交互程度还不足以进行严格意义上的混成博弈。dGL 语义更为通用，并且给予负责重复的局中人更多控制权力，可以在决定是否重复之前先检查状态。如果真的需要在博弈的一部分中提前向另一个局中人宣布重复次数，那么对此建模也是很容易的(见习题 15.2)。

尽管预告语义的构建方式是直接类比于混成系统中重复的语义，但它并不适用于混成博弈，因为 CPS 很难提前预测究竟需要迭代多少次控制周期才能达到目标。

对于混成系统而言，重复的迭代次数是提前选择还是之后选择并不重要，因为在其演化过程中没有意外。所有选择都是通过非确定性来决定的。这对应于所有选择由 Angel 来决定，也意味着她总能以最有利的方式做出每一次选择。但是对于博弈来说，Demon 可以为 Angel 带来许多意外的麻烦，因此她将不得不等等看才能决定重复的次数。

15.3.2 无穷迭代的重复

15.3.1 节给出的语义的问题是 Angel 针对重复的着法透露给 Demon 太多信息，因为 Demon 甚至在他必须第一次着子之前就可以检查剩余的博弈 α^n 以找出博弈将持续多长时间。

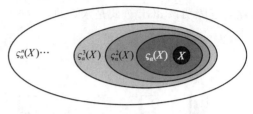

让我们试着撤消这个定义。我们不考虑 n 次重复 α^n 并揭示所选的重复次数 n，而是转而考虑一种对 α 的必胜区域迭代 n 次的语义，其中 n 为任意有限自然数（见图 15.5）：

图 15.5　获胜条件 X 下 $\varsigma_\alpha(\cdot)$ 的迭代 $\varsigma_\alpha^n(X)$

$$\varsigma_{\alpha^*}(X) \stackrel{?}{=} \bigcup_{n<\omega} \varsigma_\alpha^n(X) \tag{15.4}$$

这种语义称为 ω 语义，并标记为 $\varsigma_\alpha^\omega(X)$。那么我们需要做的就是对必胜区域构造函数的迭代给出定义。对于任何获胜条件 $X \subseteq \mathscr{S}$，α 必胜区域的 n 次迭代 $\varsigma_\alpha^n(X)$ 可通过对 n 归纳定义为

$$\varsigma_\alpha^0(X) \stackrel{\text{def}}{=} X$$
$$\varsigma_\alpha^{\kappa+1}(X) \stackrel{\text{def}}{=} X \bigcup \varsigma_\alpha(\varsigma_\alpha^\kappa(X))$$

只有那些一开始已经在目标 X 中的状态（$\varsigma_\alpha^0(X)=X$）才能在不重复的情况下在重复博弈中获胜。可以最多在 $\kappa+1$ 次重复后进入集合 X 而赢得重复博弈的状态是，一开始在 X 中的状态以及所有在混成博弈 α 中存在必胜策略达到 $\varsigma_\alpha^\kappa(X)$ 中状态的状态。也就是说，该构造法在保留获胜条件 X 的同时依次应用 $\varsigma_\alpha(\cdot)$：

$$\varsigma_\alpha^0(X) = X$$
$$\varsigma_\alpha^1(X) = X \bigcup \varsigma_\alpha(X)$$
$$\varsigma_\alpha^2(X) = X \bigcup \varsigma_\alpha(X \bigcup \varsigma_\alpha(X))$$
$$\varsigma_\alpha^3(X) = X \bigcup \varsigma_\alpha(X \bigcup (X \bigcup \varsigma_\alpha(X)))$$
$$\varsigma_\alpha^4(X) = X \bigcup \varsigma_\alpha(X \bigcup \varsigma_\alpha(X \bigcup (X \bigcup \varsigma_\alpha(X))))$$
$$\vdots$$

这是否为混成博弈的重复提供了正确的语义？它是否与我们希望的对存在必胜策略的定义一致？

在你继续阅读之前，看看你是否能自己找到答案。

答案令人惊讶，它是否定的，原因非常微妙但也非常根本。存在 α^* 的必胜策略与 α 的 ω 次迭代并不一致。

采用式 (15.4) 中的语义，以下 dGL 公式是永真的吗？

$$\langle (\underbrace{x:=1;\ x'=1^{\text{d}}}_{\beta} \bigcup \underbrace{x:=x-1}_{\gamma})^* \rangle \quad (0 \leqslant x < 1) \tag{15.5}$$

$$\underbrace{\qquad\qquad\qquad\qquad\qquad}_{\alpha}$$

在你继续阅读之前，看看你是否能自己找到答案。

与平常一样，$[a, b)$ 表示从包含 a 到不包含 b 的区间。使用 (15.5) 中所示的缩写，例如

$\alpha\equiv\beta\cup\gamma$，通过简单的归纳证明很容易看出，对于所有的 $n\in\mathbb{N}$ 都有 $\varsigma_\alpha^n([0,1))=[0,n+1)$：

$$\varsigma_{\beta\cup\gamma}^0([0,1))=[0,1)$$

$$\varsigma_{\beta\cup\gamma}^{n+1}([0,1))=[0,1)\cup\varsigma_{\beta\cup\gamma}(\varsigma_{\beta\cup\gamma}^n([0,1)))\overset{IH}{=}[0,1)\cup\varsigma_{\beta\cup\gamma}([0,n+1))$$

$$=[0,1)\cup\varsigma_\beta([0,n+1))\cup\varsigma_\gamma([0,n))$$

$$=[0,1)\cup\varnothing\cup[0,n+2)=[0,n+1+1)$$

因此，根据式(15.4)中的 ω 语义，$\varsigma_{\alpha^*}([0,1))$ 由所有非负实数组成：

$$\bigcup_{n<\omega}\varsigma_\alpha^n([0,1))=\bigcup_{n<\omega}[0,n+1)=[0,\infty) \tag{15.6}$$

因此，式(15.4)中的 ω 语义表明，混成博弈(式(15.5))只能在初始状态为 $[0,\infty)$ 时获胜，即满足 $0\leq x$ 的状态。

不幸的是，这完全是胡说八道！确实，dGL 公式(15.5)中的混成博弈可以从所有满足 $0\leq x$ 的初始状态中获胜。但它也可以从所有其他初始状态中获胜！唯一绕弯的地方是 Angel 从 $x<0$ 的初始状态中获胜需要的迭代次数是无界的，因为 Demon 可以在他的微分方程中任意增加 x 的值。实际上，在某些情况下 ω 语义与真正的必胜区域相比是微乎其微的，并且差异可以任意大[4]。

对于式(15.5)，ω 语义错失了 Angel 完全合理的必胜策略"首先选择 $x:=1$；$x'=1^d$，然后一直选择 $x:=x-1$ 直到 $0\leq x<1$ 时停止"。这个必胜策略可以从 $\mathbb{R}$ 中的每个初始状态中获胜，而集合 $\mathbb{R}$ 比式(15.6)中的非负实数集大得多。

这个必胜策略证明 dGL 公式(15.5)是永真的。然而，有没有一种直接的方式可以看出式(15.6)不是式(15.5)的最终答案，而不是将必胜区域的计算放在一边并需要单独构建一个巧妙的必胜策略(这会破坏将必胜区域用于语义的全部意义)？

在你继续阅读之前，看看你是否能自己找到答案。

462

通过更加仔细地检查我们到底做了什么才得到式(15.6)，可以引出如下关键的观察。式(15.6)表明，式(15.5)中的混成博弈可以从所有的非负初值以最多 ω(即"第一个可数无穷多")步获胜。在对所有 $n\in\mathbb{N}$ 都满足 $\varsigma_\alpha^n([0,1))=[0,n+1)$ 的证明中，归纳步骤表明不管什么原因(事实上是根据归纳假设)，如果 $[0,n)$ 在必胜区域内，那么简单地将 $\varsigma_\alpha(\cdot)$ 应用于 $[0,n)$ 可以得到 $[0,n+1)$ 也处于必胜区域内。

再应用一次会怎样？无论出于何种原因(即通过上述论证)，$[0,\infty)$ 是在必胜区域内的。难道这不意味着根据与上面完全相同的归纳论证，$\varsigma_\alpha([0,\infty))$ 应该也在必胜区域内？

在你继续阅读之前，看看你是否能自己找到答案。

注解 72(+1 论证)　每当集合 Z 在重复的必胜区域 $\varsigma_{\alpha^*}(X)$ 内时，$\varsigma_\alpha(Z)$ 也在必胜区域 $\varsigma_{\alpha^*}(X)$ 内，因为后者距离 Z 只差一轮，而 α^* 可以简单地再重复一次。也就是说，

如果　$Z\subseteq\varsigma_{\alpha^*}(X)$，那么 $\varsigma_\alpha(Z)\subseteq\varsigma_{\alpha^*}(X)$

如图 15.6 所示，将注解 72 应用于手头的情况可作如下推理。式(15.6)这一事实解释了至少 $[0,\infty)\subseteq\varsigma_{(\beta\cup\gamma)^*}([0,1))$ 包含在重复的必胜区域内。根据注解 72，必胜区域 $\varsigma_{(\beta\cup\gamma)^*}([0,1))$

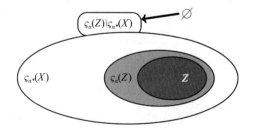

图 15.6　集合 $Z\subseteq\varsigma_{\alpha^*}(X)$ 的必胜区域 $\varsigma_\alpha(Z)$ 必然包含在 $\varsigma_{\alpha^*}(X)$ 中，因为 $\varsigma_\alpha(Z)$ 距离 Z 仅差一轮重复

还包含$[0,\infty)$的一步必胜区域$\varsigma_{(\beta\cup\gamma)}([0,\infty))\subseteq\varsigma_{(\beta\cup\gamma)^*}([0,1))$。对此进行计算得出：

$$\varsigma_{(\beta\cup\gamma)}([0,\infty))=\varsigma_\beta([0,\infty))\cup\varsigma_\gamma([0,\infty))=\mathbb{R}\cup[0,\infty)=\mathbb{R}$$

除此之外，必胜区域不可能包含任何其他东西，因为$\mathbb{R}$已经是整个状态空间（在这个混成博弈中只有一个变量），不可能再加入任何东西。实际上，尝试在$\mathbb{R}$上再次使用必胜区域构造函数并不会改变结果：

463

$$\varsigma_{(\beta\cup\gamma)}(\mathbb{R})=\varsigma_\beta(\mathbb{R})\cup\varsigma_\gamma(\mathbb{R})=\mathbb{R}\cup\mathbb{R}=\mathbb{R}$$

那么，这个结果与上面设计精巧的必胜策略告诉我们的一致：式(15.5)是永真的，因为从任何初始状态开始 Angel 都有一个必胜策略。然而，对必胜区域构造函数$\varsigma_{\beta\cup\gamma}(\cdot)$的重复似乎比巧妙猜测到设计精巧的必胜策略更有系统性。因此，它给出的语义更具构造性、更为显式。

让我们回顾一下。对于式(15.5)中描述的混成博弈，我们花了无穷多的步骤才找到它的必胜区域。在无穷次迭代得到$\varsigma_\alpha^\omega([0,1))=\bigcup_{n<\omega}\varsigma_\alpha^n([0,1))=[0,\infty)$之后，又花了一步才得到

$$\varsigma_{(\beta\cup\gamma)^*}([0,1))=\varsigma_\alpha^{\omega+1}([0,1))=\mathbb{R}$$

其中我们用$\omega+1$表示我们总体而言采取的步数，它比（第一个可数）无穷多（即ω那么多）还多一步，见图 15.7。比无穷多还多的步骤那真的是很多了。更糟糕的是，有些情况下甚至$\omega+1$次迭代都不足以得到重复的语义。找到$\varsigma_{\alpha^*}(X)$所需的迭代次数一般而言可能远远多于第一个可数无穷多[4]。

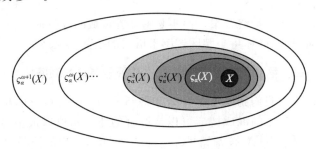

图 15.7   在必胜条件$X=[0,1)$下$\varsigma_\alpha(\cdot)$的迭代$\varsigma_\alpha^{\omega+1}(X)$会在将$\varsigma_\alpha(\cdot)$应用于第$\omega$次无穷迭代$\varsigma_\alpha^\omega(X)$时停止

在$\varsigma_\alpha^{\omega+1}([0,1))=\mathbb{R}$这一步可以发现存在上述必胜策略。即使在任何特定的博弈过程中，对该必胜策略的使用仅仅需要重复循环有限次数，论证它始终成功需要迭代$\varsigma_\alpha(\cdot)$大于ω次，因为 Demon 可以将x改为任意大的值，因此需要ω次迭代$\varsigma_\alpha(\cdot)$才能得出结论，对于x的任何正值，Angel 都有必胜策略。Angel 获胜所需迭代次数的上限不能再小了。Angel 甚至不能像ω语义事实上要求她做的那样，承诺ω可以作为重复次数的界限。但是在$\omega+1$次迭代之后，式(15.5)的必胜策略确实会收敛。

464

ω语义是不恰当的，因为它对混成博弈必胜区域的表征可以有任意大误差。

15.3.3   重复的膨胀语义

尽管令人沮丧的事实是，必胜区域构造函数$\varsigma_\alpha(\cdot)$的无穷多次迭代不足以准确描述重复α^*的必胜区域，但只要我们继续迭代，仍然有方法可以挽救这种危局。我们只需要重复构造函数的次数比无穷多还多，这将引出序数的神奇世界。即使我们最终将丢弃这种带有序数的更高迭代次数的语义，而选择 15.3.4 节中更简单的重复语义，我们首先仍然采

用再多迭代几次这样的方法来学习混成博弈中有趣而微妙的差别。

理解序数的关键是每个序数 κ 总是有一个后继序数 $\kappa+1$，但每个序数集也有一个最小上界 λ，如果 λ 本身不是一个后继序数，则称为极限序数。例如，ω 是第一个无穷序数，并且是大于所有自然数的最小序数。但是 ω 也有一个后继序数 $\omega+1$，其后依次有一个后继序数 $\omega+2$，所有这些都有一个最小上界 $\omega\cdot2$（见图 15.8）。从 ω 开始的所有序数都称为超穷序数，因为有无穷多个序数比它小。

当我们对每个后继序数 $\kappa+1$ 应用必胜区域构造函数 $\varsigma_a(\cdot)$，但是在极限序数 λ（例如 ω）处对所有先前的必胜区域取并集，则重复的语义可以使用超穷迭代定义为（见图 15.9）：

$$\varsigma_a^0(X)\overset{\text{def}}{=}X$$

$$\varsigma_a^{\kappa+1}(X)\overset{\text{def}}{=}X\bigcup\varsigma_a(\varsigma_a^\kappa(X))\quad \kappa+1 \text{ 是后继序数}$$

$$\varsigma_a^\lambda(X)\overset{\text{def}}{=}\bigcup_{\kappa<\lambda}\varsigma_a^\kappa(X)\qquad \lambda\neq0 \text{ 是极限序数}$$

重复的语义是所有序数下所有必胜区域的并集：

$$\varsigma_{a^*}(X)=\varsigma_a^\infty(X)\overset{\text{def}}{=}\bigcup_{\kappa\text{序数}}\varsigma_a^\kappa(X)\quad(15.7)$$

注解 73（无穷次的无穷迭代）　不幸的是，混成博弈必胜区域这种膨胀风格的计算方法需要相当大的无穷序数才能终止[4]。这转化为无限量的工作，然后需要更多、无穷倍的工作，才能计算出必胜区域。我们肯定不想等待那么久才能找出谁在博弈中获胜。

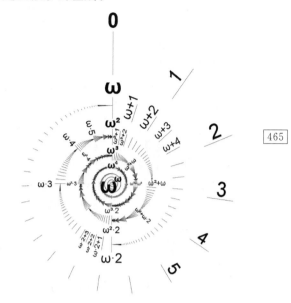

465

图 15.8　直到 ω^ω 的无穷多序数的图示，包括 $0<1<2<\cdots<\omega<\omega+1<\cdots<\omega\cdot2<\omega\cdot2+1<\cdots<\omega^2<\omega^2+1<\cdots<\omega^2+\omega<\omega^2+\omega+1<\cdots$

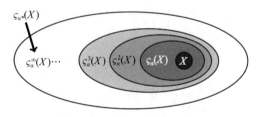

图 15.9　获胜条件 X 的 $\varsigma_a(\cdot)$ 的超穷迭代 $\varsigma_a^\infty(X)$ 得到重复的必胜区域 $\varsigma_{a^*}(X)$

如果我们不介意式（15.7）中重复的语义需要的迭代次数是高度超穷的，那么它给出了正确的答案。不幸的是，即使是相当无穷的序数 ω^ω 也不足以满足所有混成博弈的需要[4]。我们在 15.3.4 节中追求的语义在这方面要容易得多，它只是没有对混成博弈的迭代复杂性给出同样的深刻见解。

探索 15.1（序数）

序数扩展了自然数。自然数归纳地定义为包含 0 以及集合中每个数 $n\in\mathbb{N}$ 的后继 $n+1$ 的（最小）集合 $\mathbb{N}$。自然数是全序的：给定任意两个不同的自然数，其中一个将严格小于另一个。对于自然数的每个有限集合，存在比其中所有数都大的最小自然数。序数将其扩展到无穷大之外。它们只是在写下所有自然数字后仍然不愿意停止。对于所有（可数无穷多）的自然数 $\{0,1,2,3,\cdots\}$，存在一个比它们都大的最小序数。

这个序数是 ω，即第一个⊖无穷序数：$0<1<2<3<\cdots<\omega$。不同于自然数中的序数 1，2，3，$\cdots$，序数 ω 是一个**极限序数**，因为它不是任何其他序数的后继。序数 1，2，3，$\cdots$ 是**后继序数**，因为它们中每一个都是另一个序数 n 的后继 $n+1$。序数 0 是特殊的，因为它不是任何序数或自然数的后继序数。

序数关注于确保每个序数都有一个后继，而且对于每个序数集都存在一个更大的序数。所以 ω 必须有一个后继，即后继序数 $\omega+1$，它的后继是 $\omega+2$，依此类推：

$$0<1<2<3<4<\cdots<\omega<\omega+1<\omega+2<\omega+3<\omega+4<\cdots$$

当然，在序数领域中，应该有一个比所有这些序数还要大的序数。这就是极限序数 $\omega+\omega=\omega\cdot2$，此时我们已经数了两次可数无穷大，并将继续寻找更大的序数，因为即使 $\omega\cdot2$ 也会有一个后继，即 $\omega\cdot2+1$：

$$0<1<2<\cdots<\omega<\omega+1<\omega+2<\cdots<\omega\cdot2<\omega\cdot2+1<\omega\cdot2+2<\cdots$$

现在所有这些序数的集合有一个更大的序数 $\omega\cdot2+\omega=\omega\cdot3$，它还有后继，依此类推。这种情况将发生无穷多次，因此对于任何自然数 $n\in\mathbb{N}$，$\omega\cdot n$ 都将是序数。所有这些无穷多个序数仍将具有比它们都大的极限序数，即 $\omega\cdot\omega=\omega^2$。这又有一个后继 ω^2+1，依此类推（见图 15.8）：

$$0<1<2<\cdots\omega<\omega+1<\omega+2<\cdots\omega\cdot2<\omega\cdot2+1<\cdots\omega\cdot3<\omega\cdot3+1<\cdots$$

$$\omega^2<\omega^2+1<\cdots\omega^2+\omega<\omega^2+\omega+1<\cdots\omega^\omega<\cdots\omega^{\omega^\omega}<\cdots\omega_1^{\mathrm{CK}}<\cdots\omega_1\cdots$$

第一个无穷序数是 ω，丘奇-克林尼（Church-Kleene）序数 ω_1^{CK} 是第一个非递归序数，而 ω_1 是第一个不可数序数。每个序数 κ 或者是后继序数，即大于某个序数 ι 的最小序数 $\kappa=\iota+1$；或者是一个极限序数，即所有较小序数的上确界。根据上下文，0 可以视为极限序数或别的。

466
～
467

通过对迭代的这种精细理解，回顾一下 dGL 公式（15.5），并观察上述关于必胜区域计算在第 $\omega+1$ 次迭代终止的论证，注意它蕴涵着 Angel 赢得式（15.5）中博弈需要的时间长度界限的信息。由于必胜区域在 $\omega+1$ 次迭代后才终止，如果对 Angel 获胜所需重复次数施加的界限是有限的 $n\in\mathbb{N}$，她都无法赢得胜利。尽管根据她的必胜策略她最终肯定会获胜，但她无法阐明这需要多长时间。不是说 Angel 会这么做，但是假设她想要给 Demon 留下深刻印象，夸下海口说她可以在 $n\in\mathbb{N}$ 次重复内赢得式（15.5），那么她不可能遵守这个承诺。无论她选择多大的界限 $n\in\mathbb{N}$，在 x 为负的任何初始状态下，Demon 仍然总是可以破坏这个承诺，方法是让他的微分方程 $x'=1^{\mathrm{d}}$ 演化的时间比 n 个单位时间长得多，这样 Angel 就需要在超过 n 次迭代中减少得到的值才能使其再次下降到区间 $[0,1)$。

这说明了 15.3.1 节中对预告语义所做讨论（它表明 Demon 让 Angel 可以比她宣布的重复次数更早进入获胜状态，但让她在最后一轮输掉）的对偶情形。在式（15.5）中，Demon 总能让 Angel 比她承诺的更晚获胜，即使她最终还是会赢。这就是为什么 Angel 在式（15.5）的混成博弈中获胜所需轮数的最佳界限是 $\omega+1$。因此，预告语义的如下变化并不能恰当地捕获重复的语义，即基于 Angel 宣告她将重复最多 $n\in\mathbb{N}$ 次（而不是恰好 $n\in\mathbb{N}$ 次）。

⊖　暂时将"$\omega=\infty$"解读为无穷大，但读者会立即意识到这种幼稚的观点还不够深入，因为有足够的理由需要区分不同的无穷大。

探索 15.2(序数算术)

序数支持加法、乘法和取幂，这些可以通过对第二个参数的归纳来定义，方式非常类似于它们在自然数下的定义方式。唯一奇特的是这些操作是非交换的。这些构造函数区分了后继序数与极限序数的情况，前者是较小序数的直接后继，而后者则是所有较小序数的最小上界：

$$\iota + 0 = \iota$$
$$\iota + (\kappa+1) = (\iota+\kappa)+1 \qquad \text{对后继序数 } \kappa+1$$
$$\iota + \lambda = \bigsqcup_{\kappa<\lambda} \iota+\kappa \qquad \text{对极限序数 } \lambda$$
$$\iota \cdot 0 = 0$$
$$\iota \cdot (\kappa+1) = \iota \cdot \kappa + \iota \qquad \text{对后继序数 } \kappa+1$$
$$\iota \cdot \lambda = \bigsqcup_{\kappa<\lambda} \iota \cdot \kappa \qquad \text{对极限序数 } \lambda$$
$$\iota^0 = 1$$
$$\iota^{\kappa+1} = \iota^\kappa \cdot \iota \qquad \text{对后继序数 } \kappa+1$$
$$\iota^\lambda = \bigsqcup_{\kappa<\lambda} \iota^\kappa \qquad \text{对极限序数 } \lambda$$

其中 $\bigsqcup$ 表示上确界或最小上界。注意序数奇特的性质，比如非交换性，例子包括 $2 \cdot \omega = 4 \cdot \omega$ 且 $\omega \cdot 2 < \omega \cdot 4$。

468

15.3.4 隐式表征重复的必胜区域

15.3.3 节最终给出了重复的语义，以显式(尽管需要的迭代次数是不受约束的无穷多)构造法(式(15.7))将其定义为所有序数下所有必胜区域的并集。是否有一种更直接的方式来隐式地表征重复的必胜区域 $\varsigma_{\alpha^*}(X)$，而不是通过显式构造？这个想法将引出对伯特兰·罗素(Bertrand Russell)如下发人深省的名言的美妙阐释：

> 隐式定义相对于构造法的优势，大致上是偷窃相对于诚实辛勤劳动的优势。
>
> ——伯特兰·罗素(略有改述)

必胜区域的迭代构造法(式(15.7))通过从下面迭代(即从 $\varsigma_\alpha^0(X)=X$ 开始并添加状态)来描述重复的语义。重复的语义能从上面更间接但更简洁地表征吗？能否使用隐式表征而不是显式构造？

对于任意集合 $Z \subseteq \varsigma_{\alpha^*}(X)$，$+1$ 论证(注解 72)蕴涵着 $\varsigma_\alpha(Z) \subseteq \varsigma_{\alpha^*}(X)$。特别是集合 $Z \overset{\text{def}}{=} \varsigma_{\alpha^*}(X)$ 本身满足

$$\varsigma_\alpha(\varsigma_{\alpha^*}(X)) \subseteq \varsigma_{\alpha^*}(X) \tag{15.8}$$

毕竟，从 α 重复的必胜区域 $\varsigma_{\alpha^*}(X)$ 再次重复 α 只能得到在 α^* 中有必胜策略的状态，因为 α^* 本身就可能再多重复一次。因此，如果声称集合 $Z \subseteq \mathcal{S}$ 是重复的必胜区域 $\varsigma_{\alpha^*}(X)$，它至少必须满足

$$\varsigma_\alpha(Z) \subseteq Z \tag{15.9}$$

因为根据式(15.8)，真正的必胜区域 $\varsigma_{\alpha^*}(X)$ 确实满足式(15.9)。因此，从 Z 沿着 α 寻找能到达它的策略并不会给出 Z 中没有的任何状态。

这样的集合 Z 还需要满足其他什么性质才能作为合格的重复必胜区域 $\varsigma_{\alpha^*}(X)$？Z 只有

一种选择吗？还是很多？如果有多种选择，Z 选择哪种？甚至，总是存在这样的 Z 吗？

总是存在这样的 Z，尽管它可能相当无趣。空集 $Z \stackrel{\text{def}}{=} \varnothing$ 看起来满足式(15.9)，因为要求 Angel 进入空状态集 $\varnothing$ 才能赢的话，她在博弈中获胜就太难了。

再想一下，$\varsigma_\alpha(\varnothing) \subseteq \varnothing$ 实际上不是对于所有混成博弈 α 都成立的。违反这一点的状态为，Angel 在此可以确保让 Demon 因为在挑战中失败或者未能遵从演化域约束而违反博弈 α 的规则。当 Q 是一个类似于 $x > 0$ 的非平凡公式时，Demon 有时会挑战 $?Q^{\text{d}}$ 失败：

$$\varsigma_{?Q^{\text{d}}}(\varnothing) = (\varsigma_{?Q}(\varnothing^c))^c = (\llbracket Q \rrbracket \cap \mathscr{S})^c = (\llbracket Q \rrbracket)^c = \llbracket \neg Q \rrbracket \not\subseteq \varnothing$$

然而，那些让 Demon 违反规则的状态 $\llbracket \neg Q \rrbracket$ 满足式(15.9)：

$$\varsigma_{?Q^{\text{d}}}(\llbracket \neg Q \rrbracket) = (\varsigma_{?Q}(\llbracket \neg Q \rrbracket^c))^c = (\varsigma_{?Q}\llbracket Q \rrbracket)^c = (\llbracket Q \rrbracket \cap \llbracket Q \rrbracket)^c = \llbracket \neg Q \rrbracket \subseteq \llbracket \neg Q \rrbracket$$

但即使在空集 $\varnothing$ 满足式(15.9)的情况下，这个集合可能也太小了。同样，即使 Demon 立即违反规则的状态集满足式(15.9)，这个集合可能仍然太小了。Angel 仍然负责重复，她可以决定重复的次数以及究竟是否重复。α 重复的必胜区域 $\varsigma_{\alpha^*}(X)$ 应该至少也包含获胜条件 X，因为如果开始的时候已经在 X 中，要达到获胜条件 X 是特别容易的，此时 Angel 只要决定停止动作而重复零次就可以了。因此，如果声称一个集合 $Z \subseteq \mathscr{S}$ 为必胜区域 $\varsigma_{\alpha^*}(X)$，那么它必须满足式(15.9)并且还满足

$$X \subseteq Z \tag{15.10}$$

式(15.9)和式(15.10)这两个条件一起可以概括为一个条件。

注解 74（前不动点）　必胜区域 $\varsigma_{\alpha^*}(X)$ 的每一个候选 Z 都满足前不动点条件：

$$X \cup \varsigma_\alpha(Z) \subseteq Z \tag{15.11}$$

问题仍然是：满足式(15.11)的集合 Z 是什么？只有一个选择吗？或者有很多选择？如果有多个选择，哪个 Z 是重复语义的正确选择？甚至，这样的 Z 总是存在的吗？

这样的 Z 肯定存在。空集并不合格，除非 $X = \varnothing$（即使这样，$\varnothing$ 也只是在无法采取策略让 Demon 违反博弈规则时才真的成立）。集合 X 本身也太小，除非因为 $\varsigma_\alpha(X) \subseteq X$ 使得没有任何动机重复该博弈。但是，全状态空间 $Z \stackrel{\text{def}}{=} \mathscr{S}$ 总是平凡地满足式(15.11)，所以式(15.11)确实有一个解。现在，全空间有点太大了，不可能在任何混成博弈 α 下都成为 Angel 的必胜区域。即使全空间完全可能是某个特别讨厌 Demon 而对 Angel 友好的博弈的必胜区域，例如式(15.5)，对于任意的混成博弈 α^* 而言，全状态空间几乎不可能是正确的必胜区域。必胜区域肯定取决于混成博弈 α 和获胜条件 P，无论 Angel 是否具有 $\langle \alpha \rangle P$ 的必胜策略。例如，在 Demon 最喜欢的博弈中他总是获胜，此时 Angel 的必胜区域 $\varsigma_{\alpha^*}(X)$ 最好是 $\varnothing$，而不是 $\mathscr{S}$。因此，式(15.11)的最大解 Z 几乎不可能合格。

那么我们现在定义式(15.11)的哪个解 Z 为 $\varsigma_{\alpha^*}(X)$？

在求解式(15.11)得到的许多集合 Z 中，最大的集合 Z 并不包含有用信息，因为最大的 Z 简单地退化为全状态空间 $\mathscr{S}$。因此，较小的解 Z 是更可取的。哪一个？多个解之间如何相互关联？假设 Y、Z 都是式(15.11)的解。也就是说，

$$X \bigcup \varsigma_\alpha(Y) \subseteq Y \tag{15.12}$$

$$X \bigcup \varsigma_\alpha(Z) \subseteq Z \tag{15.13}$$

那么，根据单调性引理(引理15.1)有

$$X \bigcup \varsigma_\alpha(Y \cap Z) \overset{\text{mon}}{\subseteq} X \bigcup (\varsigma_\alpha(Y) \cap \varsigma_\alpha(Z)) \overset{(15.12),(15.13)}{\subseteq} Y \cap Z \tag{15.14}$$

因此，根据式(15.14)，式(15.11)的解 Y 和 Z 的交集 $Y \cap Z$ 也是式(15.11)的解。

引理 15.2(交集闭包)　对于前不动点条件(式(15.11))的任意两个解 Y、Z，交集 $Y \cap Z$ 也是式(15.11)的解。

每当式(15.11)有两个解 Z_1、Z_2 时，它们的交集 $Z_1 \cap Z_2$ 也是式(15.11)的解。当式(15.11)还有另一个解 Z_3 时，交集 $Z_1 \cap Z_2 \cap Z_3$ 也是式(15.11)的解。类似地，任何更大的解族的交集也是式(15.11)的解。如果我们继续对解取交集，我们将会得到越来越小的解，直到某个美好的时刻下解不会再变小。这将给出式(15.11)的最小解 Z，即 $\varsigma_{\alpha*}(X)$。

注解 75(重复的语义)　在式(15.11)的很多解 Z 中，$\varsigma_{\alpha*}(X)$ 定义为前不动点条件(式(15.11))的最小解 Z：

$$\varsigma_{\alpha*}(X) = \bigcap \{Z \subseteq \mathscr{S}: X \bigcup \varsigma_\alpha(Z) \subseteq Z\} \tag{15.15}$$

换句话说，必胜区域 $\varsigma_{\alpha*}(X)$ 是包含获胜条件 X 和状态集合 $\varsigma_\alpha(Z)$ 的最小集合 Z，这里 Angel 在 $\varsigma_\alpha(Z)$ 中可以通过再一轮博弈 α 进入 Z 而获胜。因此，向 Z 添加状态集 $\varsigma_\alpha(Z)$，再进行一轮就能获胜，这不会改变集合 Z，如图15.10所示。

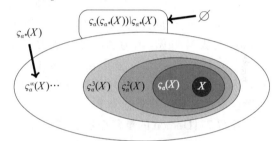

图 15.10　图解混成重复博弈的必胜区域的指称语义

$\varsigma_{\alpha*}(X)$ 定义为所有集合中的最小集合，这一事实确保 Angel 只有选择有根据的重复次数才能赢得博弈，即无法通过缩小这样的集合无穷多次来得到 $\varsigma_{\alpha*}(X)$。也就是说，只有当她最终停止重复的时候，她才会赢得重复博弈，而不是用阻挠战术来永远推迟博弈的终止[4]。

15.3.3节中以迭代方式对必胜区域的表征给出了相同的集合 $\varsigma_{\alpha*}(X)$，但是式(15.15)这一(最小前不动点或者)最小不动点表征更容易描述和用于推理。需要一些思考才能理解，为什么语义的这两种风格给出相同的结果。

式(15.15)右侧的集合是解的交集，因此根据引理15.2(或针对其他任意解族的对应引理)它是一个解。所以，$\varsigma_{\alpha*}(X)$ 本身满足前不动点条件(式(15.11))：

$$X \bigcup \varsigma_\alpha(\varsigma_{\alpha*}(X)) \subseteq \varsigma_{\alpha*}(X) \tag{15.16}$$

同时，把这和我们对式(15.8)的论证过程进行比较。式(15.16)中的包含关系是严格的吗，即不取等式关系？不，这不可能，因为 $\varsigma_{\alpha*}(X)$ 是这种集合中最小的。也就是说，根据式(15.16)，集合 $Z \overset{\text{def}}{=} X \bigcup \varsigma_\alpha(\varsigma_{\alpha*}(X))$ 满足 $Z \subseteq \varsigma_{\alpha*}(X)$，因此根据引理15.1有：

$$X \bigcup \varsigma_\alpha(Z) \overset{\text{mon}}{\subseteq} X \bigcup \varsigma_\alpha(\varsigma_{\alpha*}(X)) = Z$$

所以，集合 $Z \overset{\text{def}}{=} X \bigcup \varsigma_\alpha(\varsigma_{\alpha*}(X))$ 满足式(15.15)的条件 $X \bigcup \varsigma_\alpha(Z) \subseteq Z$。根据式(15.15)，$\varsigma_{\alpha*}(X)$ 是这样的集合中最小的，所以它是 Z 的子集：

$$\varsigma_{\alpha*}(X) \subseteq Z = X \bigcup \varsigma_\alpha(\varsigma_{\alpha*}(X))$$

因此，这与式(15.16)一起蕴涵着两者都取等式关系，所以有 $\varsigma_{\alpha*}(X) = Z$。因此，最小前

471

不动点$\varsigma_{\alpha^*}(X)$不仅满足前不动点包含关系(式(15.11)),甚至还满足不动点方程:

$$X\cup\varsigma_\alpha(\varsigma_{\alpha^*}(X))=\varsigma_{\alpha^*}(X)$$

注解 76(重复的语义,不动点公式描述) 重复的语义或者说必胜区域$\varsigma_{\alpha^*}(X)$是对如下方程求解的**不动点**

$$X\cup\varsigma_\alpha(Z)\doteq Z \tag{15.17}$$

它是最小的不动点,即对式(15.17)求解的最小集合。也就是说,它满足

$$\varsigma_{\alpha^*}(X)=\bigcap\{Z\subseteq\mathscr{S}:X\cup\varsigma_\alpha(Z)\subseteq Z\} \tag{15.18}$$

根据克纳斯特-塔斯基(Knaster-Tarski)的开创性不动点定理[6],式(15.15)中的最小不动点语义$\varsigma_{\alpha^*}(X)$(即式(15.18))给出了与膨胀语义(式(15.7))相同的状态集,因为前者的语义是单调的(引理15.1)。也就是说,在15.3.3节中从X开始对必胜区域构造函数进行迭代的次数为所有(足够大的)序数之后,得到的结果将是式(15.17)的最小不动点。

引理 15.3(超穷膨胀导致最小不动点)

$$\varsigma_{\alpha^*}(X)\overset{\text{def}}{=}\bigcap\{Z\subseteq\mathscr{S}:X\cup\varsigma_\alpha(Z)\subseteq Z\}=\varsigma_\alpha^\infty(X)\overset{\text{def}}{=}\bigcup_{\kappa\text{ 序数}}\varsigma_\alpha^\kappa(X)$$

但是必胜区域的迭代构造法大幅度超穷了,远远超越了第一个无穷序数ω。

Demon 的**重复必胜区域**情况类似。不同之处在于 Angel 控制重复α^*,因此只有当 Demon 在X中开始(因为 Angel 可能重复 0 次)并且有必胜策略可以一直保留在X内时,他才有一个达到X的必胜策略。只要 Demon 保持在X内,一直推迟博弈终止会让他获胜,因为 Angel 负责重复并最终不得不停止重复。因此,对于 Angel 的重复,Demon 的必胜区域是最大的不动点。

注解 77(Demon 的重复必胜区域)

$$\delta_{\alpha^*}(X)=\bigcup\{Z\subseteq\mathscr{S}:X\cap\delta_\alpha(Z)=Z\}=\bigcup\{Z\subseteq\mathscr{S}:Z\subseteq X\cap\delta_\alpha(Z)\}$$

必胜区域$\delta_{\alpha^*}(X)$是包含在获胜条件X和状态集$\delta_\alpha(Z)$中的最大集合Z,而在$\delta_\alpha(Z)$中 Demon 有再进行一轮博弈α但仍然保持在Z中的必胜策略。这个集合是最大的不动点,因为 Demon 并不介意无限期重复,他知道 Angel 不管怎样最终将不得不在某个时刻停止重复。他只需要确保不离开获胜条件X,因为他不知道 Angel 会选择重复多少次。

15.4 混成博弈的语义

15.2.3节中混成博弈的语义仍然有待于分别定义 Angel 和 Demon 在混成博弈α中的必胜区域$\varsigma_\alpha(\bullet)$和$\delta_\alpha(\bullet)$。不通过操作博弈树语义(见第14章)来绕道理解这些,也不根据必胜区域的超穷迭代构造法(见15.3.3节),所有混成博弈的必胜区域都可以直接定义(见15.3.4节),从而为混成博弈赋予了一种指称语义。

与先前的定义 15.2 相比较,以下语义的唯一区别是图 15.10 中所示的重复α^*这一新情形。

定义 15.4(混成博弈的语义) 混成博弈α的语义是一个函数$\varsigma_\alpha(\bullet)$,对于 Angel 的每一个获胜状态集$X\subseteq\mathscr{S}$,它给出必胜区域,即状态集$\varsigma_\alpha(X)$,由此 Angel 有必胜策略来达到$X$(无论 Demon 选择什么策略)。它的归纳定义如下:

1) $\varsigma_{x:=e}(X)=\{\omega\in\mathscr{S}:\omega_x^{\omega[\![e]\!]}\in X\}$

也就是说,如果将x的值变更为$\omega[\![e]\!]$而得到的对ω的修改$\omega_x^{\omega[\![e]\!]}$包含在$X$中,则赋值$x:=e$可从任意状态$\omega$进入$X$而赢得博弈。

2) $\varsigma_{x'=f(x)\&Q}(X)=\{\varphi(0)\in\mathscr{S}:$ 存在某个持续时间为任意$r\in\mathbb{R}$且满足$\varphi\models x'=f(x)\wedge Q$的解$\varphi:[0,r]\to\mathscr{S}$,使得$\varphi(r)\in X\}$

也就是说，如果存在从 $\varphi(0)$ 开始而持续时间为任意 r 的 $x'=f(x)$ 的解 φ，使得 φ 始终保持在 Q 内并且得到的最终状态为 $\varphi(r)\in X$，则 Angel 可从任意状态 $\varphi(0)$ 进入 X 而赢得微分方程 $x'=f(x)\&Q$。

3）$\varsigma_{?Q}(X)=[\![Q]\!]\bigcap X$

也就是说，如果 Angel 所在的状态满足 Q 因而能够通过挑战，并且该状态已经在 X 中，因为挑战 $?Q$ 不改变状态，则她可以进入 X 而赢得挑战 $?Q$。在博弈 $?Q$ 中，Angel 只有在 X 内同时也满足测试公式 Q 的状态下才能达到获胜条件 X。

4）$\varsigma_{\alpha\cup\beta}(X)=\varsigma_\alpha(X)\bigcup\varsigma_\beta(X)$

也就是说，每当 Angel 可以进入 X 赢得博弈 α 或者进入 X 赢得 β，她都能进入 X 而赢得选择博弈 $\alpha\bigcup\beta$（通过选择她拥有必胜策略的子博弈）。

5）$\varsigma_{\alpha;\beta}(X)=\varsigma_\alpha(\varsigma_\beta(X))$

也就是说，每当 Angel 在博弈 α 中有达到 $\varsigma_\beta(X)$ 的必胜策略（即可以达到某个状态，由此她在博弈 β 中有达到 X 的必胜策略），她就可以进入 X 赢得顺序博弈 $\alpha;\beta$。

6）$\varsigma_{\alpha^*}(X)=\bigcap\{Z\subseteq\mathscr{S}: X\bigcup\varsigma_\alpha(Z)\subseteq Z\}$

也就是说，Angel 进入 X 而赢得重复博弈 α^* 的状态集 Z 为，包含 X 以及 Angel 在又一轮博弈 α 之后可以达到 Z 的状态集 $\varsigma_\alpha(Z)$ 的最小集合。

7）$\varsigma_{\alpha^d}(X)=(\varsigma_\alpha(X^c))^c$

也就是说，Angel 可以达到 X 而赢得 α^d 的状态就是她在博弈 α 中没有必胜策略来达到相反的 X^c 的那些状态。

定义 15.5（混成博弈的语义（续））　Demon 的必胜区域，即 Demon 有必胜策略达到 X 的状态集 $\delta_\alpha(X)$（无论 Angel 选择什么策略），归纳定义如下：

1）$\delta_{x:=e}(X)=\{\omega\in\mathscr{S}: \omega_x^{\omega[\![e]\!]}\in X\}$

也就是说，如果将 x 的值变更为 $\omega[\![e]\!]$ 而得到的对 ω 的修改 $\omega_x^{\omega[\![e]\!]}$ 包含在 X 中，则赋值 $x:=e$ 可从任意状态 ω 进入 X 而赢得博弈。

2）$\delta_{x'=f(x)\&Q}(X)=\{\varphi(0)\in\mathscr{S}:$ 对于所有的持续时间 $r\in\mathbb{R}$ 和所有满足 $\varphi\models x'=f(x)\wedge Q$ 的解 $\varphi:[0,r]\to\mathscr{S}$，都有 $\varphi(r)\in X\}$

也就是说，如果所有从 $\varphi(0)$ 开始的 $x'=f(x)$ 的解 φ，其持续时间为使得 φ 始终保持在 Q 内的任意 r，而由此得到的最终状态都满足 $\varphi(r)\in X$，则 Demon 可从任意状态 $\varphi(0)$ 进入 X 而赢得微分方程 $x'=f(x)\&Q$。

3）$\delta_{?Q}(X)=([\![Q]\!])^c\bigcup X$

也就是说，如果 Angel 所在的状态违反 Q 因而在她的挑战 $?Q$ 中失败，或者该状态已经在 X 中，因为挑战 $?Q$ 不改变状态，则 Demon 可以进入 X 而赢得挑战 $?Q$。Demon 在博弈 $?Q$ 中达到获胜条件 X 所在的状态是在 X 内（无论 Q 是否成立）或者 Angel 未能通过测试公式 Q 的那些状态。

4）$\delta_{\alpha\cup\beta}(X)=\delta_\alpha(X)\bigcap\delta_\beta(X)$

也就是说，每当 Demon 可以进入 X 赢得博弈 α **并且**进入 X 赢得博弈 β，他就能进入 X 而赢得选择博弈 $\alpha\bigcup\beta$（因为 Angel 可能选择任何一个子博弈）。

5）$\delta_{\alpha;\beta}(X)=\delta_\alpha(\delta_\beta(X))$

也就是说，每当 Demon 在博弈 α 中有达到 $\delta_\beta(X)$ 的必胜策略（即可以达到某个状态，由此他在博弈 β 中有达到 X 的必胜策略），他就可以进入 X 赢得顺序博弈 $\alpha;\beta$。

474

6) $\delta_{a^*}(X) = \bigcup \{Z \subseteq \mathscr{S} : Z \subseteq X \cap \delta_a(Z)\}$

也就是说，Demon 进入 X 而赢得重复博弈 α^* 的状态集 Z 为，包含在 X 内并且 Demon 在又一轮博弈 α 之后可以达到 Z 的状态集 $\delta_a(Z)$ 的最大集合。

7) $\delta_{a^d}(X) = (\delta_a(X^C))^C$

也就是说，Demon 可以达到 X 而赢得 α^d 的状态就是他在博弈 α 中没有必胜策略来达到相反的 X^C 的那些状态。

dGL 的语义仍然是合成性的，即复合 dGL 公式的语义是其各部分语义的简单函数，而复合混成博弈的语义是其各部分语义的函数。

$\varsigma_{a^*}(X)$ 的语义是一个最小不动点，这得出 α 的重复次数有良好根据，即 Angel 可以重复任意次数，但她最终需要在 X 内的状态下停止才能获胜。$\delta_{a^*}(X)$ 的语义是一个最大不动点，在每次重复之后，Demon 都需要到达 X 中的某个状态，因为 Angel 随时可能选择停止，但是 Demon 只需永远推迟 Angel 的胜利就仍然可以获胜，因为 Angel 最终不得不停止重复。

因此，对于公式 $[\alpha^*]P$，只要 Demon 有一个无限期阻止 P 而不会输的策略，那么他就有一个必胜策略，因为无论如何 Angel 最终不得不停止重复，这样她会因为停在一个不满足 P 的状态下而输掉。对于 Demon 的重复 $[\alpha^\times]P$，情况是对偶的，所以 Demon 最终不得不停止重复并在有限时间内达到状态 P。但是 Angel 乐于永远推迟 Demon 的胜利，因为 Demon 最终将不得不停止，原因是他负责 Demon 的重复 $\alpha^\times$。

475

15.5　总结

本章介绍了微分博弈逻辑和混成博弈严格意义上的形式化语义。这得到了一个简单的指称语义，其中所有公式和混成博弈的含义就是其各部分含义的简单函数。唯一可能的例外是重复的语义，事实表明这有点微妙，并且必胜区域构造函数需要迭代的次数为高阶序数。这让我们对混成博弈的复杂性、挑战和灵活性有了深刻的认识。但是关于重复语义的最终表述更简单，可通过不动点隐式表征。下一章将利用它们的语义基础来处理逻辑三位一体中的下一步——公理体系。这将让我们能够简洁地推理混成博弈以及我们关注的局中人是否有必胜策略。

我们在这一章中触及的概念有其独立的意义。不动点在许多科学领域发挥着巨大的作用[1-2,7]。序数也有更广泛的意义。操作语义和指称语义之间的差异在 CPS 之外还有更广泛的影响。

习题

15.1　用微分博弈逻辑的语义来解释为什么以下公式是永真的，然后给出相应的必胜策略：

$$\langle x := x^2 ; (x := x+1 \cap x := x+2) \rangle x > 0$$
$$\langle x := x^2 \cup (x := x+1 \cap x := x+2) \rangle x > 0$$
$$\langle x := x^2 \cup (x := x+1 \cap x' = 2) \rangle x > 0$$
$$[(x := x^2 \cup x := -x^2) ; (x := x+1 \cap x := x-1)] x^2 \geqslant 1$$
$$\langle (x := x^2 \cap x := -x^2) ; \{x' = 1\} ; (x := x+1 \cap x := x-1) \rangle x^2 \geqslant 1$$
$$[(x := x^2 \cup ?x < 0 ; x := -x) ; \{x' = 1\} ; (x := x+1 \cap x := 0)] x^2 \geqslant 1$$

15.2　**(对预告语义建模)**　我们抛弃了 15.3.1 节中重复的预告语义，取而代之的是 15.3.4 节中更为通用的重复语义，它允许控制重复的局中人根据观测到的状态在每一轮任意做出决定。但是，假设你在博弈中希望允许 Angel 重复 α 任意(有限)次数，但你的要求是她提前宣布 α 的重复次数，就像预告语义中那样。构建一个混成博弈，即使在定义 15.4 的语义中，它也要求 Angel 提前向 Demon 披露预期中 α 的重复次数。

提示：你可以使用辅助变量。

476

15.3 已经证明对于式 (15.5)，必胜区域构造函数需要 $\omega+1$ 次迭代才能终止，并得到下面的答案，其可以证明式 (15.5) 永真：

$$\varsigma_{\alpha^*}([0,1)) = \varsigma_{\alpha}^{\omega+1}([0,1)) = \varsigma_{\alpha}([0,\infty)) = \mathbb{R}$$

如果再次使用必胜区域构造函数来计算 $\varsigma_{\alpha}^{\omega+2}([0,1))$ 会发生什么？必胜区域构造函数需要迭代多少次才能证明如下公式的永真性：

$$\langle (x := x+1; x' = 1^d \bigcup x := x-1)^* \rangle \quad (0 \leqslant x < 1)$$

15.4 解释你必须重复 15.3.3 节中的必胜区域构造函数多少次，才能证明以下 dGL 公式是永真的：

$$\langle (x := x+1; x' = 1^d \bigcup x := x-1)^* \rangle \quad (0 \leqslant x < 1)$$

$$\langle (x := x-1; y' = 1^d \bigcup y := y-1; z' = 1^d \bigcup z := z-1)^* \rangle \quad (x < 0 \wedge y < 0 \wedge z < 0)$$

*15.5 (时间装置 ω)   15.3.3 节中的必胜区域构造函数需要迭代多少次才能证明如下公式的永真性：

$$\langle (?y < 0; x := x-1; y' = 1^d \bigcup ?z < 0; y := y-1; z' = 1^d \bigcup z := z-1)^* \rangle x < 0$$

给出 Angel 的必胜策略。对于以下公式，答案会改变吗？

$$\langle (?y < 0; x := x-1; y' = 1^d \bigcup ?z < 0; y := y-1; z' = 1^d \bigcup z := z-1)^* \rangle$$
$$(x < 0 \wedge y < 0 \wedge z < 0)$$

15.6 你能找到必胜区域构造函数需要迭代更多次数才能终止的 dGL 公式吗？对此你能推多远？

15.7 (单调性)   通过对 α 结构的归纳证明引理 15.1。

*15.8 (双重递归膨胀语义)   重复的膨胀语义定义为

$$\varsigma_{\alpha}^{0}(X) \overset{\text{def}}{=} X$$

$$\varsigma_{\alpha}^{\kappa+1}(X) \overset{\text{def}}{=} X \bigcup \varsigma_{\alpha}(\varsigma_{\alpha}^{\kappa}(X)) \quad \kappa+1 \text{ 是后继序数}$$

$$\varsigma_{\alpha}^{\lambda}(X) \overset{\text{def}}{=} \bigcup_{\kappa < \lambda} \varsigma_{\alpha}^{\kappa}(X) \quad \lambda \neq 0 \text{ 是极限序数}$$

证明我们还可以用两次递归调用来修改后继序数 $\kappa+1$ 的情形而不改变最终结果：

$$\varsigma_{\alpha}^{\kappa+1}(X) \overset{\text{def}}{=} \varsigma_{\alpha}^{\kappa}(X) \bigcup \varsigma_{\alpha}(\varsigma_{\alpha}^{\kappa}(X))$$

477

参考文献

[1] Edmund M. Clarke, Orna Grumberg, and Doron A. Peled. *Model Checking*. Cambridge: MIT Press, 1999.

[2] Andrzej Granas and James Dugundji. *Fixed Point Theory*. Berlin: Springer, 2003. DOI: 10.1007/978-0-387-21593-8.

[3] André Platzer. The complete proof theory of hybrid systems. In: *LICS*. Los Alamitos: IEEE, 2012, 541–550. DOI: 10.1109/LICS.2012.64.

[4] André Platzer. Differential game logic. *ACM Trans. Comput. Log.* **17**(1) (2015), 1:1–1:51. DOI: 10.1145/2817824.

[5] Jan-David Quesel and André Platzer. Playing hybrid games with KeYmaera. In: *IJCAR*. Ed. by Bernhard Gramlich, Dale Miller, and Ulrike Sattler. Vol. 7364. LNCS. Berlin: Springer, 2012, 439–453. DOI: 10.1007/978-3-642-31365-3_34.

[6] Alfred Tarski. A lattice-theoretical fixpoint theorem and its applications. *Pacific J. Math.* **5**(2) (1955), 285–309.

[7] Eberhard Zeidler. *Nonlinear Functional Analysis and Its Applications*. Vol. II/A. Berlin: Springer, 1990. DOI: 10.1007/978-1-4612-0985-0.

478

获胜与证明混成博弈

概要 本章开始发展对混成博弈动态的逻辑表征，它可以证明哪个局中人在哪个状态下可以赢得哪个博弈。本章用动态公理研究了针对对抗性动态系统的合成推理原理，其中每个公理都描述了复杂混成博弈存在必胜策略是如何与简单博弈片段存在相应必胜策略相关联的。这些动态公理使得可以对对抗性 CPS 模型进行严格推理，并对微分博弈逻辑进行公理化，从而将 dGL 从 CPS 的规约逻辑转变为验证逻辑。这是将混成系统推理技术提升到混成博弈的基石。

16.1 引言

本章继续研究混成博弈及其逻辑，即微分博弈逻辑[11]，它们的语法在第 14 章中介绍，而第 15 章开发了它们的语义。本章将微分博弈逻辑的发展推进到逻辑三位一体的第三根支柱——公理体系。它侧重开发的严格推理技术将针对作为具有对抗性动态的 CPS 的模型的混成博弈。如果没有这样的分析和推理技术，只有语法和语义的逻辑可以用作含义精确的规约语言，这对于实际分析和验证混成博弈并不是很有用。正是语法、语义和公理体系的逻辑三位一体赋予了逻辑能力，让它具有（最好是简洁的）语法、明确的语义以及可诉诸行动的分析推理原理，能够作为有坚实基础的规约和验证语言。因此，本章是第 5 章在混成博弈中的类比，在第 5 章中我们研究了动态系统的动态公理，但还不了解对抗性动态。事实上，在整本书厘清了逻辑的复杂性之后，本章将满足于像第 5 章那样主要使用公理的（希尔伯特型）证明演算，而不是第 6 章中更容易自动化的相继式演算。围绕 dGL 公理建立相继式演算是可行的，其方式与第 6 章中围绕第 5 章的 dL 公理建立相继式演算相同，从而得到相同的证明组织优势。

进行混成博弈很有趣。在混成博弈中获胜更有趣。但最有趣的是证明你将在混成博弈中获胜。只是不要告诉你的对手已经证明你有一个必胜策略，因为他可能不想再和你进行这个博弈了。

本章基于文献[11]，其中可以找到有关逻辑和混成博弈的更多信息。本章最重要的学习目标如下所示。

建模与控制：我们用混成博弈推进我们对 CPS 背后的核心原理的理解，方法是通过分析和语义来理解离散动态、连续动态和诸如来自多个智能体的对抗性动态如何在 CPS 中集成与交互。重复博弈语义中的不动点是接下来开发严格推理技术将要利用的一种重要特性。

计算思维：本章致力于为包含对抗性动态的 CPS 模型开发严格的推理技术，对于具有这类交互的 CPS 的正确性而言这是至关重要的。混成博弈中的交互比混成系统更微妙，因此如果没有足够严格的分析，要确定设计是否正确以及为什么正确更具挑战性。在第 15 章以合成的方式表述了微分博弈逻辑和混成博弈的语义之后，本章利用合成语义来开发混成博弈的合成推理原理。它系统地为混成程序的每个运算符开发一个推理原理，从而得到一种合成验证方法。合成语义事实上是存在合成推理原理的必要条件，但不是充分条件。

尽管混成博弈语义与混成系统相比作了广泛的推广，但本章将力求尽可能顺利地将混成系统的推理技术推广到混成博弈。这引出了一种模块化的方法将对抗性融合到混成系统模型的分析中，并能同时驾驭其复杂性。本章对微分博弈逻辑 dGL[11] 进行公理化，将 dGL 从含对抗性动态的 CPS 的规约语言提升为验证语言。

对抗性动态的严格推理
合成语义得出的合成推理
模块化添加对抗性动态
dGL 的公理化

离散+连续+对抗性
的分析与语义交互
不动点

CPS语义
联合语义与推理
操作CPS效果

CPS 技能：我们将小心地关联含对抗性的 CPS 模型的语义与它们的推理原理，并将这两者完美一致地联合起来，从而深入理解这类 CPS 模型的语义。这种理解还将让我们能够对 CPS 中涉及的操作效果发展更好的直觉。

在我们寻求为混成博弈开发严格推理原理的过程中，我们将努力识别与第 15 章中开发的混成博弈的合成语义完美一致联合的合成推理原理。这种规划是有启发作用的，并且就大部分而言是非常成功的。事实上，我们鼓励读者立即开始开发微分博弈逻辑的证明演算，然后将其与本书开发的证明演算进行比较。最终发现，这里比较难的部分是重复，这就是为什么本书通过视角的转换，采用比较绕的方式表征其语义。 480

16.2 语义考量

混成博弈可作为含对抗性动态的 CPS 的模型，在埋头对此开发严格的推理技术之前，首先稍稍绕道探讨其语义的一些简单性质是明智的。本节讨论混成博弈语义简单但重要的元性质，这些性质将在后面使用，但它们也有单独的意义。

16.2.1 单调性

正如第 15 章已经推测的那样，dGL 语义是单调的[11]，即较大的获胜状态集有更大的必胜区域。进入更大的获胜状态集而获胜更容易（见图 15.3），这可以通过审视定义 15.4 来证明。

引理 15.1（单调性） dGL 语义是单调的，即对于所有的 $X \subseteq Y$，都满足 $\varsigma_\alpha(X) \subseteq \varsigma_\alpha(Y)$ 和 $\delta_\alpha(X) \subseteq \delta_\alpha(Y)$。

证明 通过简单检查定义 15.4 即可证明，这里基于的观察是 X 在语义中仅以偶数次否定的形式出现。方法是对混成博弈 α 的结构进行归纳证明。因此，当为混成博弈 α 证明引理 15.1 时，我们假设已经针对 α 的所有子博弈证明过该引理了。

1）$\varsigma_{?Q}(X) = [\![Q]\!] \cap X \subseteq [\![Q]\!] \cap Y = \varsigma_{?Q}(Y)$，因为 $X \subseteq Y$。 481

2）离散赋值和微分方程的情况同样简单。

3）$\varsigma_{\alpha \cup \beta}(X) = \varsigma_\alpha(X) \cup \varsigma_\beta(X) \subseteq \varsigma_\alpha(Y) \cup \varsigma_\beta(Y) = \varsigma_{\alpha \cup \beta}(Y)$，因为根据归纳假设，对于 $\alpha \cup \beta$ 的子博弈 α 和 β，单调性已经假设成立。

4）$\varsigma_\beta(X) \subseteq \varsigma_\beta(Y)$，理由是对子博弈 β 的归纳假设，并且因为 $X \subseteq Y$。因此，根据对子博弈 α 的归纳假设，因为 $\varsigma_\beta(X) \subseteq \varsigma_\beta(Y)$，所以 $\varsigma_{\alpha;\beta}(X) = \varsigma_\alpha(\varsigma_\beta(X)) \subseteq \varsigma_\alpha(\varsigma_\beta(Y)) = \varsigma_{\alpha;\beta}(Y)$。

5）如果 $X \subseteq Y$，则 $\varsigma_{\alpha^*}(X) = \bigcap\{Z \subseteq \mathscr{S} : X \cup \varsigma_\alpha(Z) \subseteq Z\} \subseteq \bigcap\{Z \subseteq \mathscr{S} : Y \cup \varsigma_\alpha(Z) \subseteq Z\} = \varsigma_{\alpha^*}(Y)$。

6）$X \subseteq Y$ 蕴涵着 $X^c \supseteq Y^c$，因此 $\varsigma_\alpha(X^c) \supseteq \varsigma_\alpha(Y^c)$，所以 $\varsigma_{\alpha^d}(X) = (\varsigma_\alpha(X^c))^c \subseteq (\varsigma_\alpha(Y^c))^c = \varsigma_{\alpha^d}(Y)$。

我们将当 $X \subseteq Y$ 时，$\delta_a(X) \subseteq \delta_a(Y)$ 的证明留作习题 16.6。

虽然单调性有其独立的意义，它也蕴涵着 $\varsigma_a(X)$ 中的最小不动点和 $\delta_a(X)$ 中的最大不动点根本上有良好定义[4]。

16.2.2 决定性

在混成博弈中进行的每场特定比赛都恰好有一个局中人获胜，因为混成博弈是零和的（一个局中人的失利是另一个局中人的胜利），并且没有平局（特定博弈的结果永远不会是胜负不明的，因为每个最终状态下都有局中人中的一个获胜）。这是每场单独比赛的简单性质。对于一场特定的比赛，我们需要做的就是等到局中人完成比赛（比赛最终总会结束），然后在最终状态下检查获胜条件。

混成博弈满足远远更强的性质：决定性，即从任何初始情况开始，其中一个局中人总是有必胜策略来强制获胜，无论另一个局中人选择的着法如何。决定性是一个非常强的性质，它表明对于每个状态，都有一个局中人可以强制获胜，因此无论对手做什么，都存在一个必胜策略可以让该局中人在该初始状态下赢得给定混成博弈中的每一场比赛。

如果从相同的初始状态开始，Angel 和 Demon 对于相反的获胜条件都有必胜策略，那么肯定有非常不一致的地方。以下情形是不可能发生的，即 Angel 在混成博弈 α 中有必胜策略达到 $\neg P$ 成立的状态，并且从相同的初始状态开始 Demon 在同一混成博弈 α 中也有必胜策略达到 P 成立的状态。毕竟，必胜策略是无论对手采用什么策略，都能让该局中人获胜的策略。如果两个局中人分别拥有获胜条件为 $\neg P$ 和 P 的必胜策略，那么他们的策略就会导致最终状态同时满足 $\neg P$ 和 P，这是不可能的。所以，对于任何初始状态，在互补的获胜条件下最多有一个局中人可以有必胜策略。由此主张 $\neg([\alpha]P \wedge \langle \alpha \rangle \neg P)$ 是永真的，而这是可以证明的（参见下面的定理 16.1）。

所以混成博弈是一致的，因为对于互补的获胜条件，不可能两个局中人都在同一个状态下拥有必胜策略。但也许没有人有必胜策略，即两个局中人都可以让另外那个局中人获胜，但自己不能策略性地获胜（例如，回想一下第 14 章中的阻挠示例，最初看起来似乎没有局中人有必胜策略，但事实证明可以让 Demon 获胜，因为 Angel 最终需要终止她的重复）。对于混成博弈，在互补的获胜条件下从任意初始状态开始都至少有一个（事实上，恰好有一个）局中人有必胜策略[11]。这个性质称为决定性，它对于能够将经典的真假值赋给 dGL 公式非常重要，因为它们的模态指的是存在必胜策略。如果不清楚哪个局中人有必胜策略，那么我们不能确定形式为 $\langle \alpha \rangle P$ 和 $[\alpha]P$ 的公式是否为真。

如果 Angel 在混成博弈 α 中没有达到 $\neg P$ 的必胜策略，那么 Demon 在同一混成博弈 α 中具有达到 P 的必胜策略，反之亦然。

定理 16.1（一致性和决定性） 混成博弈是一致的并且是决定性的，即 $\models \neg \langle \alpha \rangle \neg P \leftrightarrow [\alpha]P$。

证明 通过对 α 结构的归纳表明，对于所有 $X \subseteq \mathcal{S}$ 都有 $\varsigma_a(X^C)^C = \delta_a(X)$，采用定义 $X \overset{\text{def}}{=} [\![P]\!]$，这蕴涵着 $\neg \langle \alpha \rangle \neg P \leftrightarrow [\alpha]P$ 的永真性。证明的大部分只是直接扩展了定义 15.4 和定义 15.5。

1) $\varsigma_{x:=e}(X^C)^C = \{\omega \in \mathcal{S} : \omega_x^{\omega[\![e]\!]} \notin X\}^C = \varsigma_{x:=e}(x) = \delta_{x:=e}(X)$。

2) $\varsigma_{x'=f(x)\&Q}(X^C)^C = \{\varphi(0) \in \mathcal{S} :$ 存在某个持续时间为 $0 \leqslant r \in \mathbb{R}$ 的（可微）解 $\varphi : [0,r] \to \mathcal{S}$，使得 $\dfrac{\mathrm{d}\varphi(t)(x)}{\mathrm{d}t}(\xi) = \varphi(\xi)[\![f(x)]\!]$，对于所有 $0 \leqslant \xi \leqslant r$ 都有 $\varphi(\xi) \in [\![Q]\!]$，并且满足 $\varphi(r) \notin X\}^C = \delta_{x'=f(x)\&Q}(X)$，因为在沿着 $x' = f(x)\&Q$ 离开 $[\![Q]\!]$ 之前，Angel 没有达到

X^c 中某个状态的必胜策略的状态集恰好是 $x'=f(x)\,\&\,Q$（直到离开 $[\![Q]\!]$ 之前，如果该情形发生的话）始终保持在 X 中的状态集。

3) $\varsigma_{?Q}(X^c)^c=([\![Q]\!]\cap X^c)^c=([\![Q]\!])^c\cup(X^c)^c=\delta_{?Q}(X)$。

4) $\varsigma_{\alpha\cup\beta}(X^c)^c=(\varsigma_\alpha(X^c)\cup\varsigma_\beta(X^c))^c=\varsigma_\alpha(X^c)^c\cap\varsigma_\beta(X^c)^c=\delta_\alpha(X)\cap\delta_\beta(X)=\delta_{\alpha\cup\beta}(X)$。

5) $\varsigma_{\alpha;\beta}(X^c)^c=\varsigma_\alpha(\varsigma_\beta(X^c))^c=\varsigma_\alpha(\delta_\beta(X)^c)^c=\delta_\alpha(\delta_\beta(X))=\delta_{\alpha;\beta}(X)$。

6) $\varsigma_{\alpha^*}(X^c)^c=(\bigcap\{Z\subseteq\mathscr{S}:X\cup\varsigma_\alpha(Z)\subseteq Z\})^c=(\bigcap\{Z\subseteq\mathscr{S}:(X\cap\varsigma_\alpha(Z)^c)^c\subseteq Z\})^c$
$$=(\bigcap\{Z\subseteq\mathscr{S}:(X\cap\delta_\alpha(Z^c))^c\subseteq Z\})^c$$
$$=\bigcup\{Z\subseteq\mathscr{S}:Z\subseteq X\cap\delta_\alpha(Z)\}=\delta_{\alpha^*}(X)^\ominus。$$

7) $\varsigma_{\alpha^d}(X^c)^c=(\varsigma_\alpha((X^c)^c)^c)^c=\delta_\alpha(X^c)^c=\delta_{\alpha^d}(X)$。 ■ 483

定理 16.1 的决定性方向是 $\models\langle\alpha\rangle\neg P\rightarrow[\alpha]P$，这个命题等价于 $\models\langle\alpha\rangle\neg P\vee[\alpha]P$，它蕴涵着从所有的初始状态开始，或者 Angel 有一个达到 $\neg P$ 的必胜策略，或者 Demon 有一个达到 P 的必胜策略。定理 16.1 的一致性方向是 $\models[\alpha]P\rightarrow\neg\langle\alpha\rangle\neg P$，即 $\models\neg([\alpha]P\wedge\langle\alpha\rangle\neg P)$，这蕴涵着不存在某个状态使得 Demon 有一个达到 P 的必胜策略，同时 Angel 也有一个达到 $\neg P$ 的必胜策略。

16.3　混成博弈的动态公理

本节开发用于分解混成博弈[11]的公理，从而可以对混成博弈进行严格的推理。我们继续沿用逻辑的合成性原则，这样每个公理用更简单的混成博弈描述混成博弈中的一个运算符。与第 5 章中针对以混成程序描述的动态系统的动态公理相比，主要绕弯的地方是动态公理现在需要对混成博弈中存在必胜策略进行表述，并处理交互式博弈过程中的微妙挑战。

dGL 的语义是良态的，因为每个混成博弈的含义都是其子博弈含义的函数，这让我们有希望可以找出合理的公理。

16.3.1　决定性的动态公理

对微分博弈逻辑运算符进行公理化最容易开始于将 16.2 节中语义结果的深刻见解内化为逻辑公理。

一致性和决定性（定理 16.1）表明 $\models\neg\langle\alpha\rangle\neg P\leftrightarrow[\alpha]P$ 是永真的。也就是说，如果 Angel 没有必胜策略来达到 $\neg P$，那么在同一混成博弈 α 中 Demon 有达到 P 的必胜策略，反之亦然。这种深刻见解有助于关联方括号模态和尖括号模态，但定理 16.1 尚不能在我们的证明中使用，因为它是关于永真性或真值的，而不是关于证明的。

在证明中使用定理 16.1 所需要的只是将其内化为公理。

引理 16.1（决定性公理[·]）　*以下决定性公理是可靠的：*
$$[\cdot]\quad[\alpha]P\leftrightarrow\neg\langle\alpha\rangle\neg P$$

证明　公理[·]的可靠性（即它的每个实例都是永真的）直接遵循定理 16.1。 ■

在我们采用[·]作为公理并对其给出可靠性证明之后，从现在开始，我们就可以通过引用公理[·]来使用决定性原理。我们无需针对每种情形担心是否可以在证明中使用它，因为我们一劳永逸地解决了它的可靠性问题。当然，定理 16.1 与公理[·]阐述的基本相 484

⊖　倒数第二个等式遵循 μ 演算[7]等价关系，即 $\gamma(Z)$ 的最大不动点 $vZ.\Upsilon(Z)$ 与对偶 $\neg\Upsilon(\neg Z)$ 的最小不动点 $\mu Z.\neg\Upsilon(\neg Z)$ 的补 $\neg\mu Z.\neg\Upsilon(\neg Z)$ 相同。该等式的适用性利用了第 15 章中的深刻见解，即对于单调函数，最小前不动点是不动点，最大后不动点也是不动点。

同，但在证明中并没有应用外部数学定理的机制，而它们肯定有应用逻辑公理的机制。

16.3.2　单调性

将定理 16.1 改译成 dGL 的公理化是直截了当的，几乎就是复制并粘贴。引理 15.1 在公理体系中对应什么？

在你继续阅读之前，看看你是否能自己找到答案。

引理 15.1 阐明如果 $X \subseteq Y$，则 $\varsigma_\alpha(X) \subseteq \varsigma_\alpha(Y)$。$\varsigma_\alpha(X)$ 和 $\varsigma_\alpha(Y)$ 在逻辑中对应什么？

当然，$\varsigma_\alpha(X)$ 在逻辑中对应的不可能是 $\langle\alpha\rangle X$，因为当 $X \subseteq \mathscr{S}$ 是状态集时，这甚至在语法上都不是形式良好的公式。但是对于逻辑公式 P，dGL 公式 $\langle\alpha\rangle P$ 对应于 $\varsigma_\alpha([\![P]\!])$，因为根据定义 15.1，$[\![\langle\alpha\rangle P]\!] = \varsigma_\alpha([\![P]\!])$。同样，对于另一个逻辑公式 Q，$\langle\alpha\rangle Q$ 对应于 $\varsigma_\alpha([\![Q]\!])$。包含关系 $\varsigma_\alpha([\![P]\!]) \subseteq \varsigma_\alpha([\![Q]\!])$ 对应什么？

在你继续阅读之前，看看你是否能自己找到答案。

因为 $\varsigma_\alpha([\![P]\!]) \subseteq \varsigma_\alpha([\![Q]\!])$ 就是 $[\![\langle\alpha\rangle P]\!] \subseteq [\![\langle\alpha\rangle Q]\!]$，这种为真的状态集的包含关系等价于 dGL 公式 $\langle\alpha\rangle P \to \langle\alpha\rangle Q$ 的永真性。现在，引理 15.1 并不蕴涵着 $\langle\alpha\rangle P \to \langle\alpha\rangle Q$ 是永真的。引理 15.1 只能在基于假设 $[\![P]\!] \subseteq [\![Q]\!]$ 的前提下蕴涵 $\models \langle\alpha\rangle P \to \langle\alpha\rangle Q$。在 dGL 证明演算中，相应的严格推理原理是什么？

在你继续阅读之前，看看你是否能自己找到答案。

将引理 15.1 中的单调性原理逻辑内化为证明原理，得到以下证明规则。

引理 16.2(单调性规则 M)　以下单调性规则是可靠的：

$$\text{M} \ \frac{P \to Q}{\langle\alpha\rangle P \to \langle\alpha\rangle Q} \qquad \text{M}[\cdot] \ \frac{P \to Q}{[\alpha]P \to [\alpha]Q}$$

证明　该证明规则是可靠的，即所有前提(这里只有一个)的永真性蕴涵着结论的永真性，这直接遵循引理 15.1。如果前提 $P \to Q$ 是永真的，则 $[\![P]\!] \subseteq [\![Q]\!]$，这根据引理 15.1 蕴涵着 $[\![\langle\alpha\rangle P]\!] \subseteq [\![\langle\alpha\rangle Q]\!]$，它说明结论 $\langle\alpha\rangle P \to \langle\alpha\rangle Q$ 是永真的。规则 M$[\cdot]$ 与之类似。　■

这个引理与引理 5.13 相同，除了这个新引理适用的是任意混成博弈 α，而不像引理 5.13 那样只适用于混成程序。

当然，引理 15.1 不能内化为下述公式：

$$(P \to Q) \to (\langle\alpha\rangle P \to \langle\alpha\rangle Q) \tag{16.1}$$

式 (16.1) 只假设蕴涵式 $P \to Q$ 在当前状态下为真，而规则 M 假设蕴涵式 $P \to Q$ 是永真的，因此在所有状态下都为真，包括 Angel 试图达到在 $\langle\alpha\rangle P$ 中获胜的最终状态。

定理 16.1 的永真性引出了一个 dGL 公理，而引理 15.1 由假设条件的永真性引出的是一个证明规则，其中有一个前提和一个结论，而前提就是该假设条件。

16.3.3　赋值的动态公理

混成博弈的语义是集值语义，它对 Angel 的必胜区域的定义是从中有达到集合 $X \subseteq \mathscr{S}$ 的必胜策略的状态集 $\varsigma_\alpha(X) \subseteq \mathscr{S}$。但是除了定义的风格之外，赋值 $x := e$ 的语义仍然与混成系统中的相同，因为赋值有确定性的结果，它不涉及任何局中人的任何选择。因此，当且仅当 $p(e)$ 为真时，Angel 在离散赋值博弈 $x := e$ 中有达到 $p(x)$ 的必胜策略，因为赋值 $x := e$ 的效

果就是将变量 x 的值更改为 e 的值。

引理 16.3(赋值公理〈:=〉)　以下赋值公理是可靠的：

$$\langle:=\rangle \quad \langle x:=e\rangle p(x)\leftrightarrow p(e)$$

16.3.4　微分方程的动态公理

与离散赋值不同，微分方程涉及选择，即 Angel 对持续时间的选择。回想一下，定义 15.4 中微分方程必胜区域的语义是所有如下状态的集合，即状态中存在微分方程的解可以达到获胜条件：

$$\varsigma_{x'=f(x)}(X)=\{\varphi(0)\in\mathscr{S}: \text{存在某个持续时间为任意 } r\in\mathbb{R} \text{ 且满足 } \varphi\models x'=f(x)\text{的解}$$
$$\varphi:[0,r]\to\mathscr{S}, \text{使得 } \varphi(r)\in X\}$$

该区域形状的示意图如下：

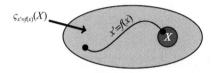

如果我们有初值问题 $y'(t)=f(y)$，$y(0)=x$ 的一个解 $y(\cdot)$，那么当且仅当存在持续时间 $t\geqslant0$ 使得在将解 $y(t)$ 赋值给 x 之后 $p(x)$ 成立，则 Angel 有针对 $\langle x'=f(x)\rangle p(x)$ 的必胜策略。

引理 16.4(解公理〈'〉)　以下解公理模式是可靠的：

$$\langle'\rangle \quad \langle x'=f(x)\rangle p(x)\leftrightarrow\exists t\geqslant0\langle x:=y(t)\rangle p(x) \quad (y'(t)=f(y))$$

其中 $y(\cdot)$ 是符号初值问题 $y'(t)=f(y)$，$y(0)=x$ 的解。

微分方程博弈中的选择是 Angel 的，并且它们也没有给另外那个局中人 Demon 任何选择。这就是为什么这里只有一个量词，即时间的存在量词，因为 Angel 可以选择她最喜欢的时间 t 来达到 $p(x)$。根据 $y(\cdot)$ 是微分方程的解这一假设，公理〈'〉的可靠性证明与引理 5.3 中混成程序的解公理['] 的正确性论证基本相同。

解公理模式〈'〉继承了混成系统解公理模式['] 已有的相同缺点。它只适用于 Angel 恰好有解的简单微分方程。更复杂的微分方程需要第二部分中微分方程的归纳技术，这些技术继续适用于混成博弈并可推广到微分博弈[13]。

如上所述，公理模式〈'〉并不支持含演化域约束的微分方程。虽然相应的泛化非常简单，但事实证明混成博弈最终会给出更优美的方法来处理演化域(见 16.6 节)。尽管如此，为方便起见，我们先对公理〈'〉的演化域约束版本作出陈述。

引理 16.5(含演化域的解公理〈'〉)　以下公理是可靠的：

$$\langle'\rangle \quad \langle x'=f(x)\,\&\,q(x)\rangle p(x)\leftrightarrow\exists t\geqslant0((\forall0\leqslant s\leqslant t\,q(y(s)))\wedge\langle x:=y(t)\rangle p(x))$$

其中 $y(\cdot)$ 是符号初值问题 $y'(t)=f(y)$，$y(0)=x$ 的解。

16.3.5　挑战博弈的动态公理

测试博弈或挑战博弈 $?Q$ 要求 Angel 通过测试 Q，否则她将因违反博弈规则而过早地在博弈中失败。在博弈 $?Q$ 中，Angel 只能在位于 X 中同时也满足测试公式 Q 的状态下才能达到获胜条件 X，因为不满足 Q 的话将因违反规则而输掉博弈。回想一下定义 15.4 中测试博弈的语义：

$$\varsigma_{?Q}(X)=\llbracket Q\rrbracket\bigcap X \tag{16.2}$$

式(16.2)中必胜区域的示意图如下:

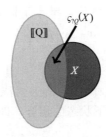

相应地,如果 Angel 想要在 $\langle ?Q\rangle P$ 中获胜,那么她必须处于后置条件 P 已经为真的状态下,因为测试不会改变状态,因此只有 P 在 $?Q$ 之前已经为真,P 在之后才为真。此外,该初始状态还必须满足测试条件 Q,否则她将因为未通过她的测试而违反博弈规则,从而导致失败。

引理 16.6(测试公理 $\langle ?\rangle$) 以下测试公理是可靠的:
$$\langle ?\rangle \quad \langle ?Q\rangle P \leftrightarrow Q \wedge P$$

证明 该公理是可靠的,当且仅当它的每个实例都是永真的,即在所有状态下都为真。该等价式永真,当且仅当其左侧为真的所有状态的集合 $[\![\langle ?Q\rangle P]\!]$ 等于其右侧为真的状态集 $[\![Q \wedge P]\!]$。的确,$[\![\langle ?Q\rangle P]\!] = \varsigma_{?Q}([\![P]\!]) = [\![Q]\!] \cap [\![P]\!] = [\![Q \wedge P]\!]$。∎

16.3.6 选择博弈的动态公理

证明在选择博弈 $\alpha \cup \beta$ 中存在必胜策略更加困难,因为这种混成博弈涉及 Angel 的选择,并且可能在各个子博弈 α 和 β 中涉及两个局中人进一步的选择。回想一下定义 15.4 中选择博弈的语义,它是子博弈语义的并集:

$$\varsigma_{\alpha \cup \beta}(X) = \varsigma_{\alpha}(X) \cup \varsigma_{\beta}(X) \tag{16.3}$$

让我们给出式(16.3)含义的图示:

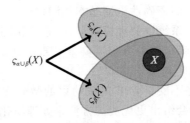

根据必胜区域的语义(式(16.3)),在博弈 $\alpha \cup \beta$ 中 Angel 有达到 X 的必胜策略的状态是 Angel 在左子博弈 α 中有达到 X 的必胜策略的状态与 Angel 在右子博弈 β 中有达到 X 的必胜策略的状态的并集。因此,$\langle \alpha \cup \beta\rangle P$ 为真,即 Angel 在 $\alpha \cup \beta$ 中有达到 P 的必胜策略,当且仅当 Angel 在 α 中有达到 P 的必胜策略或者在 β 中有达到 P 的必胜策略。

引理 16.7(选择公理 $\langle \cup \rangle$) 以下选择博弈公理是可靠的:
$$\langle \cup \rangle \quad \langle \alpha \cup \beta\rangle P \leftrightarrow \langle \alpha\rangle P \vee \langle \beta\rangle P$$

证明 该公理是可靠的,当且仅当它的每个实例都是永真的,即在所有状态下都为真。该等价式永真,当且仅当其左侧为真的所有状态的集合 $[\![\langle \alpha \cup \beta\rangle P]\!]$ 等于其右侧为真的状态集 $[\![\langle \alpha\rangle P \vee \langle \beta\rangle P]\!]$。$[\![\langle \alpha \cup \beta\rangle P]\!] = \varsigma_{\alpha \cup \beta}([\![P]\!]) = \varsigma_{\alpha}([\![P]\!]) \cup \varsigma_{\beta}([\![P]\!]) = [\![\langle \alpha\rangle P]\!] \cup [\![\langle \beta\rangle P]\!] = [\![\langle \alpha\rangle P \vee \langle \beta\rangle P]\!]$。∎

在 Angel 控制下的选择博弈中证明存在 Angel 的必胜策略 $\langle \alpha \cup \beta\rangle P$ 就相当于证明析取

$\langle\alpha\rangle P \vee \langle\beta\rangle P$。

对于 Demon 的选择 $\alpha \cap \beta$，Angel 必须投入更多的工作来证明她有必胜策略，因为她的对手 Demon 可以做出选择。因此，只有 Angel 在 Demon 可能选择的两个子博弈中都有必胜策略时，她才有必胜策略：

$$\langle\alpha \cap \beta\rangle P \leftrightarrow \langle\alpha\rangle P \wedge \langle\beta\rangle P \tag{16.4}$$

虽然这个公式是永真的，我们也不采纳它作为公理，因为式(16.4)可以很容易从选择公理$\langle\cup\rangle$和对偶公理$\langle^{d}\rangle$中推导出来，这将在后面进行探讨。毕竟，Demon 的选择 $\alpha \cap \beta$ 是以派生运算符构建的，即定义为 Angel 选择的双重对偶$(\alpha^{d} \cup \beta^{d})^{d}$。

489

16.3.7　顺序博弈的动态公理

下一个要考虑的情形是证明在顺序博弈 α；β 中存在必胜策略。回想一下定义 15.4 中顺序博弈的语义，它是必胜区域的合成：

$$\varsigma_{\alpha;\beta}(X) = \varsigma_{\alpha}(\varsigma_{\beta}(X)) \tag{16.5}$$

式(16.5)含义的图示如下：

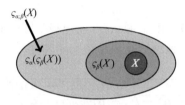

因此，Angel 对 α；β 有必胜策略的状态集是如下合成，即她在 α 中有必胜区域，由此她有策略达到 β 的必胜区域。表征由哪些状态开始 Angel 在博弈 β 中有达到后置条件 P 的必胜策略的公式是 dGL 公式$\langle\beta\rangle P$。因此，表征哪些状态下 Angel 在博弈 α 中有达到$\langle\beta\rangle P$ 的必胜策略的公式是$\langle\alpha\rangle\langle\beta\rangle P$。根据式(16.5)，该公式恰好等价于$\langle\alpha;\beta\rangle P$，后者表征 Angel 在博弈 α；β 中有达到 P 的必胜策略的状态。

引理 16.8(合成公理$\langle;\rangle$)　以下合成公理是可靠的：

$$\langle;\rangle\quad \langle\alpha;\beta\rangle P \leftrightarrow \langle\alpha\rangle\langle\beta\rangle P$$

证明　模态运算符$\langle\alpha\rangle$和$\langle\beta\rangle$的合成语义恰好对应于顺序合成博弈的模态运算符$\langle\alpha;\beta\rangle$的语义：$[\![\langle\alpha;\beta\rangle P]\!] = \varsigma_{\alpha;\beta}([\![P]\!]) = \varsigma_{\alpha}(\varsigma_{\beta}([\![P]\!])) = \varsigma_{\alpha}([\![\langle\beta\rangle P]\!]) = [\![\langle\alpha\rangle\langle\beta\rangle P]\!]$。　∎

16.3.8　对偶博弈的动态公理

到目前为止，混成博弈的所有公理明显看起来都很熟悉。这种结构上的相似性可能有些令人惊讶，因为本章的新公理允许混成博弈，与第一部分的混成系统相比，混成博弈包含对抗性动态因而有崭新的语义。

可是话又说回来，混成系统是混成博弈的特例，即那些不需要另外局中人的博弈，因为 HP 不提及对偶运算符，所以控制永远不会转移给 Demon。混成博弈的每个公理都适用于混成系统，因为混成系统是混成博弈的特例。回想起来，混成博弈的推理原理与混成系统的推理原理有很多共同之处并不令人惊讶，即使前者需要新的可靠性证明，因为混成博弈的语义更一般。

490

然而，对于对偶博弈 α^{d} 中的对偶运算符，我们就没有运气可以从对混成系统相应推理原理的泛化中获得灵感，因为关键在于对偶运算符就是混成系统和混成博弈之间的唯一区别。混成系统不可能知道如何处理 α^{d}，因为 α^{d} 是混成博弈但不是混成系统。

回想一下定义 15.4 中对偶博弈的语义：

$$\varsigma_{\alpha^{\mathrm{d}}}(X)=\varsigma_\alpha(X^{\mathrm{C}})^{\mathrm{C}} \tag{16.6}$$

式(16.6)含义的图示如下：

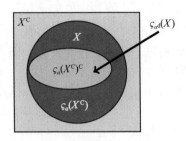

现在，如何把这变成逻辑公理？补集 X^{C} 对应于后置条件 P 的否 $\neg P$。因此，$\varsigma_\alpha(\llbracket P\rrbracket^{\mathrm{C}})$ 的逻辑内化对应于 $\langle\alpha\rangle\neg P$，而它的补集 $\varsigma_\alpha(\llbracket P\rrbracket^{\mathrm{C}})^{\mathrm{C}}$ 对应于 $\neg\langle\alpha\rangle\neg P$。

引理 16.9(对偶公理$\langle^{\mathrm{d}}\rangle$)　以下对偶公理是可靠的：
$$\langle^{\mathrm{d}}\rangle\quad\langle\alpha^{\mathrm{d}}\rangle P\leftrightarrow\neg\langle\alpha\rangle\neg P$$

证明　$\llbracket\langle\alpha^{\mathrm{d}}\rangle P\rrbracket=\varsigma_{\alpha^{\mathrm{d}}}(\llbracket P\rrbracket)=\varsigma_\alpha(\llbracket P\rrbracket^{\mathrm{C}})^{\mathrm{C}}=\varsigma_\alpha(\llbracket\neg P\rrbracket)^{\mathrm{C}}=\llbracket\langle\alpha\rangle\neg P\rrbracket^{\mathrm{C}}=\llbracket\neg\langle\alpha\rangle\neg P\rrbracket$。

例 16.1　（Demon 的选择）　由于 Demon 的选择 $\alpha\cap\beta$ 就是 $(\alpha^{\mathrm{d}}\cup\beta^{\mathrm{d}})^{\mathrm{d}}$，因此可以使用对偶公理$\langle^{\mathrm{d}}\rangle$和 Angel 的选择公理$\langle\cup\rangle$来推导出 Demon 的选择公理(式(16.4))：

$$
\cfrac{\cfrac{\cfrac{\cfrac{\cfrac{*}{\langle\alpha\rangle P\wedge\langle\beta\rangle P\leftrightarrow\langle\alpha\rangle P\wedge\langle\beta\rangle P}}{\neg(\neg\langle\alpha\rangle\neg\neg P\vee\neg\langle\beta\rangle\neg\neg P)\leftrightarrow\langle\alpha\rangle P\wedge\langle\beta\rangle P}}{\neg(\langle\alpha^{\mathrm{d}}\rangle\neg P\vee\langle\beta^{\mathrm{d}}\rangle\neg P)\leftrightarrow\langle\alpha\rangle P\wedge\langle\beta\rangle P}\,{\scriptstyle\langle^{\mathrm{d}}\rangle}}{\neg\langle\alpha^{\mathrm{d}}\cup\beta^{\mathrm{d}}\rangle\neg P\leftrightarrow\langle\alpha\rangle P\wedge\langle\beta\rangle P}\,{\scriptstyle\langle\cup\rangle}}{\langle(\alpha^{\mathrm{d}}\cup\beta^{\mathrm{d}})^{\mathrm{d}}\rangle P\leftrightarrow\langle\alpha\rangle P\wedge\langle\beta\rangle P}\,{\scriptstyle\langle^{\mathrm{d}}\rangle}}{\langle\alpha\cap\beta\rangle P\leftrightarrow\langle\alpha\rangle P\wedge\langle\beta\rangle P}
$$

在证明了这个公式一次之后，从现在开始，我们可以使用针对 Demon 选择的对应派生公理，而无须每次都重新证明它：

$$\langle\cap\rangle\quad\langle\alpha\cap\beta\rangle P\leftrightarrow\langle\alpha\rangle P\wedge\langle\beta\rangle P$$
$$[\cap]\quad[\alpha\cap\beta]P\leftrightarrow[\alpha]P\vee[\beta]P$$

从派生公理$\langle\cap\rangle$可以直接推导得出在 Demon 的选择中针对 Demon 的必胜策略的派生公理$[\cap]$：

$$
\cfrac{\cfrac{\cfrac{\cfrac{\cfrac{*}{[\alpha]P\vee[\beta]P\leftrightarrow[\alpha]P\vee[\beta]P}}{\neg\langle\alpha\rangle\neg P\vee\neg\langle\beta\rangle\neg P\leftrightarrow[\alpha]P\vee[\beta]P}\,{\scriptstyle[\cdot]}}{\neg(\langle\alpha\rangle\neg P\wedge\langle\beta\rangle\neg P)\leftrightarrow[\alpha]P\vee[\beta]P}}{\neg\langle\alpha\cap\beta\rangle\neg P\leftrightarrow[\alpha]P\vee[\beta]P}\,{\scriptstyle\langle\cap\rangle}}{[\alpha\cap\beta]P\leftrightarrow[\alpha]P\vee[\beta]P}\,{\scriptstyle[\cdot]}
$$

16.3.9　重复博弈的动态公理

剩下的挑战是针对重复博弈 α^* 的公理。事实证明，混成博弈中的重复比混成系统中的重复(见第 15 章)在语义上微妙得多。回想一下定义 15.4 中重复博弈的语义，其中我们最终选择将其定义为 α 必胜区域的最小不动点，因为迭代法需要的迭代次数是大大超穷的：

$$\varsigma_{\alpha^*}(X)=\bigcap\{Z\subseteq\mathscr{S}:X\cup\varsigma_\alpha(Z)\subseteq Z\}=\bigcap\{Z\subseteq\mathscr{S}:X\cup\varsigma_\alpha(Z)=Z\} \tag{16.7}$$

第二个等式利用的事实是，最小前不动点也是一个最小不动点（见注解76）。这种语义（式(16.7)）最好的图示如下：

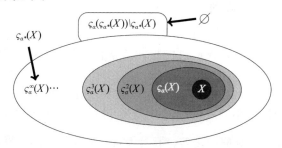

根据式(16.7)的第二个等式，$\varsigma_{a^*}(X)$ 是 $X \cup \varsigma_a(Z) = Z$ 的不动点，因此

$$\varsigma_{a^*}(X) = X \cup \varsigma_a(\varsigma_{a^*}(X)) \tag{16.8}$$

如何将式(16.8)内化为逻辑中的语法推理原理？

492

在你继续阅读之前，看看你是否能自己找到答案。

像往常一样，状态集 $X \subseteq \mathscr{S}$ 并不适合在逻辑公式中使用，但其在逻辑中对应的是一个逻辑公式 P，而 P 的语义 $\llbracket P \rrbracket$ 是某个状态集。因此，式(16.8)的左侧对应的逻辑公式 $\langle \alpha^* \rangle P$ 表示 Angel 在重复混成博弈 α^* 中有达到 P 的必胜策略。式(16.8)的右侧相当于什么？

由于集合 X 内化为逻辑公式 P，因此 $\varsigma_{a^*}(X)$ 对应于逻辑公式 $\langle \alpha^* \rangle P$，因为 $\llbracket \langle \alpha^* \rangle P \rrbracket = \varsigma_{a^*}(\llbracket P \rrbracket)$。所以，$X \cup \varsigma_a(\varsigma_{a^*}(X))$ 对应于逻辑公式 $P \vee \langle \alpha \rangle \langle \alpha^* \rangle P$。这引出了以下公理。

引理 16.10　（迭代公理 $\langle ^* \rangle$）　以下迭代公理是可靠的：

$$\langle ^* \rangle \quad \langle \alpha^* \rangle P \leftrightarrow P \vee \langle \alpha \rangle \langle \alpha^* \rangle P$$

证明　根据重复的必胜区域是一个不动点（见注解76）这一事实可直接得出证明。由于 $\llbracket \langle \alpha^* \rangle P \rrbracket = \varsigma_{a^*}(\llbracket P \rrbracket)$ 是一个不动点，我们有 $\llbracket \langle \alpha^* \rangle P \rrbracket = \llbracket P \rrbracket \cup \varsigma_a(\llbracket \langle \alpha^* \rangle P \rrbracket)$。因此，$\llbracket P \vee \langle \alpha \rangle \langle \alpha^* \rangle P \rrbracket = \llbracket P \rrbracket \cup \llbracket \langle \alpha \rangle \langle \alpha^* \rangle P \rrbracket = \llbracket P \rrbracket \cup \varsigma_a(\llbracket \langle \alpha^* \rangle P \rrbracket) = \llbracket \langle \alpha^* \rangle P \rrbracket$。■

公理 $\langle ^* \rangle$ 与混成系统的迭代公理（即引理5.7的尖括号版本）是一样的，只是它的可靠性证明完全不同。但是，一旦公理 $\langle ^* \rangle$ 证明是可靠的，用它进行推理的方式就是一样的。公理 $\langle ^* \rangle$ 是否阐明了混成博弈中重复的所有性质？

在回答这个问题之前，首先请注意，针对 Angel 在 Angel 重复中的必胜策略的迭代公理 $\langle ^* \rangle$ 蕴涵了 Demon 在 Demon 重复中必胜策略的相应迭代公理。

例 16.2　（Demon 的重复）　由于 Demon 的重复 $\alpha^\times$ 就是 $((\alpha^d)^*)^d$，对偶公理 $\langle ^d \rangle$ 和决定性公理 $[\cdot]$ 可将 Angel 的迭代公理 $\langle ^* \rangle$ 转换为 Demon 必胜策略的相应迭代公理

$$[^\times] \quad [\alpha^\times] P \leftrightarrow P \vee [\alpha][\alpha^\times] P$$

这个派生公理 $[^\times]$ 很容易证明：

$$
\begin{array}{c}
^* \\
\hline
P \vee [\alpha][\alpha^\times] P \leftrightarrow P \vee [\alpha][\alpha^\times] P \\
\hline
P \vee [\alpha][((\alpha^d)^*)^d] P \leftrightarrow P \vee [\alpha][\alpha^\times] P \\
\hline
{}^{\langle ^d \rangle, [\cdot]}\ \ P \vee \langle \alpha^d \rangle \langle (\alpha^d)^* \rangle P \leftrightarrow P \vee [\alpha][\alpha^\times] P \\
\hline
{}^{\langle ^* \rangle}\ \ \langle (\alpha^d)^* \rangle P \leftrightarrow P \vee [\alpha][\alpha^\times] P \\
\hline
{}^{\langle ^d \rangle, [\cdot]}\ \ [((\alpha^d)^*)^d] P \leftrightarrow P \vee [\alpha][\alpha^\times] P \\
\hline
[\alpha^\times] P \leftrightarrow P \vee [\alpha][\alpha^\times] P
\end{array}
$$

相应地，针对 Demon 重复的尖括号模态的派生公理为：

493

$$\langle^\times\rangle \quad \langle\alpha^\times\rangle P \leftrightarrow P \wedge \langle\alpha\rangle\langle\alpha^\times\rangle P$$

16.3.10　重复博弈的证明规则

5.3.7 节中已证实迭代公理 $[^*]$ 是可靠的，但第 7 章确定的一种通过归纳证明循环性质的方法要有用得多。类似地，人们可能想知道迭代公理 $\langle^*\rangle$ 是否真的已经表述了所有关于混成博弈中重复的性质。

退一步讲，公理 $\langle^*\rangle$ 表示 $\langle\alpha^*\rangle P$ 是式（16.8）的一个不动点，这遵循式（16.7），但该公理没有表明，在所有可能的不动点中 $\langle\alpha^*\rangle P$ 是最小的。如何以逻辑证明原理展现这一点？

在你继续阅读之前，看看你是否能自己找到答案。

由于 $\langle\alpha^*\rangle P$ 是最小不动点，所以它为真的所有状态的集合是任何其他不动点的子集。对此的逻辑内化是，如果 Q 是一个语义也满足式（16.7）中不动点条件的逻辑公式，那么 $\langle\alpha^*\rangle P$ 为真的状态集更小，即 $[\![\langle\alpha^*\rangle P]\!] \subseteq [\![Q]\!]$，这意味着 $\langle\alpha^*\rangle P \to Q$ 是永真的。这里使用式（16.7）中的前不动点条件更方便一些，它阐明逻辑公式 Q 是一个前不动点就相当于假设 $P \vee \langle\alpha\rangle Q \to Q$ 永真。

引理 16.11（不动点规则 FP）　以下不动点规则是可靠的：

$$\text{FP} \quad \frac{P \vee \langle\alpha\rangle Q \to Q}{\langle\alpha^*\rangle P \to Q}$$

证明　根据重复的必胜区域是最小不动点（注解 76）这一事实可直接得出证明。假设前提 $P \vee \langle\alpha\rangle Q \to Q$ 是永真的，即 $[\![P \vee \langle\alpha\rangle Q]\!] \subseteq [\![Q]\!]$。也就是说，$[\![P]\!] \cup \varsigma_\alpha([\![Q]\!]) = [\![P]\!] \cup ([\![\langle\alpha\rangle Q]\!]) = [\![P \vee \langle\alpha\rangle Q]\!] \subseteq [\![Q]\!]$。因此，$Q$ 是 $Z = [\![P]\!] \cup \varsigma_\alpha(Z)$ 的前不动点。根据单调性（引理 15.1），$[\![\langle\alpha^*\rangle P]\!] = \varsigma_{\alpha^*}([\![P]\!])$ 是最小的不动点[8]。因此，$[\![\langle\alpha^*\rangle P]\!] \subseteq [\![Q]\!]$，这蕴涵着 $\langle\alpha^*\rangle P \to Q$ 是永真的。∎

不动点证明规则 FP 与迭代公理 $\langle^*\rangle$ 一起使用是最能与混成博弈中重复的语义直接对应的，该语义定义为最小不动点。迭代公理 $\langle^*\rangle$ 表示 $\langle\alpha^*\rangle P$ 是一个不动点，而规则 FP 表示它是最小的不动点。

不过，不可否认的是，不动点规则 FP 可能用起来有点麻烦。幸运的是，将熟悉的循环不变式这一旧规则推广到混成博弈，这可以从不动点规则 FP 推导得出，甚至反之亦然[11]。

推论 16.1（循环不变式规则 ind）　以下循环不变式证明规则是派生规则：

$$\text{ind} \quad \frac{P \to [\alpha] P}{P \to [\alpha^*] P}$$

证明　证明中未标记的步骤利用了换质换位律，即在古典逻辑中 $A \to B$ 等价于 $\neg B \to \neg A$，

494

或者进行类似的简单命题重写：

$$\frac{\dfrac{\dfrac{\dfrac{\dfrac{\dfrac{^{\text{FP}}\dfrac{\dfrac{\vdash P \to [\alpha] P}{\vdash P \to P \wedge [\alpha] P}}{^{[\cdot]}\dfrac{}{\vdash P \to P \wedge \neg\langle\alpha\rangle\neg P}}}{\vdash \neg P \vee \langle\alpha\rangle\neg P \to \neg P}}{\vdash \langle\alpha^*\rangle\neg P \to \neg P}}{\vdash P \to \neg\langle\alpha^*\rangle\neg P}}{^{[\cdot]}\vdash P \to [\alpha^*] P}}$$

这个证明表明规则 ind 是一个派生规则，因为它的结论可以通过规则 FP 使用其他公理和命题推理来证明。∎

基于我们在第 6 章中以相继式增进对证明组织的理解，很容易看出规则 ind 对应的相继式公式描述可由规则→R、cut 推导得出：

$$\text{ind}\ \frac{P \vdash [\alpha]P}{P \vdash [\alpha^*]P}$$

例 16.3（Demon 重复的不变式与不动点） 由于 Demon 的重复 $\alpha^\times$ 就是 $((\alpha^d)^*)^d$，对偶公理$\langle^d\rangle$和决定性公理$[\cdot]$可将针对 Angel 重复的 Demon 不变式规则 ind 转化为 Demon 重复中 Angel 必胜策略的相应不变式规则：

$$\text{ind}^\times\ \frac{P \to \langle\alpha\rangle P}{P \to \langle\alpha^\times\rangle P}$$

同样，对应于 FP 但针对 Demon 重复下 Demon 的不动点规则如下，它可由对偶公理$\langle^d\rangle$和决定性公理$[\cdot]$推导得到：

$$\text{FP}^\times\ \frac{P \vee [\alpha]Q \to Q}{[\alpha^\times]P \to Q}$$

规则 $\text{ind}^\times$ 和 $\text{FP}^\times$ 的正确性证明将在习题 16.5 中探讨。 ◀

16.4 证明示例

本节展示如何使用 dGL 公理证明一些混成博弈存在必胜策略。

例 16.4 第 14 章中的对偶阻挠博弈公式在 dGL 演算中很容易根据缩写$\bigcap$,$^\times$的含义并来回应用针对两个局中人的规则证明[11]：

495

$$
\begin{array}{ll}
\mathbb{R} & \dfrac{*}{x=0 \vdash 0 = 0 \vee 1 = 0} \\[4pt]
\langle:=\rangle & \dfrac{}{x=0 \vdash \langle x:=0\rangle x=0 \vee \langle x:=1\rangle x=0} \\[4pt]
\langle\cup\rangle & \dfrac{}{x=0 \vdash \langle x:=0 \cup x:=1\rangle x=0} \\[4pt]
\langle^d\rangle & \dfrac{}{x=0 \vdash \neg\langle(x:=0 \cup x:=1)^d\rangle\neg x=0} \\[4pt]
& \dfrac{}{x=0 \vdash \neg\langle x:=0 \cap x:=1\rangle\neg x=0} \\[4pt]
[\cdot] & \dfrac{}{x=0 \vdash [x:=0 \cap x:=1]x=0} \\[4pt]
\text{ind} & \dfrac{}{x=0 \vdash [(x:=0 \cap x:=1)^*]x=0} \\[4pt]
[\cdot] & \dfrac{}{x=0 \vdash \neg\langle(x:=0 \cap x:=1)^*\rangle\neg x=0} \\[4pt]
\langle^d\rangle & \dfrac{}{x=0 \vdash \langle(x:=0 \cap x:=1)^{*d}\rangle x=0} \\[4pt]
& \dfrac{}{x=0 \vdash \langle(x:=0 \cup x:=1)^\times\rangle x=0}
\end{array}
$$

◀

例 16.5（推式推车） 回想一下例 14.3 中关于推式推车博弈的以下 dGL 公式：

$$x \geq 0 \wedge v \geq 0 \to [((d:=1 \cup d:=-1)^d ; (a:=1 \cup a:=-1) ; \{x'=v, v'=a+d\})^*]x \geq 0$$

利用 Demon 选择的定义以及赋值的对偶就是赋值本身这一事实，这个 dGL 公式等价于

$$x \geq 0 \wedge v \geq 0 \to [((d:=1 \cap d:=-1) ; (a:=1 \cup a:=-1) ; \{x'=v, v'=a+d\})^*]x \geq 0$$

$$
\begin{array}{ll}
[:=] & \dfrac{J \vdash [\{x'=v, v'=1+1\}]J \wedge [\{x'=v, v'=-1+1\}]J}{J \vdash [a:=1][\{x'=v, v'=a+1\}]J \wedge [a:=-1][\{x'=v, v'=a+1\}]J} \\[4pt]
[\cup] & \dfrac{}{J \vdash [a:=1 \cup a:=-1][\{x'=v, v'=a+1\}]J} \\[4pt]
[;] & \dfrac{}{J \vdash [(a:=1 \cup a:=-1) ; \{x'=v, v'=a+1\}]J} \\[4pt]
[:=] & \dfrac{}{J \vdash [d:=1][(a:=1 \cup a:=-1) ; \{x'=v, v'=a+d\}]J} \\[4pt]
\vee R, WR & \dfrac{}{J \vdash [d:=1][(a:=1 \cup a:=-1) ; \{x'=v, v'=a+d\}]J \vee [d:=-1]\ldots} \\[4pt]
[\cap] & \dfrac{}{J \vdash [d:=1 \cap d:=-1][(a:=1 \cup a:=-1) ; \{x'=v, v'=a+d\}]J} \\[4pt]
[;] & \dfrac{}{J \vdash [(d:=1 \cap d:=-1) ; (a:=1 \cup a:=-1) ; \{x'=v, v'=a+d\}]J} \\[4pt]
\text{ind} & \dfrac{}{J \vdash [((d:=1 \cap d:=-1) ; (a:=1 \cup a:=-1) ; \{x'=v, v'=a+d\})^*]x \geq 0}
\end{array}
$$

选择 $J \stackrel{\text{def}}{\equiv} x \geqslant 0 \wedge v \geqslant 0$ 作为循环不变式可以完成此证明，因为剩下微分方程的两个性质可以通过求解来证明。

$$[']_,[:=] \frac{x \geqslant 0 \wedge v \geqslant 0 \vdash \forall t \geqslant 0 (x+vt+t^2 \geqslant 0 \wedge v+2t \geqslant 0)}{J \vdash [\{x'=v, v'=1+1\}]J}$$

$$[']_,[:=] \frac{x \geqslant 0 \wedge v \geqslant 0 \vdash \forall t \geqslant 0 (x+vt \geqslant 0 \wedge v \geqslant 0)}{J \vdash [\{x'=v, v'=0\}]J}$$

它们也都可以通过第二部分的微分不变式直接证明。　　　◀

命题 16.1(推式推车是安全的)　以下 dGL 公式是永真的：

$$x \geqslant 0 \wedge v \geqslant 0 \rightarrow [((d:=1 \cap d:=-1); (a:=1 \cup a:=-1); \{x'=v, v'=a+d\})^*]x \geqslant 0$$

例 16.6（WALL·E 和 EVE 机器人舞蹈）　回想一下例 14.4 中关于机器人舞蹈的下列 dGL 公式：

$$(w-e)^2 \leqslant 1 \wedge v = f \rightarrow \langle (((u:=1 \cap u:=-1);$$
$$(g:=1 \cup g:=-1);$$
$$t:=0; \{w'=v, v'=u, e'=f, f'=g, t'=1 \& t \leqslant 1\}^d)^\times \rangle$$
$$(w-e)^2 \leqslant 1$$

$$(14.4)$$

采用循环不变式 $J \stackrel{\text{def}}{\equiv} (w-e)^2 \leqslant 1 \wedge v = f$，dGL 公式(14.4)的证明如图 16.1 所示。这里省略了对 Demon 选择 $u:=-1$ 时也存在必胜策略的(关键)证明分支(标记为 ▷)，但它非常类似。注意，在证明存在 Angel 的必胜策略(即某个 $\langle \cdot \rangle$ 公式)时，Angel 的选择如何转化为合取式，而 Demon 的选择如何转化成析取式。

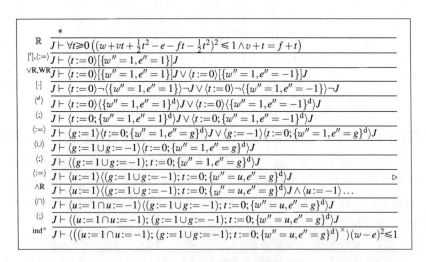

图 16.1　双机器人舞蹈的证明　　　◀

在我们完成了图 16.1 中的证明之后，我们能看出可以更早采用规则 ∨R、WR 丢掉右析取项。这是混成博弈中的常见现象。证明完成之后再回顾的话，可以轻松看出最佳选择是什么。但如果我们尽早发现巧妙的动作，证明也会变得更简单。

496

命题 16.2(舞蹈的机器人是安全的)　以下 dGL 公式是永真的：

$$(w-e)^2 \leqslant 1 \land v = f \rightarrow \langle ((u:=1 \textstyle\bigcap u:=-1);$$
$$(g:=1 \textstyle\bigcup g:=-1);$$
$$t:=0; \{w'=v, v'=u, e'=f, f'=g, t'=1 \,\&\, t \leqslant 1\}^{\mathrm{d}})^{\times}$$
$$\rangle (w-e)^2 \leqslant 1$$

这些证明表明，证明混成博弈的性质完全类似于证明混成系统的性质。我们需要注意的就是只使用微分博弈逻辑公理，而不是不小心使用第一部分中的微分动态逻辑公理。当然，这两种逻辑共享大多数公理。例如，我们仍然通过循环不变式的证明规则来证明循环的方括号模态性质。

16.5　公理化

图 16.2 总结了我们刚刚逐步开发的微分博弈逻辑公理化[11]。

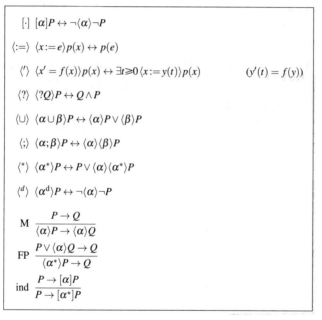

$$[\cdot]\ [\alpha]P \leftrightarrow \neg\langle\alpha\rangle\neg P$$

$$\langle:=\rangle\ \langle x:=e\rangle p(x) \leftrightarrow p(e)$$

$$\langle'\rangle\ \langle x'=f(x)\rangle p(x) \leftrightarrow \exists t \geqslant 0 \langle x:=y(t)\rangle p(x) \qquad (y'(t)=f(y))$$

$$\langle?\rangle\ \langle ?Q\rangle P \leftrightarrow Q \land P$$

$$\langle\cup\rangle\ \langle\alpha\cup\beta\rangle P \leftrightarrow \langle\alpha\rangle P \lor \langle\beta\rangle P$$

$$\langle;\rangle\ \langle\alpha;\beta\rangle P \leftrightarrow \langle\alpha\rangle\langle\beta\rangle P$$

$$\langle*\rangle\ \langle\alpha^*\rangle P \leftrightarrow P \lor \langle\alpha\rangle\langle\alpha^*\rangle P$$

$$\langle^{\mathrm{d}}\rangle\ \langle\alpha^{\mathrm{d}}\rangle P \leftrightarrow \neg\langle\alpha\rangle\neg P$$

$$\mathrm{M}\ \frac{P \rightarrow Q}{\langle\alpha\rangle P \rightarrow \langle\alpha\rangle Q}$$

$$\mathrm{FP}\ \frac{P \lor \langle\alpha\rangle Q \rightarrow Q}{\langle\alpha^*\rangle P \rightarrow Q}$$

$$\mathrm{ind}\ \frac{P \rightarrow [\alpha]P}{P \rightarrow [\alpha^*]P}$$

图 16.2　微分博弈逻辑公理化

决定性公理[·]描述了互补获胜条件下 Angel 和 Demon 必胜策略的对偶性，也就是说，Demon 在混成博弈 α 中有达到 P 的必胜策略，当且仅当 Angel 没有反制策略，即没有在同一博弈 α 中达到 $\neg P$ 的必胜策略。决定性公理[·]内化了定理 16.1。公理$\langle:=\rangle$是赋值公理。在微分方程公理$\langle'\rangle$中，$y(\cdot)$是符号初值问题 $y'(t)=f(y)$，$y(0)=x$ 的唯一解[14]。遵循解 y 的持续时间 t 由 Angel 决定，所以对 t 作存在量化。不言而喻，图 16.2 中的变量(例如 t)是新的。

公理$\langle?\rangle$、$\langle\cup\rangle$以及$\langle;\rangle$都和在微分动态逻辑[10]中一样，但它们的含义非常不同，因为它们指的是混成博弈的必胜策略，而不是系统的可达性关系。挑战公理$\langle?\rangle$表示 Angel 在测试博弈?Q 中有达到 P 的必胜策略的状态恰好来自那些已经在 P 中(因为?Q 不会改变状态)并且满足 Q(否则她将不能通过测试并立即在博弈中失败)的状态。选择公理$\langle\cup\rangle$表示 Angel 在选择博弈 $\alpha\bigcup\beta$ 中有达到 P 的必胜策略，当且仅当她在混成博弈 α 中或者 β 中有必胜策略，因为她可以选择要运行哪一个。顺序博弈公理⟨；⟩表示 Angel 在顺序博弈 α；β 中有达到 P 的必胜策略，当且仅当她在博弈 α 中有必胜策略来达到⟨β⟩P，即达到某个状态，由此她在博弈 β 中有达到 P 的必胜策略。迭代公理⟨$*$⟩的 "←" 方向将⟨α^*⟩P 表征为前不动点。它表示，如果博弈已经处于满足 P 的状态，或者如果 Angel 在博弈 α 中有必胜策略来达到⟨α^*⟩P，即达到某个状态，由此她在博弈 α^* 中有达到 P 的必胜策略，那么无论满足哪个条件，Angel 都在博弈 α^* 中有达到 P 的必胜策略。⟨$*$⟩的 "→" 方向已经可以通过其他公理推导得出[11]。对偶公理⟨^{d}⟩表征的是对偶博弈。它阐述的是，Angel 在对偶博弈 α^d 中有达到 P 的必胜策略，当且仅当 Angel 在博弈 α 中没有达到 ¬P 的必胜策略。将对偶博弈公理⟨^{d}⟩与决定性公理[·]结合起来得到⟨α^d⟩P↔[α]P，即 Angel 在 α^d 中有达到 P 的必胜策略，当且仅当 Demon 在 α 中有达到 P 的必胜策略。类似的推理可得出 [α^d]P↔⟨α⟩P。

单调性规则 M 是单调模态逻辑 C[2] 的泛化规则，它在逻辑上内化了单调性（见引理 15.1）。它表示，如果蕴涵式 $P→Q$ 是永真的，那么只要 Angel 在混成博弈 α 中有达到 P 的必胜策略，她都有必胜策略来达到 Q，因为在 P 成立的任何地方 Q 都成立。因此，规则 M 表示更容易针对更简单的目标获胜。不动点规则 FP 将⟨α^*⟩P 表征为最小前不动点。它阐明，如果 Q 是另一个前不动点公式，即 Q 在满足 P 或 Angel 在博弈 α 中有达到条件 Q 的必胜策略的所有状态下都成立，那么 Q 在⟨α^*⟩P 成立的任何状态（即 Angel 在博弈 α^* 中有达到 P 的必胜策略的所有状态）下都成立。

证明规则 FP 和归纳规则 ind 在 dGL 演算[11]中可以互相推导，在这个意义上它们是等价的。推论 16.1 中证明了如何从不动点规则 FP 推导得出循环归纳规则 ind。

16.5.1 可靠性

对证实公理可靠性的各个引理进行总结让我们得出结论，dGL 证明演算是可靠的[11]。与 6.2.2 节类似，当且仅当 dGL 公式 P 可以从 dGL 公理用 dGL 规则证明时，我们写为 ⊢$_{dGL}$$P$。同样，当且仅当 dGL 公式 P 可以从公式集 Γ 证明时，我们写为 Γ⊢$_{dGL}$$P$。特别地，⊢$_{dGL}$$P$ 当且仅当 ∅⊢$_{dGL}$$P$。当且仅当 P 永真，即在所有状态下都为真时，我们写为 ⊨ P（见定义 15.1）。这两个概念通过可靠性而有密切关联。

定理 16.2（dGL 的可靠性）   图 16.2 中的 dGL 公理化是可靠的，即所有可证明的公式都是永真的。也就是说，

$$⊢_{dGL} P \text{ 蕴涵着} ⊨ P$$

证明   公理化或者证明演算是可靠的，当且仅当所有可证明的公式都是永真的。可证明的公式有很多，所以这可能需要大量的工作。但是，正如第一部分和第二部分那样，到目前为止证实证明演算可靠性的最佳方法是利用逻辑合成原则来证明每个公理和证明规则各自都是可靠的。当且仅当公理的每个实例都是永真的公式，则该公理是可靠的。当且仅当证明规则所有前提的永真性蕴涵着其结论的永真性，则该证明规则是可靠的。一旦所有公理和所有证明规则都是可靠的，那么每个可证明的公式都是永真的，因为证明必须以（可靠的，因而只有永真的实例）公理结束，并且必须在中间使用证明规则（如果可靠的话将让结论永真，因为前提是永真的）。大多数公理已经在各自的引理中证明是可靠的（例如引理 16.7 和引理 16.11）。完整的证明可参考文献[11]。

这为与混成博弈一样具有挑战性的 CPS 提供了一种可靠的证明方法。我们证明这些公理的可靠性的目的到底又是什么呢？可靠性的确切含义是什么，它究竟能蕴涵什么信

息呢?

注解 78(可靠性奇迹)　dGL 证明演算的可靠性意味着所有使用 dGL 演算可以证明的 dGL 公式都是永真的, 这是逻辑的**必要条件**, 即没有该条件则逻辑不可能成为逻辑。如果对一个公式的证明甚至不能蕴涵公式的永真性, 即该公式在所有状态下都为真, 则对该公式的证明是没有意义的。

若要证明演算可靠, 它以任意方式证明的每个公式都必须是永真的。幸运的是, 证明是通过证明规则以公理组合而成的。所以我们确保证明演算可靠所要做的就是证明它为数不多的几个公理是可靠的, 这样我们通过可靠的证明规则由这些公理推导得到的一切也都是正确的, 无论这是多么巨大多么复杂。证明是许多简单论证的很长的组合, 每段论证只涉及公理或证明规则中的一个。一旦这些有限数量的公理和证明规则中的每一个都证明是可靠的, 那么所有那些可以在 dGL 证明演算中进行的无穷多个证明也变得可靠了。这是针对可靠性论证的最好形式的合成性。**正是可靠性最终将语法和公理体系完美一致地联系起来, 从而使得公理体系证明与语义真值相符**, 这是逻辑三位一体的一个重要方面。

一个微妙的地方在于证明可能会使用有限公理列表中相同公理的许多实例。那么公理的可靠性证明必须适用于任何实例。这一特性在可靠性论证中通常不作明确说明, 尽管可以通过区分公理与公理模式来进行严格的处理[11-12]。

500

16.5.2　完备性

可靠性是任何逻辑的任何证明演算最至关重要的条件, 对于像 CPS 这样有影响而又安全关键的系统而言尤其重要。根据可靠性, 每个可证明的公式都是永真的。然而, 最引人入胜的条件是其逆命题: 演算是否完备, 即是否可以证明所有永真的公式。这非常令人兴奋, 因为那样的话我们会知道, 只要一个公式永真, 就存在它的证明, 所以如果我们还没有找到证明, 我们只需要再努力一点。

特别地, 即使我们删除了所有的公理和证明规则, 那么得到的空证明演算还是可靠的, 只是这没什么用, 因为我们无法用它来证明任何东西。完备性考虑的问题是, 证明演算是否有它需要的所有公理和证明规则, 从而可以进行其中"所有的"证明。当然, 如果我们删除处理运算符∪的所有公理和证明规则, 那么该演算将变得极不完备, 因为我们再也无法证明含选择的混成博弈的任何有趣性质了。但即使每个运算符都有相应的公理, 也不清楚这些公理是否足以证明它们每一个永真的性质。例如, 重复有两个推理原理, 即迭代公理⟨*⟩ 和不动点规则 FP, 它们用于不同的目的。

遗憾的是, 绝对完备性对于像微分博弈逻辑这样富有表达力的东西来说好得不可能为真, 因为哥德尔第二不完备性定理表明, 每个系统, 如果扩展了加法和乘法的一阶自然数算术, 就是不完备的[3]。虽然微分博弈逻辑并不直接提供自然数, 它仍然间接地将它们表征为 x 的如下所有取值的集合, 即由这些值重复减去 1 可以得到 0:

$$\langle (x := x - 1) * \rangle x = 0$$

事实上, 回想前面的章节, 在证明混成系统以及混成博弈的性质时面临许多挑战。第一部分的主要挑战是需要为循环找到不变式。第二部分的主要挑战是寻找微分方程的微分不变式。可以证明, 本质上这些就是 CPS 验证中唯一基本的挑战[10-11]。

501

微分博弈逻辑支持相对完备性, 即其公理化可以由初等永真式来证明每个永真的 dGL

⊖　为了追求完美, 完备性是实现完美一致的另一个重要方面, 这在微分博弈逻辑中恰巧也是成立的[11]。

公式。dGL 公理化相对于任何微分表达$^\ominus$逻辑而言都是完备的[11]。

定理 16.3(dGL 的相对完备性) 相对于任何微分表达逻辑 L，dGL 演算是混成博弈的完备公理化，即每个永真的 dGL 公式在 dGL 演算中都可由 L 中的永真式证明。也就是说，

$$\models P \text{ 蕴涵着 } L \vdash_{dGL} P$$

事实上，我们留着公理化这一名称用于不仅有可靠性保证而且提供完备性保证的证明演算。的确，微分动态逻辑公理化保证它的可靠性以及相对于任何微分表达逻辑的完备性[9-10,12]。所以这给出了我们在第一部分和第二部分中称之为公理化的正当理由。

对于微分动态逻辑 dL，微分表达逻辑 L 的作用特别直观，因为 dL 完备性的证明是相对于 L 而言的。根据相对完备性第一定理[9-10]，微分动态逻辑相对于微分方程的性质而言是完备的，因此如果某个 dL 公式是永真的，那么它可以使用 dL 公理从微分方程的初等永真性质证明。当然，我们需要能够证明微分方程的安全性（例如，使用微分不变式）才能够理解混成系统。但是根据相对完备性第一定理，考虑好微分方程就足够了，因为这样 dL 公理就能够证明混成系统。根据相对完备性第二定理[10]，微分动态逻辑相对于纯离散动态也是完备的，因此如果某个 dL 公式永真，那么它也可以使用 dL 公理从离散系统的初等永真性质证明。同样，能够驾驭循环（通过找到适当的循环不变式）是必须的，但那样的话 dL 公理也可以证明整个混成系统。实际上，dL 相对于任何微分表达逻辑[12]都是完备的，其中纯粹连续以及纯粹离散的片段是两个典型的例子。

这些深刻见解引出了微分动态逻辑的相对判定程序[10]，它根据 L 的"神谕"（oracle）对微分动态逻辑进行判定。这样的相对判定程序是一种算法，它接受任何（不失一般性、完全量化的）dL 公式作为输入，向 L 的"神谕"询问有限数量的问题，并产生正确的输出"永真"或"非永真"。

502

16.6 来来回回的博弈

与混成系统和（局限于单调测试$^\ominus$的）微分动态逻辑[9-10]很不一样，每个包含带演化域约束 Q 的微分方程 $x'=f(x)\,\&\,Q$ 的混成博弈都可以等价替换为没有演化域约束的混成博弈。演化域在混成博弈中是可以定义的[11]，因此可以等价地消除。

引理 16.12(演化域归约) 微分方程的演化域可以定义为混成博弈：对于每个混成博弈，都存在一个不含演化域约束的等价混成博弈，即所有连续演化的形式都是 $x'=f(x)$。

证明 为了标记上的方便，假设向量微分方程 $x'=f(x)$ 包含时钟 $x_0'=1$，并且 t_0 和 z 是新变量。那么含演化域的微分方程 $x'=f(x)\,\&\,Q(x)$ 等价于以下混成博弈：

$$t_0:=x_0;x'=f(x);(z:=x;z'=-f(z))^d;?(z_0\geq t_0 \rightarrow Q(z)) \tag{16.9}$$

有关图示请参见图 16.3。假设当前的局中人是 Angel。式(16.9)背后的想法是以新变量 t_0 记住初始时间 x_0，然后 Angel 沿着 $x'=f(x)$ 向前演化任意时间（Angel 的选择）。在此之后，对手 Demon 将状态 x 复制到一个新的变量（向量）z 中，他可以沿着$(z'=-f(z))^d$ 向后演化任意时间（Demon 的选择）。然后原来的局中人 Angel 必须通过挑战 $?$ $(z_0\geq t_0 \rightarrow Q(z))$，即如果 Demon 能够向后演化并且在满足 $z_0\geq t_0$ 的情况下离开区域

$\ominus$ 对于在一阶联接词下闭合的逻辑 L，如果每个 dGL 公式 P 在 L 中有等价的 $P^\flat$，并且对于 L 中的公式 G，在 L 的演算中都可以证明形式为 $\langle x'=f(x)\rangle G\leftrightarrow(\langle x'=f(x)\rangle G)^\flat$ 的等价式，则 L（对 dGL）是微分表达逻辑。

$\ominus$ 单调测试意味着每个测试 $?Q$ 仅使用一阶公式 Q。如果在 Q 内使用了模态，那么 $?Q$ 是一个丰富测试。

$Q(z)$，则 Angel 会立即失败。这里 $z_0 \geqslant t_0$ 检查 Demon 向后演化的时间并没有比 Angel 向前演化更长，即没有回到初始时间之前。否则，Angel 通过测试，额外的变量 t_0、z 变得无关紧要（它们是新的），并且博弈从 Angel 最初选择（通过选择 Demon 无法证明其错误的演化持续时间）的当前状态 x 继续。

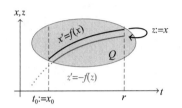

Angel向前进行博弈，并从流以及时间x_0的当前状态重新开始；Demon在向后博弈中检查Q，检查范围一直到初始时间t_0为止

图 16.3　"来来回回的博弈"：Angel 随着时间流逝沿 $x' = f(x)$ 向前演化 x，Demon 随着时间倒流沿着 z 的 $z' = -f(z)$ 向后检查演化域，这里 z 为状态向量 x 的副本

从现在开始，引理 16.12 可以在混成博弈中等价地消除所有演化域约束。虽然演化域约束是标准混成系统的基本部分[1,5-6,9]，但事实证明它们对混成博弈而言仅仅带来符号标记上的便利。从这个意义上说，混成博弈比混成系统更为基础，因为它们的特点就是初等运算符。理论上，我们不再需要担心演化域，因为它们只是混成博弈其他运算符的一部分。在实践中，直接处理演化约束仍然是有用的，因为像微分弱化 DW 和微分不变式 DI 这样的公理在概念上比式(16.9)中的归约更容易。

16.7　总结

本章对微分博弈逻辑进行了公理化[11]。由此得到的公理总结于图 16.2，它们与混成系统的相应公理一致。但是它们需要全新的可靠性证明，因为对偶运算符的存在引出了交互式博弈这样的特性，使得混成博弈的语义比混成系统远远更为一般。微分博弈逻辑的简单语法推理原理比精妙繁复的相应纯粹语义论证要简洁得多。公理化比第 15 章中关于重复必胜区域的语义论证更简单，后者需要的迭代次数是巨大的（比无穷大还大）。

这种 dGL 公理化为混成博弈提供了坚实的基础。但是第一部分和第二部分也研究了混成系统的其他推理原理，这是我们尚未对混成博弈考虑的。例如，哥德尔泛化规则对 dGL 是否可靠并不是显而易见的，这就是第 17 章将要探讨的内容：

$$\mathrm{G}\ \frac{P}{[\alpha]P}$$

习题

16.1(尖括号模态证明)　使用 dGL 公理来证明以下公式：

$$\langle x:=-x \cup (x:=x+1 \cap x:=x+2)\rangle x>0$$
$$\langle (x:=-x+1 \cup x:=x+1) \cap x:=2\rangle x>0$$
$$\langle (x:=x \cup x:=-x);(x:=x+1 \cap x:=x+2)\rangle x>0$$
$$\langle x:=x^2 \cup (x:=x+1 \cap x'=2)\rangle x>0$$
$$\langle x:=-x \cup (x'=1 \cap x'=2)\rangle x \geqslant 0$$
$$\langle x:=-x \cup (x:=x+2 \cap x'=2)\rangle x \geqslant 0$$

16.2 解释决定性如何与对阻挠示例的两种可能理解关联，阻挠示例在式(14.8)中讨论。

16.3 （方括号模态） 证明图 16.4 中方括号模态的 dGL 公理可由尖括号模态的 dGL 公理根据对偶性（对偶公理$\langle^{\mathrm{d}}\rangle$和决定性公理$[\cdot]$）推导得出。

$$\langle\cdot\rangle \quad \langle\alpha\rangle P \leftrightarrow \neg[\alpha]\neg P$$

$$[:=] \quad [x:=e]p(x) \leftrightarrow p(e)$$

$$['] \quad [x'=f(x)]p(x) \leftrightarrow \forall t\geqslant 0\,[x:=y(t)]p(x) \quad (y'(t)=f(y))$$

$$[?] \quad [?Q]P \leftrightarrow (Q\rightarrow P)$$

$$[\cup] \quad [\alpha\cup\beta]P \leftrightarrow [\alpha]P \wedge [\beta]P$$

$$[;] \quad [\alpha;\beta]P \leftrightarrow [\alpha][\beta]P$$

$$[*] \quad [\alpha^*]P \leftrightarrow P \wedge [\alpha][\alpha^*]P$$

$$[^{\mathrm{d}}] \quad [\alpha^{\mathrm{d}}]P \leftrightarrow \neg[\alpha]\neg P$$

$$\mathrm{M}[\cdot] \quad \frac{P\rightarrow Q}{[\alpha]P\rightarrow[\alpha]Q}$$

图 16.4 针对方括号模态的微分博弈逻辑派生公理

16.4 （Demon 的控制） 证明图 16.5 中针对 Demon 控制的 dGL 公理可由 Demon 控制运算符的定义（并借助对偶公理$\langle^{\mathrm{d}}\rangle$和决定性公理$[\cdot]$）推导得出。

16.5 （Demon 的重复） 使用对偶公理$\langle^{\mathrm{d}}\rangle$和决定性公理$[\cdot]$证明 Demon 重复的以下证明规则是派生规则：

$$\mathrm{ind}^\times \quad \frac{P\rightarrow\langle\alpha\rangle P}{P\rightarrow\langle\alpha^\times\rangle P} \qquad \mathrm{FP}^\times \quad \frac{P\vee[\alpha]Q\rightarrow Q}{[\alpha^\times]P\rightarrow Q}$$

$$\langle\cap\rangle \quad \langle\alpha\cap\beta\rangle P \leftrightarrow \langle\alpha\rangle P \wedge \langle\beta\rangle P$$

$$[\cap] \quad [\alpha\cap\beta]P \leftrightarrow [\alpha]P \vee [\beta]P$$

$$\langle^\times\rangle \quad \langle\alpha^\times\rangle P \leftrightarrow P \wedge \langle\alpha\rangle\langle\alpha^\times\rangle P$$

$$[^\times] \quad [\alpha^\times]P \leftrightarrow P \vee [\alpha][\alpha^\times]P$$

图 16.5 针对 Demon 控制的微分博弈逻辑派生公理

16.6 （Demon 的单调性） 证明引理 15.1 的第二部分，即包含关系 $\delta_\alpha(X)\subseteq\delta_\alpha(Y)$ 对所有混成博弈 α 和所有集合 $X\subseteq Y$ 都成立。

16.7 （方括号模态证明） 使用 dGL 公理和证明规则来证明以下公式：

$$[x:=-x^2 \cup (x:=x\cap x:=-x)]x\leqslant 0$$

$$[x:=-x^2 \cup (x'=2\cup x'=-1)^{\mathrm{d}}]x\leqslant 0$$

$$[(x:=x^2\cap x:=-x^2)\cup(\{x'=1\}^{\mathrm{d}}\cap\{x'=-2\})]x\leqslant 0$$

$$x\geqslant 0\rightarrow[(x:=x+1\cup\{x'=-2\};\{x'=1\}^{\mathrm{d}})^*]x\geqslant 0$$

$$x\geqslant 0\rightarrow[(x:=x+1\cup(t:=0;\{x'=-5;t'=1\&t\leqslant 1\}\cap\{x'=2\}))^*]x\geqslant 0$$

16.8 （不可靠的公理） 并非所有混成系统的公理都可用于混成博弈。对于以下在混成系统中完全永真的公理，给出一个反例，即该公理的一个实例但并非永真的 dGL 公式，从而证明它对混成博弈而言是不可靠的：

$$[]\wedge \quad [\alpha](P\wedge Q)\leftrightarrow[\alpha]P\wedge[\alpha]Q$$

16.9 （其他混成系统公理怎么样?） 第 5 章和第 7 章以及习题 5.22 和习题 7.11 找出了混成系统其他一些有用的公理和证明规则，总结如图 16.6 所示。所有混成博弈公理对于混成系统都是可靠的，但反之则不然。找出图 16.6 列出的公理和证明规则中哪些对于混成博弈也是可靠的，而哪些不是。

$$
\begin{array}{ll}
\text{K} & [\alpha](P \to Q) \to ([\alpha]P \to [\alpha]Q) \\[2mm]
\overset{\leftarrow}{\text{M}} & \langle\alpha\rangle(P \vee Q) \to \langle\alpha\rangle P \vee \langle\alpha\rangle Q \\[2mm]
\text{I} & [\alpha^*]P \leftrightarrow P \wedge [\alpha^*](P \to [\alpha]P) \\[2mm]
\text{B} & \langle\alpha\rangle \exists x\, P \to \exists x\, \langle\alpha\rangle P \qquad (x\notin\alpha) \\[2mm]
\text{V} & p \to [\alpha]p \qquad (\mathrm{FV}(p)\cap\mathrm{BV}(\alpha)=\varnothing) \\[2mm]
\text{G} & \dfrac{P}{[\alpha]P} \\[4mm]
\text{R} & \dfrac{P_1 \wedge P_2 \to Q}{[\alpha]P_1 \wedge [\alpha]P_2 \to [\alpha]Q} \\[4mm]
\text{FA} & \langle\alpha^*\rangle P \to P \vee \langle\alpha^*\rangle(\neg P \wedge \langle\alpha\rangle P) \\[2mm]
\overset{\leftarrow}{[*]} & [\alpha^*]P \leftrightarrow P \wedge [\alpha^*][\alpha]P
\end{array}
$$

$$
\begin{array}{ll}
\text{M}_{[\cdot]} & \dfrac{P \to Q}{[\alpha]P \to [\alpha]Q} \\[4mm]
\text{M} & \langle\alpha\rangle P \vee \langle\alpha\rangle Q \to \langle\alpha\rangle(P \vee Q) \\[2mm]
\text{ind} & \dfrac{P \to [\alpha]P}{P \to [\alpha^*]P} \\[4mm]
\overset{\leftarrow}{\text{B}} & \exists x\, \langle\alpha\rangle P \to \langle\alpha\rangle \exists x\, P \\[2mm]
\text{VK} & p \to ([\alpha]\mathrm{true} \to [\alpha]p) \\[2mm]
\text{M}_{[\cdot]} & \dfrac{P \to Q}{[\alpha]P \to [\alpha]Q} \\[4mm]
\text{M}_{[\cdot]} & \dfrac{P_1 \wedge P_2 \to Q}{[\alpha](P_1 \wedge P_2) \to [\alpha]Q} \\[4mm]
& \\[2mm]
[*] & [\alpha^*]P \leftrightarrow P \wedge [\alpha][\alpha^*]P
\end{array}
$$

图 16.6　更多的混成系统公理，其中一些对于混成博弈来说是可靠的

506

16.10　（**机器人简单追逐比赛**）　继续习题 14.6 中位置为 x 的机器人与位置为 y 的另一个机器人之间的一维追逐比赛，现在在空白处填入适当的前置条件使得 Demon 有必胜策略以避免被捉，并对此给出证明：

$$
\underline{\hspace{3cm}} \to \big[\big(\ (v:=a \cup v:=-a \cup v:=0);
$$
$$
(w:=b \cap w:=-b \cap w:=0);
$$
$$
\{x'=v, y'=w\}\ \big)^*\big]\ (x-y)^2 \le 1
$$

参考文献

[1] Rajeev Alur, Costas Courcoubetis, Thomas A. Henzinger, and Pei-Hsin Ho. Hybrid automata: an algorithmic approach to the specification and verification of hybrid systems. In: *Hybrid Systems*. Ed. by Robert L. Grossman, Anil Nerode, Anders P. Ravn, and Hans Rischel. Vol. 736. LNCS. Berlin: Springer, 1992, 209–229. DOI: 10.1007/3-540-57318-6_30.

[2] Brian F. Chellas. *Modal Logic: An Introduction*. Cambridge: Cambridge Univ. Press, 1980. DOI: 10.1017/CBO9780511621192.

[3] Kurt Gödel. Über formal unentscheidbare Sätze der Principia Mathematica und verwandter Systeme I. *Monatshefte Math. Phys.* **38**(1) (1931), 173–198. DOI: 10.1007/BF01700692.

[4] David Harel, Dexter Kozen, and Jerzy Tiuryn. *Dynamic Logic*. Cambridge: MIT Press, 2000.

[5] Thomas A. Henzinger. The theory of hybrid automata. In: *LICS*. Los Alamitos: IEEE Computer Society, 1996, 278–292. DOI: 10.1109/LICS.1996.561342.

[6] Thomas A. Henzinger, Peter W. Kopke, Anuj Puri, and Pravin Varaiya. What's decidable about hybrid automata? In: *STOC*. Ed. by Frank Thomson Leighton and Allan Borodin. New York: ACM, 1995, 373–382. DOI: 10.1145/225058.225162.

[7] Dexter Kozen. Results on the propositional μ-calculus. *Theor. Comput. Sci.* **27**(3) (1983), 333–354. DOI: 10.1016/0304-3975(82)90125-6.

[8] Dexter Kozen. *Theory of Computation*. Berlin: Springer, 2006.

[9] André Platzer. Differential dynamic logic for hybrid systems. *J. Autom. Reas.* **41**(2) (2008), 143–189. DOI: 10.1007/s10817-008-9103-8.

[10] André Platzer. The complete proof theory of hybrid systems. In: *LICS*. Los Alamitos: IEEE, 2012, 541–550. DOI: 10.1109/LICS.2012.64.

[11] André Platzer. Differential game logic. *ACM Trans. Comput. Log.* **17**(1) (2015), 1:1–1:51. DOI: 10.1145/2817824.

[12] André Platzer. A complete uniform substitution calculus for differential dynamic logic. *J. Autom. Reas.* **59**(2) (2017), 219–265. DOI: 10.1007/s108 17-016-9385-1.

[13] André Platzer. Differential hybrid games. *ACM Trans. Comput. Log.* **18**(3) (2017), 19:1–19:44. DOI: 10.1145/3091123.

[14] Wolfgang Walter. *Ordinary Differential Equations*. Berlin: Springer, 1998. DOI: 10.1007/978-1-4612-0601-9.

507

508

博弈证明与分离性

概要   本章的主要目的是比较混成博弈与混成系统的证明原理。在上一章开发了混成博弈的推理原理后，我们的注意力转移到对比和识别混成博弈与混成系统之间真正的不同。尽管混成博弈公理植根于不同的语义，令人惊奇的是它们仍然非常接近混成系统公理。但是两者也有一些可靠性关键的重大差异值得注意。这些发现对于正确推理混成博弈是很重要的，但它们同时也强调了哪些混成系统推理原理的关键是依赖于没有对抗性动态，从而对这些推理原理作了补充说明。

17.1 引言

本章继续研究混成博弈及其逻辑，即微分博弈逻辑[4]。第 14 章介绍了混成博弈，第 15 章开发了它们的必胜区域语义，之后第 16 章通过研究混成博弈的公理，在对它们的理解上取得了重大突破。由此得到的简单公理使得用 dGL 证明混成博弈的正确性性质变得异常容易，其证明方式非常类似于我们在本书中已经使用的以 dL 成功证明混成系统性质的方式。

当然，这应该会让我们想知道，为什么基于条件差这么多（混成系统对比混成博弈）的两种逻辑最终在公理上如此接近。而且事实上，经过更仔细的审视，我们会发现在分析混成博弈时绝对需要关心的显著差异。本章首先比较混成系统和混成博弈的公理，并检查目前为止我们在考虑混成博弈公理时所遗漏的内容。我们会发现令人惊讶的逻辑鲁棒性：即使是语义上迥然不同的两种逻辑，最终在大多数情况下也有非常相似的公理。

本章基于文献[4]，其中可以找到更多关于逻辑和混成博弈的信息。本章最重要的学习目标如下所示。

建模与控制：虽然本章的主要学习目标来自计算思维，但是建模与控制上的观察仍然会引出以下发现，即连续动态和对抗性动态也以微分博弈的形式混合在一起，而微分博弈逻辑推广针对的正是微分博弈[5]。然而，对这些发现的介绍超出了本书的范围。

计算思维：本章巩固我们对如下模型的严格推理技术的理解，即包含对抗性动态的 CPS 模型。它的主要目的是确定哪些混成系统推理原理对混成博弈仍然是可靠的，而哪些混成系统的关键是依赖于不存在对抗性。为了确保我们在证明含对抗性交互的 CPS 时不会加入不正确的论证，这种划界是至关重要的。这种对什么是可靠的、什么是不可靠的精细理解，也引出了对逻辑鲁棒性的新认识。最后，这些发现为区分混成系统特有的以及更普遍的性质提供了补充说明。

CPS 技能：我们将对理解 CPS 模型以及对抗性存在或不存在如何影响它们进行补充。这种理解植根于混成系统和混成博弈差异的语法表征，它将让我们更容易准确指出不同 CPS 操作和论证中的精细差别。

17.2　简要回顾：混成博弈

回想一下第 16 章的一个结果，以及其中讨论的微分博弈逻辑公理化[4]（如图 17.1 所示）。

$$[\cdot]\ [\alpha]P \leftrightarrow \neg\langle\alpha\rangle\neg P$$

$$\langle := \rangle\ \langle x := e\rangle p(x) \leftrightarrow p(e)$$

$$\langle'\rangle\ \langle x' = f(x)\rangle p(x) \leftrightarrow \exists t \geq 0 \langle x := y(t)\rangle p(x) \qquad (y'(t) = f(y))$$

$$\langle ? \rangle\ \langle ?Q\rangle P \leftrightarrow Q \wedge P$$

$$\langle \cup \rangle\ \langle \alpha \cup \beta\rangle P \leftrightarrow \langle\alpha\rangle P \vee \langle\beta\rangle P$$

$$\langle ; \rangle\ \langle \alpha;\beta\rangle P \leftrightarrow \langle\alpha\rangle\langle\beta\rangle P$$

$$\langle * \rangle\ \langle \alpha^*\rangle P \leftrightarrow P \vee \langle\alpha\rangle\langle\alpha^*\rangle P$$

$$\langle \mathrm{d} \rangle\ \langle \alpha^{\mathrm{d}}\rangle P \leftrightarrow \neg\langle\alpha\rangle\neg P$$

$$\mathrm{M}\ \frac{P \to Q}{\langle\alpha\rangle P \to \langle\alpha\rangle Q}$$

$$\mathrm{FP}\ \frac{P \vee \langle\alpha\rangle Q \to Q}{\langle\alpha^*\rangle P \to Q}$$

$$\mathrm{ind}\ \frac{P \to [\alpha]P}{P \to [\alpha^*]P}$$

图 17.1　微分博弈逻辑公理化（复述）

定理 16.1(一致性和决定性)　混成博弈是一致的并且是决定性的，也就是说，$\models \neg\langle\alpha\rangle\neg P \leftrightarrow [\alpha]P$。

510

17.3　分离公理

本书的第一部分和第二部分为混成系统确定了许多有用的公理。同样，第 16 章为混成博弈开发了公理，只是速度更快，因为本书的前两部分已经让我们准备好应付开发和使用公理时的典型挑战。当我们比较微分博弈逻辑 dGL 的公理(图 17.1)与微分动态逻辑 dL 的公理时，我们将发现它们非常相似。但 dGL 公理的可靠性证明更加困难，最值得注意的是公理[·]，它对混成系统而言仅仅通过简单的观察即可证明(所有运行满足 P，当且仅当没有运行满足 $\neg P$)，但是对混成博弈则需要整个决定性定理(即定理 16.1)来证明其正确。

毫无疑问，图 17.1 中的微分博弈逻辑公理对于混成系统也是可靠的，因为每个混成系统都是(单人)混成博弈。事实上，当然除了对偶公理$\langle\mathrm{d}\rangle$之外，它们看起来都与第 5 章和第 7 章中混成系统的公理惊人相似。比较图 5.4 中的 dL 公理和图 16.4 中的 dGL 公理的方括号模态公式描述，很多看起来几乎完全一样。如果它们看起来如此接近，难道我们不能从 dL 公理从推断出 dGL 公理从而更快地得到它们吗？

好吧，不完全这样，因为混成博弈的所有公理对于混成系统来说都是可靠的，原因是所有的混成系统都是混成博弈，但反过来不是这样！我们需要更加小心并进行更精细的证明才能证实公理不仅对于混成系统，甚至对于混成博弈也是可靠的，因为混成博弈可以表现出更多的行为。当然，我们仍然可以用混成系统公理来获得对于可能混成博弈公理的灵

511

感，这正是基于如下事实，即一个公理至少要在混成系统中是可靠的，它才可能适用于混成博弈。但是，一旦列出混成系统公理，我们需要非常仔细地检查它们，确保它们对于混成博弈仍然是可靠的。事实上，对本章最好的准备就是首先解答习题 16.9 以完成这样的检查。

在你继续阅读之前，看看你是否能自己找到答案。

为了理解混成系统和混成博弈的根本区别，研究分离公理是有教育意义的，即在混成博弈中并不可靠的混成系统公理。图 17.2 总结了那些对混成系统可靠但对混成博弈不可靠的公理。

$$
\begin{array}{ll}
\text{K} & [\alpha](P \to Q) \to ([\alpha]P \to [\alpha]Q) \qquad\qquad \text{M}_{[\cdot]}\ \dfrac{P \to Q}{[\alpha]P \to [\alpha]Q} \\[2ex]
\not{\text{M}} & \langle\alpha\rangle(P \vee Q) \to \langle\alpha\rangle P \vee \langle\alpha\rangle Q \qquad\qquad \text{M}\ \langle\alpha\rangle P \vee \langle\alpha\rangle Q \to \langle\alpha\rangle(P \vee Q) \\[2ex]
\not{\text{I}} & [\alpha^*]P \leftrightarrow P \wedge [\alpha^*](P \to [\alpha]P) \qquad \text{ind}\ \dfrac{P \to [\alpha]P}{P \to [\alpha^*]P} \\[2ex]
\not{\text{B}} & \langle\alpha\rangle \exists x\, P \to \exists x\, \langle\alpha\rangle P \qquad (x \notin \alpha) \qquad \text{B}\ \exists x\, \langle\alpha\rangle P \to \langle\alpha\rangle \exists x\, P \\[2ex]
\not{\text{V}} & p \to [\alpha]p \qquad (\mathrm{FV}(p) \cap \mathrm{BV}(\alpha) = \emptyset) \qquad \text{VK}\ p \to ([\alpha]\text{true} \to [\alpha]p) \\[2ex]
\not{\text{G}} & \dfrac{P}{[\alpha]P} \qquad\qquad \text{M}_{[\cdot]}\ \dfrac{P \to Q}{[\alpha]P \to [\alpha]Q} \\[2ex]
\not{\text{K}} & \dfrac{P_1 \wedge P_2 \to Q}{[\alpha]P_1 \wedge [\alpha]P_2 \to [\alpha]Q} \qquad\qquad \text{M}_{[\cdot]}\ \dfrac{P_1 \wedge P_2 \to Q}{[\alpha](P_1 \wedge P_2) \to [\alpha]Q} \\[2ex]
\not{\text{FA}} & \langle\alpha^*\rangle P \to P \vee \langle\alpha^*\rangle(\neg P \wedge \langle\alpha\rangle P) \\[2ex]
\not{\text{I}} & [\alpha^*]P \leftrightarrow P \wedge [\alpha^*][\alpha]P \qquad\qquad [*]\ [\alpha^*]P \leftrightarrow P \wedge [\alpha][\alpha^*]P
\end{array}
$$

图 17.2　分离公理：左边的公理和规则对混成系统可靠，但对混成博弈并不可靠。右边的相关公理或规则对于混成博弈来说是可靠的

文献 [4] 给出了详细的反例表明图 17.2 左边的公理对于混成博弈来说是不可靠的，但是让我们来探讨一下什么样的差异导致它们在混成博弈中不可靠，从而获得相应的直觉。引理 5.9 中的克里普克（Kripke）模态肯定前件 K 对于混成博弈来说是不可靠的：即使 Demon 可以在踢机器人足球时让他的机器人每次传球都会进球（它们只需从来不尝试传球），同时 Demon 也可以在踢机器人足球时让他的机器人总是传球（朝某个随机方向的某个地方），但这并不意味着 Demon 有策略在机器人足球中总是进球，因为那要困难得多。对于混成博弈，公理 K 的问题是，其中的两个假设中 Demon 的策略可能是不兼容的，这在混成系统中是不可能发生的，因为混成系统中两个方括号模态指的都是 HP α 的所有运行。

512

举一个具体的反例来说明为什么 K 对于混成博弈是不可靠的：

$$[x:=0 \bigcap (x:=1 \bigcup x:=-1)](x \neq 0 \to x>0) \to$$

$$([x:=0 \bigcap (x:=1 \bigcup x:=-1)]x \neq 0 \to [x:=0 \bigcap (x:=1 \bigcup x:=-1)]x>0)$$

第一个假设是真的，因为 Demon 可以运行左选项（$x:=0$），这平凡地满足了后置条件 $x \neq 0 \to x>0$。第二个假设是真的，因为 Demon 可以运行右选项（$x:=1 \bigcup x:=-1$），这样无论 Angel 怎么决定都满足 $x \neq 0$。但是并不存在必胜策略可以让 Demon 达到 $x>0$，因为运行左选项使得 x 为 0，运行右选项使得 Angel 可以选择（$x:=-1$）。

如第 16 章所示，与之密切相关的单调性规则 $\text{M}[\cdot]$ 对于混成博弈来说也是可靠的。单调性规则 $\text{M}[\cdot]$ 与不可靠的克里普克公理 K 的区别在于，前者要求前提中的蕴涵式 $P \to Q$

是永真的，即在所有状态下都为真，而不仅仅如公理 K 所要求的那样，在某些 Demon 必胜策略可达到的状态下为真。然而，逆单调性公理 $\overleftarrow{\text{M}}$ 对于混成博弈来说也是不可靠的：仅仅因为 Angel EVE 有策略接近 WALL·E 或者离他很远，这并不意味着 EVE 有策略最终总是接近 WALL·E 或者有策略总是离他很远。离得近或者远是平凡真的，因为如果 EVE 不在 WALL·E 附近，那么她就离得很远。无需多言。但是始终保持接近和始终保持远离一样都很有挑战性。单调性公理的另一个方向 M 仍然是可靠的，因为如果 Angel 在混成博弈 α 中有必胜策略来达到 P，那么她也有必胜策略来达到更容易的 $P \vee Q$，因为 P 蕴涵着 $P \vee Q$。

引理 7.1 中的归纳公理 I 对于混成博弈来说是不可靠的：仅仅因为 Demon 对他的足球机器人有一个策略（例如断电），使得不管 α^* 重复多少次，Demon 仍然有策略让他的机器人在又一个控制周期内不会耗尽电池（一个控制周期不需要太多电池），这并不意味着他有策略让机器人的电池一直保持有电，因为这需要电池设计的极大革新。这里问题在于，Demon 完全有可能以合适的控制选择让获胜条件再保持一轮，即使他不能永远保持。循环归纳规则 ind（推论 16.1）对于混成博弈来说是可靠的，因为它的前提要求 $P \to [\alpha]P$ 是永真的，因而在所有状态下都为真，而不仅仅是在混成博弈 α^* 中某个特定的 Demon 必胜策略下为真。

巴坎（Barcan）公理 B 提供了一种模态与类似量词的交换方式[1]，它对于混成博弈来说并不可靠：仅仅因为在机器人比赛 α 之后可以选择满足 P 的机器人足球锦标赛的胜者 x，这不意味着可以在比赛 α 前预测这个胜者 x。作为对比，逆巴坎公理 $\overleftarrow{\text{B}}$ 对于混成博弈来说是可靠的[1]，因为如果在比赛 α 之前就知道胜者 x，那么选出胜者 x 仍然可以推迟到比赛之后，因为这要容易得多。两个巴坎公理对混成系统来说都是可靠的，因为混成系统中的所有选择都是非确定性的，所以没有对手会让系统朝意想不到的方向发展，这就是为什么提前预测 x 是可能的。

引理 5.11 中的空虚公理 V（其中 p 的自由变量在 α 中都不受约束）对于混成博弈来说是不可靠的。即使 p 在 α 运行期间并没有改变它的真假值，这也不意味着 Demon 可以在达到任意最终状态的过程中不被 Angel 欺骗而违反博弈规则。采用一个额外的假设（$[\alpha]$ true）来蕴涵 Demon 终究有必胜策略来达到任何最终状态（其中 true 总是成立，所以不强加任何条件），得到的空虚公理 VK 对于混成博弈来说是可靠的。类似地，引理 5.12 中的哥德尔规则 G 对于混成博弈来说也是不可靠的：即使 P 在所有状态下都成立，如果 Demon 在混成博弈 α 中因为被 Angel 欺骗违反规则而过早失败，Demon 仍然可能无法赢得 $[\alpha]P$。下面的反例是哥德尔规则 G 的一个实例，它有一个永真的前提，但其结论等价于 false：

$$\frac{\text{true}}{[?\text{false}^d]\text{true}}$$

单调性规则 M[·] 类似于哥德尔规则 G，但是对于混成博弈来说是可靠的，因为它的假设至少蕴涵着 Demon 终究有必胜策略来达到 P，这根据前提蕴涵着他也有必胜策略来达到更容易的 Q。同样，正则规则 R 对于混成博弈来说是不可靠的：仅仅因为 Demon 的足球机器人有一个策略来集中所有的机器人进行强力防守，还有另一个策略将它们都集中在强力进攻上，这并不意味着他有一个策略可在机器人足球中获胜，即使同时强力防守和强力进攻意味着可以获胜（前提），因为进攻和防守策略是冲突的。Demon 不可能让所有的机器人同时进攻和防守，因为它们不知道该往哪边走。它们必须做出选择。单调性规则

M[·]的一个特殊实例是与此最为接近而且仍然可靠的规则，因为它的假设要求 Demon 用相同的策略同时实现 P_1 和 P_2，这根据前提可以蕴涵 Q。

首先到达公理 FA 是归纳公理 I 的对偶，它对于混成博弈来说是不可靠的：仅仅因为 Angel 的机器人有策略最终捉住 Demon 速度更快但电池更少的机器人，这并不意味着她要么一开始就捉到了，要么有策略重复她的控制周期以便就在下一个控制周期中捕捉到 Demon 的机器人，因为 Demon 可能会保留他的能量，并在 Angel 预期捉住他的时候加快速度。Angel 如果有更好的电池，即使 Demon 加速前进，Angel 最终还是会赢，但不在她以为自己预测到的那一轮。

理解为什么图 17.2 中总结的几个混成系统公理对于混成博弈来说并不可靠的另一种方法是，混成博弈可以通过对偶性将方括号模态转换成尖括号模态，反之亦然。毕竟，对偶公理 $\langle {}^{\mathrm{d}} \rangle$ 连同决定性公理 [·] 可推导得到：

$$\langle \alpha^{\mathrm{d}} \rangle P \leftrightarrow [\alpha]P$$
$$[\alpha^{\mathrm{d}}]P \leftrightarrow \langle \alpha \rangle P$$

514

因此，如果像 K 这样的公理对于混成博弈来说是可靠的，那么以 α^{d} 替换 α 的话它对于混成博弈 α^{d} 也应该是可靠的，此时根据公理 $\langle {}^{\mathrm{d}} \rangle$ 和 [·]，将方括号模态转换成尖括号模态，得到 K 的纯粹尖括号模态公式描述，但这甚至对于混成系统来说也是不可靠的：

$$\langle \alpha \rangle (P \to Q) \to (\langle \alpha \rangle P \to \langle \alpha \rangle Q)$$

注解 79（一个博弈的方括号模态是另一个博弈的尖括号模态） 如果混成系统公理不满足以尖括号模态替换方括号模态时也是可靠的并且反之亦然，那么对于混成博弈来说该公理不可能是可靠的。

然而，这个原理并没有解释图 17.2 中列出的所有情况！甚至引理 7.5 中的向后迭代公理 $\overleftarrow{[^*]}$ 对于混成博弈来说也不是可靠的，无论向后迭代公理 $\overleftarrow{[^*]}$ 与（可靠的）向前迭代公理 $[^*]$ 是多么的类似。不可靠的公理 $\overleftarrow{[^*]}$ 和可靠的公理 $[^*]$ 之间的唯一区别是 α 先还是重复 α^* 先。但是这对于混成博弈来说有很大的不同，因为在 $[\alpha^*][\alpha]P$ 中 Demon 会观察到 Angel 何时停止重复 α^*，但是只有在最后再一轮 α 之后才检查获胜条件 P。因此，不可靠的公理 $\overleftarrow{[^*]}$ 右边会提前一轮通知 Demon 有关 Angel 何时停止博弈，而在 $\overleftarrow{[^*]}$ 的左边她不会这样做。例如由于惯性，Demon 的机器人可以很容易确保它再移动一圈，即使他关闭了电源。但是这并不意味着这个机器人在断电时可以一直保持移动。混成系统公理 $\overleftarrow{[^*]}$ 的以下简单实例是非永真的，因此该公理对于混成博弈来说是不可靠的：

$$[(x := a; a := 0 \bigcap x := 0)^*]x = 1 \leftrightarrow$$
$$x = 1 \wedge [(x := a; a := 0 \bigcap x := 0)^*][x := a; a := 0 \bigcap x := 0]x = 1$$

如果最初 $a = 1$，那么右边为真，因为 Demon 的必胜策略是在重复中总是运行 $x := 0$，但在这之后运行 $x := a; a := 0$。左边不为真，因为 Angel 需要做的就是重复足够多的次数，等待 Demon 不得不让 x 为 0 时停止，因为 Demon 无法预测 Angel 什么时候会停止。根据顺序合成公理 [;]，这两个来自公理 $[^*]$ 和 $\overleftarrow{[^*]}$ 的公式分别等价于以下两个公式：

$$[\alpha^*]P \leftrightarrow P \wedge [\alpha; \alpha^*]P \quad \text{由}[^*]\text{根据}[;]\text{得到}$$
$$[\alpha^*]P \leftrightarrow P \wedge [\alpha^*; \alpha]P \quad \text{由}\overleftarrow{[^*]}\text{根据}[;]\text{得到}$$

从混成系统的角度来看，HP $\alpha; \alpha^*$ 等价于 HP $\alpha^*; \alpha$，但是这并不能扩展到混成博弈！混成博弈 $\alpha^*; \alpha$ 相当于 Angel 提前一轮宣布博弈即将结束，这让 Demon 更容易获胜。在混成

515

博弈中，开始时展开循环是可以接受的，但是在结尾展开循环可能会改变它们的语义！像
$[^*]$中那样在结束时展开循环对于混成博弈来说是不可靠的，因为它需要过早宣布博弈什
么时候结束。

17.4　重复的尖括号模态——收敛对比迭代

混成系统和混成博弈在收敛规则方面还存在着更根本的差异，即使这些差异在本书中
并没有突出的作用。文献[4]详细讨论了这些差异。简而言之，哈雷尔（Harel）的收敛规
则[2]并没有分离性，因为它对 dGL 来说是可靠的，只是并不是必需的，而且甚至对混成
博弈[4]而言也不是特别有用。哈雷尔收敛规则的 dL 混成版本[3]使得可以证明循环的尖括
号模态性质。它可以解读为（这里 v 不在 α 中出现）：

$$\text{con}\ \frac{p(v)\wedge v>0\vdash\langle\alpha\rangle p(v-1)}{\Gamma,\exists v p(v)\vdash\langle\alpha^*\rangle\exists v\leqslant 0 p(v),\Delta}\quad (v\notin\alpha)$$

收敛规则 con 使用了一个变式 $p(v)$，它是重复的方括号模态归纳规则 loop 中的不变式在
尖括号模态中的对应。正如不变式表示循环执行时永不改变的性质（见第 7 章），变式表示
当循环执行时会发生什么变化来朝着目标前进。dL 证明规则 con 表示，变式 $p(v)$ 在重复
α 足够多次之后对某个非正实数 $v\leqslant 0$ 成立，如果 $p(v)$ 在开始时对某个任意的实数成立
（前件），并且根据前提，如果 $v>0$，则 $p(v)$ 在 α 的某次运行之后可以减少 1（或另一个正
实数常数）。这个规则可以用来显示通过执行 α，$p(v)$ 取得正向进展（为 1）。变式 $p(v)$ 是
一种抽象的进度度量，除非已经（针对非正的距离 $v\leqslant 0$）达到目标，它可以减少至少 1，因
此最终总会达到目标。

正如对归纳规则 ind 的使用通常以分开的前提表示对初始和后置条件的检查（第 7 章中
的规则 loop），规则 con 通常以下面的派生形式使用，我们也简单地称之为 con，因为现在
我们可以很容易地消除歧义，即我们所指的是这两个版本中的哪一个：

$$\text{con}\ \frac{\Gamma\vdash\exists v p(v),\Delta\quad\vdash\forall v>0(p(v)\to\langle\alpha\rangle p(v-1))\quad\exists v\leqslant 0\ p(v)\vdash Q}{\Gamma\vdash\langle\alpha^*\rangle Q,\Delta}\quad (v\notin\alpha)$$

下面的相继式证明展示了如何使用收敛规则 con 来证明一个离散 HP 的简单 dL 活性性质，
这里规则 con 中 $p(n)$ 实例化为 $x<n+1$：

$$
\text{con}\ \frac{\mathbb{R}\ \dfrac{*}{x\geqslant 0\vdash\exists n x<n+1}\quad \forall R\ \dfrac{\to R\ \dfrac{\langle:=\rangle\ \dfrac{\mathbb{R}\ \dfrac{*}{x<n+1\wedge n>0\vdash x-1<n}}{x<n+1\wedge n>0\vdash\langle x:=x-1\rangle x<n-1+1}}{\vdash x<n+1\wedge n>0\to\langle x:=x-1\rangle x<n-1+1}}{\vdash\forall n>0(x<n+1\to\langle x:=x-1\rangle x<n-1+1)}\quad \mathbb{R}\ \dfrac{*}{\exists n\leqslant 0\ x<n+1\vdash x<1}}{\dfrac{x\geqslant 0\vdash\langle(x:=x-1)^*\rangle x<1}{\to R\ \vdash x\geqslant 0\to\langle(x:=x-1)^*\rangle x<1}}
$$

516

作为对比，让我们考虑 dGL 中如何基于迭代公理$\langle^*\rangle$来证明重复的尖括号模态性质。
除了迭代公理$\langle^*\rangle$以外，以下针对重复尖括号模态的证明还巧妙地使用了一致替换证明规
则 US，该规则的结论是可证明公式的任何替换实例也都是可证明的。也就是说，如果 ϕ
有证明，那么通过对 ϕ 作任何（可容许的）一致替换 σ 而得到的实例 $\sigma(\phi)$ 也是永真的：

$$\text{US}\ \frac{\phi}{\sigma(\phi)}$$

一致替换用合适的项替换函数符号，并用逻辑公式代替谓词符号。例如，一致替换 σ 可以
替换抽象谓词符号 p，从而将 $p(x)$ 替换为（同一）自由变量 x 的 dL 公式$\langle(x:=x-1)^*\rangle$

（0≤x<1）。一致替换将在第四部分的第 18 章中探讨，但得到它的直观理解是很容易的，这正是我们现在所需要的。目前，对于一致替换需要了解的所有重要信息就是，规则 US 将谓词符号替换为公式，并有恰当的实现来检验并确保可靠性。如果规则 US 的使用是从结论到前提，它可用于以谓词符号来对公式抽象化。关于谓词符号，我们需要知道的就是它们的确是符号性的，因为不同于诸如 0≤x<1 的具体逻辑公式，我们事先不知道 $p(x)$ 恰好什么时候为真。

例 17.1（非博弈系统） 上面相同的简单非博弈 dGL 公式

$$x \geqslant 0 \rightarrow \langle (x:=x-1)^* \rangle \ (0 \leqslant x < 1)$$

不用 con 也可以证明，如图 17.3 所示，其中 $\langle \alpha^* \rangle 0 \leqslant x < 1$ 是 $\langle (x:=x-1)^* \rangle (0 \leqslant x < 1)$ 的缩写。请注意，如同随后的证明一样，图 17.3 证明中对接近底部的规则 cut 的额外假设可由 $\langle^* \rangle$、$\forall R$ 证明：

$$
\cfrac{
  \cfrac{
    *
  }{
    \vdash 0 \leqslant x < 1 \lor \langle x:=x-1 \rangle \langle \alpha^* \rangle 0 \leqslant x < 1 \rightarrow \langle \alpha^* \rangle 0 \leqslant x < 1
  } \ {}^{\langle^* \rangle}
}{
  \vdash \forall x (0 \leqslant x < 1 \lor \langle x:=x-1 \rangle \langle \alpha^* \rangle 0 \leqslant x < 1 \rightarrow \langle \alpha^* \rangle 0 \leqslant x < 1)
} \ {}_{\forall R}
$$

图 17.3 中谓词符号的作用是以 $p(x)$ 充当表示 $\langle (x:=x-1)^* \rangle (0 \leqslant x < 1)$ 的抽象公式。由于针对抽象谓词 $p(x)$ 可以证明规则 US 的前提，因此根据规则 US，以具体公式 $\langle (x:=x-1)^* \rangle (0 \leqslant x < 1)$ 代替 $p(x)$ 得到的结论也是永真的。

$$
\cfrac{
  \cfrac{
    \cfrac{
      \cfrac{
        *
      }{
        \forall x (0 \leqslant x < 1 \lor p(x-1) \rightarrow p(x)) \rightarrow (x \geqslant 0 \rightarrow p(x))
      } \ {}^{\mathbb{R}}
    }{
      \forall x (0 \leqslant x < 1 \lor \langle x:=x-1 \rangle p(x) \rightarrow p(x)) \rightarrow (x \geqslant 0 \rightarrow p(x))
    } \ {}^{\langle := \rangle}
  }{
    \forall x (0 \leqslant x < 1 \lor \langle x:=x-1 \rangle \langle \alpha^* \rangle 0 \leqslant x < 1 \rightarrow \langle \alpha^* \rangle 0 \leqslant x < 1) \rightarrow (x \geqslant 0 \rightarrow \langle \alpha^* \rangle 0 \leqslant x < 1)
  } \ {}^{US}
}{
  x \geqslant 0 \rightarrow \langle \alpha^* \rangle 0 \leqslant x < 1
} \ {}_{\langle^* \rangle, \forall R, cut}
$$

图 17.3 dGL 下证明非博弈系统示例 17.1 $x \geqslant 0 \rightarrow \langle (x:=x-1)^* \rangle 0 \leqslant x < 1$ 中 Angel 必胜 ◀

例 17.2（选择博弈） 如图 17.4 所示，dGL 公式

$$x = 1 \land a = 1 \rightarrow \langle (x:=a;a:=0 \cap x:=0)^* \rangle x \neq 1$$

是可证明的，其中 $\beta \cap \gamma$ 是 $x:=a;a:=0 \cap x:=0$ 的缩写，而 $\langle (\beta \cap \gamma)^* \rangle x \neq 1$ 是 $\langle (x:=a;a:=0 \cap x:=0)^* \rangle x \neq 1$ 的缩写。

517

$$
\cfrac{
  \cfrac{
    \cfrac{
      \cfrac{
        \cfrac{
          *
        }{
          \forall x (x \neq 1 \lor p(a,0) \land p(0,a) \rightarrow p(x,a)) \rightarrow (true \rightarrow p(x,a))
        } \ {}^{\mathbb{R}}
      }{
        \forall x (x \neq 1 \lor \langle \beta \rangle p(x,a) \land \langle \gamma \rangle p(x,a) \rightarrow p(x,a)) \rightarrow (true \rightarrow p(x,a))
      } \ {}^{\langle ; \rangle, \langle := \rangle}
    }{
      \forall x (x \neq 1 \lor \langle \beta \cap \gamma \rangle p(x,a) \rightarrow p(x,a)) \rightarrow (true \rightarrow p(x,a))
    } \ {}^{\langle \cup \rangle, \langle^d \rangle}
  }{
    \forall x (x \neq 1 \lor \langle \beta \cap \gamma \rangle \langle (\beta \cap \gamma)^* \rangle x \neq 1 \rightarrow \langle (\beta \cap \gamma)^* \rangle x \neq 1) \rightarrow (true \rightarrow \langle (\beta \cap \gamma)^* \rangle x \neq 1)
  } \ {}^{US}
}{
  \cfrac{
    true \rightarrow \langle (\beta \cap \gamma)^* \rangle x \neq 1
  }{
    x = 1 \land a = 1 \rightarrow \langle (\beta \cap \gamma)^* \rangle x \neq 1
  } \ {}^{\mathbb{R}}
} \ {}_{\langle^* \rangle, \forall R, cut}
$$

图 17.4 dGL 下证明 Demon 选择博弈示例 17.2 $x = 1 \land a = 1 \rightarrow \langle (x:=a; a:=0 \cap x:=0)^* \rangle x \neq 1$ 中 Angel 必胜 ◀

例 17.3（双人尼姆型游戏） 如图 17.5 所示，dGL 公式

$$x \geqslant 0 \rightarrow \langle (x:=x-1 \cap x:=x-2)^* \rangle 0 \leqslant x < 2$$

是可证明的，其中 $\beta \cap \gamma$ 是 $x:=x-1 \cap x:=x-2$ 的缩写，而 $\langle (\beta \cap \gamma)^* \rangle 0 \leqslant x < 2$ 是 $\langle (x:=x-1 \cap x:=x-2)^* \rangle 0 \leqslant x < 2$ 的缩写。

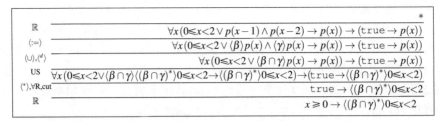

图 17.5　dGL 下证明双人尼姆型游戏示例 17.3 $x \geqslant 0 \rightarrow$
$\langle (x:=x-1 \bigcap x:=x-2)^* \rangle 0 \leqslant x < 2$ 中 Angel 必胜　◀

例 17.4（混成博弈）　dGL 公式

$$\langle (x:=1;x'=1^d \bigcup x:=x-1)^* \rangle 0 \leqslant x < 1$$

是可证明的，如图 17.6 所示，其中符号 $\langle (\beta \bigcup \gamma)^* \rangle 0 \leqslant x < 1$ 是 $\langle (x:=1;x'=1^d \bigcup x:=x-1)^* \rangle (0 \leqslant x < 1)$ 的缩写；对于 β 的证明在步骤 $\langle ' \rangle$ 中利用了 $t \mapsto x+t$ 是微分方程的解，因此随后使用 $\langle := \rangle$ 将 x 替换为 1 得到 $t \mapsto 1+t$。回想一下，第 16 章中该公式的必胜区域构造需要大于 ω 次迭代才能收敛。但证明它还是很容易的。

图 17.6　dGL 下证明混成博弈示例 17.4 $\langle (x:=1;\ x'=1^d \bigcup x:=x-1)^* \rangle 0 \leqslant x < 1$ 中 Angel 必胜　◀

以迭代公理 $\langle ^* \rangle$ 使用一致替换规则 US 来证明循环的尖括号模态性质，这一方法的缺点是所得算术（标记为 ℝ）混合了实算术和谓词符号，这是相当有挑战性的。这是尽管收敛规则 con 有其局限性，但仍需留意它的原因之一。

17.5　总结

本章推进了对混成系统与混成博弈公理体系区别的认识，从而巩固了我们对混成博弈严格推理原理的理解。前一章强调的是混成系统和混成博弈推理惊人的相似之处，本章则谨慎地强调了它们的不同。我们探索了直观的原因，从而可以更容易记住哪些公理可以从混成系统延续到混成博弈。当然，对我们论证的可靠性至关重要的是，准确理解哪些混成系统公理对混成博弈而言继续保持可靠。

在第二部分中，复杂微分方程的推理原理无需显式闭式解就能证明微分方程的性质，这些原理可以延续到混成博弈中，因为它们不涉及任何博弈方面的性质。然而更重要的是，微分不变式可推广到微分博弈，即允许两个局中人提供微分方程所依赖的连续时间输入[5]，从而直接将连续动态与对抗性动态结合起来。这里的思想是，在进行微分博弈时让两个局中人都能够控制连续系统的输入。

17.6　附录：关联微分博弈逻辑与微分动态逻辑

既然我们已经认识到可靠性的价值，那么在证明定理 16.2 中的可靠性结果之前，对于大部分公理和证明规则而言，我们难道就不能知道它们可靠吗？在我们将 dGL 公理与第 5 章的 dL 公理进行比较时，它们大多数看起来都非常类似。这难道不意味着这些相同的公理已经平凡地可靠了？我们为什么要去找麻烦（诚然相当少）以证明定理 16.2？

在你继续阅读之前，看看你是否能自己找到答案。

并不是那么容易。毕竟，对相同的语法运算符∪，我们可以在混成博弈中赋予与之前混成系统完全不同的含义。也许我们可以傻到把 ; 和∪的意思颠倒过来，只是为了让人迷惑。当然，事实上我们没有。运算符∪仍然意味着选择，只是针对的是混成博弈而不是混成系统。那么，我们能否从第 5 章中相应 dL 公理的可靠性推断出图 17.1 中 dGL 公理的可靠性，从而只需关注新的公理？

在我们做这类事情之前，我们首先需要说服自己，当不涉及博弈时，dL 语义确实与更一般的 dGL 语义一致。怎样才能做到这一点呢？也许可以通过证明，对于无对偶混成博弈 α，即那些不提及 ^{d}（甚至不会间接隐藏在缩写∩、$^\times$ 中）的博弈，下面形式的所有公式都是永真的：

$$\underbrace{\langle\alpha\rangle P}_{\text{dL中}}\leftrightarrow\underbrace{\langle\alpha\rangle P}_{\text{dGL中}} \tag{17.1}$$

在你继续阅读之前，看看你是否能自己找到答案。

式(17.1)的问题在于它不直接是任何逻辑中的公式，因为运算符↔很难有意义地用于来自不同逻辑的两个公式。好吧，当然每个 dL 公式都是 dGL 公式，因此式(17.1)的左侧可以嵌入 dGL 中。可是这样的话，式(17.1)的确是良好定义的，但它只是陈述了一个平凡真的事实。一切事物都等价于自身，这并不是一个值得大书特书的深刻见解。

相反，一个恰当的方法是从语义上重新表述这个意图良好但注定失败的式(17.1)：

$$\underbrace{\omega\in[\![\langle\alpha\rangle P]\!]}_{\text{dL中}}\text{当且仅当}\underbrace{\omega\in[\![\langle\alpha\rangle P]\!]}_{\text{dGL中}} \tag{17.2}$$

这等价于

$$\underbrace{(\text{对某个满足}(\omega,\nu)\in[\![\alpha]\!]\text{的}\nu，\text{有}\nu\in[\![P]\!])}_{\text{dL中关于可达性的陈述}}\text{当且仅当}\underbrace{\omega\in\varsigma_\alpha([\![P]\!])}_{\text{在dGL中取胜}}$$

等价式(17.2)是可以证明的。实际上，第 3 章的习题 3.15 已经基于状态集给出了对 dL 语义的理解，这为式(17.2)做好了准备。

这里的麻烦在于，除了本身需要证明之外，等价式(17.2)仍然不能很好地证明图 17.1 中 dGL 公理的正确性，这些 dGL 公理很像 dL 公理因而貌似无害。等价式(17.2)适用的是无对偶的混成博弈 α。但对于公理⟨∪⟩，即使其中的顶层运算符不是 ^{d}，该对偶运算符仍然可以在 α 或者 β 内出现，而这只能用博弈语义来理解。

因此，就像在定理 16.2 中那样，根据 dGL 公理的实际语义来证明它们的可靠性要好得多，而不是试图用只会让可靠性问题变得更糟的笨方法来证明它。

习题

17.1 **（好的公理和坏的公理）** 对于图 17.2 左侧的每个公理，证明它对于混成博弈是不可靠的。对于每个公理，给出一个具体的 dGL 公式，它是该公理的一个实例，但并不是永真的公式。对于图 17.2 左侧不可靠的证明规则，给出一个前提永真而结论非永真的实例。然后继续对图 17.2 右侧的每一个推理原理，展示一种方法将其用于混成博弈。

17.2　像例 17.2 一样，用迭代和一致替换技术证明以下 dGL 公式：

$$\langle (x := x^2 \cup (x := x + 1 \cap x' = 2))^* \rangle x > 0$$

＊17.3　下面的公式在图 17.3 中是使用 dGL 混成博弈证明规则证明的：

$$x \geqslant 0 \rightarrow \langle (x := x - 1)^* \rangle 0 \leqslant x \leqslant 1$$

试着看看是否可以转而使用收敛规则 con 来证明它。

参考文献

[1]　Ruth C. Barcan. The deduction theorem in a functional calculus of first order based on strict implication. *J. Symb. Log.* **11**(4) (1946), 115–118.

[2]　David Harel, Albert R. Meyer, and Vaughan R. Pratt. Computability and completeness in logics of programs (preliminary report). In: *STOC.* New York: ACM, 1977, 261–268.

[3]　André Platzer. Differential dynamic logic for hybrid systems. *J. Autom. Reas.* **41**(2) (2008), 143–189. DOI: 10.1007/s10817-008-9103-8.

[4]　André Platzer. Differential game logic. *ACM Trans. Comput. Log.* **17**(1) (2015), 1:1–1:51. DOI: 10.1145/2817824.

[5]　André Platzer. Differential hybrid games. *ACM Trans. Comput. Log.* **18**(3) (2017), 19:1–19:44. DOI: 10.1145/3091123.

521

522

综合 CPS 正确性

本部分再次转变视角，研究能给出信息物理系统综合正确性论证的技术。基于第一部分中初等信息物理系统和第二部分中微分方程无法求解的连续动态的严格推理原理，本部分现在探讨剩下的最基本的元素，从而能够为 CPS 提供普遍的正确性结果。如果没有针对第一部分中混成系统、第二部分中微分方程和第三部分中混成博弈的严格公理化，则很难可靠地对 CPS 进行推理。但即使在这种可靠公理化的帮助下，在信息物理系统的微妙世界中仍然存在犯错误的可能。

本部分提供了许多不相关的方法以帮助从不同的方面保障 CPS 正确性分析的结果。首先，本部分基于一致替换 (uniform substitution) 为混成系统提供了一种完全公理体系的方法。一致替换能够以极其简约的逻辑框架简单而正确地实现微分动态逻辑推理。这个简便的框架可以以简单而直接的方式实现，而在其中又能对 CPS 进行灵活的证明。该框架将公理视为对象逻辑中的数据，并将可靠定理证明所需的机制简化为一致替换算法。这样很容易用极小的可靠性关键的核心实现简单但强大的混成系统定理证明器。

本部分还研究一种逻辑方法，以可证明正确的方式驾驭 CPS 模型与 CPS 实现之间的微妙关系。由于信息物理系统的细微变化导致 CPS 模型与 CPS 实现之间存在微妙差异的可能性很大，因此它们的关系相当不简单。对于 CPS 分析和设计工作的全面成功而言非常重要的是，在适当的抽象层次上找出哪些物理部分是相关的。但这留下的未解决的问题是如何证明这个物理模型是否足够。源于模型安全性转移逻辑基础的技术能够综合可证明正确的监控条件，如果在运行时检查这些条件成立，则可以证明它们保证关于 CPS 模型的离线安全性验证结果适用于实际 CPS 实现的当前运行。为了将 CPS 模型的安全性结果转移到 CPS 实现中，需要这种至关重要的联系。这样的联系在微分动态逻辑中可以用尖括号模态优美地表征和驾驭，尖括号模态在第一部分和第二部分中起的作用不那么突出，但在第三部分中已经变得更加重要。

最后，本部分考虑实算术推理技术的逻辑要素，而在微分动态逻辑公理化中将 CPS 正确性归约为实算术。实算术验证在 CPS 中具有普遍意义，它在所有 CPS 验证中出现。第四部分解释了虚拟替换，它提供了一种系统性的逻辑方法，该方法至少对于 3 次及以下多项式的实算术公式具有重要实际意义。针对更高次的技术超出了本书的范围，尽管如此，书中仍然会解释一种简单的技术。

公理与一致替换

概要 本章探讨一种简洁的方法来可靠地实现对混成系统的严格推理。与前面的章节不同，本章不关注为信息物理系统确定新的推理原理，而是关注如何最好地正确实现它们。一致替换定义为一个简单的概念，基于该概念非常容易实现微分动态逻辑证明系统。一致替换以公式一致地实例化谓词符号。由于所有的推理都可以归约为找到适当的一致替换序列，因此定理证明器的实现可以采用小的可靠性关键的核心。

18.1 引言

前面章节中确定的混成系统（第一部分）、微分方程（第二部分）和混成博弈（第三部分）的逻辑与推理原理有助于非常简单的正确性论证。证明原理将什么是正确论证的问题与如何找到它的问题分离开来。即使是最大和最复杂证明的可靠性也直接遵循每个证明步骤的可靠性。每个证明步骤都使用 dL 公理和证明规则很小的集合中的一个，而很容易分别证明集合中每一个是可靠的。可靠性的转移源于定义 6.2，它定义证明规则是可靠的，当且仅当所有前提的永真性蕴涵着结论的永真性。对于公理，定义 5.1 将公理定义为可靠的，当且仅当它的所有实例都是永真的。由于证明只包含以证明规则合成的公理，这蕴涵着每个（完成的）证明的结论都是永真的。

证明可靠性剩下的挑战是确保所有公理和证明规则在定理证明器中的实现也是正确的。这里主要的障碍是，将到目前为止所确定的推理原理视作公理模式，即它们代表无穷相同形状公式族。这很容易表述，但仍需要某种形式的实现。此外，相当数目的公理模式具有可靠性关键的附加条件，应当遵守这些附加条件以保证可靠性。这些可靠性关键的附加条件不能省略，这一点在引理 5.11 的空虚公理模式中最为明显：

$$\text{V} \quad p \to [\alpha]p \quad (FV(p) \cap BV(\alpha) = \varnothing)$$

当然，每次使用公理模式 V 时都需要确保在前置条件和后置条件中使用相同的公式 p。但是如果不检验在混成程序 α 中没有写入 p 的自由变量，那么如下结论将是非常不可靠的，即如果 p 最初为真，则在运行 HP α 之后 p 总是成立。毕竟，如果 α 更改 p 读取的变量，p 的真假值可能会改变。幸亏有了这个附加条件，公理 V 不能证明以下非永真的公式：

$$x \geqslant 0 \to [x' = -5]x \geqslant 0$$

引理 5.3 中的微分方程解公理模式具有甚至更为复杂的附加条件：

$$[']\quad [x' = f(x)]p(x) \leftrightarrow \forall t \geqslant 0[x := y(t)]p(x) \quad (y'(t) = f(y))$$

公理模式 ['] 的如下附加条件是可靠性关键的：

1）变量 t 需要是新的而没有出现过的，因为它应该是代表时间的自变量。

2）时间的函数 $y(\cdot)$ 需要是微分方程 $y(t)' = f(y(t))$ 的解，并且需要在 t 的量词量化作用时间范围内始终有定义，因为只有当 $y(\cdot)$ 是微分方程的正确解时，微分方程的连续动态才能等价地用离散赋值代替。

3）解 $y(\cdot)$ 需要是变量 x 的符号初值条件 $y(0) = x$ 的解，因为在使用公理模式 ['] 时，我们通常没有特定的数值初始值。

4）解 $y(\cdot)$ 需要参数化地涵盖所有解，例如当初始值 x 的选择不同，解的形状也不同。

5）后置条件 $p(x)$ 不能将微分符号 x' 作为自由变量，因为 x' 在微分方程之后得到的值为 $f(x)$，但在对 x 的离散赋值语句之后保留其初始值[⊖]。

因此，公理模式 $[']$ 的正确实现相当于一个算法，它在检查所有所需的附加条件之后接受该形式的每一个公式。幸运的是，第二部分已经提供了一种优美得多的方法，它用归纳法证明微分方程的性质，同时也使解公理模式 $[']$ 变得多余[8]，因为在用适当的微分幽灵将动态转移到时域 $t'=1$ 之后，可以以恰当的微分切割用解来增广演化域（见第 12 章），从而取代 $[']$。但事实仍然是，公理模式大多需要一组有点麻烦的附加条件，这些条件是可靠性关键的，所以应当在每个推理步骤中加以强制。相比还没有类似合成性逻辑基础的验证算法，设计单个公理模式的正确实现然后将它们以证明规则的正确实现粘合在一起，这仍然要容易得多。但本章将找到一种更直接并且更容易弄对的方法。

实现这一目标的主要观察来自区分公理和公理模式这一视角上的转变。公理是单个永真的公式，它在证明演算中用作推理的基础。公理模式代表无穷相同形状公式族（服从于所需的附加条件），因此需要用算法实现。实现公理是很容易的，因为公理只是对象逻辑中的单个公式。唯一的缺点是，能够以公理证明的唯一公式就是逐字逐句与之相同的公式，而我们很少会恰好有兴趣证明这样的公式。

因此，基于公理的推理系统中还缺失的元素是实例化它们的机制。邱奇（Church）的一致替换[2]为一阶逻辑提供了这样的机制。一致替换使得可以用公式实例化谓词符号，并检查所需条件以确保该实例化是可靠的。将一致替换从一阶逻辑推广到微分动态逻辑，将得到相应的机制来极其简约地实现灵活的 dL 证明，其中一致替换本质上是唯一的证明规则[7-8]。

微分动态逻辑提供了可靠的推理原理。一致替换使得正确实现它们变得容易。一致替换是简单而可靠的混成系统证明器的秘诀，比如 KeYmaera X[3]。本章的重大影响是，对比于前身 KeYmaera[9] 中 66 000 行可靠性关键代码[⊖]，KeYmaera X 中可靠性关键代码为 1700 行，因为前者实现的是 dL 的模式相继式演算[5]。

本章最重要的学习目标如下所示。

建模与控制：我们最终会看到将视角转向公理如何让我们有机会反思混成系统中微分的局部含义的重要性。

计算思维：本章研究公理与公理模式的关系和基本差异。这种哲学上的区分会对实现混成系统推理的风格产生算法上的重大影响。本章将探讨公理的局部含义，这在公理体系中对应于代数几何中的如下理解，即将泛点理解为具体点的非退化推广（nondegenerate generalization）。本章将探讨一致替换这一基本概念，这使得可以像公理模式一样使用公理，同时不需要任何额外的机制或附加条件检查。这种以纯粹公理体系对微分动态逻辑证明演算的重新考量，将使我们对本书中微分动态逻辑公理的认识水平提高到一个新的层次。

CPS 技能：我们找出简约而直接地实现 CPS 推理的技术。这些技术使得逻辑和证明

⊖   当然，这很容易改正，方法是在对 x 赋值之后添加赋值 $x':=f(x)$。
⊖   这些数字不可尽信，因为这两个证明器是用不同的编程语言实现的。

器的模块化实现大部分可以独立并行，这降低了复杂性并使得发展推理技术更加容易。

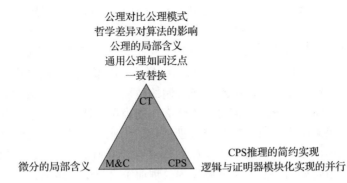

18.2 公理对比公理模式

回想一下引理 5.1 中的公理 $[\cup]$，它针对的是含非确定性选择 $\alpha\cup\beta$ 的混成程序：
$$[\cup]\quad [\alpha\cup\beta]P\leftrightarrow[\alpha]P\wedge[\beta]P \tag{18.1}$$

单纯地解读式(18.1)的方式是作为一个公理模式 $[\cup]$。公理模式意思是代表具有该公理模式形状的无穷公式族，因此 α，β 是任意 HP 的模式变量或者占位符，而 P 是任意 dL 公式的占位符。公理模式 $[\cup]$ 的左侧适用于 $[\alpha\cup\beta]P$ 形式的任何 dL 公式，所以适用于任何以非确定性选择作为顶层运算符的 HP 的任意方括号模态，其中可以以任何 HP 作为子程序，并以任何 dL 公式作为后置条件。例如，公理模式 $[\cup]$ 左侧适用于 dL 公式 $[x:=x+1\cup x'=x^2]x\geqslant0$，这蕴涵着公理 $[\cup]$ 可以证明下面等价式的正确性：
$$[x:=x+1\cup x'=x^2]x\geqslant0\leftrightarrow[x:=x+1]x\geqslant0\wedge[x'=x^2]x\geqslant0 \tag{18.2}$$

当然，这并非是唯一一个应该能认出来有公理模式 $[\cup]$ 示意形状的 dL 公式。这里还有一些：
$$[x'=x^2\cup x:=x+1]x\geqslant0\leftrightarrow[x'=x^2]x\geqslant0\wedge[x:=x+1]x\geqslant0$$
$$[x'=5\cup x'=-x]x^2\geqslant5\leftrightarrow[x'=5]x^2\geqslant5\wedge[x'=-x]x^2\geqslant5$$
$$[v:=v+1;x'=v\cup x'=2]x\geqslant5\leftrightarrow[v:=v+1;x'=v]x\geqslant5\wedge[x'=2]x\geqslant5$$

直接实现公理模式 $[\cup]$ 包括的算法以某个 dL 公式作为输入，并判定该公式是否具有模式 $[\cup]$ 的形式。当然，至关重要的是，公理模式 $[\cup]$ 的所有三个模态都使用完全相同的后置条件。同样重要的是，在非确定性选择 $\alpha\cup\beta$ 的左半部分和公理模式 $[\cup]$ 右侧的第一个模态 $[\alpha]$ 中使用的是相同的 HP，并且在 $\alpha\cup\beta$ 的右半部分和模式 $[\cup]$ 右侧的第二个模态 $[\beta]$ 中使用相同的 HP $^{\ominus}$。公理模式 $[\cup]$ 甚至还不含任何附加条件，但它已经附带一些繁琐的条件需要检查(如果用命令式编程语言实现它)或正确匹配(在有模式匹配的函数式编程语言中)。

解读式(18.1)更有意识的方式是作为一个公理 $[\cup]$，它确实只指向一个 dL 公式：
$$[\alpha\cup\beta]P\leftrightarrow[\alpha]P\wedge[\beta]P \tag{18.3}$$
当然，我们仍然必须确保式(18.3)的确是一个语法上形式良好的 dL 公式，它目前还不是。这种公理 $[\cup]$ 所能证明的唯一公式是式(18.3)。只能做到这一点的用处并不大，但是公理的好处是很容易实现，只需将公理 $[\cup]$ 中的 dL 公式(18.3)复制到证明器中即可。

阿隆佐·邱奇(Alonzo Church)的开创性观察是，进一步充分利用公理所需的唯一操

$\ominus$　如果用于代替 P 的公式含有模态，那么这些公式出现位置的文本描述当然会稍微复杂一点，但它们在表达式树中仍然处在与公式对应的相同位置。

作是提供一种一致替换机制将公式的一部分替换为其他公式[2]。这里的诀窍在于确定何时这种替换是可靠的。当然，邱奇并不知道微分动态逻辑，所以他满足于一阶逻辑。但是，充分推广到微分动态逻辑一致替换这一概念后[8]，我们可以根据公理[∪]证明 dL 公式(18.3)，然后使用一致替换从式(18.3)证明式(18.2)。后者中需要做的就是一致替换，在式(18.3)中到处一致地以 $x:=x+1$ 替换 α 并以 $x'=x^2$ 替换 β，同时将 P 替换为 $x\geqslant0$。

现在还缺少的关键一步是这种一致替换机制的精确定义。另一个关键因素是，准确理解一致替换机制是否需要检查以及需要检查什么才能确保它所有的替换都保持可靠。最后缺少的因素是，如果确实把式(18.1)当作公理的话，语法表达式 α、β 和 P 在其中应采用什么样的精确形式的问题。然后需要重复相同的过程，对所有其他 dL 公理进行公理体系的重新解释，以弄清楚如何将它们全部解读为公理而不是复杂得多的公理模式。

不可否认，在一张纸上，使用公理模式更方便，因为我们现在已经训练有素，有能力检查所有必需的附加条件来注意避免不正确的推理步骤。但是对于保证形式化验证工具的精确性而言，使用公理容易得多，因为一致替换机制只需要理解和实现一次，也因为公理可以通过复制粘贴来实现。即使在一张纸上证明，也可能更容易记住单个一致替换机制而不是各种各样附加条件的列表。

18.3   公理需要什么

如果非确定性选择公理[∪]内化为公理而不是公理模式，那么式(18.1)各部分对应什么样的微分动态逻辑语法元素？突然间，α 和 β 应当是 dL 语法中具体的 HP，而不是具体HP 的模式变量或占位符。同样，后置条件 P 应当是具体的 dL 公式。事实上，重新审视第 5 章中的微分动态逻辑公理模式可发现，存在三种不同的后置条件：

$$[:=] \quad [x:=e]p(x)\leftrightarrow p(e)$$
$$[\cup] \quad [\alpha\cup\beta]P\leftrightarrow[\alpha]P\wedge[\beta]P$$
$$V \quad p\rightarrow[\alpha]p\,(FV(p)\bigcap BV(\alpha)=\varnothing)$$

空虚公理模式 V 的后置条件 p 不能有任何受 HP α 约束的自由变量。但是，在 p 中仍然可以提及任何未在 HP α 中写入的变量，这是该公理不同于哥德尔泛化证明规则 G 的关键所在。相比之下，赋值公理模式[:=]的后置条件 $p(x)$ 应该允许提及变量 x，尽管事实上 x 在 HP $x:=e$ 中写入。这就是后置条件 $p(x)$ 明确提及 x 的原因。公理模式[:=]左侧的后置条件可以在与右侧公式 $p(e)$ 包含项 e 的相同位置包含参数 x 的自由形式。它的后置条件 $p(x)$ 仍然可以提及除 x 之外的其他自由变量，因为在离散赋值 $x:=e$ 中没有写入其他变量。相反，非确定性选择公理模式[∪]的后置条件 P 可以无条件地包含任何自由变量，因为无论 HP $\alpha\cup\beta$、α 或者 β 是否修改了 P 中自由变量的值，该公理是都正确的。

1. 谓词符号

谓词符号用一种联合的机制解释了后置条件的所有三种情形。公理 V 的后置条件 p 中的谓词符号 p 含的参数个数为 0，因此对于任何特定自由变量，它都没有特殊权限让它的真假值依赖于该变量。公理[:=]中后置条件 $p(x)$ 具有的谓词符号 p 以变量 x 作为其唯一参数，所以它的真假值也可以取决于 x 的值，这是因为[$x:=e$]不约束其他变量，x 是唯一在上下文[$x:=e$]$p(x)$中需要明确权限才能提及的变量。在公理[∪]中后置条件 P 解读为 $p(\overline{x})$，即接收所有变量的向量 $\overline{x}$ 作为参数的谓词符号 p，所以它的真假值可以取决于所有变量的值。这样，后置条件的所有情形都被相应的谓词符号所涵盖，这些符号只有参数的数量不同。

概念上更容易的是将公理[:=]、[∪]、V 解读为公理，即具体的 dL 公式，其中后置条件是谓词符号而不是公式占位符。公理[:=]中的具体 dL 公式 $p(x)$ 字面上告诉我们，它的真假值取决于变量 x，且显然不取决于别的。公理 V 中的公式 p 直接表明其真假值不依赖于任何变量的值。而 $p(\overline{x})$ 这一情形（即我们在公理[∪]中解读 P 的方式）表明它的真假值可能取决于所有变量 $\overline{x}$ 的值。我们不再需要记住各个后置条件可能代表的其他 dL 公式，而是明确看到具体的 dL 公式。

此时，我们可以单独考虑的问题是哪些公式能够随时替换谓词符号。我们可以一劳永逸地找出哪些替换公式是可以的，并且这种替换与手头特定的公理无关。这种关注点的分离让人如释重负，因为它让我们能够通过公理 dL 公式的永真性来理解公理的可靠性，而这种理解不依赖于如下替换机制的可靠性，即以其他具体 dL 表达式来推广和替换公理的语法元素。例如，具体实例（式（18.2））可以从公理[∪]的具体 dL 公式（18.3）用以下一致替换得到

$$\sigma = \{\alpha \mapsto x := x+1, \beta \mapsto x' = x^2, P \mapsto x \geq 0\}$$

该替换 σ 用 HP $x := x+1$ 代替 α，用 HP $x' = x^2$ 代替 β，并用 dL 公式 $x \geq 0$ 代替 P 即 $p(\overline{x})$。当然，这要求我们更好地理解替换过程本身以及 HP α 和 β 的作用。但是，让我们首先继续停留在如何解释谓词符号这一话题上。

$x^2 > 5$ 这样的公式对其什么时候为真的解释是固定的，即恰好当 x 值的平方超过 5 时。与此不同，谓词符号 p 并没有固定的含义，而是服从于我们的解释。这就是它成为符号的原因，因为它代表着某种东西。当然，谓词符号可以根据其参数取不同的真假值。例如，公理[:=]中的公式 $p(e)$ 为真还是为假取决于其参数 e 的值。但是，如果两个项 e 和 $\tilde{e}$ 求值得到相同的实数值，那么 $p(e)$ 和 $p(\tilde{e})$ 当然要么两者都一致为真，要么两者都一致为假。同样，在公理 V 中具有 0 个参数的谓词符号 p 可以为真或者为假。但由于它根本不接受任何参数，它的真假值不依赖于任何变量的值，因此独立于状态，并且在任何状态下都一致为真，或者在任何状态下都一致为假。实际上，如果公理 V 的假设 p 成立，则元数（arity）为 0 的谓词符号 p 为真，这使得它在任何状态下都为真，即使在运行 HP α 之后也为真，因为它的真假值明显不依赖于任何变量的值。相反，如果 p 为假，则公理 V 的假设不满足，因此其蕴涵式为平凡真。

2. 函数符号

谓词符号捕获的是 dL 公理中公式的不同情形。类似地，在赋值公理[:=]中，项 e 应当是一个具体的 dL 项，但是它可以取任何值，因为这就是相应公理模式[:=]中的模式变量占位符所具有的描述能力。含有 0 个参数的函数符号可以起到这样的作用，因为函数符号可以求值得到任何实数值（就像谓词符号可以求值得到任何真假值一样），但是在所有状态下都会得到相同的值，因为它的 0 个参数中不含变量。

那么，以下具体的 dL 公式可用作赋值公理[:=]：

$$[x := c()]p(x) \leftrightarrow p(c()) \tag{18.4}$$

其中 p 是元数为 1 的谓词符号，而 $c()$ 是元数为 0 的函数符号。例如，以下具体的实例

$$[x := x^2 - 1]x \geq 0 \leftrightarrow x^2 - 1 \geq 0 \tag{18.5}$$

可以通过以下一致替换从式（18.4）得到。

$$\sigma = \{c() \mapsto x^2 - 1, p(\cdot) \mapsto (\cdot \geq 0)\} \tag{18.6}$$

531

该替换 σ 用项 x^2-1 代替 0 元函数符号 $c()$，并用大于或等于零的比较公式替换 1 元谓词符号 p。为了表明每次出现的谓词符号 p（不论其参数是什么）都受到影响并应替换为相应的 $\geqslant 0$ 比较公式，该替换用 dL 公式替换 $p(\cdot)$，其中点 $\cdot$ 标记参数在所得 dL 公式中的位置。因此，对于任何参数 e，公式 $p(e)$ 将被替换为 $\sigma(e)\geqslant 0$。当然，替换 σ 也应当用于 $p(e)$ 的参数 e，而不仅仅是谓词符号 p，这就是为什么在根据式（18.6）从式（18.4）形成式（18.5）的时候，替换 $p(e)$ 的是 $\sigma(e)\geqslant 0$ 而不仅仅是 $e\geqslant 0$。将替换 σ 应用于 e 的结果标记为 $\sigma(e)$，并且将在稍后给出恰当定义。

3. 程序常量符号

最后，我们回到 HP α 和 β 在公理[∪]中起何作用的问题。一方面，两者都应当是具体的 HP 才能让公理[∪]成为具体的 dL 公式。另一方面，α 和 β 的行为都不是具体而特定的，因为无论 HP α 和 β 做什么，公理[∪]都适用。因此，我们在公理[∪]中用作 α 和 β 的 HP 就是所谓的程序常量符号，它们可以有任意的行为。正如谓词符号没有固定的解释，而对任何参数都可能为真；也正如函数符号 f 没有固定的解释，而是作为参数值的函数从而可能有任何实数值；所以程序常量符号没有固定的解释，而可能有任意的行为。取决于其解释，程序常量符号可能从任何初始状态转换到任何最终状态，因为它的行为不像在特定微分方程或离散赋值那样作了明确描述。

18.4   带解释的微分动态逻辑

在意识到 dL 公理需要什么语法元素才能将它们忠实地表示为具体公理而不是公理模式之后，我们首先要做的是将这些元素正式添加到微分动态逻辑的语法中[8]。当然，我们本可以在介绍第 3 章中的混成程序和第 4 章中的微分动态逻辑时立即添加它们，但这会分散我们的注意力，因为我们直到现在才需要它们。

18.4.1   语法

微分动态逻辑 dL 与往常相比区别在于添加了函数符号、谓词符号和程序常量符号。通常函数符号写为 f、g、h，谓词符号写为 p、q、r，而程序常量符号写为 a、b、c。每个函数和谓词符号预期作为参数的项的数量都是固定的，称为它的元数。当 f 是元数为 n 的函数符号时，对于任何 n 项 $e_1,\cdots,e_n$，$f(e_1,\cdots,e_n)$ 也可以作为项。同样，当 p 是 n 元谓词符号时，则 $p(e_1,\cdots,e_n)$ 是任何 n 项 $e_1,\cdots,e_n$ 的公式。但是 $f(e_1,\cdots,e_{n-1})$ 并不是一个项，因为 n 元函数符号 f 甚至还没有收到足够多的参数。假设我们有一个函数可以将作为参数传递的两个数字加起来，那么我们就不能只用一个参数或七个参数调用这个函数，而是需要提供恰好两个。

函数符号本质上以更自由的形式推广了内置的项运算符，如 $+$，其元数为 2，写为中缀形式 e_1+e_2 而不是 $+(e_1,e_2)$，并且总是意味着加法。函数符号的参数数目可以不同于 2 个，但也总是预期和它们元数指明的数量完全相同的参数。0 元函数符号也称为常量符号，因为它们的值不依赖于任何参数。为了强调，对 0 元函数符号 c 的使用有时写为带有空括号的 $c()$。事实上，在最初定义项时，我们已经允许有理数作为 0 元的常量符号。当然，有理数常数的含义也是固定的。有理数常数 1 的含义总是 1，而有理数常数 $\frac{1}{2}$ 的含义总是实数 0.5。

相比之下，函数符号更为通用，因为它们的实际含义是作为符号。也就是说，它们并不是一次性地将含义永远固定下来，而是符号化的，因此它们的含义服从于解释。类似地，谓词符号是符号，因此它们的含义取决于我们的解释，对于程序常量符号也是如此。

定义 18.1(项)　项 e 是通过以下情形增广定义 2.2 中的文法来定义的(其中 $e_1,\cdots,$ e_n 是 n 个项，而 f 是元数为 n 的函数符号)：

$$e ::= f(e_1,\cdots,e_n) \mid \cdots$$

定义 18.2(混成程序)　混成程序是通过以下情形定义 3.1 中的文法来定义的(其中 a 是任何程序常量符号)：

$$\alpha,\beta ::= a \mid \cdots$$

定义 18.3(dL 公式)　微分动态逻辑(dL)公式是通过以下情形增广定义 4.1 中的文法来定义的(其中 $e_1,\cdots,e_n$ 是项，而 p 是元数为 n 的谓词符号)：

$$P ::= p(e_1,\cdots,e_n) \mid \cdots$$

为了强调，可以将得到的逻辑称为带解释的微分动态逻辑，但我们现在仍称之为 dL，因为我们只是都一直忽略了这些扩展，之前它们对于我们的理解还不是必需的。

dL 语法的这种扩展使得可以将之前阅读到的所有公理表述为含具体 dL 公式的公理(而不是表述为代表受限于附加条件的无穷多个实例的公理模式)。例如，我们之前作为激励示例的公理模式变成了：

$$[:=]\quad [x:=c()]p(x)\leftrightarrow p(c())$$
$$[\cup]\quad [a\cup b]p(\overline{x})\leftrightarrow [a]p(\overline{x})\wedge [b](\overline{x})$$
$$\mathrm{V}\qquad p\rightarrow [a]p$$

534

18.4.2　语义

函数符号、谓词符号和程序常量符号的语义实际上很容易，但与我们在本书中任何其他地方的语义定义相比，有一个地方比较绕。函数符号、谓词符号和程序常量符号的全部意义在于它们是符号，所以它们没有固定的解释。因此，与 2 元＋运算符(总是意味着加法)不同，提及 2 元函数符号 f 的项的语义取决于我们如何解释符号 f，它可以是加法，或乘法，或从两个实数到一个实数的任何其他合理的函数。

为了能够在任何状态下求任何项的实数值，我们固定一个解释 I，它将每个 n 元函数符号 f 赋值为一个(足够平滑的[⊖])n 元函数 $I(f):\mathbb{R}^n\rightarrow\mathbb{R}$。给定这样的解释 I，我们可以很容易对任何状态 ω 下的每个项求值，方法就是在解释 I 中对于该项中的每个函数符号 f 查找相应的函数 $I(f)$，而变量则使用来自状态 ω 的值。

定义 18.4(项的语义)　对于解释 I，状态 $\omega\in\mathscr{S}$ 中项 e 的值是标记为 $\omega[\![e]\!]$ 的实数，它是通过以下情形增广定义 2.4 来定义的：

$$\omega[\![f(e_1,\cdots,e_n)]\!]=I(f)(\omega[\![e_1]\!],\cdots,\omega[\![e_n]\!])\quad \text{如果 } f \text{ 是元数为 } n \text{ 的函数符号}$$

也就是说，在状态 ω 下对函数符号应用求值得到的是，函数 $I(f)$ 应用于在状态 ω 下对各个参数项 e_i 求值得到的实数值 $\omega[\![e_i]\!]$ 的结果。

由于谓词符号也没有固定解释，解释 I 也将每个 n 元谓词符号 p 赋值为一个 n 元关系 $I(p)\subseteq\mathbb{R}^n$。通过这样的解释很容易定义公式为真的状态集。

定义 18.5(dL 语义)　对于解释 I，dL 公式 P 的语义是 P 为真的状态集 $[\![P]\!]\subseteq\mathscr{S}$，它是通过以下情形增广定义 4.2 来定义的：

⊖　对于我们的目的来说，连续可微的函数就足够平滑了。

12) $[\![p(e_1,\cdots,e_n)]\!]=\{\omega:(\omega[\![e_1]\!],\cdots,\omega[\![e_n]\!])\in I(p)\}$

也就是说，谓词符号应用在如下状态 ω 的集合中为真，即 ω 中参数项 e_i 求值得到的一组实数在关系 $I(p)$ 中。

公式 P 是永真的，写作 $\models P$，当且仅当它在所有解释 I 的所有状态下都为真，即 $[\![P]\!]=\mathscr{S}$，因此对于所有状态 ω 和所有解释 I 都有 $\omega\in[\![P]\!]$。

最后，解释 I 还将每个程序常量符号 a 赋值为可达性关系 $I(a)\subseteq\mathscr{S}\times\mathscr{S}$。与往常一样，$(\omega,\nu)\in[\![a]\!]$ 表示在 HP a 中最终状态 ν 可由初始状态 ω 到达。

定义 18.6(HP 的转换语义)　对于每个解释 I，每个 HP α 在语义上都解释为状态上的二元可达性关系 $[\![\alpha]\!]\subseteq\mathscr{S}\times\mathscr{S}$，它是通过以如下情形增广定义 3.2 来定义的：

7) $[\![a]\!]=I(a)$

也就是说，程序常量符号 a 的可达性关系是由解释 I 确定的任意状态转换关系。

通过语义的这种扩展，现在很容易看出公理 V 中的 dL 公式是永真的。事实上，这是空虚公理 V(引理 5.11)可靠性证明中最简单的。

引理 18.1(空虚公理 V)　以下空虚公理是可靠的：
$$\text{V}\quad p\rightarrow[a]p$$

证明　0 元谓词符号 p 的真值仅取决于解释 I 而不取决于状态 ω，因为 p 中没有任何变量。因此，或者 p 被 I 解释为真，在这种情况下 $[a]p$ 也为真，因为如果 p 在所有状态下成立，那么它在运行 HP a 后可达到的所有状态下也成立。或者 p 被 I 解释为假，在这种情况下假设 p 为假，则蕴涵式 $p\rightarrow[a]p$ 为空虚真。　■

同样，赋值公理[:=]中 dL 公式的等价关系很容易看出来是永真的(见引理 5.2)。

引理 18.2(赋值公理[:=])　以下赋值公理是可靠的：
$$[:=]\quad [x:=c()]p(x)\leftrightarrow p(c())$$

证明　在将新值 $c()$ 赋给 x 之后 x 的谓词符号 p 为真(所以 $[x:=c()]p(x)$)，当且仅当新值 $c()$ 的谓词符号 p 为真(所以 $p(c())$)。　■

18.5　一致替换

一致替换 σ 用项代替函数符号，用公式代替谓词符号，用混成程序代替程序常量符号，并且这种替换是一致性的，例如，它在所有地方使用相同的 HP 代替程序常量符号 b ⊖。将一致替换 σ 应用于 dL 公式 ϕ 的结果标记为 $\sigma(\phi)$。类似地，$\sigma(\theta)$ 表示将一致替换 σ 应用于项 θ 的结果，而 $\sigma(\alpha)$ 表示将一致替换 σ 应用于 HP α 的结果。它们都将在 18.5.3 节中严格定义。

对于每个 0 元函数符号 f，替换 σ 定义它的替换项为 σf。对于每个 0 元谓词符号 p，替换 σ 定义它的替换为 dL 公式 σp。σ 还为每个程序常量符号 a 定义了一个混成程序 σa。应用替换 σ 将一致地以 HP σa 替换每次出现的程序常量符号 a，以 σf 替换每次出现的 0 元函数符号 f，以相应的代替公式 σp 替换每次出现的 0 元谓词符号 p。对于带参数的函数和谓词符号，保留函数符号·用作占位符以指示参数的去向。对于 1 元函数符号 f，该替换定义了一个项，其中出现的函数符号·指明 f 的参数放置的位置。对于 1 元谓词符号 p，该替换定义了一个 dL 公式，其中出现的函数符号·指明 p 的参数的去向。

⊖　在不同的地方用不同的 HP 替换相同的程序常量符号 b 将是非常不合逻辑的，并且打破了其中所有的结构。让我们永远不要这么傻！

以下符号标记描述的一致替换 σ 是，以项 e_1 替换 1 元函数符号 f，以项 e_2 替换 0 元函数符号 c，以 dL 公式 ϕ_1 替换 1 元谓词符号 p，以 dL 公式 ϕ_2 替换 0 元谓词符号 q，并以混成程序 α 替换程序常量符号 a：

$$\sigma = \{f(\cdot) \mapsto e_1, c \mapsto e_2, p(\cdot) \mapsto \phi_1, q \mapsto \phi_2, a \mapsto \alpha\} \tag{18.7}$$

在项 e_1 和公式 ϕ_1 中分别出现的元数为 0 的保留函数符号 $\cdot$ 分别标明了 f 和 p 的参数在替换中的去向。我们已经在 18.3 节中阅读到了一致替换的例子。式(18.7)中的一致替换 σ 替换了元数为 1 的函数符号 f 和谓词符号 p、元数为 0 的函数符号 c 和谓词符号 q 以及程序常量符号 a，而不改变其他符号。替换 σ 的域是它所替换的所有符号的集合，因此对于式(18.7)是 $\{f, c, p, q, a\}$。

18.5.1　一致替换规则

邱奇的一致替换证明规则 US 阐明，将一致替换 σ 应用于永真公式 ϕ 的结果 $\sigma(\phi)$ 也是永真。将它推广到微分动态逻辑也是可靠的[8]。这里的直觉是，如果公式 ϕ 永真，因而在所有状态下都为真，在这些状态下对其谓词、函数和程序常量符号可以有任何解释，那么在用具体公式替换其谓词符号等之后也是永真的，因为谓词符号完全可以解释为具有与其替换公式相同的真假值。这里棘手的部分是正确处理谓词符号中的参数和替换公式中的变量，因为变量在不同的子公式中可能具有不同的值。

537

定理 18.1(一致替换)　以下证明规则 US 是可靠的：

$$\text{US}\ \frac{\phi}{\sigma(\phi)}$$

因此，应用一致替换证明规则 US 即可知，如果公式 ϕ 有证明，则其一致替换实例 $\sigma(\phi)$ 也有证明。一致替换机制检验在 $\sigma(\phi)$ 中它引入的自由变量不会在其上下文中受到约束。如果应用于 ϕ 的一致替换 σ 将自由变量 x 引入 x 已受约束的上下文中，则 $\sigma(\phi)$ 没有定义，因为它产生冲突，而且证明规则 US 不能用于 ϕ。

在 18.5.3 节中对构造 $\sigma(\phi)$ 的一致替换机制给出精确定义之前，我们先探索一些有代表性的例子来直观理解 US 规则在证明中的作用。

例如，公式 $(\neg\neg p) \leftrightarrow p$ (在古典逻辑中)是永真的。当我们选择任何 dL 公式 ψ 时，那么同样永真的是由 $(\neg\neg p) \leftrightarrow p$ 通过一致替换得到的公式，即以公式 ψ 替换所有出现的 0 元谓词符号 p。例如，一致替换 $\sigma = \{p \mapsto [x' = x^2]x \geq 0\}$ 可以证明

$$\text{US}\ \frac{(\neg\neg p) \leftrightarrow p}{(\neg\neg[x' = x^2]x \geq 0) \leftrightarrow [x' = x^2]x \geq 0}$$

任何其他公式都可以(在所有地方一致地)替换 p，并且得到的公式可以根据规则 US 从 $(\neg\neg p) \leftrightarrow p$ 证明。

对诸如 $(\forall x\, p) \leftrightarrow p$ 的公式进行替换更加微妙。这个公式表示对于一个 0 元谓词符号 p，p 对于所有 x 都为真当且仅当 p 在当前状态下为真，这显然是有道理的，因为 0 元谓词符号 p 明显没有提及其真假值所依赖的任何变量。实际上，公式 $(\forall x\, p) \leftrightarrow p$ 的永真性恰恰依赖于没有提及 x。我们不可能可靠地以 $x \geq 0$ 替换 p，因为这会得到：

$$\text{冲突}\ \frac{(\forall x\, p) \leftrightarrow p}{\forall x (x \geq 0) \leftrightarrow x \geq 0}$$

这是不可靠的，因为并不会仅仅因为 x 在当前状态下的当前值是非负的(右)，x 所有的值就都是非负的(左)。实际上，当将 $\sigma = \{p \mapsto x \geq 0\}$ 应用于 $(\forall x\, p) \leftrightarrow p$ 时，一致替换机制会

发生冲突，因为 σ 会在 p 的替换公式中将自由变量 x 引入一个其中 x 指的是约束变量的上下文 $\forall x p$ 中，这样在两次出现的 p 的替换公式中，变量 x 指向的是两个不同的值。p 的替换公式中不包含 x 作为自由变量这一要求与最初前提 $(\forall x p) \leftrightarrow p$ 永真的根本原因非常一致。

但是，除了 x 之外的变量可以随便在 p 的替换公式中提及，因为它们不会在 p 出现的任何上下文中受约束。例如，规则 US 可以以一致替换 $\sigma = \{p \mapsto y \geqslant 0\}$ 证明：

$$\text{US}\ \frac{(\forall x p) \leftrightarrow p}{\forall x (y \geqslant 0) \leftrightarrow y \geqslant 0}$$

18.5.2　示例

一致替换证明规则 US 的主要但不是唯一的用例是它可以用特定的 dL 公式来实例化公理。因此，下面的例子将以某个公理为前提，该公理已在 dL 演算中证明，只需提及其名称即可。这些例子重点展示了一致替换是如何工作的，它们何时发生冲突，以及为什么这样的冲突是可靠性关键的。

1. 一致替换如何处理参数

例如，规则 US 以一致替换式(18.6)从式(18.4)证明了式(18.5)：

$$\text{US}\ \frac{[x := c()] p(x) \leftrightarrow p(c())}{[x := x^2 - 1] x \geqslant 0 \leftrightarrow x^2 - 1 \geqslant 0}$$

直观上，该一致替换用 $x^2 - 1$ 代替所有出现的函数符号 $c()$，同时用大于或等于零的比较替换所有出现的谓词符号 p。当然，除了用 $(\cdot \geqslant 0)$ 代替 $p(\cdot)$ 之外，该一致替换也应用于在任何子公式 $p(e)$ 中 p 的参数 e。因此，σ 一致地以 $\sigma(e) \geqslant 0$ 替换每次出现的 $p(e)$。特别地，σ 用 $x \geqslant 0$ 替换 $p(x)$ 但用 $x^2 - 1 \geqslant 0$ 替换 $p(c())$。

相反，对于相同的公式，一致替换 $\sigma = \{c() \mapsto x^2 - 1, p(\cdot) \mapsto (\cdot \geqslant x)\}$ 产生冲突，因为 $p(\cdot)$ 的替换公式将自由变量 x 引入上下文 $[x := x^2 - 1]\_$ 中，而在此上下文中 x 是受约束的：

$$\text{冲突}\ \frac{[x := c()] p(x) \leftrightarrow p(c())}{[x := x^2 - 1] x \geqslant x \leftrightarrow x^2 - 1 \geqslant x} \tag{18.8}$$

该替换冲突对于可靠性而言是至关重要的，因为前提是永真的（公理 $[:=]$）但结论不是，原因是赋值语句的后置条件 $x \geqslant x$ 是永真的，而右侧 $x^2 - 1 \geqslant x$ 不是。这是有道理的，因为后置条件中所有自由出现的 x 都受赋值 $x := x^2 - 1$ 的影响，因此替换 $\{p(\cdot) \mapsto (\cdot \geqslant x)\}$ 并没有为占位符 $\cdot$ 选择所有出现的 x。相反，一致替换 $\sigma = \{c() \mapsto x^2 - 1, p(\cdot) \mapsto (\cdot \geqslant \cdot)\}$ 得到的结果是完全可接受的：

$$\text{US}\ \frac{[x := c()] p(x) \leftrightarrow p(c())}{[x := x^2 - 1] x \geqslant x \leftrightarrow x^2 - 1 \geqslant x^2 - 1}$$

同样，一致替换 $\sigma = \{c() \mapsto x^2 - 1,\ p(\cdot) \mapsto (2(\cdot) \geqslant \cdot)\}$ 得到

$$\text{US}\ \frac{[x := c()] p(x) \leftrightarrow p(c())}{[x := x^2 - 1] 2x \geqslant x \leftrightarrow 2(x^2 - 1) \geqslant x^2 - 1}$$

相比之下，一致替换 $\sigma = \{c() \mapsto x^2 - 1,\ p(\cdot) \mapsto (\cdot \geqslant y)\}$ 是可以接受的，因为即使 $p(\cdot)$ 的替换公式引入了自由变量 y，它也只在上下文 $[x := x^2 - 1]\_$ 中引入 y，而该上下文中 y 不受约束：

$$US \frac{[x:=c()]p(x) \leftrightarrow p(c())}{[x:=x^2-1]x \geqslant y \leftrightarrow x^2-1 \geqslant y}$$

请注意，前提子公式 $p(x)$ 中的显式参数 x 如何让替换结果 $x \geqslant y$ 中提及 x 而不是如替换公式 $(\cdot \geqslant y)$ 中那样提及占位符 $\cdot$。但是如式 (18.8) 所示，即便这样提及 x 作为参数，也并不意味着可以在替换公式中的任何其他地方使用变量 x。当然，$p(x)$ 中的参数 x 仅明确表示 $p(x)$ 可以依赖于 x，而不是必须依赖于 x。例如，一致替换 $\sigma = \{c() \mapsto 2x+1, p(\cdot) \mapsto (y^2 \geqslant y)\}$ 并不使用参数占位符 $\cdot$：

$$US \frac{[x:=c()]p(x) \leftrightarrow p(c())}{[x:=2x+1]y^2 \geqslant y \leftrightarrow y^2 \geqslant y}$$

一致替换也可以有参数占位符 $\cdot$ 出现在更深层嵌套位置的谓词。例如，一致替换 $\sigma = \{c() \mapsto x^2, p(\cdot) \mapsto [(y:=\cdot+y)^*](\cdot \geqslant y)\}$ 是可以接受的，因为它不会将任何自由变量引入它们受约束的上下文中：

$$US \frac{[x:=c()]p(x) \leftrightarrow p(c())}{[x:=x^2][(y:=x+y)^*](x \geqslant y) \leftrightarrow [(y:=x^2+y)^*](x^2 \geqslant y)}$$

2. 一致替换如何处理常量谓词符号

如果原始公式没有明确许可能够提及 x 作为参数，则一致替换不能在 x 受约束的上下文中使用 x。例如，对公理 V 应用一致替换 $\sigma = \{a \mapsto x'=5, p \mapsto (x \leqslant 5)\}$ 将产生冲突，因为 p 的替换公式将自由变量 x 引入 x 受约束的上下文 $[x'=5]\_$ 中，该上下文是将 σ 应用于 $[a]p$ 所得到的：

$$冲突 \frac{p \rightarrow [a]p}{x \leqslant 5 \rightarrow [x'=5]x \leqslant 5}$$

540

这种替换有冲突对于可靠性而言是至关重要的，因为前提是永真的（公理 V），但结论不是，原因是遵循微分方程 $x'=5$ 时 x 不会永远保持在 5 以下。这正是引理 5.11 中公理模式 V 的附加条件所要避免的。但是与公理模式不同，规则 US 并不需要针对公理 V 这一特定情况的特殊知识来防止这种不正确的用法。它提供的是一种通用机制。

作为对比，一致替换 $\sigma = \{a \mapsto x'=5, p \mapsto (y \leqslant 5)\}$ 是可以的，因为它在得到的上下文 $[x'=5]\_$ 中引入自由变量 y，而该上下文中 y 不管怎样都不受约束：

$$US \frac{p \rightarrow [a]p}{y \leqslant 5 \rightarrow [x'=5]y \leqslant 5}$$

一致替换 $\sigma = \{a \mapsto (v:=v+1; \{x'=v, v'=-b\}), p \mapsto (y \leqslant b)\}$ 是可以的，因为它的函数符号和谓词符号引入自由变量 y 和 b 的上下文会读取但从不会写入这两个变量：

$$US \frac{p \rightarrow [a]p}{y \leqslant b \rightarrow [v:=v+1; \{x'=v, v'=-b\}]y \leqslant b}$$

一致替换能够将公理实例化的各种好的和坏的情形区分开来，而不必针对手头特定公式或公理模式提供任何专门的附加条件。针对公式的哪些实例可靠（因为它们保持永真性）的问题，一致替换一劳永逸地给出了一致的答案。

3. 一致替换如何处理程序常量符号

当使用带后置条件 $p(x)$ 的赋值公理 $[:=]$ 或含后置条件 p 的空虚公理 V 时，一致替换规则 US 需要检查是否捕获其他变量，这对于可靠性很重要。相反，当使用含后置条件 $p(\overline{x})$ 的非确定性选择公理 $[\cup]$ 时，该后置条件明确允许提及所有变量 $\overline{x}$，这样任何 dL 公式都可以用作替换公式。一致替换 $\sigma = \{a \mapsto v:=-cv, b \mapsto x''=-g, p(\overline{x}) \mapsto 2gx \leqslant 2gH - v^2\}$

得到

$$\text{US} \frac{[a\bigcup b]p(\overline{x})\leftrightarrow[a]p(\overline{x})\wedge[b]p(\overline{x})}{[v:=-cv\bigcup x''=-g]2gx\leqslant2gH-v^2\leftrightarrow[v:=-cv]2gx\leqslant2gH-v^2\wedge[x''=-g]2gx\leqslant2gH-v^2}$$

541

像往常一样，$x''=-g$ 是 $\{x'=v,v'=-g\}$ 的缩写。

18.5.3　一致替换应用

一致替换可以同时替换任意数量的函数符号、谓词符号或程序常量符号。符号标记 $\sigma f(\cdot)$ 表示根据 σ 替换 $f(\cdot)$，即函数 σ 在 $f(\cdot)$ 处的值 $\sigma f(\cdot)$。作为对比，$\sigma(\phi)$ 表示将 σ 应用于 ϕ 的结果，对此我们现在已经给出定义(对于 $\sigma(\theta)$ 和 $\sigma(\alpha)$ 一样)。符号标记 $f\in\sigma$ 表示 σ 替换了函数符号 f，即 $\sigma f(\cdot)\neq f(\cdot)$，因此 f 在 σ 的域中。同样，符号标记 $p\in\sigma$ 表示 σ 替换谓词符号 p，相应地，$a\in\sigma$ 意味着 σ 替换程序常量符号 a。

图 18.1 定义了一致替换 σ 应用于 dL 公式 ϕ 的结果 $\sigma(\phi)$，该替换一致地用某个项(用 f 中各个参数实例化)替换所有出现的函数 f，用某个公式(用其参数实例化)替换所有出现的谓词 p，并用某个程序替换程序常量符号 a。图 18.1 中的每种情形都递归地应用一致替换$^\ominus$。

542

在每种情形下，一致替换应用机制检查该替换是否是运算符的约束变量可容许的，也就是说，σ 不会将自由变量引入它们受约束的运算符作用范围内(这将在下面的定义 18.7 中定义)。

$\sigma(x) = x$	对于变量 $x\in\mathscr{V}$
$\sigma(f(e)) = (\sigma(f))(\sigma(e)) \stackrel{\text{def}}{=} \{\cdot\mapsto\sigma(e)\}(\sigma f(\cdot))$	对于函数符号　$f\in\sigma$
$\sigma(g(e)) = g(\sigma(e))$	对于函数符号　$g\notin\sigma$
$\sigma(e+\tilde{e}) = \sigma(e)+\sigma(\tilde{e})$	
$\sigma(e\cdot\tilde{e}) = \sigma(e)\cdot\sigma(\tilde{e})$	
$\sigma((e)') = (\sigma(e))'$	如果 σ 对于 e 是 $\mathscr{V}$ 可容许的
$\sigma(e\geqslant\tilde{e}) \equiv \sigma(e)\geqslant\sigma(\tilde{e})$	$>$、$=$、$<$、$\leqslant$ 类似
$\sigma(p(e)) \equiv (\sigma(p))(\sigma(e)) \stackrel{\text{def}}{=} \{\cdot\mapsto\sigma(e)\}(\sigma p(\cdot))$	对于谓词符号　$p\in\sigma$
$\sigma(q(e)) \equiv q(\sigma(e))$	对于谓词符号　$q\notin\sigma$
$\sigma(\neg\phi) \equiv \neg\sigma(\phi)$	$\vee$、$\to$、$\leftrightarrow$ 类似
$\sigma(\phi\wedge\psi) \equiv \sigma(\phi)\wedge\sigma(\psi)$	
$\sigma(\forall x\phi) \equiv \forall x\sigma(\phi)$	如果 σ 对于 ϕ 是 $\{x\}$ 可容许的
$\sigma(\exists x\phi) \equiv \exists x\sigma(\phi)$	如果 σ 对于 ϕ 是 $\{x\}$ 可容许的
$\sigma([\alpha]\phi) \equiv [\sigma(\alpha)]\sigma(\phi)$	如果 σ 对于 ϕ 是 $\text{BV}(\sigma(\alpha))$ 可容许的
$\sigma(\langle\alpha\rangle\phi) \equiv \langle\sigma(\alpha)\rangle\sigma(\phi)$	如果 σ 对于 ϕ 是 $\text{BV}(\sigma(\alpha))$ 可容许的
$\sigma(a) \equiv \sigma a$	对于程序常量符号 $a\in\sigma$
$\sigma(b) \equiv b$	对于程序常量符号 $b\notin\sigma$
$\sigma(x:=e) \equiv x:=\sigma(e)$	
$\sigma(x'=e\,\&\,Q) \equiv x'=\sigma(e)\,\&\,\sigma(Q)$	如果 σ 对于 e、Q 是 $\{x,x'\}$ 可容许的
$\sigma(?Q) \equiv ?\sigma(Q)$	
$\sigma(\alpha\cup\beta) \equiv \sigma(\alpha)\cup\sigma(\beta)$	
$\sigma(\alpha;\beta) \equiv \sigma(\alpha);\sigma(\beta)$	如果 σ 对于 β 是 $\text{BV}(\sigma(\alpha))$ 可容许的
$\sigma(\alpha^*) \equiv (\sigma(\alpha))^*$	如果 σ 对于 α 是 $\text{BV}(\sigma(\alpha))$ 可容许的

图 18.1　一致替换 σ 的递归应用

例如，针对 $\sigma(\forall x\phi)$ 的情形，对于 ϕ 而言 σ 需要可容许的约束变量集为 $\{x\}$，因为如果 σ 在形成 $\sigma(\phi)$ 时引入自由变量 x，那么量词 $\forall x$ 将错误地捕获 x。假设替换 σ 将出现在 ϕ 中的 0 元谓词符号 p 替换为公式 $x\geqslant0$，那么在 $\forall x\phi$ 中的量词作用范围内，该公式 $x\geqslant0$ 指的是一个叫做 x 但不同的变量，即受全称量词 $\forall x$ 约束的变量，而不再是自由变量 x。

$\ominus$　这使得一致替换成为一种同态，因为加法的替换是替换的加法：$\sigma(e+\tilde{e})=\sigma(e)+\sigma(\tilde{e})$，对于所有其他的运算符同理。

这就是这样的一致替换没有定义的原因，因为这是不容许的。这对于诸如公式 $p \leftrightarrow \forall x\, p$ 的可靠性是至关重要的，因为该替换自身是矛盾的，它将 p 替换为相同的公式 $x \geqslant 0$，但是在不同的地方指向的是不同的 x 值，原因是得到的公式 $x \geqslant 0 \leftrightarrow \forall x (x \geqslant 0)$ 中新引入的 x 出现在约束 x 的量词作用范围内。在模态公式 $\sigma([\alpha]\phi)$ 的情形中，形成替换后的后置条件 $\sigma(\phi)$ 时不能作为自由变量引入的禁忌约束变量是替换后的混成程序 HP $\sigma(\alpha)$ 中的约束变量 $\mathrm{BV}(\sigma(\alpha))$。在微分方程 $\sigma(x'=e\,\&\,Q)$ 的情形中，约束变量 $\{x, x'\}$ 是禁忌的，在形成 $\sigma(e)$ 或 $\sigma(Q)$ 时不能作为自由变量引入，因为微分方程改变了两者的值。

在图 18.1 中通过一致替换 $\{\,\boldsymbol{\cdot} \mapsto \sigma(\theta)\}$ 递归地将参数放置到占位符上，这是有良好定义的，因为它用便于替换的参数 $\sigma(\theta)$ 替换了 0 元占位符函数符号 $\boldsymbol{\cdot}$。回想一下 5.6.5 节和 5.6.6 节中公式 P 的自由变量 $\mathrm{FV}(P)$ 以及约束变量 $\mathrm{BV}(P)$ 的定义。

定义 18.7(可容许的一致替换)　　对于变量 $U \subseteq \mathscr{V}$，当且仅当 $\mathrm{FV}(\sigma|_{\Sigma(\phi)}) \bigcap U = \varnothing$ 时，一致替换 σ 对于公式 ϕ(或分别对于项 θ 或 HP α)是 U **可容许的**，其中 $\sigma|_{\Sigma(\phi)}$ 是替换 σ 受限于只替换 ϕ 中出现的符号，而 $\mathrm{FV}(\sigma) = \bigcup\limits_{f \in \sigma} \mathrm{FV}(\sigma f(\boldsymbol{\cdot})) \bigcup \bigcup\limits_{p \in \sigma} \mathrm{FV}(\sigma p(\boldsymbol{\cdot}))$ 是 σ 为函数符号或谓词符号引入的自由变量的集合。

当且仅当 ϕ 中每个运算符的约束变量 U 在对 ϕ 参数的替换中不是自由变量时，一致替换 σ 对于 ϕ(或者分别对于 θ 或 α)是**可容许的**，也就是说 σ 是 U 可容许的。这些可容许性条件在图 18.1 中明确列出，图中定义了将 σ 应用于 ϕ 的结果 $\sigma(\phi)$。对于图 18.1 中的每种情形，σ 需要的 U 可容许性中的禁忌集合 U 正是由其顶层运算符约束的变量集。

如果替换 σ 是不可容许的，我们说 σ 有冲突，而且其结果 $\sigma(\phi)$(或 $\sigma(\theta)$ 或 $\sigma(\alpha)$)没有定义，在这种情形下规则 US 也不适用。图 18.1 中所有可容许性条件很容易总结为：

如果你约束一个自由变量，你就要进逻辑监狱！

请注意，替换 σ 的自由变量 $\mathrm{FV}(\sigma)$ 定义为仅包含其函数符号 f 和谓词符号 p 的替换中自由变量的并集，而不包括程序常量符号，因为程序可能已经读取了完整状态变量集并将其更改为新状态。同样，在确定自由变量时可忽略对于用所有变量 $\bar{x}$ 作为参数的谓词符号 $p(\bar{x})$ 的替换，因为它们显然已经有明确许可能够依赖于所有变量的值，因此不会引入任何新的自由变量。

最后请注意，如果充分条件 $\mathrm{FV}(\sigma) \bigcap U = \varnothing$ 成立，则 σ 对于公式 ϕ 已经是 U 可容许的。定义 18.7 中将对受限替换 $\sigma|_{\Sigma(\phi)}$ 的可容许性检查局限于在受影响的公式 ϕ 中实际出现的符号，这么做的唯一原因是，如果 σ 为函数符号或谓词符号引入的自由变量甚至不出现在 ϕ 中，则该替换无须产生冲突。例如，对于 $\phi \stackrel{\text{def}}{=} (x > 2 \wedge p(y))$，$\sigma = \{p(\boldsymbol{\cdot}) \mapsto (\boldsymbol{\cdot} \leqslant y), q \mapsto (x \leqslant 5)\}$ 是 $\{x\}$ 可容许的，由于危险的谓词符号 q 及其自由变量 x 不是 $\{x\}$ 可容许的，但 q 甚至不出现在 ϕ 中，因此受限替换是 $\sigma|_{\Sigma(\phi)} = \{p(\boldsymbol{\cdot}) \mapsto (\boldsymbol{\cdot} \leqslant y)\}$，其中唯一的自由变量是 y。对于 ϕ，原始替换 σ 及其受限替换 $\sigma|_{\Sigma(\phi)}$ 都不是 $\{y\}$ 可容许的，因为两者都有 y 作为自由变量。对于 $\psi \stackrel{\text{def}}{=} (x > 2 \wedge p(y) \wedge q)$，原始替换 σ 也不是 $\{x\}$ 可容许的，因为对于在 ψ 中出现的谓词符号 q，它的替换公式包含 x 作为自由变量。

例如，以下一致替换 $\sigma = \{a \mapsto x'=5,\ p \mapsto (y \leqslant 5)\}$ 是成功的：

$$\mathrm{US}\ \frac{p \rightarrow [a]p}{y \leqslant 5 \rightarrow [x'=5]y \leqslant 5}$$

使用图 18.1 中的一致替换机制，并且因为 $y \notin \mathrm{BV}(x'=5)$，该替换可得出：

$$\sigma(p \rightarrow [a]p) \equiv \sigma(p) \rightarrow \sigma([a]p) \equiv \sigma(p) \rightarrow [\sigma(a)]\sigma(p)$$

$$\equiv \sigma p \rightarrow [\sigma a]\sigma p \equiv y \leqslant 5 \rightarrow [x'=5]y \leqslant 5$$

除了前面的例子之外，我们还考虑一些非常有深刻见地的例子。一致替换 $\sigma = \{p(\bullet) \mapsto (\bullet \geqslant 0), q \mapsto (y<0)\}$ 是可以的，因为它只在 y 不受约束的上下文 $\forall x\_$ 中引入自由变量 y：

$$\text{US} \frac{\forall x(p(x) \vee q) \leftrightarrow (\forall x p(x)) \vee q}{\forall x(x \geqslant 0 \vee y<0) \leftrightarrow (\forall x(x \geqslant 0)) \vee y<0}$$

根据图 18.1 应用一致替换是直截了当的：

$$\sigma(\forall x(p(x) \vee q) \leftrightarrow (\forall x p(x)) \vee q) \equiv \sigma(\forall x(p(x) \vee q)) \leftrightarrow \sigma((\forall x p(x)) \vee q)$$
$$\equiv \forall x(\sigma(p(x) \vee q)) \leftrightarrow \sigma(\forall x p(x)) \vee \sigma(q) \equiv \forall x(\sigma(p(x)) \vee \sigma(q)) \leftrightarrow \forall x \sigma(p(x)) \vee \sigma(q)$$
$$\equiv \forall x(x \geqslant 0 \vee y<0) \leftrightarrow (\forall x(x \geqslant 0)) \vee y<0$$

这种替换利用的事实是在 q 的替换中不包含 x 作为自由变量。

相反，一致替换 $\sigma = \{p(\bullet) \mapsto (\bullet \geqslant 0), q \mapsto (x<0)\}$ 有冲突，因为 q 的替换在 x 受约束的上下文 $\forall x\_$ 中引入自由变量 x：

$$\text{冲突} \frac{\forall x(p(x) \vee q) \leftrightarrow (\forall x p(x)) \vee q}{\forall x(x \geqslant 0 \vee x<0) \leftrightarrow (\forall x(x \geqslant 0)) \vee x<0}$$

这对可靠性是至关重要的，因为左公式是永真的（每个数字或者大于等于 0 或者小于 0）但右公式不是，因为它等价于 $x<0$，这对 x 的当前值施加了条件。一致替换应用 $\sigma(\forall x(p(x) \vee q))$ 发生冲突，因为对于 $p(x) \vee q$ 而言 σ 不是 $\{x\}$ 可容许的，原因是 q 的替换 $x<0$ 含有自由变量 x，但 x 已经受到量词 $\forall x$ 的约束。当然，这是有道理的，因为析取项只能在实际上并没有使用量化变量时才能拉到量词作用范围之外。这正是前提所表达的内容。事实上，该前提可从其他量词公理证明。

请注意，对于可靠性而言至关重要的是，即使在 x 受约束的上下文中出现的是 $p(x)$，也不允许在替换公式中提及自由变量 x，除了在占位符 $\bullet$ 的位置之外。例如，在赋值公理 $[:=]$ 上使用一致替换 $\sigma = \{c() \mapsto 0, p(\bullet) \mapsto (\bullet \geqslant x)\}$ 会发生冲突，因为 $p(\bullet)$ 的替换会在 x 受约束的上下文 $[x:=0]\_$ 中引入额外的自由变量 x：

$$\text{冲突} \frac{[x:=c()]p(x) \leftrightarrow p(c())}{[x:=0]x \geqslant x \leftrightarrow 0 \geqslant x}$$

这里前提是永真的（公理 $[:=]$），但结论不是，因为赋值的后置条件 $x \geqslant x$ 是永真的，但右边的 $0 \geqslant x$ 不是。原因是在 $p(\bullet)$ 的替换公式 $(\bullet \geqslant x)$ 中，x 在替换 $p(x)$ 时指的是受 $x:=0$ 约束的变量，但是在替换 $p(c())$ 时指的是自由变量 x。

一致替换在替换参数时也需要小心。例如，当应用于赋值公理 $[:=]$ 时，$\sigma = \{c() \mapsto y^2, p(\bullet) \mapsto [(y:= \bullet +y)^*](\bullet \geqslant y)\}$ 在用 $c()$ 的替换项 y^2 代替 $p(c())$ 替换公式中的参数占位符 $\bullet$ 时会发生冲突，因为这会将自由变量 y 引入其受约束的上下文 $[(y:= \bullet +y)^*](\bullet \geqslant y)$ 中：

$$\text{冲突} \frac{[x:=c()]p(x) \leftrightarrow p(c())}{[x:=y^2][(y:=x+y)^*](x \geqslant y) \leftrightarrow [(y:=y^2+y)^*](y^2 \geqslant y)}$$

当然，这对于可靠性至关重要，因为左循环在每一轮中总是对 y 增加相同的值（y 的初始值的平方），相反右循环总是将 y 的最新值的平方与 y 相加。

18.5.4   一致替换引理

理解规则 US 为什么可靠的关键是一致替换引理，它将一致替换所产生的语法变化与相应的语义重新解释关联起来，后者称为伴随解释（adjoint interpretation）。这里的想法是，当形成一致替换 σ 的结果 $\sigma(\phi)$ 时，不是在语法上用另一个公式替换谓词符号 p，而是可以修改谓词符号 p 的解释。在解释 I 中公式 ϕ 的一致替换 $\sigma(\phi)$ 在状态 ω 下为真，当且仅当在其伴随解释 $\sigma_\omega^* I$ 中公式 ϕ 本身在 ω 下为真。伴随解释的语义修改与语法一致替换具有相同的效果，但它作用于语义。

例如，回想一下，为了从式(18.4)证明式(18.5)，我们以如下替换使用 US：

$$\sigma = \{c\,() \mapsto x^2 - 1,\ p(\cdot) \mapsto (\cdot \geqslant 0)\} \tag{18.6*}$$

$$\text{US}\ \frac{[x := c\,()]\,p(x) \leftrightarrow p(c\,())}{[x := x^2 - 1]\,x \geqslant 0 \leftrightarrow x^2 - 1 \geqslant 0}$$

我们不是在语法上到处将 $p(\cdot)$ 替换为 $(\cdot \geqslant 0)$，而是可以用不同的方式重新解释谓词符号 p，即当且仅当其参数大于或等于 0 时，则 $\sigma_\omega^* I(p)$ 为真。并且，我们不是在语法上到处用 $x^2 - 1$ 代替 $c\,()$，而是可以重新解释函数符号 $c\,()$，使得 $\sigma_\omega^* I(c\,())$ 具有 $x^2 - 1$ 在状态 ω 下具有的值。在如此修改语义得到的伴随解释 $\sigma_\omega^* I$ 中，原始公式 $[x := c\,()]\,p(x) \leftrightarrow p(c\,())$ 现在具有与替换公式 $[x := x^2 - 1]\,x \geqslant 0 \leftrightarrow x^2 - 1 \geqslant 0$ 在 I 中完全相同的含义。

对于以这种方式精确构造 I、ω 的伴随解释 $\sigma_\omega^* I$，由于这种构造法的确切细节对于本书而言无关紧要，请读者参考文献[8]。唯一重要的一点是，伴随解释能够证明以下一致替换引理，具体证明可以在文献[8]中找到。

引理 18.3(公式的一致替换) 对于所有公式 ϕ，一致替换 σ 和它对于 I、ω 的伴随解释 $\sigma_\omega^* I$ 具有相同的语义：

$$\omega \in I[\![\sigma(\phi)]\!] \quad 当且仅当 \quad \omega \in \sigma_\omega^* I[\![\phi]\!]$$

18.5.5 可靠性

一致替换引理让一致替换所得公式的语义等同于伴随解释中原始公式的语义。配备了该引理之后，现在很容易证实证明规则 US 的可靠性(定理 18.1)。当然，一致替换证明规则 US 仅适用于其一致替换有定义的情形，因此遵守其可容许性条件。

定理 18.1(一致替换) 以下证明规则 US 是可靠的：

$$\text{US}\ \frac{\phi}{\sigma(\phi)}$$

证明 证明[8]中使用的想法是，替换公式的真值等价于伴随解释中原始公式的真值，由此得出前提在所有解释中的永真性蕴涵了伴随解释中的永真性，从而蕴涵结论的永真性。令规则 US 的前提 ϕ 永真，即对于所有状态 ω 并且对于程序符号、谓词符号和函数符号的所有解释 I，都有 $\omega \in I[\![\phi]\!]$。为了证明结论是永真的，考虑任何状态 ω 和任何解释 I 并证明 $\omega \in I[\![\sigma(\phi)]\!]$。根据引理 18.3，当且仅当原始公式 ϕ 在已经根据替换 σ 修改的伴随解释 $\sigma_\omega^* I$ 的状态 ω 下为真，则一致替换公式 $\sigma(\phi)$ 在解释 I 的状态 ω 下为真，也就是说，$\omega \in I[\![\sigma(\phi)]\!]$ 当且仅当 $\omega \in \sigma_\omega^* I[\![\phi]\!]$。现在，可证明 $\omega \in \sigma_\omega^* I[\![\phi]\!]$ 成立，因为根据前提，对于所有状态 ω 和解释 I 都有 $\omega \in I[\![\phi]\!]$，包括状态 ω 和解释 $\sigma_\omega^* I$。∎

一致替换证明规则 US 还缺少的是自由变量和约束变量的确切定义，这是可容许性定义所需要的(见定义 18.7)。这些已在 5.6.6 节中说明过。唯一要补充的是新添加的函数符号和谓词符号以及程序常量符号的自由变量和约束变量的定义。对于函数符号和谓词符号，这只需要询问其参数项：

$$\text{FV}(f(e_1, \cdots, e_k)) = \text{FV}(e_1) \bigcup \cdots \bigcup \text{FV}(e_k)$$

$$\text{FV}(p(e_1, \cdots, e_k)) = \text{FV}(e_1) \bigcup \cdots \bigcup \text{FV}(e_k)$$

$$BV(p(e_1, \cdots, e_k)) = 0$$

程序常量符号 a 的解释可以读取和写入所有变量的集合 $\mathcal{V}$ 中的任何变量，但它不保证写入任何特定变量，因此没有必然约束的变量：

$$FV(\alpha) = \mathcal{V}$$
$$BV(\alpha) = \mathcal{V}$$
$$MBV(\alpha) = \varnothing$$

18.6　dL 的公理体系证明演算

微分动态逻辑公理化的纯粹公理体系公式描述[8] 如图 18.2 所示。图 18.2 中列出的公理是公理，所以是具体的 dL 公式，而不是代表无穷公式集合的公理模式。这些公理是可靠的，即为永真的 dL 公式。包括我们到目前为止已经讨论过的公理，这些公理的形成方式是使用程序常量符号 a 和 b 作为具体的混成程序，并使用 $p(\bar{x})$ 作为没有可容许性要求的后置条件的具体公式。在用规则 US 作一致替换时，公理中的这些程序常量符号 a 和 b 以及公式 $p(\bar{x})$ 和 $q(\bar{x})$ 可以依次分别用任意的 HP 和 dL 公式代替。

$$
\begin{array}{ll}
[:=] \quad [x := c()]p(x) \leftrightarrow p(c()) & \text{G} \quad \dfrac{p(\bar{x})}{[a]p(\bar{x})} \\[2mm]
[?] \quad [?q]p \leftrightarrow (q \to p) & \forall \quad \dfrac{p(x)}{\forall x\, p(x)} \\[2mm]
[\cup] \quad [a \cup b]p(\bar{x}) \leftrightarrow [a]p(\bar{x}) \wedge [b]p(\bar{x}) & \\[2mm]
[;] \quad [a;b]p(\bar{x}) \leftrightarrow [a][b]p(\bar{x}) & \text{MP} \quad \dfrac{p \to q \quad p}{q} \\[2mm]
[^*] \quad [a^*]p(\bar{x}) \leftrightarrow p(\bar{x}) \wedge [a][a^*]p(\bar{x}) & \\[2mm]
\langle \cdot \rangle \quad \langle a \rangle p(\bar{x}) \leftrightarrow \neg[a]\neg p(\bar{x}) & \\[2mm]
\text{K} \quad [a](p(\bar{x}) \to q(\bar{x})) \to ([a]p(\bar{x}) \to [a]q(\bar{x})) & \\[2mm]
\text{I} \quad [a^*]p(\bar{x}) \leftrightarrow p(\bar{x}) \wedge [a^*](p(\bar{x}) \to [a]p(\bar{x})) & \\[2mm]
\text{V} \quad p \to [a]p &
\end{array}
$$

图 18.2　微分动态逻辑公理和证明规则

唯一的例外是测试公理 [?]，它本可以表达为以下两个 dL 公式中的任意一个：

$$[?q]p \leftrightarrow (q \to p) \tag{18.9}$$
$$[?q(\bar{x})]p(\bar{x}) \leftrightarrow (q(\bar{x}) \to p(\bar{x})) \tag{18.10}$$

看起来好像第二个公式描述（式（18.10））更灵活，因为它在 $p(\bar{x})$ 和 $q(\bar{x})$ 中明确提及所有变量的列表，这样在实例化该公理时很明显可以将任何 dL 公式用于测试 $?q(\bar{x})$ 和后置条件 $p(\bar{x})$。然而，第一个公式描述（式（18.9））已经足够了，因为任何 dL 公式都可以替换 0 元谓词符号 p 和 q，原因是在式（18.10）中没有任何变量是受约束的，所以它与任何替换的任何自由变量集的交集总是为空。

图 18.2 中公理和证明规则的可靠性遵循本书第一部分第 5 章和第 7 章中相应公理模式和证明规则模式的可靠性。图 18.2 中的具体公理是先前公理模式的实例，即使直接证明它们的可靠性更容易[8]。在定理证明器中实现图 18.2 中的公理现在是直截了当的，因为每个公理只是该证明器需要记住的单个具体的 dL 公式。可以证明，一致替换证明规则 US 能够证明完备性所需的所有这些公理的实例[8]。

18.7　微分公理

本章讨论的公理体系方法不限于对第一部分的 CPS 推理原理作逻辑内化，而是在其他地方也同样适用，包括第二部分中微分方程的证明原理。对微分方程实现这种方法的关键因素是我们在第二部分中已经了解的微分形式。dL 的微分方程公理和微分公理的纯粹公理体系公式描述[8]如图 18.3 所示。这些公理是第二部分中公理模式的特殊实例，这解释了它们的可靠性。

$$\text{DW } [x' = f(x)\,\&\,q(x)]p(x) \leftrightarrow [x' = f(x)\,\&\,q(x)](q(x) \rightarrow p(x))$$

$$\text{DI } \big([x' = f(x)\,\&\,q(x)]p(x) \leftrightarrow [?q(x)]p(x)\big) \leftarrow \big(q(x) \rightarrow [x' = f(x)\,\&\,q(x)](p(x))'\big)$$

$$\text{DC } \big([x' = f(x)\,\&\,q(x)]p(x) \leftrightarrow [x' = f(x)\,\&\,q(x) \wedge r(x)]p(x)\big) \leftarrow [x' = f(x)\,\&\,q(x)]r(x)$$

$$\text{DE } [x' = f(x)\,\&\,q(x)]p(\bar{x}) \leftrightarrow [x' = f(x)\,\&\,q(x)][x' := f(x)]p(\bar{x})$$

$$\text{DG } [x' = f(x)\,\&\,q(x)]p(x) \leftrightarrow \exists y\,[x' = f(x), y' = a(x)\cdot y + b(x)\,\&\,q(x)]p(x)$$

$$\text{DS } [x' = c()\,\&\,q(x)]p(x) \leftrightarrow \forall t{\geq}0\,\big((\forall 0{\leq}s{\leq}t\,q(x + c()s)) \rightarrow [x := x + c()t]p(x)\big)$$

$$+' \ (f(\bar{x}) + g(\bar{x}))' = (f(\bar{x}))' + (g(\bar{x}))'$$

$$-' \ (f(\bar{x}) - g(\bar{x}))' = (f(\bar{x}))' - (g(\bar{x}))'$$

$$\cdot' \ (f(\bar{x})\cdot g(\bar{x}))' = (f(\bar{x}))'\cdot g(\bar{x}) + f(\bar{x})\cdot(g(\bar{x}))'$$

$$/' \ (f(\bar{x})/g(\bar{x}))' = \big((f(\bar{x}))'\cdot g(\bar{x}) - f(\bar{x})\cdot(g(\bar{x}))'\big)/g(\bar{x})^2$$

$$c' \ (c())' = 0 \qquad \text{（对于数字或常量}c()\text{）}$$

$$x' \ (x)' = x' \qquad \text{（对于变量}x \in \mathscr{V}\text{）}$$

图 18.3　微分方程公理与微分公理

在图 18.3 中列出的公理利用了一致替换的结构优势。由于微分幽灵公理 DG 中的 1 元函数符号 a 和 b 接收参数 x，因此它们各自的替换也有特殊许可可以依赖于 x。所以，它们一致替换的替换项中也可以包含自由变量 x 和任何其他变量，但不能有新的微分幽灵 y，因为 y 受 $y' = a(x)\cdot y + b(x)$ 约束。因此，公理 DG 中的 $a(x)$ 和 $b(x)$ 的替换项总体而言可以提及除微分幽灵 y 之外的任何变量。对于可靠性（见第 12 章）至关重要的是，$a(x)$ 和 $b(x)$ 的替换项不含自由变量 y，否则新的微分方程 $y' = a(x)\cdot y + b(x)$ 不保证解的持续时间足够长，因为 $y' = a(x)\cdot y + b(x)$ 实际上可能不是线性的，原因是 $a(x)$ 或 $b(x)$ 的替换项悄悄地依赖于 y。与另外的变量 z 不同，公理 DG 需要以 $a(x)$ 和 $b(x)$ 的形式给出对于依赖 x 的特殊许可，因为 x 受 $x' = f(x)$ 约束。

请注意，相比在 DG 的模式实例中建立精确关系来确定可以可靠地接受哪些变量，通过具体提及自由变量来证实具体公理 DG 的可靠性要容易得多。形式为规则 US 的一致替换机制一次性地处理好了这些泛化和实例化问题，而不是对每个公理模式逐个进行处理。

仔细检查图 18.3 中的公理，在微分不变式公理 DI 的后置条件 $p(x)$ 中 x' 不是自由的也很重要，因为在 $[x' = f(x)\,\&\,q(x)]p(x)$ 中 x' 保证等于 $f(x)$，但在 $[?q(x)]p(x)$ 中不保证。实际上，一致替换在实例化时维护了这一点，由于 x' 受 $x' = f(x)\,\&\,q(x)$ 约束，因此没有特殊许可就不能在后置条件 $p(x)$ 的替换中出现。这与公理 DW 不同，其中为了简单起见，后置条件 $p(x)$ 也不允许提及 x'，即使这完全是可靠的，因为所有出现的 $p(x)$

都在 $[x'=f(x)\&q(x)]$ 的上下文中。

类似地，解公理 DS 在后置条件 $p(x)$ 中不含 x' 是很重要的，否则将需要在右边增加一个赋值语句，即以 $[x':=c()]p(x)$ 来取代 $p(x)$，从而传递微分方程 $x'=c()\&q(x)$ 对 x' 的影响。当然更重要的是，对微分方程中 0 元常量符号 $c()$ 的替换不含 x 作为自由变量，否则 $x+c()t$ 不会是微分方程 $x'=c()$ 的正确解。常量微分方程公理 DS 比完全解公理模式 $[']$ 要弱一些，因为它只适用于右侧为常量（符号）的微分方程。但是与第 12 章中讨论的方法类似，公理 DS 可以与微分幽灵 DG 一起使用以引入时间 $t'=1$，也可以与微分切割 DC 一起引入然后通过 DI 证明其他可解微分方程的解[8]。

在公理 c' 中，0 元函数符号 $c()$ 不能用提及变量的公式代替，因为与量词类似，微分算子 $(\cdots)'$ 不接受变量的引入。微分算子 $(\cdots)'$ 不允许在一致替换时引入任何新变量的原因是，比如 $(xy)'$ 的值等于 $x'y+xy'$ 的值并且取决于 x、x'、y、y'，这就是知道任意 $(\cdots)'$ 项的所有自由变量很重要的原因。

特别地，公理 c' 中的 0 元函数符号 $c()$ 可以替换为常量项，例如 $5\cdot 2$ 或 $5+b()$，其中的 0 元（常量）函数符号 $b()$ 表示比如制动力，但不能替换为像 $5+x$ 这样一个含新变量的项，该新变量的微分确实取决于变量 x 和 x' 的值。

550 这与公理 $+'$ 形成对比，公理 $+'$ 中出现的 $f(\overline{x})$ 和 $g(\overline{x})$ 可以被任意项代替，由于它们已经提及所有变量 $\overline{x}$，因此在一致替换期间不会引入新的变量。实际上，在公理 $+'$、$-'$、$\cdot'$、$/'$ 中对于任何项 $f(\overline{x})$、$g(\overline{x})$ 的算术运算，其微分都作了规定，但在公理 c' 中规定的微分 0 仅适用于确实是常量而不能有任何自由变量的项。一致替换使得很容易仅通过各自具体公理公式中使用的语法表达式就能区分这两种情况。

18.8   总结

本章主要的深入认识是一致替换为混成系统提供了一种简单而模块化的方法来实现微分动态逻辑推理。基于一致替换的直接递归实现，定理证明器中的可靠性关键部分可简化为仅仅对作为公理采用的具体公式进行复制和粘贴。得到的证明演算仍然是可靠的，并且相对于任何微分表达逻辑也是完备的[8]，包括微分方程的一阶逻辑[5-6]和离散动态逻辑[6]。

定理 18.2(dL 的公理化)   图 18.2 和 18.3 中列出的一致替换 dL 演算是混成系统的可靠公理化，并且该公理化相对于任何微分表达逻辑 L 都是完备的，即每个永真的 dL 公式在 dL 演算中都可以从 L 永真式证明。

这种简洁的方法解释了为什么一致替换证明器 KeYmaera X[3] 可靠性关键的核心如此之小，以及为什么在 Isabelle/HOL[4] 和 Coq[10] 中交叉验证它相对容易。事实上，通过对一致替换可以实例化的符号集作很小的泛化，从一致替换推导出上下文等价重写规则（引理 6.2）也很容易[8]，这些规则将公理应用于不同上下文时非常重要。附录探讨了 dL 的所有其他证明规则，它们不是规则模式，而是由一致替换[8]实例化的具体 dL 公式组成的公理体系证明规则。

18.9   附录：规则和证明的一致替换

一致替换不限于在公理上使用，也可以用于证明规则：

$$\frac{\phi_1\cdots\phi_n}{\psi}$$

或对于从前提 ϕ_1 到 ϕ_n 得到结论 ψ 的完整证明（相继式也一样）。我们只需要在前提与结论上使用相同的一致替换。根据引理 18.3，在所有地方使用相同的一致替换在语义上对应于在所有地方固定并且使用相同的解释 I。

推断或证明规则是局部可靠的，当且仅当在它所有前提都永真的任何解释中，其结论也都是永真的。所有局部可靠的证明规则都是可靠的，因为如果所有前提在所有解释中都永真，那么局部可靠性使得结论在每个解释中都永真。但是，局部可靠的证明规则也可以可靠地被一致替换，这保留了局部可靠性。

定理 18.3(规则的一致替换) 局部可靠的推断的所有一致替换实例(其中 $FV(\sigma) = \varnothing$)都是局部可靠的：

$$\frac{\phi_1 \cdots \phi_n}{\psi} \text{局部可靠} \quad \text{蕴涵着} \quad \frac{\sigma(\phi_1) \cdots \sigma(\phi_n)}{\sigma(\psi)} \text{局部可靠}$$

定理 18.3 证明[8]背后的思想是，根据引理 18.3，右边前提 $\sigma(\phi_i)$ 在状态 ω 和解释 I 中的真值等价于左边相应前提 ϕ_i 在 ω 和伴随解释 $\sigma_\omega^* I$ 中的真值。根据左边推断的局部可靠性，如果所有前提 ϕ_i 在解释 $\sigma_\omega^* I$ 中都永真，则其结论 ψ 也是如此，根据引理 18.3，这蕴涵着替换结论 $\sigma(\psi)$ 在 I 中是永真的。$FV(\sigma) = \varnothing$ 这一假设用于确保无论状态 ω 是什么，相同的论证在同一个伴随解释 $\sigma_\omega^* I$ 中都适用。如果 $n=0$ 因而 ψ 有证明，则当 $FV(\sigma) \neq \varnothing$ 时该定理也成立，因为可靠性和局部可靠性对于 $n=0$ 个前提的情形是等价的概念。

定理 18.3 解释了 dL(除了 US)的所有证明规则都是仅仅为一对具体 dL 公式的公理体系证明规则。例如，泛化规则

$$G \frac{p(\overline{x})}{[a]p(\overline{x})}$$

是一对具体的 dL 公式。规则 G 可以用定理 18.3 实例化为：

$$\frac{x^2 \geq 0}{[x:=x+1;(x'=x \bigcup x'=-2)]x^2 \geq 0}$$

这里使用了一致替换

$$\sigma = \{a \mapsto x:=x+1;(x'=x \bigcup x'=-2), p(\overline{x}) \mapsto x^2 \geq 0\}$$

突然之间，需要作为算法实现的唯一证明规则是用于规则 US 和定理 18.3 的一致替换机制本身。所有其他公理和公理体系证明规则只是具体的数据。

习题

18.1 给出应用一致替换规则 US 的结果，将替换 $\sigma = \{a \mapsto \{x''=-g \& x \geq 0\}, b \mapsto ?(x=0); v:=-cv, p(\overline{x}) \mapsto 2gx \leq 2gH - v^2\}$ 分别用于以下公式：

$$[a \bigcup b]p(\overline{x}) \leftrightarrow [a]p(\overline{x}) \wedge [b]p(\overline{x})$$
$$[a; b]p(\overline{x}) \leftrightarrow [a][b]p(\overline{x})$$
$$[a^*]p(\overline{x}) \leftrightarrow p(\overline{x}) \wedge [a][a^*]p(\overline{x})$$
$$\langle a \rangle p(\overline{x}) \leftrightarrow \neg [a] \neg p(\overline{x})$$
$$[a^*]p(\overline{x}) \leftrightarrow p(\overline{x}) \wedge [a^*](p(\overline{x}) \to [a]p(\overline{x}))$$

18.2 (冲突与否) 一致替换证明规则 US 检验替换 σ 没有在自由变量受约束的上下文中引入该变量。在以下示例中，列出 US 规则应用给定替换时产生的结论，或解释 US 为什么以及如何发生冲突，并解释 US 发生冲突是否是可靠性关键的：

$$[x:=c()]p(x) \leftrightarrow p(c()) \quad \sigma = \{c() \mapsto 0, p(\bullet) \mapsto (\bullet = x)\}$$
$$[x:=c()]p(x) \leftrightarrow p(c()) \quad \sigma = \{c() \mapsto y+1, p(\bullet) \mapsto (y:=1;(y:=\bullet)^*]y \leq 1\}$$

$$[x'=c()]p(x) \leftrightarrow \forall t \geqslant 0[x:=x+t \cdot c()]p(x) \quad \sigma = \{c() \mapsto -x, p(\bullet) \mapsto (\bullet \geqslant 0)\}$$

18.3 **(让它发生冲突)** 令 p 为一个 0 元谓词符号。给出一个一致替换 σ，使得 US 在应用于如下公式时发生冲突对于可靠性而言是必要的：

$$p \rightarrow [a]p$$

你是否也可以给出一个一致替换，当应用于以下公式时会发生冲突？

$$[a;b]p(\overline{x}) \leftrightarrow [a][b]p(\overline{x})$$

18.4 给出在下面的公式中以替换 $\sigma = \{c() \mapsto x \cdot y^2+1, \ p(\bullet) \mapsto (y+\bullet \geqslant z)\}$ 使用一致替换规则 US 的结果，或解释 US 为什么以及如何发生冲突：

$$[u:=c()]p(u) \leftrightarrow p(c())$$

$$[x:=c()]p(x) \leftrightarrow p(c())$$

$$[y:=c()]p(y) \leftrightarrow p(c())$$

$$[z:=c()]p(z) \leftrightarrow p(c())$$

$$[u:=c()]p(u) \leftrightarrow \forall u(u=c() \rightarrow p(u))$$

$$[x:=c()]p(x) \leftrightarrow \forall x(x=c() \rightarrow p(x))$$

$$[y:=c()]p(y) \leftrightarrow \forall y(y=c() \rightarrow p(y))$$

$$[z:=c()]p(z) \leftrightarrow \forall z(z=c() \rightarrow p(z))$$

如果 σ 发生冲突，给出一个不会发生冲突的"类似的"一致替换。

18.5 以替换 $\sigma = \{c() \mapsto x+y, p(\bullet) \mapsto [z:=\bullet+1;(z:=z+\bullet)^* \cdot +1 \geqslant 0]\}$ 应用规则 US 于公理 $[:=]$ 的结果是什么？对于下列每一个公式，或者阐明哪一个一致替换由公理 $[:=]$ 根据规则 US 可以证明它，或者解释为什么不存在这样的一致替换。

$$[x:=-x]x^2 \geqslant 2x \leftrightarrow (-x)^2 \geqslant 2(-x)$$

$$[x:=y+1](z:=z+x)^* x^2 \geqslant z \leftrightarrow [(z:=z+y+1)^*](y+1)^2 \geqslant z$$

$$[x:=2x][(z:=z+x)^*]x^2 \geqslant z \leftrightarrow [(z:=z+2x)^*](2x)^2 \geqslant z$$

$$[x:=2x][(z:=z+x; z:=z+x)^*]x^2 \geqslant z \leftrightarrow [(z:=z+2x; z:=z+x)^*](2x)^2 \geqslant z$$

$$[x:=z+1](z:=z+x)^* x^2 \geqslant z \leftrightarrow [(z:=z+z+1)^*](z+1)^2 \geqslant z$$

$$[x:=z][x'=2x]x \geqslant 0 \leftrightarrow [z'=2z]z \geqslant 0$$

$$[x:=z+1][x'=2x]x \geqslant 0 \leftrightarrow [z'=2z]z \geqslant 0$$

18.6 **(局部可靠性)** 定理 18.3 表明，可以对局部可靠的证明规则应用一致替换。证明除 US 之外的所有 dL 证明规则都是局部可靠的。

18.7 **(重命名)** 一致替换对于以公式替换谓词符号、以项替换函数符号，以及以程序替换程序常量符号而言是完美的。但是，无论我们尝试在赋值公理 $[:=]$ 上应用多少次一致替换，它赋值的变量总是 x。其他唯一提到变量名称的公理是微分变量公理 x'、量词泛化规则 $\forall$ 以及微分方程公理（然而，它通过推广到微分方程组解决了这个问题）。

　　为了用其他变量名来证明这些公理的实例，有一个重命名的证明规则会很有帮助。重命名至少可以有两种不同的方式。一致重命名（uniform renaming）将变量 x 在所有地方一致地重命名为变量 y。约束重命名（bound renaming）只将在某个受约束场景中出现的变量 x 重命名为 y（当然，将在此受约束场景范围内出现的 x 一致重命名为 y），这可以用来证明 $\forall x p(x) \leftrightarrow \forall y p(y)$。例如，一致重命名可证明如下公式：

$$\text{UR } \frac{x \geqslant 0 \wedge \forall x\,(x^2 \geqslant 0) \rightarrow [x := x+1]\,x > 0}{y \geqslant 0 \wedge \forall y\,(y^2 \geqslant 0) \rightarrow [y := y+1]\,x > 0}$$

相反，约束重命名可证明如下公式：

$$\text{BR } \frac{x \geqslant 0 \wedge \forall x\,(x^2 \geqslant 0) \rightarrow [x := x+1]\,x > 0}{x \geqslant 0 \wedge \forall x\,(x^2 \geqslant 0) \rightarrow [y := x+1]\,y > 0}$$

给出一个精确的构造来定义两种类型的重命名证明规则，并小心确定可靠性的所有要求。如果你喜欢挑战，那么证明这两条规则都是可靠的。

554

参考文献

[1] Brandon Bohrer, Vincent Rahli, Ivana Vukotic, Marcus Völp, and André Platzer. Formally verified differential dynamic logic. In: *Certified Programs and Proofs - 6th ACM SIGPLAN Conference, CPP 2017, Paris, France, January 16-17, 2017*. Ed. by Yves Bertot and Viktor Vafeiadis. New York: ACM, 2017, 208–221. DOI: 10.1145/3018610.3018616.

[2] Alonzo Church. *Introduction to Mathematical Logic*. Princeton: Princeton University Press, 1956.

[3] Nathan Fulton, Stefan Mitsch, Jan-David Quesel, Marcus Völp, and André Platzer. KeYmaera X: an axiomatic tactical theorem prover for hybrid systems. In: *CADE*. Ed. by Amy Felty and Aart Middeldorp. Vol. 9195. LNCS. Berlin: Springer, 2015, 527–538. DOI: 10.1007/978-3-319-21401-6_36.

[4] Tobias Nipkow, Lawrence C. Paulson, and Markus Wenzel. *Isabelle/HOL — A Proof Assistant for Higher-Order Logic*. Vol. 2283. LNCS. Berlin: Springer, 2002.

[5] André Platzer. Differential dynamic logic for hybrid systems. *J. Autom. Reas.* **41**(2) (2008), 143–189. DOI: 10.1007/s10817-008-9103-8.

[6] André Platzer. The complete proof theory of hybrid systems. In: *LICS*. Los Alamitos: IEEE, 2012, 541–550. DOI: 10.1109/LICS.2012.64.

[7] André Platzer. A uniform substitution calculus for differential dynamic logic. In: *CADE*. Ed. by Amy Felty and Aart Middeldorp. Vol. 9195. LNCS. Berlin: Springer, 2015, 467–481. DOI: 10.1007/978-3-319-21401-6_32.

[8] André Platzer. A complete uniform substitution calculus for differential dynamic logic. *J. Autom. Reas.* **59**(2) (2017), 219–265. DOI: 10.1007/s10817-016-9385-1.

[9] André Platzer and Jan-David Quesel. KeYmaera: a hybrid theorem prover for hybrid systems. In: *IJCAR*. Ed. by Alessandro Armando, Peter Baumgartner, and Gilles Dowek. Vol. 5195. LNCS. Berlin: Springer, 2008, 171–178. DOI: 10.1007/978-3-540-71070-7_15.

[10] The Coq development team. *The Coq proof assistant reference manual*. Version 8.0. LogiCal Project. 2004.

555

已验证模型与已验证运行时确认

概要　本章对信息物理系统分析做了重大转折。毫无疑问，形式化验证详尽地涵盖了 CPS 无穷多可能的行为，因而能给出关键的安全性信息，这是有限次数的测试所做不到的。问题在于，此时安全性结果涵盖的是已验证的 CPS 模型的所有行为，但对于实际 CPS 实现而言能提供的安全性保证只在该实现与模型相符的程度之内。对物理给出足够好的模型本身就是一项非常不容易的挑战。本章提供了一种系统性的方法，借助于可证明正确的运行时遵从性监控器（runtime compliance monitors），将 CPS 模型的安全性保证转换为关于实际实现的安全性结果。当在 CPS 实现上运行时，这些运行时监控器以经过验证的方式确认实际执行情况符合之前证明安全的已验证模型。

19.1　引言

由于信息物理系统与不确定而复杂的物理世界有着微妙的交互，它们提供了这么多有趣的控制方面的挑战，因此得到正确的系统是非常不容易的。由于相关系统行为可以交互的方式有多种，因此完全涵盖这些行为的最佳方式是利用形式化验证和确认技术的支持。为了受益于对所有可能行为安全性的全面涵盖，当然有必要对系统模型进行详细审查，不仅包括其控制器的模型，还包括物理相关部分的模型。

对现实建模伴随着某些不可避免的挑战。世界是复杂的，这意味着我们对世界的模型要么也极其复杂，要么侧重于某些简单的片段。这里的诀窍是只专注于现实中相关的特性，并尽可能利用简化抽象（包括非确定性过近似）来设计物理动态模型。回想一下，对于第 4 章和 11.12 节中的弹跳球模型，混杂性和非确定性是如何通过允许比实际可能更多的行为但使之更容易描述，从而帮助简化该模型的。什么是相关的特性，而我们又如何确保模型会涵盖现实呢？

当我们完成安全性的证明时，对于已证明的微分动态逻辑公式描述的关于特定模型的特定问题，我们就有了最彻底的保证。虽然这样的证明表明该模型是安全的，但它对于实际 CPS 实现的验证取决于实现在多大程度上符合这个模型。我们怎样才能证实它实际的行为呢？更一般地说，我们如何将模型的安全性结果转移到实际实现的安全性上？

正如我们在第一部分中已经阅读到的，我们不可能将实际的自动驾驶汽车塞入公式的逻辑模态中，并期望证明关于这个语法表达式和物理对象的混合的任何有意义的性质。此外，任何这样的尝试仍然会在汽车运动和环境行为的相关物理模型上有所遗漏。

相反，我们将采取更加细致的路线生成一个监控器程序，该程序将在 CPS 实现中运行，一直检查当前的行为是否符合安全性证明中对模型的假设，从而确保 CPS 模型的安全性结果适用于目前的现实情况。但是，该监控器将附带一个证明，证明它以可证明正确的方式执行此检查，从而监控器程序检查成功则意味着具体实现的特定行为是安全的。

本章强调一种简单直观的方法来克服模型不匹配的挑战，而更详细的技术可以参考文献[5]。本章最重要的学习目标如下所示。

建模与控制：本章的重要经验教训是模型与现实之间存在不可避免的差异，因为对现实的所有复杂细节进行精确建模是不可行甚至是不可能的。幸运的是，也没有必要对现实的一切进行建模才能预测一个只影响世界一部分的信息物理系统！但即使如此，对于确保模型提供足够的细节方面仍然存在不小的挑战。本章研究系统的方法来确保真实系统遵从模型，或者反之，模型符合现实。另一个副产品是关于对安全性的考虑如何影响体系结构设计的一些见解，因为巧妙的系统体系结构可以帮助将安全性简化到对更小子系统的分析，从而简化安全性论证。

计算思维：真值与证明之间的关系对于逻辑学具有根本性意义，并且是考虑安全性和完备性时的基础。信息物理系统的一个独特之处是以下根本性的挑战，即尽管在证明演算中一切都是可靠的，但模型中的证明与现实中的真相之间仍然可能存在差异。虽然可靠的证明对模型中系统的行为给出完美的保证，这些保证只有在能够获得系统的精确模型时才适用于真正的系统。对于 CPS 来说，这包括一个令人生畏的任务，即不仅要找到控制器的模型，还要找到物理动态的模型。这个问题是根本性的，不能通过切换成更精确的模型来解决。从表面上看，这个问题可以通过利用 CPS 数据和实验来回避，但如果不再次假设相应的现实模型，这些数据和实验就没有能力做出预测，从而无论怎样都将导致恶性的循环假设。 558

本章在较高层面上介绍了一个称为 ModelPlex[5] 的技术，这种技术通过将离线证明与可验证正确的在线监控相结合，提供了一种方法来解开模型和假设的这种死结。通过将定理证明器翻转过来，ModelPlex 生成可证明正确的监控器条件，这些条件如果在运行时检验成立，则可证明它们保证蕴涵着关于 CPS 模型的离线安全性验证结果适用于实际 CPS 实现的当前运行，所以后者也可以证明是安全的。这得出构造即正确（correct-by-construction）方法，它利用动态契约将对模型的证明转移到 CPS 实现中。

CPS 技能：本章使得可以将安全关键部件分离出来，并且给出有序的方法来使用简化模型而又不丢失与实际 CPS 的联系，从而提供了驾驭 CPS 复杂性的方法。本章介绍了运行时确认这一重要实用概念，这种机制采用在线监控器在运行时检查实际 CPS 实现的行为。它们的主要目的是检查对系统行为的预测相较实际观测到的运行的偏差，并且无论何时检测到偏差有潜在危险，就安全地终止系统。

19.2　必用模型的基本挑战

在微分动态逻辑[7-9]中，模型可以直接表示为混成程序，其中离散控制器动作和连续微分方程根据程序运算符进行交互。在微分动态逻辑中规约化了感兴趣的正确性性质之后，该逻辑提供了严格的推理技术来证明这些性质，正如我们在针对初等 CPS 的第一部分以及针对含复杂连续动态的高等 CPS 的第二部分中阅读到的。一旦完成这样的证明，我们就取得了对系统理解的重大进展，并得到了严格的安全性论证来证明为什么依照该 dL 公式，控制器可以保持 CPS 安全。 559

毫无疑问，如此严格的安全性结果为系统的正确设计提供了极大的信心，特别是因为它还伴随着一个不可否认的证明作为安全证书。然而，更微妙的地方是，我们需要确保对 dL 公式的表述是正确的。这个公式包含前置条件、控制器、物理模型和后置条件。为了便于说明，考虑如下形式的典型 dL 公式：

$$A \rightarrow [(\text{ctrl};\text{plant})^*]B \qquad\qquad (19.1)$$

根据勒内·笛卡儿的怀疑论思维，这里的问题是即使我们有了式(19.1)的证明，还有什么可能出错呢？如果我们写下错误的后置条件 B 会发生什么？如果问错了问题，即使我们得到一个完美的答案，但是针对的是一个我们不感兴趣的问题。因此，最重要的是我们仔细检查后置条件 B，以确保它确实表达了所有对系统具有重要意义的安全关键性质。

如果我们使用了错误的前置条件 A 会发生什么？与后置条件 B 不同，我们不能忘记前置条件 A 中的关键条件，否则就不能证明 dL 公式(19.1)了。然而，可能的情形是，关于初始状态的前置条件 A 过于保守，因此我们不能在尽可能多的情况下安全地启动 CPS。这很遗憾，但至少不是不安全的，除非 A 永远不为真，因为它包含矛盾，在这种情况下式(19.1)为空虚真，因为它的假设不可能成立。因此有用的做法是，作为健全检测(sanity check)，证明所有前置条件都是可满足的。

注解 80(不可能的假设) 一个好主意是，无论何时在模型或安全性质中做出任何假设，都先检查该假设是否可行。更好的方法是，证明它至少是可满足的，因此在某个状态下它为真。

在表述安全性猜想(式(19.1))时，还有什么地方可能出错？我们可能对控制器 ctrl 的描述不正确。或者，更确切地说，控制器模型 ctrl 的行为与实际软件实现或底层微控制器真正的行为之间存在重要的差异。微分细化逻辑(differential refinement logic)[3-4] 是微分动态逻辑的扩展，它提供了一种系统的方法将更抽象的控制器与更具体的控制器联系起来，前者有安全性证明，而后者免费继承了安全性而且有额外的效率上的性质。正如我们在第一部分中阅读到的，抽象模型通常比包含完整细节的模型更容易验证。如果我们选择一个有很大不同的实现平台，或者由于底层 C 程序在语义上的模糊性，我们仍然需要某种方法在式(19.1)中验证的性质和最终在 CPS 上运行的代码之间建立有保障的联系。

最后，也是最关键的一点，我们可能在式(19.1)的物理模型 plant 中犯错。此时会发生什么？此时我们的 CPS 肯定会遇到麻烦。如果我们在式(19.1)中不小心写下火车的物理模型并证明其中的 dL 公式，我们不能指望它能令人满意地控制火箭，因为它们的物理动态是如此不同，原因是太空中显然没有轨道。但是，即使我们在物理模型中使用的基本原理是正确的，而只是忽略了它的一些关键特性，那么式(19.1)的证明对于现实的预测能力仍将是有限的。

对于控制器 ctrl，解救方法可能是以越来越细粒度的细节让它更接近实现，还可以用细化证明技术[4] 来减缓验证复杂性的冲击。也许同样的方法会对物理模型 plant 有所帮助？它会。但话又说回来，它不会！一方面，越来越高保真的模型提高了其安全性结果适用的现实行为的范围。另一方面，甚至更高保真程度的模型仍然只是"现实的模型"。即使是采用薛定谔(Schrödinge)量子力学方程的模型[10]，仍然只是现实的一个模型，并且对于描述和预测汽车在道路上的运动而言甚至不是一个非常有用的模型，因为量子力学对于比汽车小得多的粒子来说更相关。采用爱因斯坦广义相对论场方程[2] 的模型也仍然只是现实的模型，对描述汽车没有更多的用处，因为它对于接近光速的快速物体而言更相关，而光速对于在大多数高速公路上的汽车来说是禁止的。

尽管如此，某些模型对于预测现实是非常有用的。乔治·博克斯(George Box)的口号[1] 很好地体现了这种态度。

注解 81(乔治·博克斯)　　*所有的模型都是错误的,但有一些是有用的。*

因此,我们仍然会继续使用模型,因为它们可以用于预测,但从现在起,我们将更清楚地意识到这样一个事实,即模型在可分析性和准确性之间存在一定的权衡。

有没有一开始就不使用任何模型的方法来回避这个问题?事实上,没有模型我们还能做什么呢?我们可以进行实验并收集关于系统行为的样本数据。尽管这当然也非常有用,但重要的是要明白,我们仍然需要模型来实现预测。通用性来自对模型的使用!除非我们固定一个模型来描述实验设置时的行为与其他情况下的行为之间的关系,否则单单数据本身并不能提供任何预测能力。汽车行驶的海拔对它的操作而言相关吗?可能不会。但是,道路的坡度是否会影响其行为?很有可能。天气有影响吗?除非我们至少在一个模型中做出一些这样的依赖性和独立性的假设,否则无论我们在其他什么地方尝试过,我们都无法以任何确定性推测汽车下次也需要至少 16 米才能从 35 英里/小时(或大约 50 公里/小时)制动到静止状态。

所以看起来,无论好坏,我们至少在物理上都必须使用模型。我们究竟能做些什么来确保我们对 CPS 模型的保证可以转移到实际的 CPS 实现中?这就是本章探讨的内容。

19.3　运行时监控器

首先,假设我们已经很好地利用了第一部分和第二部分的经验教训,给出了一个 dL 公式的证明,该公式具有诸如下面示范性的形状:

$$A \rightarrow [(\text{ctrl};\text{plant})^*]B \tag{19.1*}$$

现在剩下的工作就是找出一种方法来确保这个关于 CPS 模型(ctrl;plant)* 的安全性结果能转移到实际的 CPS 实现中。如果单单离线检查并不能确保式(19.1)完全符合真正的 CPS,那么让我们研究一下运行时监控器,在 CPS 运行时在线处理这个问题。

检验初始条件 A 适用于真实的 CPS 是很简单直接的,只要它所有的量都可以测量。在这种情况下,只需要在运行时评估公式 A 在初始状态下是否为真,并且只允许在它为真时开启 CPS。这仍然是相对简单直接的(如果每个相关的量都是物理上可测量的)。

监控后置条件 B 以确定它是否为真同样简单直接。但这实际上一点用都没有,因为一旦 B 为假,那么根据定义系统已经不安全了,这是毫无希望、无可救药的了,因为我们不能回到过去换一种不同的方案。试想一下,后置条件 B 表示被控车辆与其他车辆应保持距离为正。一旦这个条件求值为假,两辆车已经相撞,所有美好结局的希望都破灭了。好吧,如果我们使用具有额外裕度的后置条件 B,例如距离最小 1 米,也许情况会变得好一点?这也不会真正有帮助,因为一旦违反了该安全裕度,汽车速度可能已经太快以至于无论如何碰撞都是不可避免的了。

因此,运行时监控中最具挑战性的问题是找出应监控的精确条件是什么,以及在成功检验该监控器条件的情况下对于系统行为的了解。在确定需要监控的条件这一点上,证明起着至关重要的作用,它们肯定是证明得到的监控器具有哪些正确性性质的基础,这些性质意味着如果所有监控器求值都为真,那么人们对于 CPS 有哪些了解。

继续下面的问题,我们如何监控式(19.1)中的控制器 ctrl,以检查真正的 CPS 是否与之相符?由于各种原因,与高层次的控制模型 ctrl 相比,CPS 中的控制器实现可能有细微的差异。例如,控制器可能是用低级语言(比如 C)实现的,或者可能使用已有的遗留代码,或者可能是由 Stateflow/Simulink 模型综合得到的,或者可能运行底层微控制器机器代码。更根本的问题是,回忆一下,控制器模型 ctrl 包含环境中智能体的离散动作的模型，例如前方汽车加速或刹车的非确定性选择，对此我们可能是无权得到真正的实现的。所有这些因素都会导致实际控制器与控制器模型 ctrl 相比可能存在偏差。我们应当监控什么来检查真实的 CPS 是否符合模型 ctrl？

在你继续阅读之前，看看你是否能自己找到答案。

控制器 ctrl 最重要的影响是，在基于传感器输入的某些测量值进行合适计算之后，对如何为物理动态 plant 设置控制变量的决策。在实际控制器（我们称之为 γ_{ctrl}）中，所有这些控制变量的最终决策都应该监控并且检查与控制器模型 ctrl 所允许的行为是否兼容。当然，由于非确定性，真正的控制器实现 γ_{ctrl} 可以做出与模型 ctrl 不同的决策，但它应该只能做出已验证的控制器模型 ctrl 至少允许的决策。在任何情况下，一旦真正的控制器实现 γ_{ctrl} 决策的控制变量赋值不是已验证模型 ctrl 所允许的，那么这是不安全的，因此不应该被接受。

这样的控制器监控器根据当前传感器数据检查控制器实现所产生的每个决策是否遵从已验证的控制器模型 ctrl，如果 ctrl 不允许，则否决该决策；参见图 19.1。当然，所产生的控制器监控器不能只是否决控制决策，还必须用一个安全回退动作（safe fallback action）覆盖它并代之在 plant 上执行。弄清楚这样一种安全回退动作也并不总是显而易见的。但至少这是一个更简单的问题，因为该安全回退动作只需要让系统处于安全的停滞状态，而无须做任何特别有用的事情。例如，在汽车上，这种最后采取的动作可能包括紧急刹车、切断发动机的动力，并要求人类进行调查。在飞机上，这可能是在空中以画圈的方式飞行直到问题得到解决。在四旋翼无人机中，这可能是在原地盘旋。

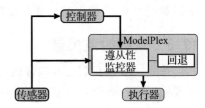

图 19.1   ModelPlex 监控器位于控制器和执行器之间，根据传感器数据检查控制器是否遵从模型，并带有导致安全回退动作的否决权

假设我们已经找到这种安全回退动作并证明它是安全的，因为这是一个更容易的问题。这留下的悬而未决的问题是，我们如何最好地监控并确定观测到的真实控制器实现 γ_{ctrl} 的控制动作是否符合已验证的模型 ctrl。我们请你思考这个挑战，但目前先推迟对它的讨论并首先考虑另一个挑战。

进一步说，我们如何监控式(19.1)中的物理模型 plant，以检查真正的 CPS 物理是否符合它？这就更加微妙了，因为无论我们尝试什么，真实的物理世界都没有伴随着任何源代码供我们运行或者阅读以试图找出它是否符合模型 plant。相反，唯一的可能是试验物理系统并观测它的行为，以检查它是否符合模型 plant。有趣的是，这与我们为实际控制器 γ_{ctrl} 选定的方法吻合得很好，只是原因完全不同。

模型监控器有点类似于控制器监控器，后者只对控制器应遵从 ctrl 这一职责进行建模，而前者对整个系统建模以检查是否遵从模型 ctrl;plant，包括物理模型[⊖]。模型监控器将查看当前状态 ν_i 下的数据和它上次运行时前一状态 ν_{i-1} 下的数据，以检查是否可以用模型 ctrl;plant 来解释从 ν_{i-1} 到 ν_i 的状态转换。如果该转换符合模型 ctrl;plant，那么由

⊖   监控整个控制循环体 ctrl；plant 而不是仅仅单独监控物理 plant 的原因是，这提供了更好的保证[5]并且如果 HP 是(ctrl;plant)* 之外的任意形式，它也仍然适用。

于从满足 A 的安全初始状态(最初启动时我们在运行时作了检查)开始所述模型的所有重复都是安全的(根据离线证明都满足 B),则真正 CPS 实现的终止于 ν_i 的具体运行也是安全的。然而,如果从 ν_{i-1} 到 ν_i 的转换并不符合 ctrl;plant,那么 CPS 模型(式(19.1))的安全性证明并不适用于当前的执行,因此模型监控器否决该执行并启动安全回退动作,见图 19.2。

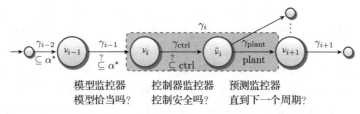

图 19.2　在系统运行过程中使用 ModelPlex 监控器

564

19.4　模型遵从性

基于这些运行时监控的通用原理,剩下的主要问题是如何实际检查具体系统执行是否遵从式(19.1)中已验证的模型 $(ctrl;plant)^*$。当然,检查初始状态是否满足前置条件 A 是相对容易的,或者至少在可以适当测量所有相关量时很容易。但是对于混成程序 $(ctrl;plant)^*$ 则不是如此,原因是其中包含的所有的非确定性和微分方程。因此,需要更巧妙的方法来确定真实系统执行是否符合混成程序 $(ctrl;plant)^*$。本节用弹跳球这一简单示例驱动并直观地开发这种方法。

例 19.1　(弹跳球监控器)　作为一个简单的指导性示例,回想一下熟悉的恐高弹跳球 Quantum,他从第 4 章以来一直与我们在一起:

$$0 \leqslant x \wedge x = H \wedge v = 0 \wedge g > 0 \wedge 1 \geqslant c \geqslant 0 \rightarrow$$
$$\left[(\{x'=v, v'=-g \& x \geqslant 0\}; (?x=0; v:=-cv \bigcup ?x \neq 0))^* \right] \quad (0 \leqslant x \wedge x \leqslant H) \tag{4.24} \blacktriangleleft$$

这个公式已经在命题 7.1 中证明了(证明中额外假设 $c=1$,但习题 7.5 证明该假设可以删除)。只要 Quantum 实际上符合式(4.24)中的混成模型,这就为 Quantum 提供了完美的安全性证明,因为该公式在 dL 相继式演算中证明了。

读者可能已经在前面的章节中注意到 Quantum 很容易受到惊吓。甚至在阅读探索 4.5 之前,Quantum 已经是天生的笛卡儿怀疑论者了。在阅读了第 19 章之后,他的疑心只会更重,审查水平也只会增加。Quantum 真的想要把事情弄对,所以他检查式(4.24)中的初始条件,接着试图弄清楚如何检查实际执行是否符合式(4.24)中的混成程序模型。

考虑到式(4.24)中的微分方程肯定是可能有的最合适的微分方程(因为它们毕竟是用来描述弹跳球的),Quantum 首先只考虑式(4.24)中的离散控制器部分。是否存在逻辑公式可以表征:将位置 x 和速度 v 切换到新位置 x^+ 和速度 v^+ 的控制器实现符合式(4.24)中的离散控制器?

在你继续阅读之前,看看你是否能自己找到答案。

实际离散控制器实现的运行将位置从 x 更改为 x^+,速度从 v 更改为 v^+(而所有其他变量不变),该运行只有在以下逻辑公式求值结果为真时,才会忠实地符合式(4.24)中的控制器：

$$(x=0 \wedge v^+ = -cv \vee x>0 \wedge v^+ = v) \wedge x^+ = x \tag{19.2}$$

此公式表示的控制器监控器针对没有发生连续物理运动的情形。当然，如果某次执行忠实地运行式(4.24)中的离散控制器，那么合取项 $x^+ = x$ 必须为真，因为弹跳球的离散动态不会影响球的高度而仅影响其速度。此外，要么球运行第一个控制分支，所以它当前在地面上($x=0$)，并且离散控制器之后的新速度 v^+ 是先前速度 v 的阻尼 $-cv$；要么球还在空中($x>0$，原因是第二个控制分支?$x \ne 0$ 和演化域约束 $x \geqslant 0$)，然后速度不变($v^+ = v$)。每个满足控制器监控器(式(19.2))的运行都与离散控制器(式(4.24))的某次执行一致。

回顾一下，控制器监控器(式(19.2))与式(4.24)HP 中控制器的关系是相当明显的，前者中的析取对应于控制器的选择，而合取则将测试条件和赋值效果合并起来。当然，式(4.24)中特定的离散控制器是确定性的，因此监控器(式(19.2))也是如此。但同样的原则适用于富含非确定性的控制器，在这种情况下得到的监控器条件更加灵活。

为了确认该控制器模型，Quantum 取出了他最喜欢的示波器和许多其他测量设备，并在高保真仿真环境中进行多次反弹试验以快速评估控制器监控器(式(19.2))(见图 19.3)。

控制器实现相对于控制器监控器(式(19.2))而言在相当长时间内保持运行良好，除了球最终敢于平躺在地面上。正如在图 19.3 中时间 t_4 处标示的那样，实现的控制器将 $v=-3$ 改变为 $v^+ = 0$，这显然违反了式(19.2)。Quantum 最初想将 t_4 视为测量误差，但在重试几次后判定，现实中必然存在控制器模型失配。事实上，回头看式(4.24)，它的 HP 并没有包括 4.2.3 节中的改进，这些改进能够让弹跳球最终在其能量不足以跳回时放气并平躺着。

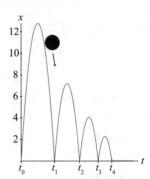

图 19.3   弹跳球的样本运行（绘制为高度随时间的变化），最终球平躺下来

控制器实现不是现实中唯一可能与模型不匹配的。实际上，比控制器实现更具挑战性的是物理的实现，也称为现实世界。尽管有了十几个世纪的进步，人类在解释物理现象时仍然偶尔会不知所措，更不用说其他智能体在环境中表现的行为了。因此，如果我们以完全不恰当的物理模型开始分析，那么可能出现的问题更多。与此同时，即使是最好的物理模型仍然只是一个模型。

例 19.2（弹跳球模型监控器）   当 Quantum 试图设计一个巧妙的监控器来检查式(4.24)的 HP 背后的连续物理时，他发现挑战甚至比控制器中的更多。运行微分方程一段未指定、非确定的时间，并检查得到的状态是否与在实际系统实现的运行中实验测量到的一致，这是非常不容易的。当然，式(4.24)中特定的双积分 ODE 仍然是相对温和的类型，但是在大多数情况下，这只是简化了图示而没有简化问题。   ◀

是否存在一个逻辑公式表征如下关系，即从位置 x 和速度 v 演化为新位置 x^+ 和速度 v^+ 的物理运动可以用式(4.24)中的微分方程来解释？

在你继续阅读之前，看看你是否能自己找到答案。

单单就微分方程 $x'=v$，$v'=-g$ 而言，我们可以从用于证明弹跳球的不变式(7.10)中读出相应的监控器：

$$2g(x^+ - x) = v^2 - (v^+)^2 \tag{19.3}$$

速度平方的变化 $v^2 - (v^+)^2$ 等于 $-2g$ 乘以位置的变化 $x - x^+$。通过消除在式(4.24)的 HP 中不可观测的时间 t，很容易从微分方程的解中读出该监控器条件(通过将新位置 x^+ 和速度 v^+ 表示为旧位置和速度的函数)：

$$v^+ = v - gt \overset{g \neq 0}{\equiv} t = \frac{v - v^+}{g}$$

$$x^+ = x + vt - \frac{g}{2}t^2 \overset{见上}{\equiv} x^+ = x + v\frac{v - v^+}{g} - \frac{g}{2}\frac{v^2 - 2vv^+ - (v^+)^2}{g^2}$$

$$\equiv 2g(x^+ - x) = 2v^2 - 2vv^+ - v^2 + 2vv^+ - (v^+)^2$$

实际上，得到的式(19.3)是该动态的关键不变式，但它没有充分表征系统的行为，因为式(19.3)在某些物理上不可能的情况下也成立，例如选择的新速度 v^+ 大于先前的速度 v，这在重力 $v' = -g$ 作用下是不可能的。这里的原因在于式(19.3)虽然是一个在微分方程中始终为真的不变等式，但它忽略了微分方程必须向前演化的事实。因此，不论微分方程在时间上是向前还是向后演化，式(19.3)都成立，因为它不知道系统的方向性。由于 $g > 0$，这个方向性很容易表达为一个额外的合取项，它阐明速度永远不会增加：

$$2g(x^+ - x) = v^2 - (v^+)^2 \wedge v^+ \leq v \tag{19.4}$$

567

为了充分表示弹跳球受控体模型(plant model)的所有假设，剩下的唯一挑战就是添加初始位置 $x \geq 0$ 和最终位置 $x^+ \geq 0$ 的域约束：

$$2g(x^+ - x) = v^2 - (v^+)^2 \wedge v^+ \leq v \wedge x \geq 0 \wedge x^+ \geq 0 \tag{19.5}$$

Quantum 现在可以测试监控器(式(19.5))是否求值为真，由此确认重力下物理运动的试验运行是否与受控体模型兼容。特别地，如果观测到的根据重力下降时球的位置变化和速度变化始终与式(19.5)兼容，那么这支持如下假说，即式(4.24)的 HP 中的微分方程和演化域约束很好地描述了实际的下落球$^\ominus$。自然，遵守离散控制器和连续运动的整体模型监控器可以组合它们得到[5]，本质上就是通过将受控体监控器(式(19.5))代入到控制器监控器(式(19.2))中。

19.5 可证明正确的监控器综合

像 19.4 节那样通过有根据的猜测从模型中读出适当的监控器条件是一回事。但要严格证明其正确性并确保不遗漏任何微妙但至关重要的条件，这是另一回事。在对演化域和测试条件作适当变换之后，控制器监控器(式(19.2))与式(4.24)中的离散控制模型之间的关系是相当清楚的，但是还不太清楚式(19.5)是否正确检验了受控体模型的所有正确性关键条件。

由于 CPS 的正确性是如此重要，因此正确性监控器本身正确也很重要。毕竟，控制器和模型监控器应该是最后采取的机制，当事情没有按计划进行时，该机制在为时未晚时通过干涉来避免潜在的灾难。如果监控器条件监控的是错误的表达式而导致错过了它们应该发现的至关重要的安全隐患，那将是无济于事的。

现在问题是：怎样才能确保运行时监控器条件的正确性？我们如何区分一个正确的运行时监控器和一个用意很好但有缺陷的监控器？这些问题与我们在第 4 章中针对信息物理系统本身提出的问题没什么不同。但是最大的区别在于，运行时监控器是否充分表达了模

$\ominus$ 当然，无可否认下落球与艾萨克·牛顿时代从树上掉下来的苹果有某种相似之处。因此，一个模型可能描述两个相关的场景。

型的条件是一个更狭隘的问题，因为我们已经同时拥有运行时监控器以及它应该检查是否与之兼容的模型。将这与第 4 章相比，在第 4 章中我们给定了一个模型，但还在试图找出适当的安全条件。那么运行时监控器什么时候正确呢？

在你继续阅读之前，看看你是否能自己找到答案。

正确的运行时监控器需要遵守的规约是，监控器条件能够蕴涵着确实存在模型的运行可以解释观测到的先前状态到当前状态的转换。如果监控器条件求值为假，则会发出模型可能违规的警报，并启动安全回退动作（例如应用紧急制动和切断电源）。但如果求值为真，那么监控器最好保证观测到的行为符合模型这一事实是正确的。换句话说，如果关于旧位置 x 和新位置 x^+ 的监控器条件为真，则确实需要有相应模型的运行可以从位置 x 到达 x^+，就如观测到的一样（并且对于从先前速度 v 到达新的速度 v^+，以及其他变量，都是如此）。

现在请解答习题 19.1 以证明该运行时监控器是正确的。

19.5.1 逻辑状态关系

设相关模型的混成程序为 α，设 $\chi(x, x^+)$ 为运行时监控器公式。该运行时监控器公式 $\chi(x, x^+)$ 中，变量（向量）x 指的是先前的位置（以及速度或其他相关的状态变量），而变量（向量）x^+ 指的是新的位置（以及速度）。

定义 19.1（运行时监控器的正确性） 对于含约束变量 $\mathrm{BV}(\alpha) \subseteq \{x\}$ 的混成程序模型 α，我们称**运行时监控器**公式 $\chi(x, x^+)$ 是**正确的**，当且仅当以下 dL 公式是永真的：

$$\chi(x, x^+) \rightarrow \langle \alpha \rangle x = x^+$$

如果 x 是变量 $(x_1, \cdots, x_n)$ 的向量，因而 x^+ 是变量 $(x_1^+, \cdots, x_n^+)$ 的向量，那么向量等式 $x = x^+$ 的含义与下面的合取式相同：

$$\bigwedge_{i=1}^{n} x_i = x_i^+$$

例 19.3（控制器监控器的正确性） 继续例 19.1，令 $\chi(x, v, x^+, v^+)$ 表示式（4.24）中离散控制器的控制器监控器公式（19.2）。

$$\chi(x, v, x^+, v^+) \overset{\text{def}}{\equiv} (x = 0 \wedge v^+ = -cv \vee x > 0 \wedge v^+ = v) \wedge x^+ = x \qquad (19.2^*)$$

控制器监控器（式（19.2））的正确性可以在 dL 演算中证明：

$$
\cfrac{
\cfrac{
\cfrac{
\cfrac{
\cfrac{*}{\chi(x,v,x^+,v^+) \vdash (x=0 \rightarrow x=x^+ \wedge -cv=v^+) \vee (x \neq 0 \rightarrow x=x^+ \wedge v=v^+)}}
{\chi(x,v,x^+,v^+) \vdash \langle ?x=0 \rangle(x=x^+ \wedge -cv=v^+) \vee \langle ?x \neq 0 \rangle(x=x^+ \wedge v=v^+)} {\scriptstyle \langle ? \rangle}}
{\chi(x,v,x^+,v^+) \vdash \langle ?x=0 \rangle\langle v:=-cv \rangle(x=x^+ \wedge v=v^+) \vee \langle ?x \neq 0 \rangle(x=x^+ \wedge v=v^+)} {\scriptstyle \langle := \rangle}}
{\chi(x,v,x^+,v^+) \vdash \langle ?x=0;v:=-cv \rangle(x=x^+ \wedge v=v^+) \vee \langle ?x \neq 0 \rangle(x=x^+ \wedge v=v^+)} {\scriptstyle \langle ; \rangle}}
{\chi(x,v,x^+,v^+) \vdash \langle ?x=0;v:=-cv \cup ?x \neq 0 \rangle(x=x^+ \wedge v=v^+)} {\scriptstyle \langle \cup \rangle}
$$

虽然这个运行时监控器正确性的简单概念特别容易理解，但也存在改进的方法来证实控制器监控器的正确性，该方法另外还保证控制器永远不会违反受控体的演化域约束[5]。

例 19.4（受控体监控器的正确性） 继续例 19.2，这一次令 $\chi(x, v, x^+, v^+)$ 表示微分方程监控器公式（19.4），它针对式（4.24）的微分方程，但不考虑其演化域约束。因为 $g > 0$ 成立，所以此监控器 $\chi(x, v, x^+, v^+)$ 对于该微分方程是正确的：

$$\begin{array}{c} \mathbb{R} \dfrac{\qquad * \qquad}{g>0,\chi(x,v,x^+,v^+)\vdash \exists t\geqslant 0\left(-\frac{g}{2}t^2+vt+x=x^+\wedge v-gt=v^+\right)} \\ (\langle:=\rangle)\dfrac{g>0,\chi(x,v,x^+,v^+)\vdash \exists t\geqslant 0\left\langle x:=-\frac{g}{2}t^2+vt+x\right\rangle\langle v:=v-gt\rangle(x=x^+\wedge v=v^+)}{} \\ (\langle'\rangle)\dfrac{}{g>0,\chi(x,v,x^+,v^+)\vdash \langle x'=v,v'=-g\rangle(x=v^+\wedge v=v^+)} \end{array}$$

实际上，甚至可以证明微分方程监控器条件(式(19.4))是完美的，因为它为真的充分必要条件是微分方程能够达到位置 x^+ 和速度 v^+：

$$g>0\rightarrow(\langle x'=v,\ v'=-g\rangle(x=x^+\wedge v=v^+)\leftrightarrow 2g(x^+-x)=v^2-(v^+)^2\wedge v^+\leqslant v)$$

因为从 $g>0$ 可证明这个等价关系，所以微分方程监控器(式(19.4))永远不会引发误报警(false alarm)。类似地，对于式(4.24)中受控体包含其演化域约束的情形，式(19.5)是它可证明正确的运行时监控器。也就是说，以下 dL 公式是可证明的：

$$g>0\wedge 2g(x^+-x)=v^2-(v^+)^2\wedge v^+\leqslant v\wedge x\geqslant 0\wedge x^+\geqslant 0\rightarrow$$
$$\langle x'=v,v'=-g\,\&\,x\geqslant 0\rangle(x=x^+\wedge v=v^+)$$

同样，我们可以证明该受控体监控器是完美的，因为在给定 $g>0$ 的情形下，它等价于 x^+ 和 v^+ 沿着连续受控体的可达性：

$$g>0\rightarrow(2g(x^+-x)=v^2-(v^+)^2\wedge v^+\leqslant v\wedge x\geqslant 0\wedge x^+\geqslant 0$$
$$\leftrightarrow\langle x'=v,v'=-g\,\&\,x\geqslant 0\rangle(x=x^+\wedge v=v^+))$$

570

19.5.2　模型监控器

以上运行时监控器(式(19.2))针对离散控制器，式(19.4)针对微分方程，而式(19.5)针对完整的受控体模型，这些都很有用，但都还没有包括弹跳球 HP 模型(式(4.24))的所有细节。尽管如此，对于完整 HP 模型的运行时监控器，我们可以遵循基本相同的方法。唯一棘手的部分是需要处理循环。然而，监控控制回路是否正确执行最自然的方式是分别检查控制回路的每一轮执行。因此，我们需要做的就是使用迭代公理$\langle^*\rangle$展开循环一次，并找到循环体 α 的而不是整个循环 α^* 的运行时监控器。这样，这个运行时监控器就可以用于控制器实现中控制回路的每一轮执行。事实上，这种仅用于循环体的运行时监控器也比整个循环 α^* 的要有用得多，因为可能需要相当长时间我们才能最终知道循环的完整执行是否符合模型。我们更愿意在每次运行循环体期间就能检查一切操作是否仍然遵循模型。

例 19.5（模型监控器的正确性）　构造 HP 循环体的运行时监控器可以通过将各自的监控器相互代入：

$$\begin{aligned} & x^+>0\wedge 2g(x^+-x)=v^2-(v^+)^2\wedge v^+\leqslant v\wedge x\geqslant 0 \\ & \vee\ x^+=0\wedge c^2 2g(x^+-x)=c^2v^2-(v^+)^2\wedge v^+\geqslant -cv\wedge x\geqslant 0 \end{aligned} \tag{19.6}$$

在 dL 中可以证明，对于迭代一次 HP 模型(式(4.24))的完整循环体而言，模型监控器(式(19.6))是正确的。　◀

命题 19.1（正确的弹跳球模型监控器）　式(19.6)是式(4.24)正确的模型监控器。也就是说，以下 dL 公式是永真的：

$$g>0\wedge 1\geqslant c\geqslant 0\rightarrow$$
$$(x^+>0\wedge 2g(x^+-x)=v^2-(v^+)^2\wedge v^+\leqslant v\wedge x\geqslant 0$$
$$\vee\ x^+=0\wedge c^2 2g(x^+-x)=c^2v^2-(v^+)^2\wedge v^+\geqslant -cv\wedge x\geqslant 0$$
$$\rightarrow\langle\{x'=v,v'=-g\,\&\,x\geqslant 0\};(?x=0;v:=-cv\bigcup?x\neq 0)\rangle(x=x^+\wedge v=v^+))$$

事实上，也可以再次证明等价关系而不是蕴涵关系，这表明该模型监控器是精确的并且不会产生任何误报警。

19.5.3 构造即正确的综合

到目前为止，我们选择的做法是以有根据的猜测生成运行时监控器公式，并随后在 dL 证明演算中证明它们是正确的。这是完全可以接受的，但问题在于我们总是不得不首先富有创造力才能得到监控器公式。

如果我们能够系统地构造运行时监控器公式会更好。实际上，甚至更有帮助的是如果我们有一种构造即正确的方法来构造运行时监控器公式，那么我们将同时生成运行时监控器以及它正确性的证明。令人惊讶的是，这也是完全可能的。我们所需要做的就是利用微分动态逻辑的严格推理原理，而这次的目的不是安全性验证。这始于一个至关重要的观察。满足正确性准则(定义 19.1)的最简单的公式是什么？

在你继续阅读之前，看看你是否能自己找到答案。

到目前为止，对于模型 α 而言，满足运行时监控器正确性(定义 19.1)的最简单且最显然正确的公式是 dL 公式 $\langle\alpha\rangle x=x^+$ 本身。当然，如果选择 $\chi(x,x^+)\stackrel{\text{def}}{\equiv}\langle\alpha\rangle x=x^+$，那么该正确性条件是平凡永真的，因为每个公式都蕴涵它本身，$\langle\alpha\rangle x=x^+$ 也如此：

$$\chi(x,x^+)\rightarrow\langle\alpha\rangle x=x^+$$

毫无疑问该公式为真。这可能会出什么错？

在你继续阅读之前，看看你是否能自己找到答案。

好吧，没有人可以反对 $\langle\alpha\rangle x=x^+\rightarrow\langle\alpha\rangle x=x^+$ 的永真性。但是，如果我们以这样的方式选择 $\chi(x,x^+)$，对于控制器模型 α 的忠实执行由什么构成而言，我们几乎没有任何认识。实际上，HP α 本身就是符合其模型含义的相当完美的模型。然而问题在于，如果 α 是一个非常复杂、富含非确定性的 HP，那么详尽执行它所有不同的选择，只是为了找出是否存在选择的某种组合可以解释具体控制器实现的当前状态转换，这可能是相当费时间的。出于这个原因，最好找到一个更简单的公式，它也蕴涵 $\langle\alpha\rangle x=x^+$，但更容易在运行时求值，例如一个纯粹的实算术公式。我们还有别的什么方法构造这样一个更简单的监控器公式 $\chi(x,x^+)$，它可以证明也蕴涵着 $\langle\alpha\rangle x=x^+$？

在你继续阅读之前，看看你是否能自己找到答案。

对于如何构造这样一个蕴涵 $\langle\alpha\rangle x=x^+$ 的监控器 $\chi(x,x^+)$，这里想法的容易程度几乎就和它影响的深远程度一样。其中心思想在于，我们已经拥有了一种非常强大且严格正确的变换技术可供使用：第一部分和第二部分中的微分动态逻辑的公理和证明规则。我们需要做的就是将它们应用于 $\langle\alpha\rangle x=x^+$，并找出这会如何简化该公式。

例 19.6（控制器监控器的综合） 例 19.1 中针对弹跳球控制器(式(4.24))的控制器监控器(式(19.2))也可以通过构造即正确的方法系统地综合而成。我们就从下面毫无希望的证明尝试开始，即为弹跳球控制器 ctrl 证明 $\langle\text{ctrl}\rangle(x=x^+\wedge v=v^+)$：

$$
\begin{array}{c}
\vdash (x=0\rightarrow x=x^+\wedge -cv=v^+)\vee(x\neq 0\rightarrow x=x^+\wedge v=v^+) \\
\hline
{}^{(?)}\vdash \langle ?x=0\rangle(x=x^+\wedge -cv=v^+)\vee\langle ?x\neq 0\rangle(x=x^+\wedge v=v^+) \\
\hline
{}^{(:=)}\vdash \langle ?x=0\rangle\langle v:=-cv\rangle(x=x^+\wedge v=v^+)\vee\langle ?x\neq 0\rangle(x=x^+\wedge v=v^+) \\
\hline
{}^{(;)}\vdash \langle ?x=0;v:=-cv\rangle(x=x^+\wedge v=v^+)\vee\langle ?x\neq 0\rangle(x=x^+\wedge v=v^+) \\
\hline
{}^{(\cup)}\vdash \langle ?x=0;v:=-cv\cup ?x\neq 0\rangle(x=x^+\wedge v=v^+)
\end{array}
$$

不可能证明该公式，因为在弹跳球控制器中，并非新位置 x^+ 和速度 v^+ 的每个值都可以从每个初始位置 x 和速度 v 到达。庆幸如此！但是这里的目的不是一劳永逸地对运行时监控器公式给出离线证明，而是在运行时检查它是否求值为真，从而在运行时完成上述离线证明。由此得到的监控器条件就是证明顶部留下的前提：

$$(x=0 \rightarrow x=x^+ \wedge -cv=v^+) \vee (x \neq 0 \rightarrow x=x^+ \wedge v=v^+) \qquad (19.7)$$

虽然这在语法上与手动构造的控制器监控器(式(19.2))不同，但是当考虑到演化域约束保证 $x \geqslant 0$ 时，两者的等价关系是可以通过很少的简化来证明的。但是监控器(式(19.7))是系统地构造的并且已经伴随有正确性证明，因为根据上述 dL 证明，它蕴涵着 $\langle \mathrm{ctrl} \rangle (x=x^+ \wedge v=v^+)$。

所有 dL 生成的运行时监控器都是构造即正确的。它们有多保守可以通过查看它们的证明而识别出来。如果仅使用了等价关系形式的公理和证明规则，那么运行时监控器就是精确的。例 19.6 的证明就是这种情况。否则，当使用蕴涵关系形式的公理或证明规则时，监控器可能是保守的并且可能导致不必要的误报警，但根据证明至少其正面答案是完全可靠的。

用于生成构造即正确的模型监控器或含微分方程和循环的其他模型的逻辑变换更复杂一些，但是遵循非常相似的原理[5]。其基本思想是，在对一个控制周期的证明中，选取合适的运行时间，通过公理$\langle * \rangle$展开循环一次，并跳过或遵循微分方程来监控反应时间。

19.6　总结

尽管这一章仅仅触及了可证明正确的运行时监控器综合技术的表面[5]，但它仍然为有心的 CPS 爱好者提供了特别宝贵的经验教训。管理使用模型是设计信息物理系统不可或缺的部分。但是，顾名思义，这些模型必须包含物理世界相关部分足够充分的模型，这本身就是一项非常不容易的挑战。

幸运的是，尽管如此，安全模型转移的逻辑基础提供了一种方法利用微分动态逻辑生成运行时监控器，这些运行时监控器伴随着正确性证明，这蕴涵着如果它们求值为真，则实际系统运行与可证明安全的 CPS 模型一致，因此该运行本身是安全的。除了让这一想法成为现实的 ModelPlex 方法[5]背后的高层次思想之外，还需牢记的最重要的经验教训之一是，离线验证与运行时监控的组合可在运行时得到有关真正 CPS 运行的证明。这种方法允许的权衡是在离线分析时采用更简单的模型，而在运行时使用 ModelPlex 监控器检验它们是适用的。除了以下事实，即针对过于简单化的模型的运行时监控器可能会因为差异导致更多的警报，这样的组合可以为更简单的模型提供更好的分析结果，同时可以避免一部分因为完全忽略纯粹离线模型重要影响而需支付的代价。当然，如果一开始采用的模型错得离谱，即使运行时监控器对安全性的恢复也是有限的。如果用弹跳球模型来描述飞机的飞行，那么在真的试着飞行时发现重大的差异是一点都不意外的。至少，在地面反弹不会按模型计划的那样进行。

573

习题

19.1 (正确的弹跳球监控器)　在 dL 相继式演算中证明 19.4 节中弹跳球监控器的正确性。也就是说，证明控制器监控器(式(19.2))的真值蕴涵着存在控制器的相应执行。证明受控体监控器(式(19.5))的真值蕴涵着存在受控体的相应运行。

19.2 (乒乓球监控器)　为已验证的乒乓球模型(包括第 8 章中的事件触发设计和第 9 章

中的时间触发设计)创建控制器监控器和模型监控器。说服自己它们是正确的,即它们可以得到相应的 dL 证明。讨论由事件触发模型和时间触发设计产生的监控器在实用上的差异。是否存在一个监控器可以发现的某种差异,而另一个发现不了?

19.3 **(模型监控器的正确性)** 证明弹跳球的模型监控器(式(19.6))的真值蕴涵着存在式(4.24)的模型的相应运行。

19.4 **(控制器监控器生成)** 从习题 3.9、4.22、9.14 和 12.5 的模型中提取各自的控制器监控器并证明其正确性。

*19.5 **(监控器综合)** 描述一种证明策略,该策略可接受一个 HP 作为输入,并为其综合一个运行时监控器。得到的监控器是否是构造即正确的?是否有可能改变方法让该证明策略同时综合运行时监控器以及该监控器正确性的证明?

574

参考文献

[1] George E. P. Box. Science and statistics. *Journal of the American Statistical Association* **71**(356) (1976), 791–799. DOI: 10.1080/01621459.1976. 10480949.

[2] Albert Einstein. Die Feldgleichungen der Gravitation. *Sitzungsberichte der Preussischen Akademie der Wissenschaften zu Berlin* (1915), 844–847.

[3] Sarah M. Loos. Differential Refinement Logic. PhD thesis. Computer Science Department, School of Computer Science, Carnegie Mellon University, 2016.

[4] Sarah M. Loos and André Platzer. Differential refinement logic. In: *LICS*. Ed. by Martin Grohe, Eric Koskinen, and Natarajan Shankar. New York: ACM, 2016, 505–514. DOI: 10.1145/2933575.2934555.

[5] Stefan Mitsch and André Platzer. ModelPlex: verified runtime validation of verified cyber-physical system models. *Form. Methods Syst. Des.* **49**(1-2) (2016). Special issue of selected papers from RV'14, 33–74. DOI: 10.10 07/s10703-016-0241-z.

[6] John von Neumann. The mathematician. In: *Works of the Mind*. Ed. by R. B Haywood. Vol. 1. 1. Chicago: University of Chicago Press, 1947, 186–196.

[7] André Platzer. Differential dynamic logic for hybrid systems. *J. Autom. Reas.* **41**(2) (2008), 143–189. DOI: 10.1007/s10817-008-9103-8.

[8] André Platzer. Logics of dynamical systems. In: *LICS*. Los Alamitos: IEEE, 2012, 13–24. DOI: 10.1109/LICS.2012.13.

[9] André Platzer. A complete uniform substitution calculus for differential dynamic logic. *J. Autom. Reas.* **59**(2) (2017), 219–265. DOI: 10.1007/s108 17-016-9385-1.

[10] Erwin Schrödinger. An undulatory theory of the mechanics of atoms and molecules. *Phys. Rev.* **28** (1926), 1049–1070. DOI: 10.1103/PhysRev.2 8.1049.

575

虚拟替换与实方程

概要　本章研究实算术判定程序(decision procedure)，作为证明信息物理系统分析中出现的算术问题的一项重要技术。实算术的一阶性质甚至是可判定的，这一事实是 CPS 分析所依赖的逻辑学的一大奇迹。虽然将量词消除法当作黑盒使用通常就足够了，但本章探讨了它的内部机制，以理解为什么能够判定以及如何判定实算术。由此可以更好地认识实算术的工作原理和复杂性挑战。本章重点关注线性方程和二次方程的情形，对它们的处理采用的是概念上优美的虚拟替换技术。

20.1　引言

信息物理系统是为了在我们周围建立更好的系统的重要技术概念。它们的安全设计需要仔细的规约和验证，这是本书在第一部分和第二部分中讨论的微分动态逻辑及其证明演算[29-31,33]所具有的功能。微分动态逻辑的证明演算有许多强大的公理和证明规则(特别是在第 5、6、11 和 12 章)。理论上，证明混成系统安全性的唯一难题是找到它们的不变式或微分不变式[29,32-33](参见第 16 章)。然而，在实践中，实算术的处理是所有 CPS 验证所面临的另一项挑战，尽管这个问题在理论上更容易。在 6.5 节中，我们已经讨论了算术程序如何通过实算术证明规则 ℝ 与证明接口。但是究竟如何通过量词消除来处理实算术呢？

本章讨论一种技术以用于判定一阶实算术的有趣公式。至少有两个原因可说明理解这种用于实算术的技术如何工作是有意义的。首先，重要的是理解究竟为什么如下奇迹会发生，即像实算术一阶逻辑这样复杂而有表达力的东西最终是可判定的，从而只要一个计算机程序就总是可以得出我们想出的任何实算术公式为真还是为假。但本章也有助于直观理解实算术判定程序是如何工作的。有了这样的理解，读者就做了更好的准备来找出这些技术的局限性，认识到它们何时很有可能无法及时解决问题，并清楚应如何帮助算术程序证明更复杂的性质。对于复杂证明通常非常重要的是，利用对系统的洞察力和直观理解来帮助验证工具在可行的时间内将验证结果扩展到更具挑战性的系统。理解算术判定程序的工作原理有助于将这种洞察力集中在对计算有重大影响的算术分析部分。对于应付实算术的挑战，已经观察到这有着相当大的影响[27,30,34]。

1930 年代塔斯基(Tarski)的最初结果[45]在概念上是一个重大的突破，但在算法上并不实用。除此之外还有许多不同的方法来理解实算术及其判定程序[⊖]。使用圆柱代数分解的代数方法[6-7]可以得出实用但非常不简单的程序。简单而优美的模型论方法使用逻辑和代数的语义性质[22,38]，这很容易理解，但不会得到任何特别有用的算法。科恩–荷曼德尔(Cohen-Hörmander)算法[5,21]相当简单，但不幸的是，它并不能很好地推广为实用算法，即使它可以在小的尺度内使用，甚至已经转成了一个证明生成算法[25]。文献[14，24]也描述了别的简单但低效的判定程序。最后，还有虚拟替换[48]，这是一种语法方法，它很

⊖　塔斯基结果的重大意义在于他证明了实算术完全是可判定的，甚至量词消除也是可能的。与后来发明的判定程序相比，他程序的复杂性完全不实用。

符合我们在本书中对逻辑的理解，并得到了非常高效的算法（尽管仅限于有限次数的公式）。因此，作为提升可读性和实用性的一个很好的折衷方案，本章重点介绍虚拟替换[48]。还有一些方法侧重于检验多项式证书（polynomial certificates），用于不含存在量词的全称实算术[19,34]的永真性。这些都很简单，原则上能够证明实算术纯粹全称片段的所有永真公式[43]，但是没有像虚拟替换那样提供对如何消除量词的可概括的见解。对于其他实算术技术的概述，可参见文献[1-2，28，34]。

本章的结果来自文献[30，48]。本章增加了大量的直观理解和动机的描述，这有助于理解技术上的推进。本章最重要的学习目标如下所述。

建模与控制：本章告诉读者算术建模的不同权衡对分析复杂性的影响，从而对 CPS 模型与控制产生间接的作用。建模的方法总是不止一种。通过对最终处理所得算术的量词消除法工作原理有一定的了解和直觉，可以更容易找到恰当的权衡来表达 CPS 模型。

计算思维：本章的主要目的是理解如何严格和自动地进行算术推理，这对 CPS 是至关重要的。对实算术判定程序的工作原理建立直观理解对于制定策略来验证成规模的 CPS 模型是很有帮助的。本章的目的还在于学习如何欣赏实算术量词消除所带来的奇迹，方式是将它与算术中密切相关但有根本不同挑战的问题进行对比。我们还将阅读到在逻辑三位一体中概念上非常重要的技巧：在语法和语义之间随意来回切换的灵活性。我们已经在第 10 章的微分不变式中阅读过这个原理的用途，其中在我们认为合适的时候应用微分引理（引理 10.2），从而在解析微分法 $\frac{d}{dt}$ 和语法微分 $(\cdot)'$ 之间来回切换。这一次，我们将针对实算术（而不是微分算术）利用相同的概念技巧，方法是使用虚拟替换来弥合语义运算的差距，否则在实算术一阶逻辑中这些语义运算是不可表达的。虚拟替换将再次允许我们在语法和语义之间随意来回切换。

CPS 技能：本章对 CPS 技能有间接影响，因为它针对建模和分析的权衡给出了 CPS 分析有用的语用学的一些直觉和深刻见解，这使得可以验证成规模的 CPS。

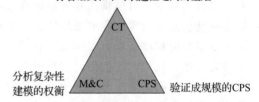

严格算术推理
量词消除的奇迹
实数的逻辑三位一体
在语法和语义之间随意切换
虚拟替换引理
弥合语义和不可表达性之间的差距

CT

分析复杂性
建模的权衡   M&C   CPS   验证成规模的CPS

20.2   构筑奇迹

一阶逻辑是一种表达逻辑，其中可以表达、分析并证明许多有趣的性质和概念。当然它比命题逻辑表达力强得多，命题逻辑可以用 NP 完全的 SAT 求解程序[8]来判定，因为命题逻辑不含量词，甚至不含变量，只有命题联接词 ¬、∧、∨ 等。命题逻辑只包含 0 元谓词符号，如 p、q、r，表示像 $p \wedge (q \vee r) \leftrightarrow (p \wedge q) \vee (p \wedge r)$ 这样的永真式。

在古典（未解释的）一阶逻辑（FOL）中，任何符号（可能等号除外）都没有特殊的含义。其中只有谓词符号（$p, q, r, \cdots$）和函数符号（$f, g, h, \cdots$），它们的含义服从于解释。量词作用的域也需要解释。特别地，一阶逻辑公式只有当它对于所有谓词符号与函数符号以及所有域的所有解释为真时才是永真的。未解释的一阶逻辑对应的 dL 片段含有命题联接词和量词（在任意域上量化，不一定是实数）以及函数符号和谓词符号（见第 18 章），但没有模态或算术公式。

相比之下，实算术的一阶逻辑（第 2 章中的 $\text{FOL}_{\mathbb{R}}$）有解释，因为它所有的符号都有特殊固定的解释。唯一的谓词符号是＝、≥、＞、≤、＜、≠，它们含义就是等于、大于等于、大于，等等。唯一的函数符号是＋、－、·，它们含义就是实数的加法、减法和乘法。此外，全称量词和存在量词量化作用于所有实数的集合 $\mathbb{R}$ [⊖]。

对于符号的特殊解释，首先想到的不一定是实数上的加法和乘法，而可能是自然数 $\mathbb{N}$，而＋表示自然数上的加法，·表示自然数上的乘法，量词作用范围为自然数。这就给出了自然数一阶逻辑（$FOL_\mathbb{N}$）。$FOL_\mathbb{N}$ 比 FOL 容易还是更难？$FOL_\mathbb{N}$ 和 $FOL_\mathbb{R}$ 区别在于后者的变量和量词作用的范围是实数而不是自然数，它们相比如何？这两者与 $FOL_\mathbb{Q}$（即有理数一阶逻辑）相比如何？$FOL_\mathbb{Q}$ 与 $FOL_\mathbb{R}$ 和 $FOL_\mathbb{N}$ 相同，差别在于所有变量和量词作用的范围是有理数 $\mathbb{Q}$，而不是 $\mathbb{R}$ 或 $\mathbb{N}$。这些差别细微的一阶逻辑变种如何比较？在每种情况下证明逻辑公式的永真性有多难？

在你继续阅读之前，看看你是否能自己找到答案。

表 20.1 对可判定性概念的含义作了简短解释。未解释的一阶逻辑 FOL 是半可判定的，因为存在（可靠而且完备的[16]）证明程序能够证明一阶逻辑的所有永真公式[20]。如果这个证明程序产生了一个证明，则由证明演算的可靠性可以证明输出"是"的可靠性。如果它没有产生证明，那么该算法可能会也可能不会注意到它永远找不到证明，但是如果正确的答案为"否"，不终止对于半可判定的问题是可以接受的。如果输入公式是永真的，那么证明程序的完备性将保证最终会为 FOL 找到证明，所以对于永真的输入公式，该算法总会终止，并且最终会得出"是"。当然，实际上这在实践中没什么用，除非证明程序的证明搜索方法很巧妙。

580

表 20.1　可判定性概念概述（例如，针对永真性问题）

问题是	在以下情形下
可判定的	存在一种算法总能终止并正确地得出"是"或"否"
不可判定的	不存在正确的算法总能终止
半可判定的	存在一种正确的算法，至少对所有永真的公式都能终止
反半可判定的	存在一种正确的算法，至少对所有非永真的公式都能终止

自然数要更困难。事实上困难多了！根据哥德尔不完备性定理[17]，自然数一阶逻辑 $FOL_\mathbb{N}$ 没有可靠而完备的有效公理化。$FOL_\mathbb{N}$ 既不是半可判定的也不是反半可判定的[4]。既不存在一种算法能证明所有永真的 $FOL_\mathbb{N}$ 公式，也不存在一种算法能推翻所有非永真的 $FOL_\mathbb{N}$ 公式。无论我们为 $FOL_\mathbb{N}$ 设计什么算法，它都不能给出一些永真的公式以及一些非永真的公式的正确答案。回顾过去，理解自然数逻辑的一些固有挑战的一种方法是利用这样一个事实，即并非所有关于程序的问题都能得到有效的回答（例如图灵机的停机问题是不可判定的）[4,46]，事实上"所有的问题都不能"[36]。然后，我们可以将经典程序的问题编码为自然数一阶逻辑公式。例如，在这样的归约中，图灵机的状态和纸带将编码为自然数，而图灵机的程序将编码为 $FOL_\mathbb{N}$ 公式本身。我们不能证明所有这些公式，因为我们不能预测所有图灵机的所有行为。

然而，奇迹发生了！阿尔弗雷德·塔斯基（Alfred Tarski）在 1930 年证明，实数比自然数性质要好得多，而且 $FOL_\mathbb{R}$ 是可判定的，尽管这一开创性的成果多年未发表，直到

⊖　分别作用于另一个实闭域的话，并不改变永真性[45]。

1951 年才出现在文献中[44-45]。这里我们将采用虚拟替换这一比塔斯基最初突破现代得多也简单得多的实算术证明的进展，但是不会达到同样的完备性水平，因为虚拟替换只适用于有限次数的多项式。

有理数一阶逻辑 FOL_Q 被证明是不可判定的[39-40]，尽管有理数看起来很接近实数。有理数缺乏重要的性质——完备性（从拓扑意义上来说）。2 的平方根 $\sqrt{2}$ 是 $\exists x(x^2 = 2)$ 的证据，但它只是实数，而不是有理数。因此，公式 $\exists x(x^2 = 2)$ 在 $FOL_\mathbb{R}$ 中永真，但在 FOL_Q 中非永真。

然而，复数的一阶逻辑 $FOL_\mathbb{C}$ 也完全是可判定的[3,45]。表 20.2 总结了一阶逻辑的性质如何取决于量化域。

表 20.2　实数奇迹：FOL 永真性问题概述

逻辑	域	永真性
FOL	未解释	半可判定的
FOL_N	自然数	既非半可判定也非反半可判定的
FOL_Q	有理数	既非半可判定也非反半可判定的
$FOL_\mathbb{R}$	实数	可判定的
$FOL_\mathbb{C}$	复数	可判定的

581 　　在这之间，还有其他一些逻辑片段，它们的性质更好，值得简短提一下。线性实算术（即不含乘法）只有等式、合取和存在量词，它是可判定的，因为它的泛化 $FOL_\mathbb{R}$ 是可判定的。但重点是，仅由＋、＝、∧、∃ 构成的 $FOL_\mathbb{R}$ 公式可以用高斯消元法求解，因为它们仅表示线性方程组解的存在性。含弱不等式、合取和存在量词的线性实算术可由傅里叶-莫茨金（Fourier-Motzkin）消元法[15]来判定，这是约瑟夫·傅里叶（Joseph Fourier）在 1826 年发明的，他采用在与负量相乘时按照需要翻转不等式的方式推广高斯消元法。这一想法后来由达因（Dines）和莫茨金重新发明[10,26]，并成为线性规划优化[13]的基础。线性实算术在概念上比非线性实算术容易，因为只有非线性实算术才能分辨实数和有理数之间的差异：$\exists x(x^2 = 2)$ 在 $\mathbb{R}$ 上为真，但在 $\mathbb{Q}$ 上为假，因为 $\pm\sqrt{2}$ 不是有理数。然而，要注意到这种差异需要非线性算术，因为（系数是有理数的）线性实算术的解总是有理数，如果它有解的话。尽管如此，线性问题的复杂性也是很高的[47]。

　　普雷斯伯格（Presburger）算术与 FOL_N 一样但不含乘法，它由普雷斯伯格在 1929 年和期柯伦（Skolem）在 1931 年分别独立证明是可判定的[35,42]。虽然乘法的确可以重新表述为加法的重复，但是表示乘法 $n \cdot m$ 所需的加法次数没有界限，因此，也不存在可以只用加法表示 $n \cdot m$ 的有限公式。事实上，普雷斯伯格算术还包括一元谓词符号，这些符号检查它们的参数是否可以被给定的常数整除，例如一个数字是否是偶数，是否可以被 3 整除，等等，但这并不改变它的可判定性。

　　实算术 $FOL_\mathbb{R}$ 的永真性问题是可判定的，这是一个奇迹。但是其关键在于量化的作用范围为实数（或其他实闭域），并且加法和乘法是唯一的算术运算（除了比较运算符、命题联接词以及量词，或其他可定义的运算符，如减法）。如果我们将指数函数 e^x 包括进来，那么自塔斯基以来，它的可判定性仍是一个未解决的问题，尽管取得了相当大的进展[12]。这解释了为什么我们不允许变量 x 和 y 的可变幂 x^y，而仅仅允许自然数作为指数，因为后者是可定义的，例如 x^3 表示 $x \cdot x \cdot x$。$FOL_\mathbb{R}$ 的其他几种扩展是不可判定的[37]，例如

582 包含三角函数 $\sin x$ 的扩展，因为它的根表征自然数的同构拷贝。

20.3　量词消除

阿尔弗雷德·塔斯基对于判定实算术的开创性见解是基于量词消除的，即从公式中逐次消除量词后，留下的公式是等价的但结构上简单得多，因为它包含的量词更少。为什么消除量词有用？当在一个给定状态中（即对所有自由变量都赋有实数值）求一个逻辑公式的真假值时，算术比较和多项式项是很容易的，因为我们只需要根据它们在第 2.7.2 节中的语义插入数字并进行计算。例如，对于 $\omega(x)=2$ 的状态 ω，根据语义最终将 2 插入作为 x 的值，由此我们可以很容易地求出逻辑公式

$$x^2>2 \wedge 2x<3 \vee x^3<x^2$$

的值为假：

$$\omega[\![x^2>2 \wedge 2x<3 \vee x^3<x^2]\!]=2^2>2 \wedge 2 \cdot 2<3 \vee 2^3<2^2=\texttt{false}$$

类似地，在 $\nu(x)=-1$ 的状态 ν 下，相同的公式求值为真：

$$\nu[\![x^2>2 \wedge 2x<3 \vee x^3<x^2]\!]=(-1)^2>2 \wedge 2 \cdot (-1)<3 \vee (-1)^3<(-1)^2=\texttt{true}$$

但是有量词是一件麻烦的事情，因为它们需要我们检查变量所有可能的值（对于 $\forall x F$ 的情形），或者准确找到合适的变量值使得公式为真（对于 $\exists x F$ 的情形）。求值最简单的公式是没有自由变量（因为根据 5.6.5 节，此时这些公式的值不取决于状态 ω）也没有量词（因为此时对公式求值，不涉及对量化变量的值进行选择）的公式。量词消除法可以接受一个封闭的逻辑公式，即没有自由变量的公式，并等价地消除其量词，这样就很容易求公式的真假值。量词消除法甚至也适用于公式仍然有自由变量的情形。此时，它将消除公式中所有的量词，但是在得到的公式中原始的自由变量将保持自由，除非在量词消除过程中简化掉了。

定义 6.3(量词消除)　一阶逻辑论（例如实数上的一阶逻辑 $\text{FOL}_\mathbb{R}$）允许量词消除，如果对于每一个公式 P，都可以将 P 与一个没有量词但等价的公式 $\text{QE}(P)$ 有效关联，即 $P \leftrightarrow \text{QE}(P)$ 永真。

也就是说，一阶理论允许量词消除，当且仅当存在某个计算机程序，对于该理论中的任何输入公式 P，它都可以输出一个无量词公式 $\text{QE}(P)$，使得输入和输出是等价的（因此 $P \leftrightarrow \text{QE}(P)$ 是永真的），并且输出 $\text{QE}(P)$ 是无量词的（并且不含在输入公式 P 中非自由的自由变量）。塔斯基的开创性结果表明量词消除是可计算的，并且一阶实算术是可判定的[45]：

583

定理 6.2(塔斯基的量词消除法)　实算术一阶逻辑允许量词消除，因此是可判定的。

如果进一步假设操作 QE 可以对基态公式（即不含变量的公式）求值，这得到 $\text{FOL}_\mathbb{R}$ 闭公式（即不含自由变量的公式）的判定程序。对于闭公式 P，只需通过量词消除法来计算其无量词的等价公式 $\text{QE}(P)$。公式 P 是封闭的，所以没有自由变量或其他未解释的符号，$\text{QE}(P)$ 也没有。因此，P 及其等价公式 $\text{QE}(P)$ 要么等价于真，要么等价于假。然而，$\text{QE}(P)$ 是无量词的，所以通过对 $\text{QE}(P)$ 中的（无变量）具体算术公式求值可以找出哪种情形成立，如以上示例所示。

例 20.1　量词消除法利用实算术的特殊结构，不用量词也不使用更多的自由变量而等价地表示量化算术公式。例如，QE 得到以下等价关系：

$$\text{QE}(\exists x(2x^2+c \leqslant 5)) \equiv c \leqslant 5$$

特别是公式 $\exists x(2x^2+c \leqslant 5)$ 不是永真的，而是只有当 $c \leqslant 5$ 成立时才为真，正如上面量词消除法得到的结果所贴切描述的那样。◀

例 20.2　利用量词消除法可以找出实算术一阶公式是否永真。以 $\exists x(2x^2+c \leqslant 5)$ 为

例。一个公式是永真的，当且仅当它的全称闭包(即对所有自由变量进行全称量化得到的公式)是永真的。毕竟，永真性意味着一个公式对于所有的解释都为真。因此，考虑全称闭包 $\forall c \exists x(2x^2+c\leqslant 5)$，这是一个闭公式，因为它不含自由变量。例如，使用量词消除法可以得到

$$\text{QE}(\forall c \exists x(2x^2+c\leqslant 5))\equiv\text{QE}(\forall c\,\text{QE}(\exists x(2x^2+c\leqslant 5)))\equiv\text{QE}(\forall c(c\leqslant 5))$$
$$\equiv-100\leqslant 5\wedge 5\leqslant 5\wedge 100\leqslant 5$$

得到的公式仍然没有自由变量，但是现在不含量词，所以它可以简单地用算术求值。由于合取项 $100\leqslant 5$ 求值为假，全称闭包 $\forall c \exists x(2x^2+c\leqslant 5)$ 等价于假，因此原公式 $\exists x(2x^2+c\leqslant 5)$ 非永真(尽管它仍是可满足的，证据是 $c=1$)。　　　　◀

几何上，量词消除对应于投影，见图 20.1。注意当使用 QE 时，我们通常假设它已经可以对基态算术公式求值，因此对没有自由变量的闭公式应用 QE 只有两种可能的结果：公式真和公式假。

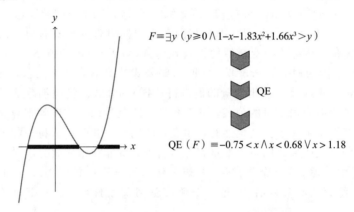

$$F\equiv\exists y\,(y\geqslant 0\wedge 1-x-1.83x^2+1.66x^3>y)$$

QE

$$\text{QE}(F)\equiv-0.75<x\wedge x<0.68\vee x>1.18$$

图 20.1　对 $\exists y$ 应用量词消除法在几何上对应于投影到 x 轴上

阿尔弗雷德·塔斯基的开创性结果是，在实数上量词消除是可能的，并且实算术是可判定的。唯一的问题是，塔斯基的判定程序的复杂度是非基本的(non-elementary)，即不受限于任何指数塔 $2^{2^{2^{\cdots^{n}}}}$，这使得它完全不实用。尽管如此，这仍然是一个开创性的突破，因为它证明了实数终究是可判定的。找到实用程序[6,7,48]需要进一步的进展[5,14,21,24,41]，以及乔治·柯林斯(George Collins)在 1975 年取得的重大突破[6]。本章所示的虚拟替换技术已经在 Redlog[11] 中实现。在 SMT 求解器 Z3 中也将 SMT 求解的思想与非线性实算术结合起来了[23]。

20.3.1　量词消除的同态归一化

定义量词消除法的第一个深刻见解是理解量词消除操作几乎可以与所有的逻辑联接词交换，因此 QE 只需针对存在量词定义。所以，一旦我们理解了如何消除存在量词，全称量词就可以通过双重否定来消除，因为 $\forall xA$ 等价于 $\neg\exists x\neg A$：

$$\text{QE}(A\wedge B)\equiv\text{QE}(A)\wedge\text{QE}(B)$$
$$\text{QE}(A\vee B)\equiv\text{QE}(A)\vee\text{QE}(B)$$
$$\text{QE}(\neg A)\equiv\neg\text{QE}(A)$$
$$\text{QE}(\forall xA)\equiv\text{QE}(\neg\exists x\neg A)$$

这些变换为了量词消除将存在量词隔离出来。具体而言，这样量词消除集中于存在量化变

量就足够了。当由内而外地使用 QE 操作时，即重复使用 QE 消除最里面的量词得到无量词的等价公式，然后再次消除最里面的量词，只要我们能够对于含无量词公式 A 的 $\exists xA$ 解决量词消除问题，它就可以得到解决了。如果 A 还不是无量词的，则可以由内而外地消除它的量词：

$$\mathrm{QE}(\exists xA)\equiv\mathrm{QE}(\exists x\mathrm{QE}(A))\quad\text{如果 }A\text{ 不是无量词的}$$

对 A 的形式化简也是可能的，虽然这不是必须的，甚至不一定有帮助。以下变换使用德摩根（De Morgan）等价式将量词之后的（无量词）内核变换为否定范式：

$$\mathrm{QE}(\exists x(A\vee B))\equiv\mathrm{QE}(\exists xA)\vee\mathrm{QE}(\exists xB)$$
$$\mathrm{QE}(\exists x\neg(A\wedge B))\equiv\mathrm{QE}(\exists x(\neg A\vee\neg B))$$
$$\mathrm{QE}(\exists x\neg(A\vee B))\equiv\mathrm{QE}(\exists x(\neg A\wedge\neg B))$$
$$\mathrm{QE}(\exists x\neg\neg A)\equiv\mathrm{QE}(\exists xA)$$

这种变换在实践中可能使事情变得更糟，因为析取范式和合取范式之间的转换可能导致结果指数性地增长。我们仅利用它来减少仍然需要考虑的情况数目。分配律可用于将无量词内核 A 的形式简化为析取范式，并在析取项上拆分存在量词：

$$\mathrm{QE}(\exists x(A\wedge(B\vee C)))\equiv\mathrm{QE}(\exists x((A\wedge B)\vee(A\wedge C)))$$
$$\mathrm{QE}(\exists x((A\vee B)\wedge C))\equiv\mathrm{QE}(\exists x((A\wedge C)\vee(B\wedge C)))$$

剩下唯一需要解决的情形是 $\mathrm{QE}(\exists x(A\wedge B))$，其中 $A\wedge B$ 是纯合取公式（然而它实际上可以有任意数量的合取项，而不是只有两个）。最后，使用以下归一化等价关系：

$$p=q\equiv p-q=0$$
$$p\leqslant q\equiv p-q\leqslant 0$$
$$p<q\equiv p-q<0$$
$$p\neq q\equiv p-q\neq 0$$
$$p\geqslant q\equiv q\leqslant p$$
$$p>q\equiv q<p$$
$$\neg(p\leqslant q)\equiv p>q$$
$$\neg(p<q)\equiv p\geqslant q$$
$$\neg(p=q)\equiv p\neq q$$
$$\neg(p\neq q)\equiv p=q$$

有可能将所有原子公式等价地归一化为以下形式中的一种：$p=0$，$p<0$，$p\leqslant 0$，$p\neq 0$，其中右侧都为 0。因为 $p\neq 0$ 等价于 $p<0\vee -p<0$，不等式 $\neq$ 在理论上也是不必要的（尽管保留它们在实践中非常有用）。现在，剩下要做的就是专注于下面的核心问题，即从这些归一化原子公式的合取中等价地消除存在量词。

20.3.2　替换基础

虚拟替换是一种量词消除技术，它基于将扩张项虚拟地代入公式中，即在所得到的约束中实际并不出现该扩张项[⊖]。虚拟替换假设语言中允许额外的构造，但随后在替换过程中用其他等价物来代替它们。

在 $\mathrm{FOL}_{\mathbb{R}}$ 中，虚拟替换本质上得到以下形式的等价关系：

⊖　作为扩张实数项实际上意味着它不是实数项，而只是某种程度上密切相关。我们将看到更具体的扩张实数项，以及以后如何再清除它们。

$$\exists xF \leftrightarrow \bigvee_{t \in T} A_t \wedge F'_x \tag{20.1}$$

这里 T 是扩张项的一个合适的有限集合，它取决于公式 F 并以虚拟的方式代入 F 中，也就是说，以这种方式得到的是标准的实算术项，而不是扩张项。附加的公式 A_t 是确保各个替换有意义的必要相容性条件。

这种等价关系就是量化消除的工作原理。当然，如果式 (20.1) 的右边为真，那么 t 就是 $\exists xF$ 的证据。证实形式为式 (20.1) 的等价关系的关键是确保一旦（在 $\exists xF$ 为真的意义上）F 有解，那么 F 必须对于集合 T 中的某种情形也是成立的。也就是说，T 必须涵盖所有代表性的情形。可能还有很多其他解，但是只要存在一个解，那么 T 中的一种可能性也必须是解。如果我们选择所有的实数 $T \stackrel{\text{def}}{=} \mathbb{R}$，那么式 (20.1) 将是平凡永真的，但是这样右边不会是一个公式，因为它的长度为不可数无穷长，这甚至比左边的量化形式更糟糕。但是，如果对于等价关系（式 (20.1)），有限集合 T 就足够了，并且额外的公式 A_t 是无量词的，那么式 (20.1) 的右边在结构上比左边简单，即使它可能不那么紧凑（有时不紧凑得多）。

虚拟替换的秘密是，以各种方法将各种形式的扩张实数项 e 等价地虚拟代入逻辑公式中，但无须提及实际的扩张实数项。第一步是看到仅仅在形式为 $p = 0$，$p < 0$，$p \leqslant 0$ 的原子公式上定义替换就足够了（或者 $p = 0$，$p > 0$，$p \geqslant 0$ 同样可以）。令 σ 表示以项 θ 对变量 x 的这种替换，那么 σ 可以同态提升到任意的一阶公式：

$$\sigma(A \wedge B) \equiv \sigma A \wedge \sigma B$$
$$\sigma(A \vee B) \equiv \sigma A \vee \sigma B$$
$$\sigma(\neg A) \equiv \neg \sigma A$$
$$\sigma(\forall y A) \equiv \forall y \sigma A \qquad \text{如果 } x \neq y \text{ 并且 } y \notin \theta$$
$$\sigma(\exists y A) \equiv \exists y \sigma A \qquad \text{如果 } x \neq y \text{ 并且 } y \notin \theta$$
$$\sigma(p = q) \equiv \sigma(p - q = 0)$$
$$\sigma(p < q) \equiv \sigma(p - q < 0)$$
$$\sigma(p \leqslant q) \equiv \sigma(p - q \leqslant 0)$$
$$\sigma(p > q) \equiv \sigma(p - q < 0)$$
$$\sigma(p \geqslant q) \equiv \sigma(p - q \leqslant 0)$$
$$\sigma(p \neq q) \equiv \sigma(\neg(p - q = 0))$$

这种提升将替换 σ 应用于所有子公式（在量词的情形中为了避免变量捕获，针对可容许性做了微小修改），并且将原子公式归一化为规范形式 $p = 0$，$p < 0$，$p \leqslant 0$，对于这些规范形式假设已经定义了 σ。

从现在起，对于定义替换或虚拟替换还需要做的就是在项 p 剩下的形式 $p = 0$，$p < 0$，$p \leqslant 0$ 的原子公式上定义它，而上述构造法可以处理任何一阶公式中的替换。当然，上述构造法只是有助于归一化还不是其中一种形式的原子公式，所以上面的项 q 可以假设不为 0，否则 $\sigma(p < 0)$ 得出的 $\sigma(p - 0 < 0)$ 并没有什么价值。

20.3.3 线性方程的项替换

对于一般情形，可以推动量词消除达到的最大进展就是这样了，除非我们进一步仔细查看所涉及的实际多项式的形状。让我们从一个简单的情形开始，其中在存在量词范围内的合取式中的某个公式是线性方程。考虑如下形式的公式：

$$\exists x(bx + c = 0 \wedge F) \quad (x \notin b, c) \tag{20.2}$$

其中 x 不出现在项 b、c 中(否则,比如 b 是 $5x$ 时,$bx+c$ 不是线性的)。让我们考虑一下这个公式的数学解可能是什么样子的。合取项 $bx+c=0$ 的唯一解是 $x=-c/b$。因此,式(20.2)中的左合取项仅对 $x=-c/b$ 成立,所以只有当以该唯一解 $-c/b$ 代替 x 时 F 也成立,式(20.2)才为真。也就是说,式(20.2)只有在 $F_x^{-c/b}$ 成立时才成立。因此,式(20.2)与公式 $F_x^{-c/b}$ 等价,而后者是无量词的。

那么,我们如何等价地消除式(20.2)中的量词呢?

在你继续阅读之前,看看你是否能自己找到答案。

可以肯定的是,$F_x^{-c/b}$ 是无量词的。但它并不完全等价于式(20.2),因此不一定有资格作为其量词消除形式。哦不!我们刚写下的是一个很好很直观的开始,但是如果 $b=0$,那就说不通了,因为这样 $-c/b$ 将不明智地除以零。以除以零开始对于量词消除这样的等价变换来说听起来相当不牢靠,而对于任何最终应该变成证明的东西而言,它听起来肯定是不牢靠的。

让我们重新开始。如果 $b\neq0$,式(20.2)中第一个合取项的解为 $x=-c/b$。在这种情况下,式(20.2)确实等价于 $F_x^{-c/b}$,因为式(20.2)为真的唯一途径就是对于第一个合取项的唯一解,第二个合取项 F 成立,即 $F_x^{-c/b}$ 成立。我们如何知道 b 是否为零?

如果 b 是一个具体的数字(比如 5),或者是诸如 $2+4-6$ 的项,那么很容易判断 b 是否为 0。但如果 b 是一个包含其他变量的项,比如 y^2+y-2z,那么就很难说它的值是否可能为零,因为这取决于变量 y 和 z 的值。当然,如果 b 是零多项式,我们知道那肯定为 0。或者 b 可以是永远不为零的多项式,例如平方和加上一个正的常数。在一般情况下,我们可能必须保留逻辑析取形式,用一个公式考虑 $b\neq0$ 的情况,另一个公式考虑 $b=0$ 的情况。毕竟,逻辑非常擅长用析取或其他逻辑联接词来将其选项分开。

如果 $b=0$,则式(20.2)中的第一个合取项与 x 无关,并且如果 $c=0$,则所有数字都是 x 的解,否则,如果 $c\neq0$,则根本没有解。在后一种情况下,$b=0$,$c\neq0$,式(20.2)为假,因为第一个合取项已经为假了。然而,在前一种情况下,$b=c=0$,第一个合取项 $bx+c=0$ 为平凡真,并且不会对 x 施加任何约束,也不会有助于我们得出式(20.2)的无量词等价公式。在 $b=c=0$ 的情况下,我们去掉为平凡真的约束,而用递归的方式考虑剩下的公式 F,以查看例如它是否包含其他线性方程可以有助于找到它的解。

在非退化的情况下,$b\neq0$,同时 $x\notin b,c$,输入公式(20.2)可以重新表述为 $\mathbb{R}$ 上的无量词等价公式,如下所示。

定理 20.1(线性方程的虚拟替换) 如果 $x\notin\mathrm{FV}(b)$ 并且 $x\notin\mathrm{FV}(c)$,那么以下等价关系在 $\mathbb{R}$ 上是永真的:

$$b\neq0\to(\exists x(bx+c=0\wedge F)\leftrightarrow b\neq0\wedge F_x^{-c/b}) \tag{20.3}$$

因此,该等价关系所需要的就是能够在公式 F 中用 $-c/b$ 替换 x。对于常规的项替换,在 $F_x^{-c/b}$ 中出现除法 $-c/b$ 可能会引起技术上的麻烦,但至少它有良好定义,因为 $b\neq0$ 在任何使用 $-c/b$ 的上下文中都成立。我们不继续追问 $F_x^{-c/b}$ 中分式的这种替换到底如何工作这一迫在眉睫的问题,而是马上转向二次型这种更一般的情形,因为这种情形也将包括对分式的适当逻辑处理方法。

在继续讨论二次型之前,首先请注意,如果除法项是语言的一部分(适当地作了保护,从而仅在除数非零时使用),则第 18 章中的一致替换提供了一种特别优美的方式在公理体系中表述定理 20.1。

引理 20.1(线性方程的一致替换)　以下线性方程公理是可靠的，其中 b、c 是 0 元函数符号：

$$\exists \lin \quad b \neq 0 \rightarrow (\exists x(b \cdot x + c = 0 \wedge q(x)) \leftrightarrow q(-c/b))$$

证明　如果假设 $b \neq 0$ 为真，那么由于 b 的值独立于 x，唯一能满足线性方程 $b \cdot x + c = 0$ 的变量 x 的值是它的数学解 $-c/b$，因为 $b \neq 0$，该解是有良好定义的。因此，当且仅当 $q(-c/b)$ 为真时，对于某个 x 的合取式 $b \cdot x + c = 0 \wedge q(x)$ 为真，因为 $-c/b$ 是 $b \cdot x + c = 0$ 的唯一解。　∎

公理 $\exists \lin$ 使用一元谓词符号 q 和 0 元函数符号 b、c，因此后者的值不能依赖于量化变量 x，所以 $b \cdot x + c = 0$ 是线性的。回顾一下第 18 章，如果在 x 受到 $\exists x$ 约束的上下文中用提及 x 的项来替换 0 元函数符号 b、c，则一致替换将发生冲突，这确保在一致替换之后还是线性的。但是 b、c 的替换项仍然可以使用其他变量，只是不能使用约束变量 x。

例 20.3　由于线性余子式 $y^2 + 4$ 很容易证明不为零（它是平方和加上严格为正的偏移量），根据公理 $\exists \lin$，下面的公式

$$\exists x((y^2 + 4) \cdot x + (yz - 1) = 0 \wedge x^3 + x \geq 0)$$

等价于无量词公式：

$$\left(-\frac{yz-1}{y^2+4}\right)^3 + \left(-\frac{yz-1}{y^2+4}\right) \geq 0$$

行文至此，你是否已经能设想一种不使用分式或量词的方法等价重述上面得到的无量词公式？

20.4　二次方的平方根虚拟替换

接下来我们考虑如下形式公式中的二次方程：

$$\exists x(ax^2 + bx + c = 0 \wedge F) \quad (x \notin \mathrm{FV}(a), \mathrm{FV}(b), \mathrm{FV}(c)) \tag{20.4}$$

其中 x 不是在项 a、b、c 中出现的自由变量。考虑与线性型类似的论证，我们找出该二次方程的解并将其代入 F 中。第一个合取项的通用解是 $x = (-b \pm \sqrt{b^2 - 4ac})/(2a)$，但是当然这取决于 a 是否可能求值为零，在这种情况下，线性解是可能的，而且除以 $2a$ 肯定没有良定义；参见图 20.2。

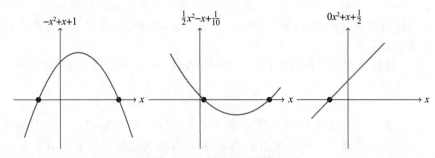

图 20.2　不同二次函数 p 的根

如果 a 实际上是多项式项并且有根，但它并不总是求值为 0（只有零多项式才会这样），那么有时很难知道项 a 是否可能为零。所以这次让我们更小心点，找出 a、b、c 所有可能情况的等价公式描述。需要考虑的情况有，第一个合取项是一个常数方程（在这种情况下方程对 x 没有施加任何有意义的约束）；或者是一个线性方程（在这种情况下，根据

20.3.3 节，解是 $x=-c/b$；或者是 $a\neq0$ 时严格意义上的二次方程(在这种情况下，解是 $x=(-b\pm\sqrt{b^2-4ac})/(2a)$)。当 $a=b=c=0$ 时，平凡真的方程 $0=0$ 还是没什么用，因此在这种情况下必须考虑另一部分 F，而对于 $a=b=0$ 且 $c\neq0$ 的情形，等式 $c=0$ 为假，所以立即确定式(20.4)不存在解。

当 $ax^2+bx+c=0$ 是严格意义上的线性或二次方程时，它在各自情形下的解选出的是唯一能求解式(20.4)的点，所以是唯一还需要对此检查第二个合取项是否也成立的点。

定理 20.2(二次方程的虚拟替换)　对于满足 $x\notin\mathrm{FV}(a)$，$\mathrm{FV}(b)$，$\mathrm{FV}(c)$ 的无量词公式 F，以下等价式在 $\mathbb{R}$ 上永真：

$$a\neq0\vee b\neq0\vee c\neq0\rightarrow$$
$$(\exists x(ax^2+bx+c=0\wedge F)\leftrightarrow$$
$$a=0\wedge b\neq0\wedge F_x^{-c/b}$$
$$\vee a\neq0\wedge b^2-4ac\geq0\wedge(F_x^{(-b+\sqrt{b^2-4ac})/(2a)}\vee F_x^{(-b-\sqrt{b^2-4ac})/(2a)}))$$

等一下，我们写下定理 20.2 中的公式时，幸运地及时注意到，在实数中 $(-b+\sqrt{b^2-4ac})/(2a)$ 实际上只有当 $b^2-4ac\geq0$ 时才有意义，否则的话该平方根为虚数，这样的数在 $\mathrm{FOL}_\mathbb{R}$ 中是不可能找到的。只有二次方程的判别式 b^2-4ac 非负时，它在实数中才有解。

定理 20.2 中双蕴涵式右侧所得到的公式是无量词的，因此只要不是 $a=b=c=0$ 的情形，就可以选择作为 $\mathrm{QE}(\exists x(ax^2+bx+c=0\wedge F))$ 的结果。

请注意，重要的是 $(-b\pm\sqrt{b^2-4ac})/(2a)$ 不是多项式项，它甚至不是一个有理项，因为它包含平方根 $\sqrt{\cdot}$。因此，定理 20.2 中的等价式并不是一阶实算术公式，除非我们对它的平方根和除法进行处理！

如果允许非负平方根作为表达式，那么引理 20.1 中相同的想法可以将定理 20.2 变为一致替换公理。回想一下第 2 章，$\mathrm{FOL}_\mathbb{R}$ 的项是多项式，而项的系数为 $\mathbb{Q}$ 中的有理数。因此，$4x^2+\dfrac{1}{7}x-1.41$ 是 $\mathrm{FOL}_\mathbb{R}$ 的多项式项。但是 $4x^2+\dfrac{1}{y}x-1.41$ 不是，因为其中除以变量 y，无论如何这让我们很恐慌，原因是 y 可能为零。$4x^2+\dfrac{1}{7}x-\sqrt{2}$ 也不是含有理系数的多项式项，原因是平方根 $\sqrt{2}$。而 $4x^2+\sqrt{y}x-2$ 完全不是多项式项。

注解 82(语义域对比语法表达式)　实算术一阶逻辑 $\mathrm{FOL}_\mathbb{R}$ 的量词 $\forall$ 和 $\exists$ 的量化作用域包括像 $\sqrt{2}$ 这样的实数。但是项和逻辑公式本身在语法上限制为只能从含有理系数的多项式构建而成。平方根(和所有更高次的根)是语义域 $\mathbb{R}$ 的一部分，但在 $\mathrm{FOL}_\mathbb{R}$ 的语法中并不允许直接使用。

当然，要写下一个诸如 $\exists x(x^2=5)$ 这样的公式仍然很简单，该公式间接确保 x 必须取值 $\sqrt{5}$，但是它还是提到了量词，因此在量词消除过程中需要额外的努力。

20.4.1　平方根代数

平方根实际上不是实算术的一部分。它们可以通过适当的求积来定义。例如，正根 $x=\sqrt{y}$ 可以由公式 $x^2=y\wedge y\geq0$ 定义。让我们弄清楚如何系统地将诸如 $(-b\pm\sqrt{b^2-4ac})/(2a)$ 的平方根代入一阶公式中，而不会在所得公式中涉及任何平方根。要理解如何将具有一般形式 $(a+b\sqrt{c})/d$ 的表达式虚拟地代入公式中，第一步是研究如何将它们代入公式中出现的多项式中。

定义 20.1(平方根代数)　平方根表达式是如下形式的表达式

[592]

$$(a+b\sqrt{c})/d$$

其中 $a,b,c,d\in\mathbb{Q}[x_1,\cdots,x_n]$ 是变量 $x_1,\cdots,x_n$ 的有理系数多项式，它有良好定义的条件是 $d\neq0\wedge c\geqslant0$。对于含相同 $\sqrt{c}$ 的平方根表达式，可以将它们视为代数对象对它们作符号加法和乘法[⊖]：

$$\left(\frac{(a+b\sqrt{c})}{d}\right)+\left(\frac{(a'+b'\sqrt{c})}{d'}\right)=\frac{(ad'+da')+(bd'+db')\sqrt{c}}{(dd')}$$

$$\left(\frac{(a+b\sqrt{c})}{d}\right)\cdot\left(\frac{(a'+b'\sqrt{c})}{d'}\right)=\frac{(aa'+bb'c)+(ab'+ba')\sqrt{c}}{(dd')}$$

(20.5)

上述定义的另一种阐述方法是，具有相同 $\sqrt{c}$ 的平方根表达式允许加法和乘法运算，这些运算得到相同 $\sqrt{c}$ 的平方根表达式。因此，用 $(a+b\sqrt{c})/d$ 替换多项式项 p 中的变量 x 会得到带有相同 $\sqrt{c}$ 的平方根表达式 $p_x^{(a+b\sqrt{c})/d}=(\tilde{a}+\tilde{b}\sqrt{c})/\tilde{d}$，因为计算该多项式所引出的算术只需要用式(20.5)进行加法和乘法运算[⊖]。毕竟，多项式的表达形式就是仅含加法和乘法的项(回想一下，$a-b$ 就是 $a+(-1)\cdot b$)。

符号加法和乘法使得可以用平方根表达式替换多项式中的变量。然而，所得结果 $p_x^{(a+b\sqrt{c})/d}$ 仍然是平方根表达式，这不能直接在一阶实算术中写下来。但是，至少用平方根表达式 $(a+b\sqrt{c})/d$ 替换多项式 p 中的 x 将得到相同 $\sqrt{c}$ 的平方根表达式 $p_x^{(a+b\sqrt{c})/d}=(a'+b'\sqrt{c})/d'$。

例 20.4 (二次根代入二次多项式)　作为一个简单的示例，让我们通过符号计算式(20.5)将平方根表达式 $(-b+\sqrt{b^2-4ac})/(2a)$ 代入二次多项式 ax^2+bx+c：

$$(ax^2+bx+c)_x^{(-b+\sqrt{b^2-4ac})/(2a)}$$

$$=a((-b+\sqrt{b^2-4ac})/(2a))^2+b((-b+\sqrt{b^2-4ac})/(2a))+c$$

$$=a((b^2+b^2-4ac+(-b-b)\sqrt{b^2-4ac})/(4a^2))+(-b^2+b\sqrt{b^2-4ac})/(2a)+c$$

$$=(ab^2+ab^2-4a^2c+(-ab-ab)\sqrt{b^2-4ac})/(4a^2)+(-b^2+2ac+b\sqrt{b^2-4ac})/(2a)+c$$

$$=((ab^2+ab^2-4a^2c)2a+(-b^2+2ac)4a^2+((-ab-ab)2a+b4a^2)\sqrt{b^2-4ac})/(8a^3)$$

$$=(\cancel{2a^2b^2}+\cancel{2a^2b^2}-\cancel{8a^3c}+\cancel{-4a^2b^2}+\cancel{8a^3c}+(\cancel{-2a^2b}-\cancel{2a^2b}+\cancel{4a^2b})\sqrt{b^2-4ac})/(8a^3)$$

[593]

$$=(0+0\sqrt{b^2-4ac})/(8a^3)=0$$

结果是零表达式！怎么会这样？想一想的话，我们可以预见到这一点，因为我们刚刚代入多项式 ax^2+bx+c 的平方根表达式 $(-b+\sqrt{b^2-4ac})/(2a)$ 是它的根，因此必然得到 0。◀

这些平方根表达式计算引出将平方根表达式代入多项式中的多项式求值操作。下一步是在某个 $\sim\in\{=,\leqslant,<\}$ 的原子公式 $p\sim0$ 中处理得到的平方根表达式与 0 的比较。这里方法是用平方根表达式 $p_x^{(a+b\sqrt{c})/d}$ 来表征该公式：

⊖ 尽管这里符号标记法很差，但请不要把角分符号误认为是导数。这里 a' 并不是 a 的导数，而只是作为多项式项的名称，它恰巧采用了 a' 这个有误导性的名称。

⊖ 在实践中，多项式 p 的加法和乘法运算针对稠密多项式 p 采用霍纳法则方案(Horner's scheme)，而针对稀疏多项式 p 则采用重复平方。这避免了例如考虑 x^3 和 x^2 时的冗余情况。

$$(p \sim 0)_x^{(a+b\sqrt{c})/d} \equiv (p_x^{(a+b\sqrt{c})/d} \sim 0)$$

为了节省一些符号标记工作，假设平方根表达式 $p_x^{(a+b\sqrt{c})/d}$ 还是 $(a+b\sqrt{c})/d$，这当然只对多项式 $p(x)=x$ 才精确成立，但这样减少了符号名称中角分符号的数目。剩下要做的就是将平方根表达式 $(a+b\sqrt{c})/d \sim 0$ 重写为 $\text{FOL}_\mathbb{R}$ 中的等价公式，从而该等价公式不再使用平方根表达式。

定义 20.2(平方根的比较)　为了有良定义，假设 $d \neq 0 \wedge c \geqslant 0$。对于仅含除法而无平方根的表达式 $(b=0)$，也就是说，形式为 $(a+0\sqrt{c})/d$ 即 a/d 的表达式，以下等价关系成立：

$$\frac{a}{d} = 0 \equiv a = 0$$

$$\frac{a}{d} \leqslant 0 \equiv ad \leqslant 0$$

$$\frac{a}{d} < 0 \equiv ad < 0$$

对于 b 为任意多项式的平方根表达式 $(a+b\sqrt{c})/d$，以下等价关系成立，这里为了有良好定义，假设 $d \neq 0 \wedge c \geqslant 0$：

$$\frac{(a+b\sqrt{c})}{d} = 0 \equiv ab \leqslant 0 \wedge a^2 - b^2 c = 0$$

$$\frac{(a+b\sqrt{c})}{d} \leqslant 0 \equiv ad \leqslant 0 \wedge a^2 - b^2 c \geqslant 0 \vee bd \leqslant 0 \wedge a^2 - b^2 c \leqslant 0$$

$$\frac{(a+b\sqrt{c})}{d} < 0 \equiv ad < 0 \wedge a^2 - b^2 c > 0 \vee bd \leqslant 0 \wedge (ad < 0 \vee a^2 - b^2 c < 0)$$

在 $b=0$ 的几种情况下，表达式的符号由 ad 的符号确定，除了在第一种情况($d \neq 0$)下蕴涵着 $a=0$ 就足够了。对于任意 b 的情形，第一行表征 $(a+b\sqrt{c})/d = 0$ 成立的充分必要条件是，a、b 有不同的符号(可能为 0)，并且因为 $a^2 = b^2 c$，它们的平方相消，这蕴涵着 $a = -b\sqrt{c}$。第二行表征 $\leqslant 0$ 成立的充分必要条件是，如果 a 的符号与 d 不同即 $ad \leqslant 0$，则 $a^2 \geqslant b^2 c$，因而 a 将支配整体的符号，或者如果 b 的符号与 d 不同(可能为 0)即 $bd \leqslant 0$，则 $a^2 \leqslant b^2 c$，因而 $b\sqrt{c}$ 将支配整体的符号。平方 $a^2 - b^2 c = a^2 - b^2\sqrt{c}^2$ 是相关项的绝对值的平方，它与伴随的符号条件一起唯一地确定了公式的真假值。第三行表征 <0 成立的充分必要条件是，因为 $a^2 > b^2 c$ 从而 a 严格支配，并且占支配地位的 a、d 具有不同的非零符号，或者 b、d 具有不同的符号，同时 a、d 也有不同的非零符号(所以 a、b 具有相同的符号或为 0，但与 d 严格不同)或者由于 $a^2 < b^2 c$ 从而 $b\sqrt{c}$ 严格支配符号。最后一种情况需要特别注意所需的符号条件以避免 $=0$。本质上，这个条件成立的情形是，d 与 a 有严格相反的符号并且 a 的平方支配着 $b\sqrt{c}$ 的平方 $b^2 c$，或者 d 与 b 有相反的符号，并且要么 d 与 a 有着严格相反的符号，要么 $b\sqrt{c}$ 支配着 a。

594

20.4.2　平方根虚拟替换

根据定义 20.1 对多项式求值，然后根据定义 20.2 作平方根比较，这两者的组合定义了如何以平方根 $(a+b\sqrt{c})/d$ 在原子公式中替换 x，并且可以像 20.3.2 节解释的那样提升到所有的一阶逻辑公式。重要的是，请注意即使平方根表达式 $(a+b\sqrt{c})/d$ 含平方根 $\sqrt{c}$ 和

除法 /d，这种替换的结果也不会引入平方根表达式或除法。那么，以平方根 $(a+b\sqrt{c})/d$ 在（无量词）一阶公式 F 中替换 x 的方式就是在所有原子公式中进行虚拟替换（见 20.3.2 节）。这种虚拟替换的结果用 $F_{\overline{x}}^{(a+b\sqrt{c})/d}$ 表示。

请注意，这里至关重要的是将平方根表达式 $(a+b\sqrt{c})/d$ 在 F 中虚拟替换 x 得到 $F_{\overline{x}}^{(a+b\sqrt{c})/d}$，这在语义上等价于以 $(a+b\sqrt{c})/d$ 直接替换 x 的结果 $F_x^{(a+b\sqrt{c})/d}$，但在操作上不同，因为虚拟替换从不引入平方根或除法。由于它们的语义等价关系，我们使用几乎相同的符号标记。虚拟替换的结果 $F_{\overline{x}}^{(a+b\sqrt{c})/d}$ 定义为多项式求值（定义 20.1）之后进行平方根比较（定义 20.2）。它的性质比直接替换 $F_x^{(a+b\sqrt{c})/d}$ 的结果更好，因为它仍是严格意义上的 $FOL_{\mathbb{R}}$ 公式，而不需要使用平方根表达式扩展语言。

引理 20.2（平方根的虚拟替换引理）   虚拟替换的结果 $F_{\overline{x}}^{(a+b\sqrt{c})/d}$ 在语义上等价于直接替换的结果 $F_x^{(a+b\sqrt{c})/d}$。对语言扩展将得到该等价关系的永真性：

$$F_x^{(a+b\sqrt{c})/d} \leftrightarrow F_{\overline{x}}^{(a+b\sqrt{c})/d}$$

但请记住，虚拟替换的结果 $F_{\overline{x}}^{(a+b\sqrt{c})/d}$ 是严格意义上的 $FOL_{\mathbb{R}}$ 公式，而直接替换 $F_x^{(a+b\sqrt{c})/d}$ 甚至只有在广义逻辑中才能认为是公式，该逻辑允许在除法和平方根表达式有意义的上下文（没有除以零，没有虚根）中使用它们的语法表示。

语义上，虚拟替换引理更有用的表述为：

$$\omega_x^r \in [\![F]\!] \text{ 当且仅当 } \omega \in [\![F_{\overline{x}}^{(a+b\sqrt{c})/d}]\!], \text{ 其中 } r = (\omega[\![a]\!]+\omega[\![b]\!]\sqrt{\omega[\![c]\!]})/\omega[\![d]\!] \in \mathbb{R}$$

也就是说，任何状态 ω 下虚拟替换结果的值等价于状态 ω 的语义修改中 F 的值，该语义修改将变量 x 的值改为表达式 $(a+b\sqrt{c})/d$ 的（实数）值，只要这在 $FOL_{\mathbb{R}}$ 中是允许的。

根据引理 20.2，如果以平方根虚拟替换 $F_{\overline{x}}^{(-b\pm\sqrt{b^2-4ac})/(2a)}$ 修改定理 20.2 以产生永真的一阶实算术公式，定理 20.2 继续成立，但不含可怕的平方根表达式。特别地，由于分式 $-c/b$ 也是一个（有点单调的）平方根表达式 $(-c+0\sqrt{0})/b$，定理 20.2 中也可以使用平方根虚拟替换重新表述形成等价的 $FOL_{\mathbb{R}}$ 公式 $F_{\overline{x}}^{-c/b}$。因此，定理 20.2 中无量词的右侧不会引入平方根或除法，而是快乐地保持为严格意义上的 $FOL_{\mathbb{R}}$ 公式。

通过这种虚拟替换，如果不是 $a=b=c=0$ 的情形，定理 20.2 中双向蕴涵式的右边可以选择作为 $QE(\exists x(ax^2+bx+c=0 \wedge F))$。当使用平方根虚拟替换时，对于线性型，在式（20.3）的量词消除中也可以避免除法。因此，如果不是 $b=c=0$ 的情形，则式（20.3）的右侧可以选择作为 $QE(\exists x(bx+c=0 \wedge F))$。

例 20.5   （平方的好奇心）   使用量词消除来检查式（20.4）中的二次等式在哪些情况下求值为真，这需要相当数量的代数和逻辑计算来处理将 $ax^2+bx+c=0$ 的相应根代入 F 中的虚拟替换。

出于好奇，如果我们试着将来自 $ax^2+bx+c=0$ 的相同虚拟替换应用于这个方程本身而不是 F，会发生什么？例如，想象一下，$ax^2+bx+c=0$ 在 F 中出现第二次。我们只考虑二次解的情况，即 $a \neq 0$。并且我们只考虑根 $(-b+\sqrt{b^2-4ac})/(2a)$。其他情况留作习题。首先将 $(-b+\sqrt{b^2-4ac})/(2a)$ 虚拟地代入多项式 ax^2+bx+c 中，这引出例 20.4 中的符号平方根表达式算术：

$$(ax^2+bx+c)_{\overline{x}}^{-b+\sqrt{b^2-4ac}/(2a)} = (0+0\sqrt{b^2-4ac})/1 = 0$$

所以 $(ax^2+bx+c)_{\overline{x}}^{(-b+\sqrt{b^2-4ac})/(2a)}$ 是零平方根表达式？根据构造这实际上与预期的完全相

同，因为 $(-b \pm \sqrt{b^2-4ac})/(2a)$ 在 $a \neq 0 \wedge b^2-4ac \geqslant 0$ 的情况下应该就是 ax^2+bx+c 的根。特别地，如果 ax^2+bx+c 再次出现在 F 中作为等式或不等式，它在各种情况下的虚拟替换最终会得到：

596

$$(ax^2+bx+c=0)_{\bar{x}}^{(-b+\sqrt{b^2-4ac})/(2a)} \equiv ((0+0\sqrt{b^2-4ac})/1=0) \equiv (0=0) \equiv \text{true}$$

$$(ax^2+bx+c\leqslant 0)_{\bar{x}}^{(-b+\sqrt{b^2-4ac})/(2a)} \equiv ((0+0\sqrt{b^2-4ac})/1\leqslant 0) \equiv (0 \cdot 1\leqslant 0) \equiv \text{true}$$

$$(ax^2+bx+c<0)_{\bar{x}}^{(-b+\sqrt{b^2-4ac})/(2a)} \equiv ((0+0\sqrt{b^2-4ac})/1<0) \equiv (0 \cdot 1<0) \equiv \text{false}$$

$$(ax^2+bx+c\neq 0)_{\bar{x}}^{(-b+\sqrt{b^2-4ac})/(2a)} \equiv ((0+0\sqrt{b^2-4ac})/1\neq 0) \equiv (0\neq 0) \equiv \text{false}$$

这也是有道理的。毕竟，$ax^2+bx+c=0$ 的根满足弱不等式 $ax^2+bx+c\leqslant 0$ 但不满足严格不等式 $ax^2+bx+c<0$。特别地，定理 20.2 可以把 $ax^2+bx+c=0$ 的根代入量词作用下的完整公式 $ax^2+bx+c=0 \wedge F$，但是从左合取项 $ax^2+bx+c=0$ 得到的公式总是简化为真，因此只留下代入 F 中的虚拟替换，在此需要进行实际的逻辑与实算术运算。

以上计算就是定理 20.2 证明以下量词消除等价关系所需要的：

$$a \neq 0 \rightarrow (\exists x(ax^2+bx+c=0 \wedge ax^2+bx+c=0) \leftrightarrow b^2-4ac \geqslant 0 \wedge \text{true})$$

$$a \neq 0 \rightarrow (\exists x(ax^2+bx+c=0 \wedge ax^2+bx+c\leqslant 0) \leftrightarrow b^2-4ac \geqslant 0 \wedge \text{true})$$

对于 $(-b-\sqrt{b^2-4ac})/(2a)$ 的情形，类似的计算也可以证明以下公式是正确的：

$$a \neq 0 \rightarrow (\exists x(ax^2+bx+c=0 \wedge ax^2+bx+c<0) \leftrightarrow b^2-4ac \geqslant 0 \wedge \text{false})$$

$$a \neq 0 \rightarrow (\exists x(ax^2+bx+c=0 \wedge ax^2+bx+c\neq 0) \leftrightarrow b^2-4ac \geqslant 0 \wedge \text{false})$$

因此，在已知 $a \neq 0$ 的上下文中，例如因为它是诸如 5 或 y^2+1 的项，根据定理 20.2 并进行简化可以得到以下量词消除结果：

$$\text{QE}(\exists x(ax^2+bx+c=0 \wedge ax^2+bx+c=0)) \equiv b^2-4ac \geqslant 0$$

$$\text{QE}(\exists x(ax^2+bx+c=0 \wedge ax^2+bx+c\leqslant 0)) \equiv b^2-4ac \geqslant 0$$

$$\text{QE}(\exists x(ax^2+bx+c=0 \wedge ax^2+bx+c<0)) \equiv \text{false}$$

$$\text{QE}(\exists x(ax^2+bx+c=0 \wedge ax^2+bx+c\neq 0)) \equiv \text{false}$$

在 $a \neq 0$ 未知的上下文中，可能的情况更多，并且定理 20.2 中的析取结构仍然存在，这导致需要区分 $a=0$ 或 $a \neq 0$ 的情形。 ◀

例 20.6 （二次多项式的非负根） 为了展示如何使用定理 20.2 的消除量词，考虑公式

$$\exists x(ax^2+bx+c=0 \wedge x \geqslant 0) \tag{20.6}$$

597

为简单起见，再次假设已知 $a \neq 0$，例如 $a=5$。由于 $a \neq 0$，定理 20.2 只需要考虑平方根表达式 $(-b+\sqrt{b^2-4ac})/(2a)$ 和相应的 $(-b-\sqrt{b^2-4ac})/(2a)$ 而不需要考虑线性根的情形。在将这些根虚拟地代入剩下公式 $F \equiv (x \geqslant 0)$ 时，第一个操作是用 20.3.2 节中的构造法将 $x \geqslant 0$ 翻转为基本情形 $-x \leqslant 0$。在该基本情形下，根据式(20.5)，将平方根表达式 $(-b+\sqrt{b^2-4ac})/(2a)$ 代入多项式 $-x$ 会引出以下平方根计算：

$$-(-b+\sqrt{b^2-4ac})/(2a) = ((-1+0\sqrt{b^2-4ac})/1) \cdot ((-b+\sqrt{b^2-4ac})/(2a))$$

$$= (b-\sqrt{b^2-4ac})/(2a)$$

注意一元减运算符如何展开成乘以 -1 的乘法，对于平方根 $\sqrt{b^2-4ac}$，它作为平方根表达式可以表示为 $(-1+0\sqrt{b^2-4ac})/1$。该平方根表达式的虚拟平方根替换将得到

$$(-x \leqslant 0)_{\bar{x}}^{(b-\sqrt{b^2-4ac})/(2a)}$$

$$\equiv b2a \leqslant 0 \wedge b^{\not z} - (-1)^2(b^{\not z} - 4ac) \geqslant 0 \vee -1 \cdot 2a \leqslant 0 \wedge b^{\not z} - (-1)^2(b^{\not z} - 4ac) \leqslant 0$$

$$\equiv 2ba \leqslant 0 \wedge 4ac \geqslant 0 \vee -2a \leqslant 0 \wedge 4ac \leqslant 0$$

对于第二个平方根表达式 $-(b-\sqrt{b^2-4ac})/(2a)$，相应的多项式求值得出

$$-(-b-\sqrt{b^2-4ac})/(2a) = ((-1+0\sqrt{b^2-4ac})/1) \cdot ((-b-\sqrt{b^2-4ac})/(2a))$$

$$= (b+\sqrt{b^2-4ac})/(2a)$$

所以，该平方根表达式的虚拟平方根替换得到

$$(-x \leqslant 0)_{\bar{x}}^{(b+\sqrt{b^2-4ac})/(2a)}$$

$$\equiv b2a \leqslant 0 \wedge b^{\not z} - 1^2(b^{\not z} - 4ac) \geqslant 0 \vee 1 \cdot 2a \leqslant 0 \wedge b^{\not z} - 1^2(b^{\not z} - 4ac) \leqslant 0$$

$$\equiv 2ba \leqslant 0 \wedge 4ac \geqslant 0 \vee 2a \leqslant 0 \wedge 4ac \leqslant 0$$

由于 $a \neq 0$，因此定理 20.2 蕴涵着以下量词消除等价关系：

$$a \neq 0 \rightarrow (\exists x(ax^2 + bx + c = 0 \wedge x \geqslant 0))$$

$$\leftrightarrow b^2 - 4ac \geqslant 0 \wedge$$

$$(2ba \leqslant 0 \wedge 4ac \geqslant 0 \vee -2a \leqslant 0 \wedge 4ac \leqslant 0 \vee 2ba \leqslant 0 \wedge 4ac \geqslant 0 \vee 2a \leqslant 0 \wedge 4ac \leqslant 0)$$

所以，在已知 $a \neq 0$ 的上下文中，定理 20.2 得到以下量词消除结果：

$$\mathrm{QE}(\exists x(ax^2 + bx + c = 0 \wedge x \geqslant 0))$$

$$\equiv b^2 - 4ac \geqslant 0 \wedge$$

$$(2ba \leqslant 0 \wedge 4ac \geqslant 0 \vee -2a \leqslant 0 \wedge 4ac \leqslant 0 \vee 2ba \leqslant 0 \wedge 4ac \geqslant 0 \vee 2a \leqslant 0 \wedge 4ac \leqslant 0)$$

$$\equiv b^2 - 4ac \geqslant 0 \wedge (ba \leqslant 0 \wedge ac \geqslant 0 \vee a \geqslant 0 \wedge ac \leqslant 0 \vee a \leqslant 0 \wedge ac \leqslant 0)$$

原始量化公式 (20.6) 表示二次方程有非负根，这只在其参数的某些条件下才为真，考虑到这一点，因此上面公式表达的符号条件是有道理的。 ◄

20.5 优化

虚拟替换允许许多有用的优化，从而让它们更加实用。当用平方根表达式 $(a+b\sqrt{c})/d$ 替换多项式 p 中的变量 x 时，得到的平方根表达式 $p_{\bar{x}}^{(a+b\sqrt{c})/d} = (\tilde{a}+\tilde{b}\sqrt{c})/\tilde{d}$ 中最终将出现 $\tilde{d} = d^k$ 形式的更高次幂，其中 k 是 p 中变量 x 的次数。这一点很容易通过查看式 (20.5) 中加法和乘法的定义看出来。避免 d 的这种更高次幂可以采用的方法是，对于算术关系 $\sim \in \{=, >, \geqslant, \neq, <, \leqslant\}$ 使用等价关系 $(pq^3 \sim 0) \equiv (pq \sim 0)$，并且如果 $q \neq 0$，同时使用 $(pq^2 \sim) \equiv (p \sim 0)$。由于需要假定 $d \neq 0$，平方根表达式 $(a+b\sqrt{c})/d$ 才有良好定义，因此虚拟替换的结果 $F_{\bar{x}}^{(a+b\sqrt{c})/d}$ 中 d 的次数可以降低到 0 或 1，取决于它最终作为偶次幂还是奇次幂出现（见习题 20.9）。如果 d 作为奇次幂出现，则它可以降低到 1 次。如果 d 作为偶次幂出现，则它可以降低到 0 次，这使得它完全消失。

对于符号比较，保持较低的多项式次数[48]的一个细小而重要的优化来源于如下事实，即奇次幂 e^{2n+1} 与 e 的符号相同，而偶次幂 e^{2n} 与 e^2 的符号相同。特别是如果 $e \neq 0$，则偶次幂 e^{2n} 与 1 的符号相同。

降低次数的重要性不仅来自高次数对于量词消除问题概念和计算上的影响，而且对于虚拟替换而言，也来自虚拟替换仅适用于某些有界但常见的次数这一事实。

20.6 总结

本章展示了如下奇迹的一部分，即量词消除在一阶实算术中是可能的，以及量词消除

法如何工作。只要这种技术可以锁定对所有量化变量为线性或二次的某个方程，它就适用于归一化为适当形式的公式。在定理 20.2 的公式 F 中，可能出现变量的更高次数或不等式，但必须至少有一个线性或二次方程。如果这样的方程存在，不管是在什么地方，将该公式转换成所需的形式都是很容易的。下一章的主题是如果没有二次方程但只有其他二次不等式，应该怎样处理。

同样可以预见的是，对纯高次多项式应用虚拟替换方法最终会遇到困难，因为这些多项式通常没有根式可以解方程。此时，其他更代数方式的量词消除技术将发挥作用，但这些技术超出了本书的范围。

平方根表达式的虚拟替换使用符号计算：

$$((a+b\sqrt{c})/d)+((a'+b'\sqrt{c})/d') = ((ad'+da')+(bd'+db')\sqrt{c})/(dd')$$

$$((a+b\sqrt{c})/d)\cdot((a'+b'\sqrt{c})/d') = ((aa'+bb'c)+(ab'+ba')\sqrt{c})/(dd')$$

以下展开是通过虚拟替换消除平方根表达式的核心。对于平方根表达式 $(a+b\sqrt{c})/d$，其中为了良好定义有 $d\neq0\wedge c\geq0$，重写得到的以下等价式消除了平方根：

$$(a+b\sqrt{c})/d=0\equiv ab\leq0\wedge a^2-b^2c=0$$

$$(a+b\sqrt{c})/d\leq0\equiv ad\leq0\wedge a^2-b^2c\geq0\vee bd\leq0\wedge a^2-b^2c\leq0$$

$$(a+b\sqrt{c})/d<0\equiv ad<0\wedge a^2-b^2c>0\vee bd\leq0\wedge(ad<0\vee a^2-b^2c<0)$$

20.7　附录：实代数几何

本书采用信息物理系统的逻辑视角。发展关于各种逻辑概念对应的几何对象的直观理解是有裨益的。在这方面最值得关注的是实代数几何[2]，因为它与实算术[1]有关。一般的代数几何也非常优美漂亮，特别是在代数闭域上的[9,18]。

多项式方程在几何上对应实仿射代数簇。多项式的每个集合 F 定义了一个几何对象，即它的簇，也就是所有这些多项式为零的点集。

定义 20.3（实仿射代数簇）　$V\subseteq\mathbb{R}^n$ 是仿射簇，当且仅当对于某个在 $\mathbb{R}$ 上的多项式集合 $F\subseteq\mathbb{R}[X_1,\cdots,X_n]$，有：

$$V=V(F):=\{x\in\mathbb{R}^n：对于所有 f\in F，有 f(x)=0\}$$

仿射簇是 $\mathbb{R}^n$ 的子集，可以通过一组多项式方程来定义。

逆向构造可以得到消逝理想（vanishing ideal），它描述了在给定集合 V 上为零的所有多项式的集合。

定义 20.4（消逝理想）　$I\subseteq R[X_1,\cdots,X_n]$ 是 $V\subseteq\mathbb{R}^n$ 的消逝理想：

$$I(V):=\{f\in\mathbb{R}[X_1,\cdots,X_n]：对于所有 f\in V，有 f(x)=0\}$$

即在 V 中所有点上为零的所有多项式。

仿射簇和消逝理想的关系为

$$S\subseteq V(I(S))\qquad 对任意的集合 S\in\mathbb{R}^n$$

$$V=V(I(V))\qquad 如果 V 是一个仿射簇$$

$$F\subseteq G\Rightarrow V(F)\supseteq V(G)$$

根据诸如 $\mathbb{C}$ 的代数闭域上的希尔伯特零点定理（Hilbert's Nullstellensatz），以及在诸如 $\mathbb{R}$ 的实闭域上的斯滕格尔零点定理（Stengle's Nullstellensatz），仿射簇和消逝理想密切相关。

一些有趣的多项式对应的仿射簇如图 20.3 所示。

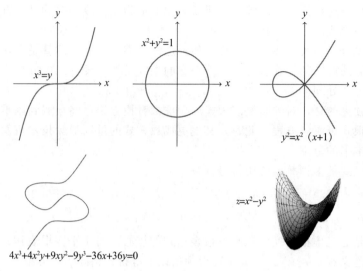

图 20.3 多项式方程描述(实)仿射(代数)簇

习题

20.1 定义 20.1 给出了平方根表达式加法和乘法的定义。减法 $((a+b\sqrt{c}/d))-((a'+b'\sqrt{c})/d')$ 和取负 $-((a+b\sqrt{c})/d)$ 如何定义?

20.2 假设 $b\neq 0$,对于一般线性方程,构造其存在非负根的无量词等价公式。也就是说,对下面的公式作线性量词消除:

$$\exists x(bx+c=0 \land x\geqslant 0)$$

并在不使用分式的情况下阐明结果。当假设变为 $b=0 \land c\neq 0$ 时,结果是什么?

20.3 注解 82 指出 $\text{FOL}_\mathbb{R}$ 的项和公式只能由含有理系数的多项式构成。证明其实只允许数字 0 和 1 而不允许其他数字就足够了。首先假设(至少在不含变量的项上)可以使用分式运算符 $/$。

20.4 例 20.5 证明,对于根 $(-b+\sqrt{b^2-4ac})/(2a)$ 的虚拟替换,$ax^2+bx+c=0$ 化简为公式真。证明对于根 $(-b-\sqrt{b^2-4ac})/(2a)$ 得到同样的结果,并且如果 $a=0$,根 $(-c+0\sqrt{0})/b$ 也一样。

20.5 例 20.5 认为可以预期的是,对于根 $(-b+\sqrt{b^2-4ac})/(2a)$ 的虚拟替换,$ax^2+bx+c=0$ 化简为真,因为在 $a\neq 0 \land b^2-4ac\geqslant 0$ 的情况下,$(-b+\sqrt{b^2-4ac})/(2a)$ 求值得到的实数是 $ax^2+bx+c=0$ 的根。但是,在额外假设 $a\neq 0 \land b^2-4ac\geqslant 0$ 不成立的情况下会发生什么?在这种情况下虚拟替换的值是多少?那是个问题吗?请仔细讨论!

20.6 使用定理 20.2 来消除以下公式中的量词,假设 $a\neq 0$ 是已知的:

$$\exists x(ax^2+bx+c=0 \land x<1)$$
$$\exists x(ax^2+bx+c=0 \land x^3+x\leqslant 0)$$

20.7 当删除 $a\neq 0$ 的假设时,例 20.6 如何改变?

20.8 实算术一阶逻辑是否会怀念 π 的存在?也就是说,如果我们从域中删除 π 并令所有量词的作用范围仅为 $\mathbb{R}/\{\pi\}$,那么是否存在某个公式的真假值不同从而注意到这一点？如果我们从域中删除$\sqrt[3]{5}$，$\text{FOL}_\mathbb{R}$ 会注意到吗？

20.9 考虑在多项式 p 中用平方根表达式 $(a+b\sqrt{c})/d$ 替换变量 x 的过程。令 k 为 p 中变量 x 的次数，因此在结果 $p_{\bar{x}}^{(a+b\sqrt{c})/d}=(\tilde{a}+\tilde{b}\sqrt{c})/\tilde{d}$ 中出现 d 的 k 次幂 d^k。当 k 为奇数时，设 $\delta=1$；当 k 为偶数时，设 $\delta=0$。证明以下优化可用于虚拟替换。为了有良好定义，假设 $d\neq0 \wedge c\geq0$。对于不含平方根而只含除法的表达式（$b=0$），即形式为 $(a+0\sqrt{c})/d$ 的那些，以下等价式成立：

$$(a+0\sqrt{c})/d=0\equiv a=0$$
$$(a+0\sqrt{c})/d\leq0\equiv ad^\delta\leq0$$
$$(a+0\sqrt{c})/d<0\equiv ad^\delta<0$$
$$(a+0\sqrt{c})/d\neq0\equiv a\neq0$$

602

为了有良好定义，假设 $d\neq0$ 和 $c\geq0$。对于任意 b 的任何平方根表达式 $(a+b\sqrt{c})/d$，以下等价式成立：

$$(a+b\sqrt{c})/d=0\equiv ab\leq0 \wedge a^2-b^2c=0$$
$$(a+b\sqrt{c})/d\leq0\equiv ad^\delta\leq0 \wedge a^2-b^2c\geq0 \vee bd^\delta\leq0 \wedge a^2-b^2c\leq0$$
$$(a+b\sqrt{c})/d<0\equiv ad^\delta<0 \wedge a^2-b^2c>0 \vee bd^\delta\leq0 \wedge (ad^\delta<0 \vee a^2-b^2c<0)$$
$$(a+b\sqrt{c})/d\neq0\equiv ab>0 \vee a^2-b^2c\neq0$$

参考文献

[1] Saugata Basu, Richard Pollack, and Marie-Françoise Roy. *Algorithms in Real Algebraic Geometry*. 2nd. Berlin: Springer, 2006. DOI: `10.1007/3-540-33099-2`.

[2] Jacek Bochnak, Michel Coste, and Marie-Francoise Roy. *Real Algebraic Geometry*. Vol. 36. Ergeb. Math. Grenzgeb. Berlin: Springer, 1998. DOI: `10.1007/978-3-662-03718-8`.

[3] Claude Chevalley and Henri Cartan. Schémas normaux; morphismes; ensembles constructibles. In: *Séminaire Henri Cartan*. Vol. 8. 7. Numdam, 1955, 1–10.

[4] Alonzo Church. A note on the Entscheidungsproblem. *J. Symb. Log.* **1**(1) (1936), 40–41.

[5] Paul J. Cohen. Decision procedures for real and *p*-adic fields. *Communications in Pure and Applied Mathematics* **22** (1969), 131–151. DOI: `10.1002/cpa.3160220202`.

[6] George E. Collins. Quantifier elimination for real closed fields by cylindrical algebraic decomposition. In: *Automata Theory and Formal Languages*. Ed. by H. Barkhage. Vol. 33. LNCS. Berlin: Springer, 1975, 134–183. DOI: `10.1007/3-540-07407-4_17`.

[7] George E. Collins and Hoon Hong. Partial cylindrical algebraic decomposition for quantifier elimination. *J. Symb. Comput.* **12**(3) (1991), 299–328. DOI: `10.1016/S0747-7171(08)80152-6`.

[8] Stephen A. Cook. The complexity of theorem-proving procedures. In: *STOC*. Ed. by Michael A. Harrison, Ranan B. Banerji, and Jeffrey D. Ullman. New York: ACM, 1971, 151–158. DOI: `10.1145/800157.805047`.

[9] David A. Cox, John Little, and Donal O'Shea. *Ideals, Varieties and Algorithms: An Introduction to Computational Algebraic Geometry and Commutative Algebra*. Undergraduate Texts in Mathematics. New York: Springer, 1992.

603

[10] Lloyd Dines. Systems of linear inequalities. *Ann. Math.* **20**(3) (1919), 191–199.

[11] Andreas Dolzmann and Thomas Sturm. Redlog: computer algebra meets computer logic. *ACM SIGSAM Bull.* **31**(2) (1997), 2–9. DOI: 10.1145/261320.261324.

[12] Lou van den Dries and Chris Miller. On the real exponential field with restricted analytic functions. *Israel J. Math.* **85**(1-3) (1994), 19–56. DOI: 10.1007/BF02758635.

[13] Richard J. Duffin. On Fourier's analysis of linear inequality systems. In: *Pivoting and Extension: In honor of A.W. Tucker*. Ed. by M. L. Balinski. Berlin: Springer, 1974, 71–95. DOI: 10.1007/BFb0121242.

[14] Erwin Engeler. *Foundations of Mathematics: Questions of Analysis, Geometry and Algorithmics*. Berlin: Springer, 1993. DOI: 10.1007/978-3-642-78052-3.

[15] Jean-Baptiste Joseph Fourier. Solution d'une question particulière du calcul des inégalités. *Nouveau Bulletin des Sciences par la Société Philomatique de Paris* (1826), 99–100.

[16] Kurt Gödel. Die Vollständigkeit der Axiome des logischen Funktionenkalküls. *Monatshefte Math. Phys.* **37** (1930), 349–360. DOI: 10.1007/BF01696781.

[17] Kurt Gödel. Über formal unentscheidbare Sätze der Principia Mathematica und verwandter Systeme I. *Monatshefte Math. Phys.* **38**(1) (1931), 173–198. DOI: 10.1007/BF01700692.

[18] Joe Harris. *Algebraic Geometry: A First Course*. Graduate Texts in Mathematics. Berlin: Springer, 1995. DOI: 10.1007/978-1-4757-2189-8.

[19] John Harrison. Verifying nonlinear real formulas via sums of squares. In: *TPHOLs*. Ed. by Klaus Schneider and Jens Brandt. Vol. 4732. LNCS. Berlin: Springer, 2007, 102–118. DOI: 10.1007/978-3-540-74591-4_9.

[20] Jacques Herbrand. Recherches sur la théorie de la démonstration. *Travaux de la Société des Sciences et des Lettres de Varsovie, Class III, Sciences Mathématiques et Physiques* **33** (1930), 33–160.

[21] Lars Hörmander. *The Analysis of Linear Partial Differential Operators II*. Vol. 257. Grundlehren der mathematischen Wissenschaften. Berlin: Springer, 1983.

[22] Nathan Jacobson. *Basic Algebra I*. 2nd ed. San Francisco: Freeman, 1989.

[23] Dejan Jovanović and Leonardo Mendonça de Moura. Solving non-linear arithmetic. In: *Automated Reasoning - 6th International Joint Conference, IJCAR 2012, Manchester, UK, June 26-29, 2012. Proceedings*. Ed. by Bernhard Gramlich, Dale Miller, and Ulrike Sattler. Vol. 7364. LNCS. Berlin: Springer, 2012, 339–354. DOI: 10.1007/978-3-642-31365-3_27.

[24] Georg Kreisel and Jean-Louis Krivine. *Elements of mathematical logic: Model Theory*. 2nd ed. Amsterdam: North-Holland, 1971.

[25] Sean McLaughlin and John Harrison. A proof-producing decision procedure for real arithmetic. In: *CADE*. Ed. by Robert Nieuwenhuis. Vol. 3632. LNCS. Springer, 2005, 295–314. DOI: 10.1007/11532231_22.

[26] Theodore Samuel Motzkin. Beiträge zur Theorie der Linearen Ungleichungen. PhD thesis. Basel, Jerusalem, 1936.

[27] Leonardo Mendonça de Moura and Grant Olney Passmore. The strategy challenge in SMT solving. In: *Automated Reasoning and Mathematics - Essays in Memory of William W. McCune*. Ed. by Maria Paola Bonacina and Mark E. Stickel. Vol. 7788. LNCS. Berlin: Springer, 2013, 15–44. DOI: 10.1007/978-3-642-36675-8_2.

[28] Grant Olney Passmore. Combined Decision Procedures for Nonlinear Arithmetics, Real and Complex. PhD thesis. School of Informatics, University of Edinburgh, 2011.

[29] André Platzer. Differential dynamic logic for hybrid systems. *J. Autom. Reas.* **41**(2) (2008), 143–189. DOI: 10.1007/s10817-008-9103-8.

[30]　André Platzer. *Logical Analysis of Hybrid Systems: Proving Theorems for Complex Dynamics*. Heidelberg: Springer, 2010. DOI: 10.1007/978-3-642-14509-4.

[31]　André Platzer. Logics of dynamical systems. In: *LICS*. Los Alamitos: IEEE, 2012, 13–24. DOI: 10.1109/LICS.2012.13.

[32]　André Platzer. The complete proof theory of hybrid systems. In: *LICS*. Los Alamitos: IEEE, 2012, 541–550. DOI: 10.1109/LICS.2012.64.

[33]　André Platzer. A complete uniform substitution calculus for differential dynamic logic. *J. Autom. Reas.* **59**(2) (2017), 219–265. DOI: 10.1007/s10817-016-9385-1.

[34]　André Platzer, Jan-David Quesel, and Philipp Rümmer. Real world verification. In: *CADE*. Ed. by Renate A. Schmidt. Vol. 5663. LNCS. Berlin: Springer, 2009, 485–501. DOI: 10.1007/978-3-642-02959-2_35.

[35]　Mojżesz Presburger. Über die Vollständigkeit eines gewissen Systems der Arithmetik ganzer Zahlen, in welchem die Addition als einzige Operation hervortritt. *Comptes Rendus du I Congrès de Mathématiciens des Pays Slaves* (1929), 92–101.

[36]　H. Gordon Rice. Classes of recursively enumerable sets and their decision problems. *Trans. AMS* **74**(2) (1953), 358–366. DOI: 10.2307/1990888.

[37]　Daniel Richardson. Some undecidable problems involving elementary functions of a real variable. *J. Symb. Log.* **33**(4) (1968), 514–520. DOI: 10.2307/2271358.

[38]　Abraham Robinson. *Complete Theories*. 2nd ed. Studies in logic and the foundations of mathematics. North-Holland, 1977, 129.

[39]　Julia Robinson. Definability and decision problems in arithmetic. *J. Symb. Log.* **14**(2) (1949), 98–114. DOI: 10.2307/2266510.

[40]　Julia Robinson. The undecidability of algebraic rings and fields. *Proc. AMS* **10**(6) (1959), 950–957. DOI: 10.2307/2033628.

[41]　Abraham Seidenberg. A new decision method for elementary algebra. *Annals of Mathematics* **60**(2) (1954), 365–374. DOI: 10.2307/1969640.

[42]　Thoralf Skolem. Über einige Satzfunktionen in der Arithmetik. *Skrifter utgitt av Det Norske Videnskaps-Akademi i Oslo, I. Matematisk naturvidenskapelig klasse* **7** (1931), 1–28.

[43]　Gilbert Stengle. A Nullstellensatz and a Positivstellensatz in semialgebraic geometry. *Math. Ann.* **207**(2) (1973), 87–97. DOI: 10.1007/BF01362149.

[44]　Alfred Tarski. Sur les ensembles définissables de nombres réels I. *Fundam. Math.* **17**(1) (1931), 210–239.

[45]　Alfred Tarski. *A Decision Method for Elementary Algebra and Geometry*. 2nd. Berkeley: University of California Press, 1951.

[46]　Alan M. Turing. Computability and λ-definability. *J. Symb. Log.* **2**(4) (1937), 153–163. DOI: 10.2307/2268280.

[47]　Volker Weispfenning. The complexity of linear problems in fields. *J. Symb. Comput.* **5**(1-2) (1988), 3–27. DOI: 10.1016/S0747-7171(88)80003-8.

[48]　Volker Weispfenning. Quantifier elimination for real algebra — the quadratic case and beyond. *Appl. Algebra Eng. Commun. Comput.* **8**(2) (1997), 85–101. DOI: 10.1007/s002000050055.

605

606

虚拟替换与实算术

概要 本章将上一章的想法推广到线性和二次不等式，从而推进对实算术的理解。与上一章一样，主要的工具还是虚拟替换，它们假装将一个广义表达式代入逻辑公式中，方式是等价地重新表述每一次出现的相应表达式。然而，所需的虚拟替换将超出平方根替换，而是涵盖了无穷大和无穷小，以捕获这样一个事实，即不满足等式的情况下也可以满足不等式。

21.1 引言

对信息物理系统和混成系统进行推理需要理解和处理它们的实算术，这可能很有挑战性，因为信息物理系统可能有复杂的行为。微分动态逻辑及其证明演算[6-8] 将混成系统的验证归约为实算术。在第 6 章中已经讨论了算术如何与证明接口。在第 20 章中已经展示了如何通过虚拟替换来处理含线性和二次方程的实算术。本章将说明用于实算术量词消除的虚拟替换如何扩展到线性和二次不等式的情形。

本章的结果基于文献[13]。本章增加了大量有助于理解技术推进的直觉和动机说明。有关虚拟替换的更多信息可以在文献[13]中找到。关于实算术其他技术的概述，请参见例如文献[1-2，5，9]。

本章最重要的学习目标如下所示。

建模与控制：本章通过向读者介绍不同的算术建模权衡引起的分析复杂性上的后果，从而细化前一章对 CPS 模型与控制的间接影响。类似问题的不同算术公式描述会对分析产生微妙的影响，从而可能影响对 CPS 建模时的恰当权衡。例如，汽车 x 到红绿灯 m 的安全距离描述为 $x \leqslant m$ 或 $x < m$ 对于实用而言可能一样好，因此更取决于其对得到的实算术的影响。

计算思维：本章的主要目的是理解对 CPS 至关重要的算术推理如何能够严格而自动地完成，不仅仅是针对第 20 章中考虑的方程，还扩展到针对不等式。虽然可以用第 20 章中的技术处理包含足够多二次方程以及其他不等式的公式，但这样的扩展对于证明仅包含不等式的算术公式至关重要，这在 CPS 的世界中经常出现，其中许多问题涉及距离的不等式界限。建立对实算术判定程序工作原理的直观理解非常有助于制定策略验证成规模的 CPS 模型。我们将再次看到逻辑三位一体在概念上非常重要的技巧：在语法和语义之间随意来回切换的灵活性。虚拟替换将再次允许我们在语法和语义之间随意切换。然而这一次，平方根是不够的，但是逻辑三位一体将引导我们以非标准分析中的思想弥合语义运算中的差距，否则这些运算在实算术一阶逻辑中是无法表达的。

CPS 技能：本章对 CPS 技能有间接影响响，因为它针对建模和分析的权衡讨论了

严格算术推理
量词消除的奇迹
实数的逻辑三位一体
在语法和语义之间随意切换
虚拟替换引理
弥合语义和不可表达性之间的差距
无穷大与无穷小

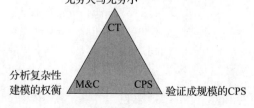

分析复杂性
建模的权衡   M&C   CPS   验证成规模的CPS

CPS 分析中有用的语用学，这使得能够验证成规模的 CPS。

21.2　简要回顾：二次方的平方根虚拟替换

回想一下第 20 章中处理线性或二次方程量词消除的方法，它采用各自的符号解 $x = -c/b$ 或 $x = (-b \pm \sqrt{b^2 - 4ac})/(2a)$ 作虚拟替换。

定理 20.2(二次方程的虚拟替换)　对于满足 $x \notin \mathrm{FV}(a)$，$\mathrm{FV}(b)$，$\mathrm{FV}(c)$ 的无量词公式 F，以下等价式在 $\mathbb{R}$ 上永真：

$$a \neq 0 \lor b \neq 0 \lor c \neq 0 \rightarrow$$
$$(\exists x(ax^2 + bx + c = 0 \land F)) \leftrightarrow$$
$$a = 0 \land b \neq 0 \land F_x^{-\frac{c}{b}}$$
$$\lor a \neq 0 \land b^2 - 4ac \geq 0 \land (F_x^{(-b + \sqrt{b^2 - 4ac})/(2a)} \lor F_x^{(-b - \sqrt{b^2 - 4ac})/(2a)}))$$

当使用第 20 章中的平方根虚拟替换时，只要不是 $a = b = c = 0$ 的情形，在双蕴涵式右侧得到的公式不含量词，并且可以选择作为 $\mathrm{QE}(\exists x(ax^2 + bx + c = 0 \land F))$。在 $a = b = c = 0$ 的情况下，需要通过交换和重新关联 $\land$ 来考虑 F 中的另一个公式并以此指导量词消除，因为如果 $a = b = c = 0$，例如当 a、b、c 是零多项式或者甚至它们恰好有一个共同的根时，方程 $ax^2 + bx + c = 0$ 不含有用信息。

对于定理 20.2 中双蕴涵式右侧的等价公式，当使用第 20 章中定义的平方根表达式的虚拟替换时，它将成为实算术一阶逻辑中的公式。

21.3　无穷大的虚拟替换

定理 20.2 解决了量化变量出现在线性或二次方程中的情况，此时使用定理 20.2 是高效的，因为最多有三个以符号表示的点需要考虑，它们分别对应于方程的各个解。但是如果量化变量仅出现在不等式中，我们应该怎么办？此时定理 20.2 没有丝毫帮助。考虑以下形式的公式：

$$\exists x(ax^2 + bx + c \leq 0 \land F) \quad (x \notin \mathrm{FV}(a)，\mathrm{FV}(b)，\mathrm{FV}(c)) \quad (21.1)$$

其中 x 不出现在 a、b、c 中。在定理 20.2 中的条件下，其中可能的解 $-c/b$、$(-b + \sqrt{d})/(2a)$、$(-b - \sqrt{d})/(2a)$ 继续作为式(21.1)解的选项，因为满足弱不等式 $ax^2 + bx + c \leq 0$ 的一种方法是满足方程 $ax^2 + bx + c = 0$。所以如果 F 对于这些二次方程解中的任何一个为真时(在 a、b、c 附加约束的条件下)，那么式(21.1)也成立。

然而，即使这些点不成功，式(21.1)中的弱不等式还可以有比等式更多的可能解。例如，如果 $a = 0$，$b > 0$，则足够小的 x 值可以满足 $0x^2 + bx + c \leq 0$。此外，如果 $a < 0$，那么足够小的 x 值可以满足 $ax^2 + bx + c \leq 0$，由于 x^2 比 x 增长得更快，因此为负的 ax^2 最终将克服 bx 和 c 对 $ax^2 + bx + c$ 值的任何贡献。但是，如果我们将每个这样较小的 x 值直接代入 F 中，那么这很快就会发散成第 20 章中的完全替换 $\bigvee_{t \in T} F_x^t$，其中 $T \overset{\text{def}}{=} \mathbb{R}$ 为所有实数，这并没有什么深刻见解。所以我们必须找到比这更巧妙的方法。

现在，继续这种思路的一种可能方法是用越来越小的值来替换式(21.1)中的 x 并查看其中一个是否碰巧成功。但有一种好得多的方法。唯一必须在式(21.1)中替换 x 并判断它是否碰巧成功的非常小的值就是一个比其他所有值都小的值：$-\infty$，这是所有负实数的下极限。或者，$-\infty$ 可以理解为"负的程度总是按照需要，即比其他任何数字都要负得更多"。将 $-\infty$ 视为由弹性橡胶制成，因此与任何实际的实数相比，它总是会更小，因为弹性数字$-\infty$每次在与任何其他数字相比时就会变小。类似地，$+\infty$是所有实数的上极限，或者"为正的程度总是按照需要，即比任何其他数字都要正得更多。"对$+\infty$理解的弹性橡胶版本是，$+\infty$每次在与任何其他数字进行比较时总是根据需要增长。

令$+\infty$、$-\infty$分别为正无穷和负无穷，即选择额外的元素$+\infty$，$-\infty\notin\mathbb{R}$，使得对于所有$r\in\mathbb{R}$均满足$-\infty<r<+\infty$。对于紧化实数$\mathbb{R}\cup\{-\infty，+\infty\}$中的变量$x$，可以用$\pm\infty$在实算术公式中替换$x$。然而，就像平方根表达式一样，$\pm\infty$实际上并不需要真的在得到的公式中出现，因为将无穷大代入公式中可以通过不同的方式定义。例如，$(x+5>0)_x^{-\infty}$将定义为假，而$(x+5<0)_x^{-\infty}$为真。

定义 21.1(无穷大的虚拟替换)　用$-\infty$在多项式$p\stackrel{\text{def}}{=}\sum\limits_{i=0}^{n}a_ix^i$的原子公式中替换$x$可以定义为以下等价关系，其中多项式$a_i$不包含$x$：

$$(p=0)_{\overline{x}}^{-\infty}\equiv\bigwedge_{i=0}^{n}a_i=0 \tag{21.2}$$

$$(p\leqslant 0)_{\overline{x}}^{-\infty}\equiv(p<0)_{\overline{x}}^{-\infty}\vee(p=0)_{\overline{x}}^{-\infty} \tag{21.3}$$

$$(p<0)_{\overline{x}}^{-\infty}\equiv p(-\infty)<0 \tag{21.4}$$

$$(p\neq 0)_{\overline{x}}^{-\infty}\equiv\bigvee_{i=0}^{n}a_i\neq 0 \tag{21.5}$$

式(21.2)及其对偶(式(21.5))利用的事实是，无穷大$\pm\infty$唯一能满足的实算术方程是平凡方程$0=0$。式(21.3)使用的是等价式$p\leqslant 0\equiv p<0\vee p=0$，并且根据 20.3.2 节中的替换基础情形，它等于$(p<0\vee p=0)_{\overline{x}}^{-\infty}$。式(21.4)使用基于多项式的次数 $\deg(p)$(即 p 中变量 x 的最大幂次数)的简单归纳定义来表征 p 最终在$-\infty$(或足够负的数)处是否为负：

令$p\stackrel{\text{def}}{=}\sum\limits_{i=0}^{n}a_ix^i$，其中多项式 a_i 不包含 x。p 最终在$-\infty$处是否为负，提示性地写为$p(-\infty)<0$，这很容易通过对多项式次数的归纳来表征：

$$p(-\infty)<0\stackrel{\text{def}}{\equiv}\begin{cases}p<0, & \deg(p)\leqslant 0 \\ (-1)^na_n<0\vee\left(a_n=0\wedge\left(\sum\limits_{i=0}^{n-1}a_ix^i\right)(-\infty)<0\right), & \deg(p)>0\end{cases}$$

$p(-\infty)<0$ 在 $\lim\limits_{x\to-\infty}p(x)<0$ 的状态下为真。

第一行表述的是，变量 x 的 0 次多项式的符号不依赖于 x，因此 $p(-\infty)<0$，当且仅当 x 的这个 0 次多项式为负(这仍然取决于 $p=a_0$ 中其他变量的值，但不取决于 x)。第二行表述的是，次数为 $n=\deg(p)>0$ 的多项式在$-\infty$处的符号由其首项系数 a_n 的次数调制符号(degree-modulated sign)确定，因为对于具有足够大绝对值的 x，a_nx^n 的值将支配所有较低次数的值，而无论它们的系数是多少。对于偶数 $n>0$，在$-\infty$处 $x^n>0$，而对于奇数 n，在$-\infty$处 $x^n<0$。在首项系数 a_n 求值为零的情况下，p 在$-\infty$处的值取决于剩余较低次数多项式 $\sum\limits_{i=0}^{n-1}a_ix^i$ 在$-\infty$处的值，这可以递归地确定为 $\left(\sum\limits_{i=0}^{n-1}a_ix^i\right)(-\infty)<0$。注意，有时认为 0 多项式的次数是$-\infty$，这解释了为什么在第一行中采用 $\deg(p)\leqslant 0$ 而不是 $\deg(p)=0$。

在原子公式中将 x 替换为$+\infty$可以类似定义，区别是符号因子 $(-1)^n$ 将会消失，因为无论 $n>0$ 的值是什么，在$+\infty$处都有 $x^n>0$。然后，在其他一阶公式中以$+\infty$或$-\infty$替换 x 可以在此基础上定义，如 20.3.2 节所述。

例 21.1（二次多项式在$-\infty$处的符号）　利用这一原理系统地检查式(21.1)中的二次

不等式在哪些情况下求值为真，得出的答案就是我们先前针对足够小的 x 值所做专门分析的结果：

$$(ax^2+bx+c<0)_{\overline{x}}^{-\infty}\equiv(-1)^2a<0\vee a=0\wedge((-1)b<0\vee b=0\wedge c<0)$$

$$\equiv a<0\vee a=0\wedge(b>0\vee b=0\wedge c<0)$$

$$(ax^2+bx+c\leqslant0)_{\overline{x}}^{-\infty}\equiv(ax^2+bx+c<0)_{\overline{x}}^{-\infty}\vee a=b=c=0$$

$$\equiv a<0\vee a=0\wedge(b>0\vee b=0\wedge c<0)\vee a=b=c=0$$

图 21.1 中描绘了这些析取项中每一项的代表性示例。以同样的方式，虚拟替换可用于找出在哪些情况下式(21.1)中留下的公式 F 对于足够小的 x 值也求值为真，这恰好是 $F_{\overline{x}}^{-\infty}$ 求值为真的情况。 611

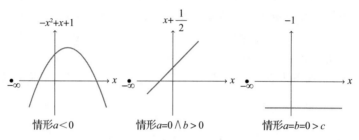

情形$a<0$　　　　情形$a=0\wedge b>0$　　　　情形$a=b=0>c$

图 21.1　满足 $p_{\overline{x}}^{-\infty}\equiv\text{true}$ 的不同二次函数 p 的图示

请注意，至关重要的是在 F 中以无穷大 $\pm\infty$ 对 x 的虚拟替换给出定义 21.1 中的 $F_{\overline{x}}^{\pm\infty}$，它在语义上等价于以 $\pm\infty$ 直接替换 x 的结果 $F_x^{\pm\infty}$，但是在操作上有所不同，由于虚拟替换从不实际引入无穷大，因此保持为严格意义上的 $\text{FOL}_{\mathbb{R}}$ 公式。　　　　◀

引理 21.1(无穷大的虚拟替换引理)　虚拟替换的结果 $F_{\overline{x}}^{-\infty}$ 在语义上等价于直接替换的结果 $F_x^{-\infty}$。对语言扩展可以得到此永真性：

$$F_x^{-\infty}\leftrightarrow F_{\overline{x}}^{-\infty}$$

请记住，虚拟替换的结果 $F_{\overline{x}}^{-\infty}$ 是严格意义上的 $\text{FOL}_{\mathbb{R}}$ 公式，而直接替换 $F_x^{-\infty}$ 只能视为广义逻辑中的公式，例如允许无穷大量的 $\text{FOL}_{\mathbb{R}\cup\{-\infty,+\infty\}}$。$F_{\overline{x}}^{\infty}$ 的性质相同。

请注意，在某种意义上这里的问题与引理 20.2 中的相反。引理 20.2 中平方根表达式已经包含在语义域 $\mathbb{R}$ 中，但必须通过虚拟替换才能在语法公式中采用。相反，在引理 21.1 中，虚拟替换还需要先理解不在语义域 $\mathbb{R}$ 中的无穷大 $\pm\infty$，这就是为什么在引理 21.1 中需要做出调整，将语义域扩展到 $\mathbb{R}\cup\{-\infty,+\infty\}$。

探索 21.1(扩张实数中无穷大的无穷多挑战)

作为扩张实数的语义域，集合 $\mathbb{R}\cup\{-\infty,+\infty\}$ 似乎很容易写出来。但我们到底用它表示什么意思？我们指的是对实数集附加两个新元素，标记为 $-\infty$ 和 $+\infty$，它们是排序 $\leqslant$ 的最小和最大元素：

$$\forall x(-\infty\leqslant x\leqslant+\infty)\tag{21.6}$$

这让 $\mathbb{R}\cup\{-\infty,+\infty\}$ 成为一个完全格，因为每个子集都有一个上确界和一个下确界。扩张实数是 $\mathbb{R}$ 的紧化。但是，这会将 $\mathbb{R}$ 的其他算术性质置于何地？当 $+\infty$ 已经是无穷大时，$+\infty+1$ 或 $+\infty+x$ 是多少？$\leqslant$ 与 $+$ 的兼容性将会预期，至少对于所有 $x\geqslant0$，都有 $+\infty\leqslant+\infty+x$。根据式(21.6)，也有 $+\infty+x\leqslant+\infty$。因为 $+\infty$ 是如此之无穷大，甚至对于所有的 x 都预期满足相同的 $+\infty+x=+\infty$，除了 $-\infty$ 之外。

≤与·的兼容性预期，至少对于所有 $x \geqslant 1$，都有 $+\infty \leqslant (+\infty) \cdot x$。根据式（21.6），也有 $(+\infty) \cdot x \leqslant +\infty$。由于 $+\infty$ 为无穷大，甚至对于所有 $x > 0$，也预期相同的 $(+\infty) \cdot x = +\infty$：

$$+\infty + x = +\infty \qquad 对于所有 \ x \neq -\infty$$
$$-\infty + x = -\infty \qquad 对于所有 \ x \neq +\infty$$
$$(+\infty) \cdot x = +\infty \qquad 对于所有 \ x > 0$$
$$(+\infty) \cdot x = -\infty \qquad 对于所有 \ x < 0$$
$$-\infty \cdot x = -\infty \qquad 对于所有 \ x > 0$$
$$-\infty \cdot x = +\infty \qquad 对于所有 \ x < 0$$

这种扩张听起来是合理的。但得到的集合 $\mathbb{R} \cup \{-\infty, +\infty\}$ 并不是一个域！否则 $+\infty$ 应该有加法逆元。但什么样的 x 可以满足 $+\infty + x = 0$？人们可能会猜测 $x = -\infty$，但是也会预期 $0 = +\infty + (-\infty) = +\infty + (-\infty + 1) = (+\infty + (-\infty)) + 1 = 0 + 1 = 1$，这根本不能用来以可靠的方式证明任何性质。相反，可以明确让有问题的项保持为未定义：

$$(+\infty) + (-\infty) = 未定义$$
$$0 \cdot (+\infty) = 未定义$$
$$\pm\infty / \pm\infty = 未定义$$
$$1/0 = 未定义$$

这些惯例使得无穷大变得有些微妙，因此我们很高兴只需要记住，它们的唯一目的是让下面的操作变得有意义，即插入足够大的负数（或足够大的正数）来让不等式成立。这大部分时候没什么危害。

21.4　无穷小的虚拟替换

612
～
613

定理 20.2 解决了量化变量出现在线性或二次方程中的情况，而 21.3 节中的虚拟替换添加了 x 足够小的值来处理 $ax^2 + bx + c \leqslant 0$。现在考虑如下形式的公式：

$$\exists x(ax^2 + bx + c < 0 \wedge F) \quad (x \notin \mathrm{FV}(a), \ \mathrm{FV}(b), \ \mathrm{FV}(c)) \tag{21.7}$$

在这种情况下，定理 20.2 中的根将百无一用，因为它们满足方程 $ax^2 + bx + c = 0$ 但不满足严格不等式 $ax^2 + bx + c < 0$。考虑采用 21.3 节中以 $-\infty$ 对 x 的虚拟替换仍然有道理，因为它对应的任意小的负数可能确实满足 F 和 $ax^2 + bx + c < 0$。但是，如果 $-\infty$ 不成功，式（21.7）的解可能在 $ax^2 + bx + c = 0$ 的一个根附近，只是稍稍偏离，以便实际上满足 $ax^2 + bx + c < 0$ 而不是方程 $ax^2 + bx + c = 0$。偏离多远？好吧，准确阐明还是很难的，因为这取决于剩余部分 F 的约束条件，任何特定的实数偏移量可能有太大的绝对值。换句话说，这里要求的量应该始终像我们需要的那么小。

21.3 节使用了一个负的量，它比所有负数都要小，因此为负无穷（但绝对值无穷大）。无论我们将其与其他数字进行比较，负无穷 $-\infty$ 都会更小。分析式（21.7）需要无穷小的正数，因此其绝对值也为无穷小。无穷小量是总是小于所有正实数的正数，即"总是像需要的那么小"。可以认为它们是由弹性橡胶制成的，因此与任何实际的正实数相比，它们总是按需要缩小，从而无穷小量最终小于该正实数。当然，无穷小量比负数大得多。另一种理解无穷小的方式是它们是 $\pm\infty$ 的乘法逆元。

正无穷小 ε 是正的（$\infty > \varepsilon > 0$）无穷小扩张实数，即它是一个正数但是小于所有正实数

（对于所有满足 $r>0$ 的 $r\in\mathbb{R}$，都有 $\varepsilon<r$）。

注解 83（多项式中的无穷小）　含实系数的所有非零单变量多项式 $p\in\mathbb{R}[x]$ 在任何实数点 $\zeta\in\mathbb{R}$ 距离无穷小的附近满足以下情况：

1) $p(\zeta+\varepsilon)\neq0$。

也就是说，无穷小 ε 总是如此之小，以至于它们永远不会产生任何方程的根，唯一的例外是平凡的零多项式。每当看起来可能在此邻域存在根时，无穷小就会变得更小一点，以避免满足该方程。非零单变量多项式 $p(x)$ 只有有限多个根，因此无穷小将通过变得更小一些来注意避免等于任何一个根。

2) 如果 $p(\zeta)\neq0$，那么 $p(\zeta)p(\zeta+\varepsilon)>0$。

也就是说，p 在非根 ζ 的无穷小邻域上具有恒定的符号。如果 ζ 周围的邻域足够小（并且对于无穷小邻域就是此），那么在该区间上多项式不会改变符号，因为符号只会在超过一个根之后发生变化。

3) $0=p(\zeta)=p'(\zeta)=p''(\zeta)=\cdots=p^{(k-1)}(\zeta)\neq p^{k}(\zeta)$，那么 $p^{k}(\zeta)p(\zeta+\varepsilon)>0$。

也就是说，p 在 ζ 上的第一个非零导数确定 p 在 ζ 足够小的邻域中（无穷小的邻域是足够小的）的符号，因为符号仅在超过某个根之后才发生变化。

614

定义 21.2（无穷小的虚拟替换）　用含平方根表达式 $e=(a+b\sqrt{c})/d$ 和正无穷小 ε 的无穷小表达式 $e+\varepsilon$ 在多项式 $p=\sum_{i=0}^{n}a_{i}x^{i}$ 中替换 x，其中多项式 a_{i} 不包含 x，这由以下等价关系定义：

$$(p=0)_{\overline{x}}^{e+\varepsilon}\equiv\bigwedge_{i=0}^{n}a_{i}=0 \tag{21.8}$$

$$(p\leqslant0)_{\overline{x}}^{e+\varepsilon}\equiv(p<0)_{\overline{x}}^{e+\varepsilon}\vee(p=0)_{\overline{x}}^{e+\varepsilon} \tag{21.9}$$

$$(p<0)_{\overline{x}}^{e+\varepsilon}\equiv(p^{+}<0)_{\overline{x}}^{e} \tag{21.10}$$

$$(p\neq0)_{\overline{x}}^{e+\varepsilon}\equiv\bigvee_{i=0}^{n}a_{i}\neq0 \tag{21.11}$$

式（21.8）及其对偶（式（21.11））使用的是无穷小偏移量不满足除了平凡方程 $0=0$ 之外的任何方程（注解 83 的情形 1），这使得无穷小和无穷大在方程上有相同的性质。式（21.9）使用等价关系 $p\leqslant0\equiv p<0\vee p=0$。式（21.10）检查 p 在平方根表达式 e 上的符号是否已经为负（根据情形 2，这将使得 p 在无穷小偏移量之后的 $e+\varepsilon$ 上继承相同的负号），或根据使用更高阶导数对何时立即为负的递归公式描述（根据情形 3，符号由这些导数确定），符号立即为负。提升到任意无量词实算术公式还是通过考虑对所有原子公式的代入并且使用等价关系，例如 $(p>q)\equiv(p-q>0)$，如第 20 章中所定义的那样。请注意，对于情况 $(p<0)_{\overline{x}}^{e+\varepsilon}$，（非无穷小的）平方根表达式 e 在公式 $p^{+}<0$ 中虚拟替换 x，而公式 $p^{+}<0$ 表征 p 是否在 x 处（它很快就虚拟替换为预期的平方根表达式 e）或之后立即为负。

p 是否在 x 处立即为负（即 p 本身为负，或者 p 为 0 并且导数 p' 使其在无穷小的区间 $(x,x+\varepsilon]$ 上为负），提示性地写为 $p^{+}<0$，这可以递归地表征为：

$$p^{+}<0\stackrel{\text{def}}{\equiv}\begin{cases}p<0, & \deg(p)\leqslant0\\ p<0\vee(p=0\wedge(p')^{+}<0), & \deg(p)>0\end{cases}$$

$p^{+}<0$ 在以下状态下为真，即对于 p 在 x 的右极限，满足 $\lim\limits_{y\to x^{+}}p(x)=\lim\limits_{y\searrow x}p(x)=\lim\limits_{\substack{y>x\\y\to x}}p(x)<0$ 成立。

第一行表述的是，变量 x 的 0 次多项式的符号不依赖于 x，因此它们在 x 处为负，当

且仅当 x 次数为 0 的多项式 $p = a_0$ 为负（这可能仍然取决于 a_0 中其他变量的值）。第二行表述的是，非常量多项式在 $x + \varepsilon$ 上的符号仍然为负，如果它在 x 上为负（因为根据情形 2，$x + \varepsilon$ 与 x 的距离不足以改变符号），或者如果 x 是 p 的根但是 x 上的导数 p' 立即为负，因为根据情形 3，x 上的第一个非零导数确定 x 附近的符号。

例 21.2 （根之后二次多项式的符号） 使用上面的原理检查在哪些情况下式（21.7）中的二次严格不等式在点 $(-b + \sqrt{b^2 - 4ac})/(2a) + \varepsilon$ 上（即紧随其二次根 $(-b + \sqrt{b^2 - 4ac})/(2a)$ 之后）求值为真，这引出以下计算：

$$(ax^2 + bx + c)^+ < 0$$
$$\equiv ax^2 + bx + c < 0 \vee ax^2 + bx + c = 0 \wedge 2ax + b < 0 \vee 2ax + b = 0 \wedge 2a < 0$$

其中用连续求导打破平局（即先前导数的符号为 0）。因此，

$$(ax^2 + bx + c < 0)_{\bar{x}}^{(-b + \sqrt{b^2 - 4ac})/(2a) + \varepsilon} \equiv ((ax^2 + bx + c)^+ < 0)_{\bar{x}}^{(-b + \sqrt{b^2 - 4ac})/(2a)}$$
$$\equiv (ax^2 + bx + c < 0 \vee ax^2 + bx + c = 0 \wedge (2ax + b < 0 \vee 2ax + b = 0 \wedge 2a < 0))_{\bar{x}}^{(-b + \sqrt{b^2 - 4ac})/(2a)}$$
$$\equiv 0 \cdot 1 < 0 \vee 0 = 0 \wedge \underbrace{((0 < 0 \vee 4a^2 \leqslant 0 \wedge (0 < 0 \vee -4a^2(b^2 - 4ac) < 0))}_{(2ax + b < 0)_{\bar{x}}^{(-b + \sqrt{b^2 - 4ac})/(2a)}} \vee \underbrace{0 = 0}_{(2ax + b = 0)_{\bar{x}}^{...}} \wedge \underbrace{2a 1 < 0)}_{(2a < 0)_{\bar{x}}^{...}}$$
$$\equiv 4a^2 \leqslant 0 \wedge -4a^2(b^2 - 4ac) < 0 \vee 2a < 0$$

将 $ax^2 + bx + c$ 的根 $(-b + \sqrt{b^2 - 4ac})/(2a)$ 代入它本身，根据构造，这一平方根虚拟替换将得到 $(ax^2 + bx + c)_{\bar{x}}^{(-b + \sqrt{b^2 - 4ac})/(2a)} = 0$（比较例 20.5）。代入另一个多项式 $2ax + b$ 的虚拟替换得到

$$(2ax + b)_{\bar{x}}^{(-b \pm \sqrt{b^2 - 4ac})/(2a)} \equiv 2a \cdot (-b \pm \sqrt{b^2 - 4ac})/(2a) + b$$
$$= (-2ab + \pm 2a\sqrt{b^2 - 4ac})/(2a) + b$$
$$= (\cancel{-2ab} + \cancel{2ab} + \pm 2a\sqrt{b^2 - 4ac})/(2a)$$
$$= (0 + \pm 2a\sqrt{b^2 - 4ac})/(2a)$$

得到的公式可以在内部进一步简化为

$$(ax^2 + bx + c < 0)_{\bar{x}}^{(-b + \sqrt{b^2 - 4ac})/(2a) + \varepsilon} \equiv 4a^2 \leqslant 0 \wedge -4a^2(b^2 - 4ac) < 0 \vee 2a < 0$$
$$\equiv 2a < 0$$

这是因为第一个合取项 $4a^2 \leqslant 0 \equiv a = 0$，并且由于 $a = 0$，第二个合取项简化为 $-4a^2(b^2 - 4ac)_a^0 = -0(b^2) < 0$，这在实数中是不可能的。这个答案是有道理的。实际上，恰巧当 $2a < 0$ 时，二次多项式才在其第二个根 $(-b + \sqrt{b^2 - 4ac})/(2a)$ 之后求值为 $ax^2 + bx + c < 0$。图 21.2 说明了这与抛物线指向下方之间的关系，即因为 $2a < 0$。

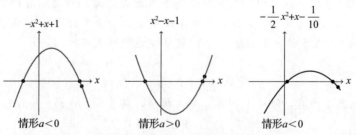

图 21.2   图解二次函数 p 的第二个根之后的符号 ◀

量词消除程序的结果可以是 $2a<0$ 这样的公式。如果量词消除后的公式为真或为假，那么可以确定该公式分别是永真的(为真的情形)或不可满足的(为假的情形)。如果量词消除的结果为真，那么，例如 KeYmaera X 将完成相应的证明分支(在我们的相继式证明中标记为证明规则 $\mathbb{R}$)。但是，量词消除也可以返回其他公式，例如 $2a<0$，这等价于应用量词消除法的公式。具体而言，它们查明恰好在什么情况下对应的量化公式为真。这非常有助于找出还缺失什么假设能让证明成功并且相应的陈述为真。

注解 84(量词消除查明需求) 如果量词消除的结果是公式真，则相应的公式永真。如果是公式假，则相应的公式非永真(甚至是不可满足的)。在两者之间，即量词消除得到的逻辑公式有时为假有时为真，则该公式准确地找出了让希望的公式为真还缺失的需求。这对于综合缺失的需求很有用。但是，请注意不要使用全称闭包，因为在这种情况下，真和假是唯一可能的结果。

请注意，这个过程中至关重要的是，以无穷小表达式 $e+\varepsilon$ 虚拟替换 F 中的 x 得到定义 21.1 中的 $F_{\underline{x}}^{e+\varepsilon}$，这在语义上等价于用 $e+\varepsilon$ 直接替换 x 的结果 $F_x^{e+\varepsilon}$，但在操作上有所不同，因为它从未实际引入无穷小。

引理 21.2(无穷小的虚拟替换引理) 虚拟替换的结果 $F_{\underline{x}}^{e+\varepsilon}$ 在语义上等价于直接替换的结果 $F_x^{e+\varepsilon}$。对语言扩展可以得到此永真性：

$$F_x^{e+\varepsilon} \leftrightarrow F_{\underline{x}}^{e+\varepsilon}$$

请记住，虚拟替换的结果 $F_{\underline{x}}^{e+\varepsilon}$ 是严格意义上的 $FOL_{\mathbb{R}}$ 公式，而直接替换 $F_x^{e+\varepsilon}$ 只能视为广义逻辑中的公式，例如 $FOL_{\mathbb{R}[\varepsilon]}$，它允许非标准分析中的无穷小量。文献[3]中报道了计算上更高效的无穷小替换。

探索 21.2(非标准分析：无穷小 ε 的无穷多挑战)

扩张实数 $\mathbb{R}\cup\{-\infty,+\infty\}$ 中的无穷量已经需要注意避免未定义的表达式。无穷小比无穷大微妙无穷倍。实数满足阿基米德性质，即对于每个非零实数 $x\in\mathbb{R}$，都存在一个 $n\in\mathbb{N}$ 使得

$$\underbrace{|x+x+\cdots+x|}_{n\uparrow}>1$$

无穷小则不满足阿基米德性质，因为不管加多少次 ε，它仍然不会相加得到一。在非标准分析中有各种方法可以理解无穷小量，包括超现实数、上超实数和超实数。从某种意义上说，无穷小量可以认为是无穷大的乘法逆元，但它带来了许多微妙之处。例如，如果向 $\mathbb{R}$ 添加无穷小 ε，那么以下各项需要明确它们标记的值，并满足排序关系：

$$\varepsilon^2 \quad \varepsilon \quad x^2+\varepsilon \quad (x+\varepsilon)^2 \quad x^2+2\varepsilon x+5\varepsilon+\varepsilon^2$$

幸运的是，对于虚拟替换而言，只需无穷小一个相当温和的版本就足够了。我们需要的无穷小的关键性质是[4]：

$$\varepsilon>0$$

$$\forall x\in\mathbb{R}(x>0\rightarrow\varepsilon<x)$$

也就是说，无穷小 ε 为正，并且小于所有的正实数。

21.5 通过虚拟替换消除二次方的量词

由魏斯芬宁(Weispfenning)[13]发现的以下量词消除技术适用于其中量化变量最多以二次方出现的公式。

定理 21.1(二次约束的虚拟替换)   设 F 是无量词的公式，其中所有原子公式都是二次型 $ax^2+bx+c\sim 0$，其中多项式 a、b、c 不提及变量 x(也就是说 $x\notin \mathrm{FV}(a)$, $\mathrm{FV}(b)$, $\mathrm{FV}(c)$)，$\sim$ 为某个比较运算符 $\sim\in\{=,\leqslant,<,\neq\}$，而相应的判别式为 $d=b^2-4ac$。那么 $\exists xF$ 在 $\mathbb{R}$ 上等价于以下无量词公式：

$$F_{\underline{x}}^{-\infty}$$

$$\bigvee_{ax^2+bx+c(\overset{=}{\leqslant})0\in F}\ \ (a=0\wedge b\neq 0\wedge F_{\underline{x}}^{-\frac{c}{b}}\vee a\neq 0\wedge d\geqslant 0\wedge(F_{\underline{x}}^{(-b+\sqrt{d})/(2a)}\vee F_{\underline{x}}^{(-b-\sqrt{d})/(2a)}))$$

$$\bigvee_{ax^2+bx+c(\overset{\neq}{<})0\in F}\ \ (a=0\wedge b\neq 0\wedge F_{\underline{x}}^{-c/b+\varepsilon}\vee a\neq 0\wedge d\geqslant 0\wedge(F_{\underline{x}}^{(-b+\sqrt{d})/(2a)+\varepsilon}\vee F_{\underline{x}}^{(-b-\sqrt{d})/(2a)+\varepsilon}))$$

证明   这里的证明是文献[13]中介绍的证明的扩展。它首先考虑平方根表达式、无穷大和无穷小的直接替换，然后第二步利用如下事实，即避免平方根表达式、无穷大和无穷小的虚拟替换是等价的(引理 20.2、引理 21.1 和引理 21.2)。设 G 表示无量词的右侧，因此需要证明以下公式的永真性：

$$\exists xF\leftrightarrow G \tag{21.12}$$

式(21.12)中无量词公式 G 蕴涵 $\exists xF$ 是显而易见的，因为无量词公式的每个析取项都包含某个合取项，其形式为针对某个(扩张)项 t 的 F_x^t，即使 t 可能是平方根表达式或无穷大或涉及无穷小的项。每当形式为 F_x^t 的公式为真时，$\exists xF$ 有这个 t 作为证据，即使 t 是平方根表达式、无穷大或无穷小。

式(21.12)中从 $\exists xF$ 到无量词公式 G 的反向蕴涵依赖于证明无量词公式 G 涵盖所有可能的代表性情况，并且对 a、b、c、d 的伴随约束是必要的，这样它们就不会对解有不恰当的限制。

这里关键的见解是，针对 F 中除了 x 之外的所有变量都有具体实数数值的情况证明式(21.12)就足够了，因为等价式(21.12)为永真的充分必要条件是它在所有状态下都为真。因此，一次考虑一个具体的状态就足够了。根据实算术称为 o 极小性(o-minimality)的基本性质，x 所有满足 F 的实数值的集合

$$\mathscr{S}(F)=\{\omega(x)\in\mathbb{R}:\omega\in[\![F]\!]\}$$

形成(两两不相交)区间的有限并集，因为 F 中的多项式仅在它的根上改变符号。现在由于所有自由变量在 ω 中都求值为具体的实数，这些多项式变为单变量的，即只含有唯一变量 x，因此只有有限多个根。在不失一般性的情况下(通过合并重叠或相邻的区间)，假设所有这些区间都是最大的，即没有更大的区间可以满足 F。因此，F 实际上最多在这些区间的下端点和上端点处改变其真假值(除非该区间是无界的)。多项式只会在根上改变符号！

对于 F 中的任何多项式 ax^2+bx+c，这些区间的端点形式都为 $-c/b$，$(-b+\sqrt{d})/(2a)$，$(-b-\sqrt{d})/(2a)$ 或者 $+\infty$，$-\infty$，因为 F 中的所有多项式至多是二次的，而这些多项式的所有根都是上述形式之一。特别地，如果 $-c/b$ 是 $\mathscr{S}(F)$ 某个区间的端点，它针对的是 F 中的多项式 ax^2+bx+c，那么 $a=0$，$b\neq 0$，因为对于最多只有二次多项式的 F，这是 $-c/b$ 满足的唯一情况。同样地，如果 $(-b+\sqrt{d})/(2a)$ 和 $(-b-\sqrt{d})/(2a)$ 是 $\mathscr{S}(F)$ 的区间端点，它们针对 F 中的多项式 ax^2+bx+c，那么两者都蕴涵着 $a\neq 0$ 和判别式 $d\geqslant 0$，否则在实数中不存在这样的解。因此，无量词公式 G 中根的所有附加条件都是必要的。

现在考虑某个区间 $I\subseteq\mathscr{S}(F)$(如果没有，则 $\exists xF$ 为假，G 也为假)。如果 I 在 $\mathbb{R}$ 中没有下界，则根据构造 $F_{\underline{x}}^{-\infty}$ 为真(根据引理 21.1，在 $\pm\infty$ 扩张实算术中虚拟替换 $F_{\underline{x}}^{-\infty}$ 等价于直接替换 $F_x^{-\infty}$)。否则，令 $\alpha\in\mathbb{R}$ 为 I 的下界。若 $\alpha\in I$(即 I 在下界处闭合)，则 α 针对

F 中的某个方程 $(ax^2+bx+c=0)\in F$ 或者某个弱不等式 $(ax^2+bx+c\leqslant0)\in F$，且形式为 $-c/b,(-b+\sqrt{d})/(2a),(-b-\sqrt{d})/(2a)$。由于 a、b、c、d 各自的额外条件成立，因此无量词公式 G 求值为真。否则，如果 $\alpha\notin I$（即 I 在下界 α 处开放），则 α 针对 F 中的某个不等式 $(ax^2+bx+c\neq0)\in F$ 或某个严格不等式 $(ax^2+bx+c<0)\in F$，且形式为 $-c/b,(-b+\sqrt{d})/(2a),(-b-\sqrt{d})/(2a)$。所以区间 I 不能是单个点。因此，无穷小增量 $-c/b+\varepsilon,(-b+\sqrt{d})/(2a)+\varepsilon,(-b-\sqrt{d})/(2a)+\varepsilon$ 中的一个在 $I\subseteq\mathscr{S}(F)$ 内，因为无穷小小于所有正实数，所以比区间 I 的长度小。由于 a、b、c、d 各自的条件成立，无量词公式 G 还是为真。因此，对于两种情况的任何一种，状态 ω 下该无量词公式等价于 $\exists xF$。由于为 $\exists xF$ 所有自由变量赋予具体实数的状态 ω 是任意的，所以相同的等价式在所有状态 ω 下都成立，这意味着无量词公式 G 等价于 $\exists xF$。也就是说 $G\leftrightarrow\exists xF$ 是永真的，即 $\models G\leftrightarrow\exists xF$。∎

图 21.3a 描绘了定理 21.1 的证明中使用的区间端点以及 $-\infty$ 的顺序。请注意，在每个感兴趣的区域中恰好放置有一个代表点，即 $-\infty$、每个根 r 以及在根之后无穷小的 $r+\varepsilon$。或者，定理 21.1 可以重述为采用 $+\infty$、每个根 r 以及总是在根之前的 $r-\varepsilon$；参见图 21.3b 和习题 21.4。图 21.3 中的插图显示了高次多项式 p 的排序情况，即使定理 21.1 利用 $p=ax^2+bx+c$ 最高为 2 次而仅对此情形作了论证。更高次的量词消除程序仍然基于这个基本原理，但需要更微妙的代数计算。问题的根源是阿贝尔-鲁菲尼（Abel-Ruffini）不可能性定理，即一般来说，对于次数 $\geqslant5$ 的多项式方程没有代数解。也就是说，我们可以用根式来表征多项式的根这一事实只适用于次数 $\leqslant4$ 的情形，即使允许嵌套根式也是如此。

620

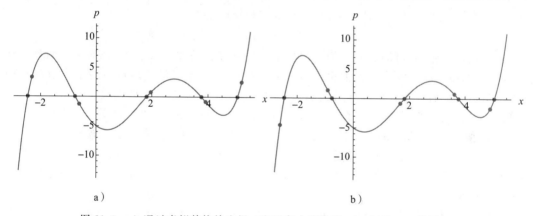

图 21.3　a) 通过虚拟替换检查根 e 和无穷小偏移量 $e+\varepsilon$ 以及 $-\infty$ 的图解；
b) 与 $+\infty$ 一起检查的根 e 和无穷小偏移量 $e-\varepsilon$ 的图解

最后请注意，很可能所考虑的多项式 p 挑出的根 e 或根的偏移 $e+\varepsilon$ 不满足 F，即不适合作为 $\exists xF$ 的证据。此时图 21.3 中所示的点都不满足 F，因为只有在两个根之间的开放区间中某个不同于 $e+\varepsilon$ 的点才能成功。

注解 85（不提及就不拒绝）　无论如何，所有量词消除程序背后的关键论证在于，如果由图 21.3 中 p 引出的任何点都不能满足的 F 中的某个公式，那么它必然提及另一个多项式 q，而 q 有不同的根 $\tilde{e}$ 和不同的根的偏移 $\tilde{e}+\varepsilon$，这些都将进入定理 21.1 中的大析取式中。

例 21.3　第 20 章例 20.6 中的二次多项式非负根的示例使用定理 20.2 来构造和证明量词消除等价关系

$$\mathrm{QE}(\exists x(ax^2+bx+c=0 \wedge x \geqslant 0))$$
$$\equiv b^2-4ac \geqslant 0 \wedge (ba \leqslant 0 \wedge ac \geqslant 0 \vee a \geqslant 0 \wedge ac \leqslant 0 \vee a \leqslant 0 \wedge ac \leqslant 0)$$

这里假设 $a \neq 0$。将此结果用于类似图 21.2 的以下特殊实例，得到

$$\mathrm{QE}(\exists x(x^2-x+c=0 \wedge x \geqslant 0)) \equiv (-1)^2-4c \geqslant 0 \wedge (c \geqslant 0 \vee c \leqslant 0) \equiv 1-4c \geqslant 0 \equiv c \leqslant \frac{1}{4}$$

根据定理 21.1，对于原子公式 $x^2-x+c \leqslant 0$ 的平方根表达式替换将与第 20 章例 20.6 相同，除了还需要添加 $-\infty$ 以及根为 0 的情况，后者是考虑线性原子公式 $-x \leqslant 0$ 的结果：

$$\mathrm{QE}(\exists x(x^2-x+c \leqslant 0 \wedge x \geqslant 0)) \equiv \underbrace{(x^2-x+c \leqslant 0 \wedge \cdots)_{\overline{x}}^{-\infty}}_{\text{false}} \vee 1-4c$$

$$\geqslant 0 \vee \underbrace{(x^2-x+c \leqslant 0 \wedge x \geqslant 0)_{\overline{x}}^{0}}_{c \leqslant 0 \wedge 0 \geqslant 0} \equiv 1-4c \geqslant 0$$

请注意，来自 $-x$ 的根 0 的附加析取项 $c \leqslant 0$ 在这种情况下包含在先前的析取项 $1-4c \geqslant 0$ 中。因此，在这种情况下，添加 $-x$ 的根不会改变答案。当添加第三个合取项 $-x+2=0$ 时，关键是对所有的根都进行处理：

$$\mathrm{QE}(\exists x(x^2-x+c \leqslant 0 \wedge x \geqslant 0 \wedge -x+2=0))$$

由于前两个多项式 x^2-x+c 和 $-x$ 仍然保持相同，因此对它们的虚拟替换将与之前相同。区别在于它们现在在新的合取项 $-x+2=0$ 上失败，因为第二个合取项中多项式 $-x$ 的根 0 不满足 $-x+2=0$，并且因为对第一个多项式 x^2-x+c 的根 $(-1\pm\sqrt{1-4c})/2$ 的虚拟替换失败：

$$(-x+2=0)_{\overline{x}}^{(-1\pm\sqrt{1-4c})/2} \equiv ((1\mp1\sqrt{1-4c})/2+2=0) \equiv ((3+\mp1\sqrt{1-4c})/2=0)$$

$$\equiv \mp 3 \leqslant 0 \wedge 3^2-(\mp1)^2(1-4c)=0$$

$$\equiv -3 \leqslant 0 \wedge 3^2-(-1)^2(1-4c)=0 \equiv 8-4c=0$$

后者仅当 $c=2$ 才可能成立，但这根据前面的判别式条件 $1-4c \geqslant 0$ 排除了。而且实际上，图 21.2 所示的二次多项式的根以及 $-x$ 的根或 $-\infty$ 都不是满足最后一个合取项正确的点。当然，最后一个合取项非常明确地阐明 $-x+2=0$ 来表达这种约束。不用说这现在是等式。但无论该原子公式是哪种类型，它都清楚地表明 $-x+2$ 是它所关心的多项式。所以它的根是我们值得关注的，并且实际上也将在定理 21.1 的大析取式中考虑。由于 $-x+2$ 明显是一个线性多项式，它的解是 $x=-2/-1=2$，这甚至友好到是标准的实数，因此直接替换就足够了，而不需要虚拟替换。因此，将最后一个合取项的根 $x=2$ 代入完整的公式可以很快得到：

$$(x^2-x+c \leqslant 0 \wedge x \geqslant 0 \wedge -x+2=0)_{x}^{2} \equiv 2^2-2+c \leqslant 0 \wedge 2 \geqslant 0 \wedge 0=0 \equiv 2+c \leqslant 0$$

这提供了二次多项式 x^2-x+c 本身无法预见的答案，因为考虑这个根就是出于多项式 $-x+2$。因此，根据定理 21.1，量词消除的总体结果是上面分别考虑的情况的组合：

$$\mathrm{QE}(\exists x(x^2-x+c \leqslant 0 \wedge x \geqslant 0 \wedge -x+2=0))$$

$$\equiv \underbrace{(x^2-x+c \leqslant 0 \wedge \cdots)_{\overline{x}}^{-\infty}}_{\text{fasle}}$$

$$\vee 1-4c \geqslant 0 \wedge \underbrace{(\cdots \wedge -x+2=0)_{\overline{x}}^{(-1\pm\sqrt{1-4c})/2}}_{8-4c=0}$$

$$\vee -1 \neq 0 \wedge \underbrace{(x^2-x+c \leqslant 0 \wedge x \geqslant 0)_{x}^{0}}_{c \leqslant 0 \wedge 0 \geqslant 0} \wedge \underbrace{(-x+2=0)_{x}^{0}}_{2=0}$$

$$\vee -1 \neq 0 \wedge \underbrace{(x^2-x+c \leqslant 0 \wedge x \geqslant 0 \wedge -x+2=0)_{x}^{2}}_{2+c \leqslant 0} \equiv 2+c \leqslant 0 \equiv c \leqslant -2$$

对于这个特别的实例，注意定理 20.2 使用 $-x+2=0$ 作为关键公式将是最高效的，因为这样就可以立即得到答案，而无需作不成功的析取。这说明注意实算术并总是选择计算上最简约的方法是有回报的。但是这个例子也说明，如果第三个合取项为 $-x+2\leqslant 0$，则也会得到相同的计算，因为在这种情况下定理 20.2 将爱莫能助。

21.6 优化

如果只在某个不等式中出现一次 x 的二次项，那么优化虚拟替换是可能的[13]。如果出现在等式中，定理 20.2 已经展示了应该做什么。如果只在一个二次不等式中出现，则定理 21.1 的以下变化适用，它仅使用线性分式。

注解 86(文献[13]) 令 $\left(Ax^2+Bx+C \begin{Bmatrix} \leqslant \\ < \\ \neq \end{Bmatrix} 0\right)\in F$ 是唯一出现的 x 的二次项。在这种情况下，$\exists xF$ 在 $\mathbb{R}$ 上等价于下面的无量词公式：

$$A=0 \wedge B\neq 0 \wedge F_{\overline{x}}^{-C/B} \vee A\neq 0 \wedge F_{\overline{x}}^{-B/(2A)}$$
$$\vee F_{\overline{x}}^{-\infty} \vee F_{\overline{x}}^{+\infty}$$
$$\vee \bigvee_{(0x^2+bx+c\{\begin{smallmatrix}=\\ \leqslant\end{smallmatrix}\}0)\in F} (b\neq 0 \wedge F_{\overline{x}}^{-c/b})$$
$$\vee \bigvee_{(0x^2+bx+c\{\begin{smallmatrix}\neq\\ <\end{smallmatrix}\}0)\in F} (b\neq 0 \wedge (F_{\overline{x}}^{-c/b+\varepsilon} \vee F_{\overline{x}}^{-c/b-\varepsilon}))$$

这种情况下的中心思想是 Ax^2+Bx+C 的极值是导数的根：

$$(Ax^2+Bx+C)'=2Ax+B=0, \qquad \text{也就是说 } x=-\frac{B}{2A}$$

由于注解 86 中唯一出现的二次项不是等式，因此该极值是唯一重要的二次多项式的点。在这种情况下，$F_{\overline{x}}^{-B/(2A)}$ 将在唯一的二次多项式中以 $-B/(2A)$ 替换 x，如下所示：

$$\left(Ax^2+Bx+C \begin{Bmatrix} \leqslant \\ < \\ \neq \end{Bmatrix} 0\right)_{\overline{x}}^{-B/(2A)} \equiv \left(A\frac{(-B)^2}{4A^2}+\frac{-B^2}{2A}+C \begin{Bmatrix} \leqslant \\ < \\ \neq \end{Bmatrix} 0\right) \equiv \left(\frac{-B^2}{4A}+C \begin{Bmatrix} \leqslant \\ < \\ \neq \end{Bmatrix} 0\right)$$

由注解 86 得到的公式可能比定理 21.1 的公式更大，但是不会增加多项式的次数，这对于嵌套量词来说是至关重要的。

如果 a、b 的某些符号已知，则可以进一步优化，因为此时无量词展开的几种情形将变得不可能，并且可以立即简化为公式真或假。这有助于简化定理 21.1 中的公式，因为可能可以去掉 $a=0$ 或 $a\neq 0$ 的情形之一。但它也减少了 $F_{\overline{x}}^{-\infty}$ 中析取项的数目(参见例 21.1)，以及平方根(见第 20 章)和无穷小(见 21.4 节)的虚拟替换中析取项的数目，这可能导致显著的简化。

定理 21.1 也适用于 x 更高次数的多项式，如果它们的多项式因式分解中 x 的最高次数为二次的话[13]。基于 F 中出现的 x 所有幂次的最大公约数进行重命名，也可以降低次数。如果量化变量 x 出现的指数仅为奇数 d 的倍数，则虚拟替换可以利用 $\exists xF(x^d)\equiv \exists yF(y)$。如果 x 出现的次数仅为偶数 d 的倍数，则利用 $\exists xF(x^d)\equiv \exists y(y\geqslant 0 \wedge F(y))$。以下事实有助于减少定理 21.1 中情况的数目，即仅当 x 出现在 F 的严格不等式中时，才需要无穷小 $+\varepsilon$。只有当 x 出现在方程中或弱不等式中时才需要 $F_{\overline{x}}^{(-b+\pm\sqrt{d})/(2a)}$。

21.7   总结

虚拟替换是实算术中消除量词的一种技术。它适用于线性和二次约束，并且可以扩展到某些立方的情形[12]。虚拟替换可以由内而外重复应用以消除量词。然而，在每种情况下，虚拟替换要求消除的变量仅以足够小的次数出现。即使最初如此，在消除掉最里面的量词之后，也可能不再是这样了，因为虚拟替换产生的公式的次数可能会增加。在这种情况下，次数优化和简化有时可能有效。如果没有，则需要使用其他量词消除技术，这些技术基于半代数几何或模型论。单单虚拟替换就总是可以处理好二次线性的混合公式，即公式中除了一个量化变量以二次型出现之外，所有其他量化变量都以线性出现。然而，在实践中，虚拟替换在许多其他情况下也适用得很好。

通过审视定理 21.1 及其优化，我们还观察到仅查看闭集或仅查看开集是有意义的，它们分别对应于仅具有≤和＝条件的公式或仅具有＜和≠条件的公式，因为这样有一半的情况可以从定理 21.1 的展开中去掉。此外，如果公式 $\exists x F$ 只提及严格不等式＜和不等式≠，那么所有的虚拟替换都将涉及无穷小或无穷大。虽然两者在概念上都比仅使用平方根表达式的虚拟替换要求更高，但它们的优势在于，无穷小和无穷大都很少满足任何方程（除非这些方程所有的系数都为零，从而为平凡方程）。在这种情况下，大多数公式都大大简化了。这指明了虚拟替换方法中一种更普遍的现象：含严格不等式的存在算术（existential arithmetic）或其对偶（含弱不等式的全称算术（universal arithmetic））的永真性在计算上更容易。

21.8   附录：半代数几何

多项式方程或含多项式方程的无量词一阶公式在几何上对应仿射簇。可以提及不等式的实算术一阶公式在几何上的对应称为实代数几何中的**半代数集**[1-2]。根据量词消除，用量词可定义的集合类型与不用量词可定义的集合类型相同。因此，一阶实算术公式恰好定义了半代数集。

定义 21.3(半代数集) $S \subseteq \mathbb{R}^n$ 是一个半代数集，当且仅当它是由多项式方程和不等式的有限交集或这些集合的任何有限并集定义的：

$$S = \bigcup_{i=1}^{t} \bigcap_{j=1}^{s} \{x \in \mathbb{R}^n : p(x) \sim 0\}, \quad \text{其中} \sim \in \{=, \geqslant, >\}$$

量词消除的结果在几何上对应着半代数集在投影下是闭合的（其他闭包性质在逻辑上是显而易见的），这就是塔斯基-赛登伯格(Tarski-Seidenberg)定理[10-11]。

定理 21.2(塔斯基-赛登伯格定理)   半代数集在有限并集、有限交集、补集以及到线性子空间的投影下是闭合的。

一些有趣多项式不等式组对应的半代数集如图 21.4 所示。

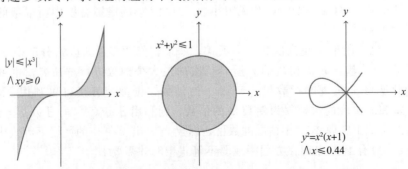

图 21.4   多项式不等式组描述了半代数集

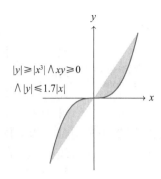 

$$\text{图 21.4 （续）}$$

习题

21.1 考虑一阶实算术公式

$$\exists x (ax^2 + bx + c \leqslant 0 \wedge F) \tag{21.13}$$

根据 20.4 节用 $ax^2 + bx + c = 0$ 的根进行虚拟替换，并且根据 21.3 节用 $-\infty$ 进行虚拟替换，得到

$$F_{\overline{x}}^{-\infty} \vee a = 0 \wedge b \neq 0 \wedge F_{\overline{x}}^{-c/b}$$

$$\vee a \neq 0 \wedge b^2 - 4ac \geqslant 0 \wedge (F_{\overline{x}}^{(-b + \sqrt{b^2 - 4ac})/(2a)} \vee F_{\overline{x}}^{(-b - \sqrt{b^2 - 4ac})/(2a)})$$

但是当 F 是 $-ax^2 + bx + c < 0$ 时，这些情形都不一定成功。这意味着虚拟替换的结果不等价于式(21.13)吗？这个论证中的要点是什么？

21.2 通过虚拟替换消除量词来计算：

$$\text{QE}(\exists x (x^2 - x + c \leqslant 0 \wedge x \geqslant 0 \wedge -x + 2 \leqslant 0))$$

21.3 考虑一阶实算术公式：

$$\exists x (ax^2 + bx + c \leqslant 0 \wedge ax^2 + bx + c = 0)$$

比较对该公式使用定理 20.1 和定理 21.1 的结果。哪个定理更高效？在下面的公式中会发生什么

$$\exists x (ax^2 + bx + c \leqslant 0 \wedge ax^2 + bx + c = 0 \wedge x \geqslant 0)$$

21.4 **(右侧的虚拟替换)** 开发并证明类似于定理 21.1 的二次多项式虚拟替换公式，它使用图 21.3b 中所示的点而不是图 21.3a 中的。

21.5 **(多项式中的无穷小)** 对于单变量多项式 $p \in \mathbb{R}[x]$，利用它在 $\zeta \in \mathbb{R}$ 附近的泰勒级数在 $\zeta + \varepsilon$ 上的值

$$p(\zeta + \varepsilon) = \sum_{n=0}^{\infty} \frac{p^{(n)}(\zeta)}{n!} (\zeta + \varepsilon - \zeta)^n = \sum_{n=0}^{\infty} \frac{p^{(n)}(\zeta)}{n!} \varepsilon^n = \sum_{n=0}^{\deg(p)} \frac{p^{(n)}(\zeta)}{n!} \varepsilon^n$$

(因为 ε 小到足以在泰勒级数的收敛域中)，以此证明注解 83。

参考文献

[1] Saugata Basu, Richard Pollack, and Marie-Françoise Roy. *Algorithms in Real Algebraic Geometry*. 2nd. Berlin: Springer, 2006. DOI: 10.1007/3-540-33099-2.

[2] Jacek Bochnak, Michel Coste, and Marie-Francoise Roy. *Real Algebraic Geometry*. Vol. 36. Ergeb. Math. Grenzgeb. Berlin: Springer, 1998. DOI: 10.1007/978-3-662-03718-8.

625

626

[3]   Christopher W. Brown and James H. Davenport. The complexity of quantifier elimination and cylindrical algebraic decomposition. In: *ISSAC*. Ed. by Dongming Wang. New York: ACM, 2007, 54–60. DOI: 10.1145/1277548.1277557.

[4]   Leonardo Mendonça de Moura and Grant Olney Passmore. Computation in real closed infinitesimal and transcendental extensions of the rationals. In: *Automated Deduction - CADE-24 - 24th International Conference on Automated Deduction, Lake Placid, NY, USA, June 9-14, 2013. Proceedings*. Ed. by Maria Paola Bonacina. Vol. 7898. LNCS. Berlin: Springer, 2013, 178–192. DOI: 10.1007/978-3-642-38574-2_12.

[5]   Grant Olney Passmore. Combined Decision Procedures for Nonlinear Arithmetics, Real and Complex. PhD thesis. School of Informatics, University of Edinburgh, 2011.

[6]   André Platzer. Differential dynamic logic for hybrid systems. *J. Autom. Reas.* **41**(2) (2008), 143–189. DOI: 10.1007/s10817-008-9103-8.

[7]   André Platzer. *Logical Analysis of Hybrid Systems: Proving Theorems for Complex Dynamics*. Heidelberg: Springer, 2010. DOI: 10.1007/978-3-642-14509-4.

[8]   André Platzer. Logics of dynamical systems. In: *LICS*. Los Alamitos: IEEE, 2012, 13–24. DOI: 10.1109/LICS.2012.13.

[9]   André Platzer, Jan-David Quesel, and Philipp Rümmer. Real world verification. In: *CADE*. Ed. by Renate A. Schmidt. Vol. 5663. LNCS. Berlin: Springer, 2009, 485–501. DOI: 10.1007/978-3-642-02959-2_35.

[10] Abraham Seidenberg. A new decision method for elementary algebra. *Annals of Mathematics* **60**(2) (1954), 365–374. DOI: 10.2307/1969640.

[11] Alfred Tarski. *A Decision Method for Elementary Algebra and Geometry*. 2nd. Berkeley: University of California Press, 1951.

[12] Volker Weispfenning. Quantifier elimination for real algebra — the cubic case. In: *ISSAC*. New York: ACM, 1994, 258–263.

[13] Volker Weispfenning. Quantifier elimination for real algebra — the quadratic case and beyond. *Appl. Algebra Eng. Commun. Comput.* **8**(2) (1997), 85–101. DOI: 10.1007/s002000050055.

627

628

运算符与公理

微分动态逻辑(dL)运算符

dL	运算符	含义
$e \geqslant \tilde{e}$	大于或等于	当且仅当 e 大于或等于 $\tilde{e}$ 时，结果为真
$\neg P$	否/非	当且仅当 P 为假时，结果为真
$P \wedge Q$	合取/与	当且仅当 P 与 Q 都为真时，结果为真
$P \vee Q$	析取/或	当且仅当 P 为真或 Q 为真时，结果为真
$P \rightarrow Q$	蕴涵	当且仅当 P 为假或 Q 为真时，结果为真
$P \leftrightarrow Q$	双蕴涵/等价	当且仅当 P 和 Q 同时为真或同时为假时，结果为真
$\forall x P$	全称量词/所有	当且仅当对变量 x 的所有取值 P 都为真时，结果为真
$\exists x P$	存在量词/存在	当且仅当变量 x 的某些取值使得 P 为真时，结果为真
$[\alpha]P$	$[\cdot]$模态/方括号模态	当且仅当在 HP α 的所有运行后 P 为真时，结果为真
$\langle \alpha \rangle P$	$\langle \cdot \rangle$模态/尖括号模态	当且仅当在 HP α 的某个运行后 P 为真时，结果为真

混成程序(HP)的语句及其效果

HP 符号	操作	效果
$x := e$	离散赋值	将项 e 的当前值赋予变量 x
$x := *$	非确定性赋值	将任意实数值赋予变量 x
$x' = f(x) \& Q$	连续演化	在演化域 Q 内遵循微分方程 $x' := f(x)$ 任意长时间
$?Q$	状态测试/检验	在当前状态下测试一阶公式 Q
$\alpha; \beta$	顺序合成	HP β 在 HP α 完成后开始
$\alpha \cup \beta$	非确定性选择	在 HP α 和 HP β 之间选择
α^*	非确定性重复	重复 HP α 任意 $n \in \mathbb{N}$ 次

dL 公式 P 的语义是 P 为真的状态集 $[\![P]\!] \subseteq \mathscr{S}$

$[\![e \geqslant \tilde{e}]\!] = \{\omega \in \mathscr{S}: \omega[\![e]\!] \geqslant \omega[\![\tilde{e}]\!]\}$

$[\![P \wedge Q]\!] = [\![P]\!] \cap [\![Q]\!]$

$[\![P \vee Q]\!] = [\![P]\!] \cup [\![Q]\!]$

$[\![\neg P]\!] = ([\![P]\!])^c = \mathscr{S} \setminus [\![P]\!]$

$[\![\langle \alpha \rangle P]\!] = [\![\alpha]\!] \circ [\![P]\!] = \{\omega: 对于某个满足 (\omega, \nu) \in [\![\alpha]\!] 的状态 \nu, 有 \nu \in [\![P]\!]\}$

$[\![[\alpha]P]\!] = [\![\neg \langle \alpha \rangle \neg P]\!] = \{\omega: 对于所有满足 (\omega, \nu) \in [\![\alpha]\!] 的状态 \nu, 有 \nu \in [\![P]\!]\}$

$[\![\exists x P]\!] = \{\omega: 对于某个除了 x 外与 \omega 一致的状态 \nu, 有 \nu \in [\![P]\!]\}$

$[\![\forall x P]\!] = \{\omega: 对于所有除了 x 外与 \omega 一致的状态 \nu, 有 \nu \in [\![P]\!]\}$

HPα 的语义是初始状态与最终状态之间的关系$[\![\alpha]\!]\subseteq\mathscr{S}\times\mathscr{S}$

$[\![x:=e]\!]=\{(\omega,\nu):\nu=\omega$，除了 $\nu[\![x]\!]=\omega[\![e]\!]\}$

$[\![?Q]\!]=\{(\omega,\omega):\omega\in[\![Q]\!]\}$

$[\![x'=f(x)\&Q]\!]=\{(\omega,\nu):$ 存在持续时间为 r 的解 $\varphi:[0,r]\to\mathscr{S}$，满足 $\varphi\models x'=f(x)\wedge Q$，该解使得 $\varphi(0)$除了在 x'处外应满足 $\varphi(0)=\omega$，并且 $\varphi(r)=\nu\}$

$[\![\alpha\cup\beta]\!]=[\![\alpha]\!]\cup[\![\beta]\!]$

$[\![\alpha;\beta]\!]=[\![\alpha]\!]\circ[\![\beta]\!]=\{(\omega,\nu):(\omega,\mu)\in[\![\alpha]\!],(\mu,\nu)\in[\![\beta]\!]\}$

$[\![\alpha^*]\!]=[\![\alpha]\!]^*=\bigcup\limits_{n\in\mathbb{N}}[\![\alpha^n]\!]$，这里 $\alpha^{n+1}\equiv\alpha^n;\alpha$，并且 $\alpha^0\equiv?\text{true}$

公理化(dL)

$\langle\cdot\rangle\ \langle\alpha\rangle P\leftrightarrow\neg\langle\alpha\rangle\neg P$ $\quad$ M$[\cdot]\ \dfrac{P\to Q}{[\alpha]P\to[\alpha]Q}$

$[:=]\ [x:=e]p(x)\leftrightarrow p(e)$ $\quad$ G $\dfrac{P}{[\alpha]P}$

$[?]\ [?Q]P\leftrightarrow(Q\to P)$

$[']\ [x'=f(x)]p(x)\leftrightarrow\forall t\geqslant 0[x:=y(t)]p(x)\quad(y'(t)=f(y))$

$[\cup]\ [\alpha\cup\beta]P\leftrightarrow[\alpha]P\wedge[\beta]P$ $\quad$ $[;]\ [\alpha;\beta]P\leftrightarrow[\alpha][\beta]P$

$[^*]\ [\alpha^*]P\leftrightarrow P\wedge[\alpha][\alpha^*]P$ $\quad$ K $\ [\alpha](P\to Q)\to([\alpha]P\to[\alpha]Q)$

I $\ [\alpha^*]P\leftrightarrow P\wedge[\alpha^*](P\to[\alpha]P)$ $\quad$ V $\ p\to[\alpha]p\quad(FV(p)\cap BV(\alpha)=\varnothing)$

微分方程公理

DW $\ [x'=f(x)\&Q]P\leftrightarrow[x'=f(x)\&Q](Q\to P)$

DI $\ ([x'=f(x)\&Q]P\leftrightarrow[?Q]P)\leftarrow(Q\to[x'=f(x)\&Q)](P)')$

DC $\ ([x'=f(x)\&Q]P\leftrightarrow[x'=f(x)\&Q\wedge C]P)\leftarrow[x'=f(x)\&Q]C$

DE $\ [x'=f(x)\&Q]P\leftrightarrow[x'=f(x)\&Q][x':=f(x)]P$

DG $\ [x'=f(x)\&Q]P\leftrightarrow\exists y[x'=f(x),y'=a(x)\cdot y+b(x)\&Q]P$

$+'\ (e+k)'=(e)'+(k)'$

$\cdot'\ (e\cdot k)'=(e)'\cdot k+e\cdot(k)'$

$c'\ (c())'=0$ （对于数字或者常量 $c()$）

$x'\ (x)'=x'$ （对于变量 $x\in\mathscr{V}$）

微分方程证明规则

dW $\ \dfrac{Q\vdash P}{\Gamma\vdash[x'=f(x)\&Q]P,\Delta}$ $\quad$ dI $\ \dfrac{Q\vdash[x':=f(x)](F)'}{F\vdash[x'=f(x)\&Q]F}$

dC $\ \dfrac{\Gamma\vdash[x'=f(x)\&Q]C,\Delta\quad\Gamma\vdash[x'=f(x)\&(Q\wedge C)]P,\Delta}{\Gamma\vdash[x'=f(x)\&Q]P,\Delta}$

相继式演算证明规则

$\neg$R $\ \dfrac{\Gamma,P\vdash\Delta}{\Gamma\vdash\neg P,\Delta}$ $\quad$ $\wedge$R $\ \dfrac{\Gamma\vdash P,\Delta\quad\Gamma\vdash Q,\Delta}{\Gamma\vdash P\wedge Q,\Delta}$ $\quad$ $\vee$R $\ \dfrac{\Gamma\vdash P,Q,\Delta}{\Gamma\vdash P\vee Q,\Delta}$

$$\neg L \quad \frac{\Gamma \vdash P,\Delta}{\Gamma,\neg P \vdash \Delta} \qquad \wedge L \frac{\Gamma,P,Q \vdash \Delta}{\Gamma,P \wedge Q \vdash \Delta} \qquad \vee L \quad \frac{\Gamma,P \vdash \Delta \quad \Gamma,Q \vdash \Delta}{\Gamma,P \vee Q \vdash \Delta}$$

$$\rightarrow R \quad \frac{\Gamma,P \vdash Q,\Delta}{\Gamma \vdash P \rightarrow Q,\Delta} \qquad \mathrm{id} \frac{}{\Gamma,P \vdash P,\Delta} \qquad \mathrm{WR} \quad \frac{\Gamma \vdash \Delta}{\Gamma \vdash P,\Delta}$$

$$\rightarrow L \quad \frac{\Gamma \vdash P,\Delta \quad \Gamma,Q \vdash \Delta}{\Gamma,P \rightarrow Q \vdash \Delta} \qquad \mathrm{cut} \frac{\Gamma \vdash C,\Delta \quad \Gamma,C \vdash \Delta}{\Gamma \vdash \Delta} \qquad \mathrm{WL} \quad \frac{\Gamma \vdash \Delta}{\Gamma,P \vdash \Delta}$$

$$\forall R \quad \frac{\Gamma \vdash p(y),\Delta}{\Gamma \vdash \forall x p(x),\Delta}(y \notin \Gamma,\Delta,\forall x p(x)) \qquad \exists R \quad \frac{\Gamma \vdash p(e),\Delta}{\Gamma \vdash \exists x p(x),\Delta}(\text{任意项 } e)$$

$$\forall L \quad \frac{\Gamma,p(e) \vdash \Delta}{\Gamma,\forall x p(x) \vdash \Delta}(\text{任意项 } e) \qquad \exists L \quad \frac{\Gamma,p(y) \vdash \Delta}{\Gamma,\exists x p(x) \vdash \Delta}(y \notin \Gamma,\Delta,\exists x p(x))$$

$$\mathrm{CER} \quad \frac{\Gamma \vdash C(Q),\Delta \quad \vdash P \leftrightarrow Q}{\Gamma \vdash C(P),\Delta} \qquad =R \quad \frac{\Gamma,x=e \vdash p(e),\Delta}{\Gamma,x=e \vdash p(x),\Delta}$$

$$\mathrm{CEL} \quad \frac{\Gamma,C(Q) \vdash \Delta \quad \vdash P \leftrightarrow Q}{\Gamma,C(P) \vdash \Delta} \qquad =L \quad \frac{\Gamma,x=e,p(e) \vdash \Delta}{\Gamma,x=e,p(x)\Delta}$$

派生公理与派生规则

$$\wedge' \quad (P \wedge Q)' \equiv (P)' \wedge (Q)'$$

$$\vee' \quad (P \vee Q)' \equiv (P)' \vee (Q)'$$

$$[\,]\wedge \quad [\alpha](P \wedge Q) \leftrightarrow [\alpha]P \wedge [\alpha]Q$$

$$\overleftarrow{[\,^*\,]} \quad [\alpha^*]P \leftrightarrow P \wedge [\alpha^*][\alpha]P$$

$$[\,^{**}\,] \quad [\alpha^*;\alpha^*]P \leftrightarrow [\alpha^*]P$$

$$[:=]_= \quad \frac{\Gamma,y=e \vdash p(y),\Delta}{\Gamma \vdash [x:=e]p(x),\Delta}(y \text{ 为新变量})$$

$$\mathrm{iG} \quad \frac{\Gamma \vdash [y:=e]p,\Delta}{\Gamma \vdash p,\Delta}(y \text{ 为新变量})$$

$$\mathrm{dG} \quad \frac{\Gamma \vdash \exists y[x'=f(x),y'=a(x) \cdot y+b(x) \& Q]P,\Delta}{\Gamma \vdash [x'=f(x) \& Q]P,\Delta}$$

$$\mathrm{dA} \quad \frac{\vdash J \leftrightarrow \exists yG \quad G \vdash [x'=f(x),y'=a(x) \cdot y+b(x) \& Q]G}{J \vdash [x'=f(x) \& Q]J}$$

索　引

索引中的页码为英文原书页码，与书中页边标注的页码一致。